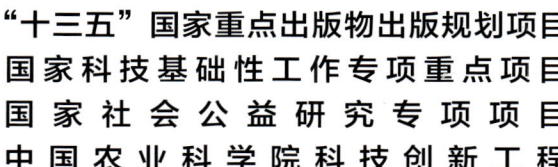

"十三五"国家重点出版物出版规划项目
国家科技基础性工作专项重点项目
国家社会公益研究专项项目
中国农业科学院科技创新工程

中国土壤剖面数据集

·粤琼港澳卷

主　编　张维理

本卷主编　冀宏杰　谢良商　陈印军　张冬明

浙江科学技术出版社·杭州

版权所有　侵权必究

图书在版编目（CIP）数据

中国土壤剖面数据集. 粤琼港澳卷 / 张维理主编；
冀宏杰等本卷主编. -- 杭州：浙江科学技术出版社，
2024. 6. -- ISBN 978-7-5739-1287-9

Ⅰ. S152.2

中国国家版本馆CIP数据核字第2024UW0080号

书　　名	中国土壤剖面数据集·粤琼港澳卷
主　　编	张维理
本卷主编	冀宏杰　谢良商　陈印军　张冬明
出版发行	浙江科学技术出版社
	杭州市拱墅区环城北路177号　邮政编码：310006
	办公室电话：0571-85152719
	销售部电话：0571-85176040
排　　版	杭州万方图书有限公司
印　　刷	浙江新华数码印务有限公司
经　　销	全国各地新华书店
开　　本	787mm×1092mm　1/8　　　印　张　74
字　　数	1307千字
版　　次	2024年6月第1版　　　印　次　2024年6月第1次印刷
书　　号	ISBN 978-7-5739-1287-9　　　定　价　560.00元
地图审核号	GS浙（2024）312号

策划组稿　詹　喜　章建林	**责任编辑**　詹　喜　李羡然	**文字编辑**　汪哲远
责任校对　陈宇珊	**责任美编**　金　晖	**责任印务**　叶文炀

如发现印、装问题，请与承印厂联系。电话：0571-85155604

《中国土壤剖面数据集》
编委会

主　　任　　赵其国

副 主 任　　张维理

委　　员　（按姓氏笔画排序）

　　　　　毛达如　　史学正　　刘　旭　　刘先林　　刘更另

　　　　　孙　睿　　孙九林　　孙铁珩　　杨　鹏　　张洪江

　　　　　张维理　　周健民　　赵其国　　陶　澍　　黄鸿翔

　　　　　黄德明　　傅伯杰

《中国土壤剖面数据集·粤琼港澳卷》
编写人员

主　　编　　张维理

本卷主编　　冀宏杰　　谢良商　　陈印军　　张冬明

本卷编委　（按姓氏笔画排序）

　　　　　任　意　　辛景树　　张　木　　张认连　　张冬明

　　　　　张怀志　　张继宗　　张维理　　陈印军　　武淑霞

　　　　　钟继洪　　顾文杰　　徐爱国　　黄鸿翔　　曾建华

　　　　　谢良商　　冀宏杰

土壤大数据整合与数字制图

设　　计　　张维理

制　　作　　徐爱国　　张认连　　冀宏杰

程序编制　　贾　萌　　吴章生　　严　豪

地图编辑　　中国地图出版社集团有限公司

内容提要

本数据集以分县主要土壤类型与土壤剖面点分布图、土壤剖面理化性状表的形式，提供了我国各地详尽的土壤资源与质量的科学数据。全集共25卷，收录了全国2200多个县（市、区）的分县土壤图和6万多个土壤剖面的分层理化性状数据。根据各省级行政区土壤剖面数量和地域关联特征，既有一个省（自治区）的单卷，也有多个省（自治区、直辖市、特别行政区）的合订卷。各卷内容包含分县主要土类说明、主要土壤类型与土壤剖面点分布图、中心区气候特征图表，还含有全国和各卷所涉省级行政区的土壤图、土壤有机质含量图与地势图，以便读者在全国、省级和县级不同视角和尺度上，了解土壤资源与质量状况及其空间分布特征，以及土壤类型、土壤肥力与气候条件、地势、地貌之间的相互关联。

广东省地处我国大陆最南部，地势总体北高南低，北部多为山地和高丘陵，南部则为平原和台地。广东省属于东亚季风区，从北向南分别为中亚热带、南亚热带和热带气候，是全国光、热和水资源较丰富的地区，且雨热同季，降水主要集中在4—9月。年平均气温为21.8℃，年平均降水量为1789.3mm。主要土壤类型有红壤、赤红壤、石灰（岩）土、水稻土、黄壤、紫色土、粗骨土、砖红壤、黄棕壤、红黏土、潮土、新积土、滨海盐土等13个土类。海南省位于我国最南端，地势为中部高四周低，中间高耸，呈穹窿山地形；山地、丘陵、台地、平原构成环形层状地貌，梯级结构明显。海南省属热带海洋性季风气候。年平均气温为22.5—25.6℃，年平均降水量为1500—2500mm（西部沿海约为1000mm）。主要土壤类型有砖红壤、水稻土、赤红壤、黄壤、燥红土、风沙土、火山灰土、紫色土、新积土、石质土、滨海盐土、石灰（岩）土、磷质石灰土等13个土类。香港特别行政区地形主要为丘陵，为四季分明的海洋性亚热带季风气候，年平均气温为23.3℃。澳门特别行政区地貌由低丘陵和平地构成，地势南高北低，属海洋性季风气候。年平均气温为22.6℃，年平均降水量达1966.6mm。本卷收录了广东省87个县（市、区）、海南省18个县（市、区）共计3535个典型土壤剖面的分层理化性状数据，便于读者了解广东省、海南省主要土壤类型的分布特征及剖面特征，可作为农业、林业、环境、气象、国土、水利、经济等领域的科研、管理、技术人员的工具书和参考书，也适合高等院校相关专业研究生参考使用。

序

万物土中生，有土斯有粮。土为万物之本，土壤的重要性是怎么强调都不为过的。现在，土壤相关数据已成为农业、林业、环境、气象、国土、水利等各部门、各行业的基础数据。土壤研究最基础、最重要的表现形式是土壤剖面数据，其反映了不同层次的土壤理化性状。然而，长期以来，我国一直缺乏一套完整的系统性表现全国各区域土壤性状的剖面数据。

中华人民共和国成立以来，我国曾开展了两次全国性土壤普查，其中 20 世纪 70 年代末开始的全国第二次土壤普查是迄今为止最完整的。当时全国挖掘了 550 余万个剖面，各地分县完成了大比例尺土壤图，数据完整且可靠性高；然而，限于种种因素，当时仅完成了全国范围小比例尺土壤类型图和养分图的汇总，未及时完成全国土壤剖面库的整理。这些纸质资料散落于各地，并且年代久远，面临丢失、损毁的风险。这些宝贵数据具有时空尺度的唯一性，一旦出现问题，将对国家和社会各层面造成无法挽回的损失。

自 2001 年起，在国家社会公益研究专项项目资助下，张维理研究员带领团队，在全国范围开始对分散存留各地的土壤调查资料进行抢救性收集和整理。2006 年，科技部启动了国家科技基础性工作专项项目，"我国 1∶5 万土壤图籍编撰及高精度数字土壤构建"项目被列入首批重点项目并连续获得两期资助。该项目由中国农业科学院农业资源与农业区划研究所牵头，全国近 20 个科研单位（两期）共同承担任务，极大地加快了土壤数据抢救的进程，为编制本数据集奠定了基础。在参与本数据集编制的土壤科技工作者 20 年的持续努力下，在 2019 年度国家出版基金的资助下，在中国农业科学院科技创新工程的持续支持下，本数据集终于得以面世。

本数据集以涵盖全国 2200 多个县的土壤剖面分层数据为主体，首次同时展示了分县土壤图与典型土壤剖面分布图，描述了影响土壤发生的气候特征、主要土类的性状等，内容丰富，兼具专业性和科普性。全集共 25 卷，既有一个省、自治区的单卷，也有多个省、自治区、直辖市、特别行政区的合订卷。鉴于其数据的完整性、系统性、科学性，本数据集可成为我国资源环境领域的必备工具书之一。

本数据集至少可以应用于以下几个方面：

第一，直接服务于农业生产，保障粮食安全和食品安全。全国分县的不同土壤类型分层养分数据、土壤质地信息，可为科学施肥、土壤培肥与耕作措施的制定提供决策依据。

第二，为水利、环境、建筑、旅游等行业提供便捷、直观的土壤分层次基础信息。信息后标有剖面点经纬度，便于查询获取。

第三，对于土壤质量演变、耕地地力演变、碳储量、面源污染、气候变化等多学科研究具有土壤科学起始点数据意义。

我国疆域辽阔，编制本数据集需要对各地分县完成的大比例尺土壤图和土壤调查资料进行数字化整合，创建覆盖我国全域的高精度数字土壤，再进行分县土壤剖面表的提取与分县土壤图的缩编。本数据集的总数据处理量达到 TB 级且数据来源多而复杂、专业性强、处理难度大，按常规方法，需数万人历时多年方能处理完成。张维理研究员创造性地将数据科学、人工智能与人机交互设计原理引入土壤学范畴，首创土壤大数据方法，以土壤科学需求设计统领其他各层级设计，以智能化、自动化、人机交互式的数据分析流程替代人工流程，高效、精准地完成了土壤大数据的时空整合和表达，这一巨著才得以面世。作为两期项目的专家组组长，我亲历了整个项目的全过程，对张维理研究员勇于创新、踏实、勤奋、务实、敬业、有担当的优秀品质印象深刻，也深感钦佩！

本数据集的完成前后历时 20 年之久，直接参与数据收集、编撰人数近百人，涉及我国各省（自治区、直辖市）的土壤肥料相关单位。正是他们的付出和努力，才使得本数据集得以面世。衷心希望本数据集能在农业、林业、环境、气象、国土、水利以及肥料工业等领域发挥积极作用，更好地服务于我国经济和社会发展。

中国科学院院士 赵其国

2021 年 12 月

前 言

土壤是农业的基础，是陆地生态系统生命过程的基础，也是维持地球上能量与水的交换、生命元素循环的重要基础。《中国土壤剖面数据集》首次以分县土壤图和土壤剖面理化性状表的形式，提供了我国陆域全覆盖的土壤资源与质量的科学数据，为农业、林业、环境、气象、国土、水利等部门和相关行业精准了解各地土壤资源分布与质量状况，科学利用土壤资源，发展绿色农业、特色农业和节水农业，进行耕地保育、科学施肥、面源污染防治和基本农田保护等提供了科学依据；也为农业科学、环境科学及地学、气象、测绘、水利等多个学科领域的科研工作者研究陆地生态系统生产力演变、地球物质循环、气候与环境变化提供了基础数据。

编入本数据集的分县土壤图和土壤剖面理化性状表主要源于对全国第二次土壤普查（以下简称"二普"）调查资料的收集、整理、提取与汇总。二普是我国现代规模最大的以查清土壤资源和土壤肥力为主要目标的土壤资源综合调查，既完成了我国迄今为止最详尽的土壤分类调查，也首次在全国范围进行了较高密度的土壤采样化验，开启了我国用土壤理化性状量化指标描述土壤资源与质量状况的时代。二普地面调查采样实施于1979—1987年，通过550万个土壤剖面观测和采样，分县完成了1∶5万比例尺土壤图绘制和10万余个土壤剖面的分层采样、化验、记录，其中的土壤质量稳定性要素，如土体构造、质地、母质、成土条件、土壤类型等时效性长，CRT值（土壤特性响应时间，characteristic response time）达上千年，可长久使用；土壤有机质含量，氮、磷、钾含量，酸碱度，耕层厚度等土壤质量变化性要素为了解土壤与环境质量演变提供了重要信息。无论从数量还是质量上看，二普获取的土壤科学数据至今都是我国最详尽、最有价值的土壤资源基础数据，其精度与质量超过许多发达国家的土壤资源基础数据。

20世纪末期以来，全球性人口和经济快速增长导致的人均土地资源与水资源紧缺、环境污染、气候变化、粮食安全危机，使科学界对土壤及其形成过程的关注度不断提高，关注重点也从了解土壤与环境质量现状转变为弄清演变趋势、引致变化的内在机理和驱动因素。土壤圈处于地球大气圈、水圈、生物圈和岩石圈的交会处。土壤层中的生物过程和物质循环过程既活跃，又具有一定的稳定性，能较好地反映地球水圈、土壤圈、大气圈、生物圈及岩石圈五大圈层动态交互作用的结果。只要对近年来国际上关于碳足迹、气候变化的研究进展稍加关注，就可知晓具有时空维度的土壤科学数据对于阐明土壤与环境过程并弄清其驱动因素、预测未来土壤与环境质量变化具有无可替代的作用。本数据集编入的土壤质量数据既是我国在全国范围内首次完成的土壤理化性状的科学记载，也是40多年前对我国土壤质量变化性要素的客观记录，能帮助我们了解改革开放以来经济、农业高速发展以及农用化学品投入量高速增长对土壤与环境质量的影响，对了解我国土壤与环境质量时空演变亦具有起始点土壤科学数据的意义。本数据集编入的起始点数据使我们对全国土壤及相关过程的认识延伸了40多年。历史上的土壤调查结果不能被新的调查结果替代，这一不可替代性使得本数据集将成为我国农业与环境领域最具影响力的工具书和参考书之一。

本数据集既是我国老一辈土壤与农业科研工作者在全国土壤普查工作中取得的成果，也是数据集编制人员长期以来默默耕耘的结晶。二普完成的大比例尺土壤图件和土壤剖面理化性状主要为手绘纸质图件和非正式出版的铅印或油印资料，份数少且由各地自行保存。二普结束后，随着各地机构调整与人员变动，土壤调查资料被损毁或丢失严重，难以发挥作用。在我国多位知名科学家的倡议和推动下，"十一五"期间，"我国1∶5万土壤图籍编撰及高精度数字土壤构建"项目（2006—2017）被列为国家科技基础性工作专项重点项目。其目的是对各地宝贵的土壤科学数据进行抢救性收集、数字化和整合，提升我国科学研究与管理基础数据的条件。为实现这一目标，项目组研究人员首先对各地分散存留的纸质分县土壤调查资料进行了全面的收集、修复和整理。针对国际范围内缺少对异源、异质、异构、异形土壤大数据的提取、整合方法的难题，项目组研究人员积极探索、勇于创新，融合应用土壤学、地理信息系统技术、数据科学、人工智能、人机交互设计方法，创建了土壤大数据方法，以层级化的流程设计实现土壤科学层面的需求设计统领体系架构、数据流程及模块设计，以独立于数据流程的监控设计实现土壤科学家对全流程的掌控和人工干预，以智能化、人机交互式数据流程替代人工流程，优质、高效地完成了对各地异源土壤资料的审核、提取、过滤、分类、整合与表达，完成了覆盖我国全陆域的1∶5万比例尺土壤图绘制与土壤剖面点空间数据库建设工作。为满足各行各业准确了解我国各地土壤资源与质量状况的广泛需求，编者通过对1∶5万比例尺土壤图数据的缩编表达与10万余个土壤剖面理化性状数据的进一步提取，最终完成了本数据集的编制。

本数据集共25卷，收录了全国2200多个县（市、区）的分县土壤图和6万多个土壤剖面的理化性状数据。根据各省级行政区土壤剖面数量的多寡和地域关联特征，既有一个省（自治区）的单卷，也有多个省（自治区、直辖市、特别行政区）的合订卷。为便于读者了解全国及各省级行政区土壤资源与质量的分布特征，特别编制了全国及各省级行政区土壤图、土壤有机质含量图与地势图三个序图，读者可以方便地查询全国及各省级行政区任何地区拥有的主要土壤类型，了解其土壤有机质含量及地势、地貌特征。在各分卷中，分县土壤资源与质量性状由主要土类说明、中心区气候特征图表、分县主要土壤类型与土壤剖面点分布图以及土壤剖面理化性状表共同呈现。

本数据集既可作为工具书、参考书，供农业、林业、环境、气象、国土、水利、经济等领域的管理人员和技术人员使用，也适合高等院校相关专业研究生参考使用。

我国幅员辽阔，从收集、整理全国分县土壤调查资料，到完成覆盖我国全境的1∶5万比例尺土壤图籍，再到完成本数据集的编制，来自全国近20家研究机构的科研人员组成项目组，辛苦工作了20多年。其间，本项工作得到了国家社会公益研究专项项目、国家科技基础性工作专项重点项目的长期、连续资助和在项目实施年限上给予的充分理解，同时得到了中国农业科学院科技创新工程的资助，全国50多家国家级及省级土壤、测绘、农业科研与管理机构的大力支持以及我国老一辈土壤科学家自始至终的关心和鼓励。在整个项目实施期间，有9位院士和7位长期从事土壤科学、农业资源环境研究的专家给予了直接和全程的指导。近20年间，项目组研究人员一方面要承担艰难而繁重的科研任务，另一方面要顶着多年没有科研产出的压力，没有他们的坚持和付出，就没有本数据集的面世。在此，谨向所有参加数据集编制的科研人员及对本项工作给予支持的部门和人员一并表示衷心的感谢！

由于本数据集包含的数据量庞大，且不限于土壤学本身，尽管我们在编撰过程中极尽斟酌，仍难免存在不足之处，敬请读者批评指正，以便今后修订完善。

中国农业科学院研究员 张维理

2021年12月

目 录

第一编 编制说明与序图

编制说明

编制目的	002
土壤数据基础知识	002
数据集内容	005
土壤数据来源	005
编制方法——土壤大数据方法	006
中国土壤图、中国土壤有机质含量图与中国地势图编制	007
分省土壤图、分省土壤有机质含量图与分省地势图编制	009
县域中心区气候特征图表编制	011
分县主要土壤类型与土壤剖面点分布图编制	012
分县土壤剖面理化性状表编制	012
土壤专题图与土壤剖面数据可靠性检验	017
参编单位	019

序 图

中国土壤图	020
中国土壤有机质含量图	022
中国地势图	024
广东省土壤图	026
广东省土壤有机质含量图	028
广东省地势图	030
海南省土壤图	032
海南省土壤有机质含量图	034
海南省地势图	036

香港特别行政区土壤图···038
香港特别行政区地势图···039
澳门特别行政区土壤图···040
澳门特别行政区地势图···041

第二编　广东省分县土壤图与土壤剖面数据

广　州　市

市辖区···044	花都区···051
番禺区、南沙区·································048	从化区···054

韶　关　市

市辖区···061	乳源瑶族自治县·································089
曲江区···064	新丰县···094
始兴县···069	乐昌市···099
仁化县···073	南雄市···105
翁源县···082	

深　圳　市

市辖区···113	龙岗区、坪山区·································120
宝安区、龙华区、光明区·················116	

珠　海　市

斗门区、金湾区·································124

汕　头　市

市辖区···129	澄海区···136
潮阳区、潮南区·································133	

佛　山　市

南海区···140	三水区···148
顺德区···145	高明区···152

江 门 市

市辖区	159	开平市	172
新会区	162	鹤山市	175
台山市	168	恩平市	181

湛 江 市

市辖区	189	廉江市	205
遂溪县	196	雷州市	209
徐闻县	200	吴川市	213

茂 名 市

市辖区	220	化州市	241
电白区	225	信宜市	248
高州市	233		

肇 庆 市

高要区	256	封开县	268
广宁县	260	德庆县	274
怀集县	264	四会市	277

惠 州 市

市辖区	280	惠东县	293
惠阳区	284	龙门县	298
博罗县	288		

梅 州 市

梅县区	301	平远县	319
大埔县	305	蕉岭县	322
丰顺县	309	兴宁市	325
五华县	315		

汕 尾 市

海丰县	329	陆丰市	334

河 源 市

源城区	337	连平县	344
龙川县	340	和平县	349

阳 江 市

市辖区	354	阳春市	359

清 远 市

市辖区	364	连南瑶族自治县	385
佛冈县	368	英德市	391
阳山县	376	连州市	398
连山壮族瑶族自治县	380		

东 莞 市

市辖区	401

中 山 市

市辖区	406

潮 州 市

市辖区	411	饶平县	414

揭 阳 市

市辖区	419	惠来县	428
揭西县	423	普宁市	433

云 浮 市

云城区	438	郁南县	450
云安区	442	罗定市	456
新兴县	446		

第三编　海南省分县土壤图与土壤剖面数据

海 口 市

市辖区	464	琼山区	467

三　亚　市

市辖区······473

儋　州　市

市辖区······476

海南省直辖县级行政区

琼海市······484	临高县······519
文昌市······489	白沙黎族自治县······525
万宁市······496	昌江黎族自治县······530
东方市······501	乐东黎族自治县······534
定安县······506	陵水黎族自治县······539
屯昌县······510	保亭黎族苗族自治县······545
澄迈县······513	琼中黎族苗族自治县······549

附　　录

附录1 广东省县级行政区及分县主要土壤类型与土壤剖面点分布图地域名对照表······556

附录2 海南省县级行政区及分县主要土壤类型与土壤剖面点分布图地域名对照表······559

附录3 专题图基础地理要素图例······560

附录4 土壤图土类图例······561

附录5 中国主要土壤类型简表······563

附录6 广东省、海南省主要土壤类型表······568

附录7 分省土壤有机质含量图有机质含量分级图例······569

附录8 广东省、海南省典型剖面0—20cm土层土壤理化性状中位数与平均数······570

附录9 广东省、海南省主要土地利用类型0—30cm土层土壤有机质含量······571

附录10 广东省、海南省耕地、园地、林地和草地中主要土壤类型占比······572

附录11 《中国土壤剖面数据集》参编单位······574

参考文献······576

中国土壤剖面数据集·粤琼港澳卷

第一编 | 编制说明与序图

编 制 说 明

编制目的

土壤是农业的基础，也是维持地球碳、氮、硫、磷等重要生命元素正常循环的基础。肥沃的土壤促进了人类文明的诞生和繁荣。科学研究表明，地球上种类繁多、形态各异的土壤是在气候、生物、地形、时间、成土母质五大成土因素共同作用下形成的。北京社稷坛铺设的青、白、红、黑、黄五种不同颜色的土壤（五色土），分别代表我国东、西、南、北、中五大区域的典型土壤。不同类型的土壤性状差别很大。例如，南方红壤呈酸性，易缺乏钾离子、钙离子、镁离子等阳离子，农业生产上要注意调酸和补充富含钾、钙、镁的肥料；而西部土壤有机质含量低，施用有机肥料和秸秆还田对提高地力至关重要。我国人均土地资源紧缺，要实现粮食安全、环境安全和可持续发展，需要精准掌握各地土壤资源与质量状况，做到因土制宜，科学管理。

《中国土壤剖面数据集》是国家自然资源基本资料之一，其首次以分县土壤图和土壤剖面理化性状表的形式，提供了我国各地详尽的土壤资源与质量科学数据，为农业、林业、环境、气象、国土、水利等部门了解各地土壤质量状况，科学利用土壤资源，发展绿色农业、特色农业和节水农业，进行耕地保育、科学施肥、面源污染防治和基本农田保护提供了基础数据，也为农业科学、环境科学及地学、气象、测绘、水利多个学科领域的科研工作者研究陆地生态系统生产力及其演变、地球物质循环、气候与环境变化提供了科学依据。

本数据集编入的土壤质量数据亦是我国在全国范围内首次完成的土壤理化性状的科学记载，对了解我国土壤与环境质量时空演变具有起始点数据的意义。通过这些数据，科研工作者可以追溯我国全国范围土壤与环境相关过程至20世纪80年代，分析和了解导致土壤质量变化的环境和人为因素，并对土壤与环境质量演变趋势进行预报与预警。历史上的土壤调查结果不能被新的调查结果替代，这一不可替代性使得本数据集将成为我国农业与环境领域最具影响力的工具书和参考书之一。

土壤数据基础知识

本数据集收录的土壤数据源于土壤调查。为便于读者了解和应用这些数据，本节对土壤调查的目标、内容与主要方法，土壤数据的时空维度特征，土壤数据的应用领域与时效性做一简要介绍。

（一）土壤调查的目标、内容与主要方法

土壤调查的主要目标是查清一个区域内土壤资源与质量状况及其空间分布特征。19世纪末期至20世纪中后期，各国土壤调查的主要目标是查清土壤类型及分布特征[1-2]。由于不同土壤类型最典型的区别是成土过程中形成的土壤剖面特征，因而在传统的土壤调查中，需要在调查区域内进行多点采样，并在每个采样点对0—1—2m深土体的土壤剖面进行分层采样、观测、理化性状分析，记录剖面各分层土壤理化性状，据此进行土壤

分类、命名，并最终依据多点调查结果完成土壤图的绘制。

20世纪末期以来，全球人口及经济快速增长导致人均土地资源和水资源紧缺、环境污染、气候变化与粮食安全危机，不同行业及学科领域对土壤生产功能和环境功能的关注度不断提高，土壤调查的核心内容也逐步从查清土壤类型分布特征转为土壤功能调查。土壤功能调查的目标是了解土壤生产力、土壤环境质量和土壤健康质量等。例如，为了耕地保育和科学施肥，需要进行土壤有效养分含量状况、土壤障碍因素调查；为了了解环境质量，需要进行土壤污染状况、土壤环境容量调查；为了发展节水农业，需要进行土壤保水性状调查；为了控制水污染，需要进行流域农田土壤氮、磷流失特征与风险调查。土壤功能调查的内容主要为可量化的、或含义单一且明确、易于被其他学科和行业认知的土壤功能性指标，如土壤有机碳含量、土壤重金属含量、土壤质地类型、耕层厚度等。在土壤功能调查中，也需要在调查区进行多点采样，并根据调查目标的不同，选择适宜的采样深度。例如，当调查目标是了解土壤有效养分供应量或农田土壤污染物含量时，通常仅对耕层土壤进行采样；当调查目标是了解土壤保水性能、土壤水土流失与养分流失性状时，则需要对较深的土壤剖面进行分层采样和观测。

较早的土壤调查主要通过地面多点采样来了解一个区域土壤资源与质量性状的空间分布特征。近年来，随着遥感技术、地理信息系统（GIS）技术、模拟技术与大数据技术的发展，土壤质量相关数据（如数字高程、土地覆盖、植被数据等）产生量急剧增长，这使得在大区域尺度内通过多类型相关信息精确地捕捉和表达土壤质量性状以及相关过程成为可能。在国际上，地面采样调查与辅助信息结合的方法——数字土壤制图方法（digital soil mapping）已成为土壤调查的重要方法[3]。该方法能利用采样设计、辅助信息、推理模型与地统计检验，大幅度减少地面采样和土壤理化性状测试分析的工作量。与传统方法相比，采用数字土壤制图方法进行土壤调查，可缩短调查周期，降低调查成本，提高用土壤专题地图表征土壤资源与质量性状空间分布特征的可靠性和精度，从而提高土壤调查的效率与质量。

（二）土壤数据的时空维度特征

在现代社会，农业、环境等领域的专业工作者要了解最新的土壤调查结果，更需要掌握未来土壤质量变化趋势，以便根据变化趋势、自然与人为要素对土壤质量的影响，制定具有针对性的政策与技术措施，实现高产、稳产和环境安全。要精确进行土壤与环境质量预测和预警，就需要对重要的土壤质量性状进行周期性的采样、调查、记录，构建具有时空维度的土壤质量数据。这意味着历史上完成的土壤调查不能被新的调查所替代，所以其结果十分宝贵。

土壤数据最重要的特征之一是时空维度特征。通过历史上的土壤调查结果记录，构建具有时间序列的土壤质量科学数据，能将土壤质量现状与土壤质量演变过程相关联，并以此对土壤质量演变趋势和导致其变化的因素进行分析、预测。而土壤数据标有空间坐标，便于科研工作者将土壤调查结果与其他类别的要素和过程，如与气候、地形、土地利用情况有关的变化信息，以及随施肥投入农田的碳、氮、硫、磷数据等相关联，从而进一步提高分析的精度和预测、预报的可靠性。

土壤圈处于地球大气圈、水圈、生物圈和岩石圈的交会处。土壤层中的生物过程和物质循环过程既活跃，又具有一定的稳定性，能较好地反映地球水圈、土壤圈、大气圈、生物圈及岩石圈五大圈层动态交互作用的结果。具有时空维度的土壤科学数据对于阐明土壤与环境过程并弄清其驱动因素、预测未来土壤与环境质量变化具有不可替代的作用。

近年来，具有地理坐标的土壤剖面点数据受到科学界的广泛关注。剖面数据记载了土体构造、剖面分层土壤理化性状，是了解成土过程的基础，也是构建推理模型，量化表征区域尺度土壤过程、流域水土流失与氮磷流失特征、碳氮循环与环境质量演变的基础。在过去的半个世纪中，尽管完成了大量的土壤剖面调查，但由于在较早的土壤调查中尚未使用全球定位系统（GPS）设备，各国在构建地理坐标的土壤剖面点数据库上差别较大。目前，美国完成了约2万个有地理位点标识的土壤剖面数据[4]，澳大利亚已完成约16万个有地理坐标的土壤剖面数据[5]，欧盟各成员国共享使用的土壤剖面数据库含4000个剖面的分层土壤理化性状数据[6]。本数据集则汇集了我国总计6万多个有地理坐标的土壤剖面数据。

（三）土壤数据的应用领域与时效性

表1汇总了本数据集编入的土壤理化性状及其主要影响因素与过程、时间变化特征、所关联的土壤质量性状和应用领域。

表1　土壤理化性状及其主要影响因素与过程、时间变化特征、所关联的土壤质量性状和应用领域

土壤理化性状	主要影响因素与过程	时间变化特征	所关联的土壤质量性状	应用领域
土壤类型	成土过程	变化慢	土壤肥力与环境质量	农业、水利、环境、建筑、肥料工业等
剖面深度（指剖面各土层厚度的总和）	成土过程	变化慢	土壤肥力、土壤环境容量、土壤保水和保肥性能、土壤持水性能	农业、环境等
土体构造（指土壤剖面各发生层有规律的组合，是土壤剖面最重要的特征）	成土过程	变化慢	土壤肥力、土壤环境容量、土壤保水和保肥性能、土壤持水性能、土壤透水性能	农业、水利、环境等
母质	成土因素	变化慢	土壤肥力、土壤矿物组成、矿质养分含量、土壤质地	农业、水利、环境、肥料工业等
质地	成土过程、母质	变化慢	土壤肥力、土壤环境容量、土壤持水性能、土壤耕性、土壤有机碳与养分含量、土壤重金属吸附性能	农业、水利、环境、建筑等
颜色	土壤氧化还原、淋溶等成土过程，土壤有机质累积过程	变化较慢	土壤肥力、土壤有机碳与养分含量	农业
土壤结构	成土过程、耕作措施	耕层：变化快；深层：变化慢	土壤水分、通气与养分供应状况，土壤持水性能、土壤透水性能、土壤阳离子交换量、土壤孔隙度、土壤松紧度、土壤耕性等多个土壤肥力相关性状	农业
有机质含量	成土过程、质地、土地利用、施肥、轮作等	变化较慢	与多项土壤肥力与环境指标密切相关，是土壤肥力最重要的指标	农业、环境、肥料工业等
全氮含量	成土过程、土地利用、施肥、轮作等	变化较慢	土壤肥力、土壤供氮性能	农业、环境等
全磷含量	成土过程、母质等	变化较慢	土壤肥力、土壤供磷性能	农业、环境等
全钾含量	成土过程、母质等	变化较慢	土壤肥力、土壤供钾性能	农业、环境等
pH	成土过程、酸雨、土壤调理剂施用等	变化快	土壤肥力、土壤养分有效性、土壤结构及重金属吸附性能	农业、环境、肥料工业等
碱解氮含量	土地利用、施肥等	变化快	土壤供氮性能、土壤氮素流失特征	农业、环境、肥料工业等
有效磷含量	土地利用、施肥等	变化快	土壤供磷性能、土壤磷素流失特征	农业、环境、肥料工业等
速效钾含量	土地利用、施肥等	变化快	土壤供钾性能、土壤钾素流失特征	农业、环境、肥料工业等
阳离子交换量	成土过程、黏粒、有机质含量、盐分含量	变化较慢	土壤供肥和保肥性能、土壤重金属吸附性能	农业、环境等

在表1中，主要影响因素与过程指对某项理化性状起主要作用的过程和因素。例如，土壤类型、土壤剖面深度、土体构造、母质、土壤质地类型主要由成土过程或成土条件决定；土壤有机质含量和土壤全氮含量则受成土过程、施肥及轮作等农业技术措施的共同影响；在耕地土壤上，施肥等农业技术措施对土壤碱解氮、有效磷、速效钾等土壤有效养分含量的影响很大。

土壤理化性状的现势性主要取决于其影响因素与过程的时间尺度。自然条件下，成土过程通常需要数万年。受成土过程影响的土壤类型、土层厚度、土体构造、土壤质地类型、母质等土壤理化性状变化很慢，CRT值（土壤特性响应时间，characteristic response time）达上千年，可称为土壤稳定性要素或慢变化性状，其相关数据时效性很长，可长久使用。而农田土壤有效养分含量、酸碱度、耕层厚度等土壤质量性状受施肥和耕作等农业措施影响大，变化较快。例如，农田土壤有效磷、速效钾养分含量，在大量施用磷肥、钾肥条件下，10余年后可成倍提升。这些土壤理化性状亦可称为土壤变化性要素或快变化性状。

不同土壤理化性状的应用范围既取决于其现势性、时空维度特征，又取决于其所关联的土壤质量性状。土壤剖面深度、土体构造、质地、有机质含量等与土壤持水、保肥、通气和透水性能密切相关，可供农业、水利、环境、金融等行业用于农田稳产、高产性能，农田排灌设施规划与灌溉定额编制，农田水土流失风险分级，流域农田蓄水容量与降雨后流失水量分级，农田水、旱灾害风险分级，农田环境容量测算等各方面的地力评价。土壤有效养分含量、pH与土壤需肥性状和调酸性状密切相关，可供农业、肥料生产和销售部门用于科学施肥和土壤改良。土体构造和质地、土壤结构、土壤有效养分含量还影响流域农田土壤养分流失特征，农业和环境部门在进行农业面源污染防控时，可利用这些土壤性状与其他要素共同编制流域污染源解析与控制类型区分布图，以便对农业面源污染采取分类型、分区段的源头控制措施。土壤有机质含量变化也是了解气候变化和碳减排措施效果的基础，对于环境管控和环境外交具有重要意义。

数据集内容

本数据集全集共25卷，收录了我国2200多个县（市、区）的分县土壤图和6万多个土壤剖面的理化性状数据。根据各省级行政区土壤剖面数量的多寡和地域关联特征，既有一个省（自治区）的单卷，也有多个省（自治区、直辖市、特别行政区）的合订卷。

为便于读者了解各地土壤资源与质量分布概况及其主要特征，编者为各分卷编制了省级行政区的土壤图、土壤有机质含量图与地势图三图。读者可通过分省三图查询各省级行政区任何地区拥有的主要土壤类型，了解其土壤有机质含量及其地势、地貌特征。此外，编者还编制了全国土壤图、土壤有机质含量图与地势图三图附于各分卷，供读者比较和了解各省级行政区土壤资源及质量特征同全国其他地区的区别和关联。

各分卷的第二部分为分县土壤图与土壤剖面数据。在每个省级行政区内，各分县按四部分展示土壤及其相关信息，即分县主要土类说明、本区域中心区气候特征、主要土壤类型与土壤剖面点分布图以及土壤剖面理化性状表。在本卷目录中，分县按民政部于2022年3月发布的《2021年中华人民共和国行政区划代码》中的地级、县级行政区顺序排序。本卷目录中仅收录了县域内有土壤剖面数据的县级行政区，无土壤剖面数据的县级行政区未纳入本卷目录中，并在附录1和附录2中对其进行了标注。

土壤数据来源

编入数据集的分县土壤图与土壤剖面理化性状数据主要源于全国第二次土壤普查（以下简称"二普"）。二普是我国现代规模最大的、以查清土壤类型和土壤肥力为主要目标的土壤资源综合调查。二普之前，我国土壤调查以观测性调查和定性评价为主，很少有采样化验。在总结之前国内外土壤调查经验的基础上，二普不仅完成了我国迄今为止最为详尽的土壤分类调查，也首次在全国范围进行了高密度土壤采样化验，开启了我国用土壤理化性状量化指标描述土壤资源与质量状况的时代。

二普地面采样调查实施于1979—1987年，调查区域基本覆盖我国全陆域。二普不仅地面采样密度高，科学性和系统性也比较突出。全国百余名长期从事土壤研究的科研工作者共同制定了全国土壤分类系统和统一的土壤调查技术规程[7]。在地面调查中，各地以1:1万比例尺地形图作为工作底图，以乡为调查单元进行野外采样作业，全国共挖取土壤观察剖面550余万个，记录了1—2m深土体各发生层形态和特征，并根据土壤分类标准对土壤进行了分类和命名。对边远区、高寒区和无人区应用遥感解译方法，填补了之前土壤调查及成图中上述地区土壤数据的空白。在大量剖面土体观测和采样调查的基础上，完成了全国绝大部分分县1:5万比例尺土壤图的绘制，牧区和边疆地区完成了1∶20万—1∶10万比例尺土壤图的绘制。二普还完成了10余万个典型剖面的分层采样，化验分析了剖面分层质地，有机质含量，大量、中量和微量元素含量，pH，阳离子交换量，土壤矿物组成等多项土壤理化性状，编制了分县土壤志。二普通过野外实地调查、采样和测试获取的土壤科学数据，至今仍是我国最详尽、最有实用价值的土壤资源基础数据，其精度与质量超过许多发达国家的土壤资源基础数据[8]。

如图1所示，收录于本数据集的土壤质量数据是对我国40多年前土壤质量状况的客观记录，亦是我国在全国范围内首次完成的土壤理化性状的科学记载，其中的土壤稳定性要素现势性较长，可在今后若干年间长期使用；而土壤变化性要素对了解我国土壤与环境过程的作用亦不可替代。这些数据使我们用现代科学手段研究各地土壤及相关过程的历史可上溯至20世纪80年代。

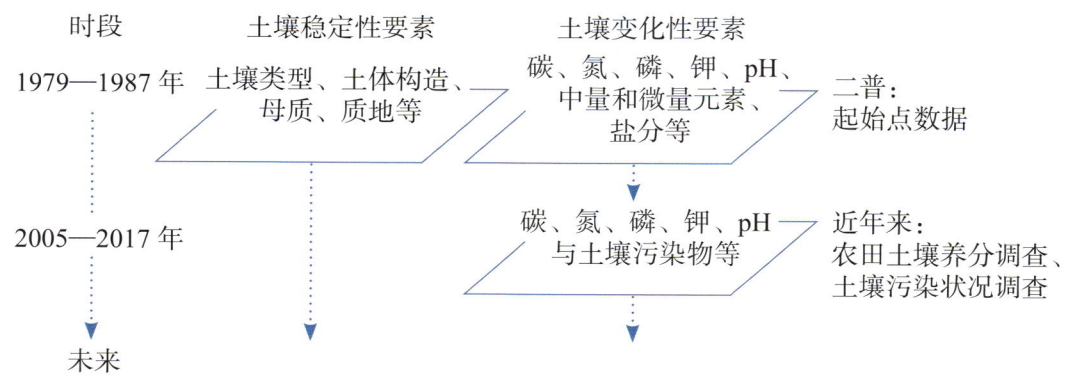

图1　全国性土壤调查所覆盖的时段

受历史条件限制，二普完成的大比例尺土壤图和土壤剖面理化性状主要为手绘纸质图件、非正式出版的铅印或油印资料，份数少且由各地自行保存。二普结束后，随着各地机构调整与人员变动，土壤调查资料被损毁或丢失严重。2000年以来，编者开始对各地分散存留的纸质分县土壤调查资料进行系统性收集、修复与整理，通过对宝贵的土壤科学数据的提取、整合和表达，我国科学研究与管理基础数据的水平得到了提升。本数据集收录的分县土壤图和剖面数据主要源于对全国分县土壤图、分县土种志和分省土种志的整理、提取、汇总与表达（表2）。

表2　数据集主要土壤资料与数据来源

资料类型	资料名称及数量
土壤图（纸质）	1∶5万分县土壤图，总计约1600个县
	1∶100万—1∶50万省级土壤图，总计570个县
土壤剖面资料（纸质）	分县土种志：约2200册，计约2200个县；分省土种志：28册
土壤有机质含量图（纸质）	全国、分省土壤有机质含量图
农区土壤耕层采样数据（电子）	2005—2017年在全国农区采集的、含GPS坐标定位的1000万个采样点耕层有机质含量数据

为编制全国与分省土壤有机质含量分布图，本数据集还使用了我国于二普期间完成的全国、分省土壤有机质含量图纸质图件和于2005—2017年在全国采集的1000万个具有GPS坐标定位的采样点耕层有机质含量数据[9]。

编制方法——土壤大数据方法

我国幅员辽阔，不同地区土壤的土壤类型及其质量状况和分布特征差别较大，各地土壤调查技术条件和水平差别也较大，因此各地分县完成的图件和剖面资料在形式和内容上有较大差异。在用异源土壤数据生成新数据时，新数据的科学性既取决于各异源数据本身的科学性和可靠性，也取决于数据整合采用方法的科学性和可靠性。例如，对分县剖面资料进行整合时，对国标上未出现过的土壤类型名进行归并需要有土壤分类学上的依据；用新的土壤调查数据对原有土壤有机质含量图进行更新，也需要有进行合并表达的科学依据。编制本数据集需要对海量异源数据进行提取、分析、整合、缩编与表达，数据分析流程复杂。同时，在数据分析过程中，土壤专业问题，非标准化数据问题，计算机硬、软件平台系统问题和数据分析员、程序员疏漏问题等可能引致多类别数据分析错误。若既要准确无误地完成各项数据分析技术任务，又要在繁复的数据分析流程中有效贯彻科学原则、实现数据分析科学目标，这就需要一套科学的方法体系。为此，本数据集编者通过研究异源非标准土壤数据特征，融合应用土壤学、数据科学、人工智能、人机交互设计方法与地理信息系统技术，创建了土壤大数据方法[10-11]。

土壤大数据方法是专门供土壤科研工作者使用的一种设计方法，是对经典土壤学研究方法的补充，主要适用于对海量异源土壤数据信息的提取、筛选、分析与表达。通过土壤大数据方法的使用，科研工作者能够分析、认识和阐明土壤性状及相关过程和规律。土壤大数据方法的主要设计规则为以层级化的流程设计实现土壤科学层面的需求设计统领体系架构设计，界定各分段流程目标和关联，部署低层级分段流程、模型和功能模块；以独立于数据流程的监控设计实现土壤科学家对全流程的掌控和人工干预。土壤大数据方法的设计内容包括数据科学分析目标与科学基础界定、数据流程体系架构、流程及软件工具设计、数据流程监控设计。设计中，所有节点均采用双命名制命名，即对流程中各节点数据同时进行土壤科学内涵命名和函数代码命名。应用以上设计方法编制设计文档，能在庞杂的异源、异质、异形、异构大数据分析中，实现以科学目标引领数据分析流程，以自动化、人工智能、人机交互式的数据流程替代人工流程，提高大数据分析效率。

在本数据集编制过程中，编者需要完成图件与资料数字化、矢量化，元数据构建，信息提取、过滤、分类、赋码，土壤空间数据逻辑结构、存储结构归一化，统计检验，数据整合、缩编表达、输出等多项数据分析任务，分段流程达1500余个，需要存储的重要节点数据超过2000个，数据量超过20TB。采用土壤大数据方法，编者自主设计和完成了6个土壤大数据分析工具软件包，其中包含157个功能模块（表3），设计文档的科学和工程目标实现率超过99%，为准确、高效完成数据集编制提供了保障，也为土壤学研究提供了新的方法。

表3 系列化土壤大数据分析软件包及其主要功能与模块数

软件包	主要功能	模块数/个
IMAT2.0（intelligent mapping tools）智能化制图工具	异源土壤空间数据的要素提取、过滤、分类、赋码、坐标转换，空间库要素与字段的编辑，图幅与图层的编辑，土壤要素空间库外挂属性表编辑与管理等	35
IMAT-big（intelligent mapping tools for big data）智能化大数据制图工具	超大土壤及相关要素空间数据的要素筛选、图层拆分、数据整合、节点监控、逻辑结构重组等分析	37
IMAP（intelligent map presentation）智能化地图表达工具	土壤大数据地图制图表达与输出	30
ISPA（intelligent soil profile data analysis）智能化土壤剖面数据分析	异源土壤剖面数据的信息提取、过滤、赋码、坐标匹配、检验、整合与统计等	22
ISPP（intelligent soil profile presentation）智能化土壤剖面表达	土壤剖面图表及辅助信息的表达	12
IMAT-SOM（intelligent mapping tools-SOM）土壤有机质制图工具	异源土壤有机质数据整合与表达	21

中国土壤图、中国土壤有机质含量图与中国地势图编制

编制全国三图的目的是便于读者在全国视角和尺度上了解我国各地区土壤资源与质量状况空间分布特征，土壤类型和土壤肥力与地势、地貌之间的相互关联。其中，土壤图用于展示土壤资源分布状况及与成土过程相关的土壤质量状况；土壤有机质含量图用于直观反映土壤肥力情况；地势图便于读者了解不同类型和肥力水平土壤的地势、地貌特征。全国三图的制图比例尺为1∶1300万。

全国三图中采用的境界、城市等基础地理信息要素源于中国地图出版社出版的《第一次全国地理国情普查地图集》[12]和《中国地图集》[13]。全国三图中，境界、水系、居民地、地级以上城市等基础地理信息要素的图示与图例表达见附录3。

（一）中国土壤图

由于制图比例尺小，中国土壤图是在二普完成的1∶400万比例尺全国土壤图的基础上进行矢量化和缩编表达获得的。在缩编表达过程中，土壤类型仅保留了我国土壤分类系统中的第三层级——土类。

在土壤图中，土类颜色主要根据不同土类在其成土因素、发育程度下形成的典型颜色进行设计（附录4）。红色系供土壤富铝化程度高的土壤选用，如红壤、砖红壤、赤红壤等；黄色系、棕色系供干旱区发育程度低的土壤选用，如黄绵土、灰漠土、灰棕漠土等。受灌水、耕作和地下水影响大的土壤采用绿色系，如水稻土、灌淤土、潮土、草甸土等，表示土壤肥力较高，绿色植物生长茂盛；黑土、黑钙土、栗钙土、棕壤、褐土、黄棕壤、紫色土等分别选用深棕色系、褐色系、紫色系；盐土、碱土、沼泽土等植物生长有障碍的土类采用暗色系，如暗紫色系、灰褐色系、青灰色系等，表示土壤生产力低下，植物生长较差。这一颜色设计与国标相关规定一致[14]。

在图例中，按照我国主要土壤类型从南到北、从东向西的地带性分布规律对土类进行排序，附录5所列中国主要土壤类型的排序也按此规则编排。

（二）中国土壤有机质含量图

土壤有机质含量是指土壤中各种含碳有机物质的总和。土壤有机质主要包括土壤腐殖质、半分解的动植物残体、与土壤黏粒和细粉粒紧密结合的有机物质、土壤微生物体所含的有机物质等。以动植物残体形式进入土壤的有机物质成为土壤生物的食物，供养土壤生物的生命活动；在土壤生物，特别是土壤微生物作用下生成的土壤腐殖质，能够促进土壤团聚体形成，提高土壤保水、保肥、供水、供肥性能，提高土壤肥力，并大幅度提高耕地土壤高产、稳产性能。因此，土壤有机质含量是最重要的土壤质量指标之一。土壤有机质碳量是大气总碳量的2倍，是地球植被总碳量的3倍，参与地球陆域碳循环总碳量中80%的碳以土壤有机质碳的形式存在。研究显示，土壤有机质含量实质上是土壤有机碳投入和分解之间动态平衡的表现，影响这一平衡的主要因素为气候、土壤质地与土地利用方式，施肥和耕作等农业技术措施对其影响则相对较小。当影响平衡的主要因素未发生变化时，土壤有机质含量也比较稳定[15]。

中国土壤有机质含量图由各分省土壤有机质含量图（0—30cm土层）合并编制生成。制图用源数据和编制方法在分省土壤有机质含量图编制说明中加以叙述。

为展示全国范围的土壤有机质含量空间分布特征，编者在中国土壤有机质含量图的图示和图例表达中采用了有机质含量范围的非等距划分分级方式，将我国土壤有机质含量分为7个等级（表4），各分级所占我国陆域面积的比例也列于表中。其中，占我国陆域面积29%的"很低"和"低"两个分级的土壤（有机质含量小于10g/kg）主要分布于西北干旱地区，而"较高""高""很高"三个分级的土壤（有机质含量大于25g/kg）主要分布于东北、西南地区，这些地区森林覆盖率较高，雨量充沛，温度适宜，有利于土壤有机质的累积。

表4 中国土壤有机质含量（0—30cm土层）分级

分级	分级释义	有机质含量/（g/kg）	换算系数	有机碳含量/（g/kg）	占陆域面积/%
1	很低	≤5	1.724	≤2.9	5
2	低	5—10（含）	1.724	2.9—5.8（含）	24
3	较低	10—15（含）	1.724	5.8—8.7（含）	18
4	中	15—25（含）	1.724	8.7—14.5（含）	19
5	较高	25—35（含）	1.724	14.5—20.3（含）	9
6	高	35—45（含）	1.724	20.3—26.1（含）	16
7	很高	>45	1.724	>26.1	6

（三）中国地势图

地势图是表示制图区域地貌特征的专题地图，强调表现地面的高低起伏、倾斜程度及其区域对比关系，以及与地形密切相关的河流、湖泊等水系要素分布特征，显示出制图区域山河分布的脉络体系、结构形式、各种地貌类型的形态特征。地势是影响土壤类型的重要因素，地势图也是编制土壤图、气候图、植被图等的基础。

中国地势图的地貌晕渲图采用 SRTM3 DEM（shuttle radar topography mission，digital elevation model，2003）数据，考虑我国地势呈三级阶梯状分布的特点，按 0—50—100—200—500—800—1000—1200—1500—2000—2500—3000—3500—5000m 及以上设计高度表，以深绿色—黄绿色—棕色—紫色色调的象征色表示海拔由低向高过渡。其他矢量数据来源于中国地图出版社编制的 1∶400 万《中国地形图》[16]。河流参照中国地图出版社编制的《中国河流、水运资料图》进行选取、表达，三级及以上河流全部选取，二级及以上河流标注名称，低级别河流适当选取以反映区域水系特点；成图面积 4mm² 以上湖泊和水库全部表示，但仅标注大型湖泊名称，小面积湖泊适当选取以反映区域特点，如青藏高原湖泊群分布；山脉、山峰参照中国地图出版社编制的《中国山脉资料图》选取，三级及以上山脉全部选取、表达，二级山脉主峰及知名山峰标注名称和高程，我国主要高原、平原、盆地和沙漠均选取、表达；自然地理要素分级参考中国地图出版社采用的地图编制分级系统；根据版面载负量情况选取省会、部分地级市和少量县级居民点（主要位于西部地区），居民地主要用于定位参照。

分省土壤图、分省土壤有机质含量图与分省地势图编制

编制分省土壤图、分省土壤有机质含量图与分省地势图三图的主要目的是使读者了解各省级行政区内不同地区土壤类型、土壤肥力与地貌的主要分布特征及其相互关联。其中，土壤图用于展示土壤资源分布状况及与成土过程相关的土壤质量状况；土壤有机质含量图用于直观反映土壤肥力情况；地势图便于读者了解不同类型和肥力水平土壤的地势、地貌特征。为便于比较，每个省级行政区的分省三图采用的比例尺相同，制图则采用幅面固定、各省级行政区制图比例尺自适应方法。

分省三图中采用的境界、城市等基础地理信息要素源于中国地图出版社出版的《第一次全国地理国情普查地图集》[12] 和《中国地图集》[13]。分省三图中，境界、水系、居民地、地级以上城市等基础地理信息要素的图示与图例表达见附录 3。

（一）分省土壤图

为编制数据集用分省土壤图，编者对二普完成的纸质分省土壤图（原图比例尺主要为 1∶50 万）进行了地理校正、空间要素提取、图层与分级码标准化、土壤学专业校正、属性表制作、挂接和专题图缩编表达。在缩编表达过程中，制图比例尺一般在 1∶200 万—1∶100 万之间。由于制图比例尺较小，土壤类型仅保留了我国土壤分类系统中的第三层级——土类。各土类颜色与中国土壤图中采用的土类颜色相同（附录 4）。在分省土壤图中，按照我国主要土壤类型从南到北、自东向西的分布规律对图例中的土壤类型进行排序。附录 5 所列中国主要土壤类型的排序也按此规则编排。附录 6 列出了广东省、海南省主要土壤类型及其占省级行政区域面积百分比。

（二）分省土壤有机质含量图

1. 数据源说明

本数据集中，土壤剖面理化性状表给出了有确切时间和空间坐标的剖面信息。分省土壤有机质含量图的主要作用是便于读者直观了解各省级行政区最重要的土壤肥力指标——土壤有机质含量的空间分布特征。

二普中，受当时技术条件限制，全国仅完成了比例尺为1∶400万的纸质土壤有机质含量分布图的绘制，19个省、自治区、直辖市完成了比例尺为1∶250万—1∶50万的纸质分省土壤有机质含量分布图的绘制。直接采用小比例尺纸质图矢量化生成的土壤有机质含量等级划线图作为分省土壤有机质含量图，存在有机质含量分级的级差大、信息均化、图斑大、制图精度不够等问题，难以精细表现一个省级行政区域内土壤有机质含量的空间分布特征。

2005—2017年，我国在农区进行了测土施肥，农田耕层采样点达到1000万个。这批数据的主要优点是采样密度大且有空间坐标，通过对这批数据进行空间插值分析，可较精细地展示各地农田土壤有机质含量分布特征；其缺点是采样点主要集中于占陆域面积不到20%的农田，仅采用这批数据难以绘制覆盖全域的土壤有机质含量分布图。考虑到土壤，尤其是林地、草地土壤的有机质含量变化较慢，在制图中采用了混合时段数据合并表达的方式。对无测土数据的林地、草地等，仍然采用从小比例尺土壤有机质含量等级划线图中提取的数据；对有测土数据的农田，则采用2005—2017年间耕层采样数据，对原有数据进行了更新。通过对两源数据的提取、土层转换、合并、插值，最终生成各省级行政区土壤有机质含量分布图（土层厚度0—30cm），这样既可较精细展示出各省级行政区土壤有机质含量的空间分布特征，也能保证所做专题图有很强的现势性。

三个数据源制图表达结果比较显示，采用异源数据合并表达的方式制图，各分省图展示的有机质含量空间分布特征与二普小比例尺图相近，但制图精度有较大改进，一个省级行政区域内土壤有机质含量的空间分布特征更为清晰（表5）。

表5　三个数据源制图表达结果比较

数据源	土壤有机质含量图制图表达效果	
	优点	存在问题
采用二普完成的手绘图	小比例尺手绘图中，土壤有机质含量地带性分布特征十分明显；基本无数据空区	局部地区图斑大，制图精度不够
采用新的测土数据插值生成	有数据的区域制图精度高	占陆域面积约80%的林地、草地和一些县域无新的测土数据，难以通过采样点插值生成覆盖全域的有机质含量图
异源数据合并表达	基本无数据空区；制图精度有较大改进；小比例尺图中土壤有机质含量的地带性分布特征被保留	用混合时段数据表达全陆域土壤有机质含量分布状况，其中林地、草地数据主要源于20世纪80年代采样数据，农田数据更新至2017年

表6汇总了分省土壤有机质含量图的主要制图信息。制图采用异源数据合并表达的方式，生成的分省土壤有机质含量图所代表的时间段为1979—2017年，图中核算土壤有机质含量的土层厚度为0—30cm。

表6　分省土壤有机质含量图制图信息

制图数据	异源数据合并表达
采样时间	草地、林地及其他非农田土壤采样时间段为1979—1987年，农田土壤采样时间段为2005—2017年
土层厚度	0—30cm（对采样深度不足0—30cm的耕层采样数据，用剖面数据进行了土层厚度转换，统一转换为0—30cm）
制图方法	普通克利金插值（ordinary Kriging）
网格尺寸	200m

2. 制图表达说明

我国地域辽阔，各地土壤有机质含量差异极大。西北部地区降水量少，土壤粗砂粒含量高，风沙土、漠土大量分布，占我国陆域总面积的12.6%，其0—30cm土层内有机质平均含量不到10g/kg；东北部地区雨量充沛，气候、植被有利于土壤有机碳累积，其0—30cm土层有机质平均含量在40g/kg以上。另外，一些省级行政区的土壤有机质含量变化范围很宽，如内蒙古土壤有机质含量主要为4—70g/kg；而北京、山东等地土壤有机质含量变化范围很窄，为7—17g/kg。

为使各省级行政区域内土壤有机质含量空间分布特征均能得到充分展示，编者在分省土壤有机质含量图的图示和图例表达中对有机质含量范围进行等距划分分级，根据各省级行政区土壤有机质含量分布特征，将有机质含量分为7—14个等级。各分级的颜色设计及其RGB与CMYK色码见附录7。

（三）分省地势图

根据各省级行政区的成图比例尺和地形特点，选取合适精度的数字高程模型（DEM）栅格数据，确定设色原则和色层表进行分层设色，编制彩色晕渲的分省地势图。图中的河流水系及山峰、山脉等地理要素基于中国地图出版社研制的多尺度中国地图数据库选取，按各省级行政区地图设定的投影参数和比例尺投影转换后进行数据融合处理，再进行图形化编辑和地图整饰，最后输出成图。各省级行政区的彩色地貌晕渲图，按0—50—200—500—1000—1500—2000—3000—4000—5000—6000m及以上设计统一的高度表，但对一些低海拔平原地区，如天津、山东、上海等省、直辖市，则增添了20m等高距。确定统一的设色原则，建立色层表，以深绿色—黄绿色—棕色—紫色色调的象征色过渡方式表示海拔由低向高过渡，低海拔地区以绿色为主，中海拔地区以棕色为主，高海拔地区的高寒地带则用冷色调紫色。地势图中的其他地理要素，地级市及以上级别居民地全部选取，县级居民地根据图面载负量情况酌情选取；河流按等级选取以反映地域水系结构特点，主要河流加注名称；成图面积4mm²以上的湖泊和水库全部选取，大型湖泊、水库加注名称，适当选取小面积湖泊以反映区域分布特点；山脉按等级选取，仅标注主要山脉主峰和知名山峰。

县域中心区气候特征图表编制

气候是五大成土因素之一，也是土壤质量的重要影响因素。为便于读者了解各地土壤资源与质量状况及其与气候特征的关联，编者编制了各县域中心区（位于各县域中心点、代表面积约为400km²的区域）气候特征值表、月平均气温与月平均降水量分布图。各县域中心区气候特征值是通过对160个中国地面国际交换站的气象年值、月值以及日值数据的计算和空间分析获得的。气象数据的相关用语也采用中国地面国际交换站所用的表达方式。鉴于各地气候特征值需要依据多年气象观测数据分析和提取，而二普采样时段为1979—1987年，因此采用了1971—2000年共计30年的年值、月值和日值气象数据，气象数据时段覆盖二普采样时段。

在分县气候特征值编制过程中，先从相应的各数据源中提取出各站点年值、月值以及日值数据，再按照表7所示计算方法，计算160个站点的各项气候特征值并对其分别进行插值计算，获得覆盖我国全域、网格尺寸约为20km的网格化气候特征年值与月值数据，最后再与县域中心点图层叠加，提取出各县中心区气候特征值。各县所处气候带则是通过县域中心点图层与中国气候区划图叠加后提取获得的[17]。

表7 县域中心区气候特征值的计算方法与数据来源

县域中心区气候特征	计算方法	气象数据来源
年平均气温 /℃	30年的年值平均	中国地面国际交换站气候标准值年值数据集（160个站点，1971—2000年）
年平均最高气温 /℃		
年平均最低气温 /℃		
年降水量 /mm		
年平均相对湿度 /%		
年日照时数 /h		
月平均气温 /℃	30年的月值平均	中国地面国际交换站气候标准值月值数据集（160个站点，1971—2000年）
月平均降水量 /mm		
≥10℃的积温 /℃	一年中日平均气温≥10℃的温度值加和	中国地面国际交换站气候资料日值数据集（160个站点，1971—2000年）
干燥度	修正的谢良尼诺夫公式：$$干燥度 = 0.16 \times \frac{全年 \geq 10℃的积温}{全年 \geq 10℃期间的降水量}$$	
气候带	提取	1:3200万中国气候区划图

分县主要土壤类型与土壤剖面点分布图编制

编制分县主要土壤类型与土壤剖面点分布图的主要目的是使读者在一个较小的图幅上也能大致了解一个县域内主要土壤类型概况。编者通过对全国1∶5万土壤图的缩编表达，为有土壤剖面数据的县级行政区编制了分县主要土壤类型图。受地图幅面限制，在分县土壤图中，仅保留了我国土壤分类系统中的第三层级——土类，通过缩编滤掉了亚类、土属、土种信息。

各分县主要土壤类型与土壤剖面点分布图的制图采用幅面固定、制图比例尺自适应的方法，制图比例尺一般为1∶35万—1∶20万，自适应制图由编制者自行设计的软件模块自动完成。

在分县主要土壤类型与土壤剖面点分布图中，各土类颜色与中国土壤图中采用的土类颜色相同（附录4）。图中各土类在图例中的排序则按各土类占本县县域面积比例从大到小的顺序排列，便于读者了解本县内主要土壤类型的分布。

在分县主要土壤类型与土壤剖面点分布图中，为便于读者查找，剖面点按照其在图面的位置，先左后右、先上后下顺序编码，编码过程也由ISPP软件包（表3）中的模块自动完成。

分县主要土壤类型与土壤剖面点分布图中的基础地理底图来源于国家基础地理信息中心提供的1∶25万DLG（公众版）数据（使用许可协议编号：非2011-1011），基础地理信息要素的图示与图例表达主要参照相关国标（详见附录3）。为保证本数据集中主要土壤类型与土壤剖面点分布图的内容和土壤剖面数据表对应，分县主要土壤类型与土壤剖面点分布图中的市级界线、县级界线均采用二普时的普查界线，并以此作为分县主要土壤类型与土壤剖面点分布图的分幅标准。为兼顾地名位置定位准确性和图书实用性，地图中乡镇级及以上居民地分别根据新版《中华人民共和国行政区划简册》和各省级行政区地图册进行了更新，现势性截至2021年12月。为更好地表现全书的系统性与协调性，在地图下方加注说明县级行政区划变更情况，部分市辖区图幅的图名根据图上县级居民点进行了更新。

二普后，随着城市化的加快，城市周边土地利用情况变化很大，居民地面积大幅增加，导致一些分县土壤图中的土壤面积占县域面积比例和分县主要土类说明中的一些土类面积占县域面积比例较二普时均有下降。在一些大城市周边县（市、区），土地利用情况的变化使各类土壤总面积不到县域面积的60%。

二普时，分县完成了1∶5万比例尺土壤图编绘后，还通过省级汇总和缩编制图，完成了1∶50万比例尺省级土壤图。在省级汇总中，对一些分县土壤图中原有土壤类型名进行了修订。例如，浙江在进行省级汇总时，将分县土壤图中原命名为侵蚀型红壤亚类的大部分土属划归粗骨土类；安徽、湖北等省在省级汇总时将黏盘黄棕壤亚类改为黄褐土类。在对二普调查成果的数字整合中，编者仅收集到约1600个县的大比例尺土壤图（表2）。对大比例尺图数据缺失的县，则以省级土壤图裁切方式进行了补全。这种补全虽有利于完成覆盖我国全域的高、中精度土壤图，但也引起了在一个省级行政区里源于分县和分省的两类土壤图中土壤分类命名不统一的问题，编者在尽量保持调查资料原始记载的前提下，对这类问题进行了力所能及的修订。

分县土壤剖面理化性状表编制

分县土壤剖面理化性状表是本数据集的主体内容。前文已对各项土壤理化性状应用范围以及从分县纸质土种志中进行信息提取、表达和制作的方法做了说明，本节仅对土壤理化性状测试方法、剖面点坐标匹配方法与土壤剖面分类名的修订加以说明。

（一）土壤理化性状测定方法

本数据集所列土壤理化性状的测定方法见表8。其中，土壤有机质含量，土壤氮、磷、钾全量与有效态含量，pH，土壤阳离子交换量的测定方法以及土壤分类方法均为国标方法。剖面理化性状表中的土壤全氮、全磷、全钾、碱解氮、有效磷、速效钾含量均以N、P、K纯养分量计。

在二普中，我国大多数地区土壤质地分级采用了卡庆斯基制，仅极少数地区采用了国际制。其中，卡庆斯基制采用了简制,将土壤质地分为 3 组 9 种类型;国际制将土壤质地分为 12 种类型(表 9)。由于两种分级制中的质地分级名并无重复,因此在分县土壤剖面理化性状表中未对两种分级制的分级名进行合并。

表 8 土壤理化性状的测定方法

土壤理化性状	测定方法
有机质	湿灰化或干灰化消化后,重铬酸钾滴定法测定(丘林法)
全氮	凯氏定氮法测定
全磷	酸溶或碱熔消化后,钼锑抗比色法测定
全钾	碱熔或酸溶消化后,火焰光度法或四苯硼钠比浊法测定
pH	水浸提法,水土比为 5:1 或 2:1
碱解氮	扩散吸收法(康惠法)测定
有效磷	中性及石灰性土壤:Olsen 法测定;酸性土壤:Bray 法测定
速效钾	醋酸铵浸提后,火焰光度法或四苯硼钠比浊法测定
阳离子交换量	醋酸铵法测定

表 9 卡庆斯基制与国际制土壤质地分级名

等级序号	卡庆斯基制[1)] 土壤质地分级名	等级序号	国际制[2)] 土壤质地分级名
1	松砂土	1	砂土
2	紧砂土	2	壤质砂土
		3	砂质壤土
3	砂壤土	4	壤土
4	轻壤土	5	粉砂质壤土
5	中壤土	6	砂质黏壤土
		7	黏壤土
6	重壤土	8	粉砂质黏壤土
7	轻黏土	9	砂质黏土
		10	壤质黏土
8	中黏土	11	粉砂质黏土
9	重黏土	12	黏土

注:1)卡庆斯基制指按卡庆斯基粒径分级的质地分类。该分类制有简制和详制两种。简制有 3 组 9 种质地,其主要特点是将土粒分为物理性黏粒和物理性砂粒两级;按物理性黏粒或物理性砂粒的数量进行质地分类,而不是按照砂粒、粉粒、黏粒三个粒级的质量比分组。详制是在简制的基础上,把 9 种质地进一步细分为 39 种质地类别,把含量最多和次多的粒组作为冠词,顺序放在简制名称前面,主要用于土壤基层分类及大比例尺制图。卡庆斯基还提出根据石砾含量而定的附加分类,也可作为质地分类的冠词,主要应用于山地土壤的质地分类。
2)国际制土壤质地分类在第二届国际土壤学会上通过,根据砂粒(粒径 0.02—2mm)、粉粒(粒径 0.002—0.02mm)、黏粒(粒径小于 0.002mm)三粒组含量的比例,通过国际制土壤质地分类三角图,以黏粒含量为主要标准,小于 15% 者为砂土质地组和壤土质地组,15%—25% 者为黏壤组,黏粒含量大于 25% 者为黏土组,划定 12 种质地类别。

(二)土壤剖面点的坐标匹配

含地理坐标的剖面数据可直观展示该土壤剖面点所代表土壤的土层厚度、土体构造及理化性状等特征,也是构建推理模型,进行土壤及其理化性状数字制图的基础。

二普完成的分县土种志中虽无典型剖面地理坐标记载,却有关于剖面采样地点、景观和土壤剖面分类命名的详细记录,如乡镇名、村名、高程和土类、亚类、土属、土种名等。从 1:5 万土壤类型图与 1:5 万基础地理信息数据库中也能提取出上述信息。在1:5万比例尺空间数据库中，空间对象分辨率可达到100m×100m精度，折合为1hm²。在全国性土壤调查中，对于选择、确定典型剖面采样点点位，通常要求其所代表的土壤类型在面积上能代表采样点周围100亩（1亩≈666.7m²）以上的土壤，通过这种匹配方法获得的点位对实际采样点点位有较高的代表性。

为了使分县土种志中记载的剖面数据获得坐标，编者构建了多要素土壤剖面点坐标匹配模型，无空间坐标的土壤剖面从1:5万土壤类型图和基础地理信息数据库中获得空间坐标。坐标匹配模型工作机制如图2所示。首先，从分县土种志中提取出A源数据，即每个剖面隶属的土类、亚类、土属、土种名及剖面采样点地名、采样点高程等多要素信息；然后，用分县1:5万土壤图与多要素基础地理信息数据库叠加，生成含土类、亚类、土属、土种名和村名、乡镇名、高程等要素信息的空间数据，即B源数据；最后，利用多要素匹配模型，逐县对A、B两源数据进行匹配。当A源数据中某剖面点土类、亚类、土属、土种名和采样点地名、高程与B源数据中某土壤要素空间对象的四个土壤分类名、地名、高程等多要素信息一致时，该剖面点获得B源数据中土壤要素空间对象中心点坐标。若一个县域内，某剖面点与B源数据中多个空间对象存在配对关系，则取其中面积最大的空间对象的中心点坐标。

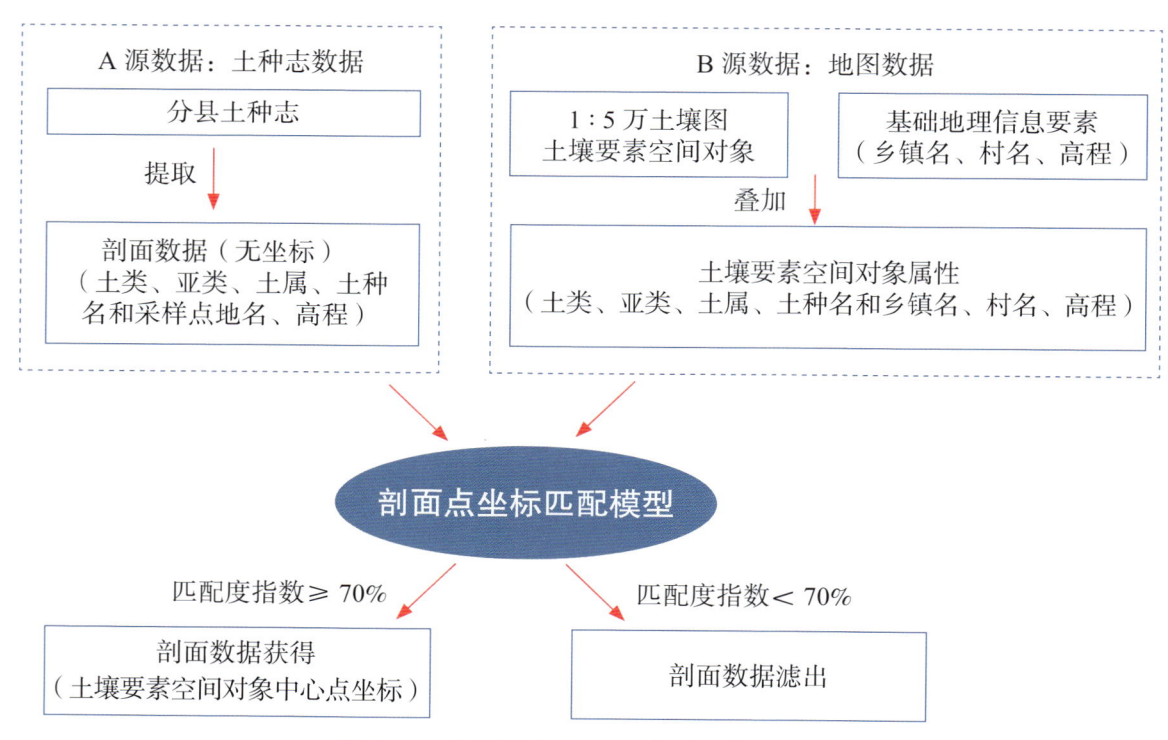

图2　土壤剖面坐标匹配模型工作机制图

为衡量每个土壤剖面坐标匹配的质量，在匹配模型中植入了匹配度评价模型，分析和提取每个土壤剖面点坐标匹配中多要素信息的吻合度。匹配度指数较高，代表两源数据中的土类、亚类、土属、土种名和地名、高程等多要素信息一致性高；匹配度指数较低，代表A、B两源多要素信息存在一些不一致性；匹配度指数小于70%的剖面数据会被滤出，该剖面也会从分县土壤剖面理化性状表中删除（表10）。利用坐标匹配模型，从分县土种志中提取出的10万余个剖面数据中，有6万多个获得了地理坐标并被收录于本数据集的分县土壤剖面理化性状表中，有约3万个由于匹配度指数较低被滤出。

表10　坐标匹配的匹配度指数及释义

匹配度指数 / %	释义
90—100	匹配度高：A（分县土种志）、B（地图）两源数据中乡镇名、村名和三个以上土壤分类名（土类、亚类、土属、土种）、高程均一致
80—90	匹配度较高：A、B两源数据中乡镇名、村名和两个土壤分类名（土类、亚类）、高程一致
70—80	具有一定匹配度：A、B两源数据中乡镇名、村名、土类名、高程一致
＜70	匹配度较低：A、B两源数据中地名和土类名不能全匹配

为检验通过匹配模型获得地理坐标的剖面对当地土壤类型是否具有代表性，编者自2008年以来，在河北、

山东、黑龙江、宁夏、海南等地挖取了300余个校验剖面，进行了比对研究。比对研究结果显示，校验剖面与二普完成的剖面记载在土壤类型、土体构造、母质、质地等土壤质量慢变化性状上都有很好的一致性。

（三）土壤剖面分类名的修订

分县土壤剖面理化性状表列出了每个土壤剖面的分类名。土壤分类名是对某一类土壤资源的抽象概括和表达，表述了各类土壤的主要成土过程以及各类土壤综合性的典型特征。如黑土是指在温带半湿润地区草甸草原植被条件下形成的具有深厚均匀腐殖质层的土壤，呈黑色，富含有机质和各种养分；褐土是指在暖温带半湿润地区形成的具有弱腐殖质表层和黏化层的土壤，盐基饱和度较高，呈棕褐色。土壤分类名既具有典型性，又具有综合性，是土壤最基本的属性。

二普中，我国基于全国第一次土壤普查经验制定了六等级土壤分类系统，这也是目前的国标系统。该系统中的六等级分别为土纲、亚纲、土类、亚类、土属和土种，从高级到低级，不同层级之间为隶属关系。其中，土纲用于界定水、温等主要的土壤成土条件，亚纲用来进一步区分土纲内成土条件与过程的差异，土类反映成土条件引致的最典型土壤特征，亚类反映土类内成土条件引致剖面特征的进一步分异，土属反映母质等成土条件引致亚类剖面的分异，土种反映同一土属中土壤的分异或当地群众对该土壤的命名。

在对各地土壤调查数据进行全国汇总时，编者发现，从全国2200多个分县土壤剖面资料中提取出的土壤分类名与我国在1998—2009年发布的三版《中国土壤分类与代码》国标差异较大[18-20]。国标发布的土类、亚类、土属、土种名数量分别为60个、229个、663个和3246个，而从2200多个分县土壤图件与剖面资料中提取出的土类、亚类、土属、土种名数量分别为312个、1520个、12150个和43200个。对国标上从未出现的土壤类型名进行审核和归并需要有土壤分类学上的依据。通过对俄罗斯、美国、加拿大、澳大利亚、德国、英国等各国土壤分类研究及发展状况的研究，编者总结了我国和其他世界各国过去半个世纪中在土壤分类方面的经验，确定了土壤剖面分类名的修订原则[1]。

研究显示，我国国标分类系统中的第三层级——土类（附录5），能很好地反映我国主要土壤类型形态上的典型特征。通过土类及其隶属的12大土纲可清晰展现出我国60个土类受温度、海拔、降雨、土壤发育度、地下水盐运动、耕种垦殖等主要成土条件影响而形成的地带性分布特征。另外，土类本身属于高层级分类，数目有限，命名符合汉语语言特征，易于专业及非专业人员掌握。通过土类名，读者能够辨识各种土壤类型，了解其成土过程、土壤质量与肥力特征。因此，在土壤剖面分类名的修订中，应重视维护土类名的稳定性。根据这一原则，在对分县资料中土壤分类名的编审中，编者将国标发布的60个土类名进行了归并，对亚类及以下的中、低级分类名称则在尽量保留现场获取的一手土壤调查信息的前提下进行适度归并与整合。

为便于读者了解我国目前采用的土壤分类名与国际土壤学会推荐的土壤分类名（world reference base for soil resources，WRB）[21]之间的关联，附录5中还给出了由史学正研究员通过剖面比对建立的WRB土组名与我国60个土类名的关联及WRB土组名对我国土类名的最大可参比性[22]。

（四）剖面土层代码

在形成过程中，由于物质迁移和转化，土壤会分化成一系列组成、性质和形态各不相同的层次，称为发生层或土层。土壤剖面各土层的顺序和变化情况，反映了土壤形成过程及土壤性质。

目前各国尚无统一的土层命名。1967年国际土壤学会提出将土壤剖面划分成O层（有机层）、A层（腐殖质层）、E层（淋溶层）、B层（淀积层）、C层（母质层）和R层（基岩）等6个主要土层。全国土壤普查办公室编制出版的《中国土种志》（6卷）[23-28]、《中国土壤》[29]则将自然土壤剖面划分成O层（凋落物有机质层）、A层（表层）、B层（淀积层）、C层（母质层）、D层（岩石碎屑层）和R层（坚硬岩石层）等6个主要土层；将旱地农田土壤划分成A（耕层）、C_1（心土层）和C_2（底土层）等几个主要土层；将水田土壤划分成Aa（耕作层）、Ap（犁底层）、P（渗育层）、W（潴育层）和G（潜育层）等5个主要土层。

由于分县土种志中，土层代码和释义与以上文献给出的土层码不尽相同，因此在数据集编制中，编者主要保留了2200多个分县土种志中实际采用的土层代码和释义（表11）。为便于读者参考，编者在附录5中列出了引自《中国土壤》部分土类典型剖面的土体构造及其关联的土层代码[29]。

表 11　土壤剖面土层代码和释义[1]

代码		释义
自然土壤与旱地土壤	Ao	位于土表的枯枝落叶层
	A	自然土壤指表土层，耕地土壤指耕作层
	B	心土层，受成土作用形成的淋溶淀积层
	C	底土层，受成土作用少的母质层，较紧实，通常不受耕作、施肥影响
	D	未风化的母岩层，岩石碎屑层
水田土壤	A	耕作层，亦称淹育层和作物栽培层
	P	犁底层，位于耕作层下，经机械耕作和黏粒淀积，结构较为紧实
	W[2]	潴育层，位于犁底层下，水田在干湿交替作用下，铁、锰淋溶淀积形成斑纹层，使水稻土有较好的通透性，渗水而不漏水，渍水而不滞水
	G	潜育层，存在于水稻土、沼泽土和泥炭土中。土体长期积水，通透性不良，在还原状态下形成青灰色土层又叫青泥层，作物受还原性物质危害。若在其他土层出现，可用 g 表示，如 Pg、Wg
	E	漂洗层，侧渗作用下黏粒、有机质被淋洗，铁质溶脱，形成灰白色或白色漂洗层

注：1）表中土层代码和释义主要根据全国各分县土种志中实际采用代码和释义进行综合与汇总。土体构造中，两个字母并列表示过渡层土壤，例如 AB 层、BC 层等。

2）一些地区将潴育层细分为 W_1（渗育层）和 W_2（淀积层）两层。渗育层指有明显水化铁层，多见黄色锈斑；淀积层指明显有铁锰淀斑或铁锰结核的土层。

（五）其他

分县土壤剖面理化性状表中，空格代表本项无数据。

若土壤剖面的土层码为数字，则表示调查中未对该剖面的各分层进行土层代码赋码。对这类剖面，编者按从地表至底土顺序赋土层序号 1、2、3……。土层序号不具有土壤发生学上的含义，仅表达每一土层的顺序。

分县土壤剖面理化性状表中土层厚度的上、下边界表示该土层采样范围。例如：土层厚度为 0—17cm，表示土层采自剖面 0—17cm 部位；土层厚度为 50—100cm 表示采自剖面 50—100cm 部位。一些剖面底土的土层厚度仅有上界而无下界。例如：85—，表示该土层采自剖面 85cm 至更深部位。

个别剖面上、下土层的上、下边界相互不衔接，例如：两个土层厚度分别为 0—10cm、30—35cm，表示该剖面的采样为不连贯采样，每个土层只选取了该土层的代表性层段。

一些剖面分层样本上、下土层的上、下边界相互不衔接，例如：按从地表至底土顺序，6 个土层采样范围分别为 0—13cm、13—18cm、18—40cm、18—32cm、32—100cm、50—100cm，其中第三个土层 18—40cm 为额外增加的采样层。在土壤调查中，当调查者认为需要对某些区域或土类的特定土层进行单独采样和分析时，往往会出现这一情形。为了最大限度保持第一手调查资料的完整性，编者将这类土层也编入了分县土壤剖面理化性状表中。

本卷收录的广东省、海南省典型土壤剖面分别为 2850 个和 685 个，共计 3535 个。通过对剖面数据的土层厚度转换，附录 8 给出了这些典型剖面 0—20cm 土层土壤理化性状中位数与平均数。二普剖面采样为典型土类采样，而非网格化采样。0—20cm 土层土壤理化性状中位数与平均数不代表本省土壤理化性状平均状况。但二普是我国最早的大样本量调查，附录 8 所示的 0—20cm 土层土壤理化性状中位数与平均数对了解广东省、海南省 20 世纪 80 年代土壤肥力性状具有一定参考价值。

附录 9 列出了广东省、海南省耕地、园地、林地、草地和湿地 0—30cm 土层土壤有机质含量的平均值。该值由广东省土壤有机质含量图、海南省土壤有机质含量图和自然资源部土地科学数据中心编制的 2019 年 1:100 万比例尺全国土地利用缩编图通过叠加、计算生成。其中，耕地包括水田、水浇地和旱地三种土地利用类型；园地包括果园、茶园和其他园地三种土地利用类型；林地包括有林地、灌木林地和其他林地三种土地利用类型；草地包括天然牧草地、人工牧草地和其他草地三种土地利用类型；湿地包括沼泽地、沿海滩涂和内陆滩涂三种土地利用类型。鉴于广东省土壤有机质含量图和海南省土壤有机质含量图源于大样本量地面采样，土壤有机质含量亦为变化较慢的土壤质量性状[15]，附录9对了解广东省、海南省耕地、园地、林地、草地和湿地的土壤有机质含量状况及演变具有较高的参考价值。为便于读者了解广东省、海南省耕地、园地、林地和草地四种土地利用类型中受成土过程影响而形成的各主要土壤类型及其在各土地利用类型中的占比情况，附录10给出了主要土壤类型在这四种土地利用类型中的占比。

土壤专题图与土壤剖面数据可靠性检验

该检验目的是对数据集中的土壤专题图和土壤剖面数据能否真实反映土壤资源与土壤理化性状及其空间分布特征给出科学、客观的评价。另外，数据集中的土壤专题图和土壤剖面数据主要源于1979—1987年的二普和2005—2017年在全国测土配方施肥项目中的土壤养分调查，因此，该检验也是对我国两次全国性土壤调查所获成果的质量评估。

对土壤专题图及含地理坐标的剖面数据的检验涉及地图制图学、测绘科学、土壤学、地统计学等多学科内容，而对于不同的学科，数据检验的目标和内容也不同。对于地图制图，精度检验十分重要；而在土壤学范畴，可靠性检验更为重要。精度检验方面，本数据集剖面坐标是通过1∶5万比例尺地图数据匹配获得，匹配用地图精度直接影响剖面数据坐标精度。可靠性检验方面，土壤专题图和土壤剖面数据均属于土壤学范畴，还需要从土壤学角度给出科学评价。借助目前仍在发展中的地统计方法，编者最终给出了合理的可靠性检验方法。为便于读者理解，本节将重点说明两点：一是地图精度与土壤专题图制图的关联；二是土壤专题图和剖面数据的地统计检验结果。

在地图制图中，地图精度用于衡量某一地物点或地物轮廓点的平面位置和高程位置偏离其真实位置的平均误差。这里的地物点或地物轮廓点可以是测量控制点、水准点、道路交叉点、境界线方向变化点、山脚点、山顶等。地图精度与地图投影、比例尺、制作方法和工艺有关。地图比例尺不同，误差控制要求也不同。一般来说，地图比例尺越大，误差越小，精度越高。换言之，地图精度或比例尺主要反映对地图中基础地理信息要素，如测量控制点、河流、道路、等高线、境界的误差控制要求。

在土壤专题图制图中，需要用基础地理信息要素标识土壤要素空间位置。在较早的土壤调查中，没有GPS设备，通常用纸质地形图为底图标识采样点位置。地面土壤采样调查完成后，根据底图标记的采样点位置和实测获得的土壤要素值，由经验丰富的土壤科学家依据土壤及相关要素的空间分布、空间相关性和空间依赖性规律进行人工综合判图，在底图上手工完成土壤专题图的勾绘和制图。我国的二普与欧美各国在20世纪80年代之前进行的全国性土壤调查基本均采用这一方法进行土壤专题图编绘。二普为大样本量土壤调查，采样密度高，采用1∶1万大比例尺地形图为工作底图，全国共挖取土壤观察剖面550余万个，采集0—20cm土壤表层样本200余万个，通过综合判图和人工勾绘，最终完成分县1∶5万比例尺土壤图和各类土壤养分含量图的编制。土壤专题图比例尺不代表地图中对土壤要素的误差控制要求，客观上，地面采样中应用大比例尺的工作底图，采样密度高，土壤采样点均衡分布于调查区域中，以此为依据编制的土壤专题图能精细地表达调查区域内土壤要素的空间变化特征。采样密度低的土壤调查结果则不适合编制大比例尺土壤专题图。

近年来，随着GPS和GIS技术的发展，地统计方法已较多用于反映和研究土壤要素的空间变化规律。地统计方法不仅提供了利用含地理坐标的土壤采样点数据制作土壤专题图的地统计模型，还提供了对模拟结果进行不确定性检验的方法。地统计检验的主要目的是了解模拟结果对真实情况反演的客观性和可靠性，而不是评价地图中土壤要素的精度或误差控制。检验结果既受地面采样原则、采样量的影响，也受所选模型类型、建模过程中是否引入协变量等因素的影响。

由于二普完成的土壤图和养分含量图中没有采样点标注，难以对其进行地统计检验。为此，编者同时对我国在全国测土配方施肥项目中完成的有GPS定位坐标的农田耕层土壤有机质含量数据进行了地统计分析和检验。与二普相似，全国测土配方施肥项目也按网格化均匀分布原则进行大样本量、高密度土壤采样，全国总计完成1000万个农田土壤耕层样本的采集。

检验方法为：首先，在我国东、南、西、北、中不同地域选取7个代表性片区，每片区包含地域相连、域内无大面积剖面点缺失的多个行政县，且含土壤剖面点500个以上。其次，提取7个片区源于二普剖面0—

20cm土层和源于2005—2017年0—20cm农田耕层采样的土壤有机质含量数据。二普剖面数据的采样特征为在优先选取典型土壤类型的前提下，尽量均衡分布；样本量较小，全国有6万多个具有匹配坐标的剖面。2005—2017年农田养分调查数据为网格化均衡分布的大样本量，全国完成了1000万个有GPS定位坐标的耕层样本。最后，用普通克利金插值（ordinary Kriging）方法进行地统计分析和检验。在每片区剖面点和耕层采样点的数据中分别随机选取80%作为训练样本集，20%作为验证样本集，同时进行建模；将验证样本预测值与实测值进行线性回归，计算R^2（决定系数）和RMSE（均方根误差），以此评价两组数据表达土壤要素空间分布特征的可靠性和误差。选择土壤有机质含量作为检验指标的原因为该指标是最重要的土壤质量性状之一，且可量化表达，便于进行地统计检验。

二普剖面数据的检验结果显示，在7个代表性片区，剖面点数据表达的有机质含量分布状况可靠性均达极显著水平（表12）。这表明，尽管二普典型剖面数据为非网格化采样，含地理坐标样本量较少，需采用匹配坐标替代原点坐标，但在一个由多县组成的片区内，当剖面样本量达到一定数量后，即使未引入可极大改进R^2的地形、土地利用类型等辅助变量，用普通克利金插值仍然能比较真实、可靠地反演土壤要素空间分布特征。2005—2017年耕层采样点数据的检验结果显示，与二普剖面点数据相比，大部分片区的有机质含量分布数据R^2更大（达到中等相关至强相关），RMSE更小，可靠性和预测精度明显更优，这说明就表征土壤要素空间分布特征而言，网格化均衡分布的大样本量采样得到的数据可靠性和精度相对较高。这为二普大比例尺土壤专题图数据（土壤图和土壤pH、有机质、氮、磷、钾养分含量图）的地统计检验特征提供了佐证。二普大比例尺土壤专题图数据均源于网格化均衡分布的大样本量地面调查，其可靠性和精度应优于二普剖面点数据。

两组数据地统计检验结果还显示，尽管相隔近30年，两时段调查的土壤有机质含量也有一定变化，但各片区土壤有机质含量的空间分布规律总体相近。图3展示了东北片区两组数据通过普通克利金插值获得的土壤有机质含量分布图。可以看出，尽管二普土壤剖面样本数（546）远少于农田耕层土壤样本数（45182），20%校验集所获R^2较低，预测值与实测值偏差较大，但两组数据展示的土壤有机质含量空间分布格局相近，均为东北角最高，西南角最低。另外，该片区2005—2017年的农田耕层有机质含量均值为36.41g/kg，低于1979—1987年的二普采样结果（40.53g/kg），这一结果与东北地区所做长期定位试验结论一致。这表明，本数据集剖面数据可为了解土壤质量时空演变规律提供可靠的数据支持[9]。

表12 二普典型土壤剖面数据和2005—2017年耕层采样点数据的地统计检验结果

编号	片区名	县数	面积/km²	二普剖面土壤有机质含量[1]			耕层土壤有机质含量[2]		
				样本量	R^2[3]	RMSE[3]	样本量	R^2[3]	RMSE[3]
1	东北片区	19	72353	546	0.329**	14.77	45182	0.689**	6.32
2	冀鲁豫片区	64	50071	881	0.363**	5.65	256341	0.429**	3.47
3	江浙片区	53	63003	1312	0.334**	8.83	51759	0.666**	4.05
4	湖北片区	10	21044	515	0.286**	20.21	60545	0.281**	11.09
5	四川片区	39	98052	1283	0.380**	9.20	206682	0.344**	7.08
6	粤闽赣片区	27	58745	801	0.223**	13.33	51759	0.285**	6.42
7	陕甘片区	47	109010	990	0.296**	7.20	256341	0.558**	2.48

注：1）数据源于二普土壤剖面（1979—1987年采样，0—20cm土层）数据库，土壤有机质含量单位为g/kg。
2）数据源于2005—2017年农田耕层（0—20cm）土壤养分调查数据库，土壤有机质含量单位为g/kg。
3）20%验样本所获预测值与实测值的线性回归R^2（决定系数，其中**表示1%水平显著）和RMSE（均方根误差）。

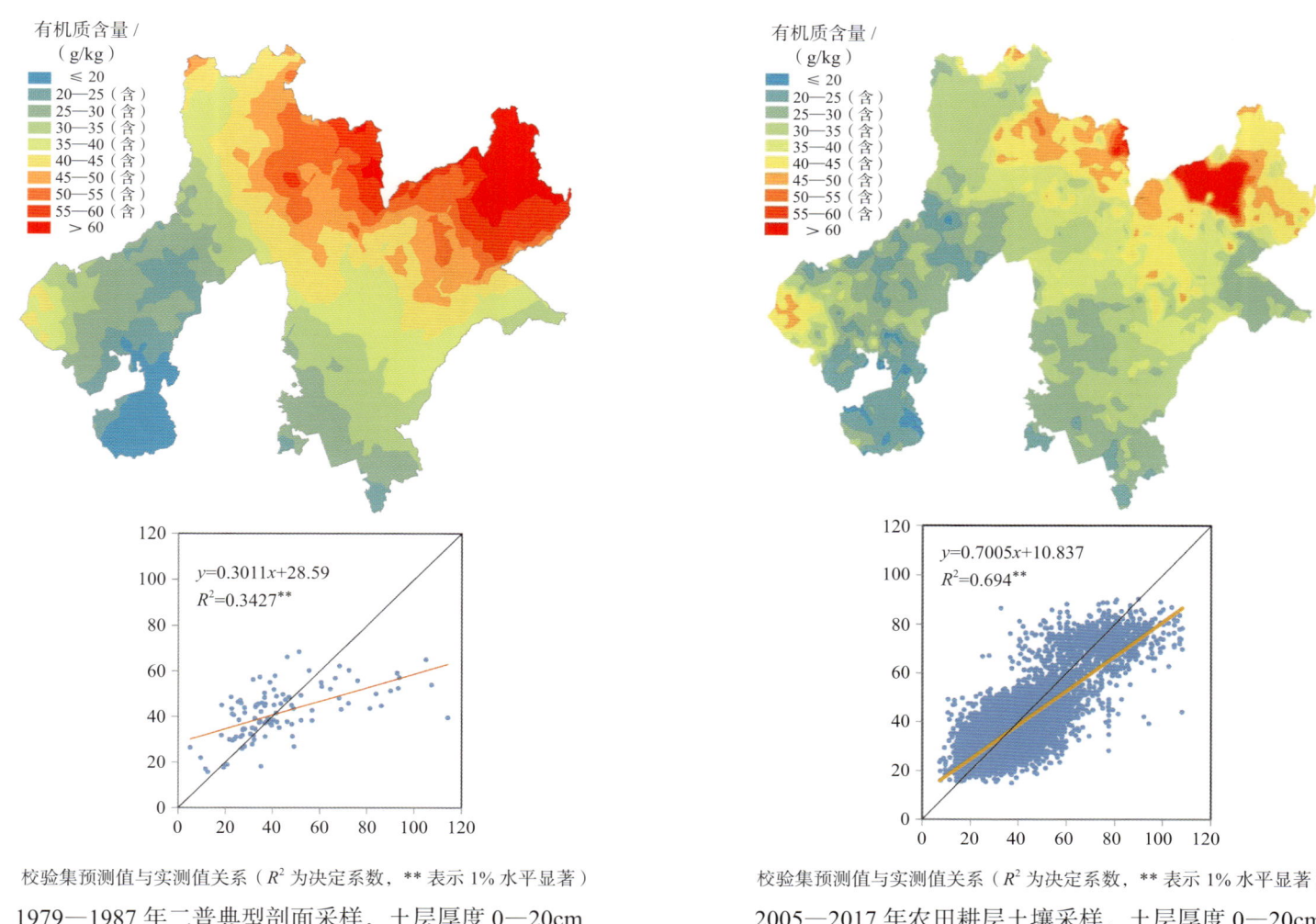

校验集预测值与实测值关系（R^2 为决定系数，** 表示 1% 水平显著）
1979—1987 年二普典型剖面采样，土层厚度 0—20cm

校验集预测值与实测值关系（R^2 为决定系数，** 表示 1% 水平显著）
2005—2017 年农田耕层土壤采样，土层厚度 0—20cm

图 3　东北片区土壤有机质含量分布图及地统计检验结果

参编单位

　　《中国土壤剖面数据集》的编制工作始于 1998 年。其编制过程主要分为以下两个阶段：

　　第一阶段为全国 1∶5 万土壤图编制和中国剖面数据库构建阶段。20 世纪末，随着现代科学研究与管理对土壤时空信息的迫切需要和大数据技术的发展，利用土壤调查结果构建我国土壤资源与质量时空数据库日益显现出可行性和必要性。1998 年，我国土壤科技工作者开始对二普分县土壤图件和资料进行系统收集和整理，这项工作曾得到国家社会公益性研究专项的资助。"十一五"期间，"我国 1∶5 万土壤图籍编撰及高精度数字土壤构建"被列为国家科技基础性工作专项重点项目。在全国各地农业、国土、档案等多家单位的大力配合和各地土壤科技工作者的支持下，项目组汇聚全国土壤科学、农业、测绘与环境领域多家专业科研院所的科研力量，深入 31 个省、自治区、直辖市以及数百个县的原始图件与资料存放部门，完成了 2200 多个县的分县大比例尺纸质土壤图与土种志的收集。同时，项目组还收集了 31 个省、自治区、直辖市的分省土壤图、土壤有机质含量图等多类别土壤专题图和分省土壤调查资料，并在此基础上，项目组研究人员通过融合多学科方法创建土壤大数据方法，以方法创新带动异源非标准海量土壤信息的时空整合与表达，至 2017 年，完成了我国 1∶5 万土壤图的整合表达和中国土壤剖面数据库的构建，为编制《中国土壤剖面数据集》奠定了科学基础、方法基础和数据基础。

　　第二阶段为《中国土壤剖面数据集》编制阶段。为满足我国农业、林业、环境、气象、国土、水利等各部门对公众版土壤资源与质量信息的迫切需求，项目组于 2017 年启动了数据集编制工作。在数据集编制过程中，项目组一方面利用土壤大数据方法进行数据的审核、土壤专题图的缩编与剖面数据表的表达等多项工作，另一方面组织了各省级土壤专业科研院所参与各分卷内容的审核和修订工作。数据集的编制还得到了中国农业科学院科技创新工程的资助。

　　本数据集的最终面世离不开多家科研单位在过去 20 多年时间里的共同付出。这些单位包括国家科技基础性工作专项重点项目"我国 1∶5 万土壤图籍编撰及高精度数字土壤构建""我国 1∶5 万土壤图籍编撰及高精度数字土壤构建二期工程"主持与参加单位、参加数据集各分卷审核和修订工作的土壤专业科研单位以及参与分县大比例尺纸质土壤图与土种志收集的各地相关管理与科研部门（附录 11）。

（张维理、徐爱国、张认连、冀宏杰）

序图

中国土壤图
1:13 000 000

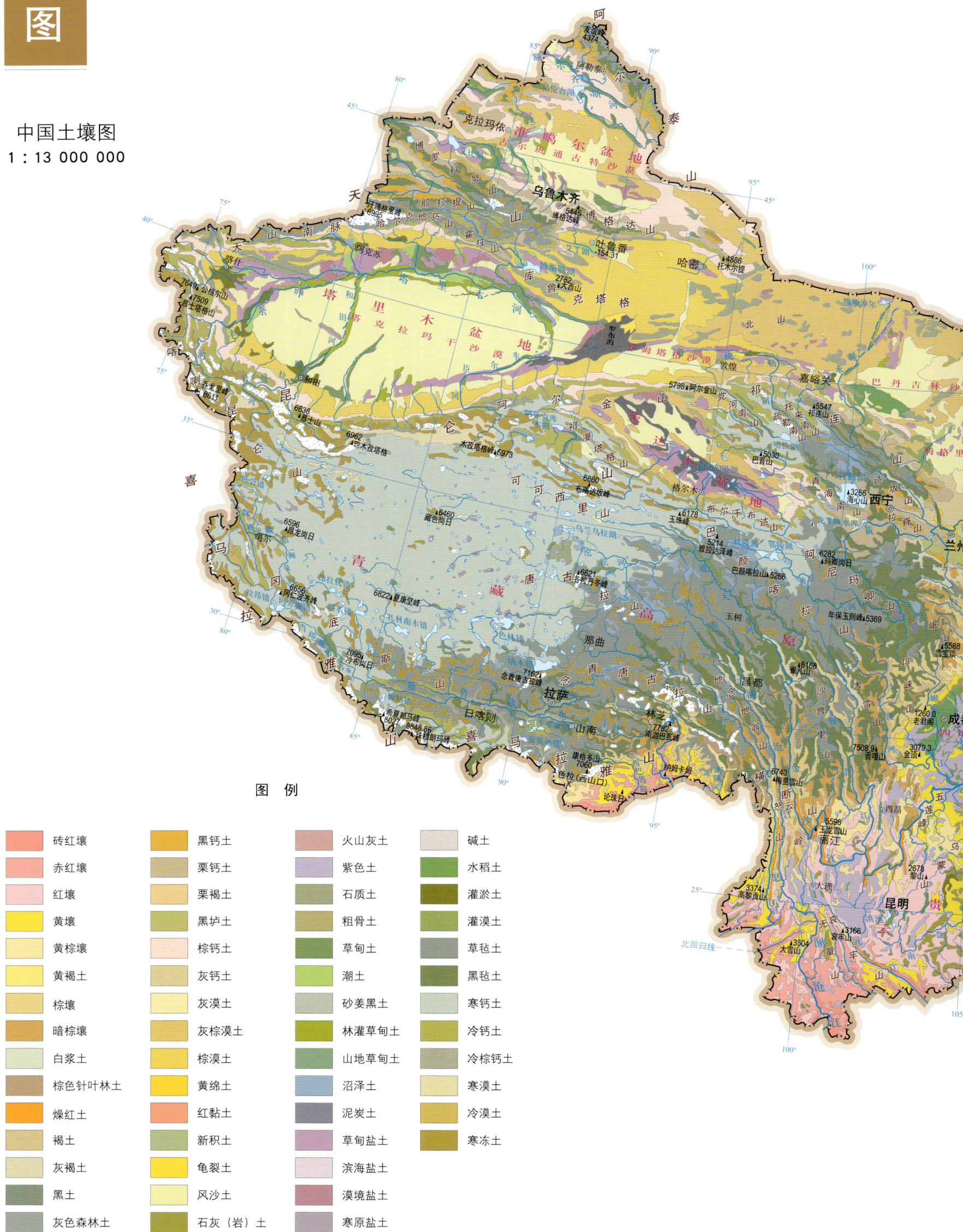

图 例

砖红壤	黑钙土	火山灰土	碱土
赤红壤	栗钙土	紫色土	水稻土
红壤	栗褐土	石质土	灌淤土
黄壤	黑垆土	粗骨土	灌漠土
黄棕壤	棕钙土	草甸土	草毡土
黄褐土	灰钙土	潮土	黑毡土
棕壤	灰漠土	砂姜黑土	寒钙土
暗棕壤	灰棕漠土	林灌草甸土	冷钙土
白浆土	棕漠土	山地草甸土	冷棕钙土
棕色针叶林土	黄绵土	沼泽土	寒漠土
燥红土	红黏土	泥炭土	冷漠土
褐土	新积土	草甸盐土	寒冻土
灰褐土	龟裂土	滨海盐土	
黑土	风沙土	漠境盐土	
灰色森林土	石灰（岩）土	寒原盐土	

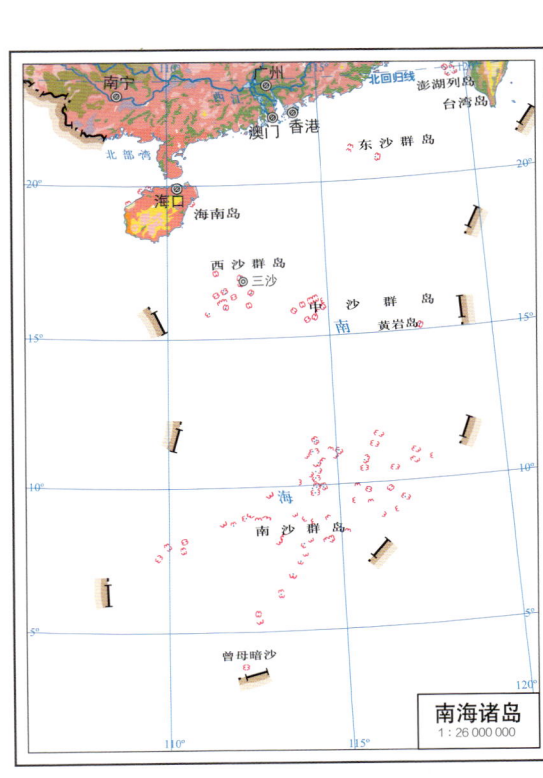

中国土壤有机质含量图
1∶13 000 000

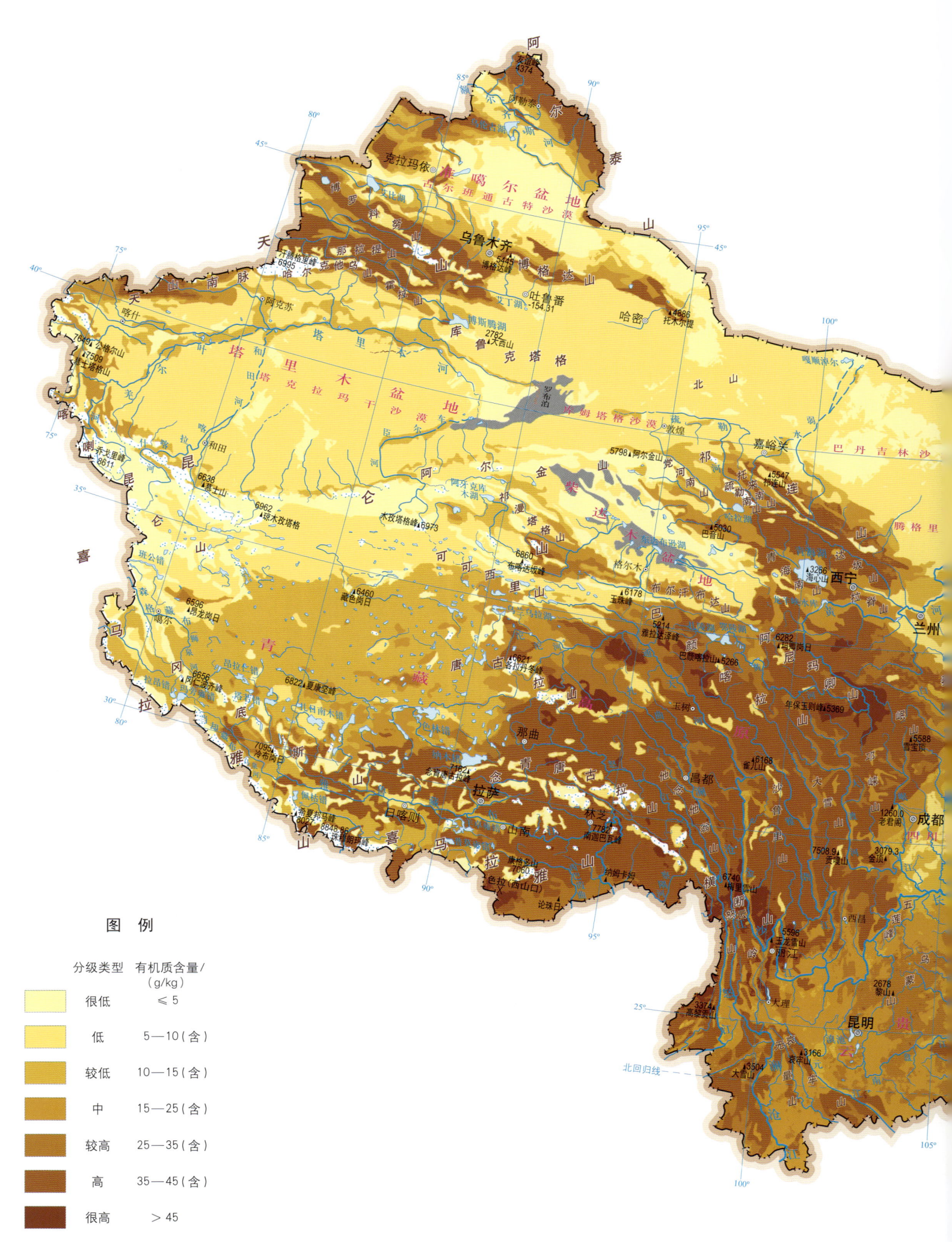

图 例

分级类型	有机质含量/(g/kg)
很低	≤5
低	5—10（含）
较低	10—15（含）
中	15—25（含）
较高	25—35（含）
高	35—45（含）
很高	>45

注：土层厚度为0—30cm。

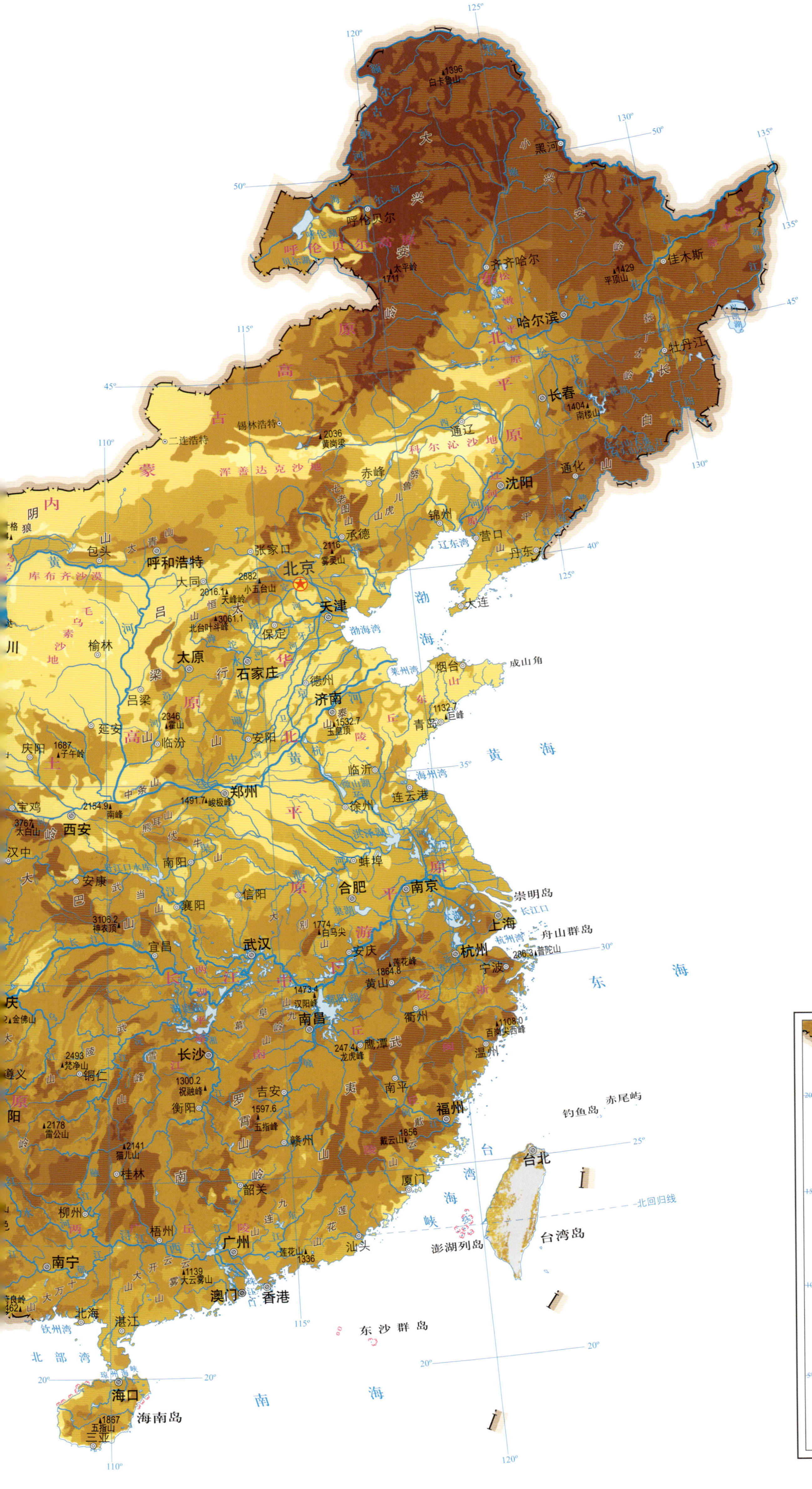

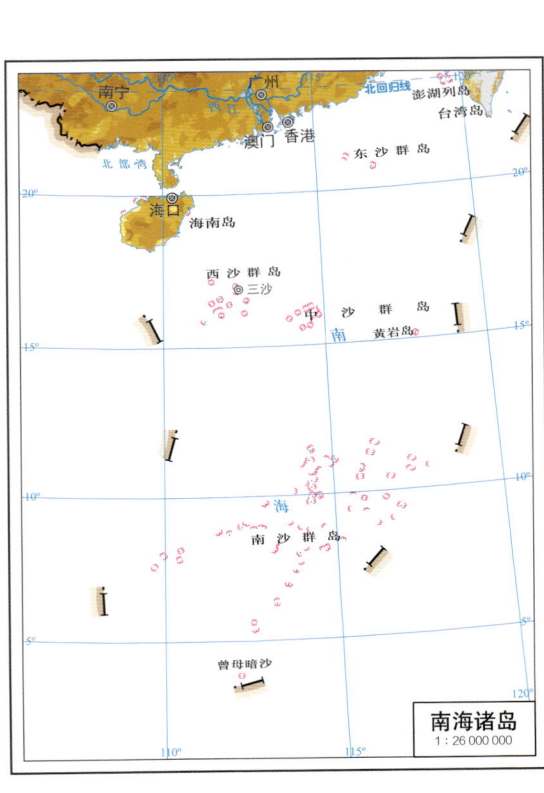

中国地势图
1∶13 000 000

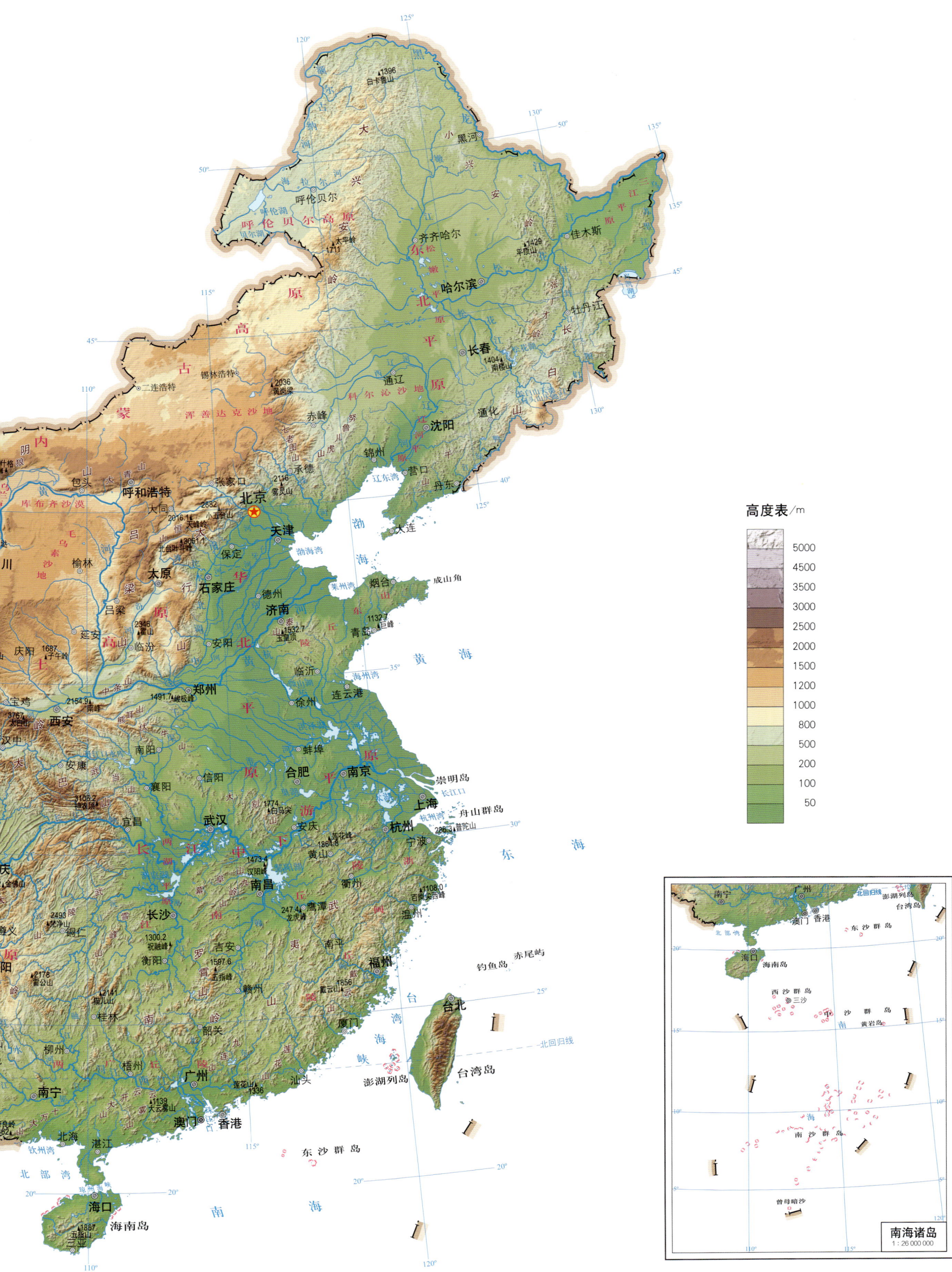

广东省土壤图
1:1 900 000

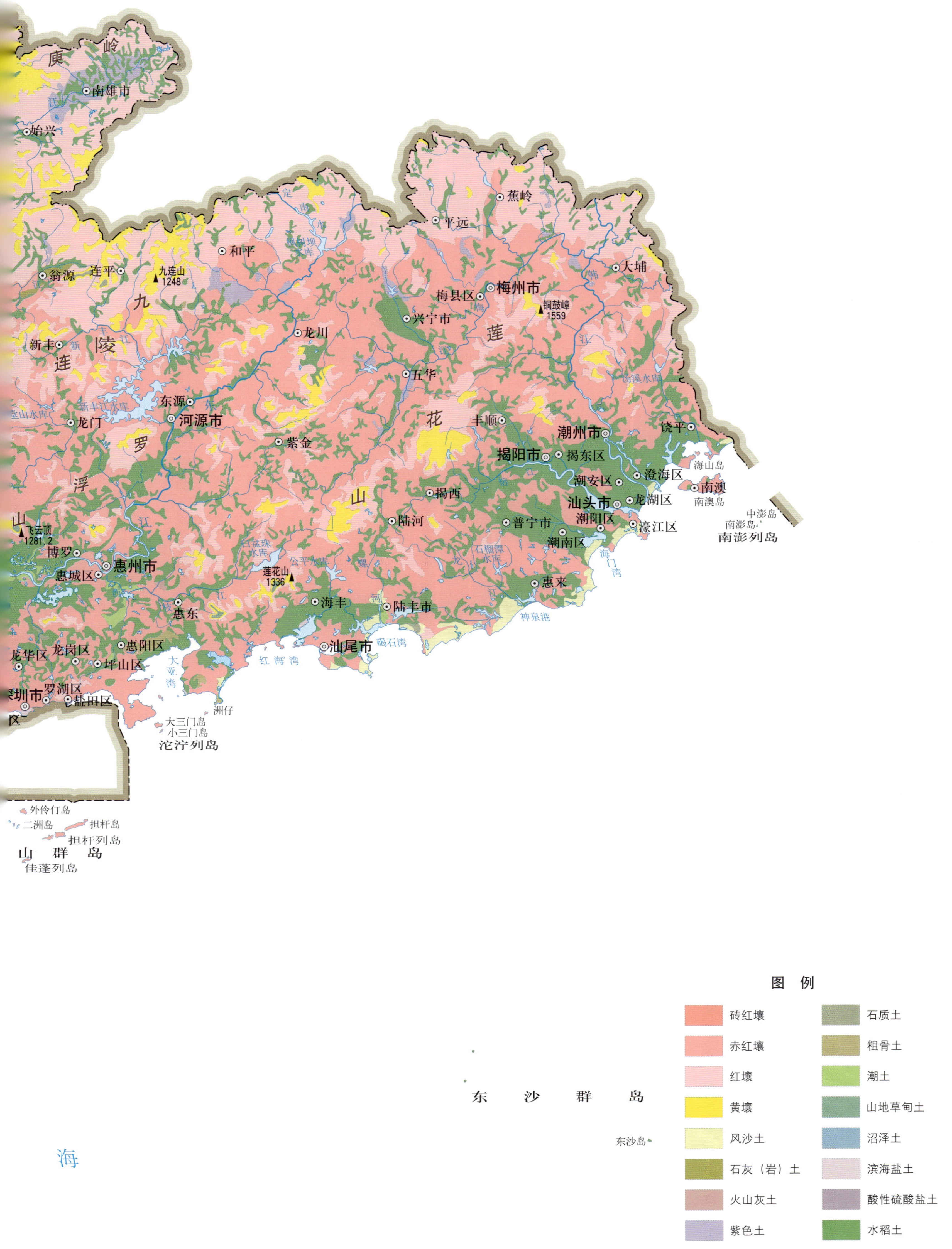

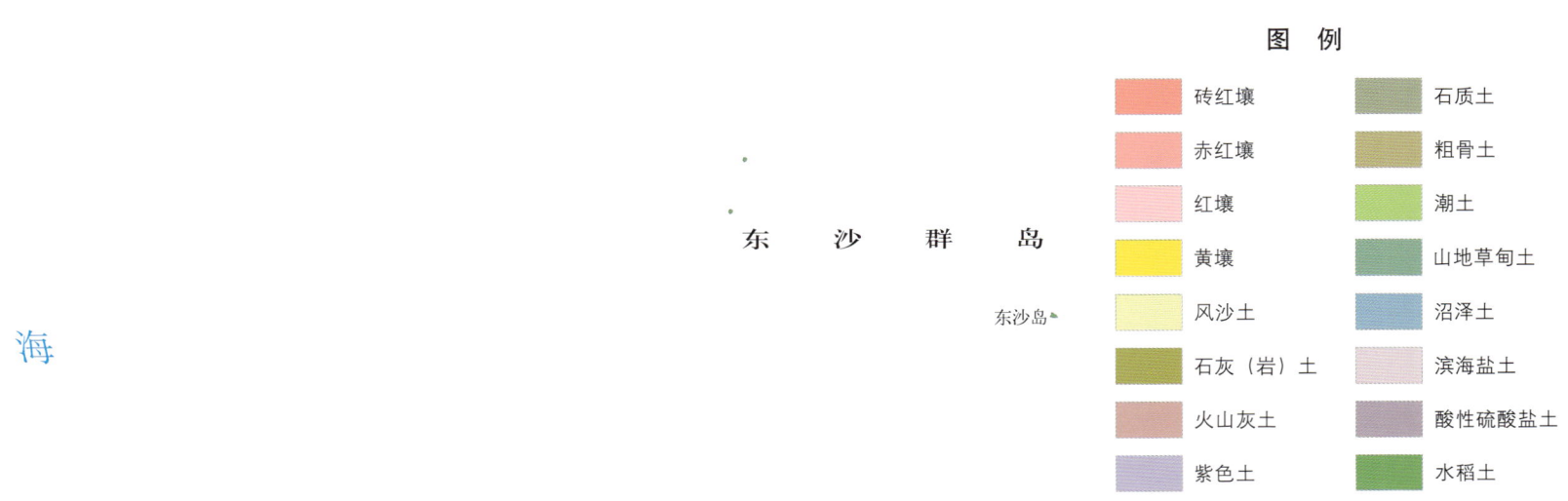

庾
岭
南雄市
始兴
翁源
连平
九连山
1248
和平
平远
焦岭
大埔
梅县区
梅州市
铜鼓嶂
1559
兴宁市
九
陵
连
新丰
龙川
五华
莲
东源
河源市
龙门
罗
紫金
花
丰顺
潮州市
饶平
揭阳市
揭东区
浮
海山岛
潮安区
澄海区
南澳
南澳岛
揭西
山
汕头市
龙湖区
中澎岛
南澎岛
南澎列岛
山
飞云顶
1281.2
陆河
普宁市
潮阳区
濠江区
潮南区
博罗
惠州市
惠城区
莲花山
1336
惠来
惠东
海丰
陆丰市
神泉港
惠阳区
龙岗区
龙华区
坪山区
汕尾市
碣石湾
红海湾
大亚湾
罗湖区
盐田区
洲仔
大三门岛
小三门岛
沱泞列岛
外伶仃岛
二洲岛
担杆岛
担杆列岛
山群岛
佳蓬列岛
东沙群岛
东沙岛
海
图例
砖红壤
赤红壤
红壤
黄壤
风沙土
石灰（岩）土
火山灰土
紫色土
石质土
粗骨土
潮土
山地草甸土
沼泽土
滨海盐土
酸性硫酸盐土
水稻土

广东省土壤有机质含量图
1:1 900 000

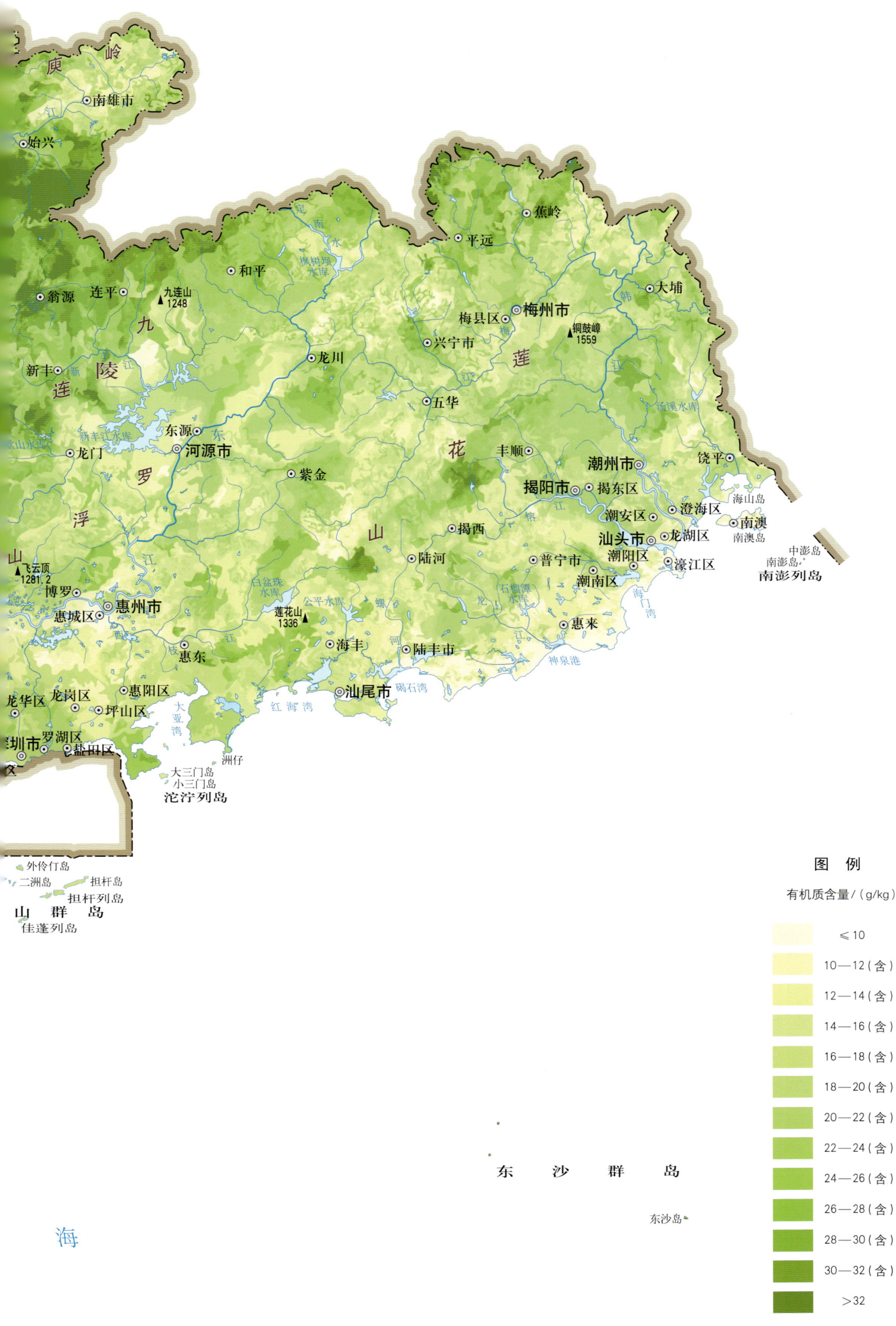

图 例

有机质含量/(g/kg)

- ≤10
- 10—12（含）
- 12—14（含）
- 14—16（含）
- 16—18（含）
- 18—20（含）
- 20—22（含）
- 22—24（含）
- 24—26（含）
- 26—28（含）
- 28—30（含）
- 30—32（含）
- >32

注：土层厚度为0—30cm。

广东省地势图
1:1 900 000

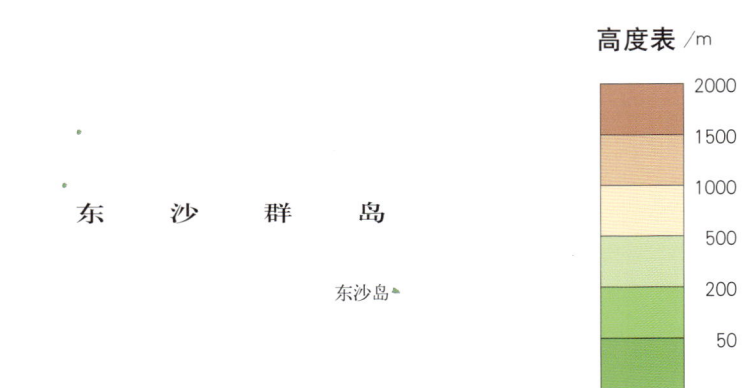

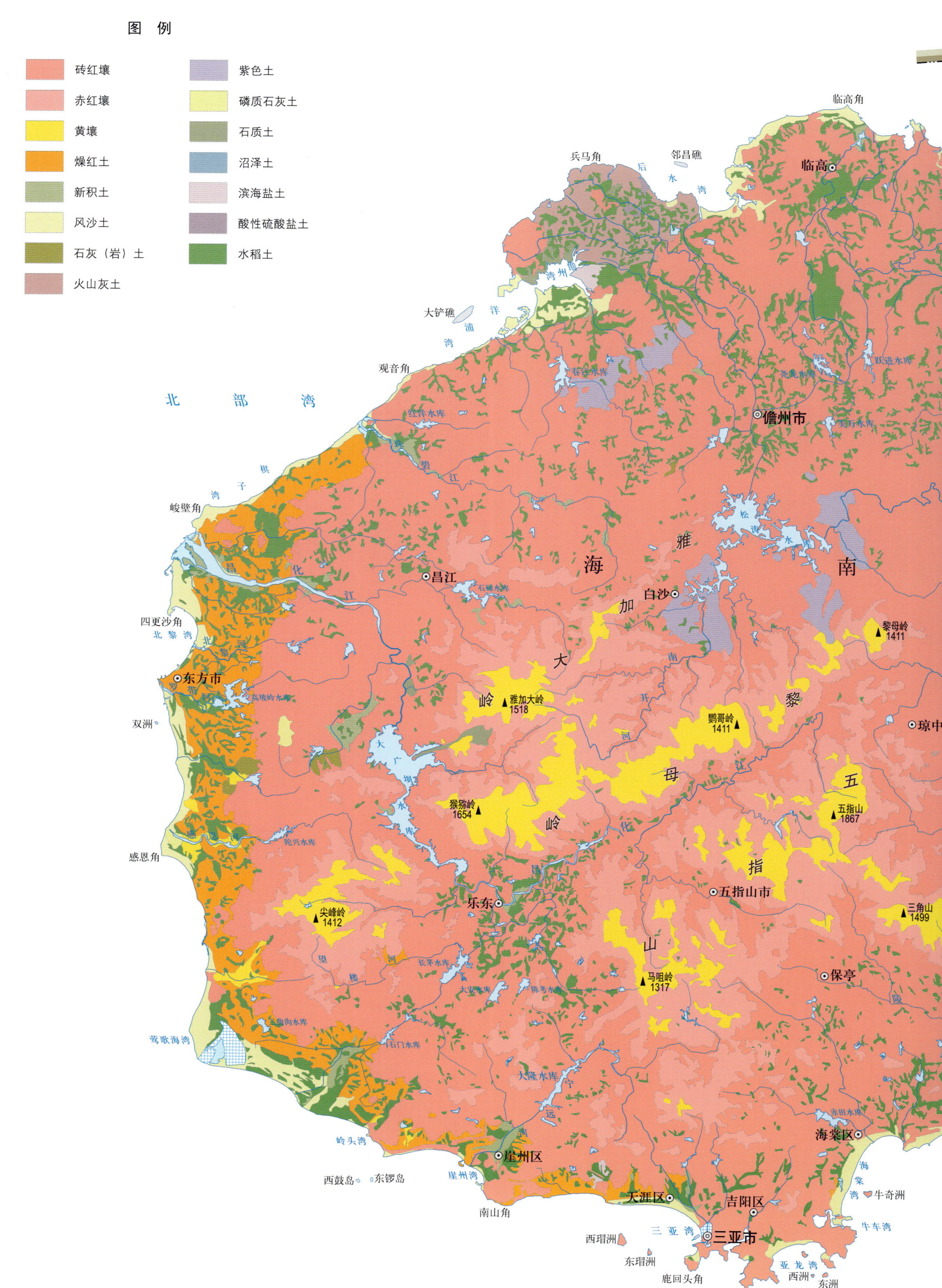

海南省土壤图
1:710 000

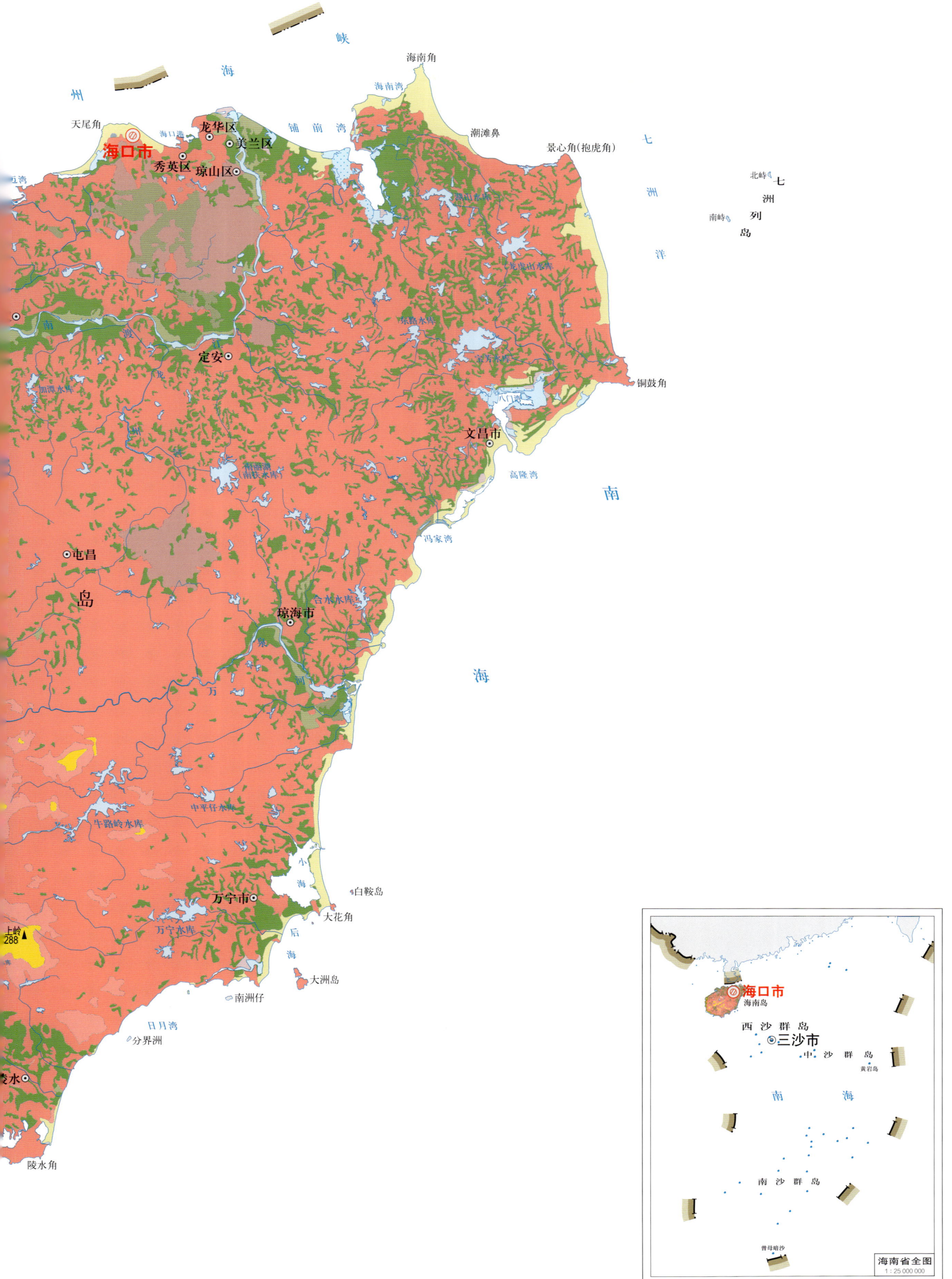

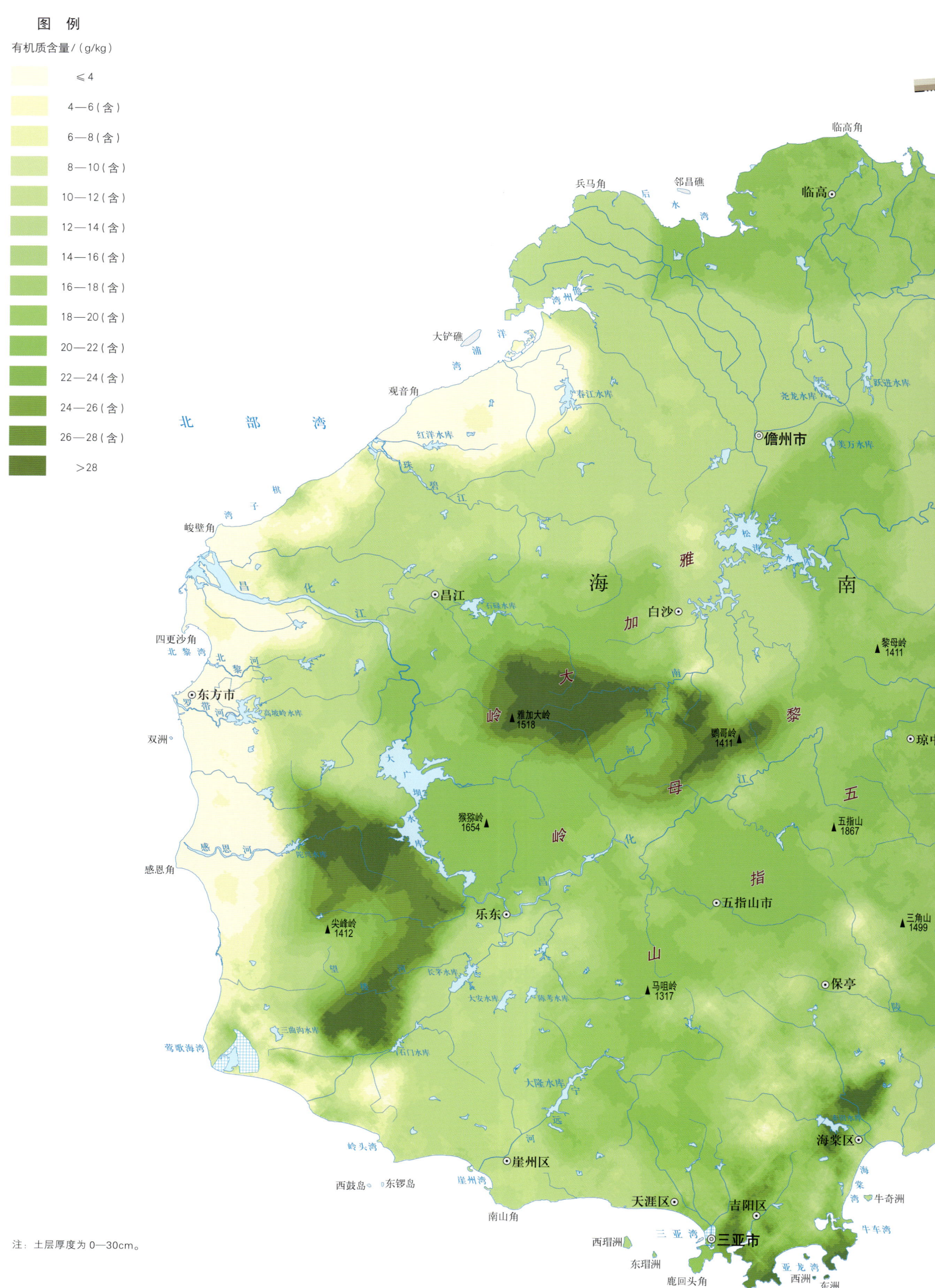

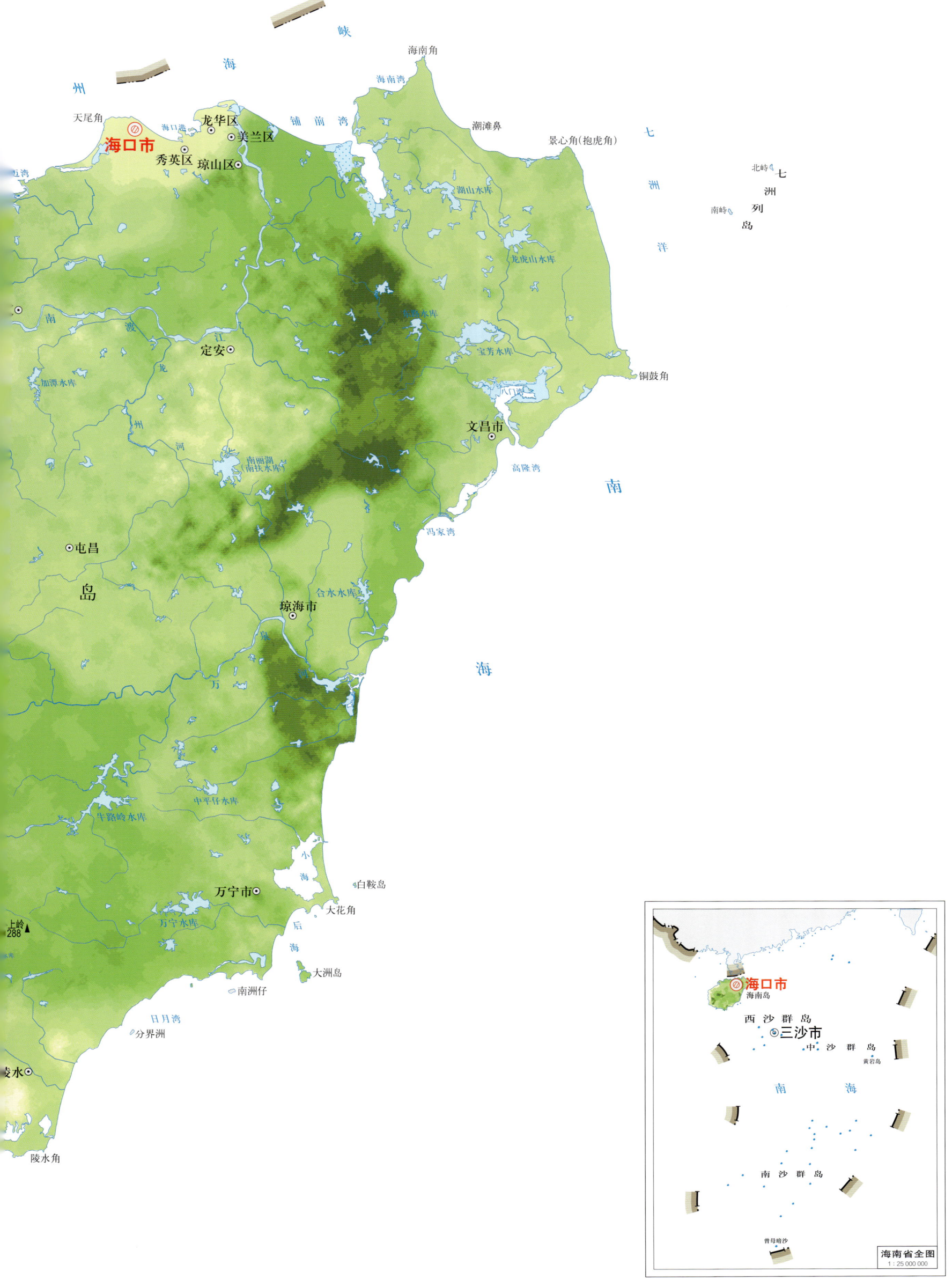

海南省地势图

1∶710 000

香港特别行政区土壤图

1:290 000

图 例
- 赤红壤
- 红壤
- 滨海盐土

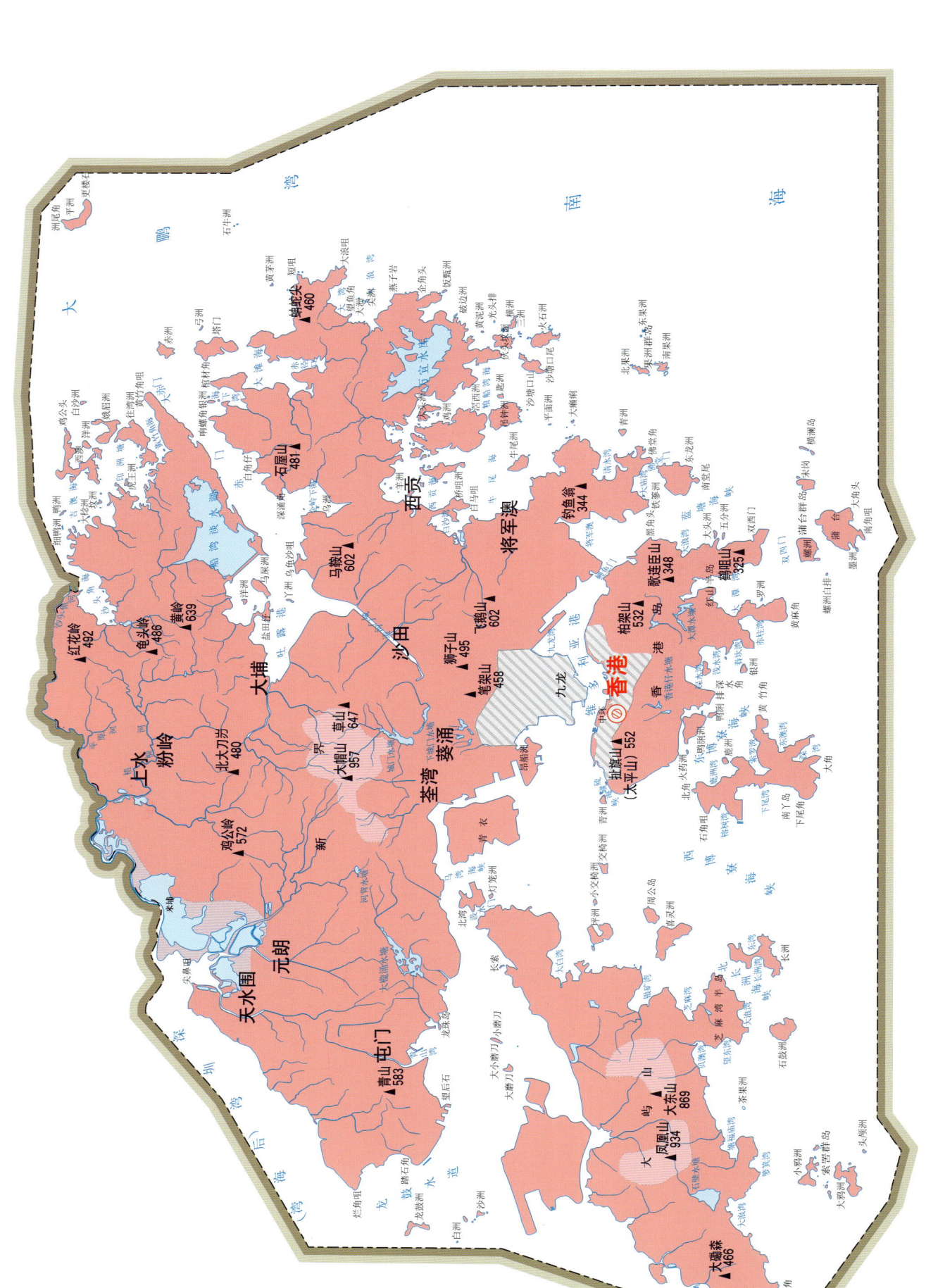

香港特别行政区地势图

1:290 000

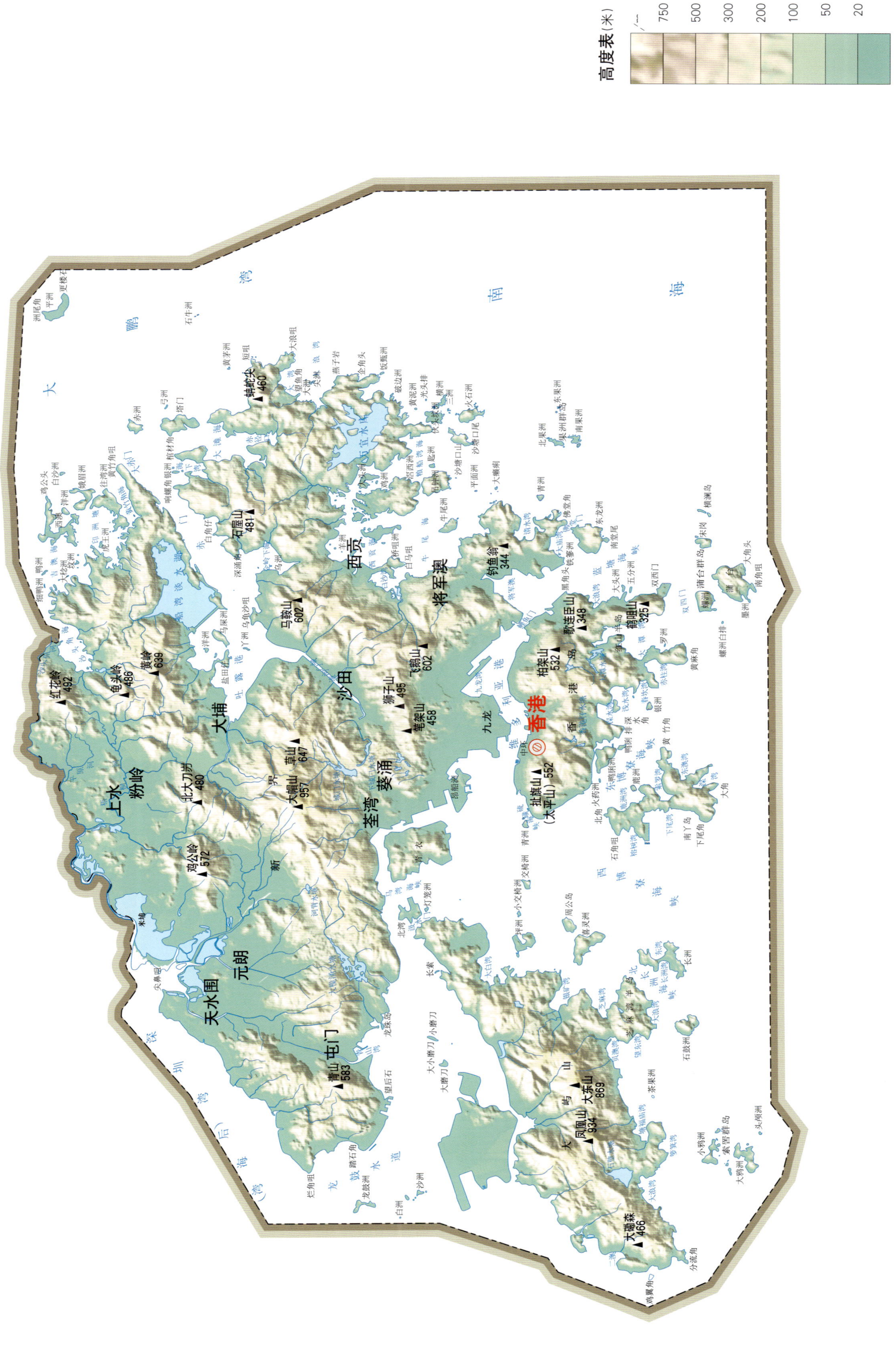

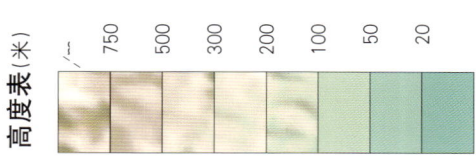

第一编　编制说明与序图 | 039

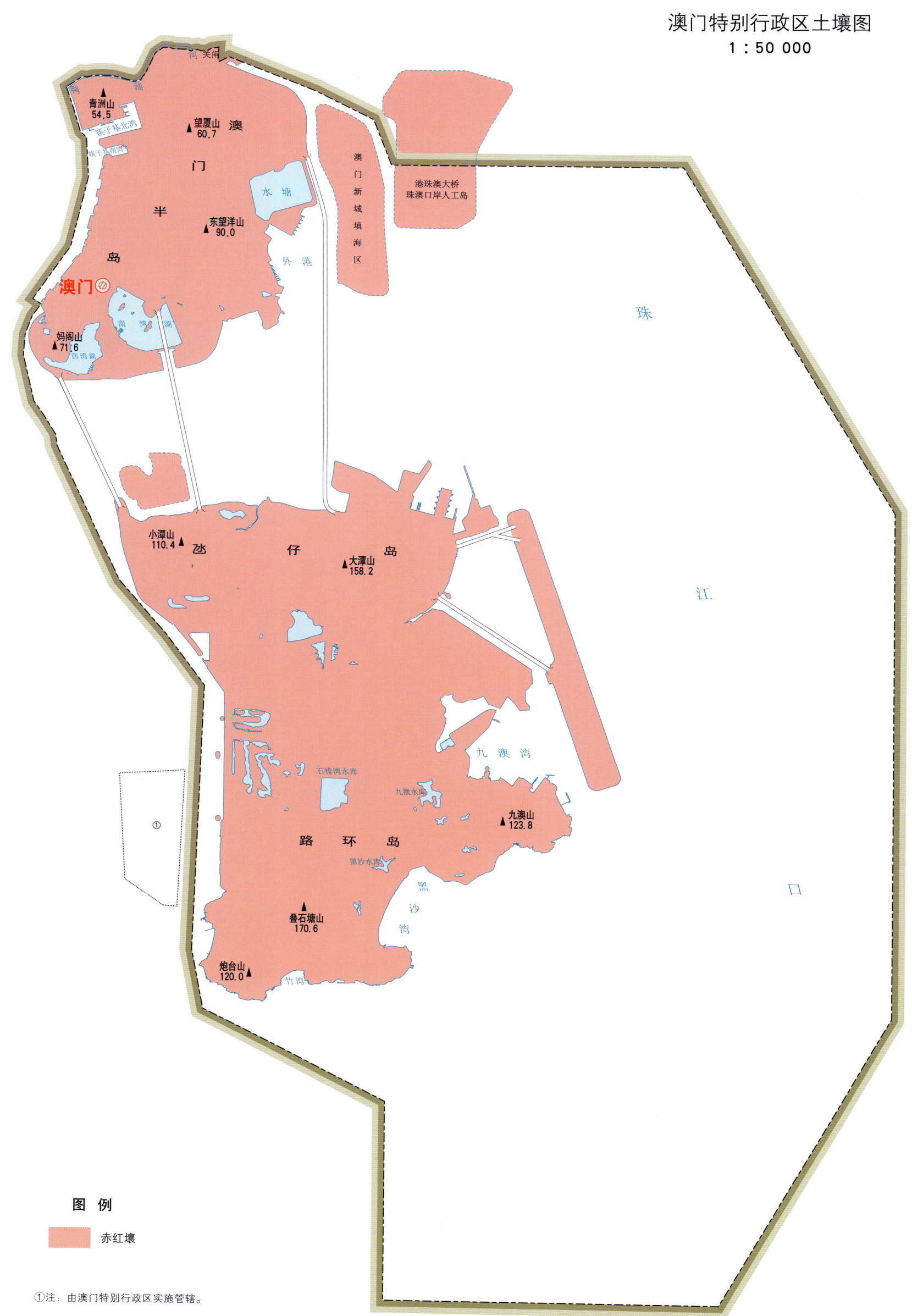

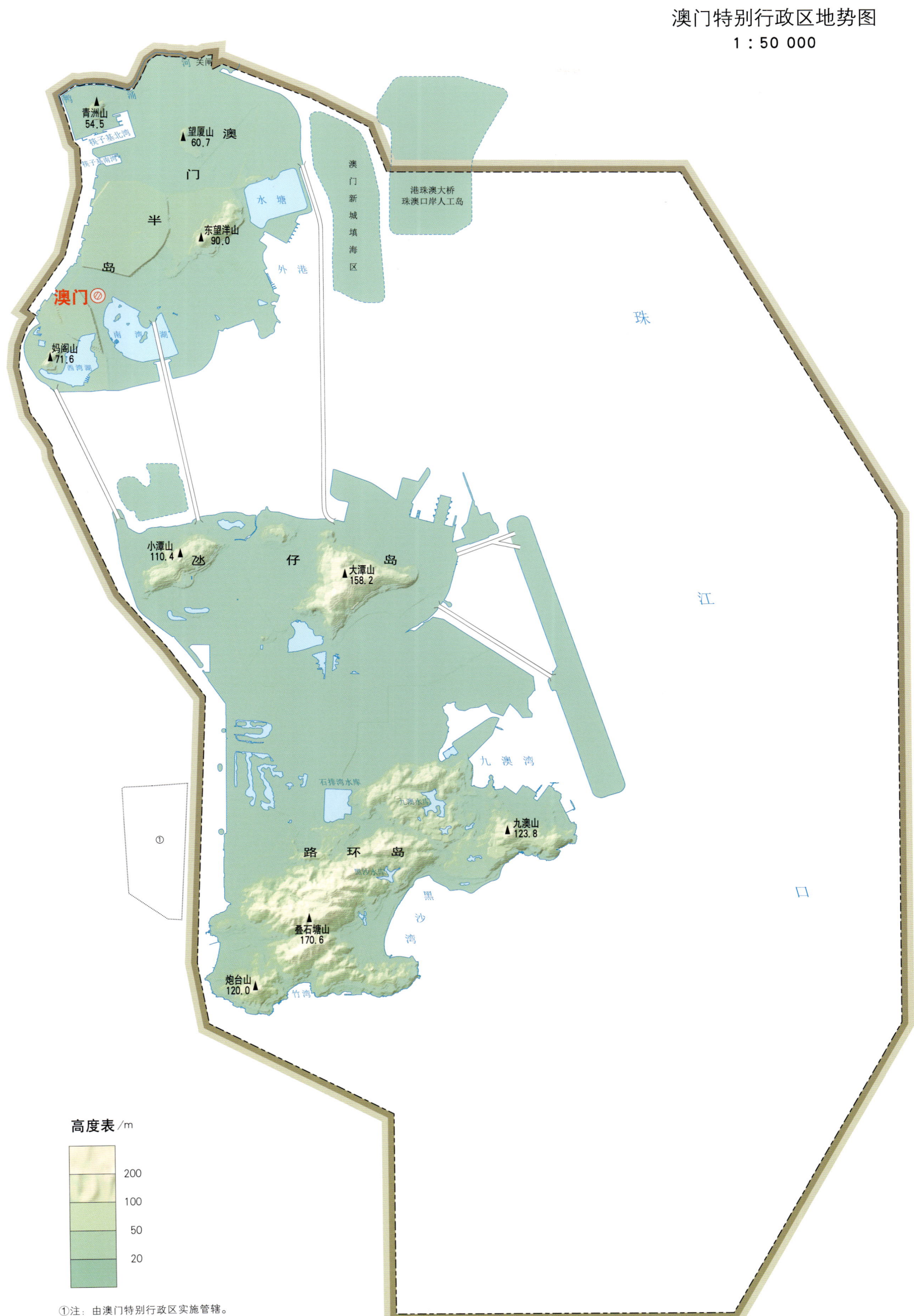

中 国 土 壤 剖 面 数 据 集 · 粤 琼 港 澳 卷

第二编 | 广东省分县土壤图与土壤剖面数据

广 州 市

市 辖 区

主要土类说明

水稻土是广州市主要土壤类型，占本市地域面积的43%。成土母质主要为河流冲积物及宽谷冲积物。水稻土是在长期的季节性淹灌、水下翻耕、季节性脱水、氧化还原交替影响下，原来的成土母质或母土的特性发生重大改变，形成的新的土壤类型。由于干湿交替，水稻土形成糊状的淹育层、较坚实板结的犁底层、渗育层、潴育层与潜育层等多种发生层。这些不同的发生层是在人为耕作、水浆管理下形成的。本市水稻土分为淹育型、潴育型、潜育型、渗育型、沼泽型、盐渍型等亚类。其中，潴育水稻土面积最大，分布最广，具有完整的剖面结构，心土层出现明显的潴育层，厚度为30—50cm，干湿交替明显。

赤红壤是广州市第二大土壤类型，占本市地域面积的28%。成土母质主要为花岗岩、砂页岩风化物，夹有少量的石英岩、砾石、石灰岩风化物。本市大部分赤红壤土层深厚，植被生长茂盛。赤红壤主要发生于南亚热带季雨林下，其脱硅富铝化程度仅次于砖红壤，强于红壤。铁的游离度介于二者之间，黏粒硅铝率为1.7—2.0，风化淋溶系数为0.05—0.15，盐基饱和度为15%—25%。淀积层（B层）富含铁铝氧化物，呈赤红色。

潮土是广州市第三大土壤类型，占本市地域面积的8%。成土母质主要为珠江三角洲沉积物。潮土见于近代河流冲积平原或低平阶地，地下水位高，潜水参与成土过程。在潮土成土过程中，底土受氧化还原交替作用，形成锈色斑纹和小型铁子。在长期耕作条件下，表层有机质含量为10—15g/kg。

本区域中心区气候特征

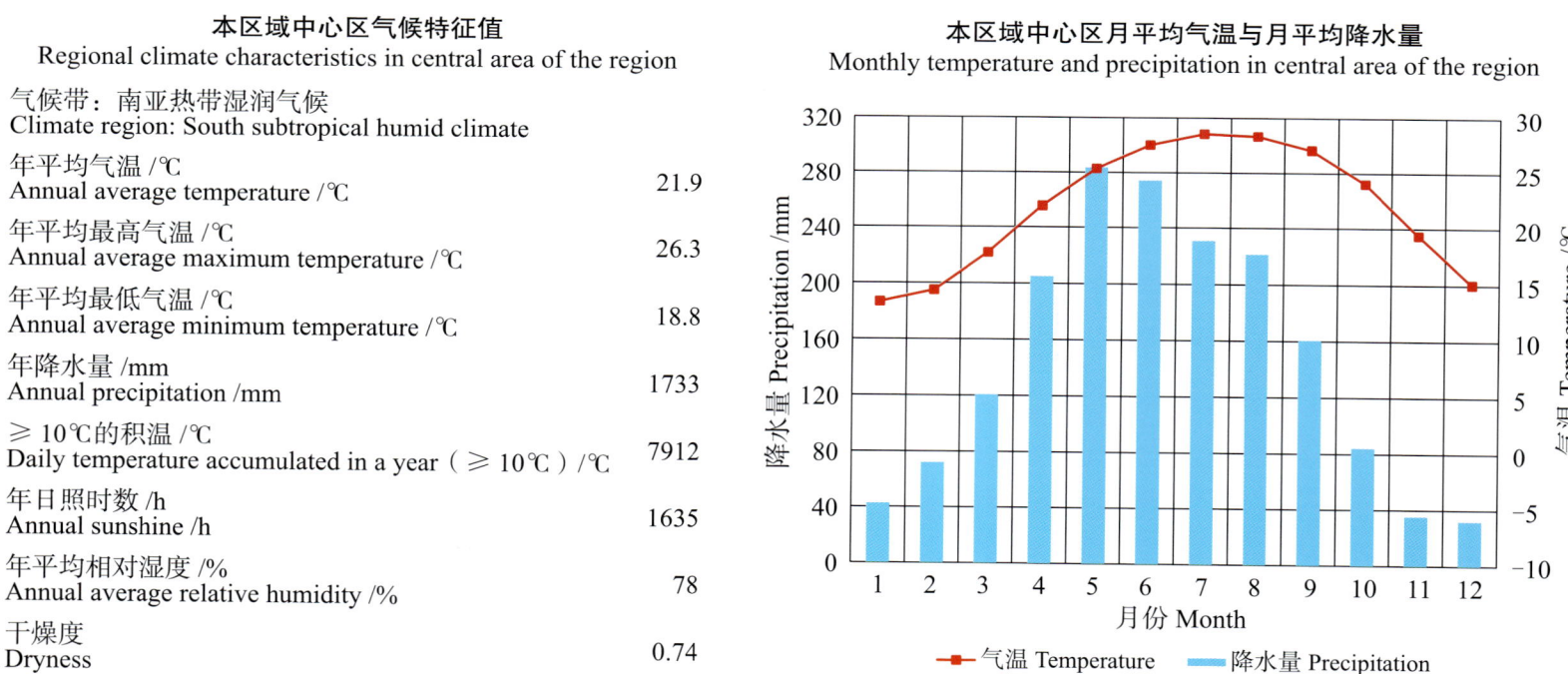

本区域中心区气候特征值
Regional climate characteristics in central area of the region

气候带：南亚热带湿润气候 Climate region: South subtropical humid climate	
年平均气温 /℃ Annual average temperature /℃	21.9
年平均最高气温 /℃ Annual average maximum temperature /℃	26.3
年平均最低气温 /℃ Annual average minimum temperature /℃	18.8
年降水量 /mm Annual precipitation /mm	1733
≥10℃的积温 /℃ Daily temperature accumulated in a year（≥10℃）/℃	7912
年日照时数 /h Annual sunshine /h	1635
年平均相对湿度 /% Annual average relative humidity /%	78
干燥度 Dryness	0.74

本区域中心区月平均气温与月平均降水量
Monthly temperature and precipitation in central area of the region

广州市市辖区（部分）主要土壤类型与土壤剖面点分布图
1∶210 000

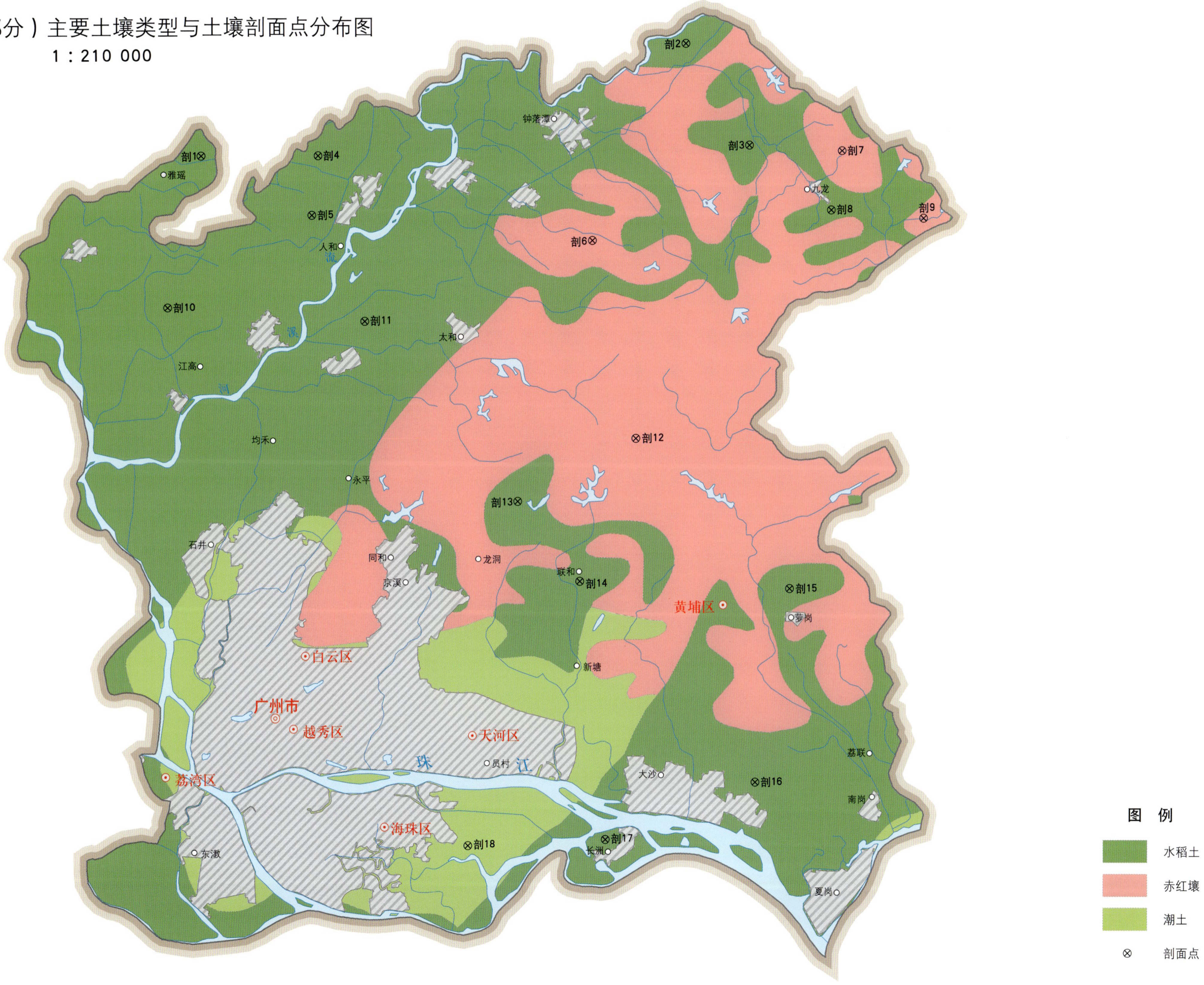

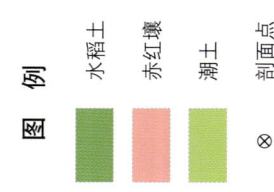

第二编　广东省分县土壤图与土壤剖面数据 | 045

广州市土壤剖面理化性状表

剖面号 Soil profile	土纲 Soil order	土类 Soil great group	亚类 Soil subgroup	土属 Soil genus	土种 Soil species	土层码 Layer code	土层厚度 Depth/cm	颜色 Soil color	质地 Soil texture	土壤结构 Soil structure	pH	有机质 OM/(g/kg)	全氮 TN/(g/kg)	全磷 TP/(g/kg)	全钾 TK/(g/kg)	碱解氮 AN/(mg/kg)	有效磷 AP/(mg/kg)	速效钾 AK/(mg/kg)	土壤母质 Parent material	剖面点坐标 Profile coordinate	匹配指数 Matching index/%
剖1	人为土	水稻土	潴育水稻土	河砂泥田	河砂石底砂质田	1	0—16	褐灰色	砂土	块状	6.1	30.3	0.83	0.20	2.7	73	3.6	72	河流冲积物	E 113° 13′ 51.2″ N 23° 22′ 25.0″	94
						2	16—28	黄灰色	砂壤土	块状	6.0	15.7	0.38	2.27	2.4	29	0.7	72			
						3	28—100	褐灰色	砂石土	粒状	6.4	6.9	0.83	0.30	8.3	4	微量	134			
剖2	人为土	水稻土	潴育水稻土	河砂泥田	河砂底田	1	0—16	褐灰色	壤土	块状	5.2	29.5	1.66	0.36	8.7	83	3.2	26	河流冲积物	E 113° 27′ 28.8″ N 23° 25′ 01.2″	100
						2	16—23	浅灰色	黏土	块状	6.2	25.7	0.74	0.20	6.3	5	1.4	17			
						3	23—40	灰白色	黏土	块状	5.8	2.5	0.16	0.38	13.9	7	0.7	41			
						4	40—100	黄色	砂土	粒状											
剖3	人为土	水稻土	潴育水稻土	宽谷冲积土田	鸭屎泥田	1	0—11	浅黄色	黏土壤土	核状	5.9	30.7	1.40	0.52		6	0.6	9	冲积物	E 113° 29′ 12.5″ N 23° 22′ 26.4″	100
						2	11—21	灰黄色	黏壤土	核状											
						3	21—100	灰黑色	黏壤土	粒状											
剖4	人为土	水稻土	潴育水稻土	河砂泥田	河砂泥田	1	0—15	灰黑色	黏壤土	团块状	6.4	18.4	1.04	微量	3.6	63	8.2	26	河流冲积物	E 113° 17′ 08.5″ N 23° 22′ 22.1″	87
						2	15—25	浅黄色	黏壤土	块状	7.0	20.4	0.74	0.32	6.4	53	4.4	35			
						3	25—45	棕灰色	黏壤土	柱状	7.2	0.5	0.32	0.25	8.0	9	2.3	56			
						4	45—100	黄灰色	重黏土												
剖5	人为土	水稻土	潴育水稻土	河砂泥田	河砂质田	1	0—15	灰色	砂壤土	块状	6.9	14.5	0.49	微量	2.1	27	85.7	46	河流冲积物	E 113° 16′ 55.8″ N 23° 20′ 52.7″	99
						2	15—26	灰黄色	砂壤土	块状	6.6	14.4	0.31	0.20	0.8	20	48.8	39			
						3	26—81	灰黄色	砂壤土	块状	6.6	6.7	0.64	微量		13	0.7	26			
						4	81—100	浅灰色	砂壤土	微团状											
剖6	铁铝土	赤红壤		花岗岩赤红地	麻赤红砂泥地	1	0—14	灰黑色	黏壤土	块状	5.9	36.7	1.25	0.35	1.6	60	1.4	10	花岗岩	E 113° 24′ 46.8″ N 23° 20′ 06.7″	84
						2	14—24	棕灰色	黏壤土	块状	5.9	26.7	0.68	0.17	1.6	53	微量	72			
						3	24—100	黄色	重黏土	柱状											
剖7	铁铝土	赤红壤		花岗岩赤红土	松团田	1	0—12	浅灰色	砂壤土	块状	5.9	14.1	1.06	0.06	2.7	82	29.8	14	花岗岩	E 113° 31′ 48.4″ N 23° 22′ 15.2″	86
						2	12—100	黄棕色	壤质黏土	团粒状											
剖8	人为土	水稻土	潴育水稻土	泥肉田	厚有机质层厚层花岗岩赤红壤	1	0—18	黄灰色	黏壤土	块状	5.6	29.2	1.75	1.35	6.4	101	1.4	125	花岗岩	E 113° 31′ 28.2″ N 23° 20′ 46.6″	89
						2	18—38	褐灰色	黏土	块状	6.8	37.4	1.36	0.90	4.0	45	微量	44			
						3	38—50	灰黄色	重黏土	柱状	6.3	12.7	1.86	0.40	2.4	35	微量	68			
						4	50—100	黄灰色	壤质黏土	柱状											
剖9	铁铝土	赤红壤		河砂泥田	河黄泥底田	1	0—20	浅灰色	壤质黏壤土	微团粒状	5.8	29.1	0.72	0.52	12.4	70	0.7	4	宽谷冲积物	E 113° 34′ 02.3″ N 23° 20′ 31.2″	80
						2	20—40	褐灰色	黏土	团粒状	5.6	10.2	0.75	0.38	2.0	42	微量	21			
						3	40—100	灰黄色	重黏土	块状	5.6	3.8	0.97	0.20	2.0	26	微量	19			
剖10	人为土	水稻土	潴育水稻土	河砂泥田	河砂泥田	1	0—20	黄灰色	砂质黏壤土	团粒状	7.0	21.0	1.38	0.31	4.0	185	25.8	44	花岗岩风化物	E 113° 34′ 02.3″ N 23° 20′ 31.2″	82
						2	20—30	黄棕色	黏土	块状	7.2	8.4	0.67	0.25	5.1	117	4.9	5			
						3	30—52	浅红色	黏壤土	柱状	6.7	1.3	0.51	0.22	3.2	102	微量	9			
						4	52—100	灰白色	黏土	柱状											
剖11	人为土	水稻土	潴育水稻土	河砂泥田	河黄泥底田	1	0—15	灰色	黏壤土	粒状	6.0	30.5	1.60	0.55	24.1	93	5.6	36	河流冲积物	E 113° 12′ 50.8″ N 23° 18′ 37.1″	77
						2	15—25	浅灰色	壤质黏土	块状	5.8	16.6	0.87	0.48	16.0	43	微量	52			
						3	25—55	黄棕色	黏壤土	柱状	6.2	13.7	0.59	0.33	20.0	26	微量	36			
						4	55—100	浅黄色	黏土	柱状											
剖12	铁铝土	赤红壤		花岗岩赤红地	麻赤红泥地	1	0—14	灰灰色	壤质黏土	核状	5.9	36.7	1.47			147	4.4	107	花岗岩	E 113° 25′ 53.4″ N 23° 15′ 07.2″	98
						2	14—24	黄色	黏壤土	核状											
						3	24—100	黄灰色	黏壤土	块状											

续表 Continued

剖面号 Soil profile	土纲 Soil order	土类 Soil great group	亚类 Soil subgroup	土属 Soil genus	土种 Soil species	土层码 Layer code	土层厚度 Depth/cm	颜色 Soil color	质地 Soil texture	土壤结构 Soil structure	pH	有机质 OM/(g/kg)	全氮 TN/(g/kg)	全磷 TP/(g/kg)	全钾 TK/(g/kg)	碱解氮 AN/(mg/kg)	有效磷 AP/(mg/kg)	速效钾 AK/(mg/kg)	土壤母质 Parent material	剖面点坐标 Profile coordinate	匹配指数 Matching index/%
剖13	人为土	水稻土	潴育水稻土	砂页岩红泥田	页红泥田	1	0–19	浅灰色	壤质黏土	块状	6.9	29.8	1.66	0.33	9.1	83	4.4	19			86
						2	19–34	灰黄色	壤质黏土	块状	6.9	28.4	1.45	0.28	11.1	66	3.6	10		E 113°22′33.2″ N 23°13′35.6″	
						3	34–66	灰色	壤质黏土	棱柱状	6.3	15.7	0.21	0.33	7.5	23	2.3	19			
						4	66–100	灰黄色	黏土	柱状											
剖14	人为土	水稻土	潴育水稻土	宽谷冲积土田	宽谷硕泥田	1	0–12	浅灰色	粉砂质黏土	块状	6.7	14.9	1.03	0.07	0.6	67	微量	21	冲积物	E 113°24′15.5″ N 23°11′33.4″	81
						2	12–20	浅灰色	粉砂质黏土	块状	5.9	9.9	1.00	0.58	2.5	44	微量	26			
						3	20–41	黄红色	粉砂质黏土	块状	5.9	0.8	0.50	0.35	1.6	28	微量	29			
						4	41–100	浅红色	重黏土	块状											
剖15	人为土	水稻土	潴育水稻土	嘛红泥田	嘛砂泥田	1	0–15	浅黄色	壤质黏土	块状	5.4	14.0	0.59	0.11	3.6	74	3.6	21		E 113°30′07.0″ N 23°11′16.5″	77
						2	15–26	浅黄色	壤质黏土	块状	7.1	4.1	0.26	0.06	6.3	10	0.7	7			
						3	26–100	黄棕色	壤质黏土	块状	6.9	5.9	0.13	0.06	3.6	17	微量	26			
剖16	人为土	水稻土	潴育水稻土	宽谷冲积土田	宽谷砂泥田	1	0–14	灰色	砂壤土	团粒状	5.6	20.6	0.75	0.14	3.3	24	5.5	31	冲积物	E 113°29′03.1″ N 23°06′25.9″	80
						2	14–26	深灰色	砂壤土	块状	5.4	21.3	0.70	0.23	3.3	15	5.2	27			
						3	26–45	深灰色	砂壤土	块状	5.7	8.7	0.31	0.10	2.7	13	微量	27			
						4	45–100	黄灰色	黏土	柱状											
剖17	人为土	水稻土	潴育水稻土	河砂泥田	河泥田	1	0–20	深灰色	黏壤土	团粒状	6.5	30.5	微量	0.52	13.9	73	2.3	41	河流冲积物	E 113°24′50.2″ N 23°05′03.5″	90
						2	20–45	浅灰色	黏壤土	块状	6.6	16.9	1.01	0.52	13.9	48	4.1	36			
						3	45–67	深灰色	砂壤土	柱状	5.6	6.9	1.41	0.30	14.3	46	1.4	30			
						4	67–100	灰白色	重黏土	块状											
剖18	半水成土	潮土	潮土	潮砂泥地	潮砂地	1	0–16	灰白色	砂壤土	块状	5.8	15.0				76	1.8	17	河流冲积物	E 113°20′58.8″ N 23°04′57.9″	84
						2	16–29	灰白色	砂壤土	块状											
						3	29–49	灰白色	砂壤土	块状											
						4	49–100	灰白色	砂壤土	块状											

番禺区、南沙区

主要土类说明

水稻土是番禺区、南沙区主要土壤类型，占本区域地域面积的66%。成土母质主要为河流冲积物。水稻土是在长期的季节性淹灌、水下翻耕、季节性脱水、氧化还原交替影响下，原来的成土母质或母土的特性发生重大改变，形成的新的土壤类型。由于干湿交替，水稻土形成糊状的淹育层、较坚实板结的犁底层、渗育层、潴育层与潜育层等多种发生层。这些不同的发生层是在人为耕作、水浆管理下形成的。本区域水稻土分为淹育型、潴育型、潜育型、盐渍型等亚类。其中，潴育水稻土面积最大，占本土类面积的64%。

赤红壤是番禺区、南沙区第二大土壤类型，占本区域地域面积的10%。成土母质主要为砂页岩和第四纪红色黏土，亦有少量花岗岩。赤红壤主要发生于南亚热带季雨林下，其脱硅富铝化程度仅次于砖红壤，强于红壤。铁的游离度介于二者之间，黏粒硅铝率为1.7—2.0，风化淋溶系数为0.05—0.15，盐基饱和度为15%—25%。淀积层（B层）富含铁铝氧化物，呈赤红色。本区域赤红壤包括耕型赤红壤和非耕型赤红壤。其中，非耕型赤红壤占本土类面积的54%，大部分是山林地，主要分布在沙头、沙湾、钟村、南村、大石、新造、化龙、石楼等地的山丘地区。

小于本区域地域面积3%的土壤类型有风沙土。

本区域中心区气候特征

本区域中心区气候特征值
Regional climate characteristics in central area of the region

气候带：南亚热带湿润气候 Climate region: South subtropical humid climate	
年平均气温 /℃ Annual average temperature /℃	22.1
年平均最高气温 /℃ Annual average maximum temperature /℃	26.3
年平均最低气温 /℃ Annual average minimum temperature /℃	19.0
年降水量 /mm Annual precipitation /mm	1809
≥10℃的积温 /℃ Daily temperature accumulated in a year (≥10℃) /℃	7964
年日照时数 /h Annual sunshine /h	1656
年平均相对湿度 /% Annual average relative humidity /%	78
干燥度 Dryness	0.72

本区域中心区月平均气温与月平均降水量
Monthly temperature and precipitation in central area of the region

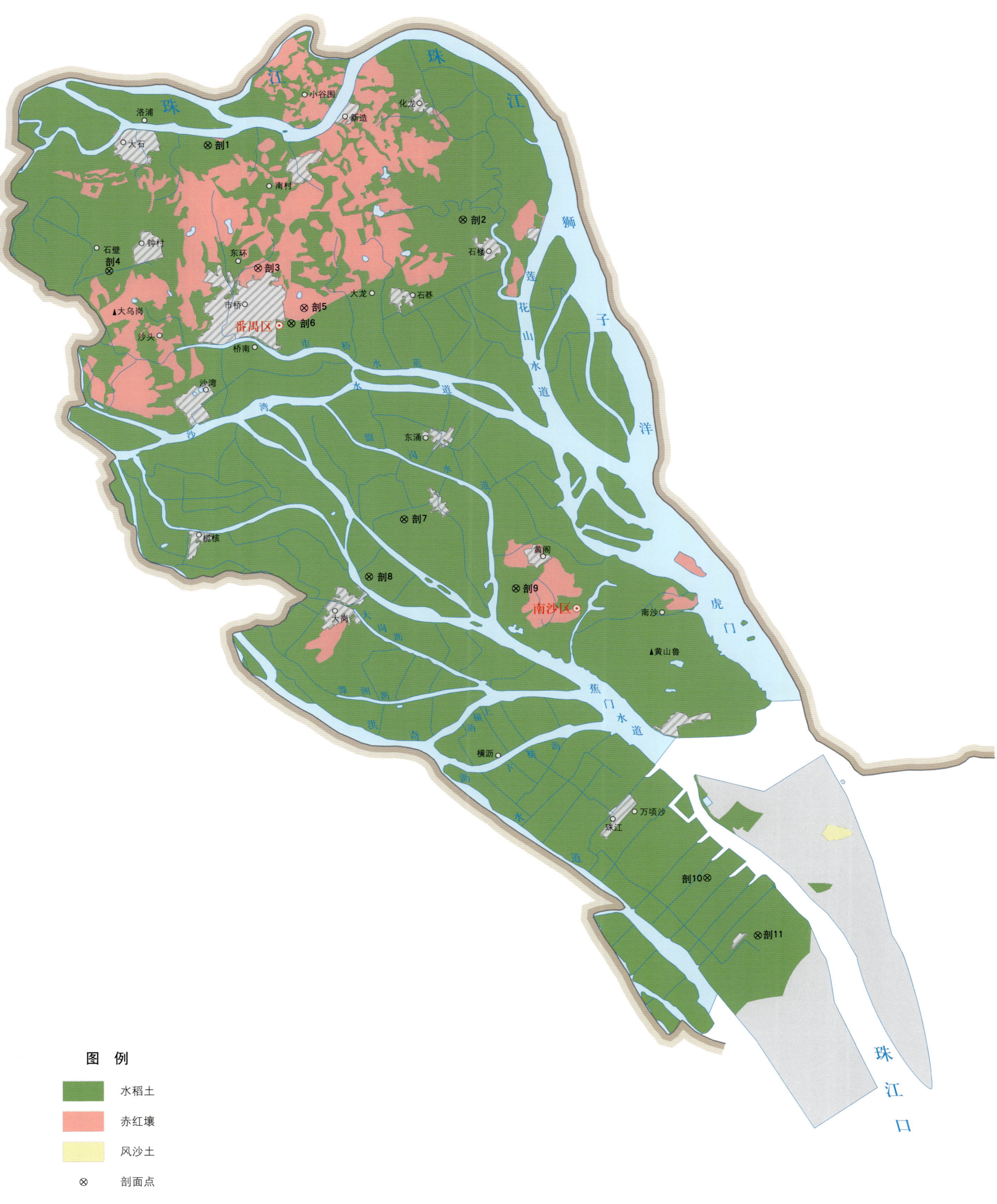

番禺区、南沙区土壤剖面理化性状表

剖面号 Soil profile	土纲 Soil order	土类 Soil great group	亚类 Soil subgroup	土属 Soil genus	土种 Soil species	土层码 Layer code	土层厚度 Depth/cm	颜色 Soil color	质地 Soil texture	土壤结构 Soil structure	pH	有机质 OM/(g/kg)	全氮 TN/(g/kg)	全磷 TP/(g/kg)	全钾 TK/(g/kg)	碱解氮 AN/(mg/kg)	有效磷 AP/(mg/kg)	速效钾 AK/(mg/kg)	土壤母质 Parent material	剖面点坐标 Profile coordinate	匹配指数 Matching index/%
剖1	人为土	水稻土	潴育水稻土	赤红壤冲积土田	泥田	1	0—15	黄褐色	黏壤土	粒状	5.7								冲积物	E 113°20′34.4″ N 23°01′28.2″	79
						2	15—40	褐灰色	壤质黏土	小块状	6.1										
						3	40—70	浅灰色	壤质黏土	柱状	3.8										
						4	70—100	暗灰色	壤质黏土	糊状	4.1										
剖2	人为土	水稻土	盐渍水稻土	咸酸田	咸酸田	1	0—18	黄褐色	砂质黏土	小块状	3.8	57.7	1.70	0.22	19.4	126	3.0	54		E 113°28′07.7″ N 22°59′15.7″	84
						2	18—31	灰黄色	黏土	小块状	3.3	42.9	1.60	0.39	19.3						
						3	31—51	灰黄色	黏质黏土	小块状	2.9	81.3	1.30	0.17	17.4						
						4	51—100	灰黄色	壤质黏土	小块状	3.5	33.9	0.60	0.13	9.8						
剖3	铁铝土	赤红壤	赤红壤	红色砂页岩赤红土地	松砂土	1	0—14	灰褐色	砂质壤土	粒状	8.2	17.0	0.90	0.57	14.8	50	24.8	78	砂页岩	E 113°22′01.2″ N 22°57′58.0″	82
						2	14—22	黄褐色	黏土	粒状	6.9	13.0	0.70	0.52	13.4						
						3	22—32	黄褐色	黏质黏土	小块状	5.5	6.8	0.50	0.22	7.7						
剖4	人为土	水稻土	潴育水稻土	赤红壤冲积土田	砂泥田	1	0—19	褐灰色	黏壤土	蜂窝状	6.2	57.4	3.20	0.92	5.5	224	38.3	37	冲积物	E 113°17′35.5″ N 22°57′56.5″	75
						2	19—29	棕灰色	黏土	块状	6.7	33.4	1.80	0.61	6.0						
						3	29—100	灰黄色	壤质黏土	块状	7.0	11.1	1.00	0.26	6.6						
剖5	铁铝土	赤红壤	赤红壤	红色砂页岩赤红土地	黄泥砂土	1	0—11	黄褐色	砂质壤土	粒状	6.3	6.8	0.30	0.17	12.9	61	1.8	34	砂页岩	E 113°23′22.5″ N 22°56′48.9″	99
						2	11—14	黄褐色	砂质壤土	粒状	6.3	4.0	0.20	0.22	17.1	40	1.8	37			
						3	14—100	黄褐色	砂质壤土	小块状	5.1	6.9	0.10	0.22	23.5	24	0.2	42			
剖6	人为土	水稻土	潴育水稻土	赤红壤冲积土田	泥肉田	1	0—21	黄褐色	壤土	粒状	7.0	32.6	1.80	0.65	15.3	121	13.3	31	冲积物	E 113°22′59.1″ N 22°56′23.2″	91
						2	21—46	黄褐色	黏壤土	蜂窝状	7.2	28.6	1.60	0.39	14.9						
						3	46—100	灰黄色	黏质黏土	块状	7.3	30.8	0.50	0.39	15.5						
剖7	人为土	水稻土	潴育水稻土	三角洲沉积土田	泥丁田	1	0—15	棕灰色	壤质黏土	小块状	5.5	31.5	1.50	0.57	22.2	117	2.5	71	沉积物	E 113°26′15.0″ N 22°50′47.4″	79
						2	15—34	黄褐色	黏质黏土	棱柱状	6.1	19.4	1.00	0.57	22.9						
						3	34—72	黄褐色	黏质黏土	棱柱状	6.7	24.6	0.90	0.44	22.8						
						4	72—100	黄褐色	壤质黏土	棱柱状	7.0	26.6	1.30	0.61	22.7						
剖8	人为土	水稻土	潴育水稻土	三角洲沉积土田	泥田	1	0—24	粉棕灰色	壤质黏土		6.1	41.6	1.90	0.35	18.5	161	2.4	52	沉积物	E 113°25′10.9″ N 22°49′11.3″	89
						2	24—31	黏灰色	黏质黏土		5.6	40.3	1.80	0.48	18.9	142	1.4	65			
						3	31—50	黄灰色	黏质黏土		6.3	39.5	1.90	0.35	20.6	119	0.5	43			
						4	50—100	棕黄色	壤土		5.4	43.3	1.80	0.31	19.0	105	2.1	86			
剖9	人为土	水稻土	潴育水稻土	三角洲沉积土田	泥青田	1	0—14	灰黄色	壤质黏土	小块状	6.3	33.7	1.80	0.48	20.6	142	2.5	54	沉积物	E 113°22′32.6″ N 22°48′47.9″	81
						2	14—32	黄黄色	黏质黏土	大块状	5.6	30.6	1.70	0.26	21.7	119	0.9	51			
						3	32—60	棕黄色	黏质黏土		4.8	43.0	1.90	0.22	21.1	119	0.9	63			
						4	60—100	灰黄色	壤土	无明显结构	5.0	30.8	1.10	0.22	18.0	85	1.8	82			
剖10	人为土	水稻土	潴育水稻土	珠江三角洲油格田	油格田	1	0—19	棕灰色	黏土	小块状	8.2	28.7	1.30	0.57	19.4	113	4.0	49	沉积物	E 113°29′32.6″ N 22°48′47.9″	78
						2	19—40	黄灰色	壤质黏土	小块状	8.2	24.8	1.60	0.26	21.7						
						3	40—78	青蓝灰色	黏土		8.3	16.5	0.80	0.70	22.4						
						4	78—100	灰灰色	壤质黏土	糊状	8.5	18.7	1.00	0.70	19.3						
剖11	人为土	水稻土	潴育水稻土	珠江三角洲油格田	油泥田	1	0—22	灰黄色	粉砂质黏土	无明显结构	7.8	27.8	1.80	0.79	21.5	96	8.6	140	沉积物	E 113°35′04.2″ N 22°40′29.3″	86
						2	22—47	黄灰色	壤质黏土	小块结构	7.9	22.5	1.10	0.74	20.4	72	7.5	229		E 113°36′32.4″ N 22°38′49.2″	
						3	47—100	青蓝色	粉砂质黏土	无明显结构	7.7	21.3	1.10	0.61	17.5	50	4.9	243			

花 都 区

主要土类说明

水稻土是花都区主要土壤类型，占本区地域面积的 50%。水稻土是在长期的季节性淹灌、水下翻耕、季节性脱水、氧化还原交替影响下，原来的成土母质或母土的特性发生重大改变，形成的新的土壤类型。由于干湿交替，水稻土形成糊状的淹育层、较坚实板结的犁底层、渗育层、潴育层与潜育层等多种发生层。这些不同的发生层是在人为耕作、水浆管理下形成的。本区水稻土分为淹育型、潴育型、渗育型、潜育型、沼泽型等亚类。其中，潴育水稻土面积最大，占本土类面积的 90%。

赤红壤是花都区第二大土壤类型，占本区地域面积的 44%。成土母质主要为花岗岩、砂页岩风化物。赤红壤主要发生于南亚热带季雨林下，其脱硅富铝化程度仅次于砖红壤，强于红壤。铁的游离度介于二者之间，黏粒硅铝率为 1.7—2.0，风化淋溶系数为 0.05—0.15，盐基饱和度为 15%—25%。淀积层（B 层）富含铁铝氧化物，呈赤红色。

小于本区地域面积 3% 的土壤类型有石质土和红壤。

本区域中心区气候特征

本区域中心区气候特征值
Regional climate characteristics in central area of the region

气候带：南亚热带湿润气候 Climate region: South subtropical humid climate	
年平均气温 /℃ Annual average temperature /℃	21.6
年平均最高气温 /℃ Annual average maximum temperature /℃	26.1
年平均最低气温 /℃ Annual average minimum temperature /℃	18.4
年降水量 /mm Annual precipitation /mm	1695
≥10℃的积温 /℃ Daily temperature accumulated in a year（≥10℃）/℃	7782
年日照时数 /h Annual sunshine /h	1635
年平均相对湿度 /% Annual average relative humidity /%	78
干燥度 Dryness	0.75

本区域中心区月平均气温与月平均降水量
Monthly temperature and precipitation in central area of the region

花都市主要土壤类型与土壤剖面点分布图

1:190 000

图例
- 水稻土
- 赤红壤
- 石质土
- 红壤
- ⊗ 剖面点

注：国务院 2000 年 5 月批准，撤销花都市，设立花都区。

花都区土壤剖面理化性状表

剖面号 Soil profile	土纲 Soil order	土类 Soil great group	亚类 Soil subgroup	土属 Soil genus	土种 Soil species	土层码 Layer code	土层厚度 Depth/cm	颜色 Soil color	质地 Soil texture	土壤结构 Soil structure	pH	有机质 OM/(g/kg)	全氮 TN/(g/kg)	全磷 TP/(g/kg)	全钾 TK/(g/kg)	碱解氮 AN/(mg/kg)	有效磷 AP/(mg/kg)	速效钾 AK/(mg/kg)	阳离子交换量CEC/(cmol/kg)	土壤母质 Parent material	剖面点坐标 Profile coordinate	匹配指数 Matching index/%
剖1	人为土	水稻土	潴育水稻土	宽谷冲积土田	宽谷砂泥田	A	0—11				5.1	26.6	1.36	0.34	18.5	87	13.1	27	6.4	冲积物	E 113°11′03.7″ N 23°29′04.3″	90
						P	11—26				5.8	16.0	0.85	0.18	18.3	55	5.2	22				
						W	26—56				6.0	4.3	0.22	0.06	17.1	25	微量	46				
						C	56—100				6.2	5.9	0.40	0.07	14.8	46	微量	31				
剖2	铁铝土	赤红壤	赤红壤	砂页岩赤红壤		A	0—15				5.3	43.4	1.86	0.21	8.0	132	3.5	39		砂页岩	E 113°11′45.7″ N 23°27′30.0″	91
						B	15—60				5.4	12.0	0.76	0.11	17.4	62	微量	20				
						C	60—100				4.7	6.8	0.50	0.17	17.3	38	微量	22				
剖3	铁铝土	赤红壤	赤红壤	砂页岩赤红壤		A	0—11				4.5	19.6	1.03	0.19	14.7	71	微量	42		砂页岩	E 113°00′15.1″ N 23°27′14.4″	96
						B	11—61				4.9	7.6	0.54	0.21	23.1	46	微量	46				
						C	61—100				4.7	6.8	0.51	0.29	22.9	31	微量	32				
剖4	人为土	水稻土	潴育水稻土	河砂泥田	河砂质田	A	0—15	褐色	砂壤土	粒状	5.4	18.3	1.03	0.29	24.1	101	0.9	32	7.1	河流冲积物	E 113°02′50.2″ N 23°26′11.2″	93
						P	15—26	黄色	砂壤土	粒状	5.5	16.9	0.94	0.28	22.3	139	4.4	21				
						W	26—49	浅红黄色	中壤土	块状	6.5	4.0	0.34	0.30	19.8	64	3.5	19				
						C	49—100				6.0	0.6		0.36	30.3	22	3.1	9				
剖5	人为土	水稻土	潴育水稻土	河黏泥田	河黏土田	A	0—13	棕灰色	中壤土	柱状	6.2	25.7	1.21	0.34	15.7	109	2.6	37	3.8	河流冲积物	E 113°11′20.2″ N 23°24′43.4″	93
						P	13—26	棕灰色	中壤土	块状	6.6	23.0	1.20	0.34	18.6	106	0.9	37				
						W	26—57	暗棕灰色	轻壤土		5.5	10.8	0.92	0.10	16.4	67	1.3	55				
						C	57—	灰白色			6.7	15.0	0.56	0.04	18.3	74	6.1	36				
剖6	铁铝土	赤红壤	赤红壤	花岗岩赤红壤		A	0—19	浅灰色	中壤土	块状	4.9	20.2	0.90	0.06	13.2	102	微量	55	5.3	花岗岩	E 113°07′25.0″ N 23°23′00.6″	80
						B	19—64	浅红色	中壤土	块状	5.1	8.7	0.49	0.06	14.5	74	微量	53				
						C	64—100	浅红色			5.0	6.1	0.81	0.04	13.3	66	3.1	40				
剖7	人为土	水稻土	潴育水稻土	宽谷冲积土田	宽谷泥田	A	0—15				6.4	21.9	0.65	0.13	7.3	102	0.9	22	5.9	冲积物	E 113°13′30.4″ N 23°20′44.2″	71
						P	15—26				7.4	7.9	0.13	0.16	4.2	125	微量	21				
						W	26—56				6.9	3.0	0.05	0.04	5.4	84	微量	26				
						C	56—100				7.9	9.1	0.46	0.21	5.0	56	微量	33				
剖8	铁铝土	赤红壤	赤红壤	花岗岩赤红壤		A	0—6				5.3	28.3	1.32	0.10	34.6	113	微量	59	6.6	花岗岩	E 113°22′47.4″ N 23°28′56.8″	84
						B	6—48				5.6	10.2	0.64	0.08	42.6	39	0.4	41				
						C	48—100				5.7	0.3	0.49	0.38	39.8	22	微量	57				
剖9	人为土	水稻土	潴育水稻土	河砂泥田	河砂泥田	A	0—13				5.3	19.3	1.04	0.36	25.6	78	23.6	17	2.9	河流冲积物	E 113°25′32.7″ N 23°26′16.5″	74
						P	13—26				5.5	19.2	1.07	0.31	25.8	71	16.6	16				
						W	26—58				5.6	4.8	0.22	0.28	29.6	56	3.1	20				
						C	58—100				5.9	4.0	0.21	0.21	30.4	34	2.6	38				
剖10	人为土	水稻土	潴育水稻土	河砂粉砂田	河结粉砂田	A	0—16				5.4	6.8	0.37	0.09	16.6	67	37.5	13	6.6	冲积物	E 113°15′28.8″ N 23°26′01.7″	72
						P	16—26				5.2	6.2	0.17	0.21	29.7	34	35.8	7				
						W	26—56				5.9	5.9	0.55	0.09	30.7	57	0.4	14				
						C	56—95				5.7	1.9	0.50	0.03	29.8	35	2.2	13				
剖11	人为土	水稻土	潴育水稻土	宽谷冲积土田	砂板田	A	0—15				5.2	13.9	0.71	0.27	4.5	111	38.4	25	11.0	冲积物	E 113°18′33.6″ N 23°24′12.5″	77
						P	15—22				5.3	12.8	0.76	0.30	3.6	71	36.2	12				
						W	22—56				5.8	4.2	0.40	0.13	4.7	57	微量	15				
						C	56—100				6.4	3.7	0.41	0.14	8.5	45	0.9	22				
剖12	人为土	水稻土	潴育水稻土	河砂泥田	河泥田	A	0—15				5.4	20.0	1.36	0.54	13.8	49	1.4	41		河流冲积物	E 113°07′41.7″ N 23°19′02.5″	77
						P	15—26				5.9	17.8	1.02	0.59	16.6	63	3.6	46				
						W	26—60				6.2	11.6	0.73	0.48	10.1	31	2.5	44				

从 化 区

主要土类说明

赤红壤是从化区主要土壤类型，占本区地域面积的 65%。本区地处南亚热带，属丘陵半山区，除个别海拔较高的山区外，大部分地区热量丰富，雨量充沛，亚热带季风气候特征明显，有利于热带和亚热带植物生长。本区地质条件较复杂，成土母质有火成岩、砂页岩、石灰岩、千枚岩、大理岩等，还有大面积的第四纪红土。赤红壤脱硅富铝化程度仅次于砖红壤，强于红壤。铁的游离度介于二者之间，黏粒硅铝率为 1.7—2.0，风化淋溶系数为 0.05—0.15，盐基饱和度为 15%—25%。淀积层（B 层）富含铁铝氧化物，呈赤红色。

水稻土是从化区第二大土壤类型，占本区地域面积的 18%。成土母质主要为花岗岩、砂页岩、洪积物、冲积物、河积物等。水稻土是在长期的季节性淹灌、水下翻耕、季节性脱水、氧化还原交替影响下，原来的成土母质或母土的特性发生重大改变，形成的新的土壤类型。由于干湿交替，水稻土形成糊状的淹育层、较坚实板结的犁底层、渗育层、潴育层与潜育层等多种发生层。这些不同的发生层是在人为耕作、水浆管理下形成的。本区水稻土分为淹育型、潴育型、渗育型、潜育型、沼泽型等亚类。其中，潴育水稻土面积最大，分布最广，本区人口密集的地区均有分布，开垦利用和改良的时间最长。

红壤是从化区第三大土壤类型，占本区地域面积的 12%，分布在海拔 400—800m 的山区。该区域雨量充沛，光照时间长，植物生长繁茂，地形起伏不大，山间水量丰富，土层较深厚，土壤中有机质积累和分解速度比黄壤快，土壤受淋溶作用强烈，呈酸性。土体呈橙红色或红色，剖面构型为 A–B–C。

小于本区地域面积 3% 的土壤类型有黄壤、潮土和石灰（岩）土。

本区域中心区气候特征

本区域中心区气候特征值
Regional climate characteristics in central area of the region

气候带：南亚热带湿润气候 Climate region: South subtropical humid climate	
年平均气温 /℃ Annual average temperature /℃	21.4
年平均最高气温 /℃ Annual average maximum temperature /℃	26.1
年平均最低气温 /℃ Annual average minimum temperature /℃	18.1
年降水量 /mm Annual precipitation /mm	1786
≥10℃的积温 /℃ Daily temperature accumulated in a year (≥10℃) /℃	7896
年日照时数 /h Annual sunshine /h	1701
年平均相对湿度 /% Annual average relative humidity /%	77
干燥度 Dryness	0.71

本区域中心区月平均气温与月平均降水量
Monthly temperature and precipitation in central area of the region

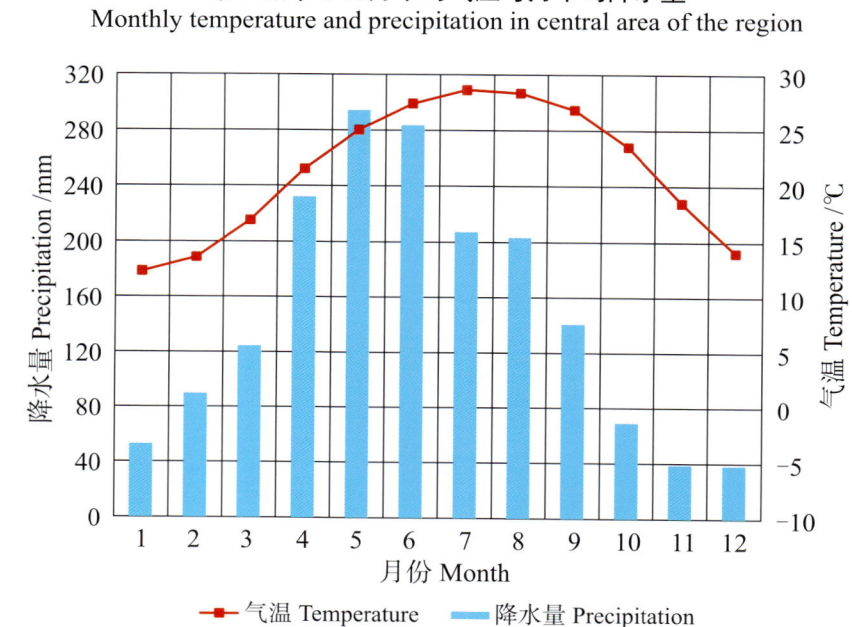

从化市主要土壤类型与土壤剖面点分布图

1:290 000

图例

- 赤红壤
- 水稻土
- 红壤
- 黄壤
- 潮土
- 石灰（岩）土
- ⊗ 剖面点

注：国务院2014年12月批准，撤销从化市，设立从化区。

从化区土壤剖面理化性状表

剖面号 Soil profile	土纲 Soil order	土类 Soil great group	亚类 Soil subgroup	土属 Soil genus	土种 Soil species	土层码 Layer code	土层厚度 Depth/cm	颜色 Soil color	质地 Soil texture	土壤结构 Soil structure	pH	有机质 OM/(g/kg)	全氮 TN/(g/kg)	全磷 TP/(g/kg)	全钾 TK/(g/kg)	碱解氮 AN/(mg/kg)	有效磷 AP/(mg/kg)	速效钾 AK/(mg/kg)	土壤母质 Parent material	剖面点坐标 Profile coordinate	匹配指数 Matching index/%
剖1	铁铝土	红壤	红壤	花岗岩红壤	薄有机质层 厚层花岗岩红壤	A	0—3	灰黑色	砂壤土	粒状	7.0	48.9	2.22	0.52	14.0	211	0.5	63	花岗岩	E 113°49′06.2″ N 23°53′37.3″	76
						B	3—80	浅棕红色	砂壤土	巨块状	5.9	6.8	0.30	0.22	20.0	36	微量	63			
						C	80—100	橙红色	壤土	无明显结构	5.4	2.3	0.10	0.08	27.7	11	微量	14			
剖2	人为土	水稻土	淹育水稻土	麻红泥田	麻红泥青田	A	0—15	灰色	黏土	团块状	5.6	18.5	0.91	0.35	45.5	120	0.9	44		E 113°48′05.0″ N 23°51′10.4″	78
						P	15—25	暗黄色	黏土	巨块状	5.8	16.4	0.81	0.21	43.5						
						C_1	25—45	黄色	黏土	无明显结构	5.2	8.4	0.33	0.15	48.2						
						C_2	45—100	棕黄色	黏土	无明显结构	5.8	3.4	0.03	0.02	44.8						
剖3	人为土	水稻土	潴育水稻土	河砂泥田	河泥田	A	0—16	浅灰色	黏土	小团块状	6.0	34.4	1.62	0.36	29.3	162	2.6	66	河流冲积物	E 113°23′39.1″ N 23°43′00.8″	92
						P	16—33	灰色	黏土	大块状	6.8	25.5	1.38	0.28	21.2						
						W	33—100	灰棕色	黏土	棱柱状	7.0	12.1	0.78	0.27	26.0						
剖4	人为土	水稻土	潴育水稻土	河砂泥田	河砂泥田	P	0—20	灰色	壤土	团粒块状	5.9	23.6	1.29	0.28	7.9	180	9.2	31	河流冲积物	E 113°24′13.0″ N 23°41′57.8″	87
						P	20—36	深灰色	壤土	板块状	6.5	10.7	0.68	0.25	15.1						
						W	36—100	浅灰色	壤土	棱柱状	7.0	4.8	0.02	0.05	19.1						
剖5	铁铝土	赤红壤	赤红壤	花岗岩赤红壤		A	0—25	棕红色	砂壤土	团块状	5.5	45.4	1.61	0.20	35.0	122	1.7	80	花岗岩风化坡积物	E 113°43′36.5″ N 23°46′24.6″	84
						B	25—100	棕红色	砂壤土	团块状	5.4	11.5	0.56	0.15	39.5	45	微量	64			
剖6	铁铝土	赤红壤	赤红壤	花岗岩赤红壤		A	0—19	橙红色	砂壤土	团块状	5.2	16.8	0.80	0.14	23.9	88	0.4	56	花岗岩风化坡积物	E 113°39′30.6″ N 23°43′58.8″	85
						B	19—100	橙黄色	砂壤土	巨块状	4.5	6.4	0.38	0.10	29.5	16	微量	66			
剖7	人为土	水稻土	淹育水稻土	麻红泥田	麻红泥底田	A	0—13	灰黄色	壤土	团块状	5.7	19.8	0.86	0.20	0.5	108	2.6	32	花岗岩	E 113°44′07.9″ N 23°43′33.1″	78
						C_1	13—20	褐灰色	壤土	块状	5.5	11.3	0.43	0.16	9.3						
						C_2	20—43	褐灰色	砂壤土	散粒状	5.2	3.3	0.17	0.07	11.1						
							43—100	黄色	砂壤土	无明显结构	5.5	0.7	0.05	0.02	14.0						
剖8	铁铝土	赤红壤	赤红壤	花岗岩赤红壤	薄有机质层 厚层花岗岩赤红壤	A	0—9	浅褐色	砂壤土	粒状	5.7	11.2	0.76	0.16	28.3	54	微量	58	花岗岩风化坡积物	E 113°52′57.0″ N 23°49′42.2″	90
						B_1	9—30	黄褐色	砂壤土	块状	4.2	6.7	0.37	0.07	29.0	11	微量	46			
						B_2	30—100	浅橙色	砂壤土	无明显结构	4.0	2.1	0.11	0.02	30.2	4	微量	47			
剖9	人为土	水稻土	潴育水稻土	潮砂田	潮砂田	A	0—17	黑色	松砂土	团粒状	5.2	30.5	1.49	0.14	31.1	121	12.2	65	河流冲积物	E 113°57′54.4″ N 23°48′48.2″	84
						P	17—29	深灰色	紫砂土	巨块状	6.8	9.3	0.48	0.30	28.0						
						C	29—99	灰黄色	紫砂土	柱状	7.0	6.2	0.30	0.38	30.4						
							99—100	黄色	砂壤土	无明显结构											
剖10	人为土	水稻土	潴育水稻土	砂页岩红泥田	页结粉田	A	0—10	灰色	砂壤土	散粒状	5.2	22.4	1.00	0.28	12.8	98	0.9	50	砂页岩	E 113°57′07.9″ N 23°48′23.0″	97
						P	10—18	灰色	砂壤土	大块状	5.5	10.0	0.45	0.17	10.8						
						W_1	18—49	橙黄色	砂壤土	柱状	6.2	10.2	0.50	0.23	22.9						
						W_2	49—100	棕黄色	砂壤土	柱状	6.8	1.2	0.05	0.34	21.8						
剖11	铁铝土	赤红壤	赤红壤	砂页岩赤红壤	厚有机质层 厚层砂页岩赤红壤	A	0—37	灰黄色	砂壤土	粒状	5.8	25.4	1.64	0.06	8.2	92	1.7	36	砂页岩	E 113°50′30.9″ N 23°46′59.5″	100
						B_1	37—61	浅黄色	砂壤土	块状	5.2	15.5	0.75	0.07	14.8	21	微量	25			
						B_2	61—100	橙黄色	砂壤土	块状	4.8	9.2	0.44	0.07	16.4	7	微量	45			
剖12	人为土	水稻土	潴育水稻土	洪积沙泥田	鸭屎蛋泥田	A	0—13	灰褐色	黏土	块状	5.3	24.2	1.32	0.96	18.1	110	2.2	45	洪积物	E 113°59′21.8″ N 23°46′48.0″	80
						P	13—23	橙黄色	黏土	大块状	5.8	19.1	0.82	0.97	18.0						
						W	23—100	灰黄色	砂壤土	柱状	6.0	0.9	0.05	0.25	19.9						
剖13	铁铝土	黄壤	黄壤	砂岩黄壤	厚有机质层 厚层砂页岩黄壤	A	0—20	浅灰色	砂壤土	粒状	5.5								砂页岩风化坡积物	E 113°54′03.0″ N 23°44′42.1″	77
						B	20—180	橙黄色	砂壤土	无明显结构	5.7										
						D	180—200			无明显结构											

续表 Continued

剖面号 Soil profile	土纲 Soil order	土类 Soil great group	亚类 Soil subgroup	土属 Soil genus	土种 Soil species	土层码 Layer code	土层厚度 Depth/cm	颜色 Soil color	质地 Soil texture	土壤结构 Soil structure	pH	有机质 OM/(g/kg)	全氮 TN/(g/kg)	全磷 TP/(g/kg)	全钾 TK/(g/kg)	碱解氮 AN/(mg/kg)	有效磷 AP/(mg/kg)	速效钾 AK/(mg/kg)	土壤母质 Parent material	剖面点坐标 Profile coordinate	匹配指数 Matching index/%
剖14	人为土	水稻土	淹育水稻土	砂页岩红泥田	页结粉田	A	0-15	浅灰色	轻壤土	散粒状	5.5	15.5	0.94	0.24	14.1	107	3.1	46		E 113°50′20.2″ N 23°43′42.6″	89
						P	15-25	黄灰色	壤土	巨块状	5.5	2.8	0.33	0.09	18.3						
						C_1	25-60	浅黄色	壤土	无明显结构	5.7	0.8	0.31	0.14	18.9						
						C_2	60-100	浅灰色	黏土	无明显结构	6.0	0.9	0.30	0.10	18.4						
剖15	人为土	水稻土	潴育水稻土	洪积红泥田	洪积砂质田	A	0-12	暗棕色	砂壤土	散粒状	5.5	26.3	1.27	0.27	29.7	126	7.9	75	花岗岩风化洪积物	E 113°45′51.1″ N 23°40′45.1″	74
						P	12-25	橙黄色	砂壤土	块状	6.5	16.1	0.78	0.12	32.8						
						W_1	25-51	棕黄色	壤土	柱状	6.3	8.4	0.51	0.16	30.4						
						W_2	51-100	橙黄色	砂壤土	柱状	6.8	3.0	0.15	0.16	36.5						
剖16	人为土	水稻土	潴育水稻土	洪积红泥田	洪积泥田	A	0-14	浅灰色	黏土	团块状	5.5	26.1	1.68	0.12	18.4	120	3.1	47	花岗岩风化洪积物	E 113°25′36.5″ N 23°38′32.3″	83
						P	14-29	橙黄色	黏土	板块状	5.8	24.5	1.29	0.41	18.1						
						W_1	29-48	棕黄色	黏土	棱柱状	6.6	16.3	0.88	0.40	20.2						
						W_2	48-100	黄色	黏土	柱状	6.8	0.5	0.03	0.37	18.5						
剖17	人为土	水稻土	潴育水稻土	麻红泥田	麻红泥底田	A	0-13	浅灰色	黏土	团块状	6.0	27.9	1.43	0.11	13.1	110	1.7	40		E 113°26′08.5″ N 23°37′20.3″	71
						P	13-28	褐灰色	黏土	板块状	6.5	10.7	0.48	0.06	13.8						
						W	28-45	浅棕色	黏土	巨块状	6.0	4.2	0.24	0.05	14.4						
						C	45-100	棕黄色	黏土	无明显结构	6.2	6.9	0.27	0.07	18.1						
剖18	铁铝土	赤红壤		第四纪红土赤红壤	薄有机质层厚四纪红土赤红壤	A	0-3	黄灰色	壤土	细粒状	5.9	5.9	0.38	0.08	5.4	37	0.4	17	第四纪红土	E 113°28′45.8″ N 23°35′55.7″	84
						B_1	3-65	橙黄色	夹砾壤土	巨块状	5.2	5.2	0.31	0.06	6.5	37	微量	15			
						B_2	65-100	棕黄色	夹砾黏土	无明显结构	5.4	1.0	0.06	0.04	7.7	4		26			
剖19	人为土	水稻土	潴育水稻土	宽谷冲积土	宽谷顽泥田	A	0-16	棕黄色	黏土	团粒状	5.9	26.0	1.59	0.38	22.5	140	5.7	42		E 113°25′27.1″ N 23°33′19.4″	86
						P	16-32	暗棕色	黏土	板块状	6.7	22.9	1.07	0.20	17.1						
						W	32-90	棕黄色	壤土	柱状	6.2	6.3	0.37	0.28	17.9						
						G	90-100	橙黄色	壤土	柱状	6.8	27.9	0.18	0.29	19.1						
剖20	人为土	水稻土	潴育水稻土	麻红泥田	麻砂质田	A	0-12	棕黄色	砂壤土	散粒状	5.6	20.0	1.10	0.21	31.7	103	2.6	51	砂页岩	E 113°29′51.7″ N 23°35′29.2″	77
						P	12-26	棕黄色	壤土	块状	5.5	14.5	0.88	0.17	31.5						
						W	26-42	褐黑色	黏土	柱状	5.0	5.9	0.53	0.14	26.7						
						C	42-100	灰黄相间	黏土	无明显结构	5.9	0.4	0.31	0.14	33.8						
剖21	铁铝土	赤红壤		花岗岩赤红壤	厚有机质中层花岗岩赤红壤	A	0-20	棕黑色	壤土	团粒状	5.3	23.5	1.29	0.20	18.4	95	1.7	56	花岗岩风化残积物	E 113°37′00.6″ N 23°39′46.8″	93
						B	20-30	棕黄色	壤土	板块状	5.5	9.5	0.63	0.14	18.5						
						D	30-50	浅黄棕色	砂壤土	柱状	6.2	8.6	0.36	0.18	32.4						
						D	50-100	灰棕色	砾石土	柱状	5.7	8.5	0.40	0.17	25.7						
剖22	铁铝土	赤红壤	渗育水稻土	白鳝泥田	白鳝泥底田	A	0-12	灰白色	黏土	碎块状	4.8	31.7	1.44	0.24	22.5	112	1.3	4	洪积物	E 113°32′26.2″ N 23°38′17.5″	92
						P	12-26	灰黑色	黏土	板状	4.2	24.4	1.12	0.38	27.5						
						E	26-100	白色	黏土	无明显结构	6.8	3.7	0.17	0.28	36.2						
剖23	人为土	水稻土	潴育水稻土	洪积红泥田	洪积泥田	A	0-13	浅灰色	壤土	团块状	5.6	31.4	1.44	0.17	23.8	105	1.3	88	花岗岩风化洪积物	E 113°31′37.6″ N 23°37′45.1″	77
						W_1	13-31	暗黄色	壤土	板块状	5.5	13.0	0.57	0.17	29.5			84			
						B	31-64	灰褐色	砂壤土	粒状	6.2	5.3	0.05	0.57	34.0	140	微量				
						W_2	64-100	褐黄色	砂壤土	粒状	4.4	1.0	0.04	0.38	31.0	32					
剖24	人为土	水稻土	潴育水稻土	宽谷冲积土	宽谷砂泥田	A	0-13	橙黄色	松砂土	无明显结构	6.5	11.9	0.76	0.14	17.0	78	6.5	35	砂页岩冲积物	E 113°42′04.7″ N 23°37′19.2″	80
						P	13-36	褐黄色	紧砂土	大块状	5.6	6.1	0.39	0.17	16.2						
						W	36-100	橙黄色	紧砂土	柱状	6.4	5.2	0.30	0.16	12.1			24			100

续表 Continued

剖面号 Soil profile	土纲 Soil order	土类 Soil great group	亚类 Soil subgroup	土属 Soil genus	土种 Soil species	土层码 Layer code	土层厚度 Depth/cm	颜色 Soil color	质地 Soil texture	土壤结构 Soil structure	pH	有机质 OM/(g/kg)	全氮 TN/(g/kg)	全磷 TP/(g/kg)	全钾 TK/(g/kg)	碱解氮 AN/(mg/kg)	有效磷 AP/(mg/kg)	速效钾 AK/(mg/kg)	土壤母质 Parent material	剖面点坐标 Profile coordinate	匹配指数 Matching index/%
剖27	人为土	水稻土	潜育水稻土	河砂泥田	河砂质田	A	0—16	浅灰色	砂壤土	散壤状	5.4	16.4	0.99	0.18	34.9	94	3.5	41	河流冲积物	E 113°36′46.8″ N 23°37′11.6″	93
						P	16—30	浅灰色	砂壤土	散壤状	6.0	10.6	0.47	0.17	33.4						
						W	30—68	棕黄色	砂壤土	块状	6.2	2.0	0.09	0.20	29.9						
						C	68—100	棕色	紧砂土	无明显结构	6.8	0.6	0.03	0.22	39.2						
剖28	铁铝土	赤红壤	赤红壤	第四纪红土赤红泥地	红土赤红泥地	A	0—22	灰黄色	轻壤土	柱状	6.1	11.9	0.65	0.15	12.2	51	3.1	32		E 113°31′19.9″ N 23°36′49.7″	97
						B₁	22—100	红色				9.2	0.44	0.08	19.8						
						B₂	100—150	红色				4.8	0.35	0.03	30.4						
剖29	半水成土	潮土	潮土	潮砂泥地	潮砂泥地	A	0—40	灰白色	中壤土	团块结构	5.7	27.3	1.35	0.36	10.4	135	2.4	88	河流冲积物	E 113°35′60.0″ N 23°36′49.0″	76
						B	40—100	黄灰色	中壤土	巨块结构	6.2	11.8	0.87	0.39	14.5	113	0.1	63			
						A	0—14	灰白色	壤土	粒状	5.5	26.4	1.23	0.31	8.9	122	2.2	46			
剖30	人为土	水稻土	潜育水稻土	第四纪红土泥田	红土砂泥田	P	14—25	黄褐色	壤土	板块状	5.6	19.1	0.84	0.23	20.6				第四纪红土	E 113°33′24.8″ N 23°36′47.2″	100
						W	25—45	黄棕色	壤土	柱状	5.2	11.8	0.53	0.17	17.9						
						C	45—100	红黄相间	壤土	柱状	5.8	6.5	0.42	0.21	18.7						
剖31	人为土	水稻土	潜育水稻土	宽谷冲积土田	宽谷砂泥田	A	0—15	浅灰色	壤土	团块状	5.6	23.4	1.19	0.32	14.7	113	3.1	72	宽谷冲积物	E 113°42′04.3″ N 23°35′16.6″	77
						P	15—26	灰黄色	壤土	板块状	6.2	13.9	0.62	0.06	23.3						
						W₁	26—46	棕黄色	壤土	棱柱结构	6.8	11.4	0.54	0.12	21.7						
						W₂	46—100	橙黄色	砂壤土	柱状	7.0	9.0	0.51	0.10	22.2						
剖32	铁铝土	赤红壤	赤红壤	花岗岩赤红地	花岗岩赤红砂泥地	A	0—12	灰黄色	壤土	碎块状	5.6	12.7	0.62	0.05	23.9	61	0.9	45	花岗岩	E 113°36′37.4″ N 23°35′12.1″	71
						B	12—100	棕红色	壤土	无明显结构	5.2	10.0	0.52	0.16	30.1	9	微量	62			
						A	0—13	灰色	黏土	团块状	5.8	34.1	1.66	0.50	8.3	102	5.7	30			
剖33	人为土	水稻土	潜育水稻土	冷底田	顶泥田	P	13—20	灰色	黏土	板状	5.2	29.0	1.35	0.34	8.4				第四纪冲积物黏土	E 113°30′56.5″ N 23°35′03.8″	86
						G₁	20—70	灰黑色	黏土	巨块状	4.8	31.4	1.62	0.04	8.6						
						G₂	70—100	黑黑色	黏土	散粒状	4.2	38.5	1.84	0.15	8.7						
剖34	人为土	水稻土	潜育水稻土	冷底田	铁锈水田	A	0—10	浅灰色	砂壤土	片状	4.3	22.4	1.36	0.18	22.9	94	15.7	27	花岗岩风化冲积物	E 113°43′35.4″ N 23°34′52.3″	73
						P	10—18	蓝灰色	砂壤土	无明显结构	4.5	5.2	0.33	0.14	24.0						
						W	18—54	黄黄色	砂壤土	无明显结构	4.8	5.5	0.31	0.07	25.6						
						G	54—100	浅黄色	砂壤土	无明显结构	4.2	1.8	0.09	0.03	33.7						
剖35	人为土	水稻土	潜育水稻土	宽谷冲积土田	宽谷砂泥田	A	0—13	深灰色	黏土	小块状	5.5	41.8	2.00	0.50	6.3	119	1.7	68	宽谷冲积物	E 113°31′36.8″ N 23°34′43.7″	81
						P	13—25	深灰色	黏土	板块状	6.5	22.2	1.02	0.22	5.3						
						W	25—35	青黄色	黏土	棱柱状	5.4	15.7	0.98	0.29	6.3						
						G	35—100	青黑色	黏土	团块状	5.0	34.9	1.81	0.18	21.5						
剖36	人为土	水稻土	沼泽型水稻土	烂泥田	烂泥田	A	0—18	深黑色	轻壤土	块状	4.8	33.8	1.58	0.14	21.5	136	1.3	51	花岗岩风化冲积物	E 113°41′46.0″ N 23°34′39.4″	78
						P	18—100	灰黑色	黏土	柱状	4.2	37.6	1.64	0.07	22.2						
剖37	人为土	水稻土	沼泽型水稻土	烂泥田	烂泥田	A	0—16	灰黄色	黏土	柱状	4.5	40.5	1.83	0.18	23.0	211	5.2	73	花岗岩洪积物	E 113°41′10.7″ N 23°34′27.5″	94
						G₁	16—31	暗灰色	黏土	团块状	4.2	40.2	1.77	0.14	23.2						
						G₂	31—65	红黄相间	黏土	块状	6.3	21.8	1.09	0.24	16.8	66	3.9	31			
						C	65—100		黏土	柱状		29.0	1.32	0.15	21.7						
剖38	铁铝土	赤红壤	赤红壤	砂页岩赤红壤	薄有机质层薄层砂页岩赤红壤	A	0—4	黄灰色	砂壤土	散粒状	5.5	7.7	0.58	0.17	23.5	88	0.9	51	砂页岩风化残积物	E 113°34′25.3″ N 23°34′06.2″	84
						B	4—35	浅黄色	砂壤土	无明显结构	5.2	7.6	0.49	0.11	22.4	33	微量	76			
						D	35—100	棕褐色	砾石土	无明显结构		7.8			8.2						
剖39	水稻土	水稻土	潴育水稻土	麻红泥田	麻砂质田	A	0—14	浅灰色	砂壤土	散粒状	5.6	9.5	0.63	0.17	42.3	81	2.2	49	花岗岩坡积物	E 113°31′30.1″ N 23°33′15.1″	79
剖40	人为土	水稻土	淹育水稻土	麻红泥田	麻砂质田	P	14—27	灰色	砂壤土	无明显结构	5.5	9.1	0.41	0.02	40.0		微量		花岗岩坡积物	E 113°41′30.1″ N 23°33′07.9″	88
						C	27—100	黄色	砂壤土	无明显结构	5.7	5.1	0.05	微量	42.7						

续表 Continued

剖面号 Soil profile	土纲 Soil order	土类 Soil great group	亚类 Soil subgroup	土属 Soil genus	土种 Soil species	土层码 Layer code	土层厚度 Depth/cm	颜色 Soil color	质地 Soil texture	土壤结构 Soil structure	pH	有机质 OM/(g/kg)	全氮 TN/(g/kg)	全磷 TP/(g/kg)	全钾 TK/(g/kg)	碱解氮 AN/(mg/kg)	有效磷 AP/(mg/kg)	速效钾 AK/(mg/kg)	土壤母质 Parent material	剖面点坐标 Profile coordinate	匹配指数 Matching index/%
剖41	人为土	水稻土	潴育水稻土	河砂泥田	河结粉砂田	A	0–18	浅灰色	砂壤土	散粒状	5.6	21.6	0.96	0.17	37.3	129	5.7	33	河流冲积物	E 113°34′18.0″ N 23°32′29.2″	70
						P	18–40	浅灰色	壤土	块状	6.5	7.4	0.40	0.10	32.5						
						W	40–100	灰色	壤土	棱柱状	7.0	0.8	0.05	0.09	33.5						
剖42	人为土	水稻土	渗育水稻土	白鳝泥田	低白鳝泥田	A	0–16	浅灰色	黏土	团粒状	5.5	22.1	1.35	0.41	13.6	109	2.6	41	宽谷冲积物	E 113°32′31.9″ N 23°31′44.0″	88
						P	16–34	灰蓝色	黏土	棱块状	5.8	13.2	0.81	0.36	15.0						
						E	34–74	灰蓝色	黏土	柱状	6.2	2.2	0.11	0.21	11.8						
						W	74–100	灰白色	黏土	无明显结构	6.4	0.5	0.03	0.11	12.9						
剖43	人为土	水稻土	潴育水稻土	潮砂泥田	潮砂泥田	A	0–15	灰色	壤土	团粒状	5.4	30.8	1.68	0.40	15.6	128	4.8	24	河流冲积物	E 113°34′33.2″ N 23°30′52.2″	97
						P	15–30	灰色	黏土	巨块状	6.8	12.0	0.51	0.22	28.6						
						W	30–100	灰色	黏土	棱柱状	7.0	10.2	0.58	0.12	20.6						
剖44	人为土	水稻土	淹育水稻土	砂页岩红泥田	页红砂质田	A	0–15	浅棕色	砂壤土	散粒状	5.5	18.6	0.82	0.20	9.5	74	2.2	38		E 113°40′28.9″ N 23°30′12.2″	90
						P	15–27	浅红色	砂壤土	无明显结构	5.5	8.3	0.35	0.10	13.7						
						W	27–100	褐色	粗砂土	无明显结构	5.4	0.7	0.02	0.13	13.7						
剖45	铁铝土	红壤		花岗岩红壤	厚有机质层厚层花岗岩红壤	A	0–20	灰色	壤土	粒状	5.1	43.6	1.99	0.20	23.2	232	1.0	76	花岗岩风化坡积物	E 113°46′14.7″ N 23°37′45.7″	75
						B	20–95	橙红色	壤土	巨块状	5.5	6.4	0.36	0.09	24.0	62	微量	65			
						C	95–120	浅黄色	壤土	无明显结构	5.6	3.3	0.15	0.03	27.1	52	微量	55			
剖46	人为土	水稻土	潴育水稻土	冷底田	冷底田	A	1–9	深灰色	砂壤土	片状	4.8	34.3	1.65	0.08	26.6	82	7.0	36		E 113°27′45.0″ N 23°27′25.2″	72
						P	9–14	深灰色	壤土	巨块状	5.0	21.9	1.03	微量	28.3						
						G_1	14–50	青灰色	壤土	无明显结构	5.5	27.4	1.41	0.45	30.2						
						G_2	50–100	灰色	重壤土	无明显结构	4.4	43.3	0.94	0.43	25.0						
剖47	人为土	水稻土	潴育水稻土	泥肉田	泥肉田	A	0–22	浅灰色	重壤土	团粒状	5.3	38.0	1.81	0.42	24.9	148	10.5	41	河流冲积物	E 113°30′49.7″ N 23°29′17.2″	80
						P	22–46	灰色	壤土	棱柱状	6.5	20.1	0.92	0.18	20.7						
						W	46–100	灰蓝色	壤土	棱柱状	6.8	6.0	0.28	0.17	29.9						
剖48	铁铝土	赤红壤		红色砂页岩赤红壤	薄有机质层薄层砂页岩赤红壤	A	0–3	棕灰色	砂壤土	散粒状	5.2	10.5	0.59	0.13	14.0	62	微量	17	红色砂页岩风化残积物	E 113°31′55.9″ N 23°29′09.2″	79
						B	3–38	深红色	壤土	无明显结构	4.7	6.9	0.41	0.05	15.6	28		31			
						D	38–100	紫红色	壤土	无明显结构											
剖49	铁铝土	赤红壤		红色砂页岩赤红壤	薄有机质层厚层砂页岩赤红壤	A	0–6	棕红色	黏土	粒状	5.4	18.5	1.14	0.16	11.9	89	0.9	32	红色砂页岩风化残积物	E 113°33′14.8″ N 23°29′02.0″	91
						B	6–300	深红色	壤土	无明显结构	5.2	9.8	0.68	0.09	15.9	24	微量	14			
						D	300–	紫红色	黏土	散粒结块状											
剖50	人为土	水稻土	潴育水稻土	洪积黄泥田	洪积黄泥田	A	0–15	灰黄色	砂壤土	板状结构	4.4	15.7	0.85	0.19	15.2	77	5.2	35	花岗岩	E 113°38′55.0″ N 23°28′33.6″	91
						P	15–27	黄灰色	壤土	板结状	4.8	7.6	0.32	0.09	22.4						
						W_1	27–60	黄褐色	黏土	棱柱状	5.2	3.4	0.17	0.23	21.4						
						W_2	60–100	黄色	壤土	柱状	6.2	0.9	0.04	0.12	23.9						
剖51	人为土	水稻土	潴育水稻土	砂页岩泥田	页砂质田	A	0–15	灰色	砂壤土	散粒结状	5.2	26.7	1.10	0.29	11.4	106	2.2	32	砂页岩	E 113°32′11.0″ N 23°28′01.9″	85
						P	15–29	褐色	壤土	块状	5.8	13.3	0.83	0.41	13.8						
						W	29–78	褐黄色	黏土	柱状	5.8	12.3	0.70	0.13	10.9						
						G	78–100	灰色	壤土	无明显结构	6.2	7.9	0.74	0.03	11.2						
剖52	人为土	水稻土	潴育水稻土	砂页岩泥田	页砂质田	A	0–10	褐灰色	砂壤土	散粒结构	5.4	24.8	1.43	0.29	13.9	119	12.2	57	砂页岩	E 113°31′41.9″ N 23°26′30.1″	94
						B	10–17	橙红色	壤土	柱状	5.8	18.8	0.84	0.24	13.2						
						D	17–100	浅黄色	砾石土	粒状	6.0	3.6	0.31	0.15	22.0						
剖53	铁铝土	赤红壤		砂页岩赤红壤	厚有机质层中层砂页岩赤红壤	A	0–20	褐灰色	壤土	块状	5.3	19.1	1.08	0.51	12.2	104	0.9	54	砂页岩风化物	E 113°35′07.4″ N 23°25′54.5″	96
						B	20–51	橙红色	壤土	团粒结构	5.4	6.4	0.36	0.09	24.0	62	微量	65			
						D	51–100	浅黄色	壤土	无明显结构	5.4	20.0	1.27	0.03	17.2	95	1.7	51			
剖54	人为土	水稻土	潴育水稻土	麻骨泥田	麻骨泥田	A	0–15	深灰色	壤土	板状结构	5.4	17.9	0.70	0.07	22.1					E 113°32′21.8″ N 23°24′58.7″	78
						P	27–100	棕灰色	黏土	柱状	6.5	4.0	0.35	0.03	18.3						

续表 Continued

剖面号 Soil profile	土纲 Soil order	土类 Soil great group	亚类 Soil subgroup	土属 Soil genus	土种 Soil species	土层码 Layer code	土层厚度 Depth/cm	颜色 Soil color	质地 Soil texture	土壤结构 Soil structure	pH	有机质 OM/(g/kg)	全氮 TN/(g/kg)	全磷 TP/(g/kg)	全钾 TK/(g/kg)	碱解氮 AN/(mg/kg)	有效磷 AP/(mg/kg)	速效钾 AK/(mg/kg)	土壤母质 Parent material	剖面点坐标 Profile coordinate	匹配指数 Matching index/%
剖55	人为土	水稻土	潴育水稻土	麻红泥田	麻红泥田	A	0—12	黄灰色	黏土	核状	5.7	19.6	0.93	0.15	22.2	74	4.8	37	花岗岩	E 113°33′00.4″ N 23°23′21.5″	89
						P	12—29	褐灰色	黏土	板块状	5.8	8.8	0.52	0.31	26.5						
						W	29—55	灰黄色	黏土	柱状	5.4	3.7	0.37	0.14	27.9						
						C	55—100	黄棕相间	黏土	无明显结构	6.2	2.9	0.29	0.09	27.7						
剖56	人为土	水稻土	淹育水稻土	砂页岩红泥田	页红砂泥田	A	0—16	灰色	壤土	团块状	5.2	18.8	0.87	0.12	33.4	95	1.3	39			74
						P	16—26	灰黄色	壤土	大块状	5.5	11.5	0.68	0.10	25.2						
						C	26—100	黄色	壤土	无明显结构	5.8	3.7	0.20	0.10	29.3						
剖57	铁铝土	红壤	红壤	砂页岩红壤	薄有机质层薄层砂页岩红壤	A	0—5	灰黑色	轻壤土	小团块状	5.4	24.0	1.07	0.08	7.7	76	0.9	26	砂页岩坡积物	E 114°01′40.4″ N 23°50′10.3″	76
						B	5—40	黄棕色	中壤土	无明显结构	5.2	4.4	0.23	0.06	11.0	34	微量	17		E 114°01′57.7″ N 23°46′58.8″	
						D	40—100	棕色	砾石土	无明显结构	6.0	0.3	0.01	0.04	13.7	12	微量	12			
剖58	铁铝土	红壤	红壤	砂页岩红壤	厚有机质层薄层砂页岩红壤	A	0—6	棕灰色	中壤土	小团块状	5.7	29.3	1.29	0.27	11.7	101	1.3	34	砂页岩风化残积物	E 114°00′38.5″ N 23°46′56.6″	75
						B	6—80	橙黄色	中壤土	无明显结构	5.6	7.4	0.33	0.24	12.6	36	微量	46			
						C	80—100	橙红色	中壤土	无明显结构	5.3	0.7	0.04	0.22	16.5	21	微量	56			

韶 关 市

市 辖 区

主要土类说明

红壤是韶关市主要土壤类型，占本市地域面积的45%，主要分布在海拔200m左右的地区。原生植被为亚热带雨林，目前多为疏林或灌木林。红壤呈中度脱硅富铝化特征，土壤黏粒中游离铁占全铁的50%—60%。黏土矿物以高岭石、赤铁矿为主，黏粒硅铝率为1.8—2.4，风化淋溶系数小于0.20，盐基饱和度小于35%。由于风化作用弱，富铝化作用明显，盐基不饱和，酸性较强，故土壤呈红色。

石灰（岩）土是韶关市第二大土壤类型，占本市地域面积的39%，分布在武江以西的石灰岩地区。由于碳酸钙流失，土壤钙质含量降低，铁、锰向下移动，故结构体表面出现铁锰胶膜。土壤富铝化作用明显，盐基饱和度比红壤高，土质较为疏松。

水稻土是韶关市第三大土壤类型，占本市地域面积的6%，广泛分布在砂页岩、石灰岩地区。成土母质主要为宽谷冲积物、洪积物、坡积物及河流冲积物。在长期水耕施肥等措施的作用下，土壤内部进行着氧化还原交替、有机质合成与分解、盐基淋溶与复盐基作用的熟化过程，促使土壤性状发生改变，从而形成特有的剖面形态、理化和生物特性。本市水稻土分为淹育型、潴育型、潜育型、矿毒型等亚类。其中，潴育水稻土面积最大，耕作历史悠久，排灌条件较好，土壤熟化程度高，有比较完整的发育层次。该亚类的主要特点是在犁底层下形成具有淋溶和淀积特征的潴育层，剖面内有棕黄色的铁锈斑纹、紫黑色的锰质斑点或新生的铁锰结核，具有明显的棱柱状或柱状结构。

本区域中心区气候特征

本区域中心区气候特征值
Regional climate characteristics in central area of the region

气候带：南亚热带湿润气候 Climate region: South subtropical humid climate	
年平均气温 /℃ Annual average temperature /℃	20.4
年平均最高气温 /℃ Annual average maximum temperature /℃	25.2
年平均最低气温 /℃ Annual average minimum temperature /℃	17.1
年降水量 /mm Annual precipitation /mm	1587
≥10℃的积温 /℃ Daily temperature accumulated in a year (≥10℃) /℃	7913
年日照时数 /h Annual sunshine /h	1625
年平均相对湿度 /% Annual average relative humidity /%	77
干燥度 Dryness	0.75

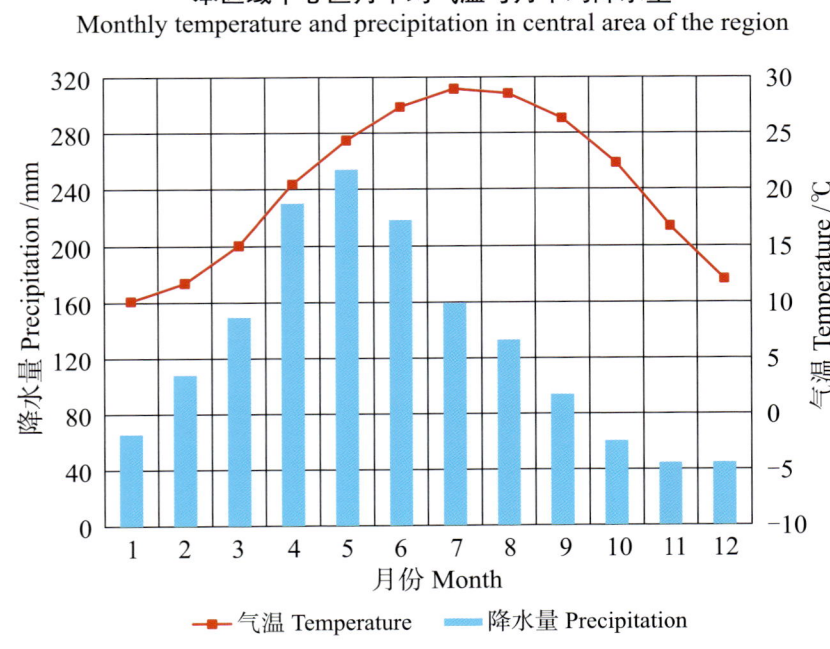

本区域中心区月平均气温与月平均降水量
Monthly temperature and precipitation in central area of the region

韶关市土壤剖面理化性状表

剖面号 Soil profile	土纲 Soil order	土类 Soil great group	亚类 Soil subgroup	土属 Soil genus	土种 Soil species	土层码 Layer code	土层厚度 Depth/cm	颜色 Soil color	质地 Soil texture	土壤结构 Soil structure	pH	有机质 OM/(g/kg)	全氮 TN/(g/kg)	全磷 TP/(g/kg)	全钾 TK/(g/kg)	碱解氮 AN/(mg/kg)	有效磷 AP/(mg/kg)	速效钾 AK/(mg/kg)	土壤母质 Parent material	剖面点坐标 Profile coordinate	匹配指数 Matching index/%
剖1	人为土	水稻土	潴育水稻土	潮砂泥田	潮砂泥田	A	0—14	灰褐色	轻壤土	粒状	6.8	28.6	1.70	0.58	22.3	140	2.6	56	河流冲积物	E 113°31′32.2″ N 24°51′21.6″	83
						P	14—22	黄灰色	中壤土	小块状	6.8	16.4	1.08	0.46	19.8	70	1.3	51			
						W	22—50	黄色	重壤土	块状	6.7	9.6	0.58	0.40	18.9	30	2.2	56			
剖2	人为土	水稻土	潴育水稻土	河砂泥田	河砂泥田	A	0—18	灰黄色	轻壤土	小块状	6.5	21.2	1.05	0.21	24.1	90	21.4	6	河流冲积物	E 113°32′20.4″ N 24°45′51.1″	71
						P	18—23	灰黄色	轻壤土	块状	7.1	11.8	0.61	0.21	23.4	60	2.6	41			
						3	23—100		轻壤土		7.0	7.4	0.41	0.26	23.3	30	0.4	32			

曲 江 区

主要土类说明

红壤是曲江区主要土壤类型，占本区地域面积的 62%，广泛分布在海拔 600m 以下的低山、丘陵地带。成土母质主要为花岗岩、砂页岩、第四纪红土等。植被多为常绿针阔叶混交林以及马尾松、芒萁、岗松群落。土壤中硅酸盐矿物分解强烈，分解产生的中性硅和盐基大部分被淋失，而铁铝氧化物相对聚积，形成铁核、铁盘等新生体，使土体呈红色或黄棕色。红壤呈酸性至强酸性，pH 一般在 5.5 以下。

水稻土是曲江区第二大土壤类型，占本区地域面积的 11%，广泛分布在中低山槽谷、丘陵和河谷台地。成土母质主要为花岗岩、砂页岩、石灰岩、第四纪红土和河流冲积物。在长期水耕施肥等措施的作用下，土壤内部进行着氧化还原交替、有机质合成与分解、盐基淋溶与复盐基作用的熟化过程，促使土壤性状发生改变，从而形成特有的剖面形态、理化和生物特性。本区水稻土分为淹育型、潴育型、潜育型、渗育型、沼泽型、矿毒型等亚类。

紫色土是曲江区第三大土壤类型，占本区地域面积的 9%。本区紫色土分为两层，上层为南雄层，下层为丹霞层。南雄层颗粒较细，土层深厚，呈平缓山丘状，风化发育成牛肝土，质地为黏壤土。丹霞层含砾石层，颗粒较粗，形成丹霞地形，位于山脚的土壤发育成紫砂土。本区紫色土物理风化作用强烈，化学风化作用较弱，土壤的侵蚀与堆积作用明显，有机质与氮素较缺乏，为碎米状结构，质地为轻壤土至中黏土，剖面构型为 A–B–C。

石灰（岩）土占本区地域面积的 9%。本区石灰（岩）土仅有红色石灰土一个亚类，分布在石灰岩山麓坡地。由于原始森林遭到破坏，植被稀少，现有植被为稀疏马尾松、岗松、芒草群落。地表径流大，在干热与湿热交替的古气候条件影响下，土壤受到强烈的化学风化作用，经强烈淋溶脱钙形成石灰（岩）土。由于钙、钾元素流失严重，水合氧化铁脱水形成赤铁矿，土体呈鲜红色。铁、锰向下移动积累，使结构体表面形成铁锰胶膜，并出现豆粒状铁锰结核物。淀积层呈酸性或微酸性，中性者较少。红色土层较深厚，表土层多为黏壤土，剖面构型为 A–B–C。

黄壤占本区地域面积的 5%，主要分布在海拔 600m 以上的中低山区。植被为常绿针阔叶混交林。成土母质以花岗岩为主，其次为砂页岩。表土层枯枝落叶堆积较厚，腐殖质较多，呈黑色或灰黑色，有机质含量较高。土壤呈强酸性，pH 为 4.0—5.0，土体呈浅黄色至黄色，黏土矿物以高岭土为主，剖面构型为 A–B–C。

小于本区地域面积 3% 的土壤类型有石质土和潮土。

本区域中心区气候特征

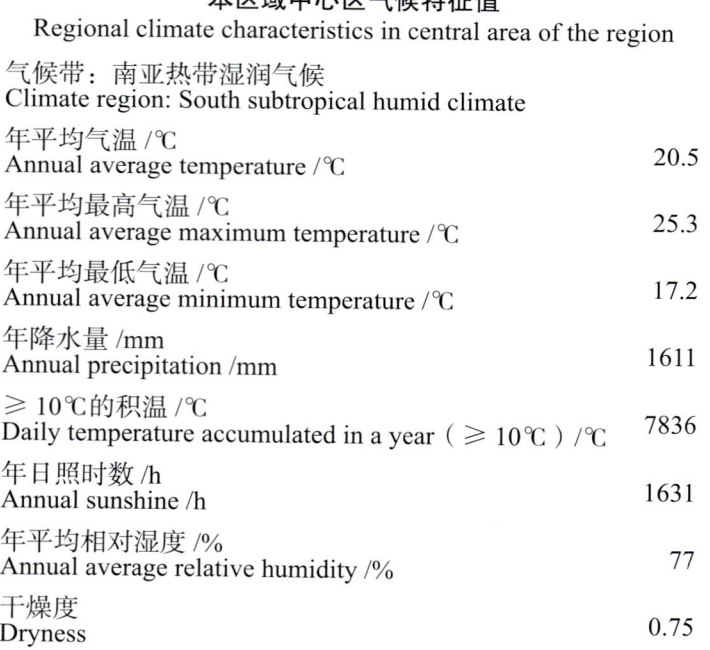

本区域中心区气候特征值
Regional climate characteristics in central area of the region

气候带：南亚热带湿润气候 Climate region: South subtropical humid climate	
年平均气温 /℃ Annual average temperature /℃	20.5
年平均最高气温 /℃ Annual average maximum temperature /℃	25.3
年平均最低气温 /℃ Annual average minimum temperature /℃	17.2
年降水量 /mm Annual precipitation /mm	1611
≥10℃的积温 /℃ Daily temperature accumulated in a year (≥10℃) /℃	7836
年日照时数 /h Annual sunshine /h	1631
年平均相对湿度 /% Annual average relative humidity /%	77
干燥度 Dryness	0.75

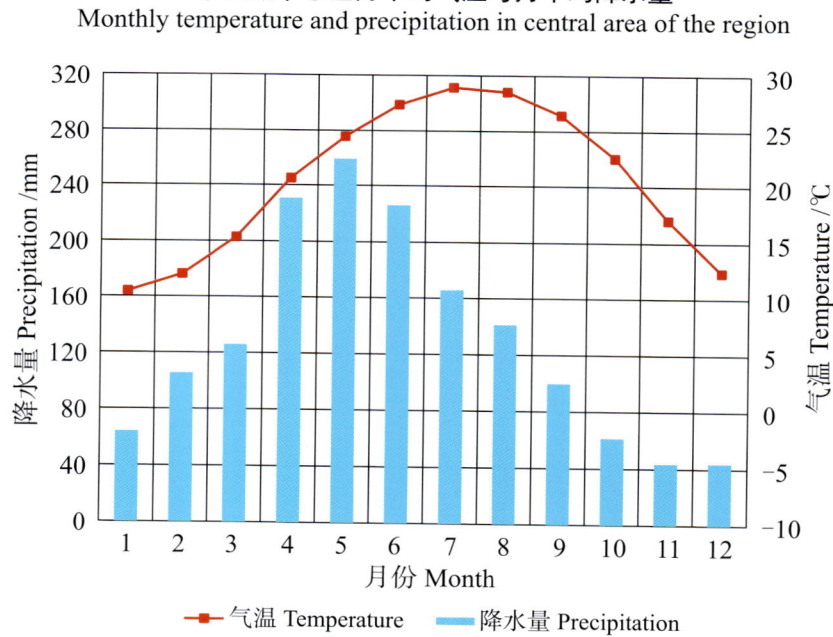

本区域中心区月平均气温与月平均降水量
Monthly temperature and precipitation in central area of the region

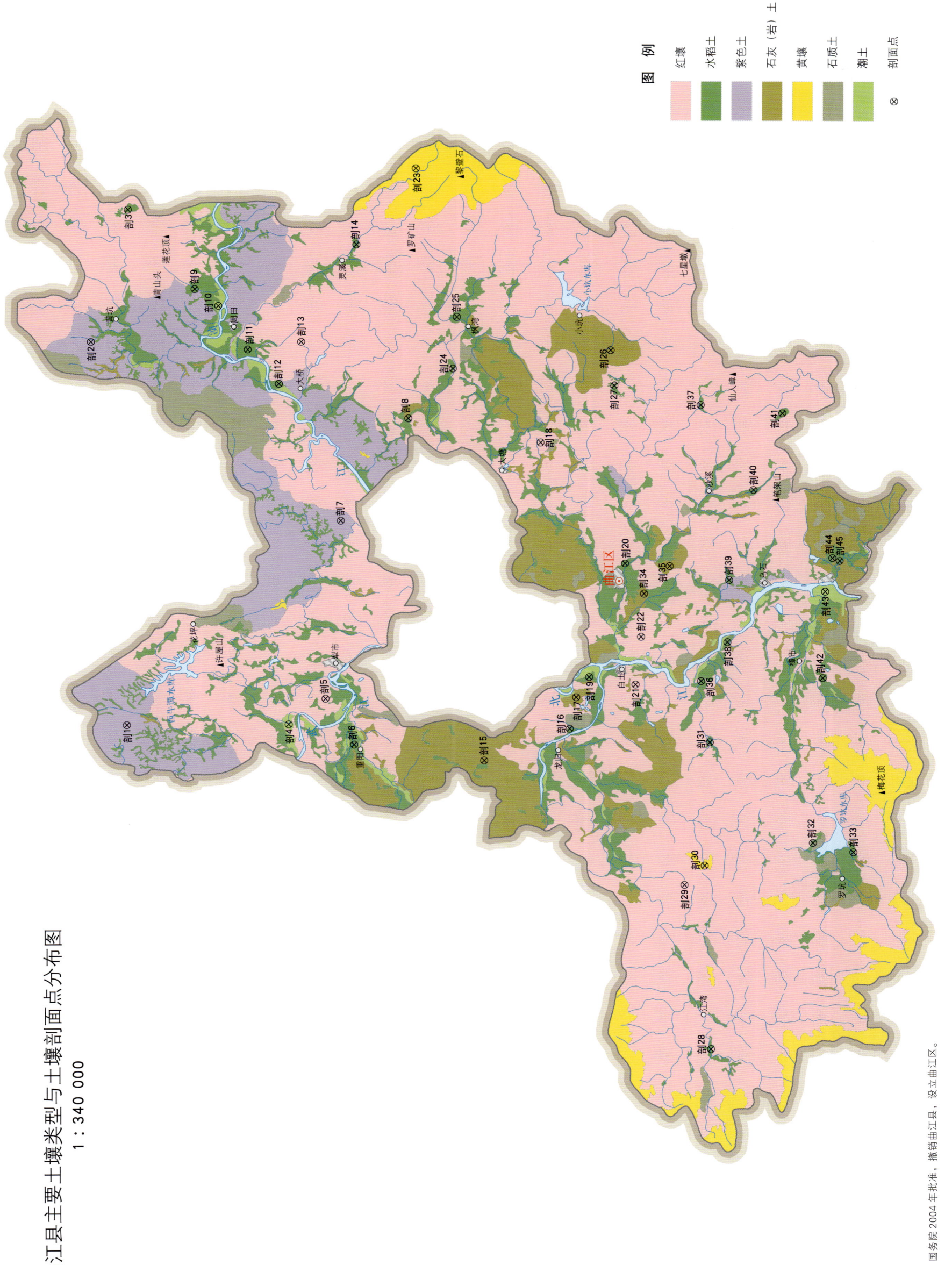

曲江区土壤剖面理化性状表

剖面号 Soil profile	土纲 Soil order	土类 Soil great group	亚类 Soil subgroup	土属 Soil genus	土种 Soil species	土层码 Layer code	土层厚度 Depth/cm	颜色 Soil color	质地 Soil texture	土壤结构 Soil structure	pH	有机质 OM/(g/kg)	全氮 TN/(g/kg)	全磷 TP/(g/kg)	全钾 TK/(g/kg)	碱解氮 AN/(mg/kg)	有效磷 AP/(mg/kg)	速效钾 AK/(mg/kg)	土壤母质 Parent material	剖面点坐标 Profile coordinate	匹配指数 Matching index/%
剖1	初育土	紫色土	酸性紫色土	酸性紫色土		A	0—25	灰紫红色	重壤土	碎米状	4.0	26.3	1.38	0.25	19.5	83	14.0	37	紫色砂页岩	E 113°28′49.8″ N 25°03′25.6″	98
						B	25—70	紫红色	中黏土	块状	4.7	18.0	1.09	0.15	21.2	39	0.9	29			
剖2	初育土	紫色土	酸性紫色土	酸性牛肝土	牛肝土	A	0—12	暗紫红色	轻壤土	碎米状	6.2	25.3	1.30	0.38	11.5	53	8.7	35	紫色页岩风化物	E 113°48′24.8″ N 25°04′43.7″	86
						B	12—17	紫红色	砂壤土	碎米状	7.6	16.9	0.90	0.38	12.2	46	0.8	30			
						C	17—100	紫红色	黏土	碎米状	7.4	14.7	0.81	0.24	14.5	32	0.9	50			
剖3	人为土	水稻土	沼泽型水稻土	烂泥地	湴眼田	A	0—35	灰黑色	重壤土	糊状	5.9	48.0	2.85	0.14	22.2	62	3.1	85	河流冲积物	E 113°55′07.7″ N 25°02′36.0″	95
						G	35—80	灰蓝色	中壤土	糊状	5.5	56.5	3.19	0.12	21.6	60	0.4	32			
剖4	半成土	潮土	潮土	潮砂泥地	潮泥地	A	0—22	灰蓝色	砂壤土	块状	6.3	30.8	1.62	0.23	21.8	103	5.7	10	河流冲积物	E 113°28′43.0″ N 24°56′05.6″	89
						B	22—80	灰黄色	紫砂土	小块状	6.6	10.0	0.61	0.30	13.6	47	1.3	17			
剖5	铁铝土	红壤	红壤	砂页岩红壤		A	0—15	灰黄色	中壤土	块状	5.0	7.9	0.64	0.03	14.3	31	0.4	2	砂页岩	E 113°29′59.6″ N 24°54′24.1″	73
						B	15—100	红黄色	重壤土	块状	4.9	3.1	0.28	0.04	3.7	24	0.3	3			
剖6	初育土	水稻土	潴育水稻土	砂页岩红黄泥田	页砂泥田	A	0—13	浅灰黑色	中石砂壤土	粒状	5.8	24.2	1.29	0.23	10.1	87	7.4	62	砂页岩	E 113°27′37.1″ N 24°53′08.5″	76
						P	13—17	灰灰黑色	轻壤土	粒状	5.8	15.4	0.89	0.15	10.5	42	2.6	5			
						W	17—100	灰黄色	中壤土	棱柱状	5.3	5.7	0.29	0.22	11.5	15	1.3	2			
剖7	初育土	紫色土	酸性紫色土	酸性紫色土		A	0—25	灰紫色	轻壤土	碎米状	6.6	15.1	0.88	0.42	23.9	41	7.4	47	紫色砂页岩坡积物	E 113°39′03.6″ N 24°53′33.4″	84
						B	25—70	灰紫色	中壤土	碎米状	6.6	14.7	1.08	0.32	24.6	35	4.4	10			
剖8	人为土	水稻土	淹育水稻土	砂页岩红黄泥田	页红砂顶田	A	0—11	黄紫色	轻石中壤土	粒状	6.2	34.1	1.89	0.38	26.7	78	1.7	29	砂页岩	E 113°44′12.1″ N 24°50′24.0″	70
						P	11—16	黄黄色	中壤土	碎块状	6.5	21.0	1.21	0.26	31.4	60	1.3	20			
						C	16—100	黄色	中壤土	碎米状	6.4	9.8	0.59	0.18	29.2	39	1.3	12			
剖9	人为土	水稻土	潴育水稻土	冷底田	铁锈水田	A	0—18	灰灰色	轻壤土	粒状	6.9	29.1	1.80	0.31	16.7	58	1.7	32	砂页岩河谷冲积物	E 113°51′02.2″ N 24°59′58.2″	96
						P	18—31	灰黄色	中壤土	小块状	6.7	20.5	0.97	0.16	15.7	33	0.4	25			
						G	31—80	灰蓝色	重壤土	棱柱状	6.3	5.5	0.30	0.21	15.3	9	0.4	30			
剖10	半成土	潮土	潮土	潮砂泥地	潮泥地	A	0—15	灰黄色	紫砂土	粒状	5.9	10.9	0.80	0.27	22.9	26	1.3	50	河流冲积物	E 113°50′08.2″ N 24°58′55.9″	77
						B	15—26	棕黄色	轻壤土	粒状	6.3	9.6	0.62	0.18	22.5	21	0.9	12			
						C	26—80	黄棕色	砂壤土	粒状	6.4	6.9	0.42	0.18	19.4	13	0.2	8			
剖11	人为土	水稻土	矿毒型水稻土	矿毒田	煤水田	Ma	0—28	黑色	紫砂壤土	小块状	7.2	30.2	1.90	0.50	9.8	59	1.7	64	砂页岩	E 113°47′52.8″ N 24°57′37.4″	76
						P	28—41	黄黄色	轻壤土	粒状	7.1	30.8	1.55	0.20	10.7	13	0.4	37			
						G	41—80	蓝黄灰色	砂壤土	粒状	7.0	15.2	0.62	0.26	8.5	15	0.9	29			
剖12	人为土	水稻土	潴育水稻土	潮砂泥田	潮砂泥田	A	0—16	灰灰黄色	中壤土	粒状	6.6	24.0	1.70	0.41	25.3	71	1.3	32	河流冲积物	E 113°46′05.8″ N 24°56′14.6″	81
						P	16—28	黄棕色	轻石紧砂土	小块状	6.8	21.2	1.13	0.20	26.1	53	0.9	25			
						W	28—100	黄褐色	轻石轻壤土	粒状	6.3	1.0	0.62	0.27	24.8	37	0.4	27			
剖13	铁铝土	红壤	红壤	砂页岩红壤		A	0—20	灰黄色	重壤土	块状	5.9	25.7	1.30	0.42	11.4	45	1.3	54	砂页岩	E 113°48′13.3″ N 24°55′12.0″	78
						B	20—100	黄红色	轻石轻壤土	块状	5.6	8.8	0.56	0.30	15.1	40	0.7	7			
剖14	人为土	水稻土	淹育水稻土	浅脚紫泥田	浅脚紫砂泥田	A	0—10	灰紫红色	砂壤土	粒状	6.3	13.8	0.84	0.09	12.4	132	0.4	117	红色砂岩风化物	E 113°53′08.2″ N 24°52′36.5″	89
						P	10—15	浅紫红色	黏壤土	小块状											
						C	15—80	紫红色	轻壤土	粒状											
剖15	初育土	石灰（岩）土	红色石灰土	酸性红色石灰土		A	0—15	灰灰色	砂壤土	粒状	6.2	7.7	0.56	0.13	21.0	73	2.2	32	花岗岩	E 113°26′40.9″ N 24°47′15.7″	100
						B	15—100	浅灰色	中壤土	粒状	6.3	8.9	0.55	0.08	20.8	46	1.3	17			
剖16	人为土	水稻土	潴育水稻土	宽谷砂质田	宽谷砂质田	P	0—9	深灰色	砂壤土	粒状	6.2	4.1	0.27	0.04	18.8	22	1.3	9	砂页岩河谷冲积物	E 113°28′13.9″ N 24°43′21.6″	75
						W	9—14	黄黄色	中壤土	粒状											
							14—80														
剖17	初育土	石灰（岩）土	红色石灰土	酸性红火泥地	红泥地	A	0—23	暗红色	轻黏土	团粒状	5.2	22.7	1.30	0.33	5.6	39	2.2	56		E 113°29′49.9″ N 24°43′02.6″	92
						B	23—80	棕红色	中黏土	块状	5.2	10.4	0.58	0.37	5.5	19	0.4	19			

续表 Continued

剖面号 Soil profile	土纲 Soil order	土类 Soil great group	亚类 Soil subgroup	土属 Soil genus	土种 Soil species	土层码 Layer code	土层厚度 Depth/cm	颜色 Soil color	质地 Soil texture	土壤结构 Soil structure	pH	有机质 OM/(g/kg)	全氮 TN/(g/kg)	全磷 TP/(g/kg)	全钾 TK/(g/kg)	碱解氮 AN/(mg/kg)	有效磷 AP/(mg/kg)	速效钾 AK/(mg/kg)	土壤母质 Parent material	剖面点坐标 Profile coordinate	匹配指数 Matching index/%
剖18	铁铝土	红壤		第四纪网纹红土红壤	薄有机质层厚层第四纪红土红壤	A	0-10	暗红棕色	重壤土	团粒状	4.9	17.8	1.02	0.11	16.7	40	1.3	76	第四纪红土	E 113°42′52.0″ N 24°44′25.9″	81
						AB	10-150	红棕色	轻壤轻黏土	块状	4.9	12.0	0.75	0.14	9.1	12	0.9	47			
						3	150—	浅黄色													
剖19	人为土	水稻土	潴育水稻土	河砂泥田	河大眼砂田	A	0-13	灰白色	砂壤土	粒状	6.0	16.2	0.82	0.16	25.5	62	5.2	7	河流冲积物	E 113°30′51.1″ N 24°42′26.4″	98
						P	13-18	浅黄色	轻壤土	粒状	6.0	13.2	0.58	0.09	25.7	52	2.2	5			
						W	18-80	浅黄色	轻壤土	粒状	5.5	7.2	0.41	0.07	25.7	12	1.3	5			
剖20	人为土	水稻土	潴育水稻土	泥肉田	油泥田	A	0-15	棕灰色	中壤土	团粒状	5.2	38.3	2.10	0.34	8.2	72	0.9	17		E 113°36′36.2″ N 24°40′42.7″	100
						P	15-31	黄褐色	中壤土	小块状	6.3	38.8	1.94	0.35	7.1	77	0.9	12			
						W	31-80	灰黄色	轻壤土	核柱状	6.4	6.1	0.26	0.12	5.6	16	0.4	12			
剖21	铁铝土	红壤		第四纪网纹红土红壤	中有机质层厚层第四纪红土红壤	A	0-15	灰棕黄色	重壤土	块状	5.1	20.5	1.10	0.14	10.9	39	1.7	17	第四纪红土	E 113°30′25.6″ N 24°40′20.6″	81
						B	15-100	棕红色	砂石土	粒状	4.9	11.9	0.83	0.05	12.0	22	0.4	9			
						C	100-400	浅黄色	重壤土	块状											
						4	400—	紫红色													
剖22	铁铝土	红壤		第四纪网纹红土红壤	厚有机质层厚层第四纪红土红壤	A	0-20	灰黑色	重壤土	团粒状	5.0	23.0	1.31	0.13	16.6	21	1.3	44	第四纪红土	E 113°32′50.3″ N 24°40′03.4″	84
						B	20-200	红褐色	砂石土	块状	5.0	3.9	0.20	0.09	19.5	3	1.3	33			
						3	200-400	浅黄色													
剖23	铁铝土	黄壤		花岗岩黄壤		A	0-12	灰黑色	砂壤土	团粒状	4.6	18.2	1.30	0.26	25.5	58	0.4	70	花岗岩	E 113°56′57.5″ N 24°49′50.9″	76
						B	12-100	浅黄色	轻壤土	粒状	4.6	9.0	0.41	0.03	23.9	35	0.4	28			
剖24	人为土	水稻土	淹育水稻土	砂页岩红黄泥田	页红砂泥田	A	0-12	灰黑中黄色	轻壤中壤土	块状	6.7	17.1	0.81	0.26	15.3	57	0.9	17	砂页岩坡积物	E 113°46′43.0″ N 24°48′20.9″	89
						P	12-18	黄棕色	轻壤中壤土	块状	6.8	11.1	0.52	0.26	16.8	39	0.4	25			
						C	18-80	红黄色	轻壤土	粒状	6.7	6.1	0.59	0.32	14.3	15	0.4	12			
剖25	人为土	水稻土	淹育水稻土	浅脚紫黄泥田	浅脚牛肝土田	A	0-13	灰黄红色	轻壤重壤土	小块状	6.1	26.8	1.27	0.38	9.9	35	2.6	58	紫色页岩坡积物	E 113°49′20.6″ N 24°48′07.6″	89
						P	13-16	紫红色	中壤土	块状	6.0	12.4	0.94	0.20	9.6	39	2.2	50			
						C	16-80	浅黄色	中壤土	块状	6.0	11.3	0.86	0.06	10.3	35	0.9	11			
剖26	初育土	石灰(岩)土	红色石灰土	酸性红色石灰土		A	0-8	紫棕色	重壤土	块状	5.7	23.0	1.89	0.48	31.0	122	0.9	2		E 113°47′30.1″ N 24°41′11.4″	90
						B	8-100	浅黄色	轻壤土	块状	6.9	9.9	0.47	0.25	24.4	32	0.4	2			
剖27	人为土	水稻土	沼泽型水稻土	烂泥田	烂泥田	A	0-34	灰蓝褐色	轻壤土	粒状	6.5	47.6	2.70	0.31	12.9	124	2.6	56	花岗岩	E 113°45′41.0″ N 24°41′02.8″	78
						G	34-80	浅蓝褐黄色	轻壤土	粒状	6.6	40.8	2.13	0.30	8.5	69	0.4	37			
剖28	人为土	水稻土	潴育水稻土	河砂泥田	河石子底砂质田	A	0-11		轻壤土	粒状	5.9	24.0	1.31	0.23	7.9	49	11.4	145		E 113°11′43.4″ N 24°37′13.8″	75
						P	11-16	灰黄色	中壤土	粒状	6.1	21.2	1.21	0.18	6.9	35	8.7	14			
						W	16-28	灰灰色	紫砂土	粒状	5.8	11.0	0.59	0.08	8.1	3	0.4	8			
						C	28-80	浅黄色	中壤土	小块状											
剖29	铁铝土	红壤		花岗岩红壤		1	0-22		重壤土	粒状	5.0	28.1	1.29	0.14	4.9	184	0.4	17	花岗岩	E 113°20′06.7″ N 24°38′17.5″	88
						2	22-100		重壤土	粒状	5.0	0.4	0.03	0.08	8.5	57	0.2	37			
剖30	铁铝土	黄壤		花岗岩黄壤		1	0-30		重壤土	粒状	4.7	32.7	1.39	0.39	15.9	192	0.9	44	花岗岩	E 113°21′04.3″ N 24°37′21.7″	78
						2	30-100		砂壤土	小块状	4.7	7.9	0.44	0.22	11.8	49	0.9	2			
剖31	人为土	水稻土	淹育水稻土	麻红黄泥田	麻红砂青骨田	A	0-9	灰黄色	中壤土	块状	5.5	23.2	1.12	0.38	15.2	74	2.2	37	花岗岩坡积物	E 113°27′24.1″ N 24°37′01.6″	91
						P	9-19	浅黄色	砂壤土	粒状	6.1	18.6	1.31	0.42	13.4	37	2.2	7			
						C	19-100	红黄色	紫砂壤土	粒状	5.9	8.4	0.83	0.03	11.4	12	0.4	5			
剖32	人为土	水稻土	淹育水稻土	麻红黄泥田	麻砂质田	A	0-14	灰黄色	轻壤土	粒状	5.4	29.1	1.55	1.22	13.5	73	1.3	32	花岗岩坡积物	E 113°22′07.7″ N 24°32′26.5″	91
						P	14-20	黄灰色	砂石土	小块状	5.6	26.9	1.36	1.47	13.8	43	1.5	12			
						C	20-80	黄色	松砂土	粒状	6.1	24.8	1.63	1.54	11.1	43	0.9	12			
剖33	人为土	水稻土	潴育水稻土	紫泥田	牛肝土田	A	0-17	灰紫红色	轻壤土	小块状	5.6	32.3	1.46	0.30	15.5	105	3.5	19	紫色页岩谷冲积物	E 113°21′36.2″ N 24°30′36.8″	78
						P	17-24	浅紫红色	轻壤轻黏土	小块状	5.5	26.9	1.49	0.09	13.6	57	2.2	9			
						W	24-100	紫红色	砂壤土	块状	5.8	11.3	0.54	0.08	14.3	23	1.3	14			

续表 Continued

剖面号 Soil profile	土纲 Soil order	土类 Soil great group	亚类 Soil subgroup	土属 Soil genus	土种 Soil species	土层码 Layer code	土层厚度 Depth/cm	颜色 Soil color	质地 Soil texture	土壤结构 Soil structure	pH	有机质 OM/(g/kg)	全氮 TN/(g/kg)	全磷 TP/(g/kg)	全钾 TK/(g/kg)	碱解氮 AN/(mg/kg)	有效磷 AP/(mg/kg)	速效钾 AK/(mg/kg)	土壤母质 Parent material	剖面点坐标 Profile coordinate	匹配指数 Matching index/%
剖34	初育土	石灰（岩）土	红色石灰土	酸性红火泥地	红砂泥土	A	0—13	黄灰色	中壤土	小块状	5.6	22.1	1.10	0.37	20.7	33	0.9	56		E 113°35′02.8″ N 24°39′52.9″	72
						B	13—23	黄黑色	轻壤土	小块状	5.7	17.5	0.75	0.25	20.2	24	0.9	32			
剖35	初育土	石灰（岩）土	红色石灰土	酸性红色石灰土		C	23—100	褐红色	重壤土	块状	5.0	17.9	1.29	0.54	26.4	39	2.2	7		E 113°36′25.6″ N 24°38′41.6″	87
						A	0—20	灰棕色	中壤土	团粒状	4.7	9.8	0.60	0.44	25.9	21	0.4	2			
						B	20—100	棕红色	中壤土	块状	5.7	48.1	3.18	0.43	33.8	66	3.1	57			
剖36	人为土	水稻土	潴育水稻土	紫泥田	紫砂泥田	A	0—20	灰紫红色	轻壤土	粒状	5.7	35.3	1.76	0.59	28.4	38	2.6	45		E 113°30′32.0″ N 24°37′22.1″	73
						P	20—36	浅紫红色	轻石中壤土	小块状	5.7	22.8	0.94	0.03	27.1	20	2.2	65			
						W	36—80	紫红色	轻石中壤土	棱柱状	6.4	28.8	2.20	0.38	14.9	105	9.6	72	花岗岩坡积物		
剖37	人为土	水稻土	淹育水稻土	麻红黄泥田	麻红泥砂田	A	0—12	黄灰色	中壤土	碎块状	6.4	18.9	0.91	0.14	14.0	80	0.4	2		E 113°44′36.6″ N 24°37′08.8″	72
						P	12—22	黄色	砂壤土	粒状	6.0	12.2	0.71	0.12	12.6	43	0.4	2			
						C	22—80	红黄色	紫砂土	粒状	5.4	31.2	1.98	0.15	14.1	117	1.3	129	第四纪红土河谷冲积物		
剖38	人为土	水稻土	潴育水稻土	宽谷冲积土田	宽谷顽泥田	A	0—15	灰黄色	轻壤土	块状									砂页岩河谷冲积物	E 113°32′29.0″ N 24°36′08.6″	77
						P	15—23	灰黄色	黏土	块状	7.0	46.7	2.95	0.32	18.2	57	2.2	54			
						W	23—80	黄色	黏土	棱柱状	6.8	25.7	1.39	0.23	14.9	27	1.7	32			
剖39	人为土	水稻土	潴育水稻土	泥肉田	泥肉田	A	10—19	灰黑色	中壤土	团粒状	6.8	11.7	0.64	0.12	13.5	15	0.4	20		E 113°35′38.8″ N 24°36′00.7″	84
						P	19—31	灰色	轻壤土	块状	5.0	36.1	1.98	3.41	20.4	64	1.7	25			
						W	31—100	灰黄色	轻壤土	棱柱状	5.7	14.5	0.81	1.07	21.1	28	0.9	20			
剖40	人为土	水稻土	矿毒型水稻土	矿毒田	钨矿毒田	Ma	0—14	灰黑色	中壤土	块状	5.5	13.1	0.57	0.17	18.8	20	0.4	12		E 113°40′14.9″ N 24°34′50.5″	87
						P	14—30	棕黄色	中壤土	小块状	6.3	21.3	1.45	0.45	8.5	39	7.0	78			
						W	30—85	紫红色	松砂土	棱柱状	6.1	9.6	0.66	0.16	11.9	12	2.2	49			
剖41	人为土	水稻土	矿毒型水稻土	厂废污染田	重金属污染田	Ma	0—17	灰黄色	轻石中砂土	碎块状	6.1	1.6	0.16	0.24	9.1	8	0.9	43		E 113°44′06.4″ N 24°33′27.4″	97
						P	17—32	浅黄色	松砂土	小块状	6.4	23.0	1.66	0.42	39.5	64	0.9	27			
						W	32—80	灰黑色	砂壤土	粒状	6.1	24.0	1.38	0.41	40.5	40	0.9	24	花岗岩风化物		
剖42	人为土	水稻土	淹育水稻土	麻大眼泥田	麻大眼砂泥田	A	0—14	黄灰色	砂壤土	粒状	5.2	13.4	0.89	0.01	38.3	39	0.4	17		E 113°30′34.6″ N 24°31′51.6″	90
						P	14—25	灰黄色	砂壤土	粒状	6.3	8.4	0.45	0.38	21.9	39	5.7	24			
						C	25—100	灰黄色	砂壤土	粒状	6.0	2.7	0.15	0.18	17.3	38	2.2	17			
剖43	潮土	潮土	潮土	潮砂泥地	潮砂泥地	A	0—37	灰黑色	砂壤土	粒状	6.4	2.0	0.10	0.17	15.8	21	0.9	9		E 113°34′58.4″ N 24°31′40.8″	90
						B	37—82	浅黄色	中壤土	小块状	6.5	42.7	1.96	0.46	8.1	91	9.2	3			
						C	82—100	棕褐色	中壤土	小块状	6.5	29.4	1.48	0.23	9.5	32	7.0	16			
剖44	人为土	水稻土	潜育水稻土	冷底田	冷底田	A	0—24	紫黑色	轻壤土	块状	6.2	6.4	0.41	0.06	5.9	12	2.6	10	近代河流冲积物	E 113°36′41.0″ N 24°31′19.2″	83
						P	24—30	灰黑色	紫砂土		6.5	14.8	0.94	0.07	27.2	43	6.5	7			
						C	30—100	灰蓝黄色	砂黄土		6.0	8.8	0.37	0.02	25.4	21	3.9	2			
剖45	人为土	水稻土	潴育水稻土	河砂泥田	河砂质田	1	0—13		紫砂土										河流冲积物	E 113°36′32.1″ N 24°30′59.2″	71
						2	13—15														
						3	15—80				7.1	3.0	0.18	0.01	16.7	18	1.3	3			

始 兴 县

主要土类说明

红壤是始兴县主要土壤类型，占本县地域面积的64%，广泛分布在海拔600—800m的低山、丘陵地带。由于其所处地区光温条件和水湿条件较好，因此植物生长繁茂，土壤风化较强烈，土层深度多在1m以上，土体呈棕红色或暗红色，有较明显的淋溶淀积层。红壤的肥力、质地与植被情况、母质、地形条件有很密切的关系。一般来说，位于缓坡地上、植被覆盖率较高的红壤肥力较高，土层较深；位于陡坡地上、植被覆盖率较低的红壤肥力较低，土层较薄，尤其自然植被遭到破坏后，其有机质层变薄，各层的养分含量迅速下降，土壤质地变黏。

黄壤是始兴县第二大土壤类型，占本县地域面积的23%，广泛分布在海拔600m以上的低山区。其出现的具体高度南北有异，一般南部地区海拔600m处已有黄壤出现，北部地区黄壤多分布在海拔800m以上的山区。土壤经常保持湿润状态，土壤中的铁质发生强烈的水化作用，使土体呈鲜黄色。土壤微生物群落以真菌为主，附有一些耐酸性细菌，微生物分解枯枝落叶，产生大量的有机酸，使母质风化物中的矿物质向下淋溶，导致土壤呈现严重的不饱和状态。

水稻土是始兴县第三大土壤类型，占本县地域面积的10%，是本县面积最大的耕作土壤。水稻土是长期人为活动的产物，可由各种地带性土壤经水耕熟化而形成。在长期水耕施肥等措施的作用下，土壤内部进行着氧化还原交替、有机质合成与分解、盐基淋溶与复盐基作用的熟化过程，促使土壤性状发生改变，从而形成特有的剖面形态、理化和生物特性。一般发育较好的水稻土，其剖面自上而下形成油泥层、油泥夹砂层、还原层、犁底层、心土层、潜育层和底土层。本县水稻土可分为淹育型、潴育型、渗育型、潜育型、沼泽型、矿毒型等亚类。

小于本县地域面积3%的土壤类型有紫色土。

本区域中心区气候特征

本区域中心区气候特征值
Regional climate characteristics in central area of the region

气候带：中亚热带湿润气候 Climate region: Subtropical humid climate	
年平均气温 /℃ Annual average temperature /℃	20.2
年平均最高气温 /℃ Annual average maximum temperature /℃	24.9
年平均最低气温 /℃ Annual average minimum temperature /℃	16.9
年降水量 /mm Annual precipitation /mm	1605
≥10℃的积温 /℃ Daily temperature accumulated in a year (≥10℃) /℃	9474
年日照时数 /h Annual sunshine /h	1694
年平均相对湿度 /% Annual average relative humidity /%	76
干燥度 Dryness	0.74

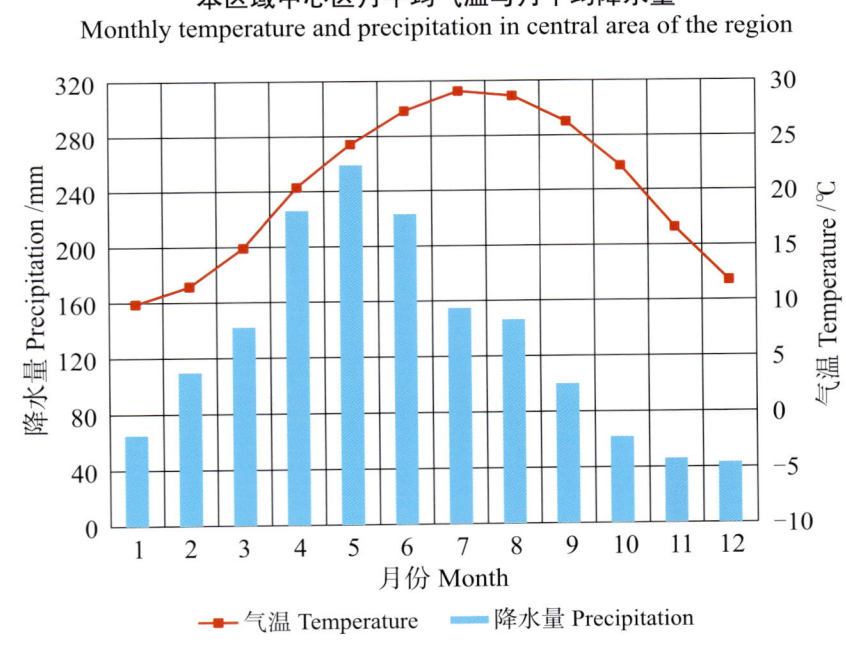

本区域中心区月平均气温与月平均降水量
Monthly temperature and precipitation in central area of the region

始兴县主要土壤类型与土壤剖面点分布图
1:240 000

图例
- 红壤
- 黄壤
- 水稻土
- 紫色土
- ⊗ 剖面点

始兴县土壤剖面理化性状表

剖面号 Soil profile	土纲 Soil order	土类 Soil great group	亚类 Soil subgroup	土属 Soil genus	土种 Soil species	土层码 Layer code	土层厚度 Depth/cm	颜色 Soil color	质地 Soil texture	土壤结构 Soil structure	pH	有机质 OM/(g/kg)	全氮 TN/(g/kg)	全磷 TP/(g/kg)	全钾 TK/(g/kg)	有效磷 AP/(mg/kg)	速效钾 AK/(mg/kg)	土壤母质 Parent material	剖面点坐标 Profile coordinate	匹配指数 Matching index/%
剖1	铁铝土	红壤	红壤	花岗岩红壤		A	0–8	棕色	中壤土	团粒状	5.8	13.8	1.00	0.32	27.6			花岗岩	E 113°58′40.8″ N 25°01′55.9″	88
						B	8–56	棕红色	中壤土	块状	5.8	5.1	0.75	0.25	30.0					
剖2	铁铝土	红壤	红壤	砂页岩红壤	厚有机质层中层砂页岩红壤	A	0–26	灰色	中壤土	团粒状	5.9	57.9	1.51	0.31	23.4	8.4	83	砂页岩	E 113°57′24.5″ N 25°00′23.0″	78
						B₁	26–41	黄褐色	中壤土	块状	3.9	12.2	1.40	0.25	22.7					
						B₂	41–80	红褐色	轻壤土	块状	3.2	4.4	0.49	0.30	21.6					
剖3	人为土	水稻土	潴育水稻土	第四纪红土泥田	乌红土田	P	16–19	棕红色	中壤土	团粒状	5.2	25.2	1.19	0.29	7.1			第四纪红土	E 113°58′54.5″ N 24°59′44.1″	86
						W	19–100	棕红色	中壤土	柱状	5.1	18.3	0.81	0.22	7.6					
								黑灰色	轻壤土		5.8	10.7	0.64		8.6					
剖4	铁铝土	黄壤	黄壤	砂页岩黄壤	厚有机质层中层砂页岩黄壤	A₁	0–6	灰黑色	中壤土	团粒状	5.4	43.4	1.30	0.54	34.6	4.1	87	砂页岩	E 113°59′13.6″ N 24°44′48.8″	99
						A₂	6–26	深黑色	轻壤土	粒状	5.3	31.7	1.18	0.07	20.7					
						B	26–80	浅黄色	中壤土	粒状	4.8	9.2	0.37	0.57	37.6					
剖5	铁铝土	黄壤	黄壤	花岗岩黄壤	中有机质层厚层花岗岩黄壤	A	0–12	棕黑色	轻壤土	粒状	5.3	29.0	1.60	0.37	9.7	4.6	47	花岗岩	E 113°54′28.4″ N 24°36′55.0″	70
						B₁	12–44	浅黄色	中壤土	小块状	5.3	20.5	0.75	0.35	10.3					
						B₂	44–100	浅黄色	轻壤土	块状	6.2	10.6	0.46	0.44	11.7					
剖6	人为土	水稻土	潴育水稻土	河砂泥田	河砂子粉砂田	P	0–12	浅黄灰色	轻壤土	粒状	5.0	16.0	0.79	0.37	22.6			河流冲积物	E 113°57′14.0″ N 24°36′32.0″	76
						W	12–15	褐黄灰色	砂壤土	粒状	5.0	12.9	0.65	0.29	21.3					
							15–60	褐黄色	中壤土	柱状	5.2	5.3	0.21	0.31	22.5					
						C	60–100													
剖7	铁铝土	红壤	红壤	花岗岩红壤	厚有机质层红壤	A₁	0–6	深黑色	中壤土	团粒状	4.0	62.5	1.19	0.26	45.9	5.1	153	花岗岩	E 113°56′59.7″ N 24°34′20.0″	95
						A₂	6–12	灰色	重壤土	块粒状	5.4	30.9	0.73	0.19	36.4					
						B	12–90	棕红色	重壤土	块状	5.7	10.8	0.31	0.17	39.1					
剖8	铁铝土	黄壤	黄壤	花岗岩黄壤	中有机质层厚层花岗岩黄壤	A	0–12	灰黄色	重壤土	粒状	5.2	37.2	1.00	0.21	29.0	4.6	85	花岗岩	E 113°57′58.2″ N 24°32′30.7″	85
						B	12–42	棕灰色	中壤土	块状	4.1	13.3	0.36	1.09	27.0					
						C	42–100	浅黄色	中壤土	粒状	5.7	2.9	0.13	0.14	44.2					
剖9	铁铝土	黄壤	黄壤	花岗岩黄壤	厚有机质层中层花岗岩黄壤	A₁	0–10	黑灰色	重壤土	粒状	5.2	61.9	1.70	0.38	28.4	5.1	134	花岗岩	E 114°04′53.9″ N 25°07′06.3″	91
						A₂	10–20	浅黄色	重壤土	粒状	3.9	41.3	1.04	0.27	29.7					
						B	20–72	灰黄色	重壤土	小块状	5.0	58.0	0.61	0.28	24.6					
剖10	初育土	紫色土	石灰性紫色土	碱性牛肝地	紫砂地	B	23–78	暗红色	重壤土	团粒状	7.3	7.7	0.30	0.97	25.8				E 114°12′19.9″ N 25°01′22.5″	71
						D	78–100	暗红色	中壤土	块状	6.8	5.1	0.35	0.75	27.9					
剖11	铁铝土	红壤	红壤	砂页岩红壤	中有机质层厚层砂页岩红壤	A	0–16	褐黄色	轻黏土	块状	5.7	3.7	0.34	0.45	12.7	1.5	66	砂页岩	E 113°57′58.2″ N 25°00′24.8″	82
						B₁	16–57	棕红色	重黏土	块状	3.7	66.0	1.34	0.96	7.4					
						B₂	57–100	棕红色	重黏土	块状	4.5	15.2	0.93	0.66	8.1					
剖12	铁铝土	黄壤	黄壤	砂页岩黄壤		A	0–7	深红色	轻壤土	团状	4.9	2.3	0.43	0.99	0.7			砂页岩	E 114°04′46.6″ N 24°58′34.9″	94
						B	7–65	浅红色	砂壤土	块状	4.8	32.0	1.12	0.42	23.4					
剖13	人为土	水稻土	潴育水稻土	河砂泥田	河石子底砂质田	A	0–14	浅黄色	砂黏土	粒状	4.6	4.8	0.20	0.37	22.7			河流冲积物	E 114°01′47.9″ N 24°57′02.8″	86
						P	14–24	黄色	松砂土	粒状	5.0	18.2	0.83	0.24	33.9					
						C	24–100	灰黄色	中壤土	粒状	5.0	6.8	0.32	0.17	34.9					
剖14	人为土	水稻土	潴育水稻土	潮砂泥田	潮砂泥田	A	0–15	灰黄色	中壤土	粒状	5.1	6.3	0.25	0.13	38.9			河流冲积物	E 114°07′47.3″ N 24°55′28.6″	99
						P	15–25	灰黄色	中壤土	块状	5.8	35.8	1.62	0.52	23.9					
						W	25–100	灰黄色	重壤土	柱状	7.1	26.9	1.40	0.44	25.1					
												12.1	0.50	0.44	25.1					

续表 Continued

剖面号 Soil profile	土纲 Soil order	土类 Soil great group	亚类 Soil subgroup	土属 Soil genus	土种 Soil species	土层码 Layer code	土层厚度 Depth/cm	颜色 Soil color	质地 Soil texture	土壤结构 Soil structure	pH	有机质 OM/(g/kg)	全氮 TN/(g/kg)	全磷 TP/(g/kg)	全钾 TK/(g/kg)	有效磷 AP/(mg/kg)	速效钾 AK/(mg/kg)	土壤母质 Parent material	剖面点坐标 Profile coordinate	匹配指数 Matching index/%
剖15	铁铝土	红壤	红壤	砂页岩红土	厚有机质层厚层砂页岩红壤	A	0—36	浅黄灰色	中壤土	团粒状	4.6	24.5	1.01	0.04	18.5			砂页岩	E 114°07′25.7″ N 24°52′45.5″	85
						B₁	36—83	黄灰色	重壤土	团块状	4.0	14.2	0.75	0.48	21.5					
						B₂	83—100	黄棕色	轻黏土	块状	4.1	19.1	0.82	1.12	24.5					
剖16	人为土	水稻土	潴育水稻土	河砂泥田	河砂泥田	A	0—15	灰色	砂壤土	团粒状	5.0	18.1	0.82	0.31	33.7			河流冲积物	E 114°10′20.6″ N 24°51′31.0″	74
						P	15—23	浅黄色	轻壤土	块状	5.1	11.7	0.51	0.21	33.9					
						W	23—100	黄色	中壤土	柱状	5.1	7.0	0.39	0.24	32.9					
剖17	人为土	水稻土	潴育水稻土	第四纪红土泥田	红土田	A	0—13	红色	中壤土	块状	5.0	18.1	0.90	0.25	11.5			第四纪红土	E 114°17′29.8″ N 24°55′19.9″	92
						P	13—27	朱红色	中壤土	块状	5.2	9.3	0.54	0.15	13.2					
						W	27—100	浅灰黄色	中壤土	柱状	5.3	7.6	0.45	0.10	8.8					
剖18	铁铝土	红壤	红壤	花岗岩红壤		A	0—26	棕黄色	重壤土	团块状	5.0	38.9	0.99	0.19	42.3	3.4	83	花岗岩	E 114°15′10.8″ N 24°54′39.6″	96
						B	26—75	棕黄色	轻壤土	团块状	5.1	2.5	0.24	0.27	59.2					
剖19	铁铝土	红壤	红壤	花岗岩红壤	厚有机质层	A	0—24	棕红色	中壤土	团粒状	5.0	43.1	3.24	0.28	18.1	1.0	79	花岗岩	E 114°21′34.6″ N 24°53′51.7″	98
						B₁	24—52	棕红色	中壤土	块状	4.3	7.3	0.24	0.17	16.8					
						B₂	52—100	红色	中壤土	块状	7.7	19.9	0.83	0.43	25.5					
剖20	铁铝土	红壤	红壤	砂页岩红壤	薄有机质层厚层砂页岩红壤	A	0—3	灰褐色	重壤土	粒状	4.6	58.6	3.90	0.39	14.2	2.6	94	砂页岩	E 114°04′01.1″ N 24°49′14.0″	93
						B₁	3—10	浅黄色	重壤土	小块状	6.7	11.0	0.42	0.48	15.9					
						B₂	10—100	浅灰色	轻黏土	块状	3.8	11.2	0.37	0.39	15.5					
剖21	铁铝土	黄壤	粗骨性黄壤	粗骨性黄壤	厚有机质层粗骨性黄壤	A	0—26	黑灰色	中砾石土	粒状	5.4	69.6	2.38	1.02	14.6	14.9	102		E 114°11′13.6″ N 24°45′29.9″	99
						B	26—70	棕黄色	中壤土	团粒状	5.0	27.5	0.97	0.57	6.0					
剖22	铁铝土	黄壤	黄壤	花岗岩黄壤	厚层花岗岩黄壤	A	0—4	深黄色	重壤土	粒状	4.7	37.6	0.83	0.27	15.0		35	花岗岩	E 114°13′03.4″ N 24°45′07.9″	97
						B₁	4—40	浅黄色	重壤土	块状	5.4	9.9	0.35	0.25	15.9					
						B₂	40—100	浅灰色	中壤土	块状	5.3	7.0	0.17	0.28	14.9					
剖23	人为土	水稻土	潴育水稻土	洪积红黄泥田	洪积红黄泥田	A	0—11	灰黄色	中壤土	团粒状	4.4	28.1	1.37	0.53	16.9	8.3	115	洪积物	E 114°00′16.5″ N 24°40′26.8″	76
						P	11—20	黄色	重壤土	块状	4.1	20.7	0.69	0.47	14.5					
						W	20—76	黄色	重壤土	柱状	5.2	12.0	0.36	0.36	14.9					
						C	76—100	褐灰色	紧砂土	柱状		10.7	0.39	0.43	32.4					
剖24	人为土	水稻土	潴育水稻土	第四纪红土泥田	红土砂田	A	0—13	浅红色	紧砂土	粒状	4.2	12.0	0.53	0.24	33.5			第四纪红土	E 114°05′14.6″ N 24°40′20.6″	82
						P	13—19	浅黄色	中壤土	块状	4.1	5.6	0.20	0.22	31.0					
						W	19—37	红棕色	中壤土	柱状	4.4	3.7	0.27	0.20	7.1					
						C	37—100	棕红色	中壤土	块状		8.4	0.29	0.17	28.9					
剖25	铁铝土	黄壤	黄壤	砂页岩黄壤	中有机质层厚层砂页岩黄壤	A	0—11	棕褐色	中壤土	团粒状	5.3	76.6	2.33	0.11	43.2			砂页岩	E 114°18′06.0″ N 24°49′49.0″	84
						B₁	11—67	黄棕色	重壤土	团粒状	4.5	28.4	0.97	0.23	22.1					
						B₂	67—100	棕黄色	重壤土	块状	5.2	13.5	0.57	0.53	5.8					
剖26	铁铝土	黄壤	黄壤	砂页岩黄壤	中有机质层厚层砂页岩黄壤	A	0—11	黑灰色	轻壤土	团块状	5.3	49.4	3.57	0.30	6.2	4.6	47	砂页岩	E 114°06′07.3″ N 24°37′43.7″	76
						B₁	11—35	浅黄黄色	中壤土	块状	5.3	13.2	1.56	0.26	8.6					
						B₂	35—70	棕黄色	中壤土	块状	6.2	9.7	0.75	0.25						
剖27	铁铝土	红壤	红壤	花岗岩红壤	薄有机质层厚层花岗岩红壤	A	0—8	深黄色	中壤土	团粒状	4.5	63.6	1.68	0.45	32.1	5.1	129	花岗岩	E 114°01′24.2″ N 24°37′38.6″	89
						B₁	8—31	灰黄色	中壤土	团粒状	5.0	29.5	0.15	0.44	33.7					
						B₂	31—100	棕黄色	中壤土	块状	4.5	13.0	0.44	0.44	32.1					

仁 化 县

主要土类说明

红壤是仁化县主要土壤类型,占本县地域面积的76%,广泛分布在海拔700m以下的低山、丘陵地带。成土母质主要为花岗岩、砂页岩、红色砂岩、砂砾岩等。受亚热带季风气候和生物作用的影响,土壤永化作用较强,富铝化作用明显,铁铝氧化物大量聚积,土体颜色变红,生物循环强烈,风化层深厚。红壤的发育随着母质、植被和地貌类型的不同,产生明显的变化。在一般情况下,由花岗岩发育的红壤,土层深厚,质地较轻,砂粒较多,钾素含量较高;由砂页岩发育的红壤,砂粒较少,黏粒较多;由第四纪红土发育的红壤,黏粒多,养分含量低;由红色砂岩发育的红壤,砂粒多,养分含量较低。植被覆盖率较高的地带,红壤有机质层较厚,养分含量高。随着海拔和坡度的增加,土层变薄,质地变轻。

水稻土是仁化县第二大土壤类型,占本县地域面积的13%。水稻土是长期人为活动的产物,可由各种地带性土壤经水耕熟化而形成。在长期水耕施肥等措施的作用下,土壤内部进行着氧化还原交替、有机质合成与分解、盐基淋溶与复盐基作用的熟化过程,促使土壤性状发生改变,从而形成特有的剖面形态、理化和生物特性。本县水稻土分为淹育型、潴育型、渗育型、潜育型、沼泽型、矿毒型等亚类。

黄壤是仁化县第三大土壤类型,占本县地域面积的10%,分布在海拔700—1559m的中低山区,与红壤呈垂直交错分布,位于红壤之上。成土母质主要为花岗岩风化坡积物,少数为砂页岩坡积物。植被以阔叶林、针阔叶混交林、毛竹混交林为主,并分布有三尖杉、桦树、栓皮栎等珍贵林种。随着坡度加大,地势增高,植被逐渐稀疏,黄壤土层变薄,山顶土层浅薄且碎石多,部分地区岩石裸露,山岭中下部、山窝和山腰处植被生长良好。由于黄壤所处地区地势较高,雨雾多,日照少,湿度大,气温低,因此黄壤土体较厚,呈黄色,土质疏松,湿润肥沃,土壤呈酸性至强酸性。

小于本县地域面积3%的土壤类型有潮土。

本区域中心区气候特征

本区域中心区气候特征值
Regional climate characteristics in central area of the region

气候带:中亚热带湿润气候 Climate region: Subtropical humid climate	
年平均气温 /℃ Annual average temperature /℃	19.8
年平均最高气温 /℃ Annual average maximum temperature /℃	24.4
年平均最低气温 /℃ Annual average minimum temperature /℃	16.5
年降水量 /mm Annual precipitation /mm	1534
≥10℃的积温 /℃ Daily temperature accumulated in a year (≥10℃) /℃	9632
年日照时数 /h Annual sunshine /h	1660
年平均相对湿度 /% Annual average relative humidity /%	77
干燥度 Dryness	0.76

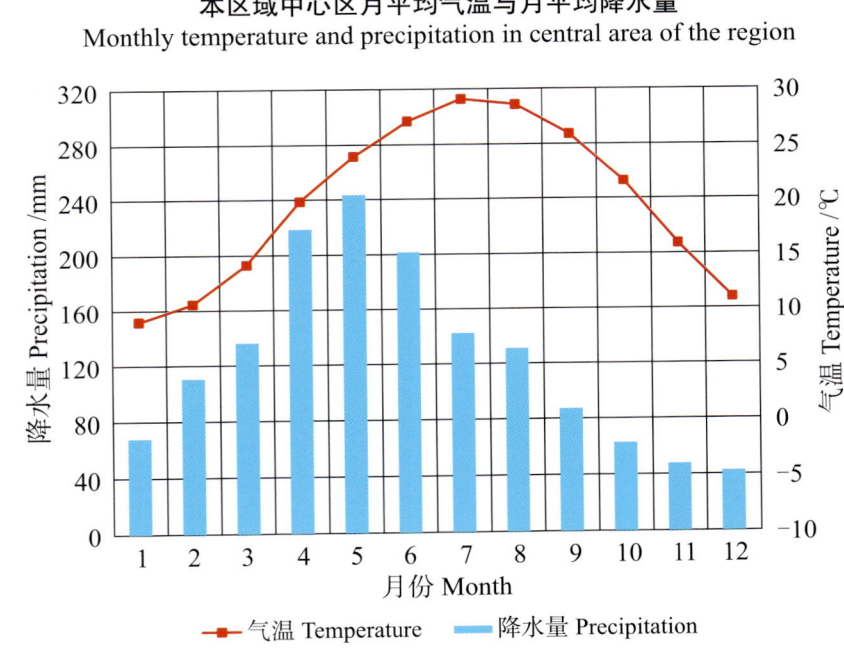

本区域中心区月平均气温与月平均降水量
Monthly temperature and precipitation in central area of the region

仁化县主要土壤类型与土壤剖面点分布图
1 : 240 000

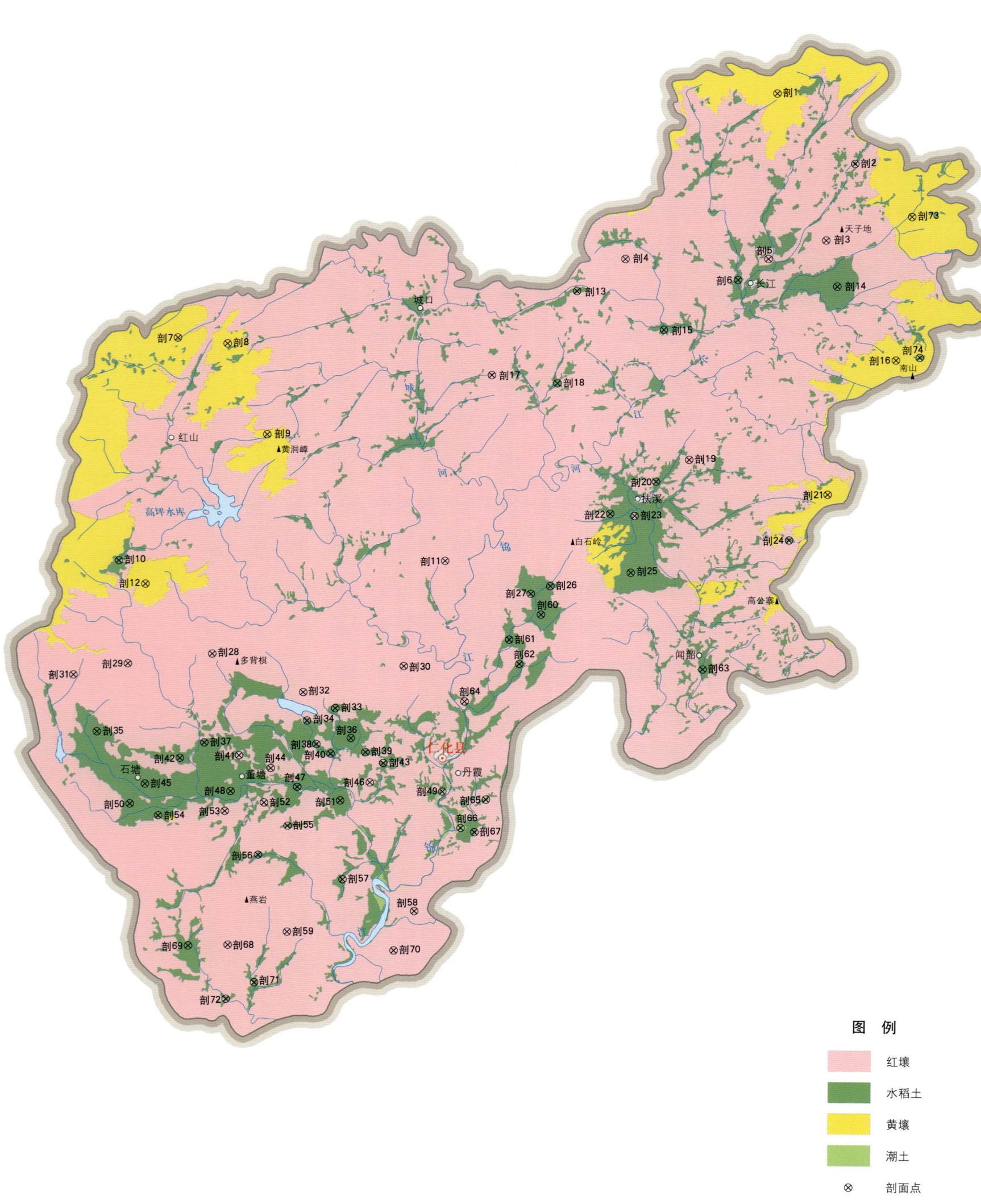

图例
- 红壤
- 水稻土
- 黄壤
- 潮土
- ⊗ 剖面点

仁化县土壤剖面理化性状表

剖面号 Soil profile	土纲 Soil order	土类 Soil great group	亚类 Soil subgroup	土属 Soil genus	土种 Soil species	土层码 Layer code	土层厚度 Depth/cm	颜色 Soil color	质地 Soil texture	土壤结构 Soil structure	pH	有机质 OM/(g/kg)	全氮 TN/(g/kg)	全磷 TP/(g/kg)	全钾 TK/(g/kg)	碱解氮 AN/(mg/kg)	有效磷 AP/(mg/kg)	速效钾 AK/(mg/kg)	土壤母质 Parent material	剖面点坐标 Profile coordinate	匹配指数 Matching index/%
剖1	铁铝土	黄壤	黄壤	花岗岩黄壤	薄有机质层中层花岗岩黄壤	A	0—10	灰褐色	砂壤土	粒状	5.4	55.8	2.27	0.41	16.7	52	2.8	83	花岗岩	E 113°56′10.0″ N 25°25′50.5″	88
						B	10—50	浅黄色	轻壤土	团块状	5.1	9.3	0.61	3.25	16.9			34			
						C	50—150	红黄色		团块状											
剖2	人为土	水稻土	沼泽型水稻土	冷浸田	冷浸田	A	0—16	浅栗色	中壤土	糊状	5.7	25.9	1.41	0.23	22.3		4.1	33		E 113°58′42.2″ N 25°23′36.2″	82
						P	16—21	浅黄色	中壤土	块状	5.8	19.8	0.79	0.21	17.8	110	1.8	36			
						G	21—53	棕灰色	中壤土	块状	5.9	16.2	0.62	0.10	23.4		0.7	25			
						C	53—	浅黄色													
剖3	铁铝土	红壤	红壤	花岗岩红壤	薄有机质层中层花岗岩红壤	A	0—9	灰棕色	轻壤土	粒状	5.3	51.1	2.00	0.17	30.5	127	3.6	98	花岗岩	E 113°57′40.7″ N 25°21′14.4″	72
						B	9—55	灰红棕色	砂壤土	粒状	5.4	14.0	2.08	0.16	29.5		2.0	58			
						C	55—150	红棕色	中壤土	小块状	5.9	9.3	0.55	0.11	31.8		0.3	70			
剖4	铁铝土	红壤	红壤	花岗岩红壤	薄层花岗岩红壤	A	0—7	灰棕色	中壤土	粒状	4.5	39.1	1.38	0.15	2.8	84	2.1	55	花岗岩	E 113°50′58.9″ N 25°20′47.8″	88
						B	7—150	红棕色	中壤土	块状	5.4	6.6	0.34	0.03	2.3			24			
						C	150—170	红棕色	中壤土	块状	5.3	3.2	0.19	0.03	1.6			17			
剖5	铁铝土	红壤	红壤	花岗岩红壤	中有机质层厚层花岗岩红壤	A	0—18	灰棕色	砂壤土	粒状	4.6	47.5	1.50	0.35	27.4	102	2.1	69	花岗岩	E 113°55′44.8″ N 25°20′42.4″	94
						B	18—150	粉红棕色	中壤土	小块状	5.0	9.8	0.32	0.17	23.6		0.9	36			
						C	150—	浅红棕色		块状											
剖6	人为土	水稻土	潴育水稻土	洪积黄泥田	鸭蛋黄泥田	A	0—16	浅黄色	中壤土	棱柱状	4.6	30.3	1.68	0.17	16.8	146	7.1	69	洪积物	E 113°54′42.8″ N 25°20′04.6″	71
						P	16—29	暗灰色	中壤土	块状	3.8	26.0	1.41	0.17	19.6		5.3	23			
						W₁	29—47	浅灰色	中壤土	棱柱状	5.1	22.4	1.14	0.19	19.1		2.3	22			
						W₂	47—80	黄棕色		柱状											
						C	80—150	黄棕色		块状											
剖7	黄壤	黄壤	黄壤	花岗岩黄壤	薄腐殖质层厚层花岗岩黄壤	A	0—6	灰色	中壤土	团粒状	5.4	37.6	1.21	0.22	12.2	82		117	花岗岩	E 113°36′02.9″ N 25°18′38.2″	81
						B	6—121	黄色	砂壤土	柱状	5.5	4.2	0.28	0.12	19.6			61			
						C	121—150	浅黄色	砂壤土	块状	5.2	3.1	0.13	0.10	19.1			57			
剖8	铁铝土	黄壤	黄壤	花岗岩黄壤	中有机质层花岗岩黄壤	A	0—20	灰黄色	砂壤土	粒状	5.5	46.0	2.07	0.34	22.8	137	1.1	92	花岗岩	E 113°37′42.2″ N 25°18′25.6″	73
						B	20—30	浅黄色	砂壤土	粒状	5.5	34.3	1.57	0.19	23.0			64			
						C	30—150	灰黄色	轻壤土	小块状	5.1	26.7	1.29	0.14	21.7		1.7	55			
剖9	铁铝土	黄壤	黄壤	花岗岩黄壤	薄有机质层花岗岩黄壤	A	0—10	灰棕色	轻壤土	小块状	4.6	10.4	0.43	0.07	32.6	83		51	花岗岩	E 113°38′57.5″ N 25°15′33.5″	85
						B	10—30	棕黄色	轻壤土	小块状	5.0	9.6	0.32	1.42	27.1			26			
						C	30—150														
剖10	人为土	水稻土	潴育水稻土	乌泥底田	乌泥底田	A	0—16	灰色	轻壤土	粒状	7.4	37.2	1.51	0.24	6.1	115	10.7	29	花岗岩	E 113°33′57.2″ N 25°11′43.4″	77
						P	16—26	暗黄色	砂壤土	块状	7.0	18.6	0.98	0.15	2.3		8.6	17			
						W	26—41	灰黄色	砂壤土	柱状	6.9	2.4	0.22	0.17	0.2		3.4	14			
						G	41—100	灰黑色		块状											
						C	100—150	红黄色		块状											
剖11	铁铝土	红壤	红壤	砂页岩红壤	中有机质层中层砂页岩红壤	A	0—20	灰棕色	重壤土	粒状	4.8	30.6	1.10	0.22	21.5	79	1.0	90	砂页岩	E 113°44′48.1″ N 25°11′31.6″	95
						B	20—60	红棕色	重壤土	块状、柱状	5.1	13.6	0.66	0.14	19.5			71			
						C	60—150	红棕色	中壤土	块状	5.2	8.0	0.50	0.13	22.4		5.3	62			
剖12	铁铝土	黄壤	黄壤	砂页岩黄壤	中有机质层厚层砂页岩黄壤	A	0—10	黄棕色	重壤土	粒状	5.1	31.8	1.64	0.21	10.7	114	5.4	65	砂页岩	E 113°34′49.8″ N 25°10′58.8″	96
						B	10—65	灰黄色	重壤土	块状	5.1	10.1	0.84	0.14	11.1			25			
						C	65—150	黄黄色		块状	4.6	10.4	0.86	0.13	14.8		2.1	28			

续表 Continued

剖面号 Soil profile	土纲 Soil order	土类 Soil great group	亚类 Soil subgroup	土属 Soil genus	土种 Soil species	土层码 Layer code	土层厚度 Depth/cm	颜色 Soil color	质地 Soil texture	土壤结构 Soil structure	pH	有机质 OM/(g/kg)	全氮 TN/(g/kg)	全磷 TP/(g/kg)	全钾 TK/(g/kg)	碱解氮 AN/(mg/kg)	有效磷 AP/(mg/kg)	速效钾 AK/(mg/kg)	土壤母质 Parent material	剖面点坐标 Profile coordinate	匹配指数 Matching index/%
剖13	人为土	水稻土	潴育水稻土	白鳝泥田	白鳝泥底田	A	0–15	浅棕色	轻壤土	粒状	4.9	27.4	1.50	0.40	32.1	109	25.5	34		E 113°49′20.6″ N 25°19′50.2″	94
						P	15–21	灰白色	轻壤土	块状	5.3	18.5	0.92	0.33	24.0		22.8	18			
						E	21–30	浅黄色	砂壤土	棱柱状	6.7	9.7	0.55	0.17	25.2		6.8	15			
						W	30–65	灰黄色		棱柱状											
						C	65–150	白色		粒状											
剖14	人为土	水稻土	矿毒型水稻土	厂废污染田	铅锌矿选矿水毒田	A	0–13	灰褐色	紧砂土	粒状	5.6	18.7	0.91	0.26	15.4		3.8	25		E 113°58′00.8″ N 25°19′48.7″	86
						P	13–19	灰褐色	紧砂土	块状	5.8	11.8	0.58	0.21	16.8	53	2.6	22			
						W	19–80	黄褐色	紧砂土	柱状	5.2	4.1	0.32	0.24	20.0		2.5	34			
						C	80–	棕色													
剖15	人为土	水稻土	潴育水稻土	白鳝泥田	白鳝泥田	A	0–14	灰黑色	轻壤土	团粒状	5.6	27.7	1.51	0.33	41.4	91	12.6	76		E 113°52′12.7″ N 25°18′34.9″	88
						P	14–18	灰白色	轻壤土	块状	5.6	13.5	0.90	0.17	42.9		11.4	44			
						E_1	18–35	浅黄色	紧砂土	块状	5.3	5.5	0.44	0.01	47.8		6.5	52			
						E_2	35–150														
剖16	铁铝土	黄壤	黄壤	花岗岩黄壤	中有机质层中层花岗岩黄壤	A	0–20	灰棕色	中壤土	团粒状	5.2	13.7	0.54	0.22	31.5	31	3.1	63	花岗岩	E 113°59′54.2″ N 25°17′29.0″	73
						B	20–60	棕色	轻壤土	小块状	4.9	10.2	0.45	0.08	42.9		0.7	59			
						C	60–150	黄色	紧砂土	团块状	5.3	8.8	0.44	0.08			2.1	35			
剖17	铁铝土	红壤	红壤	花岗岩红壤	厚有机质层中层花岗岩红壤	A	0–22	灰棕色	中壤土	粒状	4.9	43.7	1.79	0.13	7.9	106	2.3	66	花岗岩	E 113°46′27.8″ N 25°17′16.8″	77
						B	22–52	黄色	中壤土	大块状	5.3	22.1	1.06	0.12	4.9		0.7	58			
						C	52–150	红色	中壤土	小块状	5.1	9.5	0.26	0.12	6.4		2.3	63			
剖18	人为土	水稻土	潴育水稻土	宽谷冲积土田	宽谷顽泥田	A	0–11	浅灰色	中壤土	粒状	4.4	19.4	1.05	0.26	16.7	115	8.0	46	冲积物	E 113°48′38.2″ N 25°16′59.2″	99
						P	11–15	浅灰色	轻壤土	棱柱状	5.7	19.4	0.41	0.10			6.5	29			
						W_1	15–35	灰栗色	中壤土	块状	4.8	8.7	0.68	0.05			4.1	24			
						W_2	35–57	黄色	中壤土	棱柱状											
						C	57–150			块状											
剖19	铁铝土	红壤	红壤	花岗岩红壤	厚有机质层厚层花岗岩红壤	A	0–25	灰黑色	轻壤土	粒状	4.8	40.7	1.71	0.44	22.2	165	2.6	78	花岗岩	E 113°52′58.1″ N 25°14′30.8″	71
						B	25–150	棕黄色	中壤土	块状	5.3	13.8	0.70	0.33	20.6		0.3	36			
						C	150–	黄色													
剖20	人为土	水稻土	沼泽型水稻土	烂浠田	深浠田	A	0–17	棕色	轻壤土	糊状	5.0	29.8	1.57	0.29	14.3	109	11.9	24		E 113°51′50.8″ N 25°13′51.2″	83
						P	17–20	暗栗色	中壤土	块状	6.0	25.0	1.20	0.36	16.3		7.6	15			
						G	20–81	暗蓝色	中壤土	块状	4.9	16.7	0.82	0.13	17.3		7.2	18			
						C	81–150	暗棕色													
剖21	铁铝土	红壤	红壤	花岗岩黄壤	厚有机质层中层花岗岩黄壤	A	0–22	灰褐色	中壤土	粒状	4.9	72.4	2.69	0.23	32.6	145	4.2	90	花岗岩	E 113°57′33.1″ N 25°13′21.0″	84
						B	22–48	灰黄色	中壤土	小块状	4.9	21.1	1.06	0.23	32.3		0.7	58			
						C	48–150	黄色	中壤土	团块状	5.2	5.3	0.90	0.10	33.2			36			
剖22	人为土	水稻土	潴育水稻土	洪积黄红泥田	洪积顽硬田	A	0–12	灰棕色	中壤土	棱柱状	4.0	31.2	1.32	0.24	7.4	82	1.5	19	洪积物	E 113°50′18.6″ N 25°12′53.3″	93
						B	12–16	棕色	中壤土	块状	4.7	12.0	0.50	0.20			1.0				
						W	16–85	栗色	重壤土	柱状	4.9	7.9	0.35	0.19			0.4				
						C	85–150	灰色		块状											
剖23	铁铝土	红壤	红壤	花岗岩红泥地	红砂泥地	A	0–16	暗棕色	轻壤土	粒状	6.4	15.0	0.43	0.09	4.1	31	2.8	9	花岗岩	E 113°51′06.8″ N 25°12′48.6″	70
						B	16–61	棕色	砂壤土	块状	5.1	10.5	0.18	0.04			2.2				
						C	61–150	棕色	轻壤土	块状	5.3	5.3	0.49	0.11			1.1				
剖24	人为土	水稻土	沼泽型水稻土	烂浠田	浠眼田	A	0–15	灰白色	轻壤土		5.1									E 113°56′13.9″ N 25°11′57.8″	77
						P	15–18	暗栗色	轻壤土		5.3										
						G	18–150	浅黄色													
						C	150–														

续表 Continued

剖面号 Soil profile	土纲 Soil order	土类 Soil great group	亚类 Soil subgroup	土属 Soil genus	土种 Soil species	土层码 Layer code	土层厚度 Depth/cm	颜色 Soil color	质地 Soil texture	土壤结构 Soil structure	pH	有机质 OM/(g/kg)	全氮 TN/(g/kg)	全磷 TP/(g/kg)	全钾 TK/(g/kg)	碱解氮 AN/(mg/kg)	有效磷 AP/(mg/kg)	速效钾 AK/(mg/kg)	土壤母质 Parent material	剖面点坐标 Profile coordinate	匹配指数 Matching index/%
剖25	人为土	水稻土	潴育水稻土	宽谷冲积土田	宽谷砂泥田	A	0—13	灰色	轻壤土	棱柱状	5.9	27.7	1.47	0.08	28.4	121	11.1	51	冲积物	E 113°50′57.5″ N 25°11′03.1″	70
						P	13—20	灰绿色	轻壤土	块状	6.4	19.6	1.09	0.07	27.0		6.7	38			
						W	20—60	浅黄色	轻壤土	棱柱状	6.3	8.2	0.49	0.14	29.1		3.6	39			
						C	60—150	黄色		块状											
剖26	人为土	水稻土	潴育水稻土	砂页岩红泥田	页砂质田	A	0—14	浅ண色	砂壤土	粒状	6.0	13.7	0.93	0.24	4.7	81	9.4	51	砂页岩	E 113°48′16.4″ N 25°10′40.9″	92
						P	14—25	浅灰色	砂壤土	棱柱状	5.6	9.6	0.53	0.24	8.9		12.6	35			
						W	25—44	浅灰色	砂壤土	块状	5.2	5.0	0.31	0.08	9.5		6.7	38			
						C	44—150	黄色													
剖27	人为土	水稻土	淹育水稻土	麻红黄泥田	麻黄泥底田	A	0—14	灰白色	轻壤土	块状	6.5	21.1	1.04	0.36	15.2	66	17.7	31	花岗岩风化物	E 113°47′37.3″ N 25°10′27.5″	99
						P	14—18	黄色	砂黏土	团状	6.7	11.2	0.60	0.19			3.5				
						C	18—150	黄色	砂黏土	团状	6.9	2.4	0.22	0.12			0.7				
剖28	铁铝土	红壤	红壤	砂页岩红壤	中有机质层 薄层砂页岩 红壤	A	0—11	灰色	轻壤土	团状	4.7	34.2	0.99	0.26	4.5	113	3.2	58	砂页岩	E 113°37′00.5″ N 25°08′45.2″	88
						B	11—25	黄棕色	中壤土	块状	4.8	15.2	0.59	0.21	6.7		0.2	31			
						C	25—150	黄棕色	中壤土	砾石状	5.3	5.1	0.38	0.20	13.2			26			
剖29	铁铝土	红壤	红壤	砂页岩红壤	厚有机质层 厚层砂页岩 红壤	A	0—23	棕灰色	砂壤土	粒状	5.3	112.3	3.68	0.59	5.8	153	4.5	52	砂页岩	E 113°34′12.0″ N 25°08′29.4″	71
						B	23—150	棕红色	中壤土	小块状	5.5	6.7	0.43	0.27	4.9		3.1	14			
						C	150—	红色		块状											
剖30	铁铝土	红壤	红壤	砂页岩红壤	厚有机质层 中层砂页岩 红壤	A	0—25	灰棕色	重壤土	粒状	5.1	25.1	1.30	0.43	14.3	71	4.9	58	砂页岩	E 113°43′21.7″ N 25°08′15.7″	95
						B	25—60	棕红色	轻黏土	团块状	4.9	24.3	0.92	0.33			4.6	48			
						C	60—141	黄棕色	轻壤土	块状	5.2	5.7	0.48	0.23			2.7	16			
剖31	铁铝土	红壤	红壤	砂页岩红壤	薄腐殖质层 厚层砂页岩 红壤	A	0—8	灰黑色	中壤土	粒状	5.1	48.4	2.39	0.44	41.4	125	7.5	104	砂页岩	E 113°32′22.9″ N 25°08′10.0″	78
						B	8—80	灰黄色	重壤土	团块状	5.3	7.2	0.71	0.40	30.3		0.9	60			
						C	80—150	黄色	重壤土	粒状	5.3	5.7	0.59	0.32	18.7		0.3	47			
剖32	铁铝土	红壤	红壤	砂页岩红壤		A	0—17	棕灰色	中壤土	粒状	4.8	30.3	1.39	0.22	11.9	125	4.9	55	砂页岩	E 113°40′00.5″ N 25°07′30.0″	95
						B	17—150	棕灰色	中壤土	块状	5.0	12.4	0.77	0.18	11.9		4.6	44			
剖33	铁铝土	红壤	红壤	砂页岩黄泥田	页红砂泥田	A	0—16	浅棕色	中壤土	粒状	5.5	21.1	1.17	0.13	1.0	99	6.5	44	砂页岩	E 113°41′03.8″ N 25°06′58.7″	73
						P	16—21	灰白色	中壤土	块状	5.5	12.1	0.73	0.08	4.7		6.5	43			
						C	21—150	红色	紧砂状	粒状	6.5	6.6	0.55	0.04	10.6		4.9	26			
剖34	人为土	水稻土	潴育水稻土	乌泥底田	鸭屎泥田	A	0—16	浅栗色	轻壤土	块状	5.0	34.6	1.86	0.27	7.1	177	15.8	38	砂页岩	E 113°40′07.0″ N 25°06′36.7″	100
						P	16—25	灰色	中壤土	块状	6.0	27.7	1.44	0.34	8.9		12.0	30			
						W	25—47	深黄色	中壤土	粒状	5.6	16.5	0.87	0.20	10.4		9.7	26			
						G	47—150	黄色		棱柱状											
剖35	人为土	水稻土	潴育水稻土	砂页岩红泥田	页红砂泥田	A	0—11	棕灰色	中壤土	块状	5.5	23.5	1.55	0.28	8.5	121	9.3	73	砂页岩	E 113°33′07.9″ N 25°06′22.7″	94
						P	11—15	棕灰色	轻壤土	粒状	5.5	17.4	1.17	0.18	7.7		9.0	50			
						W	15—63	黄棕色	轻壤土	棱柱状	4.2	10.2	0.76	0.15	7.6		4.2	38			
						C	63—150	黄色		块状											
剖36	人为土	水稻土	潴育水稻土	宽谷冲积土田	鸭屎泥田	A	0—13	浅栗色	中壤土	粒状	6.8	19.7	1.10	0.21	11.2	61	3.8	70	冲积物	E 113°40′07.0″ N 25°06′36.7″	93
						P	13—24	红褐色	轻壤土	块状	7.0	5.8	0.41	0.17	8.9		1.6				
						W	24—31	浅黄色	中壤土	棱柱状	7.0	5.1	0.37	0.19	10.4		2.2				
						C	31—65	黄色		块状											
							65—150														
剖37	人为土	水稻土	潴育水稻土	宽谷乌泥田	宽谷乌泥田	A	0—13	黑色	砂壤土	粒状	6.0	29.0	1.46	0.13	39.3	98	18.2	102	冲积物	E 113°36′41.8″ N 25°05′58.9″	100
						P	13—17	暗灰色	轻壤土	块状	6.0	21.6	0.74	0.08	35.5		9.0	38			
						W_1	17—25	灰白色	紧砂土	粒状	6.3	10.9	0.59	0.09	32.8		8.7	44			
						W_2	25—34	黄色		粒状											
						C	34—150	浅黄色		粒状											

续表 Continued

剖面号 Soil profile	土纲 Soil order	土类 Soil great group	亚类 Soil subgroup	土属 Soil genus	土种 Soil species	土层码 Layer code	土层厚度 Depth/cm	颜色 Soil color	质地 Soil texture	土壤结构 Soil structure	pH	有机质 OM/(g/kg)	全氮 TN/(g/kg)	全磷 TP/(g/kg)	全钾 TK/(g/kg)	碱解氮 AN/(mg/kg)	有效磷 AP/(mg/kg)	速效钾 AK/(mg/kg)	土壤母质 Parent material	剖面点坐标 Profile coordinate	匹配指数 Matching index/%
剖38	人为土	水稻土	潜育水稻土	冷底田	冷底田	A	0—12	浅栗色	中壤土	粒状	6.6	45.4	2.30	0.41	11.0	117	10.2	93		E 113°40′25.0″ N 25°05′52.4″	94
						P	12—23	暗灰色	砂壤土	块状	6.8	34.5	1.91	0.21	10.8		6.3	60			
						G₁	23—45	暗灰色	轻壤土	块状	6.6	12.6	0.87	0.33	12.0		6.1	53			
						G₂	45—120	灰白色													
						C	120—150	黄灰色													
剖39	人为土	水稻土	潜育水稻土	第四纪红土泥田	红土田	A	0—11	褐灰色	中壤土	粒状	6.6	27.8	1.48	0.43	6.4	104	3.8	30	第四纪红土	E 113°42′02.5″ N 25°05′36.2″	91
						P	11—18	灰黄色	中壤土	块状	7.6	12.7	0.82	0.25	4.5	52	1.3	35			
						W	18—75	棕黄色	重壤土	棱柱状	7.4	6.0	0.47	0.09	7.6	25	1.2	21			
						C	75—	棕色		块状											
剖40	人为土	水稻土	潜育水稻土	冷底田	顽泥田	A	0—12	浅红色	中壤土	粒状	4.6	31.4	1.51	0.31	2.7	118	7.5	74	第四纪红土	E 113°40′53.0″ N 25°05′34.4″	72
						P	12—25	浅黄色	紧砂土	块状	5.2	15.0	0.60	0.23	1.7	52	4.8	27			
						W	25—42	红褐色	砂壤土	棱柱状	5.8	8.2	0.61	0.12	1.7	25	6.0	42			
						G	42—53	灰色		块状											
						C	53—150	灰白色													
剖41	铁铝土	红壤	红壤	第四纪红土红泥地	红泥地	A	0—15	灰褐色	重壤土	粒状	4.9	34.2	1.60	0.39	7.6	121	2.8	54	第四纪红土	E 113°37′50.5″ N 25°05′34.1″	85
						B	15—78	棕色	重壤土	块状	5.0	16.2	0.74	0.25	7.5	61	0.5	20			
						C	78—	黄褐色	重壤土	棱柱状	4.8	13.9	0.69	0.25	9.6	39		24			
剖42	人为土	水稻土	沼泽型水稻土	烂泥田	烂泥田	A	0—13	棕灰色	中壤土	粒状	6.4	51.8	2.61	0.37	21.2	166	9.6	46	冲积物	E 113°35′52.4″ N 25°05′30.8″	86
						P	13—18	暗灰色	轻壤土	块状	7.1	45.8	2.52	0.24	21.2		3.5	42			
						G	18—120	灰蓝色	轻壤土	块状	6.2	16.0	1.70	0.15	15.6		3.5	31			
						C	120—150	灰黄色													
剖43	人为土	水稻土	潜育水稻土	宽谷冲积土田	黄泥底砂质田	A	0—12	灰黄色	砂壤土	粒状	5.5	29.7	1.76	0.36	15.1	109	14.0	44	冲积物	E 113°42′37.4″ N 25°05′15.4″	75
						W	12—20	灰黄色	中壤土	块状	6.1	21.1	0.72	0.17			12.7	19			
						C	20—37	黄黄色	轻壤土	棱柱状	5.0	6.1	0.48	0.17			5.3	25			
							37—150			块状											
剖44	铁铝土	红壤	红壤	砂页岩泥地	石灰性泥红地	A	0—9	棕灰色	中黏土	粒状	4.6	23.5	1.37	1.27	2.4	92	8.7	39	砂页岩	E 113°38′53.2″ N 25°05′09.6″	94
						B	9—25	红棕色	轻黏土	块状	4.3	22.9	0.98	2.27	4.4		8.4				
						C	25—100	红色	轻黏土	块状	4.5	8.6	0.51	2.15	4.1		5.4				
剖45	人为土	水稻土	潜育水稻土	石灰板结田	石灰性泥结田	A	0—13	黄栗色	中壤土	粒状	7.4	22.2	0.86	0.37	28.0	76	13.8	46		E 113°34′42.2″ N 25°04′44.0″	93
						P	13—17	黄黄色	中壤土	块状	7.2	7.7	0.37	0.08	11.6		8.3	25			
						W₁	17—87	橙黄色	中壤土	棱柱状	7.1	4.7	0.38	0.10	6.6		5.5	34			
						W₂	87—150	黄黄色		块状											
剖46	铁铝土	红壤	红壤	第四纪红土红壤	薄有机质层厚层第四纪红土红壤	A	0—9	黄灰色	中壤土	粒状	5.4	26.8	1.16	0.26	6.6	81	0.6	51	第四纪红土	E 113°42′10.4″ N 25°04′40.1″	71
						B	9—105	黄棕色	重壤土	块状	5.2	9.4	0.52	0.17	8.9	31		25			
						C	105—	棕黄色	中壤土	块状	5.4	3.8	0.24	0.12	6.5	13		28			
剖47	人为土	水稻土	潜育水稻土	河砂泥田	河石子底泥田	A	0—12	灰黑色	轻壤土	粒状	5.2	18.3	0.96	0.31	11.3	72	8.5	24	河流冲积物	E 113°39′45.7″ N 25°04′33.6″	96
						P	12—18	深黑色	轻壤土	块状	5.2	16.7	0.87	0.31	11.3	65	10.6	17			
						W	18—90	黄黄色	轻壤土	棱柱状	5.2	9.0	0.46	0.25	11.9	31	0.3	20			
						C	90—150	黄棕色													
剖48	人为土	水稻土	潜育水稻土	宽谷冲积土田	宽谷泥田	A	0—13	灰色	中壤土	粒状	6.5	37.3	1.70	0.41	4.4	91	6.3	42	冲积物	E 113°37′32.5″ N 25°04′27.8″	72
						P	13—21	暗灰色	中壤土	块状	6.6	12.1	1.36	0.30	5.5		5.5	33			
						W₁	21—33	灰黄色	砂壤土	棱柱状	6.6	9.1	0.49	0.09	6.5		2.5	52			
						W₂	33—110	棕色		块状											
						C	110—	黄色													

续表 Continued

剖面号 Soil profile	土纲 Soil order	土类 Soil great group	亚类 Soil subgroup	土属 Soil genus	土种 Soil species	土层码 Layer code	土层厚度 Depth/cm	颜色 Soil color	质地 Soil texture	土壤结构 Soil structure	pH	有机质 OM/(g/kg)	全氮 TN/(g/kg)	全磷 TP/(g/kg)	全钾 TK/(g/kg)	碱解氮 AN/(mg/kg)	有效磷 AP/(mg/kg)	速效钾 AK/(mg/kg)	土壤母质 Parent material	剖面点坐标 Profile coordinate	匹配指数 Matching index/%
剖49	半有成土	潮土	潮土	潮砂泥地	潮砂地	A	0—10		砂壤土		5.9	11.3	0.68	0.28	11.0	41	7.0	28	河流冲积物	E 113°44′34.4″ N 25°04′20.6″	71
						B	10—100		紫砂土		6.8	9.6	0.50	0.04	10.1	47	4.9	26			
剖50	人为土	水稻土	潴育水稻土	砂页岩红泥田	页结粉田	A	0—12	浅灰色	砂壤土	粒状	6.7	12.3	0.79	0.11	14.4		3.0	38	砂页岩	E 113°34′11.3″ N 25°04′07.3″	97
						P	12—17	浅灰色	砂壤土	块状	5.4	7.2	0.43	0.10	16.3		1.2	20			
						W	17—50	浅黄色	轻壤土	棱柱状	7.0	3.2	0.24	0.08			1.3				
						C	50—150	黄色		块状	5.6	30.0	1.62	0.31	9.6	112	3.5	28			
剖51	人为土	水稻土	潴育水稻土	河砂泥田	河砂田	P	15—20	栗色	中壤土	片状	6.4	17.9	1.26	0.26	11.4	59	1.0	26	河流冲积物	E 113°41′10.7″ N 25°04′07.0″	100
						W₁	20—30	灰褐色	中壤土	棱柱状	6.8	9.1	0.60	0.32	15.6	19	0.2	38			
						W₂	30—98	黄褐色	轻壤土	棱柱状											
						C	98—150	黄色		块状											
剖52	铁铝土	红壤	红壤	第四纪红土红壤	中有机质层厚层第四纪红土红壤	A	0—12	灰炭色	重壤土	粒状	5.1	29.1	1.32	0.27	2.8	93	1.5	21	第四纪红土	E 113°38′38.8″ N 25°04′05.5″	95
						B	12—92	黄褐色	重壤土	块状	5.1	9.8	0.57	0.27	4.6	29		15			
						C	92—	红棕色	中壤土	块状	4.9	7.9	0.55	0.27	4.3	26	1.0	13			
剖53	铁铝土	红壤	红壤	第四纪红土红壤	红砂泥田	A	0—16	黄褐色	轻壤土	小粒状	5.1	22.2	1.08	0.40	4.4	74	9.9	30	第四纪红土	E 113°37′20.6″ N 25°03′50.8″	91
						B	16—73	棕红色	重壤土	块状	4.9	11.7	0.63	0.21	6.6	40		18			
						C	73—	棕红色	重壤土	块状	4.8	7.4	0.47	0.19	6.2	34		22			
剖54	人为土	水稻土	潴育水稻土	石灰板结田	石灰性砂泥田	A	0—13	浅灰色	轻壤土	粒状	7.9	19.5	2.52	0.41	3.3	130	23.1	57		E 113°35′07.4″ N 25°03′44.3″	98
						P	13—25	灰白色	轻壤土	块状	7.4	19.5	1.36	0.07	2.5		4.9	30			
						W₁	25—40	浅灰色	重壤土	柱状	7.3	4.4	0.27	0.36	1.4		4.5	16			
						W₂	40—95	黄棕色		柱状											
						C	95—150	黄色		块状											
剖55	人为土	水稻土	潴育水稻土	第四纪红土泥田	红土红泥田	A	0—15	浅灰色	中壤土	粒状	5.7	29.0	1.41	0.28	7.1	94	1.4	30	第四纪红土	E 113°39′25.2″ N 25°03′20.5″	79
						P	15—23	暗灰色	重壤土	块状	6.0	24.8	1.24	0.25	6.9	78	1.9	24			
						W	23—83	灰黄色	重壤土	棱柱状	6.3	10.6	0.58	0.21	7.6	30	0.3	25			
						C	83—150	红黄色	中壤土	团块状											
剖56	人为土	水稻土	潴育水稻土	红砂泥田	红砂泥田	A	0—13	褐色	轻壤土	粒状	5.8	20.6	1.20	0.23	1.3	95	14.3	60	第四纪红土	E 113°38′25.4″ N 25°02′26.9″	88
						P	13—20	黑灰色	轻壤土	块状	6.0	17.7	0.51	0.16	1.7		9.4	39			
						W	20—60	浅灰色	轻壤土	块状	6.0	10.7	0.51	0.12	1.7		6.1	41			
						C	60—150	橙色	轻壤土	块状											
剖57	铁铝土	红壤	红壤	红砂岩红泥地	中有机质层中层红砂岩红壤	A	0—12	黄褐色	中壤土	粒状	5.5	21.3	0.94	0.26	5.0	63	1.2	37	红砂岩	E 113°41′12.8″ N 25°01′38.3″	76
						B	12—65	红棕色	重壤土	块状	5.3	9.4	0.58	0.23	8.8	37		46			
						C	65—	红棕色	重壤土	块状	5.1	4.9	0.38	0.21	9.2	32		18			
剖58	铁铝土	红壤	红壤	红砂岩红泥壤	厚有机质层中层红砂岩红壤	A	0—15	浅红色	中壤土	粒状	4.3	23.3	0.80	0.11	3.5	51	3.6	46	红砂岩	E 113°43′34.3″ N 25°00′36.4″	77
						B	15—55	粉红色	中壤土	砾石状	5.4	11.0	0.50	0.09	5.2		2.1	58			
						C	55—150	棕红色	砂壤土	块状	5.6	3.1	0.30	0.05	15.4		1.0	28			
剖59	铁铝土	红壤	红壤	红砂岩红泥壤	厚层红砂岩红壤	A	0—25	棕黑色	砂壤土	团粒状	5.2	40.5	1.50	0.65	14.6	135	1.3	120	红砂岩	E 113°39′20.9″ N 25°00′01.1″	99
						B	25—90	红棕色	重壤土	小块状	5.1	16.8	0.87	0.38	15.4			86			
						C	90—150	褐灰色	重壤土	砾石状	5.2	10.6	0.43	0.27	12.3			73			
剖60	人为土	水稻土	潴育水稻土	砂页岩红泥田	页砂泥田	A	0—14	灰色	轻壤土	粒状	7.5	19.0	0.96	0.43	20.8	95	10.5	57	砂页岩	E 113°47′56.8″ N 25°09′47.9″	72
						W₁	14—19	棕黄色	轻壤土	棱柱状	4.8	15.8	0.68	0.25	18.5		9.8	37			
						W₂	19—88	灰棕色	轻壤土	粒状	6.4	8.0	0.49	0.14	20.5		6.1	39			
						C	88—120	棕色		棱柱状											
							120—150														

续表 Continued

剖面号 Soil profile	土纲 Soil order	土类 Soil great group	亚类 Soil subgroup	土属 Soil genus	土种 Soil species	土层码 Layer code	土层厚度 Depth/cm	颜色 Soil color	质地 Soil texture	土壤结构 Soil structure	pH	有机质 OM/(g/kg)	全氮 TN/(g/kg)	全磷 TP/(g/kg)	全钾 TK/(g/kg)	碱解氮 AN/(mg/kg)	有效磷 AP/(mg/kg)	速效钾 AK/(mg/kg)	土壤母质 Parent material	剖面点坐标 Profile coordinate	匹配指数 Matching index/%
剖61	人为土	水稻土	潴育水稻土	洪积黄红泥田	洪积泥田	A	0—10	浅栗色	重壤土	棱柱状	5.5	31.6	1.54	0.29	14.8	110	9.9	57	洪积物	E 113°46′52.7″ N 25°09′02.2″	70
						P	10—16	浅黄色	砂壤土	块状	6.0	18.4	0.81	0.25	16.9		8.2	33			
						W₁	16—20	黄黄色	砂壤土	棱柱状	5.9	13.4	0.51	0.17	19.1		6.5	33			
剖62	人为土	水稻土	潴育水稻土	洪积黄红泥田	洪积黄黄砂泥田	W₂	20—56	红褐色		棱柱状									洪积物	E 113°47′11.8″ N 25°08′15.7″	86
						C	56—150			小块状											
						A	0—13	灰色	砂壤土	团粒状	5.9	18.8	0.80	0.37	45.5	94	33.7	47			
						P	13—20	浅灰色	砂壤土	块状	6.1	18.4	0.51	0.40	45.8		17.5	43			
						W₁	20—40	浅黄色	砂壤土	棱柱状	5.8	4.3	0.12	0.18	48.2		19.6	44			
剖63	人为土	水稻土	潴育水稻土	洪积黄红泥田	洪积砂顶田	W₂	40—58			柱状									洪积物	E 113°53′16.8″ N 25°07′59.5″	88
						C	58—150	灰白色		块状											
						A	0—13	灰色	砂壤土	棱柱状	5.0	38.7	2.10	0.55	38.5	140	12.4	75			
						P	13—22	浅灰色	砂壤土	块状	5.3	30.7	1.54	0.34	33.1		16.2	24			
剖64	铁铝土	红壤		砂页岩红泥地	红砂泥地	W	22—150	浅黄色	砂壤土	粒状	4.7	12.9	0.72	0.21	34.7		9.2	22	砂页岩	E 113°45′21.6″ N 25°07′07.3″	98
						C	150—		轻壤土	粒状	5.4	20.7	0.81	0.12	1.3	72	7.9	43			
						A	0—16	灰黄色	重壤土	块状	4.4	10.1	0.40	0.10	2.9		6.3	68			
						B	16—72	棕黄色	轻黏土	块状	6.0	3.7	0.23	0.06	2.8		4.3				
剖65	人为土	水稻土	潴育水稻土	冷底田	铁锈水田	C	72—140	棕黄色	砂壤土	粒状	5.3	27.7	1.50	0.18	41.7	123	11.0	40	河流冲积物	E 113°45′00.8″ N 25°04′04.4″	77
						A	0—15	浅棕色	砂壤土	块状	6.4	26.7	1.36	0.22	33.0		10.0	51			
						G₁	15—20	浅黄色	松砂土	粒状	6.7	17.6	0.86	0.16	49.8		6.6				
						G₂	20—40	暗棕色		块状											
						C	40—100														
							100—150														
剖66	半成土	潮土	潮土	潮砂泥地	潮砂泥田	A	0—16	灰色	轻壤土	粒状	5.8	26.7	1.05	0.24	37.0	68	2.7	64	河流冲积物	E 113°45′09.4″ N 25°03′11.2″	94
						B	16—20	棕黄色	砂壤土	块状	5.9	17.4	0.56	0.24	34.3		1.1	50			
						C	20—100	棕黄色	砂壤土	块状	5.6	18.9	0.73	0.23	43.2		2.1	54			
							100—150														
剖67	人为土	水稻土	潴育水稻土	河砂泥田	河鳌土田	A	0—12	棕灰色	中壤土	粒状	5.7	27.8	1.18	0.27	17.7	120	7.1	86	河流冲积物	E 113°45′36.7″ N 25°03′02.9″	75
						P	12—21	灰棕色	重壤土	块状	6.2	19.7	0.87	0.19	8.9		2.2	54			
						W	21—55	棕黄色	轻壤土	块状	6.8	15.4	0.65	0.16	15.6			65			
						C	55—150	黄色		棱柱状											
剖68	铁铝土	红壤		红砂岩红壤	中有机质层厚层红砂岩红壤	A	0—15	棕黑色	中壤土	团粒状	4.7	31.2	0.77	0.20	10.1	67	1.8	66	红砂岩	E 113°37′22.3″ N 24°59′38.0″	70
						B	15—95	红棕色	重壤土	块状	4.7	8.1	0.36	0.10	11.1			39			
						C	95—150	红棕色	砾石土	砾石状	4.8	3.9	0.24	0.10	8.4			25			
剖69	人为土	水稻土	矿毒型水稻土	矿毒田	煤水田	A	0—13	黄棕色	轻壤土	块状	5.4	17.9	0.83	0.41	6.2	91	8.0	62	红砂岩	E 113°36′02.9″ N 24°59′37.3″	82
						P	13—20	灰棕色	紧砂土	粒状	5.4	10.4	0.55	0.14	7.9		9.7	33			
						W₁	20—33	黄棕色	中壤土	棱柱状	4.7	5.9	0.39	0.19	7.4		3.5	37			
						W₂	33—70	浅灰色		块状											
						C	70—150														
剖70	铁铝土	红壤		红砂岩红壤	潮有机质层中层红砂岩红壤	A	0—10	灰色	砂壤土	粒状	4.5	27.6	1.27	0.11	3.5	91	4.0	66	红砂岩	E 113°42′52.2″ N 24°59′23.3″	86
						B	10—55	黄色	轻壤土	粒状	5.1	11.1	0.66	0.09	5.3		1.4	47			
						C	55—150	粉红色	砂壤土	砾石状	5.4	3.4	0.31	0.05	15.6		0.9	25			
剖71	人为土	水稻土	潴育水稻土	洪积黄红泥田	洪积砂泥田	A	0—12	灰黑色	轻壤土	团粒状	5.4	26.1	1.42	0.29	40.9	106	16.1	79	洪积物	E 113°38′13.6″ N 24°58′28.2″	81
						P	12—23	灰色	砂壤土	块状	5.6	16.4	0.84	0.14	45.1		13.1	59			
						W	23—60	浅黄色	砂壤土	棱柱状	6.0	11.4	0.57	0.11	46.6		8.8	9			
						C	60—150	灰白色		块状											

续表 Continued

剖面号 Soil profile	土纲 Soil order	土类 Soil great group	亚类 Soil subgroup	土属 Soil genus	土种 Soil species	土层码 Layer code	土层厚度 Depth/cm	颜色 Soil color	质地 Soil texture	土壤结构 Soil structure	pH	有机质 OM/(g/kg)	全氮 TN/(g/kg)	全磷 TP/(g/kg)	全钾 TK/(g/kg)	碱解氮 AN/(mg/kg)	有效磷 AP/(mg/kg)	速效钾 AK/(mg/kg)	土壤母质 Parent material	剖面点坐标 Profile coordinate	匹配指数 Matching index/%
剖72	人为土	水稻土	潴育水稻土	红砂泥田	红砂质田	A	0—10	棕灰色	砂壤土	粒状	5.2	12.4	0.67	0.24	2.1	61	11.6	40		E 113°37′17.0″ N 24°57′58.3″	92
						P	10—17	棕黄色	砂壤土	块状	5.7	5.1	0.29	0.14	2.1	23	0.4	18			
						W₁	17—28	暗棕灰色	紧砂土	棱柱状	6.1	3.6	0.19	0.09	2.8	14		26			
						W₂	28—69	棕黄色		棱柱状											
						C	69—	黄色		块状											
剖73	铁铝土	黄壤	黄壤	花岗岩黄壤	中有机质层厚层花岗岩黄壤	A	0—17	灰色	轻壤土	粒状	5.3	36.2	1.26	0.14	16.8	86	5.5	39	花岗岩	E 114°00′33.1″ N 25°21′54.7″	91
						B	17—64	浅黄色	砂壤土	团状	5.6	28.6	1.03	0.09	19.3		1.4	19			
						C	64—150	浅黄色	砂壤土	砾石状	5.0	17.4	0.61	0.08	17.7			10			
剖74	人为土	水稻土	淹育水稻土	麻红黄泥田	麻大眼砂田	A	0—8	乌黑色	砂壤土	粒状	4.8	38.4	2.15	0.34	22.8	85	11.2	40	花岗岩风化物	E 114°00′42.5″ N 25°17′33.0″	78
						P	8—14	灰色	砂壤土	块状	5.9	17.5	0.96	0.28	21.2		8.5	41			
						C	14—150	黄色	轻壤土	块状	5.5	9.5	0.52	0.18	20.0		5.5	33			

翁 源 县

主要土类说明

红壤是翁源县主要土壤类型，占本县地域面积的 56%，广泛分布在本县北部海拔 700m 以下和南部海拔 400—700m 的山地。原生植被为亚热带季雨林。土体呈红色至红棕色，表土层呈暗棕色，多含铁铝成分。红壤的发育随着母质、植被和地貌类型的不同，产生明显的变化。在一般情况下，由花岗岩发育的红壤土层深厚，质地较轻，砂粒较多，钾素含量较高；由砂页岩发育的红壤砂粒较少，黏粒较多。植被覆盖率较高的地带，红壤有机质层较厚，养分含量较高。随着海拔和坡度的增加，土层变薄，质地变轻。位于山窝或山脊鞍部的红壤土体较厚，质地较黏。

赤红壤是翁源县第二大土壤类型，占本县地域面积的 19%，广泛分布在本县南部海拔 400m 以下的丘陵和中低山的山脚。赤红壤脱硅富铝化程度仅次于砖红壤，强于红壤。铁的游离度介于二者之间，黏粒硅铝率为 1.7—2.0，风化淋溶系数为 0.05—0.15，盐基饱和度为 15%—25%。淀积层（B 层）富含铁铝氧化物，呈赤红色。本县赤红壤仅有赤红壤一个亚类。

水稻土是翁源县第三大土壤类型，占本县地域面积的 11%，是本县主要的耕作土壤。水稻土是长期人为活动的产物，可由红壤、赤红壤、石灰（岩）土、紫色土、潮砂泥土等地带性土壤经水耕熟化而形成。在长期水耕施肥等措施的作用下，土壤内部进行着氧化还原交替、有机质合成与分解、盐基淋溶与复盐基作用的熟化过程，促使土壤性状发生改变，从而形成特有的剖面形态、理化和生物特性。本县水稻土分为淹育型、潴育型、渗育型、潜育型、沼泽型、矿毒型等亚类。其中，潴育水稻土面积最大，占本土类面积的 90%，剖面构型为 A-P-W-C 或 A-P-W-G。该亚类的主要特点是在犁底层下形成具有淋溶和淀积特征的潴育层，剖面内有棕黄色的铁锈斑纹、紫黑色的锰质斑点或新生的铁锰结核，具有明显的棱柱状或柱状结构，结构体表面有铁锰胶膜。

黄壤占本县地域面积的 7%，分布在海拔 700m 以上的中山中上部和低山上部，与红壤呈垂直交错分布，位于红壤之上。由于黄壤所处地区地势较高，雨雾多，日照少，湿度大，气温低，因此土壤湿度大，盐基饱和度低，富铝化作用较弱，呈酸性至强酸性，pH 为 4.9—5.9，土体呈黄色，有机质层厚 16—30cm（个别仅为 7cm）。本县黄壤仅有黄壤一个亚类。

石灰（岩）土占本县地域面积的 6%。石灰（岩）土是石灰岩经溶蚀风化形成的厚薄不同的钙质饱和或含游离钙质的土壤，多见于石隙、溶洞或峰丛底部。该土壤碳酸钙淋溶程度不一，多黏土，多为铁钙质胶结物，风化程度不一，盐基饱和度高，有机质含量及胶结状态有较大差异。

小于本县地域面积 3% 的土壤类型有紫色土和潮土。

本区域中心区气候特征

本区域中心区气候特征值
Regional climate characteristics in central area of the region

气候带：南亚热带湿润气候 Climate region: South subtropical humid climate	
年平均气温 /℃ Annual average temperature /℃	20.8
年平均最高气温 /℃ Annual average maximum temperature /℃	25.6
年平均最低气温 /℃ Annual average minimum temperature /℃	17.5
年降水量 /mm Annual precipitation /mm	1688
≥10℃的积温 /℃ Daily temperature accumulated in a year（≥10℃）/℃	8149
年日照时数 /h Annual sunshine /h	1682
年平均相对湿度 /% Annual average relative humidity /%	77
干燥度 Dryness	0.73

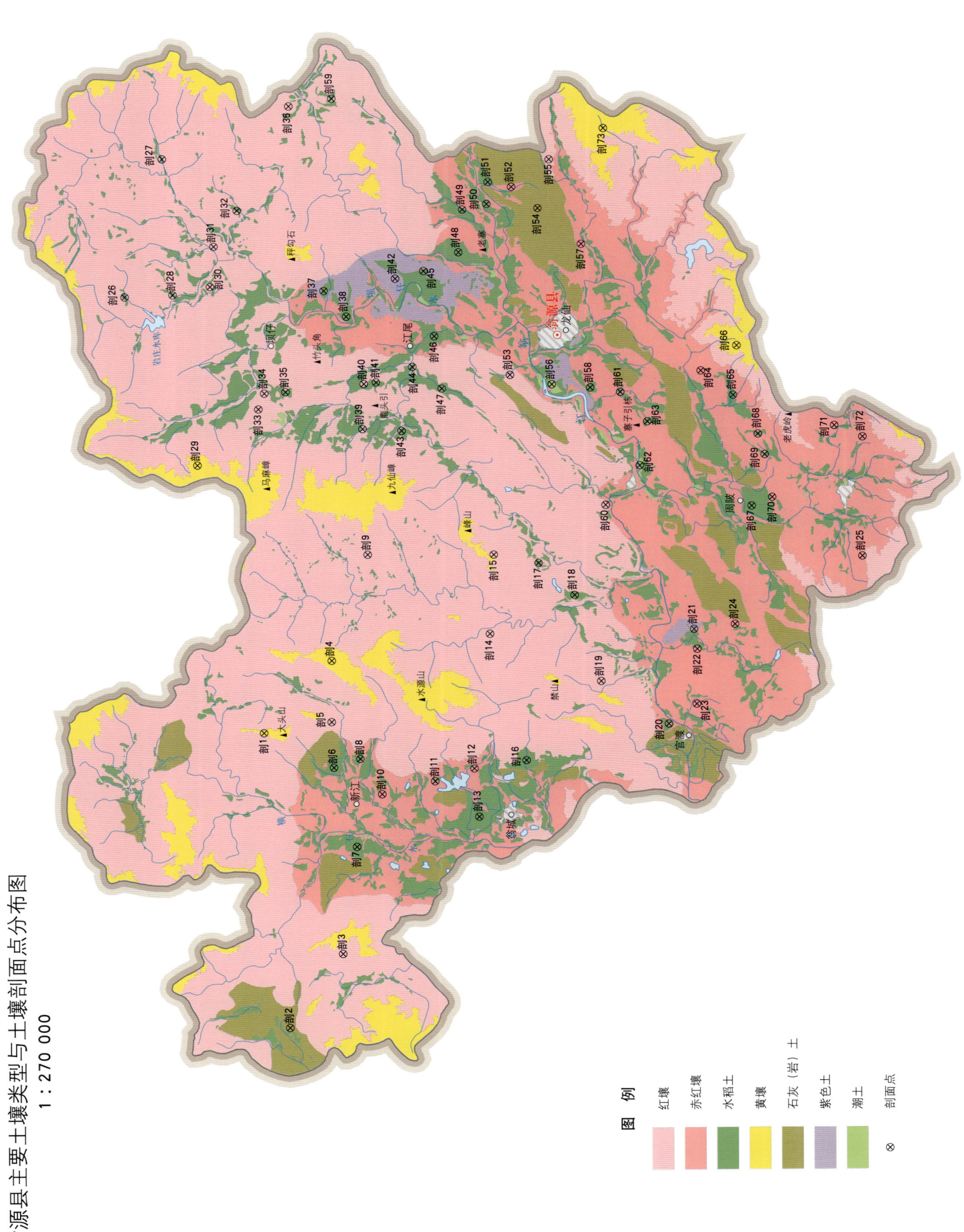

翁源县主要土壤类型与土壤剖面点分布图
1∶270 000

翁源县土壤剖面理化性状表

剖面号 Soil profile	土纲 Soil order	土类 Soil great group	亚类 Soil subgroup	土属 Soil genus	土种 Soil species	土层码 Layer code	土层厚度 Depth/cm	颜色 Soil color	质地 Soil texture	土壤结构 Soil structure	pH	有机质 OM/(g/kg)	全氮 TN/(g/kg)	全磷 TP/(g/kg)	全钾 TK/(g/kg)	碱解氮 AN/(mg/kg)	有效磷 AP/(mg/kg)	速效钾 AK/(mg/kg)	土壤母质 Parent material	剖面点坐标 Profile coordinate	匹配指数 Matching index/%
剖1	铁铝土	黄壤	黄壤	砂页岩黄壤	厚有机质层	A	0—16		中壤土		5.2	21.3	0.80	0.13	15.7	112	0.8	41	砂页岩	E 113°52′18.5″ N 24°30′53.4″	99
						B	16—121		重壤土		5.5	13.8	0.60	0.13	16.5	70	0.7	33			
剖2	初育土	石灰（岩）土	红色石灰土	红色石灰土	中层红色石灰土	A	0—28	暗棕色	中壤土	团块状	7.3	32.8	1.82	0.15	26.3	147	2.5	37		E 113°41′10.7″ N 24°29′48.1″	83
						B	28—70	红色色	重壤土	块状	7.3	7.2	0.77	0.11	24.8	37	2.1	21			
						C	70—80	棕色色	中壤土		8.5	8.0	0.84	0.22	20.7	32	2.1	51			
剖3	铁铝土	红壤	红壤	砂页岩红壤	厚有机质层	A	0—11		轻壤土		5.3	37.9	2.06	0.05	17.4	154	0.7	24	砂页岩	E 113°43′60.0″ N 24°28′03.7″	100
						B	11—60		中壤土		4.3	7.9	0.57	0.10	19.5	63	0.4	15			
剖4	铁铝土	黄壤	黄壤	花岗岩黄壤	薄层芽花岗岩黄壤	A	0—20	暗棕灰色	中壤土	粒状	4.9	24.9	1.01	0.07	42.9				花岗岩	E 113°55′07.7″ N 24°28′39.4″	89
						B	20—40	暗黄棕色	中壤土	团块状	5.2	14.5	0.36	0.16	24.6						
						C	40—100	灰白色	中壤土	块状											
剖5	铁铝土	红壤	红壤	砂页岩红壤		A	0—21		重壤土		5.5	24.0	1.35	0.07	15.6	115	1.0	16	砂页岩	E 113°52′46.9″ N 24°28′36.8″	78
						B	21—40		中壤土	块状	5.6	12.7	0.65	0.09	12.6	76	微量	14			
剖6	铁铝土	潴育水稻土	潴育水稻土	宽谷冲积土田	宽谷冲积田	A	0—14	暗棕色	中壤土	块状	7.0	44.3	2.60	0.56	15.7				冲积物	E 113°51′02.2″ N 24°28′30.4″	79
						P	14—21	暗黄棕色	中壤土	棱柱状	7.3	27.9	2.00	0.10	11.7						
						W	21—80	黄棕色	砂壤土	团粒状	5.4	3.5	0.80	0.25	9.3						
剖7	人为土	水稻土	矿毒型水稻土	矿毒田	铁矿毒田	A	0—12	灰黄棕色	中壤土	块状	7.3	29.4	1.51	0.48	18.3					E 113°48′03.6″ N 24°27′40.0″	84
						P	12—19	暗棕棕色	中壤土	棱柱状	5.6	23.6	1.39	0.35	17.8						
						W	19—85	黄棕棕色	轻壤土	块状	7.2	5.9	0.52	0.23	15.6						
						C	85—100		砂壤土												
剖8	人为土	水稻土	潴育水稻土	砂页岩红泥田	页红泥田	A	0—12	棕色	中壤土	块状	6.4	39.4	1.90	0.39	16.2	98	1.5	59		E 113°51′23.8″ N 24°27′37.1″	84
						P	12—18	棕色	中壤土	块状	6.4	24.9	1.70	0.39	14.4	59	1.3	45			
						W	18—52	灰黄棕色	中壤土	棱柱状	6.9	20.6	1.20	0.39	14.7						
剖9	铁铝土	红壤	红壤	花岗岩红壤	中有机质层厚层花岗岩红壤	A	0—15	暗棕色	中壤土	团粒状	4.8	27.8	0.80	0.13	27.2	137	1.7	42	花岗岩	E 113°59′10.7″ N 24°27′31.0″	76
						B_1	15—20	浅红棕色	中壤土	柱状	4.8	11.6	0.30	0.39	27.3	46	1.0	27			
						B_2	20—100	浅红棕色	中壤土												
剖10	铁铝土	赤红壤	赤红壤	砂页岩赤红壤	厚层赤红壤	A	0—7	暗棕色	轻壤土	块状	4.3	29.3	1.48	0.09	25.6	111	2.4	42		E 113°50′04.6″ N 24°26′51.0″	84
						B	7—150		中壤土		4.9	5.7	0.80	0.09	33.0		1.0				
剖11	人为土	水稻土	沼泽型水稻土	烂泥田	烂泥田	A	0—16	暗棕灰色	中壤土	团块状	7.8	58.5	2.94	0.42	14.3					E 113°50′36.2″ N 24°25′04.4″	84
						G	16—		中壤土	块状	7.9	48.7	2.46	0.32	10.9						
剖12	铁铝土	赤红壤	赤红壤	第四纪红土赤红壤	厚有机质层厚层第四纪红土赤红壤	A	0—20	暗棕色	轻壤土	粒状	5.3	6.4	0.46	0.08	18.3				第四纪红土	E 113°51′06.8″ N 24°23′45.2″	88
						AB	20—62	黄棕色	中壤土	团块状	5.4	4.2	0.34	0.07	22.2	45	1.0	34			
						B_1	62—145	浅红黄色	重壤土	棱柱状	5.2	6.2	0.54	0.09	26.1	34	0.9	37			
						B_2	145—211	浅棕红色	中壤土	块状	6.3	4.4	0.30	0.11	8.9	32	0.4	37			
剖13	人为土	水稻土	潴育水稻土	第四纪红土泥田	红土砂田	A	0—10	栗色	轻壤土	团块状	5.9	26.2	1.60	0.39	13.9	89	1.1	30	第四纪红土	E 113°49′18.1″ N 24°23′33.4″	70
						P	10—12	棕灰色	中壤土	块状	5.9	13.9	1.03	0.35	14.0	56	1.5	17			
						W	12—51	暗黄棕色	中壤土	棱柱状	7.0	6.8	0.65	0.45	16.3						
						C	51—		中壤土												
剖14	铁铝土	红壤	红壤	砂页岩黄壤	薄有机质层	A	0—35		轻壤土		5.5	17.9	0.50	0.09	9.0	188	微量	43	砂页岩	E 113°56′16.4″ N 24°23′19.7″	88
						B	35—100		中壤土		5.4	12.3	0.30	0.13	0.7	91	1.5	31			
剖15	铁铝土	红壤	红壤	砂页岩红壤	薄层砂页岩红壤	A	0—9		重壤土		4.9	43.9	2.30	0.12	8.6		微量		砂页岩	E 113°59′16.8″ N 24°23′15.4″	77
						B	9—25		重壤土		5.8	14.6	0.60	0.13	11.3	76	微量	31			
						C	25—105		轻黏土		5.2	7.8	0.40	0.17	27.5						

续表 Continued

剖面号 Soil profile	土纲 Soil order	土类 Soil great group	亚类 Soil subgroup	土属 Soil genus	土种 Soil species	土层码 Layer code	土层厚度 Depth/cm	颜色 Soil color	质地 Soil texture	土壤结构 Soil structure	pH	有机质 OM/(g/kg)	全氮 TN/(g/kg)	全磷 TP/(g/kg)	全钾 TK/(g/kg)	碱解氮 AN/(mg/kg)	有效磷 AP/(mg/kg)	速效钾 AK/(mg/kg)	土壤母质 Parent material	剖面点坐标 Profile coordinate	匹配指数 Matching index/%
剖16	人为土	水稻土	潴育水稻土	砂页岩红泥田	砂页泥田	A	0~14	暗黄棕色	中壤土	块状	5.2	37.1	2.00	0.50	14.0					E 113°51′28.4″ N 24°22′00.1″	99
						P	14~23	暗黄棕色	中壤土	块状	5.3	25.0	1.60	0.52	12.9						
						W	23~85	暗黄棕色	重壤土	梭状	7.0	11.0	0.90	0.49	12.9						
剖17	人为土	水稻土	渗育水稻土	白鳝泥田	低白鳝泥田	A	0~16	暗棕色	中壤土	块状	7.9	45.7	2.70	0.41	12.3					E 113°58′59.9″ N 24°21′44.3″	76
						P	16~24	暗黄灰色	中壤土	块状	7.3	18.7	2.43	0.35	12.2						
						W	24~46	暗黄灰色	中壤土	块状	8.0	41.1	1.20	0.36	13.4						
						E	46~75	灰白色	重壤土												
剖18	人为土	水稻土	潴育水稻土	冷底田	冷底田	A	0~15	暗黄棕色	砂壤土	团块状	5.5	25.6	1.35	0.09	8.8					E 113°57′49.0″ N 24°20′29.8″	81
						P	15~35	暗黄棕色	砂壤土	块状	6.8	20.4	1.07	0.06	6.8						
						G	35~90	灰蓝色	轻壤土		6.0	13.4	0.68	0.06	8.8						
剖19	铁铝土	红壤	红壤	砂页岩红壤		A	0~20		重壤土		5.7	13.5	0.91	0.06	17.9	57	1.0	17	砂页岩	E 113°54′33.5″ N 24°19′32.2″	95
						B	20~40		重壤土		4.5	5.2	0.43	0.05	12.6	49	1.7	18			
剖20	铁铝土	赤红壤	赤红壤	砂页岩赤红壤		A	0~20		中壤土		5.2	28.7	1.80	0.17	18.2	209	2.9	50	砂页岩	E 113°52′58.4″ N 24°17′12.8″	83
						B	20~50		重壤土		3.8	13.1	1.10	0.22	20.3	128	2.1	29			
剖21	初育土	紫色土	酸性紫色土	酸性牛肝地	紫砂土地	A	0~10	紫色	轻壤土	块状	6.3	11.4	0.70	0.14	9.8					E 113°56′36.6″ N 24°16′26.0″	77
						C	10~100	紫红棕色	中壤土	块状	5.4	6.6	0.70	0.10	14.9						
剖22	铁铝土	赤红壤	赤红壤	第四纪红土赤红地	赤红工砂泥地	A	0~18	棕色	轻壤土	块状	6.6	10.6	0.77	0.20	16.7				第四纪红土	E 113°55′51.6″ N 24°16′18.5″	97
						B₁	18~32	黄灰黄色	中壤土	块状	6.3	14.5	0.89	0.17	14.5						
						B₂	32~104	红黄色	重壤土		6.3	7.7	0.67	0.17	12.3						
剖23	铁铝土	赤红壤	赤红壤	砂页岩赤红壤		A	0~14		重壤土	团粒状	5.5	37.9	0.90	0.13	31.4	149	2.1	27	砂页岩	E 113°53′45.6″ N 24°16′17.0″	74
						B	14~50		重壤土	片状	5.2	14.0	0.70	0.13	28.1	71	1.1	18			
剖24	铁铝土	赤红壤	赤红壤	第四纪红土		A	0~15		轻壤土	梭柱状	3.7	16.1	1.39	0.05	11.9	82	1.7	11	第四纪红土	E 113°56′49.9″ N 24°15′03.2″	84
						B	15~100		轻黏土	块状	3.6	8.6	0.92	0.07	11.9	41	1.7	12			
剖25	铁铝土	赤红壤	赤红壤	砂页岩赤红壤		A	0~21		重壤土	团粒状	5.0	20.1	0.70	0.09	9.7	12	1.1	17	砂页岩	E 113°59′30.5″ N 24°10′47.6″	91
						B	21~100		重壤土	块状	4.8	8.5	0.60	0.09	10.7	77	0.5	17			
剖26	人为土	水稻土	潴育水稻土	麻红泥田	麻砂泥田	A	0~14	暗灰色	轻壤土	团粒状	5.3	35.4	2.56	0.31	27.1					E 114°08′45.6″ N 24°35′55.7″	79
						P	14~23	暗灰色	轻壤土	梭柱状	5.5	12.7	1.82	0.31	27.8						
						W	23~47	浅红黄色	中壤土	块状	7.0	7.4	0.40	0.35	28.0						
剖27	人为土	水稻土	矿毒型水稻土	矿毒田		A	0~17	浅黄棕色	轻壤土	团粒状	5.7	48.7	2.56	0.66	26.1					E 114°14′02.8″ N 24°34′45.8″	89
						P	17~22	暗灰色	中壤土	块状	5.5	32.7	1.82	0.45	26.1						
						W	22~70	暗灰色	中壤土	块状	6.3	15.2	0.85	0.49	26.2						
						C	70~100		中壤土												
剖28	人为土	水稻土	沼泽型水稻土	冷浸田	冷浸田	A	0~16	暗黄棕色	中壤土	块状	6.2	52.3	2.52	0.30	27.9					E 114°08′52.4″ N 24°34′18.1″	76
						G	16~100	暗黄棕色	轻壤土	粒状	6.3	47.1	1.87	0.17	14.8						
剖29	铁铝土	黄壤	黄壤	砂页岩黄壤		A	0~7		轻壤土	块状	5.3	61.9	2.80	0.22	0.7	330	2.3	73	砂页岩	E 114°02′26.2″ N 24°33′20.6″	85
						B	7~86		中壤土	块状	5.1	10.8	0.30	0.13	0.6	62	2.0	27			
剖30	铁铝土	红壤	红壤	花岗岩红泥地	麻红泥地	A	0~15	褐色	轻壤土	团块状	5.5	19.4	1.22	0.35	24.1				花岗岩	E 114°09′13.3″ N 24°33′03.2″	88
						B	15~55	灰黄色	轻壤土	柱状	6.6	12.0	0.80	0.24	22.5						
剖31	铁铝土	红壤	红壤	花岗岩红壤		A	0~30	棕灰色	中壤土	团粒状	5.6	20.2	0.80	0.04	34.0	82	0.5	41	花岗岩	E 114°10′44.8″ N 24°32′57.5″	94
						B	30~100	浅红棕色	中壤土	块状	6.1	5.5	0.30	0.13	44.6	29	0.9	49			
剖32	人为土	水稻土	淹育水稻土	麻红黄泥田	麻红泥砂田	A	0~13	暗灰色	中壤土	粒状	5.9	34.5	1.70	0.16	16.6					E 114°12′08.3″ N 24°32′11.4″	98
						P	13~23	红黄黄色	中壤土	块状	7.0	19.3	0.90	0.11	16.8						
						C	23~100	红黄色	重壤土	块状	5.5	5.3	0.20	0.17	22.9						
剖33	铁铝土	红壤	红壤	第四纪红土红壤		A	0~30	暗灰色	中壤土	团粒状	4.9	11.0	0.50	0.07	7.8				第四纪红土	E 114°04′37.6″ N 24°31′19.2″	73
						B	30~100	浅红色	中壤土	块状	4.9	7.3	0.60	0.06	4.2						

续表 Continued

剖面号 Soil profile	土纲 Soil order	土类 Soil great group	亚类 Soil subgroup	土属 Soil genus	土种 Soil species	土层码 Layer code	土层厚度 Depth/cm	颜色 Soil color	质地 Soil texture	土壤结构 Soil structure	pH	有机质 OM/(g/kg)	全氮 TN/(g/kg)	全磷 TP/(g/kg)	全钾 TK/(g/kg)	碱解氮 AN/(mg/kg)	有效磷 AP/(mg/kg)	速效钾 AK/(mg/kg)	土壤母质 Parent material	剖面点坐标 Profile coordinate	匹配指数 Matching index/%
剖34	铁铝土	红壤		第四纪红土红泥地	红土红泥地	A	0—13	灰黄色	轻壤土	粒状	6.0	15.4	0.60	0.12	10.0				第四纪红土	E 114°05′13.6″ N 24°31′08.0″	70
						B	13—21	暗黄棕色	轻黏砂土	棱块状	6.3	12.0	0.54	0.13	12.9						
						D	21—100		卵石砂土												
剖35	人为土	水稻土	潜育水稻土	冷底田	顽泥田	A	0—12	暗黄黄色	重壤土	块状	6.0	37.1	2.06	0.15	11.6						93
						P	12—20	棕黄色	中壤土	块状	6.5	14.3	0.75	0.12	12.0						
						G	20—50	灰蓝色	中壤土	块状	6.5	6.7	0.39	0.08	11.6						
						B	50—80	暗黄黄色	中壤土	棱状	6.7	3.8	0.29	0.07	10.7						
剖36	铁铝土	红壤		花岗岩红泥地	麻红砂泥地	A	0—15	暗黄黄色	砂壤土	团块状	5.4	20.9	1.30	0.30	19.6				花岗岩	E 114°16′08.8″ N 24°30′31.7″	94
						B	15—33	暗黄黄色	轻壤土	块状	6.8	8.2	0.64	0.16	16.6						
						C	33—75	浅棕色	重壤土	块状											
剖37	人为土	水稻土	潴育水稻土	砂页岩红黄泥田	页红泥底田	A	0—13	暗黄棕色	轻壤土	块状	6.0	16.9	1.10	0.31	9.8				砂页岩	E 114°09′09.4″ N 24°29′11.8″	83
						P	13—18	浅棕色	中壤土	块状	6.8	13.7	0.90	0.26	10.6						
						C	18—65	红黄色	重壤土	块状	7.1	4.9	0.40	0.26	14.5						
剖38	人为土	水稻土	潴育水稻土	河砂泥田	河砂质田	A	0—14	暗黄黄色	砂壤土	粒状	6.0	18.9	1.11	0.39	22.3				河流冲积物	E 114°08′12.1″ N 24°28′25.0″	87
						P	14—21	暗黄黄色	砂壤土	块状	5.9	8.9	0.60	0.23	22.2						
						W	21—85	暗黄棕色	中壤土	棱状	6.9	6.4	0.62	0.29	22.7						
						C	85—100	褐色	砂壤土	粒状											
剖39	铁铝土	红壤		砂页岩红泥地	页红泥地	A	0—10	浅黄棕色	中壤土	块状	5.2	15.0	0.90	0.07	18.4				砂页岩	E 114°03′56.9″ N 24°27′47.2″	99
						B	10—14	暗棕色	重壤土	块状	4.6	4.9	0.81	0.31	21.2						
						C	14—100	红灰色	重壤土	块状	4.3	2.1	0.58	0.26	18.4						
剖40	铁铝土	红壤		砂页岩红泥地	页红泥地	A	0—10	红灰色	重壤土	块状	5.3	15.7	1.12	0.26	20.9				砂页岩	E 114°05′39.8″ N 24°27′46.4″	84
						B	10—	浅灰黄色	砂壤土	粒状	4.8	4.3	0.74	0.20	31.9						
剖41	人为土	水稻土	潴育水稻土	砂页岩红泥田	页砂质田	A	0—11	灰黄黄色	中壤土	粒状	4.9	27.0	1.28	0.26	17.3					E 114°05′44.2″ N 24°27′21.6″	71
						P	11—20	暗灰黄色	中壤土	棱状	5.1	12.0	0.84	0.22	18.5						
						W	20—75	棕灰色	中壤土	棱状	7.0	5.1	0.46	0.22	18.4						
剖42	初育土	紫色土	酸性紫色土	酸性紫色土	薄有机质层厚层酸性紫色土	A	0—10	暗棕黄色	中黏土	碎米状	4.8	22.6	1.21	0.09	16.0	127	1.2	64		E 114°09′40.3″ N 24°26′47.4″	99
						B₁	10—40	红紫色	轻黏土	团块状	5.4	1.7	0.30	0.09	14.8	124	0.5	89			
						B₂	40—100	红紫色	重壤土	团块状	4.8	7.1	0.40	0.04	8.3	26	0.4	45			
剖43	人为土	水稻土	潴育水稻土	宽谷冲积土田	宽谷青泥格田	A	0—15	灰黄黄色	砂壤土	粒状	6.3	27.9	1.65	0.39	9.1				冲积物	E 114°03′54.7″ N 24°27′27.6″	100
						P	15—23	暗黄黄色	紧砂土	柱状	5.4	13.9	0.90	0.28	9.3						
						W	23—52	黄黄色	砂壤土	块状	6.7	5.4	0.62	0.25	11.0						
						C	52—	红棕色	砂壤土	块状											
剖44	人为土	水稻土	潴育水稻土	青泥格田	砂泥青泥格田	A	0—15	暗棕灰色	轻壤土	团粒状	6.0	43.3	1.97	0.31	23.2					E 114°09′20.9″ N 24°26′08.5″	85
						P	15—20	棕灰色	轻壤土	块状	7.2	35.6	1.54	0.18	25.6						
						C	20—50	暗黄棕色	砂壤土	块状	7.1	24.7	1.05	0.10	24.1						
							50—100														
剖45	人为土	水稻土	潴育水稻土	泥肉田	泥肉田	A	0—16	暗棕灰色	轻壤土	团粒状	5.3	33.6	1.70	0.17	11.8					E 114°06′20.9″ N 24°25′50.5″	91
						P	16—22	棕灰色	轻壤土	块状	6.5	11.0	0.60	0.09	14.1						
						W	22—43	暗黄棕色	砂壤土	棱柱状	6.7	6.6	0.40	0.08	24.9						
						B	43—63	暗黄棕色	砂壤土	棱柱状											
剖46	人为土	水稻土	潜育水稻土	潮砂泥田	潮砂泥田	A	0—16	暗黄棕色	轻壤土	团粒状	5.8	27.9	1.74	0.55	15.0				河流冲积物	E 114°07′31.4″ N 24°25′25.7″	72
						P	16—22	暗棕色	轻壤土	块状	5.8	16.4	1.14	0.41	14.8						
						W	22—65	浅红黄色	砂壤土	棱柱状	6.6	9.8	0.82	0.39	16.8						
						C	65—90	浅灰黄色	砂壤土	粒状											

续表 Continued

剖面号 Soil profile	土纲 Soil order	土类 Soil great group	亚类 Soil subgroup	土属 Soil genus	土种 Soil species	土层码 Layer code	土层厚度 Depth/cm	颜色 Soil color	质地 Soil texture	土壤结构 Soil structure	pH	有机质 OM/(g/kg)	全氮 TN/(g/kg)	全磷 TP/(g/kg)	全钾 TK/(g/kg)	碱解氮 AN/(mg/kg)	有效磷 AP/(mg/kg)	速效钾 AK/(mg/kg)	土壤母质 Parent material	剖面点坐标 Profile coordinate	匹配指数 Matching index/%
剖47	人为土	水稻土	潴育水稻土	洪积黄红泥田	洪积泥田	A	0～15	紫棕色	重壤土	团块状	5.3	27.9	1.50	0.06	23.4				洪积物	E 114°05′33.4″ N 24°25′08.4″	78
						P	15～21	棕色	中壤土	块状	6.0	20.0	1.19	0.25	22.7						
						W	21～55	棕色	中壤土	棱柱状	6.5	14.9	1.00	0.31	23.3						
						C	55—	暗红色	轻壤土	粒状											
剖48	人为土	水稻土	潴育水稻土	宽谷冲积土	宽谷泥田	A	0～15	暗灰黄色	中壤土	团粒状	6.1	36.7	1.94	0.35	15.8				冲积物	E 114°10′43.3″ N 24°24′40.3″	84
						P	15～25	暗灰黄色	中壤土	块状	7.1	21.2	1.30	0.26	15.7						
						W	25～50	黄红黄色	轻壤土	棱柱状	7.6	9.1	0.54	0.06	17.8						
						C	50～100	红色		块状											
剖49	人为土	水稻土	潴育水稻土	河砂泥田	河砂泥田	A	0～11	灰黄棕色	中壤土	团块状	5.7	27.0	1.65	0.46	25.0				河流冲积物	E 114°12′21.6″ N 24°24′34.2″	74
						P	11～20	灰棕色	轻壤土	块状	6.5	15.8	1.15	0.50	26.8						
						W	20～89	灰棕色	中壤土	棱柱状	7.0	9.1	0.67	0.34	24.1						
						C	89～100	暗黄棕色	中壤土	块状											
剖50	人为土	水稻土	潴育水稻土	石灰板结田	石灰性泥田	A	0～14	灰黄棕色	重壤土	团块状	8.4	42.9	2.79	3.84	19.3					E 114°12′35.6″ N 24°23′45.6″	84
						P	14～22	灰黄棕色	中壤土	块状	8.3	34.4	2.39	0.71	18.5						
						W₁	22～72	灰棕色	中壤土	柱状	8.4	10.1	1.07	0.59	16.0						
						W₂	72～110	灰黄灰色	中壤土	片状											
剖51	人为土	水稻土	潴育水稻土	石灰板结田	石灰板结黄泥田	Pca	11～32	暗棕色	重壤土	团块状	8.4	36.8	2.25	0.65	8.2					E 114°13′26.0″ N 24°23′43.8″	90
						W	32～67	暗棕色	轻壤土	棱柱状	8.4	22.0	1.45	1.09	7.6						
								灰棕色	中壤土		8.3	12.3	0.98	0.25	8.9						
剖52	铁铝土	赤红壤	赤红壤	砂页岩赤红地	页岩红砂泥地	A	0～13	黄黄棕色	重壤土	团块状	6.0	25.0	1.42	0.36	10.0				砂页岩	E 114°13′16.0″ N 24°22′56.3″	96
						B	13～80	红棕色	重壤土	块状	5.0	5.9	0.68	0.22	10.3						
剖53	铁铝土	红壤	红壤	砂页岩红壤		A	0～10		重壤土	块状	5.3	39.1	1.50	0.08	9.7	1.1	40	砂页岩	E 114°06′07.6″ N 24°22′50.5″	77
						B	10～40		轻壤土	柱状	5.3	15.2	0.44	0.05	12.0	0.7	23			
剖54	初育土	石灰(岩)土	黑色石灰土	黑色石灰土		D	40—	暗棕色	重壤土	团块状	7.0	39.0	2.60	0.44	0.5	4.8	45	砂页岩	E 114°12′28.8″ N 24°22′01.9″	90
剖55	铁铝土	红壤	红壤	砂页岩红壤		A	0～7	暗棕色	重壤土	片状	5.5	39.1	2.40	0.07	24.9	2.0	76	砂页岩	E 114°14′20.4″ N 24°21′40.8″	100
						B	7～100	栗色	砂壤土	块状	4.6	22.3	0.90	0.19	28.9	1.9	22			
剖56	潮土	潮土	潮土	潮砂泥地	潮砂泥地	A	0～15	暗黄棕色	砂壤土	柱状	6.5	9.6	6.96	0.37	11.5				河流冲积物	E 114°05′48.1″ N 24°21′25.2″	97
						D	22～73	黄黄棕色	松砂土	块状	6.4	5.8	0.53	0.31	12.0						
						C	73～100	红棕色	砂石土	粒状	6.7	3.6	0.39	0.26	11.0						
剖57	铁铝土	赤红壤	砂页岩赤红壤	薄有机质层中层红砂页赤红壤	A	0～15	紫棕色	重壤土	团块状	4.9	27.1	1.00	0.09	11.6	1.0	28	砂页岩	E 114°11′08.5″ N 24°20′32.3″	72
						B	9～66	暗红棕色	轻壤土	片状	5.1	4.4	0.30	0.04	10.7	1.5	14			
						C	66～136	暗红棕色	重壤土	块状	4.6	6.9	0.35	0.09	13.3	0.6	17			
剖58	人为土	水稻土	潴育水稻土	紫钙田	牛肝土田	A	0～15	紫棕色	中壤土	团块状	6.6	25.1	1.48	0.28	14.7				砂页岩	E 114°05′42.7″ N 24°20′07.4″	96
						P	15～25	暗红棕色	重壤土	片状	7.5	15.3	1.16	0.23	15.9						
						W	25～61	暗红色	中壤土	棱柱状	8.1	6.0	0.58	0.66	18.6						
						G	61～81	暗黄棕色	重壤土	块状											
剖59	人为土	水稻土	潴育水稻土	麻砂泥田	麻砂质田	A	0～16	灰黄棕色	砂壤土	片状	6.4	13.3	0.70	0.22	21.2	108		河流冲积物	E 114°16′27.8″ N 24°29′04.6″	89
						P	16～24	红黄色	轻壤土	棱柱状	6.8	7.2	0.50	0.89	20.5	34					
						W	24～52	黄色	重壤土	粒状	6.9	6.0	0.30	0.16	22.7	30					
剖60	铁铝土	红壤	砂页岩红壤	厚有机质层中层砂页岩红壤	A	0～30	黑棕色	中壤土	团粒状	5.3	41.1	1.70	0.16	11.7	163	1.5	32	砂页岩	E 114°01′14.5″ N 24°19′31.1″	80
						B	30～70	棕红色	轻壤土	团块状	5.5	15.9	1.30	0.15	14.8	70	0.9	22			
						C	70～130	红棕色	轻黏土	块状	4.8	14.7	1.00	0.16	14.5	67	1.2	28			

续表 Continued

剖面号 Soil profile	土纲 Soil order	土类 Soil great group	亚类 Soil subgroup	土属 Soil genus	土种 Soil species	土层码 Layer code	土层厚度 Depth/cm	颜色 Soil color	质地 Soil texture	土壤结构 Soil structure	pH	有机质 OM/(g/kg)	全氮 TN/(g/kg)	全磷 TP/(g/kg)	全钾 TK/(g/kg)	碱解氮 AN/(mg/kg)	有效磷 AP/(mg/kg)	速效钾 AK/(mg/kg)	土壤母质 Parent material	剖面点坐标 Profile coordinate	匹配指数 Matching index/%
剖61	人为土	水稻土	矿毒型水稻土	矿毒田	煤田	Ac	0—12	黑色	轻壤土	块状	6.6	47.9	1.44	0.29	8.8					E 114°05′34.1″ N 24°19′05.9″	80
						Pc	12—16	暗灰色	轻壤土	块柱状	6.8	44.5	1.07	0.21	9.3						
						W	16—100	红黄色	中壤土	棱柱状	7.2	3.2	0.32	0.12	5.8						
剖62	半水成土	潮土	潮土	潮砂泥地	潮砂泥地	A	0—18	暗黄棕色	轻壤土	团粒状	5.8	34.7	1.93	0.55	17.7				河流冲积物	E 114°02′46.7″ N 24°18′23.4″	78
						P	18—36	暗黄棕色	轻壤土	块状	6.4	10.4	0.73	0.28	18.8						
						C	36—98	浅黄棕色	中壤土	块状	6.7	6.7	0.57	0.34	22.5						
剖63	人为土	水稻土	潴育水稻土	石灰板砂结田	石灰性砂泥田	A	0—12	暗黄棕色	轻壤土	团粒状	8.1	39.7	2.04	0.39	9.2					E 114°04′27.5″ N 24°18′10.1″	85
						P	12—20	暗灰黄色	中壤土	块状	8.4	28.4	1.53	1.14	8.6						
						W	20—60	灰黄棕色	中壤土	棱柱状	8.1	8.1	0.44	0.11	8.0						
剖64	铁铝土	赤红壤	赤红壤	砂页岩赤红壤	砂页岩赤红壤	A	0—12	浅黄棕色	中壤土	团粒状	5.1	25.0	0.69	0.09	19.3	119	1.0	31	砂页岩	E 114°06′26.4″ N 24°16′23.7″	81
						B	12—80	黄色	重壤土	块状	5.2	11.3	0.50	0.09	13.9	47	2.4	15			
剖65	人为土	水稻土	潴育水稻土	洪积黄砂红泥田	洪积砂泥田	A	0—14	暗黄色	轻壤土	团粒状	5.3	31.5	1.80	0.35	11.8				洪积物	E 114°05′32.3″ N 24°15′17.3″	89
						P	14—24	浅棕色	轻壤土	块状	5.6	14.4	0.70	0.17	13.4						
						W	24—85	浅棕黄色	轻壤土	棱柱状	6.8	5.0	0.30	0.11	16.6						
						C	85—100	红黄色	重壤土	块状											
剖66	铁铝土	黄壤	黄壤	砂页岩黄壤	砂页岩黄壤	A	0—30	黑棕色	中壤土	团粒状	5.0	52.2	1.70	0.09	13.2	187	1.1	67	砂页岩	E 114°07′25.0″ N 24°15′12.2″	93
						B	30—100	黄色	重壤土	块状	5.3	15.7	0.60	0.13	13.2	104	微量	20			
剖67	人为土	水稻土	潴育水稻土	宽谷冲积土田	宽谷砂泥田	A	0—14	褐色	轻壤土	块状	6.0	23.0	2.40	0.31	11.8				冲积物	E 114°01′19.3″ N 24°14′34.9″	72
						P	14—20	浅棕色	轻壤土	块状	5.3	7.1	0.70	0.17	12.5						
						W_1	20—37	浅棕黄色	轻壤土	棱柱状	6.7	5.4	0.50	0.17	13.4						
						W_2	37—50		重壤土												
剖68	人为土	水稻土	潴育水稻土	砂页岩黄泥田	页红泥田	1	0—11	黑棕色	中壤土	团粒状	5.0	24.8	1.70	0.31	11.1				砂页岩	E 114°07′04.4″ N 24°14′25.4″	70
						2	11—18	黄色	重壤土	块状	5.3	10.2	0.54	2.66	8.4						
						3	18—80	暗黄棕色	轻壤土	块状	5.8	5.4	0.34	0.13	0.5						
剖69	人为土	水稻土	潜育水稻土	冷底田	铁锈水田	A	0—11	浅黄棕色	中壤土	团块状	5.5	35.4	2.80	0.32	13.4				砂页岩	E 114°03′17.7″ N 24°14′10.8″	98
						P	11—14	暗黄棕色	轻壤土	块状	5.4	26.8	1.80	0.13	10.9						
						G	14—80	暗灰棕色	重壤土	块状	5.2	20.7	1.50	0.04	9.0						
剖70	铁铝土	赤红壤	赤红壤	砂页岩赤红壤	页赤红泥地	A	0—12	暗黄棕色	重壤土	团块状	6.8	21.9	1.29	0.39	12.4				砂页岩	E 114°01′40.1″ N 24°13′53.8″	81
						B	12—75	红黄色	重壤土	块状	6.8	8.3	0.84	0.38	14.3						
剖71	铁铝土	赤红壤	赤红壤	花岗岩赤红壤	麻赤红泥地	A	0—13	暗黄棕色	砂壤土	团块状	5.1	23.2	2.00	0.39	8.3				花岗岩	E 114°04′27.5″ N 24°11′51.0″	78
						B	13—100	浅红黄棕色	轻壤土	块状	5.3	9.3	0.80	0.44	12.9						
剖72	铁铝土	赤红壤	赤红壤	花岗岩赤红壤		A	0—15	暗黄棕色	轻黏土	粒状	5.5	13.7	0.50	0.04	7.5				花岗岩	E 114°04′02.6″ N 24°10′53.0″	84
						B	15—90	浅棕色	轻壤土	粒状	4.8	5.9	0.40	0.04	18.4						
剖73	铁铝土	黄壤	黄壤	砂页岩黄壤	中有机质层中层砂页岩黄壤	A	0—18	黑棕色	轻壤土	团粒状	4.9	56.1	1.80	0.17	13.4	227	0.7	32	砂页岩	E 114°15′34.2″ N 24°19′52.7″	70
						B	18—60	浅棕色	中壤土	块状	4.1	13.3	0.40	0.13	16.6	82	1.3	15			
						C	60—118	浅黄棕色	重壤土	块状	5.1	9.9	0.50	0.09	13.5	66	0.4	12			

乳源瑶族自治县

主要土类说明

红壤是乳源瑶族自治县主要土壤类型，占本县地域面积的35%。红壤土体以红色为主，有的为上黄下红，有的则为上红下黄。红壤表层常有小块圆形粉石；80—100cm深处常有大块圆形粉石，土层较浅，土壤呈酸性，养分含量较低。旱地红壤中，红火泥地是面积最大的一个土属，主要分布在石灰岩山脚缓坡地带，耕层深厚，为18—20cm，土质肥沃，质地较黏，养分含量较高，有机质含量一般为20—30g/kg，小于0.005mm的黏粒含量为57%—63%。

石灰（岩）土是乳源瑶族自治县第二大土壤类型，占本县地域面积的30%。本县石灰（岩）土分为红色石灰土、黑色石灰土等亚类。红色石灰土集中分布在本县中部山地丘陵区、北部石灰岩区及东部丘陵区海拔200m以上的山丘地。本县红色石灰土的特点是土体呈红色，质地较黏，但土层深厚，养分含量较高，肥力较高；表层为团粒状结构，下层为棱块状结构，干时坚硬，湿时黏重，海拔500m以上的尖峰多基岩裸露；植被以稀疏松林、小灌木和草本植物为主。黑色石灰土主要分布在石灰岩顶部的石隙之中。本县黑色石灰土的特点是土体呈黑色，土层较薄，易见母岩；表层稍疏松，为团粒状结构，土粒覆有白色胶膜或菌丝体，有机质含量高。

黄壤是乳源瑶族自治县第三大土壤类型，占本县地域面积的28%，主要分布在本县西部高寒山区和中部山地丘陵区。其特点是土体疏松，含石英砂粒较多，表层呈黑褐色或棕黄色，底层呈黄色或棕黄色，有强烈的淋溶现象。

水稻土占本县地域面积的6%。水稻土是长期人为活动的产物，可由各种地带性土壤经水耕熟化而形成。在长期水耕施肥等措施的作用下，土壤内部进行着氧化还原交替、有机质合成与分解、盐基淋溶与复盐基作用的熟化过程，促使土壤性状发生改变，从而形成特有的剖面形态、理化和生物特性。本县水稻土分为淹育型、潴育型、潜育型、渗育型、沼泽型、矿毒型等亚类。其中，潴育水稻土面积最大，占本土类面积的81%，分布在海拔150m的丘陵区和海拔500—600m的山地丘陵区，其位置介于淹育水稻土和潜育水稻土之间，剖面构型多为A-P-W-C或A-P-W-G。成土母质主要为河流冲积物和洪积物。该亚类的主要特点是在犁底层下形成具有淋溶和淀积特征的潴育层，剖面内有棕黄色的铁锈斑纹、紫黑色的锰质斑点或新生的铁锰结核。

本区域中心区气候特征

本区域中心区气候特征值
Regional climate characteristics in central area of the region

气候带：南亚热带湿润气候 Climate region: South subtropical humid climate	
年平均气温 /℃ Annual average temperature /℃	20.2
年平均最高气温 /℃ Annual average maximum temperature /℃	24.9
年平均最低气温 /℃ Annual average minimum temperature /℃	16.9
年降水量 /mm Annual precipitation /mm	1545
≥10℃的积温 /℃ Daily temperature accumulated in a year (≥10℃) /℃	7722
年日照时数 /h Annual sunshine /h	1603
年平均相对湿度 /% Annual average relative humidity /%	77
干燥度 Dryness	0.77

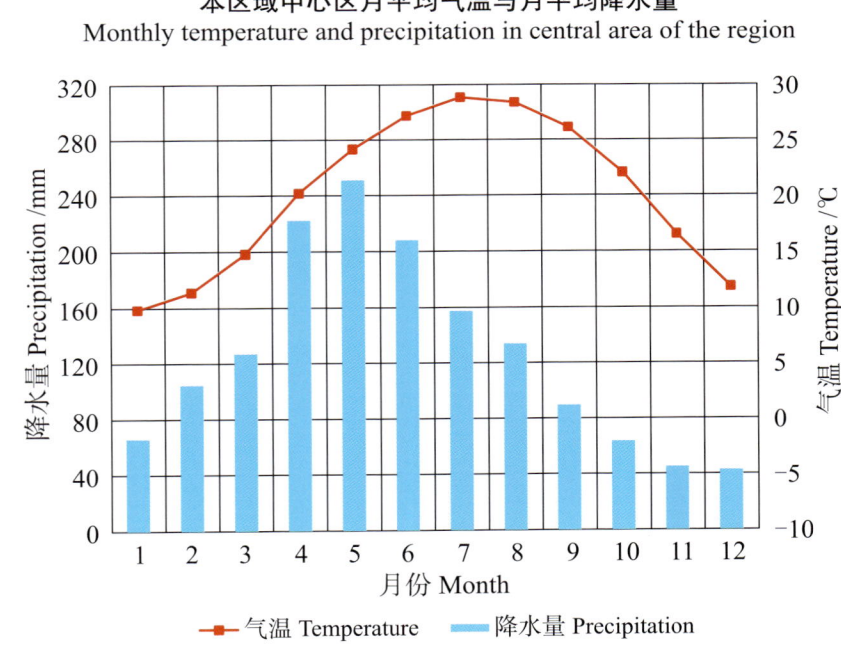

本区域中心区月平均气温与月平均降水量
Monthly temperature and precipitation in central area of the region

乳源瑶族自治县主要土壤类型与土壤剖面点分布图
1:260 000

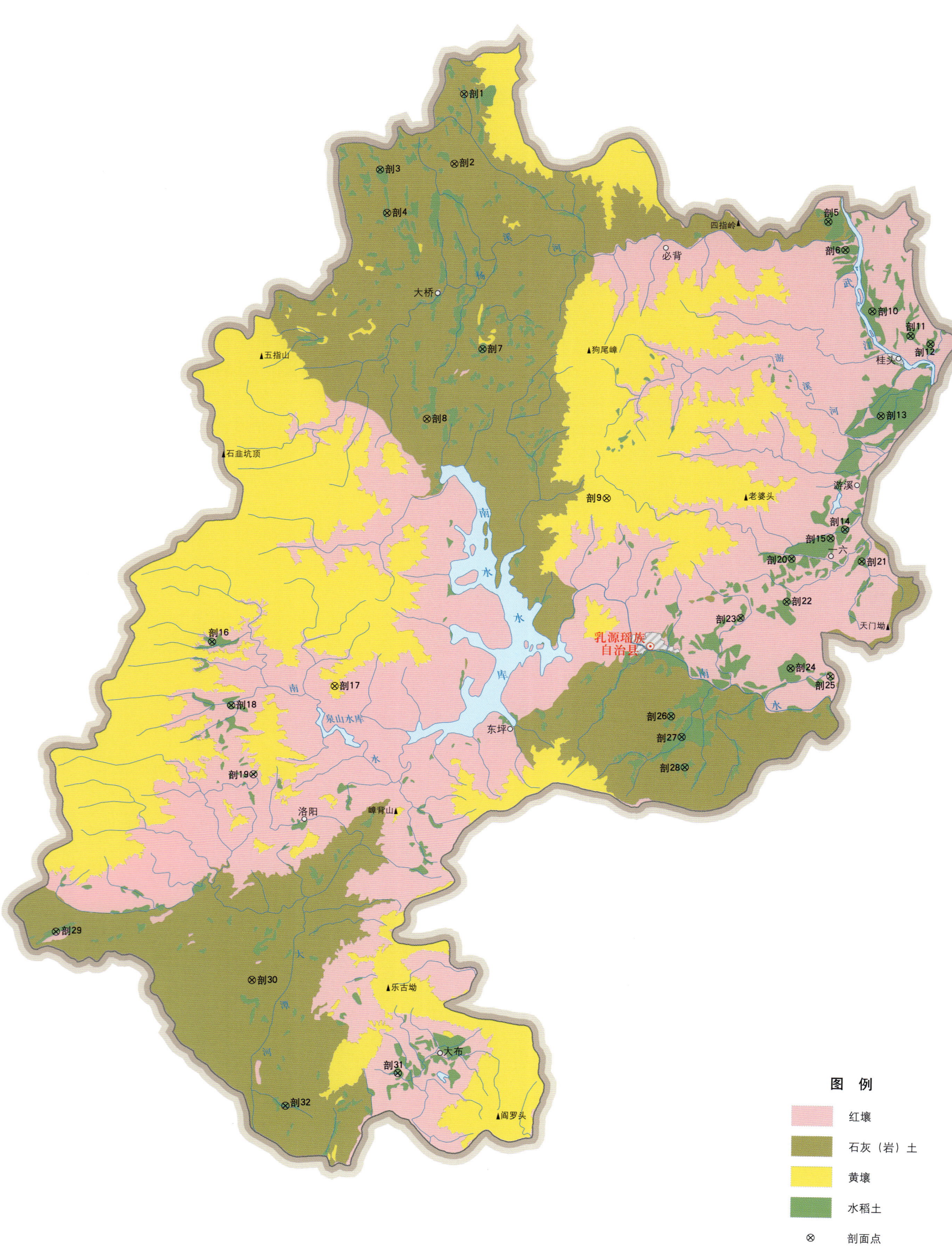

图例
- 红壤
- 石灰（岩）土
- 黄壤
- 水稻土
- ⊗ 剖面点

乳源瑶族自治县土壤剖面理化性状表

剖面号 Soil profile	土纲 Soil order	土类 Soil great group	亚类 Soil subgroup	土属 Soil genus	土种 Soil species	土层码 Layer code	土层厚度 Depth/cm	颜色 Soil color	质地 Soil texture	土壤结构 Soil structure	pH	有机质 OM/(g/kg)	全氮 TN/(g/kg)	全磷 TP/(g/kg)	全钾 TK/(g/kg)	碱解氮 AN/(mg/kg)	有效磷 AP/(mg/kg)	速效钾 AK/(mg/kg)	土壤母质 Parent material	剖面点坐标 Profile coordinate	匹配指数 Matching index/%
剖1	人为土	水稻土	潴育水稻土	潮砂泥地	潮泥田	A	0—16	灰黄色	轻壤土	团块状	6.0	34.0	2.59	0.28	14.4	119	18.3	91	河流冲积物	E 113°09′26.6″ N 25°06′10.8″	88
						P	16—24	暗黄色	中壤土	团块状	6.0	10.2	0.60	0.41	5.3	52	3.5	50			
						W	24—44	暗黄色	轻壤土	块状	5.8	6.7	0.36	0.47	7.1	23	4.4	66			
剖2	初育土	石灰（岩）土	红色石灰土	红火泥地	红砂泥地	A	0—14	红红色	砂壤土	粒状	6.6	31.4	1.56	0.90	5.9	113	0.9	75		E 113°09′03.2″ N 25°03′43.2″	70
						C	23—33	浅红色	轻黏土	小块状											
剖3	人为土	水稻土	矿毒型水稻土	矿毒田	煤水田	A	0—12	灰黑色	砂壤土	块状	6.4	44.2	0.72	0.36	5.0	159	0.4	26		E 113°06′15.5″ N 25°03′32.2″	86
						P	12—18	灰黑色	砂壤土												
						W	18—22	暗黑色	黏土		6.7										
剖4	初育土	石灰（岩）土	红色石灰土	红火泥地	红泥地	P	17—20	浅红色	黏土	小块状										E 113°06′30.2″ N 25°02′00.2″	93
						C	20—60	红色	黏土	块状											
剖5	人为土	水稻土	淹育水稻土	洪积黄泥田	洪积黄泥田	A	0—12	浅黄色	重壤土	块状	8.7	39.6	2.11	0.17	9.9	124	3.5	58	洪积物	E 113°23′05.3″ N 25°01′32.9″	92
						P	12—20	黄色	重壤土	块状	8.4	19.7	1.33	0.58	10.1	55	2.1	41			
						C	20—	黄色	轻壤土	块状	8.4	8.8	0.79	0.72	10.6	30	2.1	39			
剖6	人为土	水稻土	潴育水稻土	潮砂泥地	潮砂泥田	A	0—15	灰黄色	中壤土	团粒状	6.5	34.6	2.76	0.21	16.1	141	3.9	19	河流冲积物	E 113°23′43.0″ N 25°00′33.1″	86
						P	15—50	黄黄色	中壤土	块状	7.2	9.4	0.84	0.16	17.8	18	0.9	21			
						W	50—80	黄色	砂壤土	块状	7.6	5.1	0.72	0.17	16.5	23	2.2	12			
剖7	人为土	水稻土	冷底田	铁锈水田	A	0—20	黄灰色	砂壤土	块状	5.5	42.5	1.55	0.15	16.7	111	8.7	11		E 113°10′02.6″ N 24°57′11.5″	100
						P	20—40	灰灰色	黏壤土	柱状	5.8	9.9	0.32	微量	17.7	40	0.9	8			
						G	40—60	灰暗色	轻黏土	粒状	6.3	10.5	0.38	微量	21.7	40	0.9	12			
剖8	初育土	石灰（岩）土	红火泥地	红顶泥地	1	0—12	灰灰色	黏壤土	块状										E 113°07′56.6″ N 24°54′43.9″	72
						2	12—20	黄色	黏壤土	块状											
						3	20—40	黄色	黏壤土												
						4	40—														
剖9	铁铝土	黄壤	黄壤	砂页岩黄壤	薄有机质层厚层砂页岩黄壤	A	0—8	棕色	重壤土	粒状	5.1	66.9	1.70	0.70	17.3	198	1.4	66	砂页岩	E 113°14′40.2″ N 24°51′53.6″	94
						B₁	8—32	黄色	重壤土	碎块状	5.0	37.6	0.75	0.80		143	0.8	58			
						B₂	32—80	灰黄色	壤土	粒状											
剖10	人为土	水稻土	渗育水稻土	白鳝泥底田	白鳝泥底田	1	0—12	深黄色	中壤土	团块状	6.0	33.0	3.90	0.22	13.6	228	13.4	46		E 113°24′42.7″ N 24°58′24.0″	83
						2	12—19	灰白色	砂壤土												
						3	19—														
剖11	人为土	水稻土	沼泽型水稻土	溱水田	A	0—16	灰黑色	重壤土	糊状	7.8	64.0	3.50	0.26	10.5	165	6.8	29		E 113°26′07.8″ N 24°57′31.7″	70
						P	16—21	灰灰色	黏壤土	糊状											
						Wg	21—36	灰黑色	黏壤土	糊状											
剖12	人为土	水稻土	潴育水稻土	宽谷冲积土田	宽谷泥田	A	0—14	灰黑色	砂壤土	团块状	6.3	42.1	4.40	0.34	16.6	124	15.5	29	冲积物	E 113°26′52.8″ N 24°57′14.0″	79
						P	14—28	灰色	砂壤土	团块状	7.6	6.0	0.84	0.27	13.9	47	1.4	19			
						W	28—73	灰色	砂壤土	团块状	6.6	17.9	1.50	0.14	16.1	58	10.7	12			
剖13	人为土	水稻土	潴育水稻土	宽谷冲积土田	宽谷砂泥田	A	0—12	浅灰色	砂土	粒状	5.6								冲积物	E 113°24′59.4″ N 24°54′42.1″	77
						P	12—21	浅黄色	砂土	块状		31.9	2.41	0.26	16.1	116	3.1	37			
						W	21—24	黄棕色	轻黏土	块状											
剖14	人为土	水稻土	潴育水稻土	河砂泥田	河黏土田	A	0—12	浅黄色	重壤土										河流冲积物	E 113°23′36.6″ N 24°50′44.2″	95
						P	12—22	黄棕色	砂壤土												
						W	22—60	灰黄色	砂黏土												

续表 Continued

剖面号 Soil profile	土纲 Soil order	土类 Soil great group	亚类 Soil subgroup	土属 Soil genus	土种 Soil species	土层码 Layer code	土层厚度 Depth/cm	颜色 Soil color	质地 Soil texture	土壤结构 Soil structure	pH	有机质 OM/(g/kg)	全氮 TN/(g/kg)	全磷 TP/(g/kg)	全钾 TK/(g/kg)	碱解氮 AN/(mg/kg)	有效磷 AP/(mg/kg)	速效钾 AK/(mg/kg)	土壤母质 Parent material	剖面点坐标 Profile coordinate	匹配指数 Matching index/%
剖15	人为土	水稻土	潴泽型水稻土	烂泥田	烂泥田	A	0—24	褐灰色	砂壤土	块状	8.0	53.0	2.00	0.41	10.4	133	22.3	12		E 113°23′03.8″ N 24°50′26.2″	71
						2	24—30	黄褐色	轻壤土	块状	7.5	17.8	0.51	0.20	7.4	113	0.4	13			
						3	30—	浅黄色	重壤土												
剖16	人为土	水稻土	潴育水稻土	河砂泥田	河大眼砂田	A	0—13	灰白色	中石砂田			16.2	0.75	0.39	9.1	91	1.7	71	河流冲积物	E 112°59′49.9″ N 24°46′54.8″	87
						P	13—29	黄黄色	壤土	块状											
						W	29—44	灰黄色													
剖17	铁铝土	黄壤		花岗岩黄壤	厚有机质层薄层花岗岩黄壤	A₁	0—10	灰褐色			4.5								花岗岩	E 113°04′25.3″ N 24°45′19.8″	77
						A₂	10—29	灰棕色	黏土	团粒状	4.5										
						B	29—40	棕色	壤土	粒状	6.0										
						C	40—	红黄色	中壤土	粒状	5.5										
剖18	人为土	水稻土	潴育水稻土	潮砂泥田	潮砂田	A	0—15	暗黄色	轻壤土	团粒状	5.8	27.1	1.89	0.22	14.7	104	12.2	93	河流冲积物	E 113°00′32.0″ N 24°44′39.5″	72
						P	15—21	暗黄色	砂壤土	团粒状	5.8	17.8	1.36	0.27	15.6	91	9.2	75			
						W	21—59	棕黄色	砂壤土	块状	6.0	4.9	0.61	0.24	17.4	24	0.9	44			
剖19	人为土	水稻土	潴育水稻土	河砂泥田	河砂质田	A	0—12	灰黄色	砂壤土	团粒状	5.8	16.5	1.60	0.72	6.8	104	3.5	35	河流冲积物	E 113°01′21.4″ N 24°42′14.0″	83
						P	12—21	灰黄色	轻壤土	小块状	6.0	18.5	0.56	0.57	10.2	67	5.2	35			
						W	21—55	黄黄色	砂壤土	块状	7.1	6.2	0.39	0.21	12.4	12	0.4	41			
剖20	人为土	水稻土	潴育水稻土	河砂泥田	河石子底砂质田	A	0—10	灰白色	轻黏土	块状	6.5								河流冲积物	E 113°21′35.6″ N 24°49′43.7″	100
						W	16—	灰黄色		块状											
剖21	人为土	水稻土	矿毒型水稻土	矿毒田	铁矿毒田	A	0—16	灰黑色	重壤土	小块状	7.6	52.0	2.00	0.52	16.6	48	8.2	104		E 113°24′13.7″ N 24°49′36.8″	92
						P	16—25	黏黑色	黏壤土	块状											
						G	25—38	灰黄色	重壤土	块状											
剖22	人为土	水稻土	潴育水稻土	河砂泥田	河泥田	A	0—15	灰黑色	壤土	大块状	5.3								河流冲积物	E 113°21′23.8″ N 24°48′12.6″	75
						P	15—40	黑色	轻壤土	块状											
						C	40—70	白色	砂土	砂粒状											
剖23	人为土	水稻土	潴育水稻土	河砂泥田	河黄泥底田	A	0—15	灰黄色	轻壤土	块状	7.6	37.8	2.02	0.37	10.6	130	13.5	62	河流冲积物	E 113°19′39.7″ N 24°47′38.8″	85
						P	15—27	黄棕色	轻质黏壤土	块状	7.8	15.4	1.12	0.64	17.1	56	4.4	66			
						W	27—	深黄色	重壤土	块状	7.8	7.8	0.53	0.62	18.2	32	微量	8			
剖24	人为土	水稻土	潴育水稻土	宽谷冲积土	宽谷顶泥田	1	0—13	浅灰色	黏壤土	块状	6.0									E 113°21′31.7″ N 24°45′51.5″	95
						2	13—23	黄黄色	重黏土												
						3	23—60	黄黄色	重黏土												
						4	60—	黄色													
剖25	人为土	水稻土	淹育水稻土	红色石灰土田	红色石灰土田	A	0—10	灰红色	中壤土	团粒状	7.9									E 113°23′01.3″ N 24°45′34.2″	70
						P	10—14	红色	中壤土	团粒状											
						C	14—41	红色	中壤土	块状											
剖26	人为土	水稻土	潴育水稻土	冷底田	冷底田	A	0—21	灰色	重壤土	细粒状	7.7	50.3	2.90	0.17	13.9	139	3.5	58		E 113°17′01.7″ N 24°44′11.8″	80
						P	21—28	灰色	中壤土	块状	7.5	63.6	3.50	0.13	14.5	203	0.7	61			
						G	28—45	暗黄色	中壤土	块状	3.0	46.6	2.10	0.04	13.9	193	10.6	8			
剖27	人为土	水稻土	潴育水稻土	宽谷冲积土	宽谷砂泥田	A	0—15	灰色	中壤土	粒状	6.0	30.4	1.24	0.34	20.5	110	16.8	37	冲积物	E 113°17′25.1″ N 24°43′28.6″	93
						P	15—28	灰黄色	中壤土	块状	7.5	4.9	0.27	0.07	20.4	104	2.1	21			
						W	28—47	黄黄色	重黏土	块状	6.5	11.3	0.32	0.07	20.4	38	2.6	35			
剖28	人为土	水稻土	淹育水稻土	生黄泥田	页生黄泥砂田	A	0—12	黄黄色	砂壤土	团粒状	6.8								冲积物	E 113°17′31.9″ N 24°42′24.5″	99
						P	12—18	棕黄色	壤土		6.5										
						C	18—77		壤土												

续表 Continued

剖面号 Soil profile	土纲 Soil order	土类 Soil great group	亚类 Soil subgroup	土属 Soil genus	土种 Soil species	土层码 Layer code	土层厚度 Depth/cm	颜色 Soil color	质地 Soil texture	土壤结构 Soil structure	pH	有机质 OM/(g/kg)	全氮 TN/(g/kg)	全磷 TP/(g/kg)	全钾 TK/(g/kg)	碱解氮 AN/(mg/kg)	有效磷 AP/(mg/kg)	速效钾 AK/(mg/kg)	土壤母质 Parent material	剖面点坐标 Profile coordinate	匹配指数 Matching index/%
剖29	人为土	水稻土	潴育水稻土	河砂泥田	河结粉砂田	A	0—13	黄灰色	紫砂土	团块状	5.4	22.7	1.03	0.65	36.5	156	6.5	22	河流冲积物	E 112°53′56.0″ N 24°36′38.9″	95
						P	13—26	黄色	紫砂土	团块状	5.4	8.3	0.32	0.39	19.7	45	2.2	17			
						W	26—32	棕黄色	轻壤土	团块状	5.3	4.6	0.28	0.22	17.4	25	0.9	21			
剖30	初育土	石灰（岩）土	红色石灰土	红色石灰土	中有机质层中层红色石灰土	A	0—12	灰黄色	重壤土	团粒状	6.7	56.1	2.23	0.77	11.7	193	微量	75		E 113°01′16.7″ N 24°34′56.6″	78
						B	12—65	红棕色	轻黏土	块状	6.8	34.0	0.96			118	0.3	51			
						C	65—100	深红色	黏土	块状											
剖31	人为土	水稻土	沼泽型水稻土	烂淀田	深淀田	A	0—21	黑色	砂壤土	块状	8.2	58.0	1.91	0.19	10.3	132	6.5	9		E 113°06′44.3″ N 24°31′40.4″	98
						P	21—40	褐灰色	黏壤土	块状	8.1	47.3	2.11	0.20	微量	193	13.5	17			
剖32	人为土	水稻土	潴育水稻土	河砂泥田	河砂泥田	A	0—13	灰黄色	壤土	团状	5.9	35.0	2.39	0.23	15.4	262	4.5	37	河流冲积物	E 113°02′31.6″ N 24°30′31.7″	77
						P	13—19	黄色	壤土	块状											
						W	19—70		壤土	块状											

新 丰 县

主要土类说明

赤红壤是新丰县主要土壤类型，占本县地域面积的45%，占本县山地面积的55%，广泛分布在海拔500m以下的丘陵、岗地。该地区适合亚热带常绿林和亚热带季雨林生长，目前原生植被多已遭到破坏，被松、杉和其他经济林木所代替。由于高温多雨，土壤淋溶作用强烈，富铝化作用较强，有机质的积累和分解速度较快，土壤呈酸性至强酸性，土体多呈红色至赤红色。

红壤是新丰县第二大土壤类型，占本县地域面积的35%，占本县山地面积的34%，主要分布在海拔500—750m的山地，位于黄壤与赤红壤之间的过渡地带。该地区气温比黄壤区要高，比赤红壤区稍低，雨量充沛，适宜常绿阔叶林生长，植物生长茂盛。红壤的有机质积累和分解速度均比黄壤快，硅铝酸盐矿物分解强烈，铁铝氧化物明显聚积，土体呈橙红色或红色。

水稻土是新丰县第三大土壤类型，占本县地域面积的10%，是本县主要的耕作土壤，广泛分布在本县各地。本县水稻土分为淹育型、潴育型、渗育型、潜育型、沼泽型等亚类。

黄壤占本县地域面积的9%。植被多为草本植物及稀疏低矮的灌木丛，生长茂盛。由于黄壤所处地势较高，雨雾多，日照少，湿度大，气温低，因此土壤富铝化作用较弱，呈酸性至强酸性，土体呈黄色。

本区域中心区气候特征

本区域中心区气候特征值
Regional climate characteristics in central area of the region

气候带：南亚热带湿润气候 Climate region: South subtropical humid climate	
年平均气温 /℃ Annual average temperature /℃	21.1
年平均最高气温 /℃ Annual average maximum temperature /℃	25.9
年平均最低气温 /℃ Annual average minimum temperature /℃	17.8
年降水量 /mm Annual precipitation /mm	1777
≥10℃的积温 /℃ Daily temperature accumulated in a year (≥10℃) /℃	8075
年日照时数 /h Annual sunshine /h	1718
年平均相对湿度 /% Annual average relative humidity /%	77
干燥度 Dryness	0.70

新丰县主要土壤类型与土壤剖面点分布图

1∶300 000

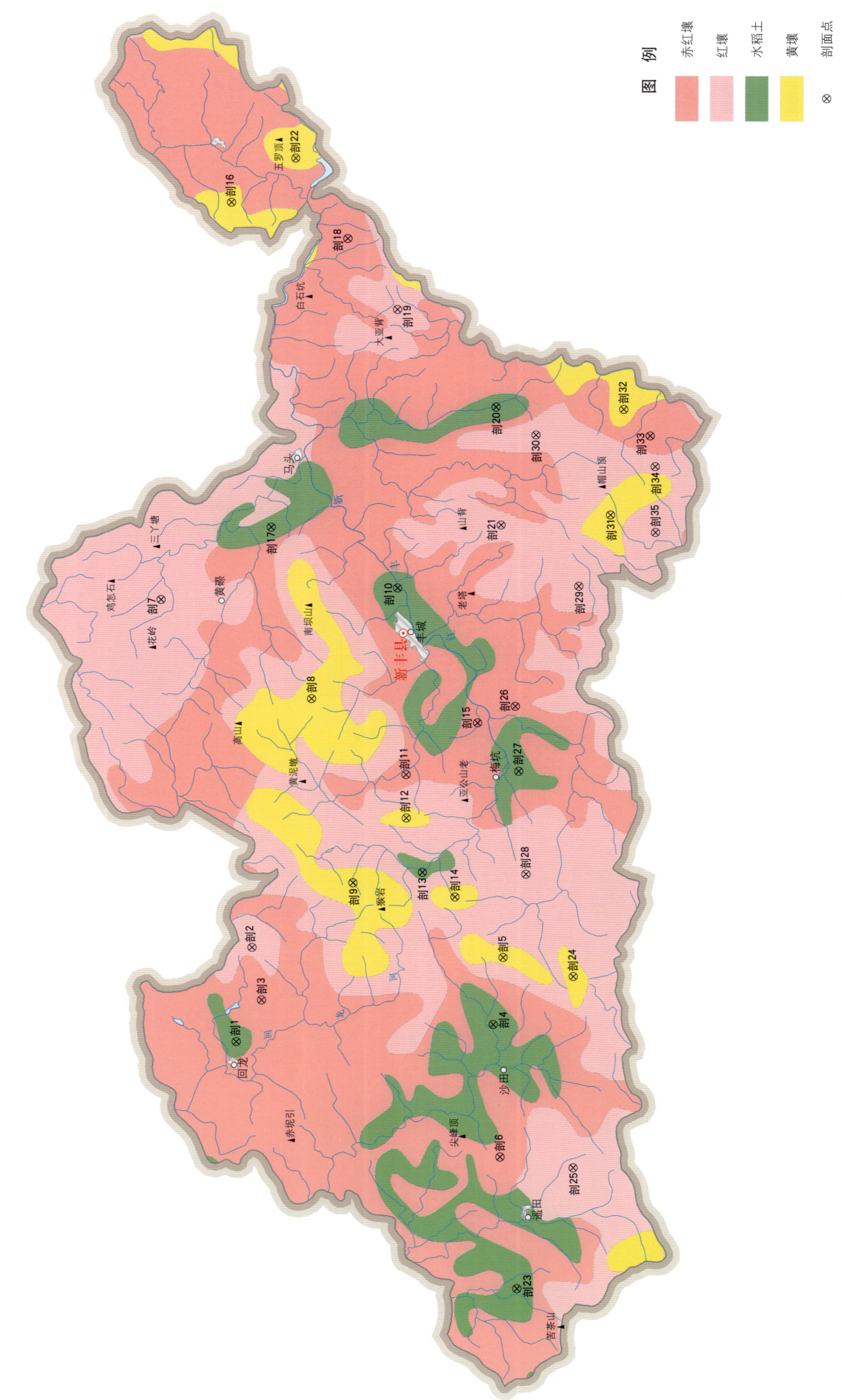

第二编 广东省分县土壤图与土壤剖面数据

新丰县土壤剖面理化性状表

剖面号 Soil profile	土纲 Soil order	土类 Soil great group	亚类 Soil subgroup	土属 Soil genus	土种 Soil species	土层码 Layer code	土层厚度 Depth/cm	颜色 Soil color	质地 Soil texture	土壤结构 Soil structure	pH	有机质 OM/(g/kg)	全氮 TN/(g/kg)	全磷 TP/(g/kg)	全钾 TK/(g/kg)	碱解氮 AN/(mg/kg)	有效磷 AP/(mg/kg)	速效钾 AK/(mg/kg)	阳离子交换量CEC/(cmol/kg)	土壤母质 Parent material	剖面点坐标 Profile coordinate	匹配指数 Matching index/%
剖1	人为土	水稻土	潴育水稻土	洪积黄泥田	洪积黄泥田	A	0—12	灰色	轻壤土	团粒状	5.3	23.6	1.10	0.26	10.9	100		30	5.2	洪积物	E 113°56′02.8″ N 24°09′18.0″	71
						P	12—20	黄灰色	中壤土	块状	6.2	12.0	0.20	0.22	13.2			27				
						W	20—52	黄灰色	轻壤土	棱柱状	7.8	5.6	0.10	0.17	13.8							
						C	52—100	黄色	粉砂土	粒状	7.9	6.0	0.50	0.09	11.2							
剖2	铁铝土	红壤	红壤	耕型砂页岩红壤	红砂泥地	A	0—16	暗棕色	砂红土	团粒状	6.3	12.6	0.70	0.44	11.8	87		65	5.8	砂页岩	E 113°59′44.2″ N 24°08′48.5″	89
						C	16—100	红黄色	壤土	块状	7.9	4.2	0.20	0.31	12.4			89				
剖3	铁铝土	赤红壤	赤红壤	砂页岩赤红壤		A	0—10	黄灰色	中壤土	块状	5.3	31.3	0.90	0.22	14.4			27	5.7	砂页岩	E 113°57′40.3″ N 24°08′26.5″	91
						B	10—85	黄黄色	中壤土	块状	4.7	16.8	0.50	0.13	15.9			32				
剖4	人为土	水稻土	潴育水稻土	潮砂泥田	潮砂泥田	A	0—16	浅灰色	轻壤土	粒状	5.5	22.8	1.60	0.39	22.7	142	4.8	85		河流冲积物	E 113°56′52.1″ N 24°00′22.3″	98
						P	16—24	灰黄色	砂壤土	粒状	5.8	14.1	0.80	0.26	20.9			30				
						W	24—44	黄黄色	轻壤土	粒状	7.3	7.6	0.40	0.17	22.2							
						C	44—100	黄黄色	中壤土	块状	6.1	5.9	0.30	0.13	23.7							
剖5	铁铝土	黄壤		花岗岩黄壤		A	0—9	灰灰色	砂壤土	粒状	5.3	36.8	1.10	0.13	5.5			26	8.1	花岗岩	E 113°59′29.4″ N 24°00′04.0″	82
						B	9—85	黄色	中壤土	粒状	5.2	3.6	0.20	0.04	7.1			65				
剖6	铁铝土	赤红壤	赤红壤	花岗岩赤红壤		A	0—2	浅黄色	砂壤土	粒状	5.4	19.4	0.70	0.35	23.2			25	7.2	花岗岩	E 113°51′45.7″ N 24°00′03.2″	77
						B	2—85	红黄色	中壤土	粒状	5.2	12.8	0.60	0.22	23.9			31				
剖7	铁铝土	红壤	红壤	砂页岩红壤		A	0—3	黄黄色	砂壤土	块状	4.8	21.2	1.00	0.26	15.2		0.9	46	6.7	砂页岩	E 114°12′16.3″ N 24°12′11.5″	82
						B	3—35	红色	中壤土	块状	4.9	18.2	0.80	0.26	14.4		0.4	25				
剖8	铁铝土	黄壤		花岗岩黄壤		A	0—7	浅黄色	中壤土	粒状	5.3	23.6	0.70	0.22	21.7			66		砂页岩	E 114°09′30.2″ N 24°06′53.6″	89
						B	7—38	黄黄色	中壤土	粒状	4.7	17.8	0.60	0.22	23.4			73				
剖9	铁铝土	黄壤		花岗岩黄壤		A	0—9	浅黄色	砂壤土	块状	5.1	21.6	0.90	0.26	19.4			61	7.6	花岗岩	E 114°02′19.0″ N 24°05′20.4″	83
						B	9—85	黄色	中壤土	块状	4.8	20.0	0.80	0.13	17.8			32				
剖10	人为土	水稻土	潴育水稻土	潮砂泥田	潮砂泥田	A	0—17	黄灰色	砂壤土	粒状	5.0	18.8	0.90	0.26	32.1	78	7.4	54		河流冲积物	E 114°13′52.1″ N 24°03′58.0″	99
						P	17—29	浅黄黄色	中壤土	块状	5.1	18.3	0.50	0.17	32.4							
						W	29—63	浅棕黄色	中壤土	块状	6.1	16.9	0.70	0.17	35.3							
						C	63—100	灰黄黄色	中壤土	块状	6.3	9.0	0.25	0.35	39.8							
剖11	铁铝土	赤红壤	赤红壤	花岗岩赤红壤		A	0—19	红黄色	轻壤土	块状	4.8	15.6	0.30	0.48	39.2			106	7.1	花岗岩	E 114°06′35.6″ N 24°03′33.5″	85
						B	19—85	红色	中壤土		5.0	5.4	0.40	0.04	26.6			83				
剖12	铁铝土	黄壤		耕型砂页岩黄壤	黄砂泥地	A	0—14	浅棕黄色	轻壤土	团粒状	6.2	18.5	1.00	0.04	11.9	36	3.9	105	7.9	砂页岩	E 114°04′53.4″ N 24°03′31.0″	76
						B	14—100	浅红棕色	中壤土	粒状	6.0	14.2	0.80	0.04	12.3	29	1.7	65				
剖13	人为土	水稻土	潴育水稻土	洪积泥田	洪积泥田	A	0—18	灰白色	中壤土	块状	5.1	19.5	1.00	0.35	30.0	98	3.9	42		洪积物	E 114°02′46.0″ N 24°02′55.7″	90
						P	18—25	紫灰色	轻壤土	棱柱状	5.3	16.2	0.80	0.31	35.1		1.7	37				
						W	25—49	黄灰色	黏土	粒状	6.0	9.0	0.50	0.17	37.4							
						C	49—100	灰黄色	砂壤土	块状	6.3	4.3	0.30	0.17	37.4							
剖14	铁铝土	黄壤		耕型砂页岩黄壤	黄泥地	A	0—15	黄黄色	轻壤土	粒状	6.4	14.3	0.80	0.26	17.8	88	微量	45	9.6	砂页岩	E 114°01′50.2″ N 24°01′46.9″	82
						B	15—100	黄黄色	轻壤土	块状	6.2	9.9	0.50	0.26	19.4		微量	34				
剖15	铁铝土	赤红壤	赤红壤	砂页岩赤红壤		A	0—10	黄红色	中壤土	粒状	5.3	36.8	2.20	0.39	15.4			48	6.6	砂页岩	E 114°08′40.2″ N 24°01′05.9″	98
						B	10—80	黄黄色	中壤土	块状	5.2	13.6	0.80	0.26	15.0			44				
剖16	铁铝土	黄壤		砂页岩黄壤	薄有机质层薄层砂页黄壤	A	0—5	灰黄色	壤土	块状	5.0	28.1	0.80	0.26	18.6			70	7.7	砂页岩	E 114°28′49.4″ N 24°09′59.9″	76
						B	5—25	灰黄色	壤土	块状	4.9	20.4	0.60	0.17	16.7			72				
						C	25—40	黄色		碎块状												

续表 Continued

剖面号 Soil profile	土纲 Soil order	土类 Soil great group	亚类 Soil subgroup	土属 Soil genus	土种 Soil species	土层码 Layer code	土层厚度 Depth/cm	颜色 Soil color	质地 Soil texture	土壤结构 Soil structure	pH	有机质 OM/(g/kg)	全氮 TN/(g/kg)	全磷 TP/(g/kg)	全钾 TK/(g/kg)	碱解氮 AN/(mg/kg)	有效磷 AP/(mg/kg)	速效钾 AK/(mg/kg)	阳离子交换量 CEC/(cmol/kg)	土壤母质 Parent material	剖面点坐标 Profile coordinate	匹配指数 Matching index/%
剖17	人为土	水稻土	潴育水稻土	河砂泥田	河砂泥田	A	0–18	浅灰色	中壤土	块状	5.1	21.1	0.80	0.31	34.9	132	3.5	27	7.2	河流冲积物	E 114°16′09.8″ N 24°08′24.7″	94
						P	18–24	白色	中壤土	块状	6.2	19.1	1.00	0.31	28.3		1.7	47				
						W	24–42	黄色	中壤土	柱状	6.1	3.8	0.50	0.26	33.6							
						C_1	42–63	黄色	中壤土	块状	6.5	3.2	0.20	0.22	27.5							
						C_2	63–100		砂石土	块状												
剖18	铁铝土	赤红壤	赤红壤	砂页岩赤红壤		A	0–9	灰黄色	中壤土	粒状	4.7	24.7	0.80	0.44	12.3			42	8.3	砂页岩	E 114°27′28.8″ N 24°05′55.3″	81
						B	9–39	黄黄色	中壤土	粒状	5.0	17.0	0.40	0.39	12.4			19				
剖19	铁铝土	红壤	红壤	砂页岩红壤		A	0–11	黄黄色	中壤土	块状	5.0	31.5	1.30	0.31	17.1			38	9.1	砂页岩	E 114°24′44.1″ N 24°04′08.7″	100
						B	11–85	黄红色	中壤土	块状	4.9	26.3	0.90	0.22	18.0			26				
剖20	人为土	水稻土	潴育水稻土	河砂泥田	河结砂泥田	A	0–18	灰白色	砂壤土	粒状	5.5	16.3	0.60	0.26	40.1	81	1.7	54	5.1	河流冲积物	E 114°21′00.4″ N 24°00′39.2″	76
						P	18–27	黄黄色	砂壤土	粒状	5.8	12.3	0.40	0.22	45.7			15				
						W	27–58	黄红色	砂壤土	粒状	6.6	8.8	0.30	0.17	33.8							
						C	58–100		砂石土	粒状	5.2	1.8	0.20	0.57	20.3							
剖21	铁铝土	红壤	红壤	砂页岩红壤		A	0–20	灰黄色	中壤土	粒状	5.2	22.5	0.40	0.52	7.6	80	1.3	22	4.7	砂页岩	E 114°16′23.8″ N 24°00′24.6″	100
						B	20–85	黄黄色	中壤土	粒状	5.1	21.3	2.10	0.17	12.9		微量	55				
剖22	铁铝土	黄壤	黄壤	砂页岩黄壤		A	0–21	深黄色	中壤土	团粒状	4.9	31.1	1.30	0.22	19.6		2.2	54	5.3	砂页岩	E 114°30′35.5″ N 24°07′47.2″	95
						B	21–85	灰黄色	轻壤土	小块状	4.3	26.8	0.80	0.13	17.9			59				
剖23	人为土	水稻土	潴育水稻土	潮砂泥田	潮泥田	A	0–15	灰白色	轻壤土	团粒状	5.2	35.5	1.90	0.61	16.0	169	0.4	50	10.5	河流冲积物	E 113°46′40.1″ N 23°59′23.3″	96
						P	15–21	黄黄色	中壤土	团粒状	5.6	20.0	1.20	0.22	16.3			40				
						W	21–47	浅黄色	轻黏土	块状	5.7	6.3	0.40	0.22	19.4							
						C	47–100	灰黄色	轻黏土	粒状	6.8	9.8	0.60	0.31	23.2							
剖24	铁铝土	黄壤	黄壤	耕型花岗岩黄壤		A	0–18	灰黄色	中壤土	粒状	6.6	12.0	0.40	0.17	7.6		0.4	30	2.7	花岗岩	E 113°58′47.3″ N 23°57′36.7″	72
						C_1	18–33	灰黄色	中壤土	粒状	7.4	9.6	0.50	0.13	15.9			29				
						C_2	33–100		中壤土	粉状	6.0	5.3	0.40	0.09	15.9							
剖25	铁铝土	红壤	红壤	花岗岩红壤		A	0–23	黄色	中壤土	块状	4.9	21.5	0.90	0.17	21.0		0.9	32	7.2	花岗岩	E 113°51′23.4″ N 23°57′30.2″	83
						B	23–85	灰红色	中壤土	柱状	4.8	9.7	0.60	0.22	30.5			25				
剖26	铁铝土	赤红壤	赤红壤	花岗岩赤红壤		A	0–9	灰白色	中壤土	块状	5.0	31.7	0.60	0.17	32.7		0.4	24	8.3	花岗岩	E 114°09′20.2″ N 23°59′48.1″	71
						B	9–80	暗红色	中壤土	粒状	4.8	8.9	0.30	0.17	33.7			28				
						C	40–100	红色	中壤土	粒状	4.6	22.2	1.30	0.17	25.1							
剖27	人为土	水稻土	潴育水稻土	河砂泥田		A	0–4	浅黄色	中壤土	粒状	5.1	14.3	0.90	0.09	26.8	119	1.3	30		河流冲积物	E 114°06′47.5″ N 23°59′38.8″	70
						P	4–85	灰黄色	中壤土	粒状	5.0	8.9	0.50	0.17	26.5			32				
						W	20–60	黄色	中壤土	块状	4.7	8.6	0.50	0.13	18.3							
						C	60–100		砂土	无明显结构	6.0											
剖28	铁铝土	红壤	红壤	花岗岩红壤	薄有机质层中层花岗岩红壤	A	0–9	灰黄色	中壤土	块状	4.8	22.5	1.20	0.09	10.3			56	8.3	花岗岩	E 114°02′45.5″ N 23°59′19.5″	94
						B	9–85	灰红色	中壤土	粒状	4.6	9.8	0.50	0.22	11.1			50				
剖29	铁铝土	红壤	红壤	花岗岩红壤		A	0–6	红色	中壤土	块状	5.1	16.2	0.50	0.04	2.4			74	7.1	花岗岩	E 114°14′03.5″ N 23°57′40.0″	93
						C	6–40	灰红色	中壤土	柱状	4.7	5.5	0.10	0.04	10.3			22				
剖30	铁铝土	红壤	红壤	砂页岩红壤		A	0–4	黄红色	中壤土	粒状	5.1	24.1	1.20	0.48	15.3			48	5.5	砂页岩	E 114°19′57.0″ N 23°59′15.4″	93
						B	4–85	红色	中壤土	块状	5.0	21.6	0.90	0.22	15.9			36				
剖31	铁铝土	黄壤	黄壤	花岗岩黄壤		A	0–8	黄色	中壤土	粒状	4.7	21.6	0.90		17.2			61	7.6	花岗岩	E 114°16′51.6″ N 23°56′36.6″	85
						B	8–69	灰色	中壤土	块状	4.8	20.0	0.80	0.17	19.7			32				
剖32	铁铝土	黄壤	黄壤	花岗岩黄壤		A	0–22	灰黄色	中壤土	团粒状	5.5	31.2	1.20	0.13	17.2			74	7.1	花岗岩	E 114°20′60.0″ N 23°56′12.8″	99
						B	22–85	黄色	中壤土	块状	4.9	22.4	1.00		19.7							
剖33	铁铝土	赤红壤	赤红壤	花岗岩赤红壤		A	0–21	灰色	中壤土	粒状	4.9	26.0	0.80	0.22	30.0			30	8.6	花岗岩	E 114°19′59.2″ N 23°55′16.3″	92
						C	21–85	灰红色	中壤土	块状	4.8	17.3	0.60	0.22	28.2			23				

续表 Continued

剖面号 Soil profile	土纲 Soil order	土类 Soil great group	亚类 Soil subgroup	土属 Soil genus	土种 Soil species	土层码 Layer code	土层厚度 Depth/cm	颜色 Soil color	质地 Soil texture	土壤结构 Soil structure	pH	有机质 OM/(g/kg)	全氮 TN/(g/kg)	全磷 TP/(g/kg)	全钾 TK/(g/kg)	碱解氮 AN/(mg/kg)	有效磷 AP/(mg/kg)	速效钾 AK/(mg/kg)	阳离子交换量CEC/(cmol/kg)	土壤母质 Parent material	剖面点坐标 Profile coordinate	匹配指数 Matching index/%
剖34	铁铝土	红壤	红壤	花岗岩红壤	中有机质厚层花岗岩红壤	A	0—12	灰黄色	轻壤土	粒状	5.1	24.9	0.60	0.17	35.8			105	8.1	花岗岩	E 114°18′46.4″ N 23°55′04.8″	72
						B	12—72	浅红色	中壤土	块状	5.0	18.5	1.40	0.33	48.3			72				
						C	72—100					17.3	0.80	0.09	20.5							
剖35	铁铝土	红壤	红壤	耕型砂页岩红壤	红泥地	A	0—14	浅黄色	砂壤土	团粒状	5.9	13.6	0.70	0.44	12.9	83	4.4	51	5.3	砂页岩	E 114°16′12.4″ N 23°55′01.9″	81
						C	14—100	黄色	砂壤土	团粒状	6.0	11.3	0.60	0.26	7.3			43				

乐 昌 市

主要土类说明

红壤是乐昌市主要土壤类型，占本市地域面积的 49%，广泛分布在海拔 750m 以下的低山、丘陵地带，是本市的主要土壤资源。成土母质主要为花岗岩、砂页岩和第四纪红土。红壤的发育随着母质、植被和地貌类型的不同，产生明显的变化。在一般情况下，由花岗岩发育的红壤土层深厚，质地较轻，砂粒较多，钾素含量较高；由砂页岩发育的红壤砂粒较少，黏粒较多。植被覆盖率较高的地带，红壤有机质层较厚，养分含量较高。随着海拔和坡度的增加，土层变薄，质地变轻。位于缓坡和山窝的红壤土体较厚，质地较黏。

石灰（岩）土是乐昌市第二大土壤类型，占本市地域面积的 24%，广泛分布在石灰岩地区。受强烈的风化和淋溶作用，石灰岩地区形成峰林和溶洞等特殊地形。因表土层中的碳酸钙淋溶殆尽，土壤呈中性或酸性，黏粒和铁锰氧化物发生移动淀积，导致土壤质地较黏重，土层与基岩分界明显。本市石灰（岩）土多属红色石灰土亚类。

黄壤是乐昌市第三大土壤类型，占本市地域面积的 13%，分布在海拔 750m 以上的山地，五山、庆云、九峰、两江、大源等地分布较多。成土母质主要为花岗岩、砂页岩等。随着地势增高，土层逐渐变薄，山顶处的黄壤土层浅薄，岩石裸露，遍地碎石。由于表土层有机质大量聚积，缓坡处靠近村庄的肥沃土壤已被开垦为梯田或旱地。花岗岩黄壤土层较为深厚，土质疏松，为粒状、团粒状或块状结构，表土层呈灰黑色，心土层呈黄色或浅黄色。砂页岩黄壤是本市主要的山地黄壤类型，主要分布在海拔 750m 以上的中低山区，土层厚度不一，有机质层以中层为主，其他土层以厚层为主，为碎块状、块状或粒状结构，表土层呈灰色或棕灰色，心土层呈黄色或浅黄色，全剖面呈酸性。

水稻土占本市地域面积的 9%，是本市面积最大的耕作土壤，广泛分布在低山丘陵区和河谷平原区。本市水稻土分为淹育型、潴育型、潜育型、渗育型、沼泽型、矿毒型等亚类。其中，潴育水稻土面积最大，占本土类面积的 86%，主要分布在地形平缓的低丘平原区，光温条件好，耕作历史悠久，剖面构型为 A-P-C 或 A-P-W-G-C。该亚类的主要特点是在犁底层下形成具有淋溶和淀积特征的潴育层，剖面内有棕黄色的铁锈斑纹、紫黑色的锰质斑点或新生的铁锰结核，具有明显的棱柱状或柱状结构，结构体表面有铁锰胶膜，剖面层次较完整。

黄棕壤占本市地域面积的 4%。黄棕壤发生于亚热带暖湿落叶阔叶林下，弱度富铝化，黏聚现象明显，呈黄棕色。该土壤具 A-B-C 或 A-（B）-C 剖面构型，黏粒硅铝率在 2.5 左右，铁的游离度较红壤低，B 层交换性酸大于 A 层。土壤 pH 为 5.5—6.0。

小于本市地域面积 3% 的土壤类型有潮土。

本区域中心区气候特征

本区域中心区气候特征值
Regional climate characteristics in central area of the region

气候带：中亚热带湿润气候 Climate region: Subtropical humid climate	
年平均气温 /℃ Annual average temperature /℃	19.6
年平均最高气温 /℃ Annual average maximum temperature /℃	24.2
年平均最低气温 /℃ Annual average minimum temperature /℃	16.4
年降水量 /mm Annual precipitation /mm	1495
≥10℃的积温 /℃ Daily temperature accumulated in a year（≥10℃）/℃	8061
年日照时数 /h Annual sunshine /h	1593
年平均相对湿度 /% Annual average relative humidity /%	77
干燥度 Dryness	0.77

本区域中心区月平均气温与月平均降水量
Monthly temperature and precipitation in central area of the region

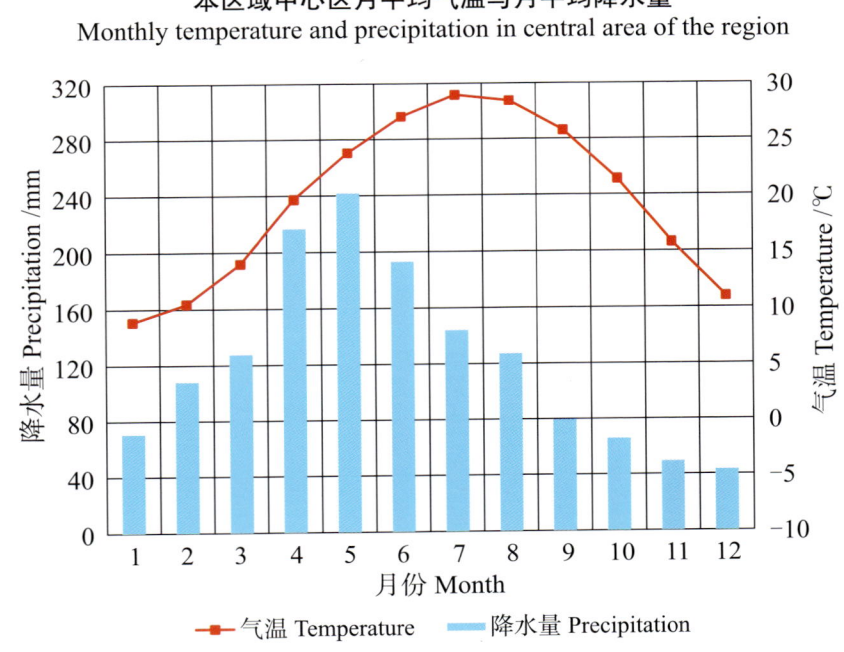

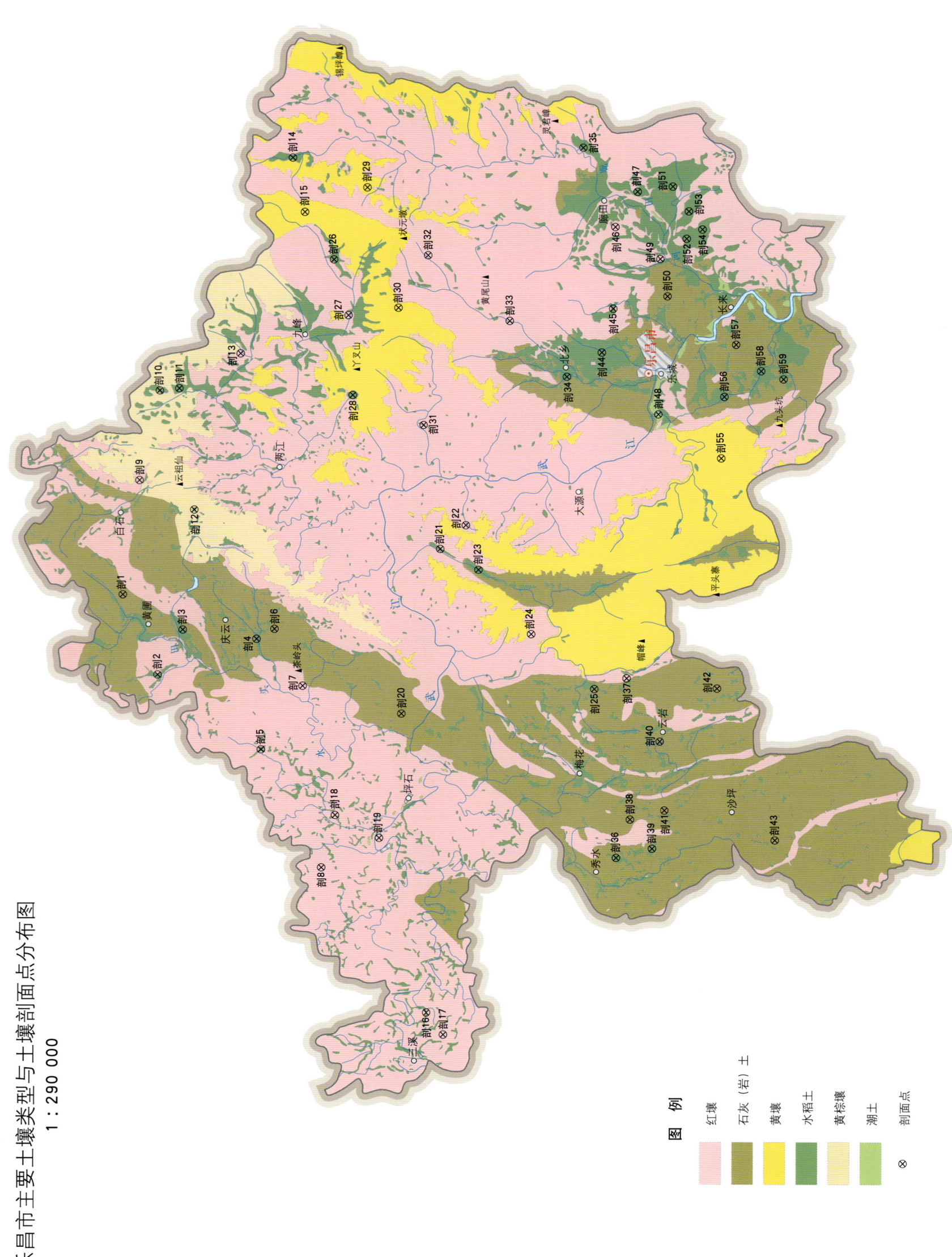

乐昌市主要土壤类型与土壤剖面点分布图
1∶290 000

图 例
红壤
石灰（岩）土
黄壤
水稻土
黄棕壤
潮土
剖面点

乐昌市土壤剖面理化性状表

剖面号 Soil profile	土纲 Soil order	土类 Soil great group	亚类 Soil subgroup	土属 Soil genus	土种 Soil species	土层码 Layer code	土层厚度 Depth/cm	颜色 Soil color	质地 Soil texture	土壤结构 Soil structure	pH	有机质 OM/(g/kg)	全氮 TN/(g/kg)	全磷 TP/(g/kg)	全钾 TK/(g/kg)	有效磷 AP/(mg/kg)	速效钾 AK/(mg/kg)	土壤母质 Parent material	剖面点坐标 Profile coordinate	匹配指数 Matching index/%
剖1	初育土	石灰(岩)土	红色石灰土	酸性红色石灰土		A	0—31		中壤土		5.9	12.9	0.51	0.46	25.5	2.2	51		E 113°11′47.4″ N 25°27′30.6″	92
						B	31—100		中壤土		6.4	9.1	0.48	0.34	22.6					
剖2	人为土	水稻土	潴育水稻土	红砂岩红色泥田	红砂泥田	A	0—18	浅灰色	轻壤土	碎块状	6.2	23.4	1.04	0.18	28.1	3.1	27	红砂岩坡积物、谷底冲积物	E 113°08′26.5″ N 25°26′17.9″	86
						P	18—26	浅灰色	中壤土	块状	6.6	13.1	0.61	0.10	28.1					
						W	26—57	浅黄色	砂壤土	柱状	7.4	3.8	0.23	0.14	27.2					
						C	57—100	棕色	砂壤土	粒状										
剖3	人为土	水稻土	潴育水稻土	宽谷冲积红泥田	宽谷泥田	A	0—13	灰棕色	中壤土	团粒状	5.4	35.8	1.93	0.35	7.5	2.6	48	冲积物	E 113°10′17.0″ N 25°25′20.6″	89
						P	13—30	棕褐色	中壤土	块状	5.6	22.6	1.26	0.32	7.2					
						W	30—47	浅灰色	重壤土	柱状	8.1	6.6	0.46	0.30	7.1					
剖4	人为土	水稻土	潴育水稻土	冷底田	冷底田	A	0—15	暗灰黄色	轻壤土	团粒状	8.5	41.3	2.76	0.46	7.8	10.9	45	谷底冲积物	E 113°09′50.8″ N 25°22′38.6″	81
						P	15—25	灰黄色	中壤土	块状	8.6	26.4	2.18	0.38	8.5					
						G	25—40	灰蓝色	砂壤土	粒状	8.7	23.3	1.95	0.47	12.4					
						C	40—100	浅灰色	中壤土											
剖5	人为土	水稻土	潴育水稻土	砂页岩红泥田	页红粉田	A	0—15	灰棕色	中壤土	粒状	5.4	23.8	1.25	0.22	7.6	3.5	33	砂页岩	E 113°05′15.7″ N 25°22′33.6″	71
						P	15—32	黄棕色	重壤土	块状	8.7	14.3	1.03	0.42	12.3					
						W	32—70	棕灰色	砂壤土	柱状	6.5	7.3	0.55	0.39	10.9					
						C	70—100	浅黄棕色	中壤土	块状										
剖6	人为土	水稻土	潴育水稻土	冷底田	铁锈水田	A	0—18	黄灰色	中壤土	粒状	5.4	45.3	2.38	0.37	9.9	8.7	37		E 113°10′14.5″ N 25°21′58.7″	76
						P	18—40		中壤土	粒状	5.6	23.9	1.40	0.26	12.5					
						W	40—100		中壤土		5.7	12.1	0.46	1.16	12.9					
剖7	铁铝土	红壤		砂页岩红壤		A	0—5	红褐色	轻壤土	粒状	4.6	35.3	1.24	0.21	5.5	4.8	110	砂页岩	E 113°07′52.7″ N 25°20′59.3″	87
						B	5—100	棕红色	中壤土	块状	5.1	4.6	0.26	0.16	8.5					
剖8	铁铝土	红壤		红色砂页岩红壤		A	0—9		中壤土	块状	5.7	20.6	0.90	0.21	11.2	1.3	78	砂页岩	E 113°00′17.6″ N 25°20′25.1″	74
						B	9—55		中壤土		5.0	7.1	0.45	0.08	11.6					
剖9	铁铝土	红壤		砂页岩红壤		A	0—31		中壤土		4.7	25.5	1.16	0.21	14.7	1.3	54	砂页岩	E 113°16′33.2″ N 25°26′49.2″	96
						B	31—52		中壤土		5.4	3.4	0.29	0.17	14.4					
剖10	人为土	水稻土	淹育水稻土	砂页岩红泥田	页红泥底田	A	0—14	暗灰色	中壤土	团粒状	5.7	34.4	1.48	0.40	19.1	14.4	147	砂页岩坡积物	E 113°20′14.6″ N 25°26′00.6″	98
						P	14—21	浅灰黄色	重壤土	块状	5.9	17.8	0.87	0.22	21.6					
						C	21—100	棕黄色	重壤土	粒状	7.0	11.1	0.73	0.19	22.4					
剖11	人为土	水稻土	潴育水稻土	河ского泥田	河石子底砂质田	A	0—15	灰白色	砂壤土	块状	5.7	28.4	1.35	0.23	27.1	3.9	38	河流冲积物	E 113°20′19.0″ N 25°25′17.8″	100
						P	15—22	灰黄色	轻壤土	粒状	5.7	12.7	0.64	0.11	24.1					
						C	22—100	黄色	松砂土	粒状	5.7	1.8	0.11	0.03	24.3					
剖12	人为土	水稻土	淹育水稻土	麻红黄泥田	麻红泥田	A	0—15	暗黄色	中壤土	块状	5.4	36.1	1.90	0.45	14.7	8.7	65	花岗岩坡积物	E 113°15′16.9″ N 25°24′49.7″	73
						P	15—22	浅红棕色	轻壤土	块状	5.7	18.4	1.00	0.19	12.3					
						C	22—100	棕黄色	轻壤土		7.0	7.1	0.30	0.15	10.5					
剖13	铁铝土	红壤		花岗岩红壤		A	0—9	浅红色	重壤土	团粒状	5.0	42.1	1.86	0.21	4.9	3.5	107	花岗岩	E 113°21′43.2″ N 25°23′01.3″	85
						B	9—100	浅灰黄色	中壤土	块状	5.0	9.5	0.60	0.18	12.9					
剖14	人为土	水稻土	潴育水稻土	麻红泥田	麻砂泥田	A	0—17	灰黄色	中壤土	柱状	5.4	37.4	2.12	0.39	14.4	15.7	63	花岗岩坡积物	E 113°29′48.5″ N 25°20′56.4″	74
						P	17—29	浅黄色	中壤土	柱状	5.4	13.4	0.79	0.18	13.9					
						W	29—54	红黄色	中壤土	团块状	5.8	10.8	0.74	0.32	16.1					
剖15	铁铝土	黄壤		砂页岩黄壤		C	54—100		砂壤土		4.5	137.4	5.84	0.62	18.4	10.0	112	砂页岩	E 113°27′32.8″ N 25°20′32.6″	79
						B	12—45		砂壤土		4.5	110.5	5.81	0.69	18.9					

续表 Continued

剖面号 Soil profile	土纲 Soil order	土类 Soil great group	亚类 Soil subgroup	土属 Soil genus	土种 Soil species	土层码 Layer code	土层厚度 Depth/cm	颜色 Soil color	质地 Soil texture	土壤结构 Soil structure	pH	有机质 OM/(g/kg)	全氮 TN/(g/kg)	全磷 TP/(g/kg)	全钾 TK/(g/kg)	有效磷 AP/(mg/kg)	速效钾 AK/(mg/kg)	土壤母质 Parent material	剖面点坐标 Profile coordinate	匹配指数 Matching index/%
剖面16	人为土	水稻土	潴育水稻土	红砂岩红泥田		A	0—14	紫灰色	重壤土	粒状	8.1	58.9	3.11	0.41	28.4	7.0	128	红砂岩坡积物	E 112°54′11.5″ N 25°16′38.6″	98
						P	14—31	灰紫色	轻黏土	块状	8.3	45.1	2.44	0.31	29.0					
						W	31—100		轻黏土	柱状	8.0	11.8	0.88	0.20	27.5					
剖面17	铁铝土	红壤	红壤	红色砂页岩红壤		A	0—15		重壤土		7.6	14.4	0.95	0.14	27.1		107	红色砂页岩	E 112°53′16.5″ N 25°16′02.5″	76
						B	15—100		重壤土		7.2	5.3	0.46	0.10	25.4					
剖面18	铁铝土	红壤	红壤	红色砂页岩红壤		A	0—25		砂壤土		6.3	29.8	1.26	0.12	21.2	1.3	2	红色砂页岩	E 113°02′28.3″ N 25°19′53.0″	82
						B	25—50		中壤土		5.5	11.6	0.70	0.08	24.7					
剖面19	铁铝土	红壤	红壤	红色砂页岩红泥地		A	0—20	浅棕红色	重壤土	粒状	8.5	16.1	1.12	0.38	26.8	2.2	153	红色砂页岩	E 113°01′29.3″ N 25°18′16.9″	74
						B	20—100	暗棕红色	中壤土	团块状	8.0	12.2	0.91	0.17	30.7					
剖面20	初育土	石灰(岩)土	红色石灰土	酸性岩红石灰土	薄有机质层中层酸性红色砂石灰土	A	0—9		重壤土		4.3	28.7	1.14	0.17	13.4		70		E 113°06′39.2″ N 25°17′23.3″	72
						B	9—33		中壤土		4.5	9.0	0.63	0.12	13.3					
						C	33—100		重石质土		5.0	4.8	0.62	0.10	13.7					
剖面21	人为土	水稻土	潴育水稻土	砂页岩红泥田	页砂红泥田	A	0—16	浅灰色	重壤土	团粒状	5.0	44.7	2.50	5.20	15.1	6.5	80	砂页岩坡积物	E 113°13′26.8″ N 25°15′50.8″	78
						P	16—26	浅灰色	中壤土	块状	5.3	29.8	1.60	5.06	14.3					
						C	26—100		重壤土		6.7	10.8	1.20	7.51	14.7					
剖面22	铁铝土	红壤	红壤	砂页岩红壤		A	0—18	灰棕色	重壤土	粒状	4.5	37.9	1.57	0.30	21.2	2.6	60	砂页岩	E 113°14′25.1″ N 25°14′53.5″	70
						B	18—100	黄色	重壤土	团粒状	4.9	11.9	0.76	0.35	22.4					
剖面23	人为土	水稻土	潴育水稻土	砂页岩红泥田	页砂红泥田	A	0—15	浅灰色	轻壤土	块状	5.0	38.0	2.17	0.51	10.2	10.5	75	砂页岩	E 113°12′33.1″ N 25°14′27.6″	83
						P	15—25	灰白色	中壤土	块状	5.3	28.6	1.26	0.46	9.3					
						W	25—37	浅黄色	中壤土	柱状	5.2	15.4	0.83	0.43	11.3					
						C	37—100	棕红色	中壤土	碎块状	4.4	36.4	1.59	0.28	15.0					
剖面24	铁铝土	红壤	红壤	砂页岩红壤	中有机层中层酸性红壤	A	0—16		中壤土		4.5	18.1	0.88	0.23	15.0	3.1	69	砂页岩	E 113°09′50.0″ N 25°12′34.6″	83
						B	16—45		重壤土		4.7	7.1	0.58	0.23	9.0					
						C	45—100	灰棕色	中壤土	团粒状	5.4	27.9	1.75	0.65	11.5					
剖面25	人为土	矿窖型水稻土	矿窖型水稻土	矿窖田	硫黄矿矿窖田	A	0—14	灰棕色	中壤土	块状	5.5	18.6	1.38	0.57	13.0	17.9	49	砂页岩	E 113°07′31.9″ N 25°10′17.7″	74
						P	14—21	棕黄色	轻壤土	块状	5.4	3.7	0.48	0.27	11.3					
剖面26	铁铝土	红壤	红壤	麻砂红泥田	麻砂质田	A	0—17	浅灰色	砂壤土		5.6	28.5	1.26	0.26	36.5	6.5	46	砂页岩坡积物	E 113°25′33.6″ N 25°19′31.4″	95
						P	17—32	浅灰色	砂壤土		5.8	9.8	0.44	0.10	29.9					
						W	32—60	米黄色	中壤土		6.3	8.0	0.39	0.50	35.7					
剖面27	人为土	水稻土	潴育水稻土	砂页岩红泥田		A	0—20	棕褐色	中壤土	碎块状	3.9	81.8	1.12	0.20	16.7	7.9	30	花岗岩	E 113°23′13.2″ N 25°19′02.3″	77
						B	20—100		中壤土		4.1	4.2	0.26	0.16	20.2					
剖面28	人为土	水稻土	潴育水稻土	花岗岩红泥田		A	0—17	浅灰色	重壤土	粒状	5.3	46.1	2.60	0.46	19.2	4.4	81	砂页岩坡积物	E 113°19′53.8″ N 25°18′56.5″	72
						P	17—27	浅灰色	重壤土	块状	5.9	14.4	0.85	0.41	18.8					
						W	27—77	黄色	轻壤土	块状	6.2	10.1	0.56	0.41	19.1					
剖面29	铁铝土	黄壤	黄壤	花岗岩黄壤		A	0—25		轻壤土		5.1	29.7	1.10	0.42	19.0	3.1	70	花岗岩	E 113°28′30.0″ N 25°18′14.0″	92
						B	25—100		中壤土		5.3	4.8	0.28	0.33	22.8					
剖面30	铁铝土	黄壤	黄壤	花岗岩黄壤		A	0—12	浅灰色	中壤土	团粒状	5.0	27.2	1.26	0.06	15.8	0.4	76	花岗岩	E 113°23′29.0″ N 25°17′12.1″	91
						B	12—100		重壤土		5.3	7.5	0.43	0.03	14.2					
剖面31	人为土	水稻土	矿窖型水稻土	矿窖田	钨矿矿窖田	A	0—20	浅灰色	中壤土	团粒状	5.5	28.3	1.60	0.29	21.5	9.6	65	砂页岩坡积物	E 113°19′35.6″ N 25°16′22.1″	96
						P	20—28	灰色	中壤土	块状	5.6	13.1	0.93	0.19	28.5					
						W	28—80	棕红色	砂壤土	碎块状	6.4	9.5	0.66	0.29	33.4					
剖面32	铁铝土	红壤	红壤	花岗岩红壤		A	0—40	棕褐色	中壤土	块状	5.0	26.2	0.99	0.20	27.9	0.4	115	花岗岩	E 113°25′38.6″ N 25°16′03.7″	78
						B	40—100		中壤土		5.0	5.6	0.36	0.16	27.4					

续表 Continued

剖面号 Soil profile	土纲 Soil order	土类 Soil great group	亚类 Soil subgroup	土属 Soil genus	土种 Soil species	土层码 Layer code	土层厚度 Depth/cm	颜色 Soil color	质地 Soil texture	土壤结构 Soil structure	pH	有机质 OM/(g/kg)	全氮 TN/(g/kg)	全磷 TP/(g/kg)	全钾 TK/(g/kg)	有效磷 AP/(mg/kg)	速效钾 AK/(mg/kg)	土壤母质 Parent material	剖面点坐标 Profile coordinate	匹配指数 Matching index/%
剖33	铁铝土	红壤	红壤	砂页岩红壤	砂页岩红泥田	A	0—25	暗灰色	重壤土	粒状	5.6	48.9	2.18	0.49	17.2	0.9	67	砂页岩	E 113°22′50.9″ N 25°13′08.0″	87
						B	25—100	黄色	中壤土	块状	5.5	8.6	0.59	0.76	15.3					
剖34	人为土	水稻土	潴育水稻土	宽谷冲积土田	宽谷砂泥田	A	0—15		中壤土		8.2	45.3	2.05	0.55	13.3			宽谷冲积物	E 113°20′28.0″ N 25°11′05.3″	89
						P	15—28		中壤土		8.5	21.7	1.17	0.31	15.7					
						C	28—100		轻壤土		8.6	12.1	0.81	0.21	30.2					
剖35	人为土	水稻土	潴育水稻土	河砂泥田	河砂泥田	A	0—14	红灰色	中壤土	粒状	8.4	31.4	1.73	0.78	19.2	7.9	183	河流冲积物	E 113°29′56.0″ N 25°10′17.4″	92
						P	14—22	灰红色	中壤土	块状	8.7	21.0	1.25	0.78	17.1					
						W	22—100	灰棕色	中壤土	柱状	8.6	5.7	0.46	0.45	17.6					
剖36	人为土	水稻土	潴育水稻土	洪积红黄泥田	洪积泥田	A	0—14	暗棕色	重壤土	团粒状	8.3	46.7	2.30	0.75	9.6	14.8	66	洪积物	E 113°00′30.2″ N 25°09′36.7″	81
						P	14—25	灰棕色	轻壤土	块状	8.4	36.4	1.93	0.67	8.8					
						W	25—50	红棕色	轻黏土	棱粒状	8.3	15.6	0.99	0.56	8.8					
						C	50—100	红棕色	轻黏土	块状										
剖37	铁铝土	红壤	淹育水稻土	砂页岩红黄泥地	砂页岩红砂泥地	A	0—47	红褐色	轻壤土	粒状	4.6	15.0	0.70	0.17	6.6			砂页岩风化坡积物	E 113°07′57.0″ N 25°09′06.5″	82
						B	47—100	砖红色	中壤土	块状	4.5	4.6	0.22	0.09	5.8					
剖38	初育土	石灰(岩)土	红色石灰土	红火泥地	红火红泥地	A	0—21	浅棕色	中壤土	棱柱状	7.9	30.9	1.91	0.52	9.8	10.0	86		E 113°02′05.3″ N 25°09′04.7″	75
						B	21—100	黄棕色	重壤土	粒状	7.1	8.9	0.75	0.14	11.2					
剖39	初育土	石灰(岩)土	红色石灰土	石灰板结色灰土	石灰板结黄泥田	A	0—17	浅灰色	中壤土	团粒状	8.6	27.6	1.73	0.56	8.6	18.3	145	洪积物	E 113°00′51.8″ N 25°08′17.2″	88
						P	17—27	黄灰色	重壤土	块状	8.7	19.7	1.43	0.55	8.5					
						W	27—44	黄黄色	重壤土	柱状	8.5	11.7	0.81	0.28	10.1					
						C	44—100	灰色	重壤土	粒状	7.6	31.2	1.79	0.16	10.4					
剖40	人为土	水稻土	潴育水稻土	洪积红黄泥田	洪积泥田	A	0—14	棕色	重壤土	碎块状	7.3	16.2	1.12	0.18	12.6	3.5	30	洪积物	E 113°05′18.6″ N 25°07′55.9″	76
						B	14—20	灰棕色	中壤土	棱柱状	8.2	6.4	0.30	0.18	12.4					
剖41	人为土	水稻土	淹育水稻土	红火红泥地	红火红泥地	A	20—46	浅黄棕	轻壤土	团粒状	6.9	41.0	2.60	0.40	14.7	1.7	75		E 113°02′26.9″ N 25°07′48.4″	91
						B	20—70	黄棕色	轻壤土		7.0	16.5	1.88	0.28	23.6					
剖42	初育土	石灰(岩)土	红色石灰土	酸性红色石灰土		A	0—7	重黄色	重壤土	块状	5.1	40.0	1.75	0.29	15.4	2.2	95		E 113°07′28.0″ N 25°05′48.1″	86
						B	7—100	棕红色	重壤土	粒状	5.1	8.4	0.84	0.24	21.9					
剖43	初育土	石灰(岩)土	红色石灰土	红色石灰结田		A	0—18	红黄色	重黏土	块状	7.4	31.7	2.12	0.33	24.6	0.9	82		E 113°01′08.0″ N 25°03′46.4″	90
						B	18—70	灰黄色	重黏土	粒状	7.0	13.8	1.62	0.24	32.9					
						C	70—100	灰黄色	重壤土	块状	5.9	35.6	1.84	0.41	16.3					
剖44	人为土	水稻土	潴育水稻土	泥肉田	泥肉田	A	0—17	黄红色	中壤土	柱状	7.4	11.4	0.56	0.20	16.2	17.0	52	河流冲积物、谷底冲积物	E 113°21′26.6″ N 25°09′47.2″	76
						W	17—27	棕色	中壤土	块状	7.7	6.8	0.50	0.28	17.0					
						C	27—56	黄棕色	重壤土											
							56—100													
剖45	人为土	水稻土	潴育水稻土	矿毒田	铁矿毒田	A	0—20	灰棕色	轻壤土	粒状	5.2	43.7	1.70	0.52	20.4	7.9	43		E 113°05′15.4″ N 25°09′19.8″	76
						B	20—26	黄棕色	中壤土	粒状	5.9	14.5	0.81	0.45	19.7					
						C	26—60	棕色	中壤土	柱状	7.5	5.2	0.36	0.29	18.3					
剖46	铁铝土	红壤	红壤	第四纪红土	中有机质层厚层第四纪红土	A	0—12	黄红色	轻壤土		5.0	32.2	1.60	0.27	29.7		91	第四纪红土	E 113°26′38.4″ N 25°09′10.8″	95
						B	12—48	棕红色	中壤土	粒状	5.1	11.5	0.84	0.24	32.0					
						C	48—100	暗红色	中壤土	粒状	5.7	8.8	0.72	0.27	31.9					
剖47	人为土	水稻土	淹育水稻土	第四纪红土	红土黏土田	A	0—17	黄灰色	重壤土	粒状	7.9	22.4	1.30	0.45	12.6	7.4	42	第四纪红土	E 113°28′04.1″ N 25°08′20.4″	82
						P	17—30	浅黄色	中壤土	柱状	7.9	7.6	0.51	0.36	14.4					
						C	30—100	暗黄色	中黏土	块状	7.5	9.2	0.61	0.27	12.9					
剖48	半成土	潮土	潮土	潮砂泥地	潮砂泥田	A	0—15	褐色	紧砂土	粒状	5.6	13.0	0.63	0.52	21.2	7.4	79	河流冲积物	E 113°18′50.4″ N 25°07′45.5″	99
						B	15—100	黄红色	砂壤土	粒状	6.7	5.1	0.26	0.28	21.5					

续表 Continued

剖面号 Soil profile	土纲 Soil order	土类 Soil great group	亚类 Soil subgroup	土属 Soil genus	土种 Soil species	土层码 Layer code	土层厚度 Depth/cm	颜色 Soil color	质地 Soil texture	土壤结构 Soil structure	pH	有机质 OM/(g/kg)	全氮 TN/(g/kg)	全磷 TP/(g/kg)	全钾 TK/(g/kg)	有效磷 AP/(mg/kg)	速效钾 AK/(mg/kg)	土壤母质 Parent material	剖面点坐标 Profile coordinate	匹配指数 Matching index/%
剖49	铁铝土	红壤	红壤	第四纪红土红泥地	红土红泥地	A	0–18	灰红色	轻黏土	块状	5.1	30.8	1.25	0.31	6.7			第四纪红土	E 113°25′16.7″ N 25°07′33.6″	73
						B	18–51	黄红色	中黏土	块状	4.8	11.9	0.78	0.28	7.6					
						C	51–100	浅红色	黏土	粒状										
剖50	初育土	石灰（岩）土	红色石灰土	酸性红火泥地	酸性红火红砂泥地	A	0–17	黄棕色	中壤土	粒状	6.0	9.0	0.87	0.43	28.0	3.1	66	石灰岩风化物	E 113°23′43.4″ N 25°07′19.9″	84
						B	17–60	黄橙色	重壤土	块状	5.2	5.7	0.57	0.40	30.3					
剖51	人为土	潴育水稻土	第四纪红土泥田	红土砂田		A	0–11	棕黄色	轻壤土		5.8	28.2	1.39	0.25	7.3	6.1	39	第四纪红土	E 113°28′14.5″ N 25°07′02.6″	97
						P	11–18	暗黄色	中壤土		6.0	7.2	0.47	0.21	8.6					
						W	18–65	橙黄色	中壤土		7.4	5.5	0.32	0.19	10.4					
						C	65–100	橙黄色	中壤土											
剖52	人为土	潴育水稻土	石灰板结泥田	石灰性砂泥田		A	0–16	浅灰色	中壤土	团粒状	8.6	41.4	2.62	0.37	6.6	4.8	68		E 113°26′05.3″ N 25°06′34.9″	76
						P	16–31	灰灰色	重壤土	块状	8.8	18.2	1.29	0.26	6.1					
						W	31–70	灰黄色	重壤土	柱状	8.8	14.5	0.82	0.28	6.7					
						C	70–100	浅黄色	重壤土	块状										
剖53	人为土	潴育水稻土	第四纪红土泥田	红土田		A	0–13		中壤土		7.4	8.3	0.44	0.21	23.3	1.3	27	第四纪红土	E 113°27′12.6″ N 25°06′28.4″	100
						P	13–31		中壤土		7.4	7.3	0.30	0.28	25.6					
						W	31–47		中壤土		7.5	7.2	0.53	0.30	25.1					
剖54	人为土	淹育水稻土	红色石灰田	红色石灰土田		A	0–16	暗灰色	轻壤土	粒状	8.5	41.8	2.26	0.04	12.3	4.8	52		E 113°16′58.8″ N 25°05′29.4″	84
						P	16–26	黄黄色	轻壤土	块状	8.7	8.2	0.35	0.10	14.6					
						C	26–100	浅棕黄色	中壤土	柱状	8.6	3.1	0.25	0.09	15.7					
剖55	铁铝土	黄壤	砂页岩黄泥	洪积砂泥田		A	0–18		砂壤土		5.0	122.9	4.18	0.57	19.5	5.2	122	砂页岩	E 113°27′27.2″ N 25°05′59.6″	88
						B	18–71		砂壤土		5.1	32.3	1.21	0.34	20.1					
剖56	人为土	潴育水稻土	洪积红黄泥	洪积砂泥田		A	0–16	暗灰色	中壤土	块状	6.0	30.1	1.72	0.37	11.2	5.2	51	洪积物	E 113°19′30.0″ N 25°05′19.7″	75
						P	16–23	棕灰色	中壤土	粒状	7.0	10.2	0.63	0.25	12.4					
						W	23–55	灰黄色	中壤土	柱状	7.5	6.8	0.44	0.19	14.1					
						C	55–100	灰白色	中壤土	块状										
剖57	初育土	石灰（岩）土	红色石灰土	酸性红色石灰土		A	0–20	褐灰色	重壤土		5.5	19.2	1.24	0.22	20.3	0.4	61	富含长石的花岗岩风化坡积物	E 113°21′38.9″ N 25°04′51.2″	93
						B	20–55		重壤土		5.0	7.1	0.79	0.24	21.2					
剖58	人为土	渗育水稻土	白鳝泥田	白鳝泥底田		A	0–18	灰白色	砂壤土	粒状	5.0	34.6	1.94	0.34	11.5	6.5	73		E 113°20′31.9″ N 25°03′57.2″	79
						E	18–24	灰白色	轻壤土	粒状	5.2	15.5	0.98	0.25	11.5					
						B	24–73	黄黄色	中壤土	块状	5.8	9.3	0.57	0.21	12.1					
						C	73–100	浅灰色	中壤土	块状										
剖59	人为土	沼泽型水稻土	烂泥田	烂泥田		A	0–44	灰黑色	中壤土	糊烂状	7.2	55.0	2.89	0.29	17.0	5.7	75	洪积物	E 113°20′10.7″ N 25°03′08.6″	86
						G	44–100	青灰色	中壤土	散粒状	7.7	31.6	1.46	0.11	17.2					

南 雄 市

主要土类说明

红壤是南雄市主要土壤类型,占本市地域面积的60%,广泛分布在本市南部和北部山地,多为海拔250—700m的低山、中高丘陵以及中山山麓地段。原生植被为亚热带季雨林。成土母质主要为花岗岩、砂页岩等。红壤土体呈红色,表土呈暗棕色,多含铁铝成分。在一般情况下,由花岗岩发育的红壤,土层深厚,质地较轻,砂粒较多,钾素含量较高;由砂页岩发育的红壤,砂粒较少,黏粒较多。植被覆盖率较高的地带,红壤有机质层较厚,养分含量较高。随着海拔和坡度的增加,土层变薄,质地变轻。位于山窝或山脊鞍部的红壤土体较厚,质地较黏。耕型红壤占本市旱耕地面积的21%,主要发育于花岗岩、砂页岩、片岩、板岩等。

水稻土是南雄市第二大土壤类型,占本市地域面积的16%。水稻土是长期人为活动的产物,可由各种地带性土壤经水耕熟化而形成。在长期水耕施肥等措施的作用下,土壤内部进行着氧化还原交替、有机质合成与分解、盐基淋溶与复盐基作用的熟化过程,促使土壤性状发生改变,从而形成特有的剖面形态、理化和生物特性。良好的水稻土剖面通常由耕作层、犁底层、潴育层、母质层组成,有的水稻土还出现潜育层和漂洗层。本市水稻土分为淹育型、潴育型、渗育型、潜育型、沼泽型、矿毒型等亚类。其中,潴育水稻土面积最大,占本土类面积的93%,剖面构型为A-P-W或A-P-W-G,其主要特点是在犁底层下形成具有淋溶和淀积特征的潴育层,剖面层次较完整。

黄壤是南雄市第三大土壤类型,占本市地域面积的13%。山地黄壤分布在海拔700m以上的中山中上部,垂直分布在红壤之上。由于山地黄壤所处地区地势高,雨雾多,日照少,湿度大,气温低,因此盐基饱和度低,土壤呈酸性,pH一般为4.0—5.5,土体呈黄色。耕型黄壤分布在百顺、古市、油山等地海拔700m以上的山地,该地区地势高亢,坡度较大,一年中有1/3的时间有雾,湿度大,因此土体常年保持黄色。

紫色土占本市地域面积的10%。非耕型紫色土占本市自然土壤面积的9%,分布在本市中部紫色砂页岩盆地的低丘;有机质层浅薄,厚度一般在10cm以下,土层厚度多在40cm以下;土壤呈碱性,pH一般为7.5—9.0;土壤养分除全钾较丰富外,其余养分均较少。耕型紫色土占本市旱耕地面积的75%,分布在本市中部紫色砂页岩盆地的低丘陵缓坡。本市紫色土仅有石灰性紫色土一个亚类。

小于本市地域面积3%的土壤类型有石灰(岩)土和潮土。

本区域中心区气候特征

本区域中心区气候特征值
Regional climate characteristics in central area of the region

气候带:中亚热带湿润气候 Climate region: Subtropical humid climate	
年平均气温 /℃ Annual average temperature /℃	19.9
年平均最高气温 /℃ Annual average maximum temperature /℃	24.6
年平均最低气温 /℃ Annual average minimum temperature /℃	16.7
年降水量 /mm Annual precipitation /mm	1564
≥10℃的积温 /℃ Daily temperature accumulated in a year (≥10℃) /℃	10520
年日照时数 /h Annual sunshine /h	1716
年平均相对湿度 /% Annual average relative humidity /%	76
干燥度 Dryness	0.75

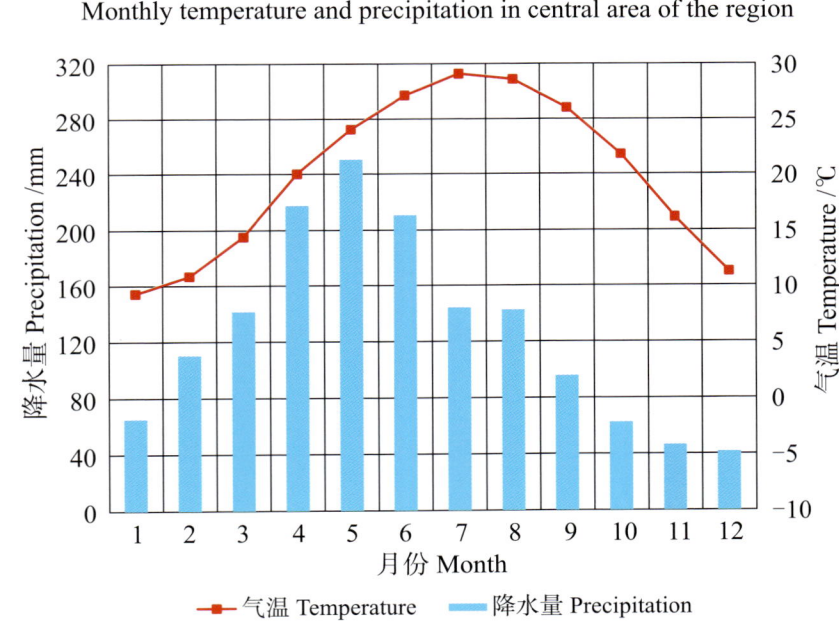

本区域中心区月平均气温与月平均降水量
Monthly temperature and precipitation in central area of the region

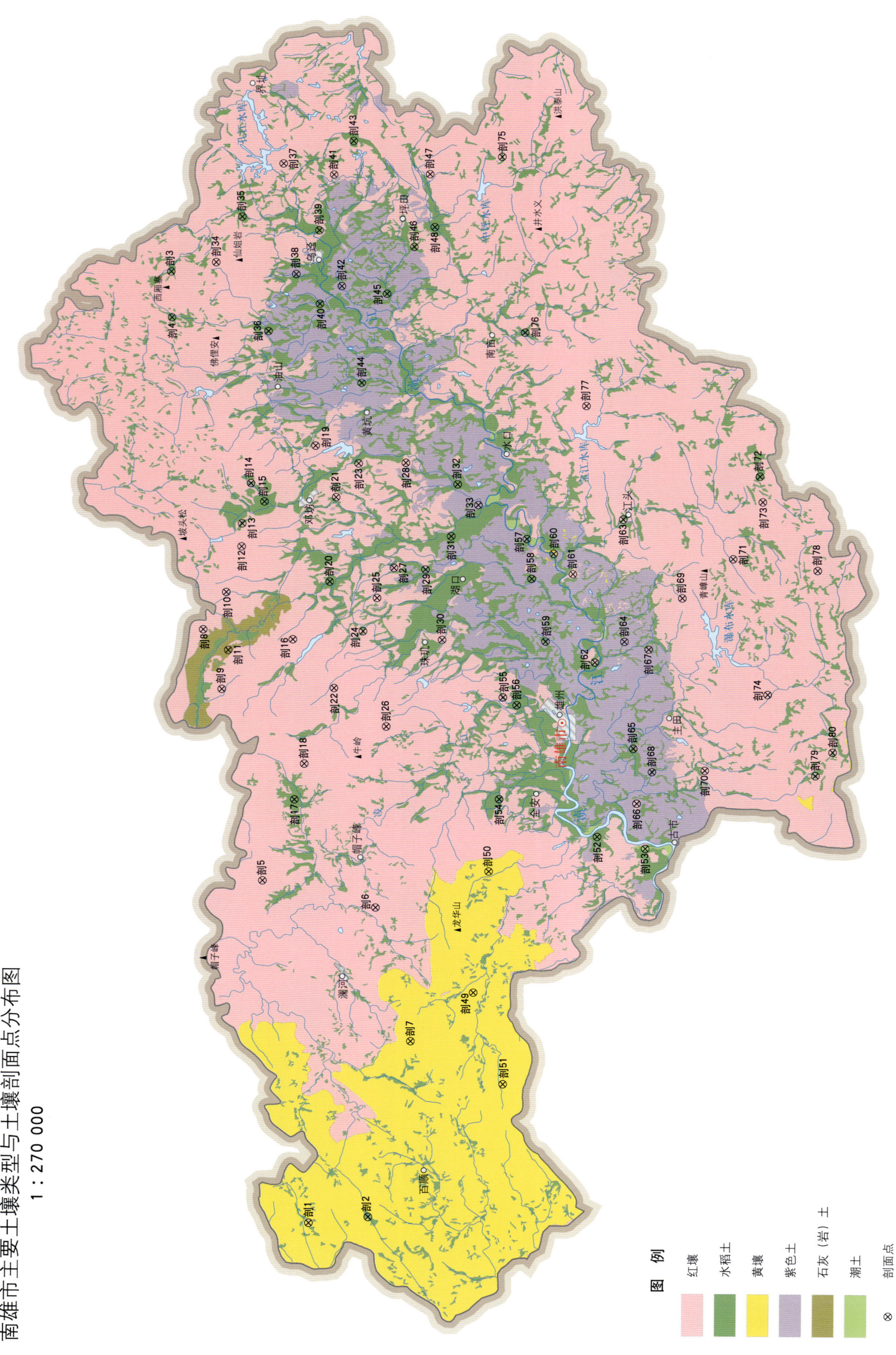

南雄市主要土壤类型与土壤剖面点分布图
1∶270 000

南雄市土壤剖面理化性状表

剖面号 Soil profile	土纲 Soil order	土类 Soil great group	亚类 Soil subgroup	土属 Soil genus	土种 Soil species	土层码 Layer code	土层厚度 Depth/cm	颜色 Soil color	质地 Soil texture	土壤结构 Soil structure	pH	有机质 OM/(g/kg)	全氮 TN/(g/kg)	全磷 TP/(g/kg)	全钾 TK/(g/kg)	有效磷 AP/(mg/kg)	速效钾 AK/(mg/kg)	土壤母质 Parent material	剖面点坐标 Profile coordinate	匹配指数 Matching index/%
剖1	铁铝土	红壤	红壤	侵蚀红壤	片蚀红壤	A	0—15	浅黄色	轻黏土	碎状	4.9	10.2	0.56	0.31	16.8	0.9	61		E 113°59′08.9″ N 25°15′18.0″	93
						B	15—59	浅红色	轻黏土	粒状	4.6	3.8	0.32	0.18	8.6					
						C	59—100	红色	轻黏土	粒状	4.5	3.9	0.29	0.23	10.3					
剖2	人为土	水稻土	沼泽型水稻土	冷浸田	冷浸田	Ag	0—22	灰灰色	重壤土	碎块状	5.2	44.3	2.27	0.35	18.3	3.9	33		E 113°59′25.8″ N 25°13′18.5″	88
						G	22—100	深红色	重壤土	碎块状	4.8	27.5	1.22	0.22	20.6					
剖3	人为土	水稻土	潴育水稻土	麻红泥田	麻黄泥田	A	0—14	浅黄色	中壤土	块状	5.5	26.1	1.31	0.52	13.5	10.0	52		E 114°35′16.1″ N 25°20′38.8″	84
						P	14—23	浅黄色	中壤土	块状	5.6	19.5	1.10	0.38	13.0					
						W	23—55	黄棕色	中壤土	块状	5.9	12.2	0.77	0.41	11.3					
剖4	人为土	水稻土	潴育水稻土	麻砂泥田	麻砂质田	A	0—12	浅灰色	轻壤土	碎块状	5.0	16.2	0.79	0.26	55.7	5.2	23		E 114°33′31.3″ N 25°20′35.5″	93
						P	12—16	灰色	中壤土	块状	4.9	12.1	0.47	0.22	41.9					
						W	16—60	灰黄色	砂壤土	碎块状	5.3	11.6	0.53	0.19	48.5					
剖5	铁铝土	红壤	红壤	砂页岩红壤	中有机质层 中层砂页岩红壤	A	0—15	灰黑色	重壤土	碎块状	4.4	17.9	0.87	0.54	28.0	0.9	33	砂页岩	E 114°12′06.5″ N 25°17′08.9″	92
						B	15—50	黄色	重壤土	碎块状	4.8	7.5	0.57	0.56	32.8					
						C	50—70	黄色	中壤土	碎块状	5.0	4.7	0.44	0.80	34.4					
剖6	铁铝土	红壤	红壤	花岗岩红壤	中有机质层 厚层麻红壤	A	0—16	红色	轻壤土	核状	4.5	27.7	1.06	0.52	8.8	0.9	35	花岗岩	E 114°11′10.4″ N 25°13′19.9″	96
						B₁	16—30	黄色	中壤土	碎状	4.5	10.5	0.40	0.43	7.6					
						B₂	30—90	白色	中壤土	块状	4.5	7.6	0.25	0.52	6.4					
							90—	白色	中壤土	粒状	4.5									
剖7	铁铝土	黄壤	黄壤	花岗岩黄壤	厚有机质层 厚层麻黄壤	A	0—10	黄色	中壤土	团粒状	4.3	12.8	0.47	0.15	6.1		27	花岗岩	E 114°06′06.1″ N 25°12′02.9″	89
						B	10—80	黄色	中壤土	粒状	4.5	4.4	0.16	0.14	6.0					
						C	80—100	黄色	中壤土	粒状	4.7	4.2	0.16	0.12	4.7					
剖8	铁铝土	红壤	红壤	片板岩红壤	厚有机质层 中层片岩红壤	A	0—27	褐黄色	中壤土	碎状	4.5	14.0	0.70	0.34	18.8	1.3	36	片岩	E 114°21′38.2″ N 25°19′19.9″	86
						B	27—72	浅褐色	中壤土	粒状	4.6	7.3	0.54	0.38	24.3					
						C	72—110	浅黄色	轻黏土	粒状	4.8	6.1	0.52	0.41	28.4					
剖9	铁铝土	红壤	红壤	砂页岩红壤	厚有机质层 厚层砂页岩红壤	A	0—25	灰黑色	中壤土	粒状	4.3	23.4	1.09	0.31	15.6	0.9	33	砂页岩	E 114°19′22.8″ N 25°18′40.3″	92
						B	25—65	黄色	中壤土	粒状	4.4	10.1	0.65	0.29	17.9					
						C	65—85	黄色	中壤土	粒状	4.6	5.1	0.44	0.28	21.1					
						D	85—100													
剖10	铁铝土	红壤	红壤	片板岩红壤	厚有机质层 厚层片岩红壤	A	0—24	红黄色	轻黏土	碎状	4.1	20.6	0.88	0.26	27.1	3.1	42	片岩	E 114°23′04.9″ N 25°18′35.3″	89
						B	24—85	黄色	中黏土	散状	4.4	13.4	0.76	2.88	28.3					
						C	85—100	浅红色	中壤土	块状	4.7	8.3	0.56	0.31	30.5					
剖11	初育土	石灰（岩）土	红色石灰土	红色石灰岩	薄有机质层 厚层红色石灰土	A	0—23	褐黄色	轻壤土	碎状	4.9	17.8	0.72	0.42	21.8	2.2	61	砂页岩	E 114°20′52.1″ N 25°18′28.8″	86
						B	23—81	浅红色	黏壤土	核状	5.3	9.1	0.49	0.44	22.4					
						B₁	81—91	红色	中壤土	核状		5.5	0.33	0.44	21.5					
剖12	铁铝土	红壤	红壤	砂页岩红壤	薄有机质层 中层砂页岩红壤	A	0—5	红色	中壤土	核状	4.0	24.6	0.93	0.34	31.6	1.3	90	砂页岩	E 114°24′50.0″ N 25°18′06.1″	80
						B₁	5—35	红色	中壤土	核状	5.0	15.3	0.68	0.31	25.9					
						B₂	35—55	红色	轻壤土	核状	5.2	6.4	0.34	0.23	42.7					
						C	55—100	暗黄色	轻壤土	核状										
剖13	人为土	水稻土	潴育水稻土	片板岩红泥田	片砂泥田	A	0—16	灰黄色	中壤土	块状	5.1	32.4	1.55	0.36	34.6	69.0	47	片岩	E 114°25′43.0″ N 25°18′06.1″	93
						P	16—21	灰色	中壤土	块状	5.4	22.8	1.08	0.32	35.8					
						W	21—40	黄灰色	中壤土	块状	5.5	7.4	0.40	0.42	35.6					

续表 Continued

剖面号 Soil profile	土纲 Soil order	土类 Soil great group	亚类 Soil subgroup	土属 Soil genus	土种 Soil species	土层码 Layer code	土层厚度 Depth/cm	颜色 Soil color	质地 Soil texture	土壤结构 Soil structure	pH	有机质 OM/(g/kg)	全氮 TN/(g/kg)	全磷 TP/(g/kg)	全钾 TK/(g/kg)	有效磷 AP/(mg/kg)	速效钾 AK/(mg/kg)	土壤母质 Parent material	剖面点坐标 Profile coordinate	匹配指数 Matching index/%
剖14	人为土	水稻土	潴育水稻土	青泥格土	砂泥青泥格田	A	0~23	灰黄色	重壤土	碎块状	5.4	30.9	1.50	0.39	25.1	7.9	80	河流冲积物	E 114°27′14.8″ N 25°17′49.9″	86
剖15	人为土	水稻土	潴育水稻土	宽谷冲积土田	宽容砂泥田	A	0~16	灰色	轻壤土	块状	5.5	22.2	1.13	0.39	13.4	13.5	27	冲积物	E 114°26′33.4″ N 25°17′21.5″	94
						P	16~32	浅红色	中壤土	块状	6.8	13.6	0.88	0.44	15.0					
						W	32~63	黄灰色	轻壤土	块状	6.8	5.8	0.42	0.50	9.4					
剖16	铁铝土	红壤		片板岩红壤	中有机质层薄层片岩红壤	A	0~10	灰红色	轻壤土	粒状	4.5	54.2	1.96	0.28	12.4	4.4	72	片岩	E 114°21′19.4″ N 25°16′18.8″	79
						B	10~35	浅红色	轻壤土	粒状	4.5	22.3	0.73	0.21	12.7					
						C	35~100	棕红色	中壤土	粒状	4.9	13.2	0.56	0.34	18.4					
剖17	人为土	水稻土	潴育水稻土	洪积黄泥田	洪积砂泥田	A	0~14	浅黄色	轻壤土	碎块状	5.2	32.3	1.93	0.24	14.1	8.7	39	洪积物	E 114°15′14.0″ N 25°16′08.4″	92
						P	14~18	黄灰色	中壤土	块状	5.0	21.8	1.38	0.23	16.8					
						W	18~47	浅黄色	轻壤土	块状	7.0	7.0	0.49	0.07	21.0					
剖18	铁铝土	红壤		砂页岩黄泥红壤	厚有机质层厚层砂页岩红壤	A	0~20	灰灰色	中壤土	团粒状	4.6	15.1	0.69	0.21	28.4	1.3	67	砂页岩	E 114°16′36.5″ N 25°15′50.4″	79
						B	20~84	浅红色	重壤土	团粒状	4.7	6.0	0.35	0.20	30.0					
						C	84~100	浅红色	轻壤土	团粒状	4.9	4.7	0.31	0.21	24.9					
剖19	铁铝土	红壤		第四纪红土红壤	中有机质层厚层第四纪红土红壤	A	0~13	浅黄色	中壤土	粒状	4.5	7.1	0.37	0.13	8.7	0.9	64	第四纪红土	E 114°28′42.2″ N 25°15′41.0″	71
						B	13~85	浅红色	重壤土	粒状	4.8	3.7	0.27	0.15	8.7					
						C	85~100	浅红色	重壤土	粒状	5.0	3.0	0.24	0.17	9.4					
剖20	人为土	水稻土	淹育水稻土	生泥田	生紫泥田	A	0~18	紫红色	中壤土	团块状	8.1	20.9	1.32	0.48	29.5	4.8	132		E 114°23′33.7″ N 25°15′07.2″	93
						C_1	18~41	紫红色	重壤土	团块状	8.4	8.5	0.75	0.44	31.9					
						C_2	41~100	棕红色	重壤土	块状	8.5	5.0	0.55	0.34	28.9					
剖21	铁铝土	红壤		第四纪红土红壤	厚有机质层厚层第四纪红土红壤	A	0~23	棕红色	中壤土	碎状	4.8	9.3	0.48	0.15	15.7	3.5	36	第四纪红土	E 114°26′46.7″ N 25°14′57.5″	94
						B	23~90	红红色	中壤土	团粒状	5.0	7.8	0.45	0.14	19.3					
						C	90~100	红色	重壤土	团粒状	5.0	3.9	0.35	0.14	22.1					
剖22	铁铝土	红壤		砂页岩红壤	厚有机质层薄层砂页岩红壤	A	0~21	浅黄色	轻壤土	粒状	4.5	38.3	1.39	0.26	14.4	1.3	51	砂页岩	E 114°19′30.0″ N 25°14′53.9″	88
						B	21~25	浅红色	中壤土	粒状	4.7	10.9	0.54	0.24	16.6					
						C	25~35	浅红色	重壤土	粒状	7.8	10.3	0.57	0.24	15.3					
剖23	铁铝土	红壤		第四纪红土红泥地	石子红泥地	A	0~21	黄色	砂壤土	粒状	5.6	4.1	0.29	0.24	15.0	1.3	44	第四纪红土	E 114°28′04.1″ N 25°14′13.6″	77
						AC	21~40	浅红色	中黏土	团粒状	5.8	3.2	0.23	0.11	13.5					
						C	40~80	橙红色	中黏土	粒状	6.2	6.8	0.46	0.10	21.3					
剖24	人为土	水稻土	淹育水稻土	麻红黄泥田	麻黄泥底田	A	0~11	灰黄色	轻壤土	粒状	5.1	21.7	1.24	0.28	19.0	3.9	66	花岗岩风化物	E 114°21′41.4″ N 25°13′57.7″	90
						P	11~19	灰灰色	中壤土	粒状	5.9	14.2	0.89	0.19	17.9					
						C	19~93	黄黄色	重壤土	粉状	6.1	10.0	0.64	0.22	17.3					
剖25	铁铝土	红壤		砂页岩红泥地	砂页岩红砂泥地	A	0~13	灰红色	砂壤土	碎状	5.3	7.6	0.39	0.08	10.0	1.3	27	砂页岩	E 114°22′58.1″ N 25°13′31.1″	87
						B	13~35	红色	中壤土	粒状	4.9	6.7	0.35	0.11	13.9					
						C	35~84	红色	重壤土	粒状	4.9	5.1	0.37	0.16	18.7					
剖26	铁铝土	红壤		第四纪红土红壤	薄有机质层厚层麻红壤	A	0~20	红红色	中黏土	粒状	4.7	28.8	1.34	0.26	14.5	2.6	94	花岗岩	E 114°18′04.7″ N 25°13′07.0″	72
						B	20~90	浅红色	中壤土	团粒状	4.9	6.0	0.33	0.18	18.3					
						C	90~100	橙色	轻壤土	碎粒状	4.9	3.7	0.20	0.25	25.7					
剖27	铁铝土	红壤		砂页岩红泥地	砂页岩红砂泥地	A	0~23	浅棕色	砂壤土	碎块状	5.6	7.8	0.42	0.27	12.8	1.7	61	砂页岩	E 114°24′07.9″ N 25°12′58.0″	96
						AB	23~60	浅棕色	中壤土	块状	5.8	3.5	0.25	0.17	10.9					
						C	60~80	橙色	重壤土	块状	6.0	3.7	0.10	0.13	17.4					
剖28	铁铝土	红壤		第四纪红土红壤	薄有机质层厚层第四纪红土红壤	A	0~5	浅红色	中壤土	块状	4.7	24.7	1.00	0.16	33.5	1.6	91	第四纪红土	E 114°28′07.3″ N 25°12′38.5″	99
						B	5~90	红色	重壤土	块状	5.1	5.4	0.31	0.14	22.3					
						C	90~100	红色	重壤土	块状										

续表 Continued

剖面号 Soil profile	土纲 Soil order	土类 Soil great group	亚类 Soil subgroup	土属 Soil genus	土种 Soil species	土层码 Layer code	土层厚度 Depth/cm	颜色 Soil color	质地 Soil texture	土壤结构 Soil structure	pH	有机质 OM/(g/kg)	全氮 TN/(g/kg)	全磷 TP/(g/kg)	全钾 TK/(g/kg)	有效磷 AP/(mg/kg)	速效钾 AK/(mg/kg)	土壤母质 Parent material	剖面点坐标 Profile coordinate	匹配指数 Matching index/%
剖29	人为土	水稻土	潴育水稻土	紫泥田	黄泥牛肝土田	A	0—23	黄棕色	重壤土	块状	5.8	34.2	2.01	0.32	37.8	1.7	119		E 114°24′05.0″ N 25°11′54.2″	83
						P	23—33	灰黄色	轻黏土	块状	7.5	15.4	1.04	0.39	42.3					
						W	33—100	紫红色	中壤土	柱状	8.0	9.2	0.69	0.36	40.9					
剖30	铁铝土	红壤	红壤	第四纪红土	红泥地	A	0—15	黄红色	中黏土	粒状	4.1	15.2	0.90	0.39	19.5	6.5	100	第四纪红土	E 114°21′24.8″ N 25°11′17.9″	73
						C₁	15—23	黄红色	轻黏土	粒状	4.0	5.6	0.40	0.17	19.7					
						C₂	23—40	黄色	轻黏土	粒状	4.1	7.9	0.40	0.21	19.7					
剖31	人为土	水稻土	潴育水稻土	宽谷冲积田	黄泥底砂泥田	A	0—12	浅灰色	中壤土	粒状	5.3	30.0	1.62	0.25	9.9	3.5	33	冲积物	E 114°25′22.4″ N 25°11′03.8″	100
						P	12—17	灰色	中壤土	粒状	5.9	29.0	1.42	0.21	9.9					
						W	17—33	深黄色	中壤土	粒状	7.5	10.0	0.59	0.26	11.4					
剖32	人为土	水稻土	潴育水稻土	河砂泥田	河谷泥田	A	0—18	灰黄色	中壤土	团粒状	5.0	34.2	1.93	0.34	17.9	5.7	61	河流冲积物	E 114°27′20.6″ N 25°10′52.8″	83
						P	18—33	浅黄色	轻壤土	块状	5.4	9.2	0.60	0.23	23.2					
						W	33—72	黄灰色	中壤土	块状	6.9	4.2	0.26	0.19	26.8					
剖33	初育土	紫色土	石灰性紫色土	碱性牛肝岩	牛肝地	A	0—24	红褐色	重壤土	粒状	8.4	6.8	0.54	0.68	23.6	4.8	116	紫色砂页岩	E 114°26′34.1″ N 25°10′10.6″	99
						C₁	24—53	红紫色	重壤土	碎块状	8.6	6.5	0.52	0.56	27.6					
						C₂	53—100	红紫色	中壤土	块状	8.6	5.9	0.50	0.61	28.7					
剖34	铁铝土	红壤	红壤	花岗岩红壤	薄有机质层厚层麻红壤	A	0—6	红色	中壤土	团状	4.5	8.6	0.24	0.19	7.6	14.8	37	花岗岩	E 114°35′38.8″ N 25°19′08.0″	70
						B	6—80	红色	中壤土	团状	4.4	1.2	0.09	0.21	9.9					
						C	80—100	红色	重壤土	团状										
剖35	人为土	水稻土	潴育水稻土	河砂泥田	河石子底砂泥田	A	0—12	浅灰色	轻壤土	碎块状	5.3	19.4	1.03	0.28	32.8	11.8	73	河流冲积物	E 114°37′23.5″ N 25°18′17.3″	81
						P	12—18	灰色	中壤土	块状	5.4	8.6	0.49	0.21	36.0					
						W	18—68	灰色	中壤土	块状	6.0	5.2	0.33	0.19	40.6					
剖36	人为土	水稻土	潴育水稻土	紫泥田	黄泥底牛肝土田	A	0—16	灰紫色	重壤土	碎块状	5.8	31.5	1.77	0.50	21.7	1.7	81	河流冲积物	E 114°33′03.2″ N 25°17′20.0″	100
						P	16—27	紫棕色	重壤土	团块状	6.8	25.7	1.58	0.52	26.4					
						W	27—43	红棕色	重壤土	块状	7.1	12.0	0.88	0.44	23.3					
剖37	铁铝土	红壤	红壤	红色砂页砾岩红壤	泥核地	A	0—19	棕褐色	砂壤土	碎状	4.8	15.5	0.67	0.17	19.7	6.1	122	红色砂页砾岩	E 114°39′27.0″ N 25°16′55.2″	95
						B	19—47	红色	砂壤土	碎状	4.8	12.3	0.62	0.17	23.4					
						C	47—100	灰色	中壤土	碎状	4.8	6.3	0.41	0.16	32.0					
剖38	初育土	紫色土	石灰性紫色土	碱性牛肝岩	牛肝地	A	0—16	灰色	轻壤土	核粒状	8.3	16.1	1.11	0.52	32.4	10.5	50	河流冲积物	E 114°35′14.6″ N 25°16′26.0″	99
						B	16—22	褐色	中黏土	团粒状	8.2	15.5	1.12	0.50	31.5					
						C	22—100	褐色	中壤土	团粒状	8.3	16.1	1.08	0.50	29.7					
剖39	人为土	水稻土	潴育水稻土	河砂泥田	河结粉砂泥田	A	0—12	紫色	中壤土	粒状	5.3	19.8	1.13	0.34	23.2	8.3	75		E 114°36′55.1″ N 25°15′41.0″	89
						P	12—18	紫色	中壤土	块状	5.7	12.3	0.70	0.31	22.0					
						W	18—80	灰色	中壤土	块状	6.8	5.7	0.36	0.30	25.8					
剖40	人为土	水稻土	潴育水稻土	紫泥田	紫砂泥田	A	0—17	紫色	砂壤土	块状	8.1	35.0	2.11	0.88	26.3	0.9	56		E 114°34′07.7″ N 25°15′37.4″	91
						P	17—32	紫色	砂壤土	块状	8.4	9.0	0.71	0.57	30.5					
						W	32—60	浅灰紫色	砂壤土	粒状	8.7	2.9	0.40	0.79	26.7					
剖41	铁铝土	红壤	红壤	红色砂页砾岩红壤	紫砂地	A	0—42	红色	中壤土	粉状	5.1	14.4	0.73	0.12	30.7	3.5	100	红色砂页砾岩	E 114°39′02.9″ N 25°15′13.0″	72
						AC	42—69	栗色	砂壤土	粒状	5.4	4.1	0.25	0.15	33.9					
						C	69—88	栗色	砂壤土	粒状	5.5	2.8	0.22	0.19	33.1					
剖42	初育土	紫色土	石灰性紫色土	洪积黄红泥田	紫砂地	A	0—15	灰紫色	中壤土	颗粒状	8.5	7.4	0.61	0.61	22.1	5.7	44	紫色砂页岩风化坡积物	E 114°34′49.1″ N 25°14′53.9″	86
						AC	15—75	红紫色	中壤土	颗粒状	8.5	4.0	0.43	0.49	18.3					
						C	75—100	棕灰色	中壤土	颗粒状	8.4	3.7	0.43	0.24	25.5					
剖43	人为土	水稻土	潴育水稻土	洪积黄红泥田	洪积黄砂泥田	A	0—13	栗色	中壤土	块状	5.0	34.0	9.80	0.25	12.2			洪积物	E 114°40′20.6″ N 25°14′34.4″	75
						P	13—16	棕红色	中壤土	块状	5.2	16.3	0.92	0.17	11.7					
						W	16—45	深黄色	中壤土	块状	7.4	5.9	0.46	0.15	10.7					

续表 Continued

剖面号 Soil profile	土纲 Soil order	土类 Soil great group	亚类 Soil subgroup	土属 Soil genus	土种 Soil species	土层码 Layer code	土层厚度 Depth/cm	颜色 Soil color	质地 Soil texture	土壤结构 Soil structure	pH	有机质 OM/(g/kg)	全氮 TN/(g/kg)	全磷 TP/(g/kg)	全钾 TK/(g/kg)	有效磷 AP/(mg/kg)	速效钾 AK/(mg/kg)	土壤母质 Parent material	剖面点坐标 Profile coordinate	匹配指数 Matching index/%
剖44	人为土	水稻土	潴育水稻土	紫泥田	牛肝土田	A P W	0–16 16–22 22–47	红紫色 灰棕色 暗棕色	轻壤土 重壤土 轻壤土	团粒状 块状 块状	6.5 6.7 7.7	42.0 32.2 10.9	2.29 1.82 0.77	0.34 0.33 0.32	23.6 22.8 20.9	3.5	166	坡积物、洪积物	E 114°31′08.1″ N 25°14′10.2″	74
剖45	人为土	水稻土	潴育水稻土	紫泥田	碱性牛肝土田	A P W	0–17 17–25 25–48	暗紫色 暗紫色 暗紫色	轻黏土 轻黏土 轻黏土	块状 块状 棱柱状	8.2 8.4 8.5	23.8 12.1 6.4	1.41 0.85 0.54	0.57 0.52 0.47	22.9 23.2 25.1	3.5	73	片岩	E 114°34′33.2″ N 25°13′22.4″	80
剖46	人为土	水稻土	潴育水稻土	片板岩红泥田	片黄泥底砂泥田	A P W	0–15 15–20 20–65	黄红色 暗紫色 黄灰色	中壤土 中壤土 中壤土	块状 块状 块状	5.0 5.2 5.1	29.2 14.9 6.7	1.52 0.74 0.34	0.28 0.15 0.10	7.4 7.3 4.6	14.8	31	片岩	E 114°36′20.5″ N 25°12′28.8″	87
剖47	人为土	水稻土	潴育水稻土	砂页岩红泥田	厚层砂页底红壤	A B C	0–17 17–80 80–100	黄红色 黄红色 黄红色	轻壤土 中壤土 砂壤土	粒状 粒状 粒状	5.0 4.9 5.4	44.0 17.0 2.8	1.77 0.80 0.15	0.34 0.30 0.30	29.7 28.5 47.7	2.2	77	砂页岩	E 114°39′06.8″ N 25°11′59.3″	87
剖48	铁铝土	红壤	红壤	冷底田	顽泥田	A P G	0–14 14–30 30–45	灰白色 深黑色 灰灰色	中壤土 重壤土 重壤土	块状 块状 块状	5.0 5.8 6.9	31.9 20.1 5.5	1.86 1.25 0.35	0.34 0.34 2.58	16.8 15.6 14.7	9.2	75			88
剖49	铁铝土	黄壤	黄壤	花岗岩黄壤	中有机质层中层砂壤	A B₁ B₂ C	0–12 12–42 42–69 69–100	浅黄色 浅黄色 浅黄色 浅红色	轻壤土 中壤土 中壤土 砂壤土	粒状 粒状 团粒状 团粒状	4.8 4.7 4.9 5.0	25.4 10.3 7.2	1.21 0.52 0.36	0.34 0.34 0.28	43.5 58.4 60.7	2.2	69	花岗岩	E 114°37′06.2″ N 25°11′48.1″	70
剖50	铁铝土	黄壤	黄壤	花岗岩黄壤	中有机质层薄层砂壤	A B C	0–8 8–43 43–100	黑色 黄色 黄色	中壤土 轻壤土 中壤土	粒状 粒状 粒状	4.6 4.6 4.7	69.2 9.9 5.0	2.59 0.60 0.35	0.34 0.28 0.26	14.6 17.1 22.7	3.5	127	花岗岩	E 114°12′38.9″ N 25°09′33.5″	76
剖51	铁铝土	黄壤	黄壤	花岗岩黄壤	厚有机质层厚层砂壤	A B C	0–43 43–80 80–100	黑灰色 灰黄色 黄色	中壤土 中壤土 中黏土	粒状 块状 块状	4.6 4.8 4.8	34.9 11.4 8.1	1.19 0.56 0.44	0.23 0.63 0.63	14.4 21.4 25.1	0.9	114	花岗岩	E 114°04′33.2″ N 25°08′54.2″	72
剖52	人为土	水稻土	潴育水稻土	宽谷冲积土田	宽谷沥泥田	A P W	0–15 15–20 20–34	深灰色 深灰色 深灰色	重壤土 轻壤土 重壤土	块状 块状 粒状	6.8 7.4 7.4	35.8 28.0 7.8	2.06 1.64 0.55	0.45 0.41 0.32	21.4 25.1 18.9	3.5	102	冲积物	E 114°14′03.1″ N 25°05′56.8″	75
剖53	半成土	潮土	潮土	潮砂泥地	潮砂泥地	A B C	0–18 18–28 28–52	棕灰色 灰灰色 灰灰色	重壤土 中壤土 中壤土	块状 块状 块状	6.6 6.6 6.9	6.1 6.0 6.0	0.26 0.39 0.46	0.27 0.30 0.27	24.5 21.7 23.4	5.2	47	河流冲积物	E 114°13′38.1″ N 25°04′19.4″	78
剖54	人为土	水稻土	渗育水稻土	白鳝泥田	低台鳝泥底田	A P W	0–15 15–47 47–100	灰黄色 浅黄色 浅黄色	轻壤土 重壤土 重壤土	团粒状 团粒状 团粒状	5.7 6.0 6.9	34.2 24.6 6.5	1.86 1.36 0.42	0.34 0.22 0.26	17.8 18.6 18.9	7.9	61	河流冲积物	E 114°15′24.8″ N 25°09′15.5″	78
剖55	人为土	水稻土	潴育水稻土	泥肉泥田	泥肉泥田	A P W	0–18 18–24 24–100	深灰色 灰灰色 灰色	轻壤土 中壤土 重壤土	团粒状 块状 块状	5.1 7.4 7.3	37.7 15.0 7.8	2.07 0.81 0.48	0.33 0.28 0.41	27.6 24.8 21.6	3.1	66	河流冲积物	E 114°19′16.3″ N 25°09′12.6″	99
剖56	人为土	水稻土	潴育水稻土	潮砂泥田	潮砂泥田	A P W	0–15 15–20 20–70	灰色 灰色 黄灰色	中壤土 重壤土 重壤土	碎块状 碎块状 块状	5.6 6.1 5.6	25.7 21.4 16.4	1.20 1.05 0.78	0.62 0.62 0.49	32.7 33.6 34.6	0.4	41		E 114°18′59.0″ N 25°08′44.5″	81
剖57	人为土	水稻土	潴育水稻土	河砂泥田	河黄泥底田	A P W	0–12 12–22 22–70	灰灰色 深灰色 灰灰色	中壤土 中壤土 中壤土	块状 块状 块状	7.2 7.5 7.5	24.3 8.1 5.7	1.45 0.48 0.35	0.34 0.28 0.24	20.9 20.1 18.5	6.5	64	河流冲积物	E 114°25′19.2″ N 25°08′31.2″	89
剖58	人为土	水稻土	淹育水稻土	浅脚紫泥田	浅脚牛肝土田	A P C	0–13 13–17 17–100	暗紫色 暗紫色 暗紫色	轻黏土 重黏土 轻黏土	团粒状 块状 柱状	8.2 8.6 8.4	47.6 24.3 10.8	2.68 1.58 0.82	0.81 0.72 0.65	28.0 27.7 28.6	8.3	94	紫色砂页岩坡积物	E 114°23′48.5″ N 25°08′20.0″	89

续表 Continued

剖面号 Soil profile	土纲 Soil order	土类 Soil great group	亚类 Soil subgroup	土属 Soil genus	土种 Soil species	土层码 Layer code	土层厚度 Depth/cm	颜色 Soil color	质地 Soil texture	土壤结构 Soil structure	pH	有机质 OM/(g/kg)	全氮 TN/(g/kg)	全磷 TP/(g/kg)	全钾 TK/(g/kg)	有效磷 AP/(mg/kg)	速效钾 AK/(mg/kg)	土壤母质 Parent material	剖面点坐标 Profile coordinate	匹配指数 Matching index/%
剖59	人为土	水稻土	潜育水稻土	冷底田	铁锈水田	A	0–13	浅黄色	轻壤土	团粒状	5.0	35.1	1.64	0.49	14.3	17.0	69		E 114°21′25.6″ N 25°07′49.8″	74
						P	13–20	灰黄色	轻壤土	块状	4.0	29.5	1.25	0.41	10.2					
						G	20–100	暗灰色	中壤土	粒状	5.0	20.4	1.50	0.33	15.4					
剖60	铁铝土	黄壤		花岗岩黄泥地	黄砂泥地	A	0–13	黄黄色	中壤土	粒状	5.6	17.2	0.94	0.34	19.1	5.7	80	花岗岩	E 114°24′46.4″ N 25°07′36.8″	89
						C	13–100	黄色	重壤土	碎块状	6.4	6.4	0.37	0.20	14.0					
剖61	铁铝土	红壤		砂页岩红泥地	砂页岩红泥地	A	0–14	黄棕色	重壤土	团块状	6.4	14.1	0.94	0.44	26.6	3.5	105	砂页岩风化残积物	E 114°24′00.7″ N 25°06′57.2″	93
						B	14–66	棕色	重壤土	团块状	6.8	5.6	0.41	0.10	16.5					
						C	66–100	红褐色	中壤土	块状	6.9	6.3	0.46	0.14	20.7					
剖62	铁铝土	红壤		第四纪红泥地	红砂泥地	A	0–20	灰黄色	中壤土	粒状	4.9	5.6	0.21	0.14	4.7	1.3	41	第四纪红土	E 114°20′39.5″ N 25°06′09.2″	93
						C₁	20–75	黄色	砂壤土	碎块状	5.1	10.2	0.56	0.47	3.6					
						C₂	75–100	浅灰黄色	中壤土	碎块状	5.5	3.8	0.23	0.16	5.3					
剖63	人为土	水稻土		麻红泥田	麻砂泥田	A	0–13	浅灰黄色	轻壤土	碎块状	5.3	32.3	1.46	0.27	40.0	8.3	72		E 114°26′11.0″ N 25°05′13.2″	85
						P	13–17	灰黄色	中壤土	团粒状	5.4	14.7	0.62	0.29	39.1					
						W	17–41	灰黄色	轻壤土	粒状	5.4	14.4	0.60	0.31	38.8					
剖64	初育土	紫色土	石灰性紫色土	碱性紫色土	薄有机质层薄层碱性紫色土	A	0–8	紫色	轻壤土	粒状	7.1	6.4	0.36	0.14	23.9	0.9	69		E 114°21′28.4″ N 25°05′10.6″	90
						B	8–17	紫色	中壤土	碎块状	8.0	4.1	0.32	0.10	22.0					
						D	17–45	紫色	轻壤土	碎块状	8.5	2.1	0.19	0.10	21.5					
剖65	人为土	水稻土	潜育水稻土	河砂泥田	河砂质田	A	0–12	灰色	轻壤土	粒状	5.3	26.1	1.30	0.41	20.8	17.5	36	河流冲积物	E 114°17′26.2″ N 25°04′48.0″	86
						P	12–18	浅灰黄色	轻壤土	粒状	5.4	13.0	0.25	0.36	22.0					
						W	18–100	灰黄色	轻壤土	碎块状	6.0	3.1	0.73	0.46	26.1					
剖66	铁铝土	红壤		花岗岩红壤地	麻砂质红泥地	A	0–14	灰黄色	中壤土	碎块状	5.7	7.5	0.48	0.23	13.8	3.5	102	花岗岩	E 114°15′21.3″ N 25°04′38.7″	70
						C	14–30	红黄色	中壤土	块状	7.5	5.0	0.30	0.15	5.4					
剖67	铁铝土	红壤		片板岩红壤地	红砂泥地	A	0–14	棕色	中壤土	块状	4.5	11.3	0.60	0.13	4.6	3.9	44	片岩	E 114°21′11.5″ N 25°04′21.4″	91
						C	14–40	棕色	中壤土	粒状	4.3	4.6	0.27	0.14	6.0					
						E	40–100	黄色	中壤土	碎块状	4.8	22.1	1.18	0.90	26.1					
剖68	人为土	水稻土	淹育水稻土	浅脚紫泥田	浅脚紫泥田	A	0–12	暗紫红色	轻壤土	团粒状	8.4	4.3	0.42	0.89	31.9	9.2	108	紫色砂页岩坡积物	E 114°16′34.0″ N 25°04′09.1″	97
						P	12–28	暗紫红色	轻壤土	团粒状	8.9	3.5	0.61	1.00	34.2					
						C	28–100	暗紫红色	黏壤土	块状	8.6	35.3	1.13	0.31	19.4					
剖69	铁铝土	红壤		花岗岩红壤地	薄有机质层薄层麻红壤	A	0–6	灰色	中壤土	核状	4.5	10.7	0.49	0.28	21.2	0.9	127	花岗岩	E 114°23′10.3″ N 25°03′15.5″	98
						B₁	6–41	红色	轻壤土	块状	4.7	5.7	0.26	0.24	19.2					
						B₂	41–80	红色	中壤土	块状		3.6								
						C	80–136	红色	轻壤土	粉状	4.9	1.5								
剖70	铁铝土	红壤		红色砂页岩红壤地	厚有机质中层麻红壤	A	0–3	紫红色	轻壤土	团状	5.3	49.5	1.26	0.16	36.5	4.8	89	红色砂页岩	E 114°16′39.4″ N 25°01′34.7″	73
						P	3–12	紫红色	中壤土	团状	5.4	36.0	1.61	0.36	35.9					
						C	12–100	紫红色	中壤土	团状	4.8	19.0	0.88	0.31	24.1					
剖71	铁铝土	红壤		花岗岩红壤地	麻黄泥底砂泥田	A	0–20	红色	轻壤土	团状	4.6	24.2	1.10	0.40	41.8	16.2	61	花岗岩	E 114°24′41.8″ N 25°00′43.9″	77
						C	20–50	灰黄色	中壤土	柱状	4.5	22.5	1.72	0.39	37.8					
						C	50–100	灰黄色	轻壤土	粒状	5.2	9.4	0.50	0.31	40.0					
剖72	人为土	水稻土	潜育水稻土	麻红泥田	中有机质层中层麻红壤	A	0–12	黄棕色	中壤土	粒状	6.7	36.3	1.10	0.17	18.8	3.1	73	花岗岩化坡积物	E 114°27′49.7″ N 25°00′43.9″	70
						B₁	12–17	浅红色	重壤土	粒状	4.3	11.3	0.61	0.17	18.7					
						B₂	33–52	浅灰色	重壤土	粒状	4.4	8.7	0.46	0.15	19.3					
剖73	铁铝土	红壤		花岗岩红壤		B₃	52–70	浅红色	重壤土	粒状								花岗岩	E 114°26′52.1″ N 25°00′37.4″	89

续表 Continued

剖面号 Soil profile	土纲 Soil order	土类 Soil great group	亚类 Soil subgroup	土属 Soil genus	土种 Soil species	土层码 Layer code	土层厚度 Depth/cm	颜色 Soil color	质地 Soil texture	土壤结构 Soil structure	pH	有机质 OM/(g/kg)	全氮 TN/(g/kg)	全磷 TP/(g/kg)	全钾 TK/(g/kg)	有效磷 AP/(mg/kg)	速效钾 AK/(mg/kg)	土壤母质 Parent material	剖面点坐标 Profile coordinate	匹配指数 Matching index/%
剖74	铁铝土	红壤	红壤	花岗岩红壤	薄有机质层薄层麻红壤	A	0—8	红色	轻壤土	粉状	4.8	28.8	1.34	0.34	39.1	4.8	197	花岗岩	E 114°19′34.3″ N 25°00′19.4″	88
						B₁	8—15	红色	轻壤土	团状	4.6	32.5	1.28	0.40	42.4					
						B₂	15—18	红色	轻壤土	团状	4.7	26.3	1.11	0.42	41.7					
剖75	人为土	水稻土	沼泽型水稻土	渍水田	渍水田	P	13—25	黄灰色	重壤土	碎块状	4.4	38.6	1.91	0.48	20.2	19.6	47		E 114°39′49.3″ N 25°09′34.6″	96
								灰色	重壤土	碎块状	4.4	27.7	1.36	0.41	21.9					
						W	25—89	灰色	中壤土	碎块状	4.4	35.0	1.65	0.45	20.6					
剖76	人为土	水稻土	潜育水稻土	冷底田	冷底田	A	0—16	棕黄色	重壤土	块状	4.8	43.8	2.25	0.42	36.7	6.1	64		E 114°33′09.4″ N 25°08′42.7″	98
						P	16—23	浅灰色	砂壤土	块状	5.1	31.2	1.48	0.29	32.9					
						G	23—40	深灰色	重壤土	块状	5.3	20.0	0.90	0.24	29.3					
剖77	铁铝土	红壤	红壤	砂页岩红壤	中有机质层薄层砂页岩红壤	A	0—14	灰色	中壤土	块状	4.5	46.7	1.63	0.39	14.9	3.5	79	砂页岩	E 114°30′24.1″ N 25°06′36.4″	80
						B	14—35	棕色	中壤土	块状	4.8	14.8	0.72	0.41	16.9					
						C	35—100	灰色	重壤土	块状	4.9	10.2	0.56	0.39	16.8					
剖78	铁铝土	红壤	红壤	花岗岩红壤	厚有机质层薄层麻红壤	A	0—30	红色	轻壤土	块状	4.9	22.4	0.95	0.21	37.8	2.2	61	花岗岩	E 114°24′18.8″ N 24°58′43.3″	79
						B	30—38	浅红黄色	轻壤土	团状	4.7	11.5	0.56	0.20	38.5					
						C	38—100	灰黄色	轻壤土	团状	5.1	6.4	0.37	0.18	39.2					
剖79	人为土	水稻土	淹育水稻土	洪积黄泥田	洪积黄泥田	A	0—12	浅灰色	中壤土	块状	5.1	37.8	1.83	0.46	30.0	10.0	44	洪积物	E 114°16′32.5″ N 24°58′39.0″	91
						P	12—15	灰黄色	中壤土	块状	6.8	21.6	1.01	0.26	33.4					
						C	15—65	黄色	重壤土	块状	7.8	20.6	0.93	0.25	26.0					
剖80	人为土	水稻土	沼泽型水稻土	烂泥田	烂泥田	A	0—20	黄灰色	中壤土	糊状	5.4	52.9	2.87	0.65	27.3	13.1	114	花岗岩洪积物	E 114°17′26.9″ N 24°58′05.5″	90
						G	20—100	灰蓝色	中壤土	糊状	5.9	21.7	1.07	0.28	30.5					

深 圳 市

市 辖 区

主要土类说明

赤红壤是深圳市主要土壤类型，占本市地域面积的50%，主要分布在海拔300m以下的低丘陵、岗地和山坡。成土母质主要为花岗岩（包括片麻岩和凝灰岩）、砂页岩等。原生植被主要为亚热带季雨林，多已遭到破坏，现有植被多为松林或稀疏的灌丛矮草群落，少数为人工次生林。赤红壤是南亚热带主要的地带性土壤，具有明显的脱硅富铝化过程。在高温多雨的条件下，生物作用强烈，岩石的风化作用和物质的淋溶作用也非常强烈，盐基呈高度不饱和状态，土壤呈酸性。本市赤红壤仅有赤红壤一个亚类。

红壤是深圳市第二大土壤类型，占本市地域面积的8%，主要分布在海拔300—600m的山坡。本市红壤是在高温多雨的气候条件和季雨林植被条件下形成的山地自然土壤，具有较明显的脱硅富铝化过程。其淋溶和淀积作用均比赤红壤弱，黏粒硅铝率为2.0—2.2。本市红壤仅有红壤一个亚类。

水稻土是深圳市第三大土壤类型，占本市地域面积的6%。本市水稻土分为淹育型、潴育型、潜育型、渗育型、沼泽型、盐渍型等亚类。其中，潴育水稻土面积最大，占本土类面积的69%，多分布在宽谷、河流冲积平原和三角洲冲积平原等水分及光温条件较好的地方，耕作历史悠久，地下水位适中（多在70cm左右），排灌条件较好，土壤熟化程度高，属良水型水稻土，剖面构型为A-P-W-C或A-P-W-G-C，具有典型的潴育层。

小于本市地域面积3%的土壤类型有沼泽土、石质土、黄壤和滨海盐土。

本区域中心区气候特征

本区域中心区气候特征值
Regional climate characteristics in central area of the region

气候带：南亚热带湿润气候 Climate region: South subtropical humid climate	
年平均气温 /℃ Annual average temperature /℃	22.3
年平均最高气温 /℃ Annual average maximum temperature /℃	26.4
年平均最低气温 /℃ Annual average minimum temperature /℃	19.4
年降水量 /mm Annual precipitation /mm	1958
≥10℃的积温 /℃ Daily temperature accumulated in a year（≥10℃）/℃	7976
年日照时数 /h Annual sunshine /h	1759
年平均相对湿度 /% Annual average relative humidity /%	78
干燥度 Dryness	0.67

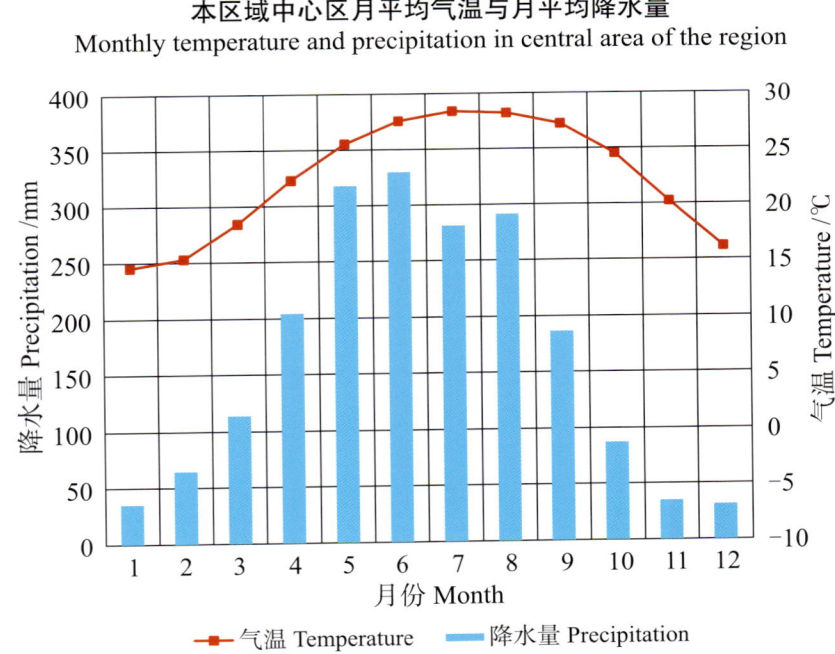

本区域中心区月平均气温与月平均降水量
Monthly temperature and precipitation in central area of the region

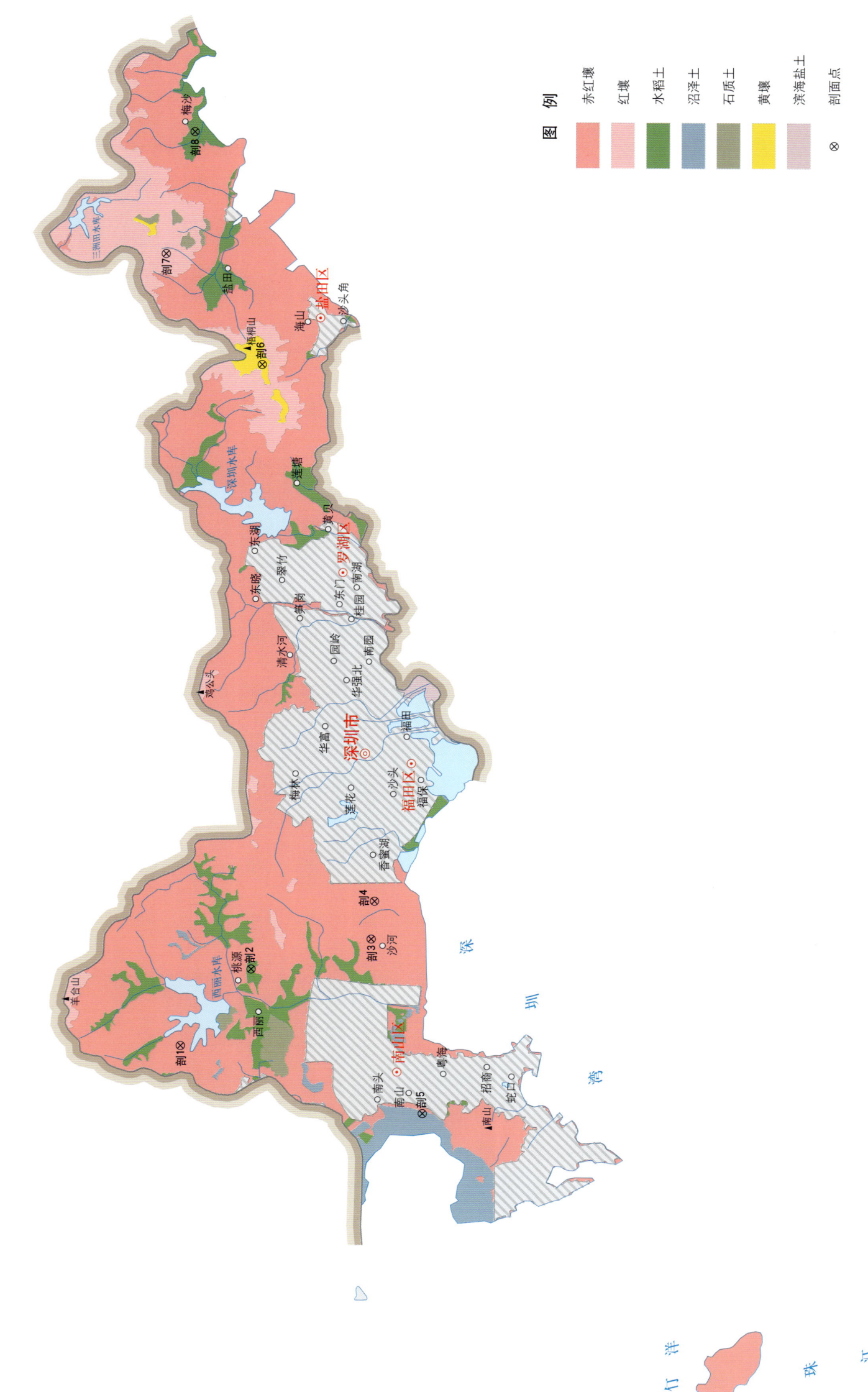

深圳市市辖区（部分）主要土壤类型与土壤剖面点分布图
1∶190 000

深圳市土壤剖面理化性状表

剖面号 Soil profile	土纲 Soil order	土类 Soil great group	亚类 Soil subgroup	土属 Soil genus	土种 Soil species	土层码 Layer code	土层厚度 Depth/cm	颜色 Soil color	质地 Soil texture	土壤结构 Soil structure	pH	有机质 OM/(g/kg)	全氮 TN/(g/kg)	全磷 TP/(g/kg)	全钾 TK/(g/kg)	碱解氮 AN/(mg/kg)	有效磷 AP/(mg/kg)	速效钾 AK/(mg/kg)	土壤母质 Parent material	剖面点坐标 Profile coordinate	匹配指数 Matching index/%
剖1	铁铝土	赤红壤	赤红壤	侵蚀赤红壤	片蚀赤红壤	A	0—10	浅灰黄色	中壤土	块状									花岗岩	E 113°56′05.3″ N 22°36′42.5″	73
						B₁	10—35		中壤土	块状											
						B₂	35—100	黄色	中壤土	柱状											
剖2	人为土	水稻土	淹育水稻土	麻红黄泥田	麻红泥底田	A	0—15	灰色	砂壤土	块状	5.5	16.4	0.70	0.17	14.9	61	2.7	19	花岗岩风化物	E 113°57′55.4″ N 22°35′08.5″	86
						P	15—25	暗灰色	砂壤土		5.8	9.5	0.50	0.11	16.8		2.4	18			
						C	25—100	黄色	轻壤土		6.2	2.3	0.23	0.07	17.3		0.5	21			
剖3	铁铝土	赤红壤	赤红壤	花岗岩赤红地	赤红砂地	A	0—19	浅灰棕色	砂壤土	团粒状	5.3	28.0	1.26	0.42	45.8	12	13.4	44	花岗岩	E 113°58′37.7″ N 22°32′29.9″	86
						AB	19—30	暗棕灰色	砂壤土	块状											
						B	30—65	浅棕黄色	砂壤土		5.8	9.8	0.51	0.18	45.5	43	1.2	43			
						4	65—100		轻壤土		5.9	8.5	0.47	0.07	34.3		1.4	35			
剖4	铁铝土	赤红壤	赤红壤	侵蚀赤红壤	沟蚀赤红壤	C₁	0—25	红黄色	紧砂土	块状									花岗岩	E 113°59′33.5″ N 22°32′24.8″	77
						C₂	25—100	黄白相间	砂砂土	块状											
剖5	沼泽土	盐化沼泽土	滨海林滩			A	0—20		重壤土		7.1	35.3	1.29	0.72	17.3	85	35.2	1110	滨海沉积物	E 113°54′22.7″ N 22°31′25.3″	84
						G₁	20—50		中壤土		6.9	41.1	1.60	0.65	33.5		34.0	931			
						G₂	50—100		轻壤土		7.3	28.6	0.85	0.37	26.8		10.2	406			
剖6	铁铝土	黄壤		花岗岩黄壤		A	0—24	黑色	轻壤土	团粒状	5.0	50.5	2.07	0.21	27.7	150	3.7	37	花岗岩	E 114°12′36.8″ N 22°34′42.8″	81
						B	24—45	黄色	轻壤土	小块状	5.2	13.3	0.54	0.18	31.0		0.4	20			
						C	45—100	浅橙红色	轻壤土	团粒状	5.3	5.1	0.38	0.20	27.8		0.5	17			
剖7	铁铝土	红壤		花岗岩红壤		A	0—18	暗棕色	轻壤土	团粒状	4.9	45.7	1.91	0.28	21.6	150	3.3	48	花岗岩	E 114°15′20.5″ N 22°36′46.4″	80
						AB	18—28	黄棕色	轻壤土	块状	5.5	2.9	0.38	0.24	25.3		1.2	31			
						B	28—68	红色	砂壤土	块状	5.5	0.3	0.24	0.18	22.0		0.4	10			
						C	68—150	浅红色	砂壤土	块状	5.6	15.1	0.98	0.06	29.5	110	0.7	25			
剖8	人为土	水稻土	盐渍水稻土	咸田	重咸田	A	0—19		紧砂土		6.4	5.5	0.46	0.04	56.8		0.5	20	花岗岩	E 114°18′16.9″ N 22°36′05.8″	73
						P	19—28		砂壤土												
						G	28—80		砂壤土		7.0	3.8	0.20	0.02	41.8		0.5	31			

第二编　广东省分县土壤图与土壤剖面数据 | 115

宝安区、龙华区、光明区

主要土类说明

赤红壤是宝安区、龙华区、光明区主要土壤类型，占本区域地域面积的 60%。赤红壤主要发生于南亚热带季雨林下，其脱硅富铝化程度仅次于砖红壤，强于红壤。铁的游离度介于二者之间，黏粒硅铝率为 1.7—2.0，风化淋溶系数为 0.05—0.15，盐基饱和度为 15%—25%，pH 为 4.5—5.5。淀积层（B 层）富含铁铝氧化物，呈赤红色。

水稻土是宝安区、龙华区、光明区第二大土壤类型，占本区域地域面积的 28%。水稻土是在长期的季节性淹灌、水下翻耕、季节性脱水、氧化还原交替影响下，原来的成土母质或母土的特性发生重大改变，形成的新的土壤类型。由于干湿交替，水稻土形成糊状的淹育层、较坚实板结的犁底层、渗育层、潴育层与潜育层等多种发生层。这些不同的发生层是在人为耕作、水浆管理下形成的。

小于本区域地域面积 3% 的土壤类型有沼泽土、红壤、石质土、风沙土和潮土。

本区域中心区气候特征

本区域中心区气候特征值
Regional climate characteristics in central area of the region

气候带：南亚热带湿润气候 Climate region: South subtropical humid climate	
年平均气温 /℃ Annual average temperature /℃	22.2
年平均最高气温 /℃ Annual average maximum temperature /℃	26.3
年平均最低气温 /℃ Annual average minimum temperature /℃	19.2
年降水量 /mm Annual precipitation /mm	1941
≥10℃的积温 /℃ Daily temperature accumulated in a year (≥10℃) /℃	7964
年日照时数 /h Annual sunshine /h	1746
年平均相对湿度 /% Annual average relative humidity /%	78
干燥度 Dryness	0.68

本区域中心区月平均气温与月平均降水量
Monthly temperature and precipitation in central area of the region

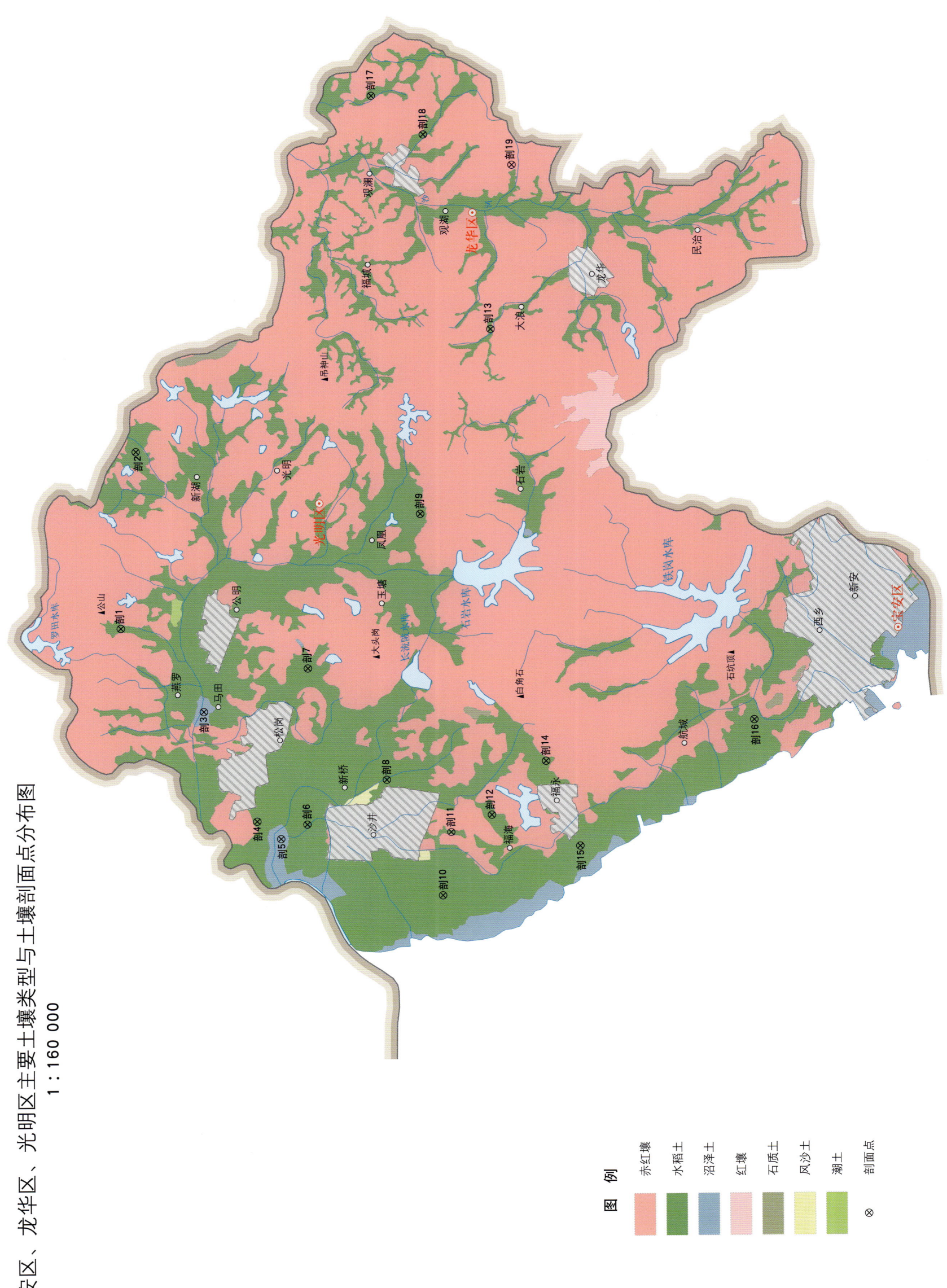

宝安区、龙华区、光明区主要土壤类型与土壤剖面点分布图

1 : 160 000

宝安区、龙华区、光明区土壤剖面理化性状表

剖面号 Soil profile	土纲 Soil order	土类 Soil great group	亚类 Soil subgroup	土属 Soil genus	土种 Soil species	土层码 Layer code	土层厚度 Depth/cm	颜色 Soil color	质地 Soil texture	土壤结构 Soil structure	pH	有机质 OM/(g/kg)	全氮 TN/(g/kg)	全磷 TP/(g/kg)	全钾 TK/(g/kg)	碱解氮 AN/(mg/kg)	有效磷 AP/(mg/kg)	速效钾 AK/(mg/kg)	土壤母质 Parent material	剖面点坐标 Profile coordinate	匹配指数 Matching index/%
剖1	人为土	水稻土	潴育水稻土	砂页岩红泥田	页砂质田	A	0—15	灰棕色	砂壤土	微团粒状	5.5	22.6	1.12	0.23	8.2	38	1.7	29	砂页岩	E 113°53′03.8″ N 22°49′11.3″	90
						P	15—23	棕灰色	紧砂土	块状	5.9	10.7	0.61	0.15	8.5		1.9	25			
						W	23—90	棕灰色	重壤土	柱状	7.5	4.3	0.35	0.15	16.3		0.9	20			
剖2	人为土	水稻土	潴育水稻土	河砂冲积田	河砂质田	P	0—14	黄灰色	砂壤土	无明显结构	5.5	21.3	1.21	0.19	22.7	60	1.4	72	河流冲积物	E 113°57′01.3″ N 22°48′48.5″	78
						W	14—36	灰棕色	砂壤土	块状	5.9	3.3	0.34	0.09	5.1		0.9	68			
						W	36—82	浅灰棕色	砂壤土	柱状	6.3	5.5	0.46	0.15	5.1		1.7	50			
						C	82—160	浅灰色	砂壤土	无明显结构											
剖3	水成土	沼泽土	沼泽土	沼泽土	沼泽土	A	0—38	黄灰色	轻壤土	块状	4.2	43.9	2.20	0.35	14.6	129	3.0	132		E 113°51′09.4″ N 22°47′32.3″	87
						G₁	38—70	青灰色	轻壤土	无明显结构	3.5	27.1	0.74	0.17	16.3		0.9	60			
						G₂	70—100	青灰色	中壤土	块状	3.6	19.3	0.50	0.10	21.1		1.3	81			
剖4	人为土	水稻土	潴育水稻土	河砂冲积田	河砂质田	A	0—19	灰黄色	中壤土	微团粒状	5.1	29.0	1.58	0.43	22.5	43	4.6	128	河流冲积物	E 113°48′40.1″ N 22°46′29.7″	90
						P	19—23	黄棕色	重壤土	块状	5.0	26.0	1.66	0.45	23.0		5.4	118			
						W	23—100	灰棕色	轻黏土	柱状	4.0	25.6	1.00	0.55	24.2		3.1	186			
剖5	水成土	沼泽土	盐化沼泽土	滨海沉积 土田	强度盐渍滨 海草滩	A	0—5	灰黄色	重黏土	无明显结构	6.3	21.4	1.75	0.35	24.4	77	4.5	623	滨海沉积物	E 113°48′15.1″ N 22°46′01.2″	75
						G	5—100	灰蓝色	重黏土	无明显结构	4.4	23.6	1.20	0.49	20.5		5.9	406			
剖6	人为土	水稻土	潴育水稻土	三角洲沉积 土田	砂泥田	A	0—15	灰棕色	轻壤土	块状	5.4	38.8	2.33	0.42	21.4	217	7.9	29	沉积物	E 113°48′34.5″ N 22°45′28.8″	85
						P	15—25	棕灰色	轻黏土	柱状	3.9	32.9	1.53	0.45	22.2		12.2	34			
						W	25—63	青灰色	重壤土	块状	6.0	6.2	0.38	0.34	15.2		4.9	32			
						C	63—100	灰白色													
剖7	人为土	水稻土	潴育水稻土	宽谷冲积土 田	宽谷砂泥田	A	0—14	灰色	砂壤土	块状	5.5	17.1	0.85	0.09	2.1	61	6.0	33	冲积物	E 113°52′04.8″ N 22°45′24.1″	76
						P	14—20	浅灰色	紧砂土	块状	5.6	6.0	0.24	0.10	1.0		7.5	30			
						W	20—100	灰黑色	轻壤土	柱状	5.7	4.9	0.30	0.09	1.6		1.7	31			
剖8	人为土	水稻土	盐渍水稻土	咸酸田	咸酸田	A	0—16	浅灰棕色	中壤土	块状	4.4	19.8	1.03	0.23	12.0	59	3.2	85		E 113°49′33.1″ N 22°43′50.7″	96
						P	16—26	棕灰色	重壤土	块状	4.1	16.4	0.91	0.22	19.0		4.5	52			
						T	26—53	青灰色	重壤土	块状	3.9	16.7	0.90	0.21	24.7		4.4	176			
						G	53—100														
剖9	人为土	水稻土	潴育水稻土	麻红泥田	麻砂质田	A	0—14	棕灰色	砂壤土	无明显结构	5.4	29.5	1.63	0.36	34.4	94	10.1	25		E 113°55′30.7″ N 22°43′03.4″	90
						P	14—24	棕灰色	中壤土	块状	5.9	15.7	1.13	0.31	37.9		3.7	15			
						G	24—55	灰黄色	重壤土	块状	6.3	4.7	0.26	0.12	39.6		1.9	23			
剖10	人为土	水稻土	潴育水稻土	三角洲沉积 土田	黏土田	A	0—16	黄棕色	中黏土	块状	5.7	24.3	1.43	0.47	19.8	70	4.5	284	沉积物	E 113°46′54.1″ N 22°42′45.4″	87
						P	16—29	黄棕色	重壤土	块状、柱状	6.0	20.1	1.25	0.31	20.4		6.4	429			
						W	29—69	黄棕色	重黏土	块状	6.3	18.5	1.15	0.59	22.5		10.0	528			
						G	69—100	蓝灰色	中黏土	无明显结构											
剖11	人为土	水稻土	潴育水稻土	乌泥底田	乌泥底田	A	0—14	棕灰色	中壤土	块状	5.5	27.9	1.21	0.16	4.8	125	1.7	32		E 113°48′20.0″ N 22°42′33.5″	98
						P	14—24	暗黑色	中壤土	无明显结构	5.7	27.9	1.32	0.15	7.4		1.4	17			
						G	24—106	灰黑色	轻壤土	无明显结构	5.3	40.2	1.05	0.15	3.8		2.9	20			
剖12	人为土	水稻土	渗育水稻土	白鳝泥田	白鳝泥底田	A	0—15	浅灰色	轻壤土	块状	5.9	33.9	1.88	0.45	15.5	64	3.3	69		E 113°48′42.8″ N 22°41′43.8″	87
						P	15—27	黄棕色	轻壤土	无明显结构	6.5	19.7	1.18	0.34	14.7		2.4	35			
						E	27—80	灰白色	中壤土	无明显结构	6.8	6.2	0.31	0.14	16.8		1.0	28			
剖13	人为土	水稻土	潴育水稻土	麻丝泥田	麻砂泥田	A	0—13	黄棕色	轻壤土	细粒状	5.5	32.5	2.00	0.22	15.4	63	4.2	23		E 113°59′38.0″ N 22°41′33.0″	74
						P	13—25	棕灰色	轻壤土	块状	6.2	12.3	0.57	0.19	14.0		2.6	28			
						W	25—100	黄棕色	中壤土	柱状	6.3	10.6	0.63	0.14	20.2		2.4	16			

续表 Continued

剖面号 Soil profile	土纲 Soil order	土类 Soil great group	亚类 Soil subgroup	土属 Soil genus	土种 Soil species	土层码 Layer code	土层厚度 Depth/cm	颜色 Soil color	质地 Soil texture	土壤结构 Soil structure	pH	有机质 OM/(g/kg)	全氮 TN/(g/kg)	全磷 TP/(g/kg)	全钾 TK/(g/kg)	碱解氮 AN/(mg/kg)	有效磷 AP/(mg/kg)	速效钾 AK/(mg/kg)	土壤母质 Parent material	剖面点坐标 Profile coordinate	匹配指数 Matching index/%
剖14	人为土	水稻土	淹育水稻土	麻红黄泥田	麻红泥砂田	A	0—14	浅灰黄色	砂壤土	块状	5.5	24.6	1.42	0.31	11.0	37	11.3	15	花岗岩风化物	E 113° 49′ 54.2″ N 22° 40′ 36.2″	93
						P	14—32	浅黄色	轻壤土	块状	5.5	12.5	0.71	0.28	5.6		2.1	14			
						C	32—100	橙黄色	中壤土	块状	6.1	9.1	0.63	0.17	3.2		0.6	24			
剖15	人为土	水稻土	盐渍水稻土	咸田	中咸田	A	0—10	棕黄色	重壤土	块状	6.2	26.7	1.44	0.59	16.3	76	10.3	653	沉积物	E 113° 47′ 57.5″ N 22° 39′ 57.0″	90
						P	10—15	棕灰色	轻黏土	块状	6.3	28.1	1.63	0.55	22.7		8.4	612			
						G	15—100	灰绿色	轻黏土	无明显结构	6.5	25.1	1.25	0.54	21.8		7.8	655			
剖16	人为土	水稻土	渗育水稻土	滨海砂质田	黄砂田	A	0—15	棕灰色	轻壤土	少量团粒结构	6.0	31.5	1.58	0.17	35.2	103	0.9	18	海陆混合沉积物	E 113° 50′ 43.9″ N 22° 36′ 21.6″	99
						P	15—25	棕黄色	砂壤土	块状	6.3	10.9	0.72	0.16	36.9		0.7	17			
						E	25—100	黄棕色	轻壤土	无明显结构	8.1	4.5	0.33	0.07	39.4		1.7	28			
剖17	人为土	水稻土	潴育水稻土	宽谷冲积土田	宽谷洞泥田	A	0—15	灰棕黄色	重壤土	块状	5.8	35.7	2.02	0.29	18.8	139	4.4	95	冲积物	E 114° 04′ 55.6″ N 22° 43′ 53.0″	71
						P	15—21	灰棕黄色	重壤土	块状	5.7	28.6	1.81	0.24	21.5		4.4	88			
						W	21—34	灰黄色	重壤土	块状	5.6	28.7	1.68	0.26	21.9		3.4	71			
						G	34—59	浅灰黄色	中壤土	微团粒状	5.5	23.4	1.34	0.14	27.5	97	4.6	64			
剖18	人为土	水稻土	潴育水稻土	河砂泥田	河砂泥田	A	0—16	棕灰色	中壤土	块状	5.5	19.8	1.26	0.10	27.5		5.8	45	河流冲积物	E 114° 04′ 01.9″ N 22° 42′ 50.4″	84
						P	16—26	浅棕灰色	轻壤土	块状	5.5	19.8	1.26	0.10	27.5		5.8	45			
						W	26—96	黄棕色	中壤土	柱状	6.2	6.2	0.49	0.12	30.7	9	1.1	44			
剖19	铁铝土	赤红壤	赤红壤	侵蚀赤红壤	片蚀赤红壤	A	0—10		轻壤土		4.9	7.5	0.36	0.15	4.4		1.1	22	花岗岩	E 114° 03′ 18.7″ N 22° 41′ 03.1″	89
						B$_1$	10—35		砂壤土		4.8	3.9	0.48	0.18	7.2		1.0	20			
						B$_2$	35—100		紧砂土		5.0	3.1	0.23	0.15	5.6		1.0	20			

龙岗区、坪山区

主要土类说明

赤红壤是龙岗区、坪山区主要土壤类型，占本区域地域面积的 70%。赤红壤主要发生于南亚热带季雨林下，其脱硅富铝化程度仅次于砖红壤，强于红壤。铁的游离度介于二者之间，黏粒硅铝率为 1.7—2.0，风化淋溶系数为 0.05—0.15，盐基饱和度为 15%—25%。淀积层（B 层）富含铁铝氧化物，呈赤红色。

水稻土是龙岗区、坪山区第二大土壤类型，占本区域地域面积的 15%。水稻土是在长期的季节性淹灌、水下翻耕、季节性脱水、氧化还原交替影响下，原来的成土母质或母土的特性发生重大改变，形成的新的土壤类型。由于干湿交替，水稻土形成糊状的淹育层、较坚实板结的犁底层、渗育层、潴育层与潜育层等多种发生层。这些不同的发生层是在人为耕作、水浆管理下形成的。

红壤是龙岗区、坪山区第三大土壤类型，占本区域地域面积的 7%。红壤主要发生于亚热带常绿阔叶林下，呈中度脱硅富铝化特征，土壤黏粒中游离铁占全铁的 50%—60%。黏土矿物以高岭石、赤铁矿为主，黏粒硅铝率为 1.8—2.4，风化淋溶系数小于 0.20，盐基饱和度小于 35%，pH 为 4.5—5.5。红壤具深厚的红色土层，底层可见深厚的红、黄、白相间的网纹状红色黏土。

小于本区域地域面积 3% 的土壤类型有黄壤、风沙土、潮土、石质土和沼泽土。

本区域中心区气候特征

本区域中心区气候特征值
Regional climate characteristics in central area of the region

气候带：南亚热带湿润气候 Climate region: South subtropical humid climate	
年平均气温 /℃ Annual average temperature /℃	22.2
年平均最高气温 /℃ Annual average maximum temperature /℃	26.2
年平均最低气温 /℃ Annual average minimum temperature /℃	19.3
年降水量 /mm Annual precipitation /mm	1986
≥ 10℃的积温 /℃ Daily temperature accumulated in a year (≥ 10℃) /℃	7960
年日照时数 /h Annual sunshine /h	1812
年平均相对湿度 /% Annual average relative humidity /%	78
干燥度 Dryness	0.66

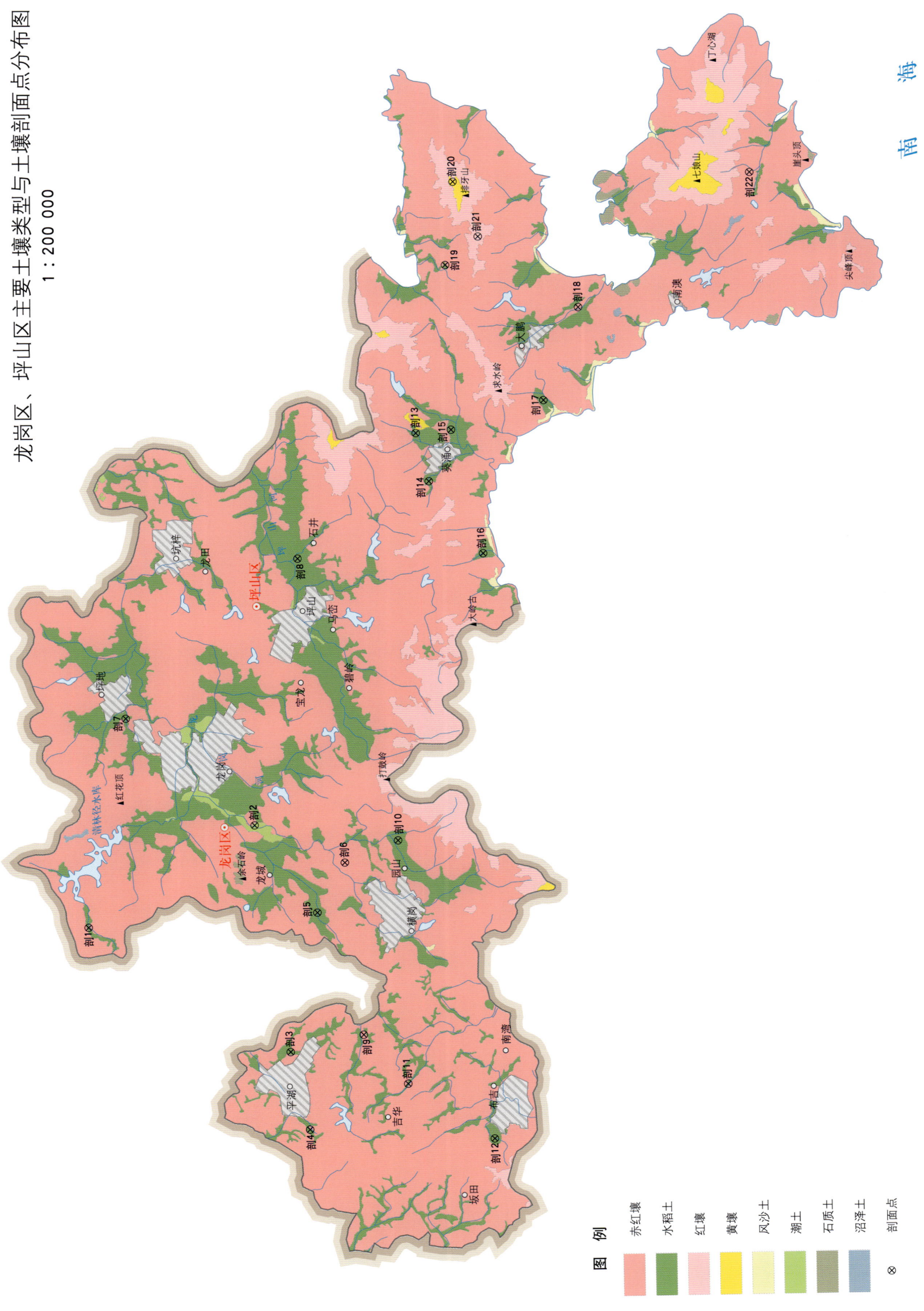

龙岗区、坪山区土壤剖面理化性状表

剖面号 Soil profile	土纲 Soil order	土类 Soil great group	亚类 Soil subgroup	土属 Soil genus	土种 Soil species	土层码 Layer code	土层厚度 Depth/cm	颜色 Soil color	质地 Soil texture	土壤结构 Soil structure	pH	有机质 OM/(g/kg)	全氮 TN/(g/kg)	全磷 TP/(g/kg)	全钾 TK/(g/kg)	碱解氮 AN/(mg/kg)	有效磷 AP/(mg/kg)	速效钾 AK/(mg/kg)	土壤母质 Parent material	剖面点坐标 Profile coordinate	匹配指数 Matching index/%
剖1	人为土	水稻土	潜育水稻土	宽谷冲积土田	黄泥底砂质田	A	0—18	浅灰色	砂壤土	块状	5.6	15.9	0.93	0.18	2.8	61	16.2	24	冲积物	E 114°11′36.6″ N 22°46′51.2″	92
						P	18—28	灰黄色	轻壤土	块状	6.0	6.3	0.33	0.14	2.2		1.6	27			
						W	28—104	棕黄色	重壤土	柱状	6.2	4.5	0.24	0.10	5.9		1.0	30			
剖2	半水成土	潮土		潮砂泥地	潮砂泥田	A	0—12	灰黄色	轻壤土	块状	5.7	9.1	0.66	0.24	7.5	14	4.8	53	河流冲积物	E 114°14′31.6″ N 22°42′41.0″	72
						AB	12—30	灰黄色	重壤土	块状											
						B	30—100	棕色	重壤土	块状	6.2	6.9	0.45	0.20	21.2		2.1	30			
剖3	人为土	水稻土	潜育水稻土	冷底田	冷底田	A	0—15		重壤土		5.5	26.2	1.54	0.21	17.1	112	2.2	56		E 114°08′10.7″ N 22°41′43.8″	79
						P	15—25		中壤土		5.8	17.1	0.99	0.20	16.3		2.3	48			
						G	25—100		砂壤土		6.9	8.2	0.49	0.09	14.5		3.4	75			
剖4	人为土	水稻土	潜育水稻土	宽谷冲积土田	宽谷砂泥田	A	0—18	浅黄色	重壤土	块状	6.7	17.1	0.93	0.19	18.3	71	3.5	36	冲积物	E 114°06′01.4″ N 22°41′13.4″	88
						P	18—32	橙黄色	中壤土	块状	7.8	12.5	0.64	0.12	18.3		2.0	28			
						W	32—102	橙黄色	中壤土	柱状	7.8	4.6	0.31	0.20	10.5		1.8	44			
剖5	铁铝土	赤红壤		砂页岩赤红黄泥土壤	页红砂泥田	A	0—14	灰色	轻壤土	团粒状	5.0	23.5	1.24	0.17	16.3	32	0.7	28	砂页岩	E 114°12′04.0″ N 22°41′04.6″	81
						C	18—50	黄灰色	轻壤土	块状	5.5	6.4	0.34	0.17	19.1		0.4	11			
剖6	铁铝土	赤红壤		砂页岩赤红壤		A	0—7	黄棕色	砾质土	无明显结构									砂页岩	E 114°13′29.6″ N 22°40′23.9″	72
						B	7—41	棕色	重壤土	块状	5.5	37.0	2.15	0.21	10.9	73	2.2	29			
						C	41—130	黑灰色	重壤土	块状	5.8	26.8	1.30	0.20	10.8		1.4	22			
剖7	人为土	水稻土	潜育水稻土	冷底田	冷底田	A	0—15	灰蓝色	中壤土	无明显结构	5.5	26.5	1.13	0.17	7.7		1.6	33	谷底冲积物	E 114°17′28.3″ N 22°45′58.0″	82
						P	15—22	蓝灰色	中壤土	团粒状	5.4	27.6	1.57	0.21	15.9	107	2.6	105			
						G	22—100	灰色	中壤土	块状	6.2	17.6	0.90	0.10	13.4		1.1	41			
剖8	人为土	水稻土	潜育水稻土	宽谷冲积土田	宽谷砂泥田	A	0—14	灰黄色	中壤土	柱状	6.6	10.0	0.74	0.14	8.1		0.9	18	砂页岩	E 114°21′59.1″ N 22°41′39.5″	75
						C	24—49	暗黄棕色	紫泥土	无明显结构	5.9	5.3	0.47	0.11	0.8	57	8.2	24			
						C	49—100	灰棕色	砂壤土	块状	6.0	3.3	0.18	0.07	4.1		4.2	21			
剖9	铁铝土	赤红壤		砂页岩赤红地	页赤红砂地	A	0—12	橙色	砂壤土	块状	5.5	4.7	0.34	0.13	3.1		1.4	37	砂页岩	E 114°08′39.8″ N 22°39′53.1″	91
						B	12—21	灰黄色	砂壤土	块状	5.5	26.1	1.33	0.28	17.5	81	3.9	28			
						C	21—52	黄色	中壤土	团粒状	5.8	5.7	0.40	0.18	21.6		1.7	24			
剖10	人为土	水稻土	淹育水稻土	砂页岩红黄泥田	页红砂泥田	A	0—15	黄棕色	中壤土	块状	6.2	3.4	0.22	0.20	20.4		3.1	30	砂页岩	E 114°14′07.8″ N 22°39′03.2″	70
						P	15—27	灰色	中壤土	柱状	5.3	15.8	0.86	0.11	18.5		1.4	58			
						C	27—50	灰色	中壤土	团粒状	6.2	4.5	0.38	0.12	25.6	55	2.0	19			
剖11	人为土	水稻土	潜育水稻土	砂页岩红泥田	页砂泥田	A	0—16	灰色	中壤土	块状	6.3	4.9	0.33	0.27	28.7		1.8	31	砂页岩	E 114°07′18.8″ N 22°38′45.2″	81
						P	16—23	黄棕色	中壤土	柱状	5.4	22.8	1.43	0.15	19.3	90	3.1	36			
						W	23—35	浅黄色	砂壤土	粒状	5.6	18.7	1.01	0.20	9.6		4.3	44			
						G	35—80	灰黄色	砂壤土	块状	6.9	3.7	0.17	0.85	16.8		1.7	46			
剖12	人为土	水稻土	淹育水稻土	砂页岩红黄泥田	页砂粘田	A	0—16	灰棕色	砂壤土	块状	5.5	11.2	0.62	0.17	14.2	41	4.8	12	砂页岩	E 114°05′48.0″ N 22°36′33.5″	70
						P	16—26	棕灰色	轻壤土	柱状	5.7	9.8	0.21	0.08	12.9		1.0	16			
						C	26—100	灰白色													
剖13	人为土	水稻土	淹育水稻土	砂页岩红黄泥田	页结粉田	A	0—20	灰黄色	轻壤土	块状	6.0	3.1	0.25	0.14	15.1		0.9	15	砂页岩	E 114°25′31.3″ N 22°38′41.9″	74
						P	20—30	灰黄色	轻壤土	块状											
						C	30—100	浅灰黄色	轻壤土	块状											

续表 Continued

剖面号 Soil profile	土纲 Soil order	土类 Soil great group	亚类 Soil subgroup	土属 Soil genus	土种 Soil species	土层码 Layer code	土层厚度 Depth/cm	颜色 Soil color	质地 Soil texture	土壤结构 Soil structure	pH	有机质 OM/(g/kg)	全氮 TN/(g/kg)	全磷 TP/(g/kg)	全钾 TK/(g/kg)	碱解氮 AN/(mg/kg)	有效磷 AP/(mg/kg)	速效钾 AK/(mg/kg)	土壤母质 Parent material	剖面点坐标 Profile coordinate	匹配指数 Matching index/%
剖14	人为土	水稻土	潴育水稻土	砂页岩赤红泥田	页红泥田	A	0—15	黄灰色	重壤土	块状	5.2	27.6	1.61	0.23	20.3	113	2.9	90	砂页岩风化残积物	E 114°24′10.3″ N 22°38′21.5″	87
						P	15—24	灰黄色	重壤土	块状	5.7	14.1	0.97	0.19	21.1		1.7	77			
						W	24—100	棕黄色	轻黏土	柱状	5.9	5.0	0.55	0.14	21.4		1.0	57			
剖15	人为土	水稻土	潴育水稻土	麻红泥田	麻顽泥田	A	0—16		中壤土		5.9	18.1	0.92	0.25	9.0	73	2.9	27		E 114°25′37.4″ N 22°37′48.7″	82
						P	16—60		中壤土		6.4	6.3	0.36	0.21	11.1		1.6	15			
						W	60—100				6.6	4.0	0.52	0.22	12.9		1.7	33			
剖16	人为土	水稻土	潴育水稻土	冷底田	铁锈水田	A	0—16	黑灰色	中壤土	块状	5.2	28.3	1.66	0.20	8.1	113	3.9	51		E 114°22′10.5″ N 22°36′58.0″	95
						P	16—31	黑灰色	轻壤土	块状	5.3	15.7	0.90	0.12	6.2		2.6	40			
						G	31—100	青灰色	轻壤土	无明显结构	5.3	11.9	0.87	0.10	7.1		1.7	40			
剖17	人为土	水稻土	潴育水稻土	麻红黄泥田	麻砂顽田	A	0—13	浅黄棕色	砂壤土	微团粒状	5.5	17.5	1.08	0.22	9.7	43	5.2	24	坡麓冲积物	E 114°26′28.7″ N 22°35′28.7″	87
						P	13—21	黄棕色	轻壤土	块状	5.9	4.4	0.54	0.13	12.5		0.8	18			
						C	21—100	棕灰色	砂黏土	块状	6.3	6.4	0.54	0.13	7.1		1.3	24			
剖18	铁铝土	赤红壤		花岗岩赤红地	赤红砂泥地	A	0—16	灰黄色	砂壤土	小块状	5.9	9.3	0.47	0.19	7.1	35	3.7	25	花岗岩	E 114°29′04.6″ N 22°34′37.6″	92
						B	16—25	橙黄色	砂壤土	块状	6.1	3.6	0.30	0.10	17.1		0.4	27			
						C	25—50	橙色	砂壤土	糊烂状	5.7	53.6	2.13	0.17	11.4	97	1.1	21			
剖19	人为土	水稻土	沼泽型水稻土	烂滥田	烂滥田	A	0—28	浅灰色	砂壤土	无明显结构	6.0	64.1	2.11	0.08	9.5		1.0	23	砂页岩、花岗岩谷底冲积物	E 114°30′13.3″ N 22°37′59.9″	77
						G	28—35	暗灰色	砂壤土	无明显结构	6.5	54.9	2.44	0.10	8.0		0.6	21			
						C	35—50		轻壤土												
剖20	铁铝土	黄壤		砂页岩黄壤		A	0—27	灰黑色	轻壤土	团粒状	4.7	56.0	2.06	0.26	6.8	198	3.7	144	砂页岩	E 114°32′33.4″ N 22°37′49.8″	99
						B	27—57	棕黑色	轻壤土	块状	5.2	13.1	1.18	0.25	9.9		0.4	25			
						C	57—75	紫红色													
剖21	铁铝土	红壤		砂页岩红壤		Ao	0—1													E 114°31′01.9″ N 22°37′10.7″	73
						A	1—15	暗黄棕色	砂壤土	粒状	4.8	31.9	1.19	0.11	7.1	64	1.0	36			
						B	15—80	赤橙色	轻壤土	块状	5.0	4.0	0.33	0.11	5.9		0.4	25			
						C	80—100	浅黄棕色	轻壤土	块状	5.0	3.3	0.12	0.14	12.2		0.4	25			
剖22	铁铝土	赤红壤		花岗岩红壤		A	0—13	灰黑色	轻壤土	团粒状	5.6	30.0	1.51	0.19	25.1	136	3.9	160	花岗岩	E 114°32′53.9″ N 22°30′20.2″	76
						AB	13—36	灰黑色	中壤土	团粒状	5.3	8.9	0.54	0.11	11.3		0.5	58			
						B	36—150	棕黑色	中壤土	团粒状	5.3	4.7	0.29	0.17	7.1		0.4	54			
						C	150—170	黄棕色	砂壤土	无明显结构											

珠 海 市

斗门区、金湾区

主要土类说明

　　水稻土是斗门区、金湾区主要土壤类型，占本区域地域面积的75%。水稻土是在长期的季节性淹灌、水下翻耕、季节性脱水、氧化还原交替影响下，原来的成土母质或母土的特性发生重大改变，形成的新的土壤类型。由于干湿交替，水稻土形成糊状的淹育层、较坚实板结的犁底层、渗育层、潴育层与潜育层等多种发生层。这些不同的发生层是在人为耕作、水浆管理下形成的。本区域水稻土分为潴育型、渗育型、潜育型、沼泽型、盐渍型等亚类。其中，潴育水稻土面积最大，由珠江三角洲冲积物、宽谷冲积物、洪积物、残积物经水耕熟化发育而成，地下水位一般低于55cm，在犁底层下有一层潴育层，剖面内有棕黄色的铁锈斑纹。

　　赤红壤是斗门区、金湾区第二大土壤类型，占本区域地域面积的9%。成土母质为花岗岩、砂页岩风化物。赤红壤主要发生于南亚热带季雨林下，其脱硅富铝化程度仅次于砖红壤，强于红壤。铁的游离度介于二者之间，黏粒硅铝率为1.7—2.0，风化淋溶系数为0.05—0.15，盐基饱和度为15%—25%，pH为4.5—5.5。淀积层（B层）富含铁铝氧化物，呈赤红色。

　　沼泽土是斗门区、金湾区第三大土壤类型，占本区域地域面积的7%。沼泽土所处地势低洼，长期地表积水，喜湿植被生长茂盛。该土壤有机质累积及还原作用强烈，形成潜育层，具H–G剖面构型。地表有机质累积明显，甚至见泥炭层或腐泥层。

　　小于本区域地域面积3%的土壤类型有滨海盐土和新积土。

本区域中心区气候特征

本区域中心区气候特征值
Regional climate characteristics in central area of the region

气候带：南亚热带湿润气候 Climate region: South subtropical humid climate	
年平均气温 /℃ Annual average temperature /℃	22.4
年平均最高气温 /℃ Annual average maximum temperature /℃	26.4
年平均最低气温 /℃ Annual average minimum temperature /℃	19.5
年降水量 /mm Annual precipitation /mm	2072
≥10℃的积温 /℃ Daily temperature accumulated in a year (≥10℃) /℃	8048
年日照时数 /h Annual sunshine /h	1735
年平均相对湿度 /% Annual average relative humidity /%	79
干燥度 Dryness	0.65

本区域中心区月平均气温与月平均降水量
Monthly temperature and precipitation in central area of the region

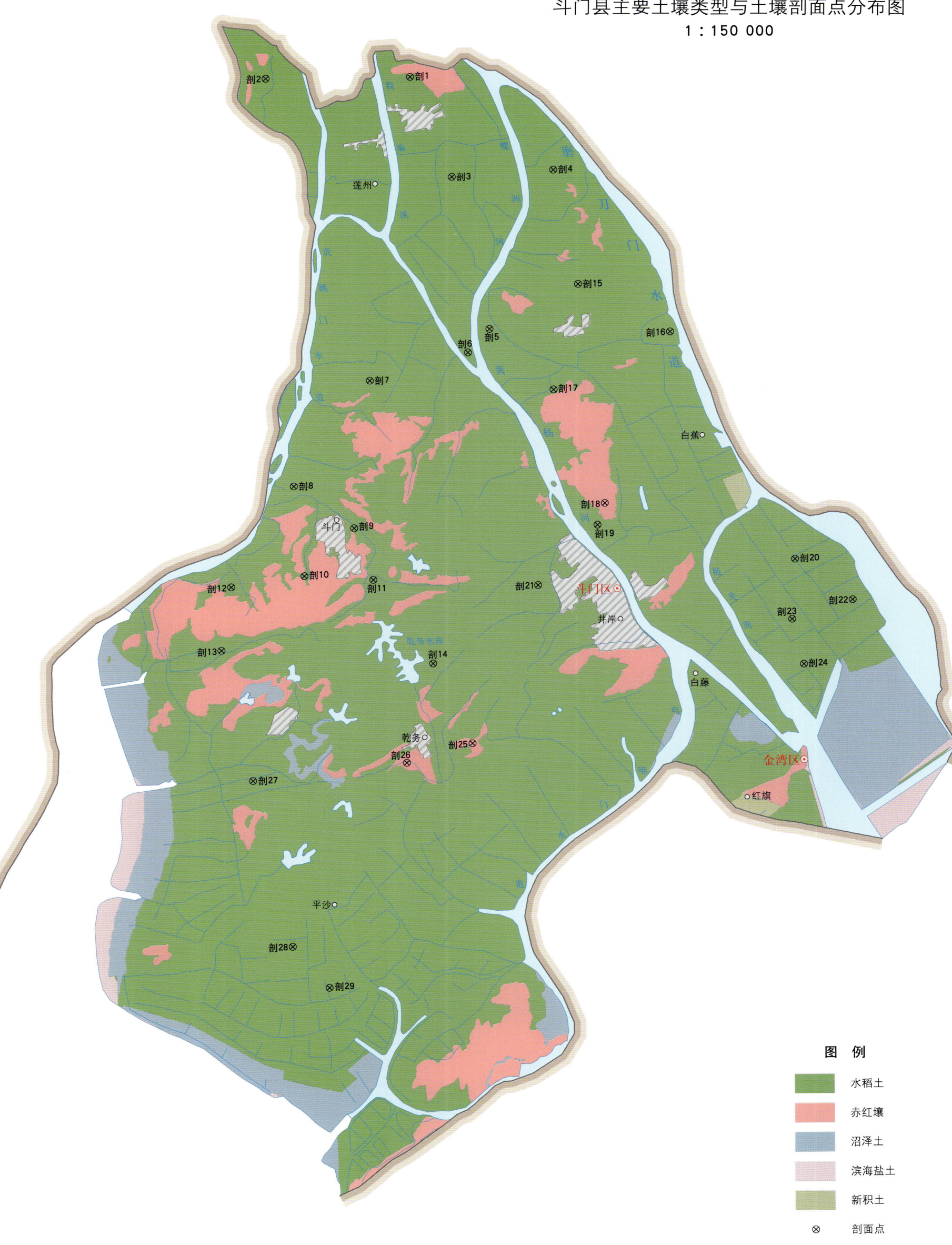

斗门区、金湾区土壤剖面理化性状表

剖面号 Soil profile	土纲 Soil order	土类 Soil great group	亚类 Soil subgroup	土属 Soil genus	土种 Soil species	土层码 Layer code	土层厚度 Depth/cm	颜色 Soil color	质地 Soil texture	土壤结构 Soil structure	pH	有机质 OM/(g/kg)	全氮 TN/(g/kg)	全磷 TP/(g/kg)	全钾 TK/(g/kg)	土壤母质 Parent material	剖面点坐标 Profile coordinate	匹配指数 Matching index/%
剖1	人为土	水稻土	潴育水稻土	洪积黄红泥田	洪积砂泥田	A	0—16	暗灰黄色	轻壤土	团粒状	4.7	35.9	1.69	0.21	11.7	洪积物	E 113°13′14.5″ N 22°23′43.1″	88
						P	16—38	浅灰色	中壤土	块状	5.0	25.4	1.40	0.18	11.1			
						W	38—66	褐色	中壤土	块状	5.1	32.3	1.58	0.15	8.5			
						G	66—100	暗灰黄色										
剖2	人为土	水稻土	潴育水稻土	三角洲沉积土田	蚝壳底田	1	0—15		轻黏土		7.1	37.3	2.60	0.56	30.3	沉积物	E 113°10′04.1″ N 22°23′43.1″	86
						2	15—37		重壤土		7.2	25.3	1.51	0.52	29.5			
						3	37—51		重壤土		7.5	25.4	1.56	0.52	14.9			
剖3	人为土	水稻土	潴育水稻土	宽谷冲积土田	宽谷砂泥田	A	0—13	浅灰色	砂壤土		5.1	28.1	1.04	0.34	7.1	冲积物	E 113°14′07.4″ N 22°21′37.1″	93
						P	13—20	暗灰色	壤黏土	棱柱状	5.3	13.2	0.56	0.19	5.8			
						W	20—55	暗灰黄色	紧砂土		5.5	27.6	0.60	0.28	9.2			
						G	55—100	灰黄色	紧砂土									
剖4	人为土	水稻土	潴育水稻土	冷底田	铁锈水田	A	0—10	暗棕灰色	砂壤土	块状	5.6	33.4	1.99	0.21	29.6	花岗岩洪积物	E 113°16′21.4″ N 22°21′44.3″	72
						P	10—18		壤黏土		5.8	18.7	1.48	0.12	18.4			
						W	18—26		紧砂土		5.8	5.5	0.42	0.08	17.1			
						S	26—100											
剖5	人为土	水稻土	潴育水稻土	泥肉田	松泥田	1	0—21		轻壤土		6.5	41.4	2.22	0.52	11.0	宽谷冲积物	E 113°14′54.1″ N 22°18′24.7″	99
						2	21—35		中壤土	块状	6.8	24.2	1.15	0.16	12.6			
						3	35—59		中壤土		6.4	23.1	1.31	0.14	7.6			
剖6	人为土	水稻土	沼泽型水稻土	渍水田	坦田	A	0—13	暗灰色	中壤土	块状	8.1	29.0	1.99	0.79	29.4	冲积物	E 113°14′25.5″ N 22°17′55.9″	71
						P	13—28	浅灰色	中壤土	块状	8.3	29.5	2.02	0.79	26.4			
						G	28—100	浅灰色	中壤土	无明显结构	8.3	26.2	1.01	0.72	24.5			
剖7	人为土	水稻土	潴育水稻土	三角洲沉积土田	泥肯田	A	0—15	灰黄色	轻黏土	块状	7.6	24.0	1.51	0.55	31.1	沉积物	E 113°12′15.5″ N 22°17′22.2″	94
						P	15—24	浅灰色	轻黏土	块状	7.0	12.8	1.08	0.55	28.3			
						W	24—68	暗灰色	轻黏土	棱柱状	4.9	29.0	1.91	0.45	33.0			
						G	68—100	灰黑色										
剖8	人为土	水稻土	潴育水稻土	油格田	中油格田	A	0—14	暗黄棕色	重壤土	块状	7.2	31.1	1.74	0.54	23.2		E 113°10′33.2″ N 22°15′10.4″	79
						P	14—25	暗灰黄色	重壤土	块状	7.0	28.3	1.56	0.55	23.4			
						W	25—38	栗色	中壤土		7.3	27.0	1.40	0.60	21.5			
						G	38—100			无明显结构								
剖9	人为土	水稻土	潴育水稻土	麻红泥田	麻砂泥田	A	0—16	暗灰色	砂壤土	块状	6.8	23.9	1.33	0.36	30.5	花岗岩残积物	E 113°11′51.7″ N 22°14′16.4″	99
						P	16—28	浅灰色	松砂土		7.0	9.3	0.67	0.13	31.7			
						W	28—40	灰白色	中壤土	块状	6.0	7.9	0.62	1.18	38.6			
						C	40—100	浅黄棕色	砂壤土									
剖10	人为土	水稻土	沼泽型水稻土	泥炭土田	泥炭底田	A	0—14	暗灰色	砂壤土	块状	4.5	31.1	0.66	0.50	4.8		E 113°10′45.1″ N 22°13′17.8″	91
						P	14—22	暗灰棕色	重壤土	块状	5.8	19.9	0.53	0.16	8.2			
						Dp	22—100	黑棕色	重壤土		4.7	37.9	1.05	0.14	4.6			
剖11	人为土	水稻土	渗育水稻土	白鳝泥田	白鳝泥底田	A	0—12	灰白色	紧砂土	块状	5.9	20.6	1.29	0.19	40.0		E 113°12′15.8″ N 22°13′11.6″	78
						W	12—16	灰黄色	松砂土	块状	6.1	10.1	0.54	0.14	42.6			
						E	16—26	白色	松砂土		6.4	2.9		0.08	40.0			
							26—100			无明显结构								

续表 Continued

剖面号 Soil profile	土纲 Soil order	土类 Soil great group	亚类 Soil subgroup	土属 Soil genus	土种 Soil species	土层码 Layer code	土层厚度 Depth/cm	颜色 Soil color	质地 Soil texture	土壤结构 Soil structure	pH	有机质 OM/(g/kg)	全氮 TN/(g/kg)	全磷 TP/(g/kg)	全钾 TK/(g/kg)	土壤母质 Parent material	剖面点坐标 Profile coordinate	匹配指数 Matching index/%
剖12	人为土	水稻土	潴育水稻土	宽谷冲积土田	宽谷砂泥田	A	0—13	灰黄色	轻壤土		5.6	32.5	2.64	0.21	40.4	冲积物	E 113°09′08.6″ N 22°13′05.5″	91
						P	13—26	灰白色	砂壤土		6.2	19.3	2.09	0.04	28.5			
						W	26—48	浅灰色	砂壤土		3.4	44.9	1.75	0.50	39.2			
						G	48—100	暗灰色										
剖13	人为土	水稻土	渗育水稻土	白鳝泥田	低白鳝泥田	A	0—15	灰黄色	轻壤土	块状	5.3	29.7	1.68	0.28	25.6		E 113°08′54.2″ N 22°11′45.6″	90
						P	15—33	暗黄色	轻壤土	块状	6.2	22.8	1.54	0.22	28.8			
						W	33—63	灰白色	紧砂土	块状	6.5	2.4	0.34	0.09	38.3			
						E	63—100	暗灰色		无明显结构								
剖14	人为土	水稻土	盐渍水稻土	反酸田	轻反酸田	A	0—20	黄棕色	轻黏土	粒状	5.1	26.3	1.28	0.64	26.1		E 113°13′32.5″ N 22°11′24.7″	95
						F	20—34	浅棕色	轻黏土	块状	5.7	23.0	1.19	0.61	25.9			
						G	34—65	暗黄棕色	重壤土	棱柱状	5.9	27.0	1.13	0.79	25.6			
						4	65—100	灰白色		无明显结构								
剖15	人为土	水稻土	潴育水稻土	三角洲沉积土田	黏土田	A	0—20	灰黄棕色	轻壤土	粒状	7.2	31.7	1.88	0.66	27.6	沉积物	E 113°16′51.6″ N 22°19′19.6″	86
						P	20—30	暗黄棕色	重壤土	块状	7.5	24.1	1.57	0.69	24.5			
						W	30—60	暗黄棕色	中壤土	棱柱状	7.7	22.2	1.62	0.75	23.2			
						G	60—100	暗灰色										
剖16	人为土	水稻土	潴育水稻土	泥肉田	泥肉田	A	0—20	灰黄棕色	重壤土	块状	5.8	35.6	1.83	0.65	26.5	冲积物	E 113°18′51.8″ N 22°18′17.9″	71
						P	15—25	暗黄棕色	重壤土	块状	6.8	35.2	1.95	0.69	24.4			
						W	25—70	棕灰色	中壤土	棱柱状	7.7	43.5	2.39	0.54	25.6			
						G	70—100	灰白色		无明显结构								
剖17	人为土	水稻土	潴育水稻土	油格田	油泥底洪积砂泥田	A	0—12	褐色	砂壤土	粒状	6.0	28.8	1.48	0.51	13.8	冲积物、洪积物	E 113°16′17.4″ N 22°17′07.4″	98
						P	12—22	暗黄棕色	砂壤土	块状	7.1	39.9	1.91	0.36	13.0			
						G	22—100	暗黄棕色	重壤土	块状	7.7	28.7	1.83	0.41	27.8			
剖18	铁铝土	赤红壤		砂页岩赤红壤		A	0—11	浅棕色	轻壤土		4.8	23.9	1.33	0.27	12.0	砂页岩	E 113°17′22.2″ N 22°14′43.1″	74
						B	11—23	红黄色										
						C	23—100											
剖19	人为土	水稻土	潴育水稻土	油格田	低油格田	A	0—12	灰黄棕色	轻壤土	块状	6.2	45.6	2.30	0.59	25.9		E 113°17′12.1″ N 22°14′15.7″	92
						P	12—20	暗黄棕色	中壤土	块状	7.1	32.0	1.30	0.65	23.4			
						G	20—100	灰蓝色	中壤土	无明显结构	5.8	30.5	1.61	0.43	20.7			
剖20	人为土	水稻土	潴育水稻土	三角洲沉积土田	牛皮砂泥田	A	0—16	棕色	轻壤土		8.3	13.3	0.76	0.53	20.7	沉积物	E 113°21′31.3″ N 22°13′28.6″	74
						P	16—26	棕灰色	轻壤土		8.5	15.9	1.04	0.54	21.2			
						W	26—71	浅灰色	紧砂土		8.5	38.0	1.32	0.53	25.5			
						G	71—100	暗灰色										
剖21	人为土	水稻土	沼泽型水稻土	泥炭田	低泥炭田	A	0—13	灰黄色	紧砂土	粒状	5.5	25.4	1.24	0.14	32.5		E 113°15′52.5″ N 22°13′01.6″	76
						P	13—35	棕灰色	紧砂土	块状	5.6	17.3	0.75	0.16	25.0			
						Dp	35—60	黑色	砂壤土	块状	3.8	67.8	1.49	0.13	41.2			
						S	60—80	黑灰色										
							80—100	浅灰色		无明显结构								
剖22	人为土	水稻土	潴育水稻土	油格田	高油格田	A	0—17	浅棕黄色	轻黏土	块状	6.7	24.3	1.43	0.45	24.7		E 113°22′46.2″ N 22°12′36.4″	92
						P	17—30	暗灰黄色	重壤土	块状	6.9	23.4	1.11	0.46	23.8			
						W	30—50	暗灰色	重壤土	块状	5.5	26.8	1.15	0.50	24.4			
						G	50—100	灰色										
剖23	人为土	水稻土	盐渍水稻土	咸田	轻咸田	A	0—15	浅棕色	轻黏土	块状	7.1	23.2	1.52	0.65	23.9		E 113°21′25.9″ N 22°12′13.0″	100
						P	25—30	暗黄色	紧砂土	块状	6.7	22.2	1.24	0.68	25.1			
						W	36—40	暗棕色	轻黏土	柱状	7.8	21.0	1.48	0.69	25.1			
						G	49—100	灰黑色		无明显结构								

续表 Continued

剖面号 Soil profile	土纲 Soil order	土类 Soil great group	亚类 Soil subgroup	土属 Soil genus	土种 Soil species	土层码 Layer code	土层厚度 Depth/ cm	颜色 Soil color	质地 Soil texture	土壤结构 Soil structure	pH	有机质 OM/ (g/kg)	全氮 TN/ (g/kg)	全磷 TP/ (g/kg)	全钾 TK/ (g/kg)	土壤母质 Parent material	剖面点坐标 Profile coordinate	匹配指数 Matching index/%
剖24	人为土	水稻土	盐渍水稻土	咸田	中咸田	A	0~20	暗黄棕色	轻黏土	块状	6.9	27.9	1.78	0.65	22.8		E 113°21′40.3″ N 22°11′15.7″	98
						P	20~30	灰黄棕色	轻黏土	块状	7.0	26.3	2.33	0.70	21.7			
						W	30~40	灰棕色	重壤土	块状	7.1	22.7	1.42	0.73	22.5			
						G	40~100			无明显结构								
剖25	铁铝土	赤红壤	赤红壤	砂页岩赤红地	页赤红砂泥地	A	0~19	灰黄色	松砂土	块状	5.1	11.3	0.51	0.18	5.9	砂页岩坡积物	E 113°14′22.6″ N 22°09′43.2″	73
						B_1	19~35	褐色	紧砂土	块状	4.6	13.2	0.63	0.21	6.8			
						B_2	35~64	褐色	松砂土	块状								
						C	64~100	红黄色		块状								
剖26	铁铝土	赤红壤	赤红壤	花岗岩赤红地	赤红砂泥地	A	0~20	栗色	砂壤土	粒状	5.3	10.0	0.83	0.27	2.8	花岗岩坡积物	E 113°12′55.8″ N 22°09′20.2″	83
						C	20~28	浅红黄色	砂壤土	无明显结构	5.1	9.7	0.47	0.29	2.5			
剖27	人为土	水稻土	盐渍水稻土	反酸田	反酸田	A	0~10	暗黄棕色	轻黏土	块状	4.6	35.4	1.30	0.36	28.3		E 113°09′33.1″ N 22°09′01.1″	73
						P_1	10~15	暗黄棕色	重壤土	块状	4.0	33.8	0.54	0.34	25.9			
						P_2	15~25	浅灰色	轻壤土	无明显结构								
						P_3	25~60	浅灰色		无明显结构	3.6	52.9	0.33		25.5			
						P_4	60~100	浅灰色		无明显结构								
剖28	人为土	水稻土	盐渍水稻土	咸酸田	咸酸田	A	0~15	浅棕色	轻壤土	块状	4.1	43.3	1.28	0.48	25.3		E 113°10′21.0″ N 22°05′30.5″	81
						P	15~31	浅棕色	轻壤土	块状	3.6	35.9	1.27	0.37	20.2			
						W	31~36	浅黄色		块状								
						C	36~71	暗黄色										
						S	71~100	青灰色		无明显结构								
剖29	人为土	水稻土	盐渍水稻土	咸酸田	轻咸酸田	A	0~14	浅黄棕色	轻黏土	块状	5.0	22.8	1.21	0.70	28.2		E 113°11′08.5″ N 22°04′38.6″	99
						P	14~27	浅黄棕色	中壤土	块状	4.7	28.2	1.55	0.56	25.5			
						W	27~51	暗灰黄色	轻黏土	块状	4.1	32.8	1.68	0.60	25.7			
						G	51~100	暗灰色		无明显结构								

汕头市

市辖区

主要土类说明

水稻土是汕头市主要土壤类型，占本市地域面积的29%，主要分布在本市北部三角洲平原，在达濠岛沿海平原、阶地和坡地也有部分分布。本市水稻土分为淹育型、潴育型、渗育型、潜育型、盐渍型等亚类。其中，潴育水稻土面积最大，主要分布在三角洲平原和宽谷冲积平原，地下水位在60cm以下，耕作历史悠久，排灌条件较好。该亚类的主要特点是在犁底层下形成具有淋溶和淀积特征的潴育层，剖面内有棕黄色的铁锈斑纹、紫黑色的锰质斑点或新生的铁锰结核，具有明显的棱柱状或柱状结构，结构体表面有铁锰胶膜。

赤红壤是汕头市第二大土壤类型，占本市地域面积的24%，主要分布在海拔350m以下的丘陵地带。该地区气候温和，雨量丰富，赤红壤风化土层较厚，土壤呈微酸性。本市赤红壤以花岗岩赤红壤为主，其有机质层厚度平均为14cm，土层厚度大于80cm，剖面构型为A–B–C。表土层质地多为砂壤土，呈灰黄色至灰棕色，有粗砂粒，多为粒状至小块状结构。

风沙土是汕头市第三大土壤类型，占本市地域面积的10%。风沙土发生于半干旱、干旱漠境地区及滨海地区，是在风沙移动堆积形成的多种形态的风沙沉积物上发育的初育土。由于成土时间短暂，该土壤无剖面发育，具C、（A）–C或A–C剖面构型，反映了风沙移动堆积与固定的不同阶段。

小于本市地域面积3%的土壤类型有沼泽土、潮土和紫色土。

本区域中心区气候特征

本区域中心区气候特征值
Regional climate characteristics in central area of the region

气候带：南亚热带湿润气候 Climate region: South subtropical humid climate	
年平均气温 /℃ Annual average temperature /℃	21.5
年平均最高气温 /℃ Annual average maximum temperature /℃	25.2
年平均最低气温 /℃ Annual average minimum temperature /℃	18.7
年降水量 /mm Annual precipitation /mm	1636
≥10℃的积温 /℃ Daily temperature accumulated in a year（≥10℃）/℃	8052
年日照时数 /h Annual sunshine /h	1978
年平均相对湿度 /% Annual average relative humidity /%	81
干燥度 Dryness	0.77

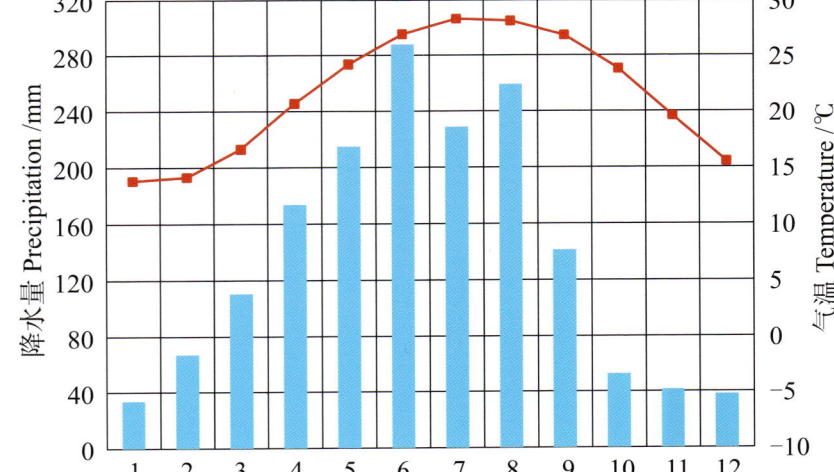

本区域中心区月平均气温与月平均降水量
Monthly temperature and precipitation in central area of the region

汕头市市辖区（部分）主要土壤类型与土壤剖面点分布图
1∶110 000

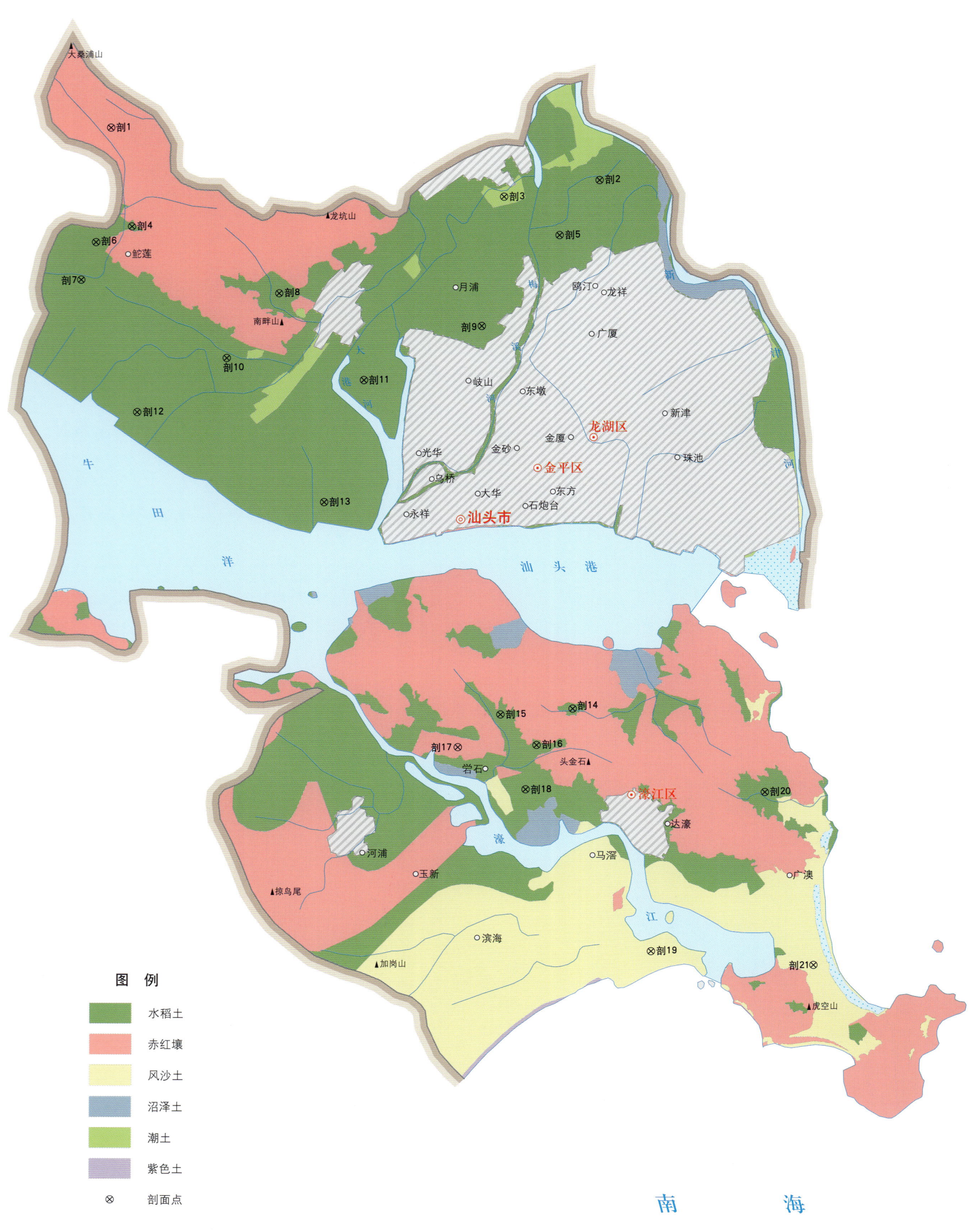

汕头市土壤剖面理化性状表

剖面号 Soil profile	土纲 Soil order	土类 Soil great group	亚类 Soil subgroup	土属 Soil genus	土种 Soil species	土层码 Layer code	土层厚度 Depth/cm	颜色 Soil color	质地 Soil texture	土壤结构 Soil structure	pH	有机质 OM/(g/kg)	全氮 TN/(g/kg)	全磷 TP/(g/kg)	全钾 TK/(g/kg)	碱解氮 AN/(mg/kg)	有效磷 AP/(mg/kg)	速效钾 AK/(mg/kg)	阳离子交换量 CEC/(cmol/kg)	土壤母质 Parent material	剖面点坐标 Profile coordinate	匹配指数 Matching index/%
剖1	铁铝土	赤红壤	赤红壤	玄武岩赤红壤		A	0~25	赤褐色	轻壤土	细粒状	5.4	20.3	0.99	0.28	13.0	120	3.1	24	25.3	玄武岩风化物	E 116°35′20.8″ N 23°26′58.6″	76
						B	25~80	赤褐色	重壤土	核粒状	5.9	12.1	0.74	0.26	11.2							
						C	80~	赤褐色	重壤土	核粒状												
剖2	人为土	水稻土	潴育水稻土	潮砂泥田	潮砂泥田	A	0~15	浅棕色	中壤土	块状	5.8	22.8	1.30	0.30	21.6	138	5.2	41		河流冲积物	E 116°42′49.7″ N 23°26′13.2″	72
						P	15~28	暗棕色	轻壤土	棱柱状	8.2	8.3	0.40	0.22	20.2	86	4.8	19				
						W	28~100	暗棕色	中壤土	棱柱状	8.0	8.4	0.36	0.24	23.4	38	0.9	32				
剖3	半水成土	潮土	潮土	潮砂泥地	潮砂泥田	A	0~18	灰黄色	中壤土	块状	5.6	22.2	0.86	0.39	20.8	89	23.1	56		河流冲积物	E 116°41′21.8″ N 23°25′58.8″	83
						B₁	18~33	浅灰黄色	紧砂土	团粒状	6.8	11.5	0.56	0.30	22.0	59	3.9	27				
						B₂	33~100	灰黄色	紧砂土	团粒状	6.6	7.5	0.42	0.32	22.3	37	4.8	32				
剖4	人为土	水稻土	潴育水稻土	洪积黄红泥田	洪积黄砂泥土	A	0~16	浅棕色	砂壤土	粒状	5.4	9.6	0.38	0.13	31.5	52	14.4	61		洪积物	E 116°35′40.2″ N 23°25′32.4″	75
						P	12~20	暗黄棕色	重壤土	块状	5.5	7.4	0.28	0.11	31.4	42	10.5	32				
						W	20~57	浅黄棕色	重石砂壤土	块状	6.5	3.0	0.23	0.08	30.7	27	3.5	37				
						C	57~100	暗棕色	轻壤土	块状												
剖5	人为土	水稻土	潴育水稻土	潮砂泥田	潮泥田	A	0~16	浅棕色	重壤土	块状	5.1	18.4	1.35	0.30	25.0	101	0.9	31		河流冲积物	E 116°42′13.0″ N 23°25′25.3″	72
						P	16~24	棕色	重壤土	棱柱状	6.1	12.0	1.03	0.30	26.9	70	微量	29				
						W	24~63	黄灰色	重壤土	棱柱状	6.4	10.4	1.48	0.41	25.7	39	0.4	41				
剖6	人为土	水稻土	潴育水稻土	宽谷冲积土田	宽谷砂泥田	A	0~15	灰棕色	黏土	碎块状	7.4	10.1	0.64	0.18	18.6	41	1.7	52		冲积物	E 116°35′07.0″ N 23°25′18.8″	81
						P	15~30	赤棕色	中壤土	块状	7.7	6.8	0.39	0.16	25.0	24	21.0	37				
						W₁	30~65	灰棕色	中壤土	棱柱状	6.6	4.7	0.33	0.13	18.3	34	7.0	51				
						W₂	65~75	暗棕色	中壤土	棱柱状												
剖7	人为土	水稻土	潴育水稻土	三角洲沉积土田	黏土田	A	0~16	棕色	重壤土	块状	5.1	24.4	1.33	0.21	21.7	95	1.3	55	4.7	沉积物	E 116°34′53.6″ N 23°24′45.8″	92
						P	16~30	浅棕色	重壤土	块状	6.2	7.0	0.39	0.19	22.3	19	1.3	148	4.7			
						W	30~65	棕灰色	重壤土	块状	6.3	19.5	0.96	0.22	20.0	93	3.1	90	5.1			
						G	65~90	灰黑色	黏土	块状												
剖8	人为土	水稻土	潴育水稻土	洪积黄红泥田	洪积砂泥田	A	0~13	浅灰色	中壤土	小块状	5.7	20.4	1.06	0.20	26.1	161	3.5	49		洪积物	E 116°37′55.6″ N 23°24′34.2″	100
						P	13~22	棕灰色	中壤土	块状	6.3	8.5	0.50	0.22	25.7	80	8.3	48				
						W₁	22~63	暗黄色	轻壤土	块状	6.3	11.6	0.62	0.15	16.8	99	2.6	25				
						W₂	63~100	浅棕色	中壤土	粒状												
剖9	人为土	水稻土	潴育水稻土	反酸田	轻反酸田	A	0~17	浅棕色	重壤土	块状	5.3	29.0	1.38	0.44	21.2	128	4.4	82			E 116°41′01.7″ N 23°24′06.1″	78
						P	17~26	灰棕色	中壤土	块状	5.1	21.1	1.12	0.21	28.9	98	2.2	40				
						W	26~54	黄棕色	重壤土	块状	4.5	13.8	1.79	0.22	30.7	59	8.7	110				
剖10	人为土	水稻土	盐渍水稻土	泥肉田	乌涂田	A	0~15	浅灰色	重壤土	碎块状	5.9	33.2	1.47	0.41	20.7	159	3.1	97	11.5		E 116°37′07.4″ N 23°23′37.6″	82
						P	15~26	暗棕色	重壤土	块状	6.6	22.6	1.23	0.30	21.5	121	3.1	57	11.0			
						W	26~72	浅棕色	中壤土	棱柱状	7.1	11.0	0.60	0.30	21.3	57	2.6	64	7.6			
						G	72~100	浅灰色	中壤土	块状												
剖11	人为土	水稻土	盐渍水稻土	咸酸田	轻咸酸田	A	0~11	棕色	轻黏土	块状	4.9	29.7	1.25	0.31	23.2	120	2.6	81			E 116°39′13.6″ N 23°23′18.7″	77
						P	11~28	浅棕色	轻黏土	块状	4.8	24.6	1.19	0.48	22.3	109	2.6	163				
						W	28~68	黄棕色	轻黏土	块状	4.5	13.2	0.62	0.36	22.4	96	4.4	261				
剖12	人为土	水稻土	盐渍水稻土	咸田	重咸田	A	0~12	灰黄色	中壤土	块状	5.8	27.4	1.43	0.41	19.5	137	3.9	145			E 116°35′45.4″ N 23°22′50.4″	83
						P	12~30	褐色	中黏土	块状	6.2	22.4	1.15	0.36	19.7	107	4.4	237				
						G	30~100	棕灰色	重黏土	块状	6.3	13.9	0.75	0.41	20.8	68	7.9	349				

续表 Continued

剖面号 Soil profile	土纲 Soil order	土类 Soil great group	亚类 Soil subgroup	土属 Soil genus	土种 Soil species	土层码 Layer code	土层厚度 Depth/cm	颜色 Soil color	质地 Soil texture	土壤结构 Soil structure	pH	有机质 OM/(g/kg)	全氮 TN/(g/kg)	全磷 TP/(g/kg)	全钾 TK/(g/kg)	碱解氮 AN/(mg/kg)	有效磷 AP/(mg/kg)	速效钾 AK/(mg/kg)	阳离子交换量CEC/(cmol/kg)	土壤母质 Parent material	剖面点坐标 Profile coordinate	匹配指数 Matching index/%
剖13	人为土	水稻土	盐渍水稻土	咸田	中咸土	A	0~15	棕色	重壤土	块状	6.3	22.7	1.09	0.34	22.0	91	1.7	181			E 116°38′37.3″ N 23°21′32.2″	75
						P	15~35	棕色	重壤土	块状	7.7	26.1	1.03	0.38	22.2	61	3.5	402				
						G	35~75	棕灰色	轻黏土	粒状	7.8	36.6	0.90	0.39	23.8	61	9.2	817				
剖14	人为土	水稻土	潴育水稻土	麻红泥田	麻砂质田	A	0~20	浅棕色	砂壤土	粒状	6.4	9.4	0.40	0.17	15.0	49	16.6	36	4.2		E 116°42′25.9″ N 23°18′32.8″	82
						P	20~29	浅灰色	砂壤土	粒状	6.7	4.0	0.24	0.10	16.0	37	2.2	33				
						W	29~98	浅黄色	砂壤土	小块状	6.5	3.8	0.20	0.12	15.2	33	2.6	31				
剖15	人为土	水稻土	潴育水稻土	冷底田	铁锈水田	A	0~12	棕灰色	轻壤土	粒状	5.2	16.5	0.84	0.16	18.8	114	4.8	63	5.9		E 116°41′19.7″ N 23°18′27.4″	80
						P	12~22	棕灰色	轻壤土	碎块状	5.4	9.9	0.50	0.14	23.2	78	4.8	50	6.7			
						G	22~77	灰色	中壤土	块状	5.9	17.5	0.93	0.16	26.2	127	2.6	32	9.0			
剖16	人为土	水稻土	渗育水稻土	白鳝泥田	低白鳝泥田	A	0~13	浅棕色	砂壤土	粒状	5.7	8.6	0.37	0.12	21.9	59	9.6	54	3.6	宽谷冲积物	E 116°41′53.2″ N 23°18′00.7″	79
						P	13~21	褐色	中壤土	块状	5.9	5.6	0.27	0.12	16.8	35	9.6	32	4.1			
						W	21~60	暗棕色	轻壤土	块状	6.6	4.5	0.19	0.09	16.2	30	5.7	37	4.0			
						E	60~100	灰白色	黏土	块状												
剖17	铁铝土	赤红壤	赤红壤	花岗岩赤红地	赤红砂地	A	0~31	灰褐色	紧砂土	粒状	6.9	6.3	0.31	0.31	6.1	32	21.4	102	3.4	花岗岩	E 116°40′40.8″ N 23°17′58.6″	74
						B	31~78	浅褐色	壤土	块状	6.4	4.1	0.28	0.13	5.6	36	6.1	57	5.0			
						C	78~115	浅棕色	壤土	块状	6.5	3.8	0.23	0.12	3.7	34	3.1	56				
剖18	人为土	水稻土	渗育水稻土	滨海砂质田	黑砂田	A	0~10	灰灰色	砂壤土	粒状	6.3	10.6	0.52	0.18	30.7	64	14.8	31	4.7	湖相沉积物	E 116°41′43.1″ N 23°17′21.9″	92
						P	10~16	灰色	砂壤土	块状	6.2	7.7	0.42	0.28	26.3	60	30.1	24	5.0			
						E	16~86	灰白色	轻壤土	粒状	7.7	3.0	0.18	0.10	27.6	20	5.2	21	5.6			
剖19	初育土	风沙土	滨海风沙地	滨海沙地	滨海沙地	A	0~17	灰黄棕色	紧砂土	粒状	6.8	7.0	0.22	0.17	20.2	24	9.2	37	2.5	滨海沉积物	E 116°43′38.9″ N 23°15′00.9″	74
						B	17~47	浅红棕色	紧砂土	粒状	8.2	1.9	0.08	0.09	20.1	11	2.2	37				
						C	47~95	浅棕色	紧砂土	粒状	8.7	2.3	0.07	0.14	21.2	10	3.5	27				
剖20	人为土	水稻土	潴育水稻土	宽谷冲积土田	宽谷砂土田	A	0~15	棕色	重石轻壤土	块状	7.1	17.7	0.74	0.19	22.0	64	2.2	14	6.3	滨海沉积物	E 116°45′23.0″ N 23°17′20.4″	77
						P	15~21	暗棕色	轻壤土	块状	7.7	17.7	0.75	0.21	19.1	75	2.2	19	6.7			
						W	21~55	浅棕色	轻壤土	粒状	7.7	3.4	0.21	0.08	25.6	14	1.7	10	6.6			
剖21	初育土	风沙土	滨海风沙土	滨海沙土	固定沙土	A	0~20	黄色	松砂土	粒状	6.0	6.2	0.27	0.18	23.2	16	1.7	31		滨海沉积物	E 116°46′08.1″ N 23°14′49.6″	82
						C	20~90	浅黄色	松砂土	粒状		1.6	0.24			12	1.7	27				

潮阳区、潮南区

主要土类说明

水稻土是潮阳区、潮南区主要土壤类型，占本区域地域面积的 48%。水稻土是在长期的季节性淹灌、水下翻耕、季节性脱水、氧化还原交替影响下，原来的成土母质或母土的特性发生重大改变，形成的新的土壤类型。由于干湿交替，水稻土形成糊状的淹育层、较坚实板结的犁底层、渗育层、潴育层与潜育层等多种发生层。这些不同的发生层是在人为耕作、水浆管理下形成的。

赤红壤是潮阳区、潮南区第二大土壤类型，占本区域地域面积的 42%。赤红壤主要发生于南亚热带季雨林下，其脱硅富铝化程度仅次于砖红壤，强于红壤。铁的游离度介于二者之间，黏粒硅铝率为 1.7—2.0，风化淋溶系数为 0.05—0.15，盐基饱和度为 15%—25%，pH 为 4.5—5.5。淀积层（B 层）富含铁铝氧化物，呈赤红色。

小于本区域地域面积 3% 的土壤类型有风沙土和沼泽土。

本区域中心区气候特征

本区域中心区气候特征值
Regional climate characteristics in central area of the region

气候带：南亚热带湿润气候 Climate region: South subtropical humid climate	
年平均气温 /℃ Annual average temperature /℃	21.6
年平均最高气温 /℃ Annual average maximum temperature /℃	25.4
年平均最低气温 /℃ Annual average minimum temperature /℃	18.8
年降水量 /mm Annual precipitation /mm	1718
≥10℃的积温 /℃ Daily temperature accumulated in a year（≥10℃）/℃	8104
年日照时数 /h Annual sunshine /h	1965
年平均相对湿度 /% Annual average relative humidity /%	80
干燥度 Dryness	0.74

本区域中心区月平均气温与月平均降水量
Monthly temperature and precipitation in central area of the region

潮阳市主要土壤类型与土壤剖面点分布图
1∶200 000

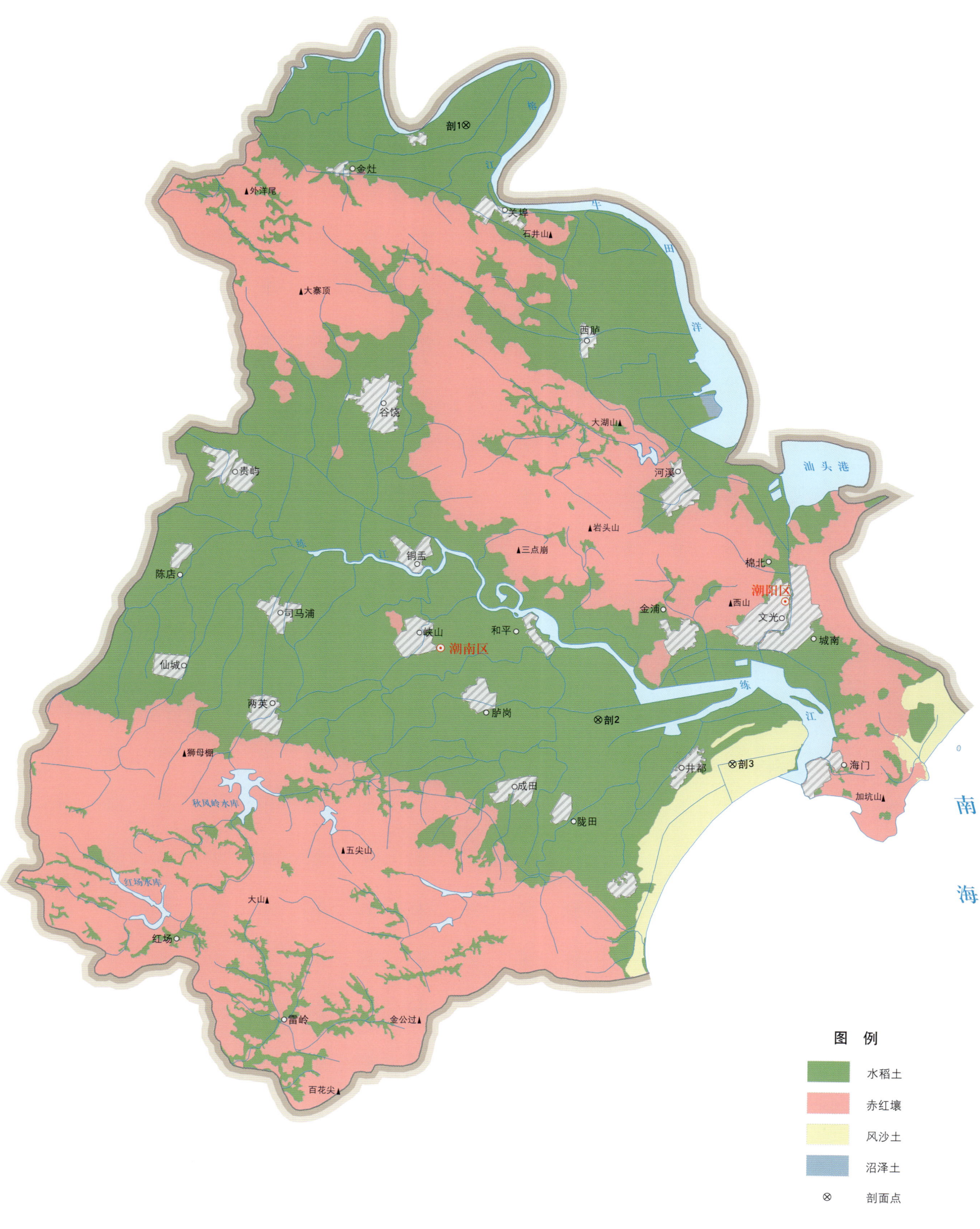

注：国务院 2003 年 1 月批准，撤销潮阳市，设立潮阳区和潮南区。

潮阳区、潮南区土壤剖面理化性状表

剖面号 Soil profile	土纲 Soil order	土类 Soil great group	亚类 Soil subgroup	土属 Soil genus	土种 Soil species	土层码 Layer code	土层厚度 Depth/cm	颜色 Soil color	质地 Soil texture	土壤结构 Soil structure	pH	有机质 OM/(g/kg)	全氮 TN/(g/kg)	全磷 TP/(g/kg)	全钾 TK/(g/kg)	碱解氮 AN/(mg/kg)	有效磷 AP/(mg/kg)	速效钾 AK/(mg/kg)	阳离子交换量CEC/(cmol/kg)	土壤母质 Parent material	剖面点坐标 Profile coordinate	匹配指数 Matching index/%
剖1	人为土	水稻土	潴育水稻土	泥肉田	乌涂田	Aa	0—16	棕灰色	黏壤土	团块状	5.7	25.0	1.81	0.38	31.4	130	6.5	78		河流冲积物	E 116°26′50.4″ N 23°28′25.0″	90
						Ap	16—25	灰棕色	壤质黏土	块状	6.0	21.9	1.32	0.35	31.9	117	7.9	54				
						W	25—80	灰棕色	壤质黏土	棱柱状	7.0	18.0	1.11	0.42	31.5	114	5.2	50				
剖2	人为土	水稻土	盐渍水稻土	咸酸田	重咸酸田	Aasu	0—20	棕灰色	黏壤土	块状	3.9	32.8	1.26	0.35	18.8	101	2.6	199	18.7	酸性硫酸盐母质	E 116°30′41.4″ N 23°12′53.3″	87
						Gsu	20—100	灰棕色	壤质黏土	软糊状	3.8	25.9	1.13	0.21	16.3	51	0.9	50	15.4			
剖3	初育土	风沙土	滨海风沙土	固定沙土	固定沙土	A	0—19	灰棕色	砂土		6.8	4.2	0.02	0.07	8.6	24	3.5	75		滨海堆积物	E 116°34′24.5″ N 23°11′45.8″	76
						C₁	19—36	灰棕色	砂土		5.8	1.5	0.06	0.57	8.5	24	7.0	53				
						C₂	36—54	黄棕色	砂土		5.8	3.3	0.13	0.06	0.8	39	5.7	25				
						C₃	54—100	灰白色	砂土		5.6											

澄 海 区

主要土类说明

水稻土是澄海区主要土壤类型，占本区地域面积的63%。本区地形简单，地势平坦，河流分布密集，水利条件好，耕作历史悠久。本区水稻土分为潴育型、潜育型、沼泽型、盐渍型、矿毒型等亚类。其中，潴育水稻土面积最大，占本土类面积的73%，耕作历史悠久，是典型的水稻土，剖面构型主要为A-P-W-C、A-P-W-G或A-P-W-G-C。该亚类的主要特点是在犁底层下形成具有淋溶和淀积特征的潴育层，剖面内有棕黄色的铁锈斑纹、紫黑色的锰质斑点或新生的铁锰结核，具有明显的棱柱状或柱状结构，结构体表面有铁锰胶膜。

赤红壤是澄海区第二大土壤类型，占本区地域面积的8%，主要分布在本区北部及西北部山丘，最高海拔为562m。赤红壤脱硅富铝化程度仅次于砖红壤，强于红壤。铁的游离度介于二者之间，黏粒硅铝率为1.7—2.0，风化淋溶系数为0.05—0.15，盐基饱和度为15%—25%。淀积层（B层）富含铁铝氧化物，呈赤红色。赤红壤剖面发育完整，土壤呈暗红棕色至棕红色，表土层疏松，心土层紧实，为块状结构，结构体表面有大量铁锰胶膜。本区赤红壤仅有赤红壤一个亚类。

潮土是澄海区第三大土壤类型，占本区地域面积的5%。潮土见于近代河流冲积平原或低平阶地，地下水位高，潜水参与成土过程。在潮土成土过程中，底土受氧化还原交替作用，形成锈色斑纹和小型铁子。在长期耕作条件下，表层有机质含量为10—15g/kg。

风沙土占本区地域面积的5%。风沙土发生于半干旱、干旱漠境地区及滨海地区，是在风沙移动堆积形成的多种形态的风沙沉积物上发育的初育土。由于成土时间短暂，该土壤无剖面发育，具C、(A)-C或A-C剖面构型，反映了风沙移动堆积与固定的不同阶段。

本区域中心区气候特征

本区域中心区气候特征值
Regional climate characteristics in central area of the region

气候带：南亚热带湿润气候 Climate region: South subtropical humid climate	
年平均气温 /℃ Annual average temperature /℃	21.4
年平均最高气温 /℃ Annual average maximum temperature /℃	25.1
年平均最低气温 /℃ Annual average minimum temperature /℃	18.6
年降水量 /mm Annual precipitation /mm	1601
≥10℃的积温 /℃ Daily temperature accumulated in a year (≥10℃) /℃	8031
年日照时数 /h Annual sunshine /h	1964
年平均相对湿度 /% Annual average relative humidity /%	81
干燥度 Dryness	0.79

澄海市主要土壤类型与土壤剖面点分布图
1:120 000

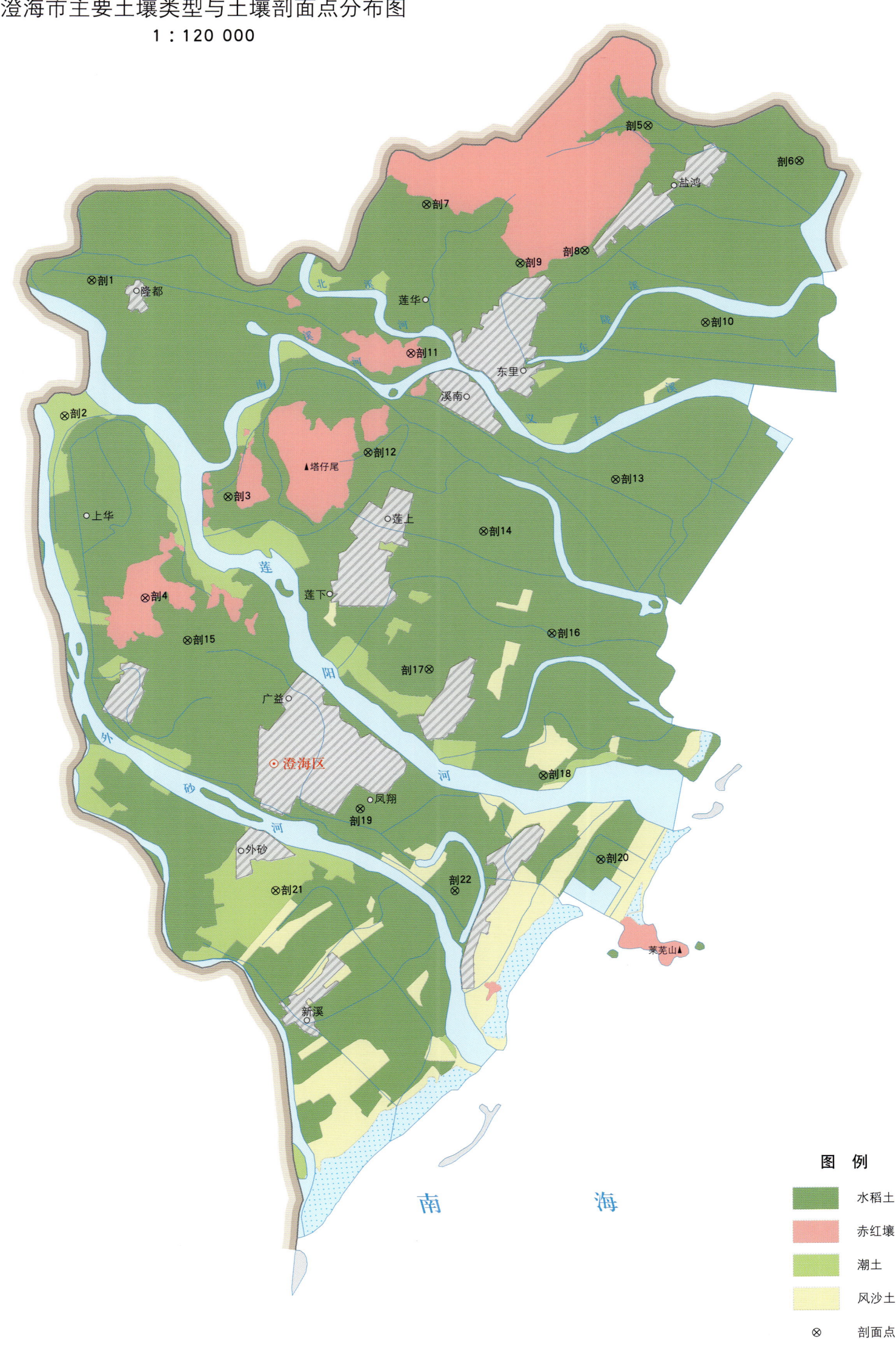

注：国务院 2003 年 1 月批准，撤销澄海市，设立澄海区。

澄海区土壤剖面理化性状表

剖面号 Soil profile	土纲 Soil order	土类 Soil great group	亚类 Soil subgroup	土属 Soil genus	土种 Soil species	土层码 Layer code	土层厚度 Depth/cm	颜色 Soil color	质地 Soil texture	土壤结构 Soil structure	pH	有机质 OM/(g/kg)	全氮 TN/(g/kg)	全磷 TP/(g/kg)	全钾 TK/(g/kg)	碱解氮 AN/(mg/kg)	有效磷 AP/(mg/kg)	速效钾 AK/(mg/kg)	阳离子交换量CEC/(cmol/kg)	土壤母质 Parent material	剖面点坐标 Profile coordinate	匹配指数 Matching index/%
剖1	人为土	水稻土	潜育水稻土	河砂泥地	河砂质田	A	0—13	灰棕色	紧砂土	散状	6.4	12.1	0.62	0.22	28.2	79	4.7	36	4.1	河流冲积物	E 116°42′50.0″ N 23°34′47.3″	91
						P	13—18	灰棕色	砂壤土	散状	5.8	10.4	0.49	0.24	25.1	62	3.5	21	6.7			
						W	18—100	棕黄色	轻壤土	碎块状	7.2	4.8	0.26	0.16	25.1	26	0.1	16	4.3			
剖2	半水成土	潮土	潮土	潮砂泥地	潮砂泥地	A	0—40	浅黄色	松砂土	散状	8.0	1.4	0.07	0.11	26.2	6	1.7	112	0.9	河流冲积物	E 116°42′25.2″ N 23°32′48.9″	71
						B	40—76	浅黄色	松砂土	散状	8.1	1.4	0.14	0.08	31.6	6	2.2	77	0.1			
剖3	人为土	水稻土	潜育水稻土	河砂泥地	河泥质田	A	0—13	灰棕色	重壤土	块状	4.7	27.8	1.57	0.31	25.1	119	1.3	44	10.4	河流冲积物	E 116°44′56.4″ N 23°31′37.9″	96
						P	13—23	棕棕色	重壤土	块状	5.6	17.0	0.96	0.24	22.7	79	1.7	26	11.2			
						W₁	23—65	棕棕色	重壤土	柱状	7.9	8.1	0.47	0.28	24.5	24	2.6	31	11.4			
						W₂	65—100	浅灰黄色														
剖4	铁铝土	赤红壤	赤红壤	花岗岩赤红壤	薄有机质层厚层赤红壤	A	0—10	暗棕色	轻壤土	碎块状	6.4	7.1	0.50	0.14	28.8	55		58	7.2	花岗岩	E 116°43′39.7″ N 23°30′09.7″	82
						B	10—90	暗棕色	轻壤土	碎块状	6.6	3.1	0.23	0.08	25.6	22		49	8.5			
						C	90—	浅灰棕色	轻壤土	碎块状												
剖5	人为土	水稻土	矿毒型水稻土	矿毒田	钨矿毒田	A	0—16	黄灰色	重壤土	碎块状	8.5	14.6	0.76	0.53	10.3	66		37	11.2		E 116°51′24.1″ N 23°37′03.0″	93
						P	16—29	暗棕色	轻壤土	柱状	8.4	13.2	0.61	0.43	11.0	65		37	11.6			
						W	29—56	暗灰色	重壤土	柱状	8.3	5.4	0.21	0.18	9.7	26	0.4	20	7.7			
						W₂	56—100															
剖6	人为土	水稻土	沼泽型水稻土	渍水田	渍水田	A	0—16	黄棕色	中黏土	块状	6.5	19.0	1.00	0.41	19.8	103	12.2	243	19.6	河流冲积物	E 116°53′44.2″ N 23°36′32.0″	84
						P	16—70	灰褐色	中黏土	块状	6.8	13.6	0.90	0.47	13.5	63	18.8	37	17.1			
						G	70—100	暗棕色	重黏土	块状	6.1	14.6	0.78	0.39	13.9	81	9.2	37	11.6			
剖7	人为土	水稻土	潜育水稻土	洪积黄红泥田	洪积黄砂泥砂田	A	0—12	棕灰色	中黏土	块状	7.8	12.2	0.24	0.41	16.7	59	3.5	27	14.1	洪积物	E 116°47′59.9″ N 23°35′53.5″	72
						P	12—16	黄灰色	重黏土	柱状	8.3	7.0	0.36	0.35	13.7	30		22	9.5			
						W₁	16—70															
						W₂	70—100															
剖8	人为土	水稻土	潜育水稻土	泥炭土田	低泥炭铁田	A	0—11	褐灰色	中壤土	块状	5.0	25.7	1.50	0.73	17.3	110	8.7		14.3		E 116°50′25.9″ N 23°35′13.4″	89
						P	11—17	灰灰色	中壤土	块状	7.1	19.4	0.84	0.95	17.3	108	6.4	51	14.1			
						W₁	17—49	灰色	中壤土	散状		8.4	0.12	0.49	16.3	27	8.6					
						W₂	49—59	黑色	砂壤土	块状												
						G	59—100															
剖9	人为土	水稻土	潜育水稻土	冷底田	铁锈水田	A	0—12	红棕色	重壤土	块状	7.4	24.6	1.64	0.57	19.7	119	1.7	35	27.8		E 116°49′25.2″ N 23°35′02.2″	71
						P	12—25	红棕色	重壤土	柱状	6.9	17.5	1.27	0.29	23.2	76	0.4	68				
						W	25—41	黄褐色	中壤土	柱状		8.4	0.68	0.29	19.6	28						
						G	41—100	灰褐色	中壤土	块状												
剖10	人为土	水稻土	盐渍水稻土	反酸田	轻反酸田	A	0—12	褐棕色	中壤土	碎块状	5.2	23.2	0.93	0.21	22.6	78	0.4	70	10.2		E 116°52′17.4″ N 23°34′10.2″	97
						P	12—20	灰灰色	中壤土	块状	4.8	15.7	0.84	0.29	23.6	66	0.9	164	12.9			
						W	20—63	棕色	中壤土	块状	4.2	8.2	0.46	0.21	23.1	46	1.7	207	9.9			
						G	63—100	灰棕色	轻壤土	散状												
剖11	铁铝土	赤红壤	赤红壤	花岗岩赤红壤	赤红砂泥地	A	0—30	灰红色	中壤土	碎块状	6.0	14.1	0.88	0.38	18.2	95	10.9	50	9.1	花岗岩	E 116°47′05.6″ N 23°33′43.6″	91
						B₁	30—84	红色	重壤土	块状	6.1	2.3	0.18	0.15	6.8	19	0.1	64	10.4			
						B₂	84—100	红色	轻壤土	散状	7.2	2.8	0.21	0.15	7.1	17	0.2	68	13.4			
剖12	人为土	水稻土	潜育水稻土	三角洲沉积土田	蚝壳底田	A	0—9	赤褐色	轻壤土	散状	6.3	16.4	1.08	0.31	28.0	81		37	5.5		E 116°47′05.6″ N 23°32′16.4″	88
						P	9—18	浅灰色	重壤土	散状	5.7	14.7	0.92	0.25	26.1	96	5.7	38	8.7			
						W₁	18—48	浅灰色	重壤土	柱状		18.5	1.16	0.19	31.4	99		47	12.9			
						W₂	48—74	浅灰色	松砂土	散状	7.3											

续表 Continued

剖面号 Soil profile	土纲 Soil order	土类 Soil great group	亚类 Soil subgroup	土属 Soil genus	土种 Soil species	土层码 Layer code	土层厚度 Depth/cm	颜色 Soil color	质地 Soil texture	土壤结构 Soil structure	pH	有机质 OM/(g/kg)	全氮 TN/(g/kg)	全磷 TP/(g/kg)	全钾 TK/(g/kg)	碱解氮 AN/(mg/kg)	有效磷 AP/(mg/kg)	速效钾 AK/(mg/kg)	阳离子交换量CEC/(cmol/kg)	土壤母质 Parent material	剖面点坐标 Profile coordinate	匹配指数 Matching index/%
剖13	人为土	水稻土	潴育水稻土	滨海沉积土田	滨海砂泥田	A	0—16	暗棕色	中壤土	碎块状	5.9	19.4	1.09	0.21	23.5	100	3.1	76	8.8	滨海沉积物	E 116°50′54.2″ N 23°31′52.7″	79
						P	16—23	暗灰色	轻壤土	小碎块状	5.7	12.5	0.70	0.19	22.6	70	0.9	36	6.9			
						W_1	23—39	红棕色	轻黏土	棱柱状	7.2	17.7	0.96	0.26	23.7	80		62	12.8			
						W_2	39—100	灰棕色	轻黏土	棱柱状												
剖14	人为土	水稻土	潴育水稻土	河砂泥田	河黏土田	A	0—12	浅棕色	轻黏土	块状	6.0	20.1	1.47	0.35	18.7	192	1.7	79	15.6	河流冲积物	E 116°48′52.2″ N 23°31′07.3″	90
						P	12—21	暗棕色	轻黏土	块状	6.5	15.1	0.93	0.38	19.3	86	0.4	44	13.2			
						W_1	21—51	赤棕色	轻黏土	柱状	4.4	13.8	0.71	0.33	19.2	90		104	15.1			
						W_2	51—100	暗灰白色	中黏土	柱状												
剖15	人为土	水稻土	潴育水稻土	三角洲沉积土田	黏土田	A	0—13	棕灰色	轻黏土	块状	6.6	32.9	1.90	0.43	微量	169	1.2	21	15.0		E 116°44′18.6″ N 23°29′32.6″	72
						P	13—27	棕灰色	轻黏土	柱状	6.7	18.2	1.10	0.42	微量	25	1.2	24	12.0			
						W_2	27—84	灰黄色	中黏土	柱状	6.5	5.8	0.53	0.28	微量	13	1.3	30	9.1			
							84—100	红棕色	中黏土	柱状												
剖16	人为土	水稻土	盐渍水稻土	反酸田	反酸田	A	0—12	黄棕色	重壤土	碎块状	5.0	21.4	1.11	0.27	23.8	122	0.4	62	12.3		E 116°49′55.2″ N 23°29′38.0″	71
						P	12—18	灰棕色	重壤土	块状	4.5	18.6	1.01	0.30	21.4	93	0.4	49	13.1			
						W	18—46	赤棕色	中黏土	柱状	3.5	15.8	0.76	0.30	23.4	77	0.4	66	15.4			
						G	46—100		紧砂土	散状												
剖17	人为土	水稻土	潴育水稻土	河砂泥田	河砂泥田	A	0—13	赤褐色	中壤土	碎块状	5.6	18.1	1.07	0.41	22.8	111	24.5	43	15.2	河流冲积物	E 116°48′01.8″ N 23°29′06.7″	70
						P	13—25	重棕色	重壤土	块状	7.5	7.2	0.31	0.38	23.9	29	8.7	34	14.0			
						W_1	25—71	黄色	重壤土	柱状	7.8	17.5	1.17	0.41	22.2	111	6.5	26	4.4			
						W_2	71—100	灰灰色	轻壤土	柱状												
剖18	人为土	水稻土	潴育水稻土	滨海沉积土田	滨海砂泥田	A	0—15	棕色	中壤土	散状	7.1	6.9	0.31	0.12	20.9	26	13.1	24	1.6	滨海沉积物	E 116°49′47.3″ N 23°27′32.8″	76
						P	15—25	棕色	中黏土	散状	7.3	4.2	0.27	0.16	22.0	25	7.3	27	0.8			
						W	25—50	棕色	松砂土	块状	6.7	1.4	0.16	0.06	18.4	15		24	0.1			
剖19	人为土	水稻土	潴育水稻土	泥肉田	乌涂田	A	0—15	灰棕色	中壤土	块状	5.6	25.9	1.22	0.28	24.6	134	2.2	61			E 116°46′57.9″ N 23°27′04.4″	79
						P	15—20	暗棕色	中黏土	块状												
						W	20—42	棕褐色	轻壤土	块状												
						G	42—58	灰黄色	砂壤土	散状												
						C	58—100	灰白色	紧砂土	小块状												
剖20	人为土	水稻土	盐渍水稻土	咸酸田	轻咸酸田	A	0—23	灰棕色	轻壤土	散状	5.5	17.3	0.55	0.20	21.5	65	2.2	75	6.8		E 116°50′39.8″ N 23°26′19.3″	76
						P	23—30	棕灰色	砂壤土	块状	5.5	7.4	0.33	0.21	21.8	30	6.1	167	13.7			
						W	30—50	棕色	重壤土	块状	5.9	11.3	0.49	0.30	24.3	41	16.2	342	7.0			
						G	50—100	黑色	重壤土	块状												
剖21	半水成土	潮土	潮土	潮砂泥地	潮砂地	A	0—16	浅棕色	松砂土	散状	6.4	9.7	0.42	0.27	18.5	42	82.1	51	2.2	河流冲积物	E 116°45′39.6″ N 23°25′53.4″	73
						AB	16—52	灰色	松砂土	散状	6.4	2.6	0.15	0.17	17.3	11	22.3	34	0.8			
						B	52—100	浅灰色	松砂土	散状	7.2	1.2	0.04	0.07	14.2	8	5.7	21	1.2			
剖22	人为土	水稻土	潴育水稻土	滨海沉积土田	滨海泥田	A	0—20	深棕色	重壤土	碎块状	6.5	12.5	0.77	0.25	22.3	63		55	9.6	滨海沉积物	E 116°48′25.2″ N 23°25′52.7″	93
						P	20—30	蓝棕色	重壤土	块状	6.6	10.4	0.68	0.22	20.7	55		48	9.2			
						W	30—95	乌棕色	轻壤土	棱柱状	4.9	10.9	0.70	0.25	22.0	63	0.9	85	12.9			
						G	95—100		砂土	散状												

佛 山 市

南 海 区

主要土类说明

水稻土是南海区主要土壤类型，占本区地域面积的 55%。水稻土是在长期的季节性淹灌、水下翻耕、季节性脱水、氧化还原交替影响下，原来的成土母质或母土的特性发生重大改变，形成的新的土壤类型。由于干湿交替，水稻土形成糊状的淹育层、较坚实板结的犁底层、渗育层、潴育层与潜育层等多种发生层。本区水稻土分为淹育型、潴育型、渗育型、潜育型等亚类。其中，潴育水稻土面积最大，占本土类面积的 92%，主要分布在河流冲积平原，耕作历史悠久，排灌条件较好。该亚类的主要特点是在犁底层下形成具有淋溶和淀积特征的潴育层，剖面内有棕黄色的铁锈斑纹、紫黑色的锰质斑点或新生的铁锰结核，具有明显的棱柱状或柱状结构，结构体表面有铁锰胶膜。

赤红壤是南海区第二大土壤类型，占本区地域面积的 16%。赤红壤主要发生于南亚热带季雨林下，其脱硅富铝化程度仅次于砖红壤，强于红壤。铁的游离度介于二者之间，黏粒硅铝率为 1.7—2.0，风化淋溶系数为 0.05—0.15，盐基饱和度为 15%—25%。淀积层（B层）富含铁铝氧化物，呈赤红色。

新积土是南海区第三大土壤类型，占本区地域面积的 15%。新积土是由新近冲积、洪积、坡积、塌积或人工堆垫形成的土壤。该土壤成土期短，母质特性明显，具 A–C 或（A）–C 剖面构型。

潮土占本区地域面积的 4%。潮土见于近代河流冲积平原或低平阶地，地下水位高，潜水参与成土过程。在潮土成土过程中，底土受氧化还原交替作用，形成锈色斑纹和小型铁子。在长期耕作条件下，表层有机质含量为 10—15g/kg。

本区域中心区气候特征

本区域中心区气候特征值
Regional climate characteristics in central area of the region

气候带：南亚热带湿润气候 Climate region: South subtropical humid climate	
年平均气温 /℃ Annual average temperature /℃	21.9
年平均最高气温 /℃ Annual average maximum temperature /℃	26.3
年平均最低气温 /℃ Annual average minimum temperature /℃	18.8
年降水量 /mm Annual precipitation /mm	1812
≥10℃的积温 /℃ Daily temperature accumulated in a year (≥10℃) /℃	7898
年日照时数 /h Annual sunshine /h	1657
年平均相对湿度 /% Annual average relative humidity /%	78
干燥度 Dryness	0.73

本区域中心区月平均气温与月平均降水量
Monthly temperature and precipitation in central area of the region

南海市主要土壤类型与土壤剖面点分布图
1∶190 000

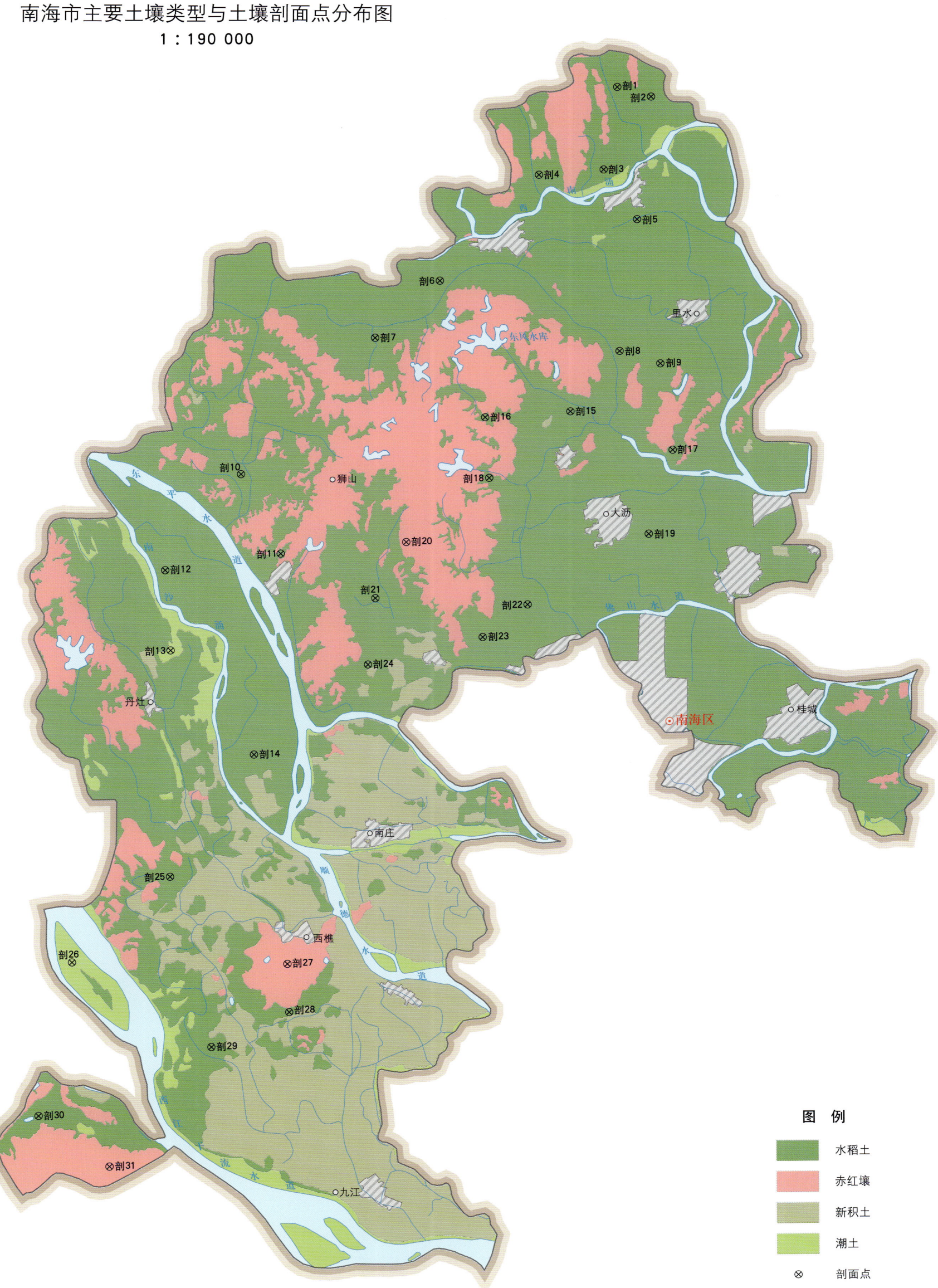

注：国务院 2002 年 12 月批准，撤销南海市，设立南海区。

南海区土壤剖面理化性状表

剖面号 Soil profile	土纲 Soil order	土类 Soil great group	亚类 Soil subgroup	土属 Soil genus	土种 Soil species	土层码 Layer code	土层厚度 Depth/cm	颜色 Soil color	质地 Soil texture	土壤结构 Soil structure	pH	有机质 OM/(g/kg)	全氮 TN/(g/kg)	全磷 TP/(g/kg)	全钾 TK/(g/kg)	碱解氮 AN/(mg/kg)	有效磷 AP/(mg/kg)	速效钾 AK/(mg/kg)	土壤母质 Parent material	剖面点坐标 Profile coordinate	匹配指数 Matching index/%
剖1	人为土	水稻土	潴育水稻土	洪积红黄泥土田	洪积红黄泥田	1	0—20	浅灰色	中黏土	团块状	6.2	29.9	1.74	0.31	13.9	136		42	洪积物	E 113° 07′ 27.5″ N 23° 17′ 43.1″	76
						2	20—29	浅灰色	轻黏土	块状	6.4	21.3	1.00	0.34	15.4						
						3	29—78	灰黄色	轻黏土	棱柱状	6.5	9.2	0.55	0.26	15.4						
						4	78—														
剖2	人为土	水稻土	潴育水稻土	冷底田	顽泥田	1	0—18	浅黄色	中黏土	团块状	6.3	30.3	1.73	0.32	16.3	115	4.4	36		E 113° 08′ 20.8″ N 23° 17′ 28.0″	70
						2	18—25	黄黄色	中黏土	块状	6.4	19.4	1.10	0.30	18.9						
						3	25—42	黄棕色	轻黏土	柱状	6.5	16.3	0.73	0.20	20.1						
						4	42—	灰蓝色		无明显结构											
剖3	人为土	水稻土	潴育水稻土	河砂泥田	河黏土田	1	0—14	褐黄色	轻黏土	团粒状	5.8	36.5	1.79	0.44	17.2	115	0.9	51	河流冲积物	E 113° 07′ 04.1″ N 23° 15′ 38.5″	78
						2	14—20	褐黄色	重黏土	块状	6.9	19.8	0.99	0.39	17.6						
						3	20—60	灰黑色	中壤土	柱状	6.8	12.8	0.49	0.13	16.1						
						4	60—	深蓝色													
剖4	人为土	水稻土	潴育水稻土	炭质黑泥田	低黑泥田	1	0—15	灰白色	重壤土	团粒状	6.5	28.0	1.52	0.35	19.6	76		32	坡积物	E 113° 05′ 21.1″ N 23° 15′ 32.0″	88
						2	15—23	黄黑色	轻黏土	块状	7.2	21.1	1.16	0.43	20.5						
						3	23—	黄黑色	中壤土	柱状	7.2	28.2	0.92	0.21	14.9						
剖5	人为土	水稻土	潴育水稻土	河砂泥田	河泥田	1	0—18	灰黄色	中壤土	团粒状	6.9	33.6	1.86	0.81	15.2	120	6.1	35	河流冲积物	E 113° 07′ 55.6″ N 23° 14′ 22.6″	82
						2	18—30	黄褐色	重壤土	块状	6.8	26.6	1.41	0.73	15.4						
						3	30—70	黄褐色	中壤土	片状	6.9	23.3	1.28	0.43	0.8						
剖6	人为土	水稻土	潴育水稻土	宽谷冲积土田	宽谷顽泥田	1	0—17	暗棕色	重壤土	块状	5.4	21.8	1.20	0.29	7.6	101	1.7	37	冲积物	E 113° 02′ 41.3″ N 23° 12′ 54.7″	81
						2	17—23	暗棕色	中壤土	棱柱状	6.2	13.6	0.96	0.21	7.9						
						3	23—70	黄棕色	中壤土	柱状	5.8	8.1	0.63	0.27	8.0						
						4	70—														
剖7	人为土	水稻土	潴育水稻土	三角洲沉积土田	泥青田	1	0—15	黄棕色	重壤土	团团块状	6.7	28.3	1.37	0.33	8.4	95	1.7	45	沉积物	E 113° 00′ 57.2″ N 23° 11′ 30.5″	78
						2	15—28	黄棕灰色	轻黏土	块状	6.8	24.7		0.33	8.3						
						3	28—75	灰黄白色	轻黏土	棱柱状	6.8	5.4	0.39	0.12	7.8						
						4	75—														
剖8	人为土	水稻土	潴育水稻土	砂页岩红泥田	页砂质田	1	0—11	浅黄色	砂壤土	微团粒状	5.8	21.8	1.04	0.17	5.8	76	1.7	29	砂页岩	E 113° 07′ 24.6″ N 23° 11′ 04.6″	98
						2	11—18	暗黄色	轻壤土	块状	6.6	11.6	0.69	0.17	4.6						
						3	18—42	棕灰色	轻壤土	片状	5.8	8.9	0.63	0.21	7.7						
						4	42—	灰色													
剖9	人为土	水稻土	潴育水稻土	洪积红黄泥土田	洪积泥田	1	0—18	浅黄色	重黏土	团粒状	5.9	29.8	1.65	0.21	6.9	124		71	洪积物	E 113° 08′ 28.7″ N 23° 10′ 44.8″	71
						2	18—30	暗棕色	重壤土	块状	6.4	11.3	1.15	0.22	7.6						
						3	30—73	暗黄色	中壤土	块状	6.5	10.7	0.53	0.13	9.7						
						4	73—														
剖10	人为土	水稻土	潴育水稻土	宽谷冲积土田	宽谷泥田	1	0—16	浅黄灰色	轻黏土	团粒状	6.0	32.1	1.73	0.26	8.5	130	3.9	32	冲积物	E 112° 57′ 21.2″ N 23° 08′ 07.4″	72
						2	16—21	暗黄色	重壤土	块状	6.5	29.6	1.71	0.21	9.1						
						3	21—85		重壤土	棱柱状	6.7	18.3	1.13	0.16	9.1						
						4	85—														
剖11	人为土	水稻土	淹育水稻土	砂页岩红黄泥田	页结粉田	1	0—12	浅黄灰色	紫砂土	无明显结构	5.8	14.7	0.77	0.13	3.1	81	2.6	22	砂页岩	E 112° 58′ 21.7″ N 23° 06′ 07.2″	88
						2	12—15	灰黄色	砂壤土	片状	7.1	13.6	0.74	0.08	2.5						
						3	15—	浅黄色	中壤土	块状	6.9	10.8	0.32	0.08	9.5						

续表 Continued

剖面号 Soil profile	土纲 Soil order	土类 Soil great group	亚类 Soil subgroup	土属 Soil genus	土种 Soil species	土层码 Layer code	土层厚度 Depth/cm	颜色 Soil color	质地 Soil texture	土壤结构 Soil structure	pH	有机质 OM/(g/kg)	全氮 TN/(g/kg)	全磷 TP/(g/kg)	全钾 TK/(g/kg)	碱解氮 AN/(mg/kg)	有效磷 AP/(mg/kg)	速效钾 AK/(mg/kg)	土壤母质 Parent material	剖面点坐标 Profile coordinate	匹配指数 Matching index/%
剖12	人为土	水稻土	潴育水稻土	河砂泥田	河砂质田	1	0—13	浅棕黄色	松砂土	无明显结构	6.9	13.5	0.78	0.20	18.5	67	0.9	19	河流冲积物	E 112°55′18.4″ N 23°05′45.0″	97
						2	13—21	黄灰黄色	紧砂土	块状	6.9	11.1	0.61	0.17	18.2						
						3	21—70	灰黄色	松砂土	粒状	6.9	7.0	0.35	0.17	19.8						
剖13	半水成土	潮土	潮土	潮砂泥土	潮砂土	1	0—25	棕黄色	砂壤土	微粒状	6.9	13.6	0.57	0.39	13.9	71	2.2	34	河流冲积物	E 112°55′25.0″ N 23°03′43.6″	93
						2	25—85	黄褐色	砂壤土	微粒状	7.5	5.1	0.34	0.38	13.7						
						3	85—	黄褐色	松砂土	无明显结构	7.4	12.0	0.14	0.29	11.0						
剖14	人为土	水稻土	潴育水稻土	河砂泥田	河砂泥田	1	0—16	黄褐色	中壤土	团粒状	6.8	28.0	1.48	0.34	10.5	100	6.5	27	河流冲积物	E 112°57′34.2″ N 23°01′04.8″	74
						2	16—25	棕灰色	中壤土	块状	6.9	20.4	1.13	0.41	11.3						
						3	25—70	棕黄色	中壤土	棱柱状	4.9	11.0	0.76	0.40	13.4						
						4	70—	暗灰色													
剖15	人为土	水稻土	潴育水稻土	宽谷冲积土田	黄泥底砂质田	1	0—13	浅灰色	砂壤土	无明显结构	5.6	29.5	1.42	0.33	3.7	128	3.1	17	冲积物	E 113°06′04.7″ N 23°09′34.2″	72
						2	13—20	黄灰黄色			6.8	14.8	0.76	0.23	0.4						
						3	20—60	棕黄色	中壤土	柱状	6.7	12.1	0.66	0.28	0.4						
						4	60—														
剖16	人为土	水稻土	潴育水稻土	宽谷冲积土田	宽谷砂泥田	1	0—14	黄灰色	轻壤土	无明显结构	6.3	17.4	0.90	0.45	4.4	65	11.8	27	冲积物	E 113°03′49.7″ N 23°09′27.4″	86
						2	14—22	棕灰色	轻壤土	块状	6.3	12.1	0.70	0.31	4.9						
						3	22—71	浅灰色	中壤土	柱状	6.5	7.2	0.42	0.15	4.1						
剖17	人为土	淹育水稻土	砂页岩红黄泥田	页砂泥胃田		1	0—15	褐黄黄色	轻壤土	团块状	6.4	16.2	0.85	0.57	5.1	87	10.5	23	砂页岩	E 113°08′45.7″ N 23°08′33.4″	70
						2	15—25	暗黄黄色	中壤土	块状	7.2	7.3	0.43	0.37	5.1						
						3	25—	棕红色		碎块状	6.7	8.6	0.49	0.21	3.1						
剖18	人为土	水稻土	淹育水稻土	砂页岩红黄泥田	页红砂泥田	1	0—17	棕灰色	轻壤土	细粒状	6.2	19.7	0.94	0.22	19.7	123	2.6	32	砂页岩	E 113°03′54.4″ N 23°07′55.9″	91
						2	17—29	灰色	中壤土	块状	7.1	8.9	0.93	0.26	21.0						
						3	29—	红棕色	中壤土	棱柱状	7.0	4.8	0.36	0.31	17.8						
剖19	人为土	水稻土	潴育水稻土	三角洲沉积土田	黏土田	1	0—13	暗棕色	轻黏土	无明显结构	6.4	41.5	2.22	0.37	17.0	113	2.2	40	沉积物	E 113°08′05.6″ N 23°06′27.7″	92
						2	13—24	浅灰黄色	轻壤土	块状	6.9	7.9	1.26	0.46	15.2						
						3	24—80	浅灰色	重壤土	柱状	7.0	7.3	0.71	0.51	14.6						
剖20	铁铝土	赤红壤	赤红壤	红色砂页岩赤红壤		1	0—16	暗棕色	中壤土	轻壤土	5.5	33.5	1.53	0.30	8.6	112	0.9	23	砂页岩	E 113°01′41.2″ N 23°06′21.6″	99
						2	16—80	黄棕色	中壤土		7.1	10.2	0.53	0.24	12.5						
剖21	人为土	水稻土	潴育水稻土	砂页岩红泥田	页砂红泥胃田	1	0—15	黄黄色	中壤土	团块状	6.7	20.1	1.09	0.29	3.4	84	4.4	81	砂页岩	E 113°08′50.8″ N 23°04′57.4″	79
						2	15—28	黄黄色	中壤土	块状	6.9	10.7	0.65	0.17	2.8						
						3	28—55	灰黄色	重壤土	块状	6.2	3.9	0.13	0.14	2.3						
剖22	人为土	水稻土	潴育水稻土	潮砂泥田	潮泥田	1	0—16	浅灰黄色	重壤土	无明显结构	6.7	29.9	1.59	0.56	14.2	109	1.7	51	河流冲积物	E 113°04′52.0″ N 23°04′44.1″	95
						2	16—29	黄灰色	轻壤土	块状	6.9	15.9	0.85	0.48	13.9						
						3	29—75	黄灰黄色	轻壤土	棱柱状	6.2	22.8	0.92	0.28	15.6						
						4	75—														
剖23	人为土	水稻土	潴育水稻土	潮砂泥田	潮砂田	1	0—15	棕灰色	轻壤土	无明显结构	6.3	13.3	0.81	0.32	17.3	51	1.7	20	河流冲积物	E 113°03′39.6″ N 23°04′55.8″	95
						2	15—23	浅灰棕色	轻壤土	块状	6.3	17.3	0.98	0.36	19.3			21			
						3	23—90	黄灰色	轻壤土	粒状	6.4	11.3	0.79	0.45	18.0			31			
						4	90—														
剖24	人为土	水稻土	淹育水稻土	砂页岩红黄泥田	页红砂质田	1	0—12	暗棕色	轻黏土	粒状	6.7	16.9	0.77	0.31	2.4	80	4.4	18	砂页岩	E 113°00′37.1″ N 23°03′17.3″	85
						2	12—23	黄棕色	轻黏土	团粒状	6.7	11.3	0.67	0.18	2.2						
						3	23—70	浅灰黄色	重壤土	块状	6.8	6.7	0.34	0.13	2.2						
剖25	人为土	水稻土	渗育水稻土	白鳝泥田	低白鳝泥田	1	0—16	浅灰黄色	轻黏土	团粒状	6.5	39.1	2.04	0.33	14.1	109	0.9	46		E 112°55′17.8″ N 22°58′01.9″	98
						2	16—27	黄灰色	重壤土	柱状	6.9	21.7	1.34	0.28	16.1						
						3	27—80	浅灰黄色	轻黏土	柱状	7.0	9.7	0.78	0.34	22.0						
						4	80—	灰蓝色													

续表 Continued

剖面号 Soil profile	土纲 Soil order	土类 Soil great group	亚类 Soil subgroup	土属 Soil genus	土种 Soil species	土层码 Layer code	土层厚度 Depth/cm	颜色 Soil color	质地 Soil texture	土壤结构 Soil structure	pH	有机质 OM/(g/kg)	全氮 TN/(g/kg)	全磷 TP/(g/kg)	全钾 TK/(g/kg)	碱解氮 AN/(mg/kg)	有效磷 AP/(mg/kg)	速效钾 AK/(mg/kg)	土壤母质 Parent material	剖面点坐标 Profile coordinate	匹配指数 Matching index/%
剖26	半水成土	潮土	潮土	潮砂泥土	潮砂泥土	1	0—20	棕灰色	中壤土	团粒状	5.7	25.2	1.17	0.65	17.4	87	3.1	28	河流冲积物	E 112°52′40.1″ N 22°55′55.6″	94
						2	20—100	棕黄色	轻黏土	微粒状	7.0	14.4	0.76	0.65	18.8						
剖27	铁铝土	赤红壤	赤红壤	粗面岩和砂页岩赤红壤	薄有机质层中层赤红壤	1	0—7	灰色	中壤土		6.3	32.8	1.07	0.41	0.5	141		25	粗面岩、砂页岩	E 112°58′21.0″ N 22°55′47.3″	80
						2	7—43	浅黄色	中壤土		6.7	35.0	0.39	0.17	0.5						
						3	43—100	浅黄色	中壤土		6.7	21.6	0.79	0.17	0.6						
剖28	人为土	水稻土	潴育水稻土	洪红黄泥田	洪积砂泥田	1	0—18	褐灰色	中壤土	核状	6.4	19.7	1.09	0.66	5.5	72	13.5	21	洪积物	E 112°58′22.4″ N 22°54′35.3″	71
						2	18—26	褐黄灰色	轻壤土	块状	7.2	2.6	0.28	0.14	4.1						
						3	26—80	褐黄灰色	轻壤土	棱柱状	7.4	2.9	3.30	0.13	5.8						
						4	80—	浅黄灰色		无明显结构											
剖29	人为土	水稻土	潴育水稻土	河砂泥田	河黄泥底田	1	0—16	浅灰色	重壤土	团粒状	6.3	29.2	1.65	0.27	13.7	130	0.9	27	河流冲积物	E 112°56′18.2″ N 22°53′45.2″	99
						2	16—27	暗黄色	重壤土	块状	6.5	20.5	1.08	0.28	15.3						
						3	27—55	浅黄色	重壤土	棱柱状	6.5	12.0	0.67	0.29	14.6						
						4	55—														
剖30	人为土	水稻土	潴育水稻土	冷底田	铁锈水田	1	0—15	黄灰色	中壤土	致密结构	6.3	40.2	2.20	0.31	20.1	156	1.3	43	河流冲积物	E 112°51′42.7″ N 22°52′07.1″	90
						2	15—25	灰黄色	中壤土	块状	5.5	31.8	1.77	0.29	19.9						
						3	25—100	灰蓝色	中壤土	无明显结构	6.3	67.6	1.59	0.19	19.6						
剖31	铁铝土	赤红壤	赤红壤	红色砂页岩赤红壤	薄有机质层中层红色砂页岩赤红壤	1	0—3	灰黄色	砂壤土		5.8	13.0	0.40	0.09	1.0	45	8		红色砂页岩	E 112°53′33.1″ N 22°50′49.6″	75
						2	3—20	黄色	轻壤土		5.6	6.8	0.21	0.04	0.8						
						3	20—100	黄红色	轻壤土		6.6	5.3	0.17	0.04	1.0						

顺 德 区

主要土类说明

潮土是顺德区主要土壤类型，占本区地域面积的63%。潮土见于近代河流冲积平原或低平阶地，地下水位高，潜水参与成土过程。在潮土成土过程中，底土受氧化还原交替作用，形成锈色斑纹和小型铁子。在长期耕作条件下，表层有机质含量为10—15g/kg。

水稻土是顺德区第二大土壤类型，占本区地域面积的21%。水稻土是在长期的季节性淹灌、水下翻耕、季节性脱水、氧化还原交替影响下，原来的成土母质或母土的特性发生重大改变，形成的新的土壤类型。由于干湿交替，水稻土形成糊状的淹育层、较坚实板结的犁底层、渗育层、潴育层与潜育层等多种发生层。这些不同的发生层是在人为耕作、水浆管理下形成的。

小于本区地域面积3%的土壤类型有赤红壤。

本区域中心区气候特征

本区域中心区气候特征值
Regional climate characteristics in central area of the region

气候带：南亚热带湿润气候 Climate region: South subtropical humid climate	
年平均气温 /℃ Annual average temperature /℃	22.1
年平均最高气温 /℃ Annual average maximum temperature /℃	26.3
年平均最低气温 /℃ Annual average minimum temperature /℃	19.1
年降水量 /mm Annual precipitation /mm	1859
≥10℃的积温 /℃ Daily temperature accumulated in a year (≥10℃) /℃	7967
年日照时数 /h Annual sunshine /h	1669
年平均相对湿度 /% Annual average relative humidity /%	78
干燥度 Dryness	0.71

本区域中心区月平均气温与月平均降水量
Monthly temperature and precipitation in central area of the region

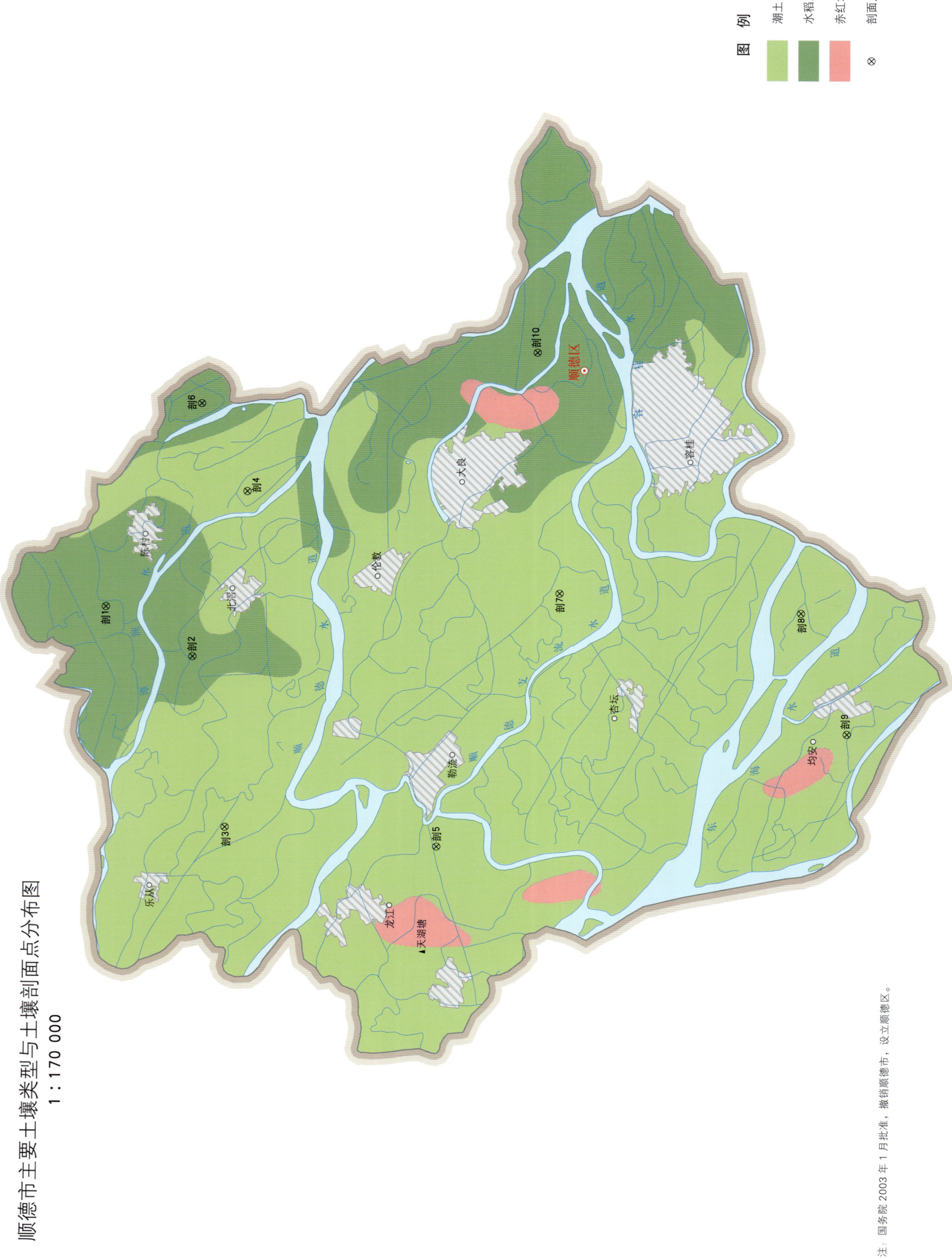

顺德市主要土壤类型与土壤剖面点分布图 1∶170 000

顺德区土壤剖面理化性状表

剖面号 Soil profile	土纲 Soil order	土类 Soil great group	亚类 Soil subgroup	土属 Soil genus	土种 Soil species	土层码 Layer code	土层厚度 Depth/cm	颜色 Soil color	质地 Soil texture	土壤结构 Soil structure	pH	有机质 OM/(g/kg)	全氮 TN/(g/kg)	全磷 TP/(g/kg)	全钾 TK/(g/kg)	碱解氮 AN/(mg/kg)	有效磷 AP/(mg/kg)	速效钾 AK/(mg/kg)	剖面点坐标 Profile coordinate	匹配指数 Matching index/%
剖1	人为土	水稻土	潴育水稻土	三角洲沉积土田	泥田	1	0—14	黄褐色	轻黏土	块状、柱状	5.8	27.0	1.44			99	3.5	26	E 113°11′40.1″ N 22°58′35.4″	98
剖2	人为土	水稻土	潴育水稻土	泥肉田	泥肉田	1	0—16	灰褐色	轻黏土	棱柱状	5.6	33.4	微量			123	3.5	36	E 113°10′25.1″ N 22°56′41.3″	92
						2	16—42													
剖3	半水成土	潮土	脱潮土	基水地	泥肉基	1	0—22	浅褐色	泥质土	团粒状	6.8	21.4	1.12	0.59	13.4				E 113°06′13.7″ N 22°56′00.6″	88
						2	22—52	褐色	泥质土	柱状	6.9	11.0	0.72	0.51	15.8					
						3	52—100	褐色	泥质土	柱状	7.2	13.1	0.84	0.51	14.4					
剖4	半水成土	潮土	脱潮土	基水地	瓦渣基	1	0—20	灰褐色	砂壤土	团粒状	7.3	20.4	1.04	1.98	17.5				E 113°14′27.3″ N 22°55′26.9″	83
						2	20—42	灰褐色	砂壤土	柱状	7.5	20.4	0.96	2.06	17.7					
						3	42—100	褐色	砂壤土	柱状	7.2	23.2	1.15	1.65	16.6					
剖5	半水成土	潮土	脱潮土	基水地	砂质基	1	0—18	棕黄色	砂壤土	粒状	5.7	15.0	0.86	0.39	11.8				E 113°05′42.8″ N 22°51′20.6″	93
						2	18—50	浅黄色	砂壤土	块状	6.4	7.6	0.61	3.24	17.0					
剖6	人为土	水稻土	潴育水稻土	三角洲沉积土田	泥骨田	1	0—13	黄褐色	重黏土	块状	5.7	22.7	1.51			87	2.6	46	E 113°16′37.7″ N 22°56′25.7″	88
						2	13—36													
剖7	半水成土	潮土	脱潮土	基水地	泥骨基	1	0—20	黄褐色	黏土	块状	5.9	13.5	0.78	0.59	16.8				E 113°11′53.4″ N 22°48′35.4″	96
						2	20—65	灰色	黏土	块状	6.3	17.5	0.97	0.55	17.1					
						3	65—													
剖8	半水成土	潮土	脱潮土	基水地	砂泥基	1	0—30	黄褐色	砂泥基	团粒状	5.7	16.2	0.84	1.00	17.6				E 113°11′21.1″ N 22°43′16.0″	83
						2	30—70	黄褐色	砂泥基	粒状	6.1	13.1	0.80	1.03	17.2					
						3	70—100				6.2	21.1	1.23	1.04	18.0					
剖9	半水成土	潮土	脱潮土	基水地	泥质基	1	0—25	灰棕色	偏黏土	团粒状	6.9	27.7	1.58	1.06	23.0				E 113°08′23.4″ N 22°42′16.8″	74
						2	25—60	黄褐色	偏黏土	块状	6.3	14.2	0.90	1.30	18.7					
						3	60—100	黄褐色	偏黏土	块状	5.3	10.2	0.81	1.25	19.3					
剖10	人为土	水稻土	潴育水稻土	三角洲沉积土田	砂泥田	1	0—17	灰黄色			6.1	28.3	1.51			88	2.2	53	E 113°17′47.8″ N 22°49′01.6″	88
						2	17—31													

三 水 区

主要土类说明

水稻土是三水区主要土壤类型，占本区地域面积的63%。水稻土是在长期的季节性淹灌、水下翻耕、季节性脱水、氧化还原交替影响下，原来的成土母质或母土的特性发生重大改变，形成的新的土壤类型。由于干湿交替，水稻土形成糊状的淹育层、较坚实板结的犁底层、渗育层、潴育层与潜育层等多种发生层。这些不同的发生层是在人为耕作、水浆管理下形成的。本区水稻土分为淹育型、潴育型、渗育型、潜育型、沼泽型等亚类。其中，潴育水稻土面积最大，占本土类面积的90%，耕作历史悠久，排灌条件较好，土壤熟化程度较高，剖面层次分明，在犁底层下有一层潴育层，剖面内有棕黄色的铁锈斑纹。

赤红壤是三水区第二大土壤类型，占本区地域面积的19%。赤红壤主要发生于南亚热带季雨林下，其脱硅富铝化程度仅次于砖红壤，强于红壤。铁的游离度介于二者之间，黏粒硅铝率为1.7—2.0，风化淋溶系数为0.05—0.15，盐基饱和度为15%—25%。淀积层（B层）富含铁铝氧化物，呈赤红色。本区赤红壤分为黄化赤红壤、赤红壤等亚类。其中，赤红壤亚类分布最广，主要分布在海拔300m以下的山岗地，土体有明显的脱硅富铝化特征，pH为5.0—5.5，土层一般比较深厚。

潮土是三水区第三大土壤类型，占本区地域面积的6%。潮土见于近代河流冲积平原或低平阶地，地下水位高，潜水参与成土过程。在潮土成土过程中，底土受氧化还原交替作用，形成锈色斑纹和小型铁子。在长期耕作条件下，表层有机质含量为10—15g/kg。

小于本区地域面积3%的土壤类型有紫色土和石灰（岩）土。

本区域中心区气候特征

本区域中心区气候特征值
Regional climate characteristics in central area of the region

气候带：南亚热带湿润气候 Climate region: South subtropical humid climate	
年平均气温 /℃ Annual average temperature /℃	21.7
年平均最高气温 /℃ Annual average maximum temperature /℃	26.2
年平均最低气温 /℃ Annual average minimum temperature /℃	18.5
年降水量 /mm Annual precipitation /mm	1727
≥10℃的积温 /℃ Daily temperature accumulated in a year (≥10℃) /℃	7812
年日照时数 /h Annual sunshine /h	1639
年平均相对湿度 /% Annual average relative humidity /%	78
干燥度 Dryness	0.75

本区域中心区月平均气温与月平均降水量
Monthly temperature and precipitation in central area of the region

三水市主要土壤类型与土壤剖面点分布图
1∶230 000

图 例

- 水稻土
- 赤红壤
- 潮土
- 紫色土
- 石灰（岩）土
- ⊗ 剖面点

注：国务院 2002 年 12 月批准，撤销三水市，设立三水区。

三水区土壤剖面理化性状表

剖面号 Soil profile	土纲 Soil order	土类 Soil great group	亚类 Soil subgroup	土属 Soil genus	土种 Soil species	土层码 Layer code	土层厚度 Depth/cm	颜色 Soil color	质地 Soil texture	土壤结构 Soil structure	pH	有机质 OM/(g/kg)	全氮 TN/(g/kg)	全磷 TP/(g/kg)	全钾 TK/(g/kg)	碱解氮 AN/(mg/kg)	有效磷 AP/(mg/kg)	速效钾 AK/(mg/kg)	土壤母质 Parent material	剖面点坐标 Profile coordinate	匹配指数 Matching index/%
剖1	人为土	水稻土	潜育水稻土	河砂泥田	河砂泥田	1	0—18		轻壤土		8.1	29.0	1.70	0.65	13.3	113	5.7	33	河流冲积物	E 112°54′25.9″ N 23°28′11.3″	91
						2	18—25		中壤土		8.2	18.6	1.71	0.58	13.1						
						3	25—50		轻壤土		8.2	13.9	0.85	0.66	20.1						
剖2	人为土	水稻土	淹育水稻土	砂页岩红黄泥田	页红砂质田	1	0—18	灰白色	砂壤土		8.4	16.5	0.81	0.22	8.5	72	8.7	25	砂页岩	E 112°50′17.9″ N 23°26′24.0″	97
						2	18—25	黄色	砂土		7.9	6.5	0.28	0.13	4.6						
						3	25—100	赤黄色	砂壤土		7.9	3.1	0.24	0.11	4.6						
剖3	人为土	水稻土	潜育水稻土	石灰板结田	石灰板结田	1	0—17	灰黑色	砂壤土	粒状	8.5	29.7	1.70	0.44	1.6	100	7.4	37		E 112°48′25.2″ N 23°25′48.7″	75
						2	17—26	灰白色	砂壤土	块状	9.0	13.6	0.60	0.16	1.6						
						3	26—54	灰黄色	砂壤土	块状	9.0	2.4	0.08	0.03	3.2						
剖4	人为土	水稻土	潜育水稻土	砂页岩红泥田	页砂质田	1	0—16		轻壤土		6.0	21.2	1.11	0.32	8.1	90	7.4	37	砂页岩	E 112°57′14.4″ N 23°25′30.4″	84
						2	16—31		中壤土	块状	7.1	5.5	0.42	0.18	8.1						
						3	31—100		泥砂土	粒状	6.9	2.3	0.20	0.06	6.6						
剖5	人为土	水稻土	潜育水稻土	砂页岩红泥田	页砂泥田	1	0—16	浅黄色	中壤土	细粒状	5.6	19.0	1.56	0.18	4.5	124	8.7	32	砂页岩	E 112°56′17.5″ N 23°25′28.6″	78
						2	16—35	浅黄色	粉砂土	片状	5.6	19.5	0.96	0.24	4.2						
						3	35—100	浅黄色	中壤土	棱状	6.4	15.3	0.62	0.06	6.1						
剖6	人为土	水稻土	潜育水稻土	洪积黄红泥田	洪积黄泥砂田	1	0—14	黄褐色	砂土	粒状	4.8	27.7	1.99	1.05	6.6	129	1.7	37	洪积物	E 112°48′33.8″ N 23°25′16.0″	100
						2	14—30	红黄色	砂砾土	板块状	5.7	7.0	0.77	0.09	6.6						
						3	30—56	黄红色	黏土	板状	6.7	4.7	0.49	0.17	0.4						
剖7	人为土	水稻土	潜育水稻土	砂页岩红泥田	页黄泥田	1	0—13	褐黄色	轻黏土	块状	6.0	17.2	1.05	0.42	19.5	71	1.7	63	砂页岩	E 112°58′09.8″ N 23°23′53.5″	96
						2	13—30	黄灰色	黏土	块状	5.6	13.8	0.44	0.18	20.4						
						3	30—100	褐黄色	粘泥土	块状	5.7	7.5	0.34	0.16	13.5						
剖8	人为土	水稻土	潜育水稻土	油格田	中油格田	1	0—15	灰褐色	黏壤土	块状	5.0	45.7	2.30	0.38	17.8	139	2.2	76	洪积物	E 112°47′20.0″ N 23°23′15.9″	70
						2	15—30	黄灰色	黏壤土	块状	5.2	34.3	1.29	0.22	17.3						
						3	30—100	红色	黏壤土	块状	5.1	47.7	0.94	0.25	19.1						
剖9	人为土	水稻土	淹育水稻土	洪积黄泥田	洪积黄泥田	1	0—9	褐黄色	中壤土	馒头状	6.0	26.7	1.82	0.35	16.4	111	3.1	46	砂页岩	E 112°55′22.1″ N 23°21′02.9″	95
						2	9—20	黄褐色	中壤土	块状	6.7	7.3	0.46	0.26	9.3						
						3	20—100	红色	重壤土	片状	5.4	5.7	0.35	0.10	13.5						
剖10	人为土	水稻土	潜育水稻土	河砂泥田	河砂泥田	1	0—16	褐色	壤土	块状	5.9	32.6	1.81	0.48	6.7	113	1.7	52	河流冲积物	E 112°58′18.5″ N 23°19′58.4″	89
						2	16—30	褐黄色	中黏土	块状	7.9	10.3	0.75	0.33	16.1						
						3	28—100	浅黄色	轻壤土	片状	7.5	10.6	0.63	0.77	21.7						
剖11	人为土	水稻土	潜育水稻土	宽谷冲积土田	宽谷泥田	1	0—20		砂壤土		5.4	16.6	1.04	0.61	16.2	136	6.1	111	冲积物	E 112°55′29.6″ N 23°19′58.1″	87
剖12	人为土	水稻土	潜育水稻土	河砂泥田	河砂泥田	1	0—17	灰褐色	紫砂土	片状	6.9	24.1	1.56	0.45	12.8	52	1.3	21	河流冲积物	E 112°53′28.0″ N 23°19′30.6″	99
						2	17—25	灰褐色	轻壤土	块状	8.3	20.5	0.89	0.49	14.1						
						3	25—62	棕红色	轻壤土	粉状	7.8	12.2	0.80	0.56	3.5						
剖13	人为土	水稻土	潜育水稻土	潮砂泥田	潮砂泥田	1	0—15	灰白色	细砂土	片状	7.9	22.3	1.64	0.64	12.8	108	3.1	60	河流冲积物	E 112°53′09.2″ N 23°18′26.3″	98
						2	15—28	黄色	砂壤土	块状	8.4	15.0	0.72	0.55	12.0						
						3	28—100	红色	砂壤土	块状	8.6	6.0	0.28	0.55	13.8						
剖14	人为土	水稻土	潜育水稻土	砂页岩红泥田	页结粉田	1	0—14	灰褐色	黏壤土	块状	5.4	16.0	1.04	0.29	4.1	92	7.9	19	砂页岩	E 112°58′58.4″ N 23°17′29.0″	100
						2	14—22		中壤土	块状	6.8	5.8	0.69	0.16	3.8						
						3	22—100		黏壤土	粉砂状	7.0	5.1	0.63	1.32	11.8						
剖15	人为土	水稻土	潜育水稻土	砂页岩红泥田	页红泥田	1	0—21	灰黄色	中壤土	块状	4.9	24.2	1.35	0.29	17.9	98	0.9	36	砂页岩	E 112°52′47.4″ N 23°16′24.0″	74
						2	21—37	灰褐色	重壤土	块状	5.3	17.6	0.86	0.24	12.9						
						3	37—100	灰黄色	重黏土	块状	5.3	5.5	0.43	0.20	14.5						

续表 Continued

剖面号 Soil profile	土纲 Soil order	土类 Soil great group	亚类 Soil subgroup	土属 Soil genus	土种 Soil species	土层码 Layer code	土层厚度 Depth/cm	颜色 Soil color	质地 Soil texture	土壤结构 Soil structure	pH	有机质 OM/(g/kg)	全氮 TN/(g/kg)	全磷 TP/(g/kg)	全钾 TK/(g/kg)	碱解氮 AN/(mg/kg)	有效磷 AP/(mg/kg)	速效钾 AK/(mg/kg)	土壤母质 Parent material	剖面点坐标 Profile coordinate	匹配指数 Matching index/%
剖16	人为土	水稻土	潴育水稻土	宽谷冲积土田	宽谷砂泥田	1	0–15		砂砾土		5.4	19.0	1.20	0.18	9.7	76	4.8	48	冲积物	E 112°55′25.0″ N 23°16′23.5″	81
剖17	人为土	水稻土	渗育水稻土	白鳝泥田	低白鳝泥田	1	0–16	棕黄色	黏土	馒头状	7.0	11.7	0.94	0.36	14.5	61	1.7	33		E 112°58′17.8″ N 23°14′48.9″	78
						2	16–33	黄褐色	黏土	块状	5.6	27.9	1.50	0.39	1.4						
						3	33–100	灰白色	黏土	块状	5.2	3.6	0.12	0.18	13.0						
剖18	人为土	水稻土	淹育水稻土	砂页岩红黄泥田	页红砂泥田	1	0–14	灰褐色	砂壤土	蜂窝状	5.1	28.2	2.06	0.31	7.6	104	0.9	22	砂页岩	E 112°52′45.1″ N 23°14′48.1″	93
						2	14–22	浅黄色	重黏土	块状	7.2	6.4	0.36	0.27	9.4						
						3	22–95	棕黄色	轻黏土	无明显结构	6.9	4.9	0.26	0.09	12.1						
剖19	人为土	水稻土	潜育水稻土	冷底田	铁锈水田	1	0–15	红褐色	砂壤土	碎粒状										E 112°50′01.0″ N 23°13′26.4″	70
						2	15–30	灰蓝色	砂壤土	无明显结构											
						3	30–100	灰蓝色	砂壤土	块状											
剖20	人为土	水稻土	潴育水稻土	宽谷冲积土田	宽谷砂泥田	1	0–15	灰褐色	砂壤土	团粒状	6.5	18.1	1.28	0.59	23.2	75	4.8	21	冲积物	E 112°55′22.1″ N 23°12′35.2″	76
						2	15–24	灰蓝色	砂壤土	块状	6.1	27.6	1.54	0.45	22.8						
						3	24–85	黄褐色	砂壤土	柱状	7.9	4.8	0.29	0.32	21.8						
剖21	人为土	水稻土	潴育水稻土	三角洲沉积土田	泥骨田	1	0–14		重黏土		5.4	29.7	1.79	0.41	23.1	123	3.1	51	沉积物	E 113°00′45.7″ N 23°18′24.1″	74
						2	14–21		轻黏土		6.5	16.6	0.82	0.32	23.0						
						3	21–80		轻黏土		6.3	13.1	0.73	0.30	22.2						
剖22	人为土	水稻土	潴育水稻土	潮砂泥田	潮泥田	1	0–18				6.4	26.1	1.55	0.70	18.9	108	6.5	46	河流冲积物	E 112°50′39.1″ N 23°02′08.2″	75
						2	18–25				7.6	17.1	0.88	0.63	20.4						
						3	25–100				7.4	11.2	0.44	0.62	15.8						
剖23	人为土	水稻土	潴育水稻土	泥肉田	泥肉田	1	0–18		重黏土		5.7	24.5	1.90	0.37	22.4	115	2.2	52		E 112°51′25.9″ N 23°01′02.6″	79
						2	18–28		重黏土		5.9	23.5	1.15	0.32	23.5						
						3	28–87		重黏土		7.5	12.1	0.17	0.35	23.5						

高 明 区

主要土类说明

赤红壤是高明区主要土壤类型，占本区地域面积的62%。赤红壤主要发生于南亚热带季雨林下，其脱硅富铝化程度仅次于砖红壤，强于红壤。铁的游离度介于二者之间，黏粒硅铝率为1.7—2.0，风化淋溶系数为0.05—0.15，盐基饱和度为15%—25%。淀积层（B层）富含铁铝氧化物，呈赤红色。

水稻土是高明区第二大土壤类型，占本区地域面积的34%。水稻土是在长期的季节性淹灌、水下翻耕、季节性脱水、氧化还原交替影响下，原来的成土母质或母土的特性发生重大改变，形成的新的土壤类型。由于干湿交替，水稻土形成糊状的淹育层、较坚实板结的犁底层、渗育层、潴育层与潜育层等多种发生层。这些不同的发生层是在人为耕作、水浆管理下形成的。

小于本区地域面积3%的土壤类型有红壤、潮土和新积土。

本区域中心区气候特征

本区域中心区气候特征值
Regional climate characteristics in central area of the region

气候带：南亚热带湿润气候 Climate region: South subtropical humid climate	
年平均气温 /℃ Annual average temperature /℃	22.1
年平均最高气温 /℃ Annual average maximum temperature /℃	26.3
年平均最低气温 /℃ Annual average minimum temperature /℃	19.0
年降水量 /mm Annual precipitation /mm	1931
≥10℃的积温 /℃ Daily temperature accumulated in a year (≥10℃) /℃	7946
年日照时数 /h Annual sunshine /h	1686
年平均相对湿度 /% Annual average relative humidity /%	79
干燥度 Dryness	0.69

本区域中心区月平均气温与月平均降水量
Monthly temperature and precipitation in central area of the region

高明市主要土壤类型与土壤剖面点分布图

1:190 000

图例
- 赤红壤
- 水稻土
- 红壤
- 潮土
- 新积土
- ⊗ 剖面点

注：国务院 2002 年 12 月批准，撤销高明市，设立高明区。

第二编　广东省分县土壤图与土壤剖面数据

高明区土壤剖面理化性状表

剖面号 Soil profile	土纲 Soil order	土类 Soil great group	亚类 Soil subgroup	土属 Soil genus	土种 Soil species	土层码 Layer code	土层厚度 Depth/cm	颜色 Soil color	质地 Soil texture	土壤结构 Soil structure	pH	有机质 OM/(g/kg)	全氮 TN/(g/kg)	全磷 TP/(g/kg)	全钾 TK/(g/kg)	碱解氮 AN/(mg/kg)	有效磷 AP/(mg/kg)	速效钾 AK/(mg/kg)	土壤母质 Parent material	剖面点坐标 Profile coordinate	匹配指数 Matching index/%
剖1	铁铝土	赤红壤	赤红壤	砂页岩赤红壤	薄有机质层薄层砂页岩赤红壤	AB	0—12	浅黄棕色	中壤土	块状	4.9	37.3	1.80	0.28	23.2	141			砂页岩	E 112°44′28.4″ N 22°58′16.1″	70
						B	12—20	红黄色	重石中壤土	碎块状	5.3	25.4	1.11	0.26	19.0	120					
						C	20—57	红黄色	重石中壤土		4.9	11.4	0.84	0.24	32.4	65					
剖2	人为土	水稻土	沼泽型水稻土	冷浸田	冷浸田	A	0—12	暗黄棕色	中壤土	块状	5.1	31.8	1.65	0.41	9.0	118	5.7	56		E 112°43′39.0″ N 22°55′25.0″	87
						G_1	12—18	暗黄黄色	中壤土	无明显结构	5.5	24.7	1.37	0.16	9.8	69	1.3	14			
						G_2	18—52	暗黄黄色	中壤土	无明显结构	5.3	26.4	1.36	0.15	9.8	61	0.4	14			
						G_3	52—	暗灰色													
剖3	铁铝土	赤红壤	赤红壤	侵蚀赤红壤	沟蚀赤红壤	B	0—33	红色	重石中壤土	块状	5.2	2.8	0.65	0.11	8.3	29				E 112°43′04.8″ N 22°53′08.2″	86
						C	33—55	暗棕红色	轻石中壤土	碎块状	5.1	3.3	0.56	0.09	7.1	24					
剖4	人为土	水稻土	潴育水稻土	砂页岩红泥田	页砂泥田	A	0—15	棕灰色	轻石黏土	块状	6.5	21.7	1.04	2.38	12.4	75	1.3	20	砂页岩	E 112°41′11.4″ N 22°52′17.8″	86
						P	15—20	棕灰色	中壤土	柱状	7.5	14.0	0.95	0.20	12.4	39	1.3	16			
						W	20—58	浅黄黄色	重壤土	柱状	8.1	5.0	0.68	0.17	26.9	14	2.2	22			
						C	58—100	浅黄黄色													
剖5	人为土	水稻土	潴育水稻土	砂页岩红泥田	页砂页田	A	0—13	暗灰色	轻壤土	单粒状	6.7	15.8	1.49	0.16	6.0	64	1.7	12	砂页岩	E 112°41′39.1″ N 22°51′48.6″	89
						P	13—17	浅黄灰色	轻石黏土	块状	6.8	9.7	1.09	0.10	6.3	33	1.7	8			
						W	17—100	浅黄棕色	轻石黏土	柱状	8.2	2.8	0.56	0.04	6.3	27	微量	16			
剖6	人为土	水稻土	潴育水稻土	泥肉田	泥肉田	A	0—16	暗棕色	轻石黏土	蜂窝状	5.8	39.9	2.09	3.96	15.4	144	1.7	47	砂页岩	E 112°39′02.9″ N 22°51′32.0″	84
						P	16—26	暗棕色	轻壤土	块状	6.3	34.4	1.99	4.05	15.4	128	1.7	51			
						W_1	26—88	暗棕色	轻壤土	柱状	6.4	16.4	1.50	0.52	16.9	53	1.7	65			
						W_2	88—105	蓝灰色	壤土	无明显结构											
						G	105—118	暗棕色	轻壤土	块状	5.8	36.5	1.38	0.45	17.4	143					
剖7	人为土	水稻土	潴育水稻土	白鳝泥田	低白鳝泥田	A	0—13	暗棕色	轻石黏土	块状	5.7	32.0	1.23	0.36	16.6	114				E 112°40′22.7″ N 22°51′06.8″	73
						P	13—20	棕色	轻石黏土	柱状	5.9	20.8	0.89	0.31	14.5	48					
						W	20—50	灰白色	轻石黏土	柱状											
						E	50—85	青灰色		无明显结构											
						G	85—105														
剖8	半水成土	潮土	潮土	潮砂泥地	潮砂泥地	A	0—18	暗黄棕色	中壤土	块状	5.5	16.8	0.70	0.14	2.1	64		27		E 112°36′59.8″ N 22°50′37.0″	71
						B	18—38	黄色	中壤土	单粒状	5.4	11.5	0.67	0.13	2.9	44					
						C	38—100	浅黄棕色	重壤土	块状	5.7	6.2	0.59	0.09	9.5	29					
剖9	人为土	水稻土	潴育水稻土	宽谷冲积田	宽谷泥田	A	0—13	灰黄棕色	砂壤土	块状	5.9	18.5	1.23	0.37	20.7	91	11.4	24	宽谷冲积物	E 112°38′27.6″ N 22°50′20.0″	76
						P	13—18	浅红黄色	轻壤土	柱状	5.9	16.2	0.96	0.43	23.9	54	3.9	22			
						W_1	18—27	浅红黄色	轻石重壤土	块状	6.2	6.8	0.71	0.24	27.6	38	0.4				
						W_2	27—90		砂壤土	单粒状											
剖10	人为土	水稻土	潴育水稻土	砂页岩红泥田	页红泥田	A	0—16	暗黄棕色	轻石黏土	团块状	5.6	18.1				81	2.2	36	砂页岩	E 112°42′49.0″ N 22°50′10.7″	83
						P	16—26	暗黄棕色	轻石黏土	团块状	5.2	18.5	0.91	0.27	12.4	79					
						W	26—48	黄棕色	黏土	柱状	5.6	8.1	0.59	0.26	13.7	37					
						C	48—100	红黄色	轻石中壤土	块状	6.3	2.8	0.52	0.20	23.6	23					
剖11	人为土	水稻土	淹育水稻土	砂页岩红黄泥田	页红砂泥田	A	0—15	浅黄棕色	中壤土	块状									砂页岩		79
						P	15—30	浅黄棕色													
						C	30—100	棕黄相间	重壤土	大块状											

续表 Continued

剖面号 Soil profile	土纲 Soil order	土类 Soil great group	亚类 Soil subgroup	土属 Soil genus	土种 Soil species	土层码 Layer code	土层厚度 Depth/cm	颜色 Soil color	质地 Soil texture	土壤结构 Soil structure	pH	有机质 OM/(g/kg)	全氮 TN/(g/kg)	全磷 TP/(g/kg)	全钾 TK/(g/kg)	碱解氮 AN/(mg/kg)	有效磷 AP/(mg/kg)	速效钾 AK/(mg/kg)	土壤母质 Parent material	剖面点坐标 Profile coordinate	匹配指数 Matching index/%
剖12	人为土	水稻土	潴育水稻土	河砂泥田	河结粉砂田	A	0—16	暗黄色	轻壤土	粒状	5.5	15.5	0.94	0.17	24.1	72	3.5	18		E 112°35′42.5″ N 22°50′02.7″	75
						P	16—21	灰蓝色	轻壤土	粒状	5.8	13.0	0.82	0.14	26.7	48	0.9	12			
						W₁	21—34	浅棕黄色	轻壤土	粒状	6.5	5.2	0.30	0.11	27.6	16	微量	10			
						W₂	34—66	浅黄棕色	轻壤土	粒状											
						W₃	66—	灰白色													
剖13	人为土	水稻土	潴育水稻土	潮砂泥田	潮泥田	A	0—12	暗棕黄色	轻黏土	块状	5.7	35.3	2.06	4.15	16.0	142	2.2	46		E 112°49′10.4″ N 22°59′46.7″	100
						P	12—32	褐色	轻黏土	块状	6.4	34.2	1.92	0.40	15.9	100	1.3	40			
						W₁	32—49	浅黄黄色	中壤土	柱状	6.0	12.9	1.10	0.31	16.6	72	1.3	38			
						W₂	49—70	灰白色													
						W₃	70—110	灰棕色													
剖14	人为土	水稻土	潴育水稻土	潮砂泥田	潮砂泥田	A	0—12	暗黄棕色	重壤土	块状	5.7	26.0	1.18	0.43	13.3	105				E 112°49′35.4″ N 22°58′53.8″	84
						P	12—24	灰黄棕色	中壤土	块状	6.4	22.1	1.01	0.40	13.3	84					
						W	24—98	栗色	紧黏土	块状		8.5	0.86	0.40	18.3	25					
						G	98—100	棕灰色													
剖15	人为土	水稻土	潴育水稻土	冷底田	冷底田	A	0—12	浅黄灰色	重黏土	块状	5.7	29.2	1.43	0.14	13.9	102				E 112°45′11.1″ N 22°58′30.9″	81
						P	12—21	暗黄黄色	轻黏土	块状	5.3	17.8	0.84	0.12	18.6	59					
						G₁	21—62	灰黄棕色	中壤土	块状	5.8	12.7	0.59	0.11	13.9	48					
						G₂	62—100	蓝灰色	重黏土	无明显结构											
剖16	人为土	水稻土	矿毒型水稻土	矿毒田	煤水田	A	0—17	栗色	重黏土	块状	4.8	28.4	1.41	0.51	7.6	111	0.4	40		E 112°47′09.6″ N 22°58′22.4″	96
						P	17—32	黄棕色	中黏土	块状	4.7	20.9	0.95	0.31	9.0	33	0.4	10			
						B	32—48	红灰色	轻黏土	大块状	5.0	24.3	0.73	0.23	18.6	22	0.4	10			
						W	48—72	浅黄棕色	轻黏土	柱状											
						G	72—100	褐色	中壤土	大块状											
剖17	人为土	水稻土	潴育水稻土	冷底田	雨泥田	A	0—15	黄棕色	重黏土	块状	5.5	37.4	2.05	0.45	18.3	130				E 112°49′45.5″ N 22°57′38.5″	77
						P	15—24	暗黄棕色	重黏土	块状	5.7	33.1	1.66	0.28	18.3	119					
						W	24—43	浅黄色	轻黏土	块状	5.7	28.4	1.37	0.26	18.3	84					
						G	43—66	暗棕色	轻黏土	无明显结构											
						D	66—100	暗棕色	重黏土	无明显结构											
剖18	人为土	水稻土	潴育水稻土	河砂泥田	河泥田	A	0—16	棕灰色	轻黏土	块状	5.1	39.4	1.92	0.30	15.6	84	3.9	36		E 112°47′24.6″ N 22°56′33.7″	80
						W₁	16—31	暗黄色	轻黏土	块状	5.4	31.6	1.14	0.25	19.6	64	1.3	32			
						W₂	31—85	褐黄色	中黏土	柱状	5.4	16.3	0.66	0.27	23.2	34	0.4	24			
						G	85—	暗黄棕色	轻黏土	块状											
剖19	人为土	水稻土	潴育水稻土	河砂泥田	河黏土田	A	0—13	暗黄棕色	轻黏土	块状	6.1	26.9	1.14	0.39	15.4	86	1.7	37		E 112°51′44.6″ N 22°55′13.1″	99
						P	13—29	暗黄棕色	中黏土	块状	6.9	25.5	1.41	0.31	15.4	88	1.7	32			
						W₁	29—48	褐色	中黏土	柱状	7.6	8.2	0.84	0.24	16.6	17	0.9	32			
						Wg	48—100	暗黄棕色	中黏土	柱状											
剖20	人为土	水稻土	潴育水稻土	河砂泥田	河黄泥田	A	0—14	棕色	中壤土	块状	5.6	20.1	1.28	0.37	18.6	93	4.4	25		E 112°46′26.0″ N 22°54′49.3″	85
						P	14—31	浅黄棕色	轻黏土	柱状	6.8	4.5	0.50	0.28	20.7	21	1.7	15			
						W₁	31—59	浅黄色	轻黏土	柱状	6.8	1.1	0.39	0.14	25.8	16	2.2	15			
						W₂	59—80	暗黄色	轻壤土	柱状											
剖21	人为土	水稻土	潴育水稻土	河砂泥田	河黄泥田	P	0—13	暗黄色	重黏土	块状	5.4	30.9	1.93	0.34	10.8	128				E 112°49′42.6″ N 22°54′19.1″	91
						W₁	13—17	暗灰黄色	重黏土	柱状	5.6	22.7	1.18	0.20	12.0	88					
						W	17—100	红黄色	轻黏土	柱状	5.7	3.3	0.63	0.06	7.9	16					

续表 Continued

剖面号 Soil profile	土纲 Soil order	土类 Soil great group	亚类 Soil subgroup	土属 Soil genus	土种 Soil species	土层码 Layer code	土层厚度 Depth/cm	颜色 Soil color	质地 Soil texture	土壤结构 Soil structure	pH	有机质 OM/(g/kg)	全氮 TN/(g/kg)	全磷 TP/(g/kg)	全钾 TK/(g/kg)	碱解氮 AN/(mg/kg)	有效磷 AP/(mg/kg)	速效钾 AK/(mg/kg)	土壤母质 Parent material	剖面点坐标 Profile coordinate	匹配指数 Matching index/%
剖22	人为土	水稻土	潜育水稻土	青泥格田	砂质青泥格田	1	0—17	栗色	砂壤土	粒状	5.6	12.5	0.85	0.12	19.1	42	2.6	32		E 112°45′45.7″ N 22°53′57.8″	79
						2	17—24	暗灰色		块状	5.2	16.9	0.96	0.18	23.2	38	3.5	18			
						3	24—31	灰黄色	砂土	粒状		8.1	0.71	0.16	20.7	20	0.9	12			
						4	31—74	浅灰色	黏土		5.4										
剖23	人为土	水稻土	潜育水稻土	河砂泥田	河黄泥底砂质田	1	0—13		轻石轻壤土		5.3	12.7	0.84	0.33	19.5	70				E 112°47′36.6″ N 22°51′57.2″	83
						2	13—24				5.3	13.3	0.84	0.34	19.1	79					
						3	24—		轻石重壤土		5.8	5.8	0.59	0.20	13.7	35					
剖24	铁铝土	赤红壤	赤红壤	耕型砂页岩赤红地	页砂泥地	A	0—13	浅青黄色	中壤土	块状									砂页岩	E 112°46′17.0″ N 22°51′52.9″	87
						B	13—26	浅红黄色	中壤土	块状											
						C	26—100	红黄色	中壤土												
剖25	人为土	水稻土	潜育水稻土	宽谷冲积土田	宽谷顽砂泥田	A	0—13	灰黄色	轻石壤土	块状	5.6	30.4	2.14	0.36	19.5	177			宽谷冲积物	E 112°45′29.9″ N 22°51′50.4″	100
						P	13—17	暗黄棕色	轻石黏土	块状	6.1	21.7	1.45	0.26	17.8	123					
						W	17—75	灰黄色	轻黏土	柱状	6.1	12.9	0.86	0.18	16.6	46					
						4	75—100	蓝灰色	黏土	无明显结构											
剖26	铁铝土	赤红壤	赤红壤	红色砂页岩赤红地	赤红砂泥土地	A	0—11	黄色	重壤土	块状	5.5	9.5	0.69	0.29	17.8	38	2.6	36	红色砂页岩	E 112°46′09.8″ N 22°51′22.3″	86
						B	11—33	浅红色	中石重壤土	块状	5.5	5.2	0.58	0.13	18.7	25	0.9	40			
						C	33—100	浅黄棕色	中壤土	块状	5.9	3.5	0.51	0.13	19.1	24	0.9	27			
剖27	铁铝土	赤红壤	赤红壤	砂页岩赤红壤	薄有机质层中层砂页岩赤红壤	A	0—14	红棕色	轻石壤土	碎粒状	4.8	25.5	1.12	0.19	11.6	111	4.4	20	砂页岩	E 112°49′08.8″ N 22°51′04.7″	92
						AB	14—34	黄棕色	轻石壤土	碎粒状	4.9	15.9	0.84	0.18	12.4	73	3.1	18			
						B	34—70	红棕色	轻黏土	碎块状	5.0	9.5	0.66	0.20	18.6	51	0.9	14			
						C	70—		黏土	块状											
剖28	水稻土	水稻土	淹育水稻土	洪积黄泥田	铁锈水田	A	0—13	浅棕色	轻石壤土	块状	5.0	18.6	1.20	0.32	6.5	80			洪积物	E 112°45′03.6″ N 22°51′04.3″	76
						P	13—20	棕色	轻石重壤土	块状	4.9	12.9	0.90	0.24	6.8	53					
						C	20—100	红棕色	重壤土	柱状	4.9	8.8	0.80	0.26	5.8	48					
剖29	人为土	水稻土	潜育水稻土	冷底田	铁锈水田	A	0—15	黄棕色	轻壤土	块状	5.3	20.2	1.25	0.31	2.8	85			砂页岩	E 112°46′46.6″ N 22°50′56.2″	95
						P	15—23	浅红棕色	轻石轻壤土	块状	5.6	15.2	0.99	0.14	2.8	53					
						Wg	23—53	红棕色	轻石黏土	碎块状	5.4	12.0	0.11	0.13	4.3	50	18				
						G	53—100	浅黄色	中壤土	无明显结构											
剖30	人为土	水稻土	潜育水稻土	砂页岩红泥	页结粉田	A	0—13	暗黄棕色	砂壤土	团块状	5.0	16.7	0.94	0.24	3.7	55	14.4	18	砂页岩	E 112°45′02.9″ N 22°50′31.6″	98
						P	18—27	灰黄棕色	中壤土	块状	5.7	8.5	0.55	0.19	3.0	45	14.4	18			
						W	27—42	灰棕色	轻石黏土	柱状	6.2	3.3	0.43	0.10	5.8	20	1.3	16			
						C	42—100	黄棕色	轻壤土	块状											
剖31	铁铝土	赤红壤	赤红壤	红色砂页岩赤红壤	薄有机质层厚层红色砂页岩赤红壤	A	0—10	暗棕色	中壤土	团块状	5.0	36.5	1.40	0.16	14.5	116			砂页岩	E 112°45′15.0″ N 22°50′28.0″	83
						AB	10—53	浅红棕色	轻石壤土	块状	4.5	16.6	0.83	0.13	16.2	60					
						B	53—100	红棕色	中壤土	团块状	4.7	6.9	0.69	0.14	20.7	34					
剖32	红壤	红壤	红壤	花岗岩红泥壤	厚有机质层中层花岗岩红壤	A	0—23	暗棕色	重石中壤土	块状	4.9	65.1	2.23	0.40	11.2	233			花岗岩	E 112°25′33.9″ N 22°46′34.2″	73
						AB	23—40	浅黄棕色	中壤土	块状	5.1	20.0	1.01	0.32	12.9	100					
						B	40—67	红棕色	中石轻壤土	块状	5.5	12.7	0.70	0.24	14.1	70					
						C	67—														
剖33	人为土	水稻土	潜育水稻土	麻砂泥田	麻砂泥田	A	0—13	暗黄棕色	轻石中壤土	块状	5.4	30.2	1.88	0.20	36.1	165			花岗岩风化物	E 112°27′32.4″ N 22°45′49.0″	74
						P	13—23	灰棕黄色	中壤土	块状	5.6	11.5	0.87	0.07	34.0	51					
						W	23—70	浅棕黄色	轻石中壤土	棱块状	5.9	5.1	0.63	0.14	25.7	29					
						C	70—100	红黄色	轻石中壤土	块状											

续表 Continued

剖面号 Soil profile	土纲 Soil order	土类 Soil great group	亚类 Soil subgroup	土属 Soil genus	土种 Soil species	土层码 Layer code	土层厚度 Depth/cm	颜色 Soil color	质地 Soil texture	土壤结构 Soil structure	pH	有机质 OM/(g/kg)	全氮 TN/(g/kg)	全磷 TP/(g/kg)	全钾 TK/(g/kg)	碱解氮 AN/(mg/kg)	有效磷 AP/(mg/kg)	速效钾 AK/(mg/kg)	土壤母质 Parent material	剖面点坐标 Profile coordinate	匹配指数 Matching index/%
剖34	人为土	水稻土	潴育水稻土	宽谷冲积土田	宽谷砂泥田	A	0—17	浅灰色	轻石轻壤土	块状	5.6	22.7	1.18	0.34	15.4	87	10.0	27	宽谷冲积物	E 112°26′57.5″ N 22°44′23.6″	81
						P	17—24	浅灰色	重壤土	块状	5.7	15.4	1.09	0.23	16.6	60	4.8	24			
						W₁	24—57	灰黄棕色	中壤土	核块状	6.1	7.2	0.29	0.17	12.4	31	0.9	16			
						W₂	57—76	红黄色	中壤土	无明显结构											
						C	76—100	红黄色	重壤土												
剖35	铁铝土	赤红壤		红色砂页岩赤红壤	薄有机质层薄层红色砂页岩赤红壤	AB	0—7	紫红棕色	中壤土	棱块状	4.1	15.8	1.01	0.12	27.0	120			砂页岩	E 112°43′28.6″ N 22°49′48.4″	75
						B	7—18	紫红色	中壤土	块状	5.2	10.6	0.74	0.12	28.2	100					
						C	18—28	紫红棕色													
						D	28—100	红黄色													
剖36	铁铝土	赤红壤		石灰岩赤红壤	薄有机质层厚层石灰岩赤红壤	A	0—18	棕色	中壤土	碎块状	6.5	24.0	1.45	0.36	22.4	137	4.8	27	石灰岩	E 112°37′39.4″ N 22°49′07.7″	72
						AB	18—60	黄棕色	重壤土	团块状	6.1	15.8	1.12	0.34	24.9	128	0.9	24			
						B	60—105	红黄色	重石中壤土	碎块状	6.1	6.0	0.50	0.38	26.4	76	0.9	27			
						D	105—	灰棕色													
剖37	铁铝土	赤红壤		砂页岩赤红壤	薄有机质层厚层砂页岩赤红壤	A	0—5	棕色	中壤土	碎块状	4.9	32.2	1.16	0.28	11.6	104	3.1		砂页岩	E 112°32′39.9″ N 22°49′01.0″	89
						AB	5—44	黄棕色	轻黏土	块状	4.8	9.8	0.70	0.34	18.7	40	2.0				
						B	44—100	红棕色	重壤土	碎块状	5.1	5.5	0.63	0.35	21.6	30					
剖38	人为土	水稻土	潴育水稻土	宽谷冲积土田	宽谷泥田	A	0—15	褐色	重壤土	块状	5.3	31.7	2.24	0.32	15.8	133		27	宽谷冲积物	E 112°34′58.9″ N 22°47′47.0″	99
						P	15—25	灰黄色	中壤土	团粒状	5.8	16.7	2.09	0.18	12.1	87		24			
						W₁	25—40	黄灰色	中壤土	柱状	6.4	13.3	0.68	0.21	14.1	48		27			
						W₂	40—75	浅黄色	中壤土	柱状											
						G	75—100	蓝灰色		无明显结构											
剖39	人为土	水稻土	潴育水稻土	洪积黄红泥田	洪积泥田	A	0—14	灰黄色	轻石重壤土	蜂窝状	5.2	35.2	2.33	0.44	9.0	135		27	洪积物	E 112°43′13.1″ N 22°47′15.4″	87
						P	14—24	灰白色	重壤土	块状	5.4	23.4	1.47	0.32	8.1	90		26			
						W	24—100	浅黄棕色	中壤土	棱块状											
剖40	铁铝土	赤红壤		花岗岩赤红壤	厚有机质层厚层花岗岩赤红壤	Ao	0—3	暗黄色	中壤土	蜂窝状	4.7	41.6	1.50	0.20	26.0	161	0.4	20	花岗岩	E 112°40′37.7″ N 22°46′30.7″	86
						A	3—28	暗黄色	中石中壤土	团粒状	5.2	16.5	0.86	0.19	25.4	116	0.9	57			
						AB	28—58	暗黄色	中石中壤土	柱状	5.4	8.6	0.68	0.20	24.8	88	3.5	22			
						B	58—150	浅黄棕色	轻石中壤土	块状											
剖41	人为土	水稻土	潴育水稻土	烂湴田	泮眼田	1	0—13	灰黄棕色		块状	5.4	37.4	1.71	0.31	17.0	168				E 112°33′51.1″ N 22°46′29.6″	98
						2	13—100	暗黄色			5.0	36.8	1.36	0.18	22.4	114					
剖42	人为土	水稻土	潴育水稻土	青泥格田	砂泥青泥格田	1	0—15	浅黄色	轻壤土	碎粒状	5.4	25.5	1.26	0.16	17.3	118	0.4			E 112°36′18.0″ N 22°46′22.4″	78
						2	15—19	暗黄色	中壤土	块状	5.0	31.1	0.94	0.22	21.8	82	0.9				
						3	19—53	灰白色	碎粒状		5.6	27.8	1.17	0.34	13.9	102	3.5				
剖43	铁铝土	赤红壤		花岗岩赤红壤	薄有机质层厚层花岗岩赤红壤	A	0—6	灰黄色	中壤土	碎粒状	5.4	26.8	1.14	0.07	20.2	116			花岗岩	E 112°38′10.3″ N 22°45′48.2″	77
						AB	6—20	黄棕色	中石中壤土	碎粒状	5.5	16.9	0.80	0.05	17.8	107					
						B₁	20—104	灰黄色	轻石中壤土	柱状	5.6	5.1	0.47	0.07	17.4	79					
						B₂	104—150	红棕色													
剖44	人为土	水稻土	沼泽型水稻土	烂湴田	烂湴田	1	0—15		轻石重壤土	块状	5.2	19.0	1.23	0.23	9.0	86	0.4	121		E 112°30′27.7″ N 22°44′43.4″	100
						2	15—24	棕灰色	轻壤土	碎块状	5.0	15.4	0.95	0.15	10.9	58	0.4	111			
						3	24—	灰灰色	中壤土	柱状	5.1	13.4	0.69	0.16	11.8	52	1.7	160			
剖45	人为土	水稻土	潴育水稻土	洪积黄红泥田	洪积砂质田	P	0—11	暗黄棕色	中壤土	碎块状	5.1	16.4	1.23	0.17	22.8	80	2.6	38	洪积物	E 112°43′17.8″ N 22°44′35.2″	84
						W	11—23	灰黄棕色	砂壤土	柱状	5.5	19.1	1.07	0.20	25.4	80	0.4	26			
						Wg	23—32	浅黄色	中壤土	无明显结构	5.2	10.7	0.44	0.14	19.7	52	3.9	30			
						C	32—54, 54—100	浅黄棕色	重壤土	无明显结构											

续表 Continued

剖面号 Soil profile	土纲 Soil order	土类 Soil great group	亚类 Soil subgroup	土属 Soil genus	土种 Soil species	土层码 Layer code	土层厚度 Depth/cm	颜色 Soil color	质地 Soil texture	土壤结构 Soil structure	pH	有机质 OM/(g/kg)	全氮 TN/(g/kg)	全磷 TP/(g/kg)	全钾 TK/(g/kg)	碱解氮 AN/(mg/kg)	有效磷 AP/(mg/kg)	速效钾 AK/(mg/kg)	土壤母质 Parent material	剖面点坐标 Profile coordinate	匹配指数 Matching index/%
剖46	人为土	水稻土	潴育水稻土	洪积黄红泥田	洪积砂泥田	A	0—15	暗灰黄色	轻石中壤土	团块状	5.4	29.8	1.72	0.19	4.6	95	1.7	20	洪积物	E 112°35′27.2″ N 22°44′04.2″	74
						P	15—23	暗灰黄色	中壤土	块状	5.7	17.1	0.56	0.13	9.6	59	0.4	14			
						W₁	23—33	浅灰黄色	轻石重壤土	柱状	5.9	9.4	0.47	0.14	11.8	31	0.4	12			
						W₂	33—63	灰黄色	重壤土	柱状											
						G	63—100	暗灰色	轻黏土	无明显结构											
剖47	铁铝土	赤红壤	赤红壤	花岗岩赤红壤	薄有机质层中层花岗岩赤红壤	A	0—8	浅棕黄色	轻壤土	碎块状	5.5	23.7	1.09	0.09	30.9	127			花岗岩	E 112°34′40.4″ N 22°42′38.2″	78
						B	8—65	红黄色	轻壤土	块状	5.6	7.2	0.66	0.08	30.9	66					
						C	65—	浅红黄色	轻石中壤土	块状	5.7	5.1	0.56	0.09	26.4	49					
剖48	人为土	水稻土	潴育水稻土	河砂泥田	河黄泥底沙泥田	1	0—16		中壤土		5.0	28.9	1.60	0.29	27.0	124				E 112°47′03.1″ N 22°49′52.3″	100
						2	16—23				5.2	21.3	1.16	0.24	28.2	91					
						3	23—84		重壤土		5.7	8.3	0.62	0.20	19.9	31					
剖49	铁铝土	赤红壤	赤红壤	粗骨性赤红壤	薄有机质层粗骨性赤红壤	AC	0—9	暗棕灰色	中壤土	团块状	4.5	47.2	1.24	0.26	21.6	127			砂页岩	E 112°50′16.1″ N 22°49′29.3″	76
						BC	9—40	浅棕黄色	重石重壤土	碎块状	4.8	13.2	0.69	0.25	28.2	52					
						D	40—	浅黄棕色													
剖50	人为土	水稻土	潴育水稻土	河砂泥田	河砂质田	A	0—14	浅灰色	砂壤土	粒状	5.5	16.2	1.49	0.15	20.7	57	3.5	16		E 112°46′55.9″ N 22°48′27.7″	91
						P	14—20	灰白色	砂壤土	块状	6.0	8.2	0.54	0.11	23.3	39	0.4	8			
						W	20—100	浅黄色	砂壤土	单粒状	7.5	3.0	0.41	0.07	23.3	7	微量	11			
剖51	人为土	水稻土	淹育水稻土	麻砂黄泥田	麻砂泥田	A	0—13	浅灰色	砂壤土	块状	5.5	17.9	1.30	0.31	9.5	77			花岗岩风化物	E 112°45′42.1″ N 22°48′27.4″	82
						P	13—20	灰白色	细砂土	粒状	5.6		0.88	0.24	10.8	35					
						C	20—	浅棕色	中壤土	块状		10.9	0.70	0.27	8.7	28					
剖52	铁铝土	赤红壤	赤红壤	花岗岩赤红地	赤红砂泥地	A	0—22	暗棕色	中壤土	团块状	5.9	17.9	0.95	0.16	3.3	91			花岗岩	E 112°45′05.4″ N 22°44′17.5″	71
						B	22—50	浅棕色	重壤土	块状	5.8	8.5	0.63	0.15	4.1	59					
						C	50—	浅红黄色	中壤土	块状	6.1	5.4	0.46	0.22	4.6	59					

江 门 市

市 辖 区

主要土类说明

水稻土是江门市主要土壤类型，占本市地域面积的59%。水稻土是在长期的季节性淹灌、水下翻耕、季节性脱水、氧化还原交替影响下，原来的成土母质或母土的特性发生重大改变，形成的新的土壤类型。由于干湿交替，水稻土形成糊状的淹育层、较坚实板结的犁底层、渗育层、潴育层与潜育层等多种发生层。这些不同的发生层是在人为耕作、水浆管理下形成的。耕作层松软肥沃，其结构主要为黏泥型、泥肉型和砂泥型三种，水耕种稻后，耕作层土壤由于富含铁质和有机质而产生氧化还原反应，出现层次的再分化；犁底层较发达，保水保肥性较好；心土层斑纹明显，底土多数有潜育层。本市水稻土养分含量平均值：有机质26.0g/kg，全氮1.68g/kg，全钾21.8g/kg。本市水稻土分为潴育型、渗育型、潜育型、沼泽型等亚类。其中，潴育水稻土面积最大，占本土类面积的99%。

赤红壤是江门市第二大土壤类型，占本市地域面积的12%。赤红壤主要发生于南亚热带季雨林下，其脱硅富铝化程度仅次于砖红壤，强于红壤。铁的游离度介于二者之间，黏粒硅铝率为1.7—2.0，风化淋溶系数为0.05—0.15，盐基饱和度为15%—25%，pH为4.5—5.5。淀积层（B层）富含铁铝氧化物，呈赤红色。本市赤红壤仅有赤红壤一个亚类。

小于本市地域面积3%的土壤类型有新积土和潮土。

本区域中心区气候特征

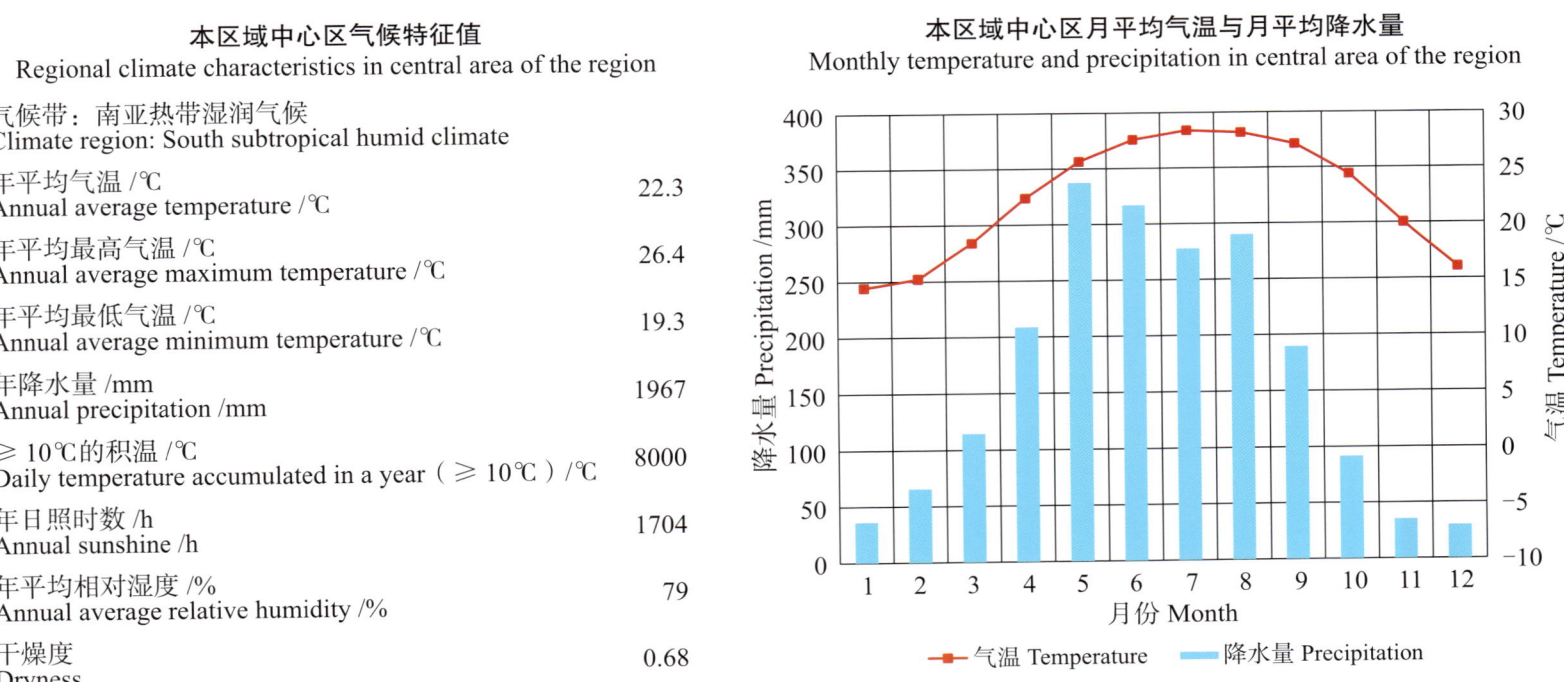

本区域中心区气候特征值
Regional climate characteristics in central area of the region

气候带：南亚热带湿润气候 Climate region: South subtropical humid climate	
年平均气温 /℃ Annual average temperature /℃	22.3
年平均最高气温 /℃ Annual average maximum temperature /℃	26.4
年平均最低气温 /℃ Annual average minimum temperature /℃	19.3
年降水量 /mm Annual precipitation /mm	1967
≥10℃的积温 /℃ Daily temperature accumulated in a year（≥10℃）/℃	8000
年日照时数 /h Annual sunshine /h	1704
年平均相对湿度 /% Annual average relative humidity /%	79
干燥度 Dryness	0.68

本区域中心区月平均气温与月平均降水量
Monthly temperature and precipitation in central area of the region

江门市市辖区（部分）主要土壤类型与土壤剖面点分布图
1∶80 000

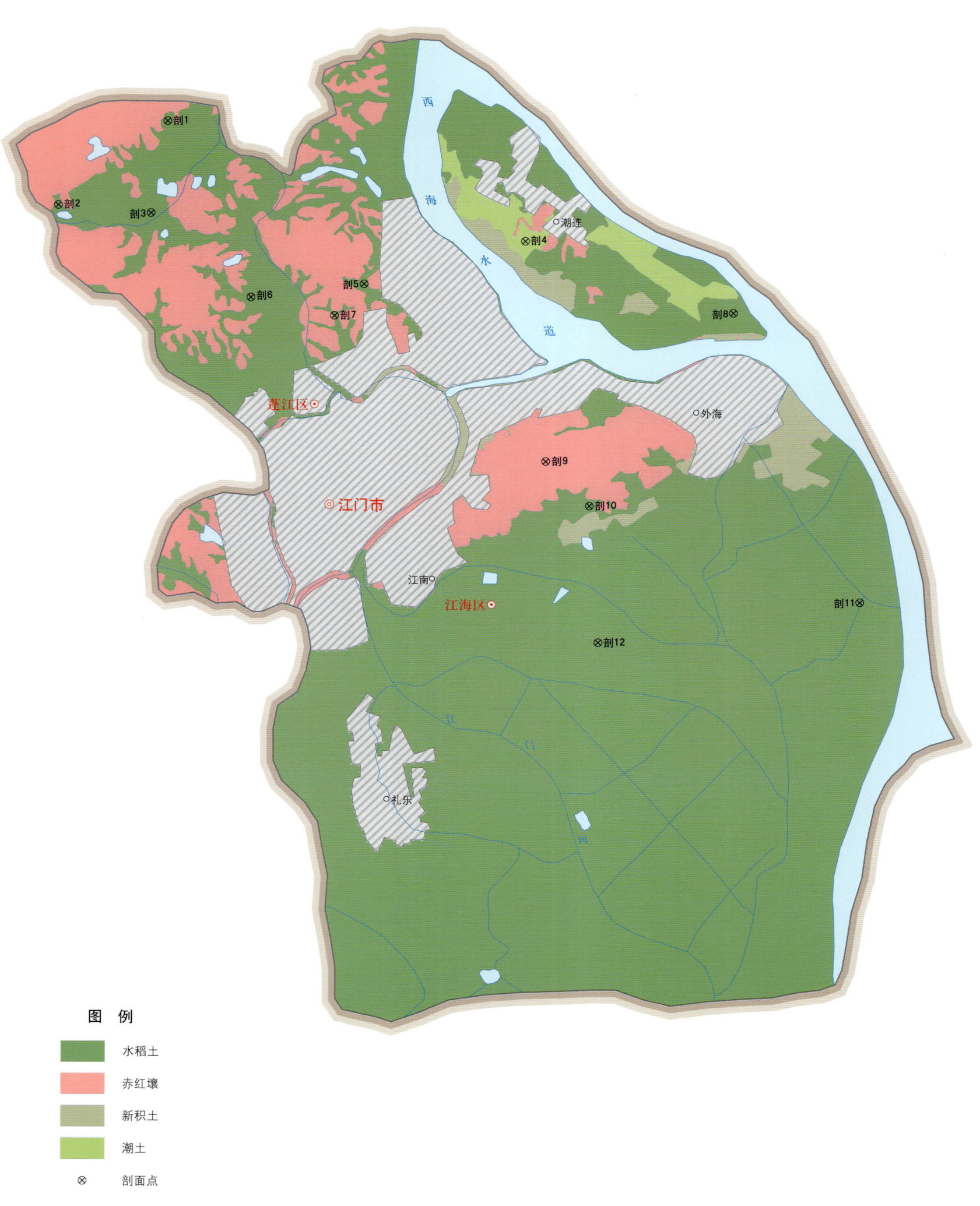

图 例
- 水稻土
- 赤红壤
- 新积土
- 潮土
- ⊗ 剖面点

江门市土壤剖面理化性状表

剖面号 Soil profile	土纲 Soil order	土类 Soil great group	亚类 Soil subgroup	土属 Soil genus	土种 Soil species	土层码 Layer code	土层厚度 Depth/cm	质地 Soil texture	pH	有机质 OM/(g/kg)	全氮 TN/(g/kg)	全磷 TP/(g/kg)	全钾 TK/(g/kg)	碱解氮 AN/(mg/kg)	有效磷 AP/(mg/kg)	速效钾 AK/(mg/kg)	土壤母质 Parent material	剖面点坐标 Profile coordinate	匹配指数 Matching index/%
剖1	人为土	水稻土	渗育水稻土	白鳝泥田	白鳝泥底田	A	0—14	壤土	5.0	23.2	1.70	0.79	22.5	128	1.5	18	花岗岩风化物	E 113°02′55.7″ N 22°38′44.5″	99
						P	14—34		5.0	13.2	1.00	0.57	16.6						
						E	34—60		4.9	10.3	0.70	0.35	14.1						
剖2	人为土	水稻土	沼泽型水稻土	烂湴田	湴眼田	A	0—20	黏壤土	5.9	35.0	2.00	0.26	18.6	81	2.2	28	谷底冲积物	E 113°01′45.4″ N 22°37′54.4″	88
						P	20—40		5.7	34.9	1.90	0.35	18.8						
						G	40—60		5.7	33.0	2.90	0.26	18.3						
剖3	人为土	水稻土	潴育水稻土	宽谷冲积土田	宽谷砂泥田	A	0—16	壤土	6.2	28.7	1.60	0.61	17.6	112	5.9	37	宽谷冲积物	E 113°02′44.2″ N 22°37′48.7″	88
						P	16—21		6.5	14.6	0.80	0.61	22.9						
						W	21—60		7.0	9.7	0.80	0.57	23.5						
剖4	半水成土	潮土	潮土	潮砂泥土	潮砂泥地	A	0—20	壤土	6.3	24.9	2.10	0.65	15.1	94	1.3	32	河流冲积物	E 113°06′41.8″ N 22°37′28.2″	98
						P	20—45		6.1	18.8	1.60	0.61	13.5						
						C	45—		6.0	13.7	1.30	0.57	14.4						
剖5	人为土	水稻土	潴育水稻土	砂质岩泥田	页砂泥田	A	0—16	砂壤土	5.9	22.5	1.40	0.65	25.6	103	6.1	21	砂页岩风化坡积物	E 113°04′58.9″ N 22°37′03.9″	73
						P	16—26		5.3	10.8	1.10	0.52	25.0						
						W	26—60		5.3	5.8	0.80	0.52	25.0						
剖6	人为土	水稻土	潴育水稻土	冷底田	铁锈水田	A	0—16	黏壤土	5.2	22.3	1.20	0.35	10.1	130	1.7	22	谷底冲积物	E 113°03′46.8″ N 22°36′56.9″	95
						P	16—31		5.0	20.7	1.30	0.52	11.1						
						G	31—60		5.0	37.5	2.30	0.39	12.4						
剖7	人为土	水稻土	沼泽型水稻土	泥炭土田	泥炭土底田	A	0—15	黏壤土	5.8	23.5	1.80	0.44	16.4	103	1.8	17	谷底冲积物	E 113°04′39.7″ N 22°36′45.0″	77
						P	15—25		5.1	22.7	1.20	0.31	15.4						
						G	25—60		5.0	34.3	0.80	0.26	14.9						
剖8	人为土	水稻土	潴育水稻土	潮砂泥田	潮砂泥田	A	0—13	砂壤土	7.0	20.7	0.50	0.22	13.7	84	3.9	33	河流冲积物	E 113°08′53.2″ N 22°36′42.8″	91
						P	13—26		7.0	14.0	0.40	0.17	13.2						
						W	26—60		6.5	12.5	1.00	0.22	11.3						
剖9	铁铝土	赤红壤	赤红壤	花岗岩红壤	薄有机质层厚层花岗岩赤红壤	A	0—3	砂壤土	5.0	17.4	0.90	0.31	15.2	53	1.2	26	花岗岩风化物	E 113°06′52.6″ N 22°35′14.6″	95
						B	3—14		4.5	9.4	0.70	0.26	11.7						
						C	14—150		4.5	13.1	0.50	0.26	12.1						
剖10	人为土	水稻土	潴育水稻土	麻红泥田	麻红砂泥田	A	0—16	砂壤土	5.8	19.2	1.20	0.44	12.9	98	5.7	22	花岗岩风化坡积物	E 113°07′19.9″ N 22°34′47.3″	85
						P	16—30		5.8	14.8	0.80	0.31	15.6						
						W	30—60		6.4	5.8	0.80	0.17	11.9						
剖11	人为土	水稻土	潴育水稻土	泥肉田	泥肉田	A	0—16	砂壤土	5.6	36.3	1.90	0.57	16.8	140	5.2	45	沉积物	E 113°10′10.9″ N 22°33′46.4″	86
						P	16—26		5.6	31.2	1.50	0.61	17.3						
						W	26—58		5.2	48.8	1.70	0.57	15.5						
剖12	人为土	水稻土	潴育水稻土	三角洲沉积土田	黏土田	A	0—15	黏壤土	6.4	26.4	1.80	0.57	18.1	121	5.2	93	冲积物	E 113°07′24.2″ N 22°33′24.1″	87
						P	15—25		6.5	25.0	1.50	0.44	19.3						
						W	25—60		5.0	16.0	1.00	0.44	17.8						

新 会 区

主要土类说明

水稻土是新会区主要土壤类型，占本区地域面积的 51%。水稻土是在长期的季节性淹灌、水下翻耕、季节性脱水、氧化还原交替影响下，原来的成土母质或母土的特性发生重大改变，形成的新的土壤类型。由于干湿交替，水稻土形成糊状的淹育层、较坚实板结的犁底层、渗育层、潴育层与潜育层等多种发生层。这些不同的发生层是在人为耕作、水浆管理下形成的。本区水稻土分为淹育型、潴育型、渗育型、潜育型、沼泽型、盐渍型、矿毒型等亚类。其中，潴育水稻土面积最大，占本土类面积的 81%，耕作历史悠久，地下水位在 50cm 以下，水利设施和排灌条件较好，土壤熟化程度高，有比较完整的发育层次，剖面构型主要为 A-P-W-C 或 A-P-W-G。受地下水周期性的升降作用，在淹水季节，耕作层中的黏粒与铁、锰等物质随水下渗，在犁底层下形成具有褐棕色、赤红色或紫黑色斑纹状铁锰沉积物的潴育层。潴育层厚度不一，厚者可达数十厘米。在永久性地下水位较高的地区，潴育层之下有青灰色的潜育层出现。

赤红壤是新会区第二大土壤类型，占本区地域面积的 35%。赤红壤主要发生于南亚热带季雨林下，其脱硅富铝化程度仅次于砖红壤，强于红壤。铁的游离度介于二者之间，黏粒硅铝率为 1.7—2.0，风化淋溶系数为 0.05—0.15，盐基饱和度为 15%—25%，pH 为 4.5—5.5。淀积层（B层）富含铁铝氧化物，呈赤红色。

小于本区地域面积 3% 的土壤类型有新积土、滨海盐土、黄壤、沼泽土和潮土。

本区域中心区气候特征

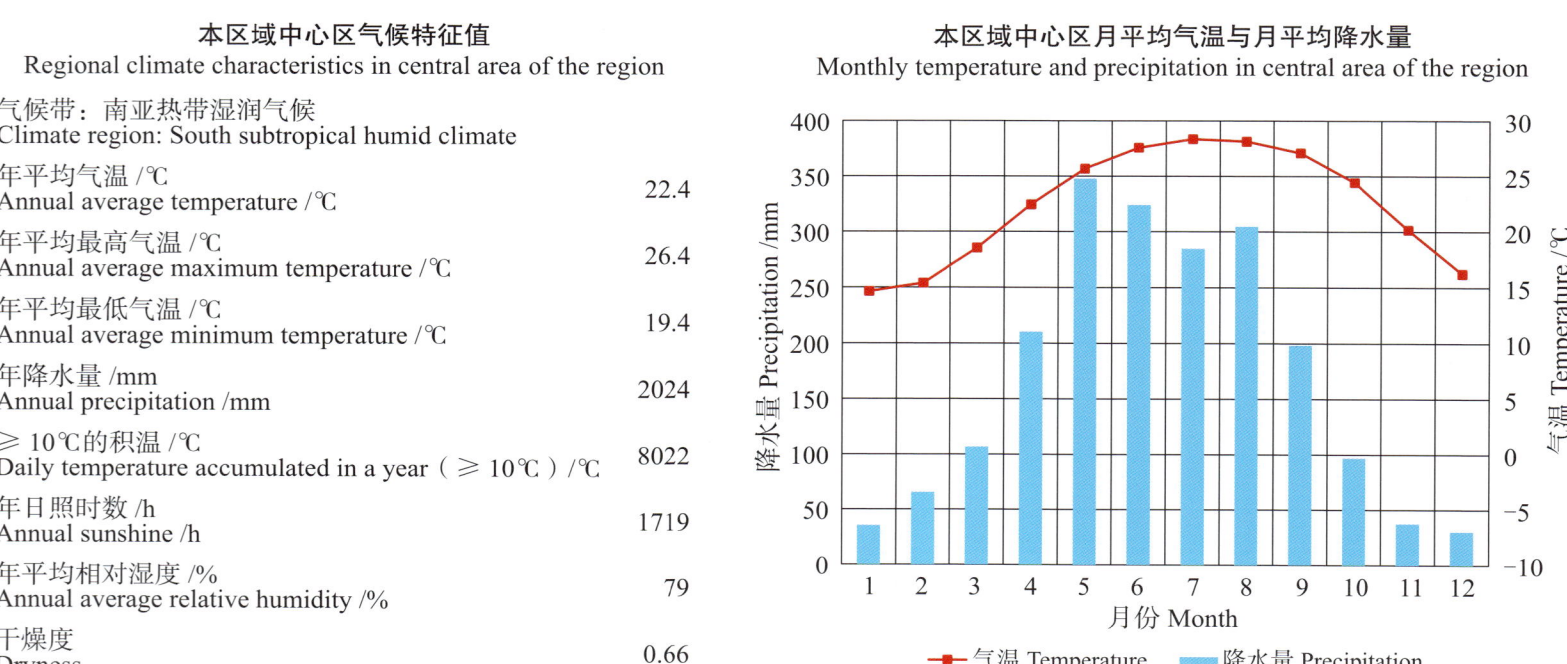

本区域中心区气候特征值
Regional climate characteristics in central area of the region

气候带：南亚热带湿润气候 Climate region: South subtropical humid climate	
年平均气温 /℃ Annual average temperature /℃	22.4
年平均最高气温 /℃ Annual average maximum temperature /℃	26.4
年平均最低气温 /℃ Annual average minimum temperature /℃	19.4
年降水量 /mm Annual precipitation /mm	2024
≥10℃的积温 /℃ Daily temperature accumulated in a year（≥10℃）/℃	8022
年日照时数 /h Annual sunshine /h	1719
年平均相对湿度 /% Annual average relative humidity /%	79
干燥度 Dryness	0.66

本区域中心区月平均气温与月平均降水量
Monthly temperature and precipitation in central area of the region

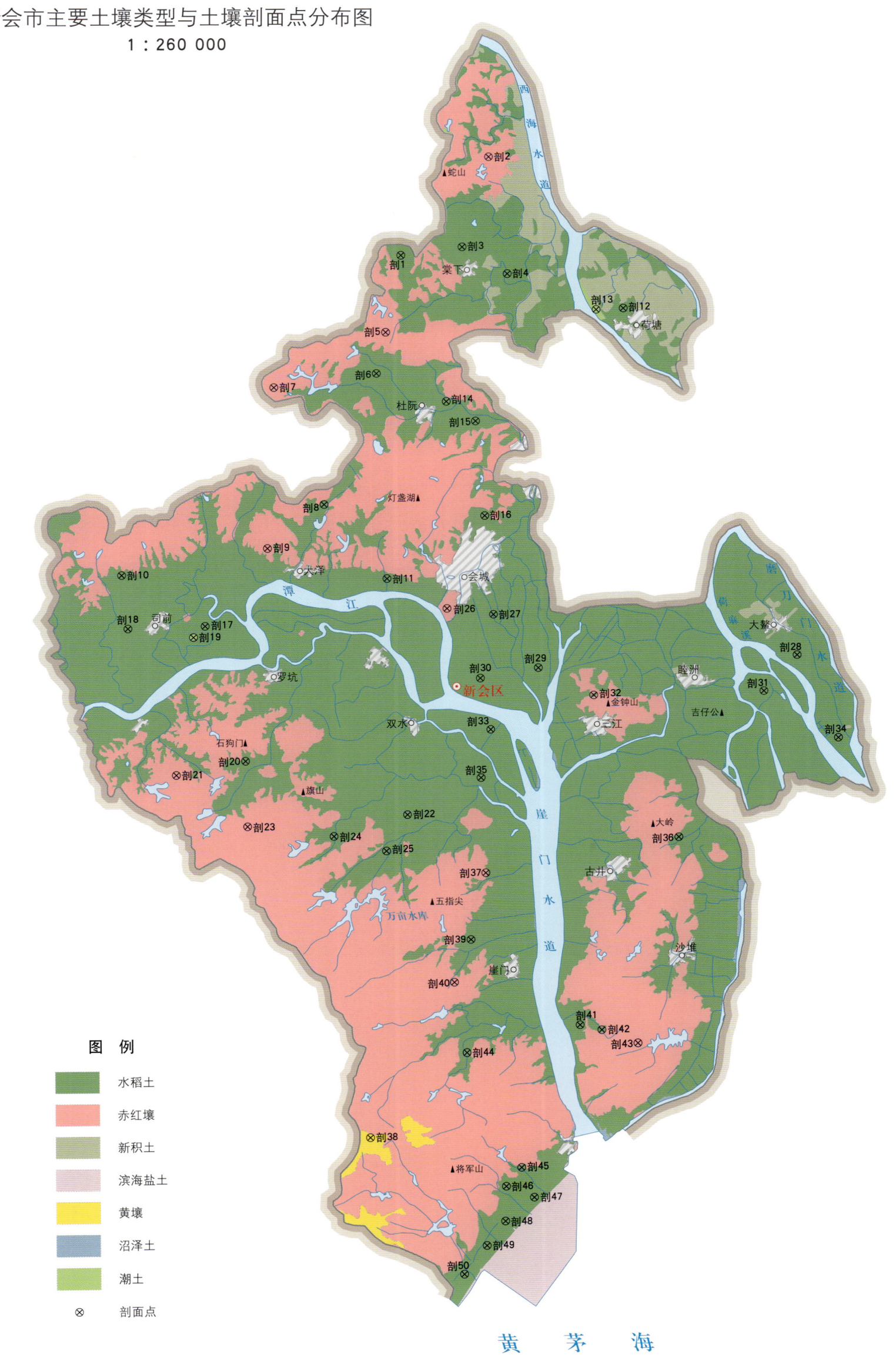

新会区土壤剖面理化性状表

剖面号 Soil profile	土纲 Soil order	土类 Soil great group	亚类 Soil subgroup	土属 Soil genus	土种 Soil species	土层码 Layer code	土层厚度 Depth/cm	颜色 Soil color	质地 Soil texture	土壤结构 Soil structure	pH	有机质 OM/(g/kg)	全氮 TN/(g/kg)	全磷 TP/(g/kg)	全钾 TK/(g/kg)	碱解氮 AN/(mg/kg)	有效磷 AP/(mg/kg)	速效钾 AK/(mg/kg)	土壤母质 Parent material	剖面点坐标 Profile coordinate	匹配指数 Matching index/%
剖1	人为土	水稻土	淹育水稻土	砂页岩红黄泥田	页红砂泥田	1	0—14	灰白色	壤质砂土	碎粒状	5.0	17.7	0.83	0.18	5.0	77	4.4	14	砂页岩	E 112°59′43.1″ N 22°41′23.3″	93
						2	14—24	褐灰色	砂质壤土	块状	6.0	17.2	0.81	0.22	4.1	59	4.4	12			
						3	24—65	黄红色	砂质黏土		6.5	12.8	0.71	0.20	4.0	58	3.9	23			
剖2	铁铝土	赤红壤	赤红壤	紫色砂页岩赤红地	紫色赤红地	1	0—15	黑灰色	壤质黏土	小粒状	5.2	10.3	0.55	0.55	10.0	63	2.2	94	紫色砂页岩	E 113°02′46.4″ N 22°44′33.9″	91
						2	15—22	浅棕色	砂质黏土	小粒状	5.4	6.2	0.37	0.41	21.6	21	0.9	75			
						3	22—91	棕红色	黏质壤土	小块状	5.4	5.7	0.31	0.18	22.0	28	0.9	69			
						4	91—	棕灰色	黏质黏土												
剖3	人为土	水稻土	潴育水稻土	洪积黄红泥田	洪积砂泥田	1	0—15	浅褐色	黏质壤土	小块状	5.5	23.2	1.28	0.22	18.7	77	4.8	27	洪积物	E 113°01′49.1″ N 22°41′38.0″	98
						2	15—23	灰褐色	黏质黏土	馒头状	6.0	11.6	0.52	0.13	11.6	51	4.4	22			
						3	23—45	灰黄色	粉砂质黏土	柱状	6.0	12.5	0.60	0.12	15.8	59	3.9	27			
						4	45—	黄色	砂质黏土	碎粒状											
剖4	人为土	水稻土	潴育水稻土	宽谷冲积土田	宽谷泥田	1	0—14		壤质黏土		6.0	13.3	0.91	0.19	11.7	87	2.2	58	宽谷冲积物	E 113°03′20.9″ N 22°40′44.0″	84
						2	14—34	灰色	壤质黏土	粒状	5.2	11.9	0.56	0.11	18.1	63	0.4	46			
						3	34—67	灰黄色	壤质黏土	块状	5.1	8.4	0.50	0.10	15.8	64	0.4	47			
剖5	铁铝土	赤红壤	赤红壤	砂页岩赤红壤	薄有机质层中层砂页岩赤红壤	1	0—3				4.9	6.7	0.29	0.22	9.5	51	0.4	17	砂页岩	E 112°59′09.6″ N 22°38′54.6″	95
						2	3—24	灰黄色	砂质黏土	粒状	5.4	16.7	0.95	0.06	0.9	53	0.9	35			
						3	24—51	棕灰色	砂质黏土	块状											
						4	51—	红色	砂质黏土	块状											
剖6	人为土	水稻土	淹育水稻土	砂页岩红泥田	页红砂泥田	A	0—2	红棕色	砂质黏土	粒状	5.2	6.1	0.41	0.12	4.1	37	1.7	37	砂页岩风化坡积物	E 112°58′49.1″ N 22°37′34.0″	94
						P	13—22	棕灰色	砂质黏土	小粒状	5.2	4.5	0.29	0.13	9.0	25	0.9	43			
						C	22—65	红褐色	砂质黏土	小块状	6.5	5.3	0.31	0.16	9.8	38	0.4	33			
剖7	铁铝土	赤红壤	赤红壤	侵蚀赤红壤	片蚀赤红壤	Ao	0—2	灰黑色	砂质黏土	块状	4.8	7.0	0.31	0.05	1.0	43	0.4	25	花岗岩	E 112°55′18.3″ N 22°37′09.7″	78
						B	2—27	黄红色	砂质黏土	块状						49	1.3	26			
						C	27—67	黄色	砂质黏土	粒状											
剖8	人为土	水稻土	潴育水稻土	砂页岩红泥田	页红砂泥田	1	0—10	灰色	壤质砂土	碎粒状	6.5	24.0	0.97	0.46	14.7	79	6.1	32	砂页岩	E 112°56′56.9″ N 22°33′18.8″	79
						2	10—24	灰褐色	砂质黏土	小块状	5.5	14.2	0.68	0.17	8.8	74	5.7	24			
						3	24—50	黄色	砂质黏土	块状	6.0	9.8	0.44	0.10	4.1	48	2.6	16			
剖9	铁铝土	赤红壤	赤红壤	红色砂页岩赤红地	赤红粉田	1	0—13	黄褐色	砂质黏土	粒状	5.4	14.6	0.92	0.45	16.2	49	5.2	54	砂页岩	E 112°54′59.4″ N 22°31′55.6″	83
						2	13—22	深黄色	黏质黏土	块状	5.5	10.2	0.65	0.41	10.0	38	2.2	46			
						3	22—	红色	黏质黏土	块状		6.3	0.37	0.22	14.1	29	0.9	44			
剖10	人为土	水稻土	潴育水稻土	砂页岩红泥田	页结粉田	1	0—12	灰白色	壤质砂土	粒状	6.0	16.0	0.62	0.24	5.4	47	2.2	10	红色砂页岩	E 112°49′59.5″ N 22°31′08.0″	73
						2	12—22	黄褐色	壤土	细粒状	6.0	10.7	0.61	0.22	4.5	42	1.7	8			
						3	22—62	黄红色	壤土	细粒状	6.0	7.1	0.42	0.12	4.2	37	1.7	8			
						4	62—100	浅灰色	细砂黏土												
剖11	人为土	水稻土	潴育水稻土	砂页岩红泥田	页黑泥黑砂田	1	0—17	黑灰色	黏质黏土	蜂窝状	5.6	24.3	1.39	1.07	8.2	129	4.4	61	砂页岩风化物	E 112°59′03.1″ N 22°30′52.6″	94
						2	17—27	浅灰色	黏质黏土	块状	5.4	20.6	1.27	0.48	9.2	66	2.6	36			
						3	27—62	灰黄色	黏质黏土	棱柱状	5.7	22.3	1.13	0.25	13.6	60	3.9	44			
剖12	人为土	水稻土	潴育水稻土	三角洲沉积土田	泥骨田	1	0—13		黏土	碎散状	5.9	28.0	1.55	0.29	19.9	101	1.7	60	沉积物	E 113°07′17.1″ N 22°39′33.1″	80
						2	13—26		粉砂质黏土		5.0	21.9	1.12	0.35	12.7	75	0.9	43			
						3	26—56		粉砂质黏土		5.0	21.2	1.18	0.28	14.1	67	0.9	64			

续表 Continued

剖面号 Soil profile	土纲 Soil order	土类 Soil great group	亚类 Soil subgroup	土属 Soil genus	土种 Soil species	土层码 Layer code	土层厚度 Depth/cm	颜色 Soil color	质地 Soil texture	土壤结构 Soil structure	pH	有机质 OM/(g/kg)	全氮 TN/(g/kg)	全磷 TP/(g/kg)	全钾 TK/(g/kg)	碱解氮 AN/(mg/kg)	有效磷 AP/(mg/kg)	速效钾 AK/(mg/kg)	土壤母质 Parent material	剖面点坐标 Profile coordinate	匹配指数 Matching index/%
剖13	半水成土	潮土	潮土	潮砂泥土	潮砂泥土	1	0~21	黑灰色	壤土	粒状	7.2	21.8	1.18	0.53	12.9	95	5.7	56	河流冲积物、沉积物	E 113°06′21.6″ N 22°39′31.2″	70
						2	21~30	棕棕色	黏土	小块状	6.8	13.1	0.73	0.52	14.8	50	2.2	54			
						3	30~100	灰棕色	黏质壤土	块状	7.2	13.4	0.87	0.61	13.6	63	2.2	52			
剖14	人为土	水稻土	潴育水稻土	洪积黄红泥田	洪积黄红田	1	0~15	棕褐色	壤质黏壤土	块状	6.5	26.4	1.42	0.32	15.9	101	1.3	30	洪积冲积物	E 113°01′11.3″ N 22°36′36.7″	95
						2	15~25	棕黄色	砂质黏壤土	块状	5.0	25.3	1.30	0.25	14.4	94	1.7	27			
						3	25~60	浅灰黄色	壤质黏壤土	柱状	6.0	24.7	1.00	0.37	13.6	92	1.7	28			
						4	60~100	浅黄色	粉质黏壤土	块状											
剖15	人为土	水稻土	潴育水稻土	冷底田	冷底田	1	0~11	灰黄色	粉砂质黏壤土	粒状	5.2	21.6	1.08	0.14	10.3	88	1.7	66		E 113°02′10.0″ N 22°35′57.8″	96
						2	11~21	灰黄色	粉砂质黏壤土	块状	5.6	13.6	0.62	0.09	11.9	46	0.9	62			
						3	21~59	褐灰色	粉砂质黏壤土	块状	5.3	14.5	0.64	0.09	12.8	42	0.4	33			
						4	59~100	青灰色	粉质黏壤土	块状											
剖16	人为土	水稻土	潴育水稻土	砂页岩红泥田	页砂泥田	1	0~15	灰白色	壤土	馒头状	6.3	19.8	1.03	0.54	5.7	86	7.9	58	砂页岩风化物	E 113°02′25.3″ N 22°32′52.1″	99
						2	15~25	褐棕色	壤土	小块状	5.8	16.3	0.96	0.47	3.2	73	6.1	54			
						3	25~60	浅黄色	壤质黏壤土	棱柱状	5.3	9.8	0.60	0.20	11.5	31	2.6	46			
						4	60~100	褐红色	粉质黏壤土	小块状	5.3	9.8	0.60	0.20	12.8	31	2.6	46			
剖17	人为土	水稻土	盐渍水稻土	反酸田	反酸田	1	0~12	灰褐色	粉砂质黏壤土	块状	5.8	37.2	2.04	0.31	14.8	119	6.1	66		E 112°52′48.7″ N 22°29′25.8″	77
						2	12~21	褐黄色	壤质黏壤土	块状	4.8	31.2	1.31	0.17	14.9	81	2.6	50			
						3	21~52	浅黄色	壤质黏壤土	块状	3.1	31.1	1.29	0.24	15.4	122	2.2	41			
						4	52~100	灰白色	粉质黏壤土	块状											
剖18	人为土	水稻土	潴育水稻土	宽谷冲积田	宽谷砂泥田	1	0~21	棕褐色	壤土	馒头状	6.0	34.3	1.91	0.69	11.2	151	21.4	83	宽谷冲积物	E 112°50′10.6″ N 22°29′23.5″	91
						2	21~30	浅棕色	黏质黏土	小块状	7.5	21.4	1.28	0.53	7.8	82	10.5	48			
						3	30~96	灰黄色	黏质黏土	小块状	6.0	9.5	0.57	0.21	6.1	68	2.2	32			
						4	96~100	浅黄色	粉质黏壤土	块状											
剖19	半水成土	潮土	潮土	潮砂泥土	潮砂泥土	1	0~20	灰黑色	壤土	粒状	6.8	20.4	1.25	0.50	13.3	122	10.5	141	沉积物、冲积物	E 112°52′24.6″ N 22°29′04.2″	94
						2	20~30	浅黄色	粉砂质黏壤土	粒状	6.0	15.4	0.94	0.58	13.3	89	2.2	108			
						3	30~49	褐黄色	砂质黏壤土	小块状	6.0	13.5	0.82	0.43	12.4	84	2.2	71			
						4	49~100	浅黄色	壤质黏壤土	块状											
剖20	人为土	水稻土	潴育水稻土	洪积黄红泥田	洪积黄红泥浆	1	0~14	灰黄色	壤质黏壤土	小块状	6.0	13.8	0.81	0.29	3.7	84	2.2	56	洪积黄红泥冲积物	E 112°54′06.1″ N 22°24′59.8″	78
						2	14~24	黄褐色	壤质黏壤土	大块状	5.4	12.5	0.80	0.13	3.6	81	0.9	52			
						3	24~60	黄红色	壤质黏壤土	大块状	5.2	7.4	0.42	0.08	2.1	50	1.7	89			
						4	60~100	黄红色	壤质黏壤土	块状											
剖21	铁铝土	赤红壤	赤红壤	侵蚀赤红壤	崩岗赤红壤	A	0~30	红色	砂壤土	粒状	5.1	8.4	0.46	0.03	2.9	27	0.9	87		E 112°51′44.5″ N 22°24′34.9″	75
						B	30~80	红黄色	砂壤土	块状	4.9	5.8	0.26	0.01	3.1	17	0.9	19			
						C	80—	红黄色	砂壤土	块状											
剖22	人为土	水稻土	潴育水稻土	宽谷冲积田	宽谷砂泥田	1	0~10	浅灰色	砂壤土	碎粒状	6.5	20.1	0.91	0.17	14.0	60	5.2	41	冲积物	E 112°59′35.5″ N 22°23′10.0″	85
						2	10~20	灰色	壤质砂土	细粒状	6.0	15.1	0.66	0.19	18.3	50	7.4	25			
						3	20~65	灰褐色	壤质砂土	细块状	6.4	13.9	0.59	0.22	20.0	32	8.3	37			
						4	65~100	灰褐色	壤质砂土	块状	6.5	14.0	0.60	0.27	17.4	35	7.0	40			
剖23	铁铝土	赤红壤	赤红壤	侵蚀赤红壤	沟蚀赤红壤	A	0~10	黄褐色	砂壤土	粒状	5.1	9.9	0.46	0.07	2.5	35	0.4	32	洪积黄红泥冲积物	E 112°54′07.9″ N 22°22′52.3″	97
						B	10~30	红黄色	砂壤土	块状	5.0	9.5	0.48	0.03	1.4	22	0.4	30			
						C	30~60	红黄色	砂壤土	块状	4.8	6.2	0.35	0.03	1.3	36	0.9	33			
剖24	人为土	水稻土	潴育水稻土	麻红泥田	麻砂顶田	1	0~10	浅灰色	砂质黏壤土	碎粒状	5.6	4.8	0.28	0.15	2.5	28	4.4	33	花岗岩	E 112°57′04.7″ N 22°22′30.4″	83
						2	10~24	灰褐色	砂质壤土	块状	5.6	3.5	0.22	0.07	3.3	25	2.2	23			
						3	24—	黄褐色	砂质壤土	块状	5.2	1.5	0.09	0.01	2.9	11	1.7	29			

续表 Continued

剖面号 Soil profile	土纲 Soil order	土类 Soil great group	亚类 Soil subgroup	土属 Soil genus	土种 Soil species	土层码 Layer code	土层厚度 Depth/cm	颜色 Soil color	质地 Soil texture	土壤结构 Soil structure	pH	有机质 OM/(g/kg)	全氮 TN/(g/kg)	全磷 TP/(g/kg)	全钾 TK/(g/kg)	碱解氮 AN/(mg/kg)	有效磷 AP/(mg/kg)	速效钾 AK/(mg/kg)	土壤母质 Parent material	剖面点坐标 Profile coordinate	匹配指数 Matching index/%
剖25	人为土	水稻土	潜育水稻土	河砂泥田	河砂质田	A	0—18	灰褐色	黏壤土	小块状	6.2	27.3	1.68	0.27	10.1	119	4.4	29	河流冲积物	E 112°58′51.2″ N 22°22′00.1″	92
						P	18—30	黄灰色	壤土		6.3	19.9	0.86	0.20	10.9	116	3.9	21			
						W	30—84	浅黄色	黏壤土		6.0	13.5	0.92	0.26	20.0	81	3.9	29			
						B	84—100	黄红色													
剖26	铁铝土	赤红壤	赤红壤	砂页岩赤红壤	薄有机质层薄层砂页岩赤红壤	A	0—10	灰灰色	轻壤土	粒状	4.9	21.9	0.99	0.04	6.6	101	0.9	81	砂页岩	E 113°01′04.4″ N 22°29′52.4″	70
						B	10—30	黄色	轻壤土	块状	4.9	11.9	0.54	0.06	8.0	53	0.4	7			
						C	30—50	黄红色	壤土	块状	5.0	9.0	0.48	0.05	8.0	44	0.4	13			
剖27	人为土	水稻土	潜育水稻土	三角洲沉积土田	黏土田	1	0—11		粉砂质黏壤土		6.0	29.2	1.71	0.38	14.2	57	2.2	85	沉积物	E 113°02′39.5″ N 22°29′39.1″	73
						2	11—22		粉砂质黏壤土	柱状	5.2	25.6	1.19	0.23	17.3	79	2.2	104			
						3	22—63		壤质黏壤土	块状	5.2	28.4	1.30	0.30	18.3	71	8.7	124			
剖28	人为土	水稻土	潜育水稻土	油格田	高油格田	1	0—16	浅灰色	砂质黏土	块状	6.0	26.8	1.62	0.53	17.9	139	3.1	65	花岗岩	E 113°12′58.7″ N 22°28′07.3″	93
						2	16—25	黄红色	砂质黏土	柱状	5.4	20.5	1.21	0.50	19.2	86	2.6	52			
						3	25—100	灰蓝色	砂质黏土	块状	5.4	29.2	1.03	0.40	17.0	50	1.3	46			
剖29	人为土	水稻土	淹育水稻土	麻红黄泥田	麻红砂泥田	1	0—15	浅灰色	砂质壤土	粒状	6.0	15.7	0.95	0.70	17.8	76	3.9	51	花岗岩	E 113°04′09.0″ N 22°27′52.5″	72
						2	15—28	橙黄色	砂质壤土	小块状	5.4	6.0	0.35	0.13	17.2	33	1.7	29			
						3	28—41	黄黄色	砂质壤土		6.4	2.6	0.14	0.10	13.5	21	0.9	41			
剖30	人为土	水稻土	潜育水稻土	泥肉田	泥肉田	1	0—24		壤土	团粒状	6.0	33.8	1.92	0.31	18.3	134	4.4	52	砂页岩	E 113°02′10.0″ N 22°27′34.2″	88
						2	24—50		黏质黏土	块状	6.5	31.8	2.03	0.48	11.8	106	4.8	66			
						3	50—75		黏质黏土	块状	7.0	10.9	1.70	0.48	12.9	99	3.9	54			
剖31	人为土	水稻土	潜育水稻土	油格田	中油格田	1	0—16		黏土	馒头状	7.5	31.7	1.46	0.68	18.1	55	7.0	95	坡积物，洪积物	E 113°11′49.6″ N 22°26′57.8″	75
						2	16—55		黏土	块状	8.1	19.1	1.02	0.52	18.9	66	4.8	54			
						3	55—100			块状	7.9	22.9	1.30	0.83	10.5	65	7.0	124			
剖32	人为土	水稻土	潜育水稻土	泥肉田	低油泥底田	1	0—12		壤质黏土		5.0	13.4	0.81	0.21	18.5	54	1.7	60	砂页岩	E 113°02′01.4″ N 22°26′56.4″	100
						2	12—36		黏质黏土		5.2	8.7	0.56	0.33	25.0	37	1.3	58			
						3	36—		黏质黏土		5.8	10.2	0.50	0.13		34	0.9	75			
剖33	人为土	水稻土	潜育水稻土	油格田	油格田	1	0—22	褐色	粉砂质黏壤土	块状	6.0	45.2	2.19	0.65	13.9	131	3.1	94	坡积物，洪积物	E 113°02′29.3″ N 22°25′53.2″	100
						2	22—30	灰褐色	粉砂质黏壤土	块状	6.0	27.4	1.33	0.66	17.3	65	1.3	178			
						3	30—100	浅灰色	粉砂质黏壤土	块状	7.5	22.9	1.22	0.52	17.3	50	0.9	191			
剖34	人为土	水稻土	潜育水稻土	泥肉田	低油格田	1	0—18	灰黑色	粉砂质黏壤土	块状	7.1	21.4	1.78	0.47	15.0	55	10.9	104	花岗岩，片麻岩	E 113°14′20.0″ N 22°25′23.2″	72
						2	18—25	灰黑色	粉砂质黏壤土	块状	7.6	18.4	1.16	0.59	19.4	75	6.5	66			
						3	25—100		粉砂质黏壤土	块状	7.1	32.1	1.77	0.46	9.5	65	3.9	62			
剖35	人为土	水稻土	淹育水稻土	麻红黄泥田	麻砂质田	1	0—16		粉砂质黏壤土	块状	6.0	24.8	1.23	0.38	11.3	192	3.1	105	花岗岩风化坡积物	E 113°02′07.5″ N 22°24′19.2″	90
						2	16—25		粉砂质黏壤土	小块状	6.0	11.9	0.68	0.41	11.3	92	1.7	54			
						3	25—65		壤质黏壤土	块状	6.2	12.7	0.66	0.37	14.0	39	2.6	66			
剖36	铁铝土	赤红壤	赤红壤	花岗岩片麻岩赤红壤	薄有机质层厚层花岗岩赤红壤	1	0—11	红黄色	壤土砂土		6.0	11.6	0.53	0.17	2.0	62	5.7	41	花岗岩，片麻岩	E 113°08′49.6″ N 22°22′16.0″	70
						2	11—20	灰色	砂土	粒状	4.5	22.1	0.96	0.11	2.3	67	6.1	37			
						Ao	20—	灰黄色			5.8	13.9	0.54	0.11	2.1	65	2.2	39			
剖37	铁铝土	赤红壤	赤红壤	花岗岩粗骨赤红壤	薄有机质层中层花岗岩粗骨赤红壤	Ao	0—1	灰黑色	粗砂质壤土	块状				0.02	8.5	112			花岗岩	E 113°02′13.2″ N 22°21′13.3″	80
						A	1—26	褐黑色	粗砂质壤土	块状	5.6	17.6	0.87	0.06	7.5	58	1.3	71			
						B	26—59	黄褐色	粗砂质壤土	小块状	5.6	17.6	0.87	0.06	7.5	58	1.3	71			
						C	59—	黄褐色	粗砂质壤土												
剖38	铁铝土	黄壤	粗骨性黄壤	花岗岩粗骨性黄壤	薄有机质层厚层粗骨性赤红壤	Ao	0—1	灰色	粗砂质壤土	粒状									花岗岩	E 112°58′06.2″ N 22°12′39.6″	87
						A	1—10	褐黄色	粗砂质壤土	块状	5.6	17.6	0.87	0.06	7.5	58	1.3	71			
						B_1	10—34	黄褐色	粗砂质壤土	小块状	5.0	3.9	0.20	0.09	10.0	65	0.4	54			
						B_2	34—59	黄色	粗砂质壤土	小块状	5.5	2.1	0.12	0.04	8.3	60	0.4	54			
						C	59—			粒状											

续表 Continued

剖面号 Soil profile	土纲 Soil order	土类 Soil great group	亚类 Soil subgroup	土属 Soil genus	土种 Soil species	土层码 Layer code	土层厚度 Depth/cm	颜色 Soil color	质地 Soil texture	土壤结构 Soil structure	pH	有机质 OM/(g/kg)	全氮 TN/(g/kg)	全磷 TP/(g/kg)	全钾 TK/(g/kg)	碱解氮 AN/(mg/kg)	有效磷 AP/(mg/kg)	速效钾 AK/(mg/kg)	土壤母质 Parent material	剖面点坐标 Profile coordinate	匹配指数 Matching index/%
剖39	人为土	水稻土	潴育水稻土	河砂泥田	河砂泥田	1	0—17	浅灰色	壤质黏土	馒头状	6.0	30.5	1.61	0.23	16.2	109	1.7	21	河流冲积物	E 113°01′39.7″ N 22°19′01.6″	98
						2	17—30	灰黄色	粉砂质黏壤土	块状	5.9	29.3	1.48	0.24	11.9	91	1.7	19			
						3	30—92	黄灰色	壤质黏壤土	棱柱状	6.0	24.9	1.43	0.37	11.8	89	2.6	22			
						4	92—	灰蓝色		块状											
剖40	铁铝土	赤红壤	赤红壤	花岗岩赤红地	赤红泥地	1	0—20	黄黑色	壤质黏壤土	小粒状	5.4	27.5	1.35	0.34	6.6	136	1.7	45	花岗岩	E 113°01′04.8″ N 22°17′38.4″	84
						2	20—30	浅灰色	粉砂质黏壤土	小块状	5.5	7.0	0.44	0.36	3.6	42	0.9	25			
						3	30—100	浅灰色	黏土	小块状	5.2	4.8	0.28	0.35	4.0	26	0.9	27			
剖41	人为土	水稻土	潴育水稻土	河砂泥田	河结粉田	1	0—14	灰色	砂壤土	细粉状	5.5	16.2	0.87	0.24	8.5	49	6.5	26	河流冲积物	E 113°05′19.7″ N 22°16′09.5″	87
						2	14—25	黄褐色	砂壤土	小块状	5.4	16.7	0.73	0.21	8.7	40	6.5	46			
						3	25—100	棕褐色	砂壤土	小粒状	5.5	5.1	0.28	0.10	8.6	29	3.9	33			
剖42	人为土	水稻土	沼泽型水稻土	烂泥田	烂泥田	1	0—10	灰褐色	砂质黏壤土	糊状	5.0	27.3	1.26	0.02	3.7	80	1.3	21		E 113°06′04.0″ N 22°15′59.0″	98
						2	10—20	灰褐色	砂质黏壤土	糊状	5.0	21.6	0.98	0.03	2.5	82	2.2	52			
						3	20—	灰蓝色	砂质黏壤土	糊状	5.2	14.2	0.76	0.01	2.5	69	1.3	42			
剖43	铁铝土	赤红壤	赤红壤	花岗片麻岩赤红壤	厚有机质层厚层花岗岩赤红壤	Ao	0—20	灰黑色	砂壤土	小粒状	4.9	29.0	1.43	0.03	4.1	107	0.9	62	花岗岩, 片麻岩	E 113°07′16.7″ N 22°15′32.0″	89
						A	20—60	黄黄色	砂壤土	小粒状	5.5	14.4	0.62	0.01	3.7	79	0.4	37			
						B	60—93	红黄色	砂壤土	块状	5.0	8.9	0.44	0.02	3.5	41	0.4	41			
						C	93—	红色	砂壤土	块状											
剖44	人为土	水稻土	潴育水稻土	麻砂泥田	麻砂泥田	1	0—17	灰白色	粉砂质黏壤土	小块状	6.0	22.0	1.09	0.17	16.6	80	6.1	17	花岗岩	E 113°01′27.1″ N 22°15′20.9″	82
						2	17—25	灰蓝色	粉砂质黏壤土	块状	5.3	18.2	1.10	0.12	19.8	84	6.5	18			
						3	25—	黄黄色	粉砂质黏壤土	块状	5.0	5.3	0.34	0.07	18.2	75	1.3	27			
剖45	人为土	淹育水稻土	麻红黄泥田	麻红泥底田		1	0—9	红黄色	砂质黏壤土	块状	5.0	11.0	0.68	0.24	8.7	60	0.9	56	花岗岩风化物	E 113°03′14.0″ N 22°11′35.5″	74
						2	9—13	红黄色	黏壤土	块状	5.2	3.8	0.18	0.10	9.5	42	1.3	50			
						3	13—	灰黄色	黏土	块状	5.1	9.3	0.60	0.15	10.0	48	0.9	47			
剖46	人为土	水稻土	渗育水稻土	滨海砂质田	黄砂田	1	0—14	灰黄色	黏土	粒状	6.7	24.7	1.86	0.21	16.2	66	6.1	62	滨海沉积物	E 113°02′42.0″ N 22°10′59.5″	91
						2	14—25	黄色	黏土	小粒状	6.5	19.9	0.99	0.07	14.9	68	6.5	80			
						3	25—70	黄色	黏土	碎状	6.0	20.2	0.96	0.26	12.1	61	7.0	62			
						4	70—100	黄黄色	黏土	碎状											
剖47	人为土	盐渍水稻土	咸酸田	咸酸田		1	0—15	黄黄色	粉砂质黏壤土	块状	5.8	29.9	1.33	0.37	17.3	92	1.3	62	海滩淤积物, 沉积物	E 113°03′38.5″ N 22°09′51.9″	71
						2	15—23	灰黄色	粉砂质黏壤土	块状	5.6	18.2	1.48	0.07	16.5	95	1.3	50			
						3	23—76	灰黄色	粉砂质黏壤土	柱状	5.5	30.2	1.30	0.09	15.7	69	1.7	37			
						4	76—			柱状											
剖48	人为土	盐渍水稻土	咸田	中咸田		1	0—13	褐色	粉砂质黏壤土	馒头状	7.0	22.0	1.18	0.55	14.0	69	8.7	141	滨海沉积物, 冲积物	E 113°02′38.5″ N 22°09′36.8″	76
						2	13—23	浅黄色	粉砂质黏壤土	柱状	7.7	20.9	1.24	0.46	14.0	115	4.8	66			
						3	23—100	灰黄色	粉砂质黏壤土	块状	7.8	20.1	1.27	0.58	14.0	105	6.1	83			
剖49	人为土	盐渍水稻土	咸田	轻咸田		1	0—14	褐色	砂质黏壤土	柱状	7.1	24.8	1.03	0.57	16.7	119	7.9	187	滨海沉积物	E 113°01′59.7″ N 22°09′05.5″	75
						2	14—23	灰褐色	砂质黏壤土	柱状	7.4	22.9	1.27	0.57	16.7	102	11.8	145			
						3	23—93	灰褐色	砂质黏壤土	柱状	8.0	20.6	1.12	0.51	16.8	76	8.7	305			
						4	93—100	灰黄色		碎散状											
剖50	人为土	水稻土	矿毒型水稻土	厂废污染田	硫毒污染田	1	0—16	浅灰色	粉砂质黏壤土	小粒状	5.4	18.6	0.85	0.50	18.3	88	32.3	27		E 113°01′12.3″ N 22°08′11.4″	76
						2	16—26	黑灰色	粉砂质黏壤土	小块状	5.4	9.9	0.50	0.65	18.4	81	31.9	40			
						3	26—49	灰黄色	黏壤土	状状	5.3	5.9	0.36	0.27	17.8	30	13.1	42			
						4	49—100	灰色	黏壤土	散状											

台 山 市

主要土类说明

赤红壤是台山市主要土壤类型，占本市地域面积的57%，广泛分布在海拔600m以下的低山、丘陵地带。赤红壤脱硅富铝化程度仅次于砖红壤，强于红壤。铁的游离度介于二者之间，黏粒硅铝率为1.7—2.0，风化淋溶系数为0.05—0.15，盐基饱和度为15%—25%，pH为4.5—5.5。淀积层（B层）富含铁铝氧化物，呈赤红色。

水稻土是台山市第二大土壤类型，占本市地域面积的36%。水稻土是在长期的季节性淹灌、水下翻耕、季节性脱水、氧化还原交替影响下，原来的成土母质或母土的特性发生重大改变，形成的新的土壤类型。由于干湿交替，水稻土形成糊状的淹育层、较坚实板结的犁底层、渗育层、潴育层与潜育层等多种发生层。这些不同的发生层是在人为耕作、水浆管理下形成的。本市水稻土中，潴育水稻土亚类面积最大，占本土类面积的81%，耕作历史悠久，排灌条件较好，土壤熟化程度高，有比较完整的发育层次，剖面构型主要为A–P–W或A–P–W–Bg。受地下水周期性的升降作用，在淹水季节，耕作层中的黏粒与铁、锰等物质随水下渗，在犁底层下形成具有褐棕色、赤红色或紫黑色斑纹状铁锰沉积物的潴育层。潴育层多为棱块状结构，厚度不一，厚者可达数十厘米。在永久性地下水位较高的地区，潴育层之下有青灰色的潜育层出现。

小于本市地域面积3%的土壤类型有红壤、酸性硫酸盐土、滨海盐土和粗骨土。

本区域中心区气候特征

本区域中心区气候特征值
Regional climate characteristics in central area of the region

气候带：南亚热带湿润气候 Climate region: South subtropical humid climate	
年平均气温 /℃ Annual average temperature /℃	22.5
年平均最高气温 /℃ Annual average maximum temperature /℃	26.4
年平均最低气温 /℃ Annual average minimum temperature /℃	19.6
年降水量 /mm Annual precipitation /mm	2216
≥10℃的积温 /℃ Daily temperature accumulated in a year（≥10℃）/℃	8223
年日照时数 /h Annual sunshine /h	1753
年平均相对湿度 /% Annual average relative humidity /%	80
干燥度 Dryness	0.61

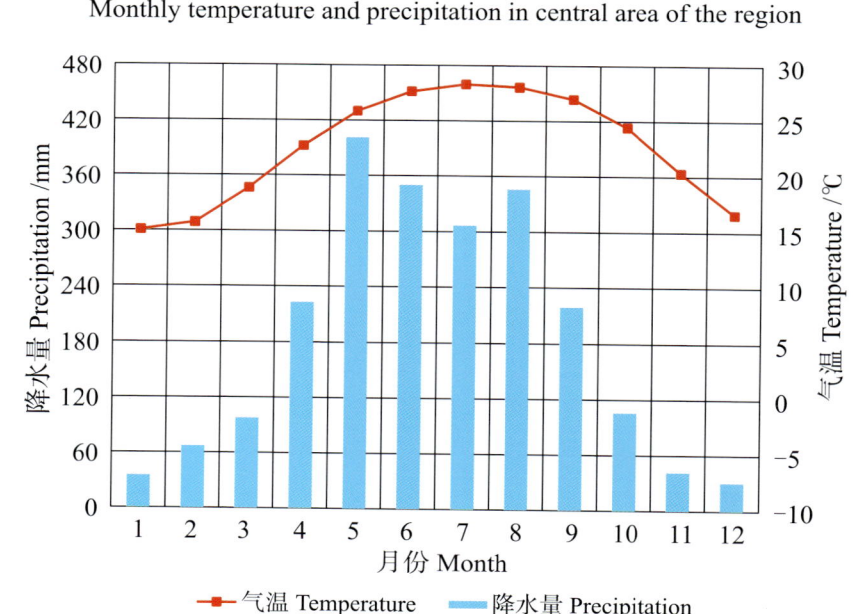

本区域中心区月平均气温与月平均降水量
Monthly temperature and precipitation in central area of the region

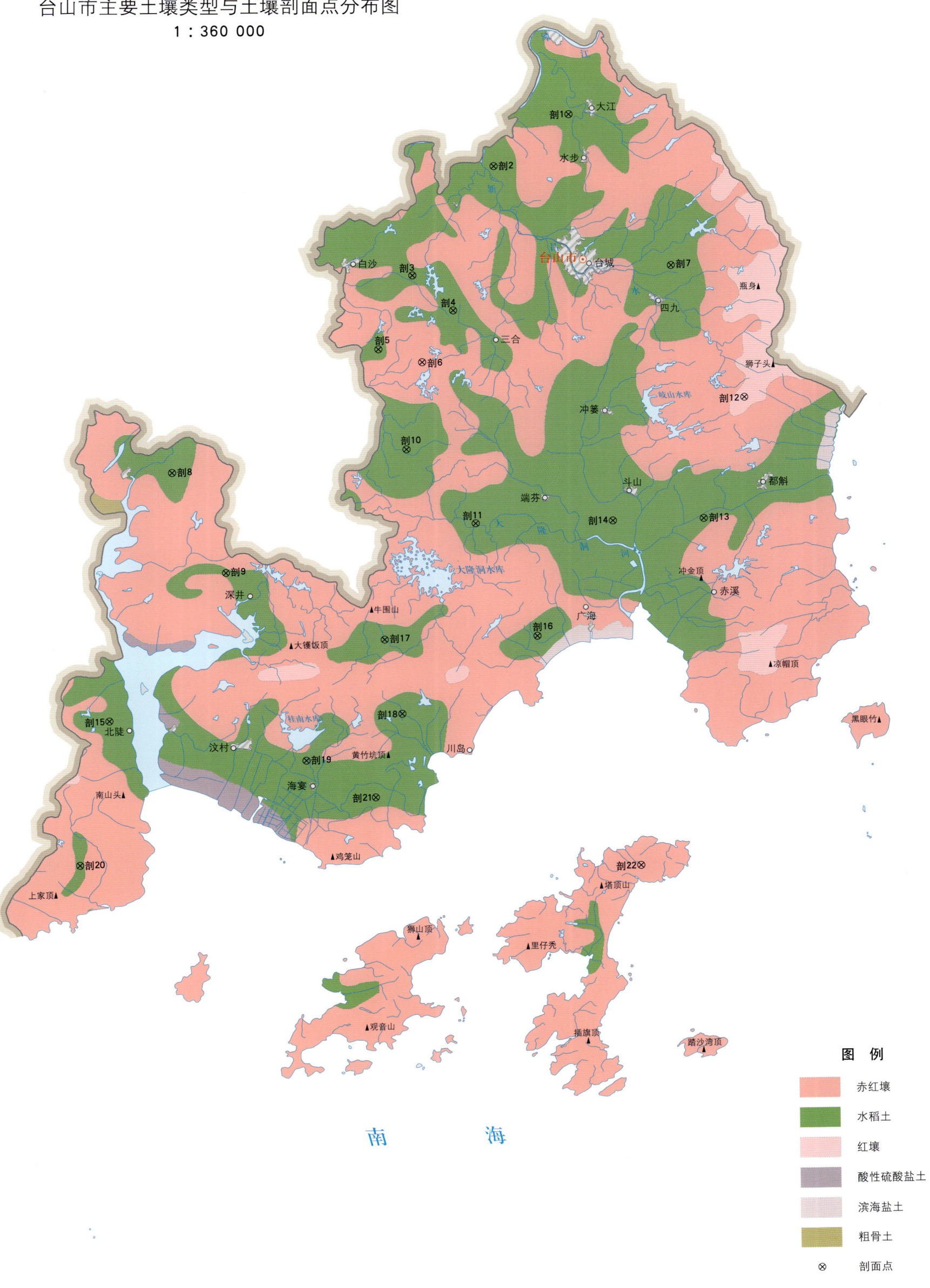

台山市主要土壤类型与土壤剖面点分布图
1:360 000

台山市土壤剖面理化性状表

剖面号 Soil profile	土纲 Soil order	土类 Soil great group	亚类 Soil subgroup	土属 Soil genus	土种 Soil species	土层码 Layer code	土层厚度 Depth/cm	颜色 Soil color	质地 Soil texture	土壤结构 Soil structure	pH	有机质 OM/(g/kg)	全氮 TN/(g/kg)	全磷 TP/(g/kg)	全钾 TK/(g/kg)	碱解氮 AN/(mg/kg)	有效磷 AP/(mg/kg)	速效钾 AK/(mg/kg)	土壤母质 Parent material	剖面点坐标 Profile coordinate	匹配指数 Matching index/%
剖1	人为土	水稻土	潴育水稻土	河砂泥田	河砂泥田	A	0—14	黄褐色	轻壤土	块状	4.9	22.9	1.45	0.06	20.7	104	0.9	15	河流冲积物	E 112° 46′ 50.9″ N 22° 22′ 23.1″	86
						P	14—27	黄色	中壤土	块状	5.8	14.3	1.10	0.26	22.4	83	0.4	12			
						W	27—68	黄色	轻壤土	碎块状	6.1	10.2	0.91	0.18	19.1	52	0.4	13			
剖2	人为土	水稻土	潴育水稻土	河砂泥田	河黏土田	G	68—100	黄色	轻壤土	碎块状	5.3	28.4	1.70	0.39	11.8	124	2.6	30	河流冲积物	E 112° 42′ 57.3″ N 22° 19′ 52.7″	72
						P	10—19	灰黄色	重壤土	块状	5.0	20.0	1.65	0.38	11.5	118	2.6	22			
						W₁	19—64	棕灰色	重壤土	棱柱状	4.9	12.5	0.94	0.31	13.3	55	0.4	24			
						Wg	64—100	褐黄色	中壤土	棱柱状	4.9	12.5	0.94	0.31	13.3	55	0.4	24			
剖3	人为土	水稻土	潴育水稻土	泥肉田	泥肉田	A	0—15	灰褐色	中壤土	蜂窝状	5.7	30.0	2.61	0.43	12.3	135	11.4	48		E 112° 38′ 41.6″ N 22° 14′ 34.8″	75
						P	15—26	棕褐色	轻黏土	块状	6.0	18.9	1.16	0.37	14.9	81	6.5	37			
						W₁	26—71	红黄色	中黏土	棱柱状	5.9	6.7	0.67	0.14	17.8	52	微量	74			
						G	71—100	蓝灰色	中黏土	棱柱状	5.9	6.7	0.67	0.14	17.8	52	微量	74			
剖4	人为土	水稻土	潴育水稻土	麻红泥田	麻乌红泥田	A	0—14	灰白色	中壤土	块状	5.3	30.8	1.42	0.35	12.3	127	4.4	11	花岗岩坡积物、洪积物	E 112° 40′ 45.5″ N 22° 12′ 49.7″	96
						P	14—31	黄褐色	轻壤土	碎粒状	6.3	12.4	0.82	0.26	8.7	60	0.9	15			
						W	31—100	红黄色	中壤土	柱状	6.3	11.0	0.52	0.17	11.6	43	微量	25			
剖5	人为土	水稻土	潴育水稻土	宽谷冲积土田	宽谷砂泥田	A	0—17	灰黑色	轻壤土	块状	6.1	19.5	0.89	0.32	4.6	65	7.4	40	冲积物	E 112° 36′ 53.4″ N 22° 10′ 58.4″	92
						P	17—32	黄褐色	中壤土	柱状	6.9	17.7	1.04	0.28	4.1	57	1.7	27			
						W	32—100	黄褐色	重壤土	块状	6.0	5.9	0.59	0.02	2.4	45	4.4	27			
剖6	铁铝土	赤红壤	赤红壤	砂页岩赤红壤	中有机质层厚层砂页岩赤红壤	A	0—17	黄灰色	轻壤土	粒状	4.9	25.1	0.47	0.14	4.0	42	0.9	11	砂页岩	E 112° 39′ 07.2″ N 22° 10′ 18.1″	100
						AB	17—30	灰褐色	中壤土	块状	5.5	2.8	0.16	0.22	10.4	19	7.0	5			
						B₁	30—90	黄红色	中壤土	块状											
						B₂	90—150	棕红色	中壤土	块状											
						C	150—200	浅红色	中壤土	块状											
剖7	人为土	水稻土	潴育水稻土	河流泥田	河流泥田	A	0—16	灰褐色	重壤土	微蜂窝状	7.4	30.9	1.99	0.40	16.0	141	2.6	26	河流冲积物	E 112° 51′ 58.0″ N 22° 14′ 51.0″	89
						P	16—34	黄褐色	中黏土	块状	7.6	19.6	1.28	0.34	17.6	82	1.7	26			
						W₁	34—60	红灰色	中黏土	棱柱状	7.4	6.1	0.72	0.20	18.0	29	微量	37			
						W₂	60—100	黄灰色	中黏土	棱柱状	7.4	6.1	0.72	0.20	18.0	29	微量	37			
剖8	人为土	水稻土	潴育水稻土	砂页岩泥田	页红泥田	A	0—13	褐黑色	重壤土	块状	5.0	26.4	0.82	0.35	4.1	129	2.6	15	砂页岩坡积冲积物	E 112° 26′ 11.4″ N 22° 05′ 04.0″	95
						P	13—29	黑黄色	黏壤土	棱柱状	5.3	23.2	1.14	0.31	5.4	77	1.3	6			
						W	29—100	褐黄色	重壤土	块状	5.2	15.2	0.50	0.22	6.5	51	0.9	6			
剖9	人为土	水稻土	盐渍水稻土	咸田	咸田	A	0—20	棕灰色	中壤土	块状	5.3	19.5	1.85	0.14	20.7	67	4.4	135		E 112° 28′ 51.6″ N 22° 00′ 07.6″	83
						B	20—32	灰蓝色	轻黏土	棱柱状	5.5	17.5	1.08	0.39	20.2	67	2.2	152			
						W	32—100	灰褐色	中黏土	块状	6.5	7.4	0.74	0.46	20.2	27	2.6	83			
剖10	人为土	水稻土	潴育水稻土	宽谷冲积土田	宽谷泥田	A	0—14	浅棕灰色	中壤土	块状	5.4	29.5	1.69	0.38	20.7	154	8.3	27	冲积物	E 112° 38′ 14.3″ N 22° 06′ 01.1″	98
						P	14—26	黄黄色	中壤土	棱柱状	6.7	10.2	0.66	0.21	20.7	40	0.9	22			
						W	26—100	灰黄色	重壤土	块状	5.8	14.3	0.81	0.21	11.5	50	0.9	32			
剖11	人为土	水稻土	潴育水稻土	麻红泥田	麻砂泥田	A	0—10	灰黄色	重壤土	块状	5.4	29.4	1.52	0.53	21.6	117	16.6	8	花岗岩坡积物、洪冲积物	E 112° 41′ 42.4″ N 22° 02′ 20.0″	100
						P	10—25	黄褐色	重壤土	棱柱状	6.2	11.7	0.60	0.22	23.2	33	1.7	4			
						W	25—45	褐黄色	重壤土	块柱状	6.6	10.0	0.56	0.21	25.3	38	3.5	11			
剖12	铁铝土	红壤	红壤	花岗岩红壤		B	45—100	褐黄色	重壤土	大块状									花岗岩	E 112° 55′ 36.5″ N 22° 08′ 16.8″	72
						1	0—10				5.1	56.2	2.09	0.11	24.5	14	0.4	158			

续表 Continued

剖面号 Soil profile	土纲 Soil order	土类 Soil great group	亚类 Soil subgroup	土属 Soil genus	土种 Soil species	土层码 Layer code	土层厚度 Depth/cm	颜色 Soil color	质地 Soil texture	土壤结构 Soil structure	pH	有机质 OM/(g/kg)	全氮 TN/(g/kg)	全磷 TP/(g/kg)	全钾 TK/(g/kg)	碱解氮 AN/(mg/kg)	有效磷 AP/(mg/kg)	速效钾 AK/(mg/kg)	土壤母质 Parent material	剖面点坐标 Profile coordinate	匹配指数 Matching index/%
剖13	人为土	水稻土	潴育水稻土	砂页岩红泥田	页结粉田	A	0—8	灰白色	砂壤土	粉粒状	5.5	9.8	0.54	0.15	2.5	61	5.7	17	砂页岩风化物	E 112°53′24.0″ N 22°02′22.2″	80
						P	8—21	红黄色	中壤土	块状	5.8	5.1	0.34	0.14	9.5	34	0.4	18			
						W	21—100	红黄色	中壤土	块状	6.4	6.4	0.45	0.16	9.5	34	0.4	22			
剖14	人为土	水稻土	盐渍水稻土	反酸田	反酸田	A	0—14	黄灰色	重黏土	块状	4.3	34.0	1.67	0.52	18.7	114	0.9	111		E 112°48′44.6″ N 22°02′20.4″	84
						P	14—23	黄灰色	重黏土	梭柱状	5.1	29.9	1.49	4.32	19.9	100	0.4	11			
						W_1	23—54	深灰色	中黏土	梭柱状	4.0	43.2	1.19	0.58	19.1	65	10.9	28			
						W_2	54—100	灰灰色	中黏土	柱状	4.0	43.2	1.19	0.58	19.1	65	10.9	28			
剖15	人为土	水稻土	潴育水稻土	麻红泥田	麻砂质田	A	0—8	黄褐色	砂壤土	块状	6.2	17.5	0.83	0.22	16.2	70	3.9	10	花岗岩坡积物、洪冲积物	E 112°22′45.1″ N 21°52′56.3″	84
						P	8—15	褐黄色	中壤土	梭柱状	6.6	11.6	0.72	0.17	18.3	53	2.2	10			
						3	15—80	灰黄色	中黄土	梭柱状	6.6	10.1	0.60	0.13	15.8	42	0.9	12			
剖16	人为土	水稻土	潴育水稻土	冷底田	冷底田	A	0—14	灰褐色	中壤土	块状	5.4	23.0	1.27	0.79	18.4	110	3.5	24		E 112°44′45.2″ N 21°56′43.8″	94
						P	14—32	灰灰色	中壤土	无明显结构	5.8	13.8	0.73	0.31	18.4	54	1.7	11			
						G_1	32—54	灰白色	中壤土	无明显结构	5.2	11.1	0.53	0.25	20.0	49	0.4	14			
						G_2	54—100	蓝色													
剖17	人为土	水稻土	潴育水稻土	三角洲沉积土田	黏土田	A	0—14	灰褐色	轻黏土	块状	5.3	30.4	1.64	0.43	18.7	115	1.3	334	沉积物	E 112°36′56.2″ N 21°56′40.9″	82
						P	14—22	灰色	中黏土	梭柱状	6.3	36.6	1.59	0.38	18.7	92	微量	363			
						W_1	22—57	棕褐色	中黏土	梭柱状	6.1	32.7	1.41	0.31	19.5	58	微量	359			
						W_2	57—100	灰白色	中黏土	大块状	6.1	32.7	1.41	0.31	19.5	58	微量	359			
剖18	人为土	水稻土	潴育水稻土	砂页岩红泥田	页砂泥田	A	0—13	灰白色	中壤土	粒状	6.2	18.6	0.96	0.27	3.7	166	1.3	12	砂页岩风化物	E 112°37′45.5″ N 21°53′01.7″	90
						P	13—21	灰白色	中黏土	块状	6.1	19.1	1.11	0.30	3.9	112	1.3	12			
						W	21—100	黄褐色	重黏土	梭柱状	6.0	6.0	0.59	0.17	6.0	84	3.1	18			
剖19	人为土	水稻土	潴育水稻土	三角洲沉积土田	泥青田	A	0—18	灰褐色	中黏土	块状	5.2	26.0	1.62	0.69	19.9	82	1.3	171	沉积物	E 112°32′48.5″ N 21°50′49.6″	87
						P	18—23	褐黄色	中黏土	块状	5.4	20.2	1.78	0.58	19.9	64	1.3	193			
						W_1	23—53	褐红色	中黏土	块状	6.3	16.7	1.11	0.69	19.9	47	1.7	149			
						W_2	53—100	灰白色	中黏土	块状	6.3	16.7	1.11	0.69	19.9	47	1.7	149			
剖20	人为土	水稻土	潴育水稻土	砂页岩红泥田	页砂质田	A	0—12	褐灰色	砂壤土	粒状	6.5	18.0	0.87	0.13	3.6	65	1.7	12	砂页岩风化物	E 112°21′07.2″ N 21°45′51.4″	85
						P	12—21	褐灰色	中壤土	块状	5.0	9.0	0.57	0.11	5.4	30	0.4	3			
						W	21—100	浅黄灰色	中壤土	大块状	5.6	16.4	0.74	0.13	5.4	39	2.2	7			
剖21	人为土	水稻土	盐渍水稻土	咸酸田	咸酸田	A	0—13	棕色	轻黏土	块状	3.6	38.2	1.82	0.35	10.0	111	4.4	80		E 112°36′19.1″ N 21°48′56.9″	81
						P	13—29	棕黑色	中黏土	块状	4.0	42.8	1.93	0.35	16.6	102	4.4	202			
						W	29—100	深灰色	轻黏土	梭柱状	2.9	52.2	1.06	0.17	13.7	53	0.9	166			
剖22	铁铝土	赤红壤	赤红壤	花岗岩赤红泥	中有机质层厚层花岗岩赤红壤	A	0—16	黄灰色	轻壤土	粒状	5.0	25.4	0.58	0.02	22.0	37	1.7	19	花岗岩	E 112°49′49.0″ N 21°45′18.5″	89
						AB	16—26	黄红色	中壤土	块状											
						B_1	26—46	棕红色	中壤土	块状		9.7	0.26	0.06	22.8	13	微量				
						B_2	46—96	红色	中壤土	块状	5.1							11			
						C	96—200														

开 平 市

主要土类说明

水稻土是开平市主要土壤类型，占本市地域面积的 50%。水稻土是在长期的季节性淹灌、水下翻耕、季节性脱水、氧化还原交替影响下，原来的成土母质或母土的特性发生重大改变，形成的新的土壤类型。由于干湿交替，水稻土形成糊状的淹育层、较坚实板结的犁底层、渗育层、潴育层与潜育层等多种发生层。这些不同的发生层是在人为耕作、水浆管理下形成的。

赤红壤是开平市第二大土壤类型，占本市地域面积的 41%。赤红壤主要发生于南亚热带季雨林下，其脱硅富铝化程度仅次于砖红壤，强于红壤。铁的游离度介于二者之间，黏粒硅铝率为 1.7—2.0，风化淋溶系数为 0.05—0.15，盐基饱和度为 15%—25%，pH 为 4.5—5.5。淀积层（B 层）富含铁铝氧化物，呈赤红色。

小于本市地域面积 3% 的土壤类型有红壤、潮土、紫色土、黄壤和山地草甸土。

本区域中心区气候特征

本区域中心区气候特征值
Regional climate characteristics in central area of the region

气候带：南亚热带湿润气候 Climate region: South subtropical humid climate	
年平均气温 /℃ Annual average temperature /℃	22.3
年平均最高气温 /℃ Annual average maximum temperature /℃	26.3
年平均最低气温 /℃ Annual average minimum temperature /℃	19.3
年降水量 /mm Annual precipitation /mm	2112
≥10℃的积温 /℃ Daily temperature accumulated in a year (≥10℃) /℃	8167
年日照时数 /h Annual sunshine /h	1726
年平均相对湿度 /% Annual average relative humidity /%	79
干燥度 Dryness	0.64

本区域中心区月平均气温与月平均降水量
Monthly temperature and precipitation in central area of the region

开平市主要土壤类型与土壤剖面点分布图
1:270 000

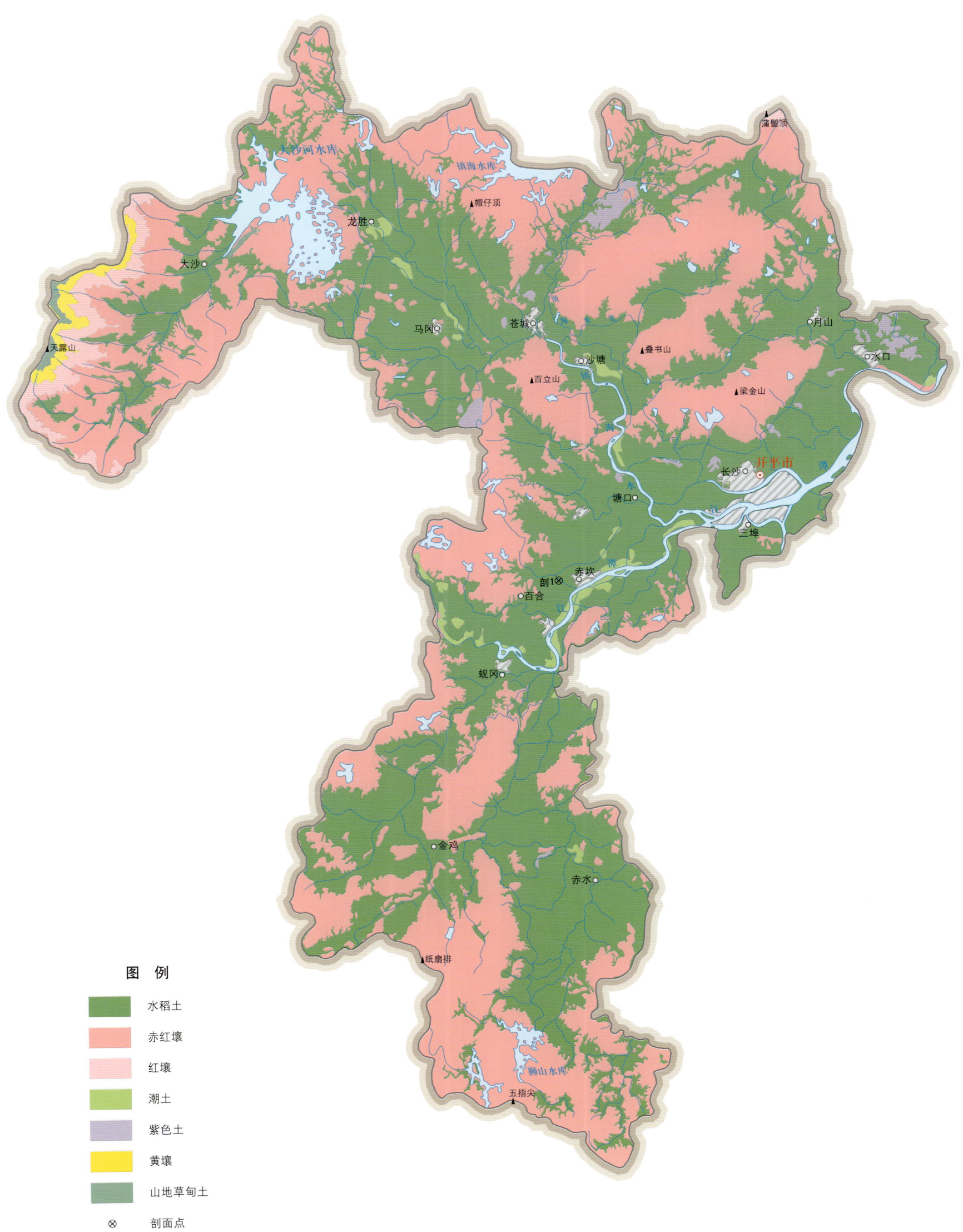

开平市土壤剖面理化性状表

剖面号 Soil profile	土纲 Soil order	土类 Soil great group	亚类 Soil subgroup	土属 Soil genus	土种 Soil species	土层码 Layer code	土层厚度 Depth/cm	颜色 Soil color	质地 Soil texture	土壤结构 Soil structure	pH	有机质 OM/(g/kg)	全氮 TN/(g/kg)	全磷 TP/(g/kg)	全钾 TK/(g/kg)	碱解氮 AN/(mg/kg)	有效磷 AP/(mg/kg)	速效钾 AK/(mg/kg)	阳离子交换量CEC/(cmol/kg)	土壤母质 Parent material	剖面点坐标 Profile coordinate	匹配指数 Matching index/%
剖1	人为土	水稻土	潴育水稻土	河砂泥田	河砂泥田	Aa	0—15	棕灰色	砂壤土	团块状	5.7	24.7	1.16	0.35	18.3	119	8.3	33	4.8	河流冲积物	E 112°33′56.9″ N 22°19′19.4″	83
						Ap	15—29	棕灰色	壤土	块状	6.7	14.7	0.81	0.17	18.6	34	1.7	21	7.4			
						W₁	29—61	灰褐色	黏壤土	柱状	6.5	12.1	0.64	0.15	19.7	29	0.9	28	8.1			
						W₂	61—100	黄褐色	黏壤土	块状	6.6											

鹤 山 市

主要土类说明

赤红壤是鹤山市主要土壤类型，占本市地域面积的62%，占本市山地面积的97%。成土母质为花岗岩、砂页岩、红色砂页岩等。赤红壤主要发生于南亚热带季雨林下，其脱硅富铝化程度仅次于砖红壤，强于红壤。铁的游离度介于二者之间，黏粒硅铝率为1.7—2.0，风化淋溶系数为0.05—0.15，盐基饱和度为15%—25%。淀积层（B层）富含铁铝氧化物，呈赤红色。本市赤红壤仅有赤红壤一个亚类。

水稻土是鹤山市第二大土壤类型，占本市地域面积的32%。成土母质为宽谷沉积物、河流沉积物、洪积物等。水稻土是在长期的季节性淹灌、水下翻耕、季节性脱水、氧化还原交替影响下，原来的成土母质或母土的特性发生重大改变，形成的新的土壤类型。由于干湿交替，水稻土形成糊状的淹育层、较坚实板结的犁底层、渗育层、潴育层与潜育层等多种发生层。本市水稻土分为潴育型、渗育型、潜育型、沼泽型等亚类。其中，潴育水稻土面积最大，占本土类面积的83%，耕作历史悠久，排灌条件较好，土壤熟化程度高，剖面发育明显，剖面构型主要为A–P–W–C或A–P–W–G。

小于本市地域面积3%的土壤类型有红壤、新积土、黄壤和潮土。

本区域中心区气候特征

本区域中心区气候特征值
Regional climate characteristics in central area of the region

气候带：南亚热带湿润气候 Climate region: South subtropical humid climate	
年平均气温 /℃ Annual average temperature /℃	22.1
年平均最高气温 /℃ Annual average maximum temperature /℃	26.3
年平均最低气温 /℃ Annual average minimum temperature /℃	19.0
年降水量 /mm Annual precipitation /mm	1925
≥10℃的积温 /℃ Daily temperature accumulated in a year (≥10℃) /℃	7959
年日照时数 /h Annual sunshine /h	1684
年平均相对湿度 /% Annual average relative humidity /%	79
干燥度 Dryness	0.69

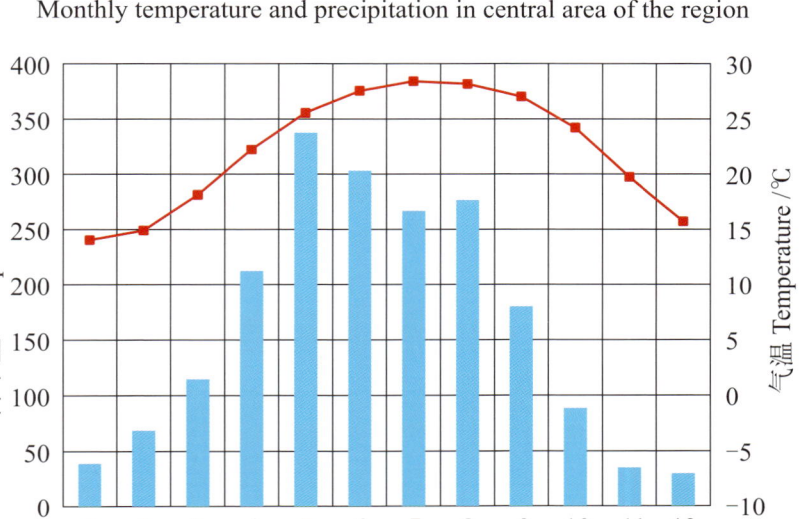

本区域中心区月平均气温与月平均降水量
Monthly temperature and precipitation in central area of the region

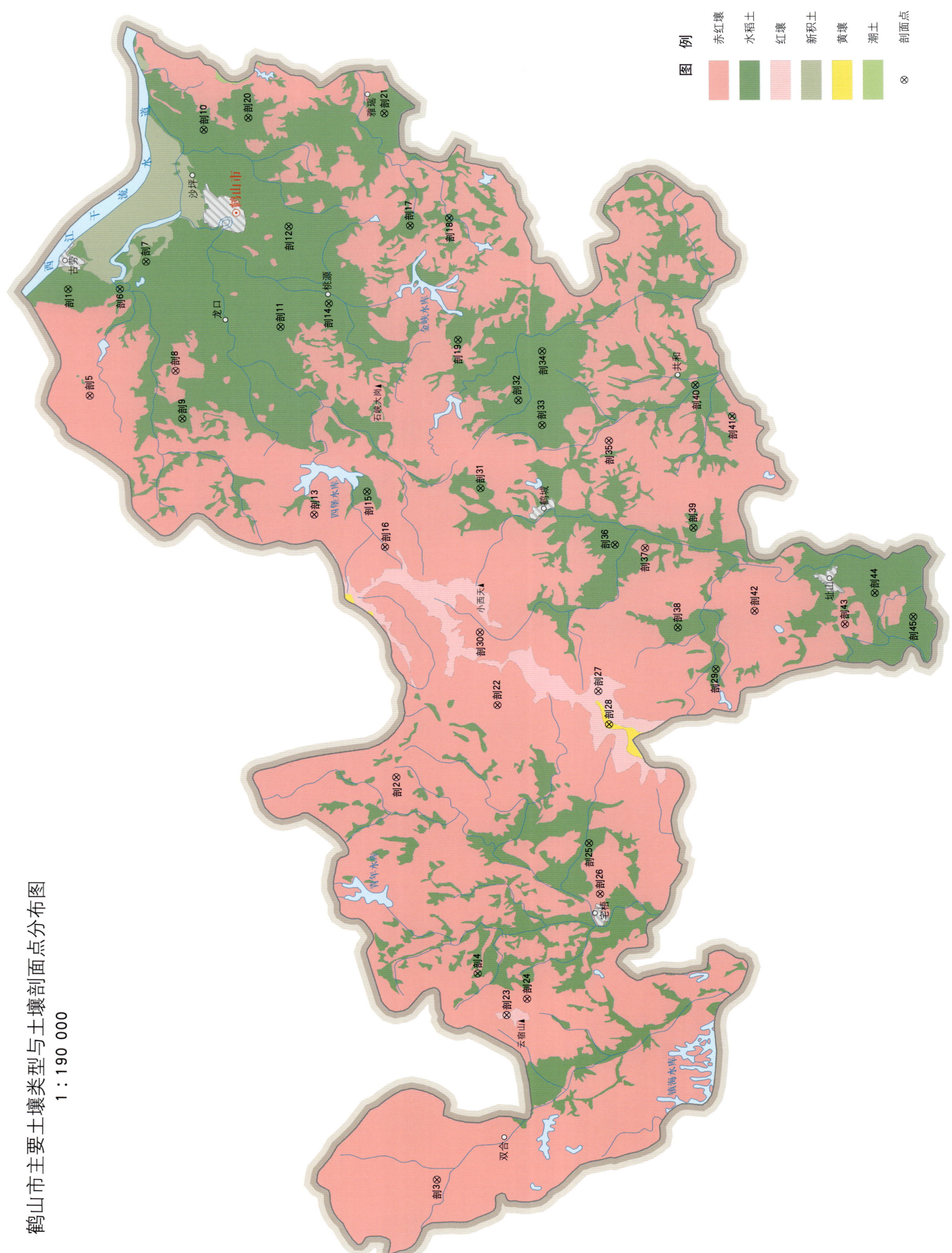

鹤山市主要土壤类型与土壤剖面点分布图
1:190 000

鹤山市土壤剖面理化性状表

剖面号 Soil profile	土纲 Soil order	土类 Soil great group	亚类 Soil subgroup	土属 Soil genus	土种 Soil species	土层码 Layer code	土层厚度 Depth/cm	颜色 Soil color	质地 Soil texture	土壤结构 Soil structure	pH	有机质 OM (g/kg)	全氮 TN (g/kg)	全磷 TP (g/kg)	全钾 TK (g/kg)	碱解氮 AN (mg/kg)	有效磷 AP (mg/kg)	速效钾 AK (mg/kg)	土壤母质 Parent material	剖面点坐标 Profile coordinate	匹配指数 Matching index/%
剖1	人为土	水稻土	潴育水稻土	泥肉田	泥肉田	1	0—22	浅黄棕色	轻壤土	蜂窝状	5.8	32.1	1.40	0.65	18.6	105	7.0	40		E 112°55′19.2″ N 22°50′07.1″	97
						2	22—30	浅灰色	轻黏土	块状	6.0	24.7	0.96	0.48	18.3	74	2.2	32			
						3	30—53	暗灰黄色	中壤土	柱状	5.9	13.2	0.84	0.39	21.8	43	5.2	36			
						4	53—100	灰白色	中壤土	块状											
剖2	铁铝土	赤红壤	赤红壤	花岗岩赤红壤	厚有机质层厚层花岗岩赤红壤	A	0—30	暗黄棕色	砂壤土	团块状	5.8	25.8	1.24	0.20	31.4				花岗岩	E 112°41′34.8″ N 22°42′02.5″	77
						AB	30—55	浅棕色	砂壤土	块状	6.5	5.7	0.63	0.20	32.4						
						B	55—157	红黄色	砂壤土	块状	6.4	1.9	0.33	0.20	33.6						
						4	157—														
剖3	铁铝土	赤红壤	赤红壤	砂页岩赤红壤	薄有机质层中层砂页岩赤红壤	A	0—6	灰棕色	轻黏土	碎粒状	5.9	27.7	1.08	0.14	18.1				砂页岩	E 112°30′23.0″ N 22°41′06.7″	95
						B	6—35	黄棕色	黏土	块状	6.4	8.3	0.69	0.19	22.8						
						BC	35—50	黄棕色	黏土	碎块状	6.4	8.4	0.53	0.48	23.6						
						C	50—100	暗黄棕色	砂土	碎粒状											
剖4	人为土	水稻土	潴育水稻土	洪积黄泥田	洪积黄泥田	1	0—11	褐黄色	轻壤土	团块状	6.7	19.1	0.93	0.35	9.0	68	2.6	18	洪积物	E 112°36′03.6″ N 22°40′03.0″	76
						2	11—19	褐黄色	轻壤土	块状	6.9	13.4	0.72	0.31	11.0	29	0.4	19			
						3	19—38	红黄色	中壤土	块状	6.8	9.6	0.52	0.29	12.6	23	微量	20			
						4	38—100	红黄色	砂壤土	微柱状											
剖5	铁铝土	赤红壤	赤红壤	红色砂页岩赤红壤	薄有机质层中层红色砂页岩赤红壤	A	0—5	暗棕色	砂壤土	碎粒状	5.9	40.1	1.02	0.23	10.9				红色砂页岩	E 112°52′21.1″ N 22°49′37.2″	71
						B	5—12	棕色	砂壤土	碎粒状	6.0	10.2	0.64	0.15	14.9						
						BC	12—28	灰棕色	壤土	碎块状	6.0	7.0	0.64	0.16	9.9						
						C	28—50	浅棕红色	壤土	碎粒状											
						4	50—														
剖6	人为土	水稻土	潴育水稻土	河砂土泥田	河黏土田	1	0—12	灰棕色	黏壤土	块状	6.0	27.5	1.50	0.28	11.1	102	2.6	16		E 112°55′17.8″ N 22°48′49.0″	95
						2	12—18	灰棕色	黏土	块状	5.8	24.5	1.37	0.32	11.1	80	2.6	20			
						3	18—30	黑色	黏土	柱状	5.2	24.6	0.82	0.33	14.4	55	3.9	18			
						4	30—100	灰白色	黏土	块状											
剖7	人为土	水稻土	潴育水稻土	宽谷冲积土田	宽谷冲积泥田	1	0—17	暗黄棕色	黏壤土	块状	6.8	34.1	1.89	0.51	6.5	154	1.7	32	冲积物	E 112°56′03.5″ N 22°48′09.0″	80
						2	17—28	暗黄棕色	黏土	块状	6.9	32.2	1.90	0.35	7.1	113	1.7	20			
						3	28—82	浅棕色	黏土	柱状	6.6	11.7	0.65	0.35	1.7	33	0.9	35			
						4	82—100	黄黄色	砂土												
剖8	铁铝土	赤红壤	赤红壤	花岗岩赤红地	赤红砂土	1	0—15	黄褐色	砂土	块状	6.4	15.8	1.14	0.27	10.5	77	0.9	60	冲积物	E 112°53′00.2″ N 22°47′27.2″	88
						2	15—35	棕黄色	砂壤土	块状	6.4	9.6	1.01	0.21	12.4	56	1.3	26			
						3	35—100	橙黄色	砂壤土	块状	6.6	4.5	0.84	0.15	14.1	12	1.3	16			
剖9	人为土	水稻土	潴育水稻土	青泥格田	砂泥青泥格田	1	0—17	暗黄黄色	轻砂土	块状	6.8	26.4	1.77	0.52	15.9	97	8.3	30	花岗岩	E 112°51′39.9″ N 22°47′18.1″	85
						2	17—34	暗黄棕色	黏土	块状	7.3	8.3	1.05	0.35	15.9	34	0.9	20			
						3	34—55	浅灰色	砂土	块状	7.3	6.6	0.99	0.15	10.5	25	1.3	24			
						4	55—100	浅灰色	砂土	散砂状											
剖10	人为土	水稻土	淹育水稻土	麻红泥田	麻红砂泥田	1	0—12	灰棕色	砂壤土	粒状	6.5	21.7	1.22	0.32	24.2	86	2.2	20	花岗岩残积物	E 112°59′42.7″ N 22°46′38.3″	99
						2	12—18	灰白色	砂壤土	粒状	6.6	7.2	0.77	2.89	23.7	57	2.2	27			
						3	18—100	橙黄色	砂壤土	块状	6.6	18.4	0.96	0.31	11.8	24	1.7	22			
剖11	人为土	水稻土	潴育水稻土	麻砂泥田	麻砂泥田	1	0—15	浅黄色	砂壤土	块状	6.6	8.8	0.83	0.30	8.3					E 112°54′10.8″ N 22°44′47.8″	78
						2	15—28	灰灰色	砂壤土	柱状	6.8	5.3	0.74	0.32	11.1						
						3	28—69	浅红色	砂壤土	块状	7.0										
						4	69—100	浅红色	砂壤土												

续表 Continued

剖面号 Soil profile	土纲 Soil order	土类 Soil great group	亚类 Soil subgroup	土属 Soil genus	土种 Soil species	土层码 Layer code	土层厚度 Depth/cm	颜色 Soil color	质地 Soil texture	土壤结构 Soil structure	pH	有机质 OM/(g/kg)	全氮 TN/(g/kg)	全磷 TP/(g/kg)	全钾 TK/(g/kg)	碱解氮 AN/(mg/kg)	有效磷 AP/(mg/kg)	速效钾 AK/(mg/kg)	土壤母质 Parent material	剖面点坐标 Profile coordinate	匹配指数 Matching index/%
剖12	人为土	水稻土	潴育水稻土	麻红泥田	麻砂泥田	1	0—17	褐色	轻壤土	碎块状	6.9	11.7	0.96	0.30	0.6	55	6.1	14		E 112°56′58.6″ N 22°44′33.0″	98
						2	17—25	浅灰色	轻壤土	块状	7.0	9.0	0.85	0.38	7.6	44	6.1	6			
						3	25—60	灰黄色	中壤土	柱状	7.1	4.0	0.35	0.28	6.8	18	3.5	6			
						4	60—100	红黄色	中壤土	块状											
剖13	铁铝土	赤红壤	赤红壤	砂页岩赤红壤	厚有机质层薄层砂页岩赤红壤	A	0—14	暗棕黄色	砂壤土	碎粒状	6.2	24.0	1.05	0.08	14.1				砂页岩	E 112°48′55.8″ N 22°44′01.3″	75
						BC	14—36	紫棕色	石质土	碎粒状	6.0	11.3	0.76	0.12	22.8						
						C	36—90	浅棕色			6.6	4.9	0.65	0.14	30.7						
						D	90—														
剖14	人为土	水稻土	潴育水稻土	宽谷冲积田	宽容泥田	1	0—17	暗灰黄色	中壤土	块状	6.0	28.4	1.89	0.39	13.8	12	4.8	27	冲积物	E 112°54′48.6″ N 22°43′34.7″	100
						2	17—32	暗黄棕色	重壤土	块状	6.5	12.1	1.07	0.24	14.6	60	3.5	14			
						3	32—57	浅灰色	重壤土	柱状	6.9	11.7	1.01	0.23	13.1	56	1.7	20			
剖15	人为土	水稻土	潴育水稻土	砂页岩红泥田	页结粉田	1	0—13	灰白色	粉砂土	碎块状	6.7	14.4	0.82	0.09	8.3	63	1.3	12	砂页岩	E 112°49′33.2″ N 22°42′41.4″	93
						2	13—18	黄灰色	砂壤土	块状	7.2	4.2	0.69	0.08	13.1	16	微量	8			
						3	18—50	黄棕色	砂壤土	微柱状	7.1	1.9	0.55	0.05	11.8	18	微量	12			
						4	50—100	灰白色	砂壤土	块状											
剖16	铁铝土	赤红壤	赤红壤	砂页岩赤红壤	厚有机质层中层砂页岩赤红壤	A	0—26	灰黄棕色	重壤土	团粒状	6.0	38.3	1.70	0.50	10.4	72	7.0	12	砂页岩	E 112°47′60.0″ N 22°42′15.5″	81
						B	26—77	暗黄棕色	中黏土	碎块状	6.5	20.0	1.02	0.48	14.1	24	2.6	4			
						C	77—97	浅棕色	中黏土	碎块状	6.2	12.1	0.70	0.50	15.8	82	2.2	12			
						D	97—														
剖17	人为土	水稻土	沼泽型水稻土	泥炭土田	低腐炭泥田	1	0—16	暗灰黄色	砂壤土	块状	6.6	17.1	1.06	0.27	10.5	57	7.0	12		E 112°56′56.8″ N 22°41′30.1″	82
						2	16—24	暗灰蓝色	黏土	块状	6.9	8.4	0.53	0.08	11.1	45	2.6	12			
						3	24—50	灰蓝色	砂壤土	微柱状	6.2	33.7	0.96	0.14	12.4	38	1.7	16			
						4	50—100	紫色	泥炭土	粒状											
剖18	人为土	水稻土	潴育水稻土	青泥格田	砂质青泥田	1	0—17	暗棕色	砂壤土	块状	6.4	38.1	1.78	0.30	5.6	148	1.7	16		E 112°53′44.7″ N 22°40′20.7″	74
						2	17—27	暗棕黄色	砂壤土	块状	6.2	40.1	1.17	2.92	5.8	126	0.4	12			
剖19	人为土	水稻土	沼泽型水稻土	烂涩田	涩眼田	1	0—12	暗黄棕色	砂壤土	块状	6.4	37.7	1.92	0.39	18.6	124	1.3	32		E 113°00′01.1″ N 22°45′31.3″	73
						2	12—100	暗棕色	中壤土	块状	6.4	15.2	1.07	0.20	22.8	64	微量	20			
剖20	人为土	水稻土	潴育水稻土	青泥格田	泥质青泥田	1	0—15	暗黄棕色	中壤土	块状	6.2	4.4	0.82	0.12	26.6	21	微量	17			87
						2	15—18	浅黄棕色	中壤土	块状											
						3	18—74														
						4	74—100														
剖21	人为土	水稻土	潴育水稻土	紫泥田	牛肝土田	1	0—20	棕灰色	轻黏土	块状	6.4	27.6	1.23	0.34	22.1	186	3.5	36	紫红色砂岩	E 113°00′04.7″ N 22°42′06.1″	77
						2	20—32	暗黄色	中黏土	块状	6.7	17.6	0.82	0.21	19.4	68	2.6	24			
						3	32—52	灰黄色	中黏土	柱状	6.4	16.3	0.52	0.27	19.4	48	1.7	20			
						4	52—100	紫红棕色	轻壤土	块状											
剖22	铁铝土	赤红壤	赤红壤	砂页岩赤红壤	薄有机质层厚层砂页岩赤红壤	A	0—8	暗黄棕色	壤土	粒状	5.9	35.3	1.59	0.25	17.0				砂页岩	E 112°43′33.7″ N 22°39′28.7″	99
						AB	8—20	棕色	重壤土	块状	6.3	22.5	1.11	0.25	19.1						
						B	20—100	红棕色	重壤土	团粒状	6.6	9.4	0.84	0.23	20.6						
剖23	铁铝土	红壤	红壤	花岗岩红壤	厚有机质层中层花岗岩红壤	A	0—23	暗棕色	轻黏土	块状		65.1	2.23		10.4				花岗岩	E 112°34′55.0″ N 22°39′19.7″	99
						B	23—40	浅黄棕色	重黏土	块状		20.0	1.01		12.9						
						BC	40—67	红黄色	重壤土	块状		12.7	0.70		14.1						
						C	67—														

续表 Continued

剖面号 Soil profile	土纲 Soil order	土类 Soil great group	亚类 Soil subgroup	土属 Soil genus	土种 Soil species	土层码 Layer code	土层厚度 Depth/cm	颜色 Soil color	质地 Soil texture	土壤结构 Soil structure	pH	有机质 OM/(g/kg)	全氮 TN/(g/kg)	全磷 TP/(g/kg)	全钾 TK/(g/kg)	碱解氮 AN/(mg/kg)	有效磷 AP/(mg/kg)	速效钾 AK/(mg/kg)	土壤母质 Parent material	剖面点坐标 Profile coordinate	匹配指数 Matching index/%
剖24	铁铝土	赤红壤	赤红壤	花岗岩赤红壤	薄有机质层厚层花岗岩赤红壤	A	0—8	灰黄色	壤土	碎块状	6.0	29.2	1.18	0.10	6.2				花岗岩	E 112°35′21.5″ N 22°38′48.8″	97
						AB	8—16	黄棕色	重壤土	块状	6.4	23.2	0.92	0.12	6.6						
						B	16—100	红色	重壤土	块状	6.3	6.4	0.59	0.12	6.6						
剖25	人为土	水稻土	潴育水稻土	宽谷冲积土田		1	0—14	浅灰色	砂壤土	粒状	6.9	15.3	0.80	0.14	20.1	80	7.9	18	洪积物、河砂淤积物	E 112°39′41.8″ N 22°37′13.1″	72
						2	14—25	灰白色	砂壤土	柱状	6.7	8.2	0.69	0.10	22.0	34	3.5	12			
						3	25—66	红黄色	中壤土	红黄色	6.7	3.8	0.41	0.10	20.7	19	0.9	12			
						4	66—100														
剖26	铁铝土	赤红壤	赤红壤	花岗岩赤红地		1	0—14	黄棕色	砂壤土	粒状	6.9	6.4	1.63	0.18	1.5	48	2.2	22	花岗岩	E 112°38′15.7″ N 22°36′57.2″	88
						2	14—100	浅黄色	砂壤土	块状	6.4	6.1	0.93	0.18	4.3	36	微量	16			
剖27	铁铝土	红壤		砂页岩红壤		A	0—21	暗黄棕色	轻壤土	团粒状		36.4	1.48	0.21	8.3				砂页岩	E 112°43′55.1″ N 22°36′56.5″	81
						B	21—36	黄棕色	重壤土	块状		17.6	0.95	0.16	8.7						
						BC	36—80	浅红黄色	中壤土	块状		12.2	0.67	0.18	8.7						
						C	80—	紫黄色													
剖28	铁铝土	黄壤		砂页岩黄泥壤	厚有机质层中层砂页岩黄壤	A	0—21	暗棕色	壤土	团粒状	6.1	43.1	1.98	0.26	11.6				砂页岩	E 112°42′59.3″ N 22°36′40.9″	76
						B	21—75	黄棕色	轻黏土	块状	6.3	128.0	0.70	0.22	18.7						
						C	75—100	黄红色	轻黏土	块状											
剖29	人为土	水稻土	潴育水稻土	砂页岩红泥田	页岩质田	1	0—13	浅棕色	砂土	碎粒状	6.8	9.8	0.73	0.42	10.1	63	1.7	27	砂页岩	E 112°44′29.8″ N 22°33′59.0″	99
						2	13—22	棕色	砂壤土	块状	6.4	9.6	0.69	0.11	10.5	61	2.2	27			
						3	22—80	棕色	砂壤土	柱状	6.2	7.7	1.13	0.34	8.1	76	1.7	32			
剖30	人为土	赤红壤	赤红壤	红色砂页岩赤红壤	薄有机质层薄层红色砂页岩赤红壤	AB	0—3	暗棕红色	轻黏土	碎粒状	5.6	22.7	0.95	0.07	15.8				红色砂页岩	E 112°45′36.4″ N 22°39′54.0″	94
						B	3—20	紫紫棕色	重黏土	块状	6.0	11.4	0.63	0.07	15.4						
						C	20—26	暗红色	重黏土	块状											
						D	26—	暗红色		石块状											
剖31	人为土	水稻土	潴育水稻土	洪积红黄泥田	洪积砂质田	1	0—12	褐棕色	中壤土	块状	6.7	21.2	1.07	0.31	11.1	81	3.5	16	洪积物	E 112°49′36.1″ N 22°39′50.4″	100
						2	12—16	黄灰色	中壤土	块状	6.7	17.4	0.86	0.26	10.5	71	3.9	16			
						3	16—100	灰黄棕色	重壤土	柱状	7.0	3.8	0.55	0.16	17.4	16	0.4	71			
剖32	人为土	水稻土	潴育水稻土	洪积红黄泥田	洪积砂质田	1	0—13	灰黄色	砂壤土	碎粒状	6.1	29.8	1.44	0.36	25.7				洪积物	E 112°52′03.0″ N 22°38′51.0″	92
						2	13—22	棕色	砂壤土	块状	6.3	28.2	1.41	0.41	26.0	95	2.2	24			
						3	22—78	棕灰色	砂壤土	柱状	6.5	19.5	0.60	0.31	26.0	67	0.4	28			
						4	78—100	蓝灰色								22	0.9	20			
剖33	人为土	水稻土	潴育水稻土	洪积红黄泥田	洪积泥田	1	0—20	暗黄棕色	偏黏土	块状	6.7	21.0	1.50	0.24	12.4	72	0.9	16	洪积物	E 112°53′23.9″ N 22°38′14.4″	73
						2	20—25	暗红棕色	黏土	块状	6.6	20.6	1.23	0.17	12.4	57	2.2	12			
						3	25—45	暗红棕色	黏土	块状	6.7	26.3	0.86	0.17	11.8	44	2.2	12			
						4	45—100	暗棕色	壤土	柱状	4.8				7.6						
剖34	铁铝土	赤红壤		花岗岩赤红壤	薄有机质层中层花岗岩赤红壤	A	0—5	灰灰黄色	轻壤土	碎粒状	5.3	8.8	0.78	0.13	19.2	100	1.7	16	花岗岩	E 112°50′53.2″ N 22°36′35.6″	90
						AB	5—24	黄黄色	中壤土	散粒状											
						B	24—53	浅红色	重壤土	块状	5.2	5.9	0.52	0.13	22.8	63	3.9	20			
						C	53—100	浅红棕色	砂壤土	柱状											
剖35																					75
剖36	人为土	水稻土	潴育水稻土	洪积红黄泥田	鸭蛋黄泥田	1	0—18	中灰棕色	中壤土	块状	6.5	22.2	1.09	0.41	15.9				洪积物	E 112°47′58.6″ N 22°36′28.8″	81
						2	18—30	暗黄棕色	重壤土	块状	6.7	11.6	0.72	0.31	13.4	63	3.9	20			
						3	30—79	黄棕色	轻黏土	柱状	7.0	5.3	0.59	0.19	13.3	22	3.9	47			

续表 Continued

剖面号 Soil profile	土纲 Soil order	土类 Soil great group	亚类 Soil subgroup	土属 Soil genus	土种 Soil species	土层码 Layer code	土层厚度 Depth/cm	颜色 Soil color	质地 Soil texture	土壤结构 Soil structure	pH	有机质 OM/(g/kg)	全氮 TN/(g/kg)	全磷 TP/(g/kg)	全钾 TK/(g/kg)	碱解氮 AN/(mg/kg)	有效磷 AP/(mg/kg)	速效钾 AK/(mg/kg)	土壤母质 Parent material	剖面点坐标 Profile coordinate	匹配指数 Matching index/%
剖37	铁铝土	赤红壤	赤红壤	紫红色砂页岩赤红土地	赤红色土地	1	0—17	浅棕色	砂土	碎粒状	6.9	7.4	0.38	0.10	4.1				紫红色砂页岩	E 112°47′52.8″ N 22°35′43.4″	78
						2	17—28	浅黄棕色	砂壤土	碎粒状	6.5	6.6	0.29	0.12	8.7						
						3	28—	红黄色	壤土	块状	6.2	6.0	0.37	0.08	17.4						
剖38	人为土	渗育水稻土	白鳝泥田	低白鳝底泥田		1	0—13	暗灰色	砂壤土	碎块状	7.4	16.3	0.80	0.17	20.2	58	1.7	12		E 112°45′40.0″ N 22°34′55.6″	76
						2	13—23	暗灰棕色	轻壤土	碎块状	7.3	2.6	0.69	0.08	37.8	15	2.6	16			
						3	23—49	紫灰色	轻壤土	块状	7.4	2.1	0.54	0.09	31.5	13	0.4	20			
						4	49—100	浅黄色	砂土	碎粒状											
剖39	人为土	潜育水稻土	冷底田	铁锈水田		1	0—11	暗棕色	砂壤土	块状	6.4	27.9	1.28	0.24	5.0	94	2.2	16		E 112°48′25.2″ N 22°34′30.0″	98
						2	11—20	浅灰色	砂壤土	块状	6.4	18.1	0.66	0.29	5.0	64	0.9	10			
						3	20—100	暗灰色	中黏土	块状	6.3	19.9	0.45	0.20	5.0	45	微量	8			
剖40	人为土	潴育水稻土	河砂泥田	河黄泥底田		1	0—16	浅棕色	轻黏土	碎粒状	6.6	30.4	1.78	0.67	9.0	125	4.4	23	冲积物	E 112°52′23.9″ N 22°34′24.1″	73
						2	16—24	红黄色	轻壤土	块状	7.0	10.2	0.96	0.37	13.9	39	0.9	16			
						3	24—56	浅棕棕色	重壤土	柱状	7.0	10.6	0.73	0.35	9.8	48	0.9	16			
						4	56—100	暗灰黄色	重壤土												
剖41	人为土	淹育水稻土	麻红黄泥田	麻红泥砂田		1	0—14	暗灰色	砂壤土	粒状	5.9	28.4	1.55	0.53	13.7				花岗岩风化物	E 112°51′31.0″ N 22°33′29.2″	78
						2	14—28	浅红色	砂壤土	块状	6.3	11.6	1.26	0.41	12.4						
						3	28—100	浅红灰色	砂壤土	块状	6.5	7.4	0.41	0.36	8.3						
剖42	铁铝土	赤红壤	砂页岩赤红壤	薄有机质层薄沙层砂页岩赤红土		AB	0—4	棕色	壤土	碎块状	6.0	22.2	0.88	0.16	14.9				砂页岩	E 112°46′06.3″ N 22°32′59.5″	98
						B	4—34	红黄色	重壤土	碎块状	6.1	9.9	1.28	0.13	18.3						
						C	34—100	浅棕红色	重壤土	块状	6.3	6.7	0.53	0.14	19.2						
剖43	铁铝土	赤红壤	耕型砂页岩赤红土地	页红砂泥地		1	0—10	浅棕色	砂壤土	粒状	6.0	9.9	0.52	0.02	10.0				砂页岩	E 112°45′42.5″ N 22°30′43.6″	73
						2	10—100	浅棕色	砂壤土	块状	6.3	4.5	0.60	0.02	13.7						
剖44	人为土	潴育水稻土	宽谷冲积土田	宽谷砂泥田		1	0—15	灰白色	轻壤土	块状	6.7	32.4	1.88	0.26	23.6	129	2.6	27	冲积物	E 112°46′33.4″ N 22°29′57.8″	88
						2	15—21	褐黄色	轻壤土	块状	6.7	18.9	0.86	0.18	22.8	109	1.3	20			
						3	21—62	褐色	中壤土	柱状	7.0	6.6	0.99	0.14	30.5	43	0.9	24			
剖45	人为土	潴育水稻土	紫泥田	紫砂泥田		1	0—15	灰黄棕色	轻壤土	块状	6.5	27.7	1.01	0.41	7.0	90	3.9	16		E 112°45′53.3″ N 22°29′00.6″	96
						2	15—24	暗黄棕色	轻壤土	柱状	6.6	23.6	1.23	0.35	7.0	89	3.9	14			
						3	24—90	浅黄棕色	轻壤土	柱状	6.6	7.7	0.72	0.20	0.4	24	1.3	12			
						4	90—100	浅黄棕色	中黏土	块状											

恩 平 市

主要土类说明

赤红壤是恩平市主要土壤类型，占本市地域面积的55%，主要分布在海拔500m以下的丘陵地带。由于高温多雨，土壤淋溶作用强烈，富铝化作用较强，形成的铁铝氧化物含量比红壤高，故土体呈红色或赤红色。赤红壤脱硅富铝化程度仅次于砖红壤，强于红壤。铁的游离度介于二者之间，黏粒硅铝率为1.7—2.0，风化淋溶系数为0.05—0.15，盐基饱和度为15%—25%，pH为4.5—5.5。淀积层（B层）富含铁铝氧化物，呈赤红色。

水稻土是恩平市第二大土壤类型，占本市地域面积的38%。水稻土是在长期的季节性淹灌、水下翻耕、季节性脱水、氧化还原交替影响下，原来的成土母质或母土的特性发生重大改变，形成的新的土壤类型。由于干湿交替，水稻土形成糊状的淹育层、较坚实板结的犁底层、渗育层、潴育层与潜育层等多种发生层。这些不同的发生层是在人为耕作、水浆管理下形成的。本市水稻土中，潴育水稻土亚类面积最大，占本土类面积的79%，耕作历史悠久，土层受地下水上下活动频繁作用，在犁底层下形成了具有明显铁锈斑纹的潴育层。

红壤是恩平市第三大土壤类型，占本市地域面积的3%，主要分布在海拔500—700m的山地。受高温潮湿的季风气候影响，化学风化作用较强，矿物分解强烈，氧化硅及可溶性盐充分淋失，形成富含铁铝氧化物的红色黏土，故土体呈红色。

小于本市地域面积3%的土壤类型有潮土、黄壤和粗骨土。

本区域中心区气候特征

本区域中心区气候特征值
Regional climate characteristics in central area of the region

气候带：南亚热带湿润气候 Climate region: South subtropical humid climate	
年平均气温 /℃ Annual average temperature /℃	22.4
年平均最高气温 /℃ Annual average maximum temperature /℃	26.3
年平均最低气温 /℃ Annual average minimum temperature /℃	19.4
年降水量 /mm Annual precipitation /mm	2217
≥10℃的积温 /℃ Daily temperature accumulated in a year（≥10℃）/℃	8170
年日照时数 /h Annual sunshine /h	1737
年平均相对湿度 /% Annual average relative humidity /%	80
干燥度 Dryness	0.61

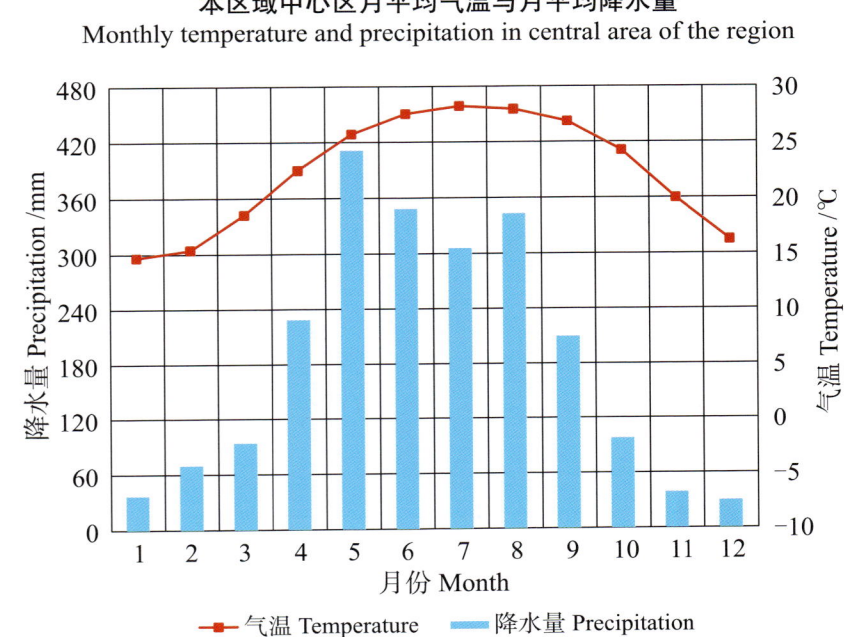

本区域中心区月平均气温与月平均降水量
Monthly temperature and precipitation in central area of the region

恩平市主要土壤类型与土壤剖面点分布图
1 : 240 000

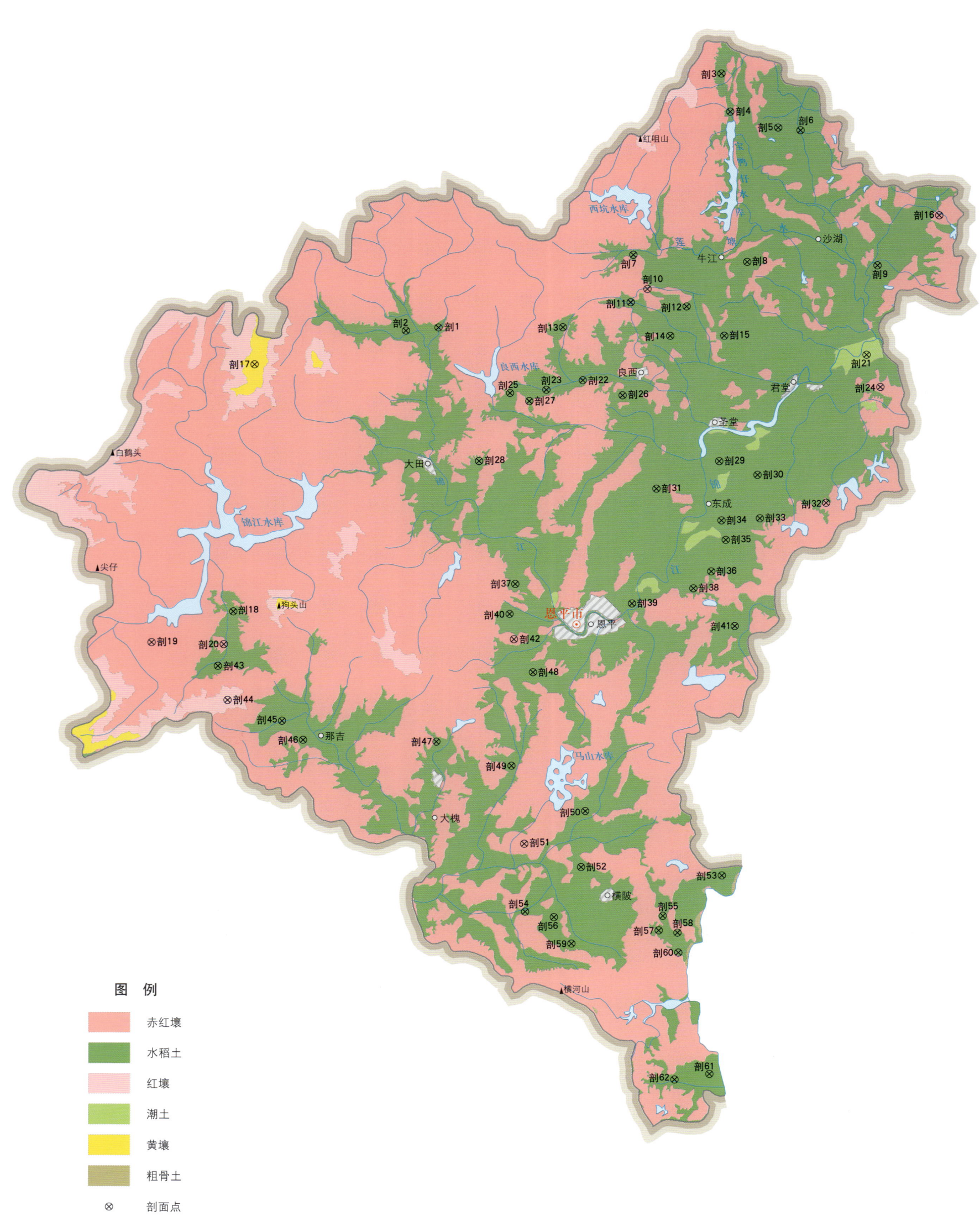

恩平市土壤剖面理化性状表

剖面号 Soil profile	土纲 Soil order	土类 Soil great group	亚类 Soil subgroup	土属 Soil genus	土种 Soil species	土层码 Layer code	土层厚度 Depth/cm	颜色 Soil color	质地 Soil texture	土壤结构 Soil structure	pH	有机质 OM/(g/kg)	全氮 TN/(g/kg)	全磷 TP/(g/kg)	全钾 TK/(g/kg)	有效磷 AP/(mg/kg)	速效钾 AK/(mg/kg)	土壤母质 Parent material	剖面点坐标 Profile coordinate	匹配指数 Matching index/%
剖1	人为土	水稻土	潴育水稻土	青泥格田	砂泥青泥格田	A	0–15	暗灰色	砂壤土		6.7	33.5	1.43	0.35	3.8	2.2	10		E 112°13′45.8″ N 22°20′33.7″	88
						P	15–24	黑色	砂壤土		6.6	28.6	0.87	0.21	3.8	0.4	7			
						G	24–55	暗棕灰色	紧砂土		7.1	3.5	0.12	0.09	2.1	0.4	7			
						GC	55–80	浅棕黄色	砂土											
剖2	人为土	水稻土	潴育水稻土	洪积黄红泥田	洪积泥田	A	0–19	浅棕黄色	重壤土		6.1	23.0	1.44	0.34	19.4	1.7	14	洪积物	E 112°12′40.2″ N 22°20′28.8″	92
						P	19–27	暗棕黄色	轻黏土		6.2	10.9	0.77	0.23	20.9	1.7	10			
						WC	27–90	暗棕黄色	轻黏土		6.0			0.28	18.8	1.3	10			
剖3	人为土	水稻土	潴育水稻土	砂页岩红泥田	页砂顶浅脚田	A	0–9	灰黄色	砂土		6.4	11.9	0.70	0.15	10.7	1.3	14	砂页岩	E 112°23′20.4″ N 22°28′34.3″	72
						W	9–12	灰灰色	砂土				0.27	0.10	6.1	0.9	7			
						C	12–32	浅黄红色	黏土			6.6	0.54	0.10	9.5	0.4	7			
剖4	人为土	水稻土	淹育水稻土	砂页岩红泥田	页结粉田	A	0–11	白色	紧砂土		6.6	9.6	0.86	0.14	24.6	4.8	80	砂页岩	E 112°23′37.3″ N 22°27′20.9″	93
						P	11–22	褐色	紧砂土			3.4	0.27	0.08	7.6	2.6	12			
						C	22–86	红黄色	中壤土			4.6	0.29	0.09	2.0	0.4	21			
剖5	人为土	水稻土	潴育水稻土	宽谷冲积土田	宽谷泥田	A	0–17	暗棕黄色	重壤土		6.0	25.9	1.30	0.24	13.2	1.7	21	冲积物	E 112°25′13.1″ N 22°26′48.9″	80
						W	17–27	暗棕黄色	中壤土		6.3	24.4	1.16	0.25	15.8	2.2	21			
						C	27–59		黏土		6.7			0.24	15.1	0.4	17			
							59–80													
剖6	人为土	水稻土	淹育水稻土	宽谷冲积土田	铁锈水田	A	0–11	棕灰色	壤土		5.8	20.3	0.89	0.15	7.8	0.2	22	冲积物	E 112°25′57.7″ N 22°26′43.4″	79
						P	11–26	暗灰色	壤土		5.5	14.8	0.65	0.11	8.0	0.2	13			
						W	26–40	浅棕黄色	壤土		5.7	9.3	0.29	0.10	9.5	0.2	17			
						C	40–80	灰白色	壤土											
剖7	人为土	水稻土	潴育水稻土	砂页岩红泥田	页红砂质田	A	0–12	浅灰色	紧砂土		7.2	8.4	0.31	0.09	0.2	0.9	7	砂页岩	E 112°20′18.6″ N 22°22′49.1″	100
						P	12–17	浅红黄色	松砂土		7.6	4.9	0.27	0.07	0.1	0.9	7			
						C	17–80	浅棕黄色	轻砂土		6.6	2.3	0.31	0.08	3.7	0.4	7			
剖8	人为土	水稻土	潴育水稻土	冷底田	炭质黑泥砂田	A	0–14	黑棕色	中壤土		5.8	43.0	1.76	0.49	8.5	2.2	32	冲积物	E 112°24′07.2″ N 22°22′32.9″	96
						P	14–20	黑棕色	重壤土		5.9	42.7	1.61	0.36	9.1	1.3	14			
						W	20–34	黑色	重壤土		5.5	53.8	1.38	0.32	11.5	1.3	21			
						G	34–80	灰黄棕色	重壤土											
剖9	人为土	水稻土	潴育水稻土	宽谷冲积土田	泥骨田	A	0–15	浅棕黄色	重壤土		5.3	22.6	1.32	0.34	19.0	2.2	26	砂页岩	E 112°28′28.6″ N 22°22′23.5″	99
						P	15–26	浅棕黄色	重壤土		6.4	12.9	0.77	0.23	20.7	1.3	14			
						W	26–60	浅棕黄色	重壤土		5.9	10.4	0.72	0.25	21.2	1.3	10			
						C	60–80													
剖10	铁铝土	赤红壤	赤红壤	花岗岩赤红地	麻赤红砂地	A	0–8	灰白色	砂壤土			19.8	1.02	0.32	11.5	2.6	21	花岗岩	E 112°20′46.0″ N 22°21′43.6″	96
						B	8–12	灰黄色	中砂土		6.9	7.0	0.55	0.20	7.8	1.3	21			
						C	12–80	浅棕黄色	砂壤土			6.6	0.29	0.18	10.1	1.7	14			
剖11	人为土	水稻土	潴育水稻土	麻红泥田	麻砂泥田	A	0–15	灰黄色	砂壤土			11.0	0.60	0.15	41.1	0.9	10		E 112°20′11.8″ N 22°21′18.0″	88
						P	15–22	暗灰黄色	砂壤土		7.1	9.0	0.44	0.13	39.2	1.3	14			
						W	22–37	黄棕色	轻壤土			3.8	0.27	0.15	41.9	0.2	14			
						C	37–80	褐色												

续表 Continued

剖面号 Soil profile	土纲 Soil order	土类 Soil great group	亚类 Soil subgroup	土属 Soil genus	土种 Soil species	土层码 Layer code	土层厚度 Depth/cm	颜色 Soil color	质地 Soil texture	土壤结构 Soil structure	pH	有机质 OM/(g/kg)	全氮 TN/(g/kg)	全磷 TP/(g/kg)	全钾 TK/(g/kg)	有效磷 AP/(mg/kg)	速效钾 AK/(mg/kg)	土壤母质 Parent material	剖面点坐标 Profile coordinate	匹配指数 Matching index/%
剖12	人为土	水稻土	潴育水稻土	炭质黑泥田	黑泥黏田	A	0–11	浅灰色	中壤土		6.5	46.0	1.98	0.47	6.4	3.1	14		E 112°22′04.4″ N 22°21′08.6″	86
						P	11–21	黑色	中壤土		7.0	39.3	1.77	0.39	6.2	1.7	14			
						W	21–45	暗棕灰色	重壤土		6.6	14.0	0.60	0.20	8.5	0.9	17			
						C	45–80	浅棕灰黄色	黏土											
剖13	人为土	水稻土	淹育水稻土	麻红黄泥田	麻红黄质田	A	0–11	暗黄色	紧砂土		5.9	9.6	0.49	0.24	1.5	3.9	12		E 112°17′55.0″ N 22°20′31.6″	85
						P	11–16	暗黄色	紧黏土		6.4	6.4	0.33	0.15	1.7	5.7	3			
						C	16–80	黄棕色	轻黏土		6.2	3.8	0.20	0.14	2.7	0.4	14			
剖14	人为土	水稻土	潜育水稻土	青泥格田	泥质青泥格田	A	0–14	褐色	重壤土		5.9	29.5	1.77	0.39	14.9	2.2	22	砂页岩	E 112°21′30.6″ N 22°20′12.5″	93
						P	14–19	暗黄色	轻黏土		5.9	28.2	1.54	0.31	16.8	1.3	26			
						G	19–80	暗灰色	轻黏土		5.6	17.4	1.07	0.16	14.7	0.9	14			
剖15	人为土	水稻土	淹育水稻土	砂页岩红黄泥田	页砂质浅脚黄泥田	A	0–10	褐色	重壤土		5.7	12.6	0.69	0.42	10.9	4.8	42	砂页岩	E 112°23′19.0″ N 22°20′11.8″	71
						P	10–12	浅棕黄色	砂壤土		5.9	6.9	0.51	0.19	4.4	0.4	37			
剖16	铁铝土	赤红壤		砂页岩赤红泥地	页砂红赤泥地	A	0–12	灰棕黄色	轻壤土			14.4	0.72	0.37	5.6	2.2	79	砂页岩	E 112°30′33.8″ N 22°23′57.1″	99
						B	12–20	浅黄棕色	砂壤土			15.7	0.75	0.34	5.2	0.9	22			
						C	20–80	黄灰黄色	重壤土			7.5	0.39	0.31	8.9	0.4	21			
剖17	铁铝土	黄壤		砂页岩黄壤	中有机质层中层砂页岩黄壤	A	0–13	暗棕黄色	砂壤土		5.1	24.6	1.21	0.10	7.0	0.4	9	砂页岩	E 112°07′35.8″ N 22°19′26.4″	78
						AB	13–25	黄色	砂壤土		5.3	7.5	0.33	0.07	8.9	0.2	5			
						B	25–54	黄色	重壤土		5.4	3.6	0.23	0.06	8.4	0.4	5			
						C	54–	灰黄色	壤土											
剖18	人为土	水稻土	潴育水稻土	洪积黄红田	洪积砂泥田	A	0–15	灰黄色	中壤土	微团粒状	6.0	23.5	1.21	0.30	4.3	2.6	10	洪积物	E 112°06′48.2″ N 22°11′31.3″	91
						P	15–22	灰黄色	中壤土	碎块状	6.0	23.8	1.14	0.31	5.9	2.6	10			
						W	22–49	暗黄棕色	轻壤土	碎块状	7.0	12.9	0.48	0.13	3.8	0.4				
						C	49–80	浅灰黄色	中壤土		5.3	25.2	1.11	0.12	16.1	0.4	61	花岗岩	E 112°04′03.8″ N 22°10′32.9″	73
剖19	铁铝土	赤红壤		花岗岩赤红壤	厚有机质层厚层花岗岩赤红壤	A	0–12	灰黄色	中壤土		5.2	21.3	0.75	0.12	15.8	0.4	18			
						AB	21–47	红棕色	砂壤土		5.2	5.1	0.34	0.09	19.0	0.2	21			
						B	47–100													
剖20	铁铝土	赤红壤		花岗岩赤红泥地	麻赤红泥地	A	0–12	暗黄色	砂壤土		6.1	17.0	5.50	0.21	12.4	3.5	26	花岗岩	E 112°06′28.8″ N 22°10′27.8″	81
						B	12–28	暗黄棕色	砂壤土		5.6	8.9	0.26	0.15	5.9	0.4	7			
						C	28–80	浅黄棕色	砂壤土			7.3	0.41	0.11	12.0	0.4	10			
剖21	半水成土	潮土		潮砂泥地	潮砂地	A	0–18	浅灰黄色	轻壤土		7.2	6.6	0.40	0.29	23.5	2.6	22	河流冲积物	E 112°28′04.0″ N 22°19′32.0″	78
						C	18–80	灰黄色	轻壤土		6.6	6.5	0.52	0.31	30.4	1.3	7			
剖22	人为土	水稻土	淹育水稻土	砂页岩黄红泥田	页红砂泥田	A	0–14	褐黄色	轻壤土		6.3	12.9	0.66	0.28	2.5	5.2	10	砂页岩	E 112°18′33.8″ N 22°18′48.9″	90
						P	14–18	浅灰黄色	轻壤土		6.6	9.2	0.48	0.22	2.5	3.9	7			
						C	18–60	灰黄色	壤土			1.5	0.09	0.15	1.1	0.4	7			
剖23	人为土	水稻土	渗育水稻土	白鳝泥田	白鳝泥底田	A	0–12	灰白色	轻壤土		5.7	13.6	0.65	0.23	4.5	6.5	12		E 112°17′20.8″ N 22°18′31.3″	84
						P	12–19	白色	轻壤土		5.0	4.7	0.32	0.10	4.5	0.4	6			
						E	19–80	棕红色	中壤土		5.2	1.5	0.20	0.08	8.1	0.2	8			
剖24	铁铝土	赤红壤		侵蚀赤红壤	轻度侵蚀赤红壤	A	0–10	灰黄色			5.3	13.5	0.54	0.04	5.4	0.4	5		E 112°28′31.0″ N 22°18′48.9″	83
						B	10–28	浅灰黄色			5.2	8.9	0.20	0.05	7.7	0.4	6			
						C	28–80	灰黄色			5.3	3.2		0.06	11.0	0.9	32			
剖25	人为土	水稻土	潴育水稻土	炭质黑泥田	黑泥底田	A	0–12	浅灰色	中壤土		7.4	24.6	1.52	0.74	7.1	12.7	7		E 112°16′07.7″ N 22°18′25.9″	73
						P	12–24	暗黄色	中壤土		7.3	30.6	1.51	0.72	7.9	11.8	21			
						W	24–37	黑色	中壤土											
						C	37–80	紫灰色	壤土			12.2		0.76	7.9	6.1				

续表 Continued

剖面号 Soil profile	土纲 Soil order	土类 Soil great group	亚类 Soil subgroup	土属 Soil genus	土种 Soil species	土层码 Layer code	土层厚度 Depth/cm	颜色 Soil color	质地 Soil texture	土壤结构 Soil structure	pH	有机质 OM/(g/kg)	全氮 TN/(g/kg)	全磷 TP/(g/kg)	全钾 TK/(g/kg)	有效磷 AP/(mg/kg)	速效钾 AK/(mg/kg)	土壤母质 Parent material	剖面点坐标 Profile coordinate	匹配指数 Matching index/%
剖26	人为土	水稻土	潴育水稻土	砂页岩赤红泥田	页砂泥田	A	0—14	灰黄色	轻壤土		6.2	17.7	0.80	0.21	19.0	2.2	14	砂页岩	E 112°19′53.4″ N 22°18′18.7″	93
						P	14—18	暗灰黄色	轻壤土		6.3	1.8	0.69	0.18	19.5	1.7	7			
						W	18—30	褐色	中壤土		6.8	9.6	5.80	0.13	21.7	0.2	7			
						C	30—80	浅黄棕色	黏土											
剖27	人为土	水稻土	潴育水稻土	麻红泥田	麻砂质田	A	0—14	浅黄棕色	砂壤土		6.2	17.9	0.84	0.20	4.6	3.1	7		E 112°16′46.4″ N 22°18′09.8″	92
						P	14—17	浅棕黄色	砂壤土		6.8	12.9	0.48	0.18	4.2	2.2	7			
						W	17—40	灰棕色	砂壤土		6.5	7.5	0.16	0.07	4.1	0.4	7			
						C	40—80	浅棕黄色	砂壤土											
剖28	人为土	水稻土	淹育水稻土	麻红黄泥田	麻砂质浅脚田	A	0—9	灰黄色	紧砂土		6.6	13.5	0.62	0.20	2.1	3.1	7		E 112°15′04.3″ N 22°16′16.3″	76
						P	9—19	褐色	紧砂土		6.9	12.2	0.44	0.16	1.7	2.2	7			
						C	19—80	浅红黄色	轻壤土		6.8	8.1	0.31	0.31	1.7	0.4	7			
剖29	人为土	水稻土	潴育水稻土	潮砂泥田	潮砂泥田	A	0—15	浅棕黄色	砂壤土		5.8	18.1	0.99	0.30	24.6	3.1	17	河流冲积物	E 112°23′06.0″ N 22°16′10.9″	89
						P	15—20	浅棕黄色	中壤土		7.1	8.8	0.48	0.24	24.6	1.3	21			
						W	20—35	浅黄棕色	中壤土		6.0			0.28	24.6		10			
						WC	35—90	灰黄色	中壤土											
剖30	人为土	水稻土	潴育水稻土	炭质黑泥田	黑泥砂田	A	0—12	暗灰色	轻砂土		6.7	29.8	1.31	0.45	2.0	6.5	17		E 112°24′22.7″ N 22°15′44.3″	80
						P	12—20	黑色	轻砂土			23.3	0.96	0.34	2.2	3.1	7			
						W	20—29	暗黄棕色	轻壤土			8.6	0.32	0.15	2.2	0.2	7			
						C	29—80	浅黄棕色	砂壤土											
剖31	人为土	水稻土	渗育水稻土	白鳝泥田	白砂泥底砂泥田	A	0—10	灰黄色	中壤土		5.6	12.5	0.79	0.12	7.4	1.7	7		E 112°20′59.3″ N 22°15′19.8″	99
						P	10—14	灰白色	中壤土		6.8	6.9	0.34	0.10	9.4	0.4	7			
						W	14—27	灰黄色	中壤土		6.8	6.9	0.27	0.11	10.5	0.2	7			
						E	27—80	白色	中壤土											
剖32	铁铝土	赤红壤		砂页岩赤红地	页赤红砂石地	A	0—10	灰白色	松砂土		6.0	9.1	0.47	0.18	1.2	4.8	10	砂页岩	E 112°26′39.8″ N 22°14′49.5″	90
						B	10—17	浅黄色	松砂土		6.7	4.1	0.22	0.14	1.5	2.2	10			
						C	17—80	浅黄棕色	砂壤土		6.8	3.9	0.20	0.10	1.5	0.4	7			
剖33	人为土	水稻土	渗育水稻土	白鳝泥田	低白鳝泥田	A	0—14	褐色	轻壤土		5.8	24.4	1.11	0.20	5.1	1.7	13		E 112°24′26.6″ N 22°14′21.1″	91
						P	14—18	暗黄棕色	轻壤土		6.7	18.5	0.81	0.12	2.2	1.3	7			
						W	18—30	浅灰黄色	砂壤土		6.7	4.6	0.28	0.12	2.5	0.4	7			
						E	30—80	灰黄色	砂壤土											
剖34	人为土	水稻土	淹育水稻土	砂页岩红黄泥田	页石子底田	A	0—12	暗黄棕色	砂壤土		5.3	14.7	0.69	0.18	15.9	1.7	16	砂页岩	E 112°23′09.0″ N 22°14′17.7″	95
						P	12—22	灰黄色	砂壤土		5.6	13.9	0.66	0.18	15.9	0.9	9			
						C	22—28	褐棕色	紧砂土		6.8	3.5	0.13	0.10	16.6	0.4	14			
剖35	人为土	水稻土	淹育水稻土	砂页岩红黄泥田	页黄泥田	A	0—10	浅黄棕色	重壤土		5.8	19.2	0.98	0.33	15.9	2.2	12	砂页岩	E 112°24′17.2″ N 22°13′40.4″	84
						P	10—15	灰黄色	中壤土			17.7	0.69	0.22	16.6	0.4	10			
						C	15—80	暗黄棕色	砂壤土			7.4	0.48	0.22	23.2	0.9	10			
剖36	人为土	水稻土	潴育水稻土	冷底田	冷底田	A	0—12	暗黄棕色	紧砂土		7.0	27.2	1.23	0.20	16.8	0.9	7		E 112°22′47.8″ N 22°12′39.4″	78
						P	12—17	灰黄色	紧砂土		7.2	11.5	0.60	0.09	22.0	0.4	10			
						W	17—27	暗黄色	砂壤土		6.5		1.50			0.2				
						G	27—80	黑色	壤土											
剖37	人为土	水稻土	潴育水稻土	宽谷冲积土	宽谷鸭屎泥田	A	0—14	灰黄色	中壤土		5.4	26.5	1.12	0.31	12.1	2.2	48	冲积物	E 112°16′14.5″ N 22°12′19.1″	92
						P	14—20	浅灰黄色	中壤土		6.3	15.7	0.71	0.15	10.5	0.2	17			
						WC	20—80	浅黄色	重壤土		6.3	5.4	0.30	0.08	16.9	0.2	13			

续表 Continued

剖面号 Soil profile	土纲 Soil order	土类 Soil great group	亚类 Soil subgroup	土属 Soil genus	土种 Soil species	土层码 Layer code	土层厚度 Depth/cm	颜色 Soil color	质地 Soil texture	土壤结构 Soil structure	pH	有机质 OM/(g/kg)	全氮 TN/(g/kg)	全磷 TP/(g/kg)	全钾 TK/(g/kg)	有效磷 AP/(mg/kg)	速效钾 AK/(mg/kg)	土壤母质 Parent material	剖面点坐标 Profile coordinate	匹配指数 Matching index/%
剖38	人为土	水稻土	潴育水稻土	宽谷冲积土田	黄泥田	A	0—13	浅灰色	中壤土		6.4	15.0	0.61	0.18	7.2	0.9	22	冲积物	E 112°22′11.6″ N 22°12′07.6″	75
						P	13—17	浅灰色			6.7	15.7	0.81	0.19	8.4	0.9	10			
						W	17—37	浅棕色	中壤土		6.7	12.1	0.73	0.15	7.0	0.9	10			
						C	37—85	黄色												
剖39	人为土	水稻土	潴育水稻土	潮砂泥田	潮砂田	A	0—12	浅灰色	砂壤土		6.0	16.0	0.72	0.20	28.1	2.2	16	河流冲积物	E 112°20′07.8″ N 22°11′39.5″	71
						P	12—15	浅灰色	砂壤土		6.8	10.4	0.59	0.14	16.8	0.4	10			
						W	15—75	浅黄棕色	中壤土		6.5	7.2	0.27	0.12	23.7	0.9	14			
						E	75—95	白色	砂壤土											
剖40	人为土	水稻土	潴育水稻土	宽谷冲积土田	砂质浅脚田	A	0—9	灰白色	紧砂土		6.4	11.0	0.52	0.21	1.7	3.5	14	冲积物	E 112°16′02.3″ N 22°11′21.5″	83
						P	9—13	浅灰色	紧砂土		6.5	7.6	0.31	0.17	1.5	3.1	7			
						W	13—22	浅棕色	中壤土		6.9	4.1		0.13	2.9	0.2				
						C	22—80	红黄色	壤土											
剖41	铁铝土	赤红壤	赤红壤	砂页岩赤红地	页赤红砂田	A	0—13	灰白色	砂壤土		7.1	17.0	1.05	0.28	5.8	3.1	26	砂页岩	E 112°16′33.4″ N 22°10′53.8″	74
						P	13—16	灰棕色	砂质砂土		7.2	13.3	0.62	0.25	6.1	2.6	10			
						W	16—76	浅黄棕色	中壤土			4.1	4.00	0.18	3.8	0.4	10			
						C	76—80	红色	壤土											
剖42	铁铝土	淹育水稻土		麻红黄泥田	麻红砂泥田	A	0—11	灰白色	砂壤土		5.5	10.4	0.41	0.15	2.7	1.3	14	砂页岩	E 112°16′10.6″ N 22°10′32.5″	85
						C_1	11—26	浅赤红色	轻壤土		5.8	10.4	0.41	0.12	7.6	0.4	7			
						C_2	26—80	红色	砂壤土			5.5	0.20	0.10	16.4	0.4	8			
剖43	人为土	水稻土	潴育水稻土	砂页岩红泥田	砂页粉田	A	0—12	灰黄色	中壤土		6.6	14.1	0.64	0.23	24.6	3.5	7	砂页岩	E 112°06′16.6″ N 22°09′46.8″	76
						P	12—14	红黄色	中壤土		6.7	9.1	0.55	0.26	22.8	3.1	10			
						C	14—80	红黄色	中壤土		6.9	5.0	0.29	0.19		1.3				
剖44	铁铝土	红壤		砂页岩红壤	中有机质层中层砂质红壤	A	0—12	灰白色	轻壤土		5.2	39.8	1.69	0.10	10.1	0.2	41	砂页岩	E 112°06′35.2″ N 22°08′40.9″	89
						AB	12—20	浅棕色	重壤土		5.3	11.3	0.66	0.10	14.4	0.2	18			
						B	20—	橙红色	重壤土											
剖45	人为土	水稻土	潴育水稻土	青泥格田	麻砂青泥田	A	0—13	暗黄色	砂壤土		6.2	27.8	1.23	0.40	29.0	0.9	7	砂页岩	E 112°23′24.0″ N 22°10′00.6″	95
						P	13—21	浅灰色	紧砂土		7.3	12.9	0.55	0.26	30.8	4.8	21			
						W	21—26	浅黄棕色	紧砂土			3.1	0.08	0.09	37.3	2.2	17			
						C	26—80	灰黄色	砂壤土											
剖46	人为土	水稻土	潴育水稻土	砂页岩红泥田	页结粉田	A	0—11	灰灰色	轻壤土		7.0	11.9	0.79	0.20	5.6	9.2	10	砂页岩	E 112°09′06.0″ N 22°07′23.5″	82
						P	11—19	浅灰色	轻壤土		7.3	5.8	0.34	0.13	4.7	5.2				
						W	19—61	红黄色	中壤土			4.6	0.20	0.07	5.6	0.4	26			
						C	61—80	红黄色	砂壤土											
剖47	人为土	水稻土	潴育水稻土	麻红泥田	麻砂质浅脚田	A	0—9	褐色	砂壤土		6.8	11.5	0.53	0.19	14.1	3.5	7	砂页岩	E 112°13′33.2″ N 22°07′17.8″	80
						P	9—11	暗黄棕色	砂壤土		6.9	8.4	0.47	0.12	13.4	1.7	7			
						W	11—40	黄红棕色	中壤土			4.4	0.20	0.05	17.4	0.2	7			
						C	40—80	灰红色	砂石土											
剖48	人为土	水稻土	潴育水稻土	宽谷冲积土田	宽谷砂泥田	A	0—11	灰灰色	砂壤土		6.6	13.5	0.66	0.11	6.6	1.3	7	冲积物	E 112°16′47.9″ N 22°09′29.3″	76
						P	11—16	浅红灰色	砂壤土		6.8	10.9	0.58	0.10	6.7	0.9	7			
						W	16—48	暗红黄色	砂壤土		7.3	3.4	0.23	0.05	6.1	0.4	7			
						C	48—80	灰白色	砂壤土											
剖49	人为土	水稻土	沼泽型水稻土	烂泥田	烂泥田	A	0—18	暗黄棕色	壤土		5.4	46.9	5.04	0.45	5.4	1.7	76		E 112°16′03.0″ N 22°06′30.2″	87
						G_1	18—40	暗灰棕色	壤土		6.5	17.9	0.86	0.18	7.6	1.3	22			
						G_2	40—110	黑色	壤土		4.6	39.1	3.24	0.24	2.7	0.9	74			

续表 Continued

剖面号 Soil profile	土纲 Soil order	土类 Soil great group	亚类 Soil subgroup	土属 Soil genus	土种 Soil species	土层码 Layer code	土层厚度 Depth/cm	颜色 Soil color	质地 Soil texture	土壤结构 Soil structure	pH	有机质 OM/(g/kg)	全氮 TN/(g/kg)	全磷 TP/(g/kg)	全钾 TK/(g/kg)	有效磷 AP/(mg/kg)	速效钾 AK/(mg/kg)	土壤母质 Parent material	剖面点坐标 Profile coordinate	匹配指数 Matching index/%
剖50	人为土	水稻土	潴育水稻土	宽谷冲积土田	宽谷砂泥田	A	0—14	暗灰黄色	中壤土		6.5	23.8	0.87	3.62	15.0	5.7	21	冲积物	E 112°18′30.0″ N 22°05′01.7″	94
						P	14—20	褐色	中壤土			12.4	0.70	0.21	10.4	6.1	74			
						W	20—35	暗黄棕色	中壤土			9.5	0.49	0.17	10.0	1.7	10			
						C	35—80	浅红色	壤土											
剖51	铁铝土	赤红壤	赤红壤	砂页岩赤红壤	薄有机质层薄岩砂页岩赤红壤	A	0—7	褐色	砂壤土		5.3	17.8	0.90	0.07	4.0	0.4	13	砂页岩	E 112°16′27.5″ N 22°03′58.7″	85
						AB	7—22	浅红棕色	轻壤土		5.1	12.1	0.74	0.09	3.7	0.2	8			
						B	22—34	浅棕红色	轻壤土		5.3		0.52	0.10	4.7	0.4	5			
						C	34—		中壤土											
剖52	人为土	水稻土	渗育水稻土	白鳝泥田	白鳝泥田	A	0—15	灰褐色	重壤土		5.4	29.5	1.20	0.24	22.5	1.7	26		E 112°18′20.5″ N 22°03′13.0″	96
						P	15—21	暗黄棕色	重壤土		5.3	13.7	0.89	0.19	15.3	1.3	11			
						W	21—45	灰黄色	重壤土		6.1	6.8	0.49	0.17	16.2	0.4	8			
						E	45—100	灰白色												
剖53	人为土	水稻土	盐渍水稻土	咸酸田	中咸酸田	A	0—10	灰褐棕色	重壤土		4.0	42.6	1.61	0.45	19.5	1.3	132		E 112°23′02.8″ N 22°02′54.6″	92
						P	10—31	暗灰色	重壤土		2.9	54.5	0.99	0.15	11.5	1.7				
						G	31—80	暗灰黄色	重壤土		4.2	44.6	1.83	0.45	20.4	1.7				
剖54	人为土	水稻土	渗育水稻土	白鳝泥田	低位白鳝泥田	A	0—15	暗黄色	轻壤土		6.1	12.4	0.68	0.11	1.4	1.3	7		E 112°16′28.2″ N 22°01′48.4″	76
						P	15—21	暗棕色	砂壤土		6.8	12.1	0.49	0.37	1.7	0.4	8			
						W	21—36	暗棕色	松砂土			1.7	0.25	0.06	9.2	0.4	7			
						E	36—80	白色	砂土											
剖55	人为土	水稻土	潴育水稻土	滨海沉积土田	泥田	A	0—11	暗黄棕色	中壤土		4.9	22.2	0.17	0.28	11.2	0.9	14	滨海沉积物	E 112°21′03.8″ N 22°01′38.5″	76
						P	11—15	暗黄棕色	中壤土		4.7	21.1	1.02	0.30	11.5	2.6	10			
						W	15—30	灰黄棕色	中壤土		3.9		1.48	0.31	10.6	2.2				
						C	30—80	暗灰色	盐土											
剖56	人为土	水稻土	潴育水稻土	白鳝泥田	白砂泥底砂质田	A	0—15	浅灰黄色	砂壤土		6.8	11.4	0.67	0.09	2.1	1.7	7		E 112°17′25.4″ N 22°01′37.2″	82
						P	15—20	灰灰色	中壤土		7.2	8.3	0.52	1.00	2.4	0.9	7			
						E	20—49	浅灰棕色	中壤土			3.0	0.23	0.08	6.3	0.2				
						C	49—80													
剖57	人为土	水稻土	渗育水稻土	滨海沉积土田	砂泥田	A	0—10	暗棕色	中壤土		5.3	19.5	0.89	0.20	8.9	2.2	14	滨海沉积物	E 112°16′55.3″ N 22°01′10.9″	75
						P	10—14	灰黄棕色	中壤土		5.5	16.8	0.96	0.17	9.6	2.2	10			
						W₁	14—24	黑色	中壤土		6.0	10.7	0.46	0.17	12.6	1.7	7			
						W₂	24—40	浅灰色	砂土											
						C	40—80													
剖58	人为土	水稻土	盐渍水稻土	咸酸田	轻咸酸田	A	0—14	浅灰黄色	砂壤土		4.0	29.8	1.21	0.23	10.7	1.7	43		E 112°21′33.1″ N 22°01′06.2″	82
						P	14—25	黄灰棕色	砂壤土		4.3	23.5	0.79	0.20	11.5	1.3	104			
						G	25—40	暗棕色	砂壤土		2.7	16.9	0.21	0.09	10.6	0.4				
						C	40—80													
剖59	人为土	水稻土	潴育水稻土	洪积黄红泥田	洪积砂质田	A	0—12	红黄色	砂壤土		6.3	15.3	0.80	0.14	23.2	1.7	10	洪积物	E 112°20′55.3″ N 22°00′46.3″	71
						P	12—21	暗黄色	中壤土		6.9	6.4	0.35	0.09	23.2	0.9	7			
						W	21—48	暗黄色	中壤土			5.9	0.44	0.15	27.1	0.4				
						C	48—80													
剖60	人为土	水稻土	潜育水稻土	冷底田	深脚田	A	0—17	褐色	中壤土		6.1	34.9	1.73	0.26	5.2	1.7	21		E 112°21′34.6″ N 22°00′27.7″	94
						P	17—23	褐色	中壤土		6.2	32.5	1.37	0.26	5.2	1.3	7			
						G	23—80	暗棕色	中壤土		6.2	31.6	1.37	0.18	0.6	0.4	14			
剖61	人为土	水稻土	盐渍水稻土	咸酸田	重咸酸田	A	0—14	红黄色	中壤土		3.4	33.3	1.56	0.48	17.4	2.6	7		E 112°22′35.0″ N 21°56′36.2″	100
						G	14—80	暗灰色	重壤土		3.8	27.2	0.96	0.26	25.0	1.3	67			

续表 Continued

剖面号 Soil profile	土纲 Soil order	土类 Soil great group	亚类 Soil subgroup	土属 Soil genus	土种 Soil species	土层码 Layer code	土层厚度 Depth/cm	颜色 Soil color	质地 Soil texture	土壤结构 Soil structure	pH	有机质 OM/(g/kg)	全氮 TN/(g/kg)	全磷 TP/(g/kg)	全钾 TK/(g/kg)	有效磷 AP/(mg/kg)	速效钾 AK/(mg/kg)	土壤母质 Parent material	剖面点坐标 Profile coordinate	匹配指数 Matching index/%
剖62	人为土	水稻土	潴育水稻土	泥肉田	泥肉田	A	0—20	褐色	中壤土		6.7	33.0	1.94	0.52	15.3	4.4	31		E 112°21′25.2″ N 21°56′25.8″	80
						P	20—30	褐色	重壤土		7.0	22.4	1.32	0.31	16.8	1.7	22			
						W	30—65	暗灰黄色	重壤土		7.3	10.9	0.80	0.18	16.2	0.9	14			
						E	65—80	灰白色	砂壤土											

湛 江 市

市 辖 区

主要土类说明

砖红壤是湛江市主要土壤类型，占本市地域面积的51%。成土母质主要为玄武岩、花岗岩、砂页岩等岩石风化物。耕型砖红壤占本市旱坡地面积的89%，非耕型砖红壤占本市自然土壤面积的56%。砖红壤主要发生于热带雨林或季雨林下，是遭强烈脱硅富铝化作用的土壤。砖红壤中氧化硅大量迁出，游离铁占全铁的80%。黏粒矿物以高岭石、赤铁矿和三水铝石为主，黏粒硅铝率小于1.6，风化淋溶系数小于0.05，盐基饱和度小于15%。

水稻土是湛江市第二大土壤类型，占本市地域面积的27%。成土母质主要为花岗岩、砂页岩、玄武岩、浅海沉积物和滨海沉积物等。水稻土是在长期的季节性淹灌、水下翻耕、季节性脱水、氧化还原交替影响下，原来的成土母质或母土的特性发生重大改变，形成的新的土壤类型。本市水稻土分为淹育型、潴育型、渗育型、潜育型、沼泽型、盐渍型等亚类。其中，潴育水稻土占本土类面积的77%，耕作历史悠久，排灌条件较好，土壤熟化程度高，在长期干湿交替耕作条件下形成了黄棕色的铁锈斑纹，在犁底层下出现明显的潴育层。

风沙土是湛江市第三大土壤类型，占本市地域面积的13%，主要分布在沿海沙岸地带。成土母质为近代滨海沉积物。风沙土土层深厚，质地均匀，层次不明显，自然植被稀少，土质疏松，风蚀严重，形成了起伏的沙丘，并向内推进，逐渐吞噬农田。营造木麻黄防风林带已收到显著的防风固沙效果，目前在林带内侧已有少量风沙土被开垦成旱坡地。本市风沙土仅有滨海风沙土一个亚类。

小于本市地域面积3%的土壤类型有滨海盐土和沼泽土。

本区域中心区气候特征

本区域中心区气候特征值
Regional climate characteristics in central area of the region

气候带：南亚热带湿润气候 Climate region: South subtropical humid climate	
年平均气温 /℃ Annual average temperature /℃	23.1
年平均最高气温 /℃ Annual average maximum temperature /℃	26.9
年平均最低气温 /℃ Annual average minimum temperature /℃	20.3
年降水量 /mm Annual precipitation /mm	1976
≥10℃的积温 /℃ Daily temperature accumulated in a year (≥10℃) /℃	8426
年日照时数 /h Annual sunshine /h	1884
年平均相对湿度 /% Annual average relative humidity /%	82
干燥度 Dryness	0.71

本区域中心区月平均气温与月平均降水量
Monthly temperature and precipitation in central area of the region

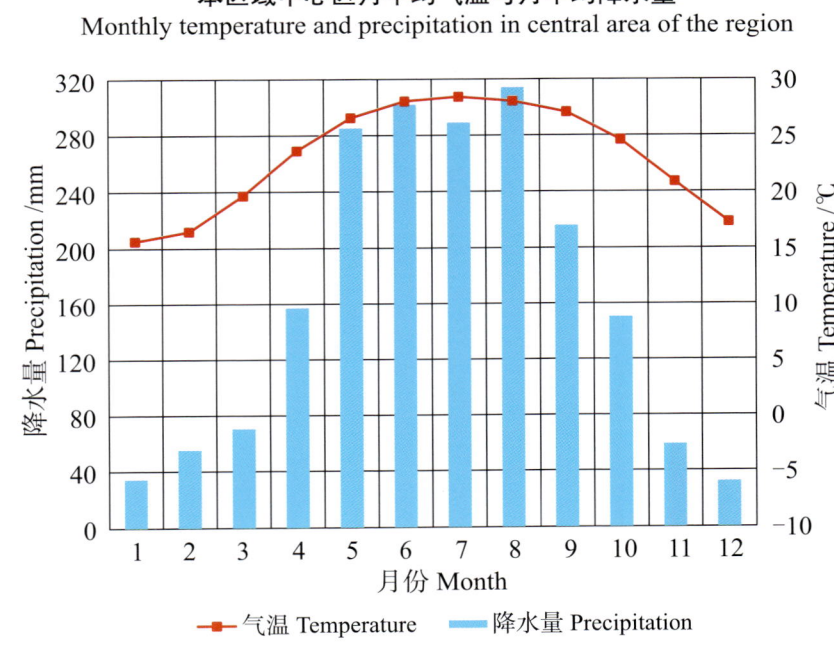

湛江市市辖区主要土壤类型与土壤剖面点分布图
1:240 000

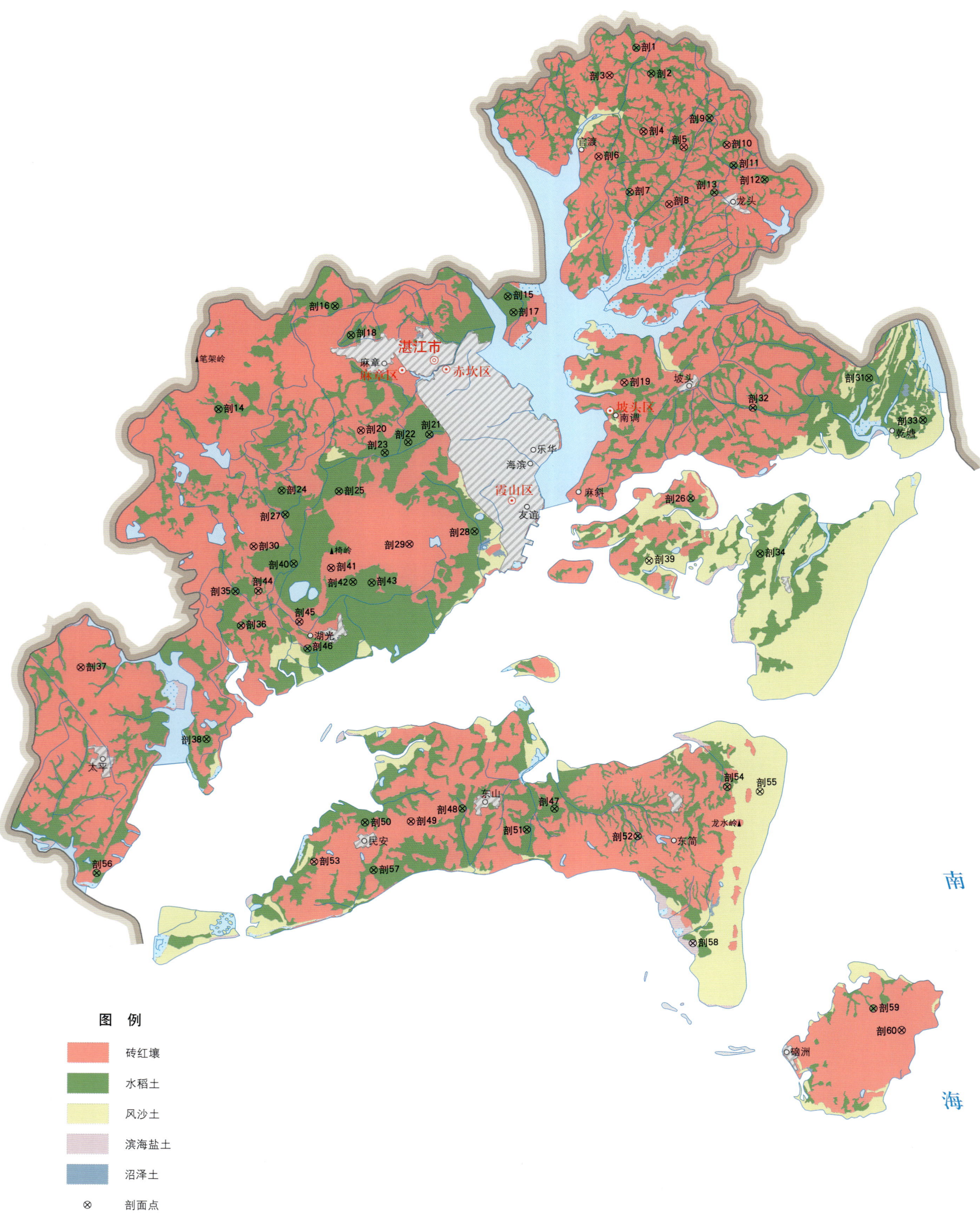

湛江市土壤剖面理化性状表

剖面号 Soil profile	土纲 Soil order	土类 Soil great group	亚类 Soil subgroup	土属 Soil genus	土种 Soil species	土层码 Layer code	土层厚度 Depth/cm	颜色 Soil color	质地 Soil texture	土壤结构 Soil structure	pH	有机质 OM (g/kg)	全氮 TN (g/kg)	全磷 TP (g/kg)	全钾 TK (g/kg)	土壤母质 Parent material	剖面点坐标 Profile coordinate	匹配指数 Matching index/%
剖1	人为土	水稻土	潴育水稻土	青泥格田	砂泥青格田	1	0–12	暗灰黄色	轻壤土	碎块状	5.4	16.9	0.81	0.23	5.8		E 110°27′52.7″ N 21°26′19.7″	84
						2	12–15	灰黄棕色	砂壤土	块状	6.2	11.1	0.52	0.16	6.0			
						3	15–57	浅红灰色	砂壤土	块状	5.8	3.3	0.13	0.08	11.2			
						4	57–100	青灰色										
剖2	人为土	水稻土	潴育水稻土	砂页岩红泥田	页红泥田	1	0–16	暗灰黄色	中壤土	块状	5.2	17.4	0.90	0.28	3.4		E 110°28′22.7″ N 21°25′29.9″	89
						2	16–25	暗灰黄色	中壤土	碎块状	5.4	16.3	0.80	0.24	3.1			
						3	25–58	黄灰黄色	轻壤土	棱柱状	5.4	4.5	0.25	0.09	2.7			
						4	58–100	黄棕色										
剖3	铁铝土	砖红壤	砖红壤	砂页岩砖红壤	厚有机质层厚层砂页岩砖红壤	1	0–22	浅棕色	中壤土	块状	4.8	14.7	0.62	0.37	1.8	砂页岩	E 110°26′58.9″ N 21°25′26.4″	99
						2	22–57	红棕色	重壤土	块状	5.0	12.9	0.59	0.41	2.3			
						3	57–100	红黄色	轻黏土	块状	5.0	7.9	0.41	0.34	2.5			
剖4	铁铝土	砖红壤	砖红壤	花岗岩砖红壤		1	0–23	灰黄色	中壤土	块状	4.6	14.8	0.89	0.13	11.6	花岗岩	E 110°28′07.7″ N 21°23′38.0″	98
						2	23–100	红棕色	重壤土	块状	4.9	8.7	0.56	0.14	6.1			
剖5	铁铝土	砖红壤	砖红壤	花岗岩红赤土地	红赤砂泥地	1	0–16	灰棕色	紧砂土	块状	5.9	6.1	0.34	0.25	1.7	花岗岩	E 110°29′28.7″ N 21°23′08.2″	85
						2	16–20	棕灰色	紧砂土	块状	5.6	4.0	0.23	0.12	5.8			
						3	20–42	灰黄色	砂壤土	块状	5.4	3.5	0.21	0.09				
						4	42–100	褐色										
剖6	铁铝土	砖红壤	砖红壤	砂页岩红黄赤土地	红黄赤土地	1	0–15	灰黄色	砂壤土	碎块状	6.2	9.3	0.36	0.18	2.2	砂页岩	E 110°26′37.7″ N 21°22′49.8″	87
						2	15–21	浅浅黄色	中壤土	块状	5.2	11.6	0.42	0.08	4.9			
						3	21–65	浅浅黄色	中壤土	块状	5.3	12.1	0.41	0.08	6.4			
						4	65–100	浅浅黄色		粒状								
剖7	人为土	水稻土	潴育水稻土	洪积黄赤土地	洪积砂质田	1	0–14	浅灰色	砂壤土	碎块状	5.5	5.5	0.35	0.10	1.5	洪积物	E 110°27′40.0″ N 21°21′41.0″	94
						2	14–24	暗灰黄色	砂壤土	碎块状	5.7	8.1	0.26	0.10	3.4			
						3	24–94	灰黄色	砂壤土	碎块状	6.5	1.7	0.09	0.07				
						4	94–100	灰白色		无明显结构								
剖8	铁铝土	砖红壤	砖红壤	砂页岩红黄赤土地	红黄赤砂泥地	1	0–16	红灰色	中壤土	碎块状	6.1	6.2	0.37	0.17	1.2	砂页岩	E 110°28′59.9″ N 21°21′18.4″	94
						2	16–25	浅浅灰黄色	中壤土	块状	5.8	8.0	0.30	0.16	1.1			
						3	25–80	浅浅灰黄色	中壤土	棱柱状	4.7	10.4	0.38	0.11	1.5			
						4	80–100	浅浅灰黄色										
剖9	人为土	水稻土	潴育水稻土	咪红泥田	咪乌红泥田	1	0–13	暗灰黄色	中壤土	块状	5.2	29.6	1.53	0.41	2.8		E 110°30′19.8″ N 21°24′04.2″	86
						2	13–18	浅浅黄色	中壤土	棱柱状	5.1	22.5	1.16	0.36	2.7			
						3	18–100	紫橙色	重壤土	棱柱状	4.7	21.7	1.11	0.20	2.8			
剖10	铁铝土	砖红壤	砖红壤	花岗岩砖红壤		1	0–9	黄橙色	中壤土	块状	5.2	16.4	0.61	0.14	1.0	花岗岩	E 110°30′54.7″ N 21°23′12.8″	73
						2	9–100	紫橙色	中壤土	棱柱状	5.1	12.2	0.46	0.15	1.3			
剖11	人为土	水稻土	潴育水稻土	咪红泥田	咪红泥田	1	0–14	黄灰色	中壤土	块状	5.3	32.7	1.55	0.37	5.6		E 110°31′08.7″ N 21°22′33.3″	71
						2	14–23	黄灰色	轻壤土	块状、柱状	5.4	31.3	1.48	0.36	5.6			
						3	23–78	紫灰色	轻壤土	块状	5.4	20.2	1.07	0.19	7.0			
						4	78–100	黄灰色										
剖12	人为土	水稻土	潴育水稻土	咪砂泥田	咪砂泥田	1	0–15	暗灰黄色	中壤土	碎块状	5.3	26.3	1.37	0.23	2.9		E 110°32′11.4″ N 21°22′05.9″	82
						2	15–22	暗灰色	轻壤土	棱柱状	5.8	14.7	0.80	0.14	1.9			
						3	22–48	浅灰色	轻壤土	块状	5.4	6.3	0.30	0.12	2.0			
						4	48–100	灰黄色										

续表 Continued

剖面号 Soil profile	土纲 Soil order	土类 Soil great group	亚类 Soil subgroup	土属 Soil genus	土种 Soil species	土层码 Layer code	土层厚度 Depth/cm	颜色 Soil color	质地 Soil texture	土壤结构 Soil structure	pH	有机质 OM/(g/kg)	全氮 TN/(g/kg)	全磷 TP/(g/kg)	全钾 TK/(g/kg)	土壤母质 Parent material	剖面点坐标 Profile coordinate	匹配指数 Matching index/%
剖13	人为土	水稻土	潴育水稻土	洪积黄红泥田	洪积砂泥田	1	0–13	浅灰色	中壤土	碎块状	4.6	23.5	1.22	0.09	4.7	洪积物	E 110°30′30.2″ N 21°21′41.0″	91
						2	13–18	暗灰黄色	轻壤土	块柱状	5.1	18.3	0.97	0.17	4.9			
						3	18–64	灰白色	轻壤土	棱柱状	5.3	8.8	0.50	0.08	4.9			
						4	64–100											
剖14	人为土	水稻土	潴育水稻土	赤土田	赤砂泥田	1	0–15	棕黄色	轻壤土	碎块状	5.9	9.4	0.47	0.23			E 110°13′57.1″ N 21°14′38.4″	70
						2	15–20	棕灰色	中壤土	块状	5.8	8.3	0.45	0.17				
						3	20–73	黄棕色	中壤土	棱柱状	6.7	3.9	0.19	0.10				
						4	73–100	棕红色	中壤土	块状								
剖15	人为土	水稻土	盐渍水稻土	咸酸田	中咸酸田	1	0–16	绿灰色	中壤土	碎块状	3.9	24.4	1.02	0.20	9.0		E 110°23′36.2″ N 21°18′18.4″	82
						2	16–23	绿灰色	中壤土	块状	3.8	20.8	0.82	0.18	9.0			
						3	23–100	暗灰色	中壤土	块状	3.9	16.4	0.54	0.23	10.8			
剖16	人为土	水稻土	潴育水稻土	炭质黑泥田	黑泥散田	1	0–14	暗黑色	轻壤土	碎块状	5.6	43.2	1.83	0.44	2.3		E 110°17′49.4″ N 21°17′58.6″	100
						2	14–19	暗黑色	中壤土	块状	5.7	82.2	2.19	0.40	3.3			
						3	19–60	灰黑色	中壤土	棱柱状	5.1	124.0	1.55	0.19	8.0			
						4	60–100	灰黄色		块状								
剖17	人为土	水稻土	盐渍水稻土	咸田	轻咸田	1	0–21	浅灰色	重壤土	块状	4.7	31.9	1.14	0.31	15.8		E 110°23′48.1″ N 21°17′47.8″	71
						2	21–29	灰黄色	轻黏土	块状	4.5	36.4	0.92	0.30	18.6			
						3	29–100	灰蓝色	重黏土	块状	3.9	52.7	0.91	0.24	20.6			
剖18	人为土	水稻土	潴育水稻土	炭质黑泥田	黑泥田	1	0–14	浅黑色	轻壤土	碎块状	5.6	23.9	1.01	0.36	2.3		E 110°18′21.6″ N 21°17′02.4″	99
						2	14–19	暗黑色	中壤土	块状	5.6	20.3	0.81	0.33	2.2			
						3	19–84	灰黑色	重壤土	柱状	5.6	15.8	0.58	0.16	4.5			
						4	84–100	灰白色		块状								
剖19	铁铝土	砖红壤	砖红壤	浅海沉积物黄赤土地	黄赤砂地	1	0–19	棕灰色	紧砂土	粒状	7.0	10.9	0.47	0.27		浅海沉积物	E 110°27′31.0″ N 21°15′33.1″	95
						2	19–27	灰棕色	紧砂土	碎块状	6.6	6.1	0.21	0.17				
						3	27–42	棕色	砂壤土	块状	6.4	3.2	0.21	0.14				
						4	42–100	红棕色		块状								
剖20	铁铝土	砖红壤	砖红壤	浅海沉积物黄赤土地	黄赤砂泥地	1	0–14	浅黄色	砂壤土	碎块状	5.5	7.5	0.45	0.20	9.7	浅海沉积物	E 110°18′43.2″ N 21°13′58.4″	86
						2	14–20	浅黄棕色	中壤土	块状	5.7	5.4	0.29	0.14	9.8			
						3	20–50	浅黄棕色	中壤土	棱柱状	5.3	3.8	0.31	0.08	13.7			
						4	50–100			片状								
剖21	人为土	水稻土	潴育水稻土	炭质黑泥田	黑泥松田	1	0–16	黑棕色	轻壤土	块状	5.2	32.3	1.32	0.23	1.4		E 110°18′60.0″ N 21°13′51.2″	94
						2	16–24	黑棕色	中壤土	块状	5.2	39.7	1.59	0.28	1.5			
						3	24–61	黑褐色	中壤土	棱柱状	5.0	115.9	3.43	0.39	1.6			
						4	61–100			块状								
剖22	人为土	水稻土	潴育水稻土	炭质黑泥田	低黑泥田	1	0–17	棕灰色	轻壤土	碎块状	5.7	47.0	1.85	0.28	2.3		E 110°20′60.0″ N 21°13′36.1″	91
						2	17–22	暗黑色	中壤土	块状	5.0	52.3	2.07	0.27	2.6			
						3	22–68	暗黑色	中壤土	块状	4.9	59.2	2.33	0.27	2.8			
						4	68–100	黑色		块状								
剖23	人为土	水稻土	潜育水稻土	乌泥底田	乌泥底田	1	0–14	暗灰黑色	重黏土	碎块状	6.9	57.3	1.50	0.16	8.1		E 110°19′31.1″ N 21°13′15.6″	76
						2	14–17	浅灰棕色	中黏土	块状	5.4	56.4	1.76	0.23	7.0			
						3	17–100	蓝黑色	中黏土	块状	6.0	56.2	1.57	0.19	6.5			
剖24	人为土	水稻土	潴育水稻土	赤土田	彩土田	1	0–15	褐灰色	轻壤土	碎块状	6.0	17.0	0.85	0.26	1.9		E 110°16′04.8″ N 21°12′00.7″	74
						2	15–20	褐灰色	轻壤土	块状	6.8	13.0	0.73	0.18				
						3	20–60	浅灰色	轻壤土	棱块状	6.6	6.0	0.31	0.19				
						4	60–100	黄棕色		块状								

续表 Continued

剖面号 Soil profile	土纲 Soil order	土类 Soil great group	亚类 Soil subgroup	土属 Soil genus	土种 Soil species	土层码 Layer code	土层厚度 Depth/cm	颜色 Soil color	质地 Soil texture	土壤结构 Soil structure	pH	有机质 OM/(g/kg)	全氮 TN/(g/kg)	全磷 TP/(g/kg)	全钾 TK/(g/kg)	土壤母质 Parent material	剖面点坐标 Profile coordinate	匹配指数 Matching index/%
剖25	人为土	水稻土	沼泽型水稻土	烂泥田	深泥田	1	0—20	紫灰色	轻黏土	糊状	4.9	35.0	1.76	0.36	1.4		E 110° 17′ 59.6″ N 21° 11′ 60.0″	71
						2	20—100	暗灰黄色	轻黏土	糊状	4.5	20.7	1.01	0.21	19.9			
剖26	人为土	水稻土	渗育水稻土	滨海砂质田	黑砂田	1	0—9	灰黄色	紫砂壤	碎块状	6.4	13.7	0.77	0.23	23.4	滨海沉积物		86
						2	9—15	暗棕灰色	轻砂壤	碎块状	4.9	20.4	0.97	0.22	4.4			
						3	15—78	暗棕灰色	松砂土	无明显结构	5.7	23.2	0.52	0.07	4.7			
						4	78—100			无明显结构								
剖27	人为土	水稻土	淹育水稻土	浅脚赤土田	浅脚赤土田	1	0—16	灰黄色	中壤土	碎块状	5.3	20.6	1.10	0.39			E 110° 16′ 12.4″ N 21° 11′ 14.3″	85
						2	16—22	灰黄色	中壤土	块状	6.0	16.5	0.99	0.31	1.6			
						3	22—100	棕红色	重壤土	块状	5.5	6.4	0.34	0.14	16.3			
剖28	人为土	水稻土	潴育水稻土	黄赤土田	黄赤土田	1	0—14	灰黄棕色	中壤土	块状	4.5	30.7	0.74	0.15	11.9		E 110° 22′ 32.3″ N 21° 10′ 43.8″	70
						2	14—21	暗棕色	中壤土	棱柱状	4.9	20.6	0.85	0.18	10.3			
						3	21—100	棕灰色	中壤土	块状	4.8	25.9	1.12	0.23				
剖29	铁铝土	砖红壤		浅海沉积物黄色砖红壤	薄有机质层厚层黄色砖红壤	1	0—8	浅棕色	紧壤土	无明显结构	5.3	7.1	0.30	0.10		浅海沉积物	E 110° 20′ 21.5″ N 21° 10′ 18.5″	96
						2	8—80	黄棕色	轻壤土	碎块状	5.2	8.0	0.28	0.11				
						3	80—100	浅黄棕色	轻壤土	碎块状	5.1	6.6	0.27	0.14				
剖30	铁铝土	砖红壤		玄武岩砖红壤	厚层玄武岩砖红壤	1	0—23	暗红棕色	重壤土	块状	5.1	32.1	1.29	0.51		玄武岩风化物	E 110° 15′ 09.4″ N 21° 10′ 12.0″	76
						2	23—62	紫棕色	中黏土	块状	5.2	20.3	0.82	0.45	6.6			
						3	62—100	紫棕色	中黏土	块状	5.0	15.2	0.67	0.41	7.8			
剖31	人为土	水稻土	潴育水稻土	青泥格田	泥质青泥格田	1	0—12	灰黄色	中壤土	块状	5.0	32.7	1.31	0.32	12.0		E 110° 35′ 41.3″ N 21° 15′ 43.7″	75
						2	12—18	棕色	重壤土	块状	5.0	28.7	1.10	0.27				
						3	18—36	暗棕色	重壤土		4.7	38.8	1.05	0.14				
						4	36—100	青灰色	中壤土	块状	3.8	67.1	2.17	0.60	3.9			
剖32	人为土	水稻土	潴育水稻土	炭质黑泥田	黑泥底田	1	0—14	暗棕色	中壤土	糊状	5.7	62.9	2.07	0.56	3.6		E 110° 31′ 49.4″ N 21° 14′ 45.6″	90
						2	14—19	黑色	轻壤土	棱柱状	5.6	154.0	3.38	0.69	2.3			
						3	19—87	暗棕色	紧砂壤	块状	4.8	15.1	0.64	0.09				
						4	87—100	灰白色	紧砂壤	无明显结构	5.0	13.3	0.54	0.08				
剖33	人为土	水稻土	渗育水稻土	滨海砂质田	黄砂田	1	0—12	浅灰色	紫砂壤	碎块状	4.4	3.3	0.18	0.04	2.2	滨海沉积物	E 110° 37′ 30.7″ N 21° 14′ 22.9″	98
						2	12—15	白色	砂壤	碎块状	5.5	20.7	0.84	0.20	1.9			
						3	15—10	黑棕色	砂壤	碎块状	5.7	18.7	0.79	0.21	2.2			
剖34	人为土	水稻土	潴育水稻土	滨海泥田	滨海砂泥田	1	0—10	暗棕灰色	砂壤	无明显结构	5.6	19.5	0.72	0.18		滨海沉积物	E 110° 32′ 04.9″ N 21° 10′ 03.0″	95
						2	10—15	暗黄棕色	中壤土	细粒状	4.1	70.9	2.42	0.30	4.6			
						3	15—65	灰黄色	中壤土	糊状	4.2	73.8	2.73	0.36	5.2			
						4	65—100	黑棕色	紫泥土	糊状	5.2	28.0	1.29	0.42	2.9			
剖35	人为土	水稻土	沼泽型水稻土	烂泥田	泥眼田	1	0—19	黑色	砂壤	块状	5.4	28.5	1.30	0.45	3.3		E 110° 14′ 33.3″ N 21° 08′ 45.5″	84
						2	19—100	棕灰色	砂壤	块状	6.2	9.0	0.48	0.44	2.0			
剖36	人为土	水稻土	潴育水稻土	赤土田	赤土田	1	0—12	暗黄棕色	中壤土	碎块状	5.8	17.3	0.40	0.04		滨海沉积物	E 110° 14′ 44.9″ N 21° 07′ 39.4″	98
						2	12—15	黄棕色	中壤土	碎块状	5.8	6.8	0.24	0.02				
						3	17—25	红灰色	轻黏土	无明显结构								
						4	25—100											
剖37	铁铝土	砖红壤		浅海沉积物黄色砖红壤		1	0—17	灰灰色	中壤土	糊状	5.0	25.0	1.13	0.24	7.0	浅海沉积物	E 110° 09′ 24.5″ N 21° 06′ 16.2″	79
						2	17—23	灰黄色	轻黏土	块状	5.0	14.6	0.75	0.19	11.5			
剖38	人为土	水稻土	潴育水稻土	滨海泥田	滨海泥田	1	0—17	暗黄棕色	重黏土	块状							E 110° 13′ 37.6″ N 21° 03′ 58.0″	85
						2	17—23	灰黄色	轻黏土	块状	5.0	14.6	0.75	0.19	11.5			
						3	23—93	浅棕红色		棱柱状								
						4	93—100	暗棕色		块状	5.0	11.4	0.68	0.15	18.8			

续表 Continued

剖面号 Soil profile	土纲 Soil order	土类 Soil great group	亚类 Soil subgroup	土属 Soil genus	土种 Soil species	土层码 Layer code	土层厚度 Depth/cm	颜色 Soil color	质地 Soil texture	土壤结构 Soil structure	pH	有机质 OM/(g/kg)	全氮 TN/(g/kg)	全磷 TP/(g/kg)	全钾 TK/(g/kg)	土壤母质 Parent material	剖面点坐标 Profile coordinate	匹配指数 Matching index/%
剖39	初育土	风沙土	滨海风沙土	滨海沙土	固定沙土	1	0—8	褐色	松砂土	无明显结构	6.1	2.1	0.14	0.10	4.0	滨海沉积物	E 110° 28′ 22.6″ N 21° 09′ 48.4″	93
						2	8—30	灰黄色	松砂土	无明显结构	6.7	0.7	0.06	0.10	4.5			
						3	30—100	灰黄色	松砂土	无明显结构	6.3	0.9	0.09	0.08	3.9			
剖40	人为土	水稻土	盐渍水稻土	咸酸田	轻咸酸田	1	0—12	紫灰色	重壤土	块状	3.8	30.3	1.08	0.20	12.2		E 110° 16′ 30.1″ N 21° 09′ 39.0″	96
						2	12—17	紫灰色	重壤土	块状	3.5	20.3	0.91	0.18	12.6			
						3	17—100	紫灰色	重壤土	块状	3.3	40.1	1.06	0.12	16.4			
剖41	铁铝土	砖红壤	砖红壤	玄武岩砖红壤		1	0—15	暗红色	重壤土	块状	5.3	20.7	0.93	0.28	3.0	玄武岩风化物	E 110° 17′ 44.9″ N 21° 09′ 31.3″	79
						2	15—100	棕红色	轻黏土	块状	5.1	4.5	0.32	0.25	4.8			
剖42	人为土	水稻土	潜育水稻土	黄赤土田	乌黄赤土田	1	0—16	黑灰色	中黏土	大块状	7.2	9.0	0.33	0.10	5.3		E 110° 18′ 28.8″ N 21° 09′ 05.0″	84
						2	16—24	黑色	轻黏土	块状		7.0	0.30	0.14	8.3			
						3	24—67	暗棕色	轻黏土	棱柱状		5.0	0.24	0.10	3.6			
						4	67—100	灰白色	中壤土	块状								
剖43	人为土	水稻土	淹育水稻土	浅脚炭质黑泥田	浅脚炭质黑泥田	1	0—13	黑棕色	重壤土	块状	5.1	46.4	2.05	0.57	2.0	古海沉积物	E 110° 19′ 06.6″ N 21° 09′ 03.6″	94
						2	13—19	暗棕色	重壤土	块状	5.3	45.5	2.01	0.44	1.2			
						3	19—100	黑色	重壤土	大块状	5.3	45.2	1.89	0.44	1.8			
剖44	人为土	水稻土	潜育水稻土	冷底田	雨底泥田	1	0—12	红黑色	中壤土	块状								86
						2	12—18	棕灰色	中壤土	块状							E 110° 15′ 19.1″ N 21° 08′ 46.7″	
						3	18—30	暗棕色	中壤土	块状								
						4	30—100	灰蓝色	中壤土	烂泥状								
剖45	铁铝土	砖红壤	砖红壤	玄武岩赤土地	赤泥地	1	0—15	暗棕色	重黏土	块状	5.0	24.9	1.24	1.03	2.3	玄武岩风化物	E 110° 16′ 42.2″ N 21° 07′ 47.3″	77
						2	15—21	暗棕色	重黏土	块状	5.2	20.3	1.02	0.88	2.3			
						3	21—68	暗棕色	中黏土	棱柱状	5.5	18.3	0.82	0.85	1.7			
						4	68—100	紫棕色	中黏土	块状								
剖46	人为土	水稻土	潜育水稻土	冷底田	铁锈水田	1	0—12	浅灰色	轻壤土	块状	4.8	18.8	1.05	0.19	9.9		E 110° 16′ 59.2″ N 21° 06′ 55.8″	94
						2	12—19	灰黄色	中壤土	块状	4.8	15.0	0.78	0.11	9.1			
						3	19—36	灰黄色	中壤土	块状	4.5	22.2	1.03	0.11	7.2			
						4	36—100	灰蓝色	中壤土	烂泥状								
剖47	人为土	水稻土	渗育水稻土	白鳝泥田	白鳝泥田	1	0—12	浅灰色	轻壤土	块状	4.6	1.9	0.19	0.05	6.2		E 110° 25′ 16.0″ N 21° 01′ 48.0″	74
						2	12—18	灰白色	砂黏土	碎块状	3.2	4.7	0.27	0.06	10.2			
						3	18—100											
剖48	人为土	水稻土	潜育水稻土	炭质黑泥田	黑泥田	1	0—15	黑褐色	中壤土	块状	5.3	55.5	2.17	0.39	3.8		E 110° 22′ 11.7″ N 21° 01′ 47.4″	73
						2	15—20	灰黄色	轻壤土	块状	4.9	68.4	2.43	0.40	5.7			
						3	20—70	暗褐色	中壤土	棱柱状	4.9	110.5	3.27	0.40	2.0			
						4	70—100	黑色	中壤土	块状								
剖49	铁铝土	砖红壤	砖红壤	浅脚沉积物黄色砖红壤	中有机质层厚层黄色砖红壤	1	0—17	灰黄色	中壤土	块状	5.0	17.3	0.54	0.17	2.2	浅海沉积物	E 110° 20′ 28.6″ N 21° 01′ 21.8″	82
						2	17—51	暗黄橙色	轻壤土	块状	4.9	17.5	0.56	0.17	5.7			
						3	51—100	黄红棕色	中壤土	棱柱状	5.3	13.2	0.46	0.17	2.4			
剖50	人为土	水稻土	潜育水稻土	滨海砂泥田	滨海砂泥田	1	0—15	棕色	轻壤土	碎块状	5.6	19.1	0.87	0.19	2.3	滨海沉积物	E 110° 18′ 56.9″ N 21° 01′ 19.2″	79
						2	15—21	暗棕色	砂壤地	片状	5.8	11.1	0.50	0.11	1.8			
						3	21—52	紫棕色	中壤土	棱柱状		4.6	0.18	0.04	2.6			
						4	52—100	浅灰色	中壤土	无明显结构								
剖51	人为土	水稻土	潜育水稻土	滨海泥田	滨海黏土田	1	0—12	浅棕黄色	重壤土	碎块状	4.0	22.7	1.14	0.27	17.9	滨海沉积物	E 110° 24′ 20.9″ N 21° 01′ 07.7″	88
						2	12—20	暗黄色	中壤土	块状	5.7	15.8	0.67	0.13	11.7			
						3	20—66	暗黄棕色	重壤土	棱柱状	5.1	11.5	0.55	0.31	15.7			
						4	66—100	暗灰棕色										

续表 Continued

剖面号 Soil profile	土纲 Soil order	土类 Soil great group	亚类 Soil subgroup	土属 Soil genus	土种 Soil species	土层码 Layer code	土层厚度/ Depth/ cm	颜色 Soil color	质地 Soil texture	土壤结构 Soil structure	pH	有机质 OM/ (g/kg)	全氮 TN/ (g/kg)	全磷 TP/ (g/kg)	全钾 TK/ (g/kg)	土壤母质 Parent material	剖面点坐标 Profile coordinate	匹配指数 Matching index/%
剖52	人为土	水稻土	潴育水稻土	黄赤土田	黄砂泥田	1	0—15	浅灰色	轻壤土	碎块状	5.7	12.5	0.63	0.13			E 110°28′03.0″ N 21°00′56.5″	96
						2	15—22	褐色	砂壤土	块状	6.0	9.0	0.48	0.11				
						3	22—75	灰黄棕色	砂壤土	碎块状	6.0	6.9	0.26	0.07				
						4	75—100	浅棕色		块状								
剖53	铁铝土	砖红壤	砖红壤	浅海沉积物黄色砖红壤	中有机质层中层黄色砖红壤	1	0—12	灰白色	砂壤土	块状	5.9	12.2	0.60	0.14	4.9	浅海沉积物	E 110°17′15.4″ N 21°00′02.2″	74
						2	12—46	灰黄黄色	轻壤土	块状	5.2	6.5	0.35	0.08	6.1			
						3	46—100	黄棕色	轻黏土	块状	4.8	4.2	0.45	0.12	20.1			
剖54	人为土	水稻土	潴育水稻土	赤土田	乌赤土田	1	0—17	灰灰色	中壤土	糊状	4.8	41.8	2.00	0.39	2.5		E 110°31′01.6″ N 21°02′31.9″	79
						2	17—25	棕灰色	重壤土	块状	5.0	30.8	1.45	0.34	2.4			
						3	25—63	棕灰色	重壤土	柱状	5.7	7.1	0.45	0.28				
						4	63—100	暗灰色		块状								
剖55	初育土	风沙土	滨海风沙土	滨海沙泥地	滨海沙泥地	1	0—17	灰黄色	砂砂土	无明显结构	5.4	2.1	0.16	0.05			E 110°32′07.4″ N 21°02′23.6″	97
						2	17—25	灰黄色	紧砂土	无明显结构	5.8	1.5	0.10	0.02				
						3	25—55	暗棕灰色	轻壤土	块状	5.6	4.8	0.25	0.04				
						4	55—100	浅黄色		块状								
剖56	人为土	水稻土	盐渍水稻土	咸田	中咸田	1	0—19	暗黄黄色	轻黏土	碎块状	4.5	27.8	1.18	0.33	13.3		E 110°09′59.5″ N 20°59′36.3″	77
						2	19—26	暗黄灰色	重黏土	碎块状	4.9	23.8	0.89	0.33	14.3			
						3	26—72	暗棕灰色	轻黏土	碎块状	4.0	28.7	0.90	0.34	15.1			
						4	72—100	暗棕色		块状								
剖57	人为土	水稻土	沼泽型水稻土	烂泥田	烂泥田	1	0—38	黑色	重壤土	块状	4.1	26.3	1.18	0.43	14.0		E 110°19′14.9″ N 20°59′46.3″	72
						2	38—100	灰青色	中壤土	糊状	3.8	44.0	1.00	0.26	14.0			
剖58	盐碱土	滨海盐土	滨海盐土	滨海盐土	滨海盐土	1	0—40	黄棕色	轻黏土	块状	3.9	27.9	1.05	0.41	12.4	近代滨海沉积物	E 110°29′55.3″ N 20°57′27.9″	71
						2	40—63	棕灰色	重黏土	棱柱状	3.6	26.9	0.76	0.30	14.4			
						3	63—100	棕灰色	轻壤土	碎块状	3.3	45.5	1.02	0.31	15.8			
剖59	人为土	水稻土	沼泽型水稻土	冷浸田	冷浸田	1	0—24	浅灰色	砂壤土	糊状	7.0	39.3	1.51	0.13	3.4		E 110°35′57.6″ N 20°55′24.9″	75
						2	24—39	暗灰色	砂壤土	碎块状	7.2	38.9	1.37	0.11	3.3			
						3	39—100	灰蓝色	重壤土	碎块状	7.6	8.5	0.18	0.09				
剖60	铁铝土	砖红壤	砖红壤	玄武岩赤土地	赤砂泥地	1	0—13	暗红棕色	砂壤土	块状	6.0	15.9	0.81	0.38	3.0	玄武岩风化物	E 110°36′54.7″ N 20°54′44.3″	93
						2	13—46	红棕色	重壤土	块状	5.4	8.4	0.46	0.34	3.7			
						3	46—100	暗红棕色	重壤土	块状	5.1	6.8	0.46	0.48	4.6			

遂 溪 县

主要土类说明

砖红壤是遂溪县主要土壤类型，占本县地域面积的65%。砖红壤主要发生于热带雨林或季雨林下，是遭强烈脱硅富铝化作用的土壤。砖红壤中氧化硅大量迁出，游离铁占全铁的80%。黏粒矿物以高岭石、赤铁矿和三水铝石为主，黏粒硅铝率小于1.6，风化淋溶系数小于0.05，盐基饱和度小于15%，pH为4.5—5.5。在A–B–C剖面构型中，淀积层（B层）富含铁铝氧化物，呈砖红色；淀积层下部常出现红白（或黄白）交织的网纹层。

水稻土是遂溪县第二大土壤类型，占本县地域面积的31%。成土母质主要为玄武岩、砂页岩、浅海沉积物等。水稻土是在长期的季节性淹灌、水下翻耕、季节性脱水、氧化还原交替影响下，原来的成土母质或母土的特性发生重大改变，形成的新的土壤类型。本县水稻土中，潴育水稻土亚类面积最大，占本土类面积的32%，耕作历史悠久，排灌条件较好，土壤熟化程度高，在长期干湿交替耕作条件下形成了黄棕色的铁锈斑纹，在犁底层下出现明显的潴育层。潴育水稻土剖面层次较完整，通常由耕作层、犁底层、潴育层、母质层组成，有的水稻土在潴育层之下有潜育层出现，但潜育层一般出现在土体60cm以下深处，对水稻生长影响不大。

小于本县地域面积3%的土壤类型有滨海盐土、紫色土和潮土。

本区域中心区气候特征

本区域中心区气候特征值
Regional climate characteristics in central area of the region

气候带：南亚热带湿润气候 Climate region: South subtropical humid climate	
年平均气温 /℃ Annual average temperature /℃	23.1
年平均最高气温 /℃ Annual average maximum temperature /℃	26.9
年平均最低气温 /℃ Annual average minimum temperature /℃	20.3
年降水量 /mm Annual precipitation /mm	1934
≥10℃的积温 /℃ Daily temperature accumulated in a year（≥10℃）/℃	8423
年日照时数 /h Annual sunshine /h	1892
年平均相对湿度 /% Annual average relative humidity /%	82
干燥度 Dryness	0.73

本区域中心区月平均气温与月平均降水量
Monthly temperature and precipitation in central area of the region

遂溪县主要土壤类型与土壤剖面点分布图

1:260 000

图 例

- 砖红壤
- 水稻土
- 滨海盐土
- 紫色土
- 潮土
- ⊗ 剖面点

遂溪县土壤剖面理化性状表

剖面号 Soil profile	土纲 Soil order	土类 Soil great group	亚类 Soil subgroup	土属 Soil genus	土种 Soil species	土层码 Layer code	土层厚度 Depth/cm	颜色 Soil color	质地 Soil texture	土壤结构 Soil structure	pH	有机质 OM/(g/kg)	全氮 TN/(g/kg)	全磷 TP/(g/kg)	全钾 TK/(g/kg)	土壤母质 Parent material	剖面点坐标 Profile coordinate	匹配指数 Matching index/%
剖1	人为土	水稻土	潴育水稻土	赤土田	乌赤土田	1	0—17		中壤土		6.0	26.3	1.68	0.38	1.8		E 109°59′10.3″ N 21°23′47.4″	70
						2	17—27		中壤土		6.5	18.0	0.50	0.41				
						3	27—40		砂壤土		7.2	2.5	0.43	0.34				
剖2	铁铝土	砖红壤	砖红壤	黄红赤土		1	0—13		重壤土		5.4	19.1	0.74	0.05	3.3		E 110°13′25.3″ N 21°28′03.0″	70
						2	13—100		轻黏土		5.2	10.7	0.43	0.43				
剖3	铁铝土	砖红壤	砖红壤	黄赤土	中有机质层厚层黄赤土	1	0—15	灰黄色	砂壤土	碎块状	5.4	6.8	0.53	0.12	1.9		E 110°13′07.4″ N 21°25′15.9″	80
						2	15—26	黄棕色	轻壤土	块状	5.5	5.5	0.47	0.11				
						3	26—100	黄棕色	轻壤土	块状	5.6	5.2	0.63	0.17				
剖4	人为土	水稻土	潴育水稻土	潮砂泥田	潮砂泥田	1	0—15	黄灰色	中壤土	碎块状	5.7	31.9	1.57	0.27	5.8	河流冲积物	E 110°16′18.8″ N 21°21′08.6″	88
						2	15—19	黄灰色	重壤土	块状	5.2	30.7	0.18	0.18				
						3	19—28	灰褐色	重壤土	梭柱状	5.4	39.2	1.45	0.10				
						4	28—100	灰白色	重壤土									
剖5	人为土	水稻土	潴育水稻土	河砂泥田	河砂泥田	1	0—16		轻壤土		5.5	18.1	1.45	0.27		河流冲积物	E 110°22′46.6″ N 21°20′16.1″	97
						2	16—26		中壤土		5.3	32.0	1.29	0.23				
						3	26—57		重壤土		5.4	39.5	1.86	0.28				
剖6	人为土	水稻土	盐渍水稻土	反酸田	反酸田	1	0—18	黄灰色	重壤土	碎块状	3.3	21.8	0.90	0.40	8.3		E 109°48′43.6″ N 21°19′50.5″	83
						2	18—37	暗灰色	重壤土	块状	3.0	33.6	0.99	0.26				
						3	37—100	暗灰色	轻壤土	块状	2.9	42.1	0.93	0.19				
剖7	人为土	水稻土	潴育水稻土	潮砂泥田	潮泥田	1	0—17	棕灰色	中壤土	碎块状	5.2	22.9	1.58	0.31	2.6	河流冲积物	E 109°56′37.9″ N 21°12′17.5″	85
						2	17—30	灰黄色	重壤土	柱状	4.4	18.3	1.27	0.24				
						3	30—54	灰黄色	重壤土	柱状		17.3	0.93	0.10				
						4	54—100	灰蓝色	重壤土									
剖8	铁铝土	砖红壤	砖红壤	黄赤土地	黄赤土地	1	0—16	棕黄色	砂壤土	碎块状	5.5	5.4	0.25	0.07	1.5		E 110°02′09.6″ N 21°19′00.1″	71
						2	16—48	棕色	砂壤土	碎块状	5.5	4.9	0.14	0.03				
						3	48—100	红棕色	砂壤土	碎块状	5.4	6.6	0.46	0.05				
剖9	铁铝土	砖红壤	砖红壤	赤土	中有机质层厚层赤土	1	0—21	暗棕色	重壤土	碎块状	4.8	25.2	1.58	0.27	2.1		E 110°08′24.0″ N 21°14′34.4″	78
						2	21—100	浅灰色	轻壤土	碎块状	4.9	5.8	1.16	0.18				
剖10	人为土	水稻土	潴育水稻土	河砂泥田	河砂泥田	1	0—17	浅黄色	松砂土	梭柱状	5.6	14.2	0.64	0.17	1.4	河流冲积物	E 109°56′32.6″ N 21°13′02.3″	73
						2	13—20	浅黄色	紧砂土	碎块状	5.8	10.7	0.54	0.13				
						3	20—45	灰白色	紧砂土	块状	5.6	0.7	0.17	0.10				
						4	45—100	浅灰色	紧砂土	块状	5.6	4.6	0.13	0.07				
剖11	人为土	水稻土	潴育水稻土	赤土田	赤土田	1	0—13	浅黄色	中壤土	碎块状	6.0	23.0	1.49	0.41	1.4	河流冲积物	E 110°05′24.4″ N 21°11′23.3″	95
						2	13—21	黄棕色	重壤土	碎块状	5.2	13.5	0.78	0.17				
						3	21—56	棕褐色	重壤土	柱状	5.2	6.1	0.22	0.07				
剖12	人为土	水稻土	潴育水稻土	潮砂泥田	潮砂泥田	1	0—17	棕色	砂壤土	梭柱状	5.4	7.5	0.54	0.25	1.2		E 109°42′56.5″ N 21°07′04.4″	85
						2	17—26	棕褐色	砂壤土	块状	5.8	5.2	0.44	0.09				
						3	26—47	黄棕色	砂壤土	块状	5.7	1.6	0.29	0.28				
						4	47—100	浅灰色	轻壤土									
剖13	人为土	水稻土	潴育水稻土	赤土田	彩土田	1	0—12		重壤土		6.5	19.8	1.07	1.11	1.4		E 109°49′59.0″ N 21°06′33.4″	97
						2	12—23		重壤土		6.2	6.6	1.05	0.87				
						3	23—76		中壤土		6.6	10.3	0.57	0.93				

续表 Continued

剖面号 Soil profile	土纲 Soil order	土类 Soil great group	亚类 Soil subgroup	土属 Soil genus	土种 Soil species	土层码 Layer code	土层厚度 Depth/cm	颜色 Soil color	质地 Soil texture	土壤结构 Soil structure	pH	有机质 OM/(g/kg)	全氮 TN/(g/kg)	全磷 TP/(g/kg)	全钾 TK/(g/kg)	土壤母质 Parent material	剖面点坐标 Profile coordinate	匹配指数 Matching index/%
剖14	人为土	水稻土	潴育水稻土	赤土田	赤砂泥田	1	0—15		砂壤土		5.6	14.7	0.95	0.19	1.2		E 110°05′28.9″ N 21°05′34.1″	87
						2	15—26		砂壤土		6.5	4.1	0.37	0.05				
						3	26—47		砂壤土		7.1	2.0	0.27	0.03				

徐 闻 县

主要土类说明

砖红壤是徐闻县主要土壤类型，占本县地域面积的 75%。成土母质主要为玄武岩风化物和浅海沉积物等。砖红壤主要发生于热带雨林或季雨林下，是遭强烈脱硅富铝化作用的土壤。砖红壤中氧化硅大量迁出，游离铁占全铁的 80%。黏粒矿物以高岭石、赤铁矿和三水铝石为主，黏粒硅铝率小于 1.6，风化淋溶系数小于 0.05，盐基饱和度小于 15%。在 A–B–C 剖面构型中，淀积层（B 层）富含铁铝氧化物，呈砖红色；淀积层下部常出现红白（或黄白）交织的网纹层。砖红壤风化层深厚，富铝化作用强烈，土壤呈酸性至强酸性。本县砖红壤仅有砖红壤一个亚类。

水稻土是徐闻县第二大土壤类型，占本县地域面积的 17%，分布在谷底溪边低洼处及水利条件较好的坡脚梯田和碟形洼地。水稻土是长期人为活动的产物，可由各种地带性土壤经水耕熟化而形成。在长期水耕施肥等措施的作用下，土壤内部进行着氧化还原交替、有机质合成与分解、盐基淋溶与复盐基作用的熟化过程，促使土壤性状发生改变，从而形成特有的剖面形态、理化和生物特性。本县水稻土分为淹育型、潴育型、潜育型、渗育型、盐渍型、沼泽型等亚类，各亚类的分布受地势、水利条件和人类活动影响较大。

风沙土是徐闻县第三大土壤类型，占本县地域面积的 4%，主要分布在沿海沙岸地带。成土母质为近代滨海冲积物。风沙土土层深厚，质地均匀，层次不明显，自然植被稀少，土质疏松，风蚀严重，形成了起伏的沙丘，并向内推进，逐渐吞噬农田。营造木麻黄防护林带已收到显著的防风固沙效果。低洼处零星被开垦成耕地，土壤瘦瘠，种植的木麻黄、大叶相思生长良好。本县风沙土仅有滨海风沙土一个亚类。

小于本县地域面积 3% 的土壤类型有滨海盐土、粗骨土、新积土和沼泽土。

本区域中心区气候特征

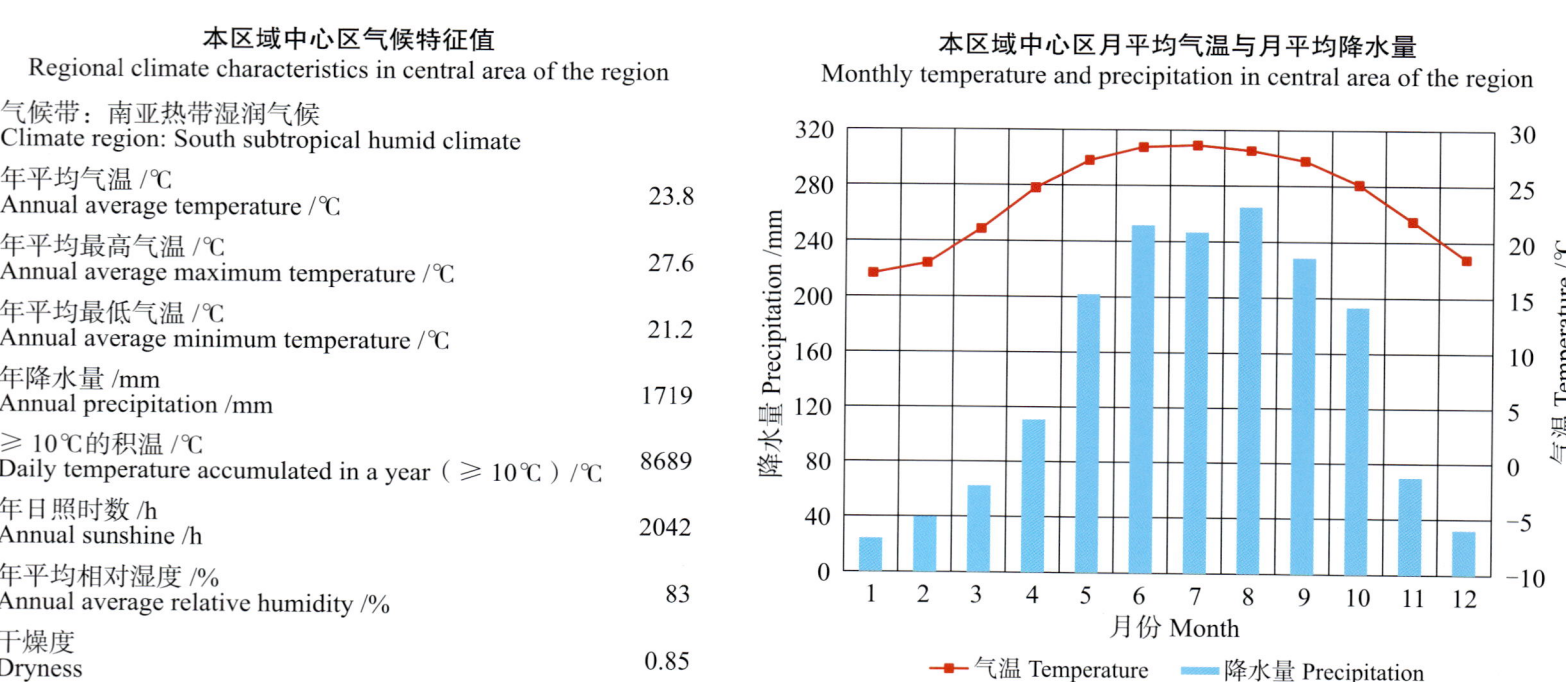

本区域中心区气候特征值
Regional climate characteristics in central area of the region

气候带：南亚热带湿润气候 Climate region: South subtropical humid climate	
年平均气温 /℃ Annual average temperature /℃	23.8
年平均最高气温 /℃ Annual average maximum temperature /℃	27.6
年平均最低气温 /℃ Annual average minimum temperature /℃	21.2
年降水量 /mm Annual precipitation /mm	1719
≥10℃的积温 /℃ Daily temperature accumulated in a year（≥10℃）/℃	8689
年日照时数 /h Annual sunshine /h	2042
年平均相对湿度 /% Annual average relative humidity /%	83
干燥度 Dryness	0.85

本区域中心区月平均气温与月平均降水量
Monthly temperature and precipitation in central area of the region

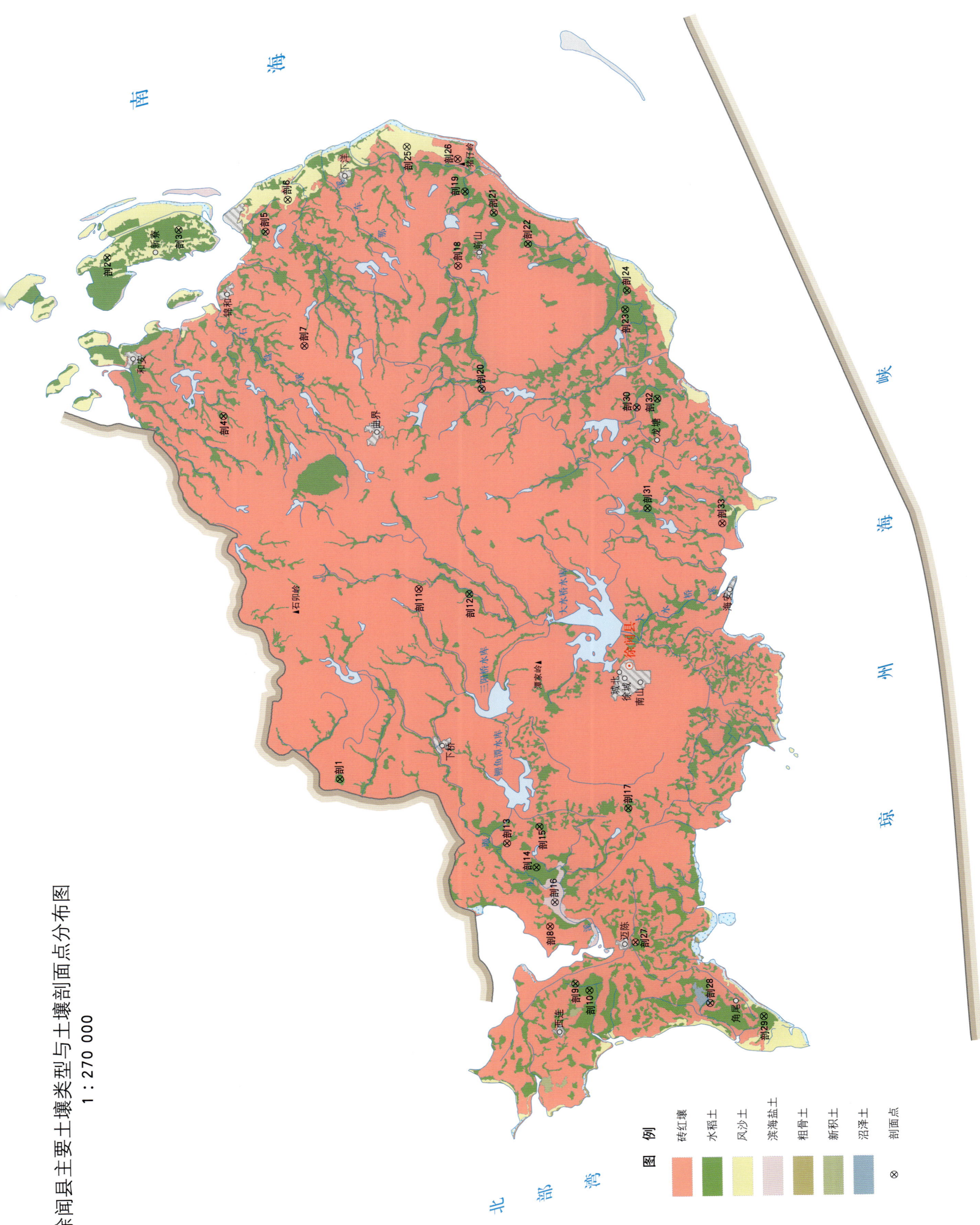

徐闻县土壤剖面理化性状表

剖面号 Soil profile	土纲 Soil order	土类 Soil great group	亚类 Soil subgroup	土属 Soil genus	土种 Soil species	土层码 Layer code	土层厚度 Depth/cm	颜色 Soil color	质地 Soil texture	土壤结构 Soil structure	pH	有机质 OM/(g/kg)	全氮 TN/(g/kg)	全磷 TP/(g/kg)	全钾 TK/(g/kg)	土壤母质 Parent material	剖面点坐标 Profile coordinate	匹配指数 Matching index/%
剖1	人为土	水稻土	渗育水稻土	白鳝泥田	白鳝泥田	1	0—15	暗棕黄色	中壤土	微团状	5.6	38.6	1.16	0.26	0.8		E 110°05′50.3″ N 20°30′28.4″	74
						2	15—24	浅棕黄色	中壤土	块状	5.5	22.4	1.14	0.31	0.8			
						3	24—51	灰白色	中壤土	无明显结构	5.4	19.4	1.02	0.29	1.0			
						4	51—100	紫灰色	轻壤土	无明显结构	6.8	7.8	0.21	0.04	0.6			
剖2	人为土	水稻土	渗育水稻土	滨海砂质田	黑砂田	1	0—29	暗灰色	紫黏土	无明显结构	7.0	5.9	0.53	0.13	8.0	滨海沉积物	E 110°26′29.8″ N 20°38′55.0″	88
						2	29—34	灰灰色	砂壤土	无明显结构	7.0	5.3	0.35	0.11	9.9			
						3	34—100	褐灰色	松砂土	无明显结构	6.9	1.9	0.23	0.09	8.4			
剖3	人为土	水稻土	渗育水稻土	滨海砂质田	黄砂田	1	0—25		紫黏土		6.7	4.1	0.32	0.11	5.6	滨海沉积物	E 110°27′35.6″ N 20°36′20.2″	100
						2	25—100		砂黏土		7.0	1.9	0.14	0.14	7.6			
剖4	人为土	水稻土	潜育水稻土	冷底田	铁锈水田	1	0—15	暗灰黄色	重壤土	无明显结构	5.8	29.6	1.30	0.32	0.8	滨海沉积物	E 110°20′14.3″ N 20°34′41.9″	98
						2	15—38	暗灰色	重壤土	块状	6.1	19.5	0.95	0.28	0.8			
						3	38—100	暗灰色	轻壤土	块状	5.8	10.8	0.36	0.16	1.4			
剖5	人为土	水稻土	渗育水稻土	白鳝泥田	低白鳝泥田	1	0—16		砂壤土		7.1	16.1	0.70	0.65	2.0		E 110°27′31.3″ N 20°33′10.4″	95
						2	16—36		中壤土		6.4	7.4	0.29	0.61	2.1			
						3	36—50		砂壤土		6.6	2.9	0.28	0.38	9.4			
						4	50—100		中壤土		7.0	2.7	0.09	1.51	2.2			
剖6	初育土	风沙土	滨海风沙土	滨海沙土		1	0—8	浅棕色	细砂土	无明显结构						滨海沉积物	E 110°28′46.9″ N 20°32′22.6″	81
						2	8—80	浅黄灰色	细砂土	无明显结构								
						3	80—100	暗红棕色	细砂土									
剖7	铁铝土	砖红壤	砖红壤	玄武岩水化砖红壤		1	0—24	暗灰棕色	轻黏土	微团粒状	5.0	51.0	1.63	1.04	1.5	玄武岩风化物	E 110°22′59.9″ N 20°31′45.8″	98
						2	24—100	暗黄色	中黏土	块状	5.4	26.2	1.33	0.32	1.8			
剖8	铁铝土	砖红壤	砖红壤	玄武岩砖红壤		1	0—13	暗红棕色	轻黏土	块状	5.1	19.7	1.11	0.48	1.7	玄武岩风化物	E 110°00′00.0″ N 20°22′51.6″	74
						2	13—100	暗红棕色	中黏土	碎块状	5.5	11.3	0.72	0.37	1.6			
剖9	人为土	水稻土	潜育水稻土	黄赤土田	黄赤土田	1	0—13	暗灰棕色	轻黏土	团粒状	5.7	26.2	1.50	0.34	0.9		E 109°57′43.9″ N 20°21′56.9″	82
						2	13—30	红棕色	中黏土	微团状	6.0	16.8	0.87	0.59	0.8			
						3	30—57	暗灰色	中黏土	块状	6.1	12.2	0.55	0.33	0.7			
						4	57—100	暗灰色	中黏土	块状	6.3	10.4	0.41	0.19	0.5			
剖10	人为土	水稻土	潜育水稻土	乌泥底田	乌泥底田	1	0—20	暗棕色	轻黏土	微团状	5.9	19.9	1.21	0.34	2.1		E 109°57′28.1″ N 20°21′26.3″	86
						2	20—29	灰灰棕色	中壤土	块状	5.9	14.0	0.85	0.28	2.3			
						3	29—40	暗灰色	轻黏土	碎块状	6.0	18.8	0.95	0.16	2.3			
						4	40—70	黑色	轻黏土	碎散状	5.8	69.2	1.27	0.10	2.3			
						5	70—100	浅灰色	轻黏土	无明显结构	5.8	16.3	0.34	0.11	1.8			
剖11	铁铝土	砖红壤	砖红壤	玄武岩砖红壤		1	0—21	暗红棕色	中黏土	块状	5.6	31.3	1.41	0.71	1.0	玄武岩风化物	E 110°13′22.4″ N 20°27′36.7″	100
						2	21—100	红棕色	黏土	块状	5.5	24.6	1.02	0.60	1.0			
剖12	人为土	水稻土	淹育水稻土	浅脚赤土田	浅脚赤土田	1	0—13	暗棕灰色	轻黏土	块状	6.0	16.4	0.72	0.46	0.9		E 110°13′10.2″ N 20°25′47.3″	89
						2	13—20	暗红棕色	黏土	碎块状								
						3	20—100	暗红棕色	黏土	碎块状								
剖13	铁铝土	砖红壤	砖红壤	粗骨性砖红壤	中有机质层厚层粗骨性砖红壤	1	0—15	暗红棕色	黏土	碎散状	7.1	13.9	0.72	0.86	0.9		E 110°03′17.3″ N 20°24′25.2″	81
						2	15—36	棕红色	黏土	碎块状	4.2	7.5	0.44	0.62	0.4			
						3	36—100	浅红红色	重壤土	碎块状								
剖14	人为土	水稻土	淹育水稻土	滨海砂质田	黄砂泥田	1	0—18		重壤土							近代浅海沉积物	E 110°02′20.0″ N 20°23′21.5″	71
						2	18—100		轻壤土									

续表 Continued

剖面号 Soil profile	土纲 Soil order	土类 Soil great group	亚类 Soil subgroup	土属 Soil genus	土种 Soil species	土层码 Layer code	土层厚度 Depth/cm	颜色 Soil color	质地 Soil texture	土壤结构 Soil structure	pH	有机质 OM/(g/kg)	全氮 TN/(g/kg)	全磷 TP/(g/kg)	全钾 TK/(g/kg)	土壤母质 Parent material	剖面点坐标 Profile coordinate	匹配指数 Matching index/%
剖15	人为土	水稻土	淹育水稻土	浅脚赤土田	铁子田	1	0—15	暗棕色	轻黏土	团粒状	6.5	28.2	1.63	0.93	2.7		E 110°03′56.5″ N 20°23′15.0″	97
						2	15—25	棕色	轻黏土	块状	6.5	10.7	0.62	0.86	2.1			
						3	25—100	黄棕色	中黏土	块状	6.5	8.7	0.38	0.79	2.2			
剖16	盐碱土	滨海盐土	滨海盐土	滨海盐土	滨海盐土	1	0—16		松砂土		6.5	4.2	0.36	0.06	6.2	滨海沉积物	E 110°00′56.7″ N 20°22′41.2″	75
						2	16—40		松砂土		4.8	1.8	0.24	0.08	4.9			
						3	40—100		紧砂土		4.8	1.2	0.08	0.03	6.3			
剖17	人为土	水稻土	潴育水稻土	冷底田	冷底彩土田	1	0—15	暗灰色	轻黏土	无明显结构	5.9	24.2	1.66	0.38	0.8		E 110°04′39.4″ N 20°20′01.7″	75
						2	15—25	灰棕色	重黏土	碎状	6.0	9.3	0.87	0.37	0.7			
						3	25—100	绿灰色	轻黏土	块状	6.1	6.8	0.32	0.24	0.3			
剖18	铁铝土	砖红壤	砖红壤	玄武岩赤泥地	赤泥地	1	0—24		重壤土		5.7	23.9	1.32	0.70	2.5	玄武岩风化物	E 110°26′10.0″ N 20°26′11.8″	73
						2	24—100	暗棕黄色	轻黏土	无明显结构	5.8	12.4	0.79	0.58	1.8			
剖19	人为土	水稻土	潴育水稻土	冷底田	顽泥田	1	0—12	灰黄色	重黏土	共状	5.6	19.8	1.16	0.38	1.2		E 110°29′06.0″ N 20°25′57.0″	74
						2	12—23	暗灰色	轻黏土	柱状	5.6	20.9	1.21	0.30	1.1			
						3	23—74	暗灰色	重黏土	块状	5.6	6.9	0.53	0.10	1.3			
						4	74—100		重黏土		5.6	21.2	0.61	0.10	2.3			
剖20	人为土	水稻土	潴育水稻土	赤土田	赤土田	1	0—15		中黏土		5.5	37.9	1.61	0.96	1.2		E 110°21′17.6″ N 20°25′19.9″	85
						2	15—30		轻黏土		5.6	29.5	1.37	0.70	1.0			
						3	30—79		中黏土		5.8	10.5	0.77	0.54	1.2			
						4	79—100		重黏土		5.6	10.9	0.69	0.41	1.6			
剖21	人为土	水稻土	潴育水稻土	黄赤砂泥田	黄赤砂泥田	1	0—13		砂壤土		6.1	23.4	1.36	0.39	7.2		E 110°28′16.0″ N 20°24′54.0″	100
						2	13—24		轻壤土		5.9	16.2	0.90	0.29	6.3			
						3	24—70		轻壤土		6.0	8.5	0.38	0.23	7.0			
						4	70—100		重壤土		5.9	5.1	0.32	0.09	1.2			
剖22	人为土	水稻土	潴育水稻土	滨海砂质田	砂质白鳝泥底田	1	0—15		轻壤土	团粒结构	5.8	24.9	0.95	0.20	1.6	滨海沉积物	E 110°27′02.2″ N 20°23′39.8″	92
						2	15—23	暗灰棕色	轻壤土	块状	5.9	8.4	0.97	0.18	1.4			
						3	23—38	暗灰棕色	轻壤土	碎块状	5.8	6.6	0.26	0.06	1.0			
						4	38—100	灰棕色	重壤土	碎块状	6.0	5.4	0.24	0.05	0.9			
剖23	人为土	水稻土	潴育水稻土	赤土田	彩土田	1	0—14		重黏土								E 110°24′25.9″ N 20°20′08.2″	75
						2	14—22		中黏土									
						3	22—35		中黏土									
						4	35—100		中黏土									
剖24	人为土	水稻土	潴育水稻土	赤土田	乌赤土田	1	0—24		轻黏土		5.8	46.2	2.28	1.02	2.0		E 110°25′11.6″ N 20°20′04.2″	99
						2	24—35		轻黏土		6.0	28.1	1.81	0.90	1.9			
						3	35—70		中黏土		5.9	8.1	0.56	0.48	1.4			
						4	70—100		重黏土		6.5	7.3	0.46	0.17	0.7			
剖25	初育土	风沙土	滨海风沙土	滨海沉积物黄色赤泥地	半固定沙土	1	0—60		松砂土		7.0	2.3	0.14	0.08	2.5	近代滨海冲积物	E 110°30′51.2″ N 20°28′03.1″	89
						2	60—100		松砂土		7.4	2.9	0.18	0.08	3.4			
剖26	铁铝土	砖红壤	砖红壤	浅海沉积物黄色赤泥地	黄赤砂地	1	0—11		松砂土		5.9	7.9	0.71	0.08	4.4	浅海沉积物	E 110°30′22.9″ N 20°26′12.7″	77
						2	11—35		松砂土		6.8	7.7	0.25	0.08	3.9			
剖27	铁铝土	砖红壤	砖红壤	耕型粗骨性砖红壤	赤泥彩土地	1	0—18	红棕色	中黏土		6.2	16.7	0.38	0.06	4.2		E 109°59′21.5″ N 20°19′46.2″	83
						2	18—100		重黏土		6.9	14.0	0.99	0.97	2.4			
剖28	人为土	水稻土	渗育水稻土	滨海砂质田	白砂田	1	0—23		紧砂土		6.9	5.2	0.96	0.55	1.3	滨海沉积物	E 109°56′57.5″ N 20°17′04.2″	78
						2	23—100		紧砂土		5.0	3.8	0.29	0.07	3.2			
											5.1		0.21	0.08	2.5			

续表 Continued

剖面号 Soil profile	土纲 Soil order	土类 Soil great group	亚类 Soil subgroup	土属 Soil genus	土种 Soil species	土层码 Layer code	土层厚度 Depth/cm	颜色 Soil color	质地 Soil texture	土壤结构 Soil structure	pH	有机质 OM/(g/kg)	全氮 TN/(g/kg)	全磷 TP/(g/kg)	全钾 TK/(g/kg)	土壤母质 Parent material	剖面点坐标 Profile coordinate	匹配指数 Matching index/%
剖29	人为土	水稻土	淹育水稻土	滨海砂质田	黄砂田	1	0—15	暗灰黄色	中壤土	无明显结构	7.1	16.3	0.91	0.48	2.6	滨海沉积物	E 109°56′25.4″ N 20°15′07.2″	77
						2	15—23	灰黄色	轻壤土	无明显结构	7.1	9.2	0.83	0.33	2.4			
						3	23—100	灰棕色	砂壤土	无明显结构	7.1	2.9	0.29	0.14	2.4			
剖30	人为土	水稻土	潜育水稻土	冷底田	冷底田	1	0—15		重壤土		6.0	51.5	2.67	0.99	1.7		E 110°20′33.4″ N 20°19′43.0″	71
						2	15—26		重壤土		6.0	44.8	2.20	0.70	1.7			
						3	26—100		重壤土		5.6	43.5	1.83	0.39	1.6			
剖31	人为土	水稻土	潜育水稻土	冷底田	深泥田	1	0—22		中壤土		5.5	32.6	1.69	0.40	1.7		E 110°16′34.0″ N 20°19′19.6″	100
						2	22—44		中壤土		5.7	30.5	1.29	0.52	1.6			
						3	44—100		中壤土		5.6	10.0	0.45	0.06	1.0			
剖32	人为土	水稻土	沼泽型水稻土	冷浸田	冷浸赤土田	1	0—44	暗棕灰色	重壤土	微团状	6.0	93.8	3.56	0.68	1.6		E 110°20′54.2″ N 20°18′58.3″	72
						2	44—100	暗灰色	轻壤土	块状	6.0	56.7	2.15	0.59	1.7			
剖33	铁铝土	砖红壤	砖红壤	粗骨性砖红壤	薄有机质层 薄层粗骨性 砖红壤	1	0—15		中壤土		5.5	28.8	1.52	0.78	0.9		E 110°15′58.0″ N 20°16′36.8″	72
						2	15—36		轻黏土		5.7	15.8	0.77	0.45	0.9			
						3	36—100		轻黏土		5.8	14.2	0.90	0.63	0.9			

廉 江 市

主要土类说明

砖红壤是廉江市主要土壤类型，占本市地域面积的44%。成土母质主要为花岗岩、砂页岩风化物及浅海沉积物等。砖红壤主要发生于热带雨林或季雨林下，是遭强烈脱硅富铝化作用的土壤。砖红壤中氧化硅大量迁出，游离铁占全铁的80%。黏粒矿物以高岭石、赤铁矿和三水铝石为主，黏粒硅铝率小于1.6，风化淋溶系数小于0.05，盐基饱和度小于15%。在A-B-C剖面构型中，淀积层（B层）富含铁铝氧化物，呈砖红色；淀积层下部常出现红白（或黄白）交织的网纹层。本市砖红壤仅有砖红壤一个亚类。

赤红壤是廉江市第二大土壤类型，占本市地域面积的28%。成土母质多为花岗岩、砂页岩风化物等。赤红壤主要发生于南亚热带季雨林下，其脱硅富铝化程度仅次于砖红壤，强于红壤。铁的游离度介于二者之间，黏粒硅铝率为1.7—2.0，风化淋溶系数为0.05—0.15，盐基饱和度为15%—25%。淀积层（B层）富含铁铝氧化物，呈赤红色。本市赤红壤仅有赤红壤一个亚类。

水稻土是廉江市第三大土壤类型，占本市地域面积的23%。水稻土是长期人为活动的产物，可由各种地带性土壤经水耕熟化而形成。在长期水耕施肥等措施的作用下，土壤内部进行着氧化还原交替、有机质合成与分解、盐基淋溶与复盐基作用的熟化过程，促使土壤性状发生改变，从而形成特有的剖面形态、理化和生物特性。完整的水稻土通常由耕作层、犁底层、潴育层、潜育层等组成。本市水稻土分为淹育型、潴育型、渗育型、潜育型、盐渍型等亚类。其中，潴育水稻土面积最大，占本土类面积的87%，其位置多介于淹育水稻土和潜育水稻土之间，剖面构型主要为A-P-W-G或A-P-W-Bg。该亚类的主要特点是在犁底层下形成具有淋溶和淀积特征的潴育层，剖面内有棕黄色的铁锈斑纹、紫黑色的锰质斑点或新生的铁锰结核。

小于本市地域面积3%的土壤类型有滨海盐土和潮土。

本区域中心区气候特征

本区域中心区气候特征值
Regional climate characteristics in central area of the region

气候带：南亚热带湿润气候 Climate region: South subtropical humid climate	
年平均气温 /℃ Annual average temperature /℃	22.8
年平均最高气温 /℃ Annual average maximum temperature /℃	26.7
年平均最低气温 /℃ Annual average minimum temperature /℃	20.1
年降水量 /mm Annual precipitation /mm	1964
≥10℃的积温 /℃ Daily temperature accumulated in a year（≥10℃）/℃	8333
年日照时数 /h Annual sunshine /h	1844
年平均相对湿度 /% Annual average relative humidity /%	81
干燥度 Dryness	0.71

本区域中心区月平均气温与月平均降水量
Monthly temperature and precipitation in central area of the region

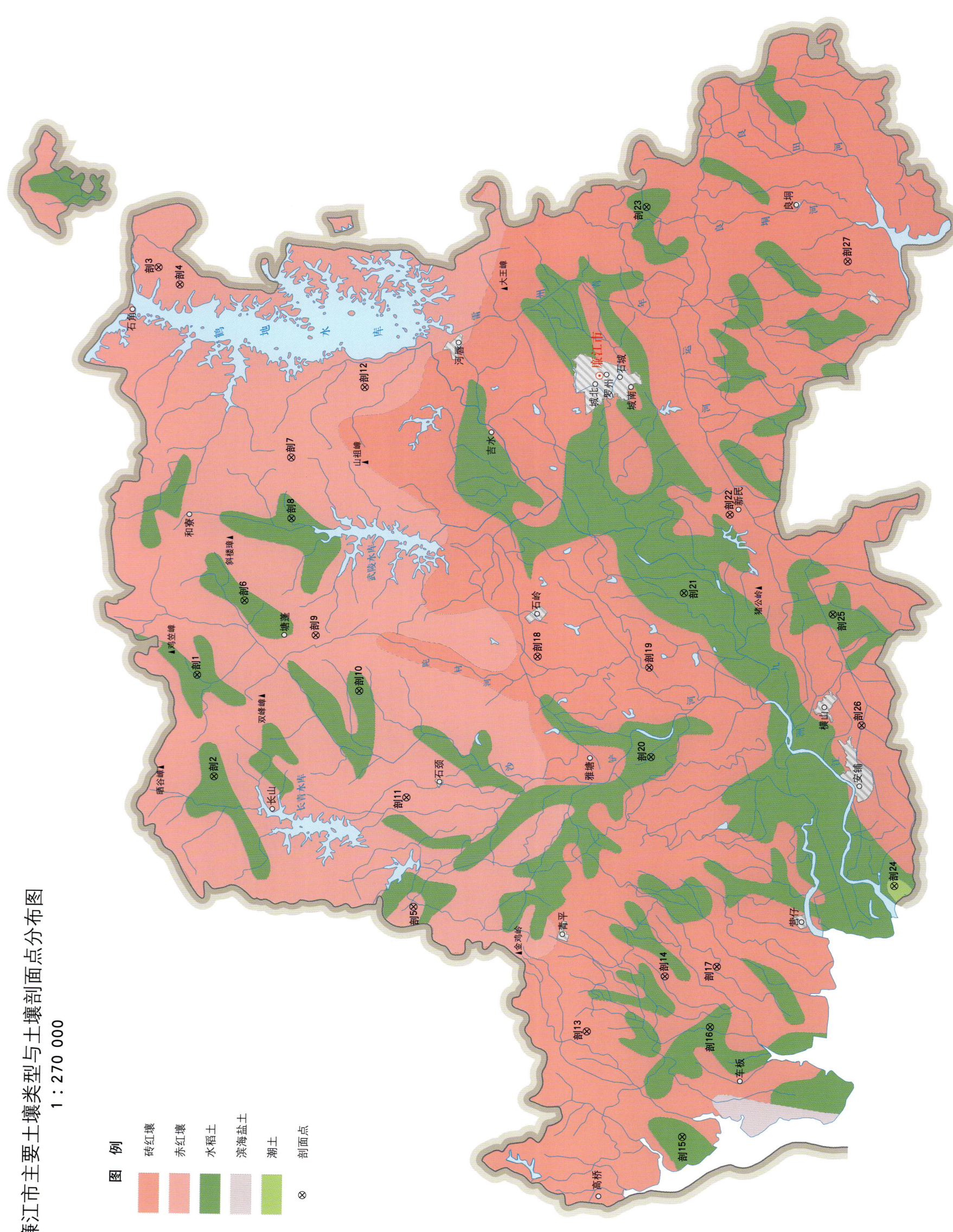

廉江市土壤剖面理化性状表

剖面号 Soil profile	土纲 Soil order	土类 Soil great group	亚类 Soil subgroup	土属 Soil genus	土种 Soil species	土层码 Layer code	土层厚度 Depth/cm	颜色 Soil color	质地 Soil texture	土壤结构 Soil structure	pH	有机质 OM/(g/kg)	全氮 TN/(g/kg)	全磷 TP/(g/kg)	全钾 TK/(g/kg)	碱解氮 AN/(mg/kg)	有效磷 AP/(mg/kg)	速效钾 AK/(mg/kg)	土壤母质 Parent material	剖面点坐标 Profile coordinate	匹配指数 Matching index/%
剖1	人为土	水稻土	潴育水稻土	河砂泥田	河砂泥田	A	0—15	灰黄色	砂壤土	碎块状	5.1	10.7	0.60	0.16	14.8	55	8.3	30	河流冲积物	E 110°04′53.0″ N 21°51′02.5″	97
						P	15—44	浅黄色	砂壤土	碎块状	5.2	6.3	0.34	0.16	16.4						
						C	44—100	灰棕色	中壤土	棱柱状	5.6	5.4	0.30	0.43	21.1						
剖2	人为土	水稻土	潴育水稻土	河砂泥田	河砂泥田	A	0—15		壤土	小块状	5.2	19.9	1.03	0.29	10.5	86	14.0	34	河流冲积物	E 110°00′53.3″ N 21°50′22.9″	87
						P	15—24				5.9	13.5	0.65	0.14	8.9						
						W	24—70				6.7	12.7	0.34	0.13	9.5						
						C	70—100				6.6	7.1	0.34	0.14	10.8						
剖3	铁铝土	赤红壤	赤红壤	砂页岩赤红壤	厚有机质层厚层砂页岩赤红壤	A	0—15	浅灰色	砂壤土	粒状	4.7	10.3	0.50		4.6				砂页岩	E 110°20′55.2″ N 21°52′36.8″	74
						B	38—82	灰黄棕色	砂壤土	粒状		7.3	0.21		6.3						
						C	82—100	黄棕色	砂壤土	粒状		3.3	0.07		5.4						
剖4	铁铝土	赤红壤	赤红壤	砂页岩赤红壤	厚有机质层中层砂页岩赤红壤	A	0—32	灰黄色	砂壤土	碎块状	4.9	15.7	0.53	0.06	6.1				砂页岩	E 110°20′15.5″ N 21°51′51.0″	70
						B	32—65	灰棕色	砂壤土	块状	5.0	12.4	0.52	0.07	5.9						
						C	65—100	黄棕色	砂壤土	碎块状	5.2	8.1	0.41	0.06	7.5						
剖5	铁铝土	赤红壤	赤红壤	花岗岩赤红壤	河石子底砂质田	A	0—20	黄灰色	中壤土	碎块状	6.0	28.4	0.38		10.5				花岗岩	E 109°55′52.0″ N 21°43′11.2″	78
						B	20—	红黄色	轻壤土	粒状											
剖6	人为土	水稻土	潴育水稻土	河砂泥田	河砂泥田	A	0—14	暗黄色	轻壤土	块状	5.1	15.2	0.90	0.31	6.1	78	19.2	30	河流冲积物	E 110°07′50.2″ N 21°49′23.9″	98
						P	14—24	暗黄色	轻壤土	柱状	5.5	12.2	0.76	0.19	5.9						
						W	24—60	浅灰色	轻壤土	粒状	5.6	9.3	0.57	0.15	7.5						
						C	60—100	棕灰色	砂壤土	碎块状	6.2	8.5	0.38	0.08	10.5						
剖7	铁铝土	赤红壤	赤红壤	花岗岩赤红壤	中有机质层花岗岩赤红壤	A	0—34	浅灰黄色	中壤土	核粒状	5.1	13.4	0.54	0.09	1.6				花岗岩	E 110°13′29.3″ N 21°47′47.6″	71
						B	34—130	红橙色	轻壤土	块状	5.2	5.2	0.27	0.10	2.8						
剖8	人为土	水稻土	潴育水稻土	河砂泥田	河黄泥底田	A	0—15	暗黄色	中壤土	小块状	5.2	16.9	0.96	0.21	7.3	121	9.2	27	河流冲积物	E 110°11′06.0″ N 21°47′45.2″	72
						P	15—20	暗黄色	中壤土	块状	5.8	5.8	0.28	0.11	9.2						
						W	20—59	棕色	中壤土	柱状	5.2	11.2	0.62	0.14	10.0						
						G	59—100	红灰色	中壤土	柱状	5.3	6.1	0.34	0.12	13.8						
剖9	铁铝土	赤红壤	赤红壤	花岗岩赤红壤	中有机质层中层花岗岩赤红壤	A	0—23	浅灰黄色	轻壤土	粒状	4.8	18.5	0.77	0.12	11.5				花岗岩	E 110°06′30.2″ N 21°46′50.2″	86
						B	17—77	黄灰棕色	重壤土	块状	5.1	11.7	0.53	0.11	13.2						
						C	77—100	暗黄棕色	重黏土	棱柱状	6.5	24.6	1.77	0.35	17.0						
剖10	人为土	水稻土	潴育水稻土	河砂泥田	河泥田	A	0—17	暗黄色	重壤土	梭柱状	6.5	12.4	0.80	0.27	18.6	103	5.2	17	河流冲积物	E 110°04′21.4″ N 21°45′14.8″	84
						B	17—35	暗黄棕色	中壤土	柱状	5.3	11.5	0.61	0.23	17.5						
							35—100	棕色	轻黏土	块状	6.8	11.5	0.50	0.21	18.0						
剖11	铁铝土	赤红壤	赤红壤	花岗岩赤红壤	中有机质层中层花岗岩赤红壤	A	0—17	浅灰黄色	砂壤土	块状	5.0	22.6	0.81	0.09	3.0				花岗岩	E 110°00′10.8″ N 21°43′30.4″	87
						AB	17—77	黄灰色	砂壤土	块状	4.8	7.1	0.43	0.07	3.1						
								黄棕色	砂石土	块状	5.1	9.5	0.33	0.09	3.8						
剖12	铁铝土	赤红壤	赤红壤	砂页岩赤红壤	中有机质层厚层砂页岩赤红壤	A	0—17	浅黄色	中壤土	碎块状	4.7	18.7	0.72	0.12	6.9				砂页岩	E 110°16′17.1″ N 21°45′12.3″	70
						B	17—35	黄棕色	砂壤土	碎块状	5.1	10.7	0.46	0.11	13.7						
						C	35—100	黄棕色	砂壤土	碎块状	5.2	7.7	0.41	0.09	10.8						
剖13	铁铝土	砖红壤	砖红壤	花岗岩砖红壤	中有机质层厚层花岗岩砖红壤	A	0—15	棕红色	中壤土	块状	4.7	13.3	0.48	0.09	1.4				花岗岩	E 109°51′05.8″ N 21°36′55.4″	86
						B	15—40	浅棕红色	轻壤土	块状	5.1	5.7	0.22	0.09	1.3						
						C	40—100	浅灰黄色	砂壤土	碎块状	5.4	2.6	0.25	0.13	8.6						
剖14	铁铝土	砖红壤	砖红壤	砂页岩砖红壤		A	0—54	浅黄色	砂壤土	碎块状	5.0	4.7	0.82	0.06	0.6				砂页岩	E 109°53′17.9″ N 21°34′10.6″	99
						B	54—	黄色			5.0	4.3	0.20	0.07	0.6						

续表 Continued

剖面号 Soil profile	土纲 Soil order	土类 Soil great group	亚类 Soil subgroup	土属 Soil genus	土种 Soil species	土层码 Layer code	土层厚度 Depth/cm	颜色 Soil color	质地 Soil texture	土壤结构 Soil structure	pH	有机质 OM/(g/kg)	全氮 TN/(g/kg)	全磷 TP/(g/kg)	全钾 TK/(g/kg)	碱解氮 AN/(mg/kg)	有效磷 AP/(mg/kg)	速效钾 AK/(mg/kg)	土壤母质 Parent material	剖面点坐标 Profile coordinate	匹配指数 Matching index/%
剖15	人为土	水稻土	盐渍水稻土	反酸田	反酸田	A	0—10	浅棕色	轻壤土	小块状	4.1	9.0	0.45	0.19	4.7	97	9.2	50		E 109°47′04.9″ N 21°33′26.6″	100
剖16	人为土	水稻土	潴育水稻土	河砂泥田	河结粉砂田	P	10—20	暗青灰色	中壤土	块状	6.2	7.8	0.38	0.14	5.5				河流冲积物	E 109°51′21.2″ N 21°32′31.9″	92
						W	20—35	绿灰色	轻壤土	柱状	6.2	5.0	0.20	0.12	4.9						
						C(S)	35—100	暗青灰色	轻壤土	柱状	3.5	8.4	0.31	0.13	5.1						
剖17	铁铝土	砖红壤	砖红壤	浅海沉积物黄色砖红壤	薄有机质层厚层黄色砖红壤	A	0—11	浅红灰色	砂壤土	粒状	5.0	10.4	0.55	0.16	14.0	56	9.2	35	浅海沉积物	E 109°53′43.1″ N 21°32′20.0″	78
						P	11—21	红灰色	砂壤土	块状	5.8	6.1	0.52	0.14	15.3						
						W	21—33	紫灰色	砂壤土	块状	6.1	10.6	0.57	0.16	18.3						
剖18	铁铝土	砖红壤	砖红壤	砂页岩砖红壤	中有机质层厚层砂页岩砖红壤	A	0—11	浅灰黄色	砂壤土	块状	5.2	7.1	0.29	0.14	1.2				砂页岩	E 110°05′47.0″ N 21°38′54.6″	94
						B	11—90	暗黄橙色	砂壤土	梭状	5.1	3.6	0.22	0.15	1.1						
						C	90—	黄橙色	砂壤土	梭状	5.2	4.4	0.22	0.17	1.5						
剖19	铁铝土	砖红壤	砖红壤	花岗岩砖红壤	薄有机质层厚层砖红壤	A	0—15	浅灰黄色	砂壤土	碎块状	4.7	20.5	0.62	0.17	2.1				花岗岩	E 110°05′25.1″ N 21°34′54.8″	79
						B	15—60	暗黄棕色	砂壤土	柱状	5.2	11.5	0.49	0.14	3.8						
						C	60—100	暗黄棕色	重壤土	碎块状	5.3	9.7	0.38	0.16	3.1						
剖20	人为土	水稻土	潴育水稻土	潮砂泥田	潮泥田	AB	0—7	浅棕色	轻壤土	碎粒状	4.6	37.1	1.44	0.17	16.4	81	13.2	25	河流冲积物	E 110°01′54.8″ N 21°31′48.4″	72
						B	7—70	暗黄橙色	中壤土	核粒状	4.4	14.0	0.70	0.15	18.7						
						C	70—100	橙色	砂石土	团块状	4.9	6.7	0.47	0.14	30.5						
剖21	人为土	水稻土	潴育水稻土	潮砂泥田	潮砂田	A	0—15	浅绿灰色	轻壤土	碎状	5.2	15.8	0.90	0.28	10.3	145	9.1	93	河流冲积物	E 110°08′21.1″ N 21°33′43.2″	82
						P	15—23	暗青灰色	中壤土	碎块状	5.4	10.1	0.57	0.20	8.9						
						W	23—	浅红灰色	重壤土	梭柱状	6.9	34.6	0.04	0.13	19.5						
						G		暗红棕色	重壤土	梭柱状	4.6	33.7	1.66	0.40	15.5						
剖22	铁铝土	砖红壤	砖红壤	浅海沉积物黄色砖红壤	厚层黄色砖红壤	A	0—18	浅棕色	重黏土	碎状	3.2	42.2	1.13	0.29	16.7				浅海沉积物	E 110°11′27.6″ N 21°32′07.1″	83
						AB	18—45	暗红棕色	中壤土	梭柱状	5.2	11.7	0.90	0.22	17.7						
						B	45—100	橙色	中砂土	梭柱状	5.2	5.7	1.04	0.26	16.3						
剖23	人为土	水稻土	潴育水稻土	河砂泥田	河黏土田	A	0—14	紫黑色	重黏土	柱状	5.4	33.1	0.63	0.14	4.0	195	3.9	155	河流冲积物	E 110°23′27.6″ N 21°35′13.2″	93
						P	14—31	灰棕色	中黏土	柱状	5.2	11.2	0.55	0.18	5.6						
						W	31—82	紫黑色	中黏土	块状	5.0	18.8	1.40	0.20	8.3						
剖24	潮土	潮土	潮	潮砂泥地	潮泥地	A	0—14	灰黄棕色	轻黏土	柱状	5.6	30.9	0.73	0.37	16.0	196	3.5	97	河流冲积物	E 109°57′00.2″ N 21°26′02.7″	92
						B	14—60	暗红棕色	重黏土	块状	4.6	23.2	0.75	0.28	17.7						
						C	60—100	棕灰色	黏土	柱状	4.0	18.5	1.09	0.17	13.6						
剖25	人为土	水稻土	潴育水稻土	潮砂泥地	潮砂田	A	0—14	暗棕色	黏土	梭柱状	3.8	68.2	0.80	0.29	16.2	77	14.3	35	河流冲积物	E 110°07′35.8″ N 21°28′23.5″	94
						P	14—20	浅红棕色	砂壤土	块状		13.1	1.83	0.23	15.0						
						C	20—80	灰黄棕色	砂壤土	块状	5.1	7.3	0.75	0.22	14.6						
剖26	铁铝土	砖红壤	砖红壤	红黄赤土地	红黄赤土地	A	0—17	灰黄色	砂壤土	团粒状	7.0	9.7	0.42	0.25	12.3					E 110°03′17.3″ N 21°27′18.7″	91
						B	17—68	暗黄橙色	黏壤土	块状	5.4	9.4	0.59	0.18	14.9						
						C	68—100	红棕色	黏壤土	粒状	5.1	11.6	0.58	0.22	11.2						
剖27	铁铝土	砖红壤	砖红壤	砂页岩砖红壤	薄有机质层厚层砂页岩砖红壤	A	0—10	灰灰色	砂壤土	粒状	4.9	17.2	0.65	0.14	1.7				砂页岩	E 110°21′25.2″ N 21°28′01.2″	93
						B	10—60	棕色	砂壤土	粒状	4.9	12.8	0.48	0.16	2.6						
						C	60—100	浅红棕色	砂壤土	块状	5.0	7.0	0.75	0.12	2.8						
													0.46	0.15	7.7						

雷 州 市

主要土类说明

砖红壤是雷州市主要土壤类型，占本市地域面积的71%，主要分布在多级台地及本市南部的缓坡低丘。成土母质主要为浅海沉积物和玄武岩风化物。在高温多雨、干湿季节明显的气候条件下，母质风化强烈，砖红壤风化层深厚，达数米至数十米，土层厚度一般在1m以上，表土层铁铝积累明显，土体呈红色至红褐色。

水稻土是雷州市第二大土壤类型，占本市地域面积的24%。成土母质主要为玄武岩和浅海沉积物等。水稻土是在长期的季节性淹灌、水下翻耕、季节性脱水、氧化还原交替影响下，原来的成土母质或母土的特性发生重大改变，形成的新的土壤类型。由于干湿交替，水稻土形成糊状的淹育层、较坚实板结的犁底层、渗育层、潴育层与潜育层等多种发生层。这些不同的发生层是在人为耕作、水浆管理下形成的。本市水稻土分为淹育型、潴育型、潜育型、渗育型、沼泽型、盐渍型等亚类。其中，潴育水稻土面积最大，分布最广，耕作历史悠久，排灌条件较好，土壤熟化程度高，在犁底层下出现明显的潴育层。潴育水稻土剖面层次较完整，通常由耕作层、犁底层、潴育层、母质层组成，有的水稻土在潴育层之下有潜育层出现，但潜育层一般出现在土体60cm以下深处，对水稻生长影响不大。

小于本市地域面积3%的土壤类型有滨海盐土和风沙土。

本区域中心区气候特征

本区域中心区气候特征值
Regional climate characteristics in central area of the region

气候带：南亚热带湿润气候 Climate region: South subtropical humid climate	
年平均气温 /℃ Annual average temperature /℃	23.5
年平均最高气温 /℃ Annual average maximum temperature /℃	27.4
年平均最低气温 /℃ Annual average minimum temperature /℃	20.9
年降水量 /mm Annual precipitation /mm	1808
≥10℃的积温 /℃ Daily temperature accumulated in a year（≥10℃）/℃	8594
年日照时数 /h Annual sunshine /h	1991
年平均相对湿度 /% Annual average relative humidity /%	82
干燥度 Dryness	0.80

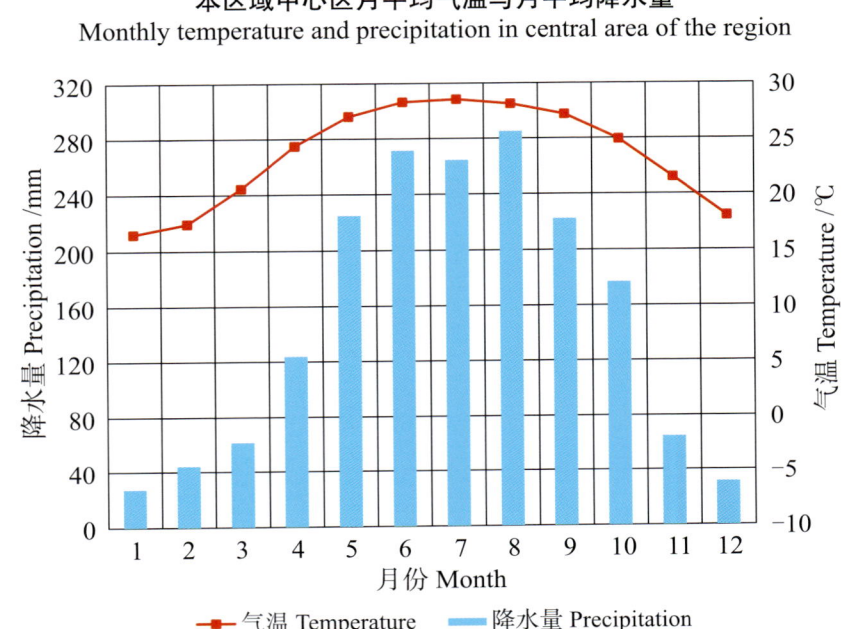

本区域中心区月平均气温与月平均降水量
Monthly temperature and precipitation in central area of the region

雷州市主要土壤类型与土壤剖面点分布图
1∶340 000

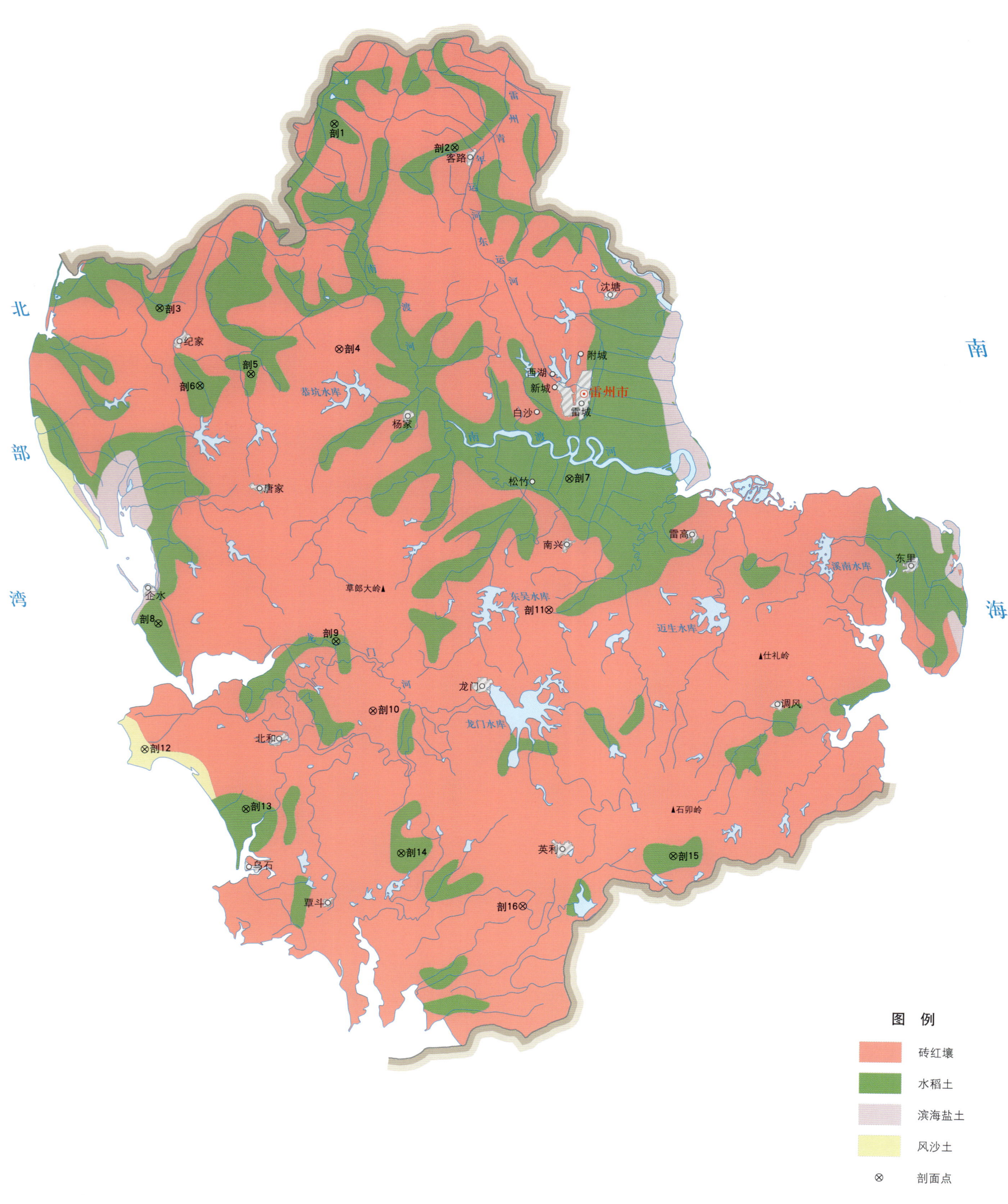

雷州市土壤剖面理化性状表

剖面号 Soil profile	土纲 Soil order	土类 Soil great group	亚类 Soil subgroup	土属 Soil genus	土种 Soil species	土层码 Layer code	土层厚度 Depth/cm	颜色 Soil color	质地 Soil texture	土壤结构 Soil structure	pH	有机质 OM/(g/kg)	全氮 TN/(g/kg)	全磷 TP/(g/kg)	全钾 TK/(g/kg)	碱解氮 AN/(mg/kg)	有效磷 AP/(mg/kg)	速效钾 AK/(mg/kg)	土壤母质 Parent material	剖面点坐标 Profile coordinate	匹配指数 Matching index/%
剖1	人为土	水稻土	潴育水稻土	赤土田	赤土田	1	0–15		中黏土		6.4	17.6	0.97	0.30	16.5	91	1.5	49	玄武岩谷底冲积物	E 109°53′52.4″ N 21°06′50.0″	88
						2	15–36		中黏土		5.2	10.6	0.82	0.14	18.0						
						3	36–100		中黏土		6.0	3.3	0.52	0.68	13.6						
剖2	人为土	水稻土	潴育水稻土	赤土田	乌泥底赤土田	1	0–14		轻壤土		6.2	27.3	1.19	0.19	1.1	42	1.1	30		E 109°59′28.7″ N 21°05′50.3″	90
						2	14–23		轻黏土		6.4	22.4	1.00	0.24	0.9						
						3	23–67		轻黏土		7.0	7.7	0.29	0.15	1.1						
						4	67–100		轻黏土		7.0	4.2	0.30	0.32	1.5						
剖3	人为土	水稻土	潴育水稻土	赤土田	乌赤土田	1	0–14		中壤土		6.2	33.1	1.80	0.50	1.3	121	9.4			E 109°45′53.1″ N 20°58′28.9″	72
						2	14–24		轻壤土		6.0	18.2	1.04	0.41	1.2						
						3	24–54		中壤土		6.6	7.4	0.44	0.14	6.5						
						4	54–100		轻黏土		6.2	17.5	0.93	0.29	1.2						
剖4	铁铝土	砖红壤	砖红壤	玄武岩砖红壤	薄有机质层薄层砖红壤	1	0–10	浅黄色	轻壤土	块状	6.4	13.8	0.98	0.20	2.1	81	1.4	24	玄武岩风化物	E 109°54′14.0″ N 20°56′44.9″	77
						2	10–23	浅黄色	中壤土	块状	7.0	10.8	0.67	0.65	1.6						
						3	23–100	灰黄色	中壤土	块状	6.2	6.3	0.42	1.30	1.8						
剖5	人为土	水稻土	淹育水稻土	洪积黄泥田	洪积黄泥田	1	0–13	灰黄色	重壤土	块状	5.0	13.8	0.98	0.37	5.8	103	3.1	26	洪积物	E 109°50′09.2″ N 20°55′33.6″	83
						2	13–25	灰黄色	重壤土	块状	5.6	4.0	0.66	0.37	5.6						
						3	25–100	棕红色	重壤土	块状	6.0	5.8	0.39	0.20	4.5						
剖6	人为土	水稻土	淹育水稻土	浅脚赤土田	浅脚赤土田	1	0–12	褐黑色	中壤土	块状	5.4	30.3	1.71	0.52	0.4	108	3.9	32		E 109°47′47.8″ N 20°55′00.8″	89
						2	12–23	褐黑色	重壤土	块状	6.6	25.8	1.40	0.32	0.3						
						3	23–100	褐黑色	重壤土	块状	6.4	12.0	0.72	0.39	0.3						
剖7	人为土	水稻土	潴育水稻土	赤土田	彩土田	1	0–10	褐黑色	重壤土	块状	6.8	28.5	1.38	0.35	5.9	157	1.3	45		E 110°04′59.3″ N 20°51′04.1″	75
						2	10–21	褐黑色	轻黏土	柱状	6.8	26.6	1.28	0.57	6.1						
						3	21–45	褐黑色	轻黏土	柱状	6.0	21.6	1.05	0.29	5.9						
						4	45–100	褐黑色	轻壤土	块状	6.6	15.2	0.50	0.28	5.9						
剖8	人为土	水稻土	潴育水稻土	浅脚赤土田	铁盘底田	1	0–13	黄黄色	中壤土	块状	7.0	13.1	0.85	0.61	1.6	116	4.4	24		E 109°46′02.4″ N 20°44′17.6″	93
						2	13–30	灰黄色	轻壤土	块状	6.2	5.9	0.37	0.43	0.9						
						3	30–100		重壤土		7.2	1.9	0.19	0.73	0.5						
剖9	人为土	水稻土	潴育水稻土	黄赤土田	黄赤泥砂田	1	0–14		重壤土		5.6	9.8	0.55	0.24	12.3	60	1.4	26		E 109°54′16.4″ N 20°43′36.7″	99
						2	14–28		重壤土		5.6	12.8	0.72	0.15	9.4						
						3	28–56		重壤土		5.6	7.1	0.49	0.22	10.1						
						4	56–100		重壤土		6.6	7.6	0.43	0.17	9.7						
剖10	铁铝土	砖红壤	砖红壤	耕型粗骨性砖红壤	赤泥彩土地	1	0–20		紧砂土		7.0	9.3	0.31	0.33	2.1	51	3.4	28		E 109°56′02.0″ N 20°40′32.5″	83
						2	20–45		砂壤土		6.8	4.4	0.23	0.15	2.7						
						3	45–100		砂壤土		7.0	4.4	0.22	0.28	4.8						
剖11	铁铝土	砖红壤	砖红壤	玄武岩砖红壤	厚有机质层薄层砖红壤	1	0–30		重壤土		5.8	22.1	1.20	0.08	1.1	125	0.9	23	玄武岩风化物	E 110°04′06.6″ N 20°45′09.4″	88
						2	30–60		中壤土		6.4	7.5	0.55	0.48	1.8						
						3	60–100		砂壤土		6.0	3.8	0.25	0.72	4.7						
剖12	初育土	风沙土	滨海风沙土	滨海沙土	固定沙地	1	0–50	浅红色	松砂土	粒状	6.4	1.7	0.08	0.14	3.9	27	7.4	22	滨海沉积物	E 109°45′29.6″ N 20°38′39.1″	73
						2	50–100	浅红色	松砂土	粒状	5.8	1.1	0.16	0.11	2.8						
剖13	人为土	水稻土	盐渍水稻土	反酸田	轻反酸田	1	0–11	暗灰色	重壤土	粒状	5.8	21.0	1.15	0.18	0.7	103	2.8	18		E 109°50′13.9″ N 20°36′01.5″	78
						2	11–26	暗灰色	中黏土	柱状	5.2	22.2	1.05	0.17	1.0						
						3	26–100	棕黑色	中黏土	柱状	4.8	24.1	0.96	0.07	1.2						

续表 Continued

剖面号 Soil profile	土纲 Soil order	土类 Soil great group	亚类 Soil subgroup	土属 Soil genus	土种 Soil species	土层码 Layer code	土层厚度 Depth/cm	颜色 Soil color	质地 Soil texture	土壤结构 Soil structure	pH	有机质 OM/(g/kg)	全氮 TN/(g/kg)	全磷 TP/(g/kg)	全钾 TK/(g/kg)	碱解氮 AN/(mg/kg)	有效磷 AP/(mg/kg)	速效钾 AK/(mg/kg)	土壤母质 Parent material	剖面点坐标 Profile coordinate	匹配指数 Matching index/%
剖14	人为土	水稻土	潴育水稻土	黄赤土田	黄赤砂质田	1	0—19		紧砂土		7.4	13.0	0.37	0.14	2.6	28	1.3	10		E 109°57′26.3″ N 20°34′07.7″	77
						2	19—34		紧砂土		6.8	14.6	0.72	0.11	2.9						
						3	34—54		砂壤土		6.6	17.4	0.84	0.04	3.3						
						4	54—100		轻壤土		6.6	33.6	1.35	0.21	5.6						
剖15	人为土	水稻土	潴育水稻土	黄赤土田	黄赤土田	1	0—14	黄灰色	轻黏土	块状	5.4	28.2	1.63	0.10	1.4	97	1.7	42		E 110°10′01.9″ N 20°34′10.9″	73
						2	14—26	灰黄色	轻黏土	块状	5.2	20.6	1.21	0.05	1.0						
						3	26—43	黄灰色	轻黏土	柱状	4.8	8.2	0.62	0.10	1.0						
						4	43—100	浅灰色	中黏土	柱状	5.6	11.3	0.72	0.37	7.0						
剖16	铁铝土	砖红壤	砖红壤	耕型粗骨性砖红壤	砂泥彩土地	1	0—11		轻壤土		5.8	14.6	0.70	0.41	1.3	84	4.2	38		E 110°03′05.8″ N 20°31′50.2″	70
						2	11—20		中壤土		6.0	11.6	0.54	0.35	0.9						
						3	20—100		轻壤土		6.2	4.9	0.37	0.32	0.9						

吴 川 市

主要土类说明

水稻土是吴川市主要土壤类型，占本市地域面积的 50%。水稻土是本市主要的耕作土壤，由花岗岩、砂页岩、浅海沉积物、河流冲积物、滨海沉积物和少量洪积物发育而成，一般灌溉条件较好，但仍存在旱涝问题。本市水稻土分为淹育型、潴育型、渗育型、潜育型、沼泽型、盐渍型等亚类。其中，潴育水稻土面积最大，占本土类面积的 79%，耕作历史悠久，排灌条件较好，土壤熟化程度高，在长期干湿交替耕作条件下形成了黄棕色的铁锈斑纹，在犁底层下出现明显的潴育层。潴育水稻土剖面层次较完整，通常由耕作层、犁底层、潴育层、母质层组成，有的水稻土在潴育层之下有潜育层出现，但潜育层一般出现在土体 60cm 以下深处，对水稻生长影响不大。

砖红壤是吴川市第二大土壤类型，占本市地域面积的 34%。本市砖红壤是由花岗岩、砂页岩和浅海沉积物发育而成的自然土壤，主要分布在本市西北低丘、东南低丘和西南沿海台地。砖红壤主要发生于热带雨林或季雨林下，是遭强烈脱硅富铝化作用的土壤。砖红壤中氧化硅大量迁出，游离铁占全铁的 80%。黏粒矿物以高岭石、赤铁矿和三水铝石为主，黏粒硅铝率小于 1.6，风化淋溶系数小于 0.05，盐基饱和度小于 15%。在 A–B–C 剖面构型中，淀积层（B 层）富含铁铝氧化物，呈砖红色；淀积层下部常出现红白（或黄白）交织的网纹层。本市砖红壤仅有砖红壤一个亚类。

风沙土是吴川市第三大土壤类型，占本市地域面积的 6%，呈带状分布在本市西南和东南沿海岸边。成土母质主要为近代滨海冲积物。风沙土发生于半干旱、干旱漠境地区及滨海地区，是在风沙移动堆积形成的多种形态的风沙沉积物上发育的初育土。由于成土时间短暂，该土壤无剖面发育，具 C、(A)–C 或 A–C 剖面构型，反映了风沙移动堆积与固定的不同阶段。

潮土占本市地域面积的 4%。潮土见于近代河流冲积平原或低平阶地，地下水位高，潜水参与成土过程。在潮土成土过程中，底土受氧化还原交替作用，形成锈色斑纹和小型铁子。在长期耕作条件下，表层有机质含量为 10—15g/kg。

小于本市地域面积 3% 的土壤类型有沼泽土和滨海盐土。

本区域中心区气候特征

本区域中心区气候特征值
Regional climate characteristics in central area of the region

气候带：南亚热带湿润气候 Climate region: South subtropical humid climate	
年平均气温 /℃ Annual average temperature /℃	23.0
年平均最高气温 /℃ Annual average maximum temperature /℃	26.8
年平均最低气温 /℃ Annual average minimum temperature /℃	20.2
年降水量 /mm Annual precipitation /mm	2019
≥10℃的积温 /℃ Daily temperature accumulated in a year (≥10℃) /℃	8382
年日照时数 /h Annual sunshine /h	1859
年平均相对湿度 /% Annual average relative humidity /%	81
干燥度 Dryness	0.69

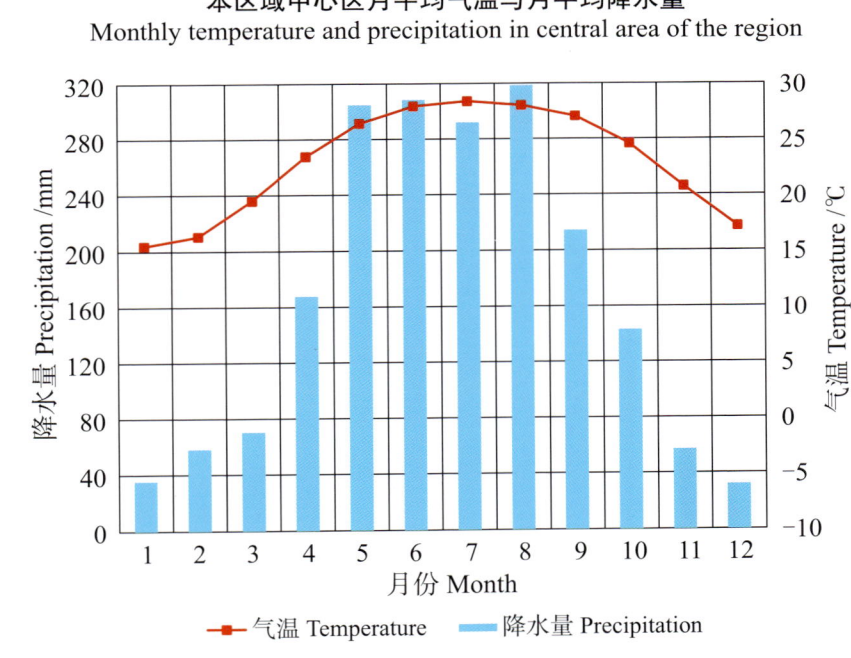

本区域中心区月平均气温与月平均降水量
Monthly temperature and precipitation in central area of the region

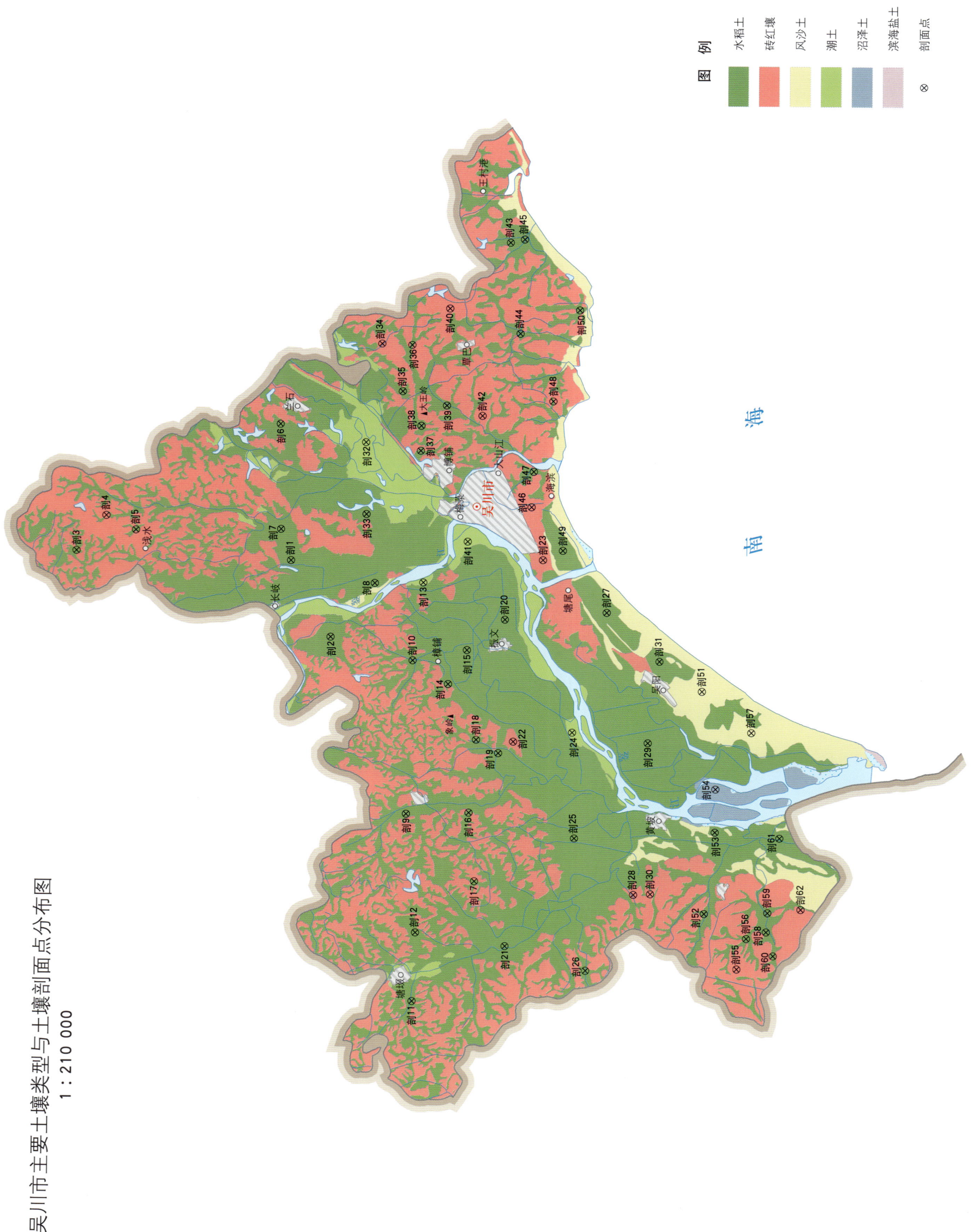

吴川市主要土壤类型与土壤剖面点分布图

1∶210 000

吴川市土壤剖面理化性状表

剖面号 Soil profile	土纲 Soil order	土类 Soil great group	亚类 Soil subgroup	土属 Soil genus	土种 Soil species	土层码 Layer code	土层厚度 Depth/cm	颜色 Soil color	质地 Soil texture	土壤结构 Soil structure	pH	有机质 OM (g/kg)	全氮 TN (g/kg)	全磷 TP (g/kg)	全钾 TK (g/kg)	土壤母质 Parent material	剖面点坐标 Profile coordinate	匹配指数 Matching index/%
剖1	人为土	水稻土	潴育水稻土	河砂泥田	河黄泥底田	A	0—14	棕灰色	轻壤土	碎块状	4.9	9.4	0.54	0.22	18.7	河流冲积物	E 110°44′51.7″ N 21°31′20.3″	88
						P	14—21	暗棕灰色	轻壤土	碎块状	5.2	8.9	0.53	0.22	18.4			
						W₁	21—56	黄棕色	中壤土	块状	6.5	6.5	0.39	0.22	21.8			
						W₂	56—100	浅黄棕色	中壤土	柱状								
剖2	人为土	水稻土	潴育水稻土	青泥底田	河黏质青泥底田	A	0—15	褐黄色	轻黏土	碎块状	4.9	32.8	1.51	0.14	18.0		E 110°42′32.0″ N 21°30′13.7″	83
						P	15—21	暗黄灰色	轻黏土	块状	4.5	25.1	1.22	0.41	18.3			
						W	21—35	灰黄色	轻黏土	柱状	4.2	25.6	0.76	0.18	19.8			
						Wg	35—100	暗黄色	重壤土	块状	4.5	20.9	0.75	0.28	20.9			
剖3	人为土	水稻土	潴育水稻土	砂页岩红泥田	页岩泥底田	A	0—14	暗黄棕色	轻壤土	碎块状	5.4	21.9	1.16	0.30	4.2	砂页岩	E 110°45′06.5″ N 21°37′16.0″	80
						P	14—21	暗黄棕色	中壤土	碎块状	5.5	17.8	0.97	0.25	4.2			
						W	21—64	浅黄棕色	中壤土	柱状	6.1	5.2	0.36	0.13	4.3			
						C	64—100	暗黄棕色	轻壤土	碎块状								
剖4	铁铝土	砖红壤	砖红壤	黄红赤土	薄有机质层厚层黄红赤土	A	0—6	红色	轻壤土	碎块状	5.2	19.1	0.96	0.21	6.6		E 110°46′10.9″ N 21°36′27.4″	91
						B₁	6—37	黄色	轻壤土	碎块状	5.4	13.9	0.66	0.17	5.4			
						B₂	37—100	浅黄棕色	中壤土	碎块状	5.3	13.0	0.58	0.15	6.3			
剖5	人为土	水稻土	潴育水稻土	冷底田	铁锈水稻田	A	0—13	黄棕色	轻壤土	碎块状	5.6	32.6	1.50	0.35	4.1		E 110°45′45.0″ N 21°35′37.7″	76
						P	13—20	暗黄棕色	中壤土	块状	5.3	27.0	1.12	0.27	4.3			
						G₁	20—70	灰黄棕色	中壤土	块状	5.6	43.3	1.47	0.17	4.4			
						G₂	70—100	褐灰色	中壤土	块状								
剖6	人为土	水稻土	潴育水稻土	炭质黑泥田	黑泥松田	A	0—13	暗黄灰色	砂壤土	碎块状	6.6	20.0	1.02	0.25	2.9		E 110°48′59.8″ N 21°31′40.1″	82
						P	13—21	暗黄灰色	砂壤土	碎块状	6.6	17.3	0.93	0.25	3.1			
						W	21—65	褐色	紧砂土	柱状	6.7	1.6	0.13	0.06	1.7			
						C	65—100	浅黄棕色	紧砂土	碎块状								
剖7	人为土	水稻土	潴育水稻土	河砂泥田	河泥田	A	0—13	暗黄棕色	中壤土	碎块状	5.2	19.8	1.11	0.47	13.5	河流冲积物	E 110°45′49.0″ N 21°31′37.6″	94
						P	13—19	灰黄棕色	中壤土	碎块状	5.7	17.2	0.97	0.43	13.5			
						W	19—100	黄棕色	重壤土	块状	4.9	7.6	0.48	0.27	15.5			
剖8	人为土	水稻土	潴育水稻土	潮砂泥田	潮砂田	A	0—12	灰白色	砂壤土	碎块状	6.0	5.4	0.37	0.18	23.1	河流冲积物	E 110°44′11.8″ N 21°29′01.3″	84
						P	12—21	暗黄棕色	松砂土	碎块状	5.8	1.3	0.09	0.12	22.5			
						W₁	21—54	浅棕黄色	紧砂土	碎块状	5.8	2.1	0.14	0.16	25.2			
						W₂	54—100	暗黄棕色	中壤土	柱状								
剖9	人为土	水稻土	潴育水稻土	麻红泥田	麻红泥田	A	0—16	暗灰棕色	轻壤土	碎块状	5.3	28.5	1.57	0.65	3.3		E 110°37′11.6″ N 21°28′05.2″	95
						P	16—30	灰黄棕色	中壤土	碎块状	6.0	26.4	1.31	0.52	3.3			
						W	30—62	黄棕色	重壤土	块状	5.8	8.1	0.55	0.45	5.8			
						C	62—100	灰白色	轻壤土	块状								
剖10	人为土	水稻土	潴育水稻土	乌泥底田	乌泥底田	A	0—15	暗黄棕色	轻黏土	碎块状	6.1	13.3	0.74	0.23	2.9		E 110°41′51.0″ N 21°27′57.6″	97
						P	15—20	暗黄棕色	轻黏土	碎块状	6.1	11.7	0.65	0.18	2.7			
						G₁	20—39	黑棕色	轻黏土	柱状	6.4	9.0	0.47	0.11	2.5			
						G₂	39—78	灰白色	松砂土	块状	5.9	18.9	0.58	0.14	5.7			
剖11	人为土	水稻土	潴育水稻土	河砂泥田	河砂泥田	A	0—13	棕灰色	轻壤土	碎块状	5.3	16.7	0.85	0.49	15.8	河流冲积物	E 110°31′30.4″ N 21°27′51.5″	85
						P	13—19	暗黄棕色	轻壤土	碎块状	5.8	12.8	0.67	0.40	12.3			
						W₁	19—64	暗黄棕色	中壤土	柱状	5.9	8.4	0.46	0.27	14.8			
						W₂	64—100	暗黄棕色	中壤土	柱状								

续表 Continued

剖面号 Soil profile	土纲 Soil order	土类 Soil great group	亚类 Soil subgroup	土属 Soil genus	土种 Soil species	土层码 Layer code	土层厚度 Depth/cm	颜色 Soil color	质地 Soil texture	土壤结构 Soil structure	pH	有机质 OM/(g/kg)	全氮 TN/(g/kg)	全磷 TP/(g/kg)	全钾 TK/(g/kg)	土壤母质 Parent material	剖面点坐标 Profile coordinate	匹配指数 Matching index/%
剖12	人为土	水稻土	潴育水稻土	洪积黄红泥田	洪积砂泥田	A	0–16	浅灰色	轻壤土	碎块状	4.8	24.3	1.25	0.27	10.5	洪积物	E 110°33′34.6″ N 21°27′47.5″	100
						P	16–30	暗灰色	轻壤土	块状	4.1	30.9	0.74	0.20	21.5			
						W	30–80	灰黄色	中壤土	柱状	5.1	8.2	0.44	0.17	13.5			
						C	80–100	灰白色	轻壤土	块状	5.7							
剖13	半水成土	潮土	潮土	潮砂泥地	潮砂泥地	A	0–15	暗黄棕色	中壤土	碎块状	5.2	15.7	0.90	0.31	21.2	河流冲积物	E 110°44′13.4″ N 21°27′41.3″	71
						B	15–90	浅棕黄色	中壤土	碎块状	5.4	4.8	0.27	0.38	23.3			
						C	90–100	灰黄黄色	紧砂土	粒状	5.7	1.1	0.10	0.09	20.1			
剖14	人为土	水稻土	淹育水稻土	浅脚黄赤土田	浅脚黄赤砂泥田	A	0–10	棕灰色	轻壤土	碎块状	5.6	10.6	0.85	0.42	2.9	浅海沉积物	E 110°41′08.2″ N 21°26′58.2″	95
						P	10–13	棕灰色	轻壤土	碎块状	5.9	15.7	0.75	0.41	2.8			
						C	13–100	浅棕色	轻壤土	粒状	5.2	11.3	0.42	0.16	2.7			
剖15	人为土	水稻土	潴育水稻土	潮泥田	潮泥田	A	0–12	灰黄黄色	重壤土	碎块状	4.9	21.5	1.19	0.31	21.4	浅海沉积物	E 110°42′10.8″ N 21°26′27.6″	79
						B	12–17	暗黄棕色	轻黏土	碎块状	5.5	15.5	1.01	0.33	21.0			
						W_1	17–85	褐黄色	重黏土	柱状	5.2	9.9	0.52	0.34	22.0			
						W_2	85–100	暗黄棕色	重黏土	柱状								
剖16	人为土	水稻土	潴育水稻土	洪积黄红泥田	洪积泥田	A	0–13	暗灰色	中壤土	碎块状	5.1	32.9	1.63	0.20	13.2	洪积物	E 110°37′14.9″ N 21°26′21.5″	79
						P	13–20	暗黄黄色	轻壤土	棱柱状	5.0	25.6	1.23	0.28	20.5			
						W	20–67	浅黄色	砂壤土	碎粒状	4.5	10.8	0.60	0.16	14.2			
						C	67–100	浅黄棕色	重黏土	块状								
剖17	人为土	水稻土	潴育水稻土	麻红泥田	麻红泥田	A	0–13	暗黄棕色	重壤土	碎块状	5.8	18.4	0.93	0.34	3.2	浅海沉积物	E 110°35′08.9″ N 21°26′10.7″	80
						P	13–21	暗黄色	中壤土	块状	5.2	20.0	1.02	0.44	3.8			
						G_1	21–70	暗黄色	中壤土	柱状	6.1	11.2	0.52	0.16	5.2			
						G_2	70–100	暗黄色	中壤土	块状								
剖18	人为土	水稻土	潴育水稻土	页砂岩红泥田	页红泥田	A	0–13	暗黄棕色	轻壤土	碎块状	5.9	31.0	1.55	0.49	5.8	砂页岩	E 110°39′28.4″ N 21°26′10.7″	76
						P	13–20	暗黄色	轻壤土	碎块状	5.7	23.9	1.26	0.40	5.6			
						W	20–64	黄黄色	重黏土	碎块状	5.5	16.2	0.88	0.27	5.5			
						C	64–100	浅灰色	砂黏土	柱状								
剖19	人为土	水稻土	潴育水稻土	冷底田	冷底田	A	0–15	褐色	重壤土	柱状	5.0	29.5	1.39	0.46	14.0	河流冲积物	E 110°39′04.3″ N 21°25′34.0″	87
						P	15–21	暗黄棕色	中壤土	块状	4.9	23.7	0.98	0.41	14.2			
						W	21–40	暗黄色	中壤土	柱状	4.6	56.4	1.22	0.22	11.8			
						C	40–100	暗黄色	中壤土	块状								
剖20	人为土	水稻土	潴育水稻土	潮砂泥田	潮砂泥田	A	0–12	黑色	轻壤土	碎块状	5.5	13.6	0.80	0.34	23.5	滨海沉积物	E 110°43′07.2″ N 21°25′25.2″	90
						P	12–21	棕灰色	轻壤土	碎块状	6.8	9.3	0.56	0.30	24.1			
						W	21–68	灰黄色	重壤土	柱状	5.4	9.4	0.61	0.31	22.9			
						G	68–100	暗黄色	重黏土	块状								
剖21	人为土	水稻土	潴育水稻土	滨海砂泥田	滨海黏土田	A	0–12	暗黄色	轻壤土	碎块状	4.2	36.0	1.55	0.51	22.3	河流冲积物	E 110°33′11.9″ N 21°25′18.8″	83
						P	12–17	暗黄黄色	重壤土	碎块状	4.4	28.0	1.07	0.32	19.2			
						W	17–60	暗黄色	重黏土	柱状	4.0	22.2	0.79	0.16	24.1			
						G	60–100	暗黄色	重黏土	块状								
剖22	铁铝土	砖红壤	砖红壤	黄红赤土地	黄红赤砂地	A	0–8	灰黄色	紧砂土	碎块状	6.0	4.3	0.21	0.12	1.9	滨海沉积物	E 110°39′25.6″ N 21°25′09.1″	75
						B	8–24	黄色	轻壤土	碎块状	5.9	5.8	0.31	0.13	3.4			
						C	24–100	红棕色	中壤土	块状	5.7	10.0	0.47	0.15	5.4			
剖23	铁铝土	砖红壤	砖红壤	黄赤土地	黄赤砂地	A	0–20	浅棕色	紧砂土	粒状	5.4	3.4	0.22	0.08	1.2		E 110°44′56.4″ N 21°24′23.2″	85
						B	20–55	棕色	砂壤土	碎块状	5.6	7.2	0.39	0.13	1.7			
						C	55–100	棕灰色	轻壤土	碎块状	5.2	6.3	0.33	0.10	1.7			
剖24	半水成土	潮土	潮土	潮砂泥地	潮砂泥地	A	0–20	浅灰黄色	砂砂土	碎块状	4.9	5.6	0.32	0.32	24.6	河流冲积物	E 110°39′43.3″ N 21°23′32.0″	89
						C	20–100	褐棕色	紧砂土	粒状	6.6	2.6	0.12	0.17	27.2			

续表 Continued

剖面号 Soil profile	土纲 Soil order	土类 Soil great group	亚类 Soil subgroup	土属 Soil genus	土种 Soil species	土层码 Layer code	土层厚度 Depth/cm	颜色 Soil color	质地 Soil texture	土壤结构 Soil structure	pH	有机质 OM/(g/kg)	全氮 TN/(g/kg)	全磷 TP/(g/kg)	全钾 TK/(g/kg)	土壤母质 Parent material	剖面点坐标 Profile coordinate	匹配指数 Matching index/%
剖25	人为土	水稻土	潴育水稻土	滨海砂泥田	滨海泥田	A	0—10	暗棕灰色	重壤土	碎块状	4.4	31.2	1.35	0.42	13.1	滨海沉积物	E 110°36′29.9″ N 21°23′26.5″	86
						P	10—16	暗灰色	重壤土	块状	4.4	26.4	1.13	0.32	13.0			
						W₁	16—39	暗棕灰色	重壤土	块状	4.5	29.1	0.84	0.25	14.9			
						W₂	39—100	浅灰色	重壤土	块状								
剖26	人为土	水稻土	潴育水稻土	黄赤土田	黄赤土田	A	0—15	浅棕黄色	重壤土	碎块状	5.3	14.0	0.79	0.43	2.9		E 110°32′29.4″ N 21°23′04.6″	86
						P	15—30	浅黄色	重壤土	块状	5.5	11.2	0.60	0.21	3.8			
						W	30—62	暗黄色	砂壤土	柱状	5.3	3.3	0.23	0.09	2.5			
						Wg	62—100	灰黄色	砂壤土	碎块状								
剖27	人为土	水稻土	潴育水稻土	滨海砂泥田	滨海砂泥田	A	0—13	暗棕灰色	中壤土	碎块状	5.1	30.8	1.45	0.66	11.7	滨海沉积物	E 110°43′21.4″ N 21°22′36.8″	70
						P	13—27	暗棕灰色	轻壤土	碎块状	4.9	16.1	0.75	0.23	10.1			
						W	27—100	灰白色	中壤土	柱状	4.3	5.1	0.30	0.11	17.6			
剖28	铁铝土	砖红壤	砖红壤	麻红赤土地	麻红赤砂泥地	A	0—12	红棕色	中壤土	碎块状	4.6	11.8	0.73	0.39	1.9		E 110°34′48.0″ N 21°21′47.2″	88
						B₁	12—54	红棕色	中壤土	块状	4.9	12.4	0.63	0.35	1.9			
						B₂	54—100	红黄色	轻壤土	碎块状	5.0	8.9	0.44	0.29	1.9			
剖29	人为土	水稻土	潴育水稻土	青泥底田	滨海黏质青泥底田	A	0—13	暗灰棕色	轻黏土	碎块状	4.3	45.2	1.65	0.42	15.4		E 110°39′25.6″ N 21°21′26.3″	90
						P	13—23	黑棕色	重壤土	碎块状	3.8	62.6	1.07	0.24	18.1			
						Wg	23—54	暗灰棕色	重壤土	柱状	3.9	16.6	1.11	0.21	19.3			
						G	54—100	黑色	重壤土	碎块状	2.9	46.6	1.06	0.14	19.9			
剖30	铁铝土	砖红壤	砖红壤	麻红赤土地	中有机质层中层麻红赤土	A	0—12	棕色	中壤土	碎块状	4.9	10.0	0.50	0.15	1.7		E 110°34′49.8″ N 21°21′19.1″	80
						B	12—59	浅棕色	中壤土	碎块状	4.7	10.6	0.55	0.15	1.7			
						C	59—100	红黄棕色	重壤土	碎块状	4.6	6.8	0.36	0.16	1.7			
剖31	人为土	水稻土	潴育水稻土	滨海砂泥田	滨海砂质田	A	0—12	浅灰棕色	松砂土	碎块状	4.4	5.6	0.33	0.19	8.9	滨海沉积物	E 110°41′53.4″ N 21°21′08.4″	95
						P	12—23	栗色	松砂土	碎块状	4.4	3.6	0.22	0.17	8.9			
						W	23—70	黄色	松砂土	碎块状	4.8	0.9	0.06	0.11	7.9			
						C	70—100	黄棕色	松砂土	碎块状								
剖32	半成土	潮土	潮土	潮砂泥土	潮泥土	A	0—6	棕灰色	中黏壤土	碎块状	5.1	43.2	2.25	0.46	14.0	河流冲积物	E 110°48′27.7″ N 21°29′18.2″	93
						B₁	6—57	灰白色	轻黏壤土	碎块状	5.0	23.1	1.29	0.31	13.6			
						B₂	57—100	浅灰色	轻黏壤土	碎块状	4.4	32.3	1.37	0.32	14.4			
剖33	人为土	水稻土	潴育水稻土	河砂泥田	河黏土田	A	0—12	灰黄色	轻黏壤土	碎块状	5.2	23.0	1.28	0.32	17.2	河流冲积物	E 110°46′17.6″ N 21°29′16.2″	98
						P	12—20	暗黄色	轻黏壤土	碎块状	5.2	18.2	0.95	0.27	18.1			
						W	20—55	浅黄色	轻黏壤土	柱状	5.4	8.9	0.55	0.30	23.2			
						Wg	55—100	灰灰色	砂黏土	柱状								
剖34	铁铝土	砖红壤	砖红壤	麻红赤土地	麻红赤砂泥田	A	0—14	褐色	轻壤土	碎块状	6.3	3.2	0.26	0.12	1.9		E 110°51′28.4″ N 21°28′53.0″	89
						B₁	14—60	暗灰黄色	砂壤土	碎块状	5.5	5.7	0.39	0.12	2.7			
						B₂	60—100	暗灰黄色	砂壤土	柱状	5.6	5.0	0.34	0.12	2.7			
剖35	人为土	水稻土	潴育水稻土	炭质黑泥田	黑泥底田	A	0—14	栗色	中壤土	碎块状	5.8	29.2	1.36	0.38	2.4		E 110°50′01.3″ N 21°28′18.5″	81
						P	14—21	黑色	重壤土	碎块状	5.9	23.5	1.06	0.33	1.7			
						W	21—80	灰灰色	松砂土	柱状	5.9	35.7	0.95	0.40				
						C	80—100	灰黄色										
剖36	人为土	水稻土	潴育水稻土	炭质黑泥田	黑泥砂田	A	0—12	暗灰黄色	砂壤土	碎块状	5.8	15.2	0.81	0.19	1.9		E 110°51′26.3″ N 21°28′03.4″	73
						P	12—19	暗灰黄色	砂壤土	碎块状	5.5	13.7	0.70	0.16	1.9			
						W₁	19—50	暗灰黄色	轻壤土	柱状	5.1	32.3	0.99	0.26	1.9			
						W₂	50—100	黑色	轻壤土	柱状								

续表 Continued

剖面号 Soil profile	土纲 Soil order	土类 Soil great group	亚类 Soil subgroup	土属 Soil genus	土种 Soil species	土层码 Layer code	土层厚度 Depth/cm	颜色 Soil color	质地 Soil texture	土壤结构 Soil structure	pH	有机质 OM/(g/kg)	全氮 TN/(g/kg)	全磷 TP/(g/kg)	全钾 TK/(g/kg)	土壤母质 Parent material	剖面点坐标 Profile coordinate	匹配指数 Matching index/%
剖37	人为土	水稻土	沼泽型水稻土	潴水田	望天心田	Ag	0—18	浅灰色	轻黏土	块状	4.8	25.5	1.26	0.39	17.8		E 110°48′13.2″ N 21°27′47.6″	87
						G₁	18—36	暗灰色	中黏土	块状	4.7	8.4	0.43	0.15	21.3			
						G₂	36—54	暗灰色	中黏土	块状	4.4	27.5	1.12	0.26	12.6			
剖38	人为土	水稻土	潴育水稻土	炭质黑泥田	低黑黑格田	G₃	54—100	暗灰色	中黏土	块状	6.0	29.8	1.27	0.05	1.7		E 110°48′58.5″ N 21°27′47.1″	97
						P	12—16	棕灰色	轻黏土	碎块状	6.2	23.9	1.04	0.38	1.7			
						W₁	16—44	暗棕灰色	轻黏土	柱状	6.2	31.7	1.34	0.51	2.1			
						W₂	44—84	黑灰棕色	轻黏土	柱状	6.0	46.0	1.30	0.41	2.2			
剖39	人为土	水稻土	渗育水稻土	白鳝赤土	低白鳝砂格田	C	84—100	灰白色	松砂土		6.0	0.4	0.03				E 110°49′35.8″ N 21°27′05.0″	70
						A	0—13	暗棕灰色	中壤土	碎块状	6.0	25.8	1.28	0.44	3.0			
						P	13—19	暗棕灰色	轻壤土	碎块状	7.6	29.1	1.21	0.36	3.0			
						W	19—42	暗棕灰色	轻壤土	柱状	6.3	14.3	0.52	0.24	0.5			
剖40	铁铝土	砖红壤	砖红壤	麻红赤土		E	42—100	白色	松砂土		6.0	0.4	0.03		1.3		E 110°52′33.6″ N 21°27′01.1″	95
						A	0—22	红棕红色	中壤土	碎块状	6.2	20.9	1.08	1.05	1.9			
						B	22—100	浅红棕色	中壤土	块状	5.0	12.5	0.66	0.37	1.5			
剖41	半成土	潮土	潮土	潮砂泥土	潮砂泥土	A	0—8	灰黄色	中壤土	碎块状	5.3	16.4	0.70	0.33	22.4	河流冲积物	E 110°45′29.0″ N 21°26′28.2″	76
						B₁	8—31	浅黄棕色	轻壤土	碎块状	5.8	8.7	0.43	0.28	23.5			
						B₂	31—61	浅黄棕色	中壤土	碎块状		7.5	0.39	0.20	24.1			
剖42	铁铝土	砖红壤	砖红壤	黄土土	中有机质层厚层黄赤土	B₃	61—100	紫色	中壤土	碎块状	4.7	19.1	0.70	0.20	3.2		E 110°49′17.4″ N 21°26′06.0″	98
						A	0—12	棕色	重壤土	碎块状	5.0	25.0	0.96	0.21	2.6			
剖43	人为土	水稻土	淹育水稻土	麻红黄泥田	麻红砂泥田	B	12—100	红黄色	中壤土	碎块状	5.9	17.7	1.21	0.51	2.6	花岗岩风化物	E 110°54′33.5″ N 21°25′21.7″	91
						P	0—14	灰黄色	重壤土	碎块状	6.0	20.5	1.15	0.46	2.7			
						C	14—23	浅黄棕色	轻黏土	块状	5.5	11.0	0.57	0.45	2.7			
剖44	人为土	水稻土	潴育水稻土	页砂泥田	页砂泥田	A	23—100	棕灰色	中壤土	碎块状	5.2	14.5	0.76	0.32	7.8	砂页岩	E 110°52′48.6″ N 21°25′04.1″	94
						P	0—10	暗棕灰色	重壤土	碎块状	4.7	7.0	0.45	0.17	6.9			
						W	10—21	灰棕灰色	中壤土	柱状	5.8	5.7	0.34	0.16	11.4			
剖45	人为土	砖红壤	砖红壤	麻红泥田	麻红砂泥田	P	21—100	棕色	重壤土	碎块状	5.6	30.4	1.61	0.76	3.3	花岗岩风化物	E 110°54′39.2″ N 21°24′58.3″	70
						B	15—25	灰黄棕色	重壤土	碎块状	5.7	19.9	0.99	0.48	3.1			
						C	25—100	灰棕灰色	中壤土	块状	5.1	8.2	0.41	0.40	3.1			
剖46	铁铝土	砖红壤	盐渍水稻土	黄赤土地	黄砂泥黄泥	A	0—22	浅黄棕色	重壤土	碎块状	5.0	5.4	0.30	0.11	1.1		E 110°46′32.7″ N 21°24′43.0″	91
						B	22—45	灰棕色	轻砂土	碎块状	5.1	5.9	0.30	0.15	1.3			
						C	45—100	黄棕色	轻砂土	粒状	7.5	2.9	0.21	0.11	1.3			
剖47	人为土	水稻土	盐渍水稻土	咸田	重咸田	A	0—18	紫灰色	紫壤土	糊状	7.6	1.1	0.07	0.23	5.6	谷底冲积物	E 110°47′36.5″ N 21°24′39.9″	89
						P	18—60	暗黄棕色	重壤土	糊状	4.9	37.4	1.79	0.41	6.5			
						G	33—60	暗黄棕色	重壤土	粒状	4.7	27.7	1.25	0.25	6.0			
剖48	人为土	水稻土	沼泽型水稻土	烂泥田	烂泥田	Ag	0—12	暗黄棕色	松砂土	粒状	6.7	10.2	0.57	0.18	7.7		E 110°51′45.1″ N 21°24′09.0″	75
						A	12—18	灰黄棕色	松砂土	粒状	5.6	10.1	0.56	0.17	5.8			
剖49	人为土	水稻土	潴育水稻土	青泥底田	滨海砂青泥底田	P	18—60	青棕色	松砂土	粒状	7.0	0.9	0.06	0.14	4.6		E 110°45′13.7″ N 21°23′50.6″	83
						G₁	60—100	青棕色			6.5	10.2	0.54	0.17	2.7			
剖50	人为土	水稻土	砂页岩红黄泥田	砂页岩红黄泥田	页石砂黄泥田	G₂	0—15	暗黄棕色	轻壤土	碎块状	7.0	1.9	0.12	0.08	1.9	砂页岩	E 110°52′31.9″ N 21°23′26.2″	76
						C	15—100	浅黄棕色	轻壤土	碎块状								
剖51	初育土	风沙土	滨海风沙土	滨海砂泥地	滨海沙地	A	0—12	栗色	紫砂土		5.3	3.2	0.28	0.32	11.1	滨海沉积物	E 110°40′59.5″ N 21°19′57.4″	73
						B	12—18	紫色	紫砂土		6.0	8.4	0.22	0.26	11.1			
						C	18—100	暗黄棕色	紧砂土		6.4	0.4	0.08	0.22	14.9			

续表 Continued

剖面号 Soil profile	土纲 Soil order	土类 Soil great group	亚类 Soil subgroup	土属 Soil genus	土种 Soil species	土层码 Layer code	土层厚度 Depth/cm	颜色 Soil color	质地 Soil texture	土壤结构 Soil structure	pH	有机质 OM/(g/kg)	全氮 TN/(g/kg)	全磷 TP/(g/kg)	全钾 TK/(g/kg)	土壤母质 Parent material	剖面点坐标 Profile coordinate	匹配指数 Matching index/%
剖52	人为土	水稻土	潴育水稻土	黄赤土田	黄赤砂泥田	A	0—15	棕灰色	轻壤土	碎块状	5.7	21.9	1.14	0.31	4.3		E 110°34′15.2″ N 21°19′49.4″	79
						P	15—28	绿灰色	中壤土	碎块状	6.9	18.3	0.92	0.34	3.8			
						W$_1$	28—52	暗灰棕色	中壤土	柱状	6.8	8.3	0.46	0.15	2.1			
						W$_2$	52—100	紫棕色	中壤土	柱状								
剖53	人为土	水稻土	盐渍水稻土	咸酸田	咸酸田	A	0—15	暗黄棕色	中壤土	块状	4.1	25.4	1.04	0.38	8.3		E 110°36′44.1″ N 21°19′33.3″	79
						P	15—30	暗灰棕色	重壤土	块状	4.0	26.1	0.96	0.12	17.1			
						G$_1$	30—40	暗灰色	重壤土	碎块状	3.0	55.8	1.57	0.16	16.3			
剖54	水成土	沼泽土	盐化沼泽土	滨海草滩	滨海草滩	A	0—23	暗棕灰色	重壤土	块状	4.0	28.7	1.42	0.29	20.7	近代滨海沉积物	E 110°38′02.8″ N 21°19′33.1″	92
						B	23—100	暗灰色	轻壤土	块状	3.7	30.9	1.18	0.24	20.8			
剖55	铁铝土	砖红壤	砖红壤	黄赤土	厚有机质层厚层黄赤土	A	0—30	棕色	轻砂土	碎块状	4.5	9.6	0.37	0.14	2.3		E 110°32′35.9″ N 21°18′54.0″	83
						B	30—100	浅灰色	轻砂土	碎块状	4.8	2.3	0.32	0.16	2.1			
剖56	人为土	水稻土	沼泽型水稻土	泥炭土田	低泥炭质田	Ag	0—15	浅灰色	紧砂土	糊烂状	5.8	11.9	0.62	0.14	1.3		E 110°33′31.4″ N 21°18′38.9″	92
						G$_1$	15—21	浅灰色	砂壤土	糊烂状	5.3	16.3	0.91	0.20	1.7			
						G$_2$	21—35	暗灰色	砂壤土	糊烂状	5.0	15.8	0.86	0.10	1.7			
						G$_3$	35—100	黑灰色	轻壤土	糊烂状	4.7	53.5	1.49	0.10	1.7			
剖57	初育土	风沙土	滨海风沙土	滨海沙泥地	滨海沙泥地	A	0—12	暗黄灰色	紧砂土	碎块状	7.5	9.3	0.61	0.20	15.5	滨海沉积物	E 110°39′46.1″ N 21°18′34.5″	75
						C$_1$	12—19	灰黄棕色	松砂土		7.0	4.8	0.37	0.12	15.8			
						C$_2$	19—56	灰黄色	松砂土									
							56—100	青灰色	松砂土		7.5	0.4	0.08	0.11	15.5			
剖58	人为土	水稻土	沼泽型水稻土	泥炭土田	泥炭田	B	0—14	暗黑色	中壤土	糊烂状	4.1	65.3	2.01	0.43	8.6		E 110°33′43.6″ N 21°18′06.4″	86
						G$_1$	14—22	黑色	中壤土	糊烂状	3.8	103.4	1.81	0.21	10.1			
						G$_2$	22—100	紫黑色	重壤土	糊烂状	3.4	20.5	0.58	0.13	14.2			
剖59	人为土	水稻土	潜育水稻土	乌泥底田	鸭屎泥田	A	0—12	黑棕色	中壤土	碎块状	5.7	42.8	1.80	0.40	7.2		E 110°34′18.1″ N 21°18′04.3″	80
						P	12—18	白色	砂壤土	块状	6.2	38.8	1.65	0.26	8.6			
						G$_1$	18—60	暗灰棕色	砂壤土	块状	2.8	62.9	0.45	0.15	13.6			
						G$_2$	60—100	黑棕色	轻黏土									
剖60	人为土	水稻土	沼泽型水稻土	泥炭土田	泥炭土底田	Ag	0—16	黑色	中壤土	糊烂状	4.9	64.0	2.54	0.28	4.6		E 110°33′00.6″ N 21°17′54.1″	82
						G$_1$	16—30	紫黑色	中壤土	糊烂状	5.1	76.8	2.39	0.63	4.4			
						G$_2$	30—40	黑色	中壤土	糊烂状	4.9	89.7	2.46	0.45	4.4			
						G$_3$	40—100	黑色	中壤土	糊烂状								
剖61	人为土	水稻土	渗育水稻土	白鳝泥田	白鳝砂底田	A	0—17	暗灰色	松砂土	碎块状	6.3	9.3	0.50	0.18	10.5		E 110°36′34.7″ N 21°17′46.0″	86
						P	17—28	浅棕灰色	松砂土	碎块状	6.5	6.7	0.43	0.15	10.0			
						E	28—60	灰白色	松砂土	碎块状	5.6	1.2	0.15	0.07	13.2			
						C	60—100	红棕色	松砂土									
剖62	铁铝土	砖红壤	砖红壤	黄赤土地	黄赤黑砂地	A	0—19	暗棕灰色	轻壤土	碎块状	5.1	23.9	0.86	0.24	2.7		E 110°34′25.3″ N 21°17′09.3″	83
						B	19—27	黑色	轻壤土	碎块状	4.9	21.7	0.86	0.26	2.5			
						C	27—100	灰色	紧砂土	粒状	5.7	0.9	0.05	0.03	1.7			

茂 名 市

市 辖 区

主要土类说明

水稻土是茂名市主要土壤类型，占本市地域面积的54%。成土母质主要为河流冲积物、浅海沉积物、砂页岩。水稻土是在长期的季节性淹灌、水下翻耕、季节性脱水、氧化还原交替影响下，原来的成土母质或母土的特性发生重大改变，形成的新的土壤类型。由于干湿交替，水稻土形成糊状的淹育层、较坚实板结的犁底层、渗育层、潴育层与潜育层等多种发生层。这些不同的发生层是在人为耕作、水浆管理下形成的。本市水稻土分为潴育型、渗育型、潜育型、矿毒型等亚类。其中，潴育水稻土面积最大，占本土类面积的95%，地下水位在60cm以下，耕作历史悠久，排灌条件较好，土壤熟化程度高，剖面构型多为A-P-W或A-P-W-C，在长期干湿交替耕作条件下形成了黄棕色的铁锈斑纹，在犁底层下出现明显的潴育层。

砖红壤是茂名市第二大土壤类型，占本市地域面积的37%。砖红壤主要发生于热带雨林或季雨林下，是遭强烈脱硅富铝化作用的土壤。砖红壤中氧化硅大量迁出，游离铁占全铁的80%。黏粒矿物以高岭石、赤铁矿和三水铝石为主，黏粒硅铝率小于1.6，风化淋溶系数小于0.05，盐基饱和度小于15%，pH为4.5—5.5。在A-B-C剖面构型中，淀积层（B层）富含铁铝氧化物，呈砖红色；淀积层下部常出现红白（或黄白）交织的网纹层。

本区域中心区气候特征

本区域中心区气候特征值
Regional climate characteristics in central area of the region

气候带：南亚热带湿润气候 Climate region: South subtropical humid climate	
年平均气温 /℃ Annual average temperature /℃	22.7
年平均最高气温 /℃ Annual average maximum temperature /℃	26.6
年平均最低气温 /℃ Annual average minimum temperature /℃	19.9
年降水量 /mm Annual precipitation /mm	2097
≥10℃的积温 /℃ Daily temperature accumulated in a year (≥10℃) /℃	8299
年日照时数 /h Annual sunshine /h	1813
年平均相对湿度 /% Annual average relative humidity /%	81
干燥度 Dryness	0.65

本区域中心区月平均气温与月平均降水量
Monthly temperature and precipitation in central area of the region

茂名市市辖区（部分）主要土壤类型与土壤剖面点分布图
1∶130 000

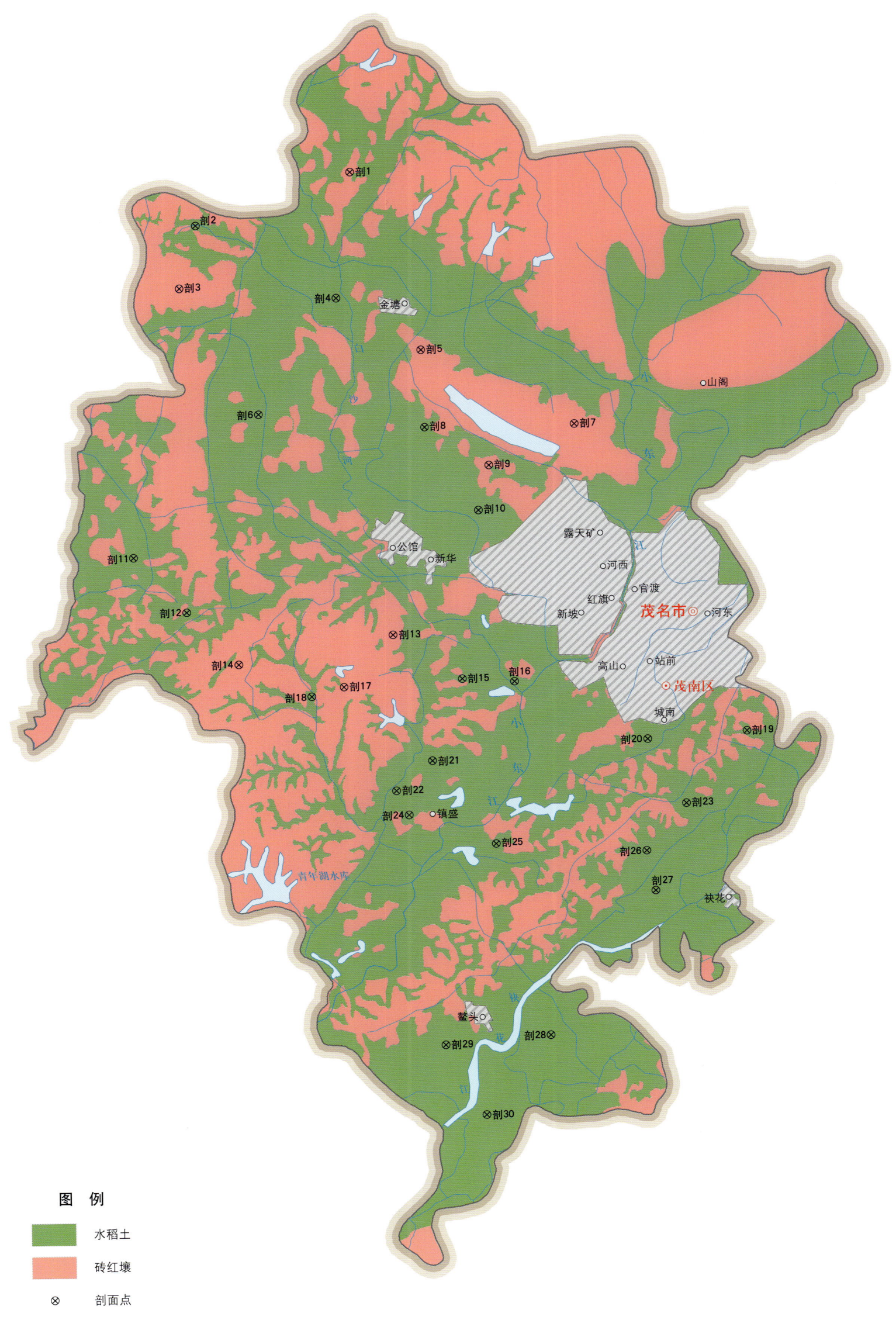

茂名市土壤剖面理化性状表

剖面号 Soil profile	土纲 Soil order	土类 Soil great group	亚类 Soil subgroup	土属 Soil genus	土种 Soil species	土层码 Layer code	土层厚度 Depth/cm	颜色 Soil color	质地 Soil texture	土壤结构 Soil structure	pH	有机质 OM (g/kg)	全氮 TN (g/kg)	全磷 TP (g/kg)	全钾 TK (g/kg)	土壤母质 Parent material	剖面点坐标 Profile coordinate	匹配指数 Matching index /%
剖1	铁铝土	砖红壤	砖红壤	耕型浅海沉积砖石红壤	黄赤砂泥地	A	0–12	浅黄色	中石砂壤土	粒状	5.7	8.2	0.40	0.11	1.2	浅海沉积物	E 110°49′30.0″ N 21°47′07.4″	80
						B	12–100	黄棕色	轻石紧砂土	无明显结构	5.3	2.7	0.13	0.07	0.9			
剖2	人为土	水稻土	渗育水稻土	白鳝泥田	白鳝泥田	1	0–10	暗黄黄色	砂壤土	块状	5.5					砂页岩	E 110°46′51.6″ N 21°46′15.0″	71
剖3	铁铝土	砖红壤	砖红壤	砂页岩砖石红壤		A	0–9	暗黄橙色	细砂壤土	块状	4.8	3.1	0.19	0.03	0.8	砂页岩	E 110°46′34.7″ N 21°45′13.3″	80
						B	9–100	暗黄棕色	砂壤土	块状	4.9	2.6	0.20	0.03	1.0			
剖4	人为土	水稻土	潴育水稻土	炭质黑泥田	黑泥松田	A	0–15	浅红棕色	砂壤土	块状	5.5	26.1	1.22	0.30	11.8	浅海沉积物	E 110°49′15.2″ N 21°45′03.6″	74
						P	15–23	暗黄棕色	紧砂土	棱柱状	5.5	2.4	0.19	0.04	3.3			
						W	23–100	黑灰黄色	砂壤土	块状	5.6	33.6	1.06	0.19	1.6			
剖5	铁铝土	砖红壤	砖红壤	浅海沉积黄色砖红壤		A	0–9	黑棕色	中壤	无明显结构	5.2	3.6	0.36	0.05	3.8	浅海沉积物	E 110°50′41.8″ N 21°44′12.4″	76
						B	9–100	暗黄橙色	砂壤土	块状	4.9	2.4	0.15	0.07	5.2			
剖6	人为土	水稻土	潴育水稻土	炭质黑泥田	黑泥散田	A	0–13	黑色	砂壤土	无明显结构	5.6	34.3	1.43	0.40	6.4	浅海沉积物	E 110°47′55.3″ N 21°43′09.1″	75
						P	13–20	黑色	中壤	块状	5.6	20.2	0.97	0.20	5.1			
						W	20–76	灰黄色	砂壤土	块状	5.7	19.4	0.71	0.13	1.9			
						C	76–100											
剖7	铁铝土	砖红壤	砖红壤	浅海沉积黄色砖红壤		A	0–23	灰黄色	轻石轻壤土	块状	5.0	17.9	1.02	0.13	14.8	浅海沉积物	E 110°53′18.6″ N 21°42′58.7″	96
						B	23–100	黄色	轻石细砂土	块状	5.3	3.6	0.25	0.08	14.9			
剖8	人为土	水稻土	渗育水稻土	白鳝泥田	白鳝泥底田	A	0–15	灰黄棕色	轻石中壤土	棱柱状	5.2	23.1	1.23	0.19	1.3		E 110°50′45.4″ N 21°42′55.9″	100
						P	15–27	黑棕色	中壤	块状	5.2	18.2	0.94	0.13	2.3			
						E₁	27–50	浅灰色	中黏土	块状	5.6	17.8	0.28	0.12	3.0			
						E₂	50–100											
剖9	铁铝土	砖红壤	砖红壤	浅海沉积黄色砖红壤		A	0–13	灰黄色	重石轻壤土	块状	4.8	16.5	0.61	0.09	1.2	浅海沉积物	E 110°51′50.8″ N 21°42′18.2″	76
						B	13–100	黄色	重石中壤土	块状	4.9	3.9	0.17	0.03	1.4			
剖10	人为土	水稻土	潴育水稻土	炭质黑泥田	黑泥砂田	A	0–13	灰黄棕色	轻石细砂土	碎块状	5.2	19.6	1.04	0.41	1.2	浅海沉积物	E 110°51′40.0″ N 21°41′33.7″	86
						P	13–20	黑棕色	细砂土	块状	5.7	9.7	0.63	0.16	0.6			
						W	20–70	黑色	细砂土	棱柱状	5.6	8.0	0.55	0.11	1.0			
						C	70–100											
剖11	人为土	水稻土	潴育水稻土	黄赤土田	黄赤砂泥田	A	0–14	浅黄橙色	轻石轻壤土	块状	5.0	10.9	0.55	0.13	1.4	浅海沉积物	E 110°45′46.6″ N 21°40′48.9″	93
						P	14–19	暗黄色	细砂壤土	块状	5.2	6.6	0.37	0.10	1.3			
						W	19–54	黄棕色	轻石轻壤土	块状	5.9	6.4	0.34	0.11	1.8			
						C	54–100											
剖12	人为土	水稻土	潴育水稻土	青泥格田	砂泥青泥格田	A	0–14	暗黄棕色	轻石轻壤土	块状	4.8	30.5	1.57	0.52	3.0	浅海沉积物	E 110°46′40.8″ N 21°39′55.1″	93
						P	14–20	暗黄色	细砂壤土	块状	5.6	20.4	1.09	0.24	2.9			
						G	20–60	黑棕色	轻石轻壤土	块状	5.3	20.9	0.95	0.19	2.2			
						C	60–100											
剖13	铁铝土	砖红壤	砖红壤	砂页岩红黄色土地	红黄赤砂泥地	A	0–12	紫灰色	重石轻壤土	无明显结构	4.9	8.4	0.66	0.19	0.5	浅海沉积物	E 110°51′11.8″ N 21°39′31.7″	87
						B	12–100	暗棕色	砂壤土	块状	4.8	3.5	0.75	0.37	26.4			
剖14	铁铝土	砖红壤	砖红壤	砂页岩砖红壤		A	0–13	棕红色	轻石中壤土	块状	5.4	9.8	0.43	0.09	0.3	砂页岩	E 110°47′33.7″ N 21°39′03.2″	96
						B	13–100	棕红色	轻石轻壤土	棱柱状	4.9	3.6	0.15	0.09	6.9			
剖15	人为土	水稻土	潴育水稻土	河砂泥田	河黄泥底田	A	0–16	浅黄灰色	轻石轻壤土	片状	4.5	17.9	1.11	0.32	4.8	河流冲积物	E 110°51′22.3″ N 21°38′47.8″	76
						P	16–25	浅黄棕色	轻石轻壤土	块状	5.2	4.2	0.26	0.14	2.9			
						W₁	25–28	棕灰色	重石中壤土	棱柱状	5.3	4.9	0.26	0.17	4.1			
						W₂	28–100	浅黄橙色										

续表 Continued

剖面号 Soil profile	土纲 Soil order	土类 Soil great group	亚类 Soil subgroup	土属 Soil genus	土种 Soil species	土层码 Layer code	土层厚度 Depth/cm	颜色 Soil color	质地 Soil texture	土壤结构 Soil structure	pH	有机质 OM/(g/kg)	全氮 TN/(g/kg)	全磷 TP/(g/kg)	全钾 TK/(g/kg)	土壤母质 Parent material	剖面点坐标 Profile coordinate	匹配指数 Matching index/%
剖16	人为土	水稻土	矿毒型水稻土	厂废污染田	石油污染田	A	0~18	棕灰色	重壤土	块状	5.6	24.8	1.39	0.44	0.5		E 110°52′16.0″ N 21°38′44.9″	89
剖17	铁铝土	砖红壤	砖红壤	砂页岩砖红壤	厚有机质层厚层砂页岩砖红壤	P	18~39	暗黄黄色	重壤土	块状	5.9	18.5	1.07	0.24	1.2		E 110°49′21.4″ N 21°38′40.2″	95
						W	39~84	黄灰棕色	轻黏土	块状	5.4	15.7	0.91	0.24	0.9			
						C	84~100	浅灰色	重黏土	块状	4.8	16.9	0.84	0.05	2.0			
剖18	人为土	水稻土	潴育水稻土	洪积黄泥田	洪积砂泥田	A	0~21	棕红色	轻石轻壤土	块状	5.3	9.5	0.49	0.05	3.5	砂页岩	E 110°48′48.2″ N 21°38′30.8″	96
						B₁	21~48	红红色	重石中壤土	块状	5.3	4.3	0.26	0.03	4.5			
						B₂	48~100	灰黄棕色	轻石轻壤土	块状	5.1	22.7	1.21	0.30	4.8			
剖19	人为土	水稻土	潴育水稻土	炭质黑泥田	低黑泥田	A	0~15	灰灰棕色	轻石轻壤土	块状	5.0	13.0	0.64	0.20	4.3	洪积物	E 110°56′13.6″ N 21°37′54.1″	71
						P	15~26	暗灰棕色	中壤土	梭柱状	5.9	10.1	0.54	0.17	2.7			
						W	26~100	灰黄色	轻石轻壤土	块状	5.1	28.3	1.42	0.36	2.1			
剖20	人为土	水稻土	潴育水稻土	炭质黑泥田	黑泥黏田	A	15~23	暗黄棕色	轻石中壤土	块状	5.3	15.6	0.79	0.21	1.7	浅海沉积物	E 110°54′31.7″ N 21°37′46.9″	95
						P	23~57	棕灰色	轻石中壤土	梭柱状	5.9	14.2	0.78	0.21	2.2			
						W	57~100	暗黄色	轻黏土	柱状	5.4	25.5	1.28	0.11	2.7			
剖21	人为土	水稻土	潴育水稻土	砂页岩红泥田	页砂粉田	A	0~16	暗黄棕色	中壤土	块状	5.5	18.3	0.94	0.30	2.7	浅海沉积物	E 110°54′51.4″ N 21°37′27.1″	85
						P	16~21	暗灰棕色	砂壤土	块状	5.9	16.9	0.80	0.17	2.1			
						W	21~46	浅黄橙色	砂壤土	无明显结构	5.3	8.3	0.48	0.06	1.7			
						C	46~100	灰黄橙色	砂壤土	块状	5.3	5.8	0.31	0.10	1.9			
剖22	人为土	水稻土	潴育水稻土	砂页岩红泥田	页砂泥田	A	0~12	红色	轻石紧砂土	梭柱状	5.5	2.1	0.16	0.13	3.9	砂页岩	E 110°50′10.9″ N 21°37′43.6″	100
						P	12~19	暗黄棕色	轻石紧砂土	块状								
						W	19~41	红红色	粗砂土	碎块状	6.0	11.6	0.64	0.13	1.7			
						C	41~100	暗棕棕色	轻石轻壤土	块状	5.9	4.7	0.35	0.10	2.2			
剖23	人为土	水稻土	潴育水稻土	青泥格田	砂质青泥格田	1	0~15	暗灰色	轻石中壤土	梭柱状	5.7	5.8	0.42	0.08	2.8	砂页岩	E 110°50′14.3″ N 21°36′58.0″	84
						2	15~24	棕灰色	轻石中壤土	块状	5.0	26.0	1.49	0.45	2.5			
						3	24~41	灰白灰色	轻石轻壤土	块状	5.5	15.7	0.82	0.22	1.7			
						4	41~100	浅红灰色	细砂土	团粒状	5.4	1.3	0.15	0.03	1.2			
剖24	人为土	水稻土	潴育水稻土	黄赤土田	黄赤土田	A	0~15	暗黄棕色	轻石中壤土	柱状	5.8					浅海沉积物	E 110°55′10.9″ N 21°36′43.6″	97
						P	15~22	黄黄棕色	轻石轻壤土	块状								
剖25	人为土	水稻土	潴育水稻土	砂页岩红泥田	页砂质田	1	0~14	浅黄棕色	细砂土	无明显结构	5.4					砂页岩	E 110°50′26.9″ N 21°36′34.2″	82
剖26	人为土	水稻土	潴育水稻土	青泥格田	乌黄赤土田	1	0~13	暗黄棕色	紧砂土	无明显结构	4.9	27.5	1.52	0.31	3.2	砂页岩	E 110°51′55.8″ N 21°36′05.0″	72
剖27	人为土	水稻土	潴育水稻土	黄赤土田	河砂泥田	A	0~14	暗棕色	轻石轻壤土	块状	5.4	15.8	0.93	0.21	3.8	浅海沉积物	E 110°54′29.9″ N 21°35′56.8″	93
						P	14~22	暗黄棕色	中壤土	梭柱状	5.8	3.9	0.27	0.07	2.9			
						W	22~100	棕灰色	中壤土	块状	5.8	20.2	0.94	0.23	25.5			
剖28	人为土	水稻土	潴育水稻土	河砂泥田	河泥田	A	15~24	暗黄棕色	轻石中壤土	团粒状	6.0	14.9	0.75	0.20	26.1	河流冲积物	E 110°54′38.7″ N 21°35′17.3″	91
						P	24~54	黄黄棕色	重壤土	梭柱状	5.4	9.2	0.55	0.20	26.1			
						C	54~100	浅黄棕色	中壤土	无明显结构	5.2	27.1	1.44	0.31	11.6			
剖29	人为土	水稻土	潴育水稻土	河砂泥田	河砂质田	A	0~15	灰灰棕色	重壤土	块状	6.1	19.3	0.99	0.31	13.4	河流冲积物	E 110°52′50.2″ N 21°32′56.0″	96
						P	15~20	黄黄棕色	重壤土	梭柱状	6.5	14.8	0.80	0.25	13.7			
						W	20~74	黑棕棕色	中壤土	块状	5.5	9.7	0.56	0.12	1.5			
						C	74~100	灰黄色	轻石砂壤土	块状	5.6	5.6	0.35	0.09	1.7			
							12~17	暗黄棕色	砂壤土	块状	5.8	5.1	0.30	0.07	1.7			
							17~40	棕色										
							40~100											

续表 Continued

剖面号 Soil profile	土纲 Soil order	土类 Soil great group	亚类 Soil subgroup	土属 Soil genus	土种 Soil species	土层码 Layer code	土层厚度 Depth/cm	颜色 Soil color	质地 Soil texture	土壤结构 Soil structure	pH	有机质 OM/(g/kg)	全氮 TN/(g/kg)	全磷 TP/(g/kg)	全钾 TK/(g/kg)	土壤母质 Parent material	剖面点坐标 Profile coordinate	匹配指数 Matching index/%
剖30	人为土	水稻土	潴育水稻土	河砂泥田	河黏土田	A	0—16	灰黄棕色	中黏土	块状	4.9	27.0	1.41	0.34	15.8	河流冲积物	E 110°51′43.6″ N 21°31′39.0″	78
						P	16—22	暗灰黄色	中黏土	块状	5.5	18.7	0.98	0.30	14.4			
						W	22—42	暗黄棕色	中黏土	棱柱状	5.5	17.4	0.88	0.27	14.7			
						C	42—100	暗黄棕色	重黏土	块状								

电白区

主要土类说明

砖红壤是电白区主要土壤类型，占本区地域面积的33%，主要分布在本区中部和南部海拔400m以下的丘陵地带。成土母质主要为花岗片麻岩、红色砂岩、紫色砂岩和浅海沉积物等。自然植被遭到严重破坏，植被稀疏，水土流失较严重。砖红壤有机质积累少，肥力低，是本区最瘦瘠的山地土壤类型。但其所处地理位置较好，温、光、水资源较丰富，土壤风化程度高，土层深厚，地势平缓，适宜热带、亚热带作物生长。剖面构型多为A-B或A-B-C。

水稻土是电白区第二大土壤类型，占本区地域面积的33%，是本区主要的耕作土壤，分布在山区、丘陵、平原和沿海地带。成土母质主要为花岗片麻岩、洪积物、宽谷冲积物、河流冲积物、浅海沉积物和滨海沉积物等。本区水稻土分为淹育型、潴育型、渗育型、潜育型、沼泽型、盐渍型等亚类。其中，潴育水稻土面积最大，占本土类面积的76%，在长期干湿交替耕作条件下形成了黄棕色的铁锈斑纹，在犁底层下出现明显的潴育层。

赤红壤是电白区第三大土壤类型，占本区地域面积的23%，是本区主要的山地土壤，主要分布在本区北部、中部海拔400m以下的丘陵地带。成土母质多为花岗片麻岩。自然植被遭到严重破坏，现有植被以人工种植的马尾松、桉树、台湾相思、橡胶树、油茶等为主。赤红壤有机质积累少，肥力较低。但其所处地势比红壤低，在高温潮湿的气候条件下，土壤风化程度高，土层深厚，因此本区赤红壤多属厚层或中层赤红壤。剖面构型多为A-B、A-B-C或A-B-D。

红壤占本区地域面积的4%，主要分布在本区北部海拔400—800m的丘陵、山地。成土母质多为花岗片麻岩。原生植被主要为亚热带季雨林，多已遭到破坏，仅局部山谷残留次生残林，现有植被多数为人工种植的马尾松、杉、竹等。其主要特点是风化壳深厚，硅铝酸盐矿物分解强烈，富铝化作用明显，土体多呈红色，土层较深厚，有机质含量较高，土壤呈酸性至强酸性，剖面构型多为A-B-C。

风沙土占本区地域面积的3%，由滨海沉积物发育而成，所处地势平坦。本区风沙土主要为滨海风沙土亚类。自然植被稀少，现有植被以人工林为主。部分风沙土通过营造防风林得以固定，成为固定风沙土。还有相当大面积的风沙土受海水退涨潮的冲刷而流动，成为流动风沙土。风沙土发育层次不明显，透水性较强，自然肥力极低。

小于本区地域面积3%的土壤类型有沼泽土、黄壤和潮土。

本区域中心区气候特征

本区域中心区气候特征值
Regional climate characteristics in central area of the region

气候带：南亚热带湿润气候 Climate region: South subtropical humid climate	
年平均气温 /℃ Annual average temperature /℃	22.8
年平均最高气温 /℃ Annual average maximum temperature /℃	26.7
年平均最低气温 /℃ Annual average minimum temperature /℃	20.0
年降水量 /mm Annual precipitation /mm	2134
≥10℃的积温 /℃ Daily temperature accumulated in a year (≥10℃) /℃	8339
年日照时数 /h Annual sunshine /h	1818
年平均相对湿度 /% Annual average relative humidity /%	81
干燥度 Dryness	0.64

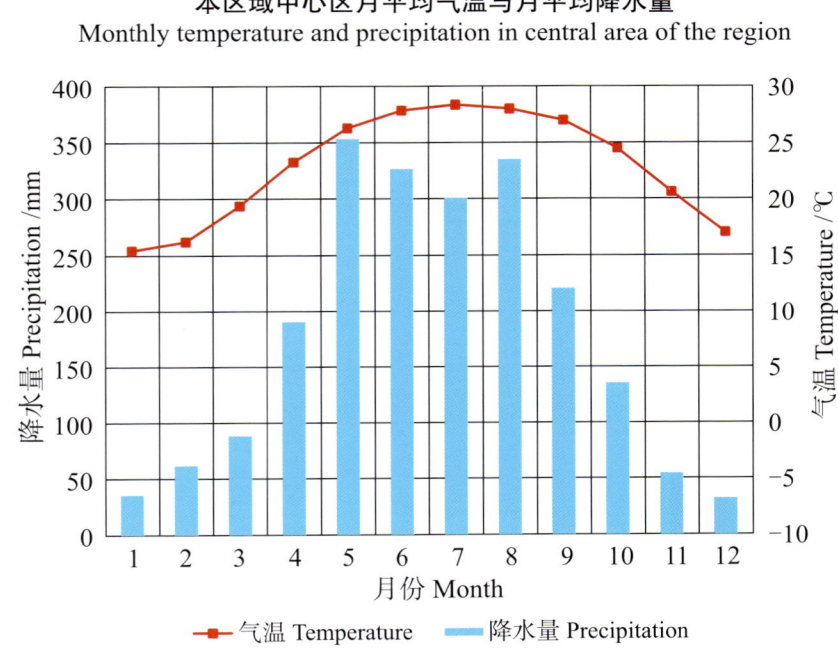

本区域中心区月平均气温与月平均降水量
Monthly temperature and precipitation in central area of the region

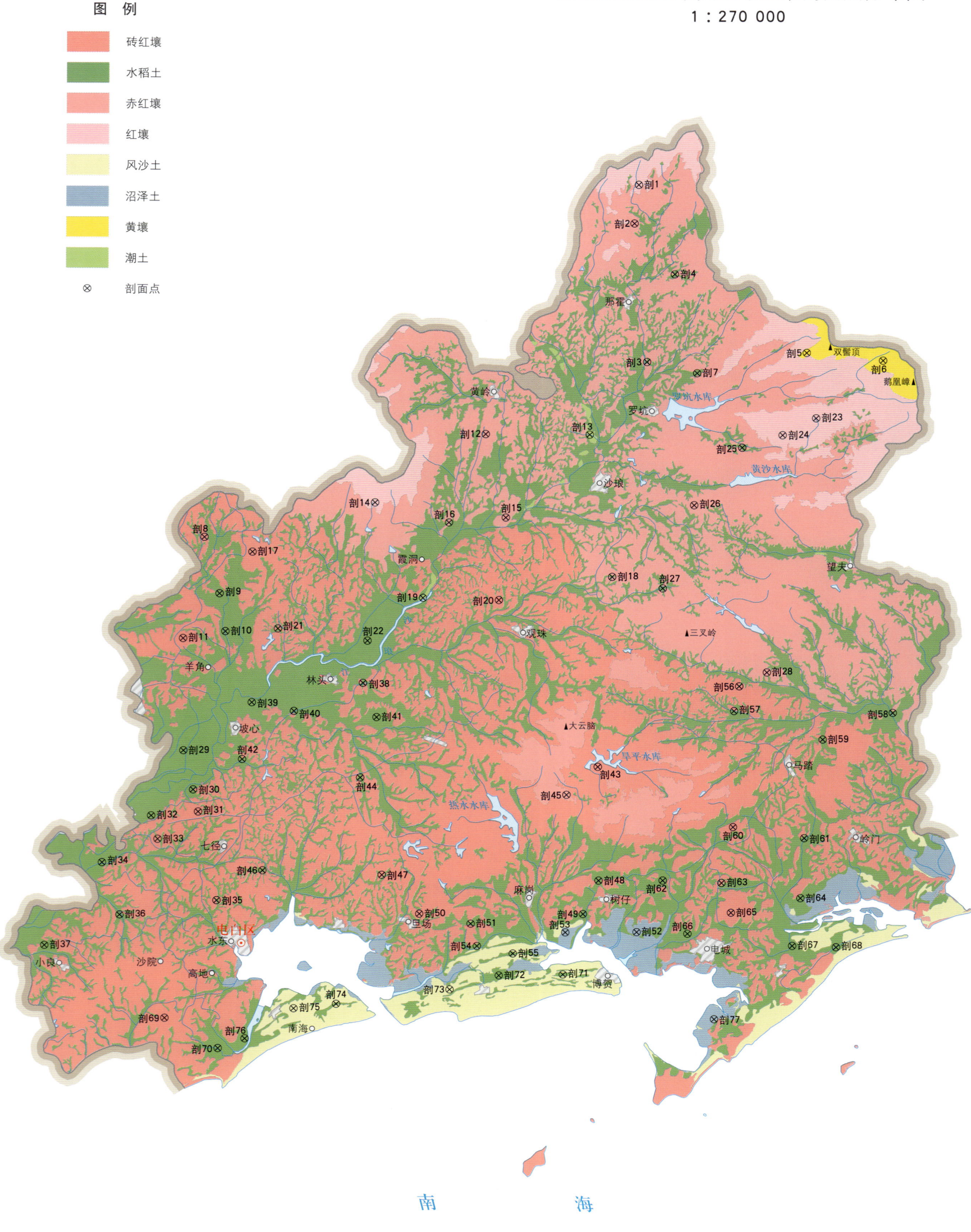

电白区土壤剖面理化性状表

剖面号 Soil profile	土纲 Soil order	土类 Soil great group	亚类 Soil subgroup	土属 Soil genus	土种 Soil species	土层码 Layer code	土层厚度 Depth/cm	颜色 Soil color	质地 Soil texture	土壤结构 Soil structure	pH	有机质 OM/(g/kg)	全氮 TN/(g/kg)	全磷 TP/(g/kg)	全钾 TK/(g/kg)	碱解氮 AN/(mg/kg)	有效磷 AP/(mg/kg)	速效钾 AK/(mg/kg)	土壤母质 Parent material	剖面点坐标 Profile coordinate	匹配指数 Matching index/%
剖1	铁铝土	红壤	红壤	花岗岩红壤	厚有机质层中层麻红壤	A	0—21	暗棕灰色	轻壤土	块状	5.1	17.1	0.77	0.09	9.4	109	微量	31	花岗片麻岩	E 111°14′34.1″ N 21°57′33.1″	73
						B	21—51	红灰色	轻壤土	块状	5.2	10.5	0.58	0.10	15.7						
						D	51—100														
剖2	铁铝土	赤红壤	赤红壤	花岗岩赤红壤		A	0—23	浅棕色	中壤土	块状	5.2	17.2	0.85	0.15	4.4		微量		花岗岩	E 111°14′25.1″ N 21°56′11.0″	74
						B	23—100	红棕色	重壤土	块状	5.2	9.5	0.56	0.15	5.0						
剖3	人为土	水稻土	沼泽型水稻土	泥炭土田	泥炭底田	A	0—11	暗грамmм灰色	中壤土	块状	4.7	24.0	1.39	0.34	5.7					E 111°14′53.9″ N 21°51′15.8″	94
						P	11—17	暗棕色	轻壤土	棱柱状	4.9	20.7	1.27	0.42	8.2						
						3	17—57	暗灰色	轻壤土	棱柱状	4.3	229.7	7.99	0.41	5.8						
						C	57—100	灰色		碎块状											
剖4	人为土	水稻土	潴育水稻土	洪积红黄泥田	洪积砂泥田	A	0—14	浅黄棕色	砂壤土	块状	5.2	14.8	0.77	0.40	5.4				洪积物	E 111°15′55.1″ N 21°54′23.0″	78
						P	14—24	棕色	轻壤土	块状	5.2	12.0	0.66	0.07	6.0						
						W	24—71	红黄色	轻壤土	棱柱状	5.2	8.9	0.34	0.17	6.2						
						G	71—100	浅灰色	轻黏土	棱柱状											
剖5	铁铝土	黄壤	黄壤	花岗岩黄壤	中有机质层薄层麻黄壤	A	0—12	暗灰黄色	砂壤土	团粒状	5.4	24.5	1.03	0.07	25.4	140	微量	46	花岗岩	E 111°20′48.4″ N 21°51′36.9″	89
						B	12—38	浅黄棕色	轻壤土	团粒状	5.8	8.5	0.45	0.08	25.8						
						C	38—100	灰黄色	砂壤土	块状	5.9	2.4	0.15	0.04	31.4						
剖6	铁铝土	黄壤	黄壤	花岗岩黄壤	薄有机质层薄层麻黄壤	A	0—9	灰黄棕色	砂壤土	团粒状	5.5	17.7	0.77	0.05	14.4	107	微量	14	花岗岩	E 111°23′37.7″ N 21°51′20.9″	88
						B	9—30	灰棕色	砂壤土	团粒状	5.5	3.8	0.16	0.04	16.5						
						C	30—100	黄橙色	紧砂土	粒状	5.7	1.5	0.06	微量	21.3						
剖7	人为土	水稻土	潴育水稻土	麻红泥田	麻砂质田	A	0—12	灰黄棕色	砂壤土	碎块状	5.5	10.4	0.61	0.21	8.4	79	8.7	9		E 111°16′45.5″ N 21°50′52.1″	74
						P	12—23	黄棕色	砂壤土	块状	5.6	8.2	0.52	0.17	9.2						
						W	23—44	黄棕色	紫砂土	块状	5.5	3.2	0.21	0.10	8.6						
						C	44—100	浅灰色	砂壤土	块状											
剖8	铁铝土	砖红壤	砖红壤	浅海沉积物黄色砖红壤	中有机质层厚层黄色砖红壤	A	0—12	黄棕色	砂壤土	碎块状	4.5	7.4	0.35	0.11	1.2	38	4.8	17	浅海沉积物	E 110°58′35.9″ N 21°44′57.4″	98
						B₁	12—36	灰黄棕色	砂壤土	碎块状	4.2	6.4	0.25	0.11	1.2						
						B₂	36—100	灰黄色	砂壤土	碎块状	4.5	4.5	0.17	0.14	1.5						
剖9	人为土	水稻土	潴育水稻土	炭质黑泥田	黑泥砂田	A	0—15	黄棕色	砂壤土	碎块状	5.7	17.1	0.90	0.31	0.7	83	11.4	12	花岗岩	E 110°59′10.0″ N 21°42′56.9″	98
						B	15—22	暗黑色	紫砂土	碎块状	6.2	16.8	0.90	0.18	0.9						
						W	22—40	黑色	紫砂土	碎块状	6.1	18.3	0.82	0.19	0.9						
						C	40—100	黑色	紧砂土	粉末状	6.0	13.3	0.41	0.07	1.5						
剖10	人为土	水稻土	渗育水稻土	黄赤土田	黄赤砂质田	A	0—12	灰黄色	中壤土	块状	5.2	4.8	0.25	0.12	1.0			16		E 110°59′23.6″ N 21°41′36.6″	79
						B	12—46	灰黄色	中壤土	块状	4.9	1.6	0.12	0.05	0.7						
						C	46—100	黄黄色	重壤土	棱柱状	4.3	3.7	0.19	0.08	2.2						
剖11	铁铝土	砖红壤	砖红壤	砂页岩砖红壤	中有机质层厚层页岩红壤	A	0—16	黄棕色	轻壤土	碎块状	4.8	6.1	0.37	0.12	2.3	38	微量		砂页岩	E 110°57′49.8″ N 21°41′21.4″	100
						B	16—36	红黄色	轻壤土	碎块状	5.0	1.6	0.17	0.07	2.9						
						C	36—100	黄黄色	中壤土	棱柱状	4.7	1.4	0.14	0.07	4.1						
剖12	铁铝土	赤红壤	赤红壤	花岗岩赤红壤	厚有机质层中层麻赤红壤	A	0—26	暗棕色	轻壤土	碎块状	4.7	8.5	0.47	0.11	36.8	49	5.2	32	花岗岩	E 111°08′57.1″ N 21°48′41.4″	91
						B	26—72	灰棕色	轻壤土	碎块状	4.8	5.1	0.29	0.13	37.2						
						D	72—100														
剖13	半水成土	潮土	潮土	潮砂泥地	潮砂泥地	A	0—14	浅棕黄色	砂壤土	碎块状	5.6	6.6	0.47	0.31	20.2				河流冲积物	E 111°12′47.9″ N 21°48′41.0″	88
						B	14—24	浅黄色	砂壤土	碎块状	5.2	5.8	0.40	0.28	19.6						
						C	24—64	黄棕色	砂壤土	碎块状	5.5	4.2	0.31	0.26	19.6						
							64—100	棕色	中壤土	块状											

续表 Continued

剖面号 Soil profile	土纲 Soil order	土类 Soil great group	亚类 Soil subgroup	土属 Soil genus	土种 Soil species	土层码 Layer code	土层厚度 Depth/cm	颜色 Soil color	质地 Soil texture	土壤结构 Soil structure	pH	有机质 OM/(g/kg)	全氮 TN/(g/kg)	全磷 TP/(g/kg)	全钾 TK/(g/kg)	碱解氮 AN/(mg/kg)	有效磷 AP/(mg/kg)	速效钾 AK/(mg/kg)	土壤母质 Parent material	剖面点坐标 Profile coordinate	匹配指数 Matching index/%
剖14	铁铝土	红壤	红壤	花岗岩红壤	薄有机质层中层麻红壤	A	0—10	浅棕色	砂壤土	团粒状	5.2	19.5	0.94	0.14	10.1	111	微量	31	花岗岩	E 111°04′52.9″ N 21°46′13.7″	76
剖15	铁铝土	赤红壤	赤红壤	花岗岩赤红地	赤红砂地	B D	10—75 75—	红黄色	轻砂土	碎块状	5.4	10.9	0.52	0.16	6.6				花岗岩	E 111°09′43.2″ N 21°45′43.6″	99
剖16	铁铝土	赤红壤	赤红壤	花岗岩赤红地	赤红砂泥地	A B C	0—12 12—40 40—100	暗黄棕色 暗黄棕色 黄棕色	紧砂土 紧砂土 轻壤土	碎块状 碎块状 块状	5.1 5.1	5.4 3.0	0.32 0.17	0.17 0.13	2.9 3.0				花岗片麻岩	E 111°07′37.2″ N 21°45′32.0″	76
剖17	铁铝土	砖红壤	砖红壤	花岗岩砖红壤	中层麻薄层麻红壤	A B	0—13 13—100	棕色 暗棕色	轻壤土 中壤土	块状 块状	4.9 3.8	10.6 11.3	0.60 0.61	0.24 0.19	3.3 5.6	55	5.2	57	花岗岩	E 111°00′22.0″ N 21°44′26.5″	74
剖18	人为土	水稻土	沼泽型水稻土	烂泥田	泥眼田	A B C	0—20 20—70 70—100	棕色 红棕色 浅紫色	砂壤土 轻壤土 砂壤土	块状 块状 块状	5.1 5.2 5.2	11.7 6.2 2.7	0.59 0.36 0.20	0.14 0.13 0.08	23.1 29.6 17.8				花岗岩	E 111°13′39.7″ N 21°43′37.6″	80
剖19	半水成土	潮土	潮土	潮砂泥地	潮砂地	Ag G	0—25 25—100	暗灰色 暗灰蓝色	砂壤土 砂壤土	无明显结构 无明显结构	5.4 5.2	36.0 37.5	1.58 1.71	0.17 0.21	5.6 6.1				河流冲积物	E 111°06′40.7″ N 21°42′50.4″	85
剖20	铁铝土	砖红壤	砖红壤	花岗岩砖红壤	中有机质层厚层麻红壤	A B C	0—19 19—30 30—100	紫棕色 紫棕色 红棕色	紧砂土 轻壤土 砂壤土	粉末状 粉末状 块状	5.2 5.5 5.2	4.0 1.6 2.3	0.28 0.21 0.20	0.24 0.10 0.13	19.9 18.1 21.6	36	4.8	35	花岗岩	E 111°09′28.4″ N 21°42′47.2″	78
剖21	人为土	水稻土	沼泽型水稻土	烂泥田	烂泥田	A G	0—14 14—60 60—100	浅灰色 灰黄色	中壤土 中壤土	团粒状 团粒状	4.7 4.7	17.8 11.8	0.42 0.45	0.32 0.21	2.7 2.0	134	微量	11	洪积物，冲积物	E 111°01′19.9″ N 21°41′43.4″	100
剖22	人为土	水稻土	潴育水稻土	河砂泥田	河砂泥田	A B C	0—13 13—100	暗黄棕色 暗黄棕色	中壤土 轻壤土	无明显结构 块状	5.5 6.0	22.6 26.5	1.34 1.15	0.21 0.12	16.3 12.7	197	2.6	41	河流冲积物	E 111°04′38.6″ N 21°41′19.3″	92
剖23	铁铝土	红壤	红壤	花岗岩红壤	中有机质层薄层麻红壤	P W₁ W₂ D	0—12 12—19 19—40 40—100	暗棕色 暗黄棕色 浅黄棕色 红棕色	轻壤土 轻壤土 轻壤土 轻壤土	块状 棱柱状 棱柱状	5.5 5.5 5.5	14.5 12.0 6.1	1.01 0.88 0.48	0.27 0.25 0.21	19.7 19.5 21.2	165	7.0	59	花岗岩	E 111°21′10.4″ N 21°49′18.5″	80
剖24	铁铝土	红壤	红壤	花岗岩红壤	中有机质层中层麻红壤	A B C	0—18 18—68 68—100	暗灰色 浅棕黄色	砂壤土 轻壤土 轻壤土	团粒状 碎块状 碎块状	4.0 4.0 4.0	34.1 16.5 7.4	1.37 0.83 0.41	0.20 0.20 0.25	14.1 16.0 15.5				花岗岩	E 111°19′55.7″ N 21°48′42.0″	78
剖25	人为土	水稻土	潴育水稻土	麻砂泥田		A P W C	0—16 16—26 26—64 64—78	浅棕色 浅灰黄色 灰黄棕色	砂壤土 轻壤土 砂壤土	碎块状 棱柱状 棱柱状	4.3 5.0 5.3 5.3	13.6 6.8 4.7 4.5	0.74 0.47 0.31 0.33	0.17 0.11 0.12 0.09	26.4 18.4 29.4 25.1			20		E 111°18′26.6″ N 21°48′15.5″	94
剖26	铁铝土	赤红壤	赤红壤	花岗岩赤红壤	洪积砂质田	A B	0—19 19—80	浅灰色 暗黄棕色	轻壤土 松砂土	块状 碎块状	5.1 5.2	16.8 5.0	0.75 0.28	0.15 0.19	2.7 2.9				花岗岩	E 111°16′40.4″ N 21°46′12.0″	75
剖27	人为土	水稻土	潴育水稻土	洪积红黄泥田		A P W C	0—13 13—23 23—75 75—100	浅棕色 暗棕黄色 栗色	松砂土 紧砂土	碎块状 块状	6.0 6.1 6.0	11.2 8.0 3.3	0.67 0.51 0.21	0.11 0.09 0.04	2.8 2.4 2.5				洪积物	E 111°15′32.1″ N 21°43′14.1″	82
剖28	铁铝土	赤红壤	赤红壤	花岗岩赤红壤	薄有机质层厚层麻赤红壤	A B C	0—7 7—19 19—100	棕色 浅红棕色 浅棕红色	重壤土 重壤土 重壤土	块状 块状 块状	3.7 3.9	17.7 10.1	0.07 0.49	0.05 0.07	3.6 3.0				花岗岩	E 111°19′23.9″ N 21°40′17.8″	76

续表 Continued

剖面号 Soil profile	土纲 Soil order	土类 Soil great group	亚类 Soil subgroup	土属 Soil genus	土种 Soil species	土层码 Layer code	土层厚度 Depth/cm	颜色 Soil color	质地 Soil texture	土壤结构 Soil structure	pH	有机质 OM/(g/kg)	全氮 TN/(g/kg)	全磷 TP/(g/kg)	全钾 TK/(g/kg)	碱解氮 AN/(mg/kg)	有效磷 AP/(mg/kg)	速效钾 AK/(mg/kg)	土壤母质 Parent material	剖面点坐标 Profile coordinate	匹配指数 Matching index/%
剖29	人为土	水稻土	潜育水稻土	乌泥底田	乌泥底田	A	0-17	灰深棕色	中壤土	碎块状	5.3	24.9	1.22	0.40	2.5				洪积物、宽谷冲积物	E 110°57′52.6″ N 21°37′21.8″	78
						P	17-25	灰黄棕色	重壤土	块状	5.3	26.0	1.18	0.28	2.3						
						Wg	25-52	暗棕色	轻黏土	棱柱状	5.2	24.3	0.46	0.07	2.7						
						G	52-100	灰蓝色	轻黏土	软膏状	5.2	32.8	1.12	0.19	2.7						
剖30	人为土	水稻土	潜育水稻土	河砂泥田	河大眼砂田	A	0-11	暗红棕色	重石质土	粒状	6.0	5.8	0.32	0.24	8.5	40	2.6	26	河流冲积物	E 110°58′15.2″ N 21°35′57.8″	93
						P	11-20	暗红棕色	重石质土	粒状	6.0	5.8	0.46	0.22	5.8						
						W	20-33	红棕色	重石质土	棱柱状	5.7	10.5	0.59	0.27	5.4						
						4	33-100	紫质红色	粗砂土	块状											
剖31	铁铝土	砖红壤	砖红壤	砂页岩砖红壤	厚有机质层厚层页砖红壤	A	0-47	紫灰色	轻壤土	块状	5.2	13.8	0.73	0.05	18.4	95	4.4	53	砂页岩	E 110°58′26.8″ N 21°35′10.7″	98
						B	47-77	紫色	轻壤土	柱状	4.9	5.1	0.06	0.06	15.3						
						C	77-100	红棕色	轻壤土	块状	5.2	2.8	0.21	0.05	19.7						
剖32	人为土	水稻土	潴育水稻土	黄赤土田	黄赤砂质田	A	0-14	褐色	松砂土	碎块状	5.9	4.9	0.33	0.11	2.3					E 110°56′42.7″ N 21°35′01.3″	97
						P	14-22	暗灰黄色	松砂土	碎块状	5.8	3.9	0.23	0.12	2.7						
						W	22-50	浅灰棕色	松砂土	碎块状	5.9	2.1	0.10	0.05	5.1						
						C	50-100	暗黄棕色	松砂土	碎块状	6.0	3.6	0.24	0.05	10.9						
剖33	铁铝土	砖红壤	砖红壤	红黄赤土地	红黄赤砂质地	A	0-13	褐色	松砂土	粉末状	5.6	3.3	0.19	0.03	0.9					E 110°56′57.5″ N 21°34′11.3″	98
						B	13-40	栗色	紧砂土	粉末状	5.7	2.6	0.17	0.05	1.0						
						C	40-100	浅红黄灰色	砂砂土	块状	5.5	2.1	0.20	0.05	1.4						
剖34	人为土	水稻土	潴育水稻土	黄赤土田	黄赤砂泥田	A	0-17	暗黄棕色	砂壤土	碎块状	5.8	10.4	0.62	0.24	5.6	119	8.3	7	洪积物	E 110°54′54.5″ N 21°33′21.0″	74
						P	17-26	灰黄棕色	轻壤土	块状	6.0	4.2	0.23	0.10	2.3						
						W	26-54	暗黄棕色	轻壤土	块状	6.0	3.7	0.24	0.10	2.8						
						C	54-100	浅灰黄色	中壤土	碎块状											
剖35	人为土	水稻土	潴育水稻土	洪积红黄泥田	洪积红黄泥田	A	0-13	褐色	中黏土	块状	5.4	9.5	0.66	0.21	17.6	120		16		E 110°59′09.2″ N 21°32′02.4″	70
						P	13-22	暗黄棕色	中黏土	块状	5.4	9.5	0.59	0.18	18.4						
						W	22-100	紫棕色	轻黏土	棱柱状	5.2	7.7	0.46	0.15	19.8						
剖36	人为土	水稻土	潴育水稻土	宽谷冲积土田	鸭屎尿底田	A	0-11	灰黄色	砂壤土	块状	6.0	10.3	0.69	0.30	3.8				冲积物	E 110°55′34.7″ N 21°31′29.3″	82
						P	11-21	暗黄棕色	砂壤土	块粒状	6.1	9.8	0.44	0.27	4.1						
						W	21-62	灰黄棕色	轻壤土	块状	5.9	14.6	0.34	0.28	3.6						
						C	62-100	黑黄结色	中壤土	无明显结构											
剖37	人为土	水稻土	潴育水稻土	河砂泥田	河黏土田	A	0-12	灰白色	轻黏土	块状	5.6	20.4	1.26	0.37	17.8				河流冲积物	E 110°52′49.7″ N 21°30′22.2″	77
						P	12-21	暗黄棕色	中黏土	块状	5.8	16.6	0.96	0.31	18.7						
						W	21-77	紫棕色	轻黏土	粉末状	5.8	9.2	0.54	0.23	19.3						
剖38	人为土	水稻土	沼泽型水稻土	渍水田	渍水田	A	0-16	灰黄色	轻壤土	块状	6.0	14.5	0.96	0.12	7.6				河流冲积物	E 111°04′29.3″ N 21°39′49.7″	88
						G	16-100	灰蓝色	重壤土	块状	5.9	17.6	0.94	0.08	8.5						
剖39	人为土	水稻土	潴育水稻土	河砂泥田	河砂砂泥田	A	0-12	灰黄色	松砂土	棱柱状	5.4	8.9	0.61	0.30	12.4				河流冲积物	E 111°00′23.0″ N 21°39′05.8″	89
						P	12-20	灰黄色	砂壤土	块状	5.8	7.3	0.48	0.30	11.3						
						W	20-100	浅黄黄色	中壤土	棱柱状	5.5	4.3	0.33	0.18	12.6						
剖40	人为土	水稻土	潴育水稻土	宽谷冲积土田	宽谷鸭屎泥田	A	0-12	暗棕色	轻黏土	块状	6.0	20.7	1.09	0.40	1.6	190	10.0	22	冲积物	E 111°01′57.0″ N 21°38′48.1″	85
						P	12-21	暗棕灰色	中黏土	块状	5.5	13.4	0.54	0.17	1.9						
						W	21-60	紫棕色	重黏土	棱柱状	6.0	46.3	1.73	0.46	1.6						
						G	60-100	浅棕色	重黏土	块状											
剖41	人为土	水稻土	淹育水稻土	麻红黄泥田	麻红泥砂田	A	0-14	暗棕黄色	砂壤土	碎块状	4.9	6.9	0.39	0.13	2.7				花岗岩风化物	E 111°04′59.9″ N 21°38′36.2″	93
						B	14-22	暗黄棕色	砂壤土	块状	5.0	8.7	0.53	0.08	3.1						
						C	22-100	浅棕色	轻壤土	块状	5.3	11.6	0.40	0.05	3.7						

续表 Continued

剖面号 Soil profile	土纲 Soil order	土类 Soil great group	亚类 Soil subgroup	土属 Soil genus	土种 Soil species	土层码 Layer code	土层厚度 Depth/cm	颜色 Soil color	质地 Soil texture	土壤结构 Soil structure	pH	有机质 OM/(g/kg)	全氮 TN/(g/kg)	全磷 TP/(g/kg)	全钾 TK/(g/kg)	碱解氮 AN/(mg/kg)	有效磷 AP/(mg/kg)	速效钾 AK/(mg/kg)	土壤母质 Parent material	剖面点坐标 Profile coordinate	匹配指数 Matching index/%
剖42	人为土	水稻土	潴育水稻土	宽谷冲积田	黏土田	A	0—14	黄棕色	重壤土	大块状	5.8	19.4	1.07	0.35	5.4	106	6.1	22	冲积物	E 111°00′02.9″ N 21°37′03.7″	74
						P	14—24	暗黄棕色	重壤土	块状	6.1	20.1	1.09	0.35	5.5						
						W	24—60	灰黄棕色	轻黏土	棱柱状	6.1	20.1	1.09	0.33	6.1						
						C	60—100	棕色	轻黏土												
剖43	铁铝土	砖红壤	砖红壤	花岗岩砖红壤	薄有机质层厚层麻砖红壤	A	0—10	棕色	轻壤土	块状	4.4	7.5	0.34	0.14	10.9				花岗岩	E 111°13′10.6″ N 21°36′53.3″	85
						B₁	10—43	浅棕色	中壤土	块状	4.5	10.0	0.44	0.14	13.4						
						B₂	43—100	红棕色	中壤土	块状	4.6	8.1	0.39	0.16	8.0						
剖44	人为土	水稻土	沼泽型水稻土	冷浸田	冷浸田	Ag	0—14	黑棕色	紧砂土	碎块状	5.2	33.8	1.50	0.27	17.7				花岗岩	E 111°04′25.0″ N 21°36′26.6″	99
						Pg	14—23	黑色	紧砂土	碎块状	5.3	30.9	1.62	0.19	16.3						
						G	23—100	黑色	紧砂土	块状	5.1	30.8	1.35	0.15	15.1						
剖45	铁铝土	赤红壤	赤红壤	花岗岩赤红壤		A	0—13	暗棕红色	中壤土	块状	4.0	17.9	0.90	0.17	9.7	99	1.7	31	花岗岩	E 111°12′01.4″ N 21°35′53.2″	94
						B	13—70	红棕色	重壤土	块状	4.2	9.0	0.54	0.14	10.8						
剖46	人为土	水稻土	潴育水稻土	花岗岩砖红壤	冷底田	A	0—14	暗黄棕色	轻壤土	碎块状	5.2	13.2	0.78	0.23	11.3				花岗岩	E 111°00′50.0″ N 21°31′07.2″	95
						P	14—24	暗黄黄色	砂壤土	碎块状	4.8	11.1	0.66	微量	15.8						
						G	24—100	灰蓝色	轻壤土	糊状	4.7	14.9	0.61	0.07	11.2						
剖47	铁铝土	砖红壤	砖红壤	花岗岩砖红壤		A	0—50	浅棕红色	松砂土	碎块状	5.3	15.6	0.80	0.17	19.7				花岗岩	E 111°05′14.3″ N 21°33′00.4″	82
						B	50—100	暗黄棕色	松砂土	碎块状	5.4	8.4	0.47	0.19	19.3						
剖48	人为土	水稻土	潴育水稻土	麻红泥田	麻红泥田	A	0—15	暗黄棕色	中壤土	碎块状	4.6	22.3	1.33	0.47	14.5	100	8.3	42	砂页岩	E 111°13′14.2″ N 21°32′52.0″	84
						P	15—23	暗黄棕色	中壤土	碎块状	5.0	13.5	0.85	0.36	15.4						
						W	23—100	灰黄棕色	中壤土	棱柱状	4.8	9.5	0.63	0.32	17.4						
剖49	人为土	砖红壤	盐渍水稻土	咸酸田	重咸酸田	A	0—24	暗黄棕色	轻壤土	块状	4.4	20.1	0.35	0.35	15.5	111	5.7	150	花岗岩	E 111°12′40.3″ N 21°31′40.1″	81
						P	24—30	暗黄棕色	重壤土	块状	4.3	19.0	1.10	0.34	16.7						
						W	30—45	浅棕色	重壤土	棱柱状	3.7	14.9	0.78	0.31	16.8						
						S	45—100	黑棕色	轻壤土	棱块状	3.1	34.3	0.61	0.09	9.5						
剖50	铁铝土	砖红壤	潴育水稻土	砂页岩砖红壤	砂泥青泥格田	A	0—34	红色	砂壤土	块状	5.1	15.0	0.70	0.10	24.4	91	2.2	62	砂页岩	E 111°06′38.2″ N 21°31′37.9″	96
						C	34—100	灰棕色	砂壤土	柱状	5.3	3.7	0.30	0.08	30.6						
剖51	人为土	沼泽土	盐化沼泽土	青泥格田	砂泥青泥格田	A	0—20	暗黄棕色	砂壤土	块状	4.8	19.9	1.13	0.48	8.0	96	9.2	26	滨海沉积物	E 111°08′32.3″ N 21°31′17.4″	99
						P	20—35	暗黄棕色	砂壤土	块状	4.8	13.7	0.74	0.15	8.2						
						G	35—55	灰黄棕色	砂壤土	块状	5.0	16.9	0.89	0.15	8.6						
						4	55—68														
剖52	水成土	沼泽土	盐化沼泽土	滨海泥滩	滨海泥滩	A	0—6	暗棕色	砂壤土	块状	5.1	8.0	0.45	0.14	6.8	47	2.6	134	滨海沉积物	E 111°14′39.7″ N 21°31′02.3″	94
						B	6—100	黑色	砂壤土	碎块状	4.4	14.2	0.35	0.09	7.7						
剖53	水成土	沼泽土	盐化沼泽土	滨海草滩	滨海草滩	A	0—46	棕色	松砂土	块状	3.3	14.7	0.40	0.13	10.5	49	微量	5	滨海沉积物	E 111°12′01.4″ N 21°31′00.2″	75
						G	46—100	浅棕色	松砂土	棱柱状	3.3	7.5	0.19	0.05	5.4						
剖54	人为土	水稻土	潴育水稻土	白鳝泥田	白鳝泥底田	A	0—13	灰黄棕色	砂壤土	块状	5.8	10.4	0.66	0.28	5.1	47	2.6	134	滨海沉积物	E 111°08′46.3″ N 21°30′29.5″	94
						P	13—21	暗黄棕色	砂壤土	碎块状	5.8	6.2	0.43	0.13	5.5						
						W	21—45	暗棕色	松砂土	棱柱状	5.7	3.3	0.29	0.08	5.0						
						E	45—100	灰棕色	砂壤土	粒状	5.6	0.2	0.11	0.05	8.0						
剖55	人为土	水稻土	渗育水稻土	滨海砂质田	砂质白鳝泥底田	A	0—13	暗黄棕色	松砂土	碎块状	5.7	5.3	0.36	0.12	2.9	14	微量	26	滨海沉积物	E 111°10′06.2″ N 21°30′14.4″	92
						P	13—28	褐色	松砂土	碎块状	5.7	4.6	0.34	0.11	2.0						
						E	28—100	暗棕色	紧砂土	粉末状	5.8	0.4	0.04	0.03	2.8						
剖56	人为土	水稻土	潴育水稻土	宽谷冲积田	宽谷砂泥田	A	0—15	暗棕色	紧砂土	碎块状	5.7	7.3	0.44	0.07	2.9	63	4.8	12	冲积物	E 111°18′23.0″ N 21°39′47.9″	99
						P	15—23	黑棕色	紧砂土	块状	5.7	4.8	0.28	0.05	3.5						
						W	23—62	浅红黄色	砂壤土	块状	5.9	1.3	0.09	微量	0.7						

续表 Continued

剖面号 Soil profile	土纲 Soil order	土类 Soil great group	亚类 Soil subgroup	土属 Soil genus	土种 Soil species	土层码 Layer code	土层厚度 Depth/cm	颜色 Soil color	质地 Soil texture	土壤结构 Soil structure	pH	有机质 OM/(g/kg)	全氮 TN/(g/kg)	全磷 TP/(g/kg)	全钾 TK/(g/kg)	碱解氮 AN/(mg/kg)	有效磷 AP/(mg/kg)	速效钾 AK/(mg/kg)	土壤母质 Parent material	剖面点坐标 Profile coordinate	匹配指数 Matching index/%
剖57	人为土	水稻土	潴育水稻土	洪积红黄泥田	洪积泥田	A	0—13	褐色	中壤土	块状	5.1	13.8	0.88	0.20	22.4				洪积物	E 111°18′11.9″ N 21°38′54.6″	83
						P	13—23	褐色	中壤土	块状	5.4	11.3	0.73	0.16	22.4						
						W	23—85	灰黄色	砂壤土	棱柱状	5.6	4.1	0.31	0.18	15.4						
剖58	人为土	水稻土	潴育水稻土	河砂泥田	河泥田	C	85—100	紫色	中壤土	棱柱状	5.0	25.2	1.46	0.22	31.3				河流冲积物	E 111°24′03.8″ N 21°38′53.2″	100
						A	0—16	灰黄棕色	重壤土	块状	5.2	27.6	1.57	0.28	18.4						
						P	16—25	浅黄色	重壤土	块状	5.0	19.2	1.22	0.19	23.6						
						W	25—60	浅黄灰色	重壤土	棱柱状											
						C	60—100	褐色	重壤土	柱状											
剖59	人为土	水稻土	潴育水稻土	宽谷冲积土田	宽谷泥田	A	0—10	灰黄棕色	中壤土	块状	5.7	14.2	0.89	0.03	13.7				冲积物	E 111°21′29.0″ N 21°37′55.8″	71
						P	10—16	暗黄棕色	重壤土	块状	5.6	18.8	1.22	0.27	8.5						
						W₁	16—54	浅棕灰色	重壤土	棱柱状	5.4	15.8	0.90	0.32	9.4						
剖60	铁铝土	砖红壤		花岗岩砖红壤	厚有机质层中层粗砖红壤	W₂	54—100	浅棕红色	中黏土	棱柱状									花岗岩	E 111°18′11.4″ N 21°34′47.1″	77
						B	22—65	暗棕红色	轻壤土	块状	5.4	14.4	0.75	0.15	16.9						
											5.4	9.3	0.46	0.15	18.9						
						C	65—100	红色	松砂土	粒状	5.1	2.3	0.14	0.14	32.4						
剖61	人为土	水稻土	潴育水稻土	炭质黑泥田	黑泥底田	A	0—13	棕灰色	砂壤土	块状	5.0	19.4	0.99	0.28	2.5				冲积物	E 111°20′49.2″ N 21°34′25.0″	92
						P	13—23	暗棕灰色	轻壤土	块状	5.1	30.4	1.27	0.48	6.2						
						W	23—100	黑色	砂壤土	棱柱状	5.3	94.3	2.19	0.42	2.7						
剖62	人为土	水稻土	潴育水稻土	宽谷冲积土田	宽谷砂泥田	A	0—12	暗棕色	中壤土	块状	5.3	9.4	0.61	0.18	15.1				冲积物	E 111°15′36.6″ N 21°32′53.4″	84
						P	12—19	暗棕色	重壤土	块状	5.6	5.9	0.37	0.15	14.4						
						W	19—47	暗棕色	紫壤土	块状	5.9	4.0	0.28	0.12	14.7						
						C	47—100	红棕色	中黏土	棱柱状											
剖63	铁铝土	砖红壤		花岗岩砖红壤	红赤砂土地	A	0—17	暗黄棕色	紫砂土	碎块状	5.2	3.8	0.21	0.11	3.5				花岗片麻岩	E 111°17′46.3″ N 21°32′49.6″	83
						B	17—30	浅灰红色	轻壤土	块状	5.1	5.9	0.34	0.11	3.6						
						C	30—100	暗棕红色	重壤土	块状	5.0	5.4	0.29	0.12	5.2						
剖64	人为土	水稻土	潴育水稻土	滨海砂质田	白砂田	A	0—16	暗黄黄色	松壤土	粉末状	5.9	0.3	0.18	0.11	1.6	24	3.1	10	滨海沉积物	E 111°20′41.5″ N 21°32′18.1″	71
						P	16—22	白色	紫砂土	粉末状	6.0	2.5	0.05	0.03	3.6	72	1.7	45			
						W	22—56	白色	紫砂土	粉末状	5.5	0.3	0.08	0.03	6.1						
剖65	铁铝土	砖红壤		花岗岩砖红壤		A	0—30	紫棕色	砂壤土	块状	5.1	17.5	0.69	0.08	17.8				花岗岩	E 111°18′08.3″ N 21°31′45.8″	70
						B	30—100	灰黄棕色	轻壤土	块状	5.2	3.4	1.50	0.07	30.5						
剖66	人为土	水稻土	潴育水稻土	滨海砂泥田	滨海砂泥田	A	0—13	浅灰色	轻壤土	棱柱状	4.8	12.9	0.90	0.03	4.2				滨海沉积物	E 111°16′32.5″ N 21°30′59.8″	92
						W	20—60	浅灰色	紫砂土	块状	4.8	8.2	0.41	0.18	4.5						
						G	60—100	灰白色	重壤土	块状	4.0	9.7	0.28	微量	4.3	93	2.6	119			
剖67	水稻土	盐渍水稻土		咸酸田	轻咸酸田	A	0—15	暗棕黄色	轻壤土	块状	4.4	16.8	0.88	0.21	3.4					E 111°20′24.4″ N 21°30′36.0″	84
						P	15—25	暗黄棕色	中壤土	块状	4.5	18.2	0.78	0.22	3.6						
						W	25—50	灰棕黄色	轻黏土	棱柱状	3.9	29.7	1.06	0.29	7.9						
剖68	人为土	水稻土	渗育水稻土	滨海砂质田	黑泥田	G	50—100	暗棕色	重壤土	棱柱状	5.3	24.2	1.37	0.21	2.2				近代滨海沉积物	E 111°22′01.6″ N 21°30′34.2″	98
						A	0—16	棕灰色	松壤土	碎块状	5.7	19.2	1.08	0.18	2.5						
						P	16—27	暗棕灰色	松砂土	碎块状	4.9	126.6	3.95	0.15	3.0	138	微量	10			
						E	27—100	灰白色	轻壤土	碎块状	5.0	8.9	0.61	0.30	5.6						
剖69	铁铝土	砖红壤		花岗岩红赤土地	红赤砂泥地	A	0—20	褐色	轻壤土	块状	4.9	9.7	0.48	0.30	5.3				花岗片麻岩	E 110°57′17.1″ N 21°27′48.3″	100
						B	20—50	暗棕色	紫壤土	块状	5.0	6.7	0.33	0.18	4.6						

续表 Continued

剖面号 Soil profile	土纲 Soil order	土类 Soil great group	亚类 Soil subgroup	土属 Soil genus	土种 Soil species	土层码 Layer code	土层厚度 Depth/cm	颜色 Soil color	质地 Soil texture	土壤结构 Soil structure	pH	有机质 OM/(g/kg)	全氮 TN/(g/kg)	全磷 TP/(g/kg)	全钾 TK/(g/kg)	碱解氮 AN/(mg/kg)	有效磷 AP/(mg/kg)	速效钾 AK/(mg/kg)	土壤母质 Parent material	剖面点坐标 Profile coordinate	匹配指数 Matching index/%
剖70	人为土	水稻土	潴育水稻土	滨海砂泥田	滨海泥田	A	0–14	暗黄棕色	重壤土	块状	5.4	20.1	1.18	0.51	3.8				滨海沉积物	E 110°59′15.7″ N 21°26′44.5″	74
						P	14–22	浅黄棕色	重壤土	块状	5.8	9.9	0.62	0.35	7.1						
						W	22–70	灰黄色	重壤土	棱柱状	5.3	10.1	0.57	0.05	6.1						
						G	70–100	暗灰色	重壤土	柱状											
剖71	人为土	水稻土	渗育水稻土	滨海砂质田	砂质黑泥底田	A	0–12	灰黄棕色	松砂土	碎块状	5.8	5.8	0.41	0.19	4.1	51		26	近代滨海沉积物	E 111°11′57.1″ N 21°29′30.1″	100
						P	12–21	暗黄棕色	松砂土	碎块状	6.0	4.0	0.29	0.15	3.8		微量				
						W	21–47	暗棕灰色	松砂土	碎块状	6.1	3.3	0.21	0.12	3.6						
						4	47–100	黑色	松砂土	块状	6.0	35.2	1.23	0.20	3.2						
剖72	人为土	水稻土	潴育水稻土	滨海砂泥田	滨海砂质田	A	0–20	灰黄棕色	紧砂土	粉末状	5.5	8.9	0.58	0.30	2.2	100	15.3	19	滨海沉积物	E 111°09′35.3″ N 21°29′26.9″	76
						P	20–28	栗色	紧砂土	碎块状	6.0	4.2	0.25	0.21	2.2						
						W	28–53	浅黄棕色	紧砂土	碎块状	6.5	1.4	0.21	0.11	2.2						
						C	53–100	浅黄棕色	砂壤土	块状											
剖73	初育土	风沙土	滨海风沙土	滨海沙土	固定沙土	A	0–15	褐色	松砂土	碎块状	5.6	3.7	0.25	0.07	2.4				滨海沉积物	E 111°07′47.1″ N 21°28′55.8″	86
						C	15–100	灰黄色	松砂土	粒状	5.3	0.8	0.05	0.05	1.3						
剖74	人为土	水稻土	渗育水稻土	滨海砂质田	黄砂田	A	0–19	栗色	松砂土	粉末状	5.5	25.4	0.28	0.29	2.8				滨海沉积物	E 111°03′36.0″ N 21°28′22.4″	82
						B	19–100	浅黄红色	松砂土	粉末状	5.5	3.2	0.04	0.08	3.7						
剖75	初育土	风沙土	滨海风沙土	滨海沙土地	滨海沙土地	A	0–22	灰黄棕色	松砂土	粉末状	5.6	4.2	0.27	0.20	1.7	37	4.8	9	滨海沉积物	E 111°02′02.4″ N 21°28′11.6″	73
						B	22–100	浅黄红色	松砂土	块状	5.3	1.9	0.11	0.07	4.1						
剖76	人为土	水稻土	盐渍水稻土	咸酸田	咸酸田	P	15–24	暗黄棕色	重壤土	块状	4.1	16.6	0.89	0.27	14.9	123	5.2	49		E 111°00′14.8″ N 21°27′05.8″	85
						W₁	24–39	浅黄棕色	重壤土	棱柱状	4.1	10.6	0.54	0.17	14.4						
						W₂	39–85	浅黄棕色	中壤土	棱柱状	3.8	9.0	0.44	0.20	14.7						
						C	85–100	暗灰色	黏土	块状	3.6	12.4	0.36	0.12	9.7						
剖77	水成土	沼泽土	盐化沼泽土	滨海林滩	滨海林滩	A	0–11	暗灰色	砂壤土	碎块状	4.1	13.6	0.45	0.14	6.3	83	3.5	43	滨海沉积物	E 111°17′32.8″ N 21°27′57.4″	98
						G₁	11–28	黑色		块状	3.8	22.6	0.53	0.10	6.0						
						G₂	28–100	黑色	紧砂土	块状	4.0	19.1	0.34	微量	5.9						

高 州 市

主要土类说明

赤红壤是高州市主要土壤类型，占本市地域面积的54%。成土母质多为花岗岩、片麻岩风化物，其次为砂页岩风化物和浅海沉积物。原生植被遭到严重破坏，现有植被多为灌木林、杂草类和人工林。赤红壤主要发生于南亚热带季雨林下，其脱硅富铝化程度仅次于砖红壤，强于红壤。铁的游离度介于二者之间，黏粒硅铝率为1.7—2.0，风化淋溶系数为0.05—0.15，盐基饱和度为15%—25%，pH为4.5—5.5。淀积层（B层）富含铁铝氧化物，呈赤红色。

水稻土是高州市第二大土壤类型，占本市地域面积的30%。水稻土是在长期的季节性淹灌、水下翻耕、季节性脱水、氧化还原交替影响下，原来的成土母质或母土的特性发生重大改变，形成的新的土壤类型。由于干湿交替，水稻土形成糊状的淹育层、较坚实板结的犁底层、渗育层、潴育层与潜育层等多种发生层。这些不同的发生层是在人为耕作、水浆管理下形成的。本市水稻土分为淹育型、潴育型、潜育型、渗育型、沼泽型、矿毒型等亚类。其中，潴育水稻土面积最大，占本土类面积的84%。该亚类的主要特点是在犁底层下形成具有淋溶和淀积特征的潴育层，剖面内有棕黄色的铁锈斑纹、紫黑色的锰质斑点或新生的铁锰结核，具有明显的棱柱状或柱状结构，结构体表面有铁锰胶膜。

红壤是高州市第三大土壤类型，占本市地域面积的7%。山地红壤占本市自然土壤面积的11%，分布在海拔400—600m的丘陵、山地。成土母质主要为花岗岩、片麻岩风化物。红壤土体多呈红色，土层比黄壤深厚，表土层小于0.01mm的物理性黏粒含量平均为37%，淀积层为40%。

黄壤占本市地域面积的7%。山地黄壤占本市自然土壤面积的10%，分布在东北部海拔600m以上的山地。成土母质主要为花岗岩、片麻岩风化物。表土层呈暗灰色，富含有机质，团粒结构良好，质地松碎，草根较多，小于0.01mm的物理性黏粒含量平均为44%；淀积层呈黄色或棕黄色，小于0.01mm的物理性黏粒含量平均为46%；母质层为半风化的岩石碎块。

小于本市地域面积3%的土壤类型有潮土。

本区域中心区气候特征

本区域中心区气候特征值
Regional climate characteristics in central area of the region

气候带：南亚热带湿润气候 Climate region: South subtropical humid climate	
年平均气温 /℃ Annual average temperature /℃	22.4
年平均最高气温 /℃ Annual average maximum temperature /℃	26.4
年平均最低气温 /℃ Annual average minimum temperature /℃	19.4
年降水量 /mm Annual precipitation /mm	2033
≥10℃的积温 /℃ Daily temperature accumulated in a year（≥10℃）/℃	8173
年日照时数 /h Annual sunshine /h	1770
年平均相对湿度 /% Annual average relative humidity /%	80
干燥度 Dryness	0.67

本区域中心区月平均气温与月平均降水量
Monthly temperature and precipitation in central area of the region

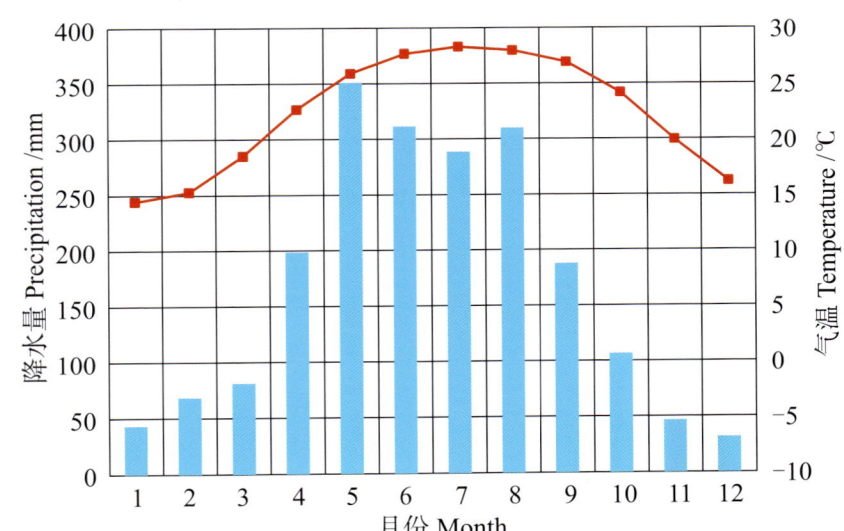

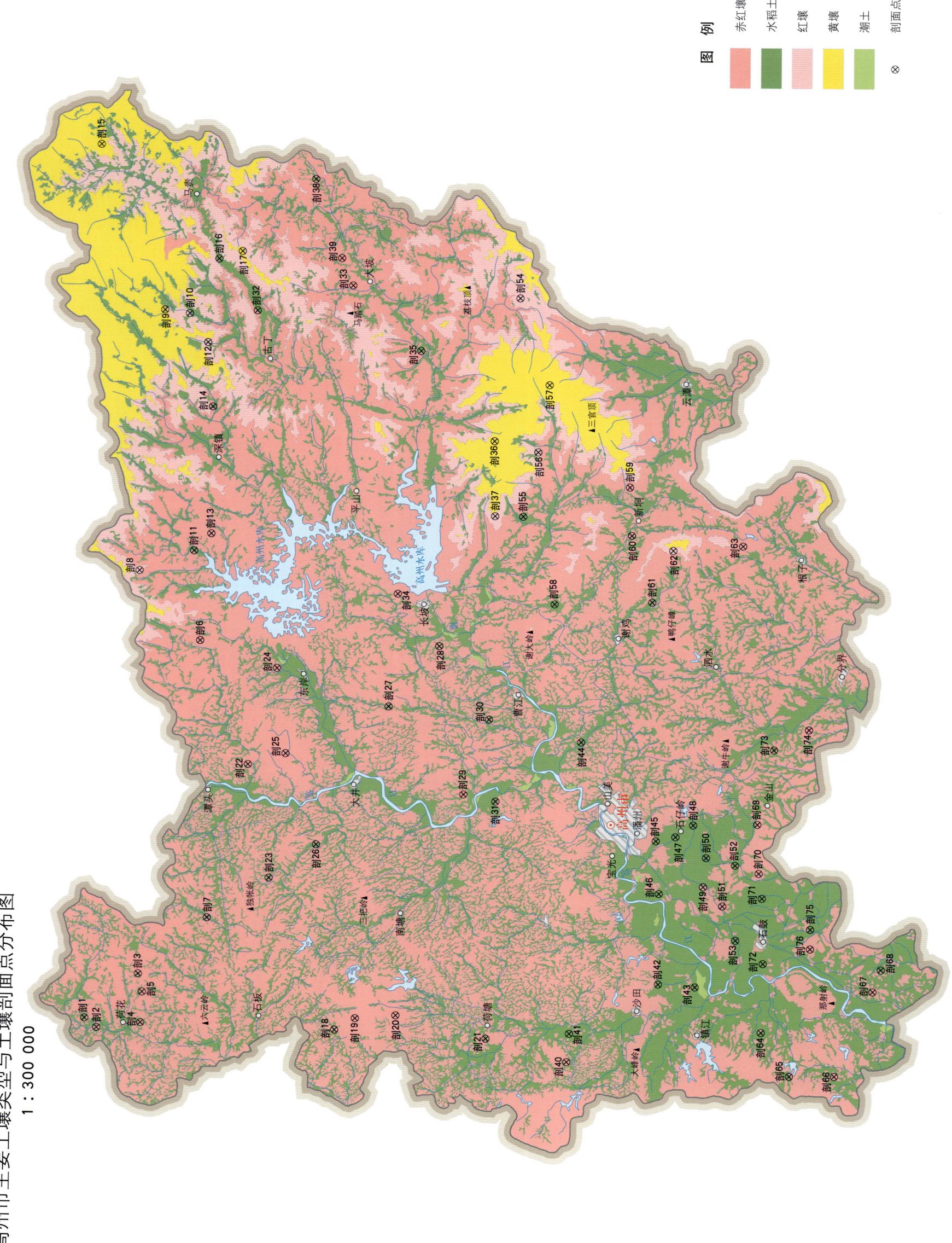

高州市主要土壤类型与土壤剖面点分布图
1∶300 000

高州市土壤剖面理化性状表

剖面号 Soil profile	土纲 Soil order	土类 Soil great group	亚类 Soil subgroup	土属 Soil genus	土种 Soil species	土层码 Layer code	土层厚度 Depth/cm	颜色 Soil color	质地 Soil texture	土壤结构 Soil structure	pH	有机质 OM/(g/kg)	全氮 TN/(g/kg)	全磷 TP/(g/kg)	全钾 TK/(g/kg)	碱解氮 AN/(mg/kg)	有效磷 AP/(mg/kg)	速效钾 AK/(mg/kg)	土壤母质 Parent material	剖面点坐标 Profile coordinate	匹配指数 Matching index/%
剖1	人为土	水稻土	矿毒型水稻土	矿毒田	硫黄矿毒田	1	0~12	浅灰色	壤土	块状											100
						2	12~26	灰黄色	砂壤土	块状											
						3	26~45	黄褐色	壤土	柱状											
						4	45~100	黄灰色	壤土	块状											
剖2	铁铝土	赤红壤	赤红壤	花岗片麻岩赤红泥地	麻赤红泥地	1	0~13	浅棕黄色	黏土	块状									花岗岩、片麻岩	E 110°41′51.4″ N 22°15′36.4″	99
						2	13~100	浅红黄色	黏土	块状											
剖3	人为土	水稻土	淹育水稻土	麻红黄泥田	淹麻红泥砂田	1	0~8	灰黄色	砂壤土	块状	5.7					108	19.6	157	花岗岩风化物	E 110°44′12.8″ N 22°13′59.9″	74
						2	8~29	灰黄色	砂壤土	块状											
						3	29~100	红色	黏土	块状											
剖4	铁铝土	赤红壤	赤红壤	花岗片麻岩赤红壤	薄有机质层薄层花岗岩赤红壤	1	0~8	浅黄棕色	中壤土	块状	5.8	17.4	0.82	0.15	3.7		0.4	56	花岗岩	E 110°42′06.1″ N 22°13′52.7″	93
						2	8~30	红黄色	中壤土	块状	6.0	10.2	0.41	0.14	4.1		0.4	55			
						3	30~100	红色	中壤土	块状											
剖5	铁铝土	赤红壤	赤红壤	花岗片麻岩赤红壤	中有机质层薄层花岗岩赤红壤	1	0~15	浅黄棕色	重壤土	块状	5.9	13.1	0.69	0.10	5.1		1.3	55	花岗岩	E 110°43′25.3″ N 22°13′50.2″	74
						2	15~40	红黄色	中壤土	块状	5.7	8.8	0.61	0.11	5.9		2.2	51			
						3	40~100	红黄色	中壤土	块状											
剖6	铁铝土	赤红壤	赤红壤	花岗片麻岩赤红壤	中层花岗岩赤红壤	1	0~12	红棕色	中壤土	块状	5.5	18.9	0.95	0.17	5.3		2.6	42	花岗岩	E 110°58′47.6″ N 22°11′44.2″	85
						2	12~60	黄棕色	重壤土	块状	5.8	13.5	0.77	0.17	6.1		2.6	32			
						3	60~100	橙色	石质黏土	块状											
剖7	人为土	水稻土	潴育水稻土	白鳝泥田	渗白鳝泥底田	1	0~14	暗灰色	轻壤土	块状	6.3	25.5	1.23	0.23	27.5		20.5	108	冲积物、坡积物	E 110°46′42.2″ N 22°11′19.7″	77
						2	14~21	深灰色	轻壤土	无明显结构	6.3	15.9	0.71	0.12	29.5		3.5	109			
						3	21~40	浅灰色	中壤土	无明显结构	7.0	7.9	0.44	0.10	29.5		微量	119			
						4	40~100	灰白色	中壤土	粒状											
剖8	铁铝土	红壤	红壤	花岗片麻岩红壤	厚有机质层薄层花岗岩红壤	1	0~20	浅棕色	中壤土	粒状	6.2	19.5	0.83	0.21	20.5		0.4	100	花岗岩	E 111°01′49.6″ N 22°14′09.2″	80
						2	20~39	褐棕色	中壤土	粒状	6.2	8.6	0.46	0.17	17.5		微量	105			
						3	39~100	黄橙色	中壤土	块状	5.5	16.5	0.69	0.23	11.0		17.5	133			
剖9	铁铝土	黄壤	黄壤	花岗岩黄泥地	麻黄砂泥地	1	0~15	黄橙色	重壤土	粒状	3.5	5.4	0.26	0.07	11.4		微量	66	花岗岩	E 111°13′11.3″ N 22°14′14.5″	80
						2	15~80	浅橙色	重壤土												
						3	80~100	黄橙色	重壤土	块状											
剖10	铁铝土	红壤	红壤	花岗岩红泥地	麻红砂泥地	1	0~14	浅黄棕色	重壤土	粒状	5.5	14.4	0.63	0.16	9.8		1.7	113	花岗岩	E 111°13′01.9″ N 22°12′15.8″	99
						2	14~100	黄棕色	中壤土	粒状	3.5	8.6	0.44	0.20	12.9		0.4	99			
剖11	人为土	水稻土	潴育水稻土	洪积砂泥田	潴洪积砂泥田	1	0~15	灰黄色	砂壤土	片状	4.2	20.9	0.92	0.43	6.3		10.9	82	洪积物	E 111°02′42.5″ N 22°12′00.5″	74
						2	15~19	黄色	重壤土	棱状	5.0	18.5	0.79	0.43	7.4		9.2	79			
						3	19~60	黄棕色	中壤土	无明显结构	5.0	4.8	0.15	0.16	6.6		微量	74			
						4	60~77	橙黄色	中壤土	柱状											
						5	77~100	褐黄色	中壤土	粒状											
剖12	铁铝土	红壤	红壤	花岗岩红壤	厚有机质层中层花岗岩红壤	1	0~18	黄褐色	中壤土	片状	6.1	21.6	0.89	0.14	19.6		3.5	113	花岗岩	E 111°11′46.3″ N 22°11′32.3″	86
						2	18~100	浅黄红色	重壤土	块状	6.0	23.5	0.95	0.17	20.9		3.5	166			
剖13	铁铝土	赤红壤	赤红壤	花岗岩赤红壤	麻红黄泥田	1	0~25	浅红黄色	重壤土	块状	6.1	8.9	0.63	0.14	9.0		2.6	104	花岗岩	E 111°03′27.7″ N 22°12′20.4″	91
						2	25~60	红黄色	中壤土	块状	6.1	12.5	0.63	0.13	7.9		2.6	61			
						3	60~100														
剖14	人为土	水稻土	淹育水稻土	麻红黄泥田	淹麻乌黄泥田	1	0~13	紫灰色	黏壤土	块状	5.6					97	2.6	158	花岗岩	E 111°08′57.8″ N 22°11′19.3″	75
						2	13~24	紫灰色	黏壤土	块状											
						3	24~100	浅橙色	黏壤土	块状											

续表 Continued

剖面号 Soil profile	土纲 Soil order	土类 Soil great group	亚类 Soil subgroup	土属 Soil genus	土种 Soil species	土层码 Layer code	土层厚度 Depth/cm	颜色 Soil color	质地 Soil texture	土壤结构 Soil structure	pH	有机质 OM/(g/kg)	全氮 TN/(g/kg)	全磷 TP/(g/kg)	全钾 TK/(g/kg)	碱解氮 AN/(mg/kg)	有效磷 AP/(mg/kg)	速效钾 AK/(mg/kg)	土壤母质 Parent material	剖面点坐标 Profile coordinate	匹配指数 Matching index/%
剖15	铁铝土	黄壤	黄壤	花岗片麻岩黄壤		1	0–14	褐色	轻壤土	粒状	5.5	27.0	1.21	0.19	19.9		3.1	95	花岗岩	E 111°20′21.8″ N 22°15′16.8″	72
						2	14–100	黄棕色	中壤土	粒状	5.0	11.0	0.70	0.18	21.1		2.2	95			
剖16	人为土	水稻土	潴育水稻土	麻岩泥田	潴碎砂泥田	1	0–16	灰白色	轻壤土	粒状	5.5	30.1	1.07	0.32	23.2		12.7	88	花岗岩风化物	E 111°15′24.8″ N 22°11′07.4″	89
						2	16–33	浅白色	中壤土	柱状	5.9	16.7	0.70	0.18	29.8		5.7	100			
						3	33–47	黄灰色	中壤土		6.5	9.1	0.41	0.19	20.1		3.5	112			
						4	47–100	浅黄棕色	中壤土		6.4	7.2	0.38	0.16	22.5		3.1	121			
剖17	铁铝土	黄壤	黄壤	花岗片麻岩黄壤	中有机质层中层红色岩黄壤	1	0–18	红灰色	中壤土	团粒状	6.0	8.8	0.43	0.17	5.9		3.1	76	花岗岩	E 111°15′44.8″ N 22°10′12.6″	77
						2	18–70	红灰黄色	中壤土		6.0	14.7	0.71	0.20	21.2		2.2	73			
						3	70–100	浅灰黄色													
剖18	人为土	水稻土	潴育水稻土	宽谷冲积土田	宽谷顽泥田	1	0–16	褐色	重壤土	块状	4.0	30.8	1.51	0.72	5.9		8.7	44	冲积物	E 111°41′55.7″ N 22°06′14.4″	81
						2	16–26	灰黄色	重壤土	块状	4.5	18.5	0.92	0.56	5.8		5.2	67			
						3	26–58	黄灰色	重壤土	棱柱状	5.2	16.8	0.81	0.58	5.1		3.9	73			
						4	58–100	灰蓝色		柱状											
剖19	铁铝土	赤红壤	赤红壤	砂页岩赤红壤	薄有机质层中层红色砂页岩赤红壤	1	0–10	紫红色	中壤土	块状	5.8	20.4	0.84	0.07	4.7		微量	65	砂页岩	E 110°42′26.2″ N 22°05′26.1″	82
						2	10–71	浅红色	中壤土	块状	6.4	7.9	0.42	0.06	4.2		微量	49			
						3	71–100	浅棕红色	中壤土	粒状											
剖20	铁铝土	赤红壤	赤红壤	砂页岩赤红壤	薄有机质层中层红色砂页岩赤红壤	1	0–18	棕色	轻壤土	块状	5.7	16.8	0.89	0.10	8.0		5.2	61	砂页岩	E 110°42′35.3″ N 22°03′50.8″	83
						2	18–100	红灰色	中壤土	块状	6.0	6.4	0.44	0.06	10.8		0.9	58			
剖21	人为土	水稻土	潴育水稻土	砂页岩赤红泥田	潴页红泥田	1	0–16	褐色	中壤土	块状	5.9	22.8	1.03	0.30	8.8		14.8	56	砂页岩	E 110°41′38.8″ N 22°00′17.3″	91
						2	16–34	褐棕色	重壤土	棱柱状	5.9	13.8	0.67	0.17	9.5		4.4	39			
						3	34–62	紫红色	重壤土	块状	5.7	8.9	0.37	0.10			微量	41			
						4	62–100	灰白色	砂壤土	片状											
剖22	人为土	水稻土	潴育水稻土	青泥格田	薄有机质层薄层红色砂页岩赤红壤	1	0–15	浅红色	壤土	块状	5.9	23.1	1.10	0.33	7.0		8.7	116	砂页岩	E 110°53′26.2″ N 22°09′47.9″	83
						2	15–30	红色	中壤土		6.8	13.5	0.59	0.21	7.1		微量	40			
						3	30–100	浅棕色	中壤土		7.1	10.8	0.45	0.17	7.7		0.4	32			
剖23	铁铝土	赤红壤	赤红壤	花岗片麻岩赤红壤	薄有机质层中层花岗岩赤红壤	1	0–15	浅红棕色	重壤土	块状	4.0	16.8	0.75	0.24	5.4		0.4	37	花岗岩	E 110°48′27.7″ N 22°08′54.6″	77
						2	15–20	红黄色	中壤土	块状	4.0	4.7	0.27	0.14	17.5		0.4	46			
						3	20–37	灰黄色	中壤土												
剖24	铁铝土	赤红壤	赤红壤	砂页岩赤红壤	中有机质层中层红色砂页岩赤红壤	1	0–10	紫红色	中壤土	块状	4.9	37.0	1.55	0.11	15.1		0.4	43	砂页岩	E 110°57′37.1″ N 22°08′42.0″	90
						2	17–63	紫红色	重壤土	棱柱状	4.8	19.4	0.91	0.08	16.6		0.4	50			
						3	63–100	灰白色	重壤土	块状											
剖25	人为土	水稻土	潴育水稻土	宽谷冲积土田	宽谷砂泥格田	1	0–17	暗灰色	中壤土	粒状	5.8	14.6	0.69	0.23	16.3		7.4	95	花岗岩,片麻岩	E 110°53′56.0″ N 22°08′19.3″	78
						2	17–26	黄灰色	中壤土	块状	5.9	9.9	0.47	0.16	17.9		1.7	75			
						3	26–44	灰棕色	重壤土	棱柱状	6.7	5.6	0.20	0.14	15.4		2.6	50			
						4	44–100	灰棕色	重壤土	柱状											
剖26	人为土	水稻土	潴育水稻土	青泥格田	潴青泥青格田	1	0–15	黄灰色	中壤土	块状	5.6	20.7	1.03	0.37	22.5		11.4	83		E 110°49′58.1″ N 22°07′04.4″	80
						2	15–20	浅红黄色	中壤土	块状	5.7	13.0	0.70	0.37	23.4		7.0	56			
						3	20–58	浅红黄色	重壤土	柱状	5.7	11.4	0.60	0.37	23.2		7.4	63			
						4	58–100	灰棕色		无明显结构											
剖27	铁铝土	赤红壤	赤红壤	侵蚀赤红壤地	片蚀赤红壤地	1	0–39	浅红黄色	砂壤土	粒状										E 110°56′01.0″ N 22°04′17.8″	93
						2	39–100	浅棕色	砂壤土	粒状	5.0	12.8	0.64		13.7		4.8	112			
剖28	铁铝土	赤红壤	赤红壤	花岗片麻岩赤红壤地		1	0–17	浅红棕色	轻壤土	粒状									花岗岩	E 110°58′39.0″ N 22°02′19.7″	82
剖29	铁铝土					2	17–100	浅红棕色	砂壤土	粒状										E 110°52′13.8″ N 22°01′18.1″	79

续表 Continued

剖面号 Soil profile	土纲 Soil order	土类 Soil great group	亚类 Soil subgroup	土属 Soil genus	土种 Soil species	土层码 Layer code	土层厚度 Depth/cm	颜色 Soil color	质地 Soil texture	土壤结构 Soil structure	pH	有机质 OM/(g/kg)	全氮 TN/(g/kg)	全磷 TP/(g/kg)	全钾 TK/(g/kg)	碱解氮 AN/(mg/kg)	有效磷 AP/(mg/kg)	速效钾 AK/(mg/kg)	土壤母质 Parent material	剖面点坐标 Profile coordinate	匹配指数 Matching index/%
剖30	人为土	水稻土	潴育水稻土	洪积黄泥田	潴洪积黄泥砂田	1	0—14	黄灰色	中壤土	块状	5.1	28.2	1.59	0.41	8.5		16.6	88	洪积物	E 110°55′29.6″ N 22°00′20.2″	84
						2	14—27	浅灰色	中壤土	块状	5.0	16.9	1.09	0.28	7.2		9.6	58			
						3	27—67	浅红色	重壤土	柱状	4.3	2.5	0.24	0.24	12.0		1.3	50			
						4	67—100	黄色	中壤土												
剖31	人为土	水稻土	潴育水稻土	河砂泥田	潴河黄泥底田	1	0—12	浅灰色	重壤土	块状	5.7	29.8	1.44	0.34	14.1		15.7	31	河流冲积物	E 110°51′56.2″ N 22°00′02.2″	73
						2	12—21	灰色	重壤土	块状	5.7	21.9	1.10	0.24	15.4		4.8	64			
						3	21—33	红褐色	重壤土	柱状	5.7	13.4	0.77	0.22	16.2		1.3	55			
						4	33—100	红色	中壤土												
剖32	人为土	水稻土	淹育水稻土	麻红黄泥田	淹底红泥田	1	0—15	灰黄色	中壤土	块状	5.6	19.5	1.02	0.23	15.4		7.0	84	花岗岩风化物	E 111°13′10.6″ N 22°09′36.0″	85
						2	15—20	褐色	重壤土	块状	6.2	13.9	0.72	0.21	15.0		5.2	78			
						3	20—100	浅红色	重壤土	粒状	6.4	5.5	0.28	0.10	19.1		3.1	96			
剖33	铁铝土	赤红壤	赤红壤	花岗片麻岩赤红壤	厚有机质层中层花岗岩黄壤	1	0—25	浅红色	轻壤土	粒状	5.7	8.8	0.54	0.10	6.5		1.3	40	花岗岩	E 111°14′17.2″ N 22°05′51.0″	80
						2	25—100	浅黄棕色	轻壤土	粒状	5.6	7.9	0.56	0.14	8.3		1.3	66			
剖34	铁铝土	赤红壤	赤红壤	侵蚀赤红壤	沟蚀赤红壤	1	0—37	黄褐色	轻黏土	粒状	5.5	9.2	0.42	0.16	1.3		2.2	51	花岗岩风化物	E 111°00′54.8″ N 22°03′59.0″	83
						2	37—100	红橙色	重壤土	粒状	5.3	11.8	0.52	0.17	3.7		0.9	58			
剖35	人为土	水稻土	淹育水稻土	麻红黄泥田	淹碌大眼砂田	1	0—16	灰黄色	砂壤土	粒状	6.0			0.18		72	3.9	39	花岗岩风化物	E 111°11′27.4″ N 22°03′08.9″	89
						2	16—19	浅黄色	砂壤土	粒状											
						3	19—100	黄褐色	黏壤土	粒状											
剖36	铁铝土	黄壤	黄壤	花岗片麻岩黄壤	厚有机质层中层花岗岩黄壤	1	0—23	暗黄棕色	轻壤土	粒状	6.3	25.8	1.08	0.18	21.5		0.4	100	花岗岩	E 111°07′34.0″ N 22°00′13.7″	87
						2	23—50	黄棕色	中壤土	块状	6.8	16.0	0.84	0.16	21.7		微量	105			
						3	50—100	浅黄棕色	砂砾土	粒状											
剖37	铁铝土	红壤	红壤	花岗片麻岩红壤	厚有机质层中层花岗岩红壤	1	0—22	浅棕色	中壤土	团粒状	6.0	17.3	0.71	0.04	18.4		4.4	65	花岗岩	E 111°04′19.9″ N 22°00′11.2″	91
						2	22—56	浅棕色	中壤土	块状	6.2	10.1	0.52	0.04	17.9		3.1	69			
						3	56—100	黄橙色	轻壤土	块状											
剖38	人为土	水稻土	潴育水稻土	青泥格田	潴砂质青泥	1	0—13	浅灰色	轻壤土	粒状	4.0	23.6	1.05	0.30	16.6		12.2	67	花岗岩	E 111°00′54.8″ N 22°03′59.0″	95
						2	13—19	灰色	中壤土	块状	4.0	10.4	0.46	0.13	17.7		3.5	69			
						3	19—26	红橙色	中壤土	块状	4.5	8.1	0.40	0.11	17.0		1.3	77			
						4	26—100														
剖39	铁铝土	赤红壤	赤红壤	花岗片麻岩赤红壤	厚有机质层薄层花岗岩赤红壤	1	0—30	紫灰色	砂壤土	细粒状	5.0	23.2	1.09	0.19	24.4		0.9	134	花岗岩	E 111°18′53.3″ N 22°07′19.9″	72
						2	30—40	暗黄棕色	砂壤土	稻粒状	5.2	3.6	0.63	0.10	45.4		微量	127			
						3	40—100	红黄白相间													
剖40	人为土	水稻土	潴育水稻土	宽谷冲积土田	宽谷冲积泥田	1	0—40	灰白色	重壤土	块状	5.0	14.5	0.19	0.12	1.4		微量	50	砂页岩	E 111°15′28.1″ N 22°06′17.6″	75
剖41	人为土	水稻土	潴育水稻土	麻砂泥田	麻头砂泥田	1	0—13	紫灰色	黏壤土	块状	5.5	21.5	1.03	0.47	14.0		5.7	124	红色砂岩、宽谷冲积物	E 110°40′41.5″ N 21°57′05.4″	99
						2	13—32	紫灰色	黏壤土	柱状	5.7	13.8	0.63	0.38	11.7		1.3	95			
						3	32—100	灰白色	黏土		5.6	10.1	0.58	0.34	10.0		0.4	166			
剖42	人为土	水稻土	潴育水稻土	麻红泥田	潴河梨土田	1	0—16		中壤土		5.7	21.8	1.08	0.34	18.9		9.2	61	片麻岩风化物	E 110°44′06.0″ N 21°53′32.3″	94
						2	16—26		重壤土	块状	6.4	11.4	0.61	0.26	19.7		3.1	46			
						3	26—100		中壤土	块状	6.4	10.5	0.55	0.23	19.4		1.7	49			
剖43	人为土	水稻土	潴育水稻土	河砂泥田	潴河砂质田	1	0—14	灰白色	紧砂土	粒状	5.9	14.1	0.72	0.24	28.5		7.0	99	河流冲积物	E 110°43′59.9″ N 21°52′05.5″	86
						2	14—21	灰白色	紧砂土	粒状	6.3	13.3	0.68	0.23	28.4		7.4	90			
						3	21—	褐黄色	紧砂土	粒状											
剖44	人为土	水稻土	潴育水稻土	河砂泥田	潴河砂质田	1	0—16	白色	砂土		7.0	6.8	0.37	0.18	28.5		4.8	95	河流冲积物	E 110°54′33.1″ N 21°56′42.0″	74
						2	16—31														
						3	31—50														
						4	50—100			无明显结构											

续表 Continued

剖面号 Soil profile	土纲 Soil order	土类 Soil great group	亚类 Soil subgroup	土属 Soil genus	土种 Soil species	土层码 Layer code	土层厚度 Depth/cm	颜色 Soil color	质地 Soil texture	土壤结构 Soil structure	pH	有机质 OM/(g/kg)	全氮 TN/(g/kg)	全磷 TP/(g/kg)	全钾 TK/(g/kg)	碱解氮 AN/(mg/kg)	有效磷 AP/(mg/kg)	速效钾 AK/(mg/kg)	土壤母质 Parent material	剖面点坐标 Profile coordinate	匹配指数 Matching index/%
剖45	人为土	水稻土	潴育水稻土	黄赤沙土田	潴黄赤土田	1	0—16	灰黄色	壤土	块状	5.2	53.1	1.79	0.32	21.8		7.0	361		E 110°50′18.6″ N 21°53′42.7″	100
						2	16—28	黄色	壤土	块状	5.9	3.4	0.79	0.21	21.6		5.7	90			
						3	28—100	褐色	轻壤土	柱状	6.4	1.4	0.23	0.16	20.0		7.0	119			
剖46	人为土	水稻土	矿毒型水稻土	矿毒田	煤水田	1	0—14	浅黑色	轻壤土	粒状	5.5	41.6	1.89	0.42	3.5		10.9	37		E 110°48′00.3″ N 21°53′33.8″	76
						2	14—31	橙黄色	轻壤土	块状	5.9	39.3	1.84	0.38	3.4		9.2	47			
						3	31—44	橙黄色	砂壤土	散粒状	5.7	132.4	3.24	0.66	4.6		13.5	52			
						4	44—100	浅黄色	轻壤土	无明显结构											
剖47	人为土	水稻土	潴育水稻土	炭质黑泥田	黑泥底田	1	0—15		中壤土		5.3	12.0	0.57	0.10	3.0		4.8	64	洪积物	E 110°50′29.4″ N 21°52′56.6″	80
						2	15—21	黄灰色	中壤土	块状	5.0	9.4	0.45	0.14	7.8		3.1	36			
						3	21—100	黄灰色	重壤土	块状	6.0	5.8	0.35	0.10	9.5		3.1	38			
剖48	人为土	淹育水稻土	洪积黄赤泥田	海洪积黄泥沉		1	0—14	浅棕红色	砂壤土	块状	5.5	17.8	0.97	0.17	15.4		6.5	61	浅海沉积物	E 110°51′01.1″ N 21°52′15.2″	84
剖49	铁铝土	赤红壤		浅海沉积赤红壤	中有机质层中层浅海沉积赤红壤	2	15—60	灰黄棕色	中壤土	粒状	6.2	33.0	1.10	0.16	15.4		3.9	48		E 110°48′19.4″ N 21°51′50.0″	71
						3	60—100	浅黄棕色	重壤土	粒状	6.6	17.6	0.44	0.27	3.5		3.5	137			
剖50	人为土	水稻土	潴育水稻土	炭质黑泥田	黑泥黏田	1	0—11	灰色	中壤土	粒状									浅海沉积物	E 110°49′36.1″ N 21°51′43.6″	84
						2	11—24	黑黑色	中壤土	粒状											
						3	24—38	黑色	重壤土	棱柱状											
						4	38—100	棕黑色	中壤土	棱柱状											
剖51	铁铝土	赤红壤		浅海沉积赤红壤	厚有机质层中层浅海沉积赤红壤	1	0—20	灰白红相间	砂壤土	碎粒状									浅海沉积物	E 110°47′30.5″ N 21°51′03.6″	95
						2	20—60		中壤土	粒状											
						3	60—100		轻壤土	粒状											
剖52	人为土	水稻土	潴育水稻土	宽谷冲积赤红田	潴宽砂泥田	1	0—17	灰黄色	砂壤土	块状	5.7	24.3	0.11	0.31	16.1		10.9	119	冲积物	E 110°49′16.7″ N 21°50′34.9″	71
						2	17—25	黄色	砂壤土	块状	6.2	6.4	0.24	0.17	22.2		0.9	48			
						3	25—41	黄色	轻壤土	棱柱状	6.7	6.2	0.26	0.18	25.1		2.6	105			
						4	41—55	浅灰色	中壤土	棱柱状											
						5	55—100		中壤土	无明显结构											
剖53	人为土	水稻土	潴育水稻土	炭质黑泥田	黑泥散田	1	0—16	灰黄色	轻壤土	块状	5.5	13.3	0.66	0.17	1.1		7.0	66		E 111°13′46.5″ N 21°59′16.1″	72
						2	16—25	灰黄色	砂壤土	块状	5.4	12.7	0.61	0.21	1.3		3.9	53			
						3	25—43	红棕色	轻壤土	粒状	5.4	10.4	0.45	0.17	1.6		3.5	52			
剖54	铁铝土	红壤		花岗片麻岩红壤		1	0—27	浅红色	中壤土	块状	5.7	25.7	1.32	0.33	15.1		15.3	243	花岗岩，片麻岩	E 111°13′46.5″ N 21°59′16.1″	80
						2	27—100	灰黄色	砂壤土	粒状	4.8	4.2	0.22	0.18	12.8		3.1	149			
剖55	人为土	水稻土	潴育水稻土	麻红泥田	潴麻砂泥田	1	0—17	灰黄色	砂壤土	块状	5.8	12.9	0.66	0.17	18.3		4.8	98	花岗岩	E 111°04′18.8″ N 21°59′04.9″	88
						2	17—24	灰黄色	轻壤土	柱状	6.0	6.6	0.35	0.17	19.1		5.7	108			
						3	24—100	黄灰色	重壤土	粒状	6.8	6.1	0.36	0.18	19.2		4.8	82			
剖56	铁铝土	红壤		花岗片麻岩红壤	薄有机质层厚花岗岩红壤	1	0—18	暗棕红色	重壤土	粒状	6.0	19.7	0.87	0.21	2.4		0.4	124	片麻岩风化物	E 111°07′05.9″ N 21°58′31.1″	76
						2	18—81	红色	中壤土	块状	6.1	11.0	0.42	0.15	2.7		微量	62			
						3	81—100	浅红红色	中壤土	团粒状											
剖57	铁铝土	黄壤		花岗岩黄壤		1	0—25	暗黄棕色	中壤土	块状	6.2	30.6	1.16	0.35	10.2		0.4	76	花岗岩	E 111°10′00.6″ N 21°58′05.5″	85
						2	25—100	浅黄黄色	中壤土	块状	6.3	13.0	0.68	0.34	11.0		19.6	79			
剖58	人为土	水稻土	潴育水稻土	河砂泥田	潴河砂泥田	1	0—16	红黄色	中壤土	块状	4.5	24.5	1.23	0.45	12.7		19.6	102	河流冲积物	E 111°00′31.0″ N 21°57′49.0″	79
						2	16—22		重壤土		5.0	11.0	0.43	0.25	13.0		4.8	51			
剖59	铁铝土	赤红壤		花岗片麻岩赤红壤		1	0—17		中壤土		6.4	16.2	0.72	0.10	12.0		0.4	79	片麻岩	E 111°05′37.1″ N 21°54′53.9″	95
						2	17—100		轻壤土		6.1	9.8	0.23	0.12	19.8		微量	59			

续表 Continued

剖面号 Soil profile	土纲 Soil order	土类 Soil great group	亚类 Soil subgroup	土属 Soil genus	土种 Soil species	土层码 Layer code	土层厚度 Depth/cm	颜色 Soil color	质地 Soil texture	土壤结构 Soil structure	pH	有机质 OM/(g/kg)	全氮 TN/(g/kg)	全磷 TP/(g/kg)	全钾 TK/(g/kg)	碱解氮 AN/(mg/kg)	有效磷 AP/(mg/kg)	速效钾 AK/(mg/kg)	土壤母质 Parent material	剖面点坐标 Profile coordinate	匹配指数 Matching index/%
剖60	铁铝土	赤红壤	赤红壤	花岗片麻岩赤红地	麻赤红砂地	1	0~18	褐色	砂土	散砂状									花岗岩	E 111° 03′ 32.0″ N 21° 54′ 48.2″	73
						2	18~100	黄棕色	砂壤土	无明显结构											
剖61	人为土	水稻土	潴育水稻土	河砂泥田	潴河大眼砂田	1	0~13	灰黄色	砂土	粒状									河流冲积物	E 111° 00′ 38.5″ N 21° 53′ 58.2″	70
						2	13~26	灰色	砂土	无明显结构											
						3	26~100														
剖62	铁铝土	红壤	红壤	花岗片麻岩红壤	薄有机质层中层花岗岩红壤	1	0~10	浅棕黄色	中壤土	粒状	6.0	16.9	0.69	0.17	9.6		微量	76	花岗岩	E 111° 02′ 53.9″ N 21° 53′ 10.0″	78
						2	10~40	浅黄棕色	中壤土	块状	6.5	10.4	0.45	0.13	11.1		0.4	79			
						3	40~100	浅红黄色	中壤土	块状											
剖63	铁铝土	赤红壤	赤红壤	花岗片麻岩赤红壤		1	0~10	红橙色	轻壤土	块状	5.6	9.2	0.41	0.10	5.9		12.7	53	片麻岩	E 111° 03′ 07.0″ N 21° 50′ 25.3″	82
						2	10~100		砂壤土	粒状	5.8	4.7	0.28	0.08	4.8		3.1	55			
剖64	铁铝土	淹育水稻土		砂页岩红泥田	淹页红砂田	1	0~9	紫棕色	中壤土	粒状	5.7	7.8	0.47	0.11	3.7		12.7	52		E 110° 42′ 05.4″ N 21° 49′ 28.2″	96
						2	9~100	黄色	中壤土	块状	4.8	6.5	0.32	0.05	11.0		0.4	75			
剖65	人为土	水稻土	潜育水稻土	冷底田	潜铁锈水稻田	1	0~10	灰黄色	中壤土	块状	5.4	28.6	1.16	0.19	9.0		7.9	64		E 110° 40′ 13.8″ N 21° 48′ 19.4″	80
						2	10~20	灰色	中壤土	块状	5.5	22.5	1.00	0.17	8.4		5.7	70			
						3	20~100	灰黄棕色	重壤土	块状	5.6	22.5	0.69	0.10	10.4		微量	59			
剖66	铁铝土	赤红壤	赤红壤	砂页岩赤红地	页赤红泥地	1	0~12	褐色	轻壤土	细粒状	5.0	9.2	0.47	0.26	4.2		10.0	105	砂页岩	E 110° 40′ 16.0″ N 21° 46′ 33.2″	71
						2	12~24	褐黄色	壤土	块状											
						3	24~100	褐黄色	砂壤土	块状											
剖67	铁铝土	赤红壤	赤红壤	砂页岩赤红地	页赤红砂地	1	0~12	灰棕色	中壤土	粒状	5.7	14.0	0.65	0.33	3.3		11.4	124	砂页岩	E 110° 43′ 55.2″ N 21° 45′ 05.8″	70
						2	12~30	暗棕色	中壤土	块状	5.6	10.9	0.51	0.18	1.7		2.6	110			
						3	30~100	浅黄棕色	中壤土	块状	5.2	9.2	0.51	0.16	2.1		3.9	124			
剖68	人为土	水稻土	潴育水稻土	砂页岩红泥田	潴页赤红泥田	1	0~15	灰黄色	中壤土		5.7	19.5	1.15	0.25	6.0		7.4	64		E 110° 44′ 52.4″ N 21° 44′ 47.0″	94
						2	15~26		重壤土	粒状	5.8	9.9	0.69	0.26	7.7		3.9	64			
						3	26~43		重壤土	块状	6.0	7.6	0.46	0.24	9.6		1.7	66			
剖69	铁铝土	赤红壤	赤红壤	浅海沉积赤红壤	浅赤泥红地	1	0~20	灰黄色	砂壤土	粒状	7.5	6.4	0.26	0.07	0.7		14.8	90	浅海沉积物	E 110° 51′ 05.0″ N 21° 49′ 43.7″	70
						2	20~27	浅黄棕色	重壤土	块状	5.5	7.1	0.30	0.08	1.3		1.3	49			
						3	27~100	浅黄棕色	中壤土	柱状	6.5	2.2	0.14	0.07	0.8		2.6	90			
剖70	铁铝土	赤红壤	赤红壤	浅海沉积赤红壤	浅赤泥红地	1	0~10	灰黄色	轻壤土	粒状	6.8	12.7	0.43	0.04	0.7		2.2	64	浅海沉积物	E 110° 48′ 56.5″ N 21° 49′ 38.9″	79
						2	10~100	灰黄色	中壤土	块状	6.4	4.7	0.29	0.05	1.5		微量	54			
剖71	人为土	水稻土	潴育水稻土	黄赤土田	潴黄赤泥红田	1	0~15		重壤土		5.0	13.9	0.45	0.20	3.4		19.6	45		E 110° 47′ 51.7″ N 21° 49′ 30.5″	71
						2	15~24		中壤土	粒状	5.3	7.0	0.30	0.10	3.7		3.1	34			
						3	24~72		中壤土	块状	5.4	4.8	0.30	0.10	1.3		3.1	36			
剖72	人为土	水稻土	潴育水稻土	河砂泥田	潴河泥田	1	0~10		重壤土	块状	5.0	26.9	1.38	0.49	18.2		11.4	100	河流冲积物	E 110° 45′ 03.4″ N 21° 49′ 26.1″	89
						2	10~19		中壤土	棱柱状	5.2	23.8	1.24	0.50	18.2		11.4	86			
						3	19~100		中壤土	粒状	5.4	16.5	0.82	0.46	19.7		7.4	77			
剖73	人为土	水稻土	潴育水稻土	炭质黑泥田	黑泥砂田	1	0~12	浅灰色	重壤土	粒状	5.6	10.4	0.37	0.10	1.1		3.1	37		E 110° 47′ 49.4″ N 21° 49′ 44.5″	71
						2	12~18	黑灰色	紧砂土	块状	5.6	6.7	0.55	0.17	1.6		11.8	57			
						3	18~44	红灰色	中壤土	棱柱状	5.7	5.1	0.23	0.07	0.4		0.9	30			
剖74	铁铝土	赤红壤	赤红壤	浅海沉积赤红壤	厚有机质层厚层浅海沉积赤红壤	1	0~25	暗黄棕色	中壤土	粒状	6.2	20.2	0.83	0.09	2.8		微量	29	浅海沉积物	E 110° 54′ 19.4″ N 21° 49′ 47.0″	94
						2	25~83	黄棕色	中壤土	块状	6.3	20.2	0.76	0.10	3.2		0.4	27			
						3	83~100	灰白色	重壤土	无明显结构											
剖75	人为土	水稻土	潴育水稻土	砂页岩红泥田	潴页结粉田	1	0~15	白色	中壤土	粉粒状	4.7	21.0	1.12	0.24	4.6		5.7	54		E 110° 46′ 33.6″ N 21° 47′ 35.5″	87
						2	15~29	白色	中壤土	块状	4.5	12.0	0.61	0.19	5.3		4.8	41			
						3	29~44	紫灰色	中壤土	块状	4.5	3.3	0.32	0.10	3.2		0.9	46			
						4	44~100	红黄色	砂壤土	棱柱状											

续表 Continued

剖面号 Soil profile	土纲 Soil order	土类 Soil great group	亚类 Soil subgroup	土属 Soil genus	土种 Soil species	土层码 Layer code	土层厚度 Depth/ cm	颜色 Soil color	质地 Soil texture	土壤结构 Soil structure	pH	有机质 OM/ (g/kg)	全氮 TN/ (g/kg)	全磷 TP/ (g/kg)	全钾 TK/ (g/kg)	碱解氮 AN/ (mg/kg)	有效磷 AP/ (mg/kg)	速效钾 AK/ (mg/kg)	土壤母质 Parent material	剖面点坐标 Profile coordinate	匹配指数 Matching index/%
剖76	铁铝土	赤红壤	赤红壤	砂页岩赤红壤		1	0—6	灰白色	中壤土	粒状	4.8	25.1	0.86	0.06	8.5		4.8	102	砂页岩	E 110°45′43.5″ N 21°47′34.9″	73
						2	6—100	浅红黄色	中壤土	粒状	5.1	8.0	0.35	0.04	8.0		5.2	69			

化 州 市

主要土类说明

赤红壤是化州市主要土壤类型，占本市地域面积的47%。成土母质多为花岗岩、片麻岩、砂岩、砂页岩、片岩、板岩风化物。原始植被遭到严重破坏，现有植被多为灌木林、杂草类和人工林。赤红壤脱硅富铝化程度仅次于砖红壤，强于红壤。铁的游离度介于二者之间，黏粒硅铝率为1.7—2.0，风化淋溶系数为0.05—0.15，盐基饱和度为15%—25%。淀积层（B层）富含铁铝氧化物，呈赤红色。本市赤红壤仅有赤红壤一个亚类。

水稻土是化州市第二大土壤类型，占本市地域面积的31%，是本市主要的耕作土壤，占本市耕地面积的87%。水稻土是在长期的季节性淹灌、水下翻耕、季节性脱水、氧化还原交替影响下，原来的成土母质或母土的特性发生重大改变，形成的新的土壤类型。由于干湿交替，水稻土形成糊状的淹育层、较坚实板结的犁底层、渗育层、潴育层与潜育层等多种发生层。这些不同的发生层是在人为耕作、水浆管理下形成的。本市水稻土分为淹育型、潴育型、潜育型、渗育型、沼泽型、矿毒型等亚类。本市水稻土中，潴育水稻土亚类面积最大，占本土类面积的87%，耕作历史悠久，土壤熟化程度高，土层受地下水上下活动频繁作用，在犁底层下形成了具有明显铁锈斑纹的潴育层。

砖红壤是化州市第三大土壤类型，占本市地域面积的19%。成土母质多为花岗岩、砂页岩风化物。砖红壤主要发生于热带雨林或季雨林下，是遭强烈脱硅富铝化作用的土壤。砖红壤中氧化硅大量迁出，游离铁占全铁的80%。黏粒矿物以高岭石、赤铁矿和三水铝石为主，黏粒硅铝率小于1.6，风化淋溶系数小于0.05，盐基饱和度小于15%。在A-B-C剖面构型中，表土层以红棕色为主；淀积层（B层）富含铁铝氧化物，呈砖红色；淀积层下部常出现红白（或黄白）交织的网纹层。本市砖红壤仅有砖红壤一个亚类。

小于本市地域面积3%的土壤类型有潮土。

本区域中心区气候特征

本区域中心区气候特征值
Regional climate characteristics in central area of the region

气候带：南亚热带湿润气候 Climate region: South subtropical humid climate	
年平均气温 /℃ Annual average temperature /℃	22.6
年平均最高气温 /℃ Annual average maximum temperature /℃	26.5
年平均最低气温 /℃ Annual average minimum temperature /℃	19.8
年降水量 /mm Annual precipitation /mm	2018
≥10℃的积温 /℃ Daily temperature accumulated in a year (≥10℃) /℃	8253
年日照时数 /h Annual sunshine /h	1804
年平均相对湿度 /% Annual average relative humidity /%	81
干燥度 Dryness	0.68

本区域中心区月平均气温与月平均降水量
Monthly temperature and precipitation in central area of the region

化州市主要土壤类型与土壤剖面点分布图
1:270 000

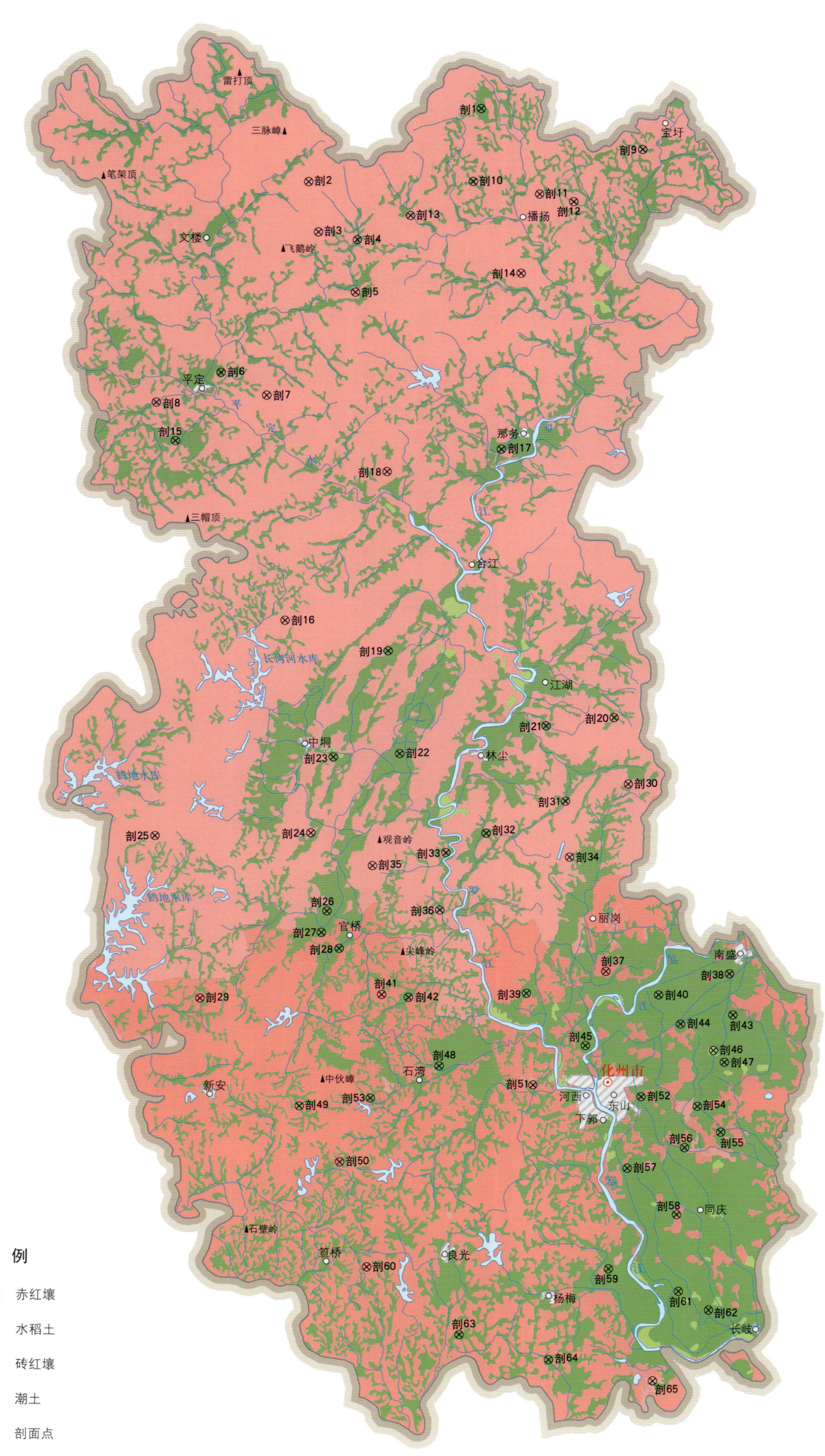

图 例

- 赤红壤
- 水稻土
- 砖红壤
- 潮土
- ⊗ 剖面点

化州市土壤剖面理化性状表

剖面号 Soil profile	土纲 Soil order	土类 Soil great group	亚类 Soil subgroup	土属 Soil genus	土种 Soil species	土层码 Layer code	土层厚度 Depth/cm	颜色 Soil color	质地 Soil texture	土壤结构 Soil structure	pH	有机质 OM (g/kg)	全氮 TN (g/kg)	全磷 TP (g/kg)	全钾 TK (g/kg)	土壤母质 Parent material	剖面点坐标 Profile coordinate	匹配指数 Matching index/%
剖1	人为土	水稻土	潴育水稻土	麻红泥田	麻红泥田	A	0—13	灰棕色	轻黏土	块状	5.6	35.6	2.05	0.72	11.5	花岗岩、片麻岩	E 110° 33′ 50.0″ N 22° 10′ 30.0″	99
						P	13—23	棕灰色	重壤土	块状	6.0	28.0	1.36	0.43	11.5			
						W_1	23—48	棕灰色	重壤土	块状	5.9	13.9	0.74	0.35	10.6			
						W_2	48—100		重壤土	柱状								
剖2	铁铝土	赤红壤	赤红壤	片板岩赤红壤	中有机质层中层片板岩赤红壤	A	0—15	棕红色	中壤土	细粒状	5.8	17.7	1.06	0.16	0.5	片岩、板岩	E 110° 28′ 08.8″ N 22° 08′ 08.5″	87
						B	15—100		重壤土	小块状	5.7	10.8	0.74	0.16	0.6			
剖3	铁铝土	赤红壤	赤红壤	片板岩赤红壤		A	0—8	灰红色	中壤土	柱状	5.0	36.3	1.50	0.07	2.9	片岩、板岩	E 110° 28′ 29.3″ N 22° 06′ 33.5″	88
						B	8—60	黄棕色	轻壤土	块状	5.0	7.9	0.61	0.04	3.4			
						C	60—100	浅黄色	轻壤土	块状	5.0	4.9	0.34	0.05	5.5			
剖4	人为土	水稻土	潴育水稻土	石灰板岩红泥田	石灰板结黄泥田	A	0—13	黄灰色	中壤土	小块状	5.3	21.4	1.16	0.29	9.1		E 110° 29′ 46.3″ N 22° 06′ 19.4″	87
						W_1	13—23	黄灰色	中壤土	块状	6.7	15.2	0.77	0.26	7.9			
						W_2	23—60	黄棕色	中壤土	棱柱状	7.4	4.2	0.26	0.10	7.3			
							60—100	黄棕色	轻黏土	柱状								
剖5	铁铝土	赤红壤	赤红壤	花岗岩赤红壤	麻赤红泥地	A	0—13	黄棕色	轻壤土	细块状	5.7	24.5	1.47	1.11	3.9	花岗岩	E 110° 29′ 43.4″ N 22° 04′ 39.7″	98
						B	13—40	棕黄色	重黏土	细块状	6.4	19.3	1.41	1.07	3.4			
						C	40—100	棕黄色	中壤土	块状	6.0	15.0	1.01	1.07	3.9			
剖6	人为土	水稻土	淹育水稻土	花岗岩红黄泥田		A	0—9	浅黄色	轻壤土	粒状	5.2	13.4	0.85	0.55	3.2	片岩、板岩	E 110° 25′ 19.2″ N 22° 02′ 04.9″	74
						P	9—15	黄棕色	中壤土	块状	5.3	13.9	0.76	0.55	3.5			
						C_1	15—52	棕黄色	中壤土	块状	4.8	7.6	0.42	0.63	2.9			
						C_2	52—100		轻壤土	粒状								
剖7	铁铝土	赤红壤	赤红壤	片板岩赤红壤	片半砂泥田	A	0—40	棕黄色	中壤土	块状	4.4	26.5	1.35	0.27	16.8	片岩、板岩	E 110° 26′ 49.9″ N 22° 01′ 22.4″	92
						B	40—100	深黄色	重壤土	块状	4.6	10.2	0.66	0.35	19.8			
剖8	铁铝土	赤红壤	赤红壤	花岗岩赤红壤		A	0—21	棕黄色	中壤土	柱状	5.0	21.9	1.44	0.32	7.5	片岩、板岩	E 110° 23′ 11.4″ N 22° 01′ 07.0″	100
						B	21—100	黄黄色	重壤土	块状	5.0	7.6	0.58	0.17	5.7			
剖9	人为土	水稻土	潴育水稻土	冷底田	冷底田	A	0—13	棕黄色	重壤土	块状	7.0	33.4	1.97	0.32	12.9	花岗岩	E 110° 39′ 10.4″ N 22° 09′ 14.1″	70
						P	13—23	灰蓝色	重壤土	块状	5.1	32.4	1.91	0.31	13.0			
						G	23—100	浅灰色	中壤土	粒状	5.3	14.1	1.14	0.21	19.7			
剖10	人为土	水稻土	潴育水稻土	冷底田	铁锈水田	A	0—15	蓝黑色	中壤土	块状	7.2	28.0	1.87	0.41	4.6		E 110° 33′ 35.3″ N 22° 08′ 11.4″	76
						P	15—24	深黄色	中壤土	块状	7.4	22.5	1.55	0.22	4.6			
						G	24—100	蓝灰色	中壤土	块状	7.1	30.1	1.48	0.10	4.7			
剖11	铁铝土	赤红壤	赤红壤	花岗岩赤红地	薄有机质层中层花岗岩赤红壤	A	0—8	浅黄色	中壤土	块状	5.0	14.5	0.65	0.18	11.1	花岗岩	E 110° 35′ 46.7″ N 22° 07′ 48.0″	82
						B	8—40	灰黄色	中壤土	柱状	4.6	8.6	0.46	0.27	12.1			
						C	40—100	黄色	重壤土	柱状	5.0	16.8	0.82	0.21	11.9			
剖12	人为土	水稻土	潴育水稻土	乌泥底田	乌泥底田	A	0—15	黄棕色	轻壤土	块状	4.7	22.9	1.55	0.33	8.1	花岗岩	E 110° 36′ 54.4″ N 22° 07′ 34.3″	93
						D	15—25	棕黄色	轻壤土	小块状	5.2	20.6	1.26	0.21	8.2			
						G	25—100	蓝黑色	轻壤土		6.0	32.9	1.89	0.10	7.9			
剖13	铁铝土	赤红壤	赤红壤	花岗岩赤红地	麻赤红泥地	A	0—12	褐黄色	轻壤土	细块状	5.5	11.3	0.60	3.12	6.6	花岗岩	E 110° 31′ 31.4″ N 22° 07′ 05.5″	84
						B_1	12—26	深黄色	中壤土	块状	5.5	9.5	0.47	0.28	6.5			
						B_2	26—100	灰黄色	中壤土	块状	5.5	7.6	0.44	0.18	6.3			
剖14	铁铝土	赤红壤	赤红壤	红色砂页岩赤红壤	薄有机质层中层砂页岩赤红壤	A	0—6	灰黄色	中壤土	块状	4.4	46.8	2.09	0.19	20.7	红色砂页岩	E 110° 35′ 11.0″ N 22° 05′ 18.6″	94
						B	6—70	棕黄色	重壤土	块状	4.8	14.7	0.80	0.11	26.0			
						C	70—100	黄色	轻黏土	粒状	4.7	8.5	0.51	0.11	30.6			

续表 Continued

剖面号 Soil profile	土纲 Soil order	土类 Soil great group	亚类 Soil subgroup	土属 Soil genus	土种 Soil species	土层码 Layer code	土层厚度 Depth/cm	颜色 Soil color	质地 Soil texture	土壤结构 Soil structure	pH	有机质 OM/(g/kg)	全氮 TN/(g/kg)	全磷 TP/(g/kg)	全钾 TK/(g/kg)	土壤母质 Parent material	剖面点坐标 Profile coordinate	匹配指数 Matching index/%
剖15	人为土	水稻土	潴育水稻土	花岗片麻岩红泥田	麻头泥田	A	0—12	灰棕色	重壤土	核状	5.7	24.5	1.35	0.48	12.0	花岗岩、片麻岩	E 110°23′49.9″ N 21°59′53.5″	84
						P	12—22	浅棕色	重壤土	块状	6.0	25.1	1.53	0.47	11.9			
						W₁	22—72	浅黄色	重壤土	柱状	6.0	14.4	0.96	0.42	12.0			
						W₂	72—100	灰黑色	重壤土	棱柱状								
剖16	铁铝土	赤红壤	赤红壤	花岗岩赤红壤		A	0—9	黄棕色	中壤土	块状	4.7	39.0	2.20	0.35	2.9	花岗岩	E 110°27′31.4″ N 21°54′15.5″	92
						B	9—100	黄黑色	重壤土	块状	4.8	21.1	1.33	0.36	3.2			
剖17	人为土	水稻土	潴育水稻土	河砂底泥田	河石子底砂质泥田	A	0—15	深黑色	轻壤土	小块状	5.3	30.1	1.47	0.03	26.2	河流冲积物	E 110°34′35.5″ N 21°59′43.5″	72
						P	15—24	红黄色	轻壤土	块状	6.0	14.1	0.74	0.13	26.8			
						W₁	24—53	黄灰色	紧砂土	粒状	5.8	4.7	0.30	0.12	23.1			
						W₂	53—100	灰白色	砂土	粒状								
剖18	铁铝土	赤红壤	赤红壤	红色砂页岩赤砂红壤	薄有机质层薄层砂页岩赤红壤	A	0—10	灰棕色	重壤土	小块状	4.9	17.9	0.79	0.20	3.4	红色砂页岩	E 110°30′50.0″ N 21°58′59.5″	89
						B	10—31	棕黄色	中壤土	小块状	5.0	12.3	0.57	0.20	3.9			
						C	31—100	棕黄色	轻壤土	柱状	5.0	5.8	0.31	0.17	2.0			
剖19	人为土	水稻土	潴育水稻土	砂页岩砂底泥田	页砂质泥田	A	0—13	灰棕色	轻壤土	粒状	6.6	23.9	0.15	0.34	14.2	砂岩、砂页岩	E 110°30′55.8″ N 21°53′19.0″	96
						P	13—23	棕黑色	中壤土	块状	6.8	13.8	0.98	0.28	14.4			
						W₁	23—37	棕黑色	松砂土	粒状	7.0	10.0	0.79	0.26	15.6			
						W₂	37—100											
剖20	人为土	水稻土	潴育水稻土	洪积黄泥田	洪积砂底泥田	A	0—16	浅黄灰色	重壤土	小块状	5.2	21.6	1.25	0.34	8.9	洪积物	E 110°38′23.6″ N 21°51′16.6″	90
						P	16—29	黄灰色	中壤土	块状	5.3	18.4	1.02	0.27	9.0			
						W₁	29—67	深棕色	中壤土	柱状	5.0	18.8	0.91	0.16	9.7			
						W₂	67—100			棱柱状								
剖21	人为土	水稻土	潴育水稻土	洪积黄泥田	洪积砂底泥田	A	0—12	灰棕色	轻壤土	棱柱状	5.4	35.3	2.27	0.49	15.1	洪积物	E 110°36′09.7″ N 21°50′59.6″	82
						P	12—20	棕灰色	中壤土	块状	5.8	24.1	1.46	0.34	16.9			
						W₁	20—35	浅黄色	中壤土	柱状	5.5	12.6	1.14	0.24	16.9			
						W₂	35—100	黄棕色	中壤土	棱柱状								
剖22	铁铝土	赤红壤	赤红壤	宽谷冲积土田	宽谷砂质赤红壤	A	0—14	灰棕色	中壤土	块状	5.4	27.3	1.49	0.40	12.9	冲积物	E 110°31′20.6″ N 21°50′04.2″	70
						B₁	14—19	浅灰色	中壤土	棱柱状	5.8	15.9	0.89	0.17	12.3			
						B₂	19—32	黄灰色	重壤土	棱柱状	5.5	14.2	0.81	0.16	11.3			
							32—100											
剖23	人为土	水稻土	潴育水稻土	石灰石底泥田	灰泥田	A	0—15	灰白色	轻壤土	小块状	7.6	28.7	1.41	0.42	10.3		E 110°29′09.6″ N 21°49′56.6″	78
						P	15—26	棕灰色	中壤土	块状	7.5	28.4	1.29	0.32	11.0			
						W	26—79	黄灰色	中壤土	粒状	5.8	54.8	1.93	0.09	11.3			
							79—100											
剖24	铁铝土	赤红壤	赤红壤	砂页岩砂岩赤红壤	页赤红砂地	A	0—15	灰白色	砂壤土	粒状	5.7	7.3	0.35	0.19	2.8	红色砂页岩	E 110°28′27.1″ N 21°47′31.9″	83
						P	15—100	浅黄色	中壤土	粒状	5.7	7.5	0.37	0.09	2.1			
剖25	铁铝土	赤红壤	赤红壤	花岗岩赤红壤	中有机层花岗岩厚层赤红壤	A	0—11	紫赤褐色	中壤土	粒状	4.6	37.3	1.64	0.16	5.1	花岗岩	E 110°23′19.1″ N 21°47′23.2″	97
						B₁	11—36	黄灰色	中壤土	粒状	4.9	24.5	1.09	0.13	2.8			
						B₂	36—100	赤白色	重壤土	粒状	4.5	12.4	0.63	0.12	2.8			
剖26	人为土	水稻土	潴育水稻土	河砂粉泥田	河黄粉泥田	A	0—10	灰白色	砂壤土	粒状	5.1	8.4	0.46	0.50	5.9	河流冲积物	E 110°29′00.6″ N 21°45′03.2″	86
						P	10—15	棕灰色	砂壤土	粒状	4.4	6.2	0.34	0.14	10.0			
						W	15—100	棕黄色	砂壤土	棱柱状	5.8	8.0	0.41	0.44	6.0			
剖27	人为土	水稻土	潴育水稻土	河砂底泥田	河黄泥底泥田	A	0—13	灰白色	轻壤土	块状	4.8	10.6	0.58	0.39	7.4	河流冲积物	E 110°28′50.2″ N 21°44′22.2″	84
						P	13—18	棕黄色	中壤土	柱状	4.8	7.7	0.46	0.26	8.2			
						W	18—52	黄棕色	重壤土	棱柱状	4.9	5.8	0.36	0.13	10.6			
						C	52—100		重壤土									

续表 Continued

剖面号 Soil profile	土纲 Soil order	土类 Soil great group	亚类 Soil subgroup	土属 Soil genus	土种 Soil species	土层码 Layer code	土层厚度 Depth/cm	颜色 Soil color	质地 Soil texture	土壤结构 Soil structure	pH	有机质 OM/(g/kg)	全氮 TN/(g/kg)	全磷 TP/(g/kg)	全钾 TK/(g/kg)	土壤母质 Parent material	剖面点坐标 Profile coordinate	匹配指数 Matching index/%
剖28	人为土	水稻土	淹育水稻土	砂页岩砖红黄泥田	页红砂泥田	A	0—15	棕灰色	中壤土	块状	5.9	18.9	1.17	0.33	6.4	砂岩、砂页岩	E 110°29′25.4″ N 21°43′52.3″	82
						P	15—27	浅灰色	中壤土	块状	5.8	12.0	0.75	0.23	6.4			
						C	27—100	灰黄色	中壤土	块状	5.7	5.3	0.47	0.17	5.5			
剖29	铁铝土	砖红壤	砖红壤	花岗岩砖红壤	薄有机质层厚层花岗岩砖红壤	A	0—5	浅棕色	轻壤土	粒状	5.3	27.5	1.09	0.41	41.3	花岗岩	E 110°24′52.2″ N 21°42′13.4″	98
						B₁	5—20	灰黄色	轻壤土	粒状	5.5	14.5	0.66	0.01	16.4			
						B₂	20—100	灰黄色	中壤土	粒状	5.5	7.8	0.43	0.20	30.5			
剖30	铁铝土	赤红壤	赤红壤	砂页岩砂岩赤红地	页东红泥土壤	A	0—18	灰黄色	重壤土	细块状	6.2	14.4	0.77	0.76	13.4	红色砂页岩	E 110°38′53.3″ N 21°49′11.4″	98
						B	18—100	棕黄色	轻黏土	棱柱状	4.7	6.0	0.42	0.17	17.8			
剖31	人为土	水稻土	渗育水稻土	白鳝泥田	低白鳝泥田	A	0—12	浅黄色	中壤土	小块状	4.9	20.5	1.06	0.18	4.2		E 110°36′49.3″ N 21°48′37.8″	91
						P	12—26	浅灰色	中壤土	棱柱状	6.0	12.0	0.54	0.06	4.1			
						W	26—40	灰白色	砂壤土	棱柱状	5.7	12.9	0.61	0.06	5.0			
						E	40—100	灰白色	重黏土	棱柱状								
剖32	人为土	水稻土	渗育水稻土	白鳝泥田	白鳝泥底土	A	0—14	灰棕色	中壤土	块状	4.8	26.6	1.30	0.30	9.9		E 110°34′13.4″ N 21°47′34.8″	73
						P	14—23	灰黄色	中壤土	块状	4.9	18.1	1.06	0.19	9.5			
						E	23—100	浅黄色	中壤土	小块状	5.3	0.7	0.08	0.09	11.0			
剖33	人为土	水稻土	潴育水稻土	片板岩红泥田	片红泥田	A	0—11	灰黄色	中壤土	块状	4.6	23.7	1.19	0.38	4.6	片岩、板岩	E 110°32′54.2″ N 21°46′57.3″	88
						P	11—19	灰黄色	中壤土	棱柱状	4.1	16.9	0.85	0.28	4.5			
						W	19—100	灰黄色	中壤土	棱柱状	4.9	12.2	0.56	0.26	4.7			
剖34	铁铝土	赤红壤	赤红壤	红色砂页岩砂岩赤红砂	红黄赤土地	A	0—10	黄开	轻壤土	块状	4.3	16.4	0.76	0.15	9.9	红色砂页岩	E 110°36′58.7″ N 21°46′50.9″	79
						B	10—32	棕黄色	中壤土	块状	4.6	12.2	0.73	0.18	10.5			
剖35	铁铝土	赤红壤	赤红壤	片板岩赤红壤	厚有机质层中层片板岩赤红壤	A	0—14	棕灰色	重壤土	细块状	4.4	20.9	0.90	0.21	11.9	片岩、板岩	E 110°30′29.9″ N 21°46′30.7″	95
						B	32—84	黄棕色	重壤土	块状	4.5	7.8	0.46	0.19	13.5			
						C	84—100	棕黄色	中壤土	块状	5.0	7.3	0.38	0.17	15.1			
剖36	人为土	水稻土	潴育水稻土	片板岩红泥田	片红泥田	A	0—14	灰灰色	中壤土	细块状	5.9	27.2	1.53	0.31	19.3	片岩、板岩	E 110°32′43.4″ N 21°45′07.6″	88
						P	14—24	灰黄色	中壤土	块状	6.2	16.5	0.98	0.20	21.9			
						W₁	24—42	灰黄色	中壤土	棱柱状	6.7	12.2	0.76	0.15				
						W₂	42—100	浅灰色	轻壤土	小粒状	5.5	14.1	0.64	0.23	2.6			
剖37	铁铝土	砖红壤	砖红壤	红黄赤土地	红黄赤土地	A	0—16	黄色	中壤土	块状	5.5	7.4	0.35	0.15	3.1		E 110°38′12.8″ N 21°43′14.2″	96
						B	16—28	灰白色	中壤土	柱状	5.7	6.9	0.32	0.14	3.6			
						C	28—100	棕黄色	轻壤土	粒状	5.1	10.0	0.53	0.40	7.8			
剖38	人为土	水稻土	淹育水稻土	砂页岩砖红黄泥田	页红砂质田	A	0—13	棕黄色	中壤土	块状	5.1	6.3	0.36	0.20	7.5	砂岩、砂页岩	E 110°42′17.6″ N 21°43′12.2″	73
						P	13—26	棕黄色	中壤土	块状	5.1	6.1	0.35	0.19	6.9			
						C	26—100	黄棕色	中壤土	棱柱状	6.2	36.2	2.06	0.57	5.9			
剖39	人为土	水稻土	潴育水稻土	宽谷冲积土田	宽谷鸭屎泥田	A	0—9	黑色	中壤土	小块状	6.0	4.8	0.39	0.12	6.7	冲积物	E 110°35′36.6″ N 21°42′30.6″	82
						W₁	9—14	黄黄色	重壤土	块状	6.2	35.2	1.65	0.32	4.8			
						W₂	14—30	灰色	中壤土	棱柱状								
						W₃	30—40	红黄色	重壤土	棱柱状								
剖40	人为土	水稻土	淹育水稻土	砂页岩红泥田	页泥底田	A	0—11	棕灰色	中壤土	块状	5.2	20.2	1.05	0.43	10.1	砂岩、砂页岩	E 110°39′58.0″ N 21°42′30.6″	97
						P	11—16	灰灰色	中壤土	块状	4.6	16.4	0.89	0.36	10.0			
						C	16—100	红黄色	重壤土	柱状	4.7	4.4	0.30	0.18	12.2			
剖41	铁铝土	砖红壤	砖红壤	砂页岩砖红壤		A	0—13	灰棕色	轻壤土	块状	5.2	8.1	0.58	0.16	0.7	砂页岩	E 110°30′50.8″ N 21°42′25.2″	74
						C	13—100	棕黄色	壤土	柱状	5.2	6.6	0.42	0.14	8.8			

续表 Continued

剖面号 Soil profile	土纲 Soil order	土类 Soil great group	亚类 Soil subgroup	土属 Soil genus	土种 Soil species	土层码 Layer code	土层厚度 Depth/cm	颜色 Soil color	质地 Soil texture	土壤结构 Soil structure	pH	有机质 OM/(g/kg)	全氮 TN/(g/kg)	全磷 TP/(g/kg)	全钾 TK/(g/kg)	土壤母质 Parent material	剖面点坐标 Profile coordinate	匹配指数 Matching index/%
剖42	人为土	水稻土	潴育水稻土	砂页岩红泥田	页砂泥田	A	0—12	浅灰色	中壤土	小块状	4.6	20.5	1.13	0.27	11.5	砂岩、砂页岩	E 110° 31′ 43.7″ N 21° 42′ 20.2″	79
						P	12—20	棕灰色	中壤土	块状	4.8	15.5	0.98	0.23	11.9			
						W₁	20—40	灰黄色	重壤土	柱状	5.1	19.8	0.59	0.20	9.9			
						W₂	40—100	灰白色	重壤土	棱柱状								
剖43	人为土	水稻土	潴育水稻土	炭质黑泥田	黑泥黏田	A	0—13	棕黑色	中壤土	细块状	5.3	52.4	2.29	0.71	2.8		E 110° 42′ 25.2″ N 21° 41′ 53.9″	98
						P	13—27	灰黑色	重壤土	块状	5.3	51.7	2.08	0.60	2.7			
						W₁	27—50	浅灰色	重壤土	柱状	5.2	105.0	3.74	0.80	6.3			
						W₂	50—100	深黑色	重黏土	柱状								
剖44	人为土	水稻土	潴育水稻土	炭质黑泥田	黑泥散田	A	0—13	棕黑色	中壤土	细块状	5.4	45.0	2.00	4.09	1.4		E 110° 40′ 41.8″ N 21° 41′ 35.8″	95
						P	13—19	灰黑色	轻黏土	块状	5.1	80.9	2.73	7.38	0.9			
						W₁	19—46	黄黑色	中壤土	柱状	5.5	49.3	1.87	4.20	0.9			
						W₂	46—100	深黑色	重黏土	柱状								
剖45	人为土	潮土	潮土	河砂泥田	河泥田	A	0—13	灰黑色	重壤土	细块状	5.0	25.3	1.61	0.41	17.9	河流冲积物	E 110° 37′ 34.3″ N 21° 40′ 53.0″	87
						P	13—21	灰黑色	重壤土	块状	5.8	16.8	1.10	0.32	19.2			
						W	21—100	黄黑色	紧砂土	棱柱状	6.0	9.8	0.65	0.28	21.4			
剖46	半水成土	潮土	潮土	潮砂泥土	潮砂泥土	A	0—16	褐色	紧砂土	粒状	6.0	4.6	0.31	0.26	22.3	河流冲积物	E 110° 41′ 47.8″ N 21° 40′ 46.2″	98
						B	16—100	黄色	紧砂土	粒状	6.0	1.1	0.41	0.09	20.7			
剖47	人为土	水稻土	淹育水稻土	砂页岩砖黄泥田	砂结粉砂田	A	0—12	棕黄色	中壤土	块状	5.7	7.1	0.44	0.20	0.8	砂岩、砂页岩	E 110° 42′ 09.7″ N 21° 40′ 24.2″	81
						P	12—18	灰黄色	重壤土	块状	5.8	6.3	0.34	0.12	0.8			
						C₁	18—30	棕黄色	中壤土	粒状	5.0	4.5	0.28	0.09	3.6			
						C₂	30—100	棕黄色	壤土	块状								
剖48	人为土	水稻土	淹育水稻土	片板岩砖黄泥田	片红泥石田	A	0—8	浅灰黑色	砂壤土	小块状	5.0	8.1	0.42	0.32	3.4	片岩、板岩	E 110° 32′ 46.0″ N 21° 40′ 10.6″	88
						C₁	8—70	深灰黑色	中壤土	块状	5.0	7.7	0.38	0.06	7.0			
						C₂	70—100	黄黑色	中壤土	粒状	5.2	5.6	0.34	0.11	13.9			
剖49	人为土	水稻土	潴育水稻土	宽谷冲积土田	宽谷冲田	A	0—17	黄黑色	重壤土	块状	5.0	28.1	1.47	0.37	19.7	冲积物	E 110° 28′ 11.0″ N 21° 38′ 50.5″	75
						P	17—31	棕黑色	中壤土	棱柱状	5.2	18.7	0.94	0.17	18.8			
						W₁	31—55	棕黑色	中壤土	块状	6.0	24.7	1.23	0.26	20.1			
						W₂	55—100	灰黑色	中壤土	块状								
剖50	铁铝土	砖红壤	砖红壤	砂页岩砖红壤	薄有机质层厚层片板岩砖红壤	A	0—4	棕灰色	轻壤土	小块状	4.6	32.9	1.28	0.16	3.4	片岩、板岩	E 110° 29′ 31.9″ N 21° 37′ 05.2″	91
						B₁	4—50	棕色	重壤土	块状	4.9	15.5	0.80	0.14	3.8			
						B₂	50—100	棕色	中壤土	粒状	5.3	7.3	0.41	0.14	5.1			
剖51	铁铝土	砖红壤	砖红壤	花岗岩砖红壤	中有机质层厚层花岗岩砖红壤	A	0—13	浅灰色	轻壤土	棱柱状	5.0	12.4	0.53	0.07	1.0	花岗岩	E 110° 35′ 51.7″ N 21° 39′ 36.4″	97
						B₁	13—60	深灰色	中壤土	小块状	5.0	6.9	0.30	0.06	1.2			
						B₂	60—100	黄黄色	中壤土	粒状	5.1	5.3	0.25	0.05	1.3			
剖52	人为土	水稻土	潴育水稻土	炭质黑泥田	黑泥底田	A	0—14	灰黑色	重壤土	细块状	5.2	30.3	1.47	0.43	2.4		E 110° 39′ 26.0″ N 21° 39′ 16.6″	85
						W₁	14—20	浅灰色	重壤土	块状	5.6	30.0	1.42	0.37	2.7			
						W₂	20—28	黑色	重壤土	棱柱状	5.5	36.1	1.22	0.30	3.1			
							28—100	浅灰色	砂壤土	棱柱状								
剖53	人为土	水稻土	潴育水稻土	洪积黄泥田	洪积黄泥砂田	A	0—13	浅灰色	中壤土	小块状	6.4	23.6	1.20	0.46	20.7	洪积物	E 110° 30′ 31.3″ N 21° 39′ 07.3″	91
						P	13—22	棕灰色	重壤土	块状	6.1	18.5	0.97	0.34	19.9			
						W₁	22—54	棕灰色	轻壤土	柱状	5.8	8.6	0.53	0.29	23.9			
						W₂	54—100	灰白色	细砂土	粒状								
剖54	人为土	水稻土	淹育水稻土	砂页岩红黄泥田	页泥泥骨田	A	0—13	黄棕色	重壤土	细块状	4.6	23.3	1.22	0.31	15.4	砂岩、砂页岩	E 110° 41′ 16.8″ N 21° 38′ 59.3″	70
						P	13—20	棕黄色	重壤土	块状	4.7	21.8	1.06	0.26	11.5			
						C	20—100	黄色	轻黏土	块状	4.7	12.9	0.69	0.19	9.9			

续表 Continued

剖面号 Soil profile	土纲 Soil order	土类 Soil great group	亚类 Soil subgroup	土属 Soil genus	土种 Soil species	土层码 Layer code	土层厚度 Depth/cm	颜色 Soil color	质地 Soil texture	土壤结构 Soil structure	pH	有机质 OM (g/kg)	全氮 TN (g/kg)	全磷 TP (g/kg)	全钾 TK (g/kg)	土壤母质 Parent material	剖面点坐标 Profile coordinate	匹配指数 Matching index/%
剖55	人为土	水稻土	潴育水稻土	砂页岩砖红泥田	页结粉田	A	0—11	灰白色	砂壤土	碎块状	5.2	6.2	0.36	0.12	0.3	砂岩、页岩	E 110° 42′ 04.0″ N 21° 38′ 10.3″	91
						P	11—20	灰白色	砂壤土	细块状	5.7	3.4	0.21	0.11	0.2			
						W₁	20—30	灰白色	砂壤土	细块状	5.6	2.8	0.16	0.10	0.1			
						W₂	30—100	黄灰色	轻壤土	棱柱状								
剖56	人为土	水稻土	淹育水稻土	麻红黄泥田		A	0—10	浅灰色	中壤土	小块状	7.1	14.6	0.92	0.43	5.2	花岗岩、片麻岩	E 110° 40′ 53.0″ N 21° 37′ 40.4″	83
						P	10—22	灰色	中壤土	小块状	7.2	12.4	0.90	0.40	6.3			
						C	22—100	土黄色	重壤土	块状	7.0	9.3	0.77	0.39	7.9			
剖57	人为土	水稻土	潴育水稻土	河砂泥田	河砂泥田	A	0—13	浅黄色	轻壤土	小块状	5.7	23.8	1.54	0.48	22.8	河流冲积物	E 110° 39′ 00.5″ N 21° 37′ 00.4″	85
						P	13—18	浅黄色	中壤土	块状	5.4	14.1	0.85	0.28	24.3			
						W₁	18—65	黄色	中壤土	棱柱状	5.6	10.7	0.71	0.32	24.1			
						W₂	65—100	黄色	壤土	棱柱状								
剖58	人为土	水稻土	沼泽型水稻土	潴水田	潴水田	A	0—13	灰蓝色	轻黏土	核状	4.8	31.0	1.62	0.28	15.3		E 110° 40′ 39.0″ N 21° 35′ 33.9″	92
						G₁	13—64	灰黑色	重壤土	块状	4.6	12.2	0.63	0.19	12.5			
						G₂	64—100	灰色	重壤土	块状	4.3	12.1	0.55	0.15	11.2			
剖59	人为土	水稻土	潴育水稻土	麻红泥田	麻红质田	A	0—14	灰棕色	砂壤土	粒状	4.9	12.7	0.74	0.28	11.5	花岗岩、片麻岩	E 110° 38′ 25.4″ N 21° 33′ 51.1″	91
						P	14—27	黄棕色	砂壤土	块状	5.0	8.4	0.52	0.18	10.5			
						W₁	27—46	黄棕色	砂壤土	粒状	5.1	3.7	0.25	0.10	9.2			
						W₂	46—100	黄棕色	砂壤土	核状								
剖60	铁铝土	砖红壤	砖红壤	花岗岩砖红壤	厚有机质层厚层花岗岩砖红壤	A	0—32	棕黄色	砂壤土	块状	4.2	20.2	1.08	0.44	6.4	花岗岩	E 110° 30′ 28.8″ N 21° 33′ 48.4″	73
						B₁	32—72	黄棕色	砂壤土	粒状	4.5	6.9	0.48	0.48	6.9			
						B₂	72—100	棕色	轻黏土	粒状	4.5	4.1	0.50	0.49	6.5			
剖61	人为土	水稻土	潴育水稻土	河砂泥田	河砂泥田	A	0—15	棕灰色	砂壤土	细块状	4.9	17.2	1.03	0.35	21.7	河流冲积物	E 110° 40′ 44.1″ N 21° 33′ 10.9″	82
						P	15—26	黑灰色	砂壤土	块状	4.8	9.1	0.50	0.24	21.8			
						W₁	26—50	浅黄色	重黏土	柱状	5.3	4.5	0.24	0.18	24.8			
						W₂	50—100	浅黄色	砂壤土	柱状								
剖62	人为土	水稻土	潴育水稻土	河砂泥田	河黏土田	A	0—15	黄灰色	砂壤土	小块状	5.0	31.7	1.74	0.49	20.0	河流冲积物	E 110° 41′ 44.5″ N 21° 32′ 36.8″	71
						P	15—19	黄灰色	轻黏土	块状	5.5	27.8	1.61	0.47	20.5			
						W₁	19—38	棕灰色	轻黏土	柱状	5.6	14.7	0.77	0.27	22.2			
						W₂	38—100	灰黄色	砂壤土	棱柱状								
剖63	人为土	水稻土	潴育水稻土	宽谷冲积土泥田	宽谷砂泥田	A	0—10	棕灰色	中壤土	粒状	5.3	14.1	0.84	0.14	3.2	冲积物	E 110° 33′ 33.3″ N 21° 31′ 44.0″	70
						P	10—17	棕灰色	中壤土	块状	5.2	10.1	0.64	0.12	2.9			
						W₁	17—41	红棕色	中壤土	柱状	5.0	3.8	0.34	0.07	3.6			
						W₂	41—100	灰棕色	中壤土	棱柱状								
剖64	人为土	水稻土	潴育水稻土	麻红片岩红泥田	麻砂泥田	A	0—13	浅灰色	砂壤土	小块状	6.0	33.4	2.09	0.40	29.2	花岗岩、片麻岩	E 110° 36′ 30.0″ N 21° 30′ 58.7″	85
						P	13—22	棕灰色	砂壤土	块状	7.2	6.9	0.43	0.13	32.7			
						W₁	22—57	棕灰色	砂壤土	柱状	7.3	5.8	0.42	0.11	34.2			
						W₂	57—100	灰灰色	中壤土	棱柱状								
剖65	铁铝土	赤红壤	赤红壤	花岗岩赤红地	麻赤红壤	A	0—11	浅灰色	砂壤土	粒状	4.9	18.1	0.86	0.33	2.4	花岗岩	E 110° 39′ 56.0″ N 21° 30′ 21.6″	91
						B₁	11—16	黄灰色	砂壤土	粒状	4.7	17.0	0.91	0.33	3.5			
						B₂	16—100	黄色	砂壤土	粒状	4.5	12.6	0.63	0.31	4.0			

信 宜 市

主要土类说明

赤红壤是信宜市主要土壤类型，占本市地域面积的 43%。成土母质主要为花岗岩、片岩、板岩、砂页岩等。赤红壤脱硅富铝化程度仅次于砖红壤，强于红壤。铁的游离度介于二者之间，黏粒硅铝率为 1.7—2.0，风化淋溶系数为 0.05—0.15，盐基饱和度为 15%—25%。淀积层（B 层）富含铁铝氧化物，呈赤红色。土壤有机质含量不高，但土层深厚，剖面构型多为 A–B–C 或 A–B–C–D，少数为 A–C–D。本市赤红壤仅有赤红壤一个亚类。

红壤是信宜市第二大土壤类型，占本市地域面积的 32%，广泛分布在海拔 400—800m 的低山、丘陵地带。原生植被主要为亚热带季雨林，但已遭到破坏，现有植被多为人工种植的松、杉、竹等。其主要特点是风化壳深厚，硅铝酸盐矿物分解强烈，富铝化作用明显，土体多呈红色，土层较深厚，有机质含量较高，土壤呈酸性至强酸性，剖面构型多为 A–B–C。本市红壤仅有红壤一个亚类。

水稻土是信宜市第三大土壤类型，占本市地域面积的 17%。成土母质主要为岩石风化坡积物、洪积物、宽谷冲积物、河流冲积物等。在长期水耕施肥等措施的作用下，土壤内部进行着氧化还原交替、有机质合成与分解、盐基淋溶与复盐基作用的熟化过程，促使土壤性状发生改变，从而形成特有的剖面形态、理化和生物特性。本市水稻土分为潴育型、潜育型、淹育型等亚类。其中，潴育水稻土面积最大，占本土类面积的 89%，其位置介于淹育水稻土和潜育水稻土之间。潴育水稻土耕作历史悠久，排灌条件较好，在长期的干湿交替耕作条件下形成了完整而明显的发育层次，即耕作层、犁底层、潴育层、母质层。该亚类主要特点是在犁底层下形成具有淋溶和淀积特征的潴育层，剖面内有棕黄色的铁锈斑纹、紫黑色的锰质斑点或新生的铁锰结核，具有明显的棱柱状或柱状结构。在永久性地下水位较高的地区，潴育层之下有青灰色的潜育层出现。

黄壤占本市地域面积的 8%，主要分布在海拔 800m 以上的山地。由于黄壤所处地区地势较高，受海洋潮湿气流的影响，分布区常被云雾笼罩，气温低，多雨，湿度大，因此土壤富铝化作用较弱，呈酸性至强酸性，土体呈黄色，有机质含量较高，剖面构型一般为 A–B–C。

本区域中心区气候特征

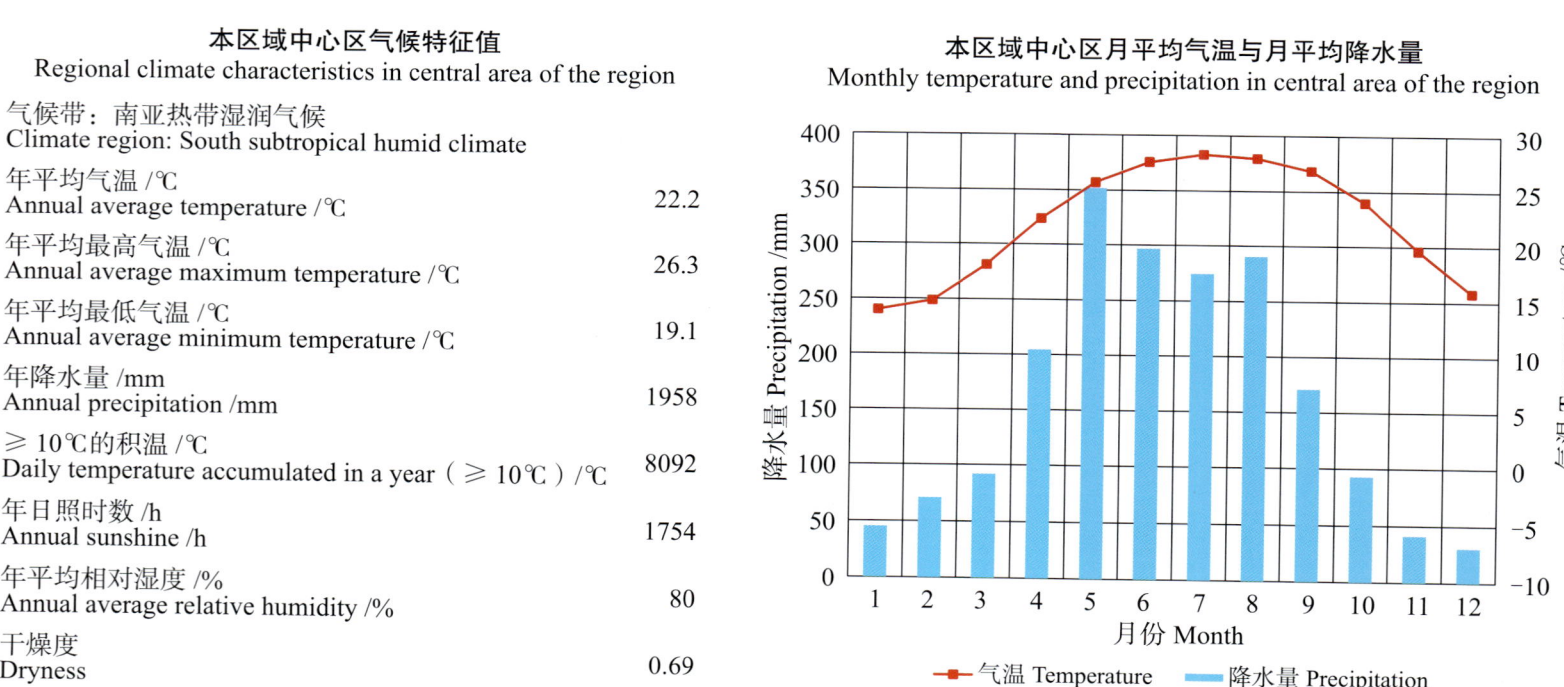

本区域中心区气候特征值 Regional climate characteristics in central area of the region	
气候带：南亚热带湿润气候 Climate region: South subtropical humid climate	
年平均气温 /℃ Annual average temperature /℃	22.2
年平均最高气温 /℃ Annual average maximum temperature /℃	26.3
年平均最低气温 /℃ Annual average minimum temperature /℃	19.1
年降水量 /mm Annual precipitation /mm	1958
≥10℃的积温 /℃ Daily temperature accumulated in a year (≥10℃) /℃	8092
年日照时数 /h Annual sunshine /h	1754
年平均相对湿度 /% Annual average relative humidity /%	80
干燥度 Dryness	0.69

本区域中心区月平均气温与月平均降水量
Monthly temperature and precipitation in central area of the region

信宜市主要土壤类型与土壤剖面点分布图
1∶330 000

图例
- 赤红壤
- 红壤
- 水稻土
- 黄壤
- ⊗ 剖面点

第二编　广东省分县土壤图与土壤剖面数据

信宜市土壤剖面理化性状表

剖面号 Soil profile	土纲 Soil order	土类 Soil great group	亚类 Soil subgroup	土属 Soil genus	土种 Soil species	土层码 Layer code	土层厚度 Depth/cm	颜色 Soil color	质地 Soil texture	土壤结构 Soil structure	pH	有机质 OM/(g/kg)	全氮 TN/(g/kg)	全磷 TP/(g/kg)	全钾 TK/(g/kg)	有效磷 AP/(mg/kg)	速效钾 AK/(mg/kg)	土壤母质 Parent material	剖面点坐标 Profile coordinate	匹配指数 Matching index/%
剖1	铁铝土	黄壤	黄壤	片板岩黄泥地	片板岩黄砂泥地	1	0–18		砂壤土		6.1	9.1	0.48	0.24	22.6	2.8	49	片板岩	E 110° 58′ 27.5″ N 22° 37′ 57.7″	91
						2	18–100		中壤土		5.1	7.5	0.41	0.22	22.2	微量	33			
剖2	人为土	水稻土	潴育水稻土	冷底田	铁锈水田	1	0–15	浅黄棕色	中壤土	碎块状	5.5	22.9	1.18	0.40	15.5	7.2	111		E 110° 58′ 59.2″ N 22° 34′ 20.6″	72
						2	15–22	灰黄棕色	中壤土	块状	5.7	29.5	1.48	0.37	15.1	7.8	86			
						3	22–100	浅灰色	中壤土	块状	5.3	40.1	1.75	0.22	15.2	1.2	92			
剖3	人为土	水稻土	潴育水稻土	河砂泥田	河泥田	1	0–15	浅棕黄色	重壤土	碎块状	4.8	22.1	1.37	0.43	22.6	11.7	63	河流冲积沉积物	E 110° 48′ 56.9″ N 22° 33′ 40.0″	71
						2	15–29	灰黄黄色	重壤土	块状	6.0	15.3	0.97	0.43	24.8	4.5	41			
						3	29–100	浅灰黄色	中壤土	棱柱状	6.1	9.1	0.56	0.24	30.0	0.9	68			
剖4	铁铝土	赤红壤	赤红壤	花岗岩赤红壤	薄有机质层厚层花岗岩赤红壤	1	0–7		轻黏土		5.3	11.7	0.67	0.17	14.4	2.1	17	花岗岩	E 110° 53′ 05.6″ N 22° 33′ 20.5″	79
						2	7–63		轻黏土		5.3	10.4	0.72	0.13	13.3	2.1	17			
						3	63–100		中黏土		5.3	6.9	0.51	0.14	11.5	2.4	17			
剖5	人为土	水稻土	潴育水稻土	麻红泥田	页结粉红	1	0–16		中壤土	碎块状	5.5	29.9	1.54	0.31	16.1	9.8	95	红色砂页岩	E 110° 49′ 29.6″ N 22° 33′ 47.4″	83
						2	16–21		中壤土	块状	6.1	22.8	1.02	0.26	17.7	4.9	74			
						3	21–35		中壤土	柱状	5.6	27.0	1.35	0.29	18.2	7.3	71			
剖6	人为土	水稻土	潴育水稻土	砂页岩赤红泥田	松泥田	1	0–16	暗灰棕色	中壤土	碎块状	5.1	29.0	1.60	0.29	7.4	4.4	79		E 110° 55′ 37.2″ N 22° 32′ 47.4″	94
						2	16–26	暗棕色	轻壤土	块状	5.5	24.4	1.18	0.28	7.2	3.8	90			
						3	26–100	紫灰色	中壤土	柱状	6.5	14.8	0.76	0.20	7.4	0.3	144			
剖7	人为土	潴育水稻土	潴育水稻土	砂页岩红泥田	页红泥田	1	0–17	黄灰色	中壤土	碎块状	5.1	28.6	1.70	0.38	19.6	11.0	27	砂页岩	E 110° 52′ 48.7″ N 22° 31′ 36.8″	89
						2	17–27	暗黄色	中壤土	块状	5.5	30.5	1.60	0.37	19.0	10.0	66			
						3	27–34	浅灰黄色	黏壤土	柱状	5.7	25.4	1.41	0.31	18.8	7.0	50			
						4	34–45	灰黄色	壤土	棱柱状										
						5	45–100	黄棕色		棱柱状										
剖8	铁铝土	赤红壤	赤红壤	砂页岩赤红壤	薄有机质层厚层砂页岩赤红壤	A	0–9	棕灰色	中壤土	碎粒状	4.9	21.1	1.00	0.09	3.2	3.5	22	片板岩	E 110° 57′ 07.6″ N 22° 31′ 00.5″	95
						B	9–49	浅灰色	中壤土	块状	5.2	8.0	0.47	0.07	3.7	2.8	12			
						C	49–100	橙红棕色	中壤土	块状	4.9	9.3	0.34	0.15	4.1	1.7	12			
剖9	人为土	潴育水稻土	潴育水稻土	砂页岩红泥田	页生红砂田	1	0–12	浅灰色	轻壤土	碎块状	5.3	4.9	0.25	0.11	15.0	1.2	80	砂页岩	E 111° 10′ 06.2″ N 22° 35′ 29.4″	87
						2	12–100	浅黄色	轻壤土	块状	6.9	12.9	1.32	0.23	14.6	2.8	70			
剖10	铁铝土	红壤	红壤	砂页岩红壤	薄有机质层厚层砂页岩红壤	A	0–8	暗灰棕色	中壤土	块状	7.6	8.7	0.68	0.21	20.1	1.9	65	砂页岩	E 111° 07′ 42.3″ N 22° 36′ 38.9″	72
						B	8–56	浅黄橙色	重壤土	块状	5.2	20.0	1.04	0.47	8.0	1.7	23			
						C	56–100	黄黄橙色	重壤土	块状	5.2	12.3	0.81	0.46	7.8	1.6	15			
剖11	人为土	淹育水稻土	红壤	粗骨性黄壤	厚有机质层厚层粗骨片岩赤红壤	A	0–35	暗黄棕色	轻壤土	块状	5.2	9.9	0.75	0.45	8.0	1.7	14	砂页岩	E 111° 10′ 54.3″ N 22° 34′ 52.4″	92
						B	35–100	棕灰色	中壤土	团粒状	5.2	67.1	8.40	0.46	10.4	2.8	66			
剖12	黄壤	粗骨性黄壤	粗骨性黄壤	粗骨性黄壤	厚有机质层粗骨性黄壤	A	0–17	浅黄棕色	轻壤土	块状	5.3	29.5	1.58	0.42	12.9	1.7	37	页岩风化物	E 111° 12′ 24.5″ N 22° 33′ 59.8″	87
						B	17–62	暗棕色	中壤土	碎粒状	5.2	25.8	1.76	0.24	9.5	3.5	54			
剖13	铁铝土	赤红壤	赤红壤	片板岩赤红壤	中厚层片板岩赤红壤	B		暗棕红色	重壤土	块状	5.5	14.9	0.78	0.26	10.0	1.7	18	片板岩	E 111° 00′ 25.6″ N 22° 33′ 49.7″	73
						C	62–100	棕红色	重壤土		5.4	10.7	0.60	0.21	9.4	2.3	14			

续表 Continued

剖面号 Soil profile	土纲 Soil order	土类 Soil great group	亚类 Soil subgroup	土属 Soil genus	土种 Soil species	土层码 Layer code	土层厚度 Depth/cm	颜色 Soil color	质地 Soil texture	土壤结构 Soil structure	pH	有机质 OM/(g/kg)	全氮 TN/(g/kg)	全磷 TP/(g/kg)	全钾 TK/(g/kg)	有效磷 AP/(mg/kg)	速效钾 AK/(mg/kg)	土壤母质 Parent material	剖面点坐标 Profile coordinate	匹配指数 Matching index/%
剖15	人为土	水稻土	淹育水稻土	砂页岩红黄泥田	页红砂泥田	1	0—13	棕色	轻壤土	粒状	6.0	22.7	1.47	0.30	13.4	11.4	76	粉砂岩坡积物	E 111° 14′ 12.1″ N 22° 33′ 49.0″	76
						2	13—18	浅灰色	砂壤土	块状	6.2	9.4	0.70	0.11	12.8	1.7	46			
						3	18—32	浅红棕色	轻壤土	块状	6.9	10.0	0.61	0.18	7.9	1.0	28			
剖16	铁铝土	红壤		砂页岩红壤	厚有机质层厚层砂页岩红壤	A	0—21	浅红色	中壤土	碎块状	5.4	20.6	0.86	0.21	12.9	微量	20	砂页岩	E 111° 06′ 13.7″ N 22° 33′ 40.0″	78
						B	21—81	浅红色	轻壤土	块状	5.8	2.4	0.29	0.24	16.0	微量	11			
						C	81—100	浅黄棕色	中壤土	块状	5.8	4.7	0.35	0.39	15.0	微量	12			
剖17	铁铝土	赤红壤		砂页岩赤红壤	中有机质层厚层砂页岩赤红壤	1	0—17	浅红棕色	中壤土	粒状	4.9	23.4	1.11	0.14	19.1	1.4	22	砂页岩	E 111° 03′ 15.8″ N 22° 32′ 36.2″	91
						2	17—44	浅红棕色	中壤土	碎块状	5.5	7.1	0.57	0.13	25.5	0.9	17			
						3	44—100	暗黄橙色	中壤土	无明显结构	5.5	9.5	0.53	0.18	24.0	1.2	19			
剖18	铁铝土	红壤		花岗岩红泥地	麻红砂泥地	A	0—18	浅橙红色	重壤土	粒状	5.2	19.1	1.00	0.28	9.9	2.8	50	花岗岩，片麻岩	E 111° 11′ 08.2″ N 22° 32′ 11.4″	78
						B	18—38	暗黄棕色	重壤土	块状	5.1	16.8	0.90	0.24	9.8	微量	23			
						C	38—100	浅黄棕色	中壤土	碎块状	5.1	9.8	0.55	0.24	10.5	微量	17			
剖19	人为土	水稻土	潴育水稻土	砂页岩红泥田	页磷质砂泥田	1	0—18	灰棕色	中壤土	碎块状	5.4	26.6	1.54	0.63	11.9	7.0	73	磷质砂页岩坡积物	E 111° 06′ 03.2″ N 22° 32′ 09.6″	79
						2	18—28	暗黄棕色	重壤土	柱状	5.4	26.0	1.48	0.61	12.0	7.0	73			
						3	28—62	浅黄棕色	中壤土	碎块状	5.9	20.8	1.21	0.51	12.0	7.2	46			
剖20	人为土	水稻土	潴育水稻土	河砂泥田	河石子底砂顶田	1	0—12	暗黄棕色	轻壤土	小块状	5.5	24.8	1.32	0.34	20.6	10.6	87	河流冲积物	E 110° 43′ 19.2″ N 22° 25′ 28.6″	100
						2	12—14	暗黄棕色	轻壤土	松散状	5.6	15.3	0.88	0.22	21.0	7.3	50			
						3	14—47	浅黄棕色	粗砂土	棱柱状	5.8	7.5	0.48	0.24	22.0	6.1	45			
						4	47—83	浅黄棕色	松砂土	棱柱状										
						5	83—100	暗黄棕色	松砂土	块状							78			
剖21	人为土	水稻土	潴育水稻土	洪积红黄泥田	洪积砂泥田	1	0—15	灰黄棕色	轻壤土	碎块状	4.9	23.2	1.30	0.26	14.7	13.3	51	洪积物	E 110° 59′ 16.8″ N 22° 28′ 40.8″	85
						2	15—24	暗黄棕色	轻壤土	块状	5.2	12.3	0.79	0.18	14.9	3.5	44			
						3	24—42	浅黄棕色	轻壤土	棱柱状	6.4	8.7	0.51	0.17	19.2	1.4				
						4	42—74	灰黄棕色	中壤土	棱柱状										
						5	74—100	黄黄棕色	中壤土	块状										
剖22	人为土	水稻土	潴育水稻土	宽谷冲积泥田	宽谷砂泥田	1	0—16	暗灰黄色	轻壤土	碎块状	5.2	36.2	1.61	0.64	14.2	24.5	80	冲积物	E 110° 57′ 33.1″ N 22° 24′ 48.2″	82
						2	16—24	暗黄棕色	轻壤土	块状	6.1	25.2	1.44	0.54	14.6	16.1	56			
						3	24—47	浅灰黄色	中壤土	块状	5.8	12.2	0.75	0.37	23.1	10.1	63			
剖23	人为土	水稻土	潴育水稻土	片板泥红泥田	片砂泥田	1	0—16	黄黄色	中壤土	块状	5.6	22.9	1.54	0.52	20.6	24.5	77	片岩	E 110° 46′ 47.2″ N 22° 25′ 37.9″	98
						2	16—24	黄黄色	中壤土	柱状	5.5	14.3	0.93	0.37	23.0	7.3	51			
						3	24—74	黄色	砂壤土	块状	5.8	9.9	0.58	0.29	30.3	1.6	61			
						4	74—100	棕色	砂壤土	块状										
剖24	人为土	水稻土	潴育水稻土	潮砂泥田	潮砂泥田	1	0—13	灰棕色	砂壤土	块状	5.7	18.2	0.97	0.28	34.9	28.8	39	河流冲积物	E 110° 54′ 52.7″ N 22° 22′ 46.9″	80
						2	13—21	暗灰色	砂壤土	块状	5.8	10.6	0.70	0.23	32.9	13.8	31			
						3	21—51	浅灰色	砂壤土	碎块状	6.0	2.3	0.13	0.12	34.4	3.1	27			
剖25	人为土	水稻土	潴育水稻土	麻红泥麻砂泥田	麻红泥麻砂质田	1	0—19	浅灰色	中壤土	块状	5.9	24.5	1.33	0.44	26.1	21.3	45	花岗岩，片麻岩	E 110° 49′ 52.7″ N 22° 22′ 46.9″	91
						2	19—22	浅灰色	中壤土	块状	6.0	23.8	1.22	2.49	25.4	7.3	37			
剖26	人为土	水稻土	潴育水稻土	泥肉田	油泥田	3	22—100	暗灰色	中壤土	柱状	5.6	20.1	0.88	0.11	32.0	微量	32	坡积或洪积红黄泥土	E 110° 58′ 25.3″ N 22° 22′ 12.7″	76

续表 Continued

剖面号 Soil profile	土纲 Soil order	土类 Soil great group	亚类 Soil subgroup	土属 Soil genus	土种 Soil species	土层码 Layer code	土层厚度 Depth/cm	颜色 Soil color	质地 Soil texture	土壤结构 Soil structure	pH	有机质 OM/(g/kg)	全氮 TN/(g/kg)	全磷 TP/(g/kg)	全钾 TK/(g/kg)	有效磷 AP/(mg/kg)	速效钾 AK/(mg/kg)	土壤母质 Parent material	剖面点坐标 Profile coordinate	匹配指数 Matching index/%
剖27	人为土	水稻土	潴育水稻土	洪积红黄泥田	洪积泥田	1	0—16	浅灰色	重壤土	碎块状	6.0	27.5	1.66	0.36	19.9	4.5	44	洪积物	E 110° 54′ 05.8″ N 22° 20′ 50.3″	100
						2	16—23	灰黄色	中壤土	块状	6.1	24.7	1.44	0.29	19.3	2.8	30			
						3	23—38	浅棕黄色	中壤土	棱柱状	5.9	15.3	0.93	0.18	21.1	0.5	25			
						4	38—73	浅黄橙色	中壤土	棱柱状										
						5	73—100	灰色	重壤土	块状										
剖28	人为土	水稻土	潴育水稻土	河砂泥田	河大眼砂泥田	1	0—14	灰白色	轻壤土	碎块状	5.5	21.3	1.21	0.36	24.1	23.0	56	河流冲积物	E 110° 45′ 53.3″ N 22° 20′ 49.9″	87
						2	14—19	灰黄色	轻壤土	块状	5.3	16.5	0.91	0.26	22.5	16.5	41			
						3	19—31	浅棕黄色	砂壤土	块状	6.0	3.9	0.25	0.14	23.3	2.7	32			
						4	31—40	浅黄橙色	砂壤土	块状										
						5	40—100	灰白色	粗砂土	块状										
剖29	铁铝土	红壤	红壤	片板岩红黄壤	厚有机质层 厚层片岩红壤	1	0—25		重壤土	块状	5.2	30.5	1.27	0.30	12.9	1.7	25	片板岩	E 111° 13′ 40.8″ N 22° 29′ 46.7″	80
						2	25—75	浅黄棕色	重壤土	块状	5.2	16.2	0.77	0.26	14.2	1.2	15			
						3	75—100	浅黄棕色	重壤土	块状	5.5	14.0	0.69	0.28	15.4	1.0	12			
剖30	人为土	水稻土	潴育水稻土	片板岩红黄泥田	片泥田	1	0—13	浅黄棕色	中壤土	块状	5.4	21.4	1.22	0.36	11.6	4.5	93	片岩	E 111° 09′ 17.6″ N 22° 29′ 25.4″	79
						2	13—26	浅黄棕色	中壤土	块状	5.4	21.4	1.19	0.30	11.6	1.6	69			
						3	26—80	黄橙色	中壤土	柱状	5.8	18.2	1.11	0.31	11.4	0.7	86			
						4	80—100		重壤土	块状										
剖31	人为土	水稻土	潴育水稻土	麻红泥田	麻红泥田	1	0—16	浅灰色	中壤土	碎块状	5.0	0.6	1.19	0.21	10.6	8.9	63	片板岩	E 111° 08′ 37.3″ N 22° 28′ 34.7″	76
						2	16—22	灰黄色	中壤土	块状	5.1	16.3	0.97	0.20	10.5	0.6	46			
						3	22—39	浅黄色	中壤土	棱柱状	5.3	11.4	0.65	0.16	9.6	1.2	30			
						4	39—100	黄色	壤土	棱柱状										
剖32	人为土	水稻土	淹育水稻土	片板岩红黄泥田	片半砂泥田	1	0—13	浅灰黄色	轻壤土	块状	5.5	37.2	1.81	0.49	18.4	12.2	49	片板岩	E 111° 11′ 31.2″ N 22° 28′ 09.1″	93
						2	13—23	灰黄色	中壤土	块状	5.8	19.0	0.91	0.25	20.6	3.8	82			
						3	23—36		轻壤土	块状	6.4	7.3	0.39	0.16	28.8	1.2	156			
剖33	铁铝土	赤红壤	赤红壤	花岗岩赤红壤	中有机层 厚层花岗岩赤红壤	1	0—15	浅黄棕色	轻壤土	块状	5.2	39.6	1.73	0.16	5.5	2.8	19	花岗岩	E 111° 02′ 53.5″ N 22° 26′ 23.3″	100
						2	15—79	浅黄棕色	重壤土	块状	5.3	14.4	0.69	0.14	5.4	2.1	9			
						3	79—100		重壤土	块状	5.3	9.0	0.56	0.14	5.1	2.1	9			
剖34	人为土	水稻土	潴育水稻土	片板岩红泥田	片黄泥田	1	0—15	浅灰黄色	中壤土	碎块状	5.3	40.4	2.03	0.48	2.9	10.1	126	片板岩	E 111° 11′ 28.7″ N 22° 25′ 02.6″	98
						2	15—21	浅黄棕色	重壤土	块状	5.3	33.2	1.34	0.34	2.3	5.9	77			
						3	21—43	浅黄色	重壤土	块状	5.7	17.2	0.93	0.31	2.4	1.7	60			
						4	43—100		中壤土	柱状										
剖35	人为土	水稻土	潴育水稻土	河砂泥田	河有机质田	1	0—15	浅黄色	砂壤土	块状	5.7	19.9	1.60	0.24	12.5	2.4	74	砂页岩	E 111° 01′ 37.9″ N 22° 23′ 52.8″	91
						2	15—26	灰黄色	砂壤土	块状	6.1	14.1	0.80	0.23	11.7	1.4	52			
						3	26—100	浅橙红色	重壤土	块柱状	6.8	5.4	0.34	0.17	15.6	微量	34			
剖36	人为土	水稻土	潴育水稻土	片板岩红泥底田	片红泥底田	1	0—14	灰白色	砂壤土	块状	5.3	11.2	0.63	0.18	45.2	16.6	40	河流冲积物	E 111° 04′ 50.2″ N 22° 22′ 42.2″	87
						2	14—23	灰黄色	砂壤土	块状	5.8	4.2	0.33	0.12	40.2	0.3	27			
						3	23—52	浅灰色	砂壤土	柱状	5.9	3.7	0.26	0.12	46.0	1.4	27			
						4	52—100	灰白色	轻壤土	块状										
剖37	人为土	水稻土	潴育水稻土	片板岩红泥田	片乌红泥田	1	0—16	浅灰黄色	轻壤土	块状	5.4	26.2	1.41	0.28	6.6	7.0	25	板岩、片岩 坡积物	E 111° 10′ 09.1″ N 22° 21′ 35.3″	83
						2	16—25	灰黄色	轻壤土	块状	5.6	22.9	1.09	0.20	6.3	2.1	2			
						3	25—39	灰黄色	中壤土	棱柱状	6.7	14.3	0.71	0.17	6.6	1.4	29			
						4	39—100	浅黄棕色	中壤土	柱状										
剖38	人为土	水稻土	淹育水稻土	生泥田	麻生红泥田	1	0—14	浅黄橙色	轻壤土	块状		14.6	0.74	0.15	8.6	微量	41	花岗岩、片麻岩	E 111° 09′ 11.5″ N 22° 20′ 31.9″	93
						2	14—100	红橙色	砂壤土	块状		3.2	0.15	0.16	8.0	微量	19			

续表 Continued

剖面号 Soil profile	土纲 Soil order	土类 Soil great group	亚类 Soil subgroup	土属 Soil genus	土种 Soil species	土层码 Layer code	土层厚度 Depth/cm	颜色 Soil color	质地 Soil texture	土壤结构 Soil structure	pH	有机质 OM/(g/kg)	全氮 TN/(g/kg)	全磷 TP/(g/kg)	全钾 TK/(g/kg)	有效磷 AP/(mg/kg)	速效钾 AK/(mg/kg)	土壤母质 Parent material	剖面点坐标 Profile coordinate	匹配指数 Matching index/%
剖39	铁铝土	赤红壤	赤红壤	花岗岩赤红地	花岗岩赤红砂泥地	1	0—19	黄棕色	中壤土	碎粒状	5.9	16.7	1.00	0.47	14.5	9.8	121	花岗岩	E 111°07′28.2″ N 22°20′13.6″	82
						2	19—38	橙红色	中壤土	碎块状	6.1	7.6	0.41	0.35	12.1	4.4	56			
						3	38—100	棕红色	重壤土	小块状	6.0	9.1	0.57	0.41	13.5	2.4	47			
剖40	人为土	水稻土	潜育水稻土	冷底田	冷底田	1	0—16	灰黄色	中壤土	碎块状	6.4	40.0	1.90	0.37	13.8	4.7	68		E 111°02′36.6″ N 22°20′10.3″	81
						2	16—27	暗黄色	中壤土	块状	7.3	45.2	2.11	0.27	12.4	0.5	25			
						3	27—100	暗青灰色	重壤土	块状	5.9	46.5	2.12	0.24	11.8	0.7	36			
剖41	人为土	水稻土	沼泽型水稻土	泥炭型田	低泥炭格田	1	0—20	暗黄色	中壤土	块状	5.4	23.8	1.20	0.25	14.8	2.2	29		E 111°15′02.5″ N 22°28′17.0″	71
						2	20—43	暗灰色	中壤土	块状	5.5	31.1	1.40	0.24	11.2	3.6	18			
						3	43—100	暗青灰色	中壤土	块状	4.6	228.5	7.90	0.24	12.0	0.9	52			
剖42	人为土	水稻土	潜育水稻土	麻红泥底田	麻黄泥田	1	0—18	灰黄色	中壤土	碎状	5.3	38.1	1.93	0.42	18.6	9.8	36	花岗岩、片麻岩	E 111°19′22.4″ N 22°23′48.5″	99
						2	18—25	暗黄绿色	中壤土	块状	5.2	33.7	1.78	0.40	18.8	7.3	31			
						3	25—46	暗灰色	中壤土	柱状	5.2	22.1	1.12	0.28	18.8	2.1	33			
						4	46—100	黄色	中壤土											
剖43	铁铝土	黄壤	黄壤	片板岩片岩黄泥田	厚有机质层厚层片岩黄壤	A	0—23	灰棕色	砂壤土	团粒状	5.2	35.4	1.48	0.32	11.1	1.4	54	片岩	E 111°16′14.8″ N 22°23′30.7″	74
						B	23—54	暗黄棕色	重壤土	粒状	5.2	19.8	1.03	0.31	11.0	0.3	41			
						C	54—100	黄黄橙色	中壤土	块状	5.4	11.3	0.72	0.15	12.0	0.9	28			
剖44	铁铝土	黄壤	黄壤	片板岩黄壤	中有机质层厚层片岩黄壤	A	0—19	黄黄色	轻壤土	团粒状	5.4	32.0	1.49	0.29	9.9	1.6	25	片岩	E 111°17′29.7″ N 22°21′40.4″	70
						B	19—95	暗黄橙色	轻壤土	碎状	5.5	9.5	0.52	3.54	9.7	0.9	12			
						C	95—140	黄橙色	中壤土	块状	5.6	2.4	0.77	0.55	6.8	0.3	10			
剖45	铁铝土	黄壤	黄壤	花岗岩片麻岩赤红壤	厚有机质层厚层花岗岩红壤	1	0—15		砂壤土		4.6	80.5	3.42	0.52	12.1	6.6	74	花岗岩	E 111°18′59.9″ N 22°20′33.8″	91
						2	15—27	暗灰色	中壤土	碎块状	5.3	33.0	1.63	0.36	13.4	2.8	22			
						3	27—28	暗灰色	中壤土	块状	5.5	26.1	1.35	0.35	13.5	2.1	24			
剖46	人为土	水稻土	沼泽型水稻土	冷浸田	冷浸田	1	0—17	暗灰色	中壤土	碎块状	5.7	25.4	1.35	0.25	17.7	3.1	65		E 111°20′44.9″ N 22°20′14.3″	89
						2	17—22	暗灰色	轻壤土	块状	6.0	24.4	1.21	0.19	20.1	2.4	80			
						3	22—72	暗绿灰色	轻壤土	块状	6.7	20.5	0.97	0.20	20.2	2.3	82			
						4	72—115	暗灰黄色	轻壤土	块状										
						5	115—	棕色	中壤土											
剖47	人为土	淹育水稻土	麻红黄泥田	麻红泥底田	浅黄棕色	1	0—14	浅黄棕色	中壤土	块状	5.3	24.4	1.35	0.31	7.4	5.6	122		E 111°32′30.8″ N 22°29′20.0″	77
						2	14—20	浅黄棕色	中壤土	块状	5.1	16.8	1.02	0.30	7.6	3.0	57			
						3	20—100	橙色	重壤土	块状	5.2	12.5	0.73	0.23	7.1	微量	23			
剖48	人为土	潜育水稻土	乌泥底田	乌泥底田		1	0—15	黄黄色	中壤土	块状	5.2	18.6	1.11	0.24	12.2	3.1	32		E 111°33′32.0″ N 22°29′16.8″	90
						2	15—24	灰黄色	中壤土	块状	5.3	12.7	0.68	0.20	11.8	2.1	21			
						3	24—100	灰黑色	重壤土	碎块状	5.6	19.0	0.93	0.13	13.7	微量	27			
剖49	铁铝土	赤红壤	赤红壤	花岗岩片岩赤红壤	厚有机质层厚层片岩赤红壤	A	0—21	暗黄棕色	中壤土	碎块状	5.2	22.9	0.91	0.20	7.1	3.0	19	花岗岩风化物	E 111°30′07.9″ N 22°27′17.0″	78
						B	21—42	暗黄橙色	重壤土	块状	5.3	15.7	0.76	0.25	7.6	2.4	17			
						C	42—100	黄黄橙色	重壤土	块状	5.4	11.4	0.67	0.20	8.0	2.6	15			
剖50	铁铝土	红壤	红壤	花岗岩红壤	厚有机质层花岗岩红壤	1	0—20	浅黄色	轻壤土	碎块状	5.1	25.5	1.18	0.14	14.7	2.3	59	片岩	E 111°35′35.8″ N 22°25′56.3″	93
						2	20—68	黄橙色	重壤土	块状	5.3	13.3	0.75	0.09	14.9	1.0	46			
						3	68—100		重壤土		5.3	6.5	0.42	0.12	23.2	0.9	37			
剖51	铁铝土	红壤	红壤	片板岩红泥地	片板岩红泥地	1	0—15	浅棕色	中壤土	碎块状	5.8	14.4	0.80	0.32	14.4	1.7	54	片岩、板岩	E 111°32′17.2″ N 22°25′45.5″	71
						2	15—100	黄橙色	重壤土	块状	5.5	6.8	0.50	0.25	16.2	1.0	21			
剖52	铁铝土	红壤	红壤	片板岩红壤	中有机质层片岩红壤	1	0—18		重壤土		5.1	26.9	1.24	0.37	12.9	0.3	32	片板岩	E 111°32′34.2″ N 22°23′57.6″	72
						2	18—58		重壤土		5.3	27.8	0.87	0.28	13.6	0.3	22			
						3	58—100		重壤土		5.4	12.5	0.81	0.37	13.7	微量	19			

续表 Continued

剖面号 Soil profile	土纲 Soil order	土类 Soil great group	亚类 Soil subgroup	土属 Soil genus	土种 Soil species	土层码 Layer code	土层厚度 Depth/cm	颜色 Soil color	质地 Soil texture	土壤结构 Soil structure	pH	有机质 OM/(g/kg)	全氮 TN/(g/kg)	全磷 TP/(g/kg)	全钾 TK/(g/kg)	有效磷 AP/(mg/kg)	速效钾 AK/(mg/kg)	土壤母质 Parent material	剖面点坐标 Profile coordinate	匹配指数 Matching index/%
剖53	人为土	水稻土	潴育水稻土	宽谷冲积土田	宽谷顶泥田	1	0—14	浅黄棕色	重壤土	块状	5.3	18.6	1.17	0.31	16.0	3.7	93	冲积物	E 110°52′47.3″ N 22°19′02.3″	91
						2	14—22	黄棕色	重壤土	块状	5.4	19.5	1.07	0.29	16.4	3.5	57			
						3	22—50	黄棕色	重壤土	块状	5.6	16.7	0.97	0.24	16.2	1.7	50			
						4	50—71	黄黄色	重壤土	柱状										
						5	71—100													
剖54	人为土	水稻土	潴育水稻土	河砂泥田	河黄泥底田	1	0—15	暗黄黄色	轻壤土	碎块状	5.7	18.3	1.18	0.31	15.4	10.3	61	河流冲积物	E 110°58′12.8″ N 22°18′43.0″	88
						2	15—25	暗黄灰色	轻壤土	块状	6.4	10.4	0.69	0.19	16.3	1.9	23			
						3	25—46	灰黄色	中壤土	棱柱状	6.6	6.4	0.04	0.14	17.3	微量	24			
						4	46—100	棕黄色	中壤土	棱柱状										
剖55	人为土	水稻土	渗育水稻土	白鳝泥田	低白鳝泥底田	1	0—13		重壤土		4.9	27.3	1.45	0.25	16.2	6.3	8	河流洪积物	E 110°50′30.8″ N 22°18′38.9″	96
						2	13—17	浅灰色	中壤土	块状	5.2	18.2	1.03	0.19	12.9	2.8	56			
						3	17—32		重壤土	棱柱状	5.3	9.2	0.53	0.23	11.0	2.8	49			
剖56	人为土	水稻土	潴育水稻土	河砂泥田	河黏土田	1	0—13	暗黄棕色	重壤土	块状	5.2	15.8	0.96	0.37	22.7	4.4	100		E 110°56′34.8″ N 22°17′48.8″	95
						2	13—22	浅灰棕色	重壤土	棱柱状	5.7	16.9	0.98	0.35	22.6	4.9	118			
						3	22—42	浅黄棕色	重壤土	块状	6.1	16.1	1.01	0.35	24.5	3.0	85			
						4	42—71		砂壤土											
						5	71—100	棕色	轻壤土	碎块状	5.6	22.9	1.28	0.23	14.4	9.5	60			
剖57	人为土	水稻土	潴育水稻土	白鳝泥田	河黄泥粉砂田	1	0—18	暗黄黄色	中壤土	块状	5.4	14.0	0.73	0.16	16.4	2.9	68	河流冲积物	E 110°54′14.0″ N 22°17′39.1″	81
						2	18—28	浅灰棕色	重壤土	柱状	6.3	4.7	0.26	0.09	13.2	0.5	27			
						3	28—56	灰黄色	轻壤土	柱状										
						4	56—70	灰黄色	砂壤土	块状										
						5	70—100	白白色	黏土	块状										
剖58	人为土	水稻土	潴育水稻土	宽谷冲积土田	黄泥底砂质田	1	0—12	灰白色	轻壤土	碎块状	5.2	25.6	1.56	0.37	20.2	21.3	72	冲积物	E 110°55′40.8″ N 22°15′54.7″	73
						2	12—23	浅棕黄色	中壤土	块状	5.9	12.7	0.83	0.17	18.5	1.7	24			
						3	23—41	浅红棕色	中壤土	柱状	6.7	8.8	0.62	0.15	21.2	微量	22			
						4	41—74	灰黄色	轻壤土	柱状										
						5	74—100	浅黄黄色	中壤土	碎块状	5.6	28.4	1.69	0.34	12.3	8.6	102			
剖59	人为土	水稻土	潴育水稻土	宽谷泥田	宽谷泥田	1	0—13	暗黄黄色	中壤土	块状	6.1	19.8	1.10	0.31	11.4	4.0	94	冲积物	E 110°49′02.3″ N 22°14′48.8″	100
						2	13—20	浅灰黄色	中壤土	柱状	6.6	9.4	0.47	0.16	11.4	微量	76			
						3	20—35	青灰色	中壤土	块状	6.7									
						4	35—100	灰棕色	黏壤土	块状	5.2	21.4	1.35	0.31	14.4	6.6	71			
剖60	人为土	水稻土	潴育水稻土	青泥格田	砂泥青黄质田	1	0—16	暗黄黄色	轻壤土	碎块状	5.7	19.8	1.25	0.28	12.9	6.1	41	冲积物	E 110°52′22.4″ N 22°14′48.8″	93
						2	16—27	浅灰黄色	轻壤土	块状	6.7	9.4	0.57	0.29	15.6	0.7	27			
						3	27—47	绿灰色	轻壤土	块状	6.0	13.3	0.73	0.24	37.3	5.4	49			
						4	47—100	青灰色	中壤土	小块状	5.9	10.0	0.58	0.23	38.8	6.8	51			
剖61	人为土	水稻土	潴育水稻土	洪积红黄泥田	洪积红黄泥田	1	0—17	浅黄棕色	轻壤土	块状	5.8	24.1	1.29	0.22	23.2	9.7	62	洪积物	E 110°52′52.3″ N 22°14′17.9″	82
						2	17—22	灰黄色	中壤土	柱状	4.7	21.9	1.18	0.21	21.0	9.5	101			
						3	22—100	灰黄色	中壤土	柱状	4.9	13.9	1.79	0.13	21.2	2.4	41			
剖62	铁铝土	黄壤	黄壤	花岗岩黄泥地	花岗岩黄泥砂泥地	A	0—28	浅黄棕色	中壤土	碎块状	5.4	16.5	0.73	0.21	12.6	0.7	36	花岗岩	E 111°09′36.0″ N 22°19′03.0″	88
						B	28—100	黄棕色	重壤土	块状	4.8	10.9	0.56	0.26	14.2	1.4	29			80

续表 Continued

剖面号 Soil profile	土纲 Soil order	土类 Soil great group	亚类 Soil subgroup	土属 Soil genus	土种 Soil species	土层码 Layer code	土层厚度 Depth/cm	颜色 Soil color	质地 Soil texture	土壤结构 Soil structure	pH	有机质 OM/(g/kg)	全氮 TN/(g/kg)	全磷 TP/(g/kg)	全钾 TK/(g/kg)	有效磷 AP/(mg/kg)	速效钾 AK/(mg/kg)	土壤母质 Parent material	剖面点坐标 Profile coordinate	匹配指数 Matching index/%
剖64	人为土	水稻土	潴育水稻土	河砂泥田	河砂泥田	1	0—16		轻壤土		5.1	17.2	1.02	0.33	26.4	21.4	35	河流冲积物	E 111°06′05.4″ N 22°18′05.8″	87
						2	16—25		轻壤土		5.6	7.9	0.51	0.21	29.0	5.6	18			
						3	25—62		轻壤土		5.9	6.6	0.45	0.20	31.5	0.5	18			
剖65	铁铝土	红壤	红壤	花岗岩红壤	中有机质层厚层花岗岩红壤	1	0—13		重壤土		5.2	39.2	1.50	0.24	7.1	3.3	25	花岗岩	E 111°06′16.6″ N 22°16′49.1″	70
						2	13—42		重壤土		5.5	19.4	0.94	0.25	7.0	2.4	17			
						3	42—100		重壤土		5.3	10.5	0.63	0.23	6.4	2.8	17			
剖66	人为土	水稻土	潴育水稻土	麻红泥田	麻红泥田	1	0—17	浅灰色	中壤土	碎块状	5.3	25.1	1.11	0.24	30.6	7.3	56		E 111°00′57.6″ N 22°15′40.3″	88
						2	17—27	绿黄色	轻壤土	块状	5.6	12.8	0.67	0.15	29.0	3.5	50			
						3	27—61	灰黄色	轻壤土	棱柱状	5.9	6.3	0.40	0.12	26.1	0.3	61			
						4	61—100	暗灰橙色	中壤土	棱柱状										
剖67	人为土	水稻土	淹育水稻土	麻红黄泥田	麻红泥砂田	1	0—11	灰黄色	中壤土	碎粒状	5.3	25.7	1.44	0.38	20.2	13.1	100	花岗岩风化物	E 111°00′32.2″ N 22°14′46.3″	85
						2	11—19	浅灰黄色	中壤土	块状	5.5	17.1	1.00	0.32	19.4	8.7	70			
						3	19—100	红橙色	轻壤土	块状	6.9	4.9	0.31	0.21	19.1	微量	104			
剖68	铁铝土	黄壤	黄壤	花岗片麻岩黄壤	厚有机质层厚层花岗岩黄壤	1	0—20		轻壤土		5.3	23.5	2.25	0.48	15.4	5.9	61	花岗岩	E 111°22′51.6″ N 22°17′22.7″	96
						2	20—47		轻壤土		5.6	18.6	1.04	0.48	18.2	2.8	20			
						3	47—100		轻壤土		5.8	6.3	0.29	0.49	24.4	2.8	17			

肇 庆 市

高 要 区

主要土类说明

赤红壤是高要区主要土壤类型，占本区地域面积的60%，主要分布在山坡岗丘。赤红壤主要发生于南亚热带季雨林下，其脱硅富铝化程度仅次于砖红壤，强于红壤。铁的游离度介于二者之间，黏粒硅铝率为1.7—2.0，风化淋溶系数为0.05—0.15，盐基饱和度为15%—25%。淀积层（B层）富含铁铝氧化物，呈赤红色。本区赤红壤仅有赤红壤一个亚类。

水稻土是高要区第二大土壤类型，占本区地域面积的34%。水稻土是在长期的季节性淹灌、水下翻耕、季节性脱水、氧化还原交替影响下，原来的成土母质或母土的特性发生重大改变，形成的新的土壤类型。由于干湿交替，水稻土形成糊状的淹育层、较坚实板结的犁底层、渗育层、潴育层与潜育层等多种发生层。本区水稻土分为淹育型、潴育型、渗育型、潜育型、沼泽型等亚类。其中，潴育水稻土面积最大，剖面构型为A-P-W-C或A-P-W-G。该亚类的主要特点是在犁底层下形成具有淋溶和淀积特征的潴育层，剖面内有棕黄色的铁锈斑纹、紫黑色的锰质斑点或新生的铁锰结核。

红壤是高要区第三大土壤类型，占本区地域面积的3%，主要分布在海拔450—700m的丘陵、山地。红壤主要发生于亚热带常绿阔叶林下，呈中度脱硅富铝化特征，土壤黏粒中游离铁占全铁的50%—60%。黏土矿物以高岭石、赤铁矿为主，黏粒硅铝率为1.8—2.4，风化淋溶系数小于0.20，盐基饱和度小于35%。红壤具深厚红色土层，底层可见深厚的红、黄、白相间的网纹状红色黏土。本区红壤仅有红壤一个亚类。

小于本区地域面积3%的土壤类型有黄壤。

本区域中心区气候特征

本区域中心区气候特征值
Regional climate characteristics in central area of the region

气候带：南亚热带湿润气候 Climate region: South subtropical humid climate	
年平均气温 /℃ Annual average temperature /℃	21.9
年平均最高气温 /℃ Annual average maximum temperature /℃	26.3
年平均最低气温 /℃ Annual average minimum temperature /℃	18.7
年降水量 /mm Annual precipitation /mm	1866
≥10℃的积温 /℃ Daily temperature accumulated in a year (≥10℃) /℃	7894
年日照时数 /h Annual sunshine /h	1680
年平均相对湿度 /% Annual average relative humidity /%	79
干燥度 Dryness	0.71

本区域中心区月平均气温与月平均降水量
Monthly temperature and precipitation in central area of the region

高要市主要土壤类型与土壤剖面点分布图
1 : 300 000

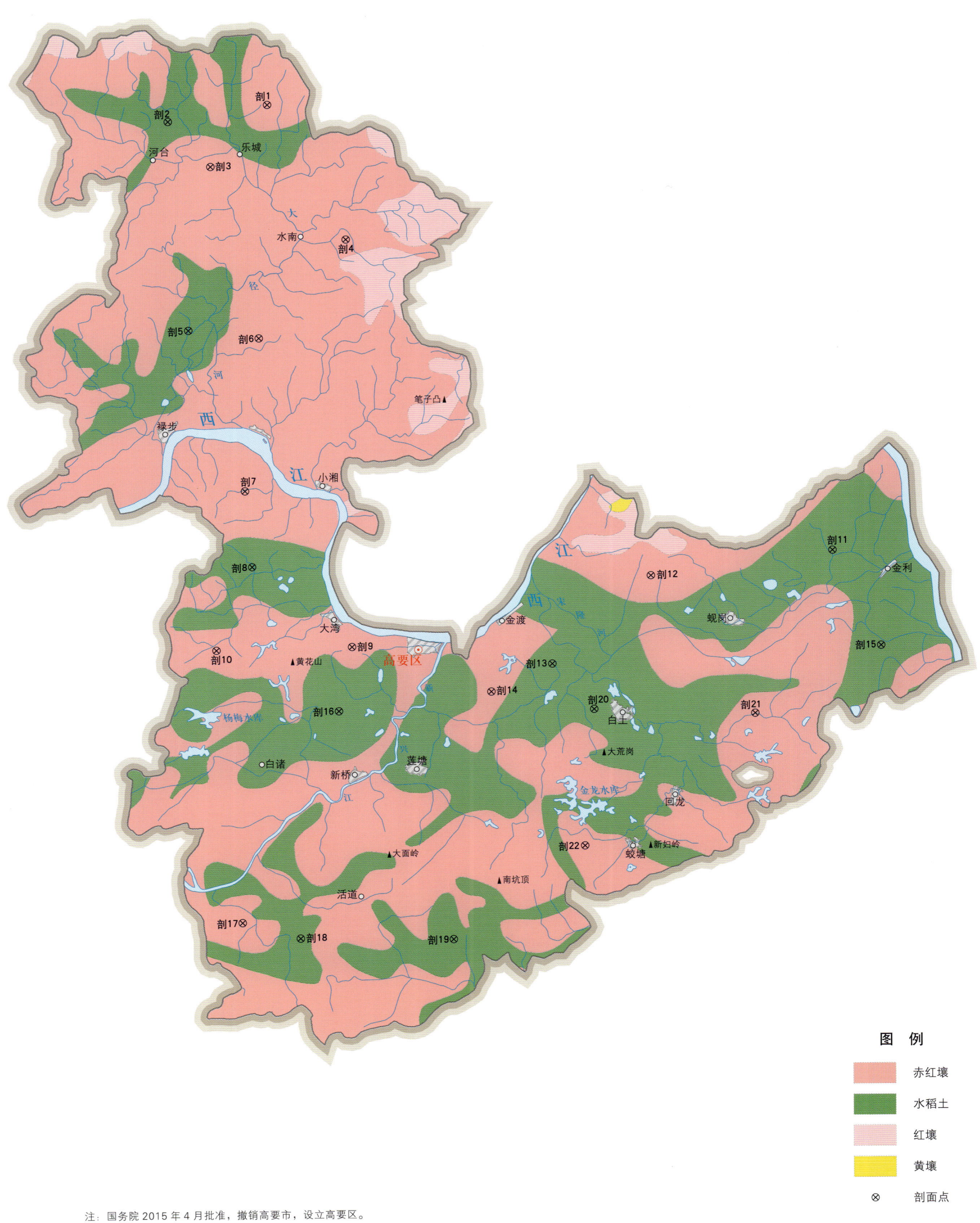

注：国务院 2015 年 4 月批准，撤销高要市，设立高要区。

高要区土壤剖面理化性状表

剖面号 Soil profile	土纲 Soil order	土类 Soil great group	亚类 Soil subgroup	土属 Soil genus	土种 Soil species	土层码 Layer code	土层厚度 Depth/cm	颜色 Soil color	质地 Soil texture	土壤结构 Soil structure	pH	有机质 OM/(g/kg)	全氮 TN/(g/kg)	全磷 TP/(g/kg)	碱解氮 AN/(mg/kg)	有效磷 AP/(mg/kg)	速效钾 AK/(mg/kg)	土壤母质 Parent material	剖面点坐标 Profile coordinate	匹配指数 Matching index/%
剖1	铁铝土	赤红壤	赤红壤	花岗岩赤红泥	中有机质层薄层麻赤红壤	A	0—13	灰褐色	中壤土	粒状	4.9	12.0	1.27	0.11	33	0.1	22	花岗岩	E 112° 21′ 14.4″ N 23° 23′ 11.6″	91
						B	13—30	黄红色	重壤土	块状	5.0	6.0	0.35	0.14	25	0.4	17			
						C	30—80	红黄色	中壤土	块状	5.5	3.0	0.10	0.13	15	0.1	15			
剖2	人为土	水稻土	潴育水稻土	砂页岩红泥田	页砂泥田	A	0—12	灰白色	轻壤土	块状	5.7	27.0	1.24	0.23	92	10.5	17	砂页岩	E 112° 17′ 06.5″ N 23° 22′ 33.2″	86
						P	12—22	灰白色	中壤土	块状	6.0	9.0	0.56	0.09	37	1.7	13			
						W	22—55	灰黄色	中壤土	梭柱状	6.6	5.0	0.29	0.13	19	0.2	16			
						C	55—100	黄红色	中壤土	块状										
剖3	铁铝土	赤红壤	赤红壤	花岗岩赤红壤	厚有机质层中层麻赤红壤	A	0—23	黑色	中壤土	粒状	4.9	21.0	1.05	0.16	63	0.2	55	花岗岩	E 112° 18′ 52.2″ N 23° 20′ 46.3″	87
						B	23—62	灰黄色	重壤土	块状	5.9	17.0	0.87	0.14	44	0.1	31			
						C	62—100	黄红色	中壤土	块状	5.1	7.0	0.47	0.11	26	0.1	25			
剖4	铁铝土	赤红壤	赤红壤	花岗岩赤红壤	薄有机质层薄层麻赤红壤	A	0—4	黄褐色	中壤土	粒状	4.9	15.0	0.89	0.11	42	微量	33	花岗岩	E 112° 24′ 26.6″ N 23° 17′ 52.1″	96
						B	4—39	黄红色	重壤土	块状	5.3	5.0	0.60	0.09	28	0.2	16			
						C	39—100	黄红色	中壤土	块状	5.0	9.0	0.42	0.10	30	微量	19			
剖5	人为土	水稻土	潴育水稻土	砂页岩红泥田	页黄泥田	A	0—13	黄色	重壤土	块状	5.1	14.0	0.58	0.21	58	0.2	17	砂页岩	E 112° 17′ 53.9″ N 23° 14′ 21.5″	85
						P	13—24	灰黄色	重壤土	块状	5.2	6.0	0.35	0.18	35	0.3	22			
						W	24—42	灰白色	中壤土	梭柱状	6.2	3.0	0.28	0.32	27	1.7	24			
						C	42—100	灰褐色	中壤土	块状										
剖6	铁铝土	赤红壤	赤红壤	砂页岩赤红壤		A	0—5	黄黄色	中壤土	粒状	5.0	27.0	0.60	0.19	59	0.4	32	砂页岩	E 112° 20′ 48.5″ N 23° 14′ 02.0″	74
						B	5—42	黄红色	中壤土	块状	5.5	15.0	1.00	0.15	30	0.2	40			
						C	42—80	红色	中壤土	块状	5.5	11.0	0.31	0.13	28	2.2	23			
剖7	铁铝土	赤红壤	赤红壤	板岩赤红壤		A	0—31	灰黑色	重壤土	粒状	4.9	15.0	0.41	0.21	54	1.3	41	板岩	E 112° 20′ 10.3″ N 23° 08′ 01.7″	91
						B	31—102	黄褐色	重壤土	块状	5.1	19.0	1.24	0.24	34	7.4	31			
剖8	人为土	水稻土	潴育水稻土	洪积黄红泥田	洪积黄泥砂	A	0—8	黄褐色	轻壤土	块状	5.2	5.0	0.58	0.16	45	0.2	22	洪积物	E 112° 20′ 26.5″ N 23° 05′ 03.1″	89
						P	8—13	黄褐色	中壤土	块状	6.3	12.0	0.41	0.09	26	0.9	21			
						W	13—55	褐色	中壤土	梭柱状	6.3	9.0	0.16	0.14	16	0.2	23			
						G	55—100	灰褐色	中壤土	块状										
剖9	铁铝土	赤红壤	赤红壤	砂页岩赤红壤		A	0—11	黄黄色	中壤土	粒状	4.1	14.0	1.00	0.17	72	0.2	41	砂页岩	E 112° 24′ 32.1″ N 23° 01′ 51.3″	83
						B	11—40	黄红色	中壤土	块状	4.7	9.0	0.45	0.17	44	0.1	41			
剖10	铁铝土	赤红壤	赤红壤	花岗岩赤红壤	中有机质层中层页赤红	A	0—15	黑黑色	中壤土	粒状	5.0	17.0	0.97	0.08	52	0.9	51	花岗岩	E 112° 18′ 55.8″ N 23° 01′ 46.2″	76
						B	15—50	黄红色	重壤土	块状	5.0	6.0	0.54	0.07	21	0.3	59			
						C	50—100	灰红色	中壤土	块状	5.3	5.0	0.45	0.07	25	0.3	70			
剖11	人为土	水稻土	潴育水稻土	冷底田	冷底田	A	0—10	黄褐色	中壤土	块状	5.7	21.0	1.13	0.24	80	1.3	48	砂页岩	E 112° 44′ 25.8″ N 23° 05′ 27.6″	77
						P	10—17	黄褐色	中壤土	块状	5.1	19.0	1.12	0.25	66	0.9	44			
						G	17—45	青灰色	中壤土	块状	6.5	14.0	0.46	0.14	44	0.1	36			
						C	45—80	灰蓝色	中壤土	块柱状	6.1	4.0		0.13						
剖12	铁铝土	赤红壤	赤红壤	砂页岩赤红壤	中有机质层中层页赤红	A	0—12	黑褐色	中壤土	粒状	4.8	14.0	1.31	0.12	39	0.4	34	砂页岩	E 112° 36′ 55.3″ N 23° 04′ 32.7″	72
						B	12—42	黄褐色	重壤土	块状	4.7	8.0	0.55	0.11	34	微量	37			
						C	42—80	黄红色	中壤土	块状	5.0	6.0	0.55	0.12	26	1.7	28			
剖13	人为土	水稻土	潴育水稻土	冷底田	铁锈水田	A	0—10	黄褐色	中壤土	块状	5.5	25.0	1.05	0.21	102	3.5	32	砂页岩	E 112° 32′ 47.8″ N 23° 01′ 06.6″	97
						P	10—17	黄褐色	轻壤土	块状	5.5	22.0	0.83	0.15	75	0.9	44			
						G	17—45	灰蓝色	中壤土	块状	6.1	4.0	0.49	0.13	29		37			
						C	45—80	灰蓝色	砂壤土	碎块状										
剖14	铁铝土	赤红壤	赤红壤	砂页岩赤红壤		A	0—5	黄褐色	中壤土	块状	6.3	4.0	0.44	0.08	32	0.1	22	砂页岩	E 112° 30′ 15.8″ N 23° 00′ 02.3″	78
						B	5—100	红色	轻壤土	块状	6.1	11.0	0.27	0.10	18	0.3	27			

续表 Continued

剖面号 Soil profile	土纲 Soil order	土类 Soil great group	亚类 Soil subgroup	土属 Soil genus	土种 Soil species	土层码 Layer code	土层厚度 Depth/cm	颜色 Soil color	质地 Soil texture	土壤结构 Soil structure	pH	有机质 OM/(g/kg)	全氮 TN/(g/kg)	全磷 TP/(g/kg)	碱解氮 AN/(mg/kg)	有效磷 AP/(mg/kg)	速效钾 AK/(mg/kg)	土壤母质 Parent material	剖面点坐标 Profile coordinate	匹配指数 Matching index/%
剖15	人为土	水稻土	潴育水稻土	洪积黄红泥田	洪积砂泥田	A	0—13	灰白色	轻壤土	块状	5.9	22.0	1.21	0.17	89	3.1	25	洪积物	E 112°46′23.9″ N 23°01′39.9″	83
						P	13—20	灰色	中壤土	块状	6.5	12.0	0.83	0.13	50	1.3	32			
						W	20—55	浅黄色	中壤土	棱柱状	5.5	6.0	0.48	0.10	27	0.4	37			
						C	55—100	黄红色	中壤土	块状										
剖16	人为土	水稻土	潴育水稻土	麻红泥田	麻砂质田	A	0—12	黄褐色	砂壤土	粒状	5.9	22.0	1.10	0.21	72	7.0	36		E 112°23′57.8″ N 22°59′20.0″	82
						P	12—18	黄褐色	轻壤土	块状	5.8	8.0	0.93	0.17	43	7.4	20			
						W	18—32	黄褐色	轻壤土	棱柱状	6.1	4.0	0.26	0.14	26	0.9	20			
						C	32—100	红色	中壤土	块状										
剖17	铁铝土	赤红壤	赤红壤	砂页岩赤红壤		A	0—24	灰黑色	轻壤土	粒状	4.5	14.0	0.62	0.07	47	0.2	28	砂页岩	E 112°19′52.7″ N 22°51′03.2″	92
						B	24—80	红黄色	紧砂土	块状	4.6	7.0	0.31	0.05	19	0.1	25			
剖18	人为土	水稻土	潴育水稻土	砂页岩红泥田	页黑砂泥田	A	0—11	灰黑色	中壤土	块状	5.8	19.0	0.80	0.27	74	10.0	49	砂页岩	E 112°22′16.3″ N 22°50′25.4″	91
						P	11—26	黑褐色	轻壤土	棱柱状	6.5	14.0	0.58	0.13	48	4.8	41			
						W	26—48	灰黑色	中壤土	棱柱状	6.4	6.0	0.39	0.10	29	1.3	32			
						C	48—100	中壤土	块状											
剖19	人为土	水稻土	潴育水稻土	砂页岩红泥田	页砂质田	A	0—10	浅灰色	砂壤土	块状	5.4	18.0	1.48	0.24	64	4.4	22	砂页岩	E 112°28′35.0″ N 22°50′19.0″	77
						P	10—18	灰色	轻壤土	块状	6.2	4.0	0.38	0.22	9	0.9	55			
						W	18—100	灰色	中壤土	棱柱状	5.7	6.0	0.34	0.28	8	0.4	28			
剖20	人为土	水稻土	潴育水稻土	麻红泥田	麻砂泥田	A	0—8	黄褐色	中壤土	块状	5.3	24.0	1.21	0.17	116	2.2	37		E 112°34′30.7″ N 22°59′18.2″	86
						P	8—12	麻褐色	轻壤土	块状	6.3	14.0	0.86	0.16	75	0.9	28			
						W	12—59	黑褐色	中壤土	棱柱状	5.4	3.0	0.58	0.16	32	0.3	17			
						C	59—100	中壤土	团块状											
剖21	铁铝土	赤红壤	赤红壤	砂页岩赤红壤		A	0—5	灰黄色	中壤土	块状	4.8	17.0	0.62	0.08	85	0.4	30	砂页岩	E 112°41′09.2″ N 22°59′03.5″	78
						B	5—40	灰黄色	重壤土	块状	4.5	11.0	0.44	0.08	48	0.4	22			
剖22	铁铝土	赤红壤	赤红壤	砂页岩赤红壤	中有机质层厚层页赤红壤	A	0—16	黑褐色	轻壤土	粒状	4.9	26.0	1.06	0.17	51	0.4	32	砂页岩	E 112°34′03.7″ N 22°53′54.7″	83
						B	16—86	赤红色	中壤土	块状	4.8	23.0	0.43	0.15	36	0.1	37			
						C	86—100	红色	中壤土	块状										

广 宁 县

主要土类说明

赤红壤是广宁县主要土壤类型,占本县地域面积的71%,主要分布在海拔350m以下的丘陵地带。赤红壤主要发生于南亚热带季雨林下,其脱硅富铝化程度仅次于砖红壤,强于红壤。铁的游离度介于二者之间,黏粒硅铝率为1.7—2.0,风化淋溶系数为0.05—0.15,盐基饱和度为15%—25%。淀积层(B层)富含铁铝氧化物,呈赤红色。本县赤红壤仅有赤红壤一个亚类。

红壤是广宁县第二大土壤类型,占本县地域面积的23%,主要分布在海拔350—600m的丘陵、山地。自然植被以次生针叶林或针阔叶混交林为主,本县中部及中南部有纯竹林和松竹混交林,长势较好。红壤土层较深厚,由花岗岩发育的土层砂粒多且粗,由砂岩、砂页岩发育的土层砂砾较少。本县红壤仅有红壤一个亚类。

黄壤是广宁县第三大土壤类型,占本县地域面积的5%,主要分布在海拔600—1000m的山地,以北市、赤坑、潭布等地分布较多。由于黄壤分布区常被云雾笼罩,湿度大,土壤湿润,因此土壤有机质含量较高。本县黄壤仅有黄壤一个亚类。

小于本县地域面积3%的土壤类型有水稻土。

本区域中心区气候特征

本区域中心区气候特征值
Regional climate characteristics in central area of the region

气候带:南亚热带湿润气候 Climate region: South subtropical humid climate	
年平均气温/℃ Annual average temperature /℃	21.0
年平均最高气温/℃ Annual average maximum temperature /℃	25.8
年平均最低气温/℃ Annual average minimum temperature /℃	17.6
年降水量/mm Annual precipitation /mm	1587
≥10℃的积温/℃ Daily temperature accumulated in a year (≥10℃) /℃	7565
年日照时数/h Annual sunshine /h	1650
年平均相对湿度/% Annual average relative humidity /%	78
干燥度 Dryness	0.78

本区域中心区月平均气温与月平均降水量
Monthly temperature and precipitation in central area of the region

广宁县主要土壤类型与土壤剖面点分布图
1∶300 000

图 例

- 赤红壤
- 红壤
- 黄壤
- 水稻土
- ⊗ 剖面点

广宁县土壤剖面理化性状表

剖面号 Soil profile	土纲 Soil order	土类 Soil great group	亚类 Soil subgroup	土属 Soil genus	土种 Soil species	土层码 Layer code	土层厚度 Depth/cm	颜色 Soil color	质地 Soil texture	土壤结构 Soil structure	pH	有机质 OM/(g/kg)	全氮 TN/(g/kg)	全磷 TP/(g/kg)	全钾 TK/(g/kg)	土壤母质 Parent material	剖面点坐标 Profile coordinate	匹配指数 Matching index/%
剖1	铁铝土	黄壤	黄壤	花岗岩黄壤	厚有机质层厚层花岗岩黄壤	A	0—43	黄灰色	壤土	碎块状	5.0	31.9	1.15	0.27	13.2	花岗岩	E 112°33′34.7″ N 23°57′08.9″	99
剖2	铁铝土	赤红壤	赤红壤	花岗岩赤红壤	中有机质层中层花岗岩赤红壤	B	43—100	黄色	砂壤土	碎块状	5.2	11.1	0.71	0.27	14.3	花岗岩	E 112°32′32.3″ N 23°55′08.4″	81
剖3	铁铝土	黄壤	黄壤	花岗岩黄壤	中有机质层厚层花岗岩黄壤	1	0—10	深黄色	壤土	块状	5.5	17.4	0.95	0.20	38.0	花岗岩	E 112°38′37.1″ N 23°54′26.4″	94
						2	10—75	棕黄色	壤土	块状	5.9	9.5	0.62	0.23	19.3			
						3	75—	红色	壤土	粒状	5.2	9.1	1.07	0.32	17.8			
剖4	铁铝土	赤红壤	赤红壤	花岗岩赤红壤	中层花岗岩赤红壤	A	0—20	黄灰色	砂土	粒状	4.8	38.3	1.49	0.09	20.1	花岗岩	E 112°35′12.5″ N 23°51′36.4″	86
						B	20—100	黄红色	砂土	粒状	5.2	6.5	0.33	1.48	23.1			
						C	100—											
剖5	铁铝土	赤红壤	赤红壤	侵蚀赤红壤	崩岗赤红壤	1	0—10	棕黑色	轻壤土	碎块状	5.3	54.6	2.04	0.28	15.4	花岗岩	E 112°21′49.7″ N 23°45′07.9″	85
						2	10—44	棕色	壤土	碎块状	5.2	29.6	1.15	0.22	14.9			
						3	44—	红色	壤土	块状	5.6	0.3	0.22	0.27	19.6			
剖6	人为土	潴育水稻土	麻红泥田	麻红泥田		A	0—23	灰黑色	壤土	无明显结构	4.7	20.8	0.95	0.14	8.6	花岗岩	E 112°28′13.8″ N 23°42′39.6″	79
						B	23—97	黄色	壤土	无明显结构	5.0	3.2	0.22	0.19	14.0			
						C	97—105	黄色	壤土	无明显结构	4.9		0.20	0.27	18.3			
剖7	铁铝土	红壤	红壤	片板岩红壤	薄层红壤	1	0—15	灰黑色	黏土	碎块状	5.5	31.5	1.40	0.39	13.5	片岩	E 112°37′25.7″ N 23°49′25.3″	88
						2	15—25	黄色	黏土	核柱状	5.5	24.2	1.19	0.36	15.6			
						3	25—100	黄色	黏土	碎块状	6.0	15.8	0.77	0.30	15.1			
剖8	铁铝土	红壤	红壤	花岗岩红壤	厚层砂质红壤	A	0—20	浅黄色	轻壤土	团粒状	4.9	48.2	1.47	0.23	36.4	花岗岩	E 112°32′25.1″ N 23°44′48.5″	75
						B	20—30	黄色	轻壤土	团粒状	5.3	24.8	1.03	0.22	36.7			
						C	30—											
剖9	铁铝土	赤红壤	赤红壤	花岗岩赤红壤	薄有机质层中层花岗岩赤红壤	A	0—85	灰黑色	壤土	碎块状	5.4	44.1	1.36	0.27	9.0	花岗岩	E 112°41′06.0″ N 23°42′36.0″	70
						B	85—100	灰黄色	黏壤土	块状	5.4	13.1	0.58	0.21	8.7			
						C	4—38	黄红色	黏土	碎块状	4.9	34.3	1.58	0.22	9.2			
							38—	碎红色	黏土	块状	5.3	5.2	0.35	0.19	13.3			
剖10	铁铝土	红壤	红壤	花岗岩红壤	厚有机质层厚层花岗岩红壤	A	0—25	黄褐色	粉石土	块状	5.0	18.8	0.81	0.17	20.5	花岗岩	E 112°32′47.0″ N 23°40′55.2″	82
						B	25—104	黄黄色	轻壤土	碎块状	5.1	16.6	0.74	0.17	11.8			
						C	104—	灰黄色	黏土	碎块状	5.5	11.9	0.59	0.18	14.4			
剖11	铁铝土	红壤	红壤	砂页岩红壤	薄有机质层厚层砂页岩红壤	1	0—10	红黄色	黏土	团粒状	5.4	17.2	0.72	0.17	9.8	砂页岩	E 112°38′51.4″ N 23°40′18.1″	98
						2	10—80	浅黄色	砂壤土	柱状	5.4	11.1	0.42	0.20	20.9			
						3	80—150	浅灰色	壤土	块状	5.9	6.8	0.12	0.24	20.7			
剖12	人为土	潴育水稻土	页红泥田	页红泥田		1	0—12	深灰黑色	中壤土	小块状	5.0	29.6	1.35	0.30	8.5	花岗岩	E 112°10′28.2″ N 23°34′22.8″	79
						2	12—16	黑灰色	中壤土	碎块状	5.3	29.3	1.35	0.27	9.0			
						3	16—23	黄色	轻壤土	碎块状	5.9	18.8	1.09	0.26	8.5			
剖13	铁铝土	赤红壤	赤红壤	花岗岩赤红壤	薄有机质层厚层花岗岩赤红壤	1	0—9	灰黑色	壤土	碎块状	5.0	27.6	0.98	0.14	15.3	花岗岩	E 112°41′10.8″ N 23°40′12.0″	89
						2	9—30	黄色	砂壤土	块状	5.3	7.3	0.41	0.13	11.2			
						3	30—61	红灰色	壤土	碎块状	5.7	5.3	0.32	0.12	0.5			
剖14	铁铝土	红壤	红壤	花岗岩红壤	厚有机质层厚层花岗岩红壤	A	0—10	红灰色	黏壤土	碎块状	5.3	21.4	0.54	0.29	8.4	花岗岩	E 112°12′04.3″ N 23°31′10.9″	95
						B	10—60	红色	黏壤土	碎块状	7.0	24.0	1.37	0.37	8.2			
						C	60—80	黄黑色	壤土	碎块状	5.1	13.1	0.89	0.33				
剖15	铁铝土	红壤	红壤	花岗岩红壤	中有机质层中层花岗岩红壤	A	0—14	红黄色	壤土	无明显结构	4.9	13.3	0.75	0.09	13.9	花岗岩	E 112°16′44.0″ N 23°35′59.2″	76
						B	14—54	黄色	壤土	无明显结构	5.0	23.2	1.20	0.12	15.9			
						C	54—100					9.8	0.56	0.11	13.4			

续表 Continued

剖面号 Soil profile	土纲 Soil order	土类 Soil great group	亚类 Soil subgroup	土属 Soil genus	土种 Soil species	土层码 Layer code	土层厚度 Depth/cm	颜色 Soil color	质地 Soil texture	土壤结构 Soil structure	pH	有机质 OM/(g/kg)	全氮 TN/(g/kg)	全磷 TP/(g/kg)	全钾 TK/(g/kg)	土壤母质 Parent material	剖面点坐标 Profile coordinate	匹配指数 Matching index/%
剖16	铁铝土	黄壤	黄壤	花岗岩黄壤	中有机质层中层花岗岩黄壤	A	0—13	黄灰色	黏土	块状	5.0	31.4	1.73	0.20	5.2	花岗岩	E 112°16′36.7″ N 23°33′39.6″	92
						B	13—50	黄色	黏土	块状	5.2	15.1	0.97	0.18	5.1			
						C	50—90	黄色	黏土	块状	5.3	11.6	0.81	0.17	5.5			
剖17	铁铝土	赤红壤	赤红壤	花岗岩赤红壤	厚有机质层中层花岗岩赤红壤	1	0—30	褐黄色	砂壤土	团粒状	4.6	34.4	1.59	0.27	4.7	花岗岩	E 112°22′46.2″ N 23°32′46.7″	75
						2	30—60	红黄色	砂壤土	核粒状	5.1	12.6	0.56	0.20	0.8			
						3	60—90	红黄色	壤土	碎块状	5.7	1.9	0.64	0.14	19.7			
剖18	铁铝土	赤红壤	赤红壤	砂页岩赤红壤	中有机质层薄层砂页岩赤红壤	1	0—10	灰黑色	壤土	碎块状	5.0	32.7	1.89	0.28	20.7	砂页岩	E 112°30′25.9″ N 23°35′24.8″	92
						2	10—21	浅黄色	轻壤土	碎块状	4.8	13.9	1.01	0.25	30.7			
						3	21—45	红黄色	轻壤土	碎块状	5.4	5.5	0.72	0.40	33.8			
						4	45—100	浅黄色	砂石土	无明显结构								
剖19	铁铝土	赤红壤	赤红壤	花岗岩赤红壤	中层花岗岩赤红壤	1	0—14	灰黑色	壤土	块状	5.0	16.7	0.58	0.07	2.8	花岗岩	E 112°33′10.4″ N 23°30′45.0″	70
						2	14—22	黄色	砂壤土	碎块状	5.2	8.3	0.38	0.05	4.5			
						3	22—		砂壤土	碎块状	4.9	3.3	0.19	0.02	20.2			
剖20	铁铝土	赤红壤	赤红壤	砂页岩赤红壤	中有机质层厚层砂页岩赤红壤	1	0—18	灰黑色	壤土	团粒状	4.7	24.8	1.40	0.21	15.2	砂页岩	E 112°30′28.8″ N 23°30′43.2″	73
						2	18—39	黄灰色	壤土	块状	4.8	6.1	0.50	0.22	14.6			
						3	39—64	赤黄色	壤土	块状	4.9	3.9	0.36	0.29	18.5			
剖21	铁铝土	黄壤	黄壤	花岗岩黄壤	厚有机质层薄层花岗岩黄壤	A	0—24	棕黑色	砂壤土	粒状	5.3	60.7	2.12	0.48	22.7	花岗岩	E 112°15′43.9″ N 23°29′23.3″	80
						B	24—30	浅黄色	砂壤土	核状	5.4	16.8	0.69	0.40	23.7			
						C	30—	浅黄色	砂壤土		5.2	8.7	0.59	0.28	15.9			
剖22	人为土	水稻土	潴育水稻土	麻红泥田	麻乌红泥田	1	0—20	深黑色	轻壤土	碎块状	5.8	30.2	1.78	0.39	31.1		E 112°19′35.0″ N 23°26′27.4″	91
						2	20—32	灰黄色	轻壤土	碎块状	5.5	28.4	1.26	0.26	33.1			
						3	32—45	黄灰色	轻壤土	柱状	6.2	14.9	0.71	0.17	32.9			
剖23	人为土	水稻土	潴育水稻土	麻红泥田	麻砂泥田	1	0—14	浅灰黄色	砂壤土	粒状	5.4	21.2	1.23	0.30	9.5		E 112°17′14.6″ N 23°25′53.1″	98
						2	14—22	棕灰色	砂壤土	块状	5.4	18.6	1.01	0.32	8.7			
						3	22—68	黄黄色	砂壤土	柱状	5.8	6.5	0.43	0.19	9.3			
剖24	人为土	水稻土	潴育水稻土	麻红泥田	麻砂泥田	1	0—18	灰黑色	轻壤土	块状	5.7	36.9	1.78	0.30	13.2		E 112°23′29.8″ N 23°22′51.8″	81
						2	18—29	灰黑色	砂壤土	块状	5.9	23.1	1.08	0.18	7.6			
						3	29—87	黄褐色	砂壤土	柱状	6.7	9.4	0.43	0.08	7.1			

怀 集 县

主要土类说明

红壤是怀集县主要土壤类型，占本县地域面积的 37%。红壤主要发生于亚热带常绿阔叶林下，呈中度脱硅富铝化特征，土壤黏粒中游离铁占全铁的 50%—60%。黏土矿物以高岭石、赤铁矿为主，黏粒硅铝率为 1.8—2.4，风化淋溶系数小于 0.20，盐基饱和度小于 35%。红壤具深厚的红色土层，底层可见深厚的红、黄、白相间的网纹状红色黏土。

赤红壤是怀集县第二大土壤类型，占本县地域面积的 24%。赤红壤主要发生于南亚热带季雨林下，其脱硅富铝化程度仅次于砖红壤，强于红壤。铁的游离度介于二者之间，黏粒硅铝率为 1.7—2.0，风化淋溶系数为 0.05—0.15，盐基饱和度为 15%—25%。淀积层（B层）富含铁铝氧化物，呈赤红色。

水稻土是怀集县第三大土壤类型，占本县地域面积的 21%。水稻土是在长期的季节性淹灌、水下翻耕、季节性脱水、氧化还原交替影响下，原来的成土母质或母土的特性发生重大改变，形成的新的土壤类型。由于干湿交替，水稻土形成糊状的淹育层、较坚实板结的犁底层、渗育层、潴育层与潜育层等多种发生层。这些不同的发生层是在人为耕作、水浆管理下形成的。

黄壤占本县地域面积的 10%。黄壤发生于亚热带湿润条件下，中度富铝化，多见于海拔 700—1200m 的山区。土壤有机质累积较多，具 O-A-AB-B-C 剖面构型。淀积层（B层）富含水合氧化物（针铁矿），呈黄色，有时多含三水铝石。

紫色土占本县地域面积的 6%。紫色土是由热带、亚热带紫红色岩层直接风化形成的 A-C 型土壤。其理化性质与母岩组成直接相关，土层浅薄，剖面层次发育不明显，仍处于初育阶段。母岩富含矿质养分，且风化迅速。

小于本县地域面积 3% 的土壤类型有石质土、山地草甸土和石灰（岩）土。

本区域中心区气候特征

本区域中心区气候特征值
Regional climate characteristics in central area of the region

气候带：南亚热带湿润气候 Climate region: South subtropical humid climate	
年平均气温 /℃ Annual average temperature /℃	20.8
年平均最高气温 /℃ Annual average maximum temperature /℃	25.6
年平均最低气温 /℃ Annual average minimum temperature /℃	17.4
年降水量 /mm Annual precipitation /mm	1557
≥10℃的积温 /℃ Daily temperature accumulated in a year (≥10℃) /℃	7500
年日照时数 /h Annual sunshine /h	1646
年平均相对湿度 /% Annual average relative humidity /%	78
干燥度 Dryness	0.79

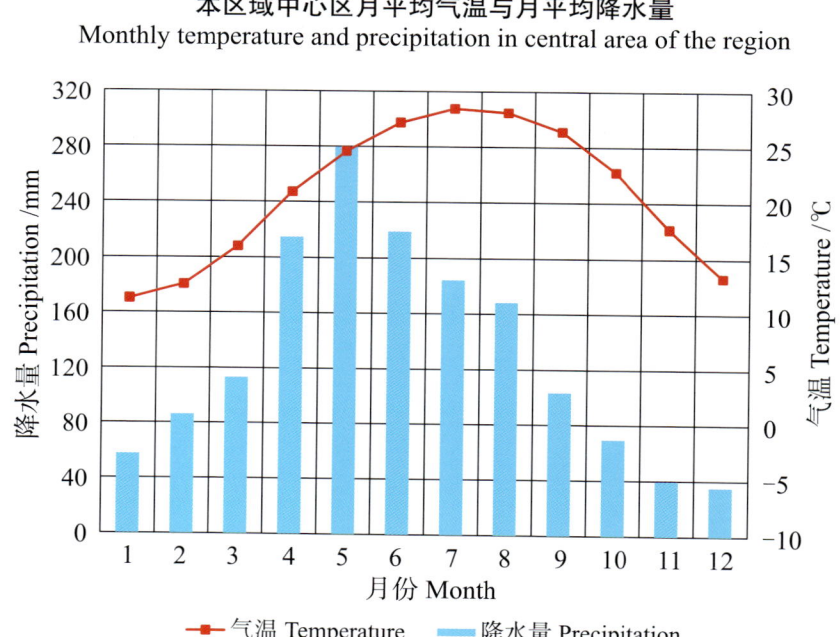

本区域中心区月平均气温与月平均降水量
Monthly temperature and precipitation in central area of the region

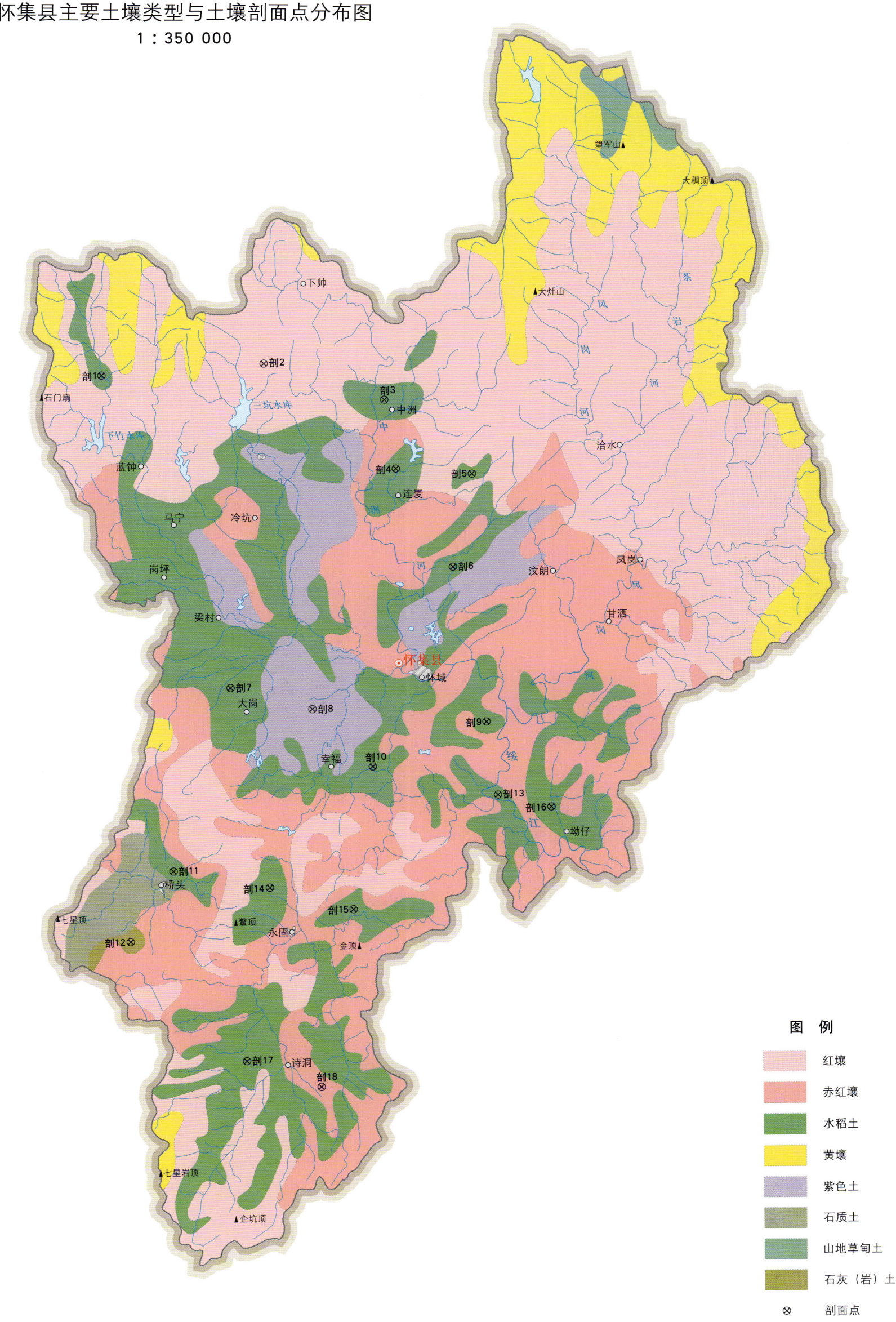

怀集县主要土壤类型与土壤剖面点分布图
1：350 000

怀集县土壤剖面理化性状表

剖面号 Soil profile	土纲 Soil order	土类 Soil great group	亚类 Soil subgroup	土属 Soil genus	土种 Soil species	土层码 Layer code	土层厚度 Depth/cm	颜色 Soil color	质地 Soil texture	土壤结构 Soil structure	pH	有机质 OM/(g/kg)	全氮 TN/(g/kg)	全磷 TP/(g/kg)	土壤母质 Parent material	剖面点坐标 Profile coordinate	匹配指数 Matching index/%
剖1	人为土	水稻土	潴育水稻土	泥肉田	油泥田	A	0—19	暗灰色	中壤土	粒状	6.7	40.0	1.93	0.53		E 111°55′18.1″ N 24°08′43.4″	100
						P	19—22	浅灰色	轻壤土	块状	7.0	21.5	1.08	0.37			
						W	22—100	浅黄色	轻壤土	柱状	7.2	8.0	0.81	0.14			
剖2	铁铝土	红壤	红壤	花岗岩红壤	厚有机质层厚层花岗岩红壤	A	0—11	浅黄色	轻壤土	粒状	7.2	38.0	1.80	0.18		E 112°03′11.2″ N 24°09′11.9″	81
						B	11—25	红黄色	轻壤土	粒状	7.3	17.2	0.61	0.21			
						C	25—100	红黄色	轻壤土	粒状	7.1	3.4	0.17	0.20			
剖3	人为土	水稻土	潴育水稻土	泥肉田	松泥田	A	0—16	黄灰色	轻壤土	小块状	6.0	45.2	1.51	0.30		E 112°09′01.4″ N 24°07′30.0″	79
						P	16—26	黄灰色	轻壤土	块状	6.4	17.5	0.65	0.07			
						W	26—71	灰白色	黏壤土	柱状	6.5	7.9	0.24	0.07			
						C	71—100	灰色	黏壤土								
剖4	人为土	水稻土	潴育水稻土	宽谷冲积土田	宽谷泥田	A	0—15	黄灰色	轻壤土	粒状	6.4	33.8	1.37	0.25		E 112°09′32.6″ N 24°04′20.9″	97
						P	15—27	黄黄色	轻壤土	小块状	7.1	19.1	0.64	0.25			
						W	27—63	黄黄色	中壤土	块状	7.1	7.8	0.43	0.25			
						C	63—100	黄色	重壤土								
剖5	人为土	水稻土	潴育水稻土	麻红泥土田	页红泥砂田	A	0—13	浅灰色	砂壤土	小块状	6.9	30.8	1.81	0.29		E 112°13′13.8″ N 24°04′04.8″	100
						P	13—27	灰色	砂土	块状	6.9	22.5	1.40	0.19			
						W	27—100	暗灰色	砂壤土	柱状	6.8	9.5	0.41	0.12			
剖6	人为土	水稻土	潴育水稻土	洪积黄红泥田	洪积砂泥田	A	0—15	灰色	砂壤土	块状	6.6	30.7	1.58	0.33		E 112°12′15.5″ N 23°59′48.5″	93
						P	15—22	浅蓝灰色	轻壤土	柱状	6.5	13.8	0.92	0.26			
						W	22—44	浅黄灰色	轻壤土	块状	6.3	11.6	0.46	0.22			
						G	44—65	暗黄色	重壤土								
						C	65—100	灰白色									
剖7	人为土	水稻土	潴育水稻土	砂页岩红泥田	页红泥田	A	0—15	棕灰色	中壤土	块状	7.3	30.7	1.63	0.33		E 112°01′25.0″ N 23°54′23.0″	80
						P	15—29	暗黄色	中壤土	块状	7.8	12.1	0.77	0.24			
						W	29—58	灰黄色	砂壤土	柱状	7.5	4.4	0.46	0.21			
						G	58—100	黄灰色	砂壤土								
剖8	初育土	紫色土	酸性紫色土	酸性紫色土	薄有机质层厚层酸性紫色土	A	0—9	暗紫色	轻砂土	粒状	6.1	14.8	0.94	0.17		E 112°05′22.6″ N 23°53′22.2″	74
						B	9—59	暗紫色	轻砂土	碎块状	6.3	6.9	0.43	0.14			
						C	59—100	暗紫色	轻砂土	大块状	6.5	4.6	0.26	0.12			
剖9	人为土	水稻土	潴育水稻土	宽谷冲积土田	宽谷砂泥田	A	0—14	暗黄色	中壤土	粒状	7.3	30.7	1.33	0.37		E 112°13′47.6″ N 23°52′42.2″	90
						P	14—22	灰黄色	中壤土	柱状	7.2	21.4	1.28	0.30			
						W	22—36	灰色	中壤土	块状	7.2	12.5	0.53	0.09			
						C	36—100	黄黄色	重壤土								
剖10	人为土	水稻土	潴育水稻土	红火泥田	乌红火泥田	A	0—16	灰色	轻砂土	小块状	5.1	33.0	1.42	0.25		E 112°08′15.7″ N 23°50′42.0″	92
						P	16—24	灰黄色	松砂土	块状	5.1	23.1	0.91	0.26			
						W	24—100	灰黄色									
剖11	人为土	水稻土	潴育水稻土	潮砂泥田	潮砂田	A	0—11	浅黄色	松砂土	块状	5.1	23.1	0.91	0.26		E 111°58′33.2″ N 23°45′59.4″	92
						P	11—22	黄灰色	砂壤土	柱状	5.8	16.8	0.80	0.18			
						W	22—47	浅黄色	细砂土								
						C	47—100		砂壤土								
剖12	初育土	石灰(岩)土	红色石灰土	红色石灰土	薄有机质层中层红色石灰土	A	0—11	红色	砂壤土	粒状						E 111°56′26.5″ N 23°42′46.8″	92
						B	11—25	红褐色	砂壤土	粒状							
						C	25—100	红褐色	砂壤土	粒状							

续表 Continued

剖面号 Soil profile	土纲 Soil order	土类 Soil great group	亚类 Soil subgroup	土属 Soil genus	土种 Soil species	土层码 Layer code	土层厚度 Depth/cm	颜色 Soil color	质地 Soil texture	土壤结构 Soil structure	pH	有机质 OM/(g/kg)	全氮 TN/(g/kg)	全磷 TP/(g/kg)	土壤母质 Parent material	剖面点坐标 Profile coordinate	匹配指数 Matching index/%
剖13	人为土	水稻土	潴育水稻土	洪积黄红泥田	洪积泥田	A	0–16	浅黄色	中壤土	块状	6.5	36.6	2.05	0.30		E 112°14′18.6″ N 23°49′20.1″	83
						P	16–26	暗灰色	中壤土	块状	6.0	28.8	1.31	0.29			
						W	26–48	浅黄色	黏壤土	柱状	5.4	25.2	1.11	0.29			
						B	48–70	黄棕色	黏壤土	块状							
						C	70–100	灰白色	黏壤土	块状							
剖14	人为土	水稻土	潴育水稻土	宽谷冲积土田	宽谷硬泥田	A	0–13	暗灰色	轻壤土	块状	6.7	36.5	1.69	0.31		E 112°03′12.6″ N 23°45′11.3″	87
						P	13–22	暗黄色	轻壤土	块状	6.4	32.4	1.58	0.30			
						W	22–76	黄色	轻壤土	柱状	6.3	12.7	0.54	0.24			
						C	76–100	黄灰色	中壤土	块状							
剖15	人为土	水稻土	潴育水稻土	河砂泥田	河砂泥田	A	0–16	棕黄色	松砂土	块状	6.2	41.8	2.25	0.34	河流冲积物	E 112°07′14.7″ N 23°44′09.4″	94
						P	16–25	暗黄色	轻壤土	块状	6.4	34.5	1.46	0.33			
						W	25–60	灰色	中壤土	棱柱状	7.0	23.8	1.39	0.33			
						C	60–100	黑灰色	轻壤土	块状							
剖16	人为土	水稻土	潴育水稻土	石灰板结田	石灰板结黄泥田	A	0–13	灰红色	砂壤土	团粒状						E 112°16′53.0″ N 23°48′44.6″	81
						P	13–21	黄灰色	壤土	柱状							
						Wb	21–100	暗灰色	砂壤土	块状	5.6	31.5	1.50	0.20			
剖17	人为土	水稻土	潴育水稻土	砂页岩红泥田	页砂泥田	A	0–14	黄灰色	砂壤土	块状	4.9	31.0	1.38	0.19		E 112°01′59.6″ N 23°37′16.5″	94
						P	14–20	黄白色	紧砂土	棱柱状	4.7	11.6	0.37	0.15			
						W	20–80	灰白色	砂壤土	块状							
						B	80–100	灰黄色	中壤土	块状							
剖18	铁铝土	赤红壤	赤红壤	花岗岩赤红壤	薄有机质层厚层花岗岩赤红壤	A	0–22	红色	砂壤土	粒状	5.9	10.1	0.50	0.09		E 112°05′34.9″ N 23°36′03.0″	77
						B	22–45	红色	中壤土	粒状	6.3	6.3	0.15	0.05			
						C	45–100	红色	轻壤土	粒状	5.9	6.2	0.21	0.08			

封 开 县

主要土类说明

　　红壤是封开县主要土壤类型，占本县地域面积的 82%。红壤是本县主要的山地土壤，广泛分布在海拔 750m 以下的低山、丘陵地带。由于本县地处中亚热带向南亚热带过渡的边缘地带，加上山林植被生长较好，因此土壤有机质含量较高，硅铝酸盐矿物分解较强烈，铁铝氧化物明显聚积，土体呈红色，剖面构型为 A-（B）-C。本县气温高，雨量充沛，有利于土壤的发育，但由于山势陡峭且坡度多在 30° 以上，土壤易淋溶流失，故本县红壤多为中层红壤，占本土类面积的 50%。薄层红壤则主要分布在山峰周围以及坡度超过 40° 的山脊、山腰部位，占本土类面积的 37%。厚层红壤仅存在于缓坡丘陵地，面积较小，占本土类面积的 13%。红壤腐殖质层的厚度因植被不同而异。在阔叶林、薪炭林和针阔叶混交林下的红壤具有厚腐殖质层；而在马尾松林特别是稀疏马尾松林下的红壤多具有薄腐殖质层。

　　水稻土是封开县第二大土壤类型，占本县地域面积的 12%，是本县主要的耕作土壤，广泛分布在本县各地。成土母质主要为坡积物、洪积物、宽谷冲积物、河流冲积物等。本县水稻土分为淹育型、潴育型、潜育型、渗育型、沼泽型等亚类。其中，潴育水稻土面积最大，占本土类面积的 91%，耕作历史悠久，排灌条件较好，土壤熟化程度高，有比较完整的发育层次。该亚类的主要特点是在犁底层下形成具有淋溶和淀积特征的潴育层，剖面内有棕黄色的铁锈斑纹、紫黑色的锰质斑点或新生的铁锰结核，潴育层厚度不一，厚者可达数十厘米。在永久性地下水位较高的地区，潴育层之下有青灰色的潜育层出现。

　　小于本县地域面积 3% 的土壤类型有石质土、紫色土、黄壤和石灰（岩）土。

本区域中心区气候特征

本区域中心区气候特征值
Regional climate characteristics in central area of the region

气候带：南亚热带湿润气候 Climate region: South subtropical humid climate	
年平均气温 /℃ Annual average temperature /℃	21.1
年平均最高气温 /℃ Annual average maximum temperature /℃	26.1
年平均最低气温 /℃ Annual average minimum temperature /℃	17.6
年降水量 /mm Annual precipitation /mm	1532
≥10℃的积温 /℃ Daily temperature accumulated in a year（≥10℃）/℃	7712
年日照时数 /h Annual sunshine /h	1710
年平均相对湿度 /% Annual average relative humidity /%	79
干燥度 Dryness	0.81

本区域中心区月平均气温与月平均降水量
Monthly temperature and precipitation in central area of the region

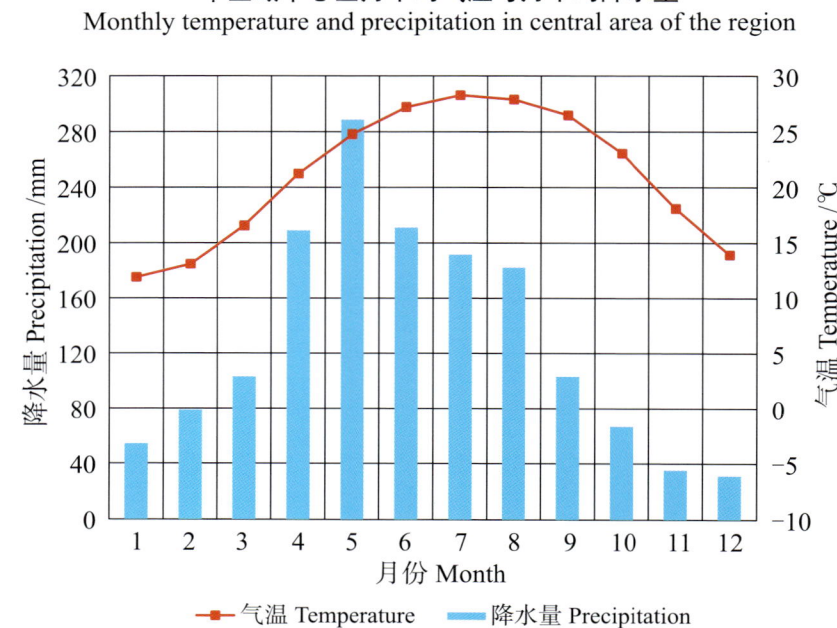

封开县主要土壤类型与土壤剖面点分布图
1 : 300 000

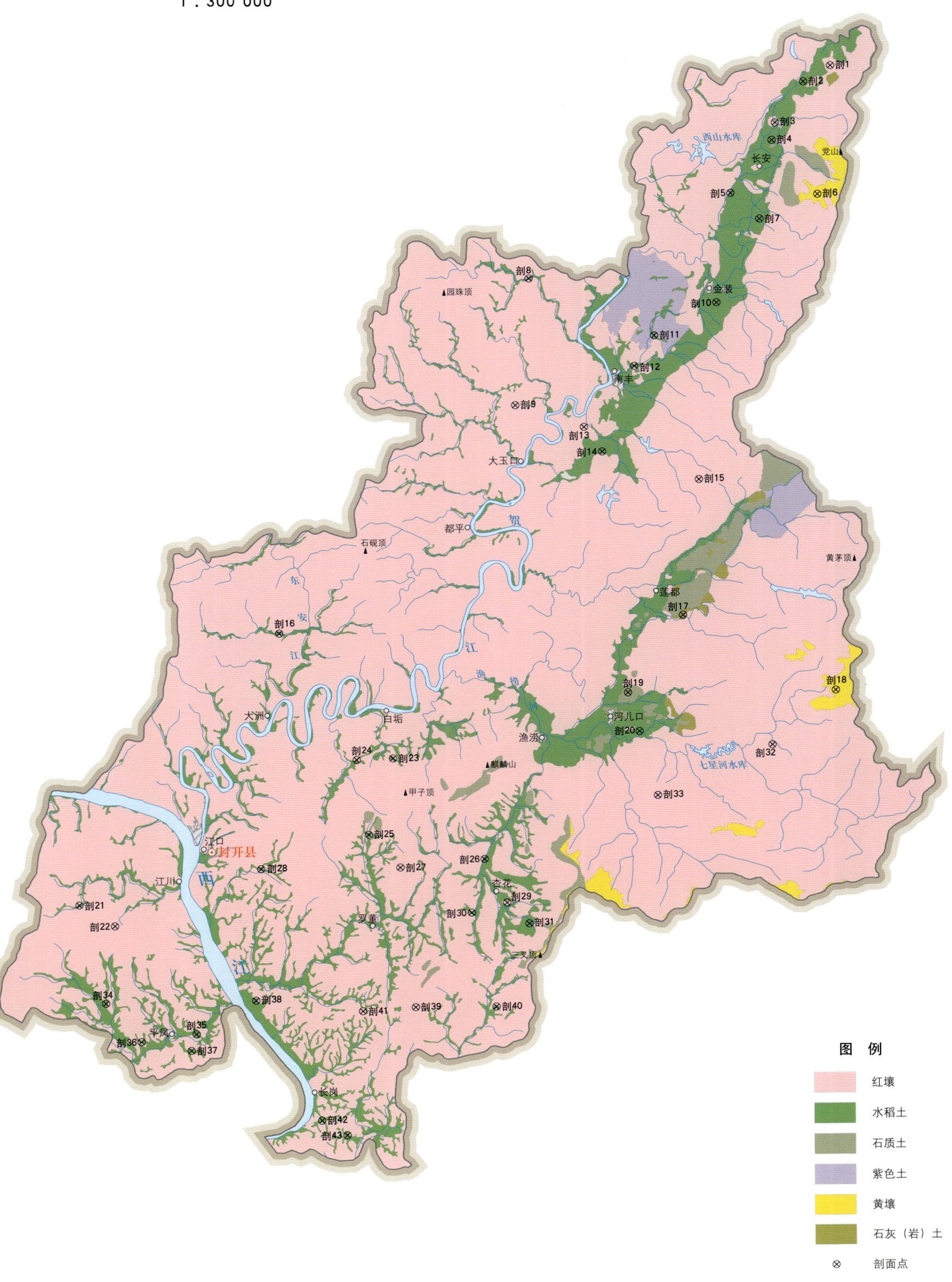

封开县土壤剖面理化性状表

剖面号 Soil profile	土纲 Soil order	土类 Soil great group	亚类 Soil subgroup	土属 Soil genus	土种 Soil species	土层码 Layer code	土层厚度 Depth/cm	颜色 Soil color	质地 Soil texture	土壤结构 Soil structure	pH	有机质 OM/(g/kg)	全氮 TN/(g/kg)	全磷 TP/(g/kg)	碱解氮 AN/(mg/kg)	有效磷 AP/(mg/kg)	速效钾 AK/(mg/kg)	土壤母质 Parent material	剖面点坐标 Profile coordinate	匹配指数 Matching index/%
剖1	铁铝土	红壤	红壤	砂页岩红泥地	砂页岩厚层红泥地	1	0—11	棕灰色	轻壤土	碎块状	4.7	11.1	0.45	0.15	25	24.9	51	砂页岩	E 111°56′59.1″ N 23°57′16.1″	87
						2	11—17	黄棕色	中壤土	块状	5.8	8.5	0.34		25	1.3				
						3	17—100	棕黄色	重壤土	块状										
剖2	人为土	水稻土	潴育水稻土	石灰板结田	石灰板结田	1	0—15	浅黄色	中壤土	块状	8.7	34.1	1.26	0.34	7	7.9	61			77
						2	15—26	浅黄色	中壤土	块状	8.4	20.4	0.87	0.14	2	2.2	33			
						3	26—48	棕黄色	中壤土	块状	8.2	13.9	0.71	0.08	2	1.3	28			
						4	48—58	褐黄色	中壤土	块状										
						5	58—100	黄色	轻黏土	块状										
剖3	铁铝土	红壤	红壤	花岗岩红泥地	花岗岩厚层红泥地	1	0—19	浅灰色	砂壤土	粒状	5.9	12.7	0.38	0.42	30	2.6	41	花岗岩	E 111°54′37.1″ N 23°54′57.2″	90
						2	19—32	褐灰色	砂壤土	碎块状	5.3	6.7	0.34	0.12	25	1.3	33			
						3	32—54	红色	轻壤土	碎块状										
						4	54—													
剖4	人为土	水稻土	潴育水稻土	砂页岩红黄泥田	页黄泥田	1	0—13	灰黄色	轻壤土	块状	5.3	28.3	1.19	0.31	132	6.1	53	砂页岩	E 111°54′28.8″ N 23°54′15.1″	84
						2	13—18	黄灰色	中壤土	块状	6.0	12.5	0.59	0.06	35	6.5	17			
						3	18—58	棕灰色	重壤土	块状	6.5	8.0	0.46	0.08	12	1.7	17			
						4	58—100	棕黄色	重壤土	棱柱状										
剖5	人为土	水稻土	潴育水稻土	洪积红黄泥田	洪积黄砂泥田	1	0—13	灰黄色	轻壤土	小块状	5.6	40.8	1.33	0.07	114	2.6	36	洪积物	E 111°52′42.2″ N 23°52′07.3″	85
						2	13—32	浅灰黄色	中壤土	块状	6.2	2.0	0.27	0.06	20	6.5	72			
						3	32—44	浅黄色	中壤土	小块状	6.7	5.0	0.17	0.05	18	4.8	66			
						4	44—62	深黄色	中壤土	小块状										
						5	62—100	褐黄色	重壤土											
剖6	铁铝土	黄壤	黄壤	花岗岩黄壤	花岗岩黄壤	1	0—10	灰黑色	轻壤土	块状	5.2	33.5	1.11	0.09	142	4.4	133	花岗岩	E 111°56′24.3″ N 23°52′03.4″	92
						2	17—49	浅灰黄色	中壤土	碎块状	5.6	23.5	0.86	0.14	59	2.2	36			
						3	49—78	浅黄色	中壤土	块状	6.2	7.6	0.29	0.07	21	7.9	30			
剖7	人为土	水稻土	淹育水稻土	砂页岩红黄泥田	页黄砂泥田	1	0—17	褐灰色	轻壤土	块状	7.4	3.9	0.23	0.08	17	7.9	26	砂页岩	E 111°53′56.0″ N 23°51′05.4″	78
						2	14—23	灰黄色	中壤土	块状	5.1	34.7	1.30	0.23	110	0.9	105			
						3	23—61	棕灰色	中壤土	块状	5.5	17.1	0.75	0.12	50	6.5	52			
						4	57—92	褐黄色	重壤土	块状	5.5	22.8	0.82	0.05	55	6.1	83			
剖8	人为土	水稻土	潴育水稻土	洪积红黄泥田	洪积黄砂泥田	1	0—17	深黄色	重壤土	块状								洪积物	E 111°44′05.3″ N 23°48′44.6″	98
						2	15—23		中壤土	块状										
						3	23—63		中壤土	块状										
						4	63—100		重壤土	块状										
剖9	铁铝土	红壤	红壤	花岗岩红壤	厚腐殖质中层砂岩红壤	1	0—17	紫红色	中壤土	块状	4.9	23.9	1.05	0.11	66	3.5	25	花岗岩	E 111°43′28.9″ N 23°43′37.4″	79
						2	17—49	浅紫红棕色	中壤土	块状	5.1	10.6	0.77	0.10	25	0.4	73			
						3	49—78													
剖10	人为土	水稻土	潴育水稻土	宽谷冲积土	宽谷泥田	1	0—17	棕红色	中壤土	块状	6.1	29.6	1.30	0.20	104	3.9	61	砂页岩	E 111°52′04.8″ N 23°47′43.4″	99
						2	17—24	黄灰色	重壤土	块状	6.8	21.0	0.80	0.09	66	0.4	26			
						3	24—57		重壤土	块状	7.4	8.5	0.32	0.08	14	1.7	20			
剖11	人为土	水稻土	潴育水稻土	紫泥田	紫泥田	1	0—17	灰红色	中壤土	块状	5.4	29.3	0.95	0.31	45	1.7	42	冲积物	E 111°49′25.0″ N 23°46′24.2″	74
						2	17—30	棕红色	中壤土	块状	5.6	22.1	0.93	0.14	73	2.6	41			
						3	30—54	黄灰色	重壤土	块状	6.6	8.4	0.45	0.17	23	1.3	30			
						4	54—100	蓝灰色	重壤土	块状										
剖12	人为土	水稻土	沼泽型水稻土	烂泥田	烂泥田	1	0—27	灰蓝色	重壤土	糊状	5.3	35.1	1.06	0.34	67	0.4	53		E 111°48′34.2″ N 23°45′10.1″	74
						2	27—			糊状										

续表 Continued

剖面号 Soil profile	土纲 Soil order	土类 Soil great group	亚类 Soil subgroup	土属 Soil genus	土种 Soil species	土层码 Layer code	土层厚度 Depth/cm	颜色 Soil color	质地 Soil texture	土壤结构 Soil structure	pH	有机质 OM/(g/kg)	全氮 TN/(g/kg)	全磷 TP/(g/kg)	碱解氮 AN/(mg/kg)	有效磷 AP/(mg/kg)	速效钾 AK/(mg/kg)	土壤母质 Parent material	剖面点坐标 Profile coordinate	匹配指数 Matching index/%
剖13	铁铝土	红壤	红壤	砂页岩红壤	薄腐殖质层	1	0—5	黄褐色	中壤	块状	4.8	33.5	0.59	0.13	58	4.8	76	砂页岩	E 111°46′24.2″ N 23°42′43.9″	89
						2	5—11	棕红色	重壤	块状	5.1	19.1	0.28	0.11	50	2.6	55			
					厚层砂页岩红壤	3	11—100	浅红色	黏壤	块状						微量	80			
剖14	人为土	水稻土	潴育水稻土	麻红黄泥田	麻乌黄泥田	1	0—12	黄灰色	中壤	块状	4.8	39.4	1.70	0.21	162	8.3	52	花岗岩风化物	E 111°47′10.0″ N 23°41′44.5″	80
						2	12—38	灰色	中壤	块状	5.8	27.5	0.87	0.07	107	7.0	53			
						3	38—80	棕灰色	中壤	梭柱状	6.8	7.8	0.24	0.07	20	6.5	185			
剖15	铁铝土	红壤	红壤	砂页岩红壤		1	0—8	紫棕色	中壤	块状	4.8	28.5	0.87	0.21	69	1.7	89	砂页岩	E 111°51′16.5″ N 23°40′35.7″	95
						2	8—18	紫棕色	中壤	块状	4.9	17.3	0.72	0.24	46	0.9	166			
剖16	人为土	淹育水稻土	浅脚紫泥田	浅脚牛肝土田		1	0—17	紫棕色	中壤	块状	5.1	22.0	0.89	0.03	81	1.7	30	紫色砂页岩风化物	E 111°33′22.7″ N 23°34′28.9″	78
						2	17—28	紫棕色	中壤	块状	5.2	7.8	0.34	0.09	23	1.7				
						3	28—100	紫棕色	重壤	块状	5.8	5.5	0.21	0.10	50	1.3	28			
剖17	初育土	石灰(岩)土	红色石灰土	酸性石灰色石灰地	薄层酸性石灰地	1	0—20	褐棕色	中壤	块状								石灰岩风化物	E 111°50′32.6″ N 23°35′06.7″	71
						2	20—40													
						3	40—													
剖18	铁铝土	黄壤	黄壤	花岗岩黄壤	厚腐殖质层薄层花岗岩黄壤	1	0—12	灰黑色	重壤	团粒状	5.1	80.4	2.19	0.13	178	1.7	184	花岗岩	E 111°57′00.4″ N 23°32′02.2″	92
						2	12—17	棕黄色	轻壤	团粒状	5.4	31.3	0.98	0.08	148	1.3				
						3	17—50	土黄色	轻壤	块状										
						4	50—	浅黄色	轻壤	粒状										
剖19	初育土	石灰(岩)土	红色石灰土	酸性红色石灰土		1	0—12	棕红色	黏壤	碎粒状	6.1	17.0	0.51	0.12	44	3.1	105		E 111°48′10.8″ N 23°32′00.2″	85
						2	12—50	黄红色	中壤	碎粒状	5.8	11.0	0.48	0.10	43	0.9	11			
						3	50—													
剖20	人为土	水稻土	潴育水稻土	宽谷冲积土田	宽谷砂泥田	1	0—10	浅黄灰色	紫砂壤	块状	5.8	27.6	0.90	0.34	52	7.9	29	冲积物	E 111°48′39.6″ N 23°30′26.3″	75
						2	10—25	褐黄色	砂壤	块状	7.5	10.0	0.30	0.05	67	3.5	18			
						3	25—60	浅黄色	重壤	大块状										
						4	60—100	浅黄色	轻壤	大块状										
剖21	人为土	水稻土	潴育水稻土	砂页岩黄泥田	页黄砂泥田	1	0—9	浅黄色	轻壤	块状	5.1	29.6	1.07	0.24	93	微量	27	砂页岩	E 111°24′48.6″ N 23°23′35.9″	77
						2	9—14	棕红色	中壤	块柱状	6.6	4.5	0.30	0.05	16	0.4	20			
						3	14—46	黄红色	黏壤		5.4	12.2	0.69	0.10	56	2.2	26			
						4	46—100		黏壤											
剖22	铁铝土	红壤	红壤	砂页岩红壤	洪积黏土田	1	0—12		中壤	块状	4.5	22.1	0.68	0.14	55	4.4	26	砂页岩	E 111°26′19.0″ N 23°22′45.1″	86
						2	12—34		中壤	块状	5.1	15.3	0.57	0.10	53	1.3	40			
剖23	人为土	水稻土	潴育水稻土	洪积红黄泥田	洪积黏土田	1	0—21	灰棕色	黏壤	块状	5.2	33.8	0.99	0.22	94		103	黏粒缓慢淤积物	E 111°38′10.7″ N 23°29′25.4″	99
						2	21—30	灰棕色	黏壤	块状										
						3	30—50	灰棕色	黏壤	块柱状										
						4	50—100	浅黄色	中壤											
剖24	人为土	水稻土	潴育水稻土	宽谷冲积土田	乌黄泥田	1	0—21	灰蓝色	中壤	块状	5.6	33.2	1.19	0.20	122	1.3	51	宽谷冲积物	E 111°36′37.8″ N 23°29′22.6″	84
						2	21—36	浅黄色	中壤	块状	7.0	13.3	0.51	0.15	46	9.2	35			
						3	36—60	棕色	重壤	块状	7.3	3.9	0.16	0.10	9	10.0	57			
						4	60—100	褐色	中壤	块状										
剖25	人为土	水稻土	潴育水稻土	洪积红黄泥田	洪积砂质田	1	0—14	褐色	砂壤	块状	5.4	29.4	0.95	2.23	90	17.0	14	洪积物	E 111°37′07.0″ N 23°26′19.7″	100
						2	14—23	灰棕色	中壤	块状	5.6	11.4	0.29	0.07	58	1.3	26			
						3	23—50	黄色	砂壤	块状	5.6	4.9	0.22	0.08	38	0.9	21			
						4	50—100		砂壤											

续表 Continued

剖面号 Soil profile	土纲 Soil order	土类 Soil great group	亚类 Soil subgroup	土属 Soil genus	土种 Soil species	土层码 Layer code	土层厚度 Depth/cm	颜色 Soil color	质地 Soil texture	土壤结构 Soil structure	pH	有机质 OM/(g/kg)	全氮 TN/(g/kg)	全磷 TP/(g/kg)	碱解氮 AN/(mg/kg)	有效磷 AP/(mg/kg)	速效钾 AK/(mg/kg)	土壤母质 Parent material	剖面点坐标 Profile coordinate	匹配指数 Matching index/%
剖26	人为土	水稻土	潴育水稻土	宽谷冲积土田	黄泥浆田	1	0—23	灰黄色	重壤土	块状	5.4	21.1	1.08	0.22	93	1.3	106	洪积物	E 111°42′01.8″ N 23°25′18.5″	78
						2	23—29	棕黄色	重壤土	块状										
						3	29—56	棕黄色	轻壤土	散粒										
						4	56—100	紫红色	重壤土	块状										
剖27	铁铝土	红壤	红壤	花岗岩红壤		1	0—10		中壤土		4.5	39.7	1.14	0.21	131	4.4	216	花岗岩	E 111°38′27.2″ N 23°24′59.4″	94
						2	10—31		中壤土		5.3	11.3	0.47	0.04	156	9.6	149			
剖28	人为土	水稻土	潴育水稻土	洪积红黄泥田	洪积砂泥田	1	0—15	浅灰色	轻壤土	块状	5.2	33.1	1.17	0.20	118	微量	50	洪积物	E 111°32′32.3″ N 23°24′59.0″	86
						2	15—25	灰色	轻壤土	块状	5.6	9.1	0.33	0.12	21	0.9	29			
						3	25—54	灰黄色	轻壤土	块状										
						4	54—100	褐黄色	轻壤土	块状										
剖29	铁铝土	红壤	侵蚀红壤			1	0—12	黄红色	中壤土	碎块状	5.2	5.3	0.17	0.06	15	2.2	77	花岗岩	E 111°42′58.0″ N 23°23′33.0″	84
						2	12—20	黄褐色	中壤土	块状	5.6	9.8	0.34	0.05	14	1.7	175			
剖30	人为土	水稻土	潴育水稻土	宽谷冲积土田	宽谷黄砂泥田	1	0—12	灰黄色	中壤土	小块状	6.3	24.6	0.78	0.07	45	0.4	94	冲积物	E 111°41′27.2″ N 23°23′09.6″	84
						2	12—30	黄黄色	中壤土	块状	7.0	13.4	0.40	0.05	39	1.3	56			
						3	30—59	浅灰色	中壤土	块状	5.9	18.6	0.99	0.08	59	1.3	25			
						4	59—100	灰蓝色	重壤土	块状										
剖31	铁铝土	红壤	红壤	砂页岩红黄泥田	页黄黄砂泥田	1	0—13	浅灰色	砂壤土	团粒状	5.7	20.5	0.76	0.16	97	9.2	20	砂页岩	E 111°43′53.8″ N 23°22′41.9″	96
						2	13—21	浅灰色	轻壤土	块状	5.8	6.4	0.33	0.10	30	2.2	23			
						3	21—100	黄黄色	中壤土	块状	6.7	4.4	0.31	0.16	17	1.3	23			
剖32	铁铝土	红壤	红壤	花岗岩红壤	厚腐殖质层薄层花岗岩红壤	1	0—18	黑灰色	重壤土	团粒状	5.1	33.5	1.04	0.22	130	3.9	229	花岗岩	E 111°54′18.0″ N 23°29′50.6″	89
						2	18—40	褐黄色	中壤土	碎块状	5.2	12.0	0.65	0.10	67	0.9	96			
						3	40—		中壤土											
剖33	人为土	水稻土	潴育水稻土	宽谷冲积土田	厚腐殖质层薄层砂页岩红壤	1	0—13	黑黑色	中壤土	团粒状	4.7	67.4	1.39	0.75	93	3.5	69	砂页岩	E 111°43′49.6″ N 23°27′50.4″	96
						2	13—45	黄棕色	轻壤土	碎块状	5.1	24.0	0.76	0.22	75	10.5	37			
						3	45—95	棕黄色	中壤土	小块状										
剖34	人为土	水稻土	潴育水稻土	潮砂泥田	黏土田	1	0—11	灰棕色	黏壤土	块状	5.6	23.5	0.90	0.31	145	1.3	92	河流冲积物	E 111°25′54.3″ N 23°19′40.2″	85
						2	11—25	棕黄色	中壤土	块状										
						3	25—57	棕黄色	中壤土	块状										
						4	57—100	灰黄色	中壤土	块状										
剖35	人为土	水稻土	潴育水稻土	潮砂泥田	潮泥田	1	0—12	棕黄色	重壤土	块状	5.0	28.7	1.28	0.19	99	1.7	39	砂页岩	E 111°29′44.2″ N 23°18′24.1″	91
						2	12—25	灰色	中壤土	块状	5.6	17.5	0.78	0.12	57	2.6	41			
						3	25—41	浅黄色	重壤土	块状	7.0	6.5	0.33	0.10	30	1.3	23			
						4	41—60	黄黄色	重壤土	块状										
						5	60—100	浅黄色	中壤土	块状										
剖36	人为土	水稻土	潴育水稻土	砂页岩红黄泥田	页乌黄砂泥田	1	0—16	灰黄色	重壤土	块状	5.0	38.7	1.46	0.24	120	3.9	172	砂页岩	E 111°27′23.8″ N 23°18′06.8″	87
						2	16—21	黄黄色	中壤土	块状	5.0	25.8	1.06	0.10	106	1.7	202			
						3	21—48	浅黄色	轻壤土	块状	5.0	15.8	0.75	0.20	41		107			
						4	48—100	浅黄色	轻壤土	大块状							121			
剖37	人为土	水稻土	潴育水稻土	洪积红黄泥田	洪积黄泥田	1	0—22	红黄色	重壤土	大块状	5.3	22.3	1.00	0.10	72	0.4		洪积物	E 111°29′31.2″ N 23°17′44.9″	93
						2	22—32	棕黄色	中壤土	大块状	4.7	31.3	1.80	0.22	122	2.2	57			
						3	32—70	黄黄色	中壤土	块状	7.2	8.1	0.30	0.10	25	15.3	59			
						4	70—100	灰黄色	中壤土	块状										
剖38	人为土	水稻土	潴育水稻土	麻红黄泥田	麻黄砂泥田	1	0—12	黄灰色	中壤土	块状								花岗岩风化物	E 111°32′16.8″ N 23°19′43.3″	79
						2	12—21	灰黄色	中壤土	块状		7.1	0.28	0.06	28	0.4	37			
						3	21—51	黄黄色	中壤土	块状	6.9									

续表 Continued

剖面号 Soil profile	土纲 Soil order	土类 Soil great group	亚类 Soil subgroup	土属 Soil genus	土种 Soil species	土层码 Layer code	土层厚度 Depth/cm	颜色 Soil color	质地 Soil texture	土壤结构 Soil structure	pH	有机质 OM/(g/kg)	全氮 TN/(g/kg)	全磷 TP/(g/kg)	碱解氮 AN/(mg/kg)	有效磷 AP/(mg/kg)	速效钾 AK/(mg/kg)	土壤母质 Parent material	剖面点坐标 Profile coordinate	匹配指数 Matching index/%
剖39	铁铝土	红壤	红壤	花岗岩红壤		1	0—7				4.7	44.5	0.92	0.15	67	2.2	81	花岗岩	E 111°39′02.5″ N 23°19′23.2″	88
						2	7—36		轻壤土	碎块状		9.0		0.12			61			
剖40	人为土	水稻土	潴育水稻土	麻红黄泥田	麻黄砂质质田	1	0—13	浅灰色	砂壤土	块状	5.0	23.5	1.17	0.14	78	1.3	42	花岗岩风化物	E 111°42′27.7″ N 23°19′22.8″	84
						2	13—23	黄灰色	砂壤土	块状	8.1	8.7	0.27	0.04	19	0.4	23			
						3	23—74	灰黄色	中壤土	块状	8.3	2.5	0.20	0.04	11	0.9	23			
						4	74—100	灰黄色	重壤土											
剖41	铁铝土	红壤	红壤	花岗岩红壤		1	0—19		重壤土	块状	5.0	28.9	0.93	0.08	58	2.6	68	花岗岩	E 111°36′48.2″ N 23°19′14.9″	85
						2	19—40		重壤土		5.2	17.8	0.43	0.07	46	0.4	77			
剖42	人为土	水稻土	潴育水稻土	冷底田	冷底田	1	0—16	灰棕色	重壤土	块状	5.0	33.9	1.28	0.28	104	微量	211		E 111°35′01.3″ N 23°14′55.0″	72
						2	16—21	棕灰色	中壤土	块状										
						3	21—28	蓝灰色	重壤土	块状										
						4	28—100	灰蓝色	中壤土	块状										
剖43	人为土	水稻土	潴育水稻土	洪积红黄泥田	洪积乌黄泥田	1	0—18	褐灰色	中壤土	块状	5.4	29.3	1.13	0.18	91	0.9	61	洪积物	E 111°36′05.0″ N 23°14′19.7″	77
						2	18—36	褐灰色	重壤土	棱柱状	6.1	21.7	0.93	0.06	64	7.0	37			
						3	36—42	黄灰色	中壤土	块柱状	7.5	3.5	0.48	0.05	89	4.4	17			
						4	42—100	黄褐色	重壤土	棱柱状										

德 庆 县

主要土类说明

赤红壤是德庆县主要土壤类型，占本县地域面积的73%，广泛分布在海拔350m以下的丘陵地带。成土母质主要为花岗岩、砂页岩风化物。赤红壤主要发生于南亚热带季雨林下，其脱硅富铝化程度仅次于砖红壤，强于红壤。铁的游离度介于二者之间，黏粒硅铝率为1.7—2.0，风化淋溶系数为0.05—0.15，盐基饱和度为15%—25%。淀积层（B层）富含铁铝氧化物，呈赤红色。本县赤红壤因地处低丘陵地带，人类活动频繁，原生植被遭到破坏，水土流失严重。本县赤红壤仅有赤红壤一个亚类。

红壤是德庆县第二大土壤类型，占本县地域面积的13%，广泛分布在海拔350—700m的低山、高丘陵地带，垂直分布在黄壤之下。成土母质主要为花岗岩、砂页岩风化物。在高温多雨的气候条件下，植被生长旺盛，但因土壤淋溶作用强烈，加上植被遭到人为破坏，有机质不能大量积累，因此土壤有机质含量中等，铁铝氧化物明显聚积，土体呈红色，剖面构型为A–（B）–C。红壤呈中度脱硅富铝化特征，土壤黏粒中游离铁占全铁的50%—60%。黏土矿物以高岭石、赤铁矿为主，黏粒硅铝率为1.8—2.4，风化淋溶系数小于0.20，盐基饱和度小于35%。本县红壤仅有红壤一个亚类。

水稻土是德庆县第三大土壤类型，占本县地域面积的12%。成土母质主要为坡积物、洪积物、宽谷冲积物、河流冲积物等。本县水稻土分为淹育型、潴育型、渗育型、潜育型、沼泽型等亚类。其中，潴育水稻土面积最大，耕作历史悠久，排灌条件较好，土壤熟化程度高，有比较完整的发育层次。该亚类的主要特点是在犁底层下形成具有淋溶和淀积特征的潴育层，剖面内有棕黄色的铁锈斑纹、紫黑色的锰质斑点或新生的铁锰结核，潴育层厚度不一，厚者为30—40cm。在永久性地下水位较高的地区，潴育层之下有青灰色的潜育层出现，但潜育层一般出现在土体60cm以下深处，对水稻生长影响不大。

小于本县地域面积3%的土壤类型有黄壤。

本区域中心区气候特征

本区域中心区气候特征值
Regional climate characteristics in central area of the region

气候带：南亚热带湿润气候 Climate region: South subtropical humid climate	
年平均气温 /℃ Annual average temperature /℃	21.4
年平均最高气温 /℃ Annual average maximum temperature /℃	26.2
年平均最低气温 /℃ Annual average minimum temperature /℃	18.0
年降水量 /mm Annual precipitation /mm	1662
≥10℃的积温 /℃ Daily temperature accumulated in a year (≥10℃) /℃	7831
年日照时数 /h Annual sunshine /h	1710
年平均相对湿度 /% Annual average relative humidity /%	79
干燥度 Dryness	0.78

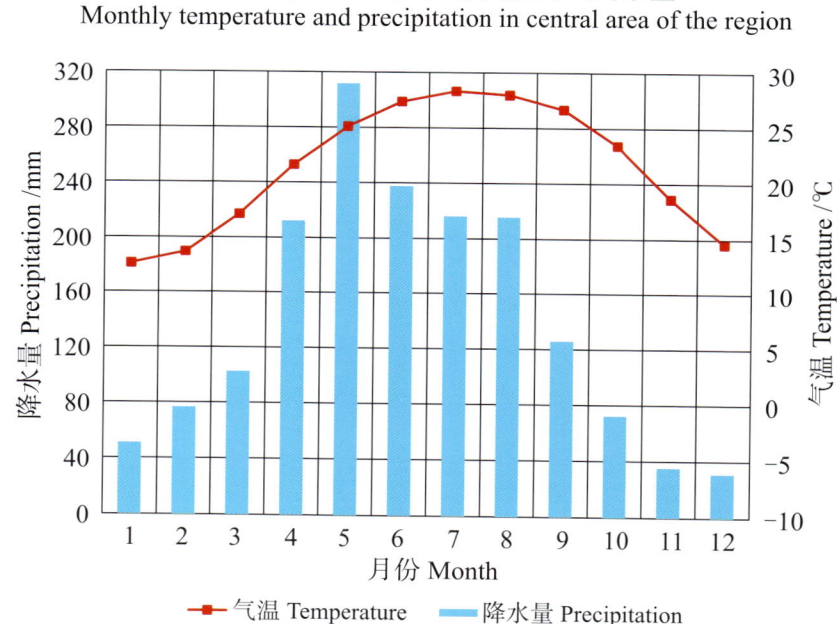

本区域中心区月平均气温与月平均降水量
Monthly temperature and precipitation in central area of the region

德庆县主要土壤类型与土壤剖面点分布图

1∶250 000

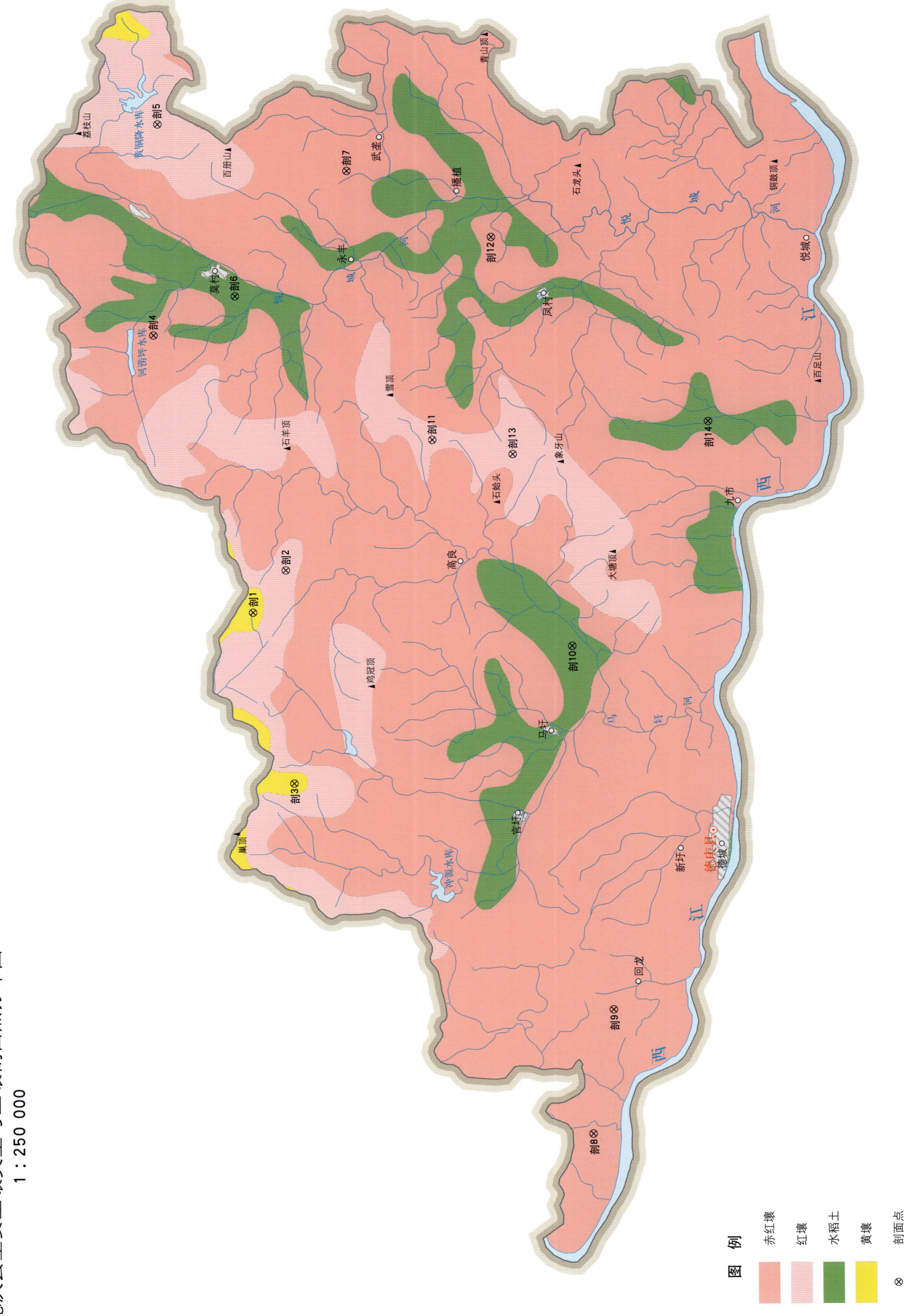

德庆县土壤剖面理化性状表

剖面号 Soil profile	土纲 Soil order	土类 Soil great group	亚类 Soil subgroup	土属 Soil genus	土种 Soil species	土层码 Layer code	土层厚度 Depth/ cm	颜色 Soil color	质地 Soil texture	土壤结构 Soil structure	pH	有机质 OM/ (g/kg)	全氮 TN/ (g/kg)	全磷 TP/ (g/kg)	全钾 TK/ (g/kg)	碱解氮 AN/ (mg/kg)	有效磷 AP/ (mg/kg)	速效钾 AK/ (mg/kg)	土壤母质 Parent material	剖面点坐标 Profile coordinate	匹配指数 Matching index/%
剖1	铁铝土	黄壤	黄壤	花岗岩黄壤	厚有机质层薄层花岗岩黄壤	A_1	0—5	黑色	轻壤土	团粒状	3.3	71.8	2.20	0.10	5.6				花岗岩	E 111°54′37.3″ N 23°23′20.7″	72
						A_2	5—20	浅灰色	轻壤土	块状	3.3	47.5	1.48	0.07	3.2						
						B	20—40	浅红黄色	砂壤土	粒状	3.7	10.7	0.48	0.04	5.8						
						C	40—100	浅红黄色	中壤土	碎粒状											
剖2	铁铝土	红壤	红壤	花岗岩红壤	厚有机质层薄层花岗岩红壤	A	0—20	暗黄棕色	轻壤土	细粒状	4.5	19.7	0.76	0.21	26.8		38.4	4	花岗岩	E 111°56′06.0″ N 23°22′17.7″	75
						B	20—50	浅红棕色	轻壤土	块状	4.5	16.5	0.73	0.22	21.8		37.1	4			
						C	50—100	暗棕红色	轻壤土	块状	4.8	13.4	0.60	0.27	17.0		26.6	2			
剖3	铁铝土	黄壤	黄壤	砂页岩黄壤		1	0—10	紫色	中壤土		4.5	79.1	2.86	0.29	13.9	236	11.4	93	砂页岩	E 111°48′35.9″ N 23°22′04.3″	73
剖4	铁铝土	赤红壤	赤红壤	花岗岩赤红壤	厚有机质层薄层花岗岩赤红壤	1	0—21	紫棕色	砂壤土	小块状	4.0	36.2	1.14	0.09	9.3	104	3.9	22	花岗岩	E 112°04′25.0″ N 23°26′26.5″	79
						2	21—34	紫棕色	轻壤土	碎粒状	4.2	13.6	0.56	0.08	8.8	44	1.7	4			
						3	34—100	浅棕红色	轻壤土	碎粒状	4.7	6.4	0.42	0.08	8.7	28	1.7				
剖5	铁铝土	红壤	红壤	花岗岩红壤		1	0—23		中壤土		4.8	18.9	0.77	0.24	15.4	83	13.5	42	花岗岩	E 112°11′50.3″ N 23°26′16.6″	97
剖6	人为土	水稻土	潴育水稻土	麻乌红泥田		1	0—17	浅灰色	砂壤土	块状	4.8	30.2	1.45	0.22	9.9	121	2.2	60	花岗岩	E 112°05′46.3″ N 23°23′51.5″	75
						2	17—24	浅灰色	中壤土	块状	5.2	9.9	0.29	0.19		37	10.9	17			
						3	24—60	黄棕色	中壤土	柱状	6.8	3.6	0.28	0.11		11	4.4	34			
						4	60—100	棕色	中壤土	块状											
剖7	铁铝土	赤红壤	赤红壤	花岗岩赤红壤	厚有机质层薄层花岗岩赤红壤	1	0—21		重壤土		4.0	36.2	1.14	0.09	9.3	104	3.9	22	花岗岩	E 112°10′09.5″ N 23°20′17.9″	87
						2	21—34	暗棕色	砂壤土	粒状	4.2	13.6	0.56	0.08	8.8	44	1.7	11			
						3	34—100	黄层色	轻壤土	碎状	4.7	6.4	0.42	0.08	8.7	28	1.7	10			
剖8	铁铝土	赤红壤	赤红壤	花岗岩赤红壤	薄层花岗岩赤红壤	1	0—8	暗棕色	砂壤土	碎状	3.7	72.4	3.04	0.14	6.2	217	6.1	63	花岗岩	E 111°36′12.7″ N 23°12′40.9″	97
						2	8—40	黄橙色	轻壤土	碎状	4.0	18.3	0.78	0.06	5.0	54	1.7	17			
						3	40—100	橙色	轻壤土	块状	4.1	10.8	0.57	0.07	4.3	35	0.9	10			
剖9	铁铝土	赤红壤	赤红壤	砂页岩赤红壤		1	10—21		重壤土		4.8	18.9	0.77	0.24	15.4	83	13.5	42	砂页岩	E 111°40′32.6″ N 23°12′00.9″	76
剖10	人为土	水稻土	潴育水稻土	麻红泥田		1	0—15		砂壤土		5.1	38.5	2.05	0.52			13.5	46	花岗岩	E 111°53′22.6″ N 23°13′15.2″	70
						2	15—20		中壤土		4.0	13.8	0.48	0.39			14.0	22			
						3	20—60		中壤土		7.0	3.9	0.18	0.26			5.7	23			
剖11	铁铝土	红壤	红壤	花岗岩红壤	厚有机质层薄层花岗岩红壤	1	0—10	浅棕色	砂壤土	块状	3.7	25.8	1.07	0.24	11.0	90	3.1	13	花岗岩	E 112°00′40.3″ N 23°17′38.0″	93
						2	10—20	黄层黄色	中壤土	块状	4.0	14.0	0.66	0.29	26.9	56	1.7	35			
						3	20—35	红黄色	中壤土	碎粒状	4.3	8.9	0.71	0.34	11.9	49	2.6	23			
剖12	铁铝土	赤红壤	赤红壤	花岗岩赤红壤	薄层花岗岩赤红壤	1	0—10		中壤土		4.5	4.2	0.43	0.11	15.8	39	1.7	41	花岗岩	E 112°07′49.1″ N 23°15′44.3″	97
						2	10—56		中壤土		4.6	12.0	0.36	0.07		31	5.2	30			
						3	56—100		轻黏土		4.7	2.7	0.15	0.06		20	1.7	32			
剖13	铁铝土	红壤	红壤	砂页岩红壤	中层有机砂页岩红壤	1	0—20		中壤土		3.8	23.6	1.10	0.21	20.7	73	3.5	22	砂页岩	E 112°00′09.4″ N 23°15′05.5″	89
						2	20—60		中壤土		3.7	6.5	0.68	0.25	26.9	43	0.9	19			
						3	60—100		中壤土		3.6	7.7	0.76	0.23	14.4	43	2.2	12			
剖14	人为土	水稻土	潴育水稻土	麻红泥田	麻砂质田	1	0—16		中壤土		5.0	25.7	1.57	0.22	27.9	121	7.9	30	砂页岩	E 112°01′15.6″ N 23°08′54.6″	98
						2	16—19		中壤土		4.9	12.4	0.60	0.10		42	3.5	19			
						3	19—49		中壤土		5.9	3.0	0.19	0.03		19	1.3	27			

四 会 市

主要土类说明

赤红壤是四会市主要土壤类型，占本市地域面积的50%，广泛分布在丘陵地带。赤红壤是本市的地带性土壤，是介于砖红壤与红壤之间的过渡土壤类型。原生植被多已遭到破坏，现有植被多为次生林，部分低丘陵地带已被开垦，用以种植经济作物或粮油作物。其特点是土壤中矿物强烈分解，富铝化作用明显，盐基不饱和，土壤呈酸性；淀积层（B层）富含铁铝氧化物，呈赤红色。

水稻土是四会市第二大土壤类型，占本市地域面积的43%，广泛分布在沿江平原、丘陵山地、宽谷盆地，是本市主要的耕作土壤。成土母质主要为河流冲积物、谷底冲积物及洪积物。本市水稻土分为淹育型、潴育型、渗育型、潜育型、沼泽型等亚类。其中，潴育水稻土面积最大，分布最广，占本土类面积的81%，耕作历史悠久，排灌条件较好，土壤熟化程度高，在长期的干湿交替耕作条件下形成了完整而明显的发育层次，即耕作层、犁底层、潴育层、母质层。该亚类的主要特点是在犁底层下形成具有淋溶和淀积特征的潴育层，剖面内有棕黄色的铁锈斑纹、紫黑色的锰质斑点或新生的铁锰结核，具有明显的棱柱状或柱状结构。在永久性地下水位较高的地区，潴育层之下有青灰色的潜育层出现，但潜育层一般出现在土体60cm以下深处，对水稻生长影响不大。

红壤是四会市第三大土壤类型，占本市地域面积的5%，分布在海拔300—600m的高丘、低山地带，集中分布在本市西北部山区。植被多为针阔叶混交林及人工竹林。在高温多雨的气候条件下，土壤淋溶作用强烈，风化壳深厚，富铝化作用明显，盐基不饱和，土壤呈酸性，土体多呈红色。

本区域中心区气候特征

本区域中心区气候特征值
Regional climate characteristics in central area of the region

气候带：南亚热带湿润气候 Climate region: South subtropical humid climate	
年平均气温 /℃ Annual average temperature /℃	21.4
年平均最高气温 /℃ Annual average maximum temperature /℃	26.1
年平均最低气温 /℃ Annual average minimum temperature /℃	18.2
年降水量 /mm Annual precipitation /mm	1679
≥10℃的积温 /℃ Daily temperature accumulated in a year（≥10℃）/℃	7699
年日照时数 /h Annual sunshine /h	1652
年平均相对湿度 /% Annual average relative humidity /%	78
干燥度 Dryness	0.76

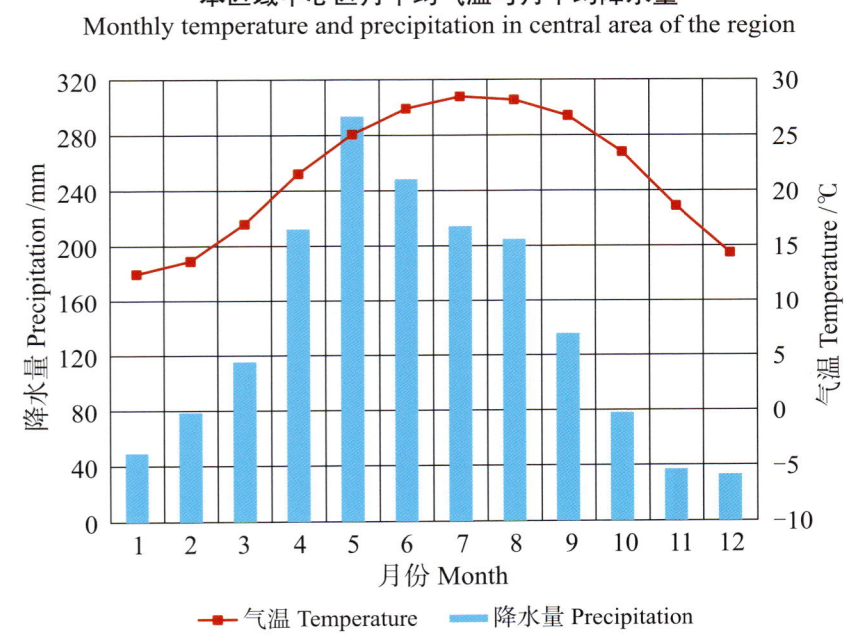

本区域中心区月平均气温与月平均降水量
Monthly temperature and precipitation in central area of the region

四会市主要土壤类型与土壤剖面点分布图
1∶210 000

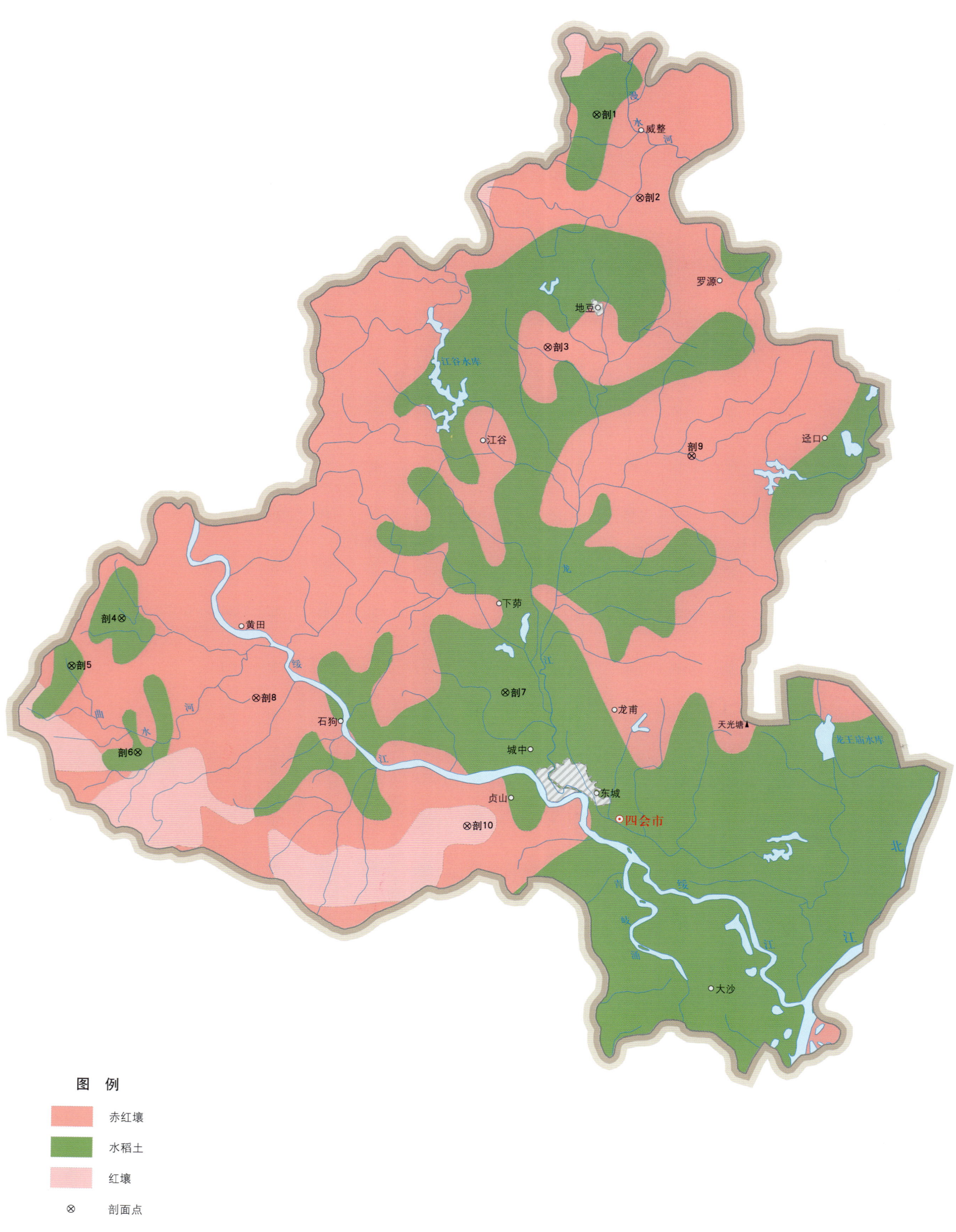

四会市土壤剖面理化性状表

剖面号 Soil profile	土纲 Soil order	土类 Soil great group	亚类 Soil subgroup	土属 Soil genus	土种 Soil species	土层码 Layer code	土层厚度 Depth/cm	颜色 Soil color	质地 Soil texture	土壤结构 Soil structure	pH	有机质 OM/(g/kg)	全氮 TN/(g/kg)	全磷 TP/(g/kg)	全钾 TK/(g/kg)	土壤母质 Parent material	剖面点坐标 Profile coordinate	匹配指数 Matching index/%
剖1	人为土	水稻土	潴育水稻土	河砂泥田	河大眼砂田	1	0—14				6.5	19.8	1.15	0.11	10.0	河流冲积物	E 112°42′38.2″ N 23°39′23.4″	90
						2	14—21				6.7	11.1	0.82	0.05	10.7			
						3	21—51				6.9	9.2	0.70	0.04	13.2			
						4	51—		砂砾土									
剖2	铁铝土	赤红壤	赤红壤	砂页岩赤红壤		1	0—11	暗黄色	壤土	团粒状	4.3	28.9	0.67	0.09	9.0	砂页岩	E 112°43′54.0″ N 23°37′02.9″	80
						2	11—45				4.6	9.4	0.54	0.10	10.1			
剖3	铁铝土	赤红壤	赤红壤	砂页岩赤红砂泥地	砂页岩赤红砂地	1	0—13	灰白色	砂壤土	块状	7.6	27.9	0.66	0.07	4.2	砂页岩	E 112°41′08.9″ N 23°32′54.0″	94
						2	13—100	黄红色	中壤土		7.1	26.6	0.53	0.04	6.8			
剖4	人为土	水稻土	潴育水稻土	河砂泥田	河黄泥底田	1	0—16				5.9	32.1	1.81	0.17	23.8	河流冲积物	E 112°28′31.4″ N 23°25′19.6″	78
						2	16—24				6.2	23.3	1.38	0.11	14.4			
						3	24—100				6.9	15.1	0.25	0.12	22.2			
剖5	人为土	水稻土	潴育水稻土	河砂泥田	河砂泥田	1	0—18	暗灰色	中壤土	团粒状	6.0	35.3	1.55	0.30	20.7	河流冲积物	E 112°27′02.5″ N 23°23′58.9″	87
						2	18—32	浅灰色	中壤土	块状	6.6	26.6	1.42	0.26	20.5			
						3	32—57	浅灰色	轻黏土	柱状	7.1	12.9	0.67	0.24	21.3			
						4	57—100	灰蓝色	中壤土	小块状	7.0	14.4	0.72	0.21	23.3			
剖6	人为土	水稻土	潴育水稻土	河砂泥田	河砂田	1	0—19	乌黑色	中壤土	团块状	5.0	27.1	1.65	0.52	20.9	河流冲积物	E 112°28′59.9″ N 23°21′33.1″	77
						2	19—35	灰褐色	重壤土	块状	5.1	11.3	0.83	0.08	22.7			
						3	35—51	灰褐色	重壤土	棱柱状	5.0	10.0	0.66	0.07	24.0			
						4	51—100	红棕色	轻黏土	柱状								
剖7	人为土	水稻土	潴育水稻土	河砂泥田	河砂质田	1	0—14	灰黄色	砂黏土		6.1	12.3	0.65	0.05	18.8	河流冲积物	E 112°39′51.8″ N 23°23′13.4″	85
						2	14—38	黄灰色	砂土		6.8	3.9	0.51	0.02	18.4			
						3	38—56	灰黄色	紫砂土		7.0	2.5	0.14	0.06	27.1			
						4	56—	灰色	砂壤土									
剖8	铁铝土	赤红壤	赤红壤	砂页岩赤红壤		1	0—10	棕色	中壤土		4.7	21.3	1.49	0.19	20.7	砂页岩	E 112°32′29.8″ N 23°23′04.6″	86
剖9	铁铝土	赤红壤	赤红壤	花岗岩赤红壤		1	0—16	黄棕色	砂壤土		5.0	26.2	0.83	0.10	14.5	花岗岩	E 112°45′23.6″ N 23°29′50.1″	87
						2	16—100	红黄色	轻壤土		5.4	14.3	0.31	0.10	17.4			
剖10	铁铝土	红壤	红壤	砂页岩红壤	薄有机质层厚层砂页岩红壤	1	0—6	灰黄色	中壤土	核状	5.9	34.1	1.69	0.12	18.7	砂页岩	E 112°38′43.4″ N 23°19′28.9″	94
						2	6—28	浅红黄色	重壤土	块状		16.0	0.96	0.11	17.4			
						3	28—100	红黄色	重壤土	块状	6.0							

惠 州 市

市 辖 区

主要土类说明

赤红壤是惠州市主要土壤类型，占本市地域面积的50%。赤红壤主要发生于南亚热带季雨林下，其脱硅富铝化程度仅次于砖红壤，强于红壤。铁的游离度介于二者之间，黏粒硅铝率为1.7—2.0，风化淋溶系数为0.05—0.15，盐基饱和度为15%—25%。淀积层（B层）富含铁铝氧化物，呈赤红色。

水稻土是惠州市第二大土壤类型，占本市地域面积的23%，是本市主要的耕作土壤。水稻土是长期人为活动的产物，可由各种地带性土壤经水耕熟化而形成。本市水稻土分为淹育型、潴育型、渗育型、潜育型、沼泽型等亚类。其中，潴育水稻土面积最大，分布最广，占本土类面积的94%，发育层次比较完整，水、气、热较为协调，土壤熟化程度高，耕作层较厚，犁底层保水保肥性较好，剖面构型多为A-P-W-B-C或A-P-W-G。该亚类的主要特点是在犁底层下形成具有淋溶和淀积特征的潴育层，剖面内有棕黄色的铁锈斑纹、紫黑色的锰质斑点或新生的铁锰结核，具有明显的棱柱状或柱状结构。

潮土是惠州市第三大土壤类型，占本市地域面积的11%。潮土见于近代河流冲积平原或低平阶地，地下水位高，潜水参与成土过程。在潮土成土过程中，底土受氧化还原交替作用，形成锈色斑纹和小型铁子。在长期耕作条件下，表层有机质含量为10—15g/kg。

本区域中心区气候特征

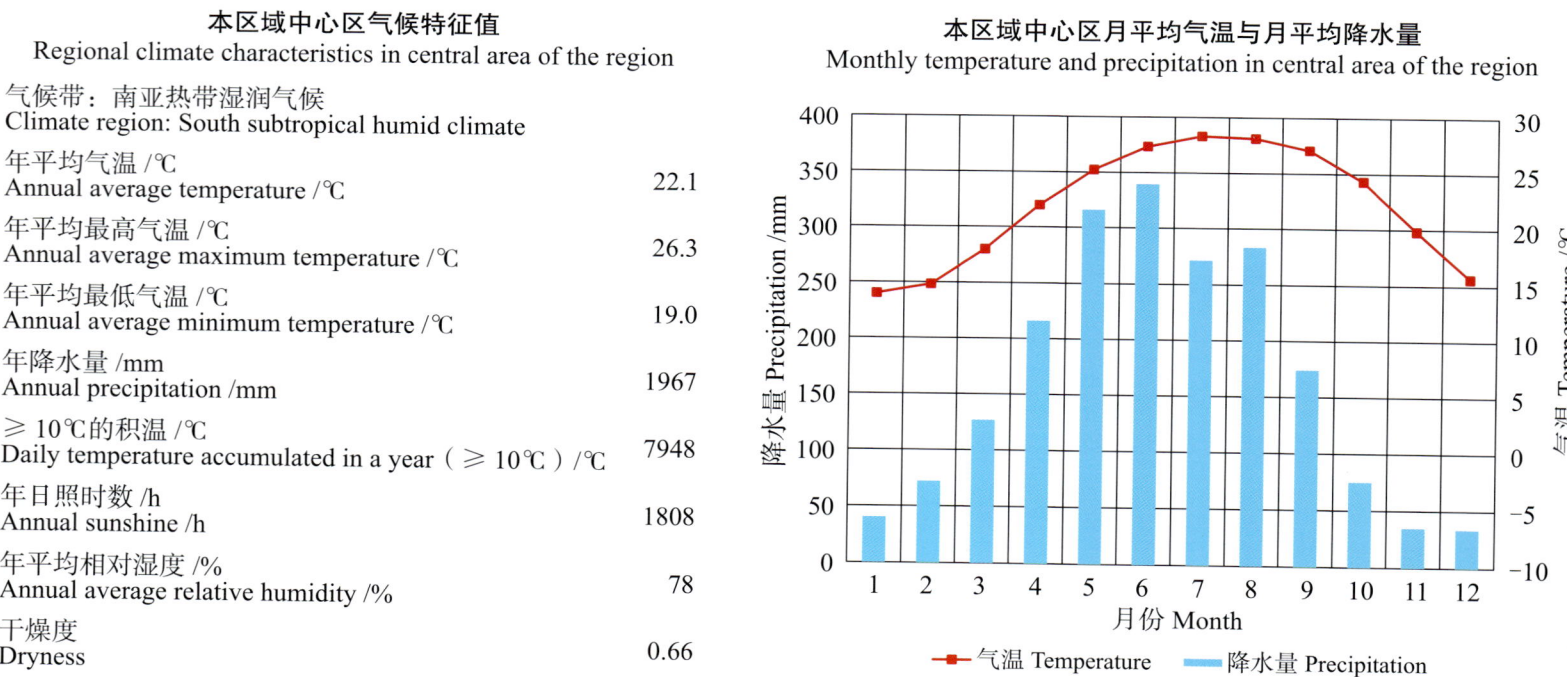

本区域中心区气候特征值
Regional climate characteristics in central area of the region

气候带：南亚热带湿润气候 Climate region: South subtropical humid climate	
年平均气温 /℃ Annual average temperature /℃	22.1
年平均最高气温 /℃ Annual average maximum temperature /℃	26.3
年平均最低气温 /℃ Annual average minimum temperature /℃	19.0
年降水量 /mm Annual precipitation /mm	1967
≥10℃的积温 /℃ Daily temperature accumulated in a year (≥10℃) /℃	7948
年日照时数 /h Annual sunshine /h	1808
年平均相对湿度 /% Annual average relative humidity /%	78
干燥度 Dryness	0.66

本区域中心区月平均气温与月平均降水量
Monthly temperature and precipitation in central area of the region

惠州市市辖区（部分）主要土壤类型与土壤剖面点分布图
1 : 120 000

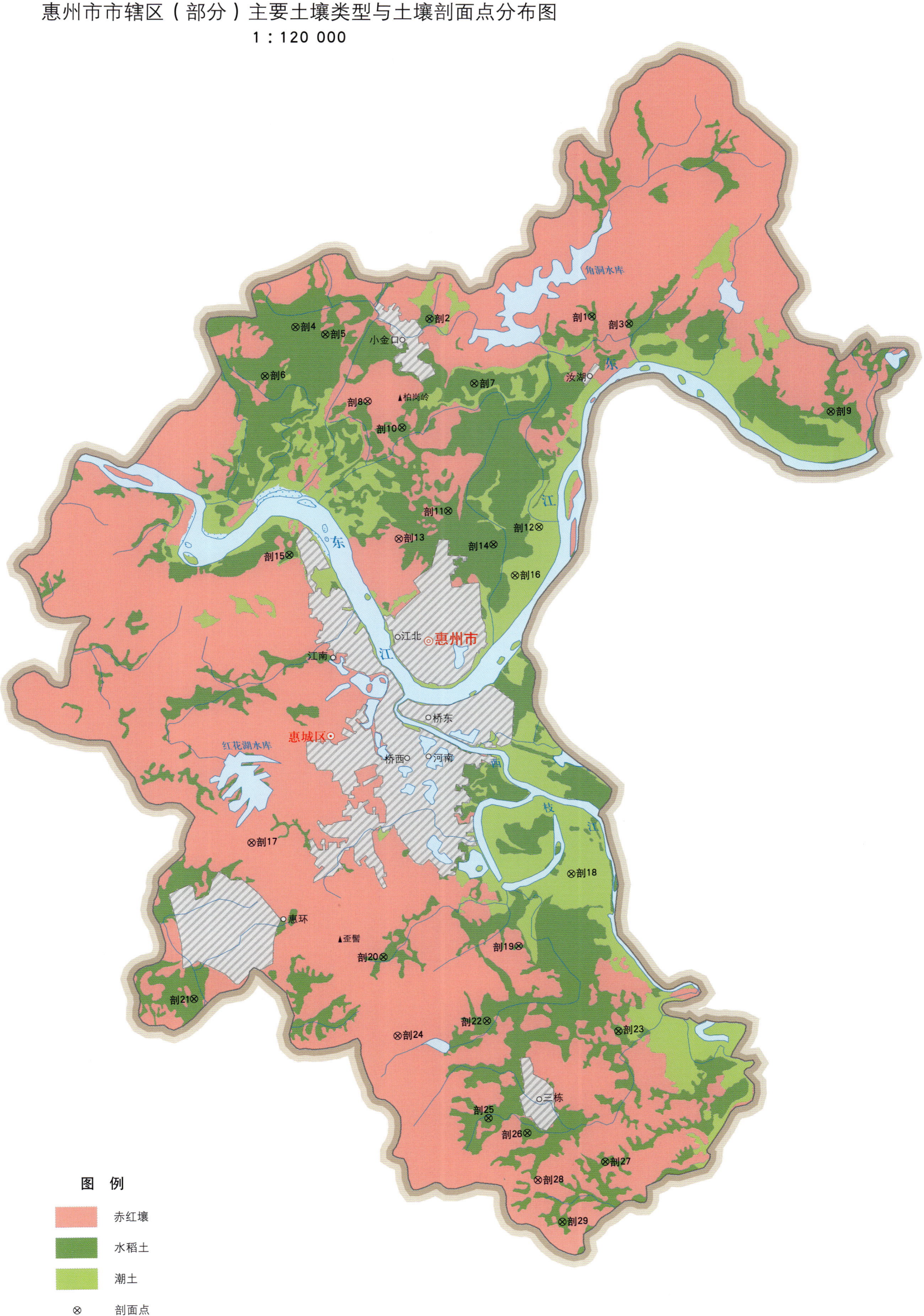

惠州市土壤剖面理化性状表

剖面号 Soil profile code	土纲 Soil order	土类 Soil great group	亚类 Soil subgroup	土属 Soil genus	土种 Soil species	土层码 Layer code	土层厚度 Depth/cm	颜色 Soil color	质地 Soil texture	土壤结构 Soil structure	pH	有机质 OM/(g/kg)	全氮 TN/(g/kg)	全磷 TP/(g/kg)	全钾 TK/(g/kg)	碱解氮 AN/(mg/kg)	有效磷 AP/(mg/kg)	速效钾 AK/(mg/kg)	土壤母质 Parent material	剖面点坐标 Profile coordinate	匹配指数 Matching index/%
剖1	人为土	水稻土	沼泽型水稻土	烂泥田	湛眼田	1	0~16	棕黄色	中壤土	粒状	5.0	18.4	0.86	0.22	8.3	88	3.5	18	砂页岩低丘坡积物	E 114°27′12.6″ N 23°11′46.0″	78
						2	16~27	棕黑色	中壤土	块状	5.3	14.1	0.68	0.19	9.7						
						3	27~40	深黄色	中壤土	块状	5.6	9.0	0.39	0.18	9.3						
剖2	人为土	水稻土	潜育水稻土	砂页岩红泥田	页岩粉沙田	1	0~10	灰白色	砂壤土	粒状	4.9	11.1	0.52	0.13	7.0	58	微量	25	砂页岩风化谷底冲积物	E 114°24′29.1″ N 23°11′41.5″	92
						2	10~20	黄灰色	轻壤土	块状	5.5	5.2	0.39	0.16	9.3						
						3	20~100	黄褐色	轻壤土	柱状	6.0	2.6	0.21	0.15	9.4						
剖3	人为土	水稻土	沼泽型水稻土	泥炭土田	低泥炭格田	1	0~12	黄灰色	轻壤土	粒状	5.3	22.6	1.05	0.20	8.3	100	3.5	23	砂页岩低丘坡积物	E 114°27′49.9″ N 23°11′39.6″	89
						2	12~17	黄灰色	轻壤土	块状	5.4	12.2	0.58	0.16	8.3						
						3	17~48	棕黄色	轻壤土	块状	5.9	2.8	0.14	0.07	4.3						
						4	48~113														
剖4	人为土	水稻土	潜育水稻土	宽谷冲积土田	黄泥底砂质田	1	0~13	浅黄色	中壤土	块状	5.3	27.1	1.16	0.53	8.0				砂页岩宽谷冲积物	E 114°22′14.2″ N 23°11′31.6″	79
						2	13~19	棕黄色	中壤土	块状	6.3	11.1	0.48	0.33	7.5						
						3	19~35	黄灰色	中壤土	柱状	6.5	12.2	0.45	0.23	10.1						
剖5	人为土	水稻土	潜育水稻土	宽谷冲积土田	宽谷泥田	1	0~12	棕黄色	重壤土	块状	5.0	22.8	1.17	0.32	13.4				宽谷冲积物	E 114°22′44.4″ N 23°11′25.1″	99
						2	12~17	黄灰色	重壤土	块状	5.6	12.0	0.66	0.25	13.2						
						3	17~55	黄褐色	重壤土	柱状	5.8	9.3	0.50	0.28	11.8						
剖6	人为土	水稻土	潜育水稻土	宽谷冲积土田	宽谷顶泥田	1	0~11	灰黄色	轻壤土	粒状	5.3	27.7	1.45	0.45	20.4				紫色砂页岩风化物	E 114°21′44.3″ N 23°10′44.4″	90
						2	11~22	黄灰色	中黏土	块状	5.4	25.5	1.09	0.41	20.9						
						3	22~48	黄褐色	中黏土	柱状	5.4	13.9	0.51	0.45	21.1						
剖7	人为土	水稻土	潜育水稻土	炭质黑泥田	黑泥底田	1	0~12	灰色	重壤土	块状	5.1	24.8	1.25	0.37	14.2	121	24.9	30	砂页岩宽谷冲积物、河流冲积物	E 114°25′15.2″ N 23°10′40.4″	70
						2	12~24	黄灰色	轻壤土	块状	5.1	10.4	0.57	0.24	12.5						
						3	24~33	灰黑色	中壤土	柱状	5.7	12.5	0.37	0.17	4.8						
剖8	铁铝土	赤红壤	赤红壤	砂页岩赤红地	赤红砂泥地	1	0~24	灰白色	砂壤土	粒状	5.7	7.0	0.25	0.08	11.9				砂页岩风化物	E 114°23′28.0″ N 23°10′22.1″	91
						2	24~67	棕黄色	中壤土	块状	5.0	4.8	0.25	0.18	12.3						
剖9	人为土	水稻土	潜育水稻土	潮砂泥田	潮泥田	1	0~13	灰黄色	轻黏土	块状	5.3	19.6	0.98	0.31	20.4		3.1		河流冲积物、宽谷冲积物	E 114°31′14.5″ N 23°10′18.1″	80
						2	13~16	棕黑色	轻黏土	块状	5.3	19.0	0.94	0.33	19.4						
						3	16~100	棕黄色	中壤土	柱状	5.1	17.6	0.84	0.27	19.5						
剖10	人为土	水稻土	潜育水稻土	砂页岩红黄泥田	页红黄胃田	1	0~11	灰黄色	中壤土	粒状	5.2	12.2	0.68	0.22	12.6	60		23	砂页岩风化物	E 114°24′03.2″ N 23°09′57.4″	82
						2	11~18	黄褐色	重壤土	块状	5.5	7.4	0.48	0.23	13.4						
						3	18~45	褐色	重壤土	柱状	6.4	4.7	0.29	0.21	12.9						
剖11	人为土	水稻土	淹育水稻土	宽谷冲积土田	宽谷顽泥田	1	0~14	浅黄色	中壤土	粒状	4.5	23.6	1.07	0.21	12.4				砂页岩宽谷冲积物	E 114°24′50.8″ N 23°08′38.0″	70
						2	14~18	灰色	中壤土	块状	5.0	16.7	0.86	0.20	10.6						
						3	18~25	棕灰色	中壤土	柱状	5.4	10.8	0.58	0.18	11.0						
剖12	半成土	潮土	潮土	潮砂泥地	潮砂泥地	1	0~20	灰黄色	重壤土	粒状	5.5	11.0	0.60	0.10	26.6				河流冲积物	E 114°26′22.6″ N 23°08′24.0″	91
						2	20~30	黄褐色	重壤土	块状	5.8	7.7	0.46	0.03	26.0						
剖13	铁铝土	赤红壤	赤红壤	砂页岩赤红地	赤红砂泥地	1	0~14	黄灰色	紫砂土	粒状	6.5	6.5	0.29	0.20	3.0				砂页岩风化物	E 114°24′01.8″ N 23°08′10.7″	95
						2	14~34	黄灰色	轻砂土	块状	6.7	4.5	0.18	0.16	2.7						
剖14	人为土	水稻土	潜育水稻土	潮砂泥田	潮砂泥田	1	0~14	黄灰色	轻壤土	块状	4.9	14.0	0.70	0.40	23.1	109	2.6	21	河流冲积物	E 114°25′36.9″ N 23°08′06.4″	95
						2	14~23	黄灰色	轻壤土	块状	5.1	8.6	0.41	0.38	21.6						
						3	23~100	黄褐色	中壤土	块状	6.2	4.6	0.27	0.31	24.0						
剖15	人为土	水稻土	潜育水稻土	河砂泥田	河黄泥底田	1	0~16	黄灰色	重壤土	块状	5.1	22.7	1.11	0.40	20.6				河流冲积物	E 114°22′11.6″ N 23°07′53.8″	92
						2	16~21	灰褐色	中壤土	块状	5.6	13.4	0.71	0.41	21.1						
						3	21~100	深褐色	重壤土	柱状	6.5	9.7	0.12	0.40	21.4						

续表 Continued

剖面号 Soil profile	土纲 Soil order	土类 Soil great group	亚类 Soil subgroup	土属 Soil genus	土种 Soil species	土层码 Layer code	土层厚度 Depth/ cm	颜色 Soil color	质地 Soil texture	土壤结构 Soil structure	pH	有机质 OM/ (g/kg)	全氮 TN/ (g/kg)	全磷 TP/ (g/kg)	全钾 TK/ (g/kg)	碱解氮 AN/ (mg/kg)	有效磷 AP/ (mg/kg)	速效钾 AK/ (mg/kg)	土壤母质 Parent material	剖面点坐标 Profile coordinate	匹配指数 Matching index/%
剖16	半水成土	潮土	潮土	潮砂泥地	潮砂地	1	0—22	浅灰色	紧砂土	粒状	6.6	3.6	0.18	0.20	7.8	21	9.2	44	河流冲积物	E 114°25′59.1″ N 23°07′37.1″	85
						2	22—66	灰黄色	砂壤土	粒状	6.4	2.0	0.10	0.20	10.8						
剖17	铁铝土	赤红壤	赤红壤	砂页岩赤红壤		1	0—16		中壤土		4.6	13.3	0.50	0.08	3.2	55	14.4	41	砂页岩	E 114°21′37.9″ N 23°03′18.2″	73
剖18	半水成土	潮土	潮土	潮砂泥土	潮泥土	1	0—20	棕黄色	轻黏土	块状	5.0	22.6	1.19	0.38	19.8				河流冲积物	E 114°27′00.0″ N 23°02′51.7″	80
						2	20—100	灰黄色	轻黏土	块状	5.1	15.9	0.79	0.34	18.5						
剖19	人为土	水稻土	潜育水稻土	冷底田	铁锈水田	1	0—12	暗灰色	中壤土	团块状	5.1	22.1	1.10	0.24	12.3	91	7.9	32	砂页岩洪积物	E 114°26′07.8″ N 23°01′41.5″	95
剖20	人为土	水稻土	潜育水稻土	砂页岩红泥田	页砂泥田	1	0—14	棕黄色	砂壤土	块状	5.0	14.8	0.65	0.13	4.6				砂页岩风化物	E 114°23′52.1″ N 23°01′29.3″	71
						2	14—22	黄黄色	砂壤土	块状	5.8	10.5	0.47	0.09	4.9						
						3	22—30	灰黄色	砂壤土	柱状	5.8	5.1	0.25	0.09	5.2						
剖21	人为土	水稻土	潜育水稻土	宽谷冲积土田	宽谷砂板田	1	0—11	黄灰色	中壤土	粒状	5.3	17.2	0.85	0.21	8.7		3.1	26	砂页岩山正洪积物	E 114°20′42.0″ N 23°00′47.5″	75
						2	11—20	灰黄色	中壤土	粒状	5.6	9.7	0.48	0.21	9.7						
						3	20—30	浅灰色	重黏土	柱状	6.2	8.6	0.47	0.19	12.9						
剖22	人为土	水稻土	潜育水稻土	白鳝泥田	低白鳝板田	1	0—15	灰白色	中壤土	块状	5.4	20.2	0.97	0.27	10.2	97	7.4	59	花岗岩、砂页岩	E 114°25′36.8″ N 23°00′29.5″	95
						2	15—22	浅灰色	中壤土	块状	5.9	15.6	0.68	0.27	10.4						
						3	22—39	灰白色	中壤土	粒状	6.8	4.2	0.20	0.09	27.4						
剖23	人为土	沼泽型水稻土	烂泥田	烂泥田	1	0—18	棕黄色	轻壤土	块状	5.1	21.5	0.84	0.15	5.1	122	8.3	25	砂页岩风化物	E 114°27′49.3″ N 23°00′20.9″	93
						2	18—	灰蓝色	轻壤土		5.1	11.1	0.41	0.09	2.3						
剖24	铁铝土	赤红壤	赤红壤	花岗岩赤红壤		1	0—23	灰黄色	中壤土	块状	4.8	22.8	1.12	0.14	7.2	131			花岗岩	E 114°24′07.3″ N 23°00′14.5″	93
剖25	人为土	水稻土	潜育水稻土	麻红泥田	麻砂泥田	1	0—13	灰黄色	重壤土	块状	5.6	31.4	1.39	0.40	6.7		5.2	20	花岗岩风化物	E 114°25′39.5″ N 22°58′57.6″	75
						2	13—18	紫灰色	中壤土	块状	5.3	21.4	0.93	0.27	5.9						
						3	18—23	深黄黄色	中壤土	柱状	6.3	19.0	0.85	0.25	5.9						
剖26	人为土	水稻土	潜育水稻土	青泥格田	黄泥青泥格田	1	0—12	棕黄色	中壤土	块状	6.6	34.2	1.79	0.17	14.6	94			砂页岩宽谷冲积物	E 114°26′18.7″ N 22°58′44.0″	76
						2	12—21	黄灰色	中壤土	块状		32.7	1.77	0.37	15.5						
						3	21—100	灰蓝色	中壤土	块状	6.9	21.2	1.01	0.17	17.8						
剖27	人为土	水稻土	淹育水稻土	砂页岩红泥田	页红泥底田	1	0—11	烟黄色	重壤土	块状	5.1	15.7	0.81	0.24	2.7				砂页岩坡积物	E 114°27′37.4″ N 22°58′17.0″	93
						2	11—18	黄黄色	重壤土	块状	5.2	15.7	0.85	0.23	6.8						
						3	18—100	黄黄色	重壤土	粒状	6.4	9.6	0.59	0.24	7.6						
剖28	铁铝土	赤红壤		花岗岩赤红地	赤红砂地	1	0—24	黑灰色	砂壤土	块状	6.3	6.7	0.25	0.13	2.1	73	15.7	32	花岗岩风化坡积物	E 114°26′30.0″ N 22°57′59.1″	88
						2	24—	棕红色	重壤土	粒状	6.2	8.2	0.59	0.10	3.3						
剖29	人为土	水稻土	淹育水稻土	麻红黄泥田	麻红黄泥田	1	0—14	褐灰色	轻壤土	粒状	5.6	11.9	0.63	0.23	7.0				花岗岩风化坡积物	E 114°26′55.0″ N 22°57′19.4″	100
						2	14—19	棕黄色	中壤土	块状	5.8	9.7	0.47	0.17	8.1						
						3	19—101	灰黄色	中壤土	块状	6.3	4.9	0.22	0.14	9.6						

惠 阳 区

主要土类说明

赤红壤是惠阳区主要土壤类型,占本区地域面积的55%,广泛分布在海拔400m以下的丘陵地带。赤红壤主要发生于南亚热带季雨林下,其脱硅富铝化程度仅次于砖红壤,强于红壤。铁的游离度介于二者之间,黏粒硅铝率为1.7—2.0,风化淋溶系数为0.05—0.15,盐基饱和度为15%—25%。淀积层(B层)富含铁铝氧化物,呈赤红色。表层厚10—20cm,有时超过20cm,呈棕灰色,其下为赤红色土层,整个土层厚40—120cm。

水稻土是惠阳区第二大土壤类型,占本区地域面积的34%,广泛分布在沿江平原和丘陵宽谷。成土母质主要为河流冲积物、谷底冲积物及洪积物。本区水稻土分为淹育型、潴育型、渗育型、潜育型、沼泽型、盐渍型等亚类。其中,潴育水稻土面积最大,广泛分布在丘陵谷地和沿江平原,且多见于村庄周围,排灌条件较好,地下水位较低,土壤熟化程度高,土体通透性好,有明显的发育层次,剖面构型为A-P-W或A-P-W-C,由于干湿交替作用,在犁底层下形成具有淋溶和淀积特征的潴育层。

潮土是惠阳区第三大土壤类型,占本区地域面积的4%。潮土见于近代河流冲积平原或低平阶地,地下水位高,潜水参与成土过程。在潮土成土过程中,底土受氧化还原交替作用,形成锈色斑纹和小型铁子。在长期耕作条件下,表层有机质含量为10—15g/kg。

小于本区地域面积3%的土壤类型有红壤、石质土、滨海盐土、沼泽土、风沙土和黄壤。

本区域中心区气候特征

本区域中心区气候特征值
Regional climate characteristics in central area of the region

气候带:南亚热带湿润气候 Climate region: South subtropical humid climate	
年平均气温 /℃ Annual average temperature /℃	22.1
年平均最高气温 /℃ Annual average maximum temperature /℃	26.2
年平均最低气温 /℃ Annual average minimum temperature /℃	19.2
年降水量 /mm Annual precipitation /mm	1975
≥10℃的积温 /℃ Daily temperature accumulated in a year (≥10℃) /℃	7955
年日照时数 /h Annual sunshine /h	1810
年平均相对湿度 /% Annual average relative humidity /%	78
干燥度 Dryness	0.66

本区域中心区月平均气温与月平均降水量
Monthly temperature and precipitation in central area of the region

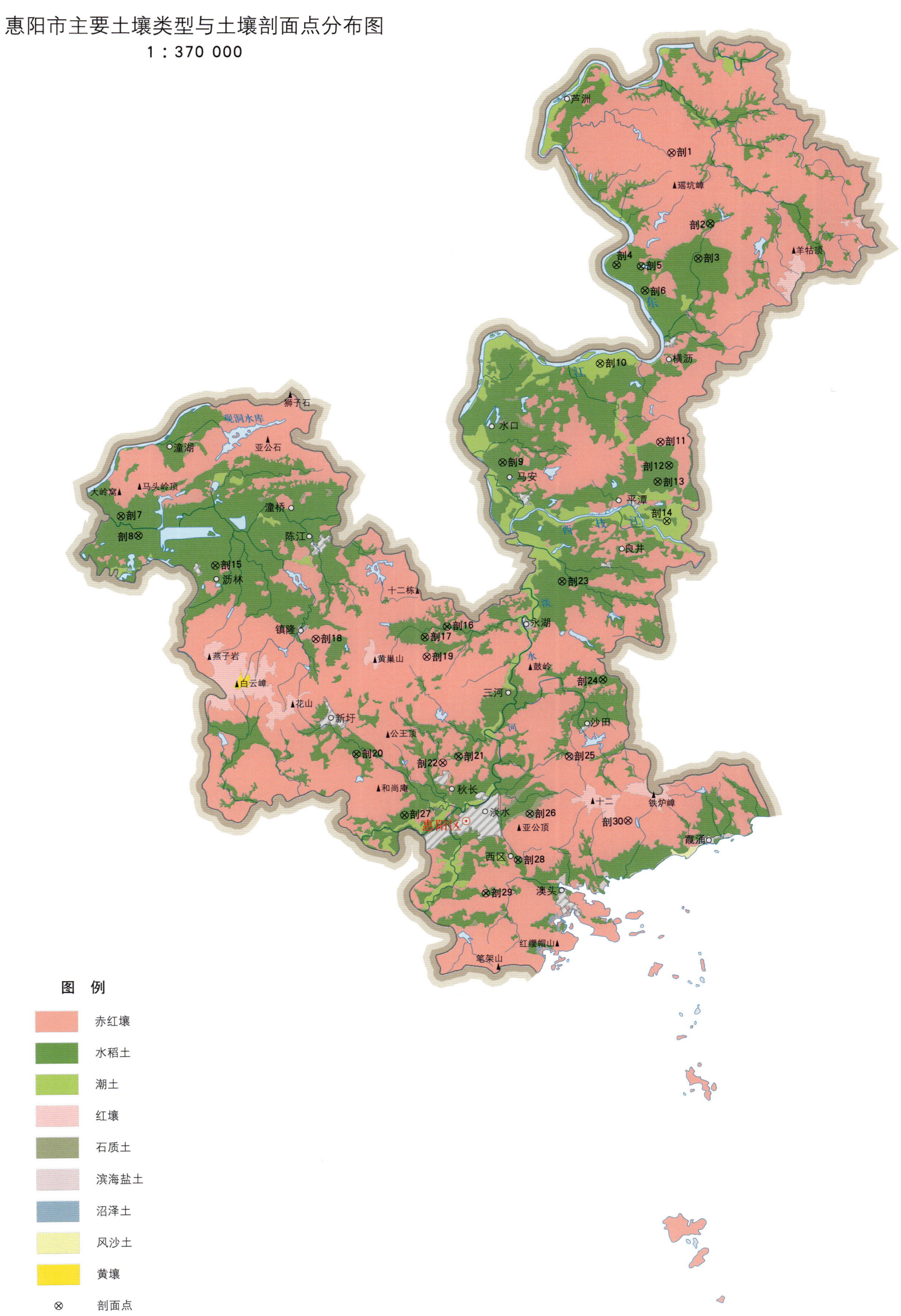

惠阳区土壤剖面理化性状表

剖面号 Soil profile	土纲 Soil order	土类 Soil great group	亚类 Soil subgroup	土属 Soil genus	土种 Soil species	土层码 Layer code	土层厚度 Depth/cm	颜色 Soil color	质地 Soil texture	土壤结构 Soil structure	pH	有机质 OM/(g/kg)	全氮 TN/(g/kg)	全磷 TP/(g/kg)	全钾 TK/(g/kg)	碱解氮 AN/(mg/kg)	有效磷 AP/(mg/kg)	速效钾 AK/(mg/kg)	土壤母质 Parent material	剖面点坐标 Profile coordinate	匹配指数 Matching index/%
剖1	铁铝土	赤红壤	赤红壤	花岗岩赤红壤		1	0—25	灰棕色	中壤土		5.1	20.5	0.80	0.39	28.7	138	4.5	50	花岗岩	E 114°36′39.6″ N 23°19′31.8″	76
						2	25—	棕红色	重壤土	块状	5.6	18.2	0.80	0.22	11.5	109	4.9	78			
剖2	人为土	水稻土	潜育水稻土	冷底田	冷底田	1	0—10	浅灰色	中壤土	粒状	5.6	18.1	0.50	0.17	10.3				谷底冲积物	E 114°38′40.6″ N 23°16′08.8″	79
						2	10—21	黄灰色	中壤土		6.2	10.6	0.50	0.13	15.6						
						3	21—100	黄色	中壤土												
剖3	人为土	水稻土	潜育水稻土	宽谷冲积土田	宽谷泥肉田	1	0—16	灰棕色	中壤土	微团粒状	5.3	23.3	1.10	0.31	9.3	77	7.8	40	冲积物	E 114°38′06.0″ N 23°14′27.6″	92
						2	16—29	灰褐色	中壤土		5.6	10.7	0.50	0.17	9.2	43	7.9	27			
						3	29—	灰黄色	重壤土		6.0	5.8	0.50	0.13	11.8	30	3.3	41			
剖4	人为土	水稻土	潜育水稻土	潮砂泥田	潮砂泥田	1	0—17	灰黄色	中壤土	粒状	5.4	23.9	1.20	0.31	19.1	134	3.3	35	河流冲积物	E 114°33′58.1″ N 23°14′06.2″	71
						2	17—25	黑黄色	轻壤土		5.3	13.9	0.70	0.22	19.9	82	4.4	31			
						3	25—100	灰黄色	砂壤土		5.6	6.0	0.20	0.17	23.1	34	3.3	28			
剖5	人为土	水稻土	潜育水稻土	潮砂泥田	潮砂泥田	1	0—15	黄褐色	重壤土	块状	5.8	24.4	1.30	0.44	18.3	170	6.7	80	河流冲积物	E 114°35′12.1″ N 23°14′03.5″	82
						2	15—22	黄褐色	轻壤土		5.5	23.1	1.20	0.35	19.9						
						3	22—100	褐色	中壤土		6.2	18.5	0.70	0.35	22.4						
剖6	人为土	水稻土	沼泽型水稻土	渍水田	望心田	1	0—12	黑灰色	砂壤土	粒状	6.5	15.5	0.60	0.31	15.4	107	3.9	57	河流冲积物	E 114°33′58.1″ N 23°14′06.2″	85
						2	12—22	浅灰色	轻壤土			9.3	0.30	0.26	14.5	48	3.9	29			
						3	22—100	灰黄色	轻壤土		5.3	5.2	0.20	0.17	14.1	42	3.9	41			
剖7	人为土	水稻土	潜育水稻土	河黏土田	河黏土田	1	0—14	浅灰色	轻壤土	块状	5.3	25.4	1.40	0.35	18.3	238	4.6	129	河流冲积物	E 114°09′05.4″ N 23°01′40.8″	77
						2	14—30	灰黄色	中壤土		6.1	10.6	0.70	0.35	22.2						
						3	30—100	灰黄色	重壤土		6.4	9.6	0.60	0.39	17.5						
剖8	人为土	水稻土	潜育水稻土	潮砂泥田	潮砂泥田	1	0—15	灰黄色	轻壤土	块状	5.4	15.7	0.90	0.26	15.7	209	2.6	56	河流冲积物	E 114°09′59.3″ N 23°00′45.3″	93
						2	15—30	深黄色	松壤土		5.2	16.0	1.00	0.22	21.7						
						3	30—100	灰黄色	紫黏土		5.2	3.3	0.30	0.22	3.0						
剖9	人为土	水稻土	潜育水稻土	宽谷冲积土田	宽谷砂泥田	1	0—18	褐黄色	中壤土	粒状	5.6	19.2	0.60	0.22	14.1	106	6.6	35	谷底洪积冲积物、河流冲积物	E 114°28′20.6″ N 23°04′30.4″	78
						2	18—29	浅灰色	中壤土		5.3	13.7	0.40	0.17	13.3	108	6.9	30			
						3	29—100	深黑色	中壤土		6.2	12.4	0.30	0.13	15.8	77	6.6	56			
剖10	半水成土	潮土	潮土	潮砂泥地	潮砂地	1	0—17	灰黑色	砂壤土	粒状	5.6	7.8	0.40	0.31	17.6	129	4.4	52	河流冲积物	E 114°33′12.2″ N 23°09′19.8″	81
						2	17—100	灰黄色	砂壤土		6.0	6.8	0.31	0.26	18.6						
剖11	铁铝土	赤红壤	赤红壤	砂页岩赤红地	赤红砂地	1	0—12	浅棕色	紫黏土	粒状	5.9	7.1	0.30	0.07	2.6	88	4.7	52	砂页岩	E 114°09′59.3″ N 23°05′35.2″	86
						2	12—23	褐色	紧壤土		7.0	1.9	0.20	0.04	7.5						
						3	23—100		轻壤土		6.6	2.3	0.30	0.04	6.5						
剖12	人为土	水稻土	潜育水稻土	黑砂黑泥田	黑黑田	1	0—12	黑色	轻壤土	粒状	5.4	14.5	0.60	0.26	3.1	79	6.0	58	谷底冲积物、河流冲积物	E 114°36′46.1″ N 23°04′28.2″	88
						2	12—25	深黑色	中壤土		5.3	11.5	0.40	0.17	3.7						
						3	25—100	红黄色	重壤土		6.2	7.7	0.30	0.13	3.6						
剖13	人为土	水稻土	潜育水稻土	黑质黑泥田	黑泥黏田	1	0—17	黑色	中壤土	块状	5.4	34.2	1.30	0.31	4.3	128	5.6	31	河流冲积物	E 114°33′12.6″ N 23°03′40.7″	80
						2	17—23	黑黑色	中壤土		5.4	5.1	0.20	0.17	3.3	103	3.4	16			
						3	23—100	黄褐色	轻壤土		4.9	10.7	0.40	0.13	7.3	31	3.1	23			
剖14	半水成土	潮土	潮土	潮砂泥地	潮泥地	1	0—15	褐色	重壤土	粒状	5.4	25.8	1.20	0.39	19.9	151	3.7	47	河流冲积物	E 114°36′41.8″ N 23°01′48.3″	81
						2	15—30		重壤土		5.9	15.6	0.90	0.35	17.6						
						3	30—100	灰褐色	重壤土		6.7	14.3	0.40	0.35	21.5	126	10.0	41			
剖15	人为土	水稻土	潜育水稻土	泥肉田	泥肉田	1	0—22		重壤土	微团粒状	5.2	29.1	1.60	0.31	16.6	109	9.6	53	河流冲积物	E 114°13′54.3″ N 22°59′22.0″	73
						2	22—27	褐灰色	轻黏土		5.4	24.8	1.30	0.26	16.1						
						3	27—100	褐灰色	重壤土		6.8	3.4	0.20	0.13	21.2	49	2.8	167			

续表 Continued

剖面号 Soil profile	土纲 Soil order	土类 Soil great group	亚类 Soil subgroup	土属 Soil genus	土种 Soil species	土层码 Layer code	土层厚度 Depth/cm	颜色 Soil color	质地 Soil texture	土壤结构 Soil structure	pH	有机质 OM/(g/kg)	全氮 TN/(g/kg)	全磷 TP/(g/kg)	全钾 TK/(g/kg)	碱解氮 AN/(mg/kg)	有效磷 AP/(mg/kg)	速效钾 AK/(mg/kg)	土壤母质 Parent material	剖面点坐标 Profile coordinate	匹配指数 Matching index/%
剖16	人为土	水稻土	潴育水稻土	宽谷冲积土田	宽谷砂泥田	1	0—13	浅灰色	轻壤土	粒状	5.6	19.9	0.40	0.13	7.6	97	7.6	32	冲积物	E 114°25′40.1″ N 22°56′33.7″	89
						2	13—23	红褐色	轻壤土		6.3	12.8	0.50	0.09	7.6						
						3	23—100	红褐色	重壤土		6.4	22.8	0.40	0.17	15.0						
剖17	人为土	水稻土	潴育水稻土	砂页岩红泥田	页结粉砂田	1	0—13	灰白色	中壤土	粒状	5.2	17.6	0.30	0.26	9.6	111	3.8	51	砂页岩风化物	E 114°24′32.8″ N 22°56′02.0″	76
						2	13—18	红褐色	中壤土		5.2	5.9	0.30	0.31	10.0						
						3	18—100	灰褐色	重壤土		6.5	5.7	0.10	0.09	10.0						
剖18	铁铝土	赤红壤	赤红壤	砂页岩赤红泥田		1	0—12	灰色	砂壤土		5.0	11.8	0.40	0.17	12.4	62	0.4	79	砂页岩	E 114°19′02.3″ N 22°55′52.7″	72
						2	12—30	黄红色	轻壤土		5.2	17.3	0.90	0.26	10.2						
剖19	铁铝土	赤红壤	赤红壤	砂页岩赤红壤		1	0—18	棕灰色	轻壤土							86	3.5	36	砂页岩	E 114°24′39.6″ N 22°55′06.2″	75
						2	18—45	浅灰黄色	中壤土												
剖20	人为土	水稻土	潴育水稻土	宽谷冲积土田	宽谷顽泥田	1	0—11	深灰色	轻壤土	块状	5.7	17.6	0.80	0.26	10.0	75	4.0	41	冲积物	E 114°21′10.8″ N 22°50′22.9″	92
						2	11—25	灰白色	轻壤土	块状	6.2	9.0	0.50	0.13	14.9	48	4.4	42			
						3	25—100	红色	轻壤土		6.4	7.7	0.40	0.17	15.4	48	3.3	42			
剖21	人为土	水稻土	沼泽型水稻土	烂湴田	烂湴田	1	0—15	灰褐色	重壤土		5.8	24.0	1.10	0.26	8.6	132	19.2	37	洪积物	E 114°26′20.0″ N 22°50′19.7″	79
						2	15—25		重壤土		7.4	6.2	0.40	0.22	10.4						
						3	25—100		轻壤土		6.7	9.3	0.30	0.13	10.7						
剖22	铁铝土	赤红壤	赤红壤	砂页岩赤红地	赤红砂泥地	1	0—12	深灰色	紫黏土	粉砂粒状	6.4	15.8	0.70	0.17	2.7	40	17.5	67	砂页岩风化坡积物	E 114°25′32.2″ N 22°50′01.3″	92
						2	12—20	红棕色	轻壤土		6.2	7.8	0.30	0.12	3.6						
						3	20—100		轻壤土		6.2	4.9	0.30	0.78	6.6						
剖23	人为土	水稻土	潜育水稻土	乌泥底田	乌泥底田	1	0—13	灰褐色	中壤土	粒状	5.2	29.7	1.10	0.31	6.3	89	6.6	35	谷底冲积物	E 114°31′26.0″ N 22°58′49.1″	93
						2	13—21	灰色	中壤土		5.4	21.1	0.80	0.26	5.7	64	6.6	22			
						3	21—100		重壤土		5.6	32.4	1.10	0.26	7.7	78	6.9	34			
剖24	人为土	水稻土	淹育水稻土	麻红黄泥田	麻红泥底田	1	0—14	浅黄色	轻壤土	粒状	5.4	13.7	0.60	0.35	9.5	87	3.3	41	花岗岩风化物	E 114°33′34.6″ N 22°54′06.1″	74
						2	14—18	黄褐色	中壤土		5.7	7.7	0.38	0.23	11.2	44	3.3	27			
						3	18—100	红褐色	重壤土		5.5	7.7	0.44	0.23	17.4	61	2.8	44			
剖25	铁铝土	赤红壤	赤红壤	花岗岩赤红地	赤红泥地	1	0—16		重壤土	碎块状	6.7	18.2	0.70	0.31	15.1	79	2.2	127	花岗岩风化坡积物	E 114°31′54.8″ N 22°50′23.3″	84
						2	16—100	浅灰色	中壤土		6.1	10.1	0.50	0.09	16.0			105			
剖26	初育土	石质土	石质土	石质土	石质土	1	0—9	灰棕色	紧砂土		7.0	18.6	0.90	0.22	1.7		16.4		砂页岩 砂砾岩风化坡积物	E 114°29′58.2″ N 22°47′35.9″	79
						2	9—25	灰白色	轻壤土	粒状	6.6	11.7	0.50	0.17	2.8		17.5				
剖27	人为土	水稻土	潜育水稻土	白鳝泥田	白鳝泥田	1	0—15	灰青色	中壤土		6.5	10.9	0.90	0.22	8.3	133		40	谷底洪冲积物	E 114°23′38.4″ N 22°47′26.9″	78
						2	15—20	浅黄色	重壤土		6.6	11.5	0.70	0.17	8.5						
						3	20—100	红褐色	中壤土		6.9	12.2	0.40	0.17	8.3						
剖28	人为土	水稻土	盐渍水稻土	咸酸田	咸酸田	1	0—12	紫灰色	中壤土	粒状	4.0	26.1	0.90	0.17	13.8	116	2.7	61		E 114°29′24.1″ N 22°45′21.1″	84
						2	12—20	紫灰色	中壤土		4.0	21.9	0.80	0.13	13.7	93	4.5	58			
						3	20—100	浅灰色	中壤土		3.0	68.2	0.90	0.13	15.9	51	3.6	58			
剖29	人为土	水稻土	潜育水稻土	冷底田	铁锈水田	1	0—12	暗黄色	中壤土	块状	5.3	19.0	0.80	0.13	6.9	82	4.4	35	洪积物	E 114°27′47.2″ N 22°43′42.2″	99
						2	12—19	灰黄色	轻壤土		5.5	10.9	0.50	0.87	2.1	59	3.5	24			
						3	19—100	灰色	轻壤土		5.7	20.0	0.70	0.09	9.3	62	1.1	36			
剖30	铁铝土	赤红壤	赤红壤	砂页岩赤红壤	薄有机质层粗骨性赤红壤	1	0—8	黄褐色	砂黏土		6.0	10.7	0.50	0.17	13.1	39	0.9	21	砂页岩	E 114°34′55.9″ N 22°47′18.2″	80

博 罗 县

主要土类说明

赤红壤是博罗县主要土壤类型，占本县地域面积的49%，主要分布在海拔20—300m的丘陵地带。成土母质主要为花岗岩、砂页岩、玄武岩、紫色岩和洪积物。由花岗岩发育的赤红壤主要分布在本县中部、西部的长宁、福田、湖镇、柏塘等地；由砂页岩发育的赤红壤主要分布在本县东部的石坝、杨村、观音阁等地；由玄武岩发育的赤红壤呈条状分布在本县东南部；由紫色岩及洪积物发育的赤红壤主要分布在本县东部、西部及东江沿岸。赤红壤是在高温多雨的气候条件下形成的地带性土壤。自然植被主要为常绿季雨林，因人类活动频繁，自然植被遭到严重破坏，现有植被以灌木和草本植物为主，还有少部分人工松林。本县赤红壤分为赤红壤、黄化赤红壤等亚类。

水稻土是博罗县第二大土壤类型，占本县地域面积的31%。水稻土是长期人为活动的产物，可由各种地带性土壤经水耕熟化而形成。成土母质十分复杂，以洪积物和河流冲积物为多，其次是各种残积赤红壤。本县水稻土分为淹育型、潴育型、潜育型等亚类。其中，潴育水稻土面积最大，占本土类面积的77%，主要分布在河流冲积平原，是产量较高、理化性状较好的土壤类型。其耕作层厚度一般为12—15cm；犁底层发育明显，起到保水保肥作用；在犁底层下为潴育层，有黄棕色或褐色锈斑，或有铁锰结核；在潴育层下为轻度潜育的底土层。由于潴育水稻土水分渗透性好，有利于水稻根系的生长和养分的吸收，故称之为良水型水稻土。

红壤是博罗县第三大土壤类型，占本县地域面积的11%，主要分布在海拔300—600m的丘陵、山地。成土母质主要为花岗岩、片麻岩和砂页岩。本县红壤分为红壤、黄红壤等亚类。其中，黄红壤占本土类面积的73%，是红壤向黄壤过渡的土壤类型，受地形、生物、气候环境影响较深，所处位置气温较高，土壤中的氧化铁发生水化而呈黄色。

小于本县地域面积3%的土壤类型有潮土、黄壤、紫色土和草甸土。

本区域中心区气候特征

本区域中心区气候特征值
Regional climate characteristics in central area of the region

气候带：南亚热带湿润气候 Climate region: South subtropical humid climate	
年平均气温 /℃ Annual average temperature /℃	21.9
年平均最高气温 /℃ Annual average maximum temperature /℃	26.3
年平均最低气温 /℃ Annual average minimum temperature /℃	18.9
年降水量 /mm Annual precipitation /mm	1942
≥10℃的积温 /℃ Daily temperature accumulated in a year (≥10℃) /℃	7930
年日照时数 /h Annual sunshine /h	1784
年平均相对湿度 /% Annual average relative humidity /%	77
干燥度 Dryness	0.66

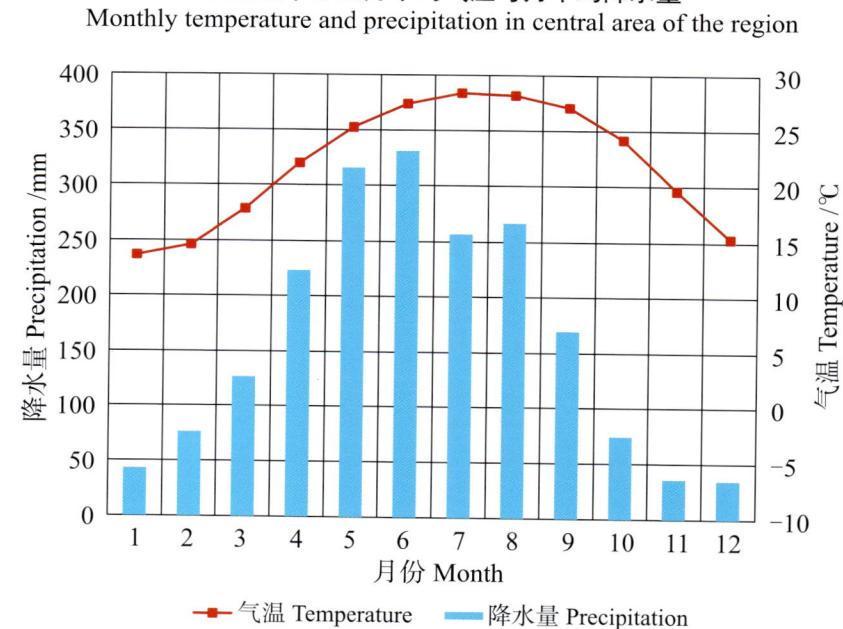

本区域中心区月平均气温与月平均降水量
Monthly temperature and precipitation in central area of the region

博罗县主要土壤类型与土壤剖面点分布图
1∶320 000

图 例
赤红壤　水稻土　红壤　潮土　黄壤　紫色土　草甸土　⊗ 剖面点

第二编　广东省分县土壤图与土壤剖面数据 | 289

博罗县土壤剖面理化性状表

剖面号 Soil profile	土纲 Soil order	土类 Soil great group	亚类 Soil subgroup	土属 Soil genus	土种 Soil species	土层码 Layer code	土层厚度 Depth/cm	颜色 Soil color	质地 Soil texture	土壤结构 Soil structure	pH	有机质 OM/(g/kg)	全氮 TN/(g/kg)	全磷 TP/(g/kg)	全钾 TK/(g/kg)	碱解氮 AN/(mg/kg)	有效磷 AP/(mg/kg)	速效钾 AK/(mg/kg)	阳离子交换量CEC/(cmol/kg)	土壤母质 Parent material	剖面点坐标 Profile coordinate	匹配指数 Matching index/%
剖1	人为土	水稻土	潴育水稻土	砂泥质潮洋田	砂泥质潮洋田	1	0—12		中壤土		5.5	35.4	1.52	0.14	18.6	142	3.5	27			E 113°54′11.5″ N 23°13′37.2″	100
						2	20—28		中壤土		4.7	33.6	1.16	0.05	12.3	88	2.2	54				
						3	28—40		重壤土		5.4	56.2	2.50	0.15	13.9	1	2.6	23				
剖2	人为土	水稻土	潴育水稻土	潮砂田	潮砂田	1	0—10		砂壤土		5.5	6.7	0.34	0.30	26.4	39	39.3	25	12.9	河流冲积物	E 113°55′09.4″ N 23°11′43.1″	95
						2	10—22		砂壤土		5.9	4.2	0.28	0.33	25.6	29	48.0	36				
剖3	铁铝土	赤红壤	赤红壤	洪积赤红壤	厚有机质层厚赤红壤	1	0—10		砂壤土		6.1	8.8	0.43	0.44	25.6	44	25.8	55		洪积物	E 113°55′50.9″ N 23°10′10.9″	95
						2	10—15		轻壤土		5.7	1.0	0.34	0.19	2.2	46	5.7	32				
						3	15—65		轻壤土		5.3	8.8	0.38	0.47	1.6	56	6.1	46				
剖4	人为土	水稻土	潴育水稻土	潮砂田	结潮泥田	1	0—11		重壤土		4.8	20.4	1.18	0.30	22.5	141	4.4	54		河流冲积物	E 113°53′22.6″ N 23°09′37.8″	90
						2	11—25		中壤土		5.8	13.5	0.80	0.36	23.5	110	3.5	22				
						3	25—45		轻壤土		7.2	6.6	0.54	0.33	23.8	54	0.9	23				
						4	45—		砂壤土		7.2	5.0	0.30	0.32	25.1	25	0.4	17				
剖5	铁铝土	黄壤		砂岩黄壤	厚有机质层中层黄壤	A	0—25					62.5	1.95							砂岩	E 114°28′39.4″ N 23°38′13.5″	98
						B₁	25—48					23.8	0.89									
						B₂	48—70					6.3	0.45									
						C	70—					5.2										
剖6	人为土	水稻土	潴育水稻土	石灰性砂泥田	石灰性砂泥田	1	0—12		重壤土		6.8	35.6	1.74	0.42	11.2	297	7.0	31		砂岩	E 114°23′15.7″ N 23°35′29.8″	76
						2	25—35		中壤土		8.2	13.1	0.92	0.33	10.8	9	4.8	26				
						3	50—70				8.3	2.3	0.33	0.18	8.3	15	4.8	23				
剖7	铁铝土	赤红壤		砂岩赤红壤	黄砂土	1	0—10	黄棕色	轻壤土	核粒状	5.6	9.0	0.42	0.28	2.3	53	8.3	26		砂岩	E 114°24′29.5″ N 23°34′22.4″	73
						2	10—18	浅红棕色	轻壤土	核块状	5.6	9.2	0.45	0.39	3.6	54	15.3	23				
剖8	半水成土	潮土	酸性潮土	潮砂土	乌砂土	1	0—10		砂壤土		5.7	21.3	0.95	0.86	14.2	85	6.9	64		河流冲积物	E 114°22′12.5″ N 23°32′07.5″	80
剖9	人为土	水稻土	潴育水稻土	青砂田	青砂田	1	0—10		砂壤土		5.1	23.0	1.13	0.18	5.9	132	12.7	20			E 114°25′55.6″ N 23°31′51.6″	78
						2	15—25		中壤土		5.2	18.4	0.93	0.18	4.7	111	2.2	12				
剖10	人为土	水稻土	潴育水稻土	石灰性结泥田	石灰性结泥田	1	0—12		重壤土		7.5	31.5	1.56	0.48	14.4	107	8.3	79		砂岩	E 114°23′27.2″ N 23°31′36.1″	91
剖11	铁铝土	赤红壤	赤红壤	砂岩赤红壤	薄有机质层中层赤红壤	1	0—7		中壤土		4.9	10.3	0.55	0.29	22.9	302	3.1	17		河流冲积物	E 114°27′46.1″ N 23°30′40.0″	70
						2	15—25		中壤土		4.8	4.8	0.41	0.22	31.9	50	1.3	30				
						3	25—54		中壤土		5.0	2.4		0.17	28.5	37	2.2	51				
剖12	铁铝土	赤红壤	黄化赤红壤	砂岩黄化赤红壤	薄有机质层厚层黄化赤红壤	1	0—4		重壤土		4.4	18.4	1.62	0.46	20.3	197	7.0	46	14.8	砂岩	E 114°31′40.4″ N 23°35′37.0″	75
						2	11—45		重壤土		4.8	10.8	5.54	0.44	20.0	68	4.4	20	10.4			
						3	45—65		重壤土		4.9	8.0	0.36	0.50	25.6	123	4.4	22				
剖13	初育土	紫色土	酸性紫色土	粗骨性紫色土	粗骨性紫色土	1	0—20		中壤土		6.1	4.9	0.25	0.17	1.0	31	10.9	38			E 114°33′05.1″ N 23°33′12.2″	84
剖14	人为土	水稻土	潴育水稻土	砂田	结粉砂田	1	0—19		砂壤土		5.2	16.4	0.67	0.22	3.3	63	30.1	11			E 114°32′20.5″ N 23°31′59.5″	99
						2	19—27		砂壤土		6.1	6.5	0.35	0.14	6.9	66	13.5	2				
剖15	人为土	水稻土	潴育水稻土	青砂泥田	青砂泥田	1	0—17		轻壤土		5.8	27.2	1.38	0.33	14.7	117	4.4	46		砂岩	E 114°33′19.4″ N 23°31′53.8″	76
						2	17—25		中壤土		5.9	23.0	1.07	0.24	15.1	54	0.8	20				
						3	30—40		中壤土		5.4	30.6	1.26	0.27	17.4	93	2.4	27				
剖16	人为土	水稻土	潴育水稻土	青泥田	青泥田	1	0—15		中壤土		5.8	38.5	1.46	0.47	8.4	107	6.1	41			E 114°35′04.6″ N 23°31′40.8″	99
						2	15—25		中壤土		5.5	30.9	1.62	0.33	7.1	82	4.4	28				
剖17	铁铝土	黄壤	黄壤	花岗岩黄壤		A	0—40					59.2	1.90							花岗岩	E 114°13′12.3″ N 23°26′17.4″	92
						B	40—60					26.3	1.03									

续表 Continued

剖面号 Soil profile	土纲 Soil order	土类 Soil great group	亚类 Soil subgroup	土属 Soil genus	土种 Soil species	土层码 Layer code	土层厚度 Depth/cm	颜色 Soil color	质地 Soil texture	土壤结构 Soil structure	pH	有机质 OM/(g/kg)	全氮 TN/(g/kg)	全磷 TP/(g/kg)	全钾 TK/(g/kg)	碱解氮 AN/(mg/kg)	有效磷 AP/(mg/kg)	速效钾 AK/(mg/kg)	阳离子交换量CEC/(cmol/kg)	土壤母质 Parent material	剖面点坐标 Profile coordinate	匹配指数 Matching index/%
剖18	人为土	水稻土	渗育水稻土	灰砂泥田	油灰砂泥田	1	0–17	灰白色	中壤土	细粒状	5.3	33.2	1.85	12.66	0.1	125	14.0	53			E 114°08′15.4″ N 23°20′01.0″	70
						2	17–27	蓝灰色	砂壤土	块状	6.4	6.3	0.44	10.48	0.4	29	1.7	43				
						3	27–34	灰色	轻壤土	块状、柱状	5.3	34.6	1.03	11.79	0.6	111	3.5	34				
						4	34–50		轻壤土		5.4	32.2	1.99	13.10	1.0	169	11.8	69				
剖19	人为土	水稻土	渗育水稻土	灰砂泥田	灰砂泥田	1	0–15		中壤土		5.5	8.7	0.47	14.28	0.7	43	6.5	69			E 114°26′50.3″ N 23°29′17.2″	94
						2	15–25		砂壤土		5.6	4.2	0.30	14.54	2.0	49	4.4	38	4.0			
						3	25–43		砂壤土		5.9	29.6		15.67	0.9	143	19.0	27				
剖20	人为土	水稻土	淹育水稻土	黄砂泥田	黄砂泥田	1	0–10		轻壤土			27.8	1.50	0.31	10.2	134	4.8	41	10.7		E 114°24′41.4″ N 23°28′48.4″	88
						2	10–20		中壤土			22.6	1.52	0.31	9.5	114	2.6	17				
						3	30–40		中壤土			5.8	0.36	0.18	6.1	40	1.3	9				
剖21	铁铝土	赤红壤	赤红壤	花岗岩赤红壤	潴有机质层厚层赤红壤	A	0–5				5.0	31.4	1.19							花岗岩	E 114°23′57.5″ N 23°25′16.3″	79
						B₁	30–35				5.2	12.4	1.04									
						B₂	65–70				5.2	5.3	0.63									
						B₃	100–105				5.2	3.1	0.27									
剖22	人为土	水稻土	潜育水稻土	泥质湖洋田	泥质湖洋田	1	0–40		重壤土		5.1	69.9	2.48	0.69	8.3	169	4.4	43			E 114°21′16.6″ N 23°25′52.6″	76
						2	40–80		重壤土		4.9	8.6	2.12	0.61	8.3	141		81				
剖23	人为土	水稻土	潴育水稻土	砂结田	砂结田	1	0–13		中壤土		5.0	13.7	0.74	0.48	8.7	101	26.3	44			E 114°25′37.6″ N 23°24′48.6″	82
						2	21–65		轻黏土		5.1	6.5	0.30	0.39	12.0	60	3.5	21				
剖24	铁铝土	赤红壤	赤红壤	玄武岩赤红壤	厚有机质层厚层玄武岩化赤红壤	1	0–21		轻黏土		4.6	31.8	1.18	0.22	0.4	96	1.5	80		玄武岩风化物	E 114°27′14.4″ N 23°24′25.6″	82
						2	21–43		轻黏土		4.9	17.3	0.73	0.17	0.6	84	0.8	46				
						3	43–55		中壤土		5.0	6.9	0.43	0.12	0.9	60	0.8	80				
剖25	人为土	水稻土	潴育水稻土	泥田	结泥田	1	0–12		轻壤土		5.3	16.6	0.90	0.32	21.4	132	5.7	69	10.7		E 114°28′09.5″ N 23°23′20.8″	75
						2	12–22		中壤土		5.2	14.7	0.62	0.32	18.8	52	5.2	43				
剖26	人为土	水稻土	潴育水稻土	油砂泥田	油砂泥田	1	0–15		中壤土		5.4	26.3	1.23	0.43	10.0	96	4.8	66			E 114°20′52.4″ N 23°23′06.7″	76
						2	15–26		中壤土		4.9	21.6	1.12	0.43	14.9	87	4.4	29				
						3	26–70		中壤土		5.2	9.0	0.51	0.34	13.3	77	3.5	37				
剖27	铁铝土	红壤	红壤	花岗岩红壤	中有机质层厚层花岗岩红壤	A	5–40		中壤土		4.8	49.8	3.17	0.40	50.9	81	35.1	100		花岗岩	E 114°15′21.2″ N 23°21′26.6″	93
						B₁	40–60		中壤土		5.7	11.0	0.53	0.46	47.7	67	0.9	56				
						B₂	90–110		中壤土		5.8	4.5	0.23	0.40	44.5	59	1.7	56				
						B₃	110–		中壤土		5.3	3.4	0.29	0.34	49.1	72	1.7	59				
剖28	铁铝土	赤红壤	黄化赤红壤	花岗岩黄化赤红壤	厚有机质层中层黄化赤红壤	1	0–15		中壤土		4.9	28.6	1.05	0.21	8.1	42	6.5	54		花岗岩	E 114°25′44.0″ N 23°20′56.0″	73
						2	15–31		轻壤土		5.0	16.1	0.67	0.28	8.5	33	1.3	51				
						3	31–62		轻壤土		5.1	10.4	0.45	0.45	1.3	17	3.5	40				
						4	62–100		轻壤土		5.0	3.1	0.21									
剖29	铁铝土	赤红壤	赤红壤	紫色赤红壤	紫砂土	1	0–19		砂壤土		5.1	7.8	0.47								E 114°38′16.7″ N 23°29′37.1″	78
						2	19–50		轻壤土	核块状	6.1	3.7	0.36									
剖30	铁铝土	赤红壤	赤红壤	玄武岩赤红壤	红黏土	1	0–15	暗棕色	轻壤土	核块状	4.6	17.0	0.71	0.45		54	1.3	34		玄武岩风化物	E 114°32′26.2″ N 23°27′52.6″	86
						2	15–38	暗红棕色	轻壤土		5.2	11.8	0.63	0.48	0.5	48	0.9	42				
						3	70–85		中壤土			11.2		0.41								
剖31	铁铝土	红壤	红壤	花岗岩红壤	厚有机质层中层红壤	A	0–16				4.3	59.2	1.74		0.7	82	10.9	22	3.6	花岗岩	E 114°02′27.2″ N 23°18′39.3″	95
						B₁	16–45		砂壤土		4.8	13.5	0.63	11.48	0.5	54	3.9	13	3.4			
						B₂	45–60		砂壤土		4.7	14.7	0.61	13.14	0.4	24	1.3	17				
剖32	人为土	水稻土	渗育水稻土	灰砂田	灰砂田	1	0–12		砂壤土		5.0	16.6	6.88	13.19							E 114°04′18.8″ N 23°16′25.3″	73
						2	12–25		砂壤土		5.4	10.3	0.51			54						
						3	38–50		砂壤土		5.9	3.6	0.20									

续表 Continued

剖面号 Soil profile	土纲 Soil order	土类 Soil great group	亚类 Soil subgroup	土属 Soil genus	土种 Soil species	土层码 Layer code	土层厚度 Depth/cm	颜色 Soil color	质地 Soil texture	土壤结构 Soil structure	pH	有机质 OM/(g/kg)	全氮 TN/(g/kg)	全磷 TP/(g/kg)	全钾 TK/(g/kg)	碱解氮 AN/(mg/kg)	有效磷 AP/(mg/kg)	速效钾 AK/(mg/kg)	阳离子交换量CEC/(cmol/kg)	土壤母质 Parent material	剖面点坐标 Profile coordinate	匹配指数 Matching index/%
剖33	人为土	水稻土	潴育水稻土	泥田	泥田	1	0—11		重壤土		5.1	28.3	1.51	0.38	23.4	213	4.4	72	10.8		E 114°07′12.0″ N 23°13′25.3″	75
						2	16—27		重壤土		5.5	7.1	0.64	0.36	23.5	106	2.2	33				
						3	35—45		重壤土		5.7	8.6	0.50	0.33	22.8	75	0.8	25				
剖34	人为土	水稻土	淹育水稻土	红砂泥田	红砂泥田	1	0—12		轻壤土		5.2	25.1	1.14	0.42	14.6	117	4.4	19	12.9		E 114°09′05.2″ N 23°12′34.7″	75
						2	12—22		轻壤土		5.1	9.6	0.48	0.24	9.1	55	4.8	11				
						3	47—60		中壤土		6.5	5.7	0.25	0.32	11.3	33	2.2	25				
剖35	人为土	水稻土	潴育水稻土	潮砂田	潮泥肉田	1	0—12	浅灰色	轻黏土		5.2	28.2	1.38	0.41	28.3	154	0.9	43		河流冲积物	E 114°05′01.7″ N 23°12′22.0″	73
						2	12—19	灰色	重壤土	块状	5.1	21.7	1.12	0.38	27.8	114	3.5	27				
						3	19—42	棕黄色	重壤土	柱状	6.0	9.6	0.63	0.34	27.6	53	4.8	24				
						4	42—	黄棕色		柱状												
剖36	铁铝土	赤红壤	赤红壤	花岗岩赤红壤		A	0—13					21.1	1.16							花岗岩	E 114°16′57.7″ N 23°19′56.3″	72
						B₁	13—54					5.9	0.30									
						B₂	54—140					5.7	0.29									
						B₃	140—					4.0	0.26									
剖37	半水成土	潮土	酸性潮土	潮砂泥土	潮砂泥土	1	0—13		中壤土		5.5	9.1	0.52	0.33	22.6	5	33.2	48		河流冲积物	E 114°29′35.4″ N 23°19′01.8″	89
						2	30—40		中壤土		4.6	5.1	0.36	0.34	24.4	35	3.9	37				
剖38	铁铝土	黄壤	黄壤	花岗岩黄壤	薄有机质层薄层黄壤	A	0—8					35.0	1.45							花岗岩	E 114°22′55.9″ N 23°16′52.7″	83
						B	20—30					10.3	0.46									
						C	40—					9.3	0.59									
剖39	铁铝土	红壤	黄红壤	花岗岩红壤		1	0—9		轻壤土		4.7	27.8	1.27	0.40	8.5	107	0.9	57		花岗岩	E 114°19′37.2″ N 23°16′39.7″	76
						2	9—20		中壤土		4.7	19.6	0.64	0.39	9.3	54	1.3	29				
						3	40—60		中壤土		5.1	5.8	0.25	0.38	12.4	22	1.3	32				
剖40	人为土	水稻土	潴育水稻土	砂田	乌砂田	1	0—10		砂壤土		6.5	13.5	0.60	0.17	23.4	62	19.2	7			E 114°25′33.6″ N 23°14′11.0″	97
						2	25—35		轻壤土		6.2	6.9	0.29	0.14	25.2	37	9.6	4				
						3	35—60		轻壤土		6.8	3.7	0.66	0.12	28.4	49	18.3	4				
剖41	人为土	水稻土	潴育水稻土	潮砂泥田	潮砂泥田	1	0—9		轻壤土		5.1	17.1	0.74	0.35	23.6	152	5.7	52	11.9	河流冲积物	E 114°00′22.3″ N 23°08′52.8″	95
						2	20—75		轻壤土		5.0	5.4	0.20	0.37	23.1	61	4.4	25				
剖42	人为土	水稻土	潜育水稻土	青泥田	结青泥田	1	0—14		重壤土		5.3	23.8	1.22	0.54	21.3	93	12.7	91			E 114°11′48.8″ N 23°08′31.6″	91
						2	14—100		重壤土		6.1	14.2	0.80	0.52	21.4	65	11.8	44				
剖43	人为土	水稻土	潴育水稻土	潮泥田	潮泥田	1	0—12		重壤土		5.8	25.3	1.15	0.19	23.4	110	4.4	76	10.8	河流冲积物	E 114°04′37.4″ N 23°07′51.8″	96
						2	12—20		重壤土		5.6	20.0	0.94	0.20	22.7	88	4.4	35				
						3	20—30		重壤土		5.9	16.4	0.72	0.17	23.4	68	4.4	23				
						4	30—50		中壤土		6.0	14.4	0.70	0.19	22.9	64	3.5	25				
剖44	人为土	水稻土	潴育水稻土	砂田	砂田	1	0—10		砂壤土		5.1	19.2	1.02	0.32	21.5	145	14.8	6		河流冲积物	E 114°07′34.3″ N 23°06′43.6″	75
						2	10—17		中壤土		6.1	16.6	0.90	0.33	31.0	100	8.3	6				
						3	20—30		中壤土		7.9	2.3	0.11	0.38	42.3	17	4.8	3				
						4	50—60		中壤土		7.4	4.0	0.21	0.38	40.7	27	14.8	4				
剖45	半水成土	潮土	酸性潮土	潮砂土	紫砂土	1	0—10		砂壤土		6.1	6.9	0.39	0.30	23.7	42	6.5	27		河流冲积物	E 114°05′22.7″ N 23°06′14.6″	94
						2	10—23		砂壤土		6.1	6.9	0.40	0.27	23.5	10	6.5	28				

惠 东 县

主要土类说明

赤红壤是惠东县主要土壤类型，占本县地域面积的53%。非耕型赤红壤占本县自然土壤面积的69%，主要分布在海拔300m以下的低丘及山脚地带。成土母质主要为花岗岩、砂页岩，还有少量凝灰岩。赤红壤与黄壤、红壤地处同一纬度带，三者的成土过程相似，但赤红壤的富铝化作用更为强烈，黏粒硅铝率较低，风化程度较深，除石英砂粒外，岩石中的大部分物质已彻底分解，分解产生的易溶性硅酸和盐基发生淋失，而难以移动的铁铝氧化物则积累下来，使土壤呈红色。赤红壤风化层较厚，剖面发育较完整，有机质含量低，土壤呈酸性。目前，大部分植被已遭到严重破坏，因此其有机质层一般很薄，且养分含量低。

红壤是惠东县第二大土壤类型，占本县地域面积的20%。非耕型红壤占本县自然土壤面积的23%，分布在海拔300—500m的丘陵地带。红壤的成土过程与黄壤相似，但富铝化作用和生物积累比黄壤强烈，风化程度比黄壤深，基性物质淋溶明显，黏粒硅铝率比黄壤高，土壤呈酸性。红壤风化层较深厚，剖面发育完整，表层颜色较暗，过渡层呈红色，褐色铁锰胶膜淀积明显，底部常有红、黄、白相间的网纹。

水稻土是惠东县第三大土壤类型，占本县地域面积的17%，主要分布在沿江平原、丘陵宽谷及沿海丘陵谷地。成土母质主要为河流冲积物、谷底冲积物、洪积物和滨海沉积物。本县水稻土分为淹育型、潴育型、潜育型、渗育型、盐渍型、沼泽型等亚类。其中，潴育水稻土面积最大，占本土类面积的75%，广泛分布在丘陵谷地和沿江平原，且多集中于村庄周围，耕作历史悠久，排灌条件较好，地下水位较低，土壤熟化程度高，土体通透性好，有比较完整的发育层次，剖面构型多为A-P-W-B或A-P-W-G，在犁底层下形成具有淋溶和淀积特征的潴育层。

黄壤占本县地域面积的6%，主要分布在海拔500—860m的山地。本县地处南亚热带的南缘，在高温多雨的气候条件下，成土母质进行着激烈的化学作用，形成的土层较为深厚。但由于黄壤所处地区地势较高，光温条件比红壤、赤红壤差，因此富铝化作用不够强烈，风化程度较弱，氧化铁以针铁矿、褐铁矿及水合氧化铁的形态存在，土壤呈强酸性，全剖面呈黄色。

小于本县地域面积3%的土壤类型有新积土、风沙土、石质土、山地草甸土和沼泽土。

本区域中心区气候特征

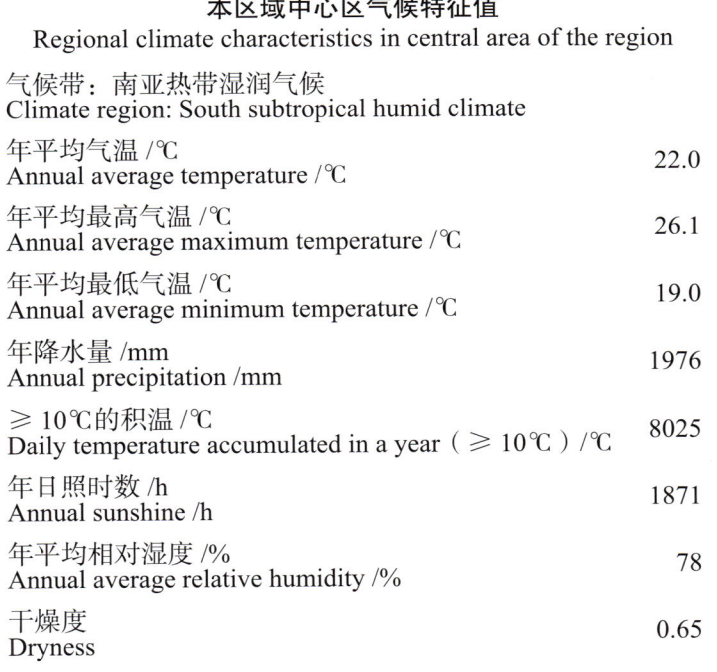

本区域中心区气候特征值
Regional climate characteristics in central area of the region

气候带：南亚热带湿润气候 Climate region: South subtropical humid climate	
年平均气温 /℃ Annual average temperature /℃	22.0
年平均最高气温 /℃ Annual average maximum temperature /℃	26.1
年平均最低气温 /℃ Annual average minimum temperature /℃	19.0
年降水量 /mm Annual precipitation /mm	1976
≥10℃的积温 /℃ Daily temperature accumulated in a year (≥10℃) /℃	8025
年日照时数 /h Annual sunshine /h	1871
年平均相对湿度 /% Annual average relative humidity /%	78
干燥度 Dryness	0.65

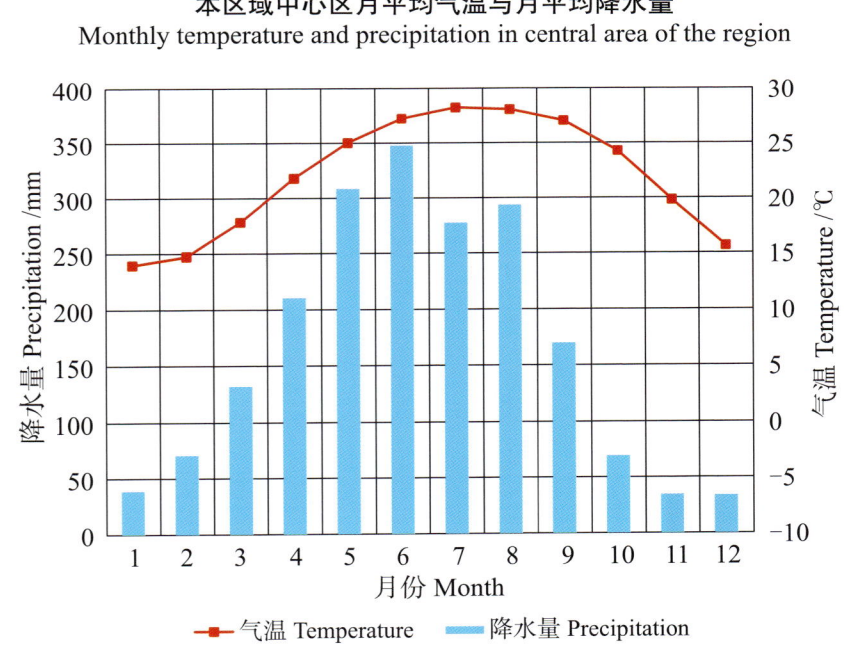

本区域中心区月平均气温与月平均降水量
Monthly temperature and precipitation in central area of the region

惠东县主要土壤类型与土壤剖面点分布图
1∶390 000

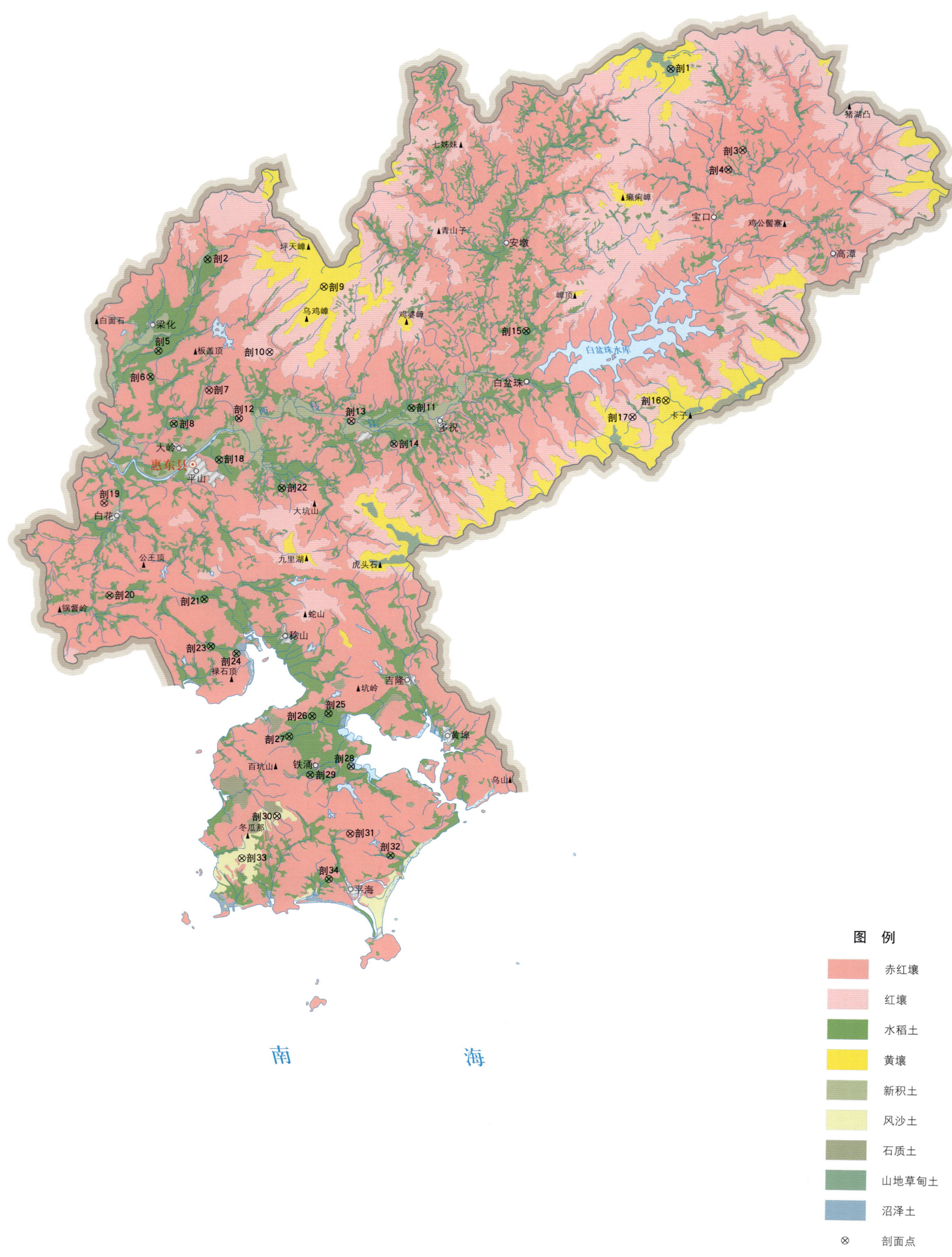

惠东县土壤剖面理化性状表

剖面号 Soil profile	土纲 Soil order	土类 Soil great group	亚类 Soil subgroup	土属 Soil genus	土种 Soil species	土层码 Layer code	土层厚度 Depth/cm	质地 Soil texture	pH	有机质 OM/(g/kg)	全氮 TN/(g/kg)	全磷 TP/(g/kg)	全钾 TK/(g/kg)	碱解氮 AN/(mg/kg)	有效磷 AP/(mg/kg)	速效钾 AK/(mg/kg)	土壤母质 Parent material	剖面点坐标 Profile coordinate	匹配指数 Matching index/%
剖1	半水成土	山地草甸土	山地草甸土	南方山地草甸土	南方山地草甸土	1	0~20	中壤土	4.6	43.1	1.50	0.18	20.1	156	5.7	60		E 115°09′02.9″ N 23°20′52.4″	89
						2	20~30	中壤土	5.5	3.8	0.12	0.17	32.2	11	微量	26			
剖2	人为土	水稻土	潜育水稻土	河砂泥田	河砂质田	1	0~16	砂壤土	5.7	9.9	0.41	0.18	24.0	42	3.1	21	冲积物	E 114°43′22.1″ N 23°10′16.3″	88
						2	16~24	轻壤土	5.4	4.9	0.19	0.15	31.3	19	3.1	21			
						3	24~50	重壤土	6.2	6.3	0.26	0.19	31.6	19	2.2	34			
剖3	人为土	水稻土	潜育水稻土	烂湿田	烂湿田	1	0~24	重壤土	5.5	26.6	1.10	0.34	22.2	102	3.1	62		E 115°13′09.5″ N 23°16′38.3″	95
						2	24~46	中壤土	5.7	17.7	0.62	0.25	21.9	63	2.6	49			
						3	46~100	中壤土	5.9	9.9	0.27	0.23	18.8	26	1.3	23			
剖4	人为土	水稻土	潜育水稻土	冷底田	冷底田	1	0~13	轻壤土	5.2	28.0	1.11	0.16	26.9	82	10.0	24		E 115°12′22.7″ N 23°15′36.4″	95
						2	13~25	轻壤土	5.7	11.9	0.14	0.07	29.0	28	微量	26			
						3	25~60	轻壤土	5.6	10.6	0.39	0.10	29.6	30	0.9	71			
剖5	人为土	水稻土	潜育水稻土	河砂泥田	河砂泥田	1	0~20	中壤土	5.4	24.0	0.84	0.38	9.1	108	14.0	30	冲积物	E 114°40′44.0″ N 23°05′20.8″	96
						2	20~30	轻壤土	6.1	7.0	0.35	0.23	11.0	27	0.9	14			
						3	30~100	中壤土	6.4	3.8	0.22	0.21	11.0	19	4.4	14			
剖6	人为土	水稻土	潜育水稻土	炭质黑泥田	黑泥底田	1	0~17	中壤土	5.9	22.4	1.05	0.28	16.6	80	3.5	25		E 114°40′19.6″ N 23°03′56.9″	94
						2	17~28	重壤土	5.6	17.6	0.69	0.16	17.8	41	1.3	16			
						3	28~50	重壤土	7.8	4.5	0.13	0.12	18.3	7	0.9	26			
剖7	铁铝土	赤红壤	赤红壤	花岗岩赤红壤		1	0~14	重壤土	5.3	25.8	0.81	0.31	10.2	86	3.5	73	花岗岩	E 114°43′37.2″ N 23°03′19.4″	80
						2	14~50	轻壤土	5.2	12.8	0.47	0.31	9.3	48	1.7	29			
						3	50~100	轻壤土	5.2	6.0	0.21	0.52	7.6	19	1.3	18			
剖8	人为土	水稻土	潜育水稻土	炭质黑泥田	黑泥砂田	1	0~12	中壤土	6.2	30.5	1.22	0.83	10.6	91	27.1	15			89
						2	12~33	轻壤土	5.7	33.0	1.21	0.83	10.0	120	3.5	15			
						3	33~86	轻壤土	6.3	64.5	1.44	0.26	6.3	87	4.4	18			
剖9	铁铝土	黄壤	黄壤	花岗岩黄壤		1	0~20	轻壤土	5.0	87.6	2.71	0.24	19.6	294	3.9	121	花岗岩	E 114°49′53.4″ N 23°08′57.4″	83
						2	20~35	轻壤土	5.5	38.7	1.40	0.21	25.7	175	2.2	93			
						3	35~60	中壤土	5.7	6.0	0.25	0.17	31.7	33	0.4	98			
剖10	铁铝土	红壤	红壤	花岗岩红壤		1	0~6	轻壤土	5.7	30.0	1.35	0.14	22.8	162	3.1	95	花岗岩	E 114°46′56.3″ N 23°05′25.1″	88
						2	6~25	轻壤土	5.4	6.7	0.40	0.10	25.3	39	0.9	37			
						3	25~60	重壤土	5.4	12.3	0.50	0.10	22.6	70	6.1	61			
剖11	人为土	水稻土	潜育水稻土	河黏土田	河黏土田	1	0~16	中壤土	4.2	31.6	1.33	0.25	16.5	95	2.2	62	冲积物	E 114°41′42.0″ N 23°01′30.4″	73
						2	16~26	轻壤土	4.3	28.6	1.02	0.23	16.8	75	1.7	124			
						3	26~63	中壤土	3.8	18.8	0.53	0.16	17.3	28	1.3	175			
剖12	人为土	水稻土	潜育水稻土	冷底田	铁锈水田	1	0~12	轻壤土	5.4	26.8	0.98	0.25	16.1	84	7.0	41		E 114°45′19.4″ N 23°01′52.4″	93
						2	12~19	轻壤土	5.4	15.8	0.56	0.18	14.4	40	2.6	57			
						3	19~48	重壤土	5.4	22.3	0.81	0.24	15.4	69	6.1	37			
剖13	铁铝土	赤红壤	赤红壤	侵蚀赤红壤		1	0~15	中壤土	4.9	12.2	0.52	0.07	9.3	56	10.0	25		E 114°54′56.2″ N 23°02′37.0″	85
						2	15~50	中壤土	5.2	6.4	0.27	0.06	8.2	28	0.4	17			
						3	50~100	中壤土	5.1	1.5	0.12	0.06	10.7	7	微量	18			
剖14	人为土	水稻土	淹育水稻土	砂页岩黄泥田	砂黄砂泥田	1	0~9	中壤土	5.8	17.5	0.67	0.34	13.4	26	2.2	54	砂页岩	E 114°51′36.0″ N 23°01′51.2″	74
						2	9~15	轻黏土	5.9	13.9	0.60	0.32	14.9	64	2.2	29			
						3	15~30	重黏土	6.0	12.7	0.53	0.37	24.3	41	0.4	33		E 114°54′00.4″ N 23°00′41.8″	

续表 Continued

剖面号 Soil profile	土纲 Soil order	土类 Soil great group	亚类 Soil subgroup	土属 Soil genus	土种 Soil species	土层码 Layer code	土层厚度 Depth/cm	质地 Soil texture	pH	有机质 OM/(g/kg)	全氮 TN/(g/kg)	全磷 TP/(g/kg)	全钾 TK/(g/kg)	碱解氮 AN/(mg/kg)	有效磷 AP/(mg/kg)	速效钾 AK/(mg/kg)	土壤母质 Parent material	剖面点坐标 Profile coordinate	匹配指数 Matching index/%
剖15	人为土	水稻土	潴育水稻土	河砂泥田	河砂泥田	1	0–15	重壤土	5.4	29.3	1.24	0.24	18.4	105	6.5	33	冲积物	E 115° 01′ 15.2″ N 23° 06′ 48.6″	72
						2	15–19	轻壤土	5.8	20.5	0.85	0.24	18.8	69	1.7	20			
						3	19–35	重壤土	5.5	16.1	0.57	0.24	19.7	53	1.3	35			
剖16	铁铝土	黄壤	黄壤	砂页岩黄壤		1	0–25	重壤土	5.0	18.9	0.54	0.24	7.9	51	1.3	43	砂页岩	E 115° 09′ 08.5″ N 23° 03′ 17.9″	83
						2	25–90	重壤土	5.2	18.5	0.54	0.24	8.2	63	1.3	37			
						3	90–135	重壤土	5.2	10.0	0.30	0.25	0.8	37	微量	24			
剖17	铁铝土	红壤	红壤	砂页岩红壤		1	0–14	重壤土	4.9	39.4	1.06	0.33	14.5	100	3.5	42	砂页岩	E 115° 07′ 17.4″ N 23° 02′ 22.6″	70
						2	14–100	重壤土	5.2	12.5	0.43	0.29	16.3	46	2.2	54			
剖18	人为土	水稻土	潴育水稻土	宽谷冲积泥田	宽谷硬泥田	1	0–15	重壤土	5.1	21.7	0.87	0.28	15.5	80	7.9	26	冲积物	E 114° 44′ 15.9″ N 22° 59′ 37.9″	72
						2	25–38	重壤土	6.0	10.7	0.39	0.17	14.5	39	6.1	19			
						3	38–53	重壤土	6.2	3.8	0.11	0.11	12.2	13	1.3	21			
剖19	铁铝土	赤红壤	赤红壤	花岗岩赤红泥地	花赤红砂泥地	1	0–20	中壤土	5.3	23.3	0.39	0.17	4.6	89	3.9	21	砂页岩	E 114° 37′ 55.2″ N 22° 57′ 10.4″	72
						2	20–100	中壤土	5.7	9.6	0.36	0.15	4.9	48	1.3	12			
剖20	人为土	水稻土	潴育水稻土	乌泥底田	乌泥底田	1	0–20	轻壤土	5.8	16.4	0.70	0.26	10.8	63	6.5	25		E 114° 38′ 20.8″ N 22° 52′ 15.6″	89
						2	20–30	轻壤土	5.9	13.7	0.58	0.21	10.5	46	1.7	25			
						3	30–60	重壤土	6.0	12.8	0.47	0.16	14.7	33	微量	29			
剖21	人为土	水稻土	淹育水稻土	砂页岩黄泥田	砂页黄底田	1	0–13	重壤土	5.7	27.4	1.12	0.38	4.6	93	6.5	105	砂页岩	E 114° 43′ 38.6″ N 22° 52′ 10.9″	93
						2	13–48	重壤土	6.1	17.6	0.71	0.36	4.1	63	5.7	92			
						3	48–60	轻黏土	6.4	8.0	0.32	0.28	3.7	34	3.1	91			
剖22	人为土	水稻土	潴育水稻土	河砂冲积田	河结粉田	1	0–13	中壤土	5.7	15.6	0.72	0.25	20.0	70	1.7	22	冲积物	E 114° 47′ 48.5″ N 22° 58′ 11.6″	97
						2	13–23	重壤土	6.5	9.1	0.39	0.25	21.6	40	1.7	17			
						3	23–100	重壤土	7.2	6.9	0.30	0.33	24.4	59	1.3	41			
剖23	人为土	水稻土	盐渍水稻土	滨海沉积田	海泥田	1	0–15	重壤土	2.8	23.0	1.20	0.26	25.6	20	3.1	25	滨海沉积物	E 114° 44′ 04.0″ N 22° 49′ 41.3″	94
						2	15–33	重壤土	8.2	6.9	0.50	0.24	27.9	11	2.2	25			
						3	33–53	重壤土	8.2	9.9	0.55	0.28	26.0	9	2.2	23			
剖24	人为土	水稻土	盐渍水稻土	咸酸田	轻咸酸田	1	0–15	中壤土	4.8	22.8	0.82	0.14	18.3	83	3.5	19	砂页岩	E 114° 45′ 30.3″ N 22° 49′ 20.4″	73
						2	15–26	轻壤土	6.2	25.0	0.77	0.14	16.7	71	1.3	29			
						3	26–65	轻壤土	6.3	131.8	2.88	0.17	16.4	177	4.4	119			
剖25	人为土	水稻土	潴育水稻土	谷底冲积田	泥田	1	0–15	中壤土	5.9	23.5	1.20	0.26	16.1	82	2.2	21	冲积物	E 114° 50′ 42.3″ N 22° 46′ 15.2″	91
						2	15–24	重壤土	7.0	9.6	0.59	0.21	15.9	25	1.7	33			
						3	24–56	重壤土	8.2	4.4	0.48	0.23	17.6	11	1.7	25			
剖26	人为土	水稻土	淹育水稻土	泥肉田	泥肉田	1	0–21	中壤土	5.3	26.1	1.36	0.29	23.9	105	2.6	12	冲积物	E 114° 49′ 48.6″ N 22° 46′ 05.0″	84
						2	21–33	中壤土	5.9	19.4	0.97	0.27	24.8	65	微量	27			
						3	33–100	中壤土	6.3	12.9	0.54	0.21	24.5	28	微量	75			
剖27	人为土	水稻土	潴育水稻土	砂页岩黄泥田	砂结粉田	1	0–16	中壤土	5.6	18.4	0.79	0.14	16.9	67	0.9	37	砂页岩	E 114° 48′ 33.5″ N 22° 44′ 58.2″	79
						2	16–22	中壤土	6.8	8.8	0.35	0.11	17.7	30	0.4	29			
						3	22–81	轻壤土	4.4	3.3	0.13	0.13	17.3	12	0.9	22			
剖28	水成土	沼泽土	淹化沼泽土	滨海泥滩	砂质田	1	0–18	重壤土	3.3	33.8	1.16	0.23	17.5	127	3.9	374	滨海沉积物	E 114° 52′ 02.6″ N 22° 43′ 27.5″	84
						2	35–65	砂壤土	5.5	44.2	0.99	0.21	17.8	121	3.5	49			
剖29	人为土	水稻土	潴育水稻土	谷底冲积田	砂质田	1	0–15	砂壤土	5.7	11.3	0.48	0.14	16.3	50	5.2	21	冲积物	E 114° 49′ 46.6″ N 22° 42′ 56.9″	73
						2	15–26	砂壤土	6.2	5.1	0.24	0.16	16.3	23	2.2	9			
						3	26–45	中壤土	5.9	2.2	0.13	0.14	29.4	12	2.2	24			
剖30	初育土	风沙土	滨海风沙土	滨海沙地	滨海沙地	1	0–25	松砂土	5.9	3.0	0.19	0.22	10.1	19	22.3	15	滨海沉积物	E 114° 47′ 59.7″ N 22° 40′ 43.6″	84
						2	25–90	松砂土	6.0	4.3	0.12	0.29	12.2	17	37.1	11			
						3	90–110	轻砂土	6.2	0.5	0.15	0.08	11.3	2	5.7	7			

续表 Continued

剖面号 Soil profile	土纲 Soil order	土类 Soil great group	亚类 Soil subgroup	土属 Soil genus	土种 Soil species	土层码 Layer code	土层厚度 Depth/cm	质地 Soil texture	pH	有机质 OM/(g/kg)	全氮 TN/(g/kg)	全磷 TP/(g/kg)	全钾 TK/(g/kg)	碱解氮 AN/(mg/kg)	有效磷 AP/(mg/kg)	速效钾 AK/(mg/kg)	土壤母质 Parent material	剖面点坐标 Profile coordinate	匹配指数 Matching index/%
剖31	铁铝土	赤红壤	赤红壤	粗骨性赤红壤		1	0—20	轻壤土	5.3	27.5	1.00	0.28	28.5	95	4.8	37		E 114°52′05.5″ N 22°39′53.3″	86
						2	20—100	砂壤土	5.3	4.5	0.16	0.14	35.2	16	0.9	17			
剖32	人为土	水稻土	潴育水稻土	滨海沉积土田	海砂泥田	1	0—16	中壤土	5.7	28.3	1.37	0.82	18.4	141	63.7	26	滨海沉积物	E 114°54′21.8″ N 22°38′46.0″	77
						2	16—26	中壤土	5.9	24.1	1.24	0.97	19.3	100	53.7	23			
						3	26—76	中壤土	6.5	15.8	0.86	1.16	18.2	48	64.6	25			
剖33	初育土	风沙土	滨海风沙土	滨海沙土		1	0—100	轻砂土	8.6	0.5	0.20	0.15	9.7	1	3.5	48	滨海沉积物	E 114°46′05.7″ N 22°38′25.3″	92
剖34	人为土	水稻土	潴育水稻土	宽谷冲积土田	宽谷砂泥田	1	0—17	中壤土	5.5	20.6	1.13	0.46	18.8	64	11.8	67	冲积物	E 114°50′57.8″ N 22°37′25.7″	71
						2	20—33	重壤土	5.3	6.4	0.46	0.28	19.6	38	1.3	51			
						3	43—53	中壤土	5.9	10.9	0.72	0.29	21.0	21	1.7	41			

龙 门 县

主要土类说明

赤红壤是龙门县主要土壤类型，占本县地域面积的 63%。赤红壤主要发生于南亚热带季雨林下，其脱硅富铝化程度仅次于砖红壤，强于红壤。铁的游离度介于二者之间，黏粒硅铝率为 1.7—2.0，风化淋溶系数为 0.05—0.15，盐基饱和度为 15%—25%，pH 为 4.5—5.5。淀积层（B 层）富含铁铝氧化物，呈赤红色。

红壤是龙门县第二大土壤类型，占本县地域面积的 19%。红壤主要发生于亚热带常绿阔叶林下，呈中度脱硅富铝化特征，土壤黏粒中游离铁占全铁的 50%—60%。黏土矿物以高岭石、赤铁矿为主，黏粒硅铝率为 1.8—2.4，风化淋溶系数小于 0.20，盐基饱和度小于 35%，pH 为 4.5—5.5。红壤具深厚的红色土层，底层可见深厚的红、黄、白相间的网纹状红色黏土。

水稻土是龙门县第三大土壤类型，占本县地域面积的 14%。水稻土是在长期的季节性淹灌、水下翻耕、季节性脱水、氧化还原交替影响下，原来的成土母质或母土的特性发生重大改变，形成的新的土壤类型。由于干湿交替，水稻土形成糊状的淹育层、较坚实板结的犁底层、渗育层、潴育层与潜育层等多种发生层。这些不同的发生层是在人为耕作、水浆管理下形成的。

小于本县地域面积 3% 的土壤类型有黄壤。

本区域中心区气候特征

本区域中心区气候特征值
Regional climate characteristics in central area of the region

气候带：南亚热带湿润气候 Climate region: South subtropical humid climate	
年平均气温 /℃ Annual average temperature /℃	21.6
年平均最高气温 /℃ Annual average maximum temperature /℃	26.2
年平均最低气温 /℃ Annual average minimum temperature /℃	18.3
年降水量 /mm Annual precipitation /mm	1885
≥10℃的积温 /℃ Daily temperature accumulated in a year (≥10℃) /℃	7935
年日照时数 /h Annual sunshine /h	1755
年平均相对湿度 /% Annual average relative humidity /%	77
干燥度 Dryness	0.67

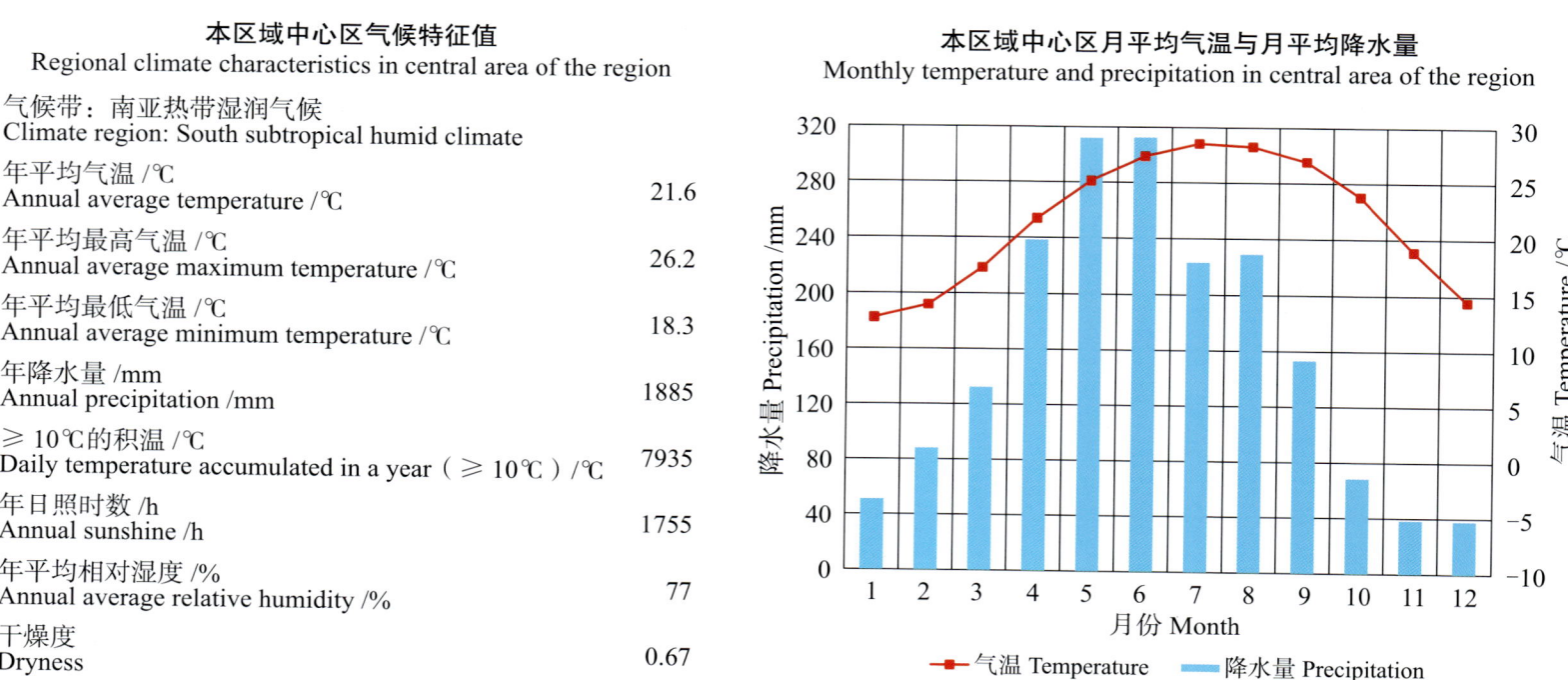

本区域中心区月平均气温与月平均降水量
Monthly temperature and precipitation in central area of the region

龙门县主要土壤类型与土壤剖面点分布图
1:280 000

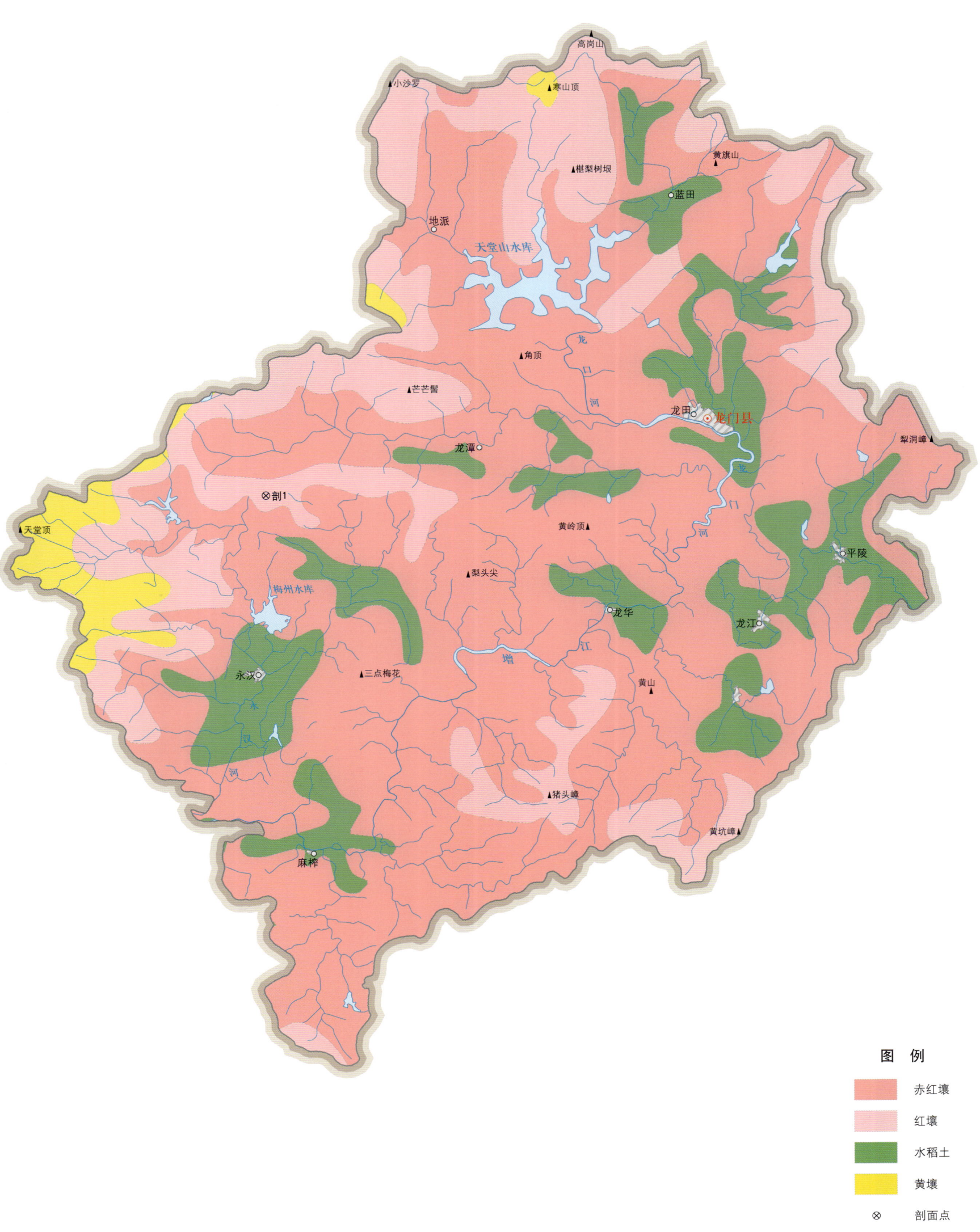

龙门县土壤剖面理化性状表

剖面号 Soil profile	土纲 Soil order	土类 Soil great group	亚类 Soil subgroup	土属 Soil genus	土种 Soil species	土层码 Layer code	土层厚度 Depth/cm	颜色 Soil color	质地 Soil texture	土壤结构 Soil structure	pH	有机质 OM/(g/kg)	全氮 TN/(g/kg)	全磷 TP/(g/kg)	全钾 TK/(g/kg)	碱解氮 AN/(mg/kg)	有效磷 AP/(mg/kg)	速效钾 AK/(mg/kg)	土壤母质 Parent material	剖面点坐标 Profile coordinate	匹配指数 Matching index/%
剖1	铁铝土	红壤	红壤	麻红壤	厚有机质层	A	0—23	深灰色	砂质壤土	粒状	4.8	26.9	1.19	0.12	19.9	74	微量	41	花岗岩风化坡积物	E 113°58′13.4″ N 23°40′44.4″	83
					厚层麻红壤土	B	23—105	棕红色	砂质黏壤土	块状	4.6	5.9	0.28	0.08	19.1	23	微量	25			

梅 州 市

梅 县 区

主要土类说明

赤红壤是梅县区主要土壤类型，占本区地域面积的62%，占本区自然土壤面积的93%，广泛分布在低丘陵地带。成土母质主要为砂页岩、花岗岩、石灰岩等岩石风化物。由于高温多雨，植被稀疏，水土流失严重，风化淋溶和富铝化作用强烈，因此赤红壤土层一般较厚，呈酸性，盐基不饱和，有机质层很薄，一般小于10cm。

水稻土是梅县区第二大土壤类型，占本区地域面积的15%，主要分布在沿河平原、丘陵坡地、山间宽谷和盆地。本区水稻土分为潴育型、潜育型、沼泽型、渗育型、矿毒型等亚类。其中，潴育水稻土面积最大，占本土类面积的76%，剖面构型为A-P-W-C、A-P-W-G等，其潴育层厚度不一，厚者可达数十厘米，发育较好的潴育层多为柱状或棱柱状结构。

红壤是梅县区第三大土壤类型，占本区地域面积的14%，主要分布在本区东北部海拔400—650m的丘陵、山地。成土母质主要为砂页岩、花岗岩风化物。红壤呈中度脱硅富铝化特征，土壤黏粒中游离铁占全铁的50%—60%。黏土矿物以高岭石、赤铁矿为主，黏粒硅铝率为1.8—2.4，风化淋溶系数小于0.20，盐基饱和度小于35%，pH为4.5—5.5。

紫色土占本区地域面积的6%，由紫色砂页岩发育而成。紫色土土层浅薄，剖面层次发育不明显，仍处于初育阶段。母岩富含矿质养分，且风化迅速。由于高温多雨，水流侵蚀，部分紫色土几乎没有有机质层。

小于本区地域面积3%的土壤类型有黄壤和潮土。

本区域中心区气候特征

本区域中心区气候特征值
Regional climate characteristics in central area of the region

气候带：南亚热带湿润气候 Climate region: South subtropical humid climate	
年平均气温 /℃ Annual average temperature /℃	20.5
年平均最高气温 /℃ Annual average maximum temperature /℃	25.1
年平均最低气温 /℃ Annual average minimum temperature /℃	17.3
年降水量 /mm Annual precipitation /mm	1606
≥10℃的积温 /℃ Daily temperature accumulated in a year（≥10℃）/℃	8800
年日照时数 /h Annual sunshine /h	1850
年平均相对湿度 /% Annual average relative humidity /%	79
干燥度 Dryness	0.76

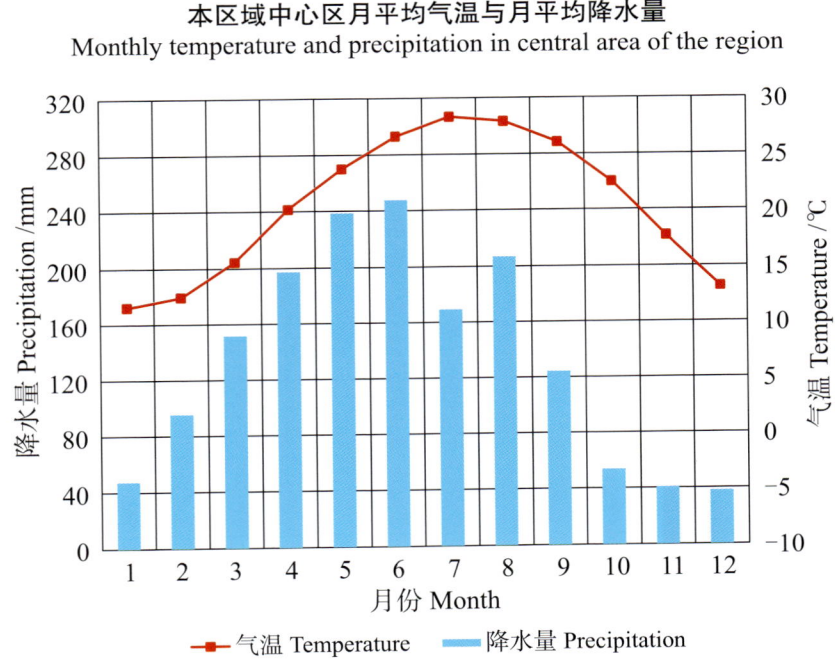

本区域中心区月平均气温与月平均降水量
Monthly temperature and precipitation in central area of the region

梅县主要土壤类型与土壤剖面点分布图
1:350 000

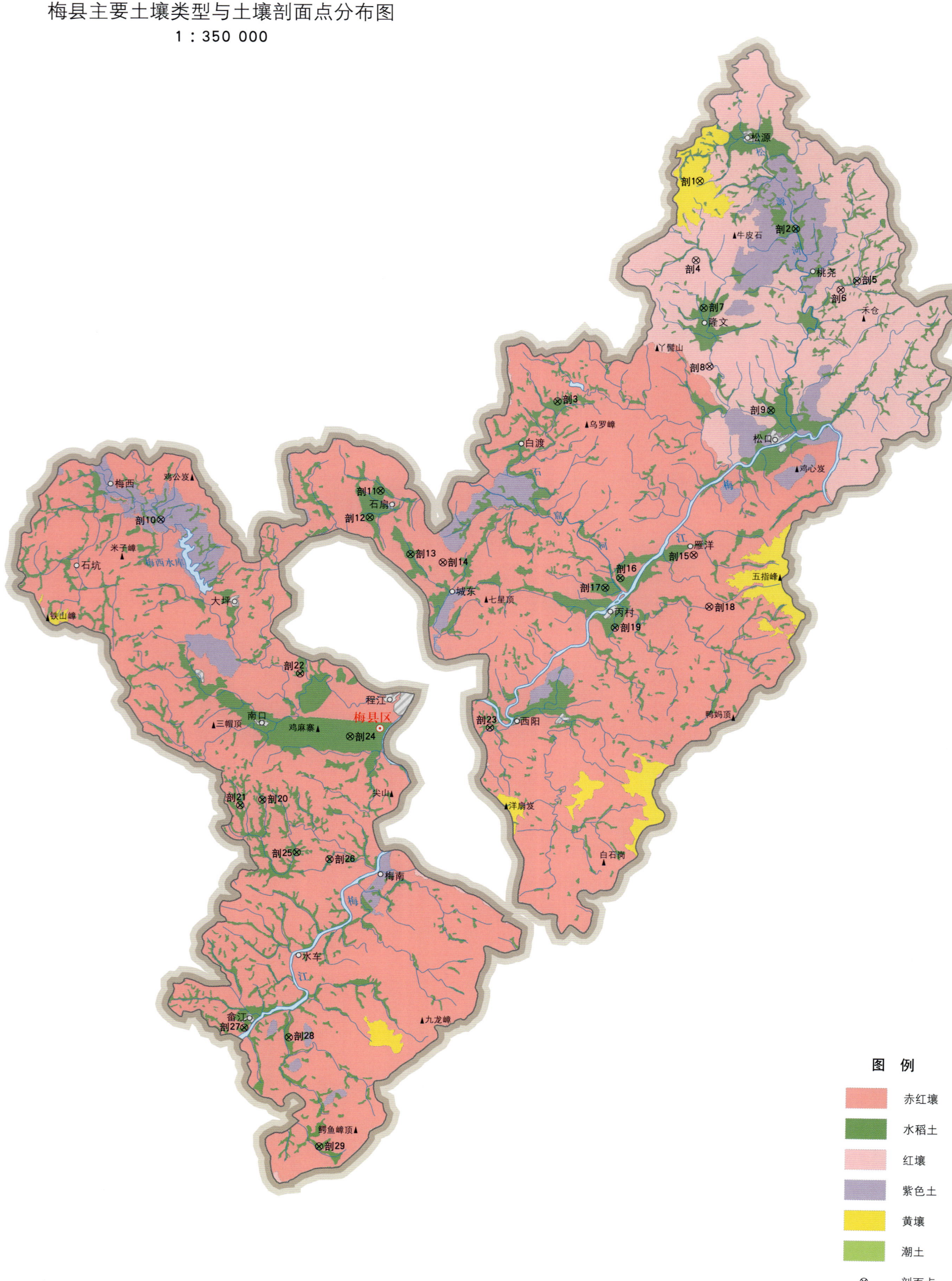

注：国务院 2013 年 10 月批准，撤销梅县，设立梅县区。

图例：赤红壤、水稻土、红壤、紫色土、黄壤、潮土、剖面点

梅县区土壤剖面理化性状表

剖面号 Soil profile	土纲 Soil order	土类 Soil great group	亚类 Soil subgroup	土属 Soil genus	土种 Soil species	土层码 Layer code	土层厚度 Depth/cm	颜色 Soil color	质地 Soil texture	土壤结构 Soil structure	pH	有机质 OM/(g/kg)	全氮 TN/(g/kg)	全磷 TP/(g/kg)	碱解氮 AN/(mg/kg)	有效磷 AP/(mg/kg)	速效钾 AK/(mg/kg)	土壤母质 Parent material	剖面点坐标 Profile coordinate	匹配指数 Matching index/%
剖1	铁铝土	黄壤	黄壤	花岗岩黄壤	薄有机质层中层花岗岩黄壤	1	0~14				5.2	28.5	1.06	0.42	98	2.6	66	花岗岩	E 116°20′25.8″ N 24°42′13.3″	90
						2	14~40				4.8	13.1	0.62	0.09						
						3	40~100				4.6	4.4	0.44	0.09						
剖2	人为土	水稻土	矿毒型水稻土	矿毒田	煤水田	1	0~14	灰色	轻壤土	块状	6.0	22.5	1.06	0.41	104	1.3	37		E 116°25′15.0″ N 24°40′01.7″	90
						2	14~22	灰色	轻壤土	块状	5.8	21.2	0.94	0.30						
						3	22~60	灰棕色	中壤土	块状	5.6	14.8	0.49	0.21						
剖3	人为土	水稻土	潴育水稻土	洪冲积土田	顽泥田	1	0~12	黄棕色	中壤土	块状	6.2	38.7	1.65	0.35	145	1.7	18	洪冲积物	E 116°13′26.8″ N 24°31′47.6″	76
						2	12~32	黄棕色	重壤土	块状	6.2	35.8	1.68	0.28						
						3	32~60	棕褐色	中壤土	块状	6.0	38.8	1.70	0.03						
剖4	铁铝土	红壤	红壤	砂页岩红壤	冷底泥	1	0~25	灰褐色	中壤土	块状	5.4	24.7	0.21	0.34	92	2.6	48	砂页岩风化物	E 116°20′16.5″ N 24°38′29.8″	93
						2	25~100	红黄色	中壤土	块状	5.0	9.6	0.77	0.25						
剖5	人为土	水稻土	潴育水稻土	冷底田	深泥田	1	0~20	棕黄色	中壤土	块状	7.2	54.8	2.18	0.37	173	3.1	67		E 116°28′20.3″ N 24°37′37.2″	99
						2	20~30	棕灰色	中壤土	板块状	7.4	47.1	1.68	0.21						
						3	30~52	棕灰色	重壤土	板块状	7.4	39.1	1.13	0.15						
剖6	铁铝土	红壤	红壤	花岗岩红壤		1	0~20		轻壤土	块状	5.1	21.3	1.12	0.37	96	2.2	73	花岗岩	E 116°27′32.0″ N 24°37′11.6″	76
						2	20~100				4.7	8.3	0.62	0.29						
剖7	人为土	水稻土	潴育水稻土	砂页岩红泥田	页砂泥田	1	0~15	乌灰色	轻壤土	块状	6.8	24.6	0.91	0.31	63	2.2	19	砂页岩	E 116°20′41.6″ N 24°36′15.1″	98
						2	15~21	黄灰色	轻壤土	粒状	6.5	11.1	0.73	0.11						
						3	21~30	灰黄色	中壤土	块状	6.4	10.2	0.60	0.02						
剖8	铁铝土	红壤	红壤	砂页岩红泥地	红泥地	1	0~16	灰褐色	中壤土	块状	5.8	26.9	0.98	0.37	98	3.5	53	砂页岩	E 116°21′00.7″ N 24°33′31.0″	81
						2	16~25	黄褐色	重壤土	粒状	5.2	10.8	0.68	0.20						
						3	25~100	红褐色	中壤土	块状	5.0	4.9	0.34	0.14						
剖9	人为土	水稻土	潴育水稻土	冷底田	冷底田	1	0~15	灰黄色	中壤土	块状	5.5	16.5	0.76	0.25	59	1.7	35		E 116°24′06.9″ N 24°31′30.4″	86
						2	15~30	黄色	中壤土	柱状	5.4	20.1	0.49	0.15						
						3	30~60	灰蓝色	中壤土	粒状	5.4	9.6	0.36	0.11						
剖10	初育土	紫色土	酸性紫色土	酸性紫色土	厚有机质层厚上层酸性紫色土	1	0~27	黑灰色	砂壤土	粒状	6.3	27.6	3.90	0.73	67	7.4	35		E 115°53′43.8″ N 24°25′56.3″	97
						2	27~70	浅灰色	砂壤土	粒状	6.0	14.6	0.30	0.59	47	6.1				
						3	70~100	浅灰色	砂壤土	粒状	6.0	14.0	0.26	0.40	34	6.1				
剖11	人为土	水稻土	潴育水稻土	砂页岩红泥田	页砂质田	1	0~15	瓦灰色	砂壤土	块状	7.3	23.5	1.22	0.28	52	1.3	19	砂页岩	E 116°24′40.8″ N 24°27′28.1″	85
						2	15~29	黄色	中壤土	块状	7.4	12.9	0.62	0.11						
						3	29~80	黄色	中壤土	块状	7.5	6.6	0.46	0.07						
剖12	人为土	水稻土	潴育水稻土	麻红泥田	麻砂质田	1	0~14	棕灰色	砂壤土	粒状	6.9	21.9	1.06	0.25	106	1.3	41		E 116°24′09.8″ N 24°26′13.2″	100
						2	14~27	灰灰色	砂壤土	粒状	7.3	17.4	0.34	0.37						
						3	27~62	棕黄色	砂壤土	粒状	7.5	7.9	0.18	0.14						
剖13	人为土	水稻土	潴育水稻土	紫泥田	牛肝土田	1	0~10	浅灰色	中壤土	块状	6.3	32.5	1.58	0.82	150	7.9	22	紫色砂页岩风化物	E 116°06′13.3″ N 24°25′29.9″	75
						2	10~19	浅灰色	重壤土	块状	6.7	20.8	1.00	0.48						
						3	19~100	黄灰色	轻壤土	粒状	6.7	20.1	0.94	0.48						
剖14	铁铝土	赤红壤	赤红壤	花岗岩赤红壤		1	0~21	黄灰色	中壤土	块状	4.8	21.2	0.70	0.09	97	0.4	56	花岗岩风化物	E 116°04′51.2″ N 24°27′07.9″	100
						2	21~100	黄色	重壤土	粒状	5.5	19.5	0.40	0.09						
剖15	铁铝土	赤红壤	赤红壤	砂页岩赤红壤	赤红地	1	0~16	浅黄色	中壤土	板块状	4.0	11.6	0.12	0.03	59	3.5	17	砂页岩风化物	E 116°20′22.2″ N 24°24′39.6″	73
						2	16~70	浅黄色	轻黏土	块状	4.0	5.5	0.01	0.03						

续表 Continued

剖面号 Soil profile	土纲 Soil order	土类 Soil great group	亚类 Soil subgroup	土属 Soil genus	土种 Soil species	土层码 Layer code	土层厚度 Depth/cm	颜色 Soil color	质地 Soil texture	土壤结构 Soil structure	pH	有机质 OM/(g/kg)	全氮 TN/(g/kg)	全磷 TP/(g/kg)	碱解氮 AN/(mg/kg)	有效磷 AP/(mg/kg)	速效钾 AK/(mg/kg)	土壤母质 Parent material	剖面点坐标 Profile coordinate	匹配指数 Matching index/%
剖16	人为土	水稻土	潴育水稻土	河砂泥田	河泥田	1	0—15	黄灰色			6.2	29.0	1.32	0.54	146	6.1	51	河流冲积物	E 116°16′43.2″ N 24°23′31.5″	78
						2	15—30				5.7	16.9	1.04	0.38						
						3	30—85				5.5	12.0	0.83	0.30						
剖17	人为土	水稻土	潴育水稻土	洪冲积土田	半砂泥田	1	0—18	黄灰色	轻壤土	块状	5.7	27.1	1.36	0.45	126	3.9	14	洪冲积物	E 116°15′58.7″ N 24°23′03.1″	95
						2	18—35	灰灰色	轻壤土	块状	6.0	18.1	0.29	0.28						
						3	35—100	灰黄色	中壤土	块状	5.8	5.4	0.24	0.22						
剖18	铁铝土	赤红壤	赤红壤	砂页岩赤红壤	厚有机质层厚层砂页岩赤红壤	1	0—33	浅灰黄色	砂壤土	块状	5.0	10.6	1.03	0.11	63	0.9	34	砂页岩、板岩、粉砂岩风化物	E 116°21′10.8″ N 24°22′14.2″	82
						2	33—59	黄灰色	砂壤土	块状	5.1	9.7	0.93	0.11						
						3	59—100	红灰色	泥石混合土	块状	6.0	7.9	0.74	0.11						
剖19	人为土	水稻土	潴育水稻土	石灰性水田	石灰性水田	1	0—18	黄灰色	轻壤土	块状	8.5	26.1	1.02	0.22	91	2.6	9		E 116°16′29.3″ N 24°21′11.9″	97
						2	18—35	灰灰色	轻壤土	块状	8.3	14.5	0.67	0.17						
						3	35—60	浅黄色	中壤土	块状	8.2	9.7	0.58	0.12						
剖20	人为土	水稻土	沼泽型水稻土	冷浸田	冷浸田	1	0—19	红黄色	中壤土	块状	6.1	41.4	1.84	0.32	180	1.7	22		E 115°59′57.6″ N 24°12′32.8″	87
						2	19—29	灰色	中壤土	块状	6.2	22.7	0.80	0.21						
						3	29—100	瓦灰色	中壤土	块状	6.2	26.0	0.81	0.12						
剖21	人为土	水稻土	潴育水稻土	麻红黄泥田	麻红黄泥田	1	0—15	黄色	中壤土	片状	5.5	18.2	0.88	0.21	78	0.9	52	花岗岩风化物	E 115°57′57.6″ N 24°12′32.8″	78
						2	15—29	黄灰色	中壤土	块状	5.4	14.4	0.49	0.09						
						3	29—60	浅黄色	中壤土	棱柱状	5.3	9.8	0.43	0.04						
剖22	人为土	水稻土	潴育水稻土	砂页岩黄泥田	页红黄泥田	1	0—12	黄褐色	中壤土	块状	5.5	19.1	1.00	0.27	87	2.2	45	砂页岩风化物	E 116°00′49.4″ N 24°18′49.2″	99
						2	12—18	黄灰色	重壤土	块状	5.3	18.7	0.92	0.13						
						3	18—52	黄褐色	中壤土	块状	5.2	8.7	0.65	0.04						
剖23	人为土	水稻土	沼泽型水稻土	泥炭土田	泥炭土田	1	0—20	黄棕色	中壤土	块状	5.4	52.2	2.24	0.14	98	1.7	9		E 116°10′19.5″ N 24°16′24.7″	92
						2	20—39	棕色	中壤土	块状	5.1	43.4	1.84	0.07						
						3	39—100	棕色	中壤土	块状	5.1	38.1	1.94	0.02						
剖24	人为土	水稻土	潴育水稻土	泥肉田	泥肉田	1	0—17	深褐色	中壤土	团粒状	7.3	45.4	1.85	0.54	178	5.7	54		E 116°03′22.5″ N 24°15′53.6″	72
						2	17—33	黄褐色	中壤土	柱状	7.5	21.5	0.36	0.24						
						3	33—100	黄褐色	重壤土	块状	7.6	11.1	0.29	0.15						
剖25	人为土	水稻土	潴育水稻土	麻红泥田	麻红泥田	1	0—16	灰褐色	中壤土	块状	6.5	31.0	1.35	0.43	108	2.6	66		E 116°00′49.2″ N 24°10′22.9″	81
						2	16—27	褐灰色	轻壤土	块状	6.8	17.2	0.60	0.48						
						3	27—60	浅灰色	中壤土	块状	6.8	12.8	0.40	0.49						
剖26	人为土	水稻土	潴育水稻土	洪冲积土田	鸭屎泥田	1	0—13	棕灰色	中壤土	块状	6.5	19.1	0.86	0.29	92	0.9	33		E 116°02′27.6″ N 24°10′05.5″	83
						2	13—25	浅灰色	轻壤土	块状	6.4	5.6	0.28	0.14						
						3	25—86	褐灰色	轻壤土	块状	6.5	10.5	0.56	0.10						
剖27	人为土	水稻土	潴育水稻土	河砂泥田	河砂泥田	1	0—15	棕黄色	轻壤土	团粒状	6.2	33.8	1.58	0.37	113	3.9	39	河流冲积物	E 115°58′23.1″ N 24°02′00.6″	75
						2	15—30	灰黄色	中壤土	粒状	6.9	16.8	0.79	0.08						
						3	30—60	黄灰色	中壤土	块状	6.2	16.3	0.61	0.07						
剖28	人为土	水稻土	潴育水稻土	白鳝泥田	白鳝泥田	1	0—12	浅红黄色	重壤土	块状	5.5	16.4	0.65	0.27	69	0.9	27		E 116°00′36.7″ N 24°16′36.1″	71
						2	12—24	浅黄色	黏土	块状	5.5	9.0	0.39	0.03						
						3	24—60	瓦灰色	黏土	柱状	5.6	11.4	0.76	0.01						
剖29	人为土	水稻土	渗育水稻土	砂页岩泥田	页结粉田	1	0—11	灰白色	轻壤土	粉粒状	5.8	14.4	0.68	0.19	98	0.4	45	砂页岩	E 116°02′14.0″ N 23°56′33.5″	83
						2	11—18	黄黄色	轻壤土	粉粒状		8.2	0.45	0.11						
						3	18—70	灰黄色	砂壤土	散粒状		4.8	0.26	0.09						

大 埔 县

主要土类说明

红壤是大埔县主要土壤类型，占本县地域面积的47%，广泛分布在南亚热带海拔400—650m的丘陵、山地，垂直分布在黄壤之下。红壤形成于高温潮湿的季风气候条件下，气候温暖，雨量充沛，风化壳深厚，剖面发育完整，富铝化作用明显，黏粒硅铝率为2.0—2.2，盐基不饱和，土壤酸性强，铁铝氧化物明显聚积，土体多呈深红色。红壤的富铝化和风化作用比黄壤强。剖面构型为A-B-C或A-C。本县红壤仅有红壤一个亚类。

赤红壤是大埔县第二大土壤类型，占本县地域面积的30%，分布在南亚热带海拔400m以下的丘陵地带，垂直分布在红壤之下。赤红壤是在南亚热带高温多雨的气候条件下形成的地带性土壤，风化淋溶强烈，富铝化作用比红壤强，黏粒硅铝率为1.7—2.0，盐基不饱和，土壤呈酸性。由于其所处地区的气候条件较好，水热资源丰富，岩石中除石英砂粒外，其他大部分物质已分解，有机质矿化迅速，难以聚积，易溶性的硅酸和盐基淋失，难移动的铁铝氧化物则明显聚积，使土壤呈赤红色。赤红壤土层深厚，剖面构型为A-B-C，有机质和全氮含量因植被和利用情况而异。发育于花岗岩的赤红壤含钾量丰富，发育于砂页岩的赤红壤含钾量较低。本县赤红壤仅有赤红壤一个亚类。

水稻土是大埔县第三大土壤类型，占本县地域面积的10%，广泛分布在本县各地，是本县主要的农业土壤。本县水稻土主要由花岗岩、砂页岩、紫色砂页岩、洪积物、洪冲积物、河流冲积物等发育而成，是长期人为活动的产物。在长期耕作、施肥、灌溉等条件下，由于氧化还原和淋溶淀积等作用，水稻土形成了特有的剖面形态、理化和生物特性。良好的水稻土剖面通常由耕作层、犁底层、潴育层、母质层组成，有的水稻土还出现潜育层和漂洗层。不同的水稻土具有不同的肥力特性、耕作性能和生产性能。本县水稻土分为淹育型、潴育型、渗育型、潜育型、沼泽型、矿毒型等亚类。

紫色土占本县地域面积的7%，分布在茶阳、三河、大麻、银江等地的低丘陵地带，由紫色砂页岩风化发育而成。紫色土常与赤红壤交错分布，发育层次不明显，土层中的淋溶与淀积作用均较弱，全剖面呈紫色至紫褐色。紫色土土层浅薄，质地为中壤土至重壤土，具碎粒状结构，有机质和氮素缺乏，磷、钾含量较高。紫色土物理风化作用强烈，化学风化作用较弱，矿质养分补充较快。本县酸性紫色土养分含量平均值为有机质9.7g/kg，全氮0.52g/kg，全钾20.0g/kg。

小于本县地域面积5%的土壤类型有黄壤、草甸土和潮土。

本区域中心区气候特征

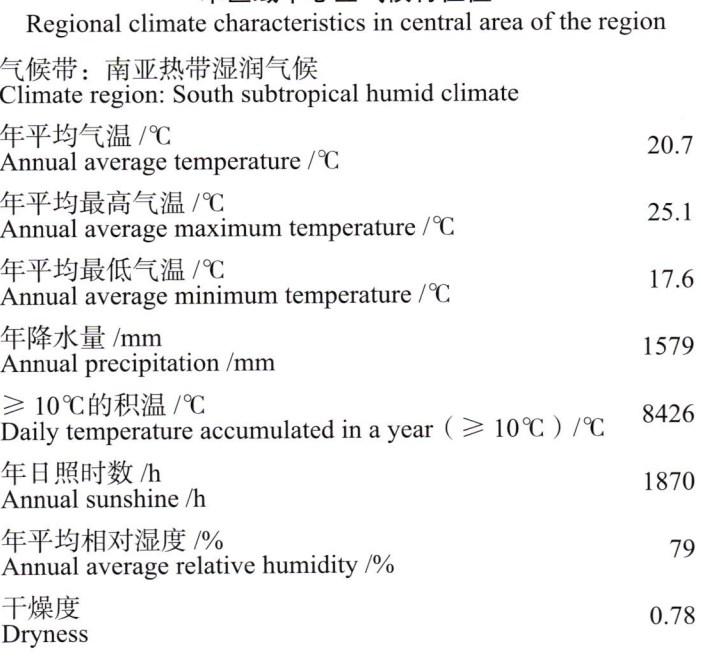

本区域中心区气候特征值
Regional climate characteristics in central area of the region

气候带：南亚热带湿润气候 Climate region: South subtropical humid climate	
年平均气温 /℃ Annual average temperature /℃	20.7
年平均最高气温 /℃ Annual average maximum temperature /℃	25.1
年平均最低气温 /℃ Annual average minimum temperature /℃	17.6
年降水量 /mm Annual precipitation /mm	1579
≥10℃的积温 /℃ Daily temperature accumulated in a year (≥10℃) /℃	8426
年日照时数 /h Annual sunshine /h	1870
年平均相对湿度 /% Annual average relative humidity /%	79
干燥度 Dryness	0.78

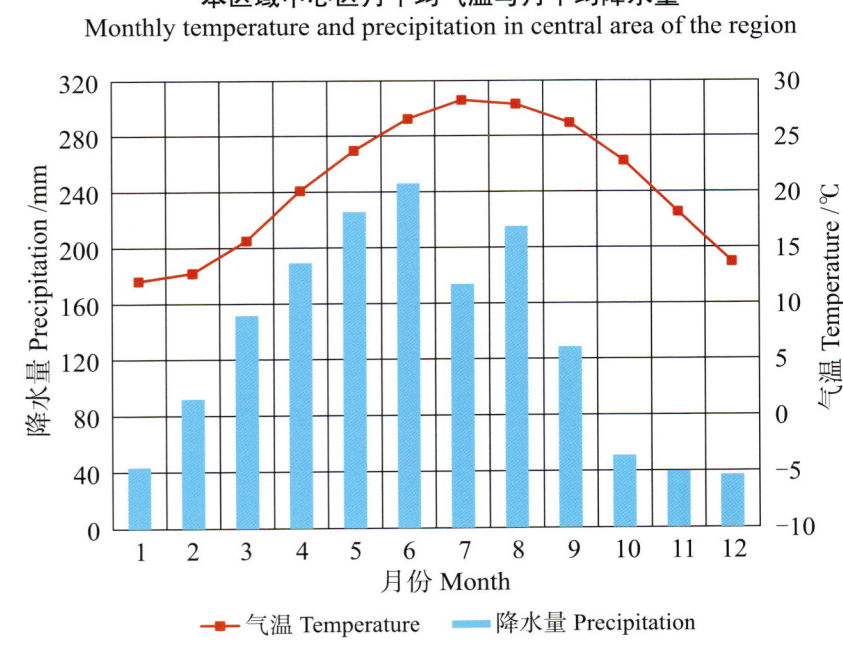

本区域中心区月平均气温与月平均降水量
Monthly temperature and precipitation in central area of the region

大埔县主要土壤类型与土壤剖面点分布图
1∶280 000

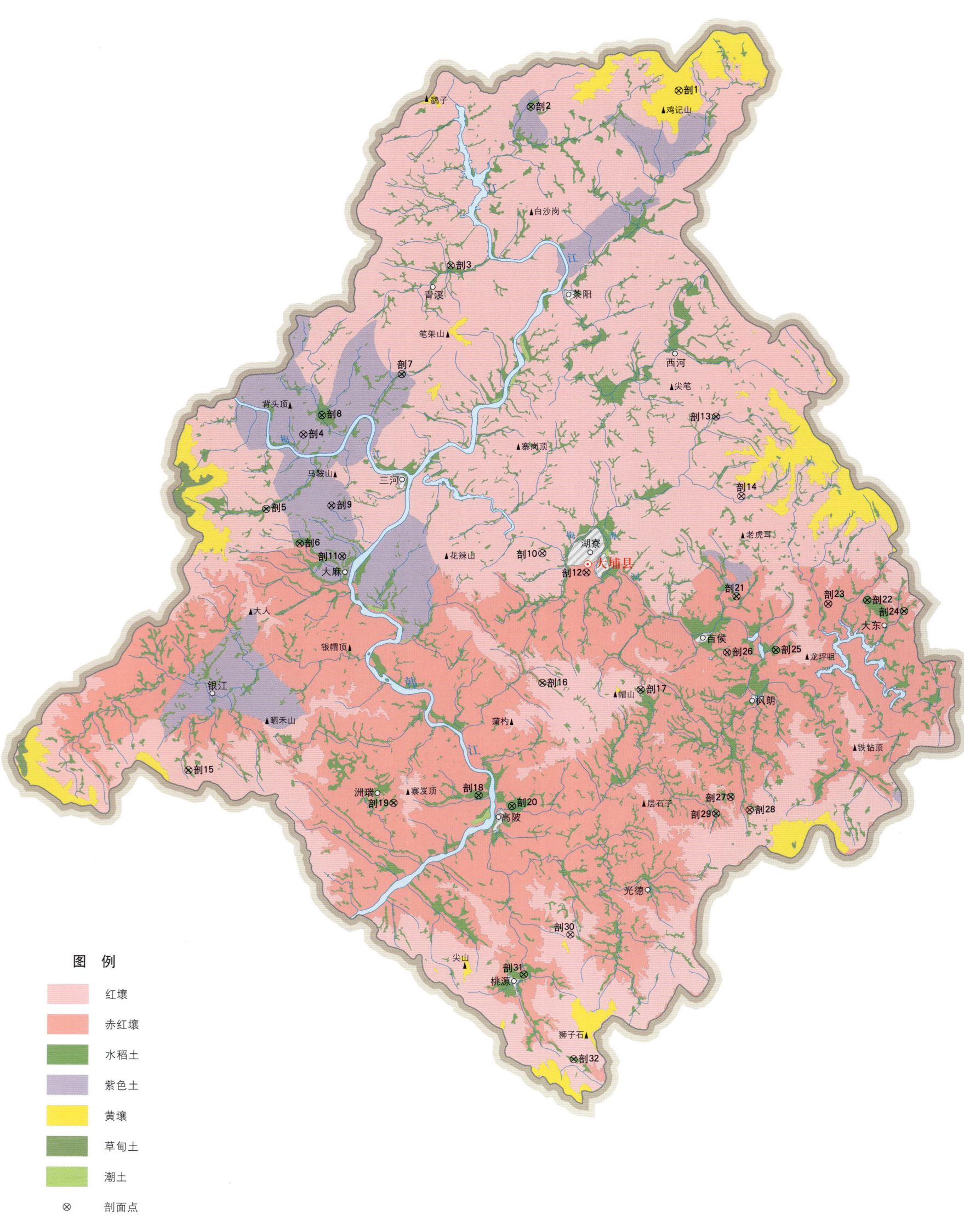

大埔县土壤剖面理化性状表

剖面号 Soil profile	土纲 Soil order	土类 Soil great group	亚类 Soil subgroup	土属 Soil genus	土种 Soil species	土层码 Layer code	土层厚度 Depth/cm	颜色 Soil color	质地 Soil texture	土壤结构 Soil structure	pH	有机质 OM/(g/kg)	全氮 TN/(g/kg)	全磷 TP/(g/kg)	全钾 TK/(g/kg)	土壤母质 Parent material	剖面点坐标 Profile coordinate	匹配指数 Matching index/%
剖1	铁铝土	黄壤	黄壤	花岗岩黄壤		A	0—20	棕灰色	中壤土	团粒状	4.6	43.7	1.15	0.45	18.6	花岗岩	E 116°44′59.5″ N 24°38′42.8″	87
						B	20—100	黄色	重壤土	块状	4.7	9.3	0.42	3.80	17.2			
剖2	人为土	水稻土	渗育水稻土	白鳝泥田	白鳝泥底田	A	0—13	灰白色	重壤土	块状	4.9	49.3	2.56	0.91	8.2	富含长石的花岗岩、泥质页岩洪积物	E 116°39′03.2″ N 24°38′06.4″	83
						P	13—23	浅灰白色	重壤土	块状	5.7	27.7	1.03	0.63	8.1			
						E	23—69	灰白色	重壤土	块状	6.6	15.4	0.68	0.68	8.2			
剖3	人为土	水稻土	矿毒型水稻土	矿毒田	鹤矿毒田	A	0—15	浅蓝色	轻壤土	小块状	4.4	14.3	0.75	0.31	25.9		E 116°35′51.4″ N 24°32′08.9″	86
						P	15—22	浅灰色	轻壤土	块状	4.8	12.9	0.73	0.23	32.9			
						W	22—60	灰色	轻壤土	块状	5.6	8.0	0.61	0.16	32.4			
剖4	初育土	紫色土	酸性紫色土	酸性紫色土	薄有机质层酸性紫色土	A	0—18	紫色	中壤土	细粒状	4.5	16.9	0.64	0.63	17.4		E 116°29′58.8″ N 24°25′45.3″	92
						B	18—100	紫色	重壤土	块状	4.5	5.9	0.31	0.53	16.2			
剖5	人为土	水稻土	潴育水稻土	洪积红黄泥田	洪积泥田	A	0—16	黄褐色	重壤土	块状	5.1	29.3	1.24	0.37	22.7	洪积物	E 116°28′30.4″ N 24°22′57.4″	79
						P	16—27	灰黄色	重壤土	块状	5.3	22.7	1.06	0.35	17.7			
						W	27—78	棕黄色	重壤土	块状	5.9	13.1	0.67	0.29	22.9			
剖6	人为土	水稻土	潴育水稻土	紫泥田	牛肝土田	A	0—16	紫色	重壤土	小块状	4.9	19.3	1.16	0.42	12.8		E 116°29′51.4″ N 24°21′38.9″	78
						B	16—25	棕色	重壤土	块状	5.8	12.7	1.05	0.37	21.7			
						W	25—40	黄棕色	中壤土	块状	7.0	6.5	0.99	0.38	25.1			
剖7	人为土	水稻土	潴育水稻土	紫泥田	紫砂泥田	A	0—17	黄褐色	轻壤土	团块状	5.7	22.7	0.95	0.31	10.5	紫色砂页岩洪积物、洪冲积物	E 116°33′54.0″ N 24°28′02.6″	85
						B	17—28	棕色	轻壤土	块状	5.7	14.5	0.52	2.62	10.0			
						W	28—58	黄棕色	轻壤土	块状	6.8	3.6	0.24	0.22	14.2			
剖8	人为土	水稻土	潴育水稻土	泥肉田	泥田	A	0—17	深黄色	中壤土	微团粒状	5.3	42.3	1.69	0.55	11.7		E 116°30′43.2″ N 24°26′29.0″	90
						P	17—26	灰黄色	中壤土	块状	5.4	24.5	1.15	0.20	12.4			
						W	26—67	灰色	重壤土	棱柱状	6.5	14.0	0.61	0.19	38.8			
剖9	初育土	紫色土	酸性紫色土	酸性牛肝田土	牛肝土地	A	0—15	棕色	重壤土	块状	5.3	33.5	0.84	0.47	21.5		E 116°31′07.0″ N 24°21′05.3″	87
						B	15—40	棕色	重壤土	块状	4.7	11.3	0.80	0.43	24.1			
剖10	铁铝土	红壤	侵蚀红壤	侵蚀红壤		A	0—15	黄褐色	轻壤土	碎块状	4.5	8.9	0.43	0.14	9.1		E 116°39′33.1″ N 24°21′19.1″	94
						B	15—100	黄色	中壤土	块状	5.2	7.5	0.30	0.15	4.1			
剖11	人为土	水稻土	潴育水稻土	泥肉田	油泥田	A	0—20	暗灰色	中壤土	微团粒状	6.2	35.0	1.33	0.61	11.0		E 116°31′33.2″ N 24°21′10.3″	81
						P	20—32	棕灰色	中壤土	柱状	6.9	30.6	1.62	0.48	10.5			
						W	32—70	棕黄色	中壤土	粒状	6.9	29.5	1.39	0.82	10.5			
剖12	铁铝土	赤红壤	赤红壤	侵蚀赤红壤		A	0—10	黄色	轻壤土	细团块状	4.5	11.9	0.30	0.13	4.5		E 116°41′19.7″ N 24°20′35.9″	86
						B	10—100	灰白色	轻壤土	碎块状	5.2	4.0	0.42	0.14	11.9			
剖13	人为土	水稻土	潴育水稻土	砂页岩红泥田	页结粉田	A	0—11	灰白色	重壤土	块状	5.1	12.5	1.24	0.28	17.3	砂页岩	E 116°46′29.6″ N 24°26′28.7″	81
						B	11—16	灰黄色	重壤土	细粒状	6.5	17.4	0.79	0.24	15.8			
						W	16—42	黄色	砂壤土	块状	4.6	5.6	0.40	0.17	11.5			
剖14	铁铝土	红壤	红壤	砂页岩红壤	洪积砂页岩	A	0—18	黄褐色	砂壤土	小块状	5.2	16.0	0.86	0.54	16.2	砂页岩	E 116°47′31.2″ N 24°23′30.1″	99
						B	18—61	黄褐色	砂壤土	块状	4.7	7.8	0.56	0.60	20.7			
剖15	人为土	水稻土	潴育水稻土	洪积红黄泥田	洪积砂质田	A	0—15	浅灰色	砂壤土	块状	5.2	15.6	0.75	0.14	23.2	洪积物	E 116°25′27.8″ N 24°13′04.1″	71
						P	15—30	黄棕色	轻壤土	块状	5.2	11.2	0.56	0.09	27.8			
						W	30—55	棕色	轻壤土	块状	5.3	4.5	0.25	0.09	21.2			
剖16	人为土	水稻土	潴育水稻土	麻红泥田	麻红泥麻砂质田	A	0—14	浅灰色	中壤土	碎块状	5.5	21.0	1.00	0.40	9.1		E 116°39′34.9″ N 24°16′26.0″	80
						P	14—20	黄灰色	轻壤土	块状	5.3	13.8	0.75	0.37	8.7			
						W	20—42	灰黄色	中壤土	块状	5.7	8.6	0.50	0.29	7.0			

续表 Continued

剖面号 Soil profile	土纲 Soil order	土类 Soil great group	亚类 Soil subgroup	土属 Soil genus	土种 Soil species	土层码 Layer code	土层厚度 Depth/cm	颜色 Soil color	质地 Soil texture	土壤结构 Soil structure	pH	有机质 OM/(g/kg)	全氮 TN/(g/kg)	全磷 TP/(g/kg)	全钾 TK/(g/kg)	土壤母质 Parent material	剖面点坐标 Profile coordinate	匹配指数 Matching index/%
剖17	人为土	水稻土	淹育水稻土	麻红黄泥田	麻红黄泥麻砂质田	A	0–12	黄灰色	砂壤土	块状	5.8	12.3	0.66	0.21	40.4	花岗岩坡积物、残积物	E 116°43′30.7″ N 24°16′12.4″	71
剖18	人为土	水稻土	潴育水稻土	河砂泥田	河砂泥田	P	12–17	灰黄色	轻壤土	块状	5.3	14.7	0.97	0.20	39.0	河流冲积物	E 116°37′03.7″ N 24°12′11.2″	83
						C	17–50	黄灰色	中壤土	块状	5.4	7.3	0.70	0.20	38.5			
剖19	人为土	水稻土	矿毒型水稻土	矿毒田	硫黄矿毒田	A	0–18	灰色	中壤土	碎块状	5.5	20.3	0.88	0.38	14.3	河流冲积物	E 116°33′40.0″ N 24°11′52.8″	80
						P	18–25	浅灰色	中壤土	块状	6.9	9.3	0.53	0.35	15.0			
						W	25–57	灰黄色	中壤土	块状	6.3	8.4	0.43	0.27	17.3			
剖20	人为土	水稻土	潴育水稻土	河砂泥田	河砂泥田	A	0–14	灰白色	中壤土	块状	5.1	16.9	0.30	0.27	10.1	河流冲积物	E 116°38′23.6″ N 24°11′47.0″	100
						P	14–25	灰白色	重壤土	块状	5.0	22.8	0.94	0.39	10.1			
						W	25–34	紫黄色	重壤土	块状	6.7	3.7	0.87	0.14	15.9			
剖21	人为土	水稻土	淹育水稻土	冷底田	冷底田	A	0–15	黄棕色	砂壤土	粒状	4.5	20.3	0.90	0.09	24.1		E 116°47′20.4″ N 24°19′43.0″	78
						P	15–23	黄棕色	中壤土	散状	5.5	8.0	0.42	0.21	25.1			
						W	23–75	浅黄色	松砂土	散状	6.5	3.3	0.32	0.21	26.6			
剖22	人为土	水稻土	潴育水稻土	砂页岩红黄泥田	页红泥骨青田	A	0–16	灰棕色	中壤土	块状	4.4	26.3	1.04	0.19	27.1	砂页岩风化物	E 116°52′34.0″ N 24°19′35.8″	89
						P	16–29	灰色	中壤土	团块状	5.3	24.7	1.05	0.21	17.2			
						W	29–32	蓝灰色	重壤土	块状	5.8	27.3	1.55	0.17	15.5			
剖23	铁铝土	赤红壤	赤红壤	砂页岩赤红壤		A	0–14	灰黄色	中壤土	块状	4.5	35.0	1.86	0.49	13.1	砂页岩	E 116°51′00.6″ N 24°19′27.0″	94
						C	14–100	红黄色	松砂土	粒状	6.0	12.6	0.97	0.65	13.5			
剖24	人为土	水稻土	沼泽型水稻土	冷浸田	冷浸田	A	0–19	红黄色	重壤土	块状	4.5	20.0	1.03	0.35	12.0		E 116°54′02.9″ N 24°19′10.6″	88
						B	19–100	棕黄色	中壤土	糊状	4.6	11.9	0.77	0.51	12.4			
剖25	人为土	水稻土	潴育水稻土	洪冲积田	顽泥田	A	0–18	灰褐色	中壤土	糊状	5.2	37.2	2.04	0.45	8.5	洪冲积物	E 116°48′55.1″ N 24°17′42.7″	89
						G	18–23	灰色	重壤土	软块状	5.5	14.0	0.59	0.46	10.4			
剖26	人为土	水稻土	潴育水稻土	洪冲积田	砂泥田	A	0–15	棕色	重壤土	块状	5.9	38.3	1.82	0.68	7.9	洪冲积物	E 116°46′58.1″ N 24°17′36.6″	82
						P	15–21	浅灰色	重壤土	块状	7.1	10.1	0.54	0.41	6.8			
						W	21–44	灰棕色	中壤土	团聚体	5.6	27.1	1.31	0.61	7.4			
剖27	人为土	水稻土	潴育水稻土	湖洋田	湖洋田	A	0–20	灰色	轻壤土	棱柱状	5.9	45.4	2.16	0.31	24.4		E 116°47′08.2″ N 24°12′10.4″	86
						P	20–30	棕黄色	中壤土	块状	6.1	18.2	1.55	0.10	23.5			
						W	30–80	蓝灰色	中壤土	糊状	4.9	34.9	0.63	0.21	23.3			
剖28	铁铝土	赤红壤		花岗岩赤红壤		A	0–26	蓝蓝色	中壤土	糊状	4.8	28.9	1.23	0.31	10.2	花岗岩	E 116°47′53.9″ N 24°11′41.3″	83
						G	26–	红黄色	中壤土	块状	5.2	30.0	1.33	0.16	10.7			
剖29	人为土	水稻土	潴育水稻土	麻红泥田		A	0–21	灰褐色	轻壤土	碎块状	5.2	20.2	0.74	0.45	19.6	花岗岩风化物	E 116°46′33.2″ N 24°11′32.6″	85
						B	21–100	灰色	中壤土	块状	5.2	5.9	0.36	0.13	14.9			
剖30	红壤	红壤		花岗岩红壤		A	0–17	棕黄色	中壤土	块状	4.7	31.5	1.64	0.42	22.5	花岗岩	E 116°47′45.4″ N 24°06′56.3″	82
						P	17–24	暗黄色	中壤土	块状	5.8	8.6	0.54	0.21	23.6			
						W	24–63	浅黄色	中壤土	棱块状	6.1	5.4	0.29	0.20	25.2			
剖31	铁铝土	人为土	潴育水稻土	洪积红泥田	洪积砂泥田	A	0–21	灰黄色	轻壤土	团块状	4.2	30.6	1.34	0.17	26.0	花岗岩	E 116°40′45.4″ N 24°05′25.9″	74
						B	21–100	棕灰色	中壤土	块状	4.3	20.8	0.79	0.19	14.9			
剖32	人为土	水稻土	潴育水稻土	麻红泥田	麻红泥田	A	0–15	黄灰色	轻壤土	块状	5.5	20.8	0.97	0.24	31.4	洪积物	E 116°38′54.9″ N 24°05′25.9″	74
						B	18–28	棕灰色	中壤土	块状	5.5	18.2	0.67	0.17	31.1			
						W	28–41	黄灰色	重壤土	棱块状	5.6	9.8	0.45	0.15	32.7			
	人为土	水稻土				A	0–15	黄灰色	中壤土	块状	4.8	22.9	1.25	0.34	4.6		E 116°40′55.6″ N 24°02′16.1″	73
						P	15–30	灰色	中壤土	块状	5.3	17.4	0.93	0.34	5.1			
						W	30–56	棕灰色	中壤土	块状	6.2	10.7	0.59	0.30	5.3			

丰 顺 县

主要土类说明

赤红壤是丰顺县主要土壤类型,占本县地域面积的56%,广泛分布在海拔400m以下的丘陵地带,是本县主要的自然土壤。成土母质以花岗岩风化物为主,其次为砂页岩风化物。由花岗岩发育的赤红壤,因山林遭到破坏,原生植被不复存在,水土流失严重,出现局部片蚀、沟蚀及崩岗等现象,母岩风化较彻底,土层较深厚,含粗砂较多,有机质层厚薄不一。

红壤是丰顺县第二大土壤类型,占本县地域面积的22%,主要分布在海拔400—650m的地区,以砂田、大龙华、八乡山等地分布较多。植被主要为亚热带常绿阔叶林及针阔叶混交林。因土壤中铁的氧化物水化程度较低,故土体呈棕红色。

水稻土是丰顺县第三大土壤类型,占本县地域面积的14%,广泛分布在本县各地,是本县主要的耕作土壤。成土母质主要为花岗岩风化物、砂页岩风化物、洪积物、洪冲积物以及河流冲积物等。本县水稻土分为淹育型、潴育型、渗育型、潜育型、沼泽型等亚类。其中,潴育水稻土面积最大,占本土类面积的95%,耕作历史悠久,排灌条件较好,土壤熟化程度高,有比较完整的发育层次,剖面构型为A–P–W–C。该亚类的主要特点是在犁底层下形成具有淋溶和淀积特征的潴育层,剖面内有棕黄色的铁锈斑纹、紫黑色的锰质斑点或新生的铁锰结核,具有明显的棱柱状或柱状结构。

黄壤占本县地域面积的7%,主要分布在海拔650—1100m的山地,以八乡山、北斗、大龙华、砂田等地分布较多。成土母质主要为花岗岩、流纹岩风化物。植被主要为常绿阔叶林及针阔叶混交林。

小于本县地域面积3%的土壤类型有石质土、潮土和草甸土。

本区域中心区气候特征

本区域中心区气候特征值
Regional climate characteristics in central area of the region

气候带:南亚热带湿润气候 Climate region: South subtropical humid climate	
年平均气温 /℃ Annual average temperature /℃	21.2
年平均最高气温 /℃ Annual average maximum temperature /℃	25.2
年平均最低气温 /℃ Annual average minimum temperature /℃	18.2
年降水量 /mm Annual precipitation /mm	1659
≥10℃的积温 /℃ Daily temperature accumulated in a year(≥10℃)/℃	8346
年日照时数 /h Annual sunshine /h	1929
年平均相对湿度 /% Annual average relative humidity /%	80
干燥度 Dryness	0.76

本区域中心区月平均气温与月平均降水量
Monthly temperature and precipitation in central area of the region

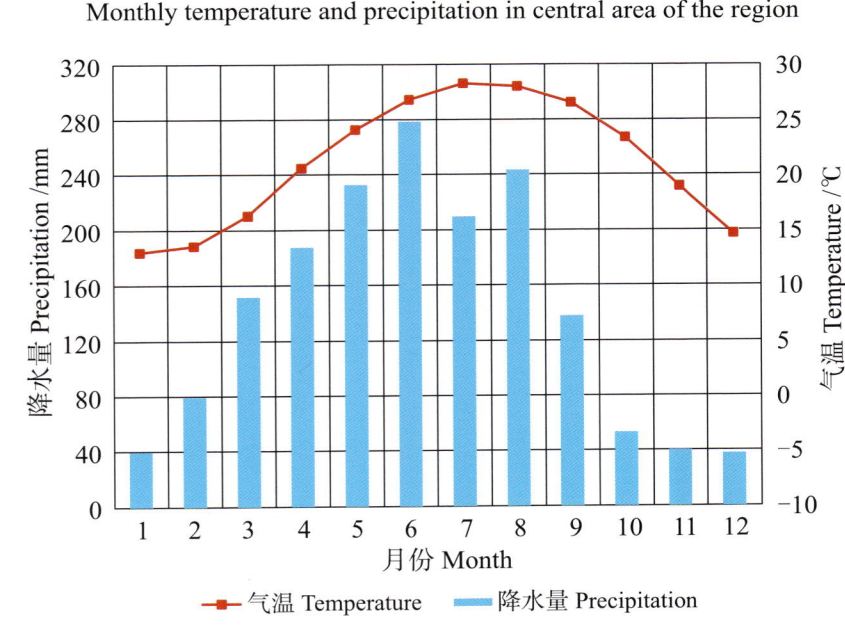

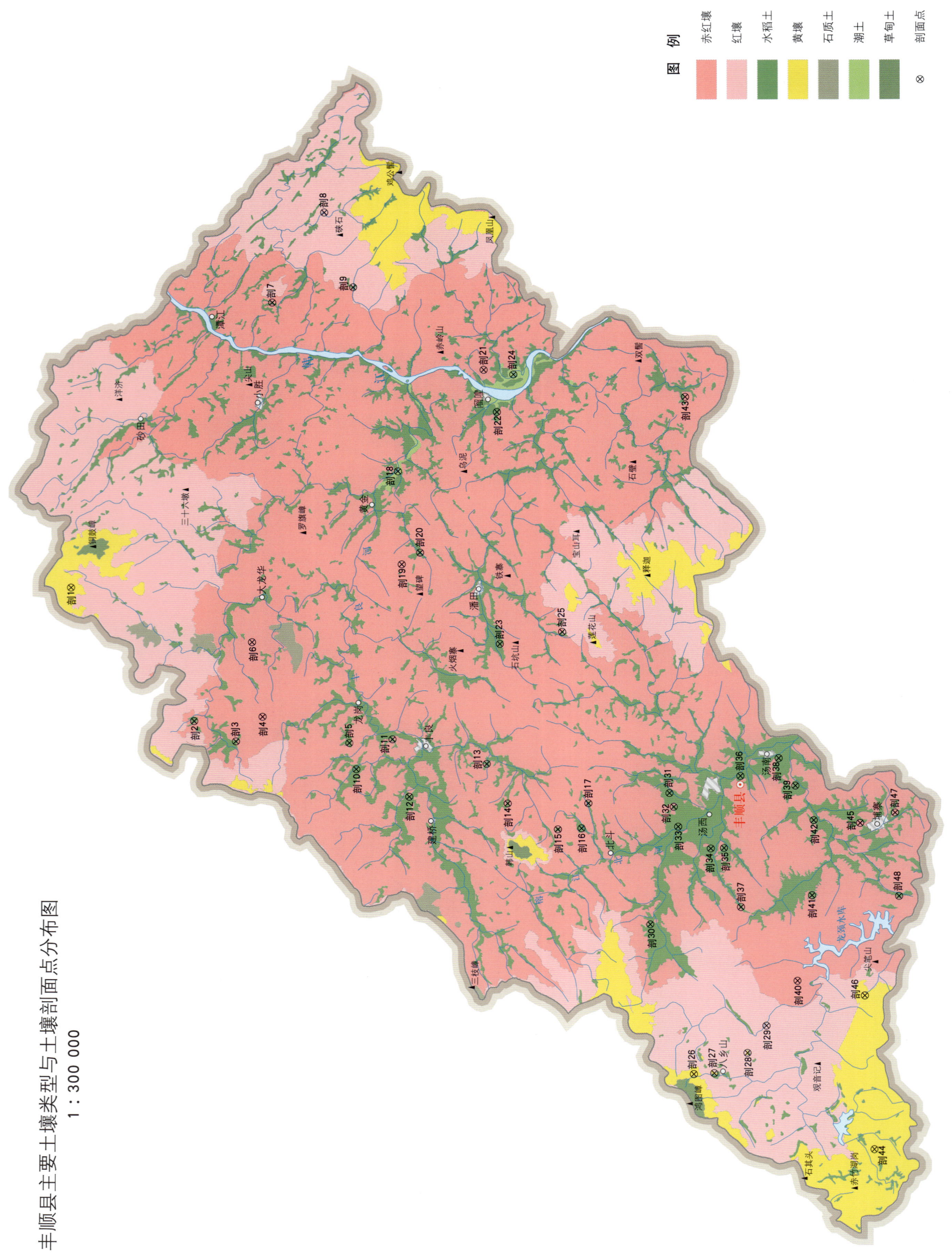

丰顺县土壤剖面理化性状表

剖面号 Soil profile order	土纲 Soil order	土类 Soil great group	亚类 Soil subgroup	土属 Soil genus	土种 Soil species	土层码 Layer code	土层厚度 Depth/cm	颜色 Soil color	质地 Soil texture	土壤结构 Soil structure	pH	有机质 OM/(g/kg)	全氮 TN/(g/kg)	全磷 TP/(g/kg)	全钾 TK/(g/kg)	碱解氮 AN/(mg/kg)	有效磷 AP/(mg/kg)	速效钾 AK/(mg/kg)	土壤母质 Parent material	剖面点坐标 Profile coordinate	匹配指数 Matching index/%
剖1	铁铝土	黄壤	黄壤	花岗岩黄壤		1	0—21	轻壤土			4.5	45.9	2.15	0.14	13.6		1.3	141	花岗岩	E 116°19′04.1″ N 24°11′23.1″	83
						2	21—65				5.7	7.8	0.78	0.13							
剖2	人为土	水稻土	潴育水稻土	砂页岩红泥田	页红泥田	1	0—16	灰黄色	重壤土	块状	5.1	34.8	1.55	0.30	23.0		2.2	68	砂页岩	E 116°13′07.7″ N 24°06′26.3″	76
						2	16—20	灰黄色	重壤土	块状	5.4	33.9	1.04	0.29		215					
						3	20—100	灰黄色	重壤土	柱状	5.6	26.4	0.85	0.24							
剖3	人为土	水稻土	潴育水稻土	砂页岩红泥田	页砂泥田	1	0—12	浅灰色	中壤土	碎块状	5.8	27.8	1.98	0.29	12.2		6.5	53	砂页岩	E 116°12′13.7″ N 24°04′45.5″	81
						2	12—17	浅灰色	中壤土	块状	6.0	25.0	1.68	0.39		158					
						3	17—100	暗灰色	中壤土	块状	6.0	16.0	1.19	0.24							
剖4	铁铝土	赤红壤	赤红壤	砂页岩赤红壤		1	0—19	暗红色	中壤土	块状	4.9	27.2	1.49	0.28	7.6		2.2	29	砂页岩	E 116°13′20.6″ N 24°03′42.5″	95
						2	19—100	红色	中壤土	糊状	5.4	12.7	0.96								
剖5	人为土	水稻土	沼泽型水稻土	烂涩田	烂涩田	1	0—32	浅灰色	中壤土	糊状	5.9	19.7	0.74	0.29	18.1		2.6	71	砂页岩	E 116°12′11.9″ N 24°00′14.0″	81
						2	32—100	深灰色	中壤土	糊状	5.9	16.4	0.64	0.16							
剖6	铁铝土	赤红壤	赤红壤	花岗岩赤红壤		1	0—16		轻壤土		4.9	34.9	1.19	0.20	24.5		3.5	117	花岗岩	E 116°16′40.4″ N 24°04′09.1″	76
						2	16—59		中壤土		5.4	12.4	0.57								
剖7	人为土	水稻土	沼泽型水稻土	烂涩田	深淀田	1	0—17		重壤土		6.0	43.6	4.69	0.21	16.1		4.4	139		E 116°31′53.0″ N 24°03′25.6″	86
						2	17—35				5.5	68.6	3.17	0.15							
						3	35—100				5.1	116.9	1.68	0.16							
剖8	铁铝土	红壤	红壤	花岗岩红壤	厚有机质层厚层花岗岩红壤	1	0—8		轻壤土		5.5	41.2	1.96	0.11	2.2		1.7	108	花岗岩	E 116°35′55.0″ N 24°01′21.4″	71
						2	8—23				5.6	23.5	0.81	0.10							
						3	23—100				6.0	7.9	0.29								
剖9	人为土	水稻土	潴育水稻土	麻红泥田	麻砂质田	1	0—11	灰黄色	轻壤土	碎块状	5.7	23.6	1.55	0.39	28.2		2.6	98	花岗岩风化坡积物	E 116°32′35.2″ N 24°00′11.5″	92
						2	11—17	灰白色	砂壤土	碎块状	5.9	18.6	1.19	0.29							
						3	17—100	浅灰色	砂壤土	碎块状	5.8	7.8	0.62	0.13							
剖10	人为土	水稻土	洪积红黄泥田	洪积红黄泥田	洪积泥田	1	0—16	浅灰色	中壤土	块状	6.0	26.0	2.21	0.25	10.5		1.7	130	洪积物	E 116°11′01.3″ N 23°59′56.8″	77
						2	16—26	浅黄色	中壤土	块状	6.0	17.2	1.93	0.15							
						3	26—100	深黄色	中壤土	块状	5.8	9.8	1.13	0.39							
剖11	人为土	水稻土	潴育水稻土	冷底田	冷底田	1	0—17	灰蓝色	重壤土	块状	5.1	21.3	1.32	0.21	3.5	175	1.3	62	洪积物	E 116°12′23.0″ N 23°58′30.7″	92
						2	17—25	灰白色	重壤土	碎块状	5.5	17.1	0.90	0.17							
						3	25—100	灰黄色	重壤土	块状											
剖12	人为土	水稻土	潴育水稻土	冷底田	顽泥田	1	0—17	灰白色	重壤土	块状	5.8	31.1	1.95	0.19	15.1	233	1.7	154	洪积物	E 116°09′48.6″ N 23°57′49.3″	75
						2	17—28	灰黄色	重壤土	块状	6.4	24.9	0.79	0.24							
						3	28—100	浅黄色	重壤土	块状	5.9	18.3	0.57	0.10							
剖13	人为土	水稻土	生泥田	生泥田	生潮泥田	1	0—13	灰黄色	重壤土	块状	6.3	16.7	1.09	0.18	21.7		3.1	51	花岗岩风化物	E 116°11′19.0″ N 23°54′44.6″	84
						2	13—19	黄红色	砂壤土	块状	6.5	6.1	0.85	0.14							
						3	19—41	浅灰色	砂壤土	块状	6.3		0.61	0.15							
						4	41—100	浅灰色	中壤土	块状											
剖14	人为土	水稻土	淹育水稻土	麻红黄泥田	麻红泥田	1	0—11	浅灰色	砂黏土	块状	6.1	18.9	0.75	0.31	10.2	168	5.7	47	花岗岩风化物	E 116°11′32.8″ N 23°53′53.2″	99
						2	11—18	浅黄色	轻黏土	块状	6.2	7.8	0.45	0.31							
						3	18—100	浅灰色	轻黏土	块状	6.8	5.2	0.37	0.20							
剖15	人为土	水稻土	渗育水稻土	白鳝泥底田	白鳝泥底田	1	0—17	暗红色	中壤土	块状	6.3	22.2	1.53	0.23	16.8		9.2	86		E 116°08′24.0″ N 23°51′52.9″	72
						2	17—27	浅黄色	砂壤土	碎块状	6.1	17.3	0.77	0.20							
						3	27—100				5.6	2.9	0.55	0.10							

续表 Continued

剖面号 Soil profile	土纲 Soil order	土类 Soil great group	亚类 Soil subgroup	土属 Soil genus	土种 Soil species	土层码 Layer code	土层厚度 Depth/cm	颜色 Soil color	质地 Soil texture	土壤结构 Soil structure	pH	有机质 OM/(g/kg)	全氮 TN/(g/kg)	全磷 TP/(g/kg)	全钾 TK/(g/kg)	碱解氮 AN/(mg/kg)	有效磷 AP/(mg/kg)	速效钾 AK/(mg/kg)	土壤母质 Parent material	剖面点坐标 Profile coordinate	匹配指数 Matching index/%
剖16	人为土	水稻土	潴育水稻土	麻红泥田	麻砂泥田	1	0–13		中壤土		5.9	37.3	1.06	0.18	10.6	82		101	花岗岩风化物	E 116°08′26.9″ N 23°50′56.0″	100
						2	13–18				6.1	34.1	0.84	0.15							
						3	18–100				6.1	19.4	0.58	0.07							
剖17	人为土	水稻土	潴育水稻土	麻红泥田	麻黄泥田	1	0–13	浅灰色	重壤土	块状	5.7	37.3	1.25	0.40	18.3	221	6.1	122	花岗岩，黄壤风化物	E 116°09′34.9″ N 23°50′40.2″	82
						2	13–18	浅灰色	重壤土	块状	5.8	34.1	1.14	0.34							
						3	18–100	黄褐色	重壤土	块状	5.9	19.4	0.89								
剖18	半水成土	潮土	潮土	潮砂泥地	潮砂地	1	0–20	砂黄土			6.9	4.2	0.17	0.35	22.3		6.1	86	河流冲积物	E 116°24′22.0″ N 23°58′22.1″	89
						2	20–100				6.8	2.6	0.08	0.18							
剖19	铁铝土	赤红壤	赤红壤	花岗岩赤红壤		1	0–35		重壤土		4.9	33.8	1.33	0.07	7.4		1.7	94	花岗岩	E 116°20′12.1″ N 23°58′11.6″	93
						2	35–100				5.2	11.0	0.75								
剖20	人为土	水稻土	潴育水稻土	乌泥底	乌泥底砂质田	1	0–18	灰黄色	砂壤土	碎块状	6.4	25.3	1.74	0.76	15.2		5.2	83	洪积物	E 116°20′43.8″ N 23°57′28.1″	83
						2	18–35	深灰色	中壤土	块状	5.1	23.5	1.23	0.14							
						3	35–50	灰黑色	中壤土	块状	6.1	21.2	1.02	0.11							
						4	50–	灰白色													
剖21	铁铝土	赤红壤	赤红壤	花岗岩赤红地		1	0–13	灰黄色	中壤土	块状	5.6	16.2	0.72	0.21	8.4		5.2	71	花岗岩	E 116°28′54.5″ N 23°54′58.3″	95
						2	13–100	橙黄色	重壤土	块状	5.2	12.0	0.49								
剖22	人为土	水稻土	潴育水稻土	河砂泥田	河泥田	1	0–15		重壤土	块状	5.8	24.5	1.83	0.45	17.7		3.9	92	河流冲积物	E 116°27′01.4″ N 23°54′25.9″	92
						2	15–23		中壤土	块状	6.5	18.0	1.39	0.37							
						3	23–100		中壤土		6.4	17.4	0.77	0.29							
剖23	人为土	水稻土	潴育水稻土	洪积红黄泥田	洪积砂泥田	1	0–14		轻壤土	小块状	6.0	19.8	1.15	0.16	18.3	138	1.7	68	洪积物	E 116°16′40.1″ N 23°54′15.1″	85
						2	14–19				6.1	7.4	0.81	0.11							
						3	19–100				6.8	3.7	0.25	0.06							
剖24	半水成土	潮土	潮土	潮砂泥地	潮砂泥田	1	0–21		轻壤土		5.9	11.9	0.77	0.09	26.6	126	2.2	142	河流冲积物	E 116°28′42.1″ N 23°53′46.9″	76
						2	21–29				5.8	10.4	0.48	0.10							
						3	29–63				6.0	10.3	0.39	0.10							
剖25	人为土	水稻土	潴育水稻土	洪积红黄泥田	洪积红黄砂泥田	1	0–15		轻壤土		5.9	14.6	0.95	0.29	28.0	95	4.8	71	洪积物	E 116°17′13.2″ N 23°51′46.4″	78
						2	15–22				5.5	8.4	0.48	0.18							
						3	22–100					3.1	0.29	0.15							
剖26	铁铝土	黄壤	黄壤	花岗岩黄泥田	黄砂泥田	1	0–8	黄黄色	中壤土	块状	6.0	56.7	1.17	0.20	11.9		4.4	102	花岗岩	E 115°57′33.2″ N 23°46′20.3″	71
						2	8–100	黄色	重壤土	块状	5.7	11.7	0.90								
剖27	铁铝土	黄壤	黄壤	花岗岩黄泥地	黄砂泥地	1	0–21	灰黑色	中壤土	块状	5.7	23.1	1.78	0.27	21.4		1.7	207	花岗岩	E 115°57′36.4″ N 23°45′31.7″	78
						2	21–36	赤黄色	中壤土	块状	5.9	17.1	0.98	0.17							
剖28	铁铝土	黄壤	黄壤	花岗岩黄泥地	黄泥地	1	0–16	灰黄色	重壤土	块状	5.6	38.6	2.09	0.20	19.4		1.7	261	花岗岩	E 115°58′31.4″ N 23°44′12.5″	97
						2	16–29	赤黄色	重壤土	块状	5.6	24.2	1.18	0.19							
						3	29–100														
剖29	铁铝土	红壤	红壤	花岗岩红壤		1	0–7		砂壤土		5.2	43.3	0.84	0.16	18.9				花岗岩	E 115°59′44.2″ N 23°43′27.5″	82
						2	7–100				5.4	9.3	0.57	0.08							
剖30	人为土	水稻土	潴育水稻土	冷底田	铁锈水田	1	0–24		轻壤土		4.7	25.7	1.39	0.32	18.1		1.7	39	花岗岩	E 116°04′12.0″ N 23°48′09.0″	98
						2	24–80				5.6	20.0	1.10	0.31							
剖31	人为土	水稻土	潴育水稻土	宽谷冲积土	宽谷砂泥田	1	0–16		中壤土		5.7	28.7	2.14	0.14	27.4	195	4.4	107	冲积物	E 116°10′04.4″ N 23°47′25.8″	89
						2	16–23				5.8	19.3	0.76	0.14							
						3	23–100				6.4	8.0	0.45	0.05							
剖32	人为土	水稻土	沼泽型水稻土	泥炭土田	泥炭底田	1	0–25	灰黄色	重壤土	块状	5.9	37.8	1.78	0.15	6.1		4.8	126	冲积物	E 116°09′27.0″ N 23°47′15.4″	91
						2	25–100	黑色	重壤土	块状	6.0	37.4	1.76	0.17							

续表 Continued

剖面号 Soil profile	土纲 Soil order	土类 Soil great group	亚类 Soil subgroup	土属 Soil genus	土种 Soil species	土层码 Layer code	土层厚度 Depth/cm	颜色 Soil color	质地 Soil texture	土壤结构 Soil structure	pH	有机质 OM (g/kg)	全氮 TN (g/kg)	全磷 TP (g/kg)	全钾 TK (g/kg)	碱解氮 AN (mg/kg)	有效磷 AP (mg/kg)	速效钾 AK (mg/kg)	土壤母质 Parent material	剖面点坐标 Profile coordinate	匹配指数 Matching index/%
剖33	人为土	水稻土	潴育水稻土	宽谷冲积土田	粉砂泥田	1	0—14	灰白色	轻壤土	碎块状	6.2	13.7	0.83	0.14	14.4	139	1.3	56	冲积物	E 116°08′33.7″ N 23°47′04.2″	85
						2	14—18	浅灰色	轻壤土	块状	6.1	5.4	0.46	0.14							
						3	18—38	灰黄色	中壤土	块状	6.0	4.4	0.36	0.10							
						4	38—100	浅黄色	重壤土	块状											
剖34	人为土	水稻土	潴育水稻土	炭质黑泥田	黑泥底田	1	0—18	灰褐色	中壤土	团聚体	5.8	20.9	1.50	0.24			2.6	98			74
						2	18—26	灰黑色	中壤土	块状	6.0	19.5	0.98	0.21							
						3	26—55	暗褐色	中壤土	块状	6.0	40.7	0.73								
						4	55—100		中壤土	块状											
剖35	人为土	水稻土	淹育水稻土	麻红黄泥田	麻红砂质泥田	1	0—10	黑色	中壤土	块状	6.5	12.2	0.80	0.12	16.0		1.7		花岗岩	E 116°07′37.9″ N 23°45′46.1″	86
						2	10—18	黄灰色	中壤土	块状	6.6	11.7	0.68	0.06							
						3	18—100	黄灰色	中壤土	块状		9.7	0.52	0.07							
剖36	人为土	水稻土	淹育水稻土	麻红黄泥田	麻砂质泥田	1	0—13	红色	中壤土	块状	6.7	18.8	1.01	0.08	6.0		1.7	59	花岗岩	E 116°07′37.9″ N 23°45′14.0″	97
						2	13—19				6.5	16.2	0.91	0.05							
						3	19—100				6.2	13.7	0.80	0.08							
剖37	人为土	水稻土	沼泽型水稻土	烂泥田	湴眼田	1	0—15		中壤土	块状	6.2	20.2	1.17	0.14	16.3		1.7	10	花岗岩	E 116°10′44.8″ N 23°44′35.5″	92
						2	15—23				6.1	15.2	0.93	0.15							
						3	23—50				6.2	2.7	0.47	0.12							
剖38	人为土	水稻土	潴育水稻土	宽谷冲积土田	宽谷顶泥田	1	0—17	灰白色	重壤土	块状	6.2	30.0	1.82	0.34	15.7		3.1	65	洪冲积物	E 116°05′01.0″ N 23°44′31.9″	100
						2	17—22	灰白色	轻黏土	块状	6.3	20.0	1.23	0.21							
						3	22—33	灰黄色	中壤土	块状	6.5	11.7	0.57	0.15							
						4	33—100		中壤土												
剖39	人为土	水稻土	潴育水稻土	泥肉田	泥肉田	1	0—17		中壤土	块状	6.2	27.3	2.07	0.21	17.9	194	2.6	53		E 116°11′40.6″ N 23°43′05.2″	78
						2	17—23		中壤土	块状	6.3	22.8	1.37	0.11							
						3	23—30		中壤土	块状	6.3	12.4	0.63	0.09							
剖40	铁铝土	赤红壤	赤红壤	花岗岩赤红地	砂页岩赤红砂泥地	1	0—14		中壤土	块状	5.0	13.0	0.85	0.10	14.4		2.6	41	花岗岩	E 116°01′44.7″ N 23°42′14.5″	88
						2	14—36				5.6	3.2	0.56	0.13							
剖41	人为土	水稻土	潴育水稻土	麻红泥田	中有机质层厚层花岗岩黄壤	A_1	0—7	灰黑色	中壤土	块状	5.4	142.7	2.06	0.21			3.9	130	花岗岩风化坡积物	E 116°05′34.1″ N 23°41′41.6″	99
						A_2	7—17	深灰色	中壤土	粒状	5.4	61.7	1.51	0.10							
						B_1	17—43	黄色	重壤土	块状	5.5	25.0	0.69	0.07							
						B_2	43—95	黄色	重壤土	块状	5.7	11.5	0.30								
剖42	人为土	水稻土	潴育水稻土	宽谷冲积土田	宽谷泥田	1	0—15		重壤土	团粒状	7.0	36.6	2.76	0.24	4.5	239	4.4	98	冲积物	E 116°08′54.1″ N 23°41′39.3″	72
						2	15—23		中壤土	块状	5.8	28.5	2.14	0.28							
						3	23—100		中壤土	块状	5.4	12.0	0.60	0.23							
剖43	铁铝土	赤红壤	赤红壤	砂页岩赤红地	砂页岩赤红砂泥地	1	0—14		中壤土	块状	5.7	23.3	1.57	0.52	19.6		3.5	279	砂页岩	E 116°27′43.6″ N 23°46′54.8″	70
						2	14—36		中壤土	块状	5.6	15.4	0.70	0.46							
剖44	铁铝土	黄壤	黄壤	花岗岩黄壤		1	0—15		重壤土	块状	5.9	17.5	0.74	0.19	14.1		7.4	163	花岗岩	E 115°54′23.7″ N 23°39′05.1″	80
						2	15—20		中壤土	块状	5.9	15.5	0.65	0.31							
剖45	铁铝土	赤红壤	赤红壤	花岗岩赤红地		1	20—42		中壤土	块状	6.0	10.4	0.41	0.31					花岗岩	E 116°08′48.9″ N 23°39′48.3″	88
剖46	铁铝土	黄壤	黄壤	花岗岩黄壤		1	0—20		重壤土	块状	5.3	15.0	0.40	0.43	10.7		0.9	47	花岗岩	E 116°01′08.3″ N 23°39′32.8″	80
						2	20—100					8.2	0.28	0.23							
剖47	铁铝土	赤红壤	赤红壤	花岗岩赤红地	赤红砂泥地	1	0—18		砂壤土		6.2	6.6	0.61	0.16	2.6		2.2	92	花岗岩风化物	E 116°09′16.9″ N 23°38′24.7″	99
						2	18—100				5.6	6.5	0.53	0.16							

续表 Continued

剖面号 Soil profile	土纲 Soil order	土类 Soil great group	亚类 Soil subgroup	土属 Soil genus	土种 Soil species	土层码 Layer code	土层厚度 Depth/cm	颜色 Soil color	质地 Soil texture	土壤结构 Soil structure	pH	有机质 OM/(g/kg)	全氮 TN/(g/kg)	全磷 TP/(g/kg)	全钾 TK/(g/kg)	碱解氮 AN/(mg/kg)	有效磷 AP/(mg/kg)	速效钾 AK/(mg/kg)	土壤母质 Parent material	剖面点坐标 Profile coordinate	匹配指数 Matching index/%
剖48	人为土	水稻土	渗育水稻土	白鳝泥田	低白鳝泥田	1	0—13	浅灰色	轻壤土	碎块状	6.6	13.3	0.82	0.11	12.0		3.1	19		E 116°05′34.8″ N 23°38′13.2″	90
						2	13—20	灰白色	轻壤土	碎块状	6.2	10.4	0.68	0.13							
						3	20—60	浅灰色	中壤土	柱状	6.1	10.0	0.47								
						4	60—	灰白色	砂壤土	无明显结构											

五 华 县

主要土类说明

红壤是五华县主要土壤类型，占本县地域面积的75%，主要分布在海拔450—750m的低山区。由于坡度较大，地势较陡，土层一般较浅薄。由于高温多雨，富铝化作用明显，盐基不饱和，土壤呈酸性，铁铝氧化物明显聚积，土体多呈深红色，剖面构型为A-（B）-C。本县红壤仅有红壤一个亚类。

紫色土是五华县第二大土壤类型，占本县地域面积的14%，主要分布在本县中部的低山、丘陵地带，常与赤红壤交错分布，主要由紫色砂岩、紫色页岩和紫色砂页岩发育而成。由于植被遭到破坏，水土流失严重，因此在未被开垦的低丘岗地，紫色土没有腐殖质层，表土呈粒状。紫色土颜色与母岩相似，土层浅薄，层次分化不明显，pH因母岩不同而异。该土壤有机质和氮素缺乏，但磷、钾、钙含量较高。

水稻土是五华县第三大土壤类型，占本县地域面积的9%，广泛分布在本县各地，是本县主要的耕作土壤。本县水稻土分为淹育型、潴育型、潜育型、渗育型、沼泽型、矿毒型等亚类。其中，潴育水稻土面积最大，占本土类面积的91%，耕作历史悠久，排灌条件较好，土壤熟化程度高，有比较完整的发育层次。该亚类的主要特点是在犁底层下形成具有淋溶和淀积特征的潴育层，剖面内有棕黄色的铁锈斑纹、紫黑色的锰质斑点或新生的铁锰结核，潴育层厚度不一，一般在20cm左右，有的在30cm以上。在永久性地下水位较高的地区，潴育层之下有青灰色的潜育层出现。

小于本县地域面积3%的土壤类型有黄壤、赤红壤和潮土。

本区域中心区气候特征

本区域中心区气候特征值
Regional climate characteristics in central area of the region

气候带：南亚热带湿润气候 Climate region: South subtropical humid climate	
年平均气温 /℃ Annual average temperature /℃	21.3
年平均最高气温 /℃ Annual average maximum temperature /℃	25.6
年平均最低气温 /℃ Annual average minimum temperature /℃	18.3
年降水量 /mm Annual precipitation /mm	1806
≥10℃的积温 /℃ Daily temperature accumulated in a year（≥10℃）/℃	8491
年日照时数 /h Annual sunshine /h	1897
年平均相对湿度 /% Annual average relative humidity /%	78
干燥度 Dryness	0.70

本区域中心区月平均气温与月平均降水量
Monthly temperature and precipitation in central area of the region

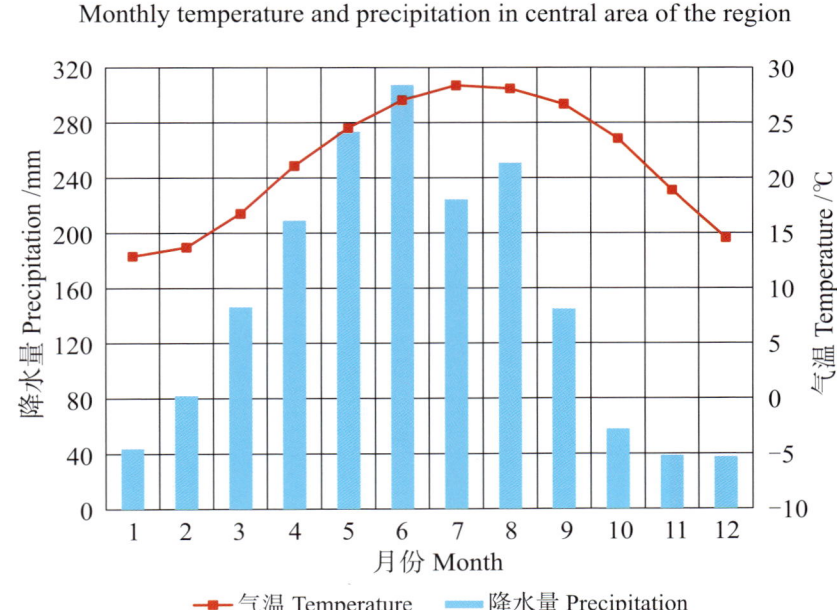

五华县主要土壤类型与土壤剖面点分布图
1 : 320 000

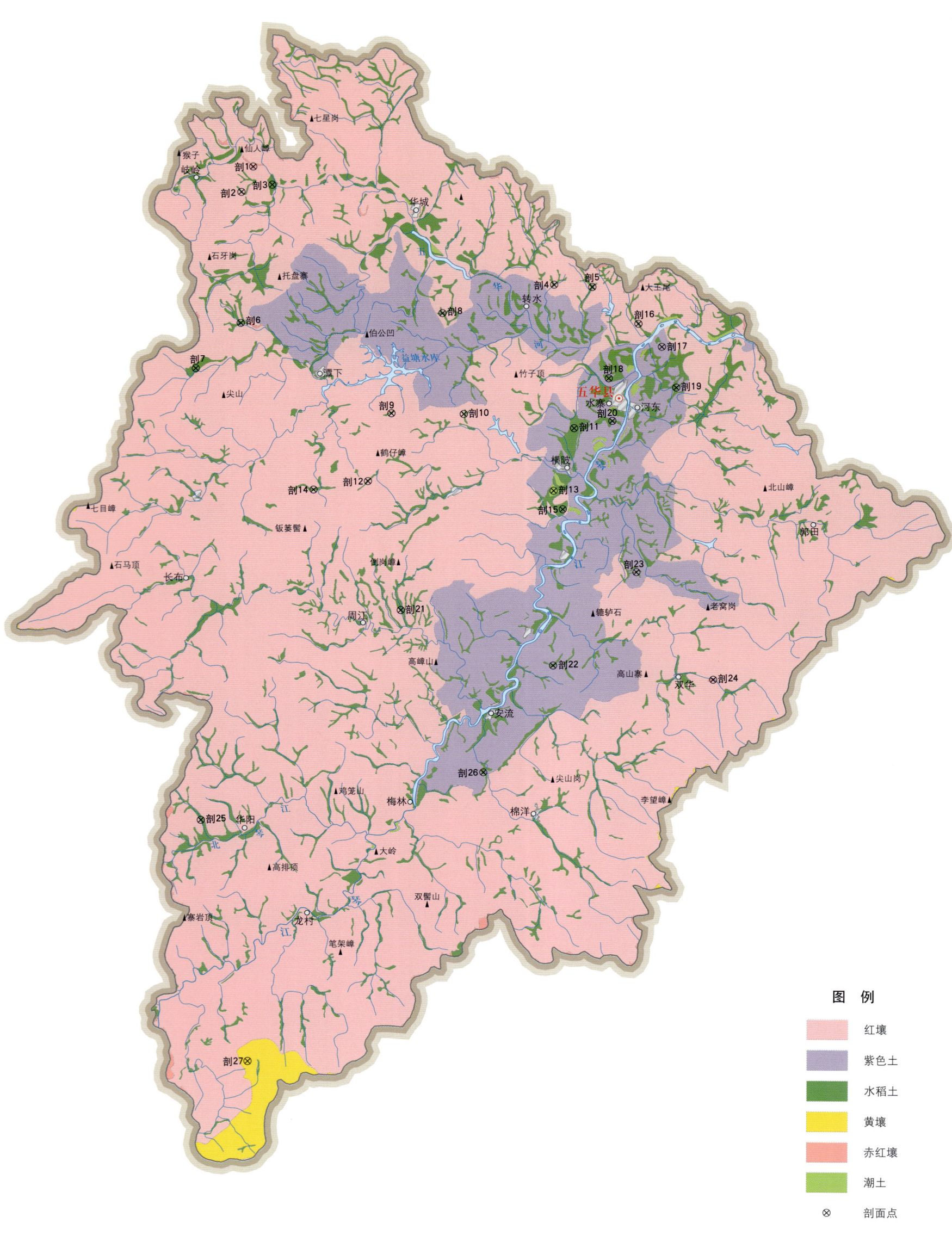

五华县土壤剖面理化性状表

剖面号 Soil profile	土纲 Soil order	土类 Soil great group	亚类 Soil subgroup	土属 Soil genus	土种 Soil species	土层码 Layer code	土层厚度 Depth/cm	颜色 Soil color	质地 Soil texture	土壤结构 Soil structure	pH	有机质 OM/(g/kg)	全氮 TN/(g/kg)	全磷 TP/(g/kg)	全钾 TK/(g/kg)	碱解氮 AN/(mg/kg)	有效磷 AP/(mg/kg)	速效钾 AK/(mg/kg)	土壤母质 Parent material	剖面点坐标 Profile coordinate	匹配指数 Matching index/%
剖1	铁铝土	赤红壤	赤红壤	砂页岩赤红壤	薄有机质层厚层砂页岩赤红壤	1	0—12	浅灰色	中壤土	粒状	4.5	11.3	0.19				3.1	58	砂页岩	E 115° 29′ 12.1″ N 24° 05′ 44.5″	85
						2	12—41	黄灰色	重壤土	块状	5.5										
						3	41—100	黄色	黏壤土	块状	5.5										
剖2	人为土	水稻土	潜育水稻土	冷底田	冷底田	1	0—16	褐灰色	中壤土	小块状	5.0	25.6	1.41				3.1	43		E 115° 28′ 40.1″ N 24° 04′ 39.0″	77
						2	16—24	灰褐色	中壤土	块状	5.5	23.9	1.43								
						3	24—85	蓝灰色	重壤土	块状	5.5										
剖3	人为土	水稻土	潴育水稻土	潮砂泥田	潮砂泥田	1	0—18	棕灰色	轻壤土	粒状	5.5								河流冲积物	E 115° 30′ 05.4″ N 24° 04′ 58.1″	76
						2	18—22	浅灰黄色	中壤土	块状											
						3	22—65	灰黄色	黏壤土	块状	5.5	19.9	0.90	0.53	16.4	91	1.9	67			
剖4	人为土	水稻土	潴育水稻土	砂页岩红泥田	页黄泥田	1	0—12	黄黄色	黏壤土	块状	5.0	10.9	0.50	0.52	11.4				砂页岩	E 115° 43′ 03.0″ N 24° 00′ 42.8″	83
						2	12—25	棕黄色	壤土	块状	5.5										
						3	25—69	黄色	壤土	块状	5.5										
						4	69—100	浅灰黄色	壤土	粒状	5.0	26.7	1.12				9.2	59			
剖5	人为土	水稻土	潴育水稻土	砂页岩红泥田	页黄砂田	1	0—15	灰褐色	壤土	块状	6.5	15.1	0.75						砂页岩	E 115° 44′ 48.8″ N 24° 00′ 37.4″	93
						2	15—26	褐灰色	壤土	柱状	6.5										
						3	26—37	棕灰色	壤土	柱状	7.0										
						4	37—100	黄灰色	砂壤土	柱状	7.5	26.4	1.27				4.4	81			
剖6	人为土	水稻土	矿毒型水稻土	矿毒田	煤水田	1	0—15	灰白色	砂壤土	块状	8.0	15.6	0.73	0.02	21.8	30	1.7	57	洪积物	E 115° 28′ 41.2″ N 23° 58′ 57.4″	94
						2	15—26	黄褐色	黏壤土	小块状	7.5	9.9		0.01	18.7						
						3	26—100	黄黄色	砂壤土	块状	4.5										
剖7	人为土	水稻土	潴育水稻土	洪积红黄泥田	洪积砂质田	1	0—12	黄黄色	砂壤土	块状	5.0	40.8	1.47	0.33	12.4	145	1.3	66	洪积物	E 115° 26′ 39.1″ N 23° 56′ 57.8″	85
						2	12—31	浅灰色	中壤土	块状	6.0	22.1	0.69	0.25	15.0						
						3	31—65	灰褐色	重壤土	块状	6.0										
剖8	人为土	水稻土	潴育水稻土	洪积红黄泥田	洪积油泥田	1	0—23	灰黄色	黏壤土	块状	5.6	30.6	1.49	0.10	11.0	116	6.5	139	洪积物	E 115° 37′ 56.6″ N 23° 59′ 26.9″	98
						2	23—40	灰蓝色	黏壤土	棱柱状											
						3	40—80	灰灰色	重壤土	块状	5.0										
						4	80—100	棕灰色	中壤土	糊烂状	5.5										
剖9	人为土	水稻土	沼泽型水稻土	烂泥田	湴眼田	1	0—21	黄黄色	中壤土	块状	6.0	23.6	1.63							E 115° 35′ 38.4″ N 23° 55′ 06.2″	96
						2	21—43	瓦灰色	轻壤土	块状	4.5	19.0	0.50								
						3	43—74	黄黄色	砂壤土	块状	5.5										
剖10	人为土	水稻土	潴育水稻土	冷底田	铁锈水田	1	0—19	黄黄色	中壤土	块状	5.5	26.0	1.61	0.13	14.0		1.7	32		E 115° 38′ 57.5″ N 23° 55′ 05.5″	88
						2	19—27	灰锈色	砂壤土	块状											
						3	27—100	灰黄色	重壤土	微团粒状											
剖11	人为土	水稻土	潴育水稻土	宽谷冲积泥田	油泥田	1	0—18	棕黄色	重壤土	块状	4.5								花岗岩风化谷底冲积物、坡积物	E 115° 44′ 01.7″ N 23° 54′ 30.6″	88
						2	18—24	紫黄色	重壤土	块状	4.5										
						3	24—67	灰黄色	中壤土	粒状	5.0	12.1	0.58				3.1	154			
剖12	人为土	水稻土	潴育水稻土	脉红泥田	脉砂泥田	1	0—11	黄黄色	砂壤土	粒状	5.5								河流冲积物	E 115° 34′ 35.4″ N 23° 52′ 09.1″	85
						2	11—25	灰黄色	壤土	块状	6.0										
						3	25—76	浅黄色	壤土	粒状	6.5										
剖13	半成土	潮土	潮土	潮砂泥地	潮砂泥地	1	0—17	灰黄色	黏壤土	粒状										E 115° 43′ 05.9″ N 23° 51′ 47.5″	72
						2	17—46	浅黄色	壤土	块状											
						3	46—100	浅黄色	壤土	小块状	7.0										

续表 Continued

剖面号 Soil profile	土纲 Soil order	土类 Soil great group	亚类 Soil subgroup	土属 Soil genus	土种 Soil species	土层码 Layer code	土层厚度 Depth/cm	颜色 Soil color	质地 Soil texture	土壤结构 Soil structure	pH	有机质 OM/(g/kg)	全氮 TN/(g/kg)	全磷 TP/(g/kg)	全钾 TK/(g/kg)	碱解氮 AN/(mg/kg)	有效磷 AP/(mg/kg)	速效钾 AK/(mg/kg)	土壤母质 Parent material	剖面点坐标 Profile coordinate	匹配指数 Matching index/%
剖14	人为土	水稻土	潴育水稻土	麻红泥田	麻砂泥田	1	0—15	浅褐色	砂壤土	粒状	6.0	9.1	0.37	0.01		19	0.4	20	花岗岩、片麻岩风化物底冲积物	E 115°32′06.0″ N 23°51′45.4″	87
						2	15—24	灰褐色	砂壤土	块状	5.0	8.5	0.23								
						3	24—37	浅黄色	砂壤土	块状											
						4	37—100	黄褐色	壤土	块状											
剖15	人为土	水稻土	潴育水稻土	紫泥田	紫油泥田	1	0—20	紫灰色	砂壤土	棱柱状	6.5	27.0	1.21	0.23	23.4	109	22.1	90	紫色砂页岩	E 115°43′31.8″ N 23°50′59.3″	71
						2	20—34	紫紫色	黏壤土	块状	6.5	19.7	0.83	0.17	19.0						
						3	34—100	黄紫色	黏壤土	块状	7.0										
剖16	人为土	水稻土	洪积红黄泥田	洪积红黄泥田	洪积黄泥	1	0—17	黄黄色	中壤土	块状	5.5	22.0	0.66				3.5	38	赤红壤	E 115°46′56.6″ N 23°59′02.4″	92
						2	17—30	浅黄色	黏壤土	块状	5.3	16.3	0.99								
						3	30—100	深灰色	中壤土	块状											
剖17	初育土	紫色土	酸性紫色土	酸性牛肝地	牛肝土地	1	0—18	灰紫色	重壤土	粒状		14.3	0.80				15.7	186		E 115°48′01.4″ N 23°58′03.0″	92
						2	18—45	褐紫色	黏壤土	块状											
						3	45—80	褐紫色	黏壤土	碎块状											
剖18	人为土	水稻土	潴育水稻土	河砂泥田	河砂质田	1	0—8	浅灰色	粉砂质壤土		5.0								河流冲积物	E 115°48′35.6″ N 23°56′40.6″	95
						2	8—14	黄黄色	粗砂土	块状	5.5										
						3	14—40	黄黄色	砂壤土	碎块状	4.5										
剖19	人为土	水稻土	潴育水稻土	紫泥田	紫砂泥田	1	0—14	紫紫色	砂壤土	块状	6.5								紫色砂岩	E 115°48′41.8″ N 23°56′17.9″	75
						2	14—20	灰紫色	砂壤土	块状	6.0										
						3	20—100	棕紫色	砂壤土	块状	5.5										
剖20	人为土	水稻土	潴育水稻土	潮泥泥田	潮泥田	1	0—22	黄紫色	重壤土	块状	5.5	18.4	0.95						潮泥冲积物	E 115°45′46.0″ N 23°54′50.4″	88
						2	22—38	灰黄色	砂壤土	微粒状	4.5	8.9	0.66								
剖21	人为土	水稻土	潴育水稻土	洪积红黄泥田	洪积砂泥	1	0—22	浅黄色	中壤土	柱状	5.5						5.7	77	谷底冲积物	E 115°36′09.0″ N 23°46′32.9″	98
						2	22—34	深黄色	黏壤土	块状	5.6										
						3	34—80	灰紫色	黏土	块状	5.5										
剖22	人为土	水稻土	潴育水稻土	紫泥田	牛肝土田	1	0—13	紫紫色	黏土	块状	5.5								紫色页岩	E 115°43′09.1″ N 23°44′12.5″	71
						2	13—20	黄紫色	重壤土	块状	4.5										
						3	20—43	紫紫色	重壤土	块状	4.5										
						4	43—100	黄黄色	黏壤土	块状	5.0										
剖23	人为土	水稻土	潴育水稻土	宽谷冲积土田	宽谷顽泥田	1	0—19	灰灰色	重壤土	块状	5.2	14.6	0.90	0.02	26.6	42	1.7	75	洪积物	E 115°46′55.9″ N 23°48′17.3″	98
						2	19—24	浅黄色	重壤土	柱状	5.0	14.5	0.70		14.0						
						3	24—100	红黄色	重壤土	块状											
剖24	铁铝土	赤红壤	赤红壤	花岗岩赤红地	白鳝泥田	1	0—30	灰黄色	中壤土	小块状	5.1	21.0	1.18	0.13	10.0	110	0.4	53	花岗岩	E 115°50′30.1″ N 23°43′39.4″	95
						2	30—65	棕棕色	轻黏土	块状	5.0	10.3	1.12	0.09	7.1						
						3	65—														
剖25	人为土	水稻土	潴育水稻土	白鳝泥田	白鳝泥田	1	0—18	黄黄色	黏黏土	块状	6.0	20.5	1.11						冲积物	E 115°27′07.2″ N 23°37′19.9″	84
						2	18—28	灰白色	黏土	块状	5.0	13.0	0.59								
剖26	人为土	水稻土	渗育水稻土	宽谷冲积土田	宽谷砂泥田	1	0—18	黄灰色	中壤土	块状	5.5							39	花岗岩	E 115°40′00.4″ N 23°39′32.3″	95
						2	18—25	棕黄色	重壤土	块状	6.5										
						3	25—51	红黄色	中壤土	块状	5.6										
						4	51—100	灰黄色	中壤土	块状	5.5										
剖27	铁铝土	黄壤	黄壤	花岗岩黄壤		1	0—15	棕黄色	砂壤土	粒状	6.7	25.9	1.16						花岗岩	E 115°29′24.7″ N 23°26′52.4″	89
						2	15—35	红黄色	中壤土	块状											
						3	35—80	黄色	中壤土	块状											

平 远 县

主要土类说明

红壤是平远县主要土壤类型，占本县地域面积的 83%，占本县自然土壤面积的 98%，连片分布在海拔 800m 以下的低山、丘陵地带。红壤由花岗岩或砂页岩经风化发育形成，其明显的标志是具有脱硅富铝化过程，剖面发育比较完整。表土层呈灰棕色，心土层和底土层呈红色和红棕色，结构为块状或棱块状，底层可见红、黄、白相间的网纹层。全剖面呈酸性，pH 为 5.0—5.5。在侵蚀严重地区，表土流失较严重，有机质层较薄，甚至心土裸露，自然肥力低。红壤是本县重要的林业和畜牧业基地，是各种经济林木和作物的主要土壤资源。本县红壤仅有红壤一个亚类。

水稻土是平远县第二大土壤类型，占本县地域面积的 10%，占本县耕地面积的 83%。水稻土是长期人为活动的产物，可由各种地带性土壤经水耕熟化而形成。良好的水稻土剖面通常由耕作层、犁底层、潴育层、母质层组成，有的水稻土还出现潜育层和漂洗层。本县水稻土分为淹育型、潴育型、潜育型、渗育型、沼泽型、矿毒型等亚类。其中，潴育水稻土面积最大，占本土类面积的 89%，剖面构型一般为 A-P-W-C。该亚类的主要特点是在犁底层下形成具有淋溶和淀积特征的潴育层，剖面内有棕黄色的铁锈斑纹、紫黑色的锰质斑点或新生的铁锰结核，具有明显的棱柱状或柱状结构。在永久性地下水位较高的地区，在潴育层之下有青灰色的潜育层出现，但潜育层一般出现在土体 60cm 以下深处，对水稻生长影响不大。

赤红壤是平远县第三大土壤类型，占本县地域面积的 5%。赤红壤主要发生于南亚热带季雨林下，其脱硅富铝化程度仅次于砖红壤，强于红壤。铁的游离度介于二者之间，黏粒硅铝率为 1.7—2.0，风化淋溶系数为 0.05—0.15，盐基饱和度为 15%—25%，pH 为 4.5—5.5。淀积层（B 层）富含铁铝氧化物，呈赤红色。

小于本县地域面积 3% 的土壤类型有黄壤和紫色土。

本区域中心区气候特征

本区域中心区气候特征值
Regional climate characteristics in central area of the region

气候带：南亚热带湿润气候 Climate region: South subtropical humid climate	
年平均气温 /℃ Annual average temperature /℃	20.4
年平均最高气温 /℃ Annual average maximum temperature /℃	25.0
年平均最低气温 /℃ Annual average minimum temperature /℃	17.1
年降水量 /mm Annual precipitation /mm	1632
≥10℃的积温 /℃ Daily temperature accumulated in a year（≥10℃）/℃	9461
年日照时数 /h Annual sunshine /h	1829
年平均相对湿度 /% Annual average relative humidity /%	78
干燥度 Dryness	0.74

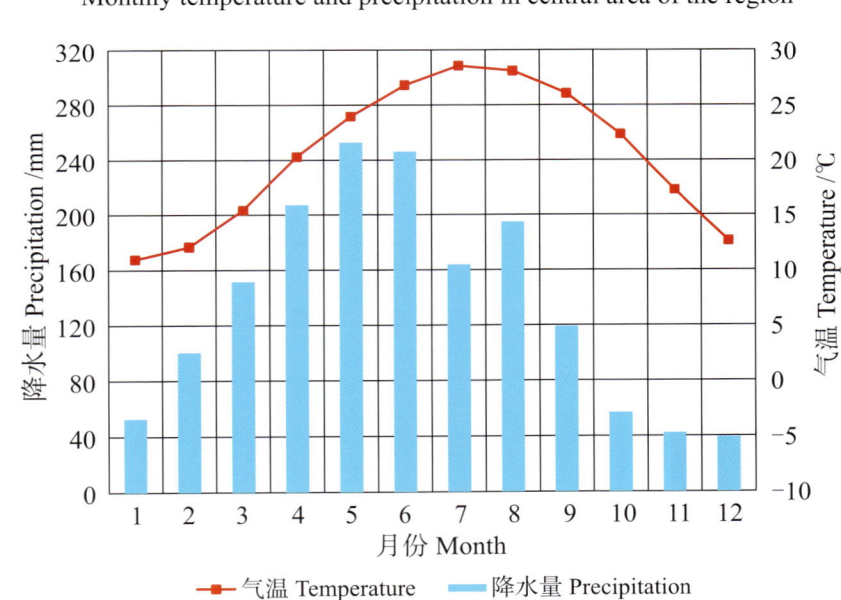

本区域中心区月平均气温与月平均降水量
Monthly temperature and precipitation in central area of the region

平远县主要土壤类型与土壤剖面点分布图
1 : 200 000

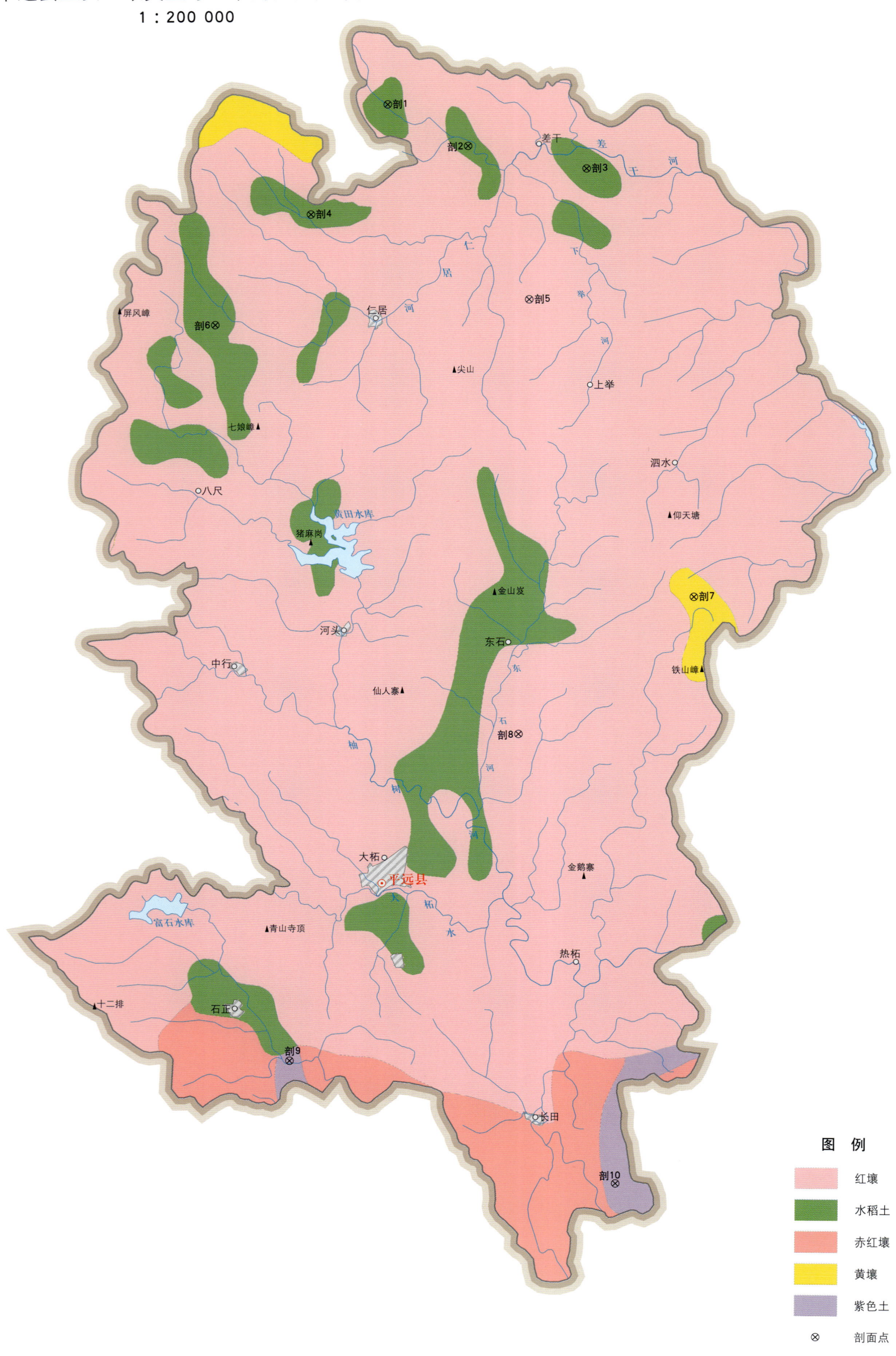

图 例
- 红壤
- 水稻土
- 赤红壤
- 黄壤
- 紫色土
- ⊗ 剖面点

平远县土壤剖面理化性状表

剖面号 Soil profile	土纲 Soil order	土类 Soil great group	亚类 Soil subgroup	土属 Soil genus	土种 Soil species	土层码 Layer code	土层厚度 Depth/cm	颜色 Soil color	质地 Soil texture	土壤结构 Soil structure	pH	有机质 OM/(g/kg)	全氮 TN/(g/kg)	全磷 TP/(g/kg)	全钾 TK/(g/kg)	土壤母质 Parent material	剖面点坐标 Profile coordinate	匹配指数 Matching index/%
剖1	人为土	水稻土	渗育水稻土	白鳝泥田	白鳝泥底田	1	0-15	浅灰色	轻壤土	块状		1.2	0.30	3.54	44.8		E 115° 53′ 23.9″ N 24° 54′ 29.3″	80
						2	15-25	灰白色	轻壤土	块状		0.6	0.20	2.75	44.0			
						3	25-90	浅黄棕色	轻黏土	块状		0.3	0.30	1.66	48.1			
剖2	人为土	水稻土	潴育水稻土	洪冲积红黄泥田	洪积泥田	1	0-18	紫棕色	重壤土	块状	6.2	42.2	2.10	0.37	15.7	洪积物	E 115° 55′ 37.8″ N 24° 53′ 24.9″	98
						2	18-24	灰棕色	重壤土	块状	6.1	42.0	1.88	0.34	14.7			
						3	24-75	暗黄棕色	中壤土	棱柱状	6.0	32.3	1.23	0.13	16.3			
						4	75-100	灰黄色	中壤土	块状	6.1	7.8	0.76	0.20	25.2			
剖3	人为土	水稻土	潴育水稻土	洪冲积土田	砂质田	1	0-17	棕色	砂壤土	松块状	5.9	18.2	0.81	0.39	17.7	洪冲积物	E 115° 58′ 55.2″ N 24° 52′ 50.5″	96
						2	17-22	浅棕色	砂壤土	松块状	6.3	10.1	0.51	0.36	21.0			
						3	22-30	暗棕色	松砂土	小块状	6.2	3.1	0.20	0.30	17.2			
						4	30-90	紫灰色	松砂土	单粒状	6.2	0.2			16.3			
剖4	人为土	水稻土	潴育水稻土	洪冲积土田	砂泥田	1	0-15		中壤土		5.8	42.6	1.79	0.22	16.9	洪冲积物	E 115° 51′ 17.6″ N 24° 51′ 36.0″	75
						2	15-30		中壤土		6.7	17.6	0.88	0.18	19.6			
						3	30-60		松砂土		6.7	2.9	0.19	0.08	13.9			
						4	60-85		中壤土		7.8	25.7	1.14	0.28	21.5			
剖5	铁铝土	红壤	红壤	砂页岩红壤	厚有机质层厚层砂页岩红壤	1	0-38		重壤土		5.1	34.9	1.44	0.25	9.1	砂页岩	E 115° 57′ 20.9″ N 24° 49′ 26.0″	94
						2	38-150		中壤土		5.3	14.3	0.96	0.20	12.0			
						3	150-200		中壤土		5.4	2.1	0.41	0.25	14.1			
剖6	人为土	水稻土	潴育水稻土	洪冲积土田	泥田	1	0-16		中壤土	小块块状	6.3	38.3	1.73	0.38	19.6	洪冲积物	E 115° 48′ 40.0″ N 24° 48′ 42.8″	86
						2	16-24		中壤土	块状	7.7	27.2	1.24	0.35	10.1			
						3	24-88		中壤土	块状	6.9	10.2	0.53	0.31	21.9			
剖7	铁铝土	黄壤	黄壤	砂页岩黄壤		1	0-14		轻壤土		5.3	54.1	5.11	0.31	15.5	砂页岩	E 116° 01′ 58.3″ N 24° 41′ 45.4″	87
						2	14-20	灰棕色	中壤土	小块状	5.5	28.9	1.37	0.21	17.3			
剖8	铁铝土	红壤	红壤	砂页岩红壤		1	0-17	浅棕色	轻壤土	小块状	5.2	19.0	0.80	0.21	19.4	砂页岩	E 115° 57′ 09.3″ N 24° 38′ 09.1″	82
						2	24-74	紫棕色	中壤土	块状	5.3	8.9	0.46	0.18	20.7			
剖9	初育土	紫色土	酸性紫色土	酸性牛肝地	紫砂泥地	1	0-17	紫棕色	中壤土	块状	6.2	10.4	0.69	0.36	12.7		E 115° 50′ 56.2″ N 24° 29′ 34.7″	70
						2	17-28	紫棕色	中壤土	块状	5.7	8.7	0.55	0.34	13.4			
						3	28-63	砂棕色	砂壤土		5.8							
剖10	初育土	紫色土	酸性紫色土	酸性牛肝地	牛肝地	1	0-25	浅棕红色	重壤土	块状	5.1	16.7	0.74	0.29	18.6		E 115° 59′ 57.9″ N 24° 26′ 30.7″	74
						2	25-48	棕红色	中壤土	块状	4.8	3.7	0.24	0.24	11.4			
						3	48-68	棕红色	紫砂土	小块状	4.5	0.5	0.18	0.08	10.6			

蕉 岭 县

主要土类说明

红壤是蕉岭县主要土壤类型，占本县地域面积的69%。红壤是本县面积最大的地带性土壤，占本县自然土壤面积的89%，广泛分布在海拔750m以下的低山、丘陵地带。在高温多雨的气候条件下，土壤淋溶作用强烈，风化壳深厚，富铝化作用明显，黏粒硅铝率为2.0—2.2，盐基不饱和，土壤呈酸性，土体多呈深红色，剖面构型为A–B–C。本县红壤仅有红壤一个亚类。

赤红壤是蕉岭县第二大土壤类型，占本县地域面积的14%，广泛分布在海拔200m以下的低丘陵地带。自然植被主要为季雨林。赤红壤是在高温多雨的气候条件下，经风化淋溶和富铝化过程形成的土壤。赤红壤分布区水热资源丰富，土壤富铝化作用明显，黏粒硅铝率为1.7—2.0，盐基不饱和，土壤呈酸性，一般土层较厚，质地为中壤土至重壤土。

水稻土是蕉岭县第三大土壤类型，占本县地域面积的14%。成土母质主要为花岗岩、砂页岩风化物及洪积物、洪冲积物、河流冲积物等。在长期水耕施肥等措施的作用下，土壤内部进行着氧化还原交替、有机质合成与分解、盐基淋溶与复盐基作用的熟化过程，促使土壤性状发生改变，从而形成特有的剖面形态、理化和生物特性。良好的水稻土剖面通常由耕作层、犁底层、潴育层、母质层组成，有的水稻土还出现潜育层和漂洗层。不同的水稻土具有不同的肥力特性、耕作性能和生产性能。本县水稻土分为淹育型、潴育型、渗育型、潜育型、沼泽型、矿毒型等亚类。

小于本县地域面积3%的土壤类型有黄壤和紫色土。

本区域中心区气候特征

本区域中心区气候特征值
Regional climate characteristics in central area of the region

气候带：南亚热带湿润气候 Climate region: South subtropical humid climate	
年平均气温 /℃ Annual average temperature /℃	20.4
年平均最高气温 /℃ Annual average maximum temperature /℃	25.0
年平均最低气温 /℃ Annual average minimum temperature /℃	17.1
年降水量 /mm Annual precipitation /mm	1607
≥10℃的积温 /℃ Daily temperature accumulated in a year（≥10℃）/℃	9083
年日照时数 /h Annual sunshine /h	1833
年平均相对湿度 /% Annual average relative humidity /%	78
干燥度 Dryness	0.76

本区域中心区月平均气温与月平均降水量
Monthly temperature and precipitation in central area of the region

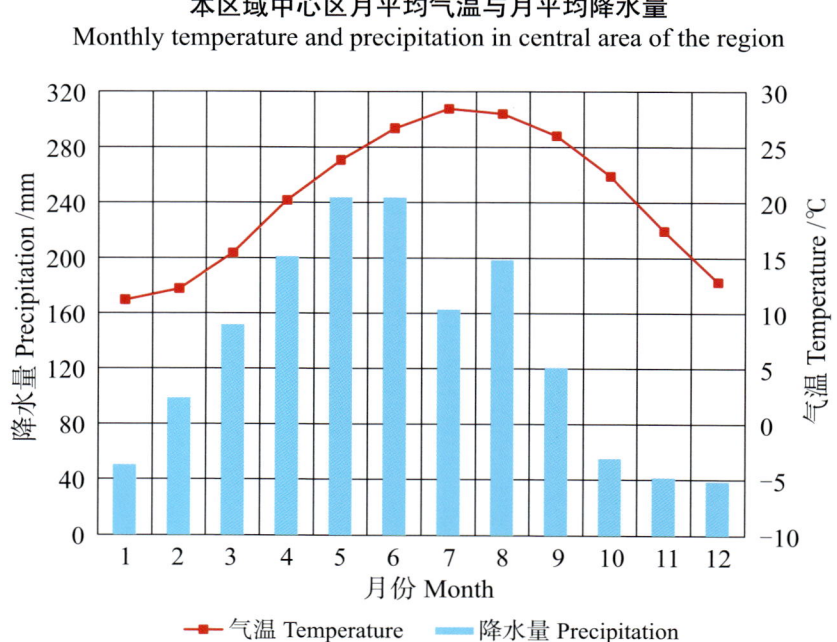

蕉岭县主要土壤类型与土壤剖面点分布图
1 : 180 000

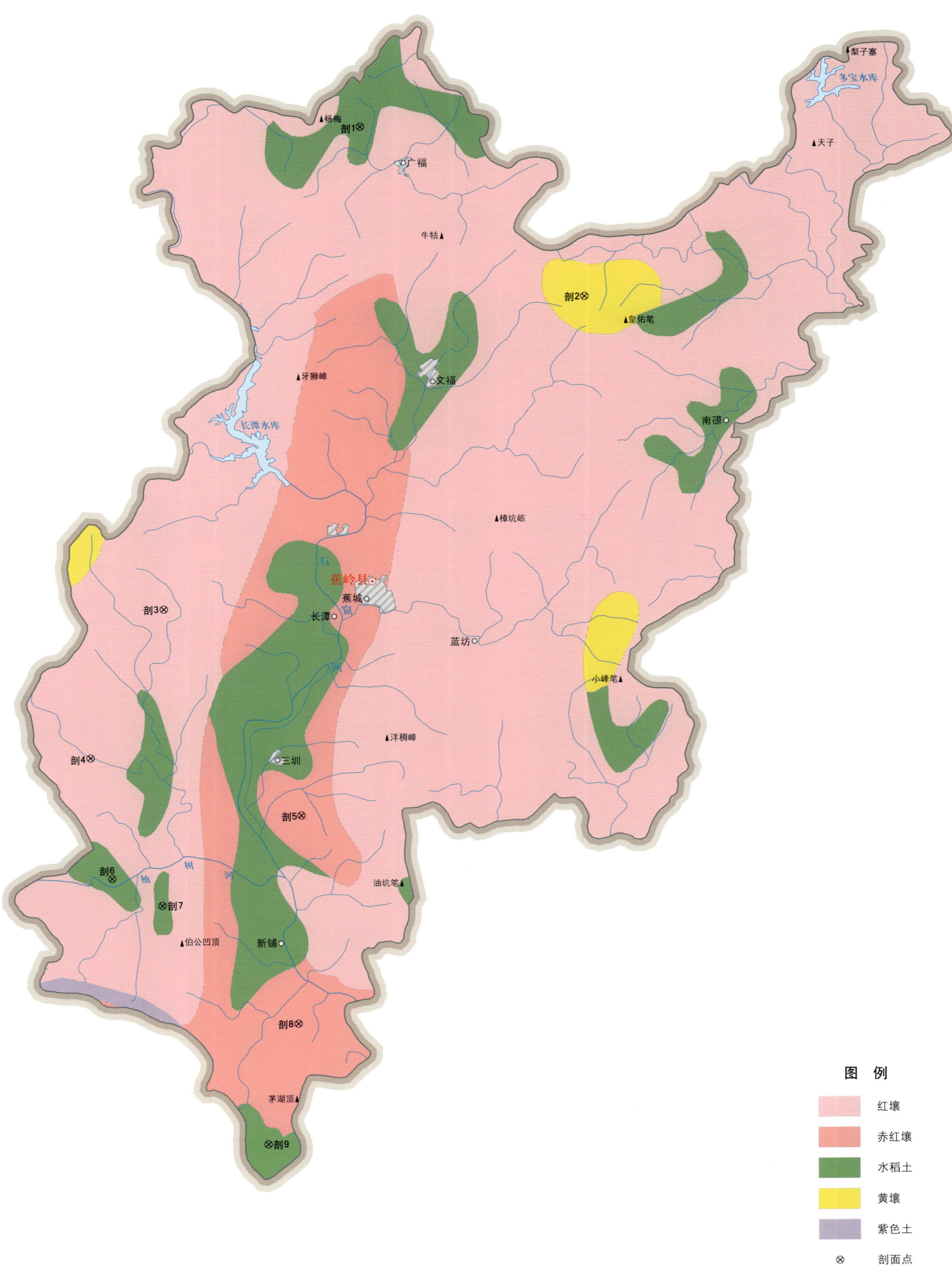

蕉岭县土壤剖面理化性状表

剖面号 Soil profile	土纲 Soil order	土类 Soil great group	亚类 Soil subgroup	土属 Soil genus	土种 Soil species	土层码 Layer code	土层厚度 Depth/cm	颜色 Soil color	质地 Soil texture	土壤结构 Soil structure	pH	有机质 OM/(g/kg)	全氮 TN/(g/kg)	全磷 TP/(g/kg)	全钾 TK/(g/kg)	碱解氮 AN/(mg/kg)	有效磷 AP/(mg/kg)	速效钾 AK/(mg/kg)	土壤母质 Parent material	剖面点坐标 Profile coordinate	匹配指数 Matching index/%
剖1	人为土	水稻土	潴育水稻土	河砂泥田	半砂泥田	1	0—14	灰黄色	中壤土	块状	6.3	17.2	1.48	0.25	18.3	162	3.9	32	河流冲积物	E 116°09′38.0″ N 24°50′39.5″	99
						2	14—30	灰色	中壤土	块状	7.2	29.8	1.13	0.24	17.3						
						3	30—50	浅灰色	砂壤土	柱状	8.2	8.8	0.96	0.29	15.2						
剖2	铁铝土	黄壤		砂页岩黄壤		1	0—25	黄棕色	砂壤土	小块状	4.9	38.1	1.03	0.26	11.9	103	6.5	21	砂页岩	E 116°15′24.7″ N 24°46′39.4″	100
						2	25—50	浅棕黄色	轻壤土	块状		9.1	0.61	0.21	11.0	51	10.5	17			
剖3	铁铝土	红壤		砂页岩红壤		1	0—9		中壤土		4.2	22.1	0.62	0.22	25.0	81	2.6	21	砂页岩	E 116°04′44.1″ N 24°39′04.6″	86
						2	9—80		中壤土		5.2	11.7	0.71	0.14	23.1						
剖4	铁铝土	红壤		砂页岩红壤		1	0—9		中壤土		4.5	38.2	1.35	0.10	9.6	129	0.4	46	砂页岩	E 116°02′53.9″ N 24°35′30.1″	71
						2	9—37		轻壤土		5.0	8.4	0.56	0.09	11.7						
剖5	铁铝土	赤红壤		砂页岩赤红壤	薄有机质层厚层砂页岩赤红壤	A	0—2	黄色	中壤土		6.5	9.2	0.55	0.17	6.0	78	7.0	21	砂页岩	E 116°08′16.9″ N 24°34′09.0″	96
						P	2—39		砂壤土		5.6	3.7	0.40	0.21	7.1						
						C	39—100		壤土		5.6										
剖6	人为土	水稻土	潴育水稻土	河结粉砂田	河结粉砂田	1	0—12	黄灰色	砂壤土	小块状	5.4	31.6	1.76	0.15	17.3	182	6.1	24	河流冲积物	E 116°03′27.8″ N 24°32′35.8″	99
						2	12—32	灰色	砂壤土	块状	6.3	10.5	0.75	0.21	20.0						
						3	32—46	黄棕色	砂壤土	碎块状	7.9	3.4	0.43	0.14	24.5						
剖7	人为土	水稻土	潴育水稻土	河泥田	河泥田	1	0—12	深灰色	中壤土	块状	8.1	39.8	1.16	0.62	19.1	288	12.7	51	河流冲积物	E 116°04′45.5″ N 24°31′57.4″	77
						2	12—22	黄灰色	重壤土	块状	8.6	17.3	1.12	0.44	17.4						
						3	22—41		重壤土	块状	8.2	14.0	0.51	0.25							
剖8	铁铝土	赤红壤		砂页岩赤红壤		1	0—6		中壤土		5.0	23.5	1.32	0.21	21.3	112	0.4	45	砂页岩	E 116°08′14.3″ N 24°29′11.0″	93
						2	6—34	褐黄色	砂壤土	碎块状	5.0	12.4	0.79	0.19	21.7						
剖9	人为土	水稻土	潴育水稻土	河砂泥田	河黄泥底田	1	0—17	灰黄色	轻壤土	块状	6.1	26.8	1.95	0.45	13.7	149	3.5	41	河流冲积物	E 116°07′29.2″ N 24°26′18.3″	96
						2	17—29	灰黄色	轻壤土	块状	7.1	10.2	1.04	0.39	14.2						
						3	29—44	红黄色	重壤土	柱状	7.2	0.9	0.65	0.32	15.8						

兴 宁 市

主要土类说明

赤红壤是兴宁市主要土壤类型，占本市地域面积的42%，分布在罗岗、黄陂、黄槐一线以南广大的山地、丘陵地带，是本市主要的山地土壤。赤红壤是在南亚热带高温多雨的气候条件下形成的地带性土壤，风化淋溶强烈，富铝化作用明显，一般土层较厚，土壤呈酸性至强酸性，盐基不饱和，黏土矿物以高岭石居多。本市赤红壤仅有赤红壤一个亚类。

红壤是兴宁市第二大土壤类型，占本市地域面积的27%，广泛分布在本市北部的低山、丘陵、坡地。成土母质以花岗岩、砂页岩风化物为主。其中，由花岗岩发育的红壤占本土类面积的62%，主要分布在罗浮、罗岗、石马等地，有机质累积较多，自然植被保存较好，以亚热带常绿针阔叶混交林为多。

水稻土是兴宁市第三大土壤类型，占本市地域面积的26%。成土母质主要为花岗岩、砂页岩、紫色页岩风化物及洪冲积物、河流冲积物等。水稻土是在长期的季节性淹灌、水下翻耕、季节性脱水、氧化还原交替影响下，原来的成土母质或母土的特性发生重大改变，形成的新的土壤类型。由于干湿交替，水稻土形成糊状的淹育层、较坚实板结的犁底层、渗育层、潴育层与潜育层等多种发生层。这些不同的发生层是在人为耕作、水浆管理下形成的。本市水稻土分为淹育型、潴育型、渗育型、潜育型、沼泽型、矿毒型等亚类。

紫色土占本市地域面积的4%，分布在兴宁盆地中部海拔50m以下的丘陵地带，集中分布在合水、罗浮等地。紫色土是由热带、亚热带紫红色岩层直接风化形成的A–C型土壤。其理化性质与母岩组成直接相关，土层浅薄，剖面层次发育不明显，仍处于初育阶段。母岩富含矿质养分，且风化迅速。

小于本市地域面积3%的土壤类型有黄壤。

本区域中心区气候特征

本区域中心区气候特征值
Regional climate characteristics in central area of the region

气候带：南亚热带湿润气候 Climate region: South subtropical humid climate	
年平均气温 /℃ Annual average temperature /℃	20.9
年平均最高气温 /℃ Annual average maximum temperature /℃	25.4
年平均最低气温 /℃ Annual average minimum temperature /℃	17.8
年降水量 /mm Annual precipitation /mm	1747
≥10℃的积温 /℃ Daily temperature accumulated in a year (≥10℃) /℃	8949
年日照时数 /h Annual sunshine /h	1872
年平均相对湿度 /% Annual average relative humidity /%	78
干燥度 Dryness	0.71

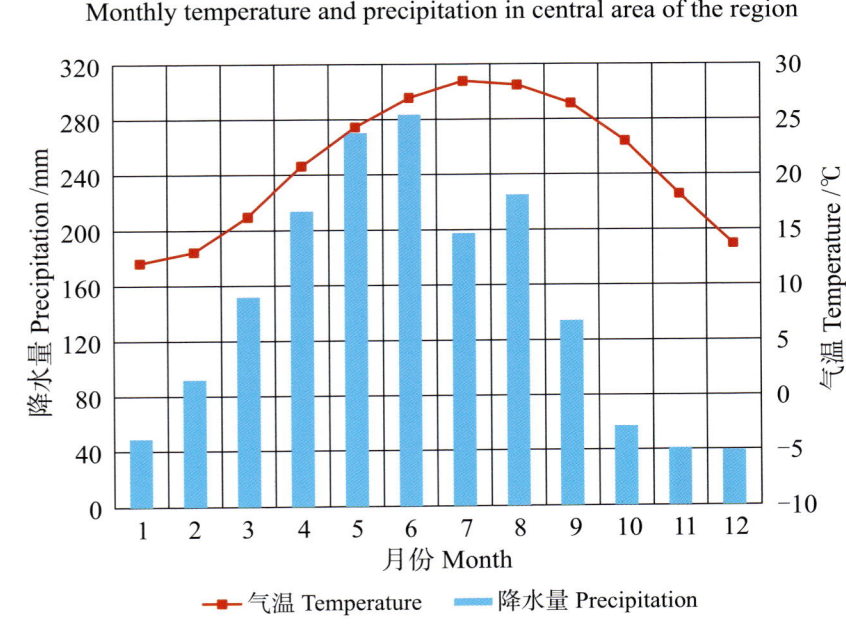

本区域中心区月平均气温与月平均降水量
Monthly temperature and precipitation in central area of the region

兴宁市主要土壤类型与土壤剖面点分布图
1∶290 000

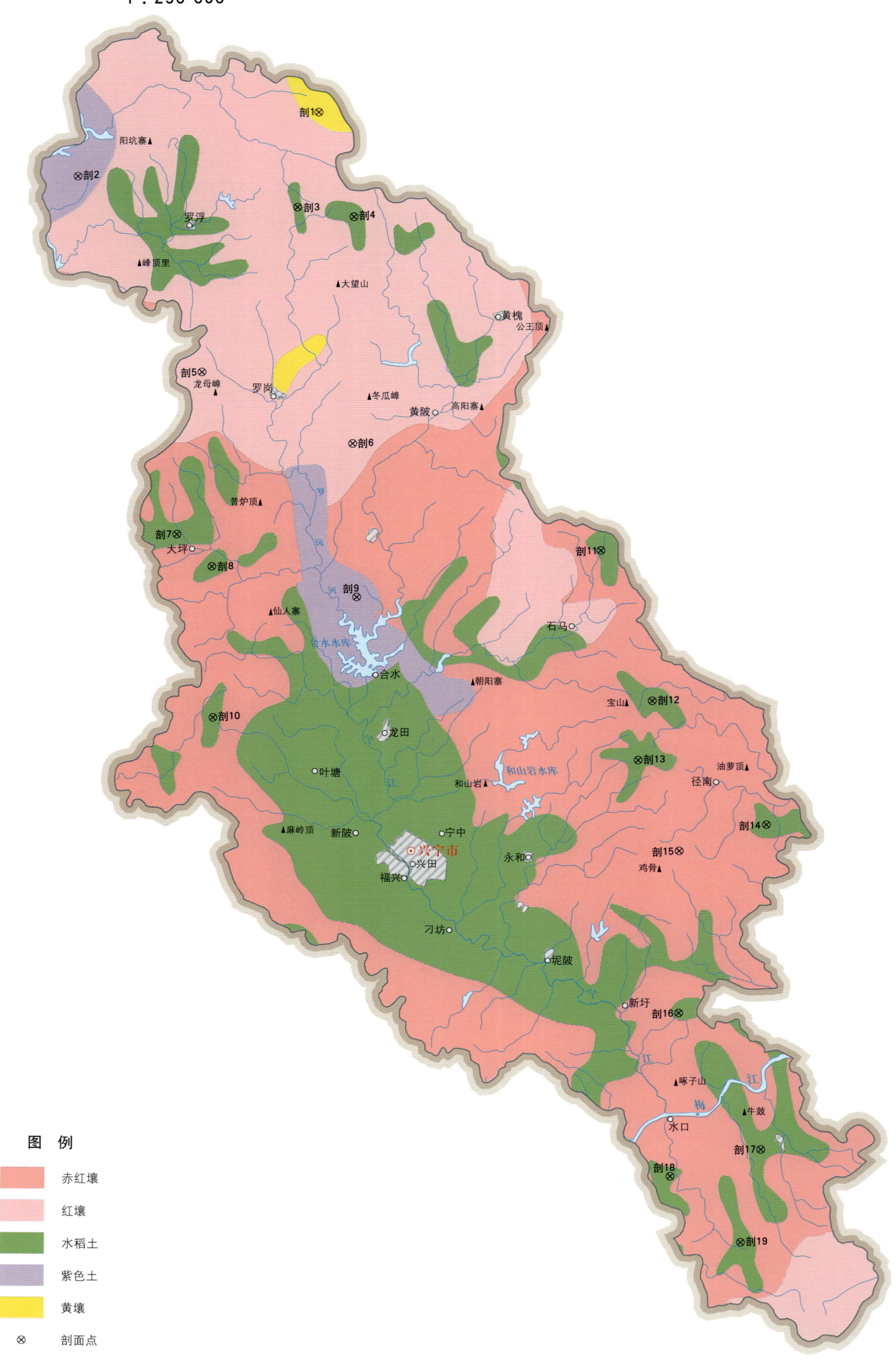

图 例
- 赤红壤
- 红壤
- 水稻土
- 紫色土
- 黄壤
- ⊗ 剖面点

兴宁市土壤剖面理化性状表

剖面号 Soil profile	土纲 Soil order	土类 Soil great group	亚类 Soil subgroup	土属 Soil genus	土种 Soil species	土层码 Layer code	土层厚度 Depth/cm	颜色 Soil color	质地 Soil texture	土壤结构 Soil structure	pH	有机质 OM/(g/kg)	全氮 TN/(g/kg)	全磷 TP/(g/kg)	全钾 TK/(g/kg)	土壤母质 Parent material	剖面点坐标 Profile coordinate	匹配指数 Matching index/%
剖1	铁铝土	黄壤	黄壤	花岗岩黄壤		1	0—24	深灰色		散粒状						花岗岩	E 115°39′30.7″ N 24°35′46.7″	100
剖2	初育土	紫色土	石灰性紫色土	碱性牛肝地	牛肝地	1	0—50	灰棕色	重壤土	块状	8.1	18.2	1.03	0.38			E 115°30′10.8″ N 24°33′20.5″	85
						2	50—88	棕黄色	重壤土		8.1	17.5	0.91	0.50	27.0			
剖3	人为土	水稻土	潴育水稻土	泥肉田	油泥田	1	0—18	灰色	中壤土	碎块状	5.4	41.5	2.05	0.48	10.8	洪冲积物、河流冲积物	E 115°38′43.8″ N 24°32′18.2″	82
						2	18—25	暗黄色	中壤土	柱状	7.6	12.2	0.61	0.51	11.9			
						3	25—67	暗黄色	中壤土	柱状	7.7	8.1	0.48	0.42	15.2			
						4	67—90	浅黄色										
剖4	人为土	水稻土	潴育水稻土	麻红泥田	麻红泥田	1	0—17	黄灰色	中壤土	块状	5.4	26.9	1.29	0.26	29.7		E 115°40′54.9″ N 24°31′58.7″	89
						2	17—22	灰黄色	中壤土	块状	6.1	10.1	0.46	0.21	23.8			
						3	22—68	浅黄色	中壤土	块状	6.9	9.8	0.39	0.19	29.6			
						4	68—100	黄色										
剖5	铁铝土	红壤	红壤	花岗岩红壤		1	0—20	棕灰色	重壤土		5.4	10.1	0.40	0.16	7.6	花岗岩	E 115°35′04.4″ N 24°26′15.7″	73
						2	20—100	棕红色	轻壤土		5.6	4.3	0.32	0.15	7.6			
剖6	铁铝土	红壤	红壤	砂页岩红壤		1	0—25	浅黄色	轻壤土	细粒状	5.4	14.6	0.75	0.31	19.8	砂页岩	E 115°40′57.6″ N 24°23′42.5″	82
						2	25—	黄色	轻壤土	块状	5.1	9.9	0.49	0.28	24.0			
剖7	人为土	水稻土	潴育水稻土	河砂泥田	河砂泥田	1	0—16	褐黄色	轻壤土	碎块状	7.3	26.9	1.34	0.58	22.6	河流冲积物	E 115°34′11.6″ N 24°20′19.7″	100
						2	16—26	灰黄色	中壤土	块状	7.9	21.2	1.27	0.53	22.1			
						3	26—37	浅黄色	中壤土	块状	7.5	22.4	1.05	0.45	21.2			
						4	37—100			碎粒状								
剖8	人为土	水稻土	潴育水稻土	泥肉田	泥肉田	1	0—20	棕灰色	重壤土	微团粒状	6.9	32.4	1.58	0.62	18.3		E 115°35′33.7″ N 24°19′09.8″	90
						2	20—27	黄棕色	重壤土	块状	8.1	9.2	0.42	0.34	22.3			
						3	27—60	灰黄色	中壤土	柱状	8.0	4.2	0.27	0.20	17.9			
						4	60—100	黄色		柱状								
剖9	初育土	紫色土	石灰性紫色土	碱性麻红泥田		1	0—24	红紫色	中壤土	碎粒状	8.1	6.5	0.64	0.37	20.2	花岗岩风化物	E 115°41′11.4″ N 24°18′06.8″	89
						2	24—100	红棕色	轻壤土	块状	8.2	8.2	0.55	0.53	23.0			
剖10	人为土	水稻土	潴育水稻土	麻红泥田	麻乌红泥田	1	0—16	黄黄色	中壤土	块状	5.2	31.3	1.49	0.48	12.6		E 115°35′40.9″ N 24°13′39.0″	70
						2	16—21	灰棕色	中壤土	块状	5.3	18.7	1.28	0.44	13.1			
						3	21—65	灰黄色	中壤土	柱状	6.9	10.7	0.31	0.31	13.3			
剖11	人为土	水稻土	潴育水稻土	洪积黄红泥田	洪积泥田	1	0—19	灰黄色	中壤土	块状	7.9	29.0	0.93	0.61	16.1	洪积物	E 115°50′38.4″ N 24°19′54.3″	88
						2	19—29	灰色	中壤土	块状	7.7	6.7	0.29	0.49	19.2			
						3	29—	棕灰色	中壤土	块状	8.1	5.4	0.34	0.46	19.9			
剖12	人为土	水稻土	潴育水稻土	洪冲积土田	砂泥田	1	0—15	黄色	中壤土	细块状	5.3	30.3	1.73	0.67	15.4	洪冲积物	E 115°52′42.2″ N 24°14′26.2″	75
						2	15—25	灰黄色	中壤土	柱状	5.7	19.0	1.45	0.62	14.6			
						3	25—52	灰黄色	轻壤土	块状	6.4	18.9	0.89	0.62	17.3			
剖13	人为土	水稻土	潴育水稻土	洪冲积土田	泥田	1	0—19	黄黄色	轻壤土	小块状	5.7	32.9	1.86	1.59	17.8	洪冲积物	E 115°52′10.9″ N 24°12′16.6″	97
						2	19—25	浅黄色	中壤土	块状	5.9	19.5	1.07	1.37	18.6			
						3	25—100	灰黄色	中壤土	块状	7.4	3.9	0.37	1.07	19.2			

续表 Continued

剖面号 Soil profile	土纲 Soil order	土类 Soil great group	亚类 Soil subgroup	土属 Soil genus	土种 Soil species	土层码 Layer code	土层厚度/cm Depth/cm	颜色 Soil color	质地 Soil texture	土壤结构 Soil structure	pH	有机质 OM/(g/kg)	全氮 TN/(g/kg)	全磷 TP/(g/kg)	全钾 TK/(g/kg)	土壤母质 Parent material	剖面点坐标 Profile coordinate	匹配指数 Matching index/%
剖14	人为土	水稻土	潴育水稻土	洪冲积土田	砂质田	1	0—16	灰色	砂壤土	团块状						洪冲积物	E 115°57′10.6″ N 24°09′58.2″	95
						2	16—22	灰色	砂壤土	块状								
						3	22—35	棕灰色	砂壤土	块状								
						4	35—47	浅灰黄色	松砂土	碎粒状								
						5	47—75	棕灰色	砂壤土	块状								
						6	75—											
剖15	铁铝土	赤红壤	赤红壤	花岗岩赤红壤		1	0—6				5.3	15.2	0.59	0.21	21.7	花岗岩	E 115°53′48.5″ N 24°08′58.2″	100
						2	6—100				5.5	11.5	0.43	0.24	21.8			
剖16	人为土	水稻土	潴育水稻土	砂页岩红泥田	页红泥田	1	0—13	浅黄色	中壤土	块状	5.3	21.4	1.10	0.16	6.9	砂页岩	E 115°53′51.8″ N 24°03′02.3″	89
						2	13—24	灰黄色	中壤土	块状	5.7	13.5	1.02	0.18	5.6			
						3	24—63	棕黄色	中壤土	块状	6.6	10.3	0.48	0.16	6.3			
						4	63—100	黄色	重壤土	块状								
剖17	人为土	水稻土	潴育水稻土	河砂泥田	河泥田	1	0—18	浅灰色	中壤土	微团粒状	6.6	32.6	1.96	0.59	16.1	河流冲积物	E 115°57′06.7″ N 23°58′05.9″	84
						2	18—30	棕灰色	中壤土	块状	7.1	29.0	1.40	0.48	18.3			
						3	30—80	黄灰色	轻壤土	柱状	7.0	14.7	0.93	0.47	19.9			
						4	80—100	浅灰色	轻壤土	柱状								
剖18	人为土	水稻土	潴育水稻土	麻红泥田	麻砂泥田	1	0—14				5.0	28.5	1.54	0.90	25.4		E 115°53′37.3″ N 23°57′06.0″	77
						2	14—36				5.5	10.5	1.05	0.55	25.0			
						3	36—62	黄灰色	紧砂土	碎粒状	6.0	5.8	0.52	0.52	24.2			
剖19	人为土	水稻土	潴育水稻土	河砂泥田	河砂质田	1	0—11	黄棕色	紧砂土	块状	6.9	8.5	0.39	0.31	19.2	河流冲积物	E 115°56′22.9″ N 23°54′46.1″	72
						2	11—18	褐黄色	中壤土	块状	7.0	5.6	0.34	0.27	20.0			
						3	18—50	橙黄色	松砂土	碎粒状	6.1	3.4	0.12	0.14	16.7			
						4	50—100											

汕 尾 市

海 丰 县

主要土类说明

赤红壤是海丰县主要土壤类型,占本县地域面积的60%,占本县自然土壤面积的85%,广泛分布在海拔350m以下的丘陵地带。成土母质主要为第四纪红土、花岗岩、片岩、砂页岩等。赤红壤主要发生于南亚热带季雨林下,其脱硅富铝化程度仅次于砖红壤,强于红壤。铁的游离度介于二者之间,黏粒硅铝率为1.7—2.0,风化淋溶系数为0.05—0.15,盐基饱和度为15%—25%,pH为4.5—5.5。淀积层(B层)富含铁铝氧化物,呈赤红色。

水稻土是海丰县第二大土壤类型,占本县地域面积的29%,主要分布在河流沿岸、平原及沿海丘陵地带。成土母质主要为河流冲积物、洪冲积物和滨海沉积物。本县水稻土分为淹育型、潴育型、渗育型、潜育型、沼泽型、盐渍型、矿毒型等亚类。其中,潴育水稻土面积最大,占本土类面积的95%,广泛分布在平原、丘陵、河流沿岸和滨海地带,且多集中于村庄周围,耕作历史悠久,排灌条件较好,土壤熟化程度高,有比较完整的发育层次,剖面构型为A-P-W-G或A-P-W-B-G。

小于本县地域面积3%的土壤类型有红壤、黄壤、草甸土、风沙土、沼泽土和潮土。

本区域中心区气候特征

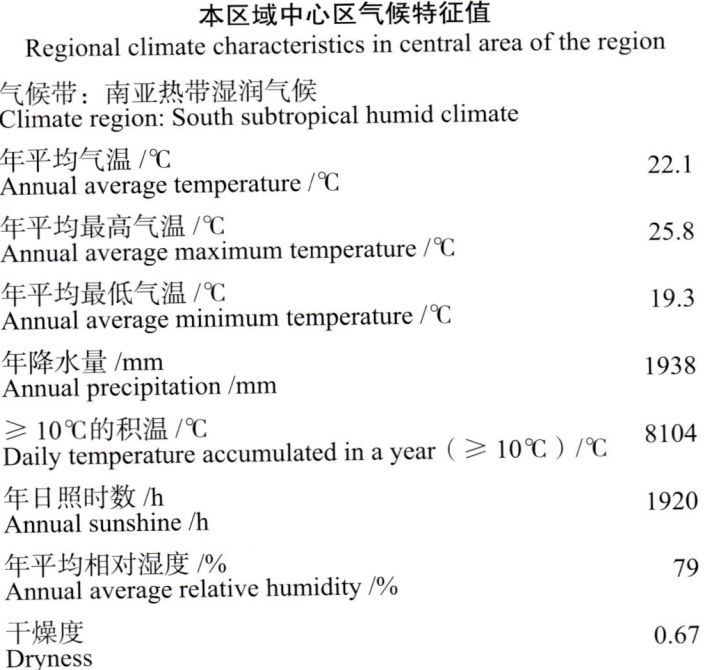

本区域中心区气候特征值
Regional climate characteristics in central area of the region

气候带:南亚热带湿润气候 Climate region: South subtropical humid climate	
年平均气温 /℃ Annual average temperature /℃	22.1
年平均最高气温 /℃ Annual average maximum temperature /℃	25.8
年平均最低气温 /℃ Annual average minimum temperature /℃	19.3
年降水量 /mm Annual precipitation /mm	1938
≥10℃的积温 /℃ Daily temperature accumulated in a year (≥10℃) /℃	8104
年日照时数 /h Annual sunshine /h	1920
年平均相对湿度 /% Annual average relative humidity /%	79
干燥度 Dryness	0.67

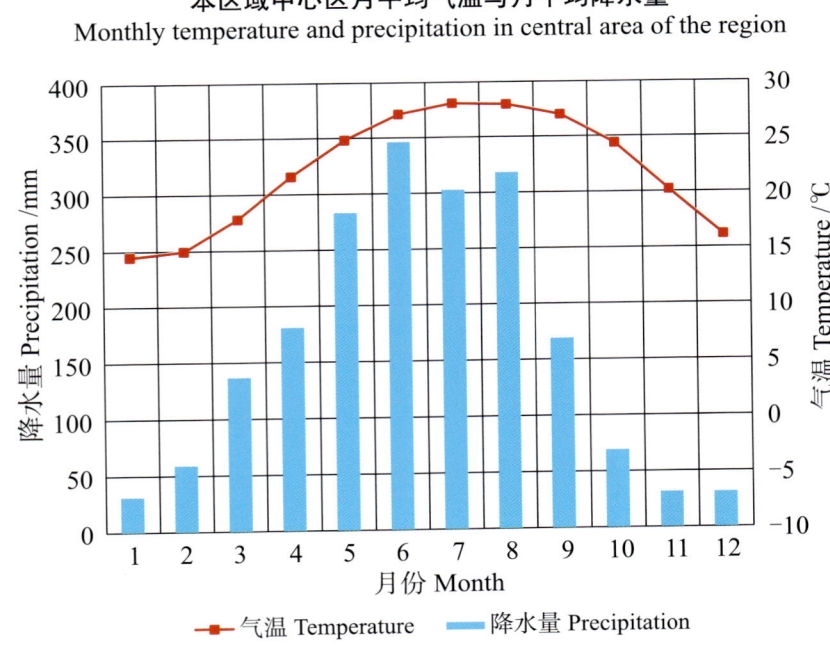

本区域中心区月平均气温与月平均降水量
Monthly temperature and precipitation in central area of the region

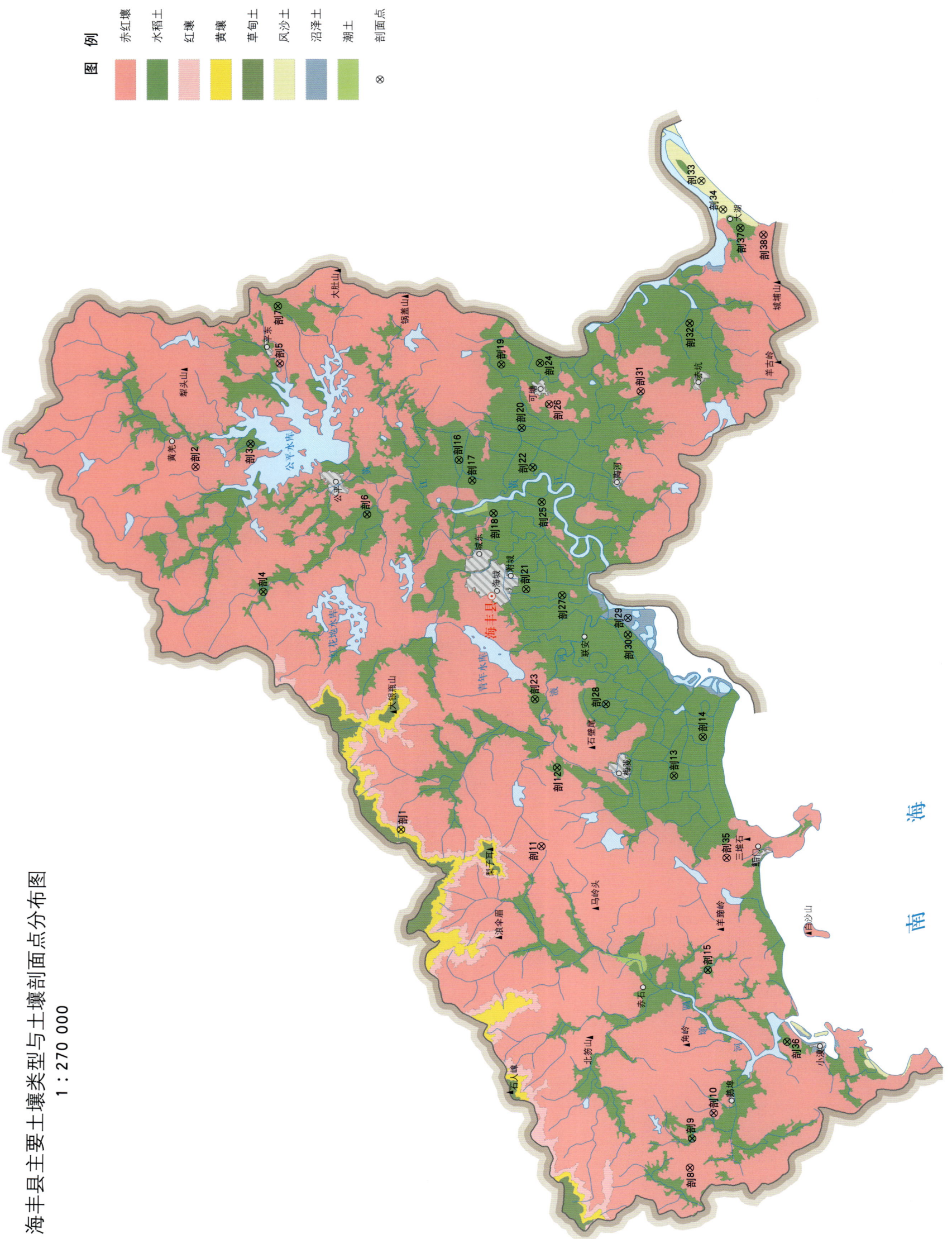

海丰县主要土壤类型与土壤剖面点分布图
1∶270 000

海丰县土壤剖面理化性状表

剖面号 Soil profile	土纲 Soil order	土类 Soil great group	亚类 Soil subgroup	土属 Soil genus	土种 Soil species	土层码 Layer code	土层厚度 Depth/cm	质地 Soil texture	pH	有机质 OM/(g/kg)	全氮 TN/(g/kg)	全磷 TP/(g/kg)	全钾 TK/(g/kg)	碱解氮 AN/(mg/kg)	有效磷 AP/(mg/kg)	速效钾 AK/(mg/kg)	阳离子交换量CEC/(cmol/kg)	土壤母质 Parent material	剖面点坐标 Profile coordinate	匹配指数 Matching index/%
剖1	铁铝土	黄壤	黄壤	砂页岩黄壤		1	0—19	轻石轻壤土	4.5	54.8	2.21	0.28	23.6	245	5.7	41	2.8		E 115°10′05.2″ N 23°01′11.3″	83
						2	19—80	轻石中壤土	4.9	40.8	1.67	0.27	23.2	195	3.1	37				
剖2	铁铝土	赤红壤	赤红壤	砂页岩赤红壤		1	0—15	重壤土	4.9	5.6	0.78	0.27	7.5	101	2.2	74		砂页岩	E 115°23′57.7″ N 23°08′29.4″	91
						2	15—70	轻石重壤土	5.2	13.2	0.71	0.28	7.9	108	2.2	68	2.0			
剖3	人为土	水稻土	潜育水稻土	乌泥底田	乌泥底田	1	0—14	轻石轻壤土	5.0	12.7	0.79	0.25	9.5	109	1.7	13			E 115°24′52.2″ N 23°06′35.9″	100
						2	14—24	轻石轻壤土	4.6	11.1	0.58	0.19	12.4	56	17.9	5				
						3	24—42	轻石轻壤土	5.1	41.3	1.20	0.22	13.5	97	微量	5				
剖4	人为土	水稻土	潜育水稻土	冷底田	冷底田	1	0—19	轻石轻壤土	5.2	6.7	0.11	0.18	4.9	45	5.2	58			E 115°19′10.9″ N 23°06′05.0″	84
						2	19—36	重石轻壤土	5.4	5.1	0.38	0.16	4.0	42	4.4	67				
						3	36—56	轻石砂壤土	5.4	2.6	0.26	0.15	2.9	39	2.2	88				
剖5	铁铝土	赤红壤	赤红壤	砂页岩赤红壤	赤红土地	1	0—13	轻壤土	5.2	9.9	0.42	0.25	2.1	59	9.6	39	4.8	砂页岩	E 115°27′59.6″ N 23°05′36.6″	90
						2	13—59	中壤土	4.9	7.2	0.27	0.18	2.8	39	2.6	21				
剖6	人为土	水稻土	潜育水稻土	洪冲积土田	砂泥田	1	0—13	轻石轻壤土	5.3	16.9	1.03	0.10	10.0	98	4.8	17		洪冲积物	E 115°22′13.1″ N 23°02′31.6″	72
						2	13—19	轻石黏土	5.6	4.0	0.35	0.09	9.5	32	1.7	12				
						3	19—31	轻石土	5.8	3.5	0.60	0.14	17.8	28	0.4	33				
剖7	人为土	水稻土	潜育水稻土	炭质黑泥田	黑泥底田	1	0—13	轻石中壤土	5.4	47.1	1.68	0.64	4.0	134	14.8	24			E 115°30′12.2″ N 23°05′42.1″	77
						2	13—20	轻石黏土	5.0	42.0	0.92	0.35	9.1	54	4.4	16	3.0			
						3	20—57	中壤土	5.1	41.8	1.35	0.50	2.7	126	7.9	17				
剖8	铁铝土	赤红壤	赤红壤	花岗岩赤红壤		1	0—16		5.4	7.4	0.47	0.11	22.2	73	0.4	59	4.4	花岗岩	E 114°57′18.0″ N 22°50′57.3″	73
						2	16—100		4.9	7.6	0.55	0.13	23.0	87	0.4	56				
剖9	人为土	水稻土	潜育水稻土	洪冲积土田		1	0—12	轻石轻壤土	5.6	6.5	0.37	0.13	6.3	57	5.7	16		洪冲积物	E 114°58′23.9″ N 22°50′53.9″	92
						2	12—19	轻石轻壤土	5.6	4.5	0.30	0.10	9.8	54	微量	22				
						3	19—100	轻石轻壤土	5.7	4.2	0.30	0.13	8.7	33	微量	23				
剖10	铁铝土	赤红壤	赤红壤	花岗岩红壤	赤红砂泥地	1	0—20	重石中壤土	6.2	6.2	0.28	0.15	2.7	28	5.2	19	1.7	花岗岩	E 114°59′22.9″ N 22°50′10.3″	73
						2	20—33	重石轻壤土	5.2	9.8	0.49	0.38	3.3	73	9.2	13				
						3	33—100	重石轻壤土	5.2	12.5	0.27	0.28	3.7	47	1.3	12				
剖11	铁铝土	赤红壤	赤红壤	砂页岩赤红壤	厚有机质层中层赤红壤	1	0—20	重石中黏土	5.3	54.2	0.83	0.24	19.8	68	3.9	14	6.3	砂页岩	E 115°09′30.7″ N 22°56′18.9″	83
						2	20—62	重石黏土	5.2	17.3	0.69	0.25	28.9	45	3.5	12				
						3	62—100	中壤土	5.0	14.7	0.62	0.41	27.0	42	3.1	22				
剖12	人为土	水稻土	淹育水稻土	砂页岩赤黄泥田	页结粉砂田	1	0—9	轻壤土	6.5	15.0	1.16	0.20	11.5	83	7.0	16		砂页岩	E 115°12′34.2″ N 22°55′49.1″	93
						2	9—14	重石重壤土	6.4	4.4	0.38	0.15	15.5	101	3.1	15				
						3	14—100	重石重壤土	5.1	2.9	0.30	0.33	17.2	24	3.1	12				
剖13	人为土	水稻土	潴育水稻土	海沉积土田	海黏土田	1	0—11	重石中黏土	5.9	50.5	0.96	0.24	22.1	81	3.9	95		滨海沉积物, 河流沉积物	E 115°12′19.4″ N 22°51′45.4″	97
						2	11—18	轻石黏土	7.4	26.8	0.65	0.26	22.0	42	10.0	120				
						3	18—40	中壤土	8.6	18.5	0.54	0.35	22.7	23	7.0	251				
剖14	人为土	水稻土	盐渍水稻土	咸酸田	咸酸田	1	0—18	轻壤土	4.8	20.6	1.16	0.21	21.5	90	3.9	211	12.8		E 115°13′49.8″ N 22°50′47.0″	73
						2	18—28	重石重壤土	5.2	11.4	0.77	0.21	19.7	52	2.6	308				
						3	28—100	重石重壤土	5.0	9.5	0.47	0.24	20.9	23	5.2	466				
剖15	人为土	水稻土	潴育水稻土	洪积黄红泥田	洪冲砂泥田	1	0—14	重石轻壤土	5.3	15.6	0.86	0.21	25.1	125	9.6	27		洪冲积物	E 115°04′51.1″ N 22°50′28.2″	83
						2	14—22	中石砂黏土	5.5	11.7	0.69	0.18	10.8	85	6.5	9				
						3	22—100	轻石轻黏土	5.8	8.0	0.47	0.13	14.7	44	2.2	19				

续表 Continued

剖面号 Soil profile	土纲 Soil order	土类 Soil great group	亚类 Soil subgroup	土属 Soil genus	土种 Soil species	土层码 Layer code	土层厚度 Depth/cm	质地 Soil texture	pH	有机质 OM/(g/kg)	全氮 TN/(g/kg)	全磷 TP/(g/kg)	全钾 TK/(g/kg)	碱解氮 AN/(mg/kg)	有效磷 AP/(mg/kg)	速效钾 AK/(mg/kg)	阳离子交换量CEC/(cmol/kg)	土壤母质 Parent material	剖面点坐标 Profile coordinate	匹配指数 Matching index/%
剖16	人为土	水稻土	潴育水稻土	砂页岩红泥田	页砂质田	1	0—20	轻石紧砂土	4.7	6.0	0.27	0.15	1.1	36	5.2	14		砂页岩	E 115°24′20.2″ N 22°59′21.8″	92
						2	20—29	轻石砂壤土	5.1	6.7	0.30	0.15	0.9	28	3.1	11				
						3	29—100	重石砂壤土	5.4	3.4	0.30	0.13	0.3	18	0.9	28				
剖17	人为土	水稻土	潴育水稻土	砂页岩红泥田	页结粉田	1	0—11	轻石轻壤土	5.4	12.5	0.80	0.30	9.9	76	11.8	14		砂页岩	E 115°23′34.0″ N 22°58′53.9″	73
						2	11—20	轻石轻壤土	4.8	12.5	0.81	0.30	11.5	83	4.4	10	2.5			
						3	20—100	轻石轻壤土	5.4	3.8	0.36	0.27	17.1	46	3.5	16				
剖18	人为土	水稻土	潴育水稻土	青泥格田	砂泥青泥格底田	1	0—13	轻壤土	5.2	22.0	1.22	0.30	10.5	160	4.8	61			E 115°22′19.1″ N 22°58′08.9″	81
						2	13—21	轻壤土	5.8	17.1	0.77	0.20	10.5	92	2.2	41	4.2			
						3	21—41	中壤土	6.8	7.5	0.53	0.23	11.2	59	2.2	37				
剖19	人为土	水稻土	渗育水稻土	白鳝泥田	白鳝底格田	1	0—19	轻石重壤土	4.8	14.8	0.84	0.19	11.7	82	4.4	74			E 115°28′02.3″ N 22°57′56.5″	90
						2	19—23	轻石重壤土	5.1	6.2	0.47	0.13	10.9	29	1.7	50	4.8			
						3	23—100	轻石壤土	5.5	6.4	0.39	0.12	12.9	15	1.3	85				
剖20	人为土	水稻土	潴育水稻土	河砂泥田	河结粉砂田	1	0—12	中石中壤土	5.0	9.3	0.48	0.18	9.1	77	3.5	12		河流冲积物	E 115°22′36.1″ N 22°57′12.2″	74
						2	12—22	中壤土	6.6	8.7	0.53	0.24	20.0	29	1.3	54				
						3	22—100	重壤土	6.7	8.2	0.50	0.23	21.0	24	1.7	94				
剖21	人为土	水稻土	潴育水稻土	河砂泥田	河泥青田	1	0—18	砂壤土	5.7	9.4	0.54	0.24	8.5	39	1.7	60		河流冲积物	E 115°19′24.9″ N 22°56′58.8″	79
						2	18—20	中壤土	5.3	15.7	0.43	0.19	9.6	34	1.3	17	3.1			
						3	20—100	重壤土	5.9	6.9	0.43	0.18	16.3	12	7.9	59				
剖22	人为土	水稻土	潴育水稻土	河砂泥田	河结粉砂田	1	0—16	轻石轻黏土	5.0	25.4	1.32	0.39	19.1	183	3.1	46		河流冲积物	E 115°24′05.8″ N 22°56′48.8″	96
						2	16—21	轻石轻黏土	6.6	11.1	0.73	0.30	20.4	67	2.2	77				
						3	21—100	中壤土	6.7	14.8	0.63	0.22	21.6	57	7.4	169				
剖23	人为土	水稻土	潴育水稻土	洪积泥红田	洪积泥田	1	0—15	轻黏土	5.3	22.6	1.24	0.29	10.2	48	5.2	81		洪冲积物	E 115°15′10.8″ N 22°56′37.3″	93
						2	15—24	轻黏土	6.9	12.5	1.71	0.30	17.0	77	3.1	124				
						3	24—54	重黏土	8.8	21.3	1.21	0.19	8.6	108	34.9	39	1.0			
剖24	人为土	水稻土	潴育水稻土	滨海砂泥田	白砂田	1	0—20	轻石松砂土	6.1	2.1	0.13	0.22	1.7	16	1.3	37		滨海沉积物	E 115°28′06.6″ N 22°56′36.2″	85
						2	20—70	松砂土	6.6	0.2	0.03	0.07	7.6	3	10.9	2				
						3	70—100	轻石松砂土	6.0	0.5	0.05	0.26	1.3	17	7.4	14				
剖25	人为土	水稻土	潴育水稻土	油格泥田	中油格田	1	0—14	轻石中壤土	4.9	19.4	0.89	0.39	22.1	100	7.9	37		河流冲积物、冲积物	E 115°24′46.6″ N 22°56′29.0″	76
						2	14—20	轻石中壤土	4.8	12.6	0.68	0.38	22.3	67	3.1	20				
						3	20—100	中壤土	4.8	16.0	0.69	0.28	23.4	32	7.4	65				
剖26	铁铝土	赤红壤	赤红壤	片板岩赤红土	赤红砂泥地	1	0—12	重石砂壤土	5.3	13.9	0.67	0.18	22.0	83	微量	82		片板岩	E 115°26′31.8″ N 22°56′16.5″	87
						2	12—29	重黏土	5.8	7.9	0.42	0.16	17.8	65	微量	84				
						3	29—100	重黏土	5.6	4.1	0.21	0.16	13.0	28	0.9	66				
剖27	人为土	水稻土	潴育水稻土	河砂泥田	河梨土田	1	0—20	中壤土	4.7	25.8	1.51	0.42	19.7	124	5.2	127		河流冲积物	E 115°19′11.6″ N 22°55′44.0″	98
						2	15—25	轻黏土	4.8	18.5	1.05	0.33	20.8	71	2.2	196				
						3	25—100	中壤土	4.3	20.0	0.88	0.35	20.7	38	1.7	142				
剖28	人为土	水稻土	潴育水稻土	洪积泥田	泥田	1	0—14	轻石砂壤土	5.6	18.6	1.08	0.25	20.7	111	10.5	68		洪冲积物	E 115°15′01.8″ N 22°54′09.7″	90
						2	14—22	轻石轻壤土	6.1	17.4	0.13	0.26	20.8	96	8.7	71				
						3	22—44	轻黏土	6.8	3.9	0.37	0.22	23.7	13	微量	146				
剖29	水成土	沼泽土	盐化沼泽土	滨海草滩	滨海草滩	1	0—20		8.0	21.4	1.30	0.54	21.2	124	8.1	846	14.8	滨海沉积物	E 115°18′21.3″ N 22°53′26.5″	86
						2	20—39		8.2	12.3	0.70	0.38	18.3	41	6.7	573	8.7			
						3	39—80		8.0	20.0	1.13	0.52	20.5	73	8.3	846	15.2			
剖30	人为土	水稻土	盐渍水稻土	反酸田	反酸田	1	0—19	轻石土	4.4	27.5	0.33	0.33	24.3	88	7.4	142			E 115°17′42.7″ N 22°53′26.2″	96
						2	19—29	轻石土	4.2	16.9	0.68	0.34	25.2	47	8.3	203				
						3	29—73	轻石土	4.1	18.2	0.75	0.32	24.6	45	3.9	281				

续表 Continued

剖面号 Soil profile	土纲 Soil order	土类 Soil great group	亚类 Soil subgroup	土属 Soil genus	土种 Soil species	土层码 Layer code	土层厚度 Depth/cm	质地 Soil texture	pH	有机质 OM/(g/kg)	全氮 TN/(g/kg)	全磷 TP/(g/kg)	全钾 TK/(g/kg)	碱解氮 AN/(mg/kg)	有效磷 AP/(mg/kg)	速效钾 AK/(mg/kg)	阳离子交换量CEC/(cmol/kg)	土壤母质 Parent material	剖面点坐标 Profile coordinate	匹配指数 Matching index/%
剖31	铁铝土	赤红壤	赤红壤	花岗岩赤红地	赤红砂地	1	0—20	重石紧砂土	5.9	1.0	0.25	0.12	18.8	43	3.9	24	1.2	花岗岩	E 115°27′03.6″ N 22°53′06.0″	87
						2	20—50	重石中壤土	6.4	2.3	0.26	0.10	21.0	72	0.9	26				
						3	50—100	重石轻壤土	6.2	1.4	0.21	0.07	20.7	40	0.9	38				
剖32	人为土	水稻土	沼泽型水稻土	渍水田	渍水田	1	0—20	中黏土	5.1	10.0	0.97	0.36	23.2	101	4.8	232			E 115°29′42.0″ N 22°51′25.9″	98
						2	20—28	轻黏土	5.1	9.7	0.52	0.38	19.7	48	7.4	335				
						3	28—100	中黏土	7.8	16.5	0.65	0.52	23.6	37	14.4	74				
剖33	初育土	风沙土	滨海风沙土	滨海沙土	固定沙土	1	0—22		6.0	3.9	0.22	0.09	6.2	28	0.1	2		滨海沉积物	E 115°35′09.2″ N 22°51′04.7″	85
剖34	初育土	风沙土	滨海风沙土	滨海沙地	固定沙地	1	0—20	松砂土	7.0	0.3	0.01	0.03	3.3	24	2.2	22	0.7	滨海沉积物	E 115°34′03.7″ N 22°50′19.1″	85
						2	20—40	松砂土	6.7	0.5	0.03	0.11	3.5	2	2.6	17				
						3	40—100	紧砂土	7.4	1.4	0.10	0.04	4.3	120	2.2	15				
剖35	铁铝土	赤红壤	赤红壤	板岩赤红壤	薄有机质层薄层板岩赤红壤	1	0—6	中石轻黏土	5.2	30.9	1.34	0.30	15.4	207	3.9	88		板岩	E 115°09′11.2″ N 22°49′53.4″	70
						2	6—20	中石轻黏土	5.5	12.7	0.59	0.24	14.8	112	2.6	32				
						3	20—74	中石轻黏土	5.8	8.4	0.43	0.23	18.2	101	2.2	27				
剖36	人为土	水稻土	潴育水稻土	海沉积土田	海砂泥田	1	0—13	中石重壤土	5.7	24.7	1.61	0.41	16.9	276	3.1	45		滨海沉积物、河流沉积物	E 115°02′09.5″ N 22°47′40.5″	78
						2	13—23	中石重壤土	6.5	19.3	1.34	0.29	18.4	157	1.3	46				
						3	23—100	轻石砂壤土	6.0	22.3	0.64	0.14	14.9	89	1.3	115				
剖37	人为土	水稻土	潴育水稻土	海沉积土田	海砂质田	1	0—13	轻石砂壤土	6.5	21.9	1.02	0.18	12.9	45	7.9	67		滨海沉积物、河流沉积物	E 115°33′22.0″ N 22°49′42.2″	84
						2	13—23	轻壤土	5.7	21.3	0.33	0.15	19.7	58	4.8	40				
						3	23—53	紧砂土	5.1	15.7	0.84	0.11	11.5	13	6.1	80				
剖38	铁铝土	赤红壤	赤红壤	侵蚀赤红壤	片蚀赤红壤	1	0—35		5.4	6.0	0.34	0.10	6.1	34	0.3	44			E 115°33′07.1″ N 22°48′54.3″	94

陆 丰 市

主要土类说明

赤红壤是陆丰市主要土壤类型，占本市地域面积的 51%。赤红壤主要发生于南亚热带季雨林下，其脱硅富铝化程度仅次于砖红壤，强于红壤。铁的游离度介于二者之间，黏粒硅铝率为 1.7—2.0，风化淋溶系数为 0.05—0.15，盐基饱和度为 15%—25%，pH 为 4.5—5.5。淀积层（B 层）富含铁铝氧化物，呈赤红色。

水稻土是陆丰市第二大土壤类型，占本市地域面积的 30%。水稻土是在长期的季节性淹灌、水下翻耕、季节性脱水、氧化还原交替影响下，原来的成土母质或母土的特性发生重大改变，形成的新的土壤类型。由于干湿交替，水稻土形成糊状的淹育层、较坚实板结的犁底层、渗育层、潴育层与潜育层等多种发生层。这些不同的发生层是在人为耕作、水浆管理下形成的。

风沙土是陆丰市第三大土壤类型，占本市地域面积的 8%。风沙土发生于半干旱、干旱漠境地区，是在风沙移动堆积形成的多种形态的风沙沉积物上发育的初育土。由于成土时间短暂，该土壤无剖面发育，属 C、（A）–C 或 A–C 剖面构型，反映了风沙移动堆积与固定的不同阶段。

小于本市地域面积 3% 的土壤类型有红壤、石质土、潮土和沼泽土。

本区域中心区气候特征

本区域中心区气候特征值
Regional climate characteristics in central area of the region

气候带：南亚热带湿润气候 Climate region: South subtropical humid climate	
年平均气温 /℃ Annual average temperature /℃	22.0
年平均最高气温 /℃ Annual average maximum temperature /℃	25.6
年平均最低气温 /℃ Annual average minimum temperature /℃	19.3
年降水量 /mm Annual precipitation /mm	1864
≥ 10℃的积温 /℃ Daily temperature accumulated in a year（≥ 10℃）/℃	8040
年日照时数 /h Annual sunshine /h	1948
年平均相对湿度 /% Annual average relative humidity /%	80
干燥度 Dryness	0.69

本区域中心区月平均气温与月平均降水量
Monthly temperature and precipitation in central area of the region

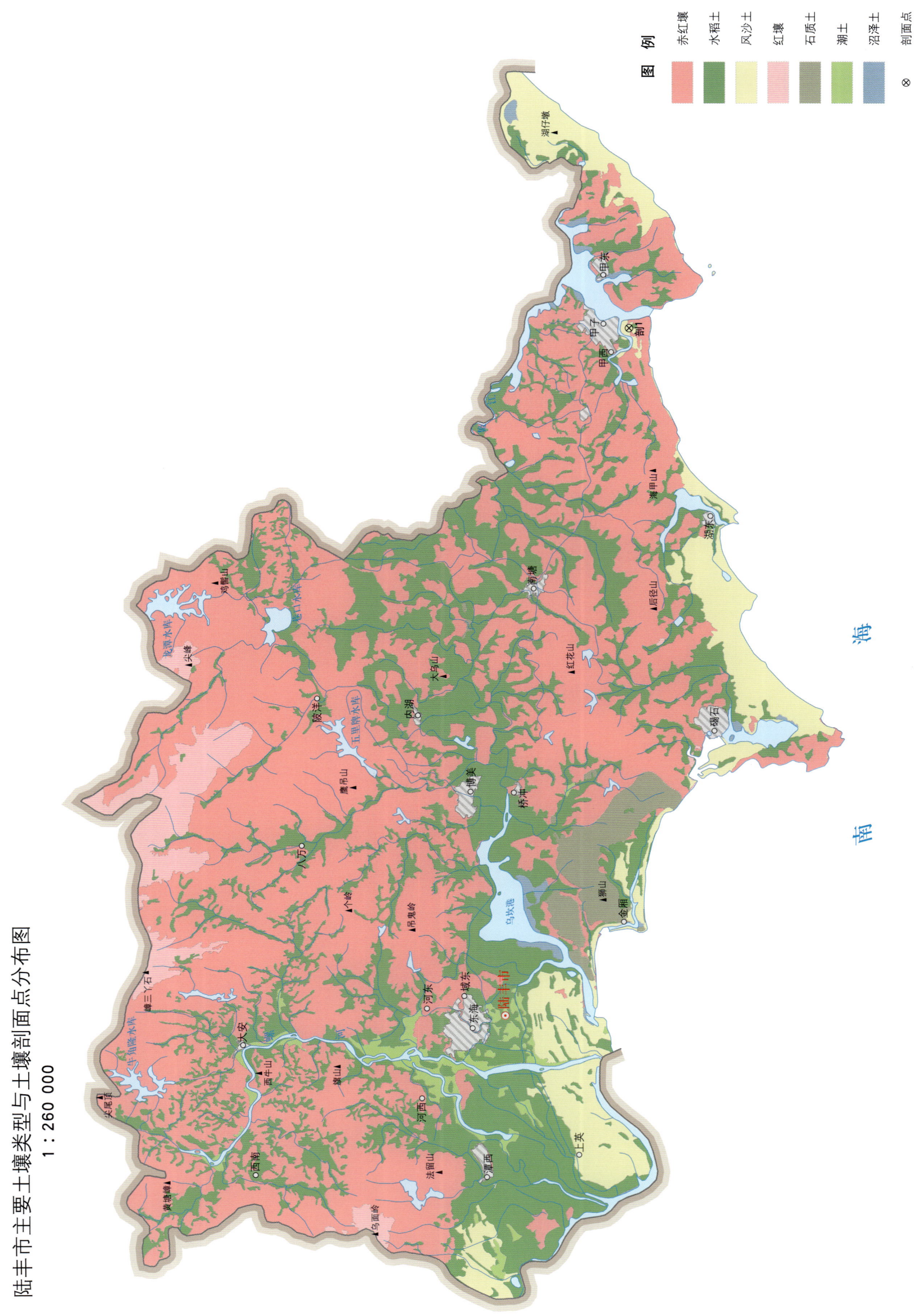

陆丰市土壤剖面理化性状表

剖面号 Soil profile	土纲 Soil order	土类 Soil great group	亚类 Soil subgroup	土属 Soil genus	土种 Soil species	土层码 Layer code	土层厚度 Depth/cm	颜色 Soil color	质地 Soil texture	pH	有机质 OM/(g/kg)	全氮 TN/(g/kg)	全磷 TP/(g/kg)	全钾 TK/(g/kg)	碱解氮 AN/(mg/kg)	有效磷 AP/(mg/kg)	速效钾 AK/(mg/kg)	土壤母质 Parent material	剖面点坐标 Profile coordinate	匹配指数 Matching index/%
剖1	初育土	风沙土	滨海风沙土	流动沙土	流动沙土	A	0—13	灰白色	砂土	8.6	3.0	0.12	0.10	4.3	4	0.2	1	滨海沉积物	E 116°03′55.3″ N 22°51′39.9″	92
						C	13—65	灰白色	砂土	8.6	3.3	0.02	0.11	4.0	3	0.1	1			

河 源 市

源 城 区

主要土类说明

赤红壤是源城区主要土壤类型，占本区地域面积的51%，广泛分布在海拔350m以下的丘陵、岗地。成土母质主要为砂页岩、砂砾岩和花岗岩风化物。本区赤红壤分为赤红壤和黄化赤红壤两个亚类，两者常交错出现。赤红壤水热条件好，心土层有明显的脱硅富铝化特征，质地黏重，有较明显的铁锰胶膜，心土层以下夹有红白相间的网纹。黄化赤红壤多分布在水分条件较好的库区及东部山区，主要特点是土层因氧化铁水化而呈黄色。

水稻土是源城区第二大土壤类型，占本区地域面积的23%，主要分布在海拔30—200m的地区。在长期水耕施肥等措施的作用下，土壤内部进行着氧化还原交替、有机质合成与分解、盐基淋溶与复盐基作用的熟化过程，促使土壤性状发生改变，从而形成特有的剖面形态、理化和生物特性。本区水稻土分为淹育型、潴育型、渗育型、潜育型等亚类。其中，潴育水稻土面积最大，有较完整的发育层次，剖面构型为A-P-W（B）-C或A-P-W（B）-G-C。

红壤是源城区第三大土壤类型，占本区地域面积的14%，主要分布在海拔350—550m的地区。成土母质以砂页岩、花岗岩风化物为主，局部地区为砂岩夹石灰岩或石英岩风化物。其明显的标志是具有脱硅富铝化过程，剖面发育比较完整。

小于本区地域面积5%的土壤类型有黄壤和石质土。

本区域中心区气候特征

本区域中心区气候特征值
Regional climate characteristics in central area of the region

气候带：南亚热带湿润气候 Climate region: South subtropical humid climate	
年平均气温 /℃ Annual average temperature /℃	21.5
年平均最高气温 /℃ Annual average maximum temperature /℃	26.3
年平均最低气温 /℃ Annual average minimum temperature /℃	18.2
年降水量 /mm Annual precipitation /mm	1998
≥10℃的积温 /℃ Daily temperature accumulated in a year（≥10℃）/℃	8028
年日照时数 /h Annual sunshine /h	1838
年平均相对湿度 /% Annual average relative humidity /%	76
干燥度 Dryness	0.63

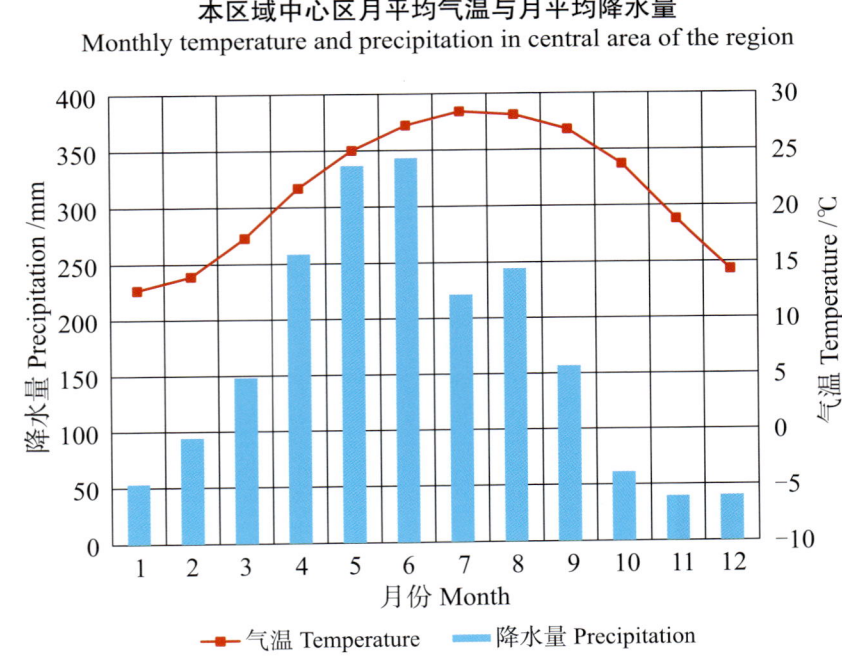

本区域中心区月平均气温与月平均降水量
Monthly temperature and precipitation in central area of the region

源城区主要土壤类型与土壤剖面点分布图
1 : 120 000

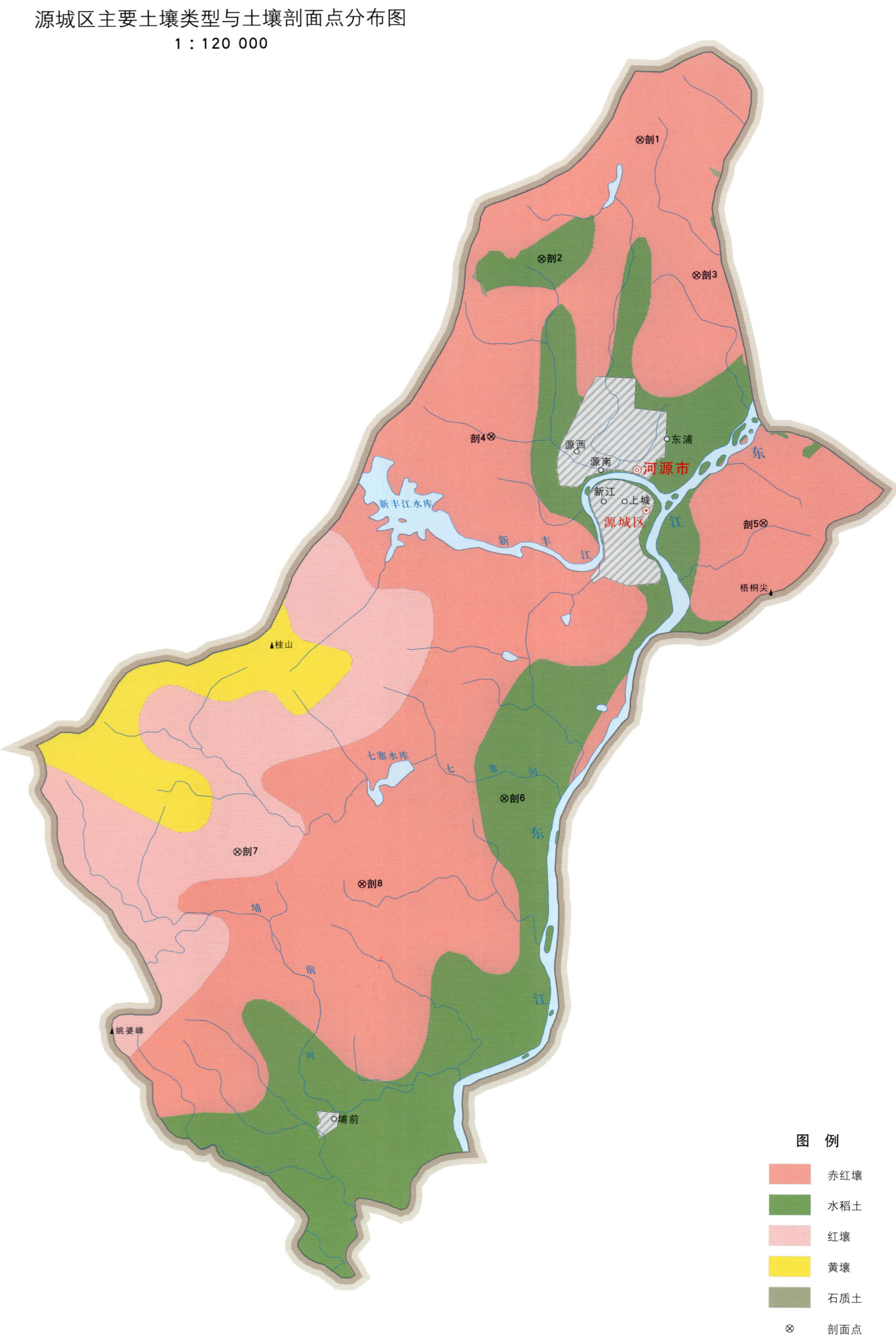

源城区土壤剖面理化性状表

剖面号 Soil profile	土纲 Soil order	土类 Soil great group	亚类 Soil subgroup	土属 Soil genus	土种 Soil species	土层码 Layer code	土层厚度 Depth/cm	颜色 Soil color	质地 Soil texture	pH	有机质 OM/(g/kg)	全氮 TN/(g/kg)	全磷 TP/(g/kg)	全钾 TK/(g/kg)	碱解氮 AN/(mg/kg)	有效磷 AP/(mg/kg)	速效钾 AK/(mg/kg)	阳离子交换量CEC/(cmol/kg)	土壤母质 Parent material	剖面点坐标 Profile coordinate	匹配指数 Matching index/%
剖1	铁铝土	赤红壤	赤红壤	耕型花岗岩赤红地	花岗岩砂质地	1	0—14	浅灰黄色	砂壤土	6.5	10.1	0.47	0.23	9.8					花岗岩风化物	E 114°41′41.3″ N 23°50′05.3″	100
						2	14—38	灰黄色	中壤土	6.3	8.2	0.39	0.21	16.0							
						3	38—100	浅黄橙色	重壤土	6.6	6.2	0.33	0.28	19.8							
剖2	人为土	水稻土	潴育水稻土	河砂泥田	河砂泥田	1	0—15		轻壤土	5.5	15.6	0.68	0.26	11.2	50	10.0	82		河流冲积物	E 114°40′03.4″ N 23°48′10.4″	74
						2	15—23		轻壤土	5.7	8.7	0.43	0.23	11.1	30	6.5	46				
						3	23—53		中壤土	7.0	6.8	0.33	0.25	13.6	16	10.9	39				
						4	53—100		重壤土	6.9	10.8	0.52	0.31	18.3	9	13.5	54				
剖3	铁铝土	赤红壤	赤红壤			1	0—16	紫色	轻壤土	5.7	16.5	0.70	0.32	0.4					红色砂页岩	E 114°42′40.3″ N 23°47′56.8″	92
						2	16—80	暗紫色	重壤土	5.7	12.1	0.49	0.28	0.6							
剖4	铁铝土	赤红壤	赤红壤	耕型花岗岩赤红地	花岗岩赤红沙泥地	1	0—15	浅红橙色	重壤土	4.8	16.3	0.73	0.21	16.7					花岗岩	E 114°39′15.1″ N 23°45′19.8″	98
						2	15—100	红橙色	重壤土	5.0	12.9	0.46	0.23	18.2							
剖5	铁铝土	赤红壤	赤红壤	耕型花岗岩赤红地	花岗岩赤砂泥地	1	0—10	浅灰黄色	轻壤土	6.2	13.3	0.70	0.22	13.3					坡积物	E 114°43′52.0″ N 23°44′00.6″	99
						2	10—17	灰棕黄色	轻壤土	6.7	7.1	0.40	0.20	12.6							
						3	17—100		轻壤土	6.4	6.1	0.38	0.25	13.1							
剖6	人为土	水稻土	潴育水稻土	河砂泥田	河砂泥田	1	0—15		重壤土	5.4	26.7	1.28	0.48	24.3	152	17.9	65	7.1	河流冲积物	E 114°39′34.6″ N 23°39′33.1″	76
						2	15—27		中黏土	5.9	20.1	1.27	0.46	10.1	115	8.7	53				
						3	27—110		轻壤土	7.9	9.6	0.49	0.45	24.2	51	5.7	17				
剖7	铁铝土	红壤	红壤	砂页岩红壤		1	0—20	浅红棕色	重黏土	5.6	32.6	1.62	0.63	11.4					砂页岩	E 114°35′06.0″ N 23°38′37.7″	99
						2	20—90	橙红色	轻黏土	5.0	10.0	0.55	0.42	12.2							
剖8	铁铝土	赤红壤	赤红壤		牛肝土地	1	0—15	暗紫色	轻壤土	6.0	6.4	0.40	0.20	17.8				6.4	红色砂页岩	E 114°37′12.4″ N 23°38′09.2″	83
						2	15—35	暗红紫色	重壤土	6.3	9.6	0.68	0.22	22.7							

龙 川 县

主要土类说明

红壤是龙川县主要土壤类型，占本县地域面积的 45%，是本县主要的山地土壤。自然植被主要为杉、松以及林下小乔木、灌木、草本植物等。受高温潮湿的季风气候影响，红壤富铝化作用明显，淋溶作用强烈，土体呈红色，土层深厚，质地黏重，土壤呈酸性。本县北部山地多为厚有机质层红壤，中部山地多为侵蚀红壤，南部山地多为中薄有机质层红壤；从土壤垂直分布来看，山体上部和陡坡多为中薄层红壤，山腰多为中厚层红壤。

赤红壤是龙川县第二大土壤类型，占本县地域面积的 31%，主要分布在海拔 300m 以下的山麓和低丘，分布区常绿季雨林已被彻底破坏，目前山坡上主要是散生马尾松和芒萁。赤红壤脱硅富铝化程度仅次于砖红壤，强于红壤。铁的游离度介于二者之间，黏粒硅铝率为 1.7—2.0，风化淋溶系数为 0.05—0.15，盐基饱和度为 15%—25%，pH 为 4.5—5.5。淀积层（B 层）富含铁铝氧化物，呈赤红色。

水稻土是龙川县第三大土壤类型，占本县地域面积的 18%。本县水稻土分为淹育型、潴育型、潜育型、渗育型、沼泽型、矿毒型等亚类。其中，潴育水稻土面积最大，占本土类面积的 60%，主要分布在地势开阔、排灌便利、温光条件较好的地区，其位置多介于淹育水稻土和潜育水稻土之间，剖面构型多为 A–P–W–C 或 A–P–W–B–G。该亚类的主要特点是在犁底层下形成具有淋溶和淀积特征的潴育层，剖面内有棕黄色的铁锈斑纹、紫黑色的锰质斑点或新生的铁锰结核，具有明显的棱柱状或柱状结构，结构体表面有铁锰胶膜。

小于本县地域面积 3% 的土壤类型有紫色土、黄壤、山地草甸土、石灰（岩）土和潮土。

本区域中心区气候特征

本区域中心区气候特征值
Regional climate characteristics in central area of the region

气候带：南亚热带湿润气候 Climate region: South subtropical humid climate	
年平均气温 /℃ Annual average temperature /℃	20.9
年平均最高气温 /℃ Annual average maximum temperature /℃	25.5
年平均最低气温 /℃ Annual average minimum temperature /℃	17.7
年降水量 /mm Annual precipitation /mm	1784
≥ 10℃的积温 /℃ Daily temperature accumulated in a year（≥ 10℃）/℃	9077
年日照时数 /h Annual sunshine /h	1846
年平均相对湿度 /% Annual average relative humidity /%	77
干燥度 Dryness	0.70

本区域中心区月平均气温与月平均降水量
Monthly temperature and precipitation in central area of the region

龙川县主要土壤类型与土壤剖面点分布图
1∶340 000

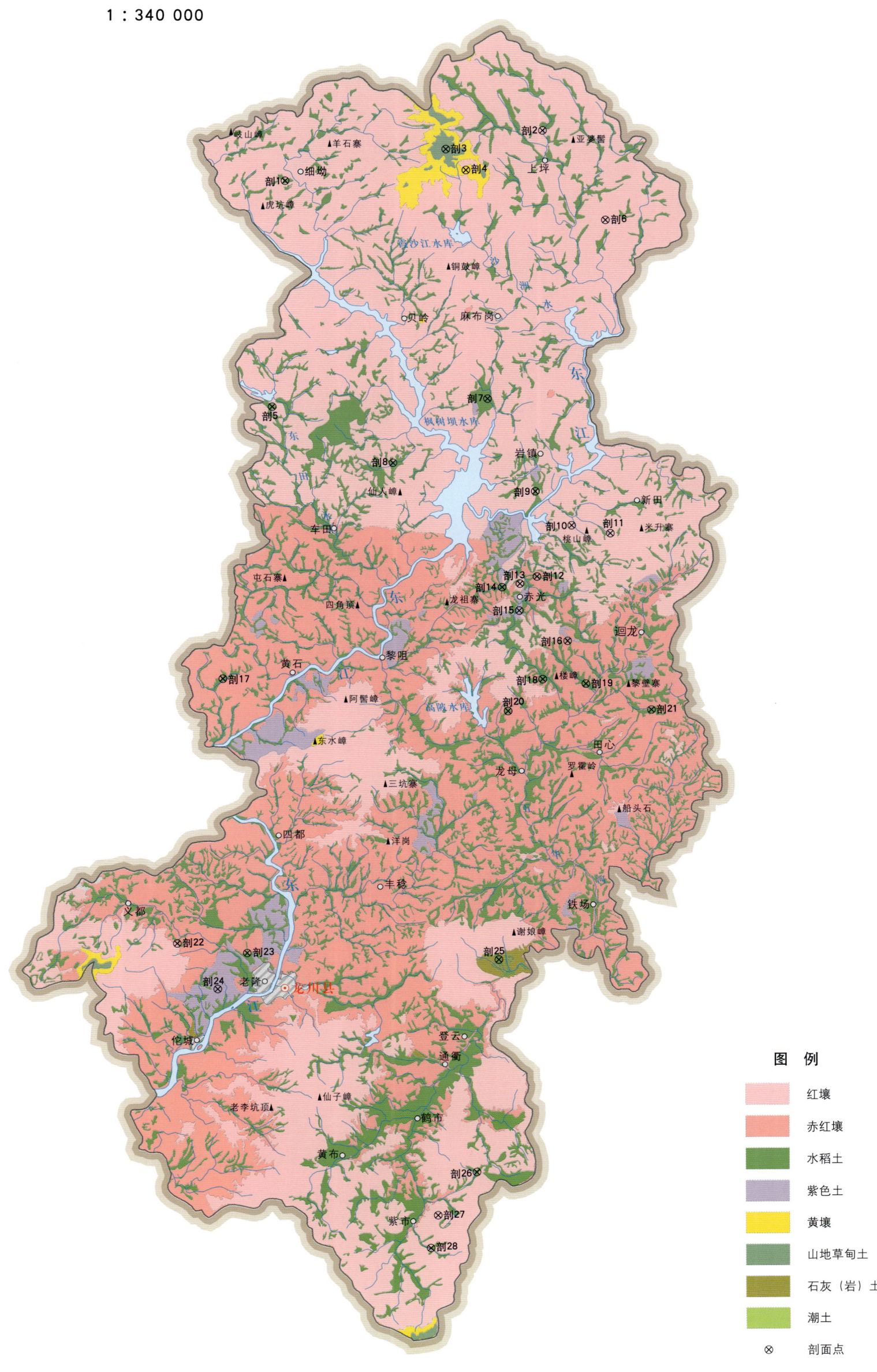

图例

- 红壤
- 赤红壤
- 水稻土
- 紫色土
- 黄壤
- 山地草甸土
- 石灰（岩）土
- 潮土
- ⊗ 剖面点

龙川县土壤剖面理化性状表

剖面号 Soil profile	土纲 Soil order	土类 Soil great group	亚类 Soil subgroup	土属 Soil genus	土种 Soil species	土层码 Layer code	土层厚度 Depth/cm	颜色 Soil color	质地 Soil texture	土壤结构 Soil structure	pH	有机质 OM/(g/kg)	全氮 TN/(g/kg)	全磷 TP/(g/kg)	全钾 TK/(g/kg)	碱解氮 AN/(mg/kg)	有效磷 AP/(mg/kg)	速效钾 AK/(mg/kg)	土壤母质 Parent material	剖面点坐标 Profile coordinate	匹配指数 Matching index/%
剖1	人为土	水稻土	潴育水稻土	乌泥底田	乌鸭屎泥田	1	0—15	灰色	轻壤土	团块状	8.0	31.4	1.24	0.51	14.3	110	4.8	36		E 115°14′43.8″ N 24°41′06.4″	96
						2	15—20	灰色	轻壤土	块状	8.2	27.9	1.13	0.45	14.9	78	4.4	25			
						3	20—100	灰蓝色	重壤土	柱状	8.3	29.0	1.12	0.48	17.8		4.8	34			
剖2	铁铝土	红壤	红壤	砂页岩红壤		1	0—8	灰红色	中黏土	状状	4.7	28.5	0.92	0.14	2.3	99	微量	48	砂页岩	E 115°26′35.5″ N 24°43′25.3″	83
剖3	半水成土	山地草甸土	山地草甸土	南方山地草甸土	南方山地草甸土	1	0—20	灰黑色	中壤土	团块状	4.8	23.4	0.91	0.38	17.2	120	3.5	65	变质砂页岩	E 115°22′08.0″ N 24°42′33.5″	89
剖4	铁铝土	黄壤	黄壤	砂页岩黄壤		1	0—20	灰黄色	重壤土	团块状	5.0	35.0	1.04	0.40	17.3	137	2.6	56	砂页岩	E 115°23′04.9″ N 24°41′40.2″	83
剖5	人为土	水稻土	潴育水稻土	宽谷冲积土田	鸭屎泥田	1	0—15	浅黄色	重壤土	块状	5.0	43.2	1.92	0.60	12.3	194	8.7	46	冲积物	E 115°14′17.6″ N 24°31′17.6″	72
						2	15—20	深灰色	重壤土	柱状	5.5	35.2	1.57	0.52	11.0	158	6.1	38			
						3	20—100	浅灰色	重壤土	棱柱状	6.5	16.5	0.70	0.52	11.0	78	12.2	49			
剖6	铁铝土	红壤	红壤	花岗岩红壤		1	0—12	灰黄色	中壤土	团块状	4.8	24.0	0.72	0.12	11.4	84	2.2	66	花岗岩	E 115°29′33.0″ N 24°39′35.0″	73
剖7	人为土	水稻土	潴育水稻土	青泥格田	砂泥青泥格田	1	0—17	灰色	轻壤土	粒状	6.2	19.1	0.80	0.38	35.9	82	3.9	35			89
						2	17—30	灰蓝色	重壤土	柱状	6.4	20.0	0.93	0.35	30.2	92	3.5	40		E 115°24′13.0″ N 24°31′45.1″	
						3	30—80	蓝色	重壤土	柱状	6.6	14.3	0.60	0.38	34.7	50	1.7	37			
剖8	人为土	水稻土	潴育水稻土	冷底田	冷底田	1	0—13	灰黄色	重壤土	团块状	5.2	40.9	1.87	0.50	15.2	169	9.2	93		E 115°19′53.5″ N 24°28′56.3″	97
						2	13—18	灰黄色	中壤土	粒状	5.1	27.2	1.14	0.41	15.8	112	7.4	93			
						3	18—100	灰黄色	中壤土	粒状	5.0	27.1	1.07	0.34	15.0	90	3.9	91			
剖9	人为土	沼泽型水稻土	烂浊田	烂浊田		1	0—13	灰色	轻壤土	无明显结构	8.1	45.4	1.87	0.96	8.2	149	31.4	61		E 115°26′28.3″ N 24°27′46.2″	75
						2	13—60	灰蓝色	重壤土	无明显结构	7.4	35.7	1.30	0.75	6.9	103	3.5	28			
剖10	铁铝土	红壤	红壤	砂页岩红壤		1	0—20	灰黄色	轻壤土	团粒状	4.6	17.2	0.54	0.24	17.1	71	2.6	76	砂页岩	E 115°28′10.2″ N 24°26′18.2″	94
剖11	铁铝土	红壤	沼泽型水稻土	花岗岩红泥地	渍水田	1	0—30	浅黄色	重壤土	块状	5.1	12.7	0.48	0.31	16.9	61	0.4	86	花岗岩	E 115°29′57.1″ N 24°25′58.8″	73
剖12	人为土	水稻土	沼泽型水稻土	花岗岩红泥地	渍水田	1	0—17	暗黄色	中壤土	粒状	5.5	28.7	1.18	0.34	12.5	109	5.2	49	花岗岩	E 115°26′35.9″ N 24°24′03.6″	91
						2	17—33	灰黄色	中壤土	无明显结构	6.5	22.2	0.89	0.30	12.2	92	1.7	31			
						3	33—60	浅黄色	中壤土	无明显结构	6.8	13.1	0.63	0.37	27.1	55	1.3	51			
剖13	铁铝土	红壤	红壤	麻红泥地	麻红泥地	1	0—20	灰黄色	轻壤土	团块状	6.8	23.1	0.99	0.56	15.5	129	8.3	197	花岗岩	E 115°25′49.1″ N 24°23′44.5″	92
						2	20—45	黄色	轻壤土	团块状	7.9	11.9	0.75	0.45	12.5	329	6.5	52			
剖14	人为土	淹育水稻土	红色石灰土田	红色石灰土田		1	0—10	灰色	中壤土	块状	5.3	14.5	0.59	0.26	11.3	75	8.3	43		E 115°25′00.2″ N 24°23′34.4″	79
						2	10—23	黄灰色	中壤土	块状	5.9	11.3	0.49	0.24	11.3	52	2.2	23			
						3	23—100	红色	重壤土	块状	6.7	5.8	0.34	0.29	13.7	33	0.4	57			
剖15	初育土	紫色土	酸性紫色土	酸性牛肝地	酸性牛肝地	1	0—14	紫黄色	中壤土	块状	6.2	11.1	0.58	0.33	25.2	62	4.4	211		E 115°25′48.0″ N 24°22′33.6″	74
剖16	人为土	水稻土	潴育水稻土	矿毒田	煤水田	1	0—17	蓝色	重壤土	团块状	4.6	41.8	0.87	0.38	32.7	167	10.0	201	砂页岩	E 115°28′02.6″ N 24°21′16.6″	84
						2	17—45	蓝黑色	重壤土	团块状	6.3	26.9	1.26	0.27	33.4	98	2.6	280			
						3	45—100	蓝黑色	轻黏土	团块状	6.5	19.6	1.01	0.29	33.9	81	3.5	204			
剖17	人为土	水稻土	淹育水稻土	砂页岩红泥田	页红泥青田	1	0—10	黄灰色	重壤土	块状	5.1	28.9	1.26	0.27	12.9	127	4.4	43	砂页岩	E 115°25′12.1″ N 24°19′29.3″	90
						2	10—15	灰白色	中壤土	核状	5.2	24.3	1.03	0.37	12.9	94	3.1	32			
						3	15—80	黄黄色	重壤土	块状	6.5	10.7	0.47	0.20	12.4	40	1.7	27			
剖18	人为土	水稻土	淹育水稻土	麻红泥田	麻红泥青田	1	0—11	灰黄色	重壤土	团块状	5.4	35.4	1.74	0.30	15.6	149	9.6	92	花岗岩	E 115°26′55.0″ N 24°19′36.5″	89
						2	11—28	灰黄色	重壤土	片状	6.0	14.9	0.74	0.18	17.4	70	2.6	79			
						3	28—100	红黄色	重壤土	块状	7.0	7.1	0.42	0.20	2.8	36	2.6	99			

续表 Continued

剖面号 Soil profile	土纲 Soil order	土类 Soil great group	亚类 Soil subgroup	土属 Soil genus	土种 Soil species	土层码 Layer code	土层厚度 Depth/cm	颜色 Soil color	质地 Soil texture	土壤结构 Soil structure	pH	有机质 OM/(g/kg)	全氮 TN/(g/kg)	全磷 TP/(g/kg)	全钾 TK/(g/kg)	碱解氮 AN/(mg/kg)	有效磷 AP/(mg/kg)	速效钾 AK/(mg/kg)	土壤母质 Parent material	剖面点坐标 Profile coordinate	匹配指数 Matching index/%
剖19	人为土	水稻土	沼泽型水稻土	冷浸田	冷浸田	1	0—13	灰黄色	重壤土		5.4	37.7	1.50	0.26	25.7	138	6.1	61		E 115°28′54.5″ N 24°19′26.0″	71
						2	13—30	灰蓝色	重壤土		5.4	42.6	1.66	0.26	30.0	143	4.4	51			
						3	30—100	蓝黑色	重壤土		5.6	49.3	1.74	0.40	24.6	131	2.2	51			
剖20	人为土	水稻土	潴育型水稻土	冷底田	顽泥田	1	0—14	灰黄色	轻黏土	粒状	5.4	41.7	1.79	0.55	11.3	185	7.9	75		E 115°25′20.3″ N 24°18′13.1″	82
						2	14—28	灰黄色	轻黏土	粒状	5.5	51.3	2.07	0.47	10.3	185	6.1	59			
						3	28—100	灰黑色	重壤土	粒状	5.6	56.7	2.07	0.41	10.5	191	3.5	47			
剖21	人为土	水稻土	沼泽型水稻土	烂泥田	深泥田	1	0—20	黄褐色	轻壤土	无明显结构	5.5	35.0	1.28	0.29	8.0	115	14.0	124		E 115°31′56.6″ N 24°18′20.2″	71
						2	20—100	灰色	轻壤土	无明显结构	5.6	32.2	1.18	0.35	8.0	103	16.6	131			
剖22	人为土	水稻土	沼泽型水稻土	烂泥田	烂泥田	1	0—20	灰褐色	重壤土	无明显结构	5.8	59.6	2.47	0.47	10.6	233	6.1	90		E 115°10′14.9″ N 24°07′57.7″	70
						2	20—100	灰蓝色	重壤土	无明显结构	6.0	59.4	2.30	0.43	10.6	213	5.2	51			
剖23	人为土	水稻土	淹育水稻土	浅脚紫泥田	浅脚牛肝土田	1	0—13	红紫色	中壤土	团块状		19.5	1.03							E 115°13′27.8″ N 24°07′34.0″	70
						2	13—24	灰红色	中壤土	块状		8.4									
						3	24—100	棕红色	中壤土	团块状		4.3									
剖24	初育土	紫色土	酸性紫色土	酸性紫色土		1	0—26	浅紫色	中壤土	团块状	6.1	10.8	0.54	0.21	15.9	34	1.3	39		E 115°12′07.5″ N 24°05′59.0″	81
剖25	人为土	水稻土	潴育水稻土	洪积黄泥田	洪积黄泥田	1	0—12	黄黄色	中壤土	团块状	5.6	28.2	1.19	0.33	18.0	128	7.4	165	洪积物	E 115°25′02.3″ N 24°07′22.4″	91
						2	12—19	灰蓝色	重壤土	块状	6.4	6.4	0.31	0.16	13.0	36	微量	217			
						3	19—100	黄色	重壤土	块状	6.4	5.5	0.28	0.14	11.6	31	0.9	221			
剖26	人为土	水稻土	淹育水稻土	砂页岩红黄泥田	页红砂泥田	1	0—11	浅灰色	中壤土	团块状	5.1	25.1	1.13	0.29	21.9	109	4.8	141	砂页岩	E 115°24′06.6″ N 23°58′13.4″	100
						2	11—28	浅蓝色	轻壤土	块状	5.2	11.6	0.50	1.83	15.4	45	0.9	91			
						3	28—100	浅蓝色	砂壤土	块状	5.0	5.6	0.20	0.14	15.0	21	微量	85			
剖27	铁铝土	红壤	红壤	花岗岩红壤		1	0—20	红黄色	轻黏土	块状	5.3	24.0	0.75	0.51	20.2	35	微量	60	花岗岩	E 115°22′21.2″ N 23°56′20.6″	95
剖28	人为土	水稻土	淹育水稻土	麻红泥砂田	麻红泥砂田	1	0—10	灰色	轻壤土	团块状	5.9	19.5	0.88	0.27	15.4	87	4.8	59	花岗岩	E 115°22′02.3″ N 23°54′56.2″	76
						2	10—19	黄色	中壤土	块状	6.6	8.4	0.42	0.26	17.3	34	0.4	48			
						3	19—50	黄灰色	中壤土	块状	7.0	7.6	0.40	0.30	20.7	33	2.6	57			

连 平 县

主要土类说明

红壤是连平县主要土壤类型，占本县地域面积的 67%，占本县山地面积的 68%，主要分布在海拔 600m 以下的低山、丘陵地带。成土母质为花岗岩、片岩、砂页岩等岩石风化物。红壤表土呈红色，质地较黏重，心土和底土含有大量的铁锰胶膜，土壤呈酸性至强酸性，有机质含量较低，自然肥力较低，但土层较深厚，质地良好，为中壤土至轻黏土，是本县主要的山地土壤资源。

黄壤是连平县第二大土壤类型，占本县地域面积的 18%，占本县山地面积的 27%，主要分布在海拔 600m 以上的山区。成土母质为花岗岩、片岩、砂页岩等岩石风化物。黄壤分布区气候湿润，水热条件较稳定，土壤中的氧化铁发生水化而使剖面呈黄色，腐殖质含量较高。

水稻土是连平县第三大土壤类型，占本县地域面积的 13%，是本县主要的耕作土壤，分布在本县各地，占本县耕地面积的 76%。本县水稻土分为淹育型、潴育型、渗育型、潜育型、沼泽型、矿毒型等亚类。其中，潴育水稻土面积最大，占本土类面积的 88%，广泛分布在谷底冲积盆地、山坑和丘陵，耕作历史悠久，排灌条件较好，土壤熟化程度高，有发育良好的耕作层、犁底层和潴育层，剖面构型主要为 A-P-W-G-C 或 A-P-W-C-G。该亚类的主要特点是在犁底层下形成具有淋溶和淀积特征的潴育层，剖面内有棕黄色的铁锈斑纹、紫黑色的锰质斑点或新生的铁锰结核，具有明显的棱柱状或柱状结构。在永久性地下水位较高的地区，潴育层之下有青灰色的潜育层出现。

小于本县地域面积 3% 的土壤类型有石质土、石灰（岩）土和潮土。

本区域中心区气候特征

本区域中心区气候特征值
Regional climate characteristics in central area of the region

气候带：南亚热带湿润气候 Climate region: South subtropical humid climate	
年平均气温 /℃ Annual average temperature /℃	21.0
年平均最高气温 /℃ Annual average maximum temperature /℃	25.8
年平均最低气温 /℃ Annual average minimum temperature /℃	17.7
年降水量 /mm Annual precipitation /mm	1808
≥10℃的积温 /℃ Daily temperature accumulated in a year (≥10℃) /℃	8422
年日照时数 /h Annual sunshine /h	1760
年平均相对湿度 /% Annual average relative humidity /%	76
干燥度 Dryness	0.69

本区域中心区月平均气温与月平均降水量
Monthly temperature and precipitation in central area of the region

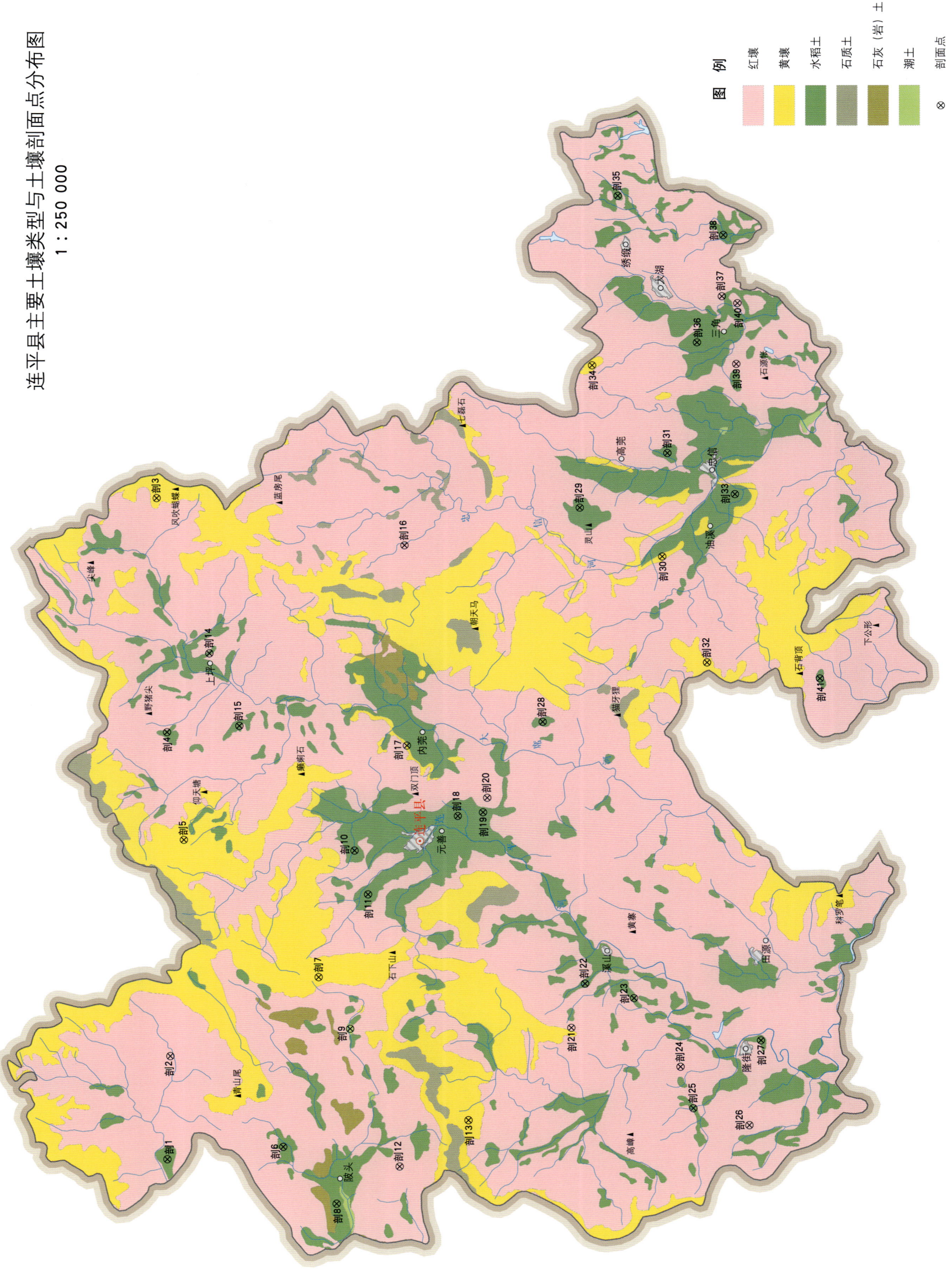

连平县土壤剖面理化性状表

剖面号 Soil profile	土纲 Soil order	土类 Soil great group	亚类 Soil subgroup	土属 Soil genus	土种 Soil species	土层码 Layer code	土层厚度 Depth/cm	颜色 Soil color	质地 Soil texture	土壤结构 Soil structure	pH	有机质 OM/(g/kg)	全氮 TN/(g/kg)	全磷 TP/(g/kg)	全钾 TK/(g/kg)	碱解氮 AN/(mg/kg)	有效磷 AP/(mg/kg)	速效钾 AK/(mg/kg)	阳离子交换量 CEC/(cmol/kg)	土壤母质 Parent material	剖面点坐标 Profile coordinate	匹配指数 Matching index/%
剖1	人为土	水稻土	潴育水稻土	麻红泥田	麻砂泥田	A	0—14	浅灰色	中壤土	块状	6.7	41.5	1.97	0.49	31.0	167	4.4	35	13.3		E 114°17′34.1″ N 24°30′18.0″	75
						P	14—24	深灰色	中壤土	块状	7.1	30.8	1.42	0.31	33.3	118	3.5	50				
						3	24—86		重壤土		8.0	15.9	0.47	0.37	32.6	41		83				
剖2	铁铝土	红壤	红壤	花岗岩红壤		1	0—10	红黄色	轻壤土	团粒状	5.2	13.0	0.37	0.18	17.4	58	2.2	34	9.5	花岗岩	E 114°21′15.8″ N 24°30′14.8″	78
						2	10—114	红色	砂壤土	块粒状	5.4	3.6	0.14	0.15	27.8	24	0.9	40				
剖3	铁铝土	黄壤	黄壤	砂页岩黄壤		1	0—21	灰色	砂壤土	块粒状	5.7	50.3	1.60	0.09	35.0	93	4.4	62	15.0	砂页岩	E 114°41′35.6″ N 24°30′56.2″	73
						2	21—106	黄色	砂壤土		5.5	28.9	0.88	0.14	36.2	64	2.2	34				
剖4	人为土	水稻土	淹育水稻土	洪积黄泥田	洪积黄泥田	1	0—10		轻壤土		6.0	33.9	1.86	0.40	17.4	180	2.2	39	12.5	洪积物	E 114°33′04.3″ N 24°30′29.5″	90
						2	10—16		轻壤土		5.9	18.2	0.92	0.22	19.0	81	1.3	26				
						3	16—42		中壤土		6.8	13.0	0.63	0.31	21.2	52	微量	28				
剖5	铁铝土	黄壤	黄壤	砂页岩黄壤		1	0—20		轻壤土		5.3	43.4	2.07	0.39	6.4	223	9.2	34	17.0	砂页岩	E 114°29′06.7″ N 24°29′53.9″	100
						2	20—38		中壤土		5.3	25.3	1.09	0.34	8.9	138	3.5	63				
剖6	人为土	水稻土	潴育水稻土	宽谷冲积黄泥土田	宽谷泥地	1	0—13		中壤土		6.1	27.5	1.50	0.22	15.1	139	8.7	18	6.4	冲积物	E 114°18′02.9″ N 24°26′33.0″	78
						2	13—19		中壤土		7.4	8.4	0.80	0.20	15.2	40	8.7	18				
						3	19—27		中壤土		7.1	8.1	0.52	0.38	14.8	34	7.9	17				
剖7	铁铝土	黄壤	黄壤	砂页岩黄壤		1	0—13	深灰色	轻壤土	团粒状	4.6	48.1	2.04	0.20	25.1	208	4.4	47	15.0	砂页岩	E 114°24′10.4″ N 24°25′27.8″	88
						2	13—60	黄色	中壤土	块粒状	5.2	17.4	0.76	0.22	25.3	82	3.5	23				
剖8	人为土	水稻土	潴育水稻土	潮砂泥田	潮砂泥田	1	0—15		中壤土		6.2	34.9	1.74	0.22	31.9	214	7.0	45	9.7	河流冲积物	E 114°16′01.2″ N 24°24′47.5″	98
						2	15—23		中壤土		7.0	22.0	1.01	0.23	34.0	104	5.7	20				
						3	23—47		重壤土		7.6	13.6	0.56	0.20	26.6	51	微量	26				
剖9	半水成土	潮土	潮土	潮砂泥地	潮砂泥地	1	0—13	灰白色	轻壤土	块粒状	7.5	13.1	0.51	0.53	24.3	86	7.4	19	11.0	河流冲积物	E 114°22′18.8″ N 24°24′25.6″	85
						2	13—30	灰黄色	中壤土	块粒状	7.7	8.8	0.47	0.26	32.1	47	5.2	17				
剖10	人为土	水稻土	潴育水稻土	砂页岩黄泥田	页红砂泥田	A	0—11	灰色	中壤土	块状	5.9	17.1	0.86	0.27	12.2	136	6.5	27	5.9	砂页岩	E 114°28′47.3″ N 24°24′21.6″	88
						C	11—73	灰黄色	轻壤土	块状	6.0	4.0	0.27	0.13	13.7	14	6.5	51				
剖11	人为土	水稻土	潴育水稻土	宽谷冲积黄土田	宽谷砂泥田	1	0—14		中壤土	粒状	5.2	36.4	1.61	0.38	16.8	231	6.5	45	7.5	冲积物	E 114°27′12.2″ N 24°23′54.2″	100
						2	14—20	黄色	重壤土		5.4	21.4	1.11	0.35	16.7	132	3.5	27				
						3	20—64		重壤土		5.8	11.8	0.64	0.31	18.3	55	2.2	32				
剖12	铁铝土	红壤	红壤	砂页岩红壤		1	0—21		重壤土	块状	5.3	36.1	1.72	0.17	12.8	189	12.2	30	12.0	砂页岩	E 114°17′22.9″ N 24°22′45.8″	98
						2	21—32		中壤土	块状	5.9	3.9	0.42	0.12	13.3	43	35.4	32				
剖13	铁铝土	黄壤	黄壤	砂页岩黄壤	页红砂泥田	1	0—6	灰黄色	中壤土	团粒状	5.2	36.2	1.50	0.16	20.4	187	2.2	60	27.0	砂页岩	E 114°19′03.7″ N 24°20′32.6″	99
						2	6—36	黄色	中壤土	粒状	5.2	12.3	0.76	0.09	16.7	109	2.2	27				
剖14	人为土	水稻土	潴育水稻土	潮砂泥田	潮砂泥田	1	0—8		轻黏土		5.3	36.5	1.63	0.59	17.6	178	4.4	88	10.2	河流冲积物	E 114°35′56.8″ N 24°29′09.6″	70
						2	8—40		重壤土		5.4	18.5	0.72	0.58	13.2	100	3.5	35				
剖15	人为土	水稻土	潴育水稻土	砂页岩黄泥田	页砂泥田	1	0—14		重壤土		6.0	34.5	1.80	0.79	21.8	184	17.0	37	15.5	砂页岩	E 114°33′19.9″ N 24°28′08.8″	97
						2	14—22		重壤土		6.9	10.9	0.57	0.27	27.1	45	4.4	31				
						3	22—45		重壤土		7.5	9.2	0.52	0.27	30.0	36	7.0	30				
剖16	铁铝土	红壤	红壤	砂页岩红壤		1	0—16	黄红色	重壤土	块状	5.1	33.7	1.48	0.33	18.0	123	0.9	47	11.0	砂页岩	E 114°39′58.7″ N 24°22′52.3″	83
						2	16—100	浅红色	轻壤土	块状	5.2	18.9	0.84	0.27	14.5	109	0.9	24				
剖17	铁铝土	黄壤	黄壤	砂页岩黄泥地	黄砂泥地	1	0—12	黄色	中壤土	块状	5.2	26.5	1.17	0.66	19.7	137	8.7	60	11.0	砂页岩	E 114°32′40.6″ N 24°22′42.2″	86
						2	12—30		重壤土		6.7	16.3	0.87	0.34	24.0	89	0.9	39				
剖18	人为土	水稻土	潴育水稻土	乌泥底田	鸭屎泥田	A	0—13	灰黄色	中壤土	块状	7.6	35.9	1.82	0.54	13.7	180	11.4	71		砂页岩	E 114°30′07.2″ N 24°21′01.4″	76
						P	13—23	黄灰色	中壤土	块状	7.8	30.4	1.49	0.54	14.0	134	10.0	40				
						G	23—43	黑灰色	中壤土	块状	7.7	28.9	1.32	0.40	16.9	111	7.9	26				

续表 Continued

剖面号 Soil profile	土纲 Soil order	土类 Soil great group	亚类 Soil subgroup	土属 Soil genus	土种 Soil species	土层码 Layer code	土层厚度 Depth/cm	颜色 Soil color	质地 Soil texture	土壤结构 Soil structure	pH	有机质 OM/(g/kg)	全氮 TN/(g/kg)	全磷 TP/(g/kg)	全钾 TK/(g/kg)	碱解氮 AN/(mg/kg)	有效磷 AP/(mg/kg)	速效钾 AK/(mg/kg)	阳离子交换量CEC/(cmol/kg)	土壤母质 Parent material	剖面点坐标 Profile coordinate	匹配指数 Matching index/%
剖19	人为土	水稻土	潴育水稻土	砂页岩红泥田	页红泥田	A	0—11	浅灰色	中壤土	块状	5.6	29.4	1.38	0.40	11.5	140	5.7	36	6.2	砂页岩	E 114°30′16.2″ N 24°20′12.1″	87
						P	11—18	灰色	中壤土	块状	6.5	13.9	0.86	0.29	7.6	81	3.1	23				
						W	18—34	红黄色	重壤土	棱柱状	7.1	7.7	0.60	0.31	7.8	41	3.1	27				
剖20	铁铝土	红壤	红壤	砂页岩红壤		1	0—36		重壤土		5.5	43.6	1.67	0.40	29.5	185	11.4	43	12.0	砂页岩	E 114°30′48.2″ N 24°20′04.6″	93
						2	36—106		重壤土		5.3	15.7	0.82	0.23	21.4	101	4.4	63				
剖21	铁铝土	红壤	红壤	砂页岩红壤		1	0—8		重壤土		5.2	52.3	1.53	0.63	34.8	135	8.7	66	13.0	砂页岩	E 114°22′26.4″ N 24°17′15.0″	95
						2	8—39		轻壤土		5.5	9.4	0.47	0.31	29.6	36	4.4	19				
剖22	人为土	水稻土	潴育水稻土	冷底田	冷底田	A	0—18	灰黑色	重壤土	块状	5.7	51.4	2.21	0.42	15.3	189	3.1	43	13.1		E 114°24′02.9″ N 24°16′49.4″	97
						P	18—34	乌黑色	轻壤土	块状	5.9	17.2	0.72	0.22	10.5	66	3.1	21				
						G	34—51	浅黄色	中壤土	块状	5.9	24.4	0.99	0.31	11.9	92	3.1	21				
						4	51—															
剖23	人为土	水稻土	渗育水稻土	白鳝泥地	白鳝泥地	A	0—13	灰白色	重壤土	块状	5.1	34.0	1.58	0.23	12.9	155	13.5	37	8.7		E 114°23′32.3″ N 24°15′13.7″	72
						P	13—23	青灰色	重壤土	块状	5.5	13.1	0.48	0.20	13.4	46	16.6	28				
						E	23—63	浅黄色	轻砂土		6.4	10.2	0.30	0.18	13.0	32	13.1	29				
剖24	铁铝土	红壤	红壤	砂页岩红泥地	红砂泥地	1	0—9		砂壤土		6.8	26.8	1.25	0.66	7.6	141	5.7	61	14.0	砂页岩	E 114°21′01.0″ N 24°13′41.5″	96
						2	9—30		中壤土		6.6	27.9	1.39	0.69	11.7	144	2.2	31				
剖25	人为土	水稻土	潴育水稻土	洪积黄砂泥田	洪积砂泥田	1	0—12		重壤土		5.3	34.0	1.57	0.43	25.6	153	6.5	8	9.1	洪积物	E 114°19′34.3″ N 24°13′15.2″	83
						2	12—18		重壤土		5.4	11.6	0.51	0.37	25.9	138	7.0	12				
						3	18—100		重壤土		6.3	13.6	0.63	0.26	26.2	75	2.2	9				
剖26	铁铝土	红壤	红壤	砂页岩红壤		1	0—26		中壤土		5.3	9.4	0.35	0.22	10.0	37	0.9	19	7.0	砂页岩	E 114°18′59.9″ N 24°11′26.2″	78
						2	26—58		中壤土		5.2	9.0	0.42	0.22	9.3	40	0.9	25				
剖27	人为土	水稻土	潴育水稻土	潮砂泥田	潮泥田	1	0—15		中壤土		5.5	28.8	1.38	0.55	19.7	148	19.2	61	7.2	河流冲积物	E 114°24′02.4″ N 24°11′05.8″	71
						2	15—22		中壤土		5.8	22.8	1.22	0.55	19.6	128	1.3	42				
						3	22—32		中壤土		6.6	10.9	0.68	0.35	19.4	69	2.2	55				
剖28	人为土	水稻土	淹育水稻土	黑色石灰土田	黑色石灰土田	A	0—9	灰棕色	中壤土	块粒状	6.9	28.7	1.42	0.40	13.9	146	5.7	60	9.5	砂页岩	E 114°33′36.4″ N 24°18′18.4″	87
						P	9—17	灰黄色	中壤土	块粒状	6.8	17.6	1.23	0.39	15.0	104	4.8	45				
						C	17—50	黑色	轻壤土		6.6	9.5	0.80	0.18	12.9	57	2.6	34				
剖29	人为土	水稻土	潴育水稻土	麻砂页泥田	麻红泥田	1	0—14		中壤土		6.0	27.0	1.17	0.22	36.8	134	2.2	45	8.5	砂页岩	E 114°41′25.8″ N 24°17′11.9″	78
						2	14—19		中壤土		6.3	18.1	0.73	0.16	34.7	34	1.3	77				
						3	19—66		中壤土		7.7	5.2	0.14	0.09	35.5	23	微量	32				
剖30	黄壤	黄壤	黄壤	砂页岩黄泥地	黄泥地	1	0—14	灰黑色	重壤土		6.3	37.1	1.53	0.30	14.8	151	10.0	42	7.0	砂页岩	E 114°39′40.7″ N 24°14′30.1″	92
						2	14—21	黑色	重壤土		6.3	16.4	0.72	0.24	20.4	71	8.7	30				
						3	21—34	灰黄色	中壤土		6.5	7.6	0.35	0.23	23.8	32	2.2	30				
剖31	人为土	水稻土	淹育水稻土	砂页岩红泥田	页红泥底田	1	0—15		重壤土		5.1	33.1	1.45	0.38	18.3	167	7.9	84	23.5	砂页岩	E 114°43′27.1″ N 24°14′22.9″	94
						2	15—25		中壤土		5.4	23.3	1.06	0.31	19.4	97	6.5	103				
						3	25—31		中壤土		5.8	15.2	0.58	0.23	19.2	45	7.0	85				
剖32	黄壤	黄壤	矿毒型水稻土	片岩黄壤	煤水田	1	0—15		轻壤土	块状	6.2	60.0	1.63	0.23	21.4	200	7.9	136	17.0	片岩	E 114°35′49.9″ N 24°13′00.1″	74
						2	15—50		重壤土	块状	6.0	22.0	0.89	0.24	23.6	99	1.3	62				
剖33	人为土	水稻土		矿毒型水稻土		A	0—15	灰灰色	重壤土	块状	5.1	139.3	2.14	0.45	22.7	142	4.4	46		砂页岩	E 114°41′59.3″ N 24°12′10.4″	91
						P	15—35	黑色	重壤土	柱状	5.9	26.6	1.19	0.27	20.2	42	1.3	44				
						W	35—50	灰黄色	重壤土		5.8	45.7	1.47	0.33	21.7	191	6.5	37				
剖34	铁铝土	黄壤	黄壤	砂页岩黄红泥田	洪积泥地	1	0—14	灰黄色	中壤土	块粒状	6.3	23.7	1.01	0.27	23.0	95	4.4	23	17.0	砂页岩	E 114°46′36.5″ N 24°16′52.0″	100
						2	14—45	浅红色	中壤土	块粒状	7.1	35.5	1.46	0.45	7.8	161	4.4	41				
剖35	人为土	水稻土	潴育水稻土	洪积黄红泥田	洪积泥田	A	0—12	灰黑色	重壤土	块粒状	7.1	31.7	1.61	0.35	21.6	140	0.9	49	9.5	洪积物	E 114°52′48.0″ N 24°16′06.2″	100
						P	12—21	浅黄色	中壤土													
						W	21—31	浅黄色	重壤土	棱柱状	7.3	9.9	0.41	0.33	23.5	43	3.1	35				

续表 Continued

剖面号 Soil profile	土纲 Soil order	土类 Soil great group	亚类 Soil subgroup	土属 Soil genus	土种 Soil species	土层码 Layer code	土层厚度 Depth/cm	颜色 Soil color	质地 Soil texture	土壤结构 Soil structure	pH	有机质 OM/(g/kg)	全氮 TN/(g/kg)	全磷 TP/(g/kg)	全钾 TK/(g/kg)	碱解氮 AN/(mg/kg)	有效磷 AP/(mg/kg)	速效钾 AK/(mg/kg)	阳离子交换量CEC/(cmol/kg)	土壤母质 Parent material	剖面点坐标 Profile coordinate	匹配指数 Matching index/%
剖36	人为土	水稻土	潴育水稻土	宽谷冲积土田	宽谷砂泥田	1	0—15		中壤土		5.2	18.3	0.81	0.29	11.7	84	3.5	36	5.5	冲积物	E 114°47′29.7″ N 24°13′28.0″	91
						2	15—17		轻壤土		5.3	16.6	0.79	0.20	11.2	68	3.5	27				
						3	17—32		中壤土		5.7	9.3	0.54	0.18	15.3	42	2.2	32				
剖37	铁铝土	红壤	红壤	砂页岩红壤		1	0—14		重壤土		5.5	25.7	0.47	0.21	36.8	105	8.7	34	11.0	砂页岩	E 114°49′12.0″ N 24°12′41.0″	79
						2	14—30		轻黏土		8.5	7.5	0.51	0.22	47		4.4	26				
剖38	人为土	水稻土	潴育水稻土	宽谷冲积土田	宽谷砂泥田	1	0—10		中壤土		6.5	25.5	1.07	0.21	13.2	173	3.5	26	6.8	冲积物	E 114°51′25.8″ N 24°12′39.9″	89
						2	10—33		重壤土		6.4	10.9	0.59	0.17	16.8	103	2.2	27				
						3	33—44		重壤土		6.7	5.9	0.34	0.13	15.9	20	2.2	43				
剖39	铁铝土	红壤	红壤	砂页岩红泥地	红泥地	1	0—8		重壤土		4.9	12.7	0.64	0.60	10.2	80	3.5	646	12.5	砂页岩	E 114°46′43.3″ N 24°12′11.2″	78
						2	8—20		中黏土		4.7	5.3	0.22	0.74	7.4	45	3.5	17				
剖40	铁铝土	红壤	红壤	砂页岩红壤		1	0—15		重壤土		5.3	16.0	0.75	0.23	23.3	91	0.9	78	10.5	砂页岩	E 114°48′56.9″ N 24°12′10.8″	76
						2	15—65		轻黏土		5.2	7.0	0.47	0.21	29.5	44	0.9	70				
剖41	人为土	水稻土	潴育水稻土	麻红泥田	麻红泥田	A	0—10	灰色	中壤土	块状	4.9	26.8	1.27	0.24	26.6	138	6.5	90	10.5		E 114°35′17.9″ N 24°09′19.8″	96
						P	10—15	黄褐色	中壤土	块状	5.0	75.0	2.13	0.23	26.1	183	3.1	127				
						C	15—55	黄褐色	中壤土	柱状	5.2	18.8	0.72	0.20	27.9	68	微量	81				

和 平 县

主要土类说明

红壤是和平县主要土壤类型，占本县地域面积的49%，主要分布在本县西部、北部海拔300—650m的低山、丘陵地带。红壤呈中度脱硅富铝化特征，土壤黏粒中游离铁占全铁的50%—60%。黏土矿物以高岭石、赤铁矿为主，黏粒硅铝率为1.8—2.4，风化淋溶系数小于0.20，盐基饱和度小于35%。红壤具深厚的红色土层，底层可见深厚的红、黄、白相间的网纹状红色黏土。本县红壤以砂页岩红壤为主，土层较深厚，有机质层较厚，自然肥力较高，适种性很广。粗骨性红壤和侵蚀红壤因土质不良或水土流失等问题，植物生长较差，土壤利用价值不高。

赤红壤是和平县第二大土壤类型，占本县地域面积的25%，主要分布在本县东部、南部和西南部海拔300m以下的丘陵地带，多属疏林地或荒山。赤红壤脱硅富铝化程度仅次于砖红壤，强于红壤。铁的游离度介于二者之间，黏粒硅铝率为1.7—2.0，风化淋溶系数为0.05—0.15，盐基饱和度为15%—25%，pH为4.5—5.5。淀积层（B层）富含铁铝氧化物，呈赤红色。本县赤红壤土层深厚，但有机质层较薄，自然肥力较低。

水稻土是和平县第三大土壤类型，占本县地域面积的13%。水稻土是在长期的季节性淹灌、水下翻耕、季节性脱水、氧化还原交替影响下，原来的成土母质或母土的特性发生重大改变，形成的新的土壤类型。由于干湿交替，水稻土形成糊状的淹育层、较坚实板结的犁底层、渗育层、潴育层与潜育层等多种发生层。这些不同的发生层是在人为耕作、水浆管理下形成的。

紫色土占本县地域面积的9%，小片分布在本县北部、中部和南部的低山、丘陵地带。紫色土是由紫色砂页岩发育而成的岩成土，土层深厚，有机质层较薄，自然肥力略低，生产性能与红壤基本相同。紫色土经开垦后，由于碳酸钙迅速流失，土壤呈中性或微酸性。

黄壤占本县地域面积的3%，主要分布在本县西北部海拔650m以上的高山地带。土壤表面被茂密的森林或禾本科杂草所覆盖，腐殖质层及土层较厚，自然肥力较高。本县黄壤以砂页岩黄壤为主。

小于本县地域面积3%的土壤类型有石灰（岩）土、潮土和石质土。

本区域中心区气候特征

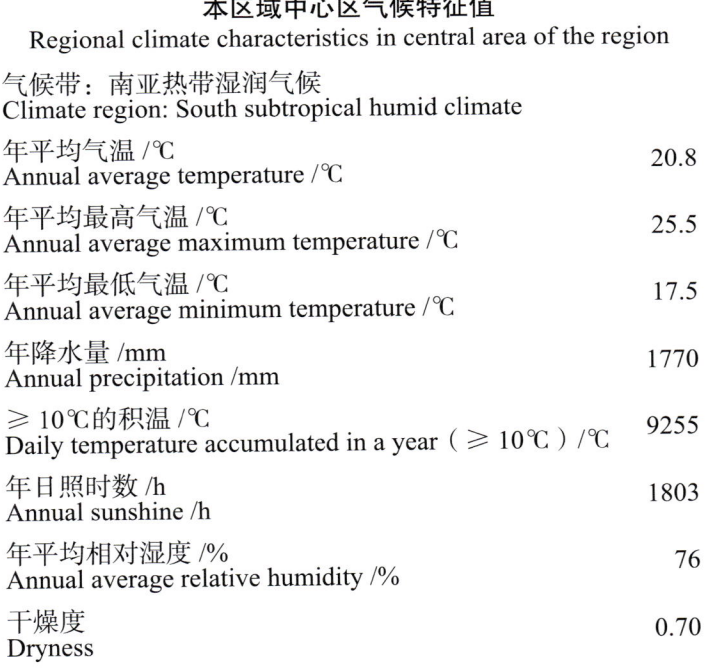

本区域中心区气候特征值
Regional climate characteristics in central area of the region

气候带：南亚热带湿润气候 Climate region: South subtropical humid climate	
年平均气温 /℃ Annual average temperature /℃	20.8
年平均最高气温 /℃ Annual average maximum temperature /℃	25.5
年平均最低气温 /℃ Annual average minimum temperature /℃	17.5
年降水量 /mm Annual precipitation /mm	1770
≥10℃的积温 /℃ Daily temperature accumulated in a year（≥10℃）/℃	9255
年日照时数 /h Annual sunshine /h	1803
年平均相对湿度 /% Annual average relative humidity /%	76
干燥度 Dryness	0.70

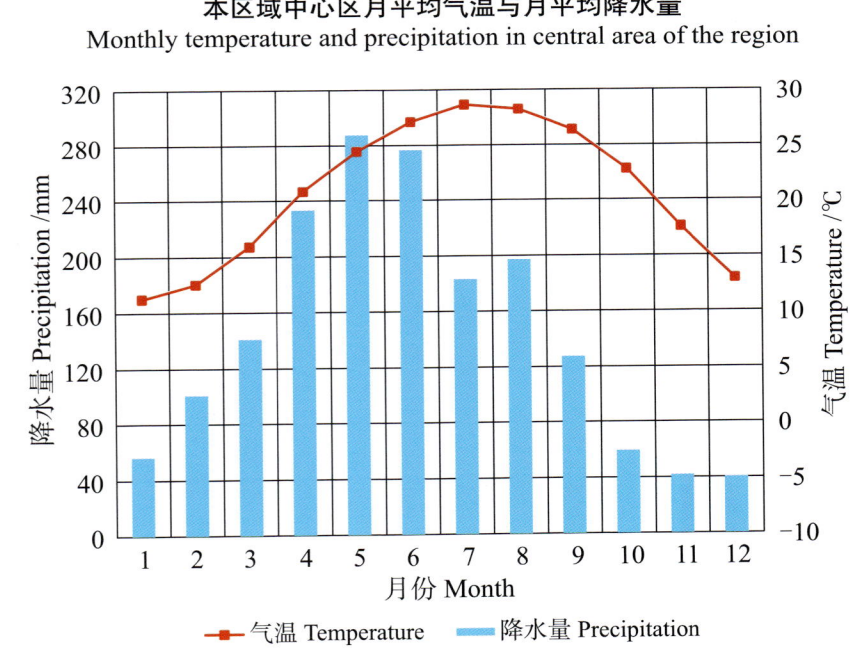

本区域中心区月平均气温与月平均降水量
Monthly temperature and precipitation in central area of the region

和平县主要土壤类型与土壤剖面点分布图
1∶260 000

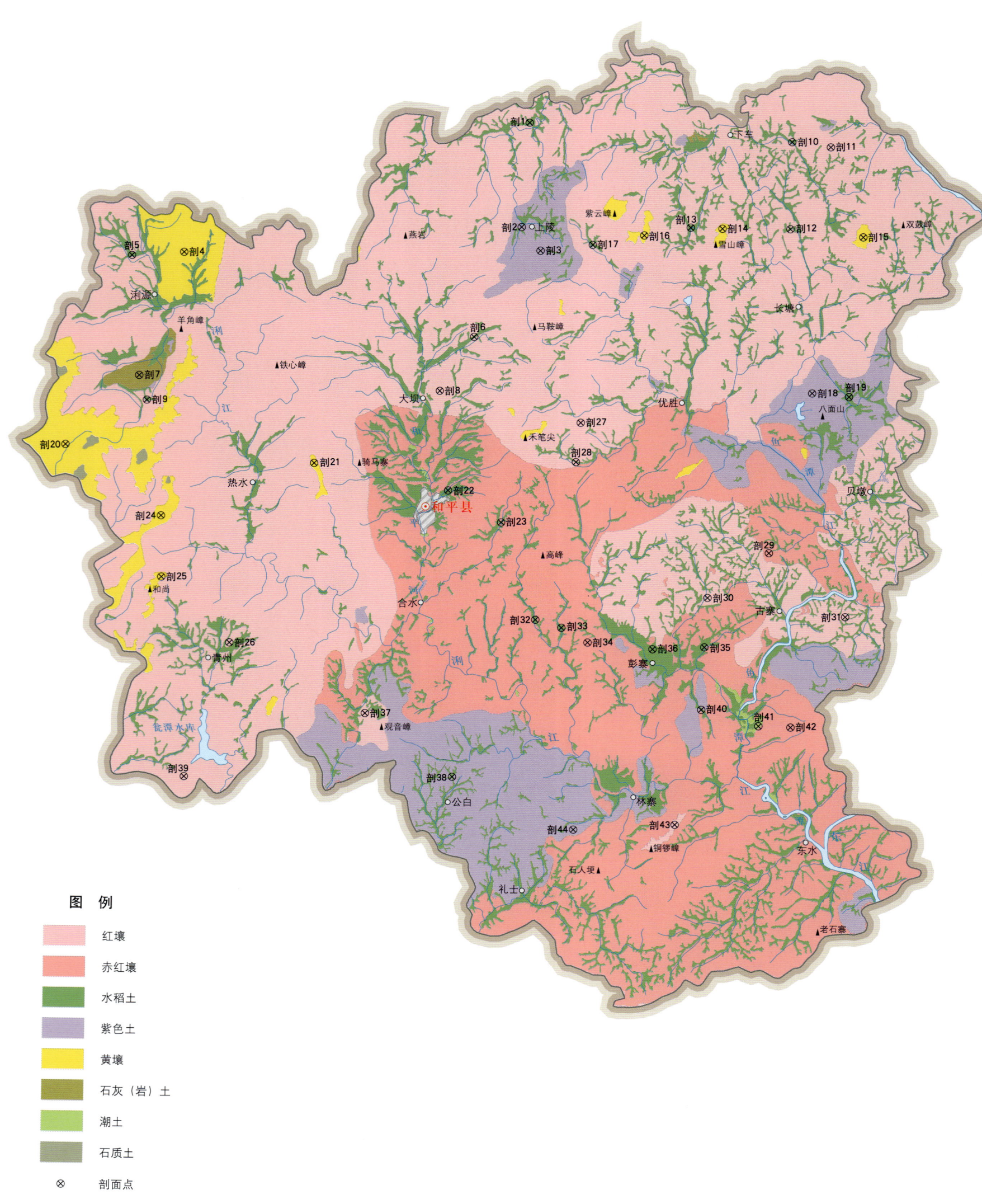

图例

- 红壤
- 赤红壤
- 水稻土
- 紫色土
- 黄壤
- 石灰（岩）土
- 潮土
- 石质土
- ⊗ 剖面点

和平县土壤剖面理化性状表

剖面号 Soil profile	土纲 Soil order	土类 Soil great group	亚类 Soil subgroup	土属 Soil genus	土种 Soil species	土层码 Layer code	土层厚度 Depth/cm	质地 Soil texture	pH	有机质 OM (g/kg)	全氮 TN (g/kg)	全磷 TP (g/kg)	全钾 TK (g/kg)	碱解氮 AN (mg/kg)	有效磷 AP (mg/kg)	速效钾 AK (mg/kg)	土壤母质 Parent material	剖面点坐标 Profile coordinate	匹配指数 Matching index/%
剖1	人为土	水稻土	潴育水稻土	宽谷冲积土田	宽谷泥田	A	0—10	中壤土	5.3	40.2	2.07	0.69	18.1	180	17.9	132	冲积物	E 114°59′25.1″ N 24°39′58.3″	73
						B	10—15	中壤土	5.9	39.6	1.90	0.72	18.7	151	17.5	106			
						C	15—80	轻壤土	6.7	30.7	1.25	0.55	18.7	94	14.0	80			
剖2	初育土	紫色土	酸性紫色土	耕型酸性紫色土	牛肝土地	A	0—13	中壤土	7.7	20.3	0.86	0.68	25.6	72	41.9	498		E 114°59′12.5″ N 24°36′23.4″	88
						B	13—100	中壤土	8.0	7.5	0.28	0.28	27.1	33	7.9	261			
剖3	初育土	紫色土	酸性紫色土	酸性紫色土		A	0—10	轻壤土	4.7	26.4	1.03	0.46	26.0	93	2.6	175		E 114°59′54.5″ N 24°35′35.8″	85
						B	10—60	中壤土	4.9	7.1	0.43	0.31	30.4	37	0.4	131			
剖4	铁铝土	黄壤	粗骨性黄壤	粗骨性黄壤	薄有机质层粗骨性黄壤	A	0—9	砂壤土	4.5	117.1	3.51	0.31	9.5	307	18.3	223		E 114°46′55.9″ N 24°35′17.9″	73
						B	9—80	轻壤土	5.0	24.1	0.95	0.17	13.3	76	0.9	82			
剖5	人为土	水稻土	潴育水稻土	宽谷冲积土田	红泥底砂泥田	A	0—13	中壤土	5.3	40.4	1.88	0.35	18.8	195	11.8	114	冲积物	E 114°45′01.8″ N 24°35′09.2″	74
						B	13—16	中壤土	5.5	20.5	1.04	0.35	23.1	127	6.5	104			
						C	16—80	轻壤土	6.4	8.6	0.41	0.34	25.6	50	3.9	102			
剖6	人为土	水稻土	潴育水稻土	宽谷冲积土田	红泥底泥田	A	0—9	重壤土	5.3	47.1	2.37	0.61	19.9	206	14.0	128	冲积物	E 114°57′34.2″ N 24°32′35.5″	93
						B	9—16	重壤土	5.1	29.3	1.41	0.54	20.2	126	10.0	101			
						C	16—100	重壤土	5.3	14.7	0.86	0.38	21.1	70	2.6	108			
剖7	初育土	石灰（岩）土	红色石灰土	酸性红色石灰土		A	0—24	中壤土	4.9	32.9	1.23	0.24	6.4	129	4.8	53		E 114°45′24.1″ N 24°31′01.2″	83
						B	24—70	重壤土	5.3	12.9	0.76	0.25	8.7	73	0.4	55			
剖8	铁铝土	红壤	红壤	花岗岩红壤		A	0—9	轻壤土	5.0	52.3	1.89	0.39	11.5	152	17.5	158	花岗岩	E 114°56′21.5″ N 24°30′42.8″	87
						B	9—60	重壤土	4.8	10.0	0.44	0.22	12.7	43	微量	96			
剖9	人为土	水稻土	潴育水稻土	宽谷冲积土田	白散泥田	A	0—12	轻壤土	5.1	40.4	1.88	0.32	29.3	122	14.0	172	粉砂岩	E 114°45′42.5″ N 24°30′10.7″	79
						B	12—18	轻壤土	5.1	18.2	0.85	0.17	27.7	89	6.1	61			
						C	18—82	中壤土	5.4	7.0	0.30	0.15	30.7	49	2.6	93			
剖10	人为土	水稻土	潴育水稻土	砂页岩黄泥田	麻砂砂泥田	A	11—18	中壤土	4.9	36.0	1.71	0.28	15.0	165	11.8	162	花岗岩风化物	E 115°09′00.0″ N 24°39′28.8″	71
						B	18—42	轻壤土	5.5	21.0	1.04	0.21	15.0	106	7.9	150			
						C	42—100	中壤土	6.5	9.7	0.47	0.22	16.8	51	4.4	232			
剖11	铁铝土	红壤		花岗岩红壤		A	0—11	中壤土	4.8	12.4	0.47	0.15	13.3	49	0.4	196	花岗岩	E 115°10′25.1″ N 24°39′19.6″	98
						B	11—40	中壤土	4.9	4.8	0.24	0.12	12.1	26	微量	121			
剖12	人为土	水稻土	潴育水稻土	白鳝泥田	白鳝泥底田	A	0—15	轻壤土	5.2	41.6	2.17	0.31	14.4	188	12.2	93	粉砂岩	E 115°09′00.0″ N 24°36′30.2″	79
						B	15—20	轻壤土	5.2	25.9	1.35	0.21	15.0	106	4.8	69			
						C	20—49	轻壤土	5.5	6.1	0.35	0.14	14.9	44	1.7	36			
剖13	人为土	水稻土	潴育水稻土	砂页岩黄泥田	页结粉田	A	0—9	轻壤土	5.0	37.2	1.72	0.30	31.4	164	9.6	154	花岗岩	E 115°05′22.2″ N 24°36′29.3″	84
						B	9—16	轻壤土	5.1	21.4	1.05	0.24	31.9	98	6.5	110			
						C	16—100	中壤土	6.5	8.0	0.43	0.20	26.8	44	1.3	102			
剖14	铁铝土	黄壤	黄壤	花岗岩黄泥田		A	0—16	中壤土	4.6	39.1	1.42	0.11	31.7	164	6.1	223	花岗岩	E 115°06′31.2″ N 24°36′28.2″	91
						B	16—50	中壤土	5.1	6.3	0.25	0.05	32.3	36	微量	147			
剖15	铁铝土	黄壤	黄壤	花岗岩黄壤		A	0—12	中壤土	4.5	78.8	2.92	0.45	27.1	294	17.0	212	花岗岩	E 115°11′39.8″ N 24°36′16.6″	99
						B	12—35	重壤土	4.7	25.4	1.19	0.34	29.0	109	3.5	98			
剖16	铁铝土	黄壤	黄壤	砂页岩黄壤		A	0—26	中壤土	4.4	46.7	1.69	0.25	20.6	109	7.9	110	砂页岩	E 115°03′40.6″ N 24°36′11.4″	83
						B	26—70	中壤土	4.8	12.3	0.65	0.13	21.7	54	0.4	70			
剖17	人为土	水稻土	潴育水稻土	宽谷冲积土田	砾质砂泥田	A	0—10	中壤土	5.7	44.4	1.76	0.38	31.6	191	9.6	129	冲积物	E 115°01′48.4″ N 24°35′49.9″	87
						B	10—16	轻壤土	6.4	18.0	0.93	0.33	36.1	87	4.4	87			
						C	16—80	中壤土	6.7	14.0	0.64	0.22	36.3	58	3.5	83			

续表 Continued

剖面号 Soil profile	土纲 Soil order	土类 Soil great group	亚类 Soil subgroup	土属 Soil genus	土种 Soil species	土层码 Layer code	土层厚度 Depth/cm	质地 Soil texture	pH	有机质 OM/(g/kg)	全氮 TN/(g/kg)	全磷 TP/(g/kg)	全钾 TK/(g/kg)	碱解氮 AN/(mg/kg)	有效磷 AP/(mg/kg)	速效钾 AK/(mg/kg)	土壤母质 Parent material	剖面点坐标 Profile coordinate	匹配指数 Matching index/%
剖18	初育土	紫色土	酸性紫色土			A	0–10	砂壤土	4.5	36.7	1.23	0.28	12.9	109	10.5	85		E 115°09′55.0″ N 24°30′53.5″	78
						B	10–44	轻砂壤	4.5	19.2	0.65	0.22	15.5	60	3.9	78			
剖19	人为土	水稻土	潴育水稻土	紫泥田	紫砂泥田	A	0–6	中壤土	5.7	52.5	2.50	0.56	25.0	212	21.4	178		E 115°11′16.0″ N 24°30′47.8″	96
						B	6–16	中壤土	6.5	38.1	1.91	0.56	25.7	159	21.0	234			
						C	16–78	轻壤土	8.0	11.3	0.48	0.29	25.1	26	6.1	157			
剖20	铁铝土	黄壤	黄壤	砂页岩黄壤		A	0–9	中壤土	4.9	25.0	0.85	0.14	14.5	83	1.3	144	砂页岩	E 114°42′47.2″ N 24°28′35.8″	84
						B	9–60	中壤土	5.1	8.9	0.36	0.10	20.2	37	微量	124			
剖21	铁铝土	黄壤	黄壤	砂页岩黄壤		A	0–15	中壤土	4.5	40.9	1.82	0.45	20.5	178	8.7	163	砂页岩	E 114°51′51.1″ N 24°28′35.8″	92
						B	15–60	轻壤土	5.0	6.2	0.40	0.32	21.8	34	2.6	99			
剖22	铁铝土	黄壤	淹育水稻土	麻红黄泥田	麻红泥底田	A	0–10	重壤土	5.0	32.1	1.54	0.49	27.7	139	17.9	154	花岗岩风化物	E 114°56′44.9″ N 24°27′18.7″	73
						B	10–13	重壤土	5.6	21.1	1.07	0.38	27.2	96	8.3	149			
						C	13–45	中壤土	6.2	9.2	0.49	0.31	29.5	44	3.9	142			
剖23	人为土	水稻土	沼泽型水稻土	烂泥田	泄眼田	A	0–19	中壤土	5.6	63.3	2.28	0.46	16.9	164	6.5	144	砂页岩	E 114°58′41.5″ N 24°26′15.7″	82
						B	19–30	中壤土	5.4	68.4	2.35	0.34	18.0	173	5.7	78			
剖24	铁铝土	黄壤	黄壤	砂页岩黄壤		A	0–7	中壤土	4.3	43.0	1.37	0.15	22.2	184	6.1	91	砂页岩	E 114°46′19.2″ N 24°26′13.9″	83
						B	7–40	重壤土	4.8	9.4	0.45	0.08	23.6	54	微量	48			
剖25	铁铝土	黄壤	黄壤	砂页岩黄壤		A	0–13	中壤土	4.3	40.2	1.56	0.24	12.9	141	14.4	68	砂页岩	E 114°46′23.8″ N 24°24′07.2″	71
						B	13–60	中壤土	4.8	8.7	0.45	0.18	13.8	42	微量	34			
剖26	铁铝土	红壤	红壤	花岗岩红泥地	麻红泥地	A	0–13	中壤土	4.9	16.7	0.82	0.42	17.4	162	16.6	49	花岗岩	E 114°48′55.8″ N 24°21′54.7″	100
						B	13–70	中壤土	4.7	7.2	0.50	0.38	18.9	159	0.4	32			
剖27	铁铝土	红壤	红壤	砂页岩红壤		A	0–12	中壤土	4.6	28.1	1.24	0.37	19.5	113	2.2	125	砂页岩	E 115°01′30.4″ N 24°29′43.3″	100
						B	12–35	重壤土	4.8	13.8	0.74	0.33	18.2	71	微量	83			
剖28	人为土	水稻土	潴育水稻土	砂页岩黄泥田	页红砂泥田	A	0–12	轻壤土	5.0	21.3	1.03	0.33	32.1	94	8.7	51	砂页岩	E 115°01′22.1″ N 24°28′22.8″	89
						B	12–17	中壤土	5.0	16.1	0.83	0.32	31.3	77	11.4	63			
						C	17–70	中壤土	5.2	14.7	0.64	0.25	30.6	73	4.8	46			
剖29	铁铝土	赤红壤	赤红壤	花岗岩赤红壤	崩岗红壤	A	0–9	中壤土	4.6	51.2	1.96	0.60	8.8	195	5.7	137	花岗岩	E 115°08′28.3″ N 24°25′24.2″	75
						B	9–60	重壤土	4.8	11.6	0.78	0.48	8.0	76	0.4	69			
剖30	铁铝土	红壤	红壤	侵蚀红壤		A	0–3	轻壤土	4.9	11.9	0.37	0.12	15.0	32	0.4	129	砂页岩	E 115°06′16.6″ N 24°23′49.2″	99
						B	3–60	轻壤土	5.1	3.6	0.12	0.19	24.3	14	0.4	90			
剖31	铁铝土	红壤	红壤	花岗岩红壤	页红泥地	A	0–5	重壤土	5.1	16.3	0.74	0.17	28.5	109	19.6	224	花岗岩	E 114°11′17.9″ N 24°23′15.7″	85
						B	5–60	中壤土	4.9	15.7	0.60	0.16	25.9	66	13.5	165			
剖32	铁铝土	红壤	淹育水稻土	砂页岩红黄泥田	页红泥田	A	0–13	中壤土	5.2	19.5	1.00	0.31	20.1	131	11.4	123	砂页岩	E 115°00′02.2″ N 24°22′56.3″	85
						B	13–18	中壤土	5.0	28.2	1.51	0.35	20.5	90	4.8	92			
						C	18–100	重壤土	6.3	10.5	0.65	0.37	19.9	49	3.9	82			
剖33	铁铝土	红壤	淹育水稻土	砂页岩红黄泥田	页红泥田	A	0–9	中壤土	5.5	40.6	2.06	0.49	16.1	140	17.0	133	砂页岩	E 115°11′00.6″ N 24°23′40.9″	71
						B	9–16	中壤土	5.4	32.3	1.60	0.40	16.5	130	13.1	105			
						C	16–68	中壤土	6.2	6.7	0.37	0.23	14.4	26	2.2	56			
剖34	铁铝土	赤红壤	赤红壤	砂页岩赤红壤		A	0–11	轻壤土	4.5	21.4	0.85	0.48	24.9	68	1.3	95	砂页岩	E 115°01′56.6″ N 24°22′12.0″	99
						B	11–40	重壤土	4.7	8.7	0.48	0.56	23.5	36	0.4	55			
剖35	人为土	水稻土	潜育水稻土	乌泥底田	乌泥底田	A	0–12	轻壤土	7.4	59.0	2.81	0.56	16.1	213	26.2	132		E 115°06′12.7″ N 24°22′07.7″	78
						B	12–21	轻壤土	7.4	48.7	2.26	0.49	16.4	145	12.7	105			
						C	21–32	轻壤土	7.0	38.6	1.66	0.34	16.3	100	7.4	116			
剖36	人为土	水稻土	潴育水稻土	宽谷冲积土田	宽谷砂泥田	A	0–13	轻壤土	5.0	25.5	1.97	0.28	25.4	165	10.5	120	冲积物	E 115°04′19.1″ N 24°22′01.1″	73
						B	13–22	轻壤土	5.3	20.3	1.15	0.20	24.0	92	6.1	76			
						C	22–42	轻壤土	5.9	14.6	0.84	0.17	25.7	71	2.6	67			

续表 Continued

剖面号 Soil profile	土纲 Soil order	土类 Soil great group	亚类 Soil subgroup	土属 Soil genus	土种 Soil species	土层码 Layer code	土层厚度 Depth/cm	质地 Soil texture	pH	有机质 OM/(g/kg)	全氮 TN/(g/kg)	全磷 TP/(g/kg)	全钾 TK/(g/kg)	碱解氮 AN/(mg/kg)	有效磷 AP/(mg/kg)	速效钾 AK/(mg/kg)	土壤母质 Parent material	剖面点坐标 Profile coordinate	匹配指数 Matching index/%
剖37	铁铝土	红壤	红壤	耕型砂页岩红壤	页红砂泥地	A	0—12	中壤土	7.0	18.5	0.82	0.55	15.0	73	13.5	436	砂页岩	E 114°53′55.6″ N 24°19′36.6″	97
						B	12—20	重壤土	5.7	17.8	0.82	0.39	14.9	84	3.1	379			
剖38	人为土	水稻土	潴育水稻土	紫泥田	牛肝土田	A	0—11	中壤土	5.3	28.3	1.22	0.42	17.6	110	12.2	72		E 114°57′09.4″ N 24°17′29.4″	81
						B	11—15	砂壤土	5.6	25.3	1.12	0.27	17.8	106	9.6	67			
						C	15—65	重壤土	6.4	7.9	0.40	0.17	22.8	42	2.6	79			
剖39	铁铝土	红壤	红壤	花岗岩红泥地	麻红砂泥地	A	0—13	中壤土	7.2	9.2	0.37	0.25	31.2	43	12.2	431	花岗岩	E 114°47′24.2″ N 24°17′17.0″	83
						B	13—100	中壤土	7.6	6.0	0.36	0.21	30.5	35	3.9	228			
剖40	人为土	水稻土	潴育水稻土	石灰板结田	石灰板结田	A	0—8	中壤土	8.3	39.3	1.94	0.85	26.5	133	10.9	121		E 115°06′08.6″ N 24°19′59.5″	77
						B	8—12	中壤土	8.2	31.9	1.57	0.85	28.4	96	10.0	139			
						C	12—20	中壤土	8.5	23.8	1.13	0.88	30.5	70	8.3	146			
剖41	半水成土	潮土	潮土	潮砂泥地	潮砂泥地	A	0—14	砂壤土	6.6	8.1	0.35	0.21	30.0	41	5.7	108	河流冲积物	E 115°08′14.3″ N 24°19′28.6″	71
						B	14—25	轻壤土	6.9	6.1	0.28	0.18	23.2	30	3.5	82			
剖42	铁铝土	赤红壤	赤红壤	砂页岩赤红壤		A	0—10	中壤土	4.8	27.9	1.03	0.18	10.0	63	0.4	52	砂页岩	E 115°09′24.3″ N 24°19′27.6″	76
						B	10—60	中壤土	4.9	6.7	0.21	0.14	14.9	19	微量	26			
剖43	铁铝土	红壤	粗骨性红壤	粗骨性红壤	中有机质层粗骨性红壤	A	0—13	中壤土	4.5	40.6	1.54	0.42	17.6	151	8.3	115		E 115°05′17.2″ N 24°16′00.8″	78
						B	13—30	中壤土	4.7	24.3	1.14	0.48	18.8	115	2.2	90			
剖44	初育土	紫色土	酸性紫色土	酸性紫色土		A	0—8	中壤土	4.6	21.8	0.79	0.26	14.8	65	3.1	79		E 115°01′35.8″ N 24°15′45.4″	99
						B	8—60	中壤土	4.8	6.7	0.29	0.21	20.4	25	0.4	60			

阳 江 市

市 辖 区

主要土类说明

水稻土是阳江市主要土壤类型，占本市地域面积的54%。水稻土是长期人为活动的产物，可由各种地带性土壤经水耕熟化而形成。在长期水耕施肥等措施的作用下，土壤内部进行着氧化还原交替、有机质合成与分解、盐基淋溶与复盐基作用的熟化过程，促使土壤性状发生改变，从而形成特有的剖面形态、理化和生物特性。受南亚热带气候的影响，本市水稻土中的铁、锰物质淋溶淀积十分强烈。本市为双季稻种植区，由于高温多雨，有机质分解迅速，土壤盐基不饱和，pH多为4.5—5.5。本市水稻土分为淹育型、潴育型、渗育型、潜育型、沼泽型、盐渍型等亚类。其中，潴育水稻土面积最大，占本土类面积的70%，发育于洪积物、宽谷冲积物、河海冲积物等，有明显的耕作层、犁底层、斑纹层、青泥层、底土层等基本层次，是本市较好的水稻土类型。

赤红壤是阳江市第二大土壤类型，占本市地域面积的32%，主要分布在丘陵、山地。成土母质主要为花岗岩、片岩、板岩、砂页岩等岩石风化物。赤红壤是在高温多雨的气候条件和强烈的地质风化条件下形成的土壤类型。本市赤红壤主要为花岗岩赤红地土属，占本土类面积的75%，由花岗岩风化物发育而成，风化土层厚度在1m以上，有机质层厚度为7—20cm。

小于本市地域面积3%的土壤类型有风沙土、滨海盐土、沼泽土和潮土。

本区域中心区气候特征

本区域中心区气候特征值
Regional climate characteristics in central area of the region

气候带：南亚热带湿润气候 Climate region: South subtropical humid climate	
年平均气温 /℃ Annual average temperature /℃	22.6
年平均最高气温 /℃ Annual average maximum temperature /℃	26.3
年平均最低气温 /℃ Annual average minimum temperature /℃	19.7
年降水量 /mm Annual precipitation /mm	2389
≥10℃的积温 /℃ Daily temperature accumulated in a year (≥10℃) /℃	8257
年日照时数 /h Annual sunshine /h	1774
年平均相对湿度 /% Annual average relative humidity /%	80
干燥度 Dryness	0.56

本区域中心区月平均气温与月平均降水量
Monthly temperature and precipitation in central area of the region

阳江市市辖区（部分）主要土壤类型与土壤剖面点分布图
1∶190 000

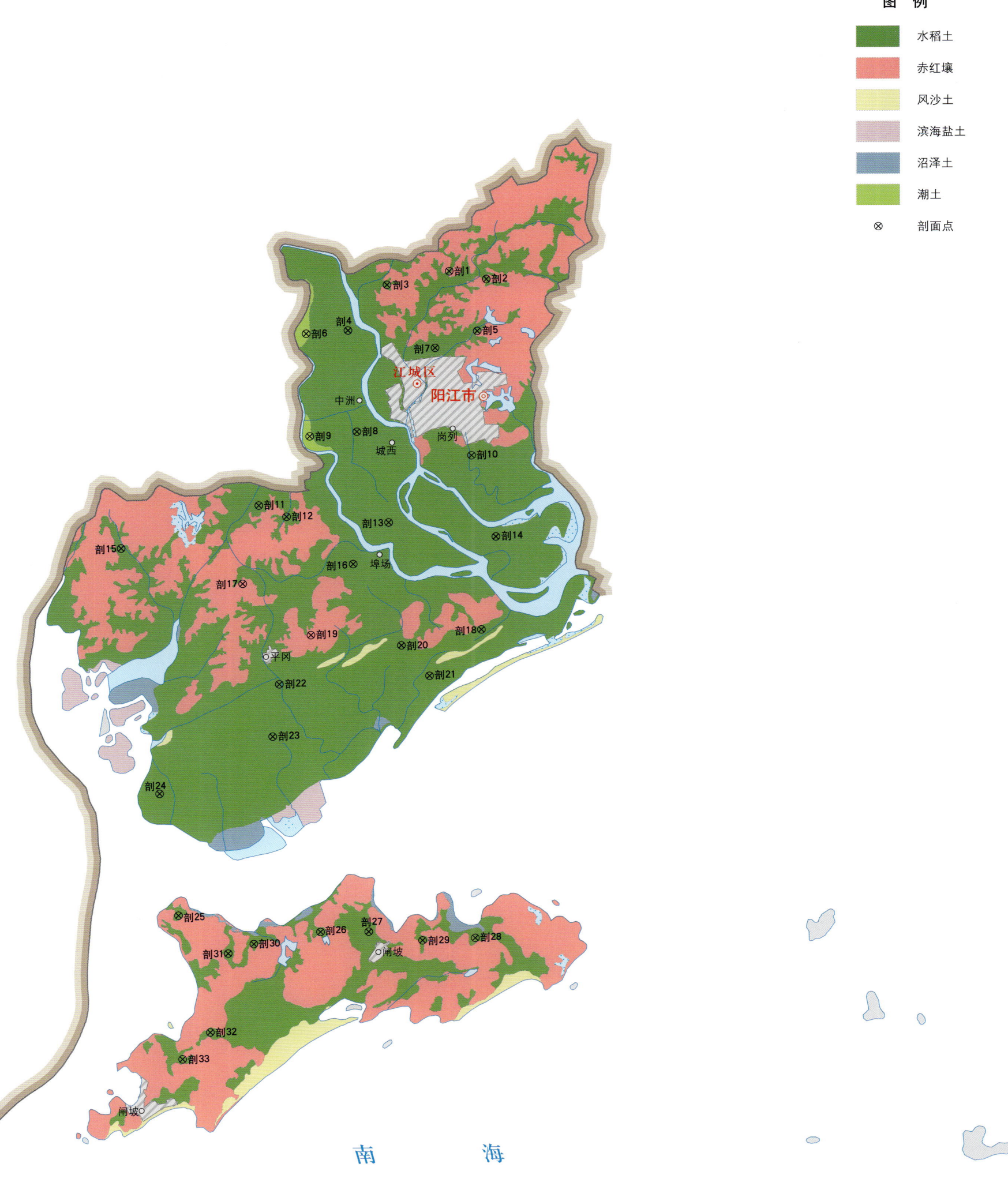

阳江市土壤剖面理化性状表

剖面号 Soil profile	土纲 Soil order	土类 Soil great group	亚类 Soil subgroup	土属 Soil genus	土种 Soil species	土层码 Layer code	土层厚度 Depth/cm	颜色 Soil color	质地 Soil texture	土壤结构 Soil structure	pH	有机质 OM/(g/kg)	全氮 TN/(g/kg)	全磷 TP/(g/kg)	全钾 TK/(g/kg)	有效磷 AP/(mg/kg)	速效钾 AK/(mg/kg)	土壤母质 Parent material	剖面点坐标 Profile coordinate	匹配指数 Matching index/%
剖1	人为土	水稻土	潴育水稻土	冷底田	铁锈水田	1	0—13	灰黄色	中壤土	碎块状	5.0	30.1	1.03	0.26	11.9	0.9	21	洪积物	E 111°57′52.9″ N 21°54′35.3″	81
						2	13—28	灰黄色	中壤土	块状	5.6	17.6	0.67	0.08	9.0	微量	16			
						3	28—54	黄灰色	轻壤土	块状	5.2		0.19	0.01	6.9	0.9	15			
						4	54—100	蓝黑色	中壤土	碎块状										
剖2	人为土	水稻土	潴育水稻土	洪积黄红泥田	洪积砂泥田	1	0—12	灰黄色	中壤土	碎块状	4.9	28.7	1.05	0.46	7.1	1.3	28	洪积物	E 111°58′49.1″ N 21°54′23.8″	89
						2	12—19	灰黄色	中壤土	块状	5.0	6.6	0.93	0.41	7.2	微量	20			
						3	19—42	灰黄棕色	中壤土	棱柱状	5.4	10.7	0.49	0.21	7.2	微量	21			
						4	42—100	蓝黑色	中壤土	块状										
剖3	人为土	水稻土	潴育水稻土	洪积黄红泥田	洪积砂泥田	1	0—16	棕色	中壤土	碎块状	5.5	24.9	1.03	0.32	3.7	2.2	11	洪积物	E 111°56′17.9″ N 21°54′16.9″	76
						2	16—29	黑黄色	中壤土	块状	5.4	19.9	0.75	0.33	3.7	0.4	8			
						3	29—75	黄灰色	中壤土	棱柱状	5.2	11.9	0.53	0.36	4.7	0.9	21			
						4	53—100	蓝棕色	砂壤土	碎块状	6.3	20.1	0.34	0.44	25.8	0.9	20			
剖4	人为土	水稻土	潴育水稻土	河砂泥田	河泥田	1	0—13	浅黄色	轻壤土	块状	5.9	11.8	0.25	0.26	25.2	微量	22	河流冲积物	E 111°55′18.1″ N 21°53′11.0″	87
						2	13—22	黄褐色	中壤土	棱柱状	5.4	7.7	0.13	0.25	24.5	微量	19			
						3	22—90	黄灰色	砂壤土	碎块状										
						4	90—100	棕灰色	中壤土	碎块状	5.4	17.1	0.95	0.33	6.7	微量	29			
剖5	人为土	水稻土	潴育水稻土	冷底田	冷底田	1	0—15	棕灰色	轻壤土	碎块状	6.1	10.7	0.53	0.24	4.8	0.4	12		E 111°58′34.3″ N 21°53′08.5″	94
						2	15—23	灰黄色	轻壤土	碎块状	6.3	3.7	0.43	0.26	7.5	0.9	22			
						3	23—53	蓝棕色	中壤土	碎块状										
						4	53—100	灰褐色	砂壤土	小块状	6.0	12.5	0.53	0.26	21.5	微量	43	河流中下游沉积物		
剖6	半水成土	潮土	潮土	潮砂泥地	潮砂地	1	0—10	灰褐色	粉砂土	片状	6.9	3.7	0.19	0.15	19.6	微量	16	河流中下游沉积物	E 111°54′14.5″ N 21°53′06.9″	81
						2	10—25	灰黄色	粉砂土	碎块状	6.5	2.0	0.06	0.12	18.8	微量	12			
						3	25—80	浅灰色	松砂土	棱柱状										
剖7	人为土	水稻土	潴育水稻土	宽谷冲积土田	宽容砂泥田	1	0—16	黄红色	中壤土	块状	5.5	20.8	1.00	0.14	16.2	3.5	17	冲积物	E 111°57′30.2″ N 21°52′44.4″	84
						2	16—26	棕红色	中壤土	碎块状	6.5	7.2	0.35	0.14	15.7	0.9	11			
						3	26—40	黄灰色	轻壤土	片状	6.1	2.2	0.11	0.17	15.3	0.4	23			
						4	40—100	灰白色	重壤土	大块状										
剖8	人为土	水稻土	潴育水稻土	河砂泥田	河泥田	1	0—16	灰褐色	重壤土	块状	6.9	26.7	1.45	0.56	27.5	10.0	48	河流中下游沉积物	E 111°55′30.0″ N 21°50′42.7″	82
						2	16—24	棕灰色	重壤土	棱柱状	5.9	12.5	0.84	0.85	27.5	3.1	27			
						3	24—75	灰黄色	中壤土	块状	5.7	11.8	0.37	0.30	29.4	0.9	24			
						4	75—100	灰黄色	轻壤土	片状										
剖9	半水成土	潮土	潮土	潮砂泥土	潮砂地	1	0—15	灰黄色	粉砂土	大块状	6.1	7.3	0.24		20.7		45	河流冲积物	E 111°54′18.4″ N 21°50′36.6″	70
						2	15—20	浅黄色	松砂土	单粒状										
						3	20—100	浅黄色	紧砂土	小块状	5.6	9.5	0.59	0.28	20.4	7.4	19			
剖10	人为土	水稻土	潴育水稻土	河砂泥田	河结砂田	1	0—12	浅黄色	紧砂土	小块状	5.6	8.1	0.45	0.28	11.2	6.1	12	河流冲积物	E 111°58′23.9″ N 21°50′06.7″	96
						2	12—19	红黄色	紧砂土	小棱柱状	6.0	2.1	0.22	0.13	19.5	微量	10			
						3	19—76	红黄色	轻壤土	大块状										
						4	76—100													
剖11	人为土	水稻土	潴育水稻土	河砂泥田	河砂质田	1	0—17	灰色	砂壤土	碎粒状	6.1	7.6	0.51	0.17	17.6	0.9	13	河流冲积物	E 111°53′00.1″ N 21°48′56.8″	94
						2	17—44	灰黄色	砂壤土	片状	6.9	9.5	0.69	0.22	0.4	13.5	8			
						3	44—100	灰黄色	中壤土	单粒状	6.4	3.4	0.11	0.13	0.2	微量	11			

续表 Continued

剖面号 Soil profile	土纲 Soil order	土类 Soil great group	亚类 Soil subgroup	土属 Soil genus	土种 Soil species	土层码 Layer code	土层厚度 Depth/cm	颜色 Soil color	质地 Soil texture	土壤结构 Soil structure	pH	有机质 OM/(g/kg)	全氮 TN/(g/kg)	全磷 TP/(g/kg)	全钾 TK/(g/kg)	有效磷 AP/(mg/kg)	速效钾 AK/(mg/kg)	土壤母质 Parent material	剖面点坐标 Profile coordinate	匹配指数 Matching index/%
剖12	人为土	水稻土	渗育水稻土	白鳝泥田	白鳝泥底田	1	0–15	灰棕色	轻壤土	块状	6.6	9.9	0.63	0.19	2.6	5.2	12		E 111°53′42.0″ N 21°48′40.0″	73
						2	15–28	灰黄色	轻壤土	块状	7.2	7.3	0.39	0.12	3.1	微量	7			
						3	28–40	灰白色	中壤土	块状	6.7	1.2	0.09	0.09	22.7	微量	12			
						4	40–100	浅灰色	中壤土	棱柱状										
剖13	人为土	水稻土	盐渍水稻土	咸酸田	中咸酸田	1	0–22	黄棕色	中黏土	团块状	4.3	19.7	0.94	0.44		8.7	214		E 111°56′16.9″ N 21°48′30.3″	98
剖14	人为土	水稻土	盐渍水稻土	咸酸田	轻咸酸田	1	0–11	灰棕色	轻黏土	块状	5.4	20.1	1.08	0.39	22.7	4.4	51		E 111°58′59.5″ N 21°48′08.3″	79
						2	11–14	棕棕色	轻黏土	块状	5.5	18.6	1.08	0.39	7.9	6.1	88			
						3	14–37	黄灰色	中黏土	棱柱状	3.4	28.7	1.18	0.26	23.8	10.5	100			
						4	37–100	灰蓝色	重黏土											
剖15	人为土	水稻土	潴育水稻土	宽谷冲积土田	宽谷砂质田	1	0–10	暗灰色	砂壤土	碎块状	5.5	3.9	0.50	0.14	8.9	2.2	12	河谷冲积物	E 111°49′30.4″ N 21°47′56.4″	92
						2	10–14	棕灰色	砂壤土	片状	6.1	0.8	0.17	0.14	18.2	微量	8			
						3	14–49	灰黄色	紫砂土	片状	6.7	1.1	0.19	0.07	13.6	微量	12			
						4	49–100		紫砂土											
剖16	人为土	水稻土	潴育水稻土	河砂泥田	河黏土田	1	0–18	灰棕色	轻黏土	碎块状	5.1	27.0	1.34	0.58	28.0	19.2	65	河流冲积物	E 111°55′22.4″ N 21°47′30.5″	90
						2	18–26	灰棕色	中黏土	大块状	5.1	32.4	0.80	0.30	26.1	微量	39			
						3	26–89	黄棕色	中黏土	棱柱状	4.3	28.5	0.57	0.18	23.5	0.4	42			
						4	89–100	蓝灰色	重黏土											
剖17	铁铝土	赤红壤		花岗岩赤红砂地	花岗岩赤红砂土	1	0–14	黑灰色	紧砂土	单粒状	7.7	6.6	0.19	0.15	2.5	6.5	30	花岗岩	E 111°52′34.3″ N 21°47′03.5″	71
						2	14–60	棕灰色	紧砂土	单粒状	7.3	5.0	0.17	0.24	3.6	8.3	35			
剖18	人为土	水稻土	沼泽型水稻土	泥炭土田	泥炭底田	1	0–13	黄灰色	重黏土	块状	6.2	36.0	1.58	0.06	5.6	10.0	41		E 111°58′35.8″ N 21°45′52.9″	94
						2	13–22	棕灰色	重黏土	块状	7.1	25.1	0.91	0.28	5.0	0.4	12			
						3	22–60	灰黑色	轻黏土	碎块状	5.2	92.6	2.59	0.26	5.5	微量	16			
剖19	铁铝土	赤红壤		花岗岩赤红砂地	花岗岩赤红砂泥地	1	0–14	暗黑色	轻黏土	碎块状	6.1	12.4	0.26	0.18	1.0	2.2	19	花岗岩坡积物	E 111°54′16.9″ N 21°45′47.2″	94
						2	14–29	棕灰色	紧黏土	块状	5.2	21.3	0.42	0.13	1.4	微量	19			
						3	29–100	黄灰红色	重黏土	团块状	5.3	14.8	0.39	0.12	1.4	0.4	41			
剖20	人为土	水稻土	潴育水稻土	宽谷冲积土田	宽谷泥田	1	0–13	灰棕色	轻黏土	碎块状	5.6	14.9	0.81	0.36	12.5	16.6	32	冲积物	E 111°55′34.3″ N 21°47′30.9″	97
						2	13–20	棕灰色	中黏土	中块状	6.7	8.3	0.63	0.19	16.8	2.2	75			
						3	20–70	棕灰色	中黏土	中块状	7.9	2.4	0.54	0.15	0.3	微量	127			
						4	70–100	蓝灰色	中壤土	柱状										
剖21	人为土	水稻土	盐渍水稻土	咸田	中咸田	1	0–16	灰棕色	轻黏土	碎块状	5.5	12.5	0.68	0.24	18.7	3.5	230		E 111°56′34.7″ N 21°44′45.6″	100
						2	16–24	棕棕色	中黏土	碎块状	6.4	10.2	0.21	0.21	0.1	0.4	119			
						3	24–62	棕褐色	中黏土	块状	4.0	15.5	0.74	0.23	19.1	0.9	163			
						4	62–100	灰棕色	中壤土	柱状										
剖22	人为土	水稻土	潴育水稻土	片板岩红泥田	片砂泥田	1	0–14	灰棕色	中黏土	碎块状	7.0	28.1	1.24	0.36	12.0	微量	93	片岩	E 111°53′28.3″ N 21°44′35.5″	85
						2	14–23	浅灰黑色	中黏土	块状	7.2	20.6	0.25	0.31	12.4	微量	17			
						3	23–66	灰黑色	中黏土	块状	5.9	12.9	0.40	0.22	12.6	0.4	20			
						4	66–90	暗黑色	重黏土	块状										
剖23	人为土	水稻土	盐渍水稻土	咸田	轻咸田	1	0–11	棕色	砂壤土	碎块状	6.7	16.2	1.49	0.18	7.6	微量	14		E 111°57′16.6″ N 21°43′19.6″	80
						2	11–24	灰蓝色	砂壤土	碎块状	7.5	16.1	0.42	0.15	3.2	微量	15			
						3	24–68	浅棕黄色	中壤土	块状	7.4	14.7	0.19	0.16	0.2	微量	21			
						4	68–100													
剖24	人为土	水稻土	盐渍水稻土	咸酸田	重咸酸田	1	0–12	棕棕色	重黏土	块状	3.8	30.8	1.69	0.44	20.0	30.6	39	滨海沉积物	E 111°50′24.9″ N 21°41′58.6″	95
						2	12–21	灰棕色	重黏土	块状	3.1	25.1	1.25	0.33	20.2	微量	6			
						3	21–28	灰黄色	重黏土	团块状	2.9	25.7	1.23	0.26	18.5	微量	5			
						4	28–100	灰黑色	中壤土	棱柱状										

续表 Continued

剖面号 Soil profile	土纲 Soil order	土类 Soil great group	亚类 Soil subgroup	土属 Soil genus	土种 Soil species	土层码 Layer code	土层厚度 Depth/cm	颜色 Soil color	质地 Soil texture	土壤结构 Soil structure	pH	有机质 OM/(g/kg)	全氮 TN/(g/kg)	全磷 TP/(g/kg)	全钾 TK/(g/kg)	有效磷 AP/(mg/kg)	速效钾 AK/(mg/kg)	土壤母质 Parent material	剖面点坐标 Profile coordinate	匹配指数 Matching index/%
剖25	人为土	水稻土	潴育水稻土	宽谷冲积土田	宽谷顽泥田	1	0—15	黄灰色	轻黏土	大块状	5.9	20.6	0.55	0.31	16.8	4.8	30		E 111°50′51.8″ N 21°38′59.4″	80
						2	15—25	黄灰色	中黏土	大块状	7.3	12.2	0.61	0.22	16.8	微量	35			
						3	25—59	棕灰色	重黏土	棱柱状	7.6	6.0	0.37	0.22	17.3	微量	47			
						4	59—100	棕灰色	重壤土	块状										
剖26	人为土	水稻土	潴育水稻土	宽谷冲积土田	黄泥底砂田	1	0—16	灰白色	砂壤土	碎块状	6.3	17.6	0.28	0.10	7.6	1.3	20	冲积物	E 111°54′26.7″ N 21°38′32.9″	91
						2	16—26	灰灰白色	砂壤土	碎块状	6.5	19.5	0.42	0.06	7.3	微量	17			
						3	26—53	红黄色	轻壤土	团块状	6.3	24.3	0.40	0.21	8.0	微量	26			
						4	53—100	红黄色	中壤土	团块状										
剖27	人为土	水稻土	渗育水稻土	滨海砂质土田	黑砂田	1	0—15	灰黑色	轻壤土	碎块状	5.5	20.4	0.79	0.35	3.9	1.3	39	滨海沉积物	E 111°55′40.0″ N 21°38′32.4″	77
						2	15—27	灰黑色	轻壤土	块状	5.5	13.8	0.57	0.14	5.0	2.6	41			
						3	27—52	灰白色	砂壤土	块状	5.7	9.2	0.04	0.29	2.9	0.4	22			
						4	52—100	灰黑色	砂壤土	碎块状										
剖28	人为土	水稻土	渗育水稻土	滨海砂质土田	白砂田	1	0—15	浅黄黄色	松砂土	碎块状	6.0	12.9	0.59	0.19	3.9	13.1	37	滨海沉积物	E 111°58′21.2″ N 21°38′21.4″	89
						2	15—24	灰黄色	松砂土	碎块状	5.5	9.9	0.28	0.39	3.2	9.6	11			
						3	24—70	灰黄色	松砂土	块状	6.5	2.8	0.13	0.20	4.6	8.3	10			
剖29	人为土	水稻土	潴育水稻土	砂页岩红泥田	页砂泥田	1	0—11	灰黄色	轻壤土	碎块状	5.7	14.4	0.60	0.17	5.6	14.0	28		E 111°57′01.5″ N 21°38′18.7″	78
						2	11—16	灰黄色	轻壤土	块状	5.8	8.4	0.28	0.17	5.1	2.6	14			
						3	16—56	黄灰色	重壤土	棱柱状	6.1	5.1	0.15	0.13	7.8	微量	13			
						4	56—100	黄灰色	中壤土	块状										
剖30	人为土	水稻土	潴育水稻土	炭质黑泥田	黑泥田	1	0—13	灰黑色	中壤土	碎块状	6.0	21.3	0.79	0.23	5.9	1.3	15		E 111°52′45.6″ N 21°38′16.5″	83
						2	13—25	灰黑色	轻壤土	大块状	6.2	30.3	1.01	0.25	6.5	微量	11			
						3	25—100	蓝黑色	重黏土	块状	6.2	6.8	0.32	0.18	10.2	微量	65			
剖31	人为土	沼泽型水稻土		烂泥田	泥眼田	1	0—22	棕黄色	中壤土	糊状	5.5	23.0	1.08	0.34	1.2	2.2	13		E 111°52′06.2″ N 21°38′03.1″	87
						2	22—78	灰黄色	中壤土	糊状		24.2	0.98	0.59	4.9	1.3	12			
						3	78—100	灰黄色	砂壤土											
剖32	人为土	水稻土	潴育水稻土	麻红泥田	麻砂泥田	1	0—19	灰棕色	轻壤土	块状	5.4	26.7	0.74	0.23	11.5	1.3	17		E 111°51′37.8″ N 21°36′10.4″	72
						2	19—24	灰棕色	中壤土	块状		17.3	0.58	0.20	12.7	微量	14			
						3	24—70	棕灰土	轻壤土	棱柱状	6.7	16.8	0.03	0.10	4.3	微量	10			
						4	70—100	灰蓝色	砂壤土	团块状										
剖33	人为土	水稻土	潴育水稻土	麻红泥田	麻砂质田	1	0—14	黄灰色	砂壤土	碎块状	5.5	24.5	0.41	0.16	24.6	7.9	24		E 111°50′55.1″ N 21°35′32.4″	83
						2	14—20	暗黄色	砂壤土	碎块状	5.6	19.8	0.52	0.17	15.8	6.5	27			
						3	20—37	灰棕色	轻壤土	棱柱状	5.5	16.1	0.29	0.12	23.4	微量	22			
						4	37—100	灰白色	松砂土	单粒状										

阳 春 市

主要土类说明

赤红壤是阳春市主要土壤类型，占本市地域面积的61%，广泛分布在海拔400m以下的山区、平原。山区植被生长较好，水土流失较轻，土层较厚，养分含量较高；平原区植被生长较差，特别是稀疏草原、散生的马尾松林和桉树林，水土流失较为严重，土层薄，养分含量较低。因此，本市不同地区的赤红壤养分含量差异较大，但磷素普遍缺乏。由于赤红壤分布区水热资源丰富，因此赤红壤的富铝化作用和生物积累作用比红壤强。黏土矿物以高岭石为主。黏粒硅铝率为1.7—2.0，盐基不饱和，土壤呈酸性。

水稻土是阳春市第二大土壤类型，占本市地域面积的19%。成土母质主要为花岗岩、砂页岩、片岩、紫色砂页岩、石灰岩风化物，以及河流冲积物、宽谷冲积物、洪积物和第四纪非网纹红土等。在长期水耕施肥等措施的作用下，土壤内部进行着氧化还原交替、有机质合成与分解、盐基淋溶与复盐基作用的熟化过程，促使土壤性状发生改变，从而形成特有的剖面形态、理化和生物特性。水稻土剖面通常由耕作层、犁底层、潴育层、潜育层和母质层等组成。本市水稻土中，潴育水稻土亚类面积最大，占本土类面积的88%。该亚类的主要特点是在犁底层下形成具有淋溶和淀积特征的潴育层，剖面内有棕黄色的铁锈斑纹、紫黑色的锰质斑点或新生的铁锰结核，具有明显的棱柱状或柱状结构。

红壤是阳春市第三大土壤类型，占本市地域面积的16%，主要分布在海拔400—600m的丘陵、山地。红壤风化壳深厚，富铝化作用比黄壤明显，但比赤红壤弱。黏土矿物以高岭石为主。黏粒硅铝率为2.0—2.2，盐基不饱和，土壤呈酸性至强酸性。在不同植被条件下形成的红壤，其有机质含量有明显区别。一般来说，中、低山区林下红壤表土层较厚，有机质含量较高，草地红壤有机质含量较低；中、低丘陵区植被以芒萁为主，零星散生马尾松和少量灌木，覆盖稀疏，红壤有不同程度的侵蚀，表土层较薄，有机质含量较低，但所处地区地势较平缓，土层深厚，适宜农垦。

小于本市地域面积3%的土壤类型有黄壤、紫色土、潮土、石灰（岩）土和粗骨土。

本区域中心区气候特征

本区域中心区气候特征值
Regional climate characteristics in central area of the region

气候带：南亚热带湿润气候 Climate region: South subtropical humid climate	
年平均气温 /℃ Annual average temperature /℃	22.3
年平均最高气温 /℃ Annual average maximum temperature /℃	26.3
年平均最低气温 /℃ Annual average minimum temperature /℃	19.2
年降水量 /mm Annual precipitation /mm	2139
≥10℃的积温 /℃ Daily temperature accumulated in a year（≥10℃）/℃	8138
年日照时数 /h Annual sunshine /h	1750
年平均相对湿度 /% Annual average relative humidity /%	80
干燥度 Dryness	0.64

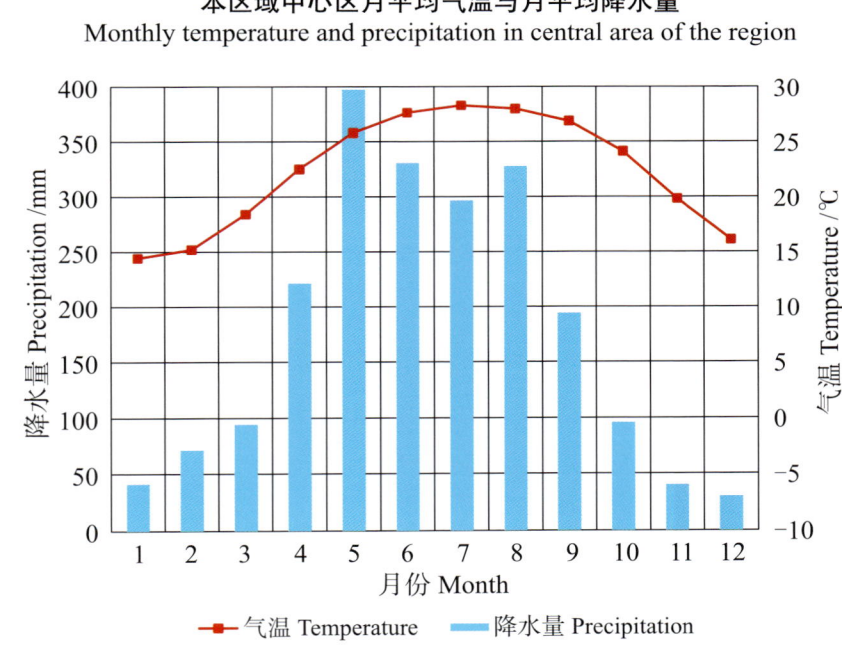

本区域中心区月平均气温与月平均降水量
Monthly temperature and precipitation in central area of the region

阳春市主要土壤类型与土壤剖面点分布图
1:400 000

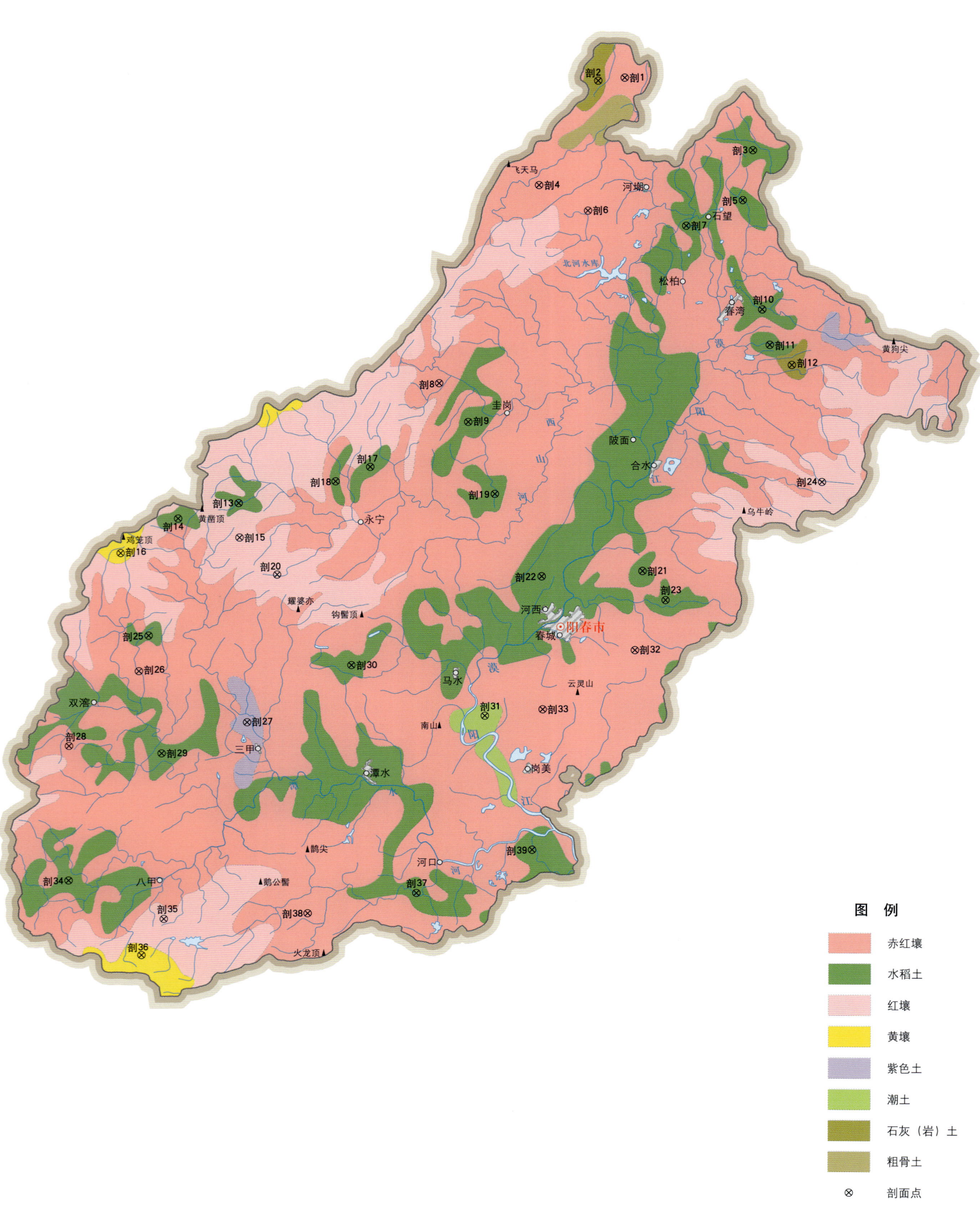

阳春市土壤剖面理化性状表

剖面号 Soil profile	土纲 Soil order	土类 Soil great group	亚类 Soil subgroup	土属 Soil genus	土种 Soil species	土层码 Layer code	土层厚度 Depth/cm	颜色 Soil color	质地 Soil texture	土壤结构 Soil structure	pH	有机质 OM/(g/kg)	全氮 TN/(g/kg)	全磷 TP/(g/kg)	全钾 TK/(g/kg)	碱解氮 AN/(mg/kg)	有效磷 AP/(mg/kg)	速效钾 AK/(mg/kg)	土壤母质 Parent material	剖面点坐标 Profile coordinate	匹配指数 Matching index/%
剖1	铁铝土	赤红壤	赤红壤	砂页岩赤红壤	薄有机质层中层红色石灰土	A	0—24	灰黑色	中壤土	粒状	5.8	17.4	0.79	0.34	10.0	88	0.8	129	砂页岩	E 111°50′36.2″ N 22°39′01.0″	84
						B	24—100	浅黄色	重壤土	块状	5.6	8.9	0.41	0.30	7.6	37		25			
剖2	初育土	石灰(岩)土	红色石灰土	红色石灰土	中层红色石灰土	1	0—9				6.8	49.3	3.20	0.42	17.0	267		93		E 111°49′08.1″ N 22°38′51.9″	77
						2	9—50				6.8	20.4	2.43	0.26	21.2	110		51			
						3	50—100														
剖3	人为土	水稻土	潴育水稻土	河砂泥田	河砂泥田	1	0—18	暗黄棕色	轻壤土	小块状	5.7	28.6	1.66	0.33	25.6	158	11.5	83	河流冲积物	E 111°57′38.5″ N 22°35′09.2″	76
						2	18—25	浅黄棕色	重壤土	板状	5.1	11.1	0.73	0.36	14.7	57	6.8	17			
						3	25—63	黄棕色	砂壤土	小棱柱状	6.0	3.3	0.22	0.21	23.8	17	4.8	20			
						4	63—100	浅黄棕色	松砂土												
剖4	铁铝土	赤红壤	赤红壤	片板岩赤红壤		A	0—35	暗黄棕色	中壤土	小粒状	4.2	35.6	1.47	0.20	13.5	181	5.2	72	片岩	E 111°45′49.3″ N 22°33′24.1″	80
						D	35—100	黄褐色	中壤土	块状	5.0	15.6	0.79	0.22	15.4	108		41			
剖5	人为土	水稻土	潴育水稻土	红色火泥田	乌红火泥田	1	0—15	灰红色	中壤土	小块状	6.3	23.0	1.42	0.44	13.9	134	5.2	41	第四纪红土	E 111°57′03.6″ N 22°32′31.9″	75
						2	15—20	浅黄棕色	中壤土	块状	8.2	16.7	1.10	0.37	13.5	83	4.5	36			
						3	20—100	棕灰色	中壤土	棱柱状	8.3	12.4	0.72	0.30	11.9	33	2.1	28			
剖6	铁铝土	赤红壤	赤红壤	第四纪红土赤红壤	薄有机质层厚层第四纪红土赤红壤	1	0—8				5.1	29.5	1.36	0.19	3.7	154	2.9	88	第四纪红土	E 111°48′31.0″ N 22°32′02.3″	74
						2	8—52				4.9	4.8	0.33	0.09	2.5	26	0.8	35			
						3	52—100														
剖7	人为土	水稻土	潴育水稻土	第四纪红土泥田	赤乌土泥田	1	0—17	暗灰色	轻壤土	粒状	7.5	28.1	1.98	0.47	4.0	185	9.6	98	第四纪红土	E 111°53′56.0″ N 22°31′11.6″	72
						2	17—30	暗黄棕色	中壤土	块状	5.9	22.0	1.16	0.32	3.3	88	2.9	16			
						3	30—49	黑棕色	重壤土	棱柱状	6.6	26.0	1.19	0.25	3.6	78	1.2	15			
						4	49—100	紫红色	重石质土		6.8	4.2	0.25	0.06	1.7	12	1.8	8			
剖8	铁铝土	赤红壤	赤红壤	花岗片麻岩赤红壤		A	0—23	棕灰色	中壤土	小块状	4.3	26.0	1.18	0.11	4.5	174	5.4	85	花岗岩、片麻岩	E 111°40′15.6″ N 22°22′59.5″	86
						B	23—100	浅灰红色	中壤土	块状	4.3	12.2	0.73	0.11	6.1	91	4.2	100			
剖9	人为土	水稻土	潴育水稻土	河砂泥田	河大眼砂田	1	0—12	暗黄棕色	砂壤土	碎块状	6.0	13.6	0.97	0.24	27.8	82	2.8	37	河流冲积物	E 111°41′51.0″ N 22°20′56.4″	99
						2	12—19	黄棕色	砂壤土	碎块状	6.2	4.1	0.21	0.11	28.7	61	0.6	26			
						3	19—63	灰黄色	轻壤土	小棱柱状	6.5	6.7	0.41	0.18	33.9	56		40			
						4	63—100	浅灰色	紧砂土		7.1	11.7	0.61	0.17	30.5	18		23			
剖10	人为土	水稻土	潴育水稻土	河砂泥田	河泥田	1	0—13	黄灰色	重壤土	小块状	5.3	29.4	1.51	0.33	23.7	158		116	河流冲积物	E 111°58′05.2″ N 22°26′44.9″	98
						2	13—20	暗黄棕色	中壤土	块状	5.1	25.3	1.43	0.24	26.1	145		51			
						3	20—65	褐色	砂壤土	块状	5.2	23.8	1.18	0.19	23.7	95		63			
						4	65—100	灰白色	重黏土	大块状	5.0	24.2	1.24	0.13	26.6	131		83			
剖11	人为土	水稻土	潴育水稻土	洪积黄泥田	洪积泥田	1	0—20	褐灰色	中壤土	块状	5.7	20.5	1.09	0.48	12.0	138	6.5	77	洪积物	E 111°58′29.3″ N 22°24′53.3″	70
						2	20—30	黄棕色	中壤土	块状	6.0	9.4	0.47	0.35	11.9	49	6.4	38			
						3	30—60	浅灰黄色	中壤土	棱柱状	8.0	8.8	0.49	0.45	11.7	39		34			
						4	60—100	浅灰黄色	重壤土		7.8	7.5	0.44	0.47	12.4	33	1.0	84			
剖12	初育土	石灰(岩)土	红色石灰土	红色石灰土	厚有机质层厚层红色石灰土	Ao	0—3	暗棕色	重壤土	小块状	6.9	56.3	3.17	0.63	2.5	262		30		E 111°59′41.6″ N 22°23′50.6″	80
						A₁	3—40	红色	轻壤土	块状	6.5	28.2	1.99	0.05	2.5	142		19			
						B₁	40—63	红色	中壤土	棱柱状	8.1	23.8	3.07	0.41	2.1	99		23			
						B₂	63—100	暗棕红色	中壤土	棱柱状	8.1	36.4	2.23	0.59	2.2	149		71			
剖13	人为土	水稻土	潴育水稻土	河砂泥田	河黏土田	1	0—14	棕灰色	轻黏土	块状	5.2	22.2	1.34	0.37	17.6	166	4.3	61	河流冲积物	E 111°29′11.4″ N 22°16′41.2″	96
						2	14—24	暗黄棕色	轻黏土	块状	6.2	16.6	1.01	0.29	24.8	101	0.8	61			
						3	24—60	浅灰色	中黏土	棱柱状	5.9	12.2	0.89	0.23	26.0	101	1.9	43			
						4	60—100	红色	中壤土	棱柱状	5.1	4.7	0.41	0.19	27.8	36		61			

续表 Continued

剖面号 Soil profile	土纲 Soil order	土类 Soil great group	亚类 Soil subgroup	土属 Soil genus	土种 Soil species	土层码 Layer code	土层厚度 Depth/cm	颜色 Soil color	质地 Soil texture	土壤结构 Soil structure	pH	有机质 OM/(g/kg)	全氮 TN/(g/kg)	全磷 TP/(g/kg)	全钾 TK/(g/kg)	碱解氮 AN/(mg/kg)	有效磷 AP/(mg/kg)	速效钾 AK/(mg/kg)	土壤母质 Parent material	剖面点坐标 Profile coordinate	匹配指数 Matching index/%
剖14	人为土	水稻土	潴育水稻土	洪积黄红田	洪积砂泥田	1	0—15	暗黄灰色	轻壤土	小块状	5.1	21.8	1.15	0.24	14.0	138	4.3	74	洪积物	E 111°25′51.4″ N 22°15′52.6″	83
						2	15—21	暗黄色	轻壤土	块状	5.4	16.3	0.90	0.22	13.3	90	4.1	59			
						3	21—45	褐色	轻壤土	小棱柱状	7.4	6.8	0.47	0.22	21.7	20	1.2	49			
						4	45—100	浅灰色	中壤土	棱柱状	6.9	10.0	0.57	0.30	16.3	35	0.7	85			
剖15	铁铝土	红壤		花岗片麻岩红壤	中有机质层厚层花岗岩红壤	A	0—14	栗色	轻壤土	粒状	5.1	45.0	1.88	0.25	13.9	276		158	花岗岩,片麻岩	E 111°29′14.3″ N 22°14′52.4″	86
						B_1	14—39	暗黄褐色	中壤土	小块状	5.3	30.1	1.28	0.21	14.1	152		139			
						B_2	39—100	红色	中壤土	块状	5.3	8.2	0.41	0.17	10.5	67		81			
剖16	铁铝土	黄壤		花岗片麻岩黄壤	中有机质层厚层花岗岩黄壤	A	0—15	暗黄色	轻壤土	小粒状	5.5	28.3	1.49	0.17	13.8	191	0.6	69	花岗岩,片麻岩	E 111°22′40.4″ N 22°14′03.5″	83
						B	15—80	黄色	中壤土	块状	5.4	18.2	0.87	0.11	14.1	112		51			
						C	80—100	黄橙色	重石质土												
剖17	人为土	水稻土	潴育水稻土	黑色石隆田	灰泥田	1	0—15	黄棕灰色	重壤土	小块状	6.0	33.9	1.86	0.54	23.5	215	18.5	140		E 111°36′27.0″ N 22°18′35.3″	85
						2	15—23	灰黄褐色	重壤土	块状	6.5	22.5	1.27	0.39	22.7	120	2.9	100			
						3	23—41	暗黄棕色	重壤土	棱柱状	7.5	11.0	0.88	0.34	23.5	67	2.3	114			
						4	41—100	黄棕色	重壤土		7.9	10.1	0.80	0.35	29.6	43	2.1	135			
剖18	人为土	水稻土	潴育水稻土	宽谷冲积土田	宽谷砂泥田	1	0—14	暗黄灰色	中壤土	小块状	5.4	23.4	1.19	0.25	16.6	152	4.6	58	冲积物	E 111°34′31.8″ N 22°17′49.6″	95
						2	14—20	暗黄色	中壤土	块状	5.5	15.9	0.82	0.20	18.5	88	2.1	42			
						3	20—80	浅黄棕色	重壤土	块状	6.6	5.0	0.38	0.11	9.5	24	0.2	35			
						4	80—100	红黄色	重壤土	块状	6.7	5.9	0.28	0.17	10.9	35	1.0	60			
剖19	人为土	水稻土	潴育水稻土	河砂泥田	河砂质田	1	0—11	暗灰色	砂壤土	小块状	5.0	13.8	0.87	0.23	13.7	61	4.3	37	河流冲积物	E 111°43′17.0″ N 22°17′07.4″	88
						2	11—17	浅棕灰色	砂壤土	棱柱状	5.9	10.3	0.49	0.20	20.2	53	2.5	17			
						3	17—35	黄灰色	轻壤土	片状	5.9	4.5	0.28	0.06	19.0	24	2.1	21			
						4	35—100	浅黄棕色	重石质土	小棱柱状	6.0	1.5	0.08		5.2	3	0.8	21			
剖20	铁铝土	红壤		砂页岩红壤	黄泥底砂质田	1	0—21	暗黄棕色	砂壤土	碎块状	4.9	36.4	1.36	0.17	17.8	158	1.0	104	砂页岩	E 111°31′17.8″ N 22°12′54.7″	93
						2	21—100	暗黄棕色	轻壤土	碎块状	5.2	11.9	0.59	0.13	24.8	57	5.4	35			
剖21	人为土	水稻土	潴育水稻土	宽谷冲积土田	潮泥田	1	0—9	暗黄棕色	砂壤土	小棱柱状	4.9	20.9	0.94	0.34	6.7	99	4.6	25	宽谷冲积物	E 111°51′23.8″ N 22°13′00.5″	92
						2	9—13	棕色	轻壤土	块状	5.0	19.4	1.03	0.35	7.9	97	1.9	23			
						3	13—25	红黄色	中壤土	块状	5.0	17.3	0.92	0.30	7.8	78		28			
						4	25—100	红黄色	中壤土	棱柱状	7.0	6.9	0.41	0.19	8.8	23		27			
剖22	人为土	水稻土	潴育水稻土	潮砂泥田	河石子底砂质田	1	0—16	暗黄灰色	重壤土	小块状	5.3	25.0	1.50	0.48	25.2	215	13.7	102	河流冲积物	E 111°45′51.3″ N 22°12′45.9″	74
						2	16—23	灰黄色	重壤土	棱柱状	5.8	11.0	0.67	0.32	22.1	90	5.4	65			
						3	23—100	红色	重壤土	棱柱状	6.3	11.4	0.72	0.43	25.3	74	5.8	73			
剖23	铁铝土	红壤		砂页岩红壤	薄有机质层厚层砂页岩红壤	1	0—11	棕灰色	紧砂土	无明显结构	5.1	14.2	0.69	0.15	24.9	78	4.4	25	河流冲积物	E 111°52′40.0″ N 22°11′29.1″	84
						2	11—15	浅黄红色	紧砂土	粒状	5.4	15.1	0.74	0.19	24.6	59	4.2	14			
						3	15—40	浅红色	中壤土	块状	4.9	5.1	0.33	0.13	30.2	20	1.9	21			
						4	40—100	浅红色	重壤土	大块状	7.3	2.1	0.15	0.06	9.2	5	0.7	8			
剖24	人为土	水稻土	潴育水稻土	宽谷冲积土田	宽谷泥田	1	0—10	灰黄棕色	重壤土	小块状	4.9	28.7	1.39	0.16	20.2	161	4.3	78	砂页岩	E 112°01′19.2″ N 22°17′38.8″	92
						B_1	10—32	浅黄褐色	中壤土	板块状	4.9	8.9	0.68	0.13	21.5	77		102			
						B_2	32—100	浅红色	中壤土	棱柱状	5.1	5.1	0.52	0.11	21.4	29		61			
剖25	铁铝土	红壤				1	0—14	灰黄棕色	重壤土	小块状	6.4	32.3	1.68	0.44	21.6	205	4.3	62	冲积物	E 111°24′13.4″ N 22°09′43.0″	76
						2	14—20	浅黄色	中壤土	板状	7.1	28.0	1.52	0.44	21.6	158	4.7	52			
						3	20—59	浅黄色	中壤土	棱柱状	5.2	8.5	0.66	0.18	25.0	93	1.2	62			
						4	59—100	暗棕黄色	重黏土	大块状	8.2	14.8	0.94	0.24	30.6	103	1.7	104			
剖26	铁铝土	赤红壤		片板岩赤红壤		1	0—8				4.0	28.2	1.24	0.20	13.2	132		23	片岩	E 111°23′40.9″ N 22°07′50.5″	81
						2	8—100				4.1	16.1	0.76	0.21	14.0	82		9			
剖27	初育土	紫色土	酸性紫色土			1	0—8				5.1	17.3	0.96	0.21	25.2	93		56	片岩	E 111°29′37.2″ N 22°05′06.6″	95
						2	8—92				5.2	7.4	0.45	0.21	22.9	42	0.6	31			

续表 Continued

剖面号 Soil profile	土纲 Soil order	土类 Soil great group	亚类 Soil subgroup	土属 Soil genus	土种 Soil species	土层码 Layer code	土层厚度 Depth/cm	颜色 Soil color	质地 Soil texture	土壤结构 Soil structure	pH	有机质 OM/(g/kg)	全氮 TN/(g/kg)	全磷 TP/(g/kg)	全钾 TK/(g/kg)	碱解氮 AN/(mg/kg)	有效磷 AP/(mg/kg)	速效钾 AK/(mg/kg)	土壤母质 Parent material	剖面点坐标 Profile coordinate	匹配指数 Matching index/%
剖28	铁铝土	赤红壤	赤红壤	片板岩赤红壤		1	0—11		砂壤土		4.2	11.4	0.58	0.11	8.0	66		14	片岩	E 111°19′50.1″ N 22°03′52.9″	92
剖29	人为土	水稻土	潴育水稻土	潮砂泥田	潮砂田	2	11—85				5.1	7.1	0.34	0.15	11.6	35		8	河流冲积物	E 111°24′55.5″ N 22°03′27.8″	88
						1	0—14	灰褐色	砂壤土	小块状	5.9	12.3	0.79	0.23	22.7	99	14.5	74			
						2	14—17	黄棕色	轻壤土	板状	6.0	10.1	0.67	0.32	21.2	88	1.7	46			
						3	17—100	浅黄灰色	轻壤土	棱柱状	6.6	3.3	0.19	0.24	22.5	26	3.4	34			
剖30	人为土	水稻土	潴育水稻土	河砂泥田	河结粉砂田	2	0—11	浅黄灰色	砂壤土	碎块状	5.6	18.2	1.02	0.27	16.3	95	6.9	48	河流冲积物	E 111°35′22.2″ N 22°08′08.2″	70
						2	11—18	浅棕灰色	砂壤土	碎块状	6.1	11.1	0.53	0.15	16.1	48	1.4	47			
						3	18—35	浅棕黄色	砂壤土	棱柱状	6.9	10.1	0.47	0.22	17.6	27	3.3	51			
						4	35—100	浅棕黄色	紧砂土		7.3	6.0	0.20	0.21	15.7	19	2.1	37			
剖31	半水成土	潮土	潮土	潮砂泥地	潮砂地	1	0—25	紫棕色	紧砂土	无明显结构	6.7	7.1	0.56	0.22	17.3	56	2.9	49	河流冲积物	E 111°42′41.4″ N 22°05′25.4″	98
						2	25—100	红黄色	砂壤土	无明显结构	7.0	3.8	0.33	0.19	17.7	40	2.8	36			
剖32	铁铝土	赤红壤	赤红壤	砂页岩赤红壤		1	0—9				5.0	35.8	1.51	0.24	6.4	170	1.6	57	砂页岩	E 111°50′57.7″ N 22°08′51.8″	96
						2	9—100				5.2	15.0	0.77	0.21	7.2	19		38			
剖33	铁铝土	赤红壤	赤红壤	花岗片麻岩赤红壤	赤红土砂田	1	0—15				5.8	33.9	1.64	0.41	8.1	150	4.9	187	花岗岩, 片麻岩	E 111°45′52.6″ N 22°05′45.2″	75
						2	15—90				5.5	11.2	0.50	0.21	4.1	25	3.0	51			
剖34	人为土	水稻土	潴育水稻土	第四纪红土泥田		1	0—14	暗棕灰色	轻壤土	粒状	5.2	25.3	1.53	0.44	2.1	156	19.2	29	第四纪红土	E 111°19′48.4″ N 21°56′44.4″	79
						2	14—20	暗棕灰色	轻壤土	小块状	6.0	16.4	1.00	0.30	1.7	82	8.0	17			
						3	20—47	红黄色	中壤土	小棱柱状	7.4	4.0	0.33	0.12	2.1	19	1.0	15			
						4	47—100	浅棕色	砂壤土	块状	7.4	2.4	0.28	0.12	1.1	7	2.3	12			
剖35	铁铝土	红壤	红壤	花岗片麻岩红壤	厚有机质层中层花岗岩红壤	1	0—22		轻壤土		4.3	17.1	1.40	0.10	31.4	229		113	花岗岩, 片麻岩	E 111°25′02.0″ N 21°54′41.0″	97
						2	22—60				4.5	21.1	0.97	0.08	33.9	158		58			
						3	60—100				4.7	3.6	0.26	0.05	35.3	56		66			
剖36	铁铝土	黄壤	黄壤	片板岩黄壤		A	0—24	暗棕色	中壤土	粒状	4.2	62.3	2.41	0.49	30.7			129	片岩	E 111°23′48.4″ N 21°52′45.3″	85
						B	24—100	浅棕黄色	中壤土	块状	4.4	8.6	0.37	0.42	41.5	22	3.9	74			
剖37	人为土	水稻土	潴育水稻土	潮砂泥田	潮砂田	1	0—17	灰褐色	中壤土	小块状	5.4	25.8	1.31	0.25	20.8	234	4.3	74	河流冲积物	E 111°38′53.9″ N 21°56′03.1″	93
						2	17—27	暗黄棕色	中壤土	块状	5.4	24.0	1.37	0.30	20.1	151	2.0	32			
						3	27—95	灰黄色	重壤土	棱柱状	7.5	9.2	0.64	0.30	19.6	62	3.9	27			
						4	95—100	浅黄棕色	中壤土	棱柱状	8.0	5.2	0.78	0.17	22.5	35	1.4	59			
剖38	铁铝土	赤红壤	赤红壤	花岗片麻岩赤红壤		1	0—7	暗黄灰色	轻壤土	小块状	5.3	34.1	1.41	0.11	9.8	163	0.65	18	花岗岩, 麻岩	E 111°32′56.0″ N 21°54′59.0″	100
						2	7—100	浅棕黄色	中壤土	块状	5.3	16.9	0.75	0.65	6.4	95		35			
剖39	人为土	水稻土	潴育水稻土	河砂泥田	河黄泥底田	1	0—15	暗灰色	轻黏土	小块状	5.1	15.7	0.83	0.32	25.6	102	4.2	16	河流冲积物	E 111°45′15.8″ N 21°58′19.6″	99
						2	15—22	浅棕黄色	中壤土	块状	5.6	10.1	0.48	0.32	27.0	57	2.8	35			
						3	22—100	黄色	轻黏土	棱柱状	6.5	19.0	0.89	0.04	13.5	77		24			

清 远 市

市 辖 区

主要土类说明

赤红壤是清远市主要土壤类型，占本市地域面积的51%。成土母质主要为花岗岩、砂页岩风化物。赤红壤主要发生于南亚热带季雨林下，其脱硅富铝化程度仅次于砖红壤，强于红壤。铁的游离度介于二者之间，黏粒硅铝率为1.7—2.0，风化淋溶系数为0.05—0.15，盐基饱和度为15%—25%，pH为4.5—5.5。淀积层（B层）富含铁铝氧化物，呈赤红色。

水稻土是清远市第二大土壤类型，占本市地域面积的42%，主要分布在海拔450m以下的平原、台地、丘陵地区。成土母质主要为花岗岩、砂页岩、石灰岩风化物以及洪积物、冲积物等。本市水稻土分为淹育型、潴育型、渗育型、潜育型、沼泽型、矿毒型等亚类。其中，潴育水稻土面积最大，占本土类面积的94%，耕作历史悠久，排灌条件较好，土壤熟化程度高，剖面构型多为A-P-W-C、A-P-W-G或A-P-W-E。该亚类的主要特点是在犁底层下形成具有淋溶和淀积特征的潴育层，剖面内有棕黄色的铁锈斑纹、紫黑色的锰质斑点或新生的铁锰结核，具有明显的棱柱状或柱状结构。

小于本市地域面积5%的土壤类型有红壤和紫色土。

本区域中心区气候特征

本区域中心区气候特征值
Regional climate characteristics in central area of the region

气候带：南亚热带湿润气候 Climate region: South subtropical humid climate	
年平均气温 /℃ Annual average temperature /℃	21.5
年平均最高气温 /℃ Annual average maximum temperature /℃	26.1
年平均最低气温 /℃ Annual average minimum temperature /℃	18.3
年降水量 /mm Annual precipitation /mm	1675
≥10℃的积温 /℃ Daily temperature accumulated in a year (≥10℃) /℃	7721
年日照时数 /h Annual sunshine /h	1635
年平均相对湿度 /% Annual average relative humidity /%	78
干燥度 Dryness	0.75

本区域中心区月平均气温与月平均降水量
Monthly temperature and precipitation in central area of the region

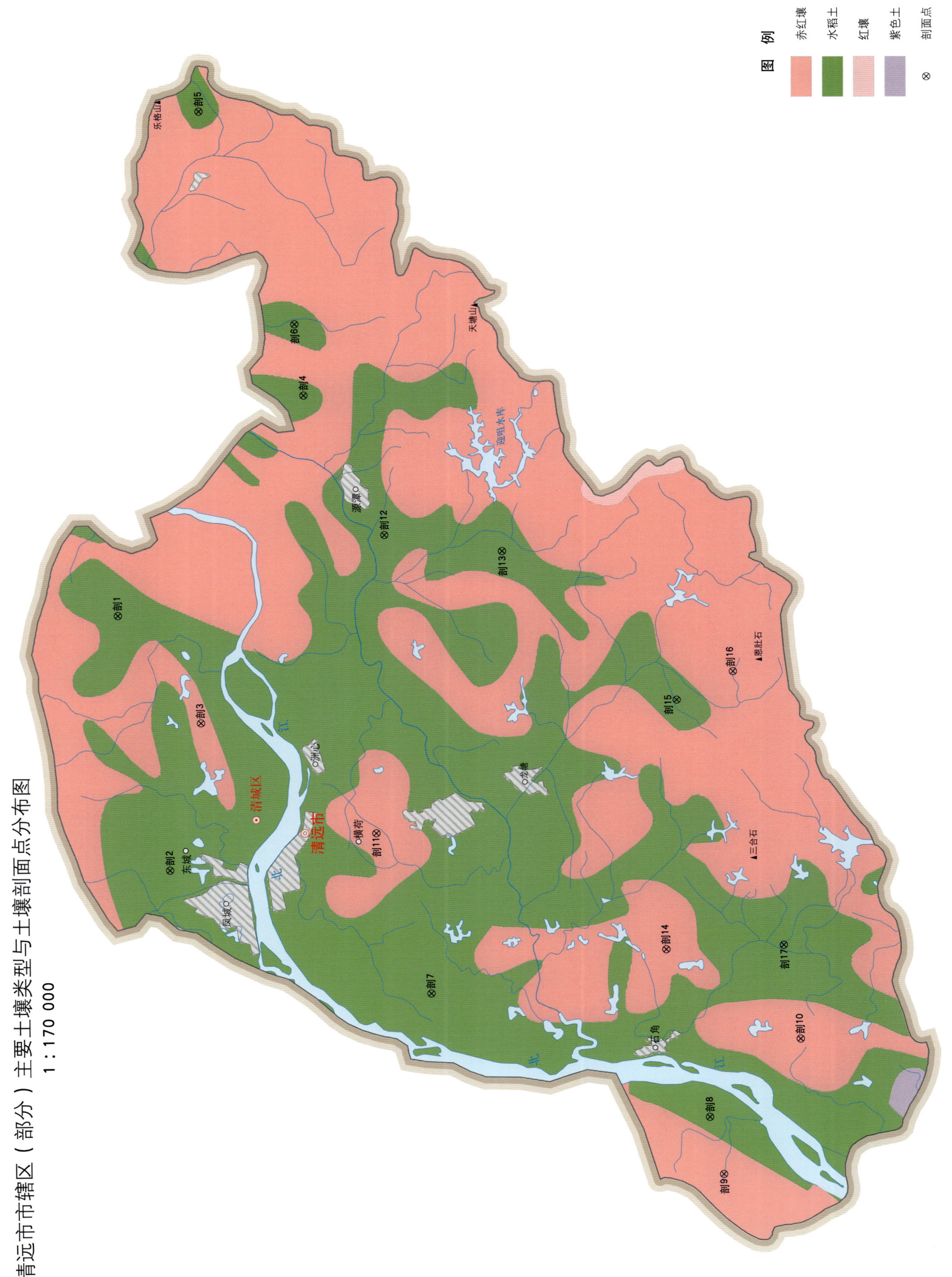

清远市土壤剖面理化性状表

剖面号 Soil profile	土纲 Soil order	土类 Soil great group	亚类 Soil subgroup	土属 Soil genus	土种 Soil species	土层码 Layer code	土层厚度 Depth/cm	颜色 Soil color	质地 Soil texture	土壤结构 Soil structure	pH	有机质 OM/(g/kg)	全氮 TN/(g/kg)	全磷 TP/(g/kg)	全钾 TK/(g/kg)	有效磷 AP/(mg/kg)	速效钾 AK/(mg/kg)	土壤母质 Parent material	剖面点坐标 Profile coordinate	匹配指数 Matching index/%
剖1	人为土	水稻土	潴育水稻土	麻红泥田	麻砂质田	A	0—15	灰色	砂壤土	大粒状	5.7	19.3	0.98	0.16	9.0	8.6	27		E 113°08′42.3″ N 23°45′04.7″	73
						P	15—20	灰色	砂壤土	块状	5.4	14.8	0.78	0.20	15.5	6.0	34			
						W	20—50	深灰色	轻壤土	柱状	5.2	12.1	0.61	0.12	16.9	4.3	43			
剖2	人为土	水稻土	潴育水稻土	河黏冲泥田	河黏土田	A	0—11	浅灰色	中黏土	团粒状	5.0	30.9	1.73	0.30	24.6	2.4	72	冲积物	E 113°02′24.0″ N 23°44′02.8″	100
						P	11—20	浅灰色	中黏土	块状	5.5	24.5	1.47	0.33	23.8	1.2	47			
						W	20—100	浅灰色	中壤土	柱状	5.3	16.8	1.15	0.33	21.0	1.2	56			
剖3	铁铝土	赤红壤	赤红壤	砂页岩赤红壤		A	0—10	灰色	轻壤土	大粒状	4.8	6.2	0.36	0.21	10.6	1.9	30	砂页岩	E 113°06′01.8″ N 23°43′17.8″	77
						B	10—40	深红色	轻壤土	块状	4.5	5.3	0.25	0.11	9.5	1.7	41			
剖4	人为土	水稻土	潴育水稻土	火山红泥田	乌红火泥田	A	0—11	暗棕色	中壤土	粒状	7.5	25.4	1.20	0.46	7.1	14.0	46	砂页岩	E 113°14′02.5″ N 23°40′53.3″	73
						P	11—20	暗棕色	中壤土	块状	7.5	15.6	0.90	0.35	6.0	7.9	33			
						W	20—30	浅黄色	中壤土	柱状	7.0	9.8	0.50	0.35	5.1	4.4	29			
剖5	人为土	水稻土	潴育水稻土	宽谷冲积田	宽谷砂泥田	A	0—14	深灰色	中壤土	粒状	5.2	30.0	1.41	0.42	22.7	6.7	38	冲积物	E 113°21′05.1″ N 23°43′04.7″	70
						P	14—22	灰色	中壤土	块状	5.3	19.1	0.84	0.33	19.9	3.6	27			
						W	22—100	浅红色	重壤土	柱状	5.6	13.0	0.60	0.28	22.2	2.6	30			
剖6	人为土	水稻土	潴育水稻土	洪积砂泥田	洪积砂泥田	A	0—11	灰棕色	轻壤土	粒状	6.1	18.5	0.88	0.24	9.6	1.2	19	洪积物	E 113°15′48.2″ N 23°41′03.5″	96
						P	11—22	暗棕色	砂壤土	块状	6.2	8.7	0.75	0.17	10.4	1.2	22			
						W	22—100	浅黄色	砂壤土	柱状	6.5	4.6	0.28	0.18	11.1	1.2	22			
剖7	人为土	水稻土	潴育水稻土	宽谷冲积田	宽谷砂质田	A	0—10	深灰色	砂壤土	粒状	6.7	15.4	0.84	0.10	12.9	6.6	19	冲积物	E 112°59′14.5″ N 23°38′20.5″	83
						P	10—16	暗灰色	砂壤土	块状	6.4	8.8	0.59	0.09	13.8	5.8	20			
						W	16—36	灰色	重壤土	柱状	8.3	8.6	0.56	0.08	18.3	微量	19			
剖8	人为土	水稻土	潴育水稻土	黑色石灰土田	灰黏土田	A	0—15	灰色	中黏土	团粒状	7.8	12.9	0.69	0.35	4.2	4.6	15		E 112°56′04.2″ N 23°32′15.4″	86
						P	15—23	灰色	中壤土	块状	7.9	9.2	0.57	0.33	4.0	2.2	8			
						W	23—60	暗灰色	中壤土	块状	7.9	16.6	0.47	0.27	6.2	1.7	8			
剖9	铁铝土	赤红壤	赤红壤	砂页岩赤红壤		A	0—10	深灰色	中壤土	大粒状	4.9	42.3	1.95	0.17	15.6	2.1	56	砂页岩	E 112°54′40.0″ N 23°31′58.8″	79
						B	20—100	浅棕色	中壤土	块状	4.5	25.4	1.02	0.11	14.6	1.1	41			
剖10	铁铝土	赤红壤	赤红壤	砂页岩赤红壤		A	0—10	浅黄色	轻壤土	大粒状	4.8	15.3	0.90	0.32	22.6	2.1	33	砂页岩	E 112°57′55.4″ N 23°30′13.0″	89
						B	10—60	棕黄色	轻壤土	块状	4.5	8.4	0.45	0.23	12.8	1.2	29			
剖11	铁铝土	赤红壤	赤红壤	花岗岩赤红壤		A	0—10	黄色	中壤土	大粒状	5.2	30.3	2.08	0.06	6.8	3.4	69	花岗岩	E 113°03′12.2″ N 23°39′28.8″	92
						B	10—100	浅棕色	重壤土	块状	5.2	15.4	1.11	0.09	6.0	2.2	44			
剖12	人为土	水稻土	潴育水稻土	砂页岩泥田	页红泥田	A	0—9	暗色	轻壤土	粒状	5.2	31.2	1.74	0.53	17.2	16.1	50		E 113°10′34.0″ N 23°39′09.8″	98
						P	9—12	浅灰色	中壤土	块状	5.0	31.6	1.74	0.73	17.3	18.0	46			
						W	12—59	浅灰色	中壤土	柱状	5.1	26.5	1.51	0.51	17.1	12.7	30			
剖13	人为土	水稻土	潴育水稻土	麻红泥田	麻砂泥田	A	0—13	灰白色	中壤土	大粒状	5.2	30.1	1.58	0.30	24.1	11.2	72	砂页岩	E 112°54′06.9″ N 23°36′34.4″	82
						P	13—20	浅黄色	中壤土	粒状	5.2	14.0	0.78	0.21	25.0	3.4	54			
						W	20—100	灰黄色	轻壤土	粒状	5.5	6.3	0.29	0.04	20.9	2.2	79			
剖14	铁铝土	赤红壤	赤红壤	花岗岩赤红壤		A	0—20	灰黄色	重壤土	大粒状	4.7	75.9	3.47	0.70	15.8	4.4	97	花岗岩	E 113°00′11.5″ N 23°33′08.3″	73
						B	20—100	暗色	砂壤土	块状	4.8	35.3	1.58	0.52	17.8	0.9	71			
剖15	人为土	水稻土	潴育水稻土	河砂泥田	河砂质田	A	0—10	浅灰色	轻壤土	粒状	7.6	18.7	1.18	0.54	25.2	8.6	22	冲积物	E 113°06′22.0″ N 23°32′47.4″	74
						P	10—16	浅灰色	轻壤土	柱状	7.1	7.5	0.53	0.34	27.0	1.4	19			
						W	16—40	灰白色	轻壤土	大粒状	7.6	13.2	0.84	0.32	25.7	2.4	19			
剖16	铁铝土	赤红壤	赤红壤	花岗岩赤红壤		A	0—10	灰白色	中壤土	块状	5.1	23.7	1.11	0.32	13.2	0.5	40	花岗岩	E 113°07′02.3″ N 23°31′32.2″	71
						B	10—100	黄棕色	中壤土	块状	5.3	20.2	0.98	0.24	15.6	3.2	41			

续表 Continued

剖面号 Soil profile	土纲 Soil order	土类 Soil great group	亚类 Soil subgroup	土属 Soil genus	土种 Soil species	土层码 Layer code	土层厚度 Depth/cm	颜色 Soil color	质地 Soil texture	土壤结构 Soil structure	pH	有机质 OM/(g/kg)	全氮 TN/(g/kg)	全磷 TP/(g/kg)	全钾 TK/(g/kg)	有效磷 AP/(mg/kg)	速效钾 AK/(mg/kg)	土壤母质 Parent material	剖面点坐标 Profile coordinate	匹配指数 Matching index/%
剖17	人为土	水稻土	潴育水稻土	宽谷冲积土田	宽谷泥田	A	0—22	灰白色	轻黏土	团粒状	6.1	29.3	1.89	0.53	13.9	3.5	38	冲积物	E 113°00′14.1″ N 23°30′32.4″	93
						P	22—27	浅灰色	轻黏土	块状	6.1	26.4	1.57	0.56	12.5	2.2	38			
						W	27—65	浅黄色	轻黏土	柱状	4.8	20.4	1.33	0.45	11.8	1.8	46			

佛 冈 县

主要土类说明

赤红壤是佛冈县主要土壤类型，占本县地域面积的 62%。赤红壤主要发生于南亚热带季雨林下，其脱硅富铝化程度仅次于砖红壤，强于红壤。铁的游离度介于二者之间，黏粒硅铝率为 1.7—2.0，风化淋溶系数为 0.05—0.15，盐基饱和度为 15%—25%。淀积层（B 层）富含铁铝氧化物，呈赤红色。

水稻土是佛冈县第二大土壤类型，占本县地域面积的 24%。水稻土是在长期的季节性淹灌、水下翻耕、季节性脱水、氧化还原交替影响下，原来的成土母质或母土的特性发生重大改变，形成的新的土壤类型。由于干湿交替，水稻土形成糊状的淹育层、较坚实板结的犁底层、渗育层、潴育层与潜育层等多种发生层。这些不同的发生层是在人为耕作、水浆管理下形成的。

红壤是佛冈县第三大土壤类型，占本县地域面积的 11%。红壤主要发生于亚热带常绿阔叶林下，呈中度脱硅富铝化特征，土壤黏粒中游离铁占全铁的 50%—60%。黏土矿物以高岭石、赤铁矿为主，黏粒硅铝率为 1.8—2.4，风化淋溶系数小于 0.20，盐基饱和度小于 35%，pH 为 4.5—5.5。红壤具深厚的红色土层，底层可见深厚的红、黄、白相间的网纹状红色黏土。

小于本县地域面积 3% 的土壤类型有黄壤和潮土。

本区域中心区气候特征

本区域中心区气候特征值
Regional climate characteristics in central area of the region

气候带：南亚热带湿润气候 Climate region: South subtropical humid climate	
年平均气温 /℃ Annual average temperature /℃	21.2
年平均最高气温 /℃ Annual average maximum temperature /℃	25.9
年平均最低气温 /℃ Annual average minimum temperature /℃	17.9
年降水量 /mm Annual precipitation /mm	1700
≥10℃的积温 /℃ Daily temperature accumulated in a year (≥10℃) /℃	7791
年日照时数 /h Annual sunshine /h	1659
年平均相对湿度 /% Annual average relative humidity /%	77
干燥度 Dryness	0.73

本区域中心区月平均气温与月平均降水量
Monthly temperature and precipitation in central area of the region

佛冈县主要土壤类型与土壤剖面点分布图
1∶220 000

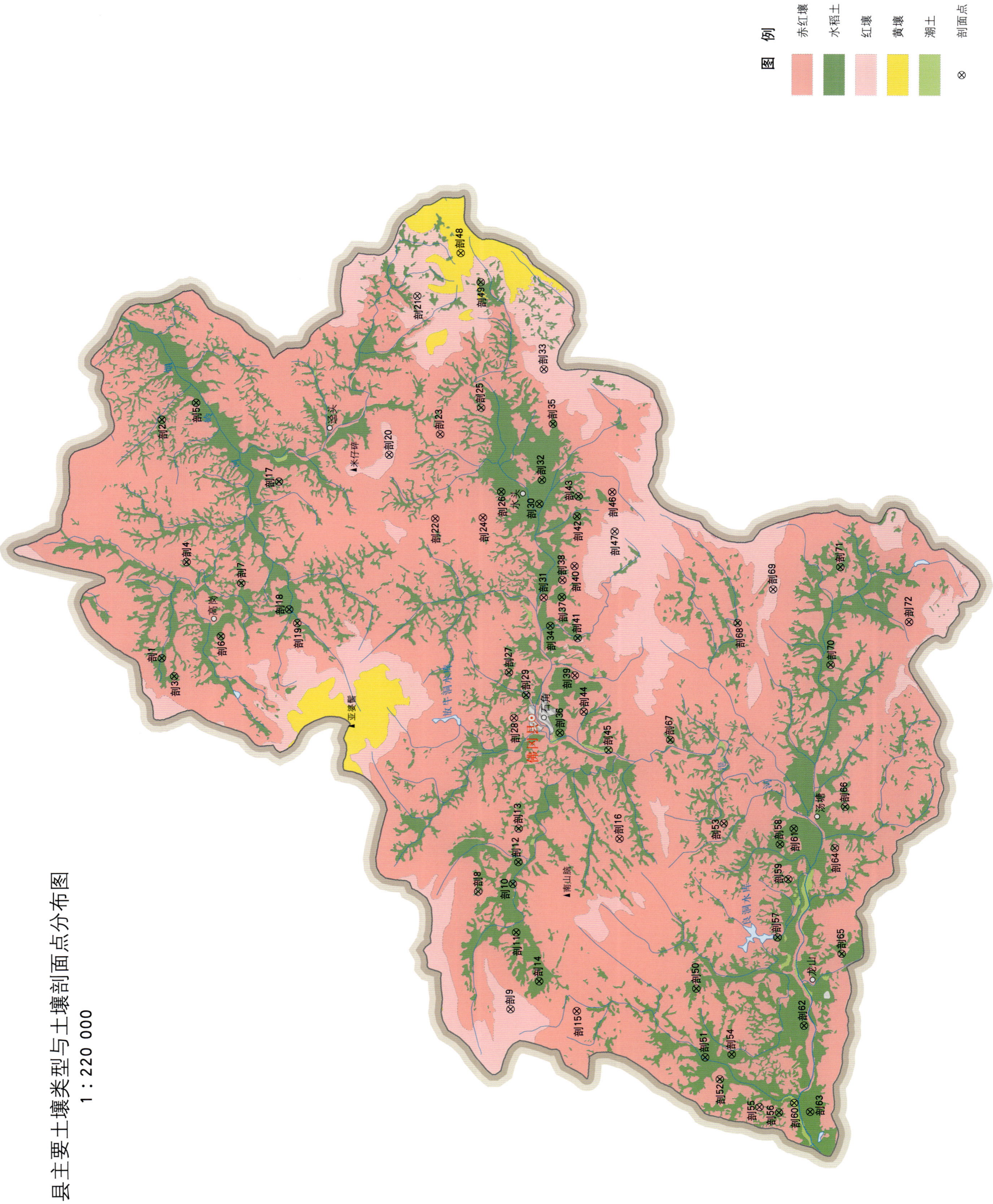

佛冈县土壤剖面理化性状表

剖面号 Soil profile	土纲 Soil order	土类 Soil great group	亚类 Soil subgroup	土属 Soil genus	土种 Soil species	土层码 Layer code	土层厚度 Depth/cm	颜色 Soil color	质地 Soil texture	土壤结构 Soil structure	pH	有机质 OM/(g/kg)	全氮 TN/(g/kg)	全磷 TP/(g/kg)	全钾 TK/(g/kg)	碱解氮 AN/(mg/kg)	有效磷 AP/(mg/kg)	速效钾 AK/(mg/kg)	土壤母质 Parent material	剖面点坐标 Profile coordinate	匹配指数 Matching index/%
剖1	人为土	水稻土	潴育水稻土	红泥田	板砂泥田	A	0–13	暗棕灰色	轻壤土	块状	5.7	39.1	2.04	0.41	18.1	130	8.0	46		E 113° 33′ 34.2″ N 24° 03′ 02.9″	96
						P	13–23	暗棕黄色	轻壤土	块状	5.6	26.9	1.56	0.33	18.6						
						W_1	23–43	黄棕色	中壤土	柱状	6.3	12.6	0.82	0.39	11.0						
						W_2	43–69	浅棕色	中壤土	柱状	6.4	12.2	0.71	0.40	16.8						
						E	69–100	灰棕色	中壤土	柱状	6.4	13.4	0.69	0.38	14.8						
剖2	人为土	水稻土	潴育水稻土	洪积黄红泥田	洪积砂泥田	A	0–15	褐色	砂壤土	团粒状	6.0	40.9	2.01	0.56	35.8	131	17.7	57	洪积物	E 113° 41′ 01.8″ N 24° 02′ 55.2″	91
						P	15–22	暗棕黄色	轻壤土	块状	6.2	28.3	1.40	0.34	36.5						
						W	22–75	红黄色	中壤土	粒状	7.0	5.6	0.31	0.13	33.9						
						E	75–100	灰白色	砂壤土	粒状	7.2	3.2	0.20	0.10	34.9						
剖3	人为土	水稻土	潴育水稻土	红泥田	板红泥田	A	0–18	栗色	轻壤土	块状	5.3	26.6	1.44	0.36	19.1	101	4.4	38		E 113° 32′ 60.0″ N 24° 02′ 42.7″	86
						P	18–28	褐色	中壤土	块状	5.4	15.1	0.92	0.28	19.7						
						W	28–49	褐色	中壤土	块状	5.8	32.5	1.77	0.48	11.2						
						E	49–55	红黄色	轻壤土	块状	6.6	10.9	0.69	0.37	17.8						
剖4	人为土	水稻土	沼泽型水稻土	烂泥田	深泥田		55–100		重石质土	无明显结构										E 113° 36′ 33.8″ N 24° 02′ 17.9″	77
						A	0–25	暗褐色	重壤土	糊状	5.5	56.8	2.64	0.77	18.2	223	8.0	62			
						G_1	25–57	暗褐色	重壤土	糊状	5.1	64.4	2.85	0.47	16.9						
						G_2	57–100	暗棕褐色	重壤土	糊状	5.7	83.0	4.12	0.47	16.8						
剖5	人为土	水稻土	淹育水稻土	麻红泥田	麻红泥青田	A	0–13	灰棕色	中壤土	块状	6.9	28.9	1.35	0.36	9.3	97	3.4	58	花岗岩风化物	E 113° 41′ 32.7″ N 24° 01′ 57.0″	94
						P	13–18	灰黄色	重壤土	核柱状		25.9	1.19	0.28	9.2						
						C	18–100	红橙色	重壤土	柱状		11.8	0.61	0.28	10.5						
剖6	人为土	水稻土	潴育水稻土	麻红泥田	麻红泥田	A	0–10	浅棕黄色	中壤土	块状	5.6	23.7	1.22	0.44	26.2	97	9.0	51		E 113° 34′ 13.8″ N 24° 01′ 23.2″	81
						P	10–15	暗灰棕色	中壤土	柱状	5.7	21.0	1.12	0.31	27.5						
						W_1	15–37	栗色	中壤土	柱状	7.0	10.7	0.55	0.30	25.1						
						W_2	37–61	灰棕色	中壤土	柱状	7.5	10.8	0.75	0.29	22.7						
						E	61–100	红黄色	重壤土	柱状	7.5	6.8	0.53	0.28	21.2						
剖7	人为土	水稻土	潴育水稻土	麻红泥田	麻顶泥田	A	0–15	浅棕黄色	中壤土	大块状	5.9	28.8	1.48	0.44	8.7	120	6.1	21		E 113° 35′ 52.8″ N 24° 00′ 46.8″	83
						P	15–25	灰黄色	中壤土	柱状	7.2	25.4	1.26	0.39	8.5						
						W	25–75	浅灰黄色	中壤土	柱状	8.0	17.5	0.84	0.31	9.0						
						E	75–100	灰黄色	重壤土	柱状	7.7	16.2	0.59	0.21	10.4						
剖8	人为土	水稻土	潴育水稻土	炭质黑泥田	麻红底田	A	0–9	暗棕灰色	重壤土	粉粒状	6.1	31.3	1.44	0.69	10.6	122	14.3	37		E 113° 26′ 03.1″ N 23° 54′ 18.4″	77
						P	9–13	暗灰色	中壤土	块状	6.5	25.0	1.07	0.23	11.2						
						W	13–25	暗灰色	中壤土	粉粒状	6.0	20.5	0.85	0.17	11.2						
						E	25–100	黑色	重壤土	粉粒状	4.9	58.9	2.09	0.39	12.4						
剖9	铁铝土	红壤		片板岩红壤	中有机质层厚层板岩红壤	A	0–15	棕色	轻壤土	团粒状	4.9	42.2	1.94	0.31	9.3	113	4.9	41	片岩、板岩	E 113° 22′ 22.7″ N 23° 53′ 27.6″	100
						B_1	15–48	红棕色	中壤土	核粒状	5.1	20.2	1.01	0.27	9.2						
						B_2	48–110	红棕色	重壤土	核粒状	5.2	12.0	0.72	0.31	10.8						
剖10	人为土	水稻土	潴育水稻土	炭质黑泥田	黑泥砂田	A	0–16	褐灰色	砂壤土	块状	5.4	33.7	1.75	0.42	21.8					E 113° 26′ 16.1″ N 23° 53′ 19.7″	76
						P	16–27	暗灰黄色	轻壤土	块状	5.9	20.5	0.95	0.17	23.0						
						W	27–57	黑棕色	轻壤土	块状	5.5	49.2	1.91	0.16	35.6						
						E	57–100	浅灰色	砂壤土	无明显结构	5.6	7.8	0.48	0.10	22.5						

续表 Continued

剖面号 Soil profile	土纲 Soil order	土类 Soil great group	亚类 Soil subgroup	土属 Soil genus	土种 Soil species	土层码 Layer code	土层厚度 Depth/cm	颜色 Soil color	质地 Soil texture	土壤结构 Soil structure	pH	有机质 OM/(g/kg)	全氮 TN/(g/kg)	全磷 TP/(g/kg)	全钾 TK/(g/kg)	碱解氮 AN/(mg/kg)	有效磷 AP/(mg/kg)	速效钾 AK/(mg/kg)	土壤母质 Parent material	剖面点坐标 Profile coordinate	匹配指数 Matching index/%
剖11	人为土	水稻土	潴育型水稻土	宽谷冲积土田	宽谷砂泥田	A	0~16	暗灰色	砂壤土	团粒状	6.4	43.7	2.12	0.40	32.9	117	3.9	21	冲积物	E 113°24′45.0″ N 23°53′15.7″	75
						P	16~28	棕灰色	砂壤土	块状	6.6	17.0	0.83	0.24	36.8						
						W	28~71	暗黄色	砂壤土	块状	6.6	10.2	0.49	0.19	44.1						
						C	71~100	灰黄棕色	重壤土	无明显结构	6.6	5.9	0.36	0.17	33.2						
剖12	人为土	水稻土	沼泽型水稻土	烂浸田	湴眼田	A	0~21	黄棕色	轻壤土	糊状	5.9	36.2	1.73	0.20	23.3	132	2.4	26		E 113°26′57.1″ N 23°53′09.7″	75
						G	21~100	浅黄色	轻壤土	块状	5.1	45.8	2.13	0.10	19.6						
剖13	人为土	水稻土	沼泽型水稻土	渍水田	渍水田	A	0~21	棕黄色	中壤土	糊状	7.6	37.5	1.81	0.48	14.4	159	7.2	42		E 113°28′00.5″ N 23°53′08.1″	77
						G	21~100	青灰色	中壤土	块状	7.8	11.7	0.74	0.19	21.0						
剖14	人为土	水稻土	潜育型水稻土	冷底田	顽泥田	A	0~15	暗黄棕色	中壤土	块状	7.7	31.0	1.65	0.35	19.2	151	4.5	37		E 113°23′13.2″ N 23°52′38.6″	96
						P	15~20	浅黄棕色	中壤土	块状	8.1	28.7	1.51	0.28	19.0						
						W	20~47	暗黄色	中壤土	糊状	7.7	27.1	1.28	0.22	19.3						
						G	47~100	黑色	中壤土	块状	5.7	49.5	1.77	0.13	19.1						
剖15	铁铝土	赤红壤		片板岩赤红壤	中有机质层中层板岩赤红壤	A	0~13	暗黄棕色	轻壤土	团粒状	4.6	39.4	1.85	0.22	23.7				片岩、板岩	E 113°22′16.5″ N 23°51′36.3″	78
						B_1	13~32	暗黄色	轻壤土	团粒状	5.0	30.9	1.13	0.19	24.2						
						B_2	32~70	黑棕色	中壤土	核粒状	5.2	27.1	0.81	0.16	24.7						
剖16	铁铝土	赤红壤		花岗岩麻岩赤红壤	薄有机质层厚层花岗岩赤红壤	A	0~8	浅棕红色	轻黏土	团粒状	4.7	41.4	1.42	0.10	4.0				花岗岩	E 113°27′37.1″ N 23°50′19.0″	76
						B_1	8~25	红棕色	中壤土	核粒状	4.9	13.8	0.89	0.07	7.1						
						B_2	25~117	红棕色	重壤土	核粒状	5.2	5.4	0.28	0.06	5.7						
剖17	人为土	水稻土	潜育型水稻土	青泥格田	黄泥青泥田	A	0~13	紫棕色	砂壤土	块状	5.5	20.4	1.10	0.28	18.3	82	5.8	50		E 113°39′01.4″ N 23°59′40.2″	95
						P	13~16	紫灰色	中壤土	块状	6.8	18.1	0.89	0.28	19.5						
						W	16~41	灰白色	轻壤土	块状	5.7	13.7	0.77	0.16	19.1						
						G	41~100	暗黄色	中壤土	块状	4.9	40.7	1.63	0.17	18.0						
剖18	人为土	水稻土	潴育型水稻土	麻泥田	麻砂泥田	A	0~14	灰灰色	中壤土	块状	5.6	41.4	2.29	0.45	26.8	167	8.1	4		E 113°35′01.7″ N 23°59′26.9″	94
						P	14~23	浅灰色	中壤土	块状	6.6	23.2	1.36	0.30	29.5						
						W_1	23~40	紫色	重壤土	块状	6.8	15.3	0.83	0.28	29.6						
						W_2	40~61	紫棕色	重壤土	块状	6.8	14.4	0.82	0.34	21.7						
						W_3	61~100	棕色	中壤土	块状	6.9	17.0	0.82	0.35	20.2						
剖19	人为土	水稻土	潴育型水稻土	麻泥田	麻砂泥田	A	0~11	暗灰色	中壤土	块状	5.7	29.8	1.61	0.24	40.3	115	4.2	43		E 113°34′35.8″ N 23°59′13.9″	95
						P	11~16	浅灰色	重壤土	块状	5.8	27.1	1.27	0.22	42.3						
						W	16~65	暗黄褐色	重壤土	块状	6.2	9.6	0.58	0.11	46.4						
						E	65~100	灰黄褐色	中壤土	块状	7.6	4.8	0.31	0.07	38.9						
剖20	铁铝土	红壤		花岗片麻岩赤红壤	厚有机质层厚层花岗岩赤红壤	A	0~24	浅灰褐色	重壤土	团粒状	4.7	27.3	1.48	0.06	4.3				花岗岩	E 113°39′47.7″ N 23°56′34.3″	95
						B_1	24~55	暗黄褐色	中壤土	块状	4.8	13.1	0.56	0.04	4.1						
						B_2	55~120	浅黄褐色	中壤土	块状	4.9	9.1	0.39	0.04	4.1						
剖21	铁铝土	红壤		花岗片麻岩赤红壤	中有机质层中层花岗岩赤红壤	A	0~15	暗黄褐色	中壤土	团粒状	5.0	32.2	1.55	0.14	33.0				花岗岩	E 113°44′44.5″ N 23°55′41.9″	89
						B_1	15~42	黄棕色	中壤土	核粒状	4.9	16.9	0.97	0.11	22.3						
						B_2	42~80	红棕色	重壤土	核粒状	5.3	13.2	0.86	0.10	24.0						
剖22	铁铝土	赤红壤		花岗片麻岩赤红壤	中有机质层薄层花岗岩赤红壤	A	0~11	红棕色	轻壤土	核粒状	5.0	51.5	0.98	0.57	20.2				花岗岩、片岩	E 113°37′46.6″ N 23°55′18.5″	83
						B	11~25	灰灰色	重壤土	核粒状	5.1	23.8	1.48	0.14	27.8						
						C	25~	浅橙红色	中壤土	核粒状	5.2	23.6	0.71	0.11	16.8						
剖23	铁铝土	赤红壤		花岗片麻岩赤红壤	薄有机质层中层花岗岩赤红壤	A	0~7	灰棕色	中壤土	团粒状	5.0	39.0	1.84	0.30	28.3				花岗岩、片岩	E 113°40′24.7″ N 23°55′07.6″	80
						B_1	7~19	黄棕色	重壤土	核粒状	4.9	23.2	1.29	0.28	25.8						
						B_2	19~51	浅棕色	中壤土	核粒状	5.0	11.9	0.69	0.26	25.1						
剖24	铁铝土	赤红壤		花岗片麻岩赤红壤	薄有机质层薄层花岗岩赤红壤	A	0~9	浅灰红色	中壤土	核粒状	4.8	55.5	1.81	0.09	27.1				花岗岩、片岩	E 113°37′46.9″ N 23°53′58.6″	93
						B	9~24	红棕色	中壤土	核粒状	5.0	27.7	1.05	0.07	32.7						
						C	24~	红橙色	中壤土	核粒状	5.3	5.3	0.31	0.03	33.0						

续表 Continued

剖面号 Soil profile	土纲 Soil order	土类 Soil great group	亚类 Soil subgroup	土属 Soil genus	土种 Soil species	土层码 Layer code	土层厚度 Depth/cm	颜色 Soil color	质地 Soil texture	土壤结构 Soil structure	pH	有机质 OM/(g/kg)	全氮 TN/(g/kg)	全磷 TP/(g/kg)	全钾 TK/(g/kg)	碱解氮 AN/(mg/kg)	有效磷 AP/(mg/kg)	速效钾 AK/(mg/kg)	土壤母质 Parent material	剖面点坐标 Profile coordinate	匹配指数 Matching index/%
剖25	人为土	水稻土	潴育水稻土	冷底田	铁锈水田	A	0–15	浅棕色	中壤土	小块状	5.9	38.3	1.71	0.34	22.6	113	4.7	38		E 113°41′13.6″ N 23°53′58.2″	93
						P	15–20	浅灰色	轻壤土	块状	5.8	22.4	1.05	0.21	20.3						
						W	20–46	褐色	重壤土	柱状	5.4	20.5	0.89	0.19	22.2						
						G	46–100	暗灰色	重壤土	粒状	4.8	52.1	2.13	0.15	22.7						
剖26	人为土	水稻土	渗育水稻土	白鳝泥田	白鳝泥底田	A	0–17	棕灰色	中壤土	块状	6.0	39.5	2.05	0.39	15.7	136	4.3	33		E 113°38′34.1″ N 23°53′26.5″	81
						P	17–29	棕灰色	轻壤土	块状	6.5	39.2	1.92	0.42	14.7						
						E	29–80	灰白色	轻壤土	块状	6.9	9.8	0.45	0.15	15.0						
						C	80–100	灰白色	中壤土	粉状	7.3	5.4	0.23	0.14	16.3						
剖27	人为土	水稻土	沼泽型水稻土	泥炭土田	低泥炭烂格田	A	0–18	灰黄棕色	轻壤土	块状	5.9	38.9	1.95	0.25	15.3	109	2.9	21		E 113°32′55.3″ N 23°53′19.3″	73
						G_1	18–62	暗棕色	轻壤土	块状	5.6	34.6	1.40	0.14	15.0						
						G_2	62–85	黑色	轻壤土	块状	4.9	259.6	5.37	0.30	8.3						
						C	85–100	暗灰黄色	中壤土	粉状	6.2	52.3	1.51	0.15	29.5						
剖28	铁铝土	赤红壤	赤红壤	片板岩赤红壤	中有机质层厚层板岩赤红壤	A	0–12	棕色	中壤土	团粒状	4.8	31.2	1.39	0.18	9.3		6.8	22	片岩、板岩	E 113°31′29.0″ N 23°53′12.2″	89
						B_1	12–29	紫棕色	重壤土	团粒状	4.7	17.7	0.85	0.17	9.6						
						B_2	29–102	浅棕色	重壤土	块状	5.3	8.1	0.52	0.15	10.2						
剖29	人为土	水稻土	潴育水稻土	红泥田	板砂质红田	A	0–13	棕色	砂壤土	小块状	5.5	22.0	1.33	0.31	28.7	99				E 113°32′12.1″ N 23°52′51.2″	87
						P	13–18	深灰色	轻壤土	块状	5.2	17.8	1.11	0.22	28.8						
						W	18–46	浅黄色	中壤土	块状	6.7	11.5	0.69	0.23	29.6						
						E	46–100	暗黄棕色	中壤土	块状	6.9	8.1	0.80	0.28	28.2						
剖30	人为土	水稻土	渗育水稻土	白鳝泥田	低白鳝泥田	A	0–14	暗黄棕色	重壤土	块状	6.5	37.1	1.98	0.40	6.1	151	4.7	33		E 113°38′10.5″ N 23°52′23.1″	91
						P	14–24	青灰色	重壤土	块状	6.3	35.4	1.74	0.30	11.7						
						W	24–42	灰黄色	轻壤土	块状	6.2	32.9	1.57	0.24	5.2						
						E	42–100	暗灰黄色	重黏土	块状	6.0	11.8	0.53	0.20	5.6						
剖31	铁铝土	赤红壤	赤红壤	片板岩赤红地	板赤红泥地	A	0–19	浅红棕色	中壤土	块状	7.0	23.4	1.37	0.59	7.4	134	4.0	61	片岩、板岩	E 113°35′15.1″ N 23°52′18.7″	85
						C	19–100	暗黄橙色	中壤土	块状	7.4	12.0	0.79	0.57	16.8						
剖32	人为土	水稻土	沼泽型水稻土	烂泥田	烂泥田	A	0–16	棕灰色	中壤土	糊状	5.3	32.5	1.67	0.61	18.6	102	2.6	54		E 113°38′55.7″ N 23°52′18.1″	85
						G	16–100	黑棕色	中壤土	糊状	4.8	75.1	2.93	0.34	20.6						
剖33	铁铝土	红壤	红壤	片岩红红壤	中有机质层中层板岩红壤	A	0–13	灰灰黄	中壤土	块状	4.8	19.5	0.70	0.70	11.0	127	9.1	37	片岩、板岩	E 113°42′23.8″ N 23°52′11.3″	85
						B_1	13–23	浅灰黄色	重壤土	块状	4.8	16.5	0.72	0.09	12.6						
						B_2	23–65	黄褐色	重壤土	块状	5.1	9.4	0.41	0.16	13.8						
剖34	人为土	水稻土	潴育水稻土	宽谷冲积土田	黄泥底砂质田	A	0–13	暗灰黄色	砂壤土	小块状	5.4	22.3	1.25	0.33	17.8	139	7.2	35	冲积物	E 113°34′22.1″ N 23°52′08.8″	90
						P	13–26	浅灰棕色	中壤土	块状	6.3	15.8	0.95	0.27	17.3						
						W	26–54	暗黄棕色	中壤土	柱状	7.5	9.6	0.80	0.38	19.7						
						C	54–100	暗黄棕色	中壤土	柱状	7.9	5.8	0.44	0.28	21.8						
剖35	人为土	水稻土	矿毒型水稻土	矿毒田	硫黄矿毒田	A	0–13	暗棕色	重壤土	小块状	7.5	44.1	2.16	0.47	15.3		10.1	33	片岩、板岩	E 113°40′40.8″ N 23°51′58.0″	86
						P	18–22	棕灰色	轻壤土	块状	7.9	43.7	1.96	0.42	15.4						
						W	22–46	暗黄色	重壤土	块状	5.7	47.0	2.01	0.18	17.0						
						C_1	46–52	暗灰色	中壤土	粉块状	5.0	18.3	0.74	0.14	14.3						
						C_2	52–100	中壤土	块状	5.3	34.1	1.60	0.18	16.9						
剖36	人为土	水稻土	潴育水稻土	潮砂泥田	潮砂泥田	A	0–13	灰棕色	轻壤土	碎块状	5.1	30.6	0.78	0.36	28.2	220			河流冲积物	E 113°30′59.4″ N 23°51′55.8″	82
						P	13–18	灰黄棕色	轻壤土	块状	4.9	16.1	0.26	0.23	35.5						
						W_1	18–90	浅灰黄色	砂壤土	散粒状	5.9	5.9	0.13	0.22	30.8						
						W_2	90–100	褐色	轻壤土	散块状	6.0	6.3	0.27	0.24	30.3						

续表 Continued

剖面号 Soil profile	土纲 Soil order	土类 Soil great group	亚类 Soil subgroup	土属 Soil genus	土种 Soil species	土层码 Layer code	土层厚度 Depth/cm	颜色 Soil color	质地 Soil texture	土壤结构 Soil structure	pH	有机质 OM/(g/kg)	全氮 TN/(g/kg)	全磷 TP/(g/kg)	全钾 TK/(g/kg)	碱解氮 AN/(mg/kg)	有效磷 AP/(mg/kg)	速效钾 AK/(mg/kg)	土壤母质 Parent material	剖面点坐标 Profile coordinate	匹配指数 Matching index/%
剖37	人为土	水稻土	矿毒型水稻土	厂废污染田	厂废污染梁田	A	0—19	暗灰色	中壤土	块状	5.8	28.3	1.73	0.48	25.2	125	2.3	29		E 113°35′15.2″ N 23°51′48.4″	97
						P	19—30	暗灰色	轻壤土	块状	6.0	19.8	0.96	0.25	25.0						
						W	30—84	暗黄黄色	轻砂土	柱状	7.0	10.4	0.49	0.27	31.4						
						E	84—100	灰白色	松砂土	松砂状	7.4	2.3	0.10	0.09	40.2						
剖38	铁铝土	赤红壤		片板岩赤红地	板岩石子赤红地	A	0—9	暗黄橙色	中壤土	块状	8.3	13.9	0.91	0.30	2.9	77	6.1	67	片岩、板岩	E 113°35′47.4″ N 23°51′46.8″	87
						C	9—100	暗棕色	轻壤土	块状	7.8	8.9	0.53	0.28	12.9						
剖39	铁铝土	赤红壤		片板岩赤红地	板岩砂泥地	A	0—8	棕灰色	轻壤土	块状	8.4	16.8	0.91	0.28	6.6	43	3.7	46	片岩、板岩	E 113°32′47.4″ N 23°51′28.8″	87
						B	8—31	黄黄棕色	中壤土	块状	7.9	7.8	0.76	0.24	7.1						
						C	31—100	浅棕黄色	重壤土	块状	7.6	9.1	0.65	0.23	8.5						
剖40	铁铝土	赤红壤		片板岩赤红壤	薄有机质层中层板岩赤红壤	A	0—4	黑棕色	中壤土	团粒状	5.9	37.3	1.13	0.25	17.3				片岩、板岩	E 113°36′13.0″ N 23°51′25.9″	85
						B₁	4—28	棕灰色	重壤土	团粒状	4.8	14.0	0.59	0.18	15.4						
						B₂	28—56	灰黄色	重壤土	团粒状	4.9	11.3	0.67	0.24	18.6						
剖41	人为土	水稻土	潴育水稻土	宽谷冲积土田	宽谷砂板田	A	0—11	浅棕色	紧壤土	粉粒状	6.6	24.4	1.17	0.33	14.7	118	14.4	29	冲积物	E 113°33′57.6″ N 23°51′22.7″	99
						P	11—19	浅棕色	砂壤土	块状	6.8	19.4	1.16	0.32	14.8						
						W	19—67	浅黄色	轻壤土	柱状	7.1	10.3	0.48	0.28	21.9						
						C	67—100	浅黄色	轻壤土	块状	7.4	9.5	0.48	0.31	26.6						
剖42	人为土	水稻土	淹育水稻土	红黄泥田	板半砂泥田	A	0—13	灰棕色	砂壤土	碎块状	5.5	24.5	1.19	0.33	12.9	104	3.3	80		E 113°37′45.8″ N 23°51′20.2″	75
						P	10—13	浅黄棕色	轻壤土	块状	5.4	8.0	0.47	0.24	13.8						
						C	13—100	浅黄橙色	轻壤土	块状	5.5	17.8	0.81	0.29	13.4						
剖43	人为土	水稻土	淹育水稻土	麻红泥田	麻红泥砂田	A	0—10	黄黄橙色	轻壤土	块状	5.5	23.5	1.51	0.56	19.9	101	7.4	58	片岩、板岩	E 113°38′22.9″ N 23°51′16.9″	81
						P	10—17	浅棕色	紧壤土	块状	5.8	14.7	0.76	0.35	18.4						
						C	17—100	棕灰色	砂壤土	块状	6.3	12.7	0.70	0.33	15.5						
剖44	铁铝土	赤红壤		第四纪红土赤红壤	厚有机质层厚层第四纪红土赤红壤	A	0—30	棕灰色	中壤土	块状	5.2	16.6	0.04	0.26	12.9				花岗岩风化物	E 113°31′38.6″ N 23°51′14.8″	90
						B	30—90	棕黄色	紧壤土	块状	5.3	6.7	0.03	0.28	21.2						
						C₁	90—120	棕黄色	砂壤土	块状	5.5	2.8	0.02	0.36	25.7						
						C₂	120—150	紫红色	砂壤土	柱状	5.2	4.5	0.01	0.32	20.0						
剖45	半水成土	潮土		潮砂泥地	潮冲积地	A	0—17	灰黄色	紧砂土	无明显结构	6.9	5.7	0.35	0.23	39.3	45	10.5	38	第四纪红土	E 113°30′24.8″ N 23°50′34.4″	95
						C	17—100	灰黄色	紧砂土	无明显结构	6.9	9.7	0.58	0.32	43.3						
剖46	铁铝土	赤红壤		片板岩赤红壤	薄片板岩赤红壤	A	0—8	紫棕色	重壤土	核状	4.8	57.4	2.42	0.42	7.9				河流冲积物	E 113°38′30.2″ N 23°50′20.4″	85
						B₁	8—21	暗黄色	重壤土	核状	4.7	32.0	1.58	0.39	8.8						
						B₂	21—105	暗黄橙色	重壤土	核状	5.0	13.1	0.76	0.39	8.8						
剖47	铁铝土	红壤		片板岩红壤	厚有机质层中层板岩红壤	A	0—4	暗黄棕色	中壤土	核粒状	4.8	53.9	1.79	0.22	8.0				片岩、板岩	E 113°37′16.0″ N 23°50′17.5″	76
						B₁	4—15	浅黄色	重壤土	核粒状	4.7	29.9	1.32	0.25	7.7						
						B₂	15—56	暗黄橙色	紧壤土	核粒状	5.0	11.4	0.69	0.31	8.9						
剖48	铁铝土	黄壤		花岗岩黄壤	薄有机质层薄层花岗岩黄壤	A	0—4	暗黄棕色	紧砂土	核状	4.7	64.8	2.57	0.31	17.8	125	11.0	61	花岗岩、片岩	E 113°46′03.6″ N 23°54′27.5″	84
						B₁	4—14	浅黄棕色	轻壤土	核状	4.8	34.4	1.48	0.25	19.0						
						B₂	14—32	橙黄色	轻壤土	核状	5.1	13.1	0.70	0.24	18.3						
剖49	人为土	水稻土	潴育水稻土	炭质黑泥田	黑泥松田	A	0—15	暗黑色	中壤土	块状	6.4	41.7	1.98	0.49	38.5	183	4.0	44		E 113°45′08.3″ N 23°53′55.0″	97
						P	15—21	黑色	中壤土	块状	5.9	39.4	1.93	0.47	38.0						
						W	21—53	暗灰黄色	砂壤土	砂状	5.0	57.4	2.06	0.17	49.5						
						E	53—100	灰白色	砂壤土	砂状	5.2	15.5	0.46	0.09	49.5						
剖50	人为土	水稻土	潴育水稻土	宽谷冲积土田	宽谷砜泥田	A	0—13	暗灰黄色	轻壤土	块状	5.3	31.5	1.79	0.34	19.0				冲积物	E 113°22′53.8″ N 23°48′15.1″	82
						P	13—22	暗灰色	轻壤土	块状	5.3	31.5	1.77	0.32	19.1						
						W	22—63	暗灰色	轻壤土	柱状	5.9	27.5	1.45	0.28	21.7						
						C	63—100	青灰色	轻壤土	砂状	5.5	20.9	1.10	0.29	21.7						

续表 Continued

剖面号 Soil profile	土纲 Soil order	土类 Soil great group	亚类 Soil subgroup	土属 Soil genus	土种 Soil species	土层码 Layer code	土层厚度 Depth/cm	颜色 Soil color	质地 Soil texture	土壤结构 Soil structure	pH	有机质 OM/(g/kg)	全氮 TN/(g/kg)	全磷 TP/(g/kg)	全钾 TK/(g/kg)	碱解氮 AN/(mg/kg)	有效磷 AP/(mg/kg)	速效钾 AK/(mg/kg)	土壤母质 Parent material	剖面点坐标 Profile coordinate	匹配指数 Matching index/%
剖51	人为土	水稻土	潜育水稻土	河砂泥田	河砂泥田	A	0—15	暗灰色	轻壤土	块状	7.1	14.1	0.73	0.21	27.3	59	2.5	41	河流冲积物	E 113°20′46.3″ N 23°48′02.4″	70
						P	15—25	暗灰色	中壤土	块状	5.4	17.4	2.00	0.27	32.7						
						W	25—46	灰黄色	轻壤土	块状	6.4	30.1	1.41	0.38	32.5						
						E_1	46—63	暗黄色	松砂土	无明显结构	7.2	14.0	0.67	0.26	33.8						
						E_2	63—100	暗灰色	中壤土	小块状	7.6	3.7	0.19	0.15	52.6						
剖52	人为土	水稻土	矿毒型水稻土	矿毒田	煤水田	A	0—15	暗灰色	砂壤土	块状	5.2	41.6	1.98	0.37	20.0	108	8.2	25		E 113°20′04.9″ N 23°47′38.4″	79
						P	15—26	暗灰色	轻壤土	块状	5.6	18.6	0.98	0.23	20.2						
						W	26—39	暗灰色	轻壤土	块状	6.2	19.5	0.87	0.24	21.3						
						C_1	39—46	浅棕黄色	轻壤土	粉砂石状	6.3	16.1	0.71	0.28	23.0						
						C_2	46—100	黑色	重石质土	粉砂石状	6.8	17.4	0.76	0.34	25.1						
剖53	铁铝土	赤红壤	赤红壤	花岗片麻岩赤红壤	中有机质层中层花岗岩赤红壤	A	0—14	紫棕色	中壤土	团粒状	4.5	6.0	0.98	0.11	10.4				花岗岩，片岩	E 113°28′02.6″ N 23°47′23.3″	85
						B_1	14—25	浅红色	重壤土	核粒状	4.6	10.3	0.45	0.07	20.2						
						B_2	25—78	橙红色	中壤土	核粒状	4.9	3.6	0.20	0.06	31.9						
剖54	人为土	水稻土	潜育水稻土	宽谷冲积土田	宽谷砂质田	A	0—19	浅灰黄色	中壤土	团粒状	5.5	44.5	2.59	0.39	23.3	186	9.3	35	冲积物	E 113°20′50.6″ N 23°47′17.5″	83
						P	19—25	暗黄灰色	重壤土	块状	5.7	41.4	2.57	0.40	24.1						
						W	25—50	暗黄棕色	中壤土	柱状	6.8	15.3	0.81	0.24	25.8						
						E	50—100	暗黄棕色	中壤土	块状	7.6	11.3	0.70	0.14	28.3						
剖55	铁铝土	赤红壤	赤红壤	花岗片麻岩赤红壤	厚有机质层厚层花岗岩赤红壤	A	0—34	暗棕色	中壤土	团粒状	5.2	27.5	1.14	0.40	48.9				花岗岩，片岩	E 113°19′11.6″ N 23°46′32.8″	70
						B_1	34—63	棕色	中壤土	团粒状	5.2	7.2	0.41	0.34	19.3						
						B_2	63—117	暗棕色	中壤土	核状	7.6	2.8	0.18	0.23	18.1						
剖56	人为土	水稻土	潜育水稻土	洪积黄红泥田	洪积黄泥砂田	A	0—14	暗灰色	中壤土	块状	7.1	33.9	1.85	0.61	11.7	121	14.2	34	洪积物	E 113°19′00.5″ N 23°46′00.5″	74
						P	14—21	暗灰色	中壤土	块状	7.6	31.6	1.58	0.44	11.6						
						W_1	21—50	暗灰色	中壤土	小块状	7.7	26.4	1.36	0.33	10.7						
						W_2	50—79	棕灰色	中壤土	大块状	7.7	14.1	0.68	0.19	10.8						
						E	79—100	黄色	轻壤土	块状	7.1	6.2	0.38	0.16	12.1						
剖57	人为土	水稻土	潴育水稻土	青泥格田	砂泥青泥格田	A	0—13	暗黄棕色	轻黏土	小块状	5.3	34.0	1.82	0.25	32.0	138	4.7	83	花岗岩风化物	E 113°24′25.8″ N 23°45′57.0″	96
						P	13—22	暗黄棕色	轻壤土	大块状	5.2	35.9	1.62	0.22	31.5						
						W	22—32	棕灰色	砂壤土	柱状	5.1	15.8	0.93	0.10	27.1						
						G	32—100	绿黄色	重壤土	柱状	4.8	44.2	0.17	0.11	26.6						
剖58	人为土	淹育水稻土	麻红黄泥田	麻砂质田	A	0—10	暗黄棕色	砂壤土	碎块状	6.0	23.7	1.26	0.26	14.9	92	6.8	25	冲积物	E 113°27′20.9″ N 23°45′50.0″	81
						C	10—100	棕红黄色	紧砂质土	块状	5.2	43.3	1.25	0.07	13.1						
剖59	人为土	水稻土	潴育水稻土	宽谷冲积土田	宽谷砂质田	A	0—13	暗棕色	重壤土	块状	5.8	23.3	1.28	0.38	34.9	95	6.3	50		E 113°26′14.3″ N 23°45′34.1″	70
						P	13—19	浅黄棕色	松砂土	小块状	5.5	12.4	0.80	0.34	38.3						
						W	19—24	浅黄棕色	中壤土	块状	5.6	8.0	0.40	0.27	34.4						
						C	24—100	棕黄色	轻壤土	粉砂状	6.5	3.2	0.17	0.14	33.5						
剖60	半水成土	潮土	潮土	潮砂泥地	潮砂泥地	A	0—16	暗灰色	中壤土	粉砂状	8.5	15.7	0.78	0.43	38.9	98	13.5	46	河流冲积物	E 113°19′17.8″ N 23°45′34.1″	75
						AB	16—22	棕灰色	中壤土	粉砂状	8.0	13.7	0.78	0.44	38.0						
						E	22—100	棕灰色	轻壤土	粉砂状	6.8	8.0	0.39	0.32	37.8						
剖61	人为土	水稻土	潜育水稻土	冷底田	冷底田	A	0—16	暗灰色	砂壤土	团粒状	7.0	25.9	1.28	0.47	11.9	85	3.6	54		E 113°19′49.7″ N 23°45′25.9″	99
						P	16—32	暗灰色	轻壤土	块状	6.6	26.5	1.38	0.47	8.0						
						G	32—100	灰蓝色	重壤土	无明显结构	7.6	14.0	0.77	0.17	12.2						
剖62	人为土	水稻土	潴育水稻土	河砂泥田	河砂泥田	A	0—8	暗灰色	砂壤土	粉粒状	5.2	22.1	1.07	0.21	18.7				河流冲积物	E 113°27′40.7″ N 23°45′15.1″	90
						P	8—13	暗灰色	轻壤土	块状	5.4	22.8	1.66	0.43	33.8						
						W_1	13—48	浅灰棕色	中壤土	块状	5.7	10.6	0.48	0.20	32.5						
						W_2	48—100	浅棕色	中壤土	块状	4.9	19.2	0.86	0.21	28.4						

续表 Continued

剖面号 Soil profile	土纲 Soil order	土类 Soil great group	亚类 Soil subgroup	土属 Soil genus	土种 Soil species	土层码 Layer code	土层厚度 Depth/ cm	颜色 Soil color	质地 Soil texture	土壤结构 Soil structure	pH	有机质 OM/ (g/kg)	全氮 TN/ (g/kg)	全磷 TP/ (g/kg)	全钾 TK/ (g/kg)	碱解氮 AN/ (mg/kg)	有效磷 AP/ (mg/kg)	速效钾 AK/ (mg/kg)	土壤母质 Parent material	剖面点坐标 Profile coordinate	匹配指数 Matching index/%
剖63	人为土	水稻土	潴育水稻土	河砂泥田	河泥田	A	0—14	暗灰色	重壤土	块状	5.4	34.1	1.88	0.46	24.6	190	8.8	50	河流冲积物	E 113°19′00.5″ N 23°45′07.6″	94
						P	14—21	暗黄棕色	重壤土	柱状	7.2	13.2	0.69	0.31	27.2						
						W	21—100	褐色	中壤土	柱状	6.8	27.4	1.47	0.39	26.0						
剖64	人为土	水稻土	潴育水稻土	洪积黄红泥田	洪积泥红田	A	0—18	暗灰棕色	中壤土	块状	5.8	33.9	1.90	0.53	26.0	127	6.3	21	洪积物	E 113°27′11.5″ N 23°44′17.5″	91
						P	18—29	浅灰色	中壤土	块状	5.7	32.3	1.71	0.49	27.1						
						W	29—55	暗灰黄色	中壤土	块状	4.8	31.3	1.52	0.41	28.6						
						E	55—100	暗灰色	重壤土	块状	5.1	32.4	1.50	0.42	27.5						
剖65	人为土	水稻土	潴育水稻土	河黏土田	河黏泥田	A	0—15	黄棕色	轻黏土	块状	5.4	29.2	1.62	0.38	34.9	171	7.9	50	河流冲积物	E 113°23′52.7″ N 23°44′09.4″	77
						P	15—24	暗黄棕色	重壤土	柱状	6.4	24.5	1.35	0.29	31.6						
						W_1	24—64	暗灰黄色	中壤土	柱状	7.2	19.5	1.07	0.29	27.9						
						W_2	64—100	灰黄棕色	重壤土	柱状	7.5	11.1	0.60	0.27	22.8						
剖66	人为土	水稻土	潴育水稻土	炭质黑泥田	低黑泥田	A	0—13	暗黄黄色	轻壤土	块状	5.5	36.3	2.05	0.43	36.0	128	8.6	31		E 113°28′29.3″ N 23°43′58.8″	87
						P	13—19	暗黄黄色	砂壤土	柱状	5.7	37.6	1.66	0.36	41.2						
						W	19—28	黑色	重壤土	柱状	6.6	24.0	1.06	0.17	41.1						
						E_1	28—80	黑色	重壤土	无明显结构	5.9	113.0	3.43	0.19	30.0						
						E_2	80—100	灰白色	轻壤土	无明显结构	6.1	10.4	0.44	0.09	46.1						
剖67	人为土	水稻土	淹育水稻土	生泥田	麻生红泥田	A	0—15	浅棕黄色	重壤土	块状	5.4	17.7	1.11	0.35	21.1	97	5.6	54		E 113°30′42.1″ N 23°48′50.4″	93
						P	15—22	暗棕黄色	重壤土	块状	5.6	5.6	0.35	0.09	17.8						
						C_1	22—62	浅红黄色	重壤土	块状	5.2	4.9	0.33	0.08	15.0						
						C_2	62—110	红黄色	重壤土	块状	5.3	11.8	0.63	0.39	24.6						
剖68	人为土	水稻土	潴育水稻土	乌泥底田	乌泥底田	A	0—15	棕色	重壤土	块状	5.9	26.5	1.56	0.27	14.9	109	6.2	35		E 113°34′20.3″ N 23°46′53.4″	71
						P	15—24	黑色	轻壤土	块状	5.8	11.7	0.82	0.16	16.8						
						W	24—53	浅灰黄色	中壤土	块状	7.4	13.0	0.92	0.13	19.3						
						G	53—100	灰黄色	中壤土	块状	7.4	6.9	0.65	0.11	17.8						
剖69	铁铝土	红壤		花岗岩红壤	中有机质层 厚层花岗岩 红壤	A	0—14	灰黄色	中壤土	块状	5.0	29.6	1.48	0.15	45.4				花岗岩	E 113°35′22.2″ N 23°45′52.9″	89
						B_1	14—75	黄褐色	重壤土	块状	5.2	14.4	0.99	0.13	39.7						
						B_2	75—140	褐红棕色	重石质土	碎块状	5.2	5.6	0.41	0.09	35.3						
剖70	人为土	水稻土	淹育水稻土	红黄泥田	板黄泥骨田	A	0—12	灰黄色	轻壤土	块状	7.4	30.5	1.76	0.48	30.9	56	2.1	48		E 113°32′57.8″ N 23°44′18.6″	70
						P	12—22	浅棕黄色	轻壤土	块状	7.5	13.2	0.67	0.37	27.3						
						C	22—100	红黄色	中壤土	块状	6.9	8.5	0.52	0.34	23.2						
剖71	人为土	水稻土	淹育水稻土	洪积黄泥田	洪积砂石底 生砂泥田	A	0—11	棕色	砂壤土	块状	5.9	33.5	1.76	0.43	13.1	156	8.8	29	洪积物	E 113°36′01.4″ N 23°43′59.2″	83
						P	11—16	灰棕色	砂石土	块状	5.5	23.7	1.21	0.42	12.9						
						C	16—100		砂石土	团粒状	5.9	0.4	0.27	0.23	37.5						
剖72	铁铝土	赤红壤		花岗片麻岩 赤红壤	中有机质层 厚层花岗岩 赤红壤	A	0—18	暗红棕色	中壤土	核粒状	5.2	29.0	1.50	0.17	4.6				花岗岩,片 岩	E 113°34′16.3″ N 23°42′05.4″	85
						B_1	18—39	暗红棕色	中壤土	核粒状	5.4	8.5	0.49	0.16	5.1						
						B_2	39—125	红色	轻壤土		5.4	3.1	0.22	0.16	3.7						

阳 山 县

主要土类说明

石灰（岩）土是阳山县主要土壤类型，占本县地域面积的 47%。石灰（岩）土是石灰岩经溶蚀风化形成的厚薄不同的钙质饱和或含游离钙质的土壤，多见于石隙、溶洞或峰丛底部。该土壤碳酸钙淋溶程度不一，多黏土，多为铁钙质胶结物，风化程度不一，盐基饱和度高，有机质含量及胶结状态有较大差异。本县石灰（岩）土分为红色石灰土、黑色石灰土等亚类。红色石灰土位于石灰岩地区的山腰或山麓，成土时间较长，与红壤的形成过程相似，石灰岩风化物具有脱硅富铝化过程，特别是在海拔较低的山坡，脱硅富铝化过程更加明显，致使土壤脱离碱性而趋于中性甚至微酸性。黑色石灰土主要分布在石灰岩地区的较高山地或局部较低的微域地形部位，如鞍部、洼地等。在草本和灌木植被下，枯枝落叶聚积于土体中，在温暖多雨的气候条件下，有机质分解并与石灰岩母质所含的钙质相结合，形成结构良好的黑色土层。

红壤是阳山县第二大土壤类型，占本县地域面积的 22%。成土母质主要为花岗岩、砂页岩风化物。在高温高湿的生物气候条件下，矿物彻底分解，土壤中的可溶盐大部分淋溶流失，而铁铝氧化物在土体中积累，使土壤呈酸性。在旱季，溶解的铁、铝元素随毛管向上移动，其胶体脱水后沉积于土体中而使土体呈红色，为红壤的脱硅富铝化过程。与此同时，强烈的生物小循环过程将大量的动植物残体归还土壤，使表土层的水热条件保持稳定，有利于有机质的分解和积累，土壤的自然淋溶过程受阻，促进了土壤肥力的提高。

黄壤是阳山县第三大土壤类型，占本县地域面积的 16%，一般分布在海拔 600m 以上的山地。成土母质主要为花岗岩、砂页岩风化物。黄壤发生于亚热带湿润条件下，中度富铝化，土壤有机质积累较多，具 O-A-AB-B-C 剖面构型。淀积层（B 层）富含水合氧化物（针铁矿），呈黄色，有时多含三水铝石。

水稻土占本县地域面积的 13%。在长期水耕施肥等措施的作用下，土壤内部进行着氧化还原交替、有机质合成与分解、盐基淋溶与复盐基作用的熟化过程，促使土壤性状发生改变，从而形成特有的剖面形态、理化和生物特性。本县水稻土分为淹育型、潴育型、渗育型、潜育型、沼泽型等亚类。其中，潴育水稻土面积最大，剖面构型一般为 A-P-W-C 或 A-P-B-W-C。

小于本县地域面积 3% 的土壤类型有沼泽土和山地草甸土。

本区域中心区气候特征

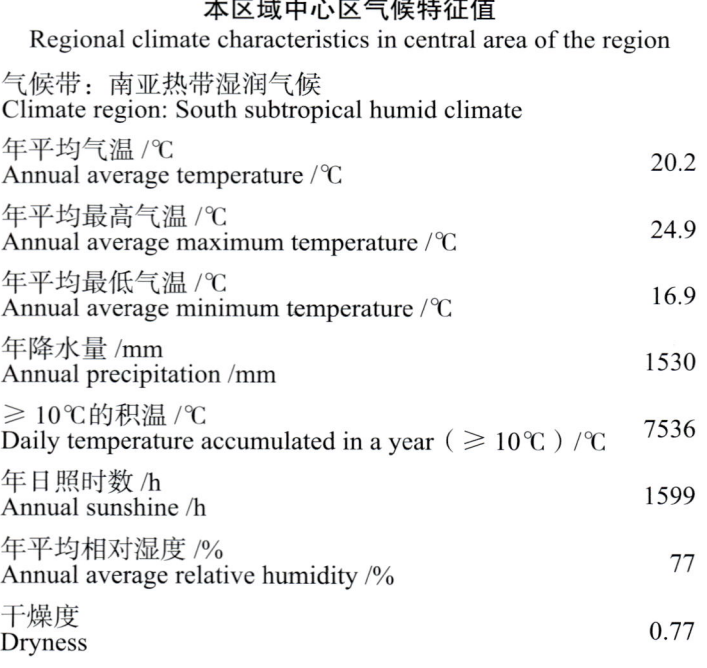

本区域中心区气候特征值
Regional climate characteristics in central area of the region

气候带：南亚热带湿润气候 Climate region: South subtropical humid climate	
年平均气温 /℃ Annual average temperature /℃	20.2
年平均最高气温 /℃ Annual average maximum temperature /℃	24.9
年平均最低气温 /℃ Annual average minimum temperature /℃	16.9
年降水量 /mm Annual precipitation /mm	1530
≥10℃的积温 /℃ Daily temperature accumulated in a year (≥10℃) /℃	7536
年日照时数 /h Annual sunshine /h	1599
年平均相对湿度 /% Annual average relative humidity /%	77
干燥度 Dryness	0.77

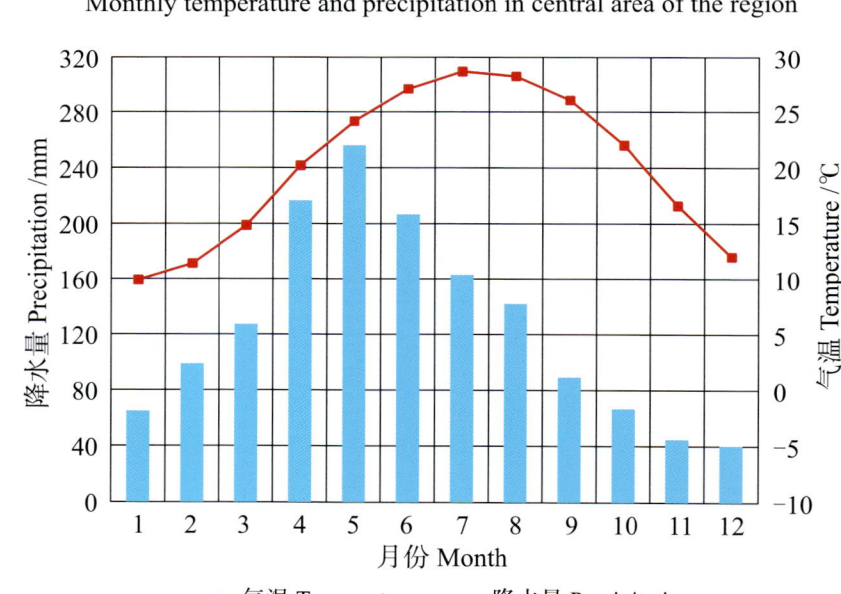

本区域中心区月平均气温与月平均降水量
Monthly temperature and precipitation in central area of the region

阳山县主要土壤类型与土壤剖面点分布图
1∶350 000

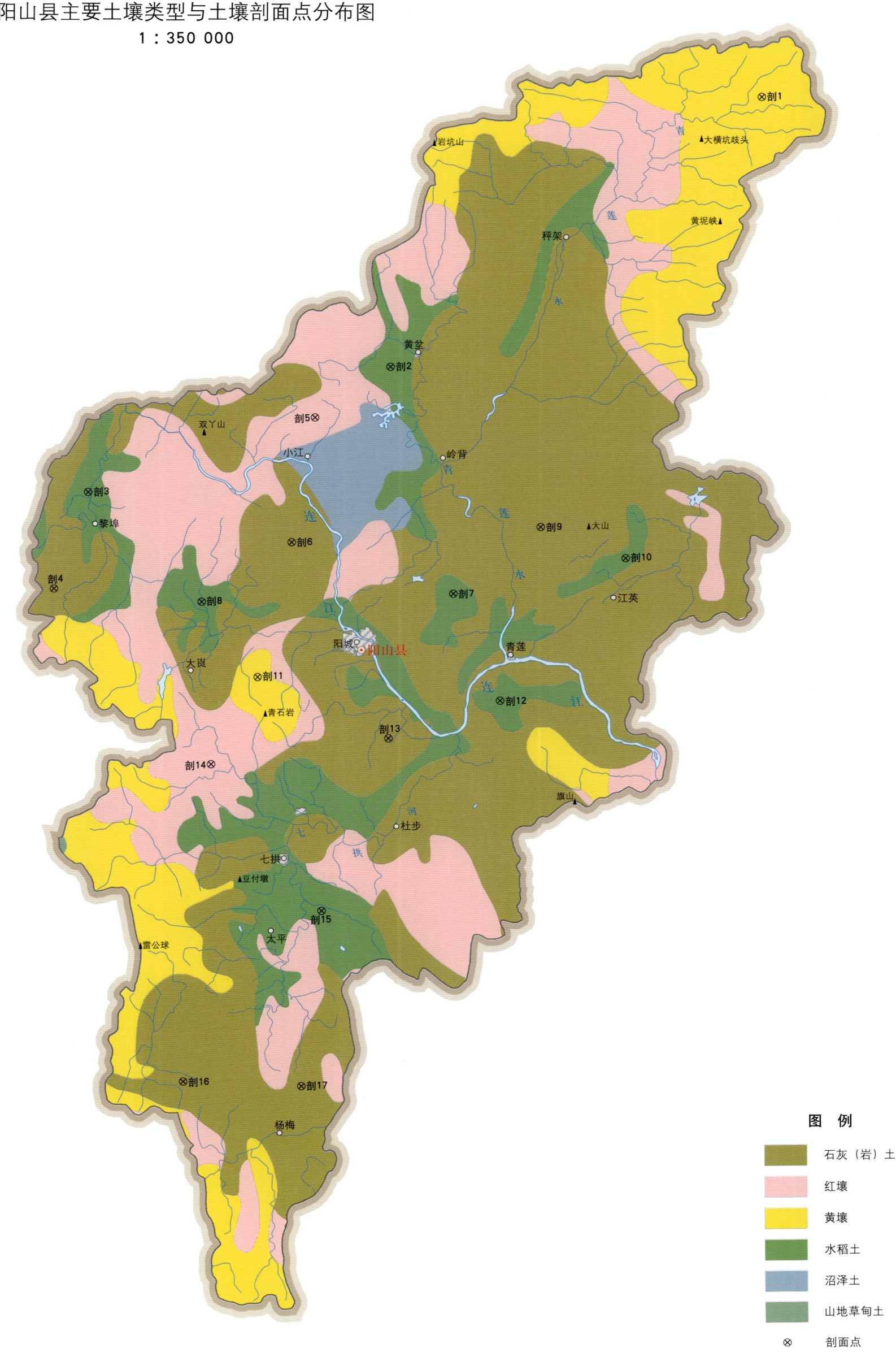

阳山县土壤剖面理化性状表

剖面号 Soil profile	土纲 Soil order	土类 Soil great group	亚类 Soil subgroup	土属 Soil genus	土种 Soil species	土层码 Layer code	土层厚度 Depth/cm	颜色 Soil color	质地 Soil texture	土壤结构 Soil structure	pH	有机质 OM/(g/kg)	全氮 TN/(g/kg)	全磷 TP/(g/kg)	全钾 TK/(g/kg)	有效磷 AP/(mg/kg)	速效钾 AK/(mg/kg)	土壤母质 Parent material	剖面点坐标 Profile coordinate	匹配指数 Matching index/%
剖1	铁铝土	黄壤	黄壤	花岗岩黄壤	厚有机质层中层花岗岩黄壤	A	0—18	黑色	中壤土	粒状	5.5	37.7	1.54	0.14	28.0	2.2	45	花岗岩	E 112°57′55.4″ N 24°53′04.3″	86
						AB	18—43	浅黄色	中壤土	块状	6.1	13.4	0.76	0.10	28.0		33			
						B	43—120	黄色	重壤土	无明显结构	5.9	4.9	0.65	0.10	27.8		37			
剖2	人为土	水稻土	潴育水稻土	潮砂泥田	乌潮泥田	P	0—15	暗黄色	重壤土	蜂窝状	8.2	76.2	3.91	0.69	10.0	12.7	80	河流冲积物	E 112°39′41.7″ N 24°40′59.2″	99
						W	15—24	暗黄色	轻石重壤土	块状	8.5	42.8	2.58	0.44	16.0		32			
							24—48	浅灰色	重壤土	块状	8.5	33.0	2.04	0.38	9.8		31			
						C	48—100	黄色	中壤土	块状										
剖3	人为土	水稻土	潴育水稻土	第四纪红土泥田	红土田	P	0—10			小块状								第四纪红土	E 112°24′55.9″ N 24°35′27.5″	83
						W₁	10—17	暗黄色	轻黏土	块状										
							17—38	灰黄色	轻黏土	块状										
						W₂	38—64		黏土											
剖4	初育土	石灰(岩)土	黑色石灰土	黑色石隆土	黑色石隆土	A	0—30	黄黑色	重壤土	小块状	8.0	41.4	1.64	0.44	12.6	2.6	60	第四纪红土		
						B	30—48	深黑黑色	轻石轻黏土	块状	7.9	46.9	1.56	0.45	13.0		60			
						C	48—100	黑黑黑色	轻石轻黏土	块状	7.5	15.1	0.57	0.43	14.0		68			
剖5	铁铝土	红壤	红壤	砂页岩红壤	砂页岩红壤	A	0—30	红黄色	壤土	粒状	5.3	41.0	1.19	0.34	13.9	1.7	138	砂页岩	E 112°35′60.0″ N 24°38′42.7″	70
						B	30—100	红黄色	中壤土	粒状	5.5	8.1	0.47	0.34	16.6					
剖6	初育土	石灰(岩)土	红色石灰土	红火泥地	红色石隆土	A	0—20	棕棕色	重壤土	小团粒状	7.3	12.6	1.38	0.61	22.2	3.1	48			78
						B	20—54	灰棕色	轻黏土	块状	7.0	11.2	1.38	0.48	23.5				E 112°34′47.3″ N 24°33′03.2″	92
						C	54—86	棕黄色	重壤土	块状	7.1	5.6	1.10	0.39	28.0					
剖7	人为土	水稻土	潴育水稻土	河砂泥田	河砂质田	A	0—12	灰黄色	轻黏土		6.7	19.6	1.16	0.67	17.8	19.6	38	河流冲积物	E 112°42′35.3″ N 24°30′35.7″	72
						W	12—80	浅黄色	轻黏土	块状	8.1	6.2	0.55	0.36	21.1					
						C	80—100	褐黄色	轻壤土	块状										
剖8	人为土	水稻土	潴育水稻土	河黄泥底田	河黄泥底田	A	0—13	浅灰色	轻黏土	块状								河流冲积物	E 112°30′22.7″ N 24°30′23.8″	90
							13—17	黄色	轻黏土	块状										
						W	17—34	黄色	轻黏土	块状										
						C	34—100		轻黏土	块状										
剖9	初育土	石灰(岩)土	红色石灰土	红色石灰土	厚有机质层中层红色石灰土	A	0—13	黑红色	轻黏土	团粒状	6.0	52.4	2.70	0.38	26.2	5.2	66			100
						B	13—52	红色	轻黏土	团粒状	6.4	26.1	1.79	0.38	37.7					
						D	52													
剖10	人为土	水稻土	潴育水稻土	河砂泥田	河石子底砂质田	A	0—10	黄灰黑色	砂土	散状	5.9	18.6	1.10	0.28	17.0			河流冲积物	E 112°46′52.3″ N 24°33′34.6″	88
						W₁	10—16	黄灰黑色	砂土	散状	5.6	14.3	1.35	0.25	17.5				E 112°50′57.8″ N 24°32′05.3″	
						W₂	16—21	灰黄色	砂土	散状	6.0	6.2	0.47	0.20	17.1					
							21—46	灰黄黑色	砂土	散状	6.0	6.2	0.47	0.20	17.1					
						C	46													
剖11	铁铝土	黄壤	黄壤	砂页岩黄壤	薄有机质层厚层砂页岩黄壤	A	0—11	灰黄色	中壤土	团粒状	5.1	29.4	0.88	0.20	11.2	3.9	51	砂页岩	E 112°33′02.3″ N 24°26′54.2″	77
						B	11—45	黄色	重壤土	块状	5.3	9.1	0.23	0.17	15.7					
							45—													
剖12	人为土	水稻土	潴育水稻土	河砂泥田	河泥田	A	0—12	灰红色	重壤土	蜂窝状	6.6	23.6	1.30	0.56	20.7	4.8	38	河流冲积物	E 112°44′46.3″ N 24°25′39.7″	85
						P	12—31	褐灰色	重壤土	块状	7.3	21.9	1.32	0.62	23.1					
						W	31—70	蓝灰色	重壤土	棱柱状	7.8	10.5	0.58	0.35	24.9					
						C	70—90	黑褐色	砂壤土											

续表 Continued

剖面号 Soil profile	土纲 Soil order	土类 Soil great group	亚类 Soil subgroup	土属 Soil genus	土种 Soil species	土层码 Layer code	土层厚度 Depth/cm	颜色 Soil color	质地 Soil texture	土壤结构 Soil structure	pH	有机质 OM/(g/kg)	全氮 TN/(g/kg)	全磷 TP/(g/kg)	全钾 TK/(g/kg)	有效磷 AP/(mg/kg)	速效钾 AK/(mg/kg)	土壤母质 Parent material	剖面点坐标 Profile coordinate	匹配指数 Matching index/%
剖13	初育土	石灰（岩）土	红色石灰土	红火泥地	红砂泥地	A	0—24	黄灰色	轻石轻壤土	团粒状	7.3	12.1	1.16	0.36	5.6	4.4	72		E 112°39′19.4″ N 24°24′01.8″	85
						AB	24—35	黄灰色	轻石重壤土	小块状	7.8	4.9	0.88	0.33	8.7					
						B	35—52	灰棕色	重壤土	块状	7.8	4.9	0.88	0.33	8.7					
						C	52—100	红色	轻黏土	块状	8.1	3.0	0.80	0.29	15.1					
剖14	铁铝土	红壤	红壤	花岗岩红壤	中有机质层厚层花岗岩红壤	A	0—17	暗灰色	中壤土	块状	5.8	43.7	1.89	0.21	13.6	3.1	113	花岗岩	E 112°30′42.8″ N 24°22′59.5″	80
						AB	17—45	浅棕紫色	重壤土	块状	5.6	17.9	0.88	0.39	10.2		159			
						B	45—110	红色	中石轻黏土	块状	5.9	10.4	0.10	0.25	10.5		221			
剖15	人为土	水稻土	潴育水稻土	潮砂泥田	潮砂田	A	0—11	灰棕色	中石中壤土	块状	6.6	30.4	1.34	0.50	26.1	9.2	72	河流冲积物	E 112°35′57.2″ N 24°16′10.8″	74
						P	11—19	黄棕色	轻壤土	块状	6.3	21.2	0.94	0.45	30.5		37			
						W	19—50	棕色	轻石中壤土	块状	7.3	10.4	0.43	0.25	28.2		24			
						C	50—		细砂土											
剖16	初育土	石灰（岩）土	黑色石灰土	黑色石灰土	黑色石灰土	A	0—35	黑色	轻石轻黏土	小粒状	7.1	47.7	2.03	0.28	15.0	2.6	53		E 112°29′07.1″ N 24°08′31.9″	100
						AB	35—45	黑色	重壤土	粒状	8.0	30.1	1.57	0.26	15.2					
						B	45—100	棕色	中壤土	块状	7.4	36.0	1.77	0.30	16.2					
剖17	初育土	石灰（岩）土	红色石灰土	红火泥地	红火红泥地	A	0—16	深棕色	轻石轻黏土	团粒状	8.2	25.8	3.88	1.38	14.4	16.6	85		E 112°34′49.9″ N 24°08′13.2″	92
						B₁	16—46	深紫色	中壤土	小棱块状	8.1	25.4	1.72	1.25	13.4					
						B₂	46—100	紫色	中黏土	棱块状	8.1	24.7	1.64	1.23	16.8					
						C	100—	红色	中黏土	块状										

连山壮族瑶族自治县

主要土类说明

红壤是连山壮族瑶族自治县主要土壤类型，占本县地域面积的62%。红壤广泛分布在海拔700m以下的低山、丘陵地带，是本县主要的自然土壤，占本县自然土壤面积的64%。红壤风化作用强烈，土层深厚，水化作用较强，原生植被为亚热带季雨林，土体呈红色。红壤的发育随着母质、植被和地貌类型的不同，产生明显的变化。在一般情况下，由花岗岩发育的红壤土层深厚，质地较轻，砂粒较多，钾素含量较高；由砂页岩发育的红壤砂粒较少，黏粒较多。植被覆盖率较高的地带，红壤有机质层较厚，养分含量较丰富。随着海拔和坡度的增加，土层变薄，质地变轻。本县红壤仅有红壤一个亚类。

黄壤是连山壮族瑶族自治县第二大土壤类型，占本县地域面积的30%。黄壤主要分布在海拔700m以上的中低山区，占本县自然土壤面积的36%。由于黄壤所处地区地势较高，云雾多，日照少，湿度大，气温低，因此土壤经常保持湿润状态，盐基饱和度低，富铝化作用较弱，呈酸性至强酸性，土体呈黄色。本县黄壤仅有黄壤一个亚类。

水稻土是连山壮族瑶族自治县第三大土壤类型，占本县地域面积的8%。成土母质主要为自然土壤风化形成的坡积物、洪积物及宽谷冲积物。水稻土是在长期耕作、施肥、灌溉的条件下，经还原淋溶、氧化淀积等作用而形成的耕作土壤。本县水稻土分为淹育型、潴育型、潜育型、渗育型、沼泽型等亚类。其中，潴育水稻土面积最大，占本土类面积的87%，从海拔500m以下的丘陵到海拔500—1000m的山区均有分布，剖面构型多为A–P–W–C。

本区域中心区气候特征

本区域中心区气候特征值
Regional climate characteristics in central area of the region

气候带：南亚热带湿润气候 Climate region: South subtropical humid climate	
年平均气温 /℃ Annual average temperature /℃	20.5
年平均最高气温 /℃ Annual average maximum temperature /℃	25.2
年平均最低气温 /℃ Annual average minimum temperature /℃	17.1
年降水量 /mm Annual precipitation /mm	1552
≥10℃的积温 /℃ Daily temperature accumulated in a year (≥10℃) /℃	7417
年日照时数 /h Annual sunshine /h	1631
年平均相对湿度 /% Annual average relative humidity /%	78
干燥度 Dryness	0.77

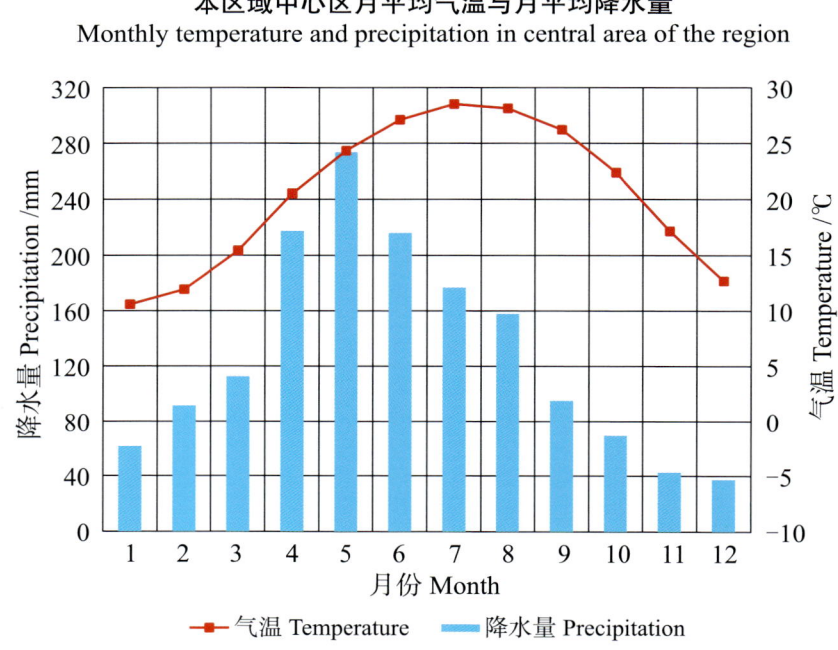

本区域中心区月平均气温与月平均降水量
Monthly temperature and precipitation in central area of the region

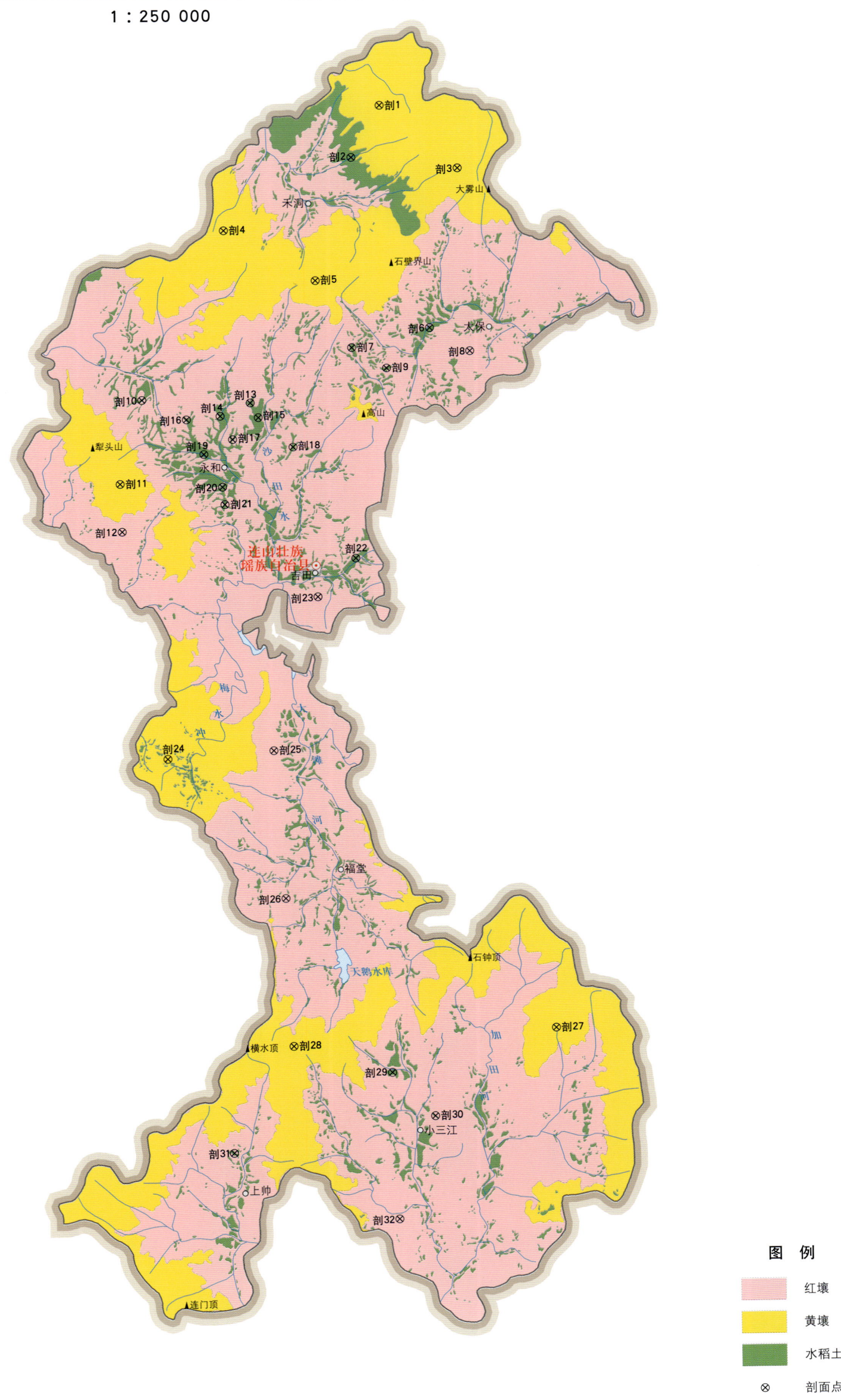

连山壮族瑶族自治县土壤剖面理化性状表

剖面号 Soil profile	土纲 Soil order	土类 Soil great group	亚类 Soil subgroup	土属 Soil genus	土种 Soil species	土层码 Layer code	土层厚度 Depth/cm	颜色 Soil color	质地 Soil texture	土壤结构 Soil structure	pH	有机质 OM/(g/kg)	全氮 TN/(g/kg)	全磷 TP/(g/kg)	全钾 TK/(g/kg)	土壤母质 Parent material	剖面点坐标 Profile coordinate	匹配指数 Matching index/%
剖1	铁铝土	黄壤	黄壤	花岗岩黄壤	厚有机质层中层麻黄壤	A	0—21	灰黄色	砂壤土	团粒状	5.1	51.9	1.70	0.32	13.3	花岗岩	E 112°07′13.3″ N 24°48′41.1″	88
						B	21—51	灰黄色	中壤土	小块状	5.2	34.3		0.29	15.2			
						C	51—80	橘黄色	中壤土	块状	5.4	11.1	1.28	0.35	15.2			
剖2	人为土	水稻土	淹育水稻土	麻红黄泥田	麻黄页泥底田	A	0—12	浅黄色	轻壤土	小块状	5.5	15.1	0.79	0.31	10.7	花岗岩风化坡积物	E 112°06′16.6″ N 24°47′05.6″	80
						B	12—19	黄黄色	中壤土	块状	5.7	13.9	0.62	0.28	10.1			
						C	19—100	褐黄色	中壤土	块状	5.4	10.2	0.37	0.30	8.8			
剖3	铁铝土	黄壤	黄壤	砂页岩黄泥土	厚有机质层中层页黄壤	A	0—20	暗黄色	砂壤土	粉状	5.1	63.1	3.13	0.41	9.5	砂页岩	E 112°09′46.6″ N 24°46′43.4″	71
						B	20—36	灰黄色	中壤土	小块状	5.1	32.9	1.28	0.29	8.7			
						C	36—	浅黄色	轻壤土	块状	5.4	13.1		0.30	13.8			
剖4	铁铝土	黄壤	黄壤	砂页岩黄壤	薄有机质层中层页黄壤	A	0—10	灰黄色	砂壤土	小块状	5.3	33.5	1.56	0.41	13.8	砂页岩	E 112°02′02.0″ N 24°44′52.4″	93
						B	10—34	黄色	轻壤土	块状	5.4	8.9	0.30	0.46	21.2			
						C	34—											
剖5	铁铝土	黄壤	黄壤	花岗岩黄壤	中有机质层中层麻黄壤	A	0—18	暗黄色	砂壤土	粒状	5.2	60.4	2.26	0.49	23.8	花岗岩	E 112°05′02.0″ N 24°43′17.4″	76
						B	18—49	灰黄色	中壤土	块状	5.3	5.8	0.30	0.22	23.9			
						C	49—100	浅黄色	轻壤土	块状	4.8	1.4	0.79	0.11	26.3			
剖6	人为土	水稻土	潴育水稻土	宽谷冲积土田	宽谷砂泥田	A	0—11	浅灰黄色	砂壤土	块状	7.1	16.7	0.82	0.17	23.7	冲积物	E 112°08′47.4″ N 24°41′46.7″	87
						P	11—16	暗灰黄色	砂壤土	小块状	5.6	5.5	0.32	0.14	11.6			
						W	16—30	灰色	砂壤土	块状	6.5	5.9	0.20	0.10	9.1			
						C	30—	浅黄色		松散状								
剖7	人为土	水稻土	潴育水稻土	洪积黄红泥田	洪积黄泥砂田	A	0—14	暗黄色	轻壤土	碎块状	5.2	26.5	1.36	0.34	17.8	洪积物	E 112°06′12.6″ N 24°41′11.8″	79
						P	14—18	灰黄色	中壤土	块状	5.3	18.0	0.91	0.35	16.4			
						W	18—50	浅黄色	轻壤土	砂粒状	5.4	11.2	0.56	0.29	21.6			
						C	50—100	浅黄色		砂粒状	5.3							
剖8	铁铝土	红壤	红壤	花岗岩红壤	厚有机质层厚层麻红壤	A	0—22	灰黄色	轻壤土	粒状	5.0	27.6	1.32	0.36	16.3	花岗岩	E 112°10′06.0″ N 24°41′02.8″	96
						B	22—68	黄红色	中壤土	小块状	5.3	15.2	0.84	0.38	16.8			
						C	68—	黄红色	重壤土	块状	5.5	3.8	0.30	0.33	15.0			
剖9	人为土	水稻土	潴育水稻土	麻红泥田	麻红泥田	A	0—12	灰黄色	轻壤土	小块状	5.3	20.5	1.90	0.28	24.0		E 112°07′20.6″ N 24°40′32.9″	99
						P	12—20	暗黄色	中壤土	块状	5.3	18.7	1.45	0.24	23.0			
						W	20—65	暗棕色	重壤土	柱状	5.5	11.4	0.87	0.23	24.9			
						C	65—	红黄色		无明显结构								
剖10	人为土	水稻土	潴育水稻土	麻红泥田	麻红泥田	A	0—14	灰黄色	中壤土	小块状	5.3	28.1	1.97	0.34	24.9		E 111°59′15.7″ N 24°39′40.0″	88
						P	14—24	浅黄色	中壤土	块状	5.5	20.7	1.33	0.19	22.5			
						C	24—51	浅黄色	重壤土	块状	5.5	14.0	0.84	0.20	24.6			
剖11	铁铝土	黄壤	黄壤	砂页岩黄壤	中有机质层薄层页黄壤	A	0—10	黄黄色	中壤土	粒状	4.8	29.3	1.56	0.14	16.7	砂页岩	E 111°58′30.7″ N 24°37′04.4″	71
						B	10—20	浅黄色	中壤土	小块状	5.5	9.4	0.35	0.70	9.1			
						C	20—60	浅黄色	重壤土	块状	5.3	5.1	0.24	0.16	18.9			
剖12	铁铝土	红壤	红壤	砂页岩红壤	中有机质层厚层页红壤	A	0—17	灰黄色	轻壤土	粒状	5.2	36.1	1.23	0.35	12.2	砂页岩	E 111°58′33.4″ N 24°35′35.4″	80
						B	17—68	暗红色	中壤土	块状	5.5	8.1	0.48	0.29	11.2			
						C	68—	黄红色	中壤土	块状	5.5	5.0	0.39	0.35	11.9			
剖13	人为土	水稻土	潴育水稻土	乌泥底田	乌泥底田	A	0—11	灰黄色	中壤土	块状	5.2	27.4	1.39	0.24	18.3	砂页岩	E 112°02′49.9″ N 24°39′32.4″	84
						P	11—25	灰黄色	中壤土	块状	5.5	56.1	2.35	0.21	19.2			
						G	25—100	黑灰色	中壤土	大块状	5.0	18.2						

续表 Continued

剖面号 Soil profile	土纲 Soil order	土类 Soil great group	亚类 Soil subgroup	土属 Soil genus	土种 Soil species	土层码 Layer code	土层厚度 Depth/cm	颜色 Soil color	质地 Soil texture	土壤结构 Soil structure	pH	有机质 OM/(g/kg)	全氮 TN/(g/kg)	全磷 TP/(g/kg)	全钾 TK/(g/kg)	土壤母质 Parent material	剖面点坐标 Profile coordinate	匹配指数 Matching index/%
剖14	人为土	水稻土	潴育水稻土	洪积黄红泥田	洪积泥底田	A	0—16	灰黄色	中壤土	小块状	5.3	39.4	1.99	0.36	19.2	洪冲积物	E 112°01′50.2″ N 24°39′08.3″	90
						P	16—21	暗灰色	中壤土	块状	5.4	30.4	1.56	0.37	12.8			
						W	21—51	灰黄色	中壤土	粒状	5.9	16.2		0.39	12.5			
						C	51—64	红黄色	中壤土	小块状								
剖15	人为土	水稻土	淹育水稻土	麻红黄泥田	麻红泥底田	A	0—12	浅红黄色	中壤土	小块状	5.1	31.9	1.87	0.60	20.3	花岗岩风化坡积物	E 112°03′05.4″ N 24°39′04.7″	100
						B	12—23	灰黄色	轻壤土	块状	5.2	18.6	1.11	0.39	16.8			
						C	23—90	红黄色	中壤土	柱状	6.4	5.3	0.73	0.55	15.4			
剖16	人为土	水稻土	潴育水稻土	麻红泥田	麻砂泥田	A	0—12	灰黄色	中壤土	碎块状	5.0	34.0	1.82	0.55	19.8	坡积物	E 112°00′43.6″ N 24°39′02.5″	77
						P	12—22	暗黄黄色	重壤土	小块状	5.6	20.3	1.06	0.45	18.9			
						W	22—58	灰黄色	重壤土	块状	5.0	27.9	1.34	0.50	18.3			
						C	58—											
剖17	人为土	水稻土	潴育水稻土	冷底田	铁锈水田	A	0—16	灰黄色	轻壤土	块状	5.0	28.2	1.98	0.29	23.7		E 112°02′13.9″ N 24°38′24.9″	77
						P	16—22	灰黄色	中壤土	块状	5.0	21.4	1.16	0.17	28.3			
						G	22—90	灰蓝色	中壤土	柱状	5.3	19.1	1.00	0.12	28.7			
						C	90—											
剖18	人为土	水稻土	潴育水稻土	青泥格田	砂泥青泥格田	A	0—12	灰棕色	轻壤土	碎块状	5.2	28.2	1.82	0.32	24.3		E 112°04′13.4″ N 24°38′09.2″	78
						P	12—17	浅灰色	中壤土	块状	5.2	12.8	1.35	0.26	24.0			
						G	17—90	灰蓝色	轻壤土	块状	5.0	8.9			7.3			
						C	47—	灰白色	砂粒状	砂粒状								
剖19	人为土	水稻土	潴育水稻土	宽谷冲积土田	宽谷砂泥田	A	0—14	浅灰色	轻壤土	小块状	5.5	25.4	1.41	0.38	18.4	冲积物	E 112°01′17.0″ N 24°37′57.7″	82
						P	14—20	灰黄色	中壤土	块状	6.4	20.5	1.02	0.35	22.3			
						W	20—26	灰白色	中壤土	块状	6.3	13.5	0.25	0.35	20.7			
						C	26—68	灰白色		散砂状								
剖20	人为土	水稻土	潴育水稻土	青泥格田	黄泥青泥格田	A	0—10	灰黄色	中壤土	块状	5.5	29.3	1.79	0.23	28.0		E 112°01′53.0″ N 24°36′56.2″	79
						P	10—15	浅灰色	中壤土	块状	5.0	15.8	0.67	0.22	29.1			
						G	15—48	灰蓝色	中壤土	块状	5.2	8.9	0.14					
剖21	人为土	水稻土	沼泽型水稻土	烂湴田	烂湴田	G	0—100	灰黄色	轻壤土	糊烂状	5.1	63.9	3.31	0.37	16.9		E 112°01′57.4″ N 24°36′23.8″	94
剖22	人为土	水稻土	潴育水稻土	宽谷冲积土田	宽谷泥田	A	0—14	浅灰色	中壤土	小块状	5.4	33.3	1.19	0.24	28.4	冲积物	E 112°06′14.4″ N 24°34′40.1″	91
						P	14—20	黄灰色	中壤土	块状	5.5	20.3	0.87	0.23	28.4			
						W	20—47	深灰色	轻壤土	块状	5.4	8.1		0.10	30.1			
						C	47—	灰白色		砂粒状								
剖23	铁铝土	红壤	红壤	砂页岩红壤	厚有机质层中层页页红壤	A	0—22	灰黄色	轻壤土	粒状	4.8	30.8	1.34	0.24	18.6	砂页岩	E 112°04′58.2″ N 24°33′29.1″	89
						B	22—40	红黄色	中壤土	片状	4.7	10.5	0.33	0.23	19.8			
						C	40—	黄红色	重壤土	片状	5.1	6.6		0.21	19.9			
剖24	铁铝土	黄壤	黄壤	砂页岩黄壤	中有机质层厚层页页黄壤	A	0—18	灰黄色	中壤土	粒状	4.7	46.1	1.53	0.23	9.5	砂页岩	E 111°59′56.4″ N 24°28′32.2″	98
						B	18—55	橘黄色	重壤土	粒状	5.2	17.5	0.67	0.21	11.7			
						C	56—	浅黄色	重壤土	片状	5.1	12.2	0.95	0.18	8.6			
剖25	铁铝土	红壤	红壤	砂页岩红壤	厚有机质层厚层页页红壤	A	0—27	暗黄色	中壤土	粒状	5.3	34.7	1.48	0.44	10.2	砂页岩	E 112°03′26.3″ N 24°28′45.1″	91
						B	27—70	暗红色	重壤土	小块状	5.4	7.1	0.37	0.48	10.6			
剖26	铁铝土	红壤	红壤	花岗岩红壤	厚有机质层中层麻红壤	A	0—24	黄灰色	重壤土	柱状	5.1	36.6	0.87	0.28	13.6	花岗岩	E 112°03′45.0″ N 24°24′09.4″	95
						B	24—50	黄红色	重壤土	柱状	5.3	8.7	0.29	0.28	13.6			
						C	50—	黄红色	重壤土	块状	5.5	3.9		0.23	11.1			
剖27	铁铝土	黄壤	黄壤	花岗岩黄壤	中有机质厚层麻黄壤	A	0—12	灰黄色	砂壤土	粒状	5.1	61.2	2.33	0.30	14.8	花岗岩	E 112°12′33.8″ N 24°19′58.4″	72
						B	12—65	浅黄色	重壤土	块状	5.3	7.6	0.28	0.19	16.7			
						C	65—	黄黄色	重壤土	块状	5.2	5.6	0.38	0.21	13.8			

续表 Continued

剖面号 Soil profile	土纲 Soil order	土类 Soil great group	亚类 Soil subgroup	土属 Soil genus	土种 Soil species	土层码 Layer code	土层厚度 Depth/cm	颜色 Soil color	质地 Soil texture	土壤结构 Soil structure	pH	有机质 OM/(g/kg)	全氮 TN/(g/kg)	全磷 TP/(g/kg)	全钾 TK/(g/kg)	土壤母质 Parent material	剖面点坐标 Profile coordinate	匹配指数 Matching index/%
剖28	铁铝土	黄壤	黄壤	花岗岩黄壤	薄有机质层中层麻黄壤	A	0—7	灰黄色	轻壤土	粒状	4.8	27.7	1.12	0.16	11.8	花岗岩	E 112°03′55.4″ N 24°19′32.9″	97
						B	7—34	浅黄色	轻壤土	小块状	5.0	6.6		0.14	5.4			
						C	34—78	浅黄色	轻壤土	块状	5.2	2.6		0.08	6.6			
剖29	人为土	水稻土	潴育水稻土	麻红泥田	麻砂质田	A	0—14	灰黄色	轻壤土	小块状	5.6	22.4	0.94	0.40	20.8	花岗岩风化坡积物	E 112°07′08.8″ N 24°18′41.8″	97
						P	14—21	浅黄色	砂壤土	块状	5.4	11.8	0.48	0.16	19.3			
						W	21—35	红黄色	砂壤土	柱状	7.1	3.2	0.25	0.19	18.0			
						C	35—	红黄色		块状								
剖30	人为土	水稻土	渗育水稻土	白鳝田	白鳝泥底田	A	0—13	灰黄色	轻壤土	小块状	6.1	34.0	1.85	0.24	20.9		E 112°08′31.9″ N 24°17′20.4″	84
						P	13—20	浅灰色	中壤土	块状	5.9	13.5	0.63	0.14	20.5			
						E	20—100	灰白色	轻黏土	块状	5.0	8.8						
剖31	人为土	水稻土	淹育水稻土	麻红黄泥田	麻砂质田	A	0—10	浅黄色	砂壤土	粉砂状	5.8	23.4	0.52	0.10	29.0	花岗岩风化物	E 112°01′53.8″ N 24°16′19.6″	89
						C	10—	灰黄色	砂壤土	碎块状	5.6	11.4	0.55	0.14	28.2			
剖32	铁铝土	红壤	红壤	花岗岩红壤	中有机质层厚层麻红壤	A	0—20	灰黄色	中壤土	粒状	4.9	27.9	1.02	0.14	7.4	花岗岩	E 112°07′17.4″ N 24°14′12.5″	87
						B	20—70	黄红色	重壤土	小块状	5.1	11.5	0.70	0.10	8.5			
						C	70—	黄红色	轻黏土	块状	5.1	1.9	0.55	0.14	8.1			

连南瑶族自治县

主要土类说明

黄壤是连南瑶族自治县主要土壤类型，占本县地域面积的39%，占本县自然土壤面积的43%，主要分布在海拔700m以上的中低山区。成土母质主要为砂页岩和花岗岩，本县北部、西北部多为砂页岩，南部、西南部多为花岗岩。由于黄壤所处地区地势较高，云雾多，日照少，湿度大，气温低，因此土壤盐基饱和度低，呈酸性至强酸性，土体呈黄色。

红壤是连南瑶族自治县第二大土壤类型，占本县地域面积的38%，占本县自然土壤面积的40%，广泛分布在海拔700m以下的低山、丘陵地带。海拔500—700m的红壤区是本县杉、松等林业的主要基地，也是茶叶的主要产地；海拔500m以下的红壤区是发展多种经营类型的重要基地。成土母质主要为砂页岩和花岗岩。受高温多湿的季风气候影响，红壤风化壳深厚，富铝化作用明显，盐基不饱和，土壤呈酸性至强酸性。

石灰（岩）土是连南瑶族自治县第三大土壤类型，占本县地域面积的18%。本县石灰（岩）土分为红色石灰土、黑色石灰土等亚类。红色石灰土占本县自然土壤面积的15%，发育于石灰岩坡积物或残积物，植被较稀疏，且多为草本植物。红色石灰土易发生水土流失，土层浅薄，碳酸钙严重淋失，铁、锰向下移动，富铝化作用明显，土壤蓄水能力差。黑色石灰土占本县自然土壤面积的2%，发育于轻质石灰岩等岩石风化物，多分布在石隙间或低洼处，植被主要为草本植物。黑色石灰土表层厚约10cm，呈暗红棕色，底土层呈浅棕红色，土壤呈中性至碱性，有机质含量高，全磷含量中等，全钾含量较低。

水稻土占本县地域面积的4%，主要发育于花岗岩、砂页岩、紫色砂页岩、石灰岩等。本县水稻土分为淹育型、潴育型、渗育型、潜育型、沼泽型、矿毒型等亚类。其中，潴育水稻土面积最大，占本土类面积的74%，土壤熟化程度高，发育层次较完整，剖面构型为A-P-W-C、A-P-W-B-C、A-P-B-W-C或A-P-W-G-C。该亚类的主要特点是在犁底层下形成具有淋溶和淀积特征的潴育层，剖面内有棕黄色的铁锈斑纹、紫黑色的锰质斑点或新生的铁锰结核。

小于本县地域面积3%的土壤类型有紫色土。

本区域中心区气候特征

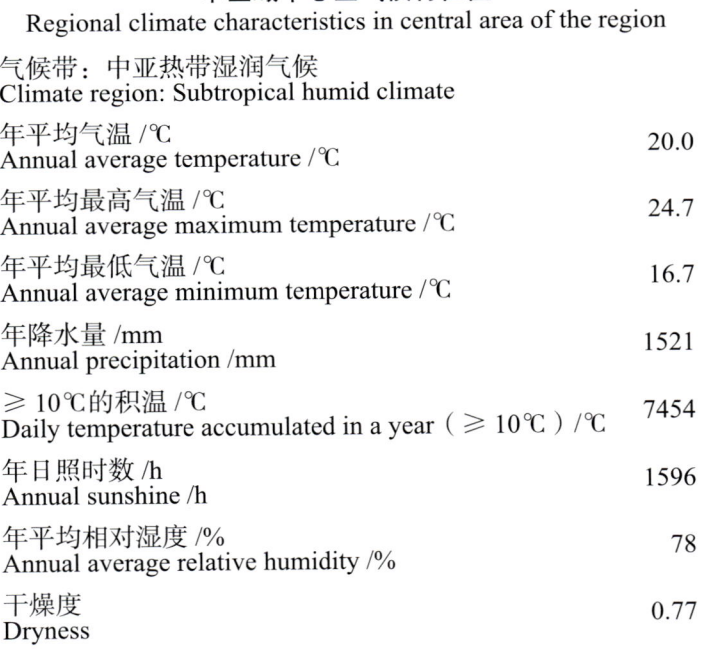

本区域中心区气候特征值
Regional climate characteristics in central area of the region

气候带：中亚热带湿润气候 Climate region: Subtropical humid climate	
年平均气温 /℃ Annual average temperature /℃	20.0
年平均最高气温 /℃ Annual average maximum temperature /℃	24.7
年平均最低气温 /℃ Annual average minimum temperature /℃	16.7
年降水量 /mm Annual precipitation /mm	1521
≥10℃的积温 /℃ Daily temperature accumulated in a year（≥10℃）/℃	7454
年日照时数 /h Annual sunshine /h	1596
年平均相对湿度 /% Annual average relative humidity /%	78
干燥度 Dryness	0.77

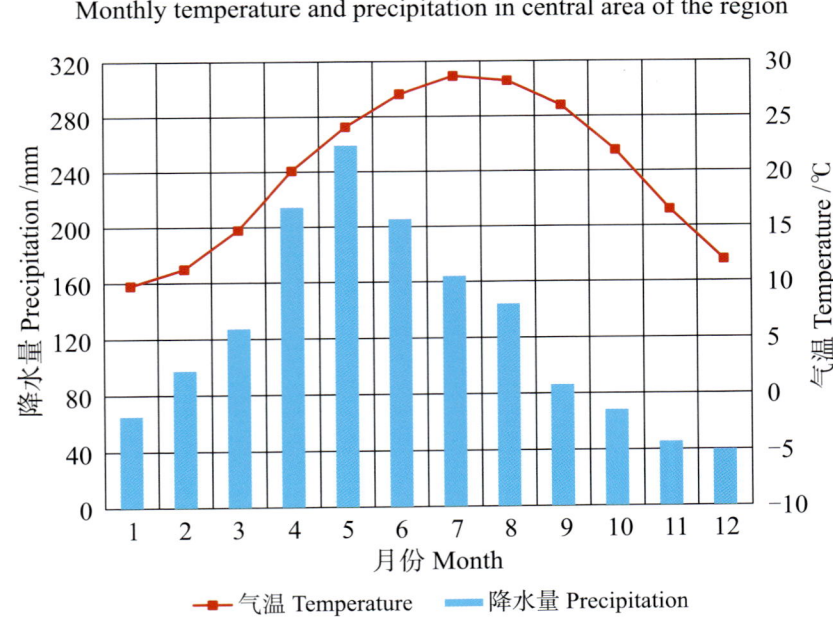

本区域中心区月平均气温与月平均降水量
Monthly temperature and precipitation in central area of the region

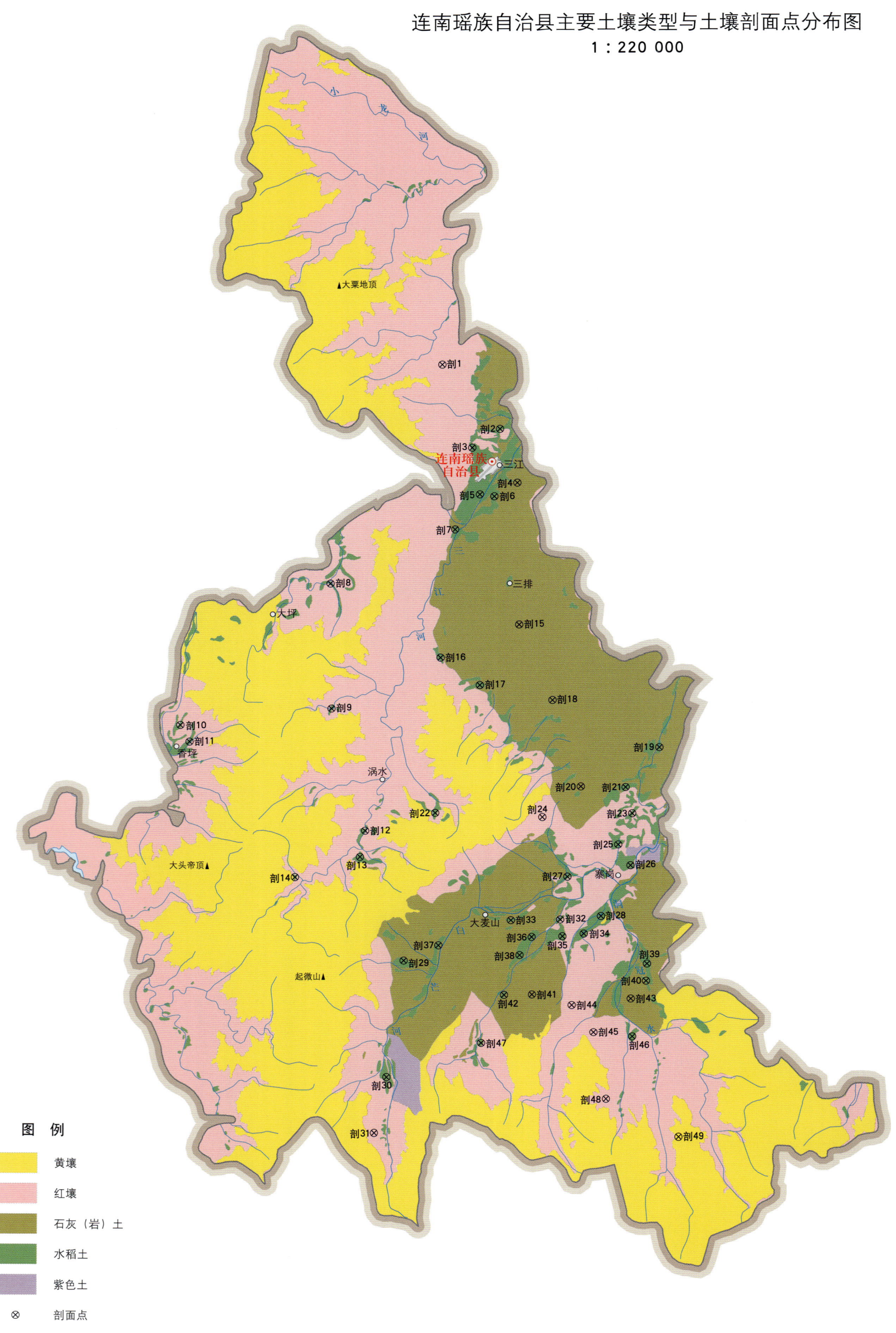

连南瑶族自治县土壤剖面理化性状表

剖面号 Soil profile	土纲 Soil order	土类 Soil great group	亚类 Soil subgroup	土属 Soil genus	土种 Soil species	土层码 Layer code	土层厚度 Depth/cm	颜色 Soil color	质地 Soil texture	土壤结构 Soil structure	pH	有机质 OM/(g/kg)	全氮 TN/(g/kg)	全磷 TP/(g/kg)	全钾 TK/(g/kg)	土壤母质 Parent material	剖面点坐标 Profile coordinate	匹配指数 Matching index/%
剖1	铁铝土	红壤	红壤	砂页岩红壤		A	0—45		轻壤土		4.7	37.7	1.72	0.59	19.7	砂页岩	E 112°15′31.0″ N 24°46′16.3″	92
						B	45—100		轻壤土		4.6	24.8	1.10	0.49	16.2			
剖2	人为土	水稻土	潴育水稻土	洪积黄红泥田	洪积黄泥砂田	A	0—14	棕灰色	轻壤土	块状	5.8	29.8	1.53	0.39	15.0	洪积物	E 112°17′18.6″ N 24°44′22.1″	71
						P	14—17	暗棕灰色	轻壤土	块状	5.6	17.0	0.93	0.29	12.5			
						W	17—27	浅红棕色	中壤土	柱状	5.9	8.1	0.69	0.49	12.7			
剖3	人为土	水稻土	潴育水稻土	砂页岩红泥田	页红泥田	A	0—18	灰棕红色	轻壤土	柱状	6.0	20.4	1.31	0.56	13.2	砂页岩	E 112°16′26.2″ N 24°43′49.2″	75
						P	18—22				7.2	9.7	0.82	0.38	10.9			
						W	22—45				5.7	2.2	0.69	0.48	11.0			
						C	45—100											
剖4	初育土	石灰（岩）土	红色石灰土	红红泥地	红泥地	A	0—14		轻壤土		6.8	10.6	1.06	0.51	4.6	砂页岩	E 112°17′50.5″ N 24°42′47.0″	93
						C	14—		中壤土		6.8	4.6	1.21	0.53	4.6			
剖5	人为土	水稻土	潴育水稻土	河砂泥田	河石子底砂质田	A	0—17		砂壤土		5.5	24.5	1.40	0.56	21.1	河流冲积物	E 112°16′39.7″ N 24°42′27.0″	95
						P	17—26		砂壤土		5.7	7.7	0.75	0.31	20.5			
						W	26—80		紧砂土		5.9	0.2	0.49	0.35	19.2			
						C	80—100											
剖6	人为土	水稻土	潴育水稻土	黑色石隆土泥田	灰黏土田	A	0—17		重壤土		7.6	47.5	2.24	0.58	12.7	河流冲积物	E 112°17′07.1″ N 24°42′23.5″	85
						P	17—26		重壤土		8.0	39.8	1.95	0.48	11.5			
						W	26—52		重壤土		8.1	27.2	1.57	0.34	11.4			
						C	52—100											
剖7	人为土	水稻土	潴育水稻土	河砂泥田	河石子底砂泥田	A	0—16		砂壤土	粒状	6.2	24.2	1.40	0.71	7.7		E 112°15′52.5″ N 24°41′25.2″	93
						P	16—23		轻壤土	片状	6.7	12.5	0.49	0.64	8.2			
						W	23—70		轻壤土	柱状	6.9	6.6	0.52	0.78	10.7			
						C	70—100			状状								
剖8	人为土	水稻土	潴育水稻土	麻砂质田	麻砂质田	A	0—16	棕灰色	轻壤土	粒状	5.1	46.4	2.16	1.22	23.2		E 112°11′57.8″ N 24°39′50.8″	74
						P	16—24	灰黄棕色	轻壤土	片状	5.2	34.8	1.56	0.86	21.6			
						W	24—32	暗黄棕色	轻壤土	柱状	5.4	13.4	1.07	0.68	21.3			
						C	32—100	浅红黄色		状状								
剖9	人为土	水稻土	潴育水稻土	页结粉泥田	页结粉泥田	A	0—15		中壤土		5.3	16.2	1.02	0.49	15.9	砂页岩	E 112°11′57.8″ N 24°36′10.4″	70
						P	15—19		中壤土		5.2	16.7	1.12	0.47	14.9			
						W	19—45		中壤土		5.4	12.0	0.99	0.39	15.1			
						C	45—100											
剖10	人为土	水稻土	潴育水稻土	白鳝泥底田	白鳝泥底田	A	0—16	白色	中壤土	小团块状	4.9	31.3	1.52	0.61	29.2		E 112°07′13.8″ N 24°35′42.7″	99
						Pe	16—23	灰白色	中壤土	块状	4.9	22.4	1.00	0.37	24.6			
						C	23—100	棕灰色	中壤土	柱状	6.4	7.5	0.55	0.27	23.6			
剖11	人为土	水稻土	渗育水稻土	麻红泥田	麻砂泥田	A	0—15	灰黄棕色	中壤土	块状	4.9	31.4	1.49	0.38	27.6	砂页岩	E 112°07′30.7″ N 24°35′13.2″	71
						P	15—20	灰黄色	中壤土	柱状	6.5	18.0	0.90	0.31	27.1			
						W	20—30	棕灰色	中壤土	状状	4.7	9.0	0.38	0.30	24.2			
						C	30—100											
剖12	人为土	水稻土	淹育水稻土	砂页岩红黄泥田	页红泥底田	A	0—12	暗黄黄色	中壤土	块状	4.9	38.5	1.86	0.81	17.1	砂页岩	E 112°12′59.4″ N 24°32′33.4″	95
						P	12—19	灰黄棕色	轻壤土	片状	5.3	87.2	1.78	0.52	16.6			
						C	19—100	浅红黄色	中壤土	状状	6.7	13.7	0.96	0.44	12.8			

续表 Continued

剖面号 Soil profile	土纲 Soil order	土类 Soil great group	亚类 Soil subgroup	土属 Soil genus	土种 Soil species	土层码 Layer code	土层厚度 Depth/cm	颜色 Soil color	质地 Soil texture	土壤结构 Soil structure	pH	有机质 OM/(g/kg)	全氮 TN/(g/kg)	全磷 TP/(g/kg)	全钾 TK/(g/kg)	土壤母质 Parent material	剖面点坐标 Profile coordinate	匹配指数 Matching index/%
剖13	人为土	水稻土	淹育水稻土	砂页岩红色黄泥田	页红砂泥田	A	0—15	棕灰色	轻壤土	块状	5.9	19.2	1.36	0.51	12.4	砂页岩	E 112°12′49.3″ N 24°31′46.6″	71
						P	15—23	褐色	砂壤土	片状	5.7	11.1	0.97	0.48	13.3			
						C	23—100	黄棕色	轻壤土	块状								
剖14	人为土	水稻土	淹育水稻土	砂页岩红色黄泥田	页黄泥底田	A	0—13	褐色	中壤土	块状	5.5	29.5	1.61	0.49	12.2	砂页岩	E 112°10′46.9″ N 24°31′12.0″	76
						P	13—18	棕灰色	中壤土	块状	5.5	23.6	1.24	0.38	12.0			
						C	18—100	黄棕色	中壤土	棱柱状	6.3	17.8	0.87	0.39	12.3			
剖15	初育土	石灰（岩）土	红色石灰土	酸性红色石灰土		1	0—16		轻壤土		5.5	23.1	0.73	0.24	4.2	砂页岩	E 112°17′51.7″ N 24°38′35.9″	95
						2	16—100		中壤土		5.8	10.7	0.41	0.20	3.6			
剖16	人为土	水稻土	淹育水稻土	砂页岩红色黄泥田		A	0—14	褐色	砂壤土	粒状	5.4	33.5	1.63	0.59	12.6	砂页岩	E 112°15′23.4″ N 24°37′38.6″	97
						P	14—20	暗灰黄色	轻壤土	块状	5.6	24.1	1.29	0.56	12.8			
						C	20—100	黄棕色	砂壤土	块状								
剖17	人为土	水稻土	潴育水稻土	砂页岩红泥田	页砂泥田	A	0—13		砂壤土		6.1	22.6	1.44	0.44	16.3	砂页岩	E 112°16′37.2″ N 24°36′50.0″	82
						P	13—18		砂壤土		7.3	9.5	0.82	0.10	12.4			
						W	18—35		砂壤土		5.8	2.4	0.50	0.38	11.9			
						C	35—100		砂壤土									
剖18	初育土	石灰（岩）土	红色石灰土	红色石灰土		A	0—16	褐色	重壤土	块状	6.2	37.0	2.16	0.18	22.6	砂页岩	E 112°18′53.6″ N 24°36′22.7″	93
						C	16—70		轻壤土	块状	8.0	9.9	0.41	0.14	28.5			
剖19	人为土	水稻土	沼泽型水稻土	冷浸田	冷浸田	A	0—16		中壤土	块状	5.4	31.6	1.90	0.46	24.6	砂页岩	E 112°22′13.8″ N 24°34′58.1″	89
						Pg	16—36		轻壤土	块状	5.6	25.4	1.27	0.28	24.1			
						G	36—100				5.3	36.1	1.51	0.30	22.3			
						C	100—											
剖20	初育土	石灰（岩）土	黑色石灰土	黑色石灰土		A	0—17		紧砂土	粒状	6.9	50.9	1.57	1.32	17.0		E 112°19′45.5″ N 24°33′49.0″	82
						B	17—30		砂壤土	块状	7.5	16.2	1.08	1.00	16.3			
						C	30—80		砂壤土	棱柱状	6.9	15.4	0.93	0.92	15.8			
剖21	人为土	水稻土	潴育水稻土	宽谷冲积土田	宽谷砂泥田	A	0—13	棕灰色	中壤土	粒状	5.3	27.6	1.51	0.57	36.8	冲积物	E 112°21′10.1″ N 24°33′47.5″	100
						P	13—20	棕灰色	砂壤土	块状	5.4	11.6	0.72	0.36	45.1			
						W_1	20—26	栗色	中壤土	块状	6.2	14.1	0.58	0.39	38.8			
						W_2	26—62	浅棕黄色										
						C	62—	红棕色										
剖22	人为土	水稻土	潴育水稻土	砂页岩红泥田	页黄泥田	A	0—19	栗色	中壤土	块状	5.0	50.6	2.67	0.85	19.4	砂页岩	E 112°15′11.5″ N 24°33′04.0″	96
						P	19—27	黄棕色	重壤土	片状	5.1	32.5	1.98	0.76	16.8			
						W	27—40	暗黄棕色	重壤土	棱柱状	5.7	17.0	0.97	0.70	16.8			
剖23	人为土	水稻土	淹育水稻土	生泥田	生灰泥田	A	0—11	栗色	中壤土	块状	7.8	27.0	1.40	0.46	3.1		E 112°21′22.0″ N 24°33′01.1″	91
						P	11—15	黄棕色	重壤土		8.2	14.1	0.89	0.34	2.9			
						B	15—22	暗黄棕色	重壤土		8.1	19.1	1.14	0.45	3.0			
						C	22—100		重壤土									
剖24	铁铝土	红壤		砂页岩红壤		A	0—9		中壤土		4.8	29.5	1.28	0.39	18.8	砂页岩	E 112°18′32.8″ N 24°32′55.3″	99
						B	9—100		轻壤土		4.8	11.7	0.73	0.38	18.4			
剖25	人为土	水稻土	沼泽型水稻土	烂湖田	烂湖田	A	0—17		中壤土		7.9	46.0	1.67	0.54	18.8	砂页岩	E 112°20′55.3″ N 24°32′06.0″	77
						Pg	17—26		轻壤土		8.1	39.4	2.09	0.62	16.7			
						G	26—74		中壤土		8.2	40.0	1.97	0.48	13.4			
						C	74—											

续表 Continued

剖面号 Soil profile	土纲 Soil order	土类 Soil great group	亚类 Soil subgroup	土属 Soil genus	土种 Soil species	土层码 Layer code	土层厚度 Depth/cm	颜色 Soil color	质地 Soil texture	土壤结构 Soil structure	pH	有机质 OM/(g/kg)	全氮 TN/(g/kg)	全磷 TP/(g/kg)	全钾 TK/(g/kg)	土壤母质 Parent material	剖面点坐标 Profile coordinate	匹配指数 Matching index/%
剖26	人为土	水稻土	潴育水稻土	冷底田	冷底田	A	0—13		中壤土		7.6	36.5	2.04	0.70	18.8		E 112°21′18.0″ N 24°31′28.9″	86
						P	13—28		中壤土		7.7	39.8	1.85	0.75	18.0			
						G	28—60		轻壤土		7.8	15.5	0.74	0.59	18.3			
						C	60—100											
剖27	人为土	水稻土	潴育水稻土	洪积黄红泥田	洪积砂泥田	A	0—16	棕黄色	砂壤土	粒状	5.7	33.7	1.75	0.58	10.1	洪积物	E 112°19′19.2″ N 24°31′09.8″	76
						P	16—21	灰黄色	轻壤土	片状	5.8	25.2	1.42	0.48	9.5			
						W	21—55	棕黄色	砂壤土	块状	7.1	13.7	0.74	0.34	9.7			
						C	55—100	暗黄棕色										
剖28	人为土	水稻土	潴育水稻土	宽谷冲积土田	乌砂田	A	0—16	灰黑色	紧砂土	粒状	5.2	32.8	1.63	0.54	24.1	冲积物	E 112°20′21.5″ N 24°30′00.4″	87
						P	16—26	灰色	砂壤土	片状	5.5	28.2	1.42	0.45	22.0			
						W	26—48	棕黄色	砂壤土	柱状	5.7	12.6	0.80	0.53	20.2			
						C	48—											
剖29	人为土	水稻土	淹育水稻土	炭质黑泥田	黑砂泥田	A	0—14	灰黑色	轻壤土	块状	6.0	46.4	2.09	0.70	8.5		E 112°14′10.7″ N 24°28′42.6″	83
						P	14—20	暗黄灰色	轻壤土	块状	6.4	38.3	1.66	0.61	7.2			
						W	20—37	灰黄色	轻壤土	块状	6.4	16.0	0.83	0.42	7.0			
						C	37—80	灰灰色										
剖30	铁铝土	红壤		麻红黄泥田		A	0—11	灰灰色	砂壤土	块状	6.6	34.1	1.41	0.47	39.1	花岗岩风化物	E 112°13′37.2″ N 24°25′16.0″	91
						P	11—18	浅灰黄色	砂壤土	块状	6.5	28.6	1.23	0.43	34.7			
						C	18—40		紧砂土		6.5	6.8	0.40	0.50	28.7			
剖31				花岗岩红壤		1	0—20	灰棕色	轻壤土	块状	4.2	43.3	1.55	0.31	7.8	花岗岩	E 112°13′13.1″ N 24°23′38.8″	84
						2	20—100											
剖32	人为土	水稻土	潴育水稻土	宽谷冲积土田	宽谷砂泥田	A	0—13	灰黄色	砂壤土	块状	6.9	34.4	1.78	0.65	22.9	冲积物	E 112°19′05.2″ N 24°29′54.2″	88
						P	13—20	棕灰色	轻壤土	片状	5.7	23.9	1.12	0.38	21.7			
						W	20—28	黄棕色	中壤土	棱柱状	6.1	13.2	0.79	0.56	21.3			
						C	28—100	黄棕色		块状								
剖33	人为土	水稻土	矿毒型水稻土	矿毒田	煤水田	A	0—23		重壤土		7.8	47.0	2.25	0.55	11.7		E 112°17′32.1″ N 24°29′53.6″	74
						P	23—31		重壤土		7.7	33.5	1.67	0.49	10.2			
						W	31—42		轻黏土		8.0	17.9	0.81	0.45	12.0			
						C	42—90											
剖34	人为土	水稻土	潴育水稻土	泥肉田	泥肉田	A	0—16	棕灰色	中壤土	块状	5.5	36.2	1.87	0.49	25.7		E 112°19′49.1″ N 24°29′28.8″	88
						P	16—22	黄灰色	中壤土	片状	6.1	23.1	1.00	0.33	26.4			
						C	22—40	棕灰色	中壤土	棱柱状	7.2	12.4	0.46	0.58	24.1			
						C	40—100	浅棕色	中壤土	块状	7.1	12.6	0.42	0.41	24.6			
剖35	人为土	水稻土	渗育水稻土	白鳝泥田	低白鳝泥田	A	0—13	黄棕色	轻壤土	块状	5.9	32.6	1.71	0.69	11.3		E 112°19′09.0″ N 24°29′24.1″	76
						P	13—17		中壤土		6.8	23.0	1.30	0.65	11.1			
						W	17—55		中壤土		7.3	11.6	0.71	0.55	11.1			
						C	55—100											
剖36	人为土	水稻土	淹育水稻土	红色石灰土田	红色石灰土田	A	0—13	浅灰棕色	轻壤土	块状	6.8	36.8	1.80	1.23	7.1		E 112°18′11.2″ N 24°29′23.3″	89
						P	13—23	浅棕灰色	中壤土	片状	6.5	25.9	1.40	1.00	6.7			
						C	23—	浅红黄色	中壤土	块状	6.3	16.2	1.00	1.00	6.6			
剖37	人为土	水稻土	潴育水稻土	河砂泥田	河砂泥田	A	0—14		砂壤土		6.1	26.2	1.39	0.69	35.8	河流冲积物	E 112°15′15.8″ N 24°29′09.6″	76
						P	14—22		轻壤土		6.7	11.3	0.65	0.73	30.3			
						W	22—52		轻壤土		7.1	7.6	0.48	0.55	27.9			
						C	52—100											

续表 Continued

剖面号 Soil profile	土纲 Soil order	土类 Soil great group	亚类 Soil subgroup	土属 Soil genus	土种 Soil species	土层码 Layer code	土层厚度 Depth/cm	颜色 Soil color	质地 Soil texture	土壤结构 Soil structure	pH	有机质 OM/(g/kg)	全氮 TN/(g/kg)	全磷 TP/(g/kg)	全钾 TK/(g/kg)	土壤母质 Parent material	剖面点坐标 Profile coordinate	匹配指数 Matching index/%
剖38	人为土	水稻土	潴育水稻土	洪积黄红泥土	洪积泥田	A	0—16	棕灰色	轻壤土	块状	6.9	29.4	1.21	0.32	6.1	洪积物	E 112°17′48.2″ N 24°28′51.5″	70
						P	16—21	棕灰色	轻壤土	片状	6.2	13.3	0.58	0.19	6.0			
						W	21—52	棕灰色	轻壤土	块状	6.7	12.3	0.31	0.11	5.4			
						C	52—100											
剖39	人为土	水稻土	潴育水稻土	宽谷冲积土田	黄泥底砂质田	A	0—16	棕灰色	砂壤土	块状	6.8	33.5	1.56	0.31	28.7	冲积物	E 112°21′47.5″ N 24°28′35.0″	97
						P	16—24	灰黄色	砂壤土	块状	6.2	24.8	1.23	0.35	22.5			
						B	24—37	浅黄色	轻壤土	块状	5.7	16.5	0.74	0.53	22.3			
						W	37—51	棕黄色										
						C	51—100											
剖40	人为土	水稻土	潴育水稻土	宽谷冲积土田	宽谷鸭屎泥田	A	0—13	灰色	中壤土	块状	5.9	33.1	1.73	0.58	13.9	冲积物	E 112°21′45.7″ N 24°28′04.4″	83
						P	13—20	灰棕色	中壤土	片状	7.4	19.0	1.14	0.54	6.6			
						W	20—35	灰黄色	重壤土	柱状	8.0	9.4	0.48	0.76	3.7			
						G	35—70	暗黄棕色		块状								
						C	70—100	浅黄色										
剖41	初育土	石灰（岩）土	红色石灰土	酸性红色石灰土		1	0—29		中壤土	块状	4.6	22.8	0.94	0.24	10.1		E 112°18′11.2″ N 24°27′41.0″	97
						2	29—100		中壤土	片状	4.9	12.7	0.39	1.60	10.6			
剖42	人为土	水稻土	潴育水稻土	冷底田	铁锈水田	A	0—16		中壤土		6.8	35.7	1.61	0.58	12.8		E 112°17′18.4″ N 24°27′40.4″	93
						P	16—24		中壤土		7.5	27.7	1.34	0.52	12.2			
						G	24—67		中壤土		7.5	27.0	1.29	0.50	12.2			
						C	67—100											
剖43	初育土	石灰（岩）土	黑色石灰土	黑色石灰土	黑色石灰土	1	0—10	暗红棕色	中壤土	粒状	6.7	43.3	2.45	0.79	5.8		E 112°21′16.9″ N 24°27′33.1″	75
						2	10—100	浅红棕色	重壤土	块状	6.3	29.5	2.18	0.73	6.1			
剖44	铁铝土	红壤	红壤	砂页岩红壤		A	0—17		重壤土		5.0	21.5	1.22	0.52	11.5	砂页岩	E 112°19′25.7″ N 24°27′22.0″	92
						2	17—36											
剖45	铁铝土	红壤	红壤	花岗岩红壤		1	0—10	暗棕色	轻壤土		4.7	62.2	2.60	0.39	5.3	花岗岩	E 112°20′06.0″ N 24°26′33.4″	74
						2	10—100	浅黄色	中壤土	棱柱状								
剖46	人为土	水稻土	潴育水稻土	河砂泥田	河砂顶田	A	0—12		砂壤土	块状	5.2	22.5	1.31	0.51	36.5	河流冲积物	E 112°21′19.1″ N 24°26′25.4″	71
						P	12—19		砂壤土	片状	5.7	9.1	0.64	0.37	36.7			
						W	19—27		砂壤土	柱状	6.8	3.4	0.35	0.33	34.4			
						C	27—100											
剖47	人为土	水稻土	潴育水稻土	宽谷冲积土田	宽谷顶泥田	A	0—14	棕灰色	中壤土	块状	6.4	40.9	2.03	0.85	9.8	冲积物	E 112°16′35.0″ N 24°26′14.9″	95
						P	14—22	栗色	中壤土	片状	7.5	28.9	1.62	0.71	10.0			
						W	22—30	黄棕色	轻壤土	柱状	7.5	5.2	0.56	0.50	7.8			
						C	30—81	黄黄色		块状								
剖48	铁铝土	红壤	红壤	花岗岩红壤		A	0—17	暗棕色	砂壤土	粒状	4.8	60.1	2.60	0.36	43.1	花岗岩	E 112°20′29.0″ N 24°24′36.7″	89
						C	17—100	浅黄色	砂壤土	块状	4.7	35.1	1.74	0.33	33.9			
剖49	铁铝土	黄壤	黄壤	花岗岩黄壤		1	0—13	灰黄棕色	轻壤土	块状	4.6	23.1	2.10	0.31	2.8	花岗岩	E 112°22′44.8″ N 24°23′30.1″	84
						2	13—100	黄色	轻壤土	块状	4.8	16.7	0.73	0.24	2.2			

英 德 市

主要土类说明

赤红壤是英德市主要土壤类型，占本市地域面积的 42%，广泛分布在海拔 300m 以下的丘陵、台地，其分布区是本市发展农、林、果、牧的主要基地。赤红壤主要发生于南亚热带季雨林下，其脱硅富铝化程度仅次于砖红壤，强于红壤。铁的游离度介于二者之间，黏粒硅铝率为 1.7—2.0，风化淋溶系数为 0.05—0.15，盐基饱和度为 15%—25%。淀积层（B层）富含铁铝氧化物，呈赤红色。

红壤是英德市第二大土壤类型，占本市地域面积的 19%，广泛分布在本市北部的海拔 300—600m 的低山、丘陵地带。成土母质主要为砂页岩、片岩，其次为花岗岩。土壤呈酸性，铁铝氧化物明显聚积，黏粒硅铝率为 2.0—2.2，土体呈红色。

石灰（岩）土是英德市第三大土壤类型，占本市地域面积的 16%。本市石灰（岩）土分为红色石灰土、黑色石灰土等亚类。红色石灰土一般分布在山麓、石山谷地和石芽平地，在山顶岩壁的缝隙间以石窿土形态存在。黏土矿物除蛭石和高岭土外，还有大量三水铝石，黏粒硅铝率为 1.3—1.5，游离氧化铁占比高达 18%。红色石灰土土体上部的碳酸钙被淋溶殆尽，土壤中的水合氧化铁脱水结晶形成赤铁矿而呈鲜红色，黏粒和铁锰氧化物移动淀积，土壤较黏重，心土层较上下土层更为黏重，土层与基岩分界明显。黑色石灰土是富含碳酸钙和腐殖质的土壤，主要分布在波罗、大湾、西牛等地的石灰岩山区，零星分布在石灰岩山顶岩壁的缝隙间或山谷低洼处，多以石窿土形态存在，具 A-C 剖面构型。黑色石灰土腐殖质层深厚，自然肥力较高，有机质、全氮含量较高，全磷、全钾含量中等，土质疏松，具团粒状或棱状结构，土壤呈中性，土层与基岩分界明显。

水稻土占本市地域面积的 14%，广泛分布在低山丘陵区、河谷平原区和石灰岩峰林区。在长期水耕施肥等措施的作用下，土壤内部进行着氧化还原交替、有机质合成与分解、盐基淋溶与复盐基作用的熟化过程，促使土壤性状发生改变，从而形成特有的剖面形态、理化和生物特性。良好的水稻土剖面通常由耕作层、犁底层、潴育层、母质层组成，有的水稻土还出现潜育层和漂洗层，本市水稻土分为淹育型、潴育型、潜育型、渗育型、沼泽型、矿毒型等亚类。

黄壤占本市地域面积的 5%，主要分布在沙口、横石塘、横石水、大湾、波罗等地海拔 600—1500m 的中低山区。成土母质主要为砂页岩，其次为花岗岩、片岩。位于山腰部位的黄壤土层深厚，土质疏松、湿润、肥沃，适合培育珍贵的阔叶林，是本市主要的林业基地。位于山顶部位的黄壤土层浅薄，岩石裸露，碎石遍地，多为重石质轻壤土，生长灌丛矮化林及芒草，表层有机质含量一般为 50—60g/kg。

小于本市地域面积 3% 的土壤类型有潮土、石质土和沼泽土。

本区域中心区气候特征

本区域中心区气候特征值
Regional climate characteristics in central area of the region

气候带：南亚热带湿润气候 Climate region: South subtropical humid climate	
年平均气温 /℃ Annual average temperature /℃	20.8
年平均最高气温 /℃ Annual average maximum temperature /℃	25.6
年平均最低气温 /℃ Annual average minimum temperature /℃	17.5
年降水量 /mm Annual precipitation /mm	1634
≥10℃的积温 /℃ Daily temperature accumulated in a year（≥10℃）/℃	7713
年日照时数 /h Annual sunshine /h	1634
年平均相对湿度 /% Annual average relative humidity /%	77
干燥度 Dryness	0.75

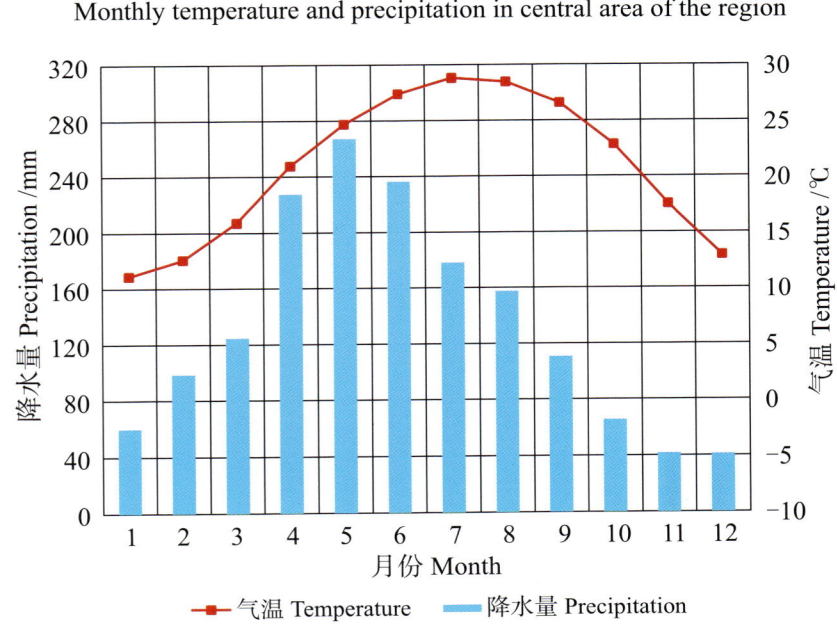

本区域中心区月平均气温与月平均降水量
Monthly temperature and precipitation in central area of the region

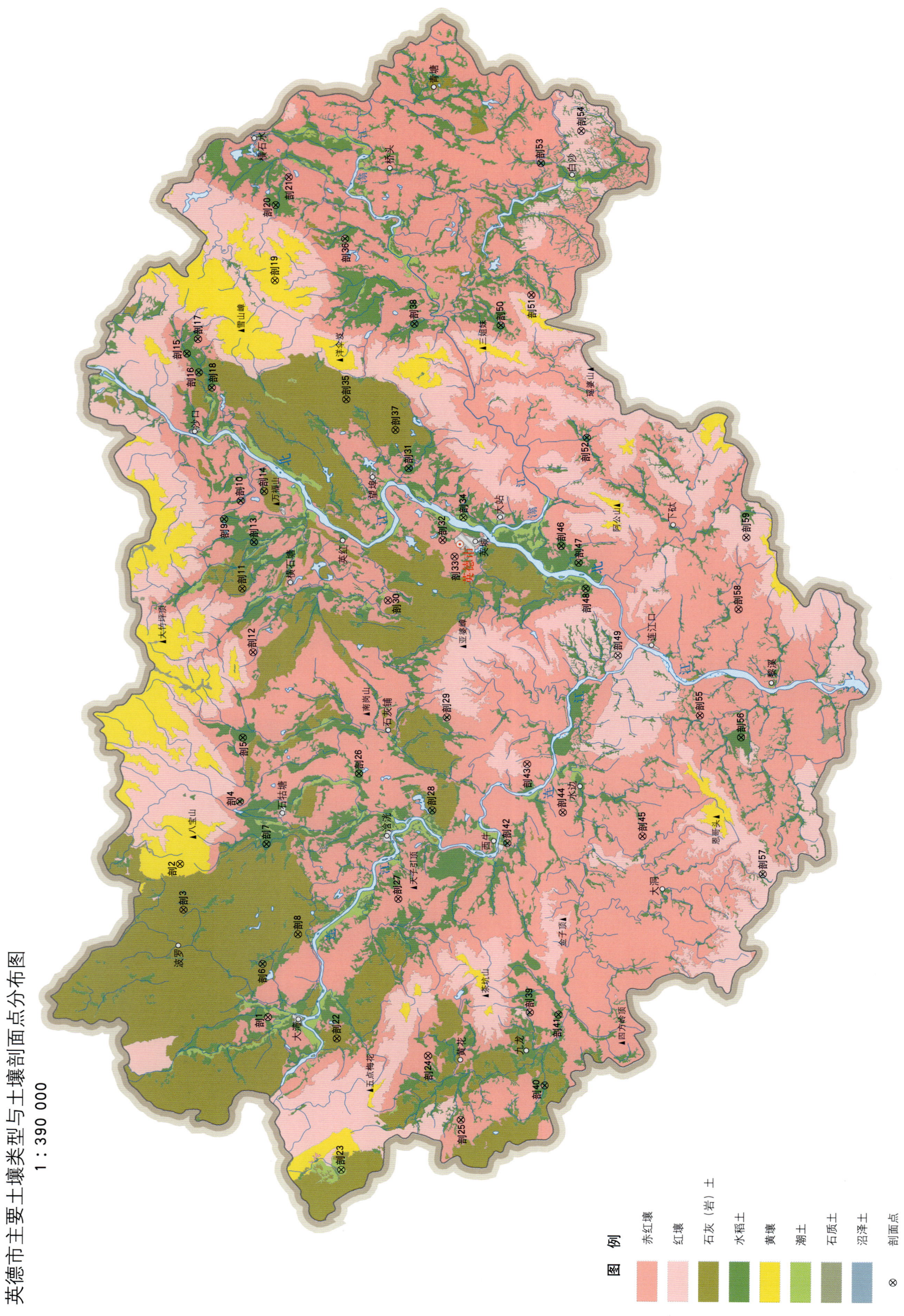

英德市土壤剖面理化性状表

剖面号 Soil profile	土纲 Soil order	土类 Soil great group	亚类 Soil subgroup	土属 Soil genus	土种 Soil species	土层码 Layer code	土层厚度 Depth/cm	颜色 Soil color	质地 Soil texture	土壤结构 Soil structure	pH	有机质 OM/(g/kg)	全氮 TN/(g/kg)	全磷 TP/(g/kg)	全钾 TK/(g/kg)	有效磷 AP/(mg/kg)	速效钾 AK/(mg/kg)	土壤母质 Parent material	剖面点坐标 Profile coordinate	匹配指数 Matching index/%
剖1	铁铝土	赤红壤	赤红壤	砂页岩赤红泥地	砂页岩赤红泥地	1	0–17	灰黄色	轻壤土	粒状	5.0	35.8	1.60	0.34	16.9			坡积物	E 112° 56′ 58.2″ N 24° 21′ 56.9″	85
						2	17–47	浅棕黄色	紧砂土	粒状										
						3	47–100	褐色	紧砂土	粒状										
剖2	铁铝土	黄壤	黄壤	砂页岩黄壤	砂页岩黄壤	1	0–12		中壤土		4.8	11.4	0.33	0.30	21.8	1.3	182	砂页岩	E 113° 05′ 59.0″ N 24° 26′ 23.0″	71
						2	12–30		重壤土										
剖3	初育土	石灰(岩)土	黑色石灰土	黑色石灰岩土	黑色石隆土	1	0–20	灰黑色	砂壤土	团粒状	7.4	43.8	2.18	0.69	1.8					91
						2	20–90	深灰黑色	砂壤土	团粒状	7.5	37.9	1.62	0.72	1.8					
						3	90—													
剖4	人为土	水稻土	淹育水稻土	砂页红黄泥田	页红红泥底地	A	0–15	浅黄棕色	轻壤土	块状	7.1	13.6	0.82	0.28	14.3			砂页岩坡积物	E 113° 09′ 33.1″ N 24° 23′ 16.1″	70
						P	15–21	浅棕色	中壤土	块状	5.6	20.2	1.14	0.30	8.0					
						C	21–100	暗黄橙色	重壤土	块状	6.9	12.5	0.79	0.33	18.7					
剖5	人为土	水稻土	潜育水稻土	宽谷冲积土田	宽谷砂板田	A	0–11	暗黄棕色	中壤土	粒状	6.3		1.62	0.34	21.4			冲积物	E 113° 13′ 15.6″ N 24° 23′ 04.2″	84
						P	11–17	暗黄色	轻壤土	片状	6.5	14.0	0.91	0.28	16.8					
						W	17–41	暗棕色	轻壤土	核状	7.6	8.6	0.52	0.34	15.6					
						BC	41–100	浅黄棕色	中壤土	核状	7.7	7.9	0.60	0.34	19.6					
剖6	人为土	水稻土	潜育水稻土	冷底田	冷底田	A	0–14	暗黄棕色	轻壤土	粒状	8.0	34.7	2.02	0.46	8.5			冲积物	E 113° 00′ 05.0″ N 24° 22′ 11.3″	98
						P	14–30	暗黄棕色	中壤土	块状	8.2	14.5	0.89	0.28	8.7					
						G	30–54	浅黄棕色	中壤土	粒状	7.8	13.1	0.69	0.17	7.6					
						4	54–100	橙黄色	砂壤土	粒状	7.7	3.4	0.36	0.18	7.7					
剖7	人为土	水稻土	淹育水稻土	宽谷冲积土田	宽谷砂泥田	A_1	0–14	灰黄色	紧砂土	粒状	6.0	5.4	0.31	0.17	10.1			谷底冲积物	E 113° 07′ 04.4″ N 24° 21′ 54.7″	82
						A_2	14–24	灰黄棕色	轻壤土	块状	4.9	11.2	1.25	0.41	13.4					
						P	24–33	灰黄棕色	中壤土	粒状	5.3	9.2	0.58	0.23	14.3					
						W	33–60	黄黄棕色	中壤土	粒状	6.1	7.2	0.45	0.23	13.4					
						C	60–100	黄黄棕色	中壤土	小块状	6.7	3.4	0.27	0.20	14.0					
剖8	初育土	石灰(岩)土	红色石灰土	红火泥地地	红火泥地	A	0–11	灰棕色	重壤土	团块状	7.2	15.0	1.06	0.43	23.3			第四纪红土	E 113° 01′ 47.3″ N 24° 20′ 21.1″	96
						P	11–26	浅棕色	重壤土	团块状	6.8	10.2	0.76	0.63	25.6					
						3	26—	暗黄橙色	中壤土	棱块状	6.2	9.7	0.78	0.76	25.6					
剖9	人为土	水稻土	潜育水稻土	第四纪红土田	红土石子底田	A	0–14	棕色	中壤土	粒状	6.6	14.0	0.82	0.32	8.5			第四纪红土	E 113° 25′ 56.3″ N 24° 25′ 51.4″	99
						P	14–25	暗棕色	轻壤土	粒状	6.4	12.0	0.70	0.31	6.8					
						C	25–100	暗棕色	砂壤土	粒状	5.6	6.8	0.47	0.17	8.5					
剖10	人为土	水稻土	沼泽型水稻土	泥炭土田	泥炭土底田	A	0–17	暗棕灰色	中壤土	块状	6.5	36.5	1.84	0.41	10.0				E 113° 27′ 00.4″ N 24° 22′ 59.5″	71
						P	17–24	暗棕色	中壤土	粒状	7.0	19.9	0.97	0.16	15.1					
						G	24–47	黑色	砂壤土	柱状	6.8	34.4	1.47	0.19	16.3					
						E	47–68	浅黄色	中壤土	粒状	7.1	7.1	0.33	0.11	16.6					
						C	68–100	黄棕色	中壤土	柱状	6.9	20.0	0.72	0.14	15.9					
剖11	初育土	石灰(岩)土	酸性石灰土	酸性石灰土	厚有机质层 厚层酸性石灰土	1	0–12	浅棕色	重壤土		4.9	24.9	1.13	0.19	13.5	0.9	58		E 113° 21′ 54.0″ N 24° 22′ 59.2″	70
						2	12–26	浅棕色	重壤土		5.0	17.8	0.89	0.18	15.3					
						3	26–100		重壤土		5.5	11.0	0.84	0.17	16.9					
剖12	铁铝土	赤红壤	赤红壤	砂页岩赤红壤	薄有机质层 中层砂页岩 赤红壤	1	0–8		轻黏土		4.8	33.8	1.82	0.24	22.2		51	砂页岩	E 113° 18′ 13.0″ N 24° 22′ 28.2″	94
						2	8–40		轻黏土		4.9	17.5	1.22	0.23	24.0					
						3	40—				5.0	10.0	0.94	0.20	24.3					

续表 Continued

剖面号 Soil profile	土纲 Soil order	土类 Soil great group	亚类 Soil subgroup	土属 Soil genus	土种 Soil species	土层码 Layer code	土层厚度 Depth/cm	颜色 Soil color	质地 Soil texture	土壤结构 Soil structure	pH	有机质 OM/(g/kg)	全氮 TN/(g/kg)	全磷 TP/(g/kg)	全钾 TK/(g/kg)	有效磷 AP/(mg/kg)	速效钾 AK/(mg/kg)	土壤母质 Parent material	剖面点坐标 Profile coordinate	匹配指数 Matching index/%
剖面13	人为土	水稻土	潴育水稻土	宽谷冲积土田	宽谷泥田	A	0—14	暗黄棕色	中壤土	团粒状	5.1	24.8	1.84	0.58	15.1			冲积物	E 113°24′34.9″ N 24°22′20.3″	79
						P	14—26	暗灰色	中壤土	块状	6.2	23.4	1.80	0.38	15.6					
						W	26—74	灰黄棕色	重壤土	柱状	7.7	4.9	1.04	0.27	16.6					
						C	74—100	红黄色	重壤土	块状	7.9	2.5	0.83	0.38	18.4					
剖面14	初育石灰(岩)土	红色石灰土		红火红泥土	红火红砂泥地	A	0—29	浅棕色	中壤土	粒状	7.7	15.4	1.04	0.48	15.2				E 113°27′31.6″ N 24°21′45.8″	97
						P	29—100	黄橙色	重壤土	小块状	7.7	7.8	0.81	0.38	16.8					
剖面15	人为土	水稻土	渗育水稻土	白鳝泥红田	低岩鳝泥田	A	0—12	暗灰棕色	中壤土	团粒状	5.9	26.2	1.25	0.36	20.0			泥质页岩, 富含长石的花岗岩	E 113°35′34.8″ N 24°25′37.6″	95
						P	12—23	暗灰白色	中壤土	块状	5.9	19.1	0.57	0.25	19.7					
						W	23—54	棕色	轻壤土	小块状	7.0	10.7	0.49	0.21	22.2					
						B	54—67	暗黄色	轻壤土	棱状	7.1	8.2	0.37	0.16	21.4					
						E	67—80	白色	轻壤土	块状	7.2	3.0	0.20	0.11	14.9					
						C	80—100		粗砂土		7.4	2.5	0.13	0.23	19.6					
剖面16	人为土	水稻土	潴育水稻土	砂页岩红泥田	页红泥田	A	0—14	灰黄棕色	中壤土	团粒状	5.9	30.5	1.86	0.67	13.4			页岩坡积物	E 113°34′28.9″ N 24°25′02.6″	100
						P	14—20	灰黄色	中壤土	块状	6.1	27.8	1.55	0.62	15.9					
						W	20—44	浅黄色	轻壤土	块状	6.8	10.5	0.79	0.46	18.5					
						C	44—100	暗黄色	轻壤土	块状	6.9	4.1	0.60	0.39	3.7					
剖面17	人为土	水稻土	潴育水稻土	砂页岩板结田	页岩粉田	A	0—12	红黄色	轻壤土	团块状	6.2	16.9	0.95	0.17	6.3			砂页岩	E 113°36′24.1″ N 24°25′02.6″	90
						P	12—23	棕色	中壤土	粒状	6.2	8.5	0.57	0.17	8.9					
						W	23—52	红黄色	中壤土	粒状	7.0	6.4	0.36	0.17	8.9					
						C	52—100	红黄色	中壤土	柱状	7.0	5.8	0.54	0.34	15.0					
剖面18	人为土	黄壤		石灰板结田	珊瑚底田	1	0—13		中壤土	团粒状	7.9	51.4	2.58	0.69	12.4	10.8		砂页岩	E 113°33′36.0″ N 24°24′23.0″	72
						2	13—32		中壤土		7.9	16.4	1.04	0.51	17.7		99			
剖面19	铁铝土	黄壤		砂页岩黄壤	页结粉田	1	0—12	暗黄棕色	中壤土	团粒状	5.7	53.7	2.16	0.52	6.8	5.2		砂页岩	E 113°39′43.6″ N 24°21′01.1″	99
						2	12—60	浅灰黄色	中壤土		5.7	21.7	1.00	0.44	6.8		124			
剖面20	人为土	水稻土	渗育水稻土	红色砂页岩	晒水田	A	0—11	暗黄色	中壤土	块状	8.3	34.2	1.86	0.43	6.9			砂页岩	E 113°44′06.4″ N 24°20′53.5″	98
						P	11—20	灰灰色	中壤土	块状	8.5	26.1	1.37	0.28	6.7					
						W	20—38	灰灰色	中壤土	块状	8.6	14.3	0.79	0.24	9.2					
						G	38—46	灰黄色	中壤土		8.5	9.1	0.55	0.19	10.0					
						5	46—100		中壤土		8.3	2.0	0.24	0.08	8.6					
剖面21	铁铝土	赤红壤		砂页岩赤红壤	厚有机质层 厚层砂页岩 赤红壤	1	0—31	暗灰棕色	重壤土	团粒状	5.4	26.7	1.15	0.29	16.9		17	砂页岩	E 113°45′42.5″ N 24°24′11.8″	84
						2	31—48	暗黄棕色	重壤土	块状	5.6	8.7	0.61	0.23	16.8					
						3	48—100	暗黄棕色	重壤土		5.8	7.5	0.55	0.28	2.0					
剖面22	初育石灰(岩)土	红色石灰土		红色石灰土	潮砂泥地	1	0—15	暗灰棕色	砂壤土	块状	6.8	32.9	2.19	0.48	30.0	1.7	62	河流冲积物	E 112°55′42.2″ N 24°18′24.1″	74
						2	15—100	灰黄色	砂壤土	块状	7.6	12.3	1.30	0.14	35.5					
剖面23	半水成土	潮土		潮砂泥地		1	0—13	灰灰色	紧砂土		7.5	15.0	0.80	0.50	21.0	9.2	59		E 112°48′10.1″ N 24°18′14.0″	87
						2	13—58	暗灰色	紧砂土		7.4	8.2	0.52	0.30	24.1					
						3	58—100	栗色	紧砂土		7.4	4.6	0.26	0.21	31.9					
剖面24	铁铝土	赤红壤		花岗岩赤红泥地	赤乌红泥地	1	0—19	暗黄棕色	轻壤土	粒状	6.6	17.8	0.96	0.36	8.4			花岗岩	E 112°54′40.3″ N 24°13′43.0″	72
						2	19—28	暗黄橙色	中壤土	粒状	6.9	13.3	0.78	0.39	10.1					
						3	28—100	棕色	中壤土	块状	7.1	8.2	0.57	0.48	11.2					
剖面25	人为土	水稻土	沼泽型水稻土	烂泥田	烂泥田	A	0—18	棕灰色	中壤土	糊烂状	8.0	44.1	2.53	0.61	15.9			洪积物, 冲积物	E 112°50′59.3″ N 24°12′02.9″	96
						G	18—74	青灰色	重壤土	糊烂状	8.2	34.0	1.83	0.40	19.3					

续表 Continued

剖面号 Soil profile	土纲 Soil order	土类 Soil great group	亚类 Soil subgroup	土属 Soil genus	土种 Soil species	土层码 Layer code	土层厚度 Depth/cm	颜色 Soil color	质地 Soil texture	土壤结构 Soil structure	pH	有机质 OM/(g/kg)	全氮 TN/(g/kg)	全磷 TP/(g/kg)	全钾 TK/(g/kg)	有效磷 AP/(mg/kg)	速效钾 AK/(mg/kg)	土壤母质 Parent material	剖面点坐标 Profile coordinate	匹配指数 Matching index/%
剖26	人为土	水稻土	潴育水稻土	石灰板结地	珊瑚底田	A	0—11	灰黑色	中壤土	块状									E 113°11′04.9″ N 24°17′06.4″	92
						P	11—14	灰黑色	重壤土	块状										
						W₁	14—24	灰褐色	轻黏土	块状										
						W₂	24—34	灰黄色	轻黏土	块状										
						W₃	34—50	黄色	轻黏土	块状										
						C	50—110	黄色	轻黏土	小块状										
剖27	铁铝土	赤红壤	赤红壤	片岩赤红壤	薄有机质层片岩赤红壤	1	0—10	暗灰色	重壤土	块状	4.6	40.5	1.74	0.24	13.5			片岩	E 113°03′48.2″ N 24°15′09.4″	79
						2	10—30	棕灰色	重壤土	块状	4.7	17.2	0.88	0.23	18.0					
						3	30—	灰棕色	轻黏土	块状	5.3	4.8	0.40	0.17	30.1					
剖28	人为土	水稻土	潴育水稻土	石灰板结地	珊瑚底田	1	0—12	浅棕色	轻壤土	块状	8.1	24.9	1.35	0.34	5.6			砂页岩坡积物	E 113°08′53.9″ N 24°13′21.4″	95
						2	12—19	棕色	中壤土	块状	7.7	13.0	0.79	0.23	7.8	15.7				
						3	19—23		重壤土	块状	8.2	9.5	0.51	0.14	3.4					
						4	23—37		重壤土	块状	7.8	5.9	0.42	0.12	5.4					
						5	37—100		重壤土	小块状	7.8	6.6	0.46	0.15	7.7					
剖29	人为土	水稻土	潴育水稻土	砂页岩红泥田	页砂质田	A	0—11		砂壤土	粒状	6.4	21.0	1.14	0.32	12.5			第四纪红土	E 113°14′16.4″ N 24°12′32.0″	97
						P	11—21		砂壤土	粒状	6.5	15.7	0.86	0.27	13.4		29			
						W	21—36		砂壤土	粒状	6.9	9.3	0.63	0.21	11.7					
						C	36—100		中壤土	柱状	7.3	7.7	0.51	0.31	13.7					
剖30	铁铝土	赤红壤	赤红壤	第四纪红泥地	赤红泥地	1	0—18	红棕色	重壤土	团粒状								第四纪红土	E 113°21′05.8″ N 24°15′29.2″	78
						2	18—43	棕红色	中壤土	团粒状	6.1	20.6	1.22	0.45	11.0					
						3	43—100	浅灰黄色	重壤土	片状	7.7	8.3	0.56	0.28	15.3					
剖31	人为土	水稻土	潴育水稻土	潮砂泥田	潮砂泥田	A	0—14	浅灰黄色	中壤土	棱柱状	6.9	8.7	0.57	0.25	23.5			河流冲积物	E 113°28′43.7″ N 24°14′18.2″	82
						P	14—18	浅灰黄色	重壤土	棱柱状	6.9	8.5	0.60	0.26	23.2					
						W	18—56	浅灰黄色	重壤土											
						BC	56—100		重壤土											
剖32	铁铝土	赤红壤	赤红壤	砂页岩赤红壤	厚有机质层中层砂页岩赤红壤	1	0—15		重壤土		5.5	31.2	2.76	0.25	10.3			砂页岩	E 113°24′31.3″ N 24°12′37.1″	76
						2	15—60		重壤土		5.5	14.1	2.10	0.23	14.4	0.9	39			
						3	60—100		重壤土		5.8	9.9	2.40	0.25	18.6					
剖33	铁铝土	赤红壤	赤红壤	第四纪红泥地	红石红泥地	1	0—13		重壤土	团粒状	5.0	21.7	1.50	0.53	24.6			第四纪红土	E 113°23′33.7″ N 24°12′01.1″	98
						2	13—51		重黏土	小块状	5.2	8.8	0.81	0.46	25.9					
						3	51—100		重黏土	块状	5.1	11.2	0.70	0.34	26.3					
剖34	半水成土	潮土	潮土	潮砂泥地	潮泥地	A	0—13	棕色	中壤土	团粒状	6.7	7.2	0.77	0.31	26.7			河流冲积物	E 113°25′48.6″ N 24°11′32.0″	89
						P	13—21	浅灰棕色	重壤土	小块状	6.4	5.0	0.51	0.30	26.1		57			
						3	21—100	红灰棕色	中壤土	块状	6.6	6.6	0.53	0.28	8.5	0.9				
剖35	初育土	石灰（岩）土	红色石灰土	酸性岩石灰土	薄有机质层中层酸性石灰土	1	0—10		中壤土		5.2	27.7	1.45	0.22	10.5			砂页岩	E 113°32′46.7″ N 24°17′28.0″	82
						2	10—32		重壤土		5.2	9.1	0.75	0.24	13.4					
						3	32—100		重黏土		5.4	8.3	0.80	0.24	15.4					
剖36	人为土	水稻土	潴育水稻土	乌泥底田	乌泥底田	A	0—14	浅灰色	中壤土	团粒状	8.4	43.8	2.57	0.57	17.1			河流冲积物、各底冲积物	E 113°42′05.0″ N 24°17′21.1″	98
						P	14—20	灰黄色	重壤土	块状	8.5	27.9	1.63	0.44	16.8	微量	29			
						B	20—56	灰黄色	重壤土	块状	8.2	11.3	0.82	0.28	16.9					
						4	56—100		重壤土	块状	7.0	23.8	1.25	0.21	21.2					
剖37	初育土	石灰（岩）土	红色石灰土	酸性岩石灰土	酸性石灰土	1	0—10		重壤土		5.5	20.2	1.64	0.32	16.9	微量			E 113°30′57.6″ N 24°14′57.5″	76
						2	10—				5.8	50.9	2.82	0.41	18.2					

续表 Continued

剖面号 Soil profile	土纲 Soil order	土类 Soil great group	亚类 Soil subgroup	土属 Soil genus	土种 Soil species	土层码 Layer code	土层厚度 Depth/cm	颜色 Soil color	质地 Soil texture	土壤结构 Soil structure	pH	有机质 OM/(g/kg)	全氮 TN/(g/kg)	全磷 TP/(g/kg)	全钾 TK/(g/kg)	有效磷 AP/(mg/kg)	速效钾 AK/(mg/kg)	土壤母质 Parent material	剖面点坐标 Profile coordinate	匹配指数 Matching index/%
剖38	人为土	水稻土	潴育水稻土	炭质黑泥田	低黑泥格田	A	0-13	灰黄色	砂壤土	团块状	8.1	41.6	2.47	0.63	14.9				E 113°37′03.4″ N 24°13′52.0″	87
						P	13-19	灰黄色	中壤土	块状	8.2	31.7	1.83	0.35	15.3					
						W	19-42	浅灰黄色	砂壤土	块状	8.3	18.8	1.03	0.29	15.3					
						G	42-100	黑黄色	中壤土	团粒状	7.6	36.0	1.66	0.18	15.9					
剖39	人为土	水稻土	淹育水稻土	砂页岩红黄泥田	页红砂泥田	A	0-12	灰黄色	紧砂土	粒状	7.5	9.4	0.53	0.20	13.4			砂页岩坡积物	E 112°57′05.8″ N 24°08′27.2″	85
						P	12-32	浅灰黄色	轻壤土	粒状	6.6	4.3	0.34	0.15	16.8					
						C	32-100	浅黄黄色	轻壤土	糊烂状	6.8	3.1	0.28	0.12	18.6					
剖40	人为土	水稻土	沼泽型水稻土	冷浸田	冷浸田	A	0-11	棕灰色	中壤土	块状	6.0	32.6	2.04	0.51	11.8				E 112°52′54.8″ N 24°07′43.0″	81
						P	11-17	暗灰黄色	中壤土	块状	6.5	22.7	1.48	0.38	10.8					
						G	17-26	棕灰色	中壤土		7.1	15.0	1.12	0.39	9.9					
						4	26-100		重壤土		7.8	3.1	0.52	0.32	10.0					
剖41	人为土	水稻土	沼泽型水稻土	渍水田	渍水田	A	0-12	暗灰色	轻壤土	团粒状	8.2	29.4	1.62	0.34	8.6				E 112°56′57.1″ N 24°06′58.0″	82
						P	12-18	暗灰色	轻壤土	块状	8.2	31.6	1.81	0.41	8.5					
						G	18-50	暗灰黄色	中壤土	块状	8.2	11.7	0.68	0.18	8.6					
						C	50-100	浅棕黄色	重壤土	块状	8.1	12.0	0.62	0.16	16.9					
剖42	人为土	水稻土	潴育水稻土	河砂泥田	河黏土田	A	0-14	暗黄棕色	轻黏土	块状	6.0	31.5	1.86	0.45	22.6			河流淤积物	E 113°06′57.2″ N 24°09′30.2″	71
						P	14-21	灰灰黄色	中壤土	块状	6.6	31.6	1.34	0.38	23.5					
						W	21-40	暗黄橙色	轻壤土	小块状	7.4	13.5	0.96	0.45	24.5					
						C	40-100		轻黏土	块状	7.8	9.2	0.66	0.33	24.5					
剖43	铁铝土	赤红壤	赤红壤	花岗岩赤红壤	厚有机质层厚层花岗岩赤红壤	1	0-30		重壤土		5.8	19.1	0.70	0.14	5.1		26	花岗岩	E 113°11′30.1″ N 24°08′26.2″	88
						2	30-90		重壤土		6.0	7.0	0.39	0.17	6.1					
						3	90-100		重壤土		6.2	5.4	0.29	0.16	5.1					
剖44	铁铝土	赤红壤	赤红壤	砂页岩赤红壤	薄有机质层厚层砂页岩赤红壤	1	0-10		轻黏土		4.4	14.6	1.76	0.67	11.9	0.9	54	砂页岩	E 113°08′40.9″ N 24°06′37.4″	99
						2	10-98		重黏土		4.6	14.5	0.88	0.64	13.7					
						3	98-		轻黏土		5.1	8.8	0.69	0.66	11.7					
剖45	铁铝土	赤红壤	赤红壤	花岗岩赤红壤	薄有机质层中层花岗岩赤红壤	1	0-10		中壤土		6.0	20.1	0.94	0.14	2.7	0.4	51	花岗岩	E 113°07′15.6″ N 24°02′31.6″	87
						2	10-47		重壤土		5.7	14.8	0.62	0.22	6.3					
						3	47-100		重壤土		6.1	15.5	0.52	0.32	10.3					
剖46	人为土	水稻土	潴育水稻土	砂页岩赤红泥田	页砂泥田	1	0-17		轻壤土		6.4	25.3	1.26	0.42	16.6			砂页岩坡积物、谷底冲积物	E 113°24′04.0″ N 24°06′30.2″	87
						2	17-24		中壤土		6.9	16.9	0.91	0.31	15.9					
						3	24-100		重壤土		7.7	6.1	0.42	0.26	16.6					
剖47	人为土	水稻土	潴育水稻土	河流泥田	河黄泥底田	1	0-10		中壤土		6.2	19.1	1.18	0.40	18.8			河流冲积物	E 113°23′05.5″ N 24°05′37.4″	72
						2	10-16		重壤土		6.4	13.9	0.79	0.35	21.7					
						3	16-35		重壤土		6.8	9.8	0.67	0.36	22.6					
						4	35-72		重壤土		6.5	10.1	0.70	0.34	24.5					
剖48	人为土	水稻土	潴育水稻土	潮砂泥田	潮泥田	1	0-13		中壤土		7.7	29.5	1.66	0.62	20.9			河流冲积物	E 113°21′35.5″ N 24°05′16.8″	87
						2	13-19		中壤土		7.1	29.1	1.76	0.65	18.8					
						3	19-38		中壤土		8.3	17.4	1.13	0.54	19.7					
						4	38-72		中壤土		8.0	9.2	0.64	0.36	18.8					
						5	72-100		重壤土		7.9	7.7	0.65	0.27	14.4	1.7	31			
剖49	铁铝土	红壤	红壤	砂页岩红壤	厚有机层中层砂页岩红壤	1	0-22		砂壤土		5.5	16.1	0.69	0.29	9.2			砂页岩	E 113°17′43.3″ N 24°03′40.6″	70
						2	22-58		砂壤土		5.9	3.0	0.18	0.20	8.4					
						3	58-80		紧砂土		6.3	1.5	0.14	0.21	12.8					

续表 Continued

剖面号 Soil profile	土纲 Soil order	土类 Soil great group	亚类 Soil subgroup	土属 Soil genus	土种 Soil species	土层码 Layer code	土层厚度 Depth/cm	颜色 Soil color	质地 Soil texture	土壤结构 Soil structure	pH	有机质 OM/(g/kg)	全氮 TN/(g/kg)	全磷 TP/(g/kg)	全钾 TK/(g/kg)	有效磷 AP/(mg/kg)	速效钾 AK/(mg/kg)	土壤母质 Parent material	剖面点坐标 Profile coordinate	匹配指数 Matching index/%
剖50	人为土	水稻土	潴育水稻土	宽谷冲积土田	黄泥底砂质田	A	0—15	暗棕黄色	砂壤土	粒状	6.5	21.6	1.37	0.47	12.4			冲积物	E 113°36′52.6″ N 24°09′25.6″	77
						P	15—27	暗棕黄色	砂壤土	块状	6.5	12.8	0.82	0.34	11.9					
						W	27—43	浅灰黄色	轻壤土	块状	6.9	3.2	0.34	0.26	15.1					
						BC	43—100	浅灰黄色	砂壤土	碎块状	7.0	2.3	0.20	0.28	14.9					
剖51	铁铝土	赤红壤	赤红壤	片岩赤红黄壤	薄有机质层中层片岩赤红壤	1	0—10		中壤土		4.8	49.9	2.11	0.28	16.9	2.2	61	片岩	E 113°38′36.2″ N 24°07′49.4″	85
						2	10—32		中壤土		4.8	46.7	1.00	0.26	16.9					
						3	32—		中壤土		5.3	8.2	0.64	0.27	18.8					
剖52	人为土	水稻土	潴育水稻土	宽谷冲积土田	宽谷砂泥田	1	0—15		轻壤土		6.6	21.1	1.26	0.28	13.3	6.5	22	宽谷冲积物	E 113°30′19.4″ N 24°05′06.0″	83
						2	15—22		轻壤土		6.6	10.1	0.68	0.17	13.3					
						3	22—42		轻壤土		7.0	5.4	0.41	0.14	15.1					
						4	42—51		重壤土		6.7	6.6	0.54	0.27	5.1					
						5	51—76		轻黏土		7.2	4.9	0.42	0.14	22.8					
						6	76—100		重壤土		7.1	3.0	0.42	0.17						
剖53	人为土	水稻土	潜育水稻土	冷底田	铁锈水田	A	0—17	暗黄棕色	轻壤土	棕状	8.0	27.9	1.60	0.35	13.4				E 113°46′12.7″ N 24°07′11.6″	91
						P	17—23	暗黄棕色	轻壤土	块状	8.1	22.1	1.36	0.31	13.4					
						G	23—57	褐色	轻壤土	块状	8.3	18.5	1.12	0.26	12.6					
						4	57—		轻壤土		7.8	19.1	1.15	0.31	15.5					
剖54	铁铝土	红壤	红壤	砂页岩红壤	厚有机质层厚层砂页岩红壤	1	0—18		砂壤土		5.2	26.0	1.74	0.28	9.2	3.5	58	砂页岩	E 113°48′00.4″ N 24°05′04.2″	95
						2	18—35		中壤土		5.4	18.3	1.00	0.22	11.9					
						3	35—70		轻壤土		5.4	12.0	0.78	0.24	15.4					
剖55	铁铝土	赤红壤	赤红壤	花岗岩赤红壤	浅眼田	1	0—20	灰黄棕色	重壤土	糊状	5.3	5.5	0.28	0.08	14.8			花岗岩	E 113°14′10.7″ N 23°59′29.0″	77
						2	20—60	青灰色	中壤土	糊状	4.9	27.8	0.98	0.11	17.4					
剖56	人为土	水稻土	沼泽型水稻土	烂泥田	烂眼田	A	0—20	褐色	轻壤土	团粒状	7.1	29.8	1.56	0.44	14.9		35		E 113°12′52.9″ N 23°57′22.7″	94
						G	20—50	棕色	轻壤土	块状	7.9	23.7	0.95	0.28	14.3					
剖57	人为土	淹育水稻土	砂页岩红泥田	页红砂泥田	A	0—10	棕色	中壤土	团块状	6.3	21.9	1.23	0.28	15.3			砂页岩残积物	E 113°04′59.9″ N 23°56′21.1″	85
						P	10—17	棕色	中壤土	块状	6.9	15.3	0.90	0.22	13.6					
						B	17—57	暗灰黄色	重壤土	块状	8.0	6.9	0.45	0.17	16.9		77			
						C	57—100	黄棕色	重壤土	块状	8.1	5.3	0.37	0.14	16.1					
剖58	铁铝土	赤红壤	赤红壤	砂页岩赤红壤	薄有机质层薄层砂页岩赤红壤	1	0—4		中黏土		4.8	38.8	1.66	0.44	26.1			砂页岩	E 113°20′17.2″ N 23°57′24.8″	77
						2	4—30		中壤土		5.0	10.1	0.86	0.32	24.6					
						3	30—100		中壤土											
剖59	铁铝土	红壤	红壤	砂页岩红壤		1	0—10		中壤土		5.6	17.6	0.79	0.40	11.9	0.4	36	砂页岩	E 113°24′23.8″ N 23°56′57.9″	83
						2	10—60		中壤土		6.0	10.6	0.56	0.44	12.7					

连 州 市

主要土类说明

红壤是连州市主要土壤类型，占本市地域面积的41%。成土母质主要为花岗岩、砂页岩、片岩风化物以及第四纪红土等。红壤主要发生于亚热带常绿阔叶林下，呈中度脱硅富铝化特征，土壤黏粒中游离铁占全铁的50%—60%。黏土矿物以高岭石、赤铁矿为主，黏粒硅铝率为1.8—2.4，风化淋溶系数小于0.20，盐基饱和度小于35%，pH为4.5—5.5。红壤具深厚的红色土层，底层可见深厚的红、黄、白相间的网纹状红色黏土。

黄壤是连州市第二大土壤类型，占本市地域面积的25%，主要分布在海拔700m以上的中低山区。成土母质主要为花岗岩、砂页岩风化物。由于黄壤所处地区地势较高，云雾多，日照少，湿度大，气温低，因此土壤经常保持湿润状态，盐基饱和度低，富铝化作用较弱，呈酸性至强酸性，土体呈黄色，有机质含量较高，剖面构型为O-A-AB-B-C。

水稻土是连州市第三大土壤类型，占本市地域面积的13%，主要分布在低山、丘陵、槽谷和河谷台地。成土母质主要为花岗岩、砂页岩、石灰岩、第四纪红土以及河流冲积物。在长期水耕施肥等措施的作用下，土壤内部进行着氧化还原交替、有机质合成与分解、盐基淋溶与复盐基作用的熟化过程，促使土壤性状发生改变，从而形成特有的剖面形态、理化和生物特性。本市水稻土分为淹育型、潴育型、潜育型、渗育型、沼泽型、矿毒型等亚类。其中，潴育水稻土面积最大，占本土类面积的90%，耕作历史悠久，排灌条件较好，土壤熟化程度高，在长期干湿交替耕作条件下形成了黄棕色的铁锈斑纹，在犁底层下出现明显的潴育层。潴育水稻土剖面层次较完整，通常由耕作层、犁底层、潴育层、母质层组成，有的水稻土在潴育层之下有潜育层出现，但潜育层一般出现在土体60cm以下深处，对水稻生长影响不大。

石灰（岩）土占本市地域面积的11%。本市石灰（岩）土分为红色石灰土、黑色石灰土等亚类。红色石灰土由石灰岩风化物经淋溶脱钙发育而成，大部分岩石裸露，植被稀少，地表径流大，碳酸钙流失严重，铁锰向下移动，富铝化作用明显，土壤多呈酸性，但也有部分土壤淋溶作用不强，呈碱性。黑色石灰土主要发育于石灰岩风化物，多分布在石隙间或低洼处，有机质含量较高，土壤呈中性，耕作层呈深灰色或黑色，自然肥力较高。

紫色土占本市地域面积的8%，由紫色砂页岩风化发育而成。由于紫色砂页岩物理风化作用强烈，化学风化作用较弱，因此土壤的侵蚀和堆积作用明显，钾含量较高，有机质及氮含量较低，土体多呈碎块状结构，易耕种，适种性较广。本市紫色土分为酸性紫色土和石灰性紫色土两个亚类。

小于本市地域面积3%的土壤类型有石质土。

本区域中心区气候特征

本区域中心区气候特征值
Regional climate characteristics in central area of the region

气候带：中亚热带湿润气候 Climate region: Subtropical humid climate	
年平均气温 /℃ Annual average temperature /℃	19.7
年平均最高气温 /℃ Annual average maximum temperature /℃	24.3
年平均最低气温 /℃ Annual average minimum temperature /℃	16.4
年降水量 /mm Annual precipitation /mm	1506
≥10℃的积温 /℃ Daily temperature accumulated in a year（≥10℃）/℃	7481
年日照时数 /h Annual sunshine /h	1581
年平均相对湿度 /% Annual average relative humidity /%	77
干燥度 Dryness	0.77

本区域中心区月平均气温与月平均降水量
Monthly temperature and precipitation in central area of the region

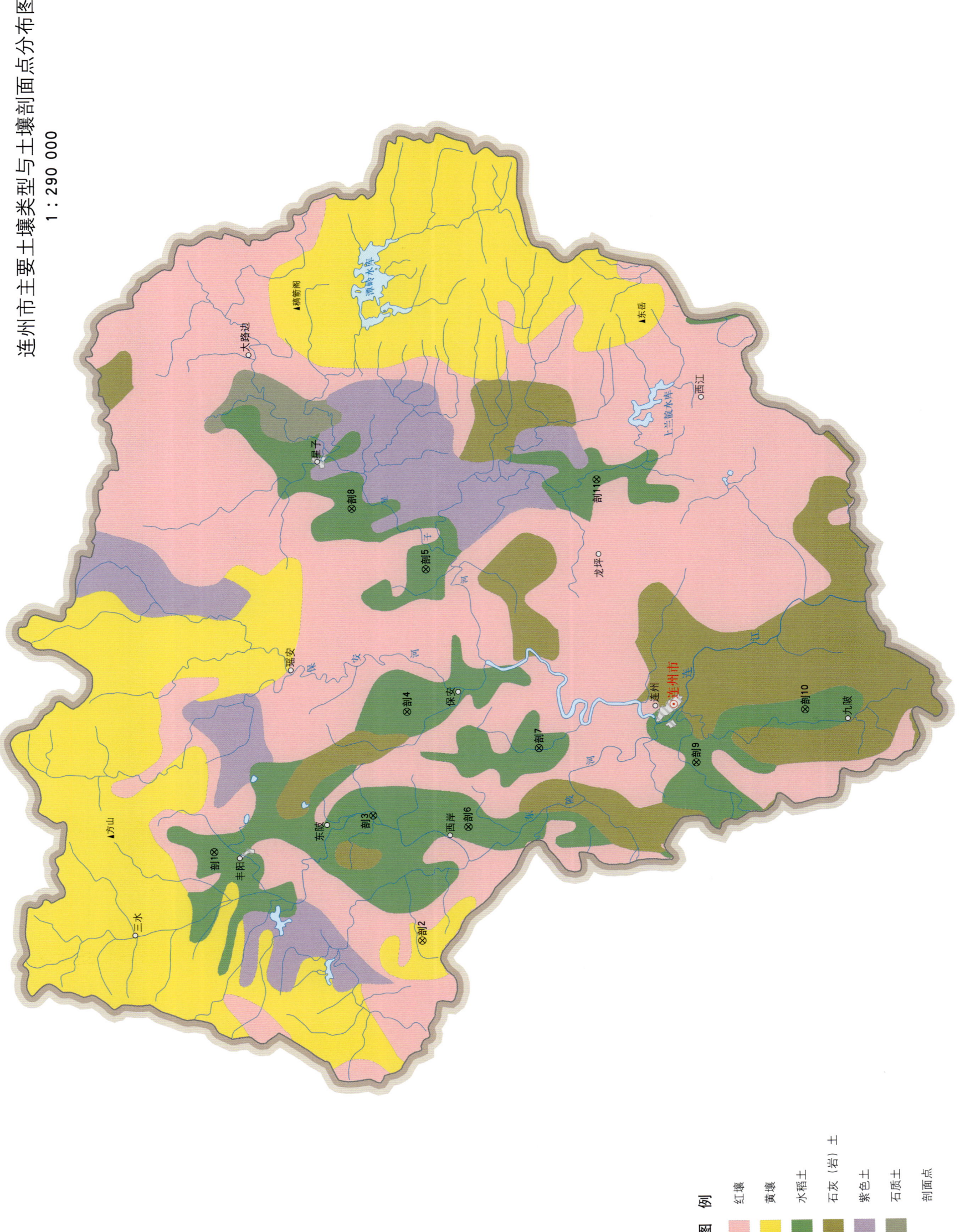

连州市土壤剖面理化性状表

剖面号 Soil profile	土纲 Soil order	土类 Soil great group	亚类 Soil subgroup	土属 Soil genus	土种 Soil species	土层码 Layer code	土层厚度 Depth/cm	颜色 Soil color	质地 Soil texture	土壤结构 Soil structure	pH	有机质 OM/(g/kg)	全氮 TN/(g/kg)	全磷 TP/(g/kg)	全钾 TK/(g/kg)	碱解氮 AN/(mg/kg)	有效磷 AP/(mg/kg)	速效钾 AK/(mg/kg)	土壤母质 Parent material	剖面点坐标 Profile coordinate	匹配指数 Matching index/%
剖1	人为土	水稻土	潴育水稻土	石灰板结田	石灰板结牛肝土田	A	0—15	紫棕色	重壤土	块状	7.8	49.6	2.33	0.37	10.2	149	11.4	71		E 112°16′42.2″ N 25°04′04.2″	94
						P	15—26	紫棕色	重壤土	块状	7.4	42.7	1.97	0.28	9.7	124	4.8	62			
						W	26—60	紫棕色	重壤土	块状	7.6	35.4	1.50	0.22	10.2	101	1.3	71			
						C	60—100	紫棕色	轻黏土	块状	7.7	30.2	1.47	0.26	12.1	84	1.7	75			
剖2	铁铝土	黄壤	黄壤	砂页岩黄壤		A	0—8	灰黄色	中壤土	粒状	5.0	27.4	1.11	0.13	21.0	98		199	砂页岩	E 112°12′45.9″ N 24°56′18.8″	89
						B	8—40	黄橙色	重壤土	块状	5.4	10.1	0.59	0.02	34.3	36	8.3	49			
剖3	人为土	水稻土	潴育水稻土	河砂泥田	河黄泥底田	A	0—18	灰黄色	砂壤土	粒状	6.2	28.8	1.78	0.40	20.3	181	2.2	119	河流冲积物	E 112°18′07.0″ N 24°58′04.4″	86
						P	18—26	灰黄色	轻壤土	块状	5.7	18.0	0.95	0.26	20.2	104	2.2	62			
						W	26—83	棕黄色	砂壤土	粒状	6.9	6.8	0.43	0.28	16.8	59	1.7	67			
						C	83—	棕黄色	中壤土	块状	6.5	6.6	0.53	0.29	23.7	62		59			
剖4	人为土	水稻土	潴育水稻土	砂页岩红泥田	页红泥田	A	0—15	灰棕色	重壤土	块状	5.0	26.6	1.41	0.41	13.2	92	4.8	193	砂页岩	E 112°22′30.4″ N 24°56′43.8″	86
						P	15—24	灰棕色	中壤土	块状	4.9	15.3	1.01	0.37	13.6	64	6.1	149			
						W	24—48	棕色	重壤土	块状	5.5	6.1	0.65	0.26	14.9	39	2.6	117			
						C	48—100	棕黄色	中壤土	块状	6.9	10.2	0.82	0.27	16.1	42	1.7	98			
剖5	人为土	水稻土	潴育水稻土	石灰板结田	石灰板结黄泥田	A	0—16	灰黄棕色	重壤土	块状	7.9	41.4	2.96	0.66	5.2	175	10.0	121	砂页岩	E 112°28′31.4″ N 24°55′55.7″	73
						P	16—24	黄黄棕色	重壤土	块状	7.9	39.4	2.48	1.36	5.6	142	7.4	80			
						W	24—78	棕红色	重壤土	块状	8.2	10.1	0.73	0.45	5.7	48	3.9	70			
						C	78—100	棕红色	重壤土	块状	8.0	2.5	0.25	0.27	0.6	31	2.2	75			
剖6	人为土	水稻土	潴育水稻土	洪积红黄泥田	洪积泥田	A	0—17	棕灰色	重壤土	块状	5.9	45.4	2.12	0.33	16.8	181	6.5	138	洪积物	E 112°17′33.9″ N 24°54′30.3″	90
						P	17—35	灰黄色	重壤土	块状	6.2	24.3	1.50	0.18	9.5	105	3.1	106			
						W	35—60	棕色	中壤土	块状	6.6	13.0	0.77	0.24	9.0	70	3.1	70			
						C	60—100	棕色	中壤土	块状	6.8	12.5	0.74	0.19	9.6	96	3.1	78			
剖7	人为土	水稻土	潴育水稻土	砂页岩红泥田	页砂泥田	A	0—18	灰黄色	重壤土	块状	6.4	20.4	1.22	0.22	9.0	158	2.2	76	砂页岩	E 112°20′51.0″ N 24°51′48.2″	82
						P	18—29	棕黄色	轻壤土	块状	7.0	13.2	0.74	0.17	7.9	98		61			
						W	29—50	浅棕色	重壤土	块状	7.8	3.6	0.34	0.15	7.7	75		67			
						C	50—100	棕红色	中壤土	块状	8.7	3.2	0.38	0.17	12.0	84		85			
剖8	人为土	水稻土	潴育水稻土	河砂泥田	河泥田	A	0—14	灰黄棕色	中壤土	块状	5.9	34.0	1.86	0.47	26.0	178	6.5	61	河流冲积物	E 112°31′08.8″ N 24°58′40.1″	80
						P	14—27	棕黄色	中壤土	块状	6.3	27.9	1.31	0.44	28.2	121	3.1	58			
						W	27—62	栗色	中壤土	块状	6.7	16.3	1.00	0.51	24.0	115	3.1	44			
						C	62—100	栗色	中壤土	块状	7.1	9.1	0.31	0.58	24.6	58	4.8	41			
剖9	人为土	水稻土	潴育水稻土	泥肉田	油田	A	0—17	灰黄棕色	中壤土	块状	8.2	22.3	1.47	0.31	6.9	100	1.7	106	洪积物	E 112°20′07.5″ N 24°45′54.6″	83
						P	17—29	暗黄棕色	轻黏土	块状	8.3	15.8	0.95	0.39	8.2	69	3.1	95			
						W	29—55	黄棕色	重壤土	块状	8.3	10.4	0.60	0.38	7.7	62	3.1	104			
						C	55—130	棕红色	中壤土	块状	8.1	8.3	0.46	0.51	7.1	34	0.9	89			
剖10	人为土	水稻土	潴育水稻土	黑色石灰土田	灰泥田	A	0—14	灰棕色	重壤土	块状	7.7	34.2	1.47	0.55	8.9	98	5.2	100		E 112°22′17.6″ N 24°41′47.9″	97
						P	14—23	黄棕色	重壤土	块状	7.7	23.2	1.07	0.47	8.4	75	4.8	79			
						W	23—110	黄棕色	重壤土	块状	7.7	23.2	1.17	0.32	10.2	94	1.7	71			
						C	110—140	黄棕色	重壤土	块状	6.5	22.4	2.37	0.35	11.1	88	1.3	79			
剖11	人为土	水稻土	渗育水稻土	白鳝泥田	白鳝泥底田	A	0—13	灰黄色	轻黏土	块状	7.4	28.6	1.48	0.29	17.9	135	3.5	44		E 112°32′12.5″ N 24°49′27.8″	71
						P	13—36	灰白色	中黏土	块状	8.0	11.2	0.80	0.21	13.9	69	3.1	61			
						E	36—100	灰白色	中黏土	块状	8.0	10.6	0.58	0.17	10.5	92	3.1	62			

东莞市

市辖区

主要土类说明

水稻土是东莞市主要土壤类型，占本市地域面积的44%。水稻土是在长期的季节性淹灌、水下翻耕、季节性脱水、氧化还原交替影响下，原来的成土母质或母土的特性发生重大改变，形成的新的土壤类型。由于干湿交替，水稻土形成糊状的淹育层、较坚实板结的犁底层、渗育层、潴育层与潜育层等多种发生层。这些不同的发生层是在人为耕作、水浆管理下形成的。本市水稻土分为淹育型、潴育型、渗育型、潜育型、沼泽型、盐渍型等亚类。其中，潴育水稻土面积最大，分布在盆地、谷地、丘间宽谷平原以及东江下游、珠江三角洲冲积平原，以围田居多；潜育水稻土分布在山地丘陵的低垄田；淹育水稻土分布在沿丘陵缓坡开垦的梯田、高岗田；盐渍水稻土分布在沿海的沙咸田区。

赤红壤是东莞市第二大土壤类型，占本市地域面积的38%，主要分布在海拔500m以下的丘陵、岗地。成土母质主要为花岗岩、砂页岩等风化物。成土过程具有明显的脱硅富铝化特征。赤红壤具有深厚的红色风化壳，是南亚热带向热带过渡的具有代表性的地带性土壤。土壤质地多为轻黏土至中壤土，土层一般比较深厚。

小于本市地域面积3%的土壤类型有石质土、潮土、新积土和黄壤。

本区域中心区气候特征

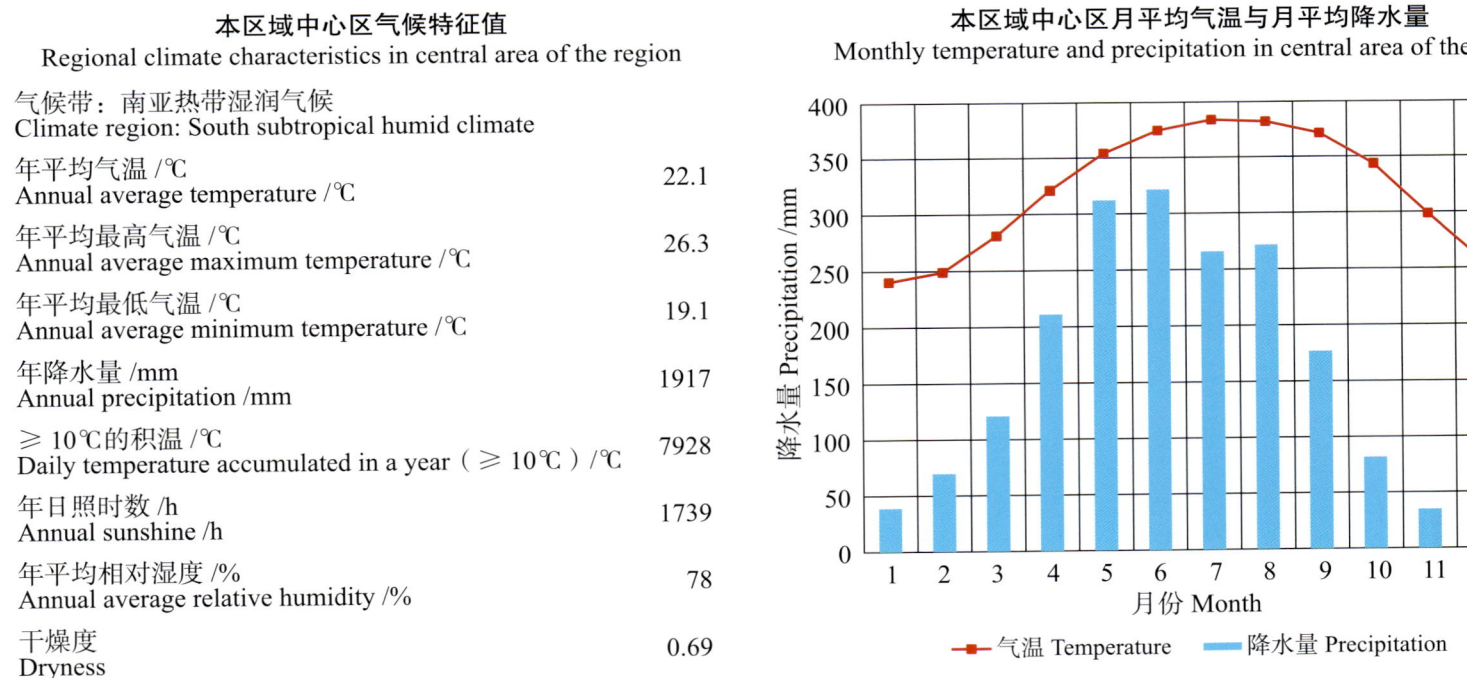

本区域中心区气候特征值
Regional climate characteristics in central area of the region

气候带：南亚热带湿润气候 Climate region: South subtropical humid climate	
年平均气温 /℃ Annual average temperature /℃	22.1
年平均最高气温 /℃ Annual average maximum temperature /℃	26.3
年平均最低气温 /℃ Annual average minimum temperature /℃	19.1
年降水量 /mm Annual precipitation /mm	1917
≥10℃的积温 /℃ Daily temperature accumulated in a year (≥10℃) /℃	7928
年日照时数 /h Annual sunshine /h	1739
年平均相对湿度 /% Annual average relative humidity /%	78
干燥度 Dryness	0.69

本区域中心区月平均气温与月平均降水量
Monthly temperature and precipitation in central area of the region

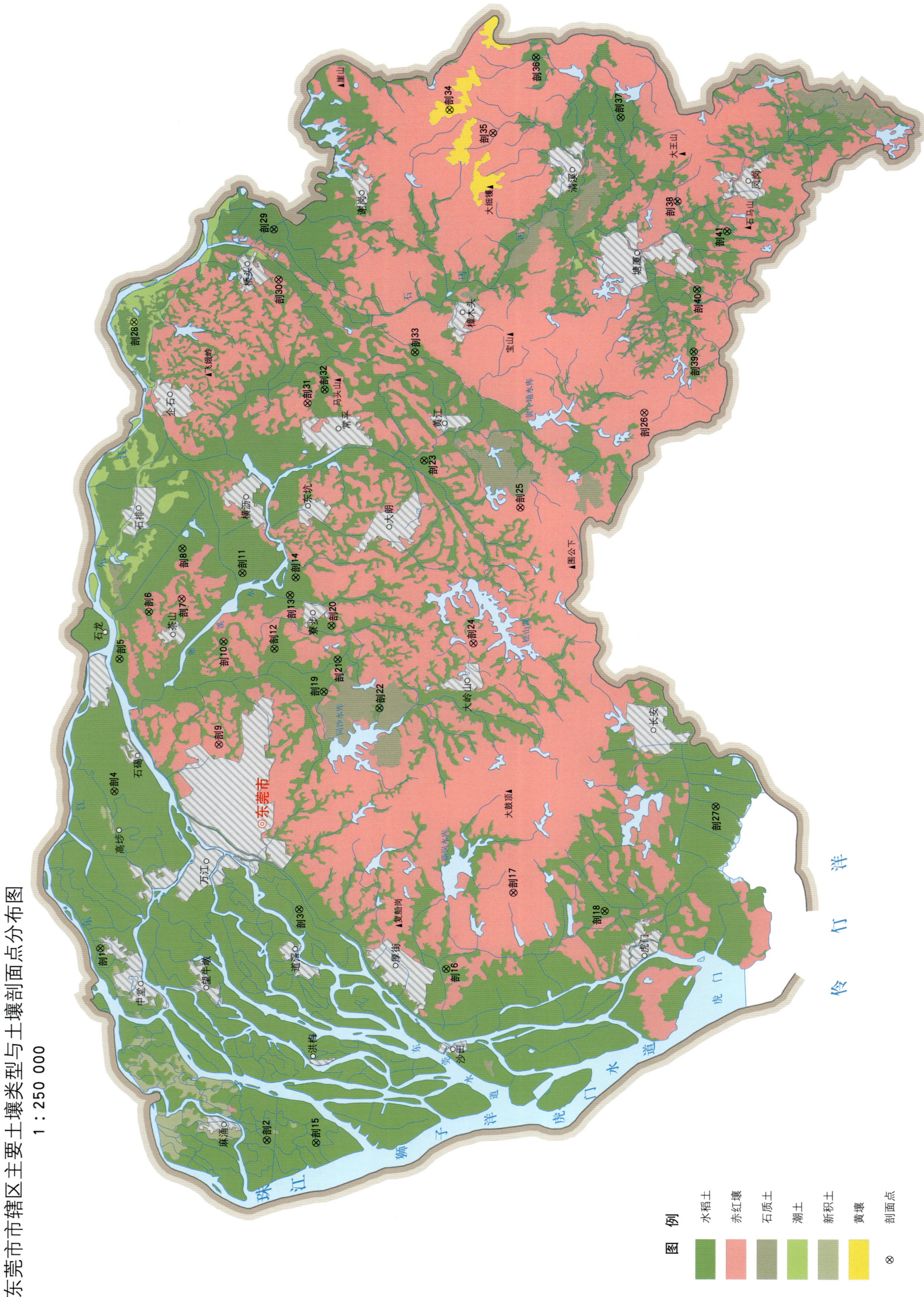

东莞市市辖区主要土壤类型与土壤剖面点分布图

1 : 250 000

东莞市土壤剖面理化性状表

剖面号 Soil profile	土纲 Soil order	土类 Soil great group	亚类 Soil subgroup	土属 Soil genus	土种 Soil species	土层码 Layer code	土层厚度 Depth/cm	颜色 Soil color	质地 Soil texture	土壤结构 Soil structure	pH	有机质 OM/(g/kg)	全氮 TN/(g/kg)	全磷 TP/(g/kg)	全钾 TK/(g/kg)	碱解氮 AN/(mg/kg)	有效磷 AP/(mg/kg)	速效钾 AK/(mg/kg)	阳离子交换量CEC/(cmol/kg)	土壤母质 Parent material	剖面点坐标 Profile coordinate	匹配指数 Matching index/%
剖1	人为土	水稻土	潴育水稻土	东江沉积土田	半砂泥田	A	0–15	暗灰色	中壤土	团粒状	4.5	19.6	0.88	0.38	24.1	95	17.0	46	4.9	沉积物	E 113°40′33.6″ N 23°06′48.6″	84
						P	15–27	黄灰色	重壤土	块状	5.8	10.1	0.48	0.37	25.3	43	2.2	37				
						W	27–100	浅灰色	中壤土	柱状	6.3	4.5	0.22	0.34	27.3	18	6.5	28				
剖2	人为土	水稻土	盐渍水稻土	反酸田	中硎田	A	0–18	灰黄色	中壤土	块状	4.2	38.5	1.69	0.50	24.9	137	10.9	56		沉积冲积物	E 113°33′25.6″ N 23°01′24.6″	95
						P	18–35	灰黄色	中黏土	块状	4.0	26.5	1.34	0.45	24.6	139	10.0	52				
						G	35–100	浅黑色	轻黏土	块状	2.9	40.7	1.34	0.25	25.8	115	5.2	7	10.2			
剖3	人为土	水稻土	潴育水稻土	东江沉积土田	黏土田	A	0–15	褐灰色	轻黏土	团粒状	4.7	24.6	1.26	0.48	21.2	77	17.0	59		沉积物	E 113°41′51.7″ N 23°00′13.0″	100
						P	15–23	褐色	轻黏土	块状	4.8	18.8	1.02	0.38	22.6	71	8.3	63				
						W	23–80	褐灰色	轻黏土	柱状	4.5	15.3	0.73	0.24	24.1	39	4.4	41				
剖4	人为土	水稻土	潴育水稻土	泥肉田	泥肉田	A	0–17	黄褐色	中壤土	团粒状	5.1	19.4	0.87	0.40	23.2	92	17.0	52	8.1		E 113°46′20.6″ N 23°06′14.4″	74
						P	17–37	黄褐色	重壤土	大块状	6.6	20.8	0.55	0.32	22.9	53	3.5	32	27.0			
						W	37–62	黄灰色	中壤土	柱状	6.6	21.6	0.32	0.32	24.0	29	6.5	32	31.2			
剖5	人为土	水稻土	潴育水稻土	潮砂泥田	潮砂田	A	0–22	深灰色	中壤土	微团状	5.4	18.6	1.04	0.53	21.0	118	35.4	57	9.0	河流冲积物	E 113°51′13.7″ N 23°05′58.9″	84
						P	22–33	灰色	中壤土	块状	5.7	16.3	0.85	0.55	21.3	83	28.8	30				
						W	33–97	棕灰色	中壤土	柱状	7.7	4.6	0.34	0.36	24.8	34	7.9	32				
						C	97–100	黄棕色	轻壤土	粒状	7.7	4.6	0.34	0.36	24.8	34	7.9	32				
剖6	人为土	水稻土	沼泽型水稻土	泥炭泥土田	泥炭底田	A	0–14	暗灰色	轻壤土	块状	5.1	27.8	1.23	0.33	19.6	102	4.8	64	11.5	河流冲积物、宽谷洪积物	E 113°52′55.9″ N 23°04′58.8″	79
						P	14–27	灰蓝色	轻壤土	块状	6.0	29.6	1.17	0.33	18.7	89	2.2	41				
						G_1	27–33	黑色	轻壤土	块状	4.6	15.0	0.50	0.13	19.2	32	7.9	45				
						G_2	33–64	灰白色	轻壤土	块状	4.6	15.0	0.50	0.13	19.2	32	7.9	45				
						E	64–100	灰白色	轻壤土	柱状												
剖7	铁铝土	赤红壤	赤红壤	花岗岩赤红地	赤龙气地	1	0–27		轻壤土		5.0	33.7	1.61	0.48	9.0	39	4.8	28		花岗岩	E 113°53′23.6″ N 23°03′53.3″	75
						2	27–100		中壤土		5.6	5.8	0.22	0.24	3.7	30	25.3	41				
剖8	人为土	水稻土	潴育水稻土	河砂泥田	河泥田	A	0–14	暗褐色	中壤土	团粒状	4.8	26.3	1.25	0.45	22.5	148	7.0	75		河流冲积物	E 113°55′14.9″ N 23°03′49.3″	82
						P	14–18	灰黄褐色	中壤土	块状	5.6	17.6	0.89	0.49	21.7	90	1.7	33				
						W	18–100	灰白色	重壤土	块状	4.5	14.7	0.72	0.46	21.3	73	2.2	46				
剖9	铁铝土	赤红壤	赤红壤	红色砂页岩赤红地	红石子土地	A	0–23	浅红色	紧砂土	粒状										红色砂页岩	E 113°48′00.5″ N 23°02′45.8″	100
						C	23–100	黄褐色	轻壤土	块状												
剖10	人为土	水稻土	潴育水稻土	炭质黑泥田	黑泥砂田	1	0–18		中壤土		8.6	27.3	1.30	0.45	6.4	99	8.7	24			E 113°51′47.2″ N 23°02′32.3″	81
						2	18–26		中壤土		8.6	17.2	0.75	0.35	7.0	58	9.2	16				
						3	26–68		轻壤土		5.6	9.9	0.36	0.21	5.7	39	6.1	16				
剖11	人为土	水稻土	潴育水稻土	河砂泥田	河黏土田	A	0–15	灰色	中壤土	块状	4.6	26.3	1.48	0.56	19.4	133	4.8	81		河流冲积物	E 113°54′18.0″ N 23°01′52.0″	76
						P	15–33	灰色	重壤土	块状	4.5	16.6	0.91	0.26	20.3	68	微量	41				
						W	33–80	灰白色	砂壤土	柱状	4.7	8.5	0.37	0.22	22.7	31	微量	37				
						G	80–100	灰蓝色	中壤土													
剖12	人为土	水稻土	潴育水稻土	乌泥底田	乌泥底田	A	0–14	暗灰色	中壤土	块状	5.8	32.9	1.55	0.53	21.2	131	5.7	45			E 113°51′29.2″ N 23°00′51.5″	89
						P	14–23	浅灰色	中黏土	块状	6.5	22.4	1.09	0.41	21.3	87	4.8	37				
						G	23–42	浅灰色	中黏土	块状	5.7	16.3	0.74	0.47	22.7	62	7.0	54				
						C	42–100	浅棕色	中黏土	块状												

续表 Continued

剖面号 Soil profile	土纲 Soil order	土类 Soil great group	亚类 Soil subgroup	土属 Soil genus	土种 Soil species	土层码 Layer code	土层厚度 Depth/cm	颜色 Soil color	质地 Soil texture	土壤结构 Soil structure	pH	有机质 OM/(g/kg)	全氮 TN/(g/kg)	全磷 TP/(g/kg)	全钾 TK/(g/kg)	碱解氮 AN/(mg/kg)	有效磷 AP/(mg/kg)	速效钾 AK/(mg/kg)	阳离子交换量CEC/(cmol/kg)	土壤母质 Parent material	剖面点坐标 Profile coordinate	匹配指数 Matching index/%
剖13	人为土	水稻土	潴育水稻土	青泥格田	砂泥青泥格田	A	0—13	灰白色	轻壤土	团粒状	8.4	23.0	1.07	0.31	5.8	83	9.6	34	8.8		E 113°53′26.9″ N 23°00′18.4″	88
						P	13—28	黄灰色	轻壤土	块状	8.8	16.3	0.77	0.29	5.0	56	7.9	29				
						Wg	28—49	黄砂色	紧砂土	块状	7.8	3.1	0.19	0.15	2.5	14	3.1	16				
						G	49—70	黑灰色	紧砂土	块状												
						C	70—100	黄色	砂壤土	块状												
剖14	人为土	水稻土	渗育水稻土	白鳝泥田	白鳝泥底田	A	0—11	灰黄色	中壤土	团粒状	5.1	24.6	1.21	0.36	4.1	114	7.9	20			E 113°54′05.4″ N 23°00′06.1″	79
						P	11—17	黄黄色	中壤土	块状	5.1	24.6	1.21	0.36	4.1	114	7.9	20				
						E	17—29	褐黄色	重壤土	柱状	5.8	16.2	0.79	0.28	6.3	58	1.7	26				
						C	29—100	浅红色	紧砂土	柱状	5.2	2.6	0.22	0.21	5.0	13	2.2	21				
剖15	人为土	水稻土	潴育水稻土	三角洲沉积土田	黎质田	A	0—15	黄褐色	中壤土	团粒状	4.5	29.8	1.45	0.50	24.5	132	17.0	92			E 113°33′18.0″ N 22°59′47.4″	89
						P	15—25	黄褐色	中壤土	块状	4.7	24.1	1.14	0.52	18.1	100	11.4	64				
						W	25—100	黄色	重壤土	块状	4.1	23.5	0.97	0.43	21.1	75	微量	154				
剖16	人为土	水稻土	潴育水稻土	河砂泥田	河泥泥田	A	0—15	暗黄色	重壤土	块状	8.1	39.0	1.76	0.47	12.3	125	7.0	35	8.8	沉积物	E 113°39′34.3″ N 22°55′23.2″	88
						P	15—25	灰色	重壤土	块状	8.0	35.7	1.68	0.40	23.1	129	5.2	26				
						W	25—51	浅黄色	轻壤土	块状	6.5	17.7	0.69	0.48	21.2	57	2.2	21				
						G	51—100	浅红色	轻壤土	柱状	6.5	17.7	0.69	0.48	21.2	57	2.2	21			河流冲积物		
剖17	铁铝土	赤红壤		花岗岩赤红壤		A	0—16	黄褐色	中壤土	少量团块状	5.0	19.5	0.80	0.31	43.9	77	2.2	80	3.9	花岗岩	E 113°12′20.5″ N 22°53′07.4″	86
						B	16—35	灰黄色	重壤土	块状	5.3	12.0	0.51	0.31	32.9	49	微量	38				
						C	35—80	红黄色	轻壤土	块状												
剖18	人为土	水稻土	潴育水稻土	三角洲沉积土田	砂泥土田	A	0—18	棕色	中壤土	微团状	5.4	13.7	0.65	0.18	18.8	64	4.8	12		沉积物	E 113°41′36.2″ N 22°50′07.1″	81
						P	18—25	黄褐色	中壤土	块状	8.0	3.3	0.16	0.11	11.9	111	3.9	144				
						W	25—40	褐色	轻壤土	柱状	7.7	3.5	0.10	0.06	13.9	6	2.2	25				
						C	40—100	黄黑色	重壤土	大块状												
剖19	人为土	水稻土	潴育水稻土	砂泥青泥格田	砂质青泥格田	1	0—15	浅灰色	中壤土	团粒状	5.0	22.5	1.03	0.19	17.3	98	3.9	34	4.5		E 113°49′52.6″ N 22°59′15.4″	90
						2	15—22	浅灰棕色	轻壤土	块状	5.6	15.0	0.67	0.14	16.6	60	1.7	17				
						3	22—40	棕色	轻壤土	块状	5.8	4.9	0.13	0.07	18.9	11	1.7	17				
剖20	人为土	渗育水稻土		宽谷冲积土田	宽谷砂泥田	A	0—15	灰黄色	轻壤土		5.4	19.1	0.81	0.30	8.0	80	8.7	32	3.1	冲积物	E 113°52′17.6″ N 22°58′57.3″	94
						P	15—29	红棕色	中壤土	块状	5.7	9.7	0.47	0.22	9.6	47	2.2	24				
						C	29—42	灰蓝色	重壤土	块状	5.7	11.9	0.48	0.20	12.7	47	2.6	33				
						C	42—100	红棕色	重壤土	块状												
剖21	人为土	沼泽型水稻土		白鳝泥田	白鳝砂泥田	1	0—16	灰黄色	中壤土	团粒状	5.6	23.6	1.21	0.28	11.7	104	10.0	32		砂页岩	E 113°51′02.9″ N 22°58′46.2″	91
						2	16—31	浅黄色	中壤土	块状	6.8	29.6	1.26	0.22	10.7	89	2.6	33				
						3	31—100	浅红棕色	轻壤土	块状	6.7	20.1	0.87	0.26	14.1	59	3.5	43				
剖22	人为土	淹育水稻土		烂淀田	浊眼田	A	0—16	浅灰色	中壤土	团粒状	6.6	26.2	1.17	0.38	6.5	118	7.0	33			E 113°49′14.2″ N 22°57′25.9″	95
						P	16—28	红棕色	轻壤土	块状	6.0	19.7	0.82	0.28	5.9	80	5.7	24				
						G	28—100	灰黄色	轻壤土	块状	6.3	13.9	0.60	0.20	5.3	78	5.2	28				
剖23	人为土	潴育水稻土		页红岩赤红黄泥田	页红砂泥田	A	0—18	红棕色	重壤土	团粒状	8.1	23.5	1.10	0.38	8.4	85	26.2	45		砂页岩	E 113°58′18.5″ N 22°55′46.6″	83
						P	18—28	红色	中壤土	块状	8.2	8.5	0.36	0.17	10.5	33	1.7	28				
						B	28—47	灰黄色	中壤土	块状	7.8	3.7	0.17	0.13	15.1	11	0.9	34				
						C	47—100	红色	中壤土	大块状	7.8	3.7	0.17	0.13	15.1	11	0.9	34				
剖24	铁铝土	赤红壤		砂页岩赤红地	砂泥地	A	0—21	黄棕色	紧砂土	粒状	5.5	7.3	0.28	0.26	1.6	34	4.4	16	1.6	砂页岩	E 113°51′32.1″ N 22°54′17.0″	72
						C	21—100	红棕色	中壤土	块状	5.6	6.5	0.27	0.21	4.6	30	微量	17				
剖25	铁铝土	赤红壤		砂页岩赤红壤	砂泥赤红壤	1	0—21		轻壤土		5.1	7.1	0.34	0.31	16.3	37	微量	26	7.5	砂页岩	E 113°56′30.0″ N 22°52′37.9″	83
						2	21—100		轻壤土		4.9	15.4	0.64	0.31	12.9	65	微量	46				
剖26	铁铝土	赤红壤		砂页岩赤红壤		1	0—12		轻壤土		4.8	35.5	1.69	0.33	22.8	165	3.1	87		砂页岩	E 113°59′52.1″ N 22°48′27.7″	75
						2	12—100		中壤土		5.0	14.7	0.85	0.23	22.4	64	微量	41				

续表 Continued

剖面号 Soil profile	土纲 Soil order	土类 Soil great group	亚类 Soil subgroup	土属 Soil genus	土种 Soil species	土层码 Layer code	土层厚度 Depth/cm	颜色 Soil color	质地 Soil texture	土壤结构 Soil structure	pH	有机质 OM/(g/kg)	全氮 TN/(g/kg)	全磷 TP/(g/kg)	全钾 TK/(g/kg)	碱解氮 AN/(mg/kg)	有效磷 AP/(mg/kg)	速效钾 AK/(mg/kg)	阳离子交换量 CEC/(cmol/kg)	土壤母质 Parent material	剖面点坐标 Profile coordinate	匹配指数 Matching index/%
剖27	人为土	水稻土	盐渍水稻土	咸田	轻咸田	A	0—17	棕灰色	中黏土		6.2	34.6	1.82	0.99	22.1	164	36.2	284			E 113°45′21.6″ N 22°46′22.4″	76
						P	17—31	暗灰色	中黏土		7.2	36.1	1.75	0.87	21.0	135	21.4	201				
						G	31—100	暗灰色	中黏土		5.3	24.8	0.99	0.64	22.0	87	5.7	559				
剖28	半水成土	潮土	潮土	潮砂泥地	潮砂地	A	0—15	灰黄色	轻壤土	粒状	6.5	9.7	0.49	0.36	28.8	47	13.1	27		河流冲积物	E 114°03′38.2″ N 23°05′15.0″	94
						B	15—100	浅黄色	中壤土	块状	6.9	7.3	0.39	0.28	27.1	47	1.3	24				
剖29	人为土	水稻土	潴育水稻土	河砂泥田	河死泥田	A	0—13	灰白色	轻黏土	块状	5.4	18.4	0.94	4.28	22.8	105	10.5	41	4.0	河流冲积物	E 114°06′55.7″ N 23°00′33.6″	76
						P	13—33	灰黄色	重黏土	块状	5.8	18.0	0.95	0.59	23.1	103	15.7	32				
						W	33—100	棕黄色	重黏土	柱状	7.6	8.9	0.48	0.21	23.3	46	3.1	37				
剖30	铁铝土	赤红壤	赤红壤	砂页岩赤红地	砂质石子地	1	0—23		紧砂土		6.5	4.5	0.25	0.21	2.7	23	0.9	22		砂页岩	E 114°05′04.9″ N 23°00′26.9″	87
						2	23—100		轻壤土		5.4	4.5	0.22	0.23	5.5	37	微量	34				
剖31	铁铝土	赤红壤	赤红壤	砂页岩赤红地	砂质地	1	0—16	灰棕色	紧砂土	微粒状	5.2	5.4	0.24	0.22	2.2	27	10.5	17		砂页岩	E 114°00′29.5″ N 22°59′35.2″	81
						C	16—100	红棕色	中壤土	块状	5.3	2.4	0.10	0.14	10.2	23	微量	17				
剖32	人为土	水稻土	潴育水稻土	白泥底田	白泥底田	1	0—15		中壤土		8.7	31.6	1.57	0.44	10.0	105	17.5	48			E 114°00′58.7″ N 22°59′00.6″	95
						2	15—21		中壤土		8.9	27.4	1.27	0.39	9.2	99	7.0	40				
						3	21—50		轻壤土		8.9	16.4	0.23	0.25	6.6	14	0.9	32				
剖33	人为土	水稻土	潴育水稻土	冷底田	冷底田	A	0—12	灰色	中壤土	团粒状	5.8	29.4	1.32	0.45	5.0	111	14.8	23	6.4		E 114°02′16.4″ N 22°55′59.9″	90
						P	12—21	灰黑色	轻壤土	块状	5.5	18.2	0.79	0.29	4.5	69	0.9	16				
						G	21—42	黄黑色	轻砂土	块状	5.8	8.8	0.97	0.18	4.6	25	微量	24				
						C	42—100		中壤土													
剖34	铁铝土	黄壤	粗骨性黄壤	粗骨性黄壤	薄有机质层粗骨性黄壤	A	0—14	浅绿色	轻壤土	小团块状	4.8	5.8	0.30	0.07	23.2	40	1.3	98			E 114°11′09.2″ N 22°54′39.2″	98
						B	14—40	重灰色	轻壤土	块状	5.5	3.6	0.20	0.07	28.9	25	1.3	120				
						C	40—100	黄灰色	轻壤土	大块状	5.5	3.6	0.20	0.07	28.9	25	1.3	120				
剖35	铁铝土	赤红壤	赤红壤	砂页岩赤红壤	页结砂粉田	1	0—13	灰白色	中壤土	团粒状	4.8	18.9	0.74	0.21	14.4	58	1.3	23	1.4	砂页岩	E 114°10′16.0″ N 22°53′14.3″	81
						2	13—66	灰灰色	中壤土	块状	5.1	5.0	0.18	0.27	19.9	14	1.3	17				
剖36	人为土	水稻土	潴育水稻土	砂页岩红黄泥田	页结砂粉田	A	0—16	灰白色	紧砂土	团粒状	5.7	7.2	0.40	0.28	0.8	35	49.3	30		砂页岩	E 114°13′00.4″ N 22°51′45.1″	92
						P	16—36	灰黄色	紧砂土	粒状	6.5	1.8	0.15	0.14	2.1	11	微量	12				
						W	36—100	浅灰色	中壤土	块状	5.2	2.1	0.17	0.11	3.8	11	微量	18				
剖37	人为土	淹育水稻土	宽谷冲积土田	宽谷冲积田	A	0—15	灰白色	中壤土	团粒状	8.7	37.6	1.64	0.50	11.9	128	13.1	32		冲积物	E 114°02′03.8″ N 22°46′47.3″	99
						B	15—27	深灰色	重壤土	块状	8.0	24.3	1.03	0.41	12.2	80	5.2	32				
						C	27—50	浅黄色	轻壤土	块状	6.4	10.6	0.47	0.20	23.2	26	3.9	73				
						W	50—90	浅黄色	轻壤土	块状	6.4	10.6	0.47	0.20	23.2	26	3.9	73				
剖38	人为土	水稻土	淹育水稻土	砂页岩红黄泥田	白泥底砂质田	A	0—17	深灰红	砂壤土	柱状	4.9	20.5	1.04	0.28	3.0	108	7.4	21		砂页岩	E 114°07′35.4″ N 22°47′12.1″	90
						2	17—35	灰红色	砂壤土		5.3	13.5	0.92	0.26	5.0	39	3.9	48				
						3	35—52	灰色	砂壤土		5.1	5.0	0.21	0.14	5.5	11	微量	17				
剖39	人为土	水稻土	潴育水稻土	河砂泥田	河砂质田	A	0—11	灰白色	轻壤土	块状	5.3	29.2	1.32	0.45	13.5	126	7.9	40	5.7	砂页岩	E 114°02′03.8″ N 22°46′47.3″	99
						P	11—26	浅黄色	轻壤土	块状	5.8	19.8	1.14	0.36	15.3	88	3.5	27				
						C	26—100	黄色	轻壤土	团粒状	7.4	7.2	0.37	0.28	9.1	20	微量	30				
剖40	人为土	水稻土	潴育水稻土	河砂泥田	河砂泥田	A	0—12	浅灰红	砂壤土	块状	4.7	12.6	0.64	0.27	5.4	54	28.4	25	2.6	河流冲积物	E 114°04′21.0″ N 22°46′37.9″	81
						P	12—26	深灰红	中壤土	团粒状	5.0	8.8	0.44	0.13	4.5	42	5.2	15				
						B	26—49	灰红色	砂黏土	块状												
						C	49—100	灰色	砂黏土	柱状												
剖41	人为土	水稻土	潴育水稻土	宽谷冲积土田	宽谷泥田	A	0—13	浅灰色	重黏土	块状	4.9	34.7	1.86	0.58	20.6	136	10.0	33		冲积物	E 114°06′27.4″ N 22°45′35.3″	97
						P	13—33	黄灰色	重黏土	块状	5.0	28.1	1.62	0.52	23.3	100	7.4	27				
						W	33—100	灰色	重黏土	块状	5.1	11.1	0.80	0.17	39.4	26	3.5	51				

中 山 市

市 辖 区

主要土类说明

水稻土是中山市主要土壤类型，占本市地域面积的54%，广泛分布在本市各地，是本市主要的耕作土壤。水稻土是在长期的季节性淹灌、水下翻耕、季节性脱水、氧化还原交替影响下，原来的成土母质或母土的特性发生重大改变，形成的新的土壤类型。由于干湿交替，水稻土形成糊状的淹育层、较坚实板结的犁底层、渗育层、潴育层与潜育层等多种发生层。这些不同的发生层是在人为耕作、水浆管理下形成的。本市水稻土分为淹育型、潴育型、渗育型、潜育型、沼泽型、盐渍型等亚类。其中，潴育水稻土面积最大，占本土类面积的81%，耕作历史悠久，排灌条件较好，地下水位较适中，土壤熟化程度高，有比较完整的发育层次，在长期干湿交替耕作条件下形成了黄棕色的铁锈斑纹，在犁底层下出现明显的潴育层。

赤红壤是中山市第二大土壤类型，占本市地域面积的23%。成土母质主要为花岗岩、砂页岩风化物。赤红壤主要发生于南亚热带季雨林下，其脱硅富铝化程度仅次于砖红壤，强于红壤。铁的游离度介于二者之间，黏粒硅铝率为1.7—2.0，风化淋溶系数为0.05—0.15，盐基饱和度为15%—25%。淀积层（B层）富含铁铝氧化物，呈赤红色。

新积土是中山市第三大土壤类型，占本市地域面积的9%。新积土是由新近冲积、洪积、坡积、塌积或人工堆垫形成的土壤。该土壤成土期短，母质特性明显，具A-C或（A）-C剖面构型。

小于本市地域面积3%的土壤类型有沼泽土、滨海盐土和风沙土。

本区域中心区气候特征

本区域中心区气候特征值
Regional climate characteristics in central area of the region

气候带：南亚热带湿润气候 Climate region: South subtropical humid climate	
年平均气温 /℃ Annual average temperature /℃	22.3
年平均最高气温 /℃ Annual average maximum temperature /℃	26.4
年平均最低气温 /℃ Annual average minimum temperature /℃	19.3
年降水量 /mm Annual precipitation /mm	1963
≥10℃的积温 /℃ Daily temperature accumulated in a year (≥10℃) /℃	8002
年日照时数 /h Annual sunshine /h	1712
年平均相对湿度 /% Annual average relative humidity /%	79
干燥度 Dryness	0.68

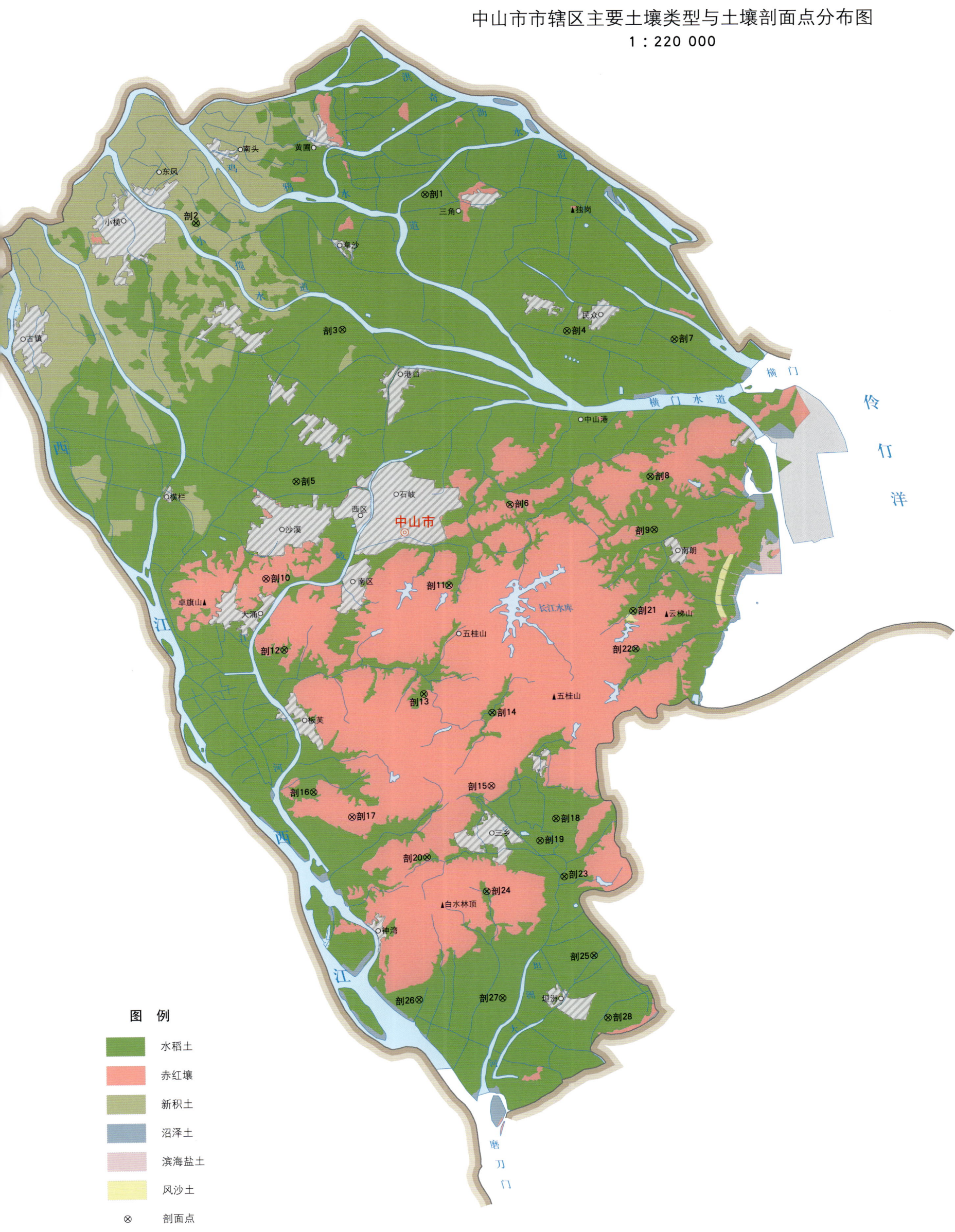

中山市土壤剖面理化性状表

剖面号 Soil profile	土纲 Soil order	土类 Soil great group	亚类 Soil subgroup	土属 Soil genus	土种 Soil species	土层码 Layer code	土层厚度 Depth/cm	颜色 Soil color	质地 Soil texture	土壤结构 Soil structure	pH	有机质 OM/(g/kg)	全氮 TN/(g/kg)	全磷 TP/(g/kg)	全钾 TK/(g/kg)	碱解氮 AN/(mg/kg)	有效磷 AP/(mg/kg)	速效钾 AK/(mg/kg)	土壤母质 Parent material	剖面点坐标 Profile coordinate	匹配指数 Matching index/%
剖1	人为土	水稻土	潴育水稻土	三角洲沉积土田	牛皮砂田	1	0—11	褐色	轻壤土	粉状	7.0	30.6	1.65	0.62	17.3	82	6.5	54	沉积物	E 113°23′37.0″ N 22°41′17.2″	78
						2	11—26	灰蓝色	粉砂土	碎块状	6.5	24.3	1.44	0.55	17.3	77	6.1	46			
						3	26—66	灰蓝色	粉砂土	粉状	6.5	19.6	1.10	0.55	16.7	33	6.5	49			
						4	66—	青灰色	黏土												
剖2	人为土	水稻土	淹育水稻土	麻红黄泥田	麻红泥底田	1	0—17	灰黄色	中壤土	块状	6.5	22.8	1.08	0.23	5.7	75	4.4	57	花岗岩风化物	E 113°16′01.9″ N 22°40′32.5″	84
						2	17—27	棕黄色	轻黏土	块状	6.5	11.4	0.60	0.10	6.1	51	0.4	36			
						3	27—	棕黄色	轻黏土	块状	6.0	8.1	0.79	0.18	1.0	46	微量	26			
剖3	人为土	水稻土	潴育水稻土	泥肉田	泥肉田	1	0—16	黄褐色	轻黏土	块状	7.0	42.1	1.75	0.68	28.9	94	6.5	60		E 113°20′47.4″ N 22°37′05.5″	84
						2	16—26	灰褐色	轻黏土	块状	6.5	35.0	1.49	0.46	27.7	86	5.7	54			
						3	26—100	棕黄色	中黏土	柱状		21.8	0.89	0.64	31.0	33	5.7	46			
剖4	人为土	水稻土	潴育水稻土	三角洲沉积土田	黏土田	1	0—14	褐色	轻黏土	块状	7.0	22.3	1.27	0.57	11.3	65	3.5	45	沉积物	E 113°28′12.0″ N 22°36′53.6″	97
						2	14—32	灰褐色	轻黏土	棱柱状		25.3	1.21	0.56	11.7	74	3.1	46			
						3	32—59	灰黑色	中黏土	棱柱状	7.0	25.1	1.42	0.57	10.9	82	2.2	43			
						4	59—	灰黑色	轻黏土	无明显结构											
剖5	人为土	水稻土	潴育水稻土	三角洲沉积土田	泥青田	1	0—13	浅褐色	轻黏土	块状	6.5	30.1	1.60	0.58	21.5	87	3.9	54	沉积物	E 113°19′09.1″ N 22°32′20.6″	74
						2	13—23	黄灰色	中黏土	块状	6.5	19.3	0.91	0.52	21.7	56	4.8	46			
						3	23—78	棕黄色	黏土	棱柱状		22.2	1.51	0.55	22.6	47	11.4	66			
						4	78—100	灰黄色	重黏土	无明显结构											
剖6	人为土	水稻土	沼泽型水稻土	泥炭土田	低泥装格田	1	0—12	棕黄色	砂壤土	块状	6.0	39.2	1.49	0.21	10.1	129	0.9	74	宽谷冲积物	E 113°26′11.0″ N 22°31′27.8″	85
						2	12—29	灰黑色	壤土	块状	5.0	90.2	2.15	0.17	5.8	213	1.7	68			
						3	29—60	灰黑色	壤土	粉末状	5.0	114.9	2.29	0.19	4.4	318	1.7	110			
剖7	人为土	水稻土	潴育水稻土	油格田	高油格田	1	0—18	黄褐色	轻黏土	块状	6.2	34.1	1.49	0.78	17.6	76	35.4	91		E 113°31′44.4″ N 22°36′33.1″	83
						2	18—36	黄褐色	轻黏土	块状		37.9	1.31	0.68	16.3	61	3.5	115			
						3	36—64	黄棕色	中黏土	块状		43.4	1.39	0.51	17.2	88	2.2	184			
						4	64—100	灰色	重壤土	弱变棱柱结构											
剖8	人为土	水稻土	潴育水稻土	麻红泥田	麻红泥田	1	0—9	黄褐色	中壤土	碎块状	6.5	11.8	0.47	0.21	8.3	82	1.3	27		E 113°30′50.0″ N 22°32′14.3″	83
						2	9—20	黄色	轻壤土	块状	6.5	27.7	0.53	0.17	5.5	63	0.4	16			
						3	20—100	黄色	黏壤土	核状结构		8.1	0.75	0.17	4.9	51	0.4	13			
剖9	人为土	水稻土	潴育水稻土	宽谷冲积土	宽谷泥田	1	0—14	浅黄色	砂壤土	核块状	5.0	17.5	1.66	0.34	12.4	100	1.7	63	宽谷冲积物	E 113°30′55.0″ N 22°30′33.5″	92
						2	14—27	棕黄色	轻壤土	块状	4.0	35.9	1.16	0.23	11.4	135	0.9	76			
						3	27—62	灰黑色	轻壤土	块状	6.0	31.8	0.55	0.19	13.2	47	1.3	32			
剖10	铁铝土	赤红壤	赤红壤	花岗岩赤红地	赤红砂地	1	0—15	浅黄色	砂壤土	碎块状	5.8	40.5	0.52	0.19	1.2	72	4.4	50	花岗岩	E 113°18′04.7″ N 22°29′17.5″	82
						2	15—40	黄棕色	砂土	块状		11.3	1.04	0.10	1.2	47	4.8	23			
						3	40—	灰色	砂土	块状			1.13	0.42	1.3						
剖11	人为土	水稻土	潴育水稻土	白鳝泥田	白鳝泥底田	1	0—14	浅黄色	砂壤土	细粒状	6.5	29.3	1.38	0.49	2.3	19	4.4	65		E 113°24′06.1″ N 22°28′57.0″	95
						2	14—30	灰白色	重黏土	块状	7.0	20.8	1.44	0.50	8.4	17	2.2	45			
						3	30—52	黄棕色	重黏土	块状											
剖12	人为土	水稻土	潴育水稻土	冷底田	铁锈水田	1	0—15	棕黄色	黏壤土	细粒状	5.0	47.1	2.14	0.28	19.0	132	2.2	75		E 113°18′37.4″ N 22°27′02.2″	98
						2	15—30	灰黄色	壤土	块状	5.5	45.5	1.71	0.25	19.2	96	1.7	30			
						3	30—71	灰黄色	松砂土	碎块状		62.3	1.98	0.20	20.5	108	4.4	9			
剖13	人为土	水稻土	淹育水稻土	麻红黄泥田	麻砂质田	1	0—13	褐黄色	壤土	块状		22.1	0.82	0.27	3.4	80	3.5	12	花岗岩风化物	E 113°23′11.8″ N 22°25′32.9″	85
						2	13—33	浅黄色	壤土	块状		14.4	0.78	0.13	3.1	56	0.9				
						3	33—100	浅黄色	砂壤土	块状		19.2	0.84	0.09	2.8	60					

续表 Continued

剖面号 Soil profile	土纲 Soil order	土类 Soil great group	亚类 Soil subgroup	土属 Soil genus	土种 Soil species	土层码 Layer code	土层厚度 Depth/cm	颜色 Soil color	质地 Soil texture	土壤结构 Soil structure	pH	有机质 OM/(g/kg)	全氮 TN/(g/kg)	全磷 TP/(g/kg)	全钾 TK/(g/kg)	碱解氮 AN/(mg/kg)	有效磷 AP/(mg/kg)	速效钾 AK/(mg/kg)	土壤母质 Parent material	剖面点坐标 Profile coordinate	匹配指数 Matching index/%
剖14	人为土	水稻土	潴育水稻土	麻红泥田	麻砂泥田	1	0-14	暗灰色	中壤土	微峰窝状	6.0	25.9	1.32	0.41	16.8	108	14.0	23		E 113°25′25.7″ N 22°24′54.4″	81
						2	14-25	浅黄色	轻黏土	块状	6.5	13.6	0.72	0.23	15.7	32	8.3	44			
						3	25-62	黄灰色	轻黏土	块状	6.5	14.4	1.07	0.24	17.9	37	7.0	95			
						4	62-74	灰白色	重黏土	无明显结构											
						5	74—		松砂土												
剖15	铁铝土	赤红壤	赤红壤	花岗岩赤红地	赤红泥地	1	0-15	灰棕色	黏壤土	块状	6.0	11.8	0.47	0.21	8.7	82	3.5	27	花岗岩	E 113°25′20.3″ N 22°22′35.4″	87
						2	15-50	褐色	黏壤土	块状	6.0	27.7	0.53	0.17	0.3	63	3.5	16			
						3	50—	黄灰色	黏壤土	块状	6.5	8.1	0.15	0.17	0.3	51		13			
剖16	人为土	水稻土	潴育水稻土	砂页岩红泥田	页砂质田	1	0-8	浅黄色	砂壤土	碎块状	6.0	20.6	1.04	0.16	8.5	57	6.5	28	砂页岩	E 113°19′28.6″ N 22°22′31.4″	75
						2	8-15	浅黄色	轻黏土	块状	6.5	14.5	1.03	0.17	0.7	45	7.9	42			
						3	15-76	灰色	中壤土	块状	6.5	8.1	0.76	0.10	8.6	28	1.7	54			
剖17	铁铝土	赤红壤	赤红壤	砂页岩红壤		Ao	0-2	蓝色	黏土										砂页岩	E 113°20′43.1″ N 22°21′42.5″	90
						A	2-14	棕灰色	壤土	团粒状	5.8	32.5	1.18	0.48	7.3	272	3.1	37			
						B	14-55	棕灰色	壤土	块状		9.0	0.64	0.31	13.2	95		25			
						C	55-100	黄灰色	壤土	块状											
剖18	人为土	水稻土	盐渍水稻土	反酸田	轻反酸田	1	0-17	棕黄色	重壤土	细粒状	5.5	36.6	1.42	0.39	23.2	108	3.1	87	砂页岩	E 113°27′26.3″ N 22°21′29.9″	87
						2	17-36	棕黄色	壤土	块状	5.5	36.6	1.12	0.41	23.6	94	3.9	86			
						3	36-100	灰黄色	壤土	柱状	5.5	32.4	1.63	0.32	23.8	91	1.3	74			
剖19	人为土	水稻土	盐渍水稻土	反酸田	反酸田	1	0-13	浅黄色	壤土	微峰窝状	5.0	32.4	1.29	0.28	19.4	121	2.2	66		E 113°26′53.9″ N 22°20′48.2″	98
						2	13-25	灰黄色	壤土	柱状	6.0	34.8	1.34	0.19	21.6	116	2.2	50			
						3	25-52	灰色	黏土	块状	5.0	30.4	1.49	0.19	20.7	139	0.4	微量			
						4	52-100	蓝色	黏土	糊烂状											
剖20	人为土	水稻土	沼泽型水稻土	烂泥田	烂泥田	1	0-14	灰色	轻壤土	碎块状	7.0	22.1	0.82	0.27	3.4	80	4.8	30		E 113°23′09.6″ N 22°20′22.6″	92
						2	14-21	灰褐色	壤土	块状		19.4	0.78	0.13	3.1	56	3.5	9			
						3	21-46	灰黄色	壤土	块状		19.2	0.84	0.09	11.1	60	0.9	12			
						4	46—	黄灰色	壤土												
剖21	人为土	水稻土	淹育水稻土	麻泥田	麻红泥田	1	0-15	褐棕色	轻壤土	块状	6.0	46.2	2.06	0.26	11.6	142	2.2	86		E 113°30′09.4″ N 22°27′59.4″	97
						2	25-35	黑褐色	轻褐土	块状	6.5	48.7	2.19	0.27	9.3	123	2.2	38			
						3	45-60	灰褐色	重壤土	块状	6.5	48.7	2.08	0.28	15.5	139	4.4	65			
剖22	人为土	水稻土	潴育水稻土	麻泥田	麻砂质田	1	0-19	灰黑色		糊烂状	7.0	28.1	0.99	0.64	7.5	21	10.5	32		E 113°30′12.6″ N 22°26′48.5″	80
						2	19-30	灰黄色	黏土	块状	6.5	17.5	1.00	0.55	4.2	5	7.4	10			
						3	30—	黄色		块状		14.1	0.86	0.64	4.4	24	6.5	23			
剖23	人为土	水稻土	潴育水稻土	砂页岩红泥田	页红泥砂田	1	0-9	浅黄色	砂壤土	块状	6.5	12.1	1.13	0.10	2.6	32	2.2	12	砂页岩	E 113°27′39.7″ N 22°19′39.4″	83
						2	9-14	灰色	壤土	块状	6.5	15.8	1.13	0.08	4.6	35	9.2	9			
						3	14—	黄褐色	黏土	块状	6.5	17.4	1.17	0.31	6.0	122	5.7	85			
剖24	人为土	水稻土	潴育水稻土	砂页岩紫泥田	页红泥田	1	0-10	黄色	壤土	块状	6.5	16.7	1.32	0.30	7.7	70	4.8	56	花岗岩风化物	E 113°25′05.9″ N 22°19′15.6″	70
						2	10-16	黄黄色	轻黏土	块状	6.5	17.8	1.31	0.32	16.7	49	3.9	38			
						3	16—	黄灰色	中黏土	柱状	5.0	9.4	1.13	0.28	7.8	31	5.7	51			
剖25	人为土	水稻土	盐渍水稻土	咸酸田	轻咸酸田	1	0-14	黄黄色	轻黏土	块状		32.2	1.52	0.45	26.6	143	5.7	94	砂页岩	E 113°28′34.0″ N 22°17′09.2″	100
						2	14-22	灰灰色	壤土	块状		31.2	1.51	0.47	31.1	67	5.2	174			
						3	22-60	灰蓝色	中黏土	柱状		25.5	1.49	0.59	31.0	94	10.5	170			
						4	60—	黄灰色	中黏土	糊烂											
剖26	人为土	水稻土	盐渍水稻土	咸田	中咸田	1	0-19	黄棕色	轻黏土	块状	6.0	40.3	1.86	0.52	7.9	98	6.5	101	滨海沉积物	E 113°22′46.6″ N 22°15′54.7″	78
						2	19-28	灰灰色	轻黏土	块状		31.9	1.65	0.36	22.4	62	6.5	299			
						3	28-45	灰色	轻黏土	柱状		31.0	1.40	0.07	17.9	51	5.2	408			
						4	45—	蓝色	中黏土	无明显结构											

续表 Continued

剖面号 Soil profile	土纲 Soil order	土类 Soil great group	亚类 Soil subgroup	土属 Soil genus	土种 Soil species	土层码 Layer code	土层厚度 Depth/cm	颜色 Soil color	质地 Soil texture	土壤结构 Soil structure	pH	有机质 OM/(g/kg)	全氮 TN/(g/kg)	全磷 TP/(g/kg)	全钾 TK/(g/kg)	碱解氮 AN/(mg/kg)	有效磷 AP/(mg/kg)	速效钾 AK/(mg/kg)	土壤母质 Parent material	剖面点坐标 Profile coordinate	匹配指数 Matching index/%
剖27	人为土	水稻土	盐渍水稻土	咸田	轻咸田	1	0—20	黄褐色	轻黏土	块状	5.8	28.4	1.79	0.46	13.8	84	6.1	58	滨海沉积物	E 113°25′31.4″ N 22°15′54.0″	97
						2	20—34	灰蓝色	轻黏土	块状		31.9	1.81	0.54	8.1	76	6.5	108			
						3	34—51	浅蓝色	中黏土	柱状		33.9	1.84	0.42	19.0	102	6.1	186			
						4	51—	灰蓝色	轻黏土	块状											
剖28	人为土	水稻土	盐渍水稻土	咸酸田	中咸酸田	1	0—18	黄褐色	轻黏土	块状	5.2	37.4	1.73	0.51	28.0	152	6.5	144		E 113°28′58.7″ N 22°15′11.3″	77
						2	18—31	黄褐色	轻黏土	块状		23.4	1.91	0.40	26.6	80	3.5	190			
						3	31—53	灰蓝色	中黏土	柱状		19.8	1.63	0.40	14.6	90	2.6	240			
						4	53—	蓝色	中黏土	无明显结构											

潮 州 市

市 辖 区

主要土类说明

赤红壤是潮州市主要土壤类型，占本市地域面积的50%，广泛分布在低山、丘陵地带。位于海拔400m以下的赤红壤坡地，为竹林、水果（橄榄、桃、李、梅、菠萝等）、薯类的主要产区。赤红壤主要发生于南亚热带季雨林下，其脱硅富铝化程度仅次于砖红壤，强于红壤。铁的游离度介于二者之间，黏粒硅铝率为1.7—2.0，风化淋溶系数为0.05—0.15，盐基饱和度为15%—25%，pH为4.5—5.5。淀积层（B层）富含铁铝氧化物，呈赤红色。

水稻土是潮州市第二大土壤类型，占本市地域面积的33%。水稻土集中分布在本市南部的韩江冲积平原及三角洲平原，半山区、丘陵地区的缓坡、山坑、谷底冲积平原也有水稻土分布。水稻土是在长期的季节性淹灌、水下翻耕、季节性脱水、氧化还原交替影响下，原来的成土母质或母土的特性发生重大改变，形成的新的土壤类型。由于干湿交替，水稻土形成糊状的淹育层、较坚实板结的犁底层、渗育层、潴育层与潜育层等多种发生层。其中，潴育水稻土面积最大，占本土类面积的93%，多分布在海拔3—20m的韩江冲积平原、三角洲平原及丘陵地区的谷底冲积平原，日照充足，雨量充沛，排灌便利，剖面构型为A-P-W-G或A-P-W-C。该亚类的主要特点是在犁底层下形成具有淋溶和淀积特征的潴育层，剖面内有棕黄色的铁锈斑纹、紫黑色的锰质斑点或新生的铁锰结核，具有明显的棱柱状或柱状结构，结构体表面有铁锰胶膜。

小于本市地域面积3%的土壤类型有红壤和潮土。

本区域中心区气候特征

本区域中心区气候特征值
Regional climate characteristics in central area of the region

气候带：南亚热带湿润气候 Climate region: South subtropical humid climate	
年平均气温 /℃ Annual average temperature /℃	21.3
年平均最高气温 /℃ Annual average maximum temperature /℃	25.2
年平均最低气温 /℃ Annual average minimum temperature /℃	18.4
年降水量 /mm Annual precipitation /mm	1643
≥10℃的积温 /℃ Daily temperature accumulated in a year（≥10℃）/℃	8210
年日照时数 /h Annual sunshine /h	1948
年平均相对湿度 /% Annual average relative humidity /%	80
干燥度 Dryness	0.77

本区域中心区月平均气温与月平均降水量
Monthly temperature and precipitation in central area of the region

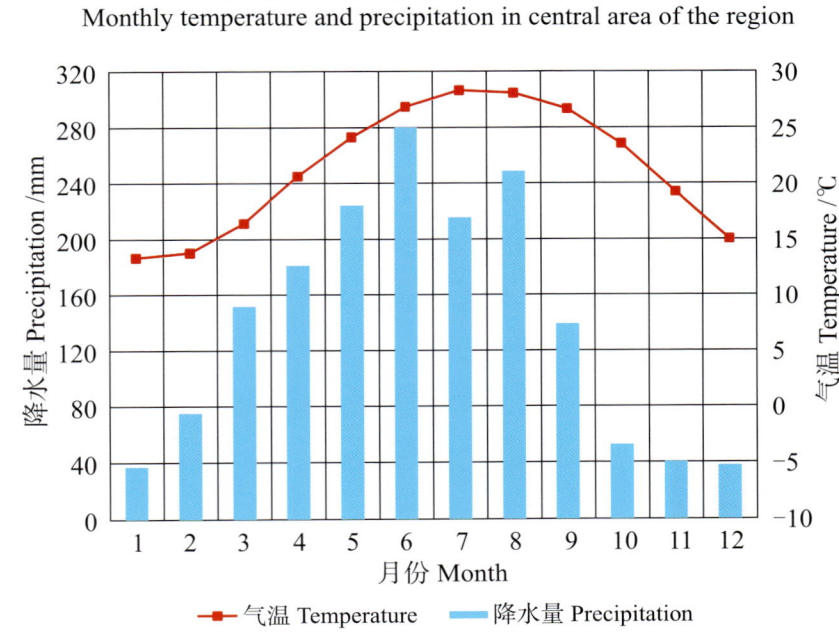

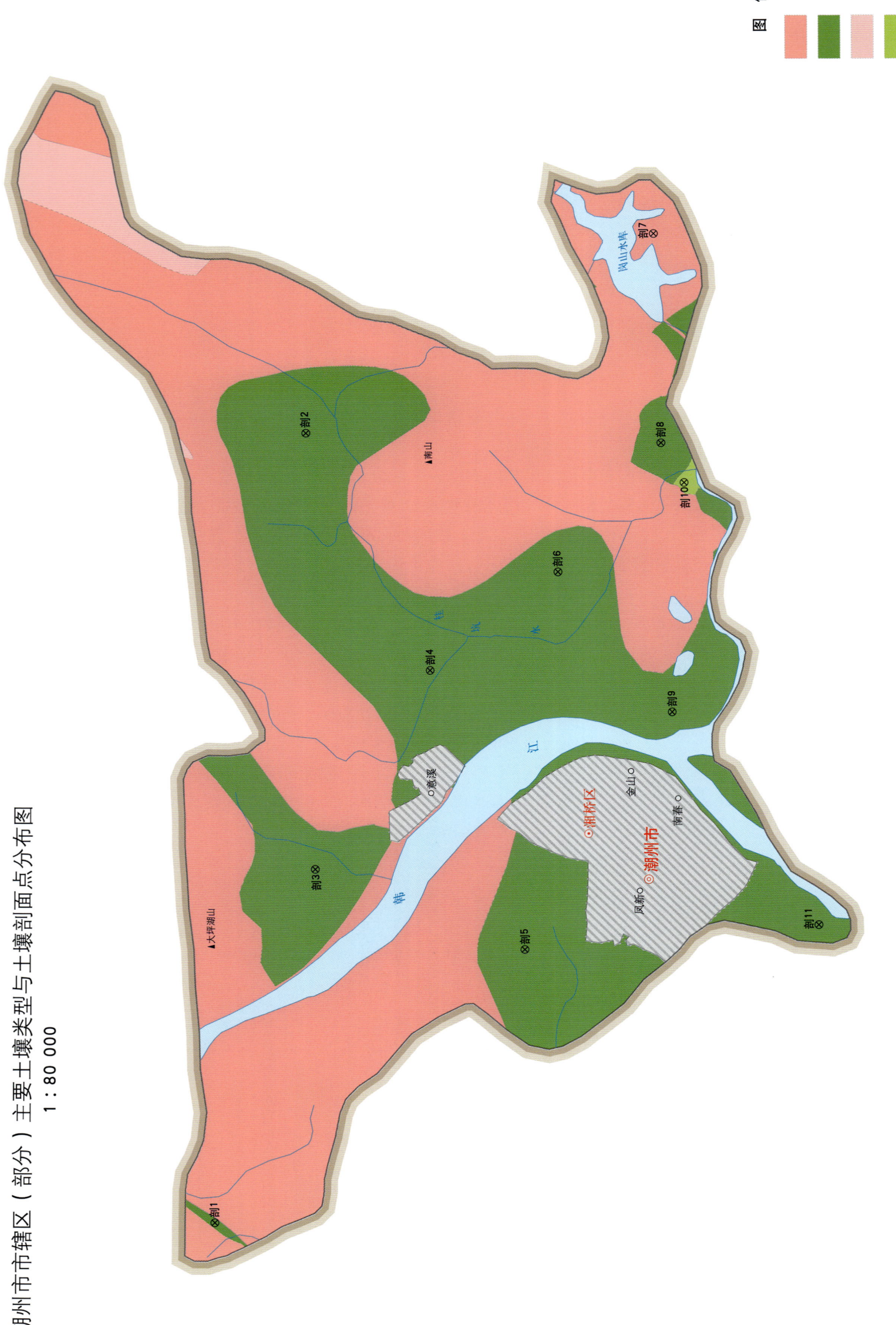

潮州市土壤剖面理化性状表

剖面号 Soil profile	土纲 Soil order	土类 Soil great group	亚类 Soil subgroup	土属 Soil genus	土种 Soil species	土层码 Layer code	土层厚度 Depth/cm	颜色 Soil color	质地 Soil texture	土壤结构 Soil structure	pH	有机质 OM/(g/kg)	全氮 TN/(g/kg)	全磷 TP/(g/kg)	全钾 TK/(g/kg)	碱解氮 AN/(mg/kg)	有效磷 AP/(mg/kg)	速效钾 AK/(mg/kg)	阳离子交换量CEC/(cmol/kg)	土壤母质 Parent material	剖面点坐标 Profile coordinate	匹配指数 Matching index/%
剖1	人为土	水稻土	潴育水稻土	宽谷冲积红土田	宽谷砂泥田	A	0—13	暗黄棕色	中壤土	块状	5.4	13.8	0.80	0.22	14.9	92	3.9	35	5.9	冲积物	E 116°33′48.6″ N 23°43′51.6″	77
						P	13—20	灰黄棕色	轻壤土	块状	5.6	13.3	0.71	0.19	15.5	93	2.2	42				
						W	20—80	浅棕黄色	中壤土	柱状	6.7	4.1	0.25	0.21	15.5	30	2.6	22				
						G	80—100	青灰色		块状												
剖2	人为土	水稻土	潴育水稻土	砂页岩红泥田	页砂质泥田	A	0—17	灰黄棕色	砂壤土	块状	5.2	9.6	0.57	0.20	5.6	74	5.7	80	4.6	砂页岩	E 116°42′26.8″ N 23°43′00.3″	80
						P	17—28	灰红棕色	砂壤土	块状	5.1	8.3	0.53	0.18	4.7	59	3.5	31				
						W	28—100	浅红棕色	中壤土	棱柱状	5.1	9.4	0.52	0.24	6.6	62	0.4	49				
剖3	人为土	水稻土	潴育水稻土	泥肉田	乌涂田	A	0—14	灰棕色	重壤土	块状	5.0	26.9	1.45	0.30	22.2	137	4.4	94	15.1		E 116°37′40.5″ N 23°42′54.0″	76
						P	14—24	灰棕色	重壤土	块状	5.7	25.2	1.32	0.28	22.2	112	3.5	46				
						W₁	24—66	棕灰色	重壤土	棱柱状	6.4	11.7	0.63	0.29	23.4	35	2.6	86				
						W₂	66—100	浅棕色		块状、柱状												
剖4	人为土	水稻土	潴育水稻土	宽谷冲积红土田	宽谷泥田	A	0—15	灰黄棕色	重壤土	块状	5.2	21.3	1.26	0.42	19.4	124	8.3	46	10.1	冲积物	E 116°39′51.2″ N 23°41′47.2″	86
						P	15—24	浅黄棕色	中壤土	柱状	6.5	9.7	0.66	0.34	20.0	74	4.4	46				
						W	24—100	黄棕色	重壤土	块状	6.5	9.8	0.42	0.34	20.1	70	4.8	57				
剖5	人为土	水稻土	潴育水稻土	潮砂泥田	潮泥田	A	0—12	棕色	重壤土	块状	5.4	22.4	1.48	0.51	21.3	124	17.9	66	13.7	河流冲积物	E 116°36′48.0″ N 23°40′50.9″	71
						P	12—23	暗黄棕色	中壤土	柱状	5.9	16.9	0.96	0.31	21.4	62	3.5	43				
						W	23—100	浅黄棕色	轻黏土	块状	6.4	7.1	0.44	0.37	22.4	20	4.8	58				
剖6	人为土	水稻土	潴育水稻土	砂页岩红泥田	页岩质田	A	0—13	灰棕色	中壤土	块柱状	4.9	19.8	1.11	0.21	11.0	115	4.4	67	7.7	砂页岩	E 116°40′56.0″ N 23°40′32.5″	81
						P	13—23	紫棕色	中壤土	块柱状	5.2	12.5	0.71	0.26	11.0	81	微量	33				
						W	23—50	暗黄棕色	中壤土	棱柱状	6.2	8.2	0.51	0.26	10.5	49	微量	41				
						C	50—100	浅黄棕色		块状												
剖7	铁铝土	赤红壤	赤红壤			A	0—16	灰黄棕色	重壤土	块状	4.8	21.2	0.89	0.10	7.1	100	0.9	33	16.0	冲积物	E 116°44′37.3″ N 23°39′36.8″	91
						AB	16—26	紫棕色	轻黏土	团粒状	4.7	16.1	0.76	0.08	6.1	80	0.4	46				
						B	26—100	浅棕色	轻黏土	小块状	4.9	13.0	0.66	0.07	7.0	66	0.4	35				
剖8	人为土	水稻土	潴育水稻土	潮砂泥地	河砂质田	A	0—12	灰棕色	砂壤土	小块状	6.5	9.8	0.54	0.20	17.8	57	6.1	35	3.0	河流冲积物	E 116°42′20.5″ N 23°39′32.4″	90
						P	12—21	暗黄棕色	中壤土	柱状	6.4	7.3	0.40	0.25	20.7	38	6.5	22				
						W	21—100	浅黄棕色	中壤土	柱状	6.2	6.5	0.31	0.23	23.5	32	5.2	27				
剖9	人为土	水稻土	潴育水稻土	宽谷冲积红土田	宽谷砂泥田	A	0—13	灰棕色	中壤土	块状	6.7	9.3	0.59	0.27	16.5	38	5.7	33	6.9	冲积物	E 116°39′24.4″ N 23°39′25.3″	76
						P	12—22	暗棕色	中壤土	块状	6.2	17.2	1.13	0.31	19.0	80	5.7	37				
						W₁	22—32	灰黄棕色	轻壤土	棱柱状	6.3	4.9	0.29	0.16	12.1	27	4.4	46				
						W₂	32—100	浅黄黄色		棱柱状												
剖10	半水成土	潮土	潮土	潮砂泥地	潮砂泥地	A	0—19	中壤土	中壤土	小块状	5.5	10.4	0.59	0.28	22.1	72	7.4	41	8.0	河流冲积物	E 116°41′54.7″ N 23°39′18.7″	76
						AB	19—24	浅棕色	中壤土	块状	6.2	9.7	0.62	0.30	21.5	59	6.1	32				
						B	24—100	紫棕色	轻壤土	块状	6.1	6.7	0.36	0.27	21.2	42	5.7	22				
剖11	人为土	水稻土	潴育水稻土	河砂泥田	河砂泥田	A	0—15	灰棕色	轻壤土	小块状	5.5	9.5	0.59	0.35	22.2	57	14.8	44	3.4	河流冲积物	E 116°37′05.3″ N 23°37′58.8″	88
						P	15—25	暗黄棕色	轻壤土	块状	6.4	3.6	0.31	0.44	21.4	25	15.3	26				
						W₁	25—61	棕黄色	中壤土	块状	6.4	5.2	0.31	0.30	22.2	27	13.5	27				
						W₂	61—100	棕灰色		棱柱状												

饶 平 县

主要土类说明

赤红壤是饶平县主要土壤类型，占本县地域面积的 65%。成土母质主要为花岗岩、砂页岩、闪长岩、安山岩等岩石坡积物。由于成土年代较近，部分岩石裸露，但土壤风化程度、土层厚度、植被状况不尽相同，森林覆盖率为 44%。赤红壤脱硅富铝化程度仅次于砖红壤，强于红壤。铁的游离度介于二者之间，黏粒硅铝率为 1.7—2.0，风化淋溶系数为 0.05—0.15，盐基饱和度为 15%—25%。淀积层（B 层）富含铁铝氧化物，呈赤红色。土壤呈酸性，全磷及有效磷含量低，母质层养分含量更低；质地主要为轻壤土至重壤土，少数为砂土。

水稻土是饶平县第二大土壤类型，占本县地域面积的 29%，主要分布在海拔 50m 以下的平缓坡、缓坡、山间小平原及平原。成土母质主要为坡积物、洪积物、冲积物和滨海沉积物。本县水稻土分为淹育型、潴育型、渗育型、潜育型、盐渍型、矿毒型等亚类。其中，潴育水稻土面积最大，占本土类面积的 50%，耕作历史悠久，排灌条件较好，土壤熟化程度高，有比较完整的发育层次，剖面构型主要为 A-P-W-G-C 或 A-P-W-Wg-G。该亚类的主要特点是在犁底层下形成具有淋溶和淀积特征的潴育层，剖面内有棕黄色的铁锈斑纹、紫黑色的锰质斑点或新生的铁锰结核，具有明显的棱柱状或柱状结构。潴育水稻土质地以壤土为主，因分布地形、成土母质、耕作方式不同，土壤肥力存在较大差异。

小于本县地域面积 3% 的土壤类型有黄壤、风沙土、红壤和潮土。

本区域中心区气候特征

本区域中心区气候特征值
Regional climate characteristics in central area of the region

气候带：南亚热带湿润气候 Climate region: South subtropical humid climate	
年平均气温 /℃ Annual average temperature /℃	21.0
年平均最高气温 /℃ Annual average maximum temperature /℃	25.1
年平均最低气温 /℃ Annual average minimum temperature /℃	18.1
年降水量 /mm Annual precipitation /mm	1566
≥10℃的积温 /℃ Daily temperature accumulated in a year（≥10℃）/℃	8068
年日照时数 /h Annual sunshine /h	1921
年平均相对湿度 /% Annual average relative humidity /%	80
干燥度 Dryness	0.80

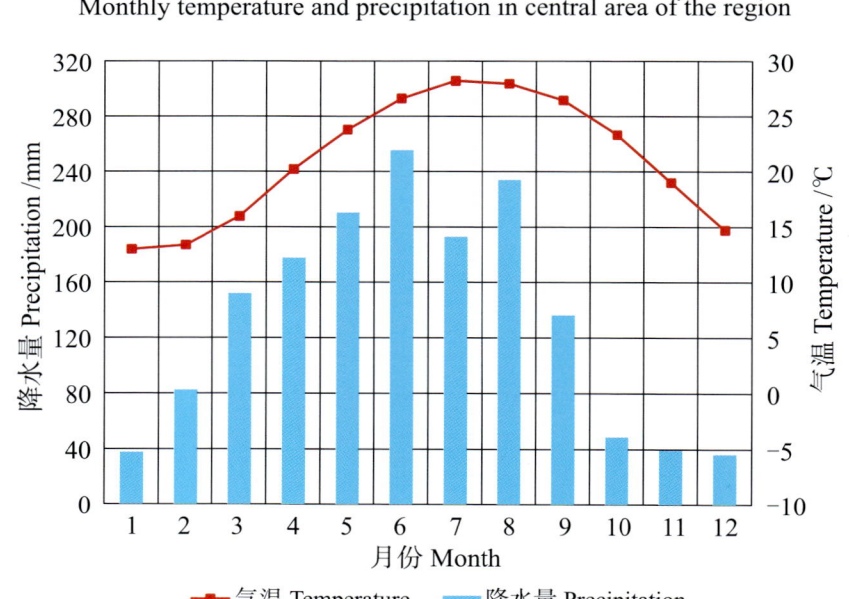

本区域中心区月平均气温与月平均降水量
Monthly temperature and precipitation in central area of the region

饶平县主要土壤类型与土壤剖面点分布图
1:270 000

图例
- 赤红壤
- 水稻土
- 黄壤
- 风沙土
- 红壤
- 潮土
- ⊗ 剖面点

饶平县土壤剖面理化性状表

剖面号 Soil profile	土纲 Soil order	土类 Soil group	亚类 Soil subgroup	土属 Soil genus	土种 Soil species	土层码 Layer code	土层厚度 Depth/cm	颜色 Soil color	质地 Soil texture	土壤结构 Soil structure	pH	有机质 OM/(g/kg)	全氮 TN/(g/kg)	全磷 TP/(g/kg)	全钾 TK/(g/kg)	碱解氮 AN/(mg/kg)	有效磷 AP/(mg/kg)	速效钾 AK/(mg/kg)	阳离子交换量 CEC/(cmol/kg)	土壤母质 Parent material	剖面点坐标 Profile coordinate	匹配指数 Matching index/%
剖1	人为土	水稻土	潴育水稻土	砂页岩红泥田	砂页岩红泥田	A	0—20	暗灰色	重壤土	小块状	5.3	22.8	1.14	0.47	13.0	111	1.1	41	7.3	砂页岩风化物	E 116°55′53.8″ N 24°11′02.0″	83
						P	20—30	暗灰色	重壤土	小块状	5.7	14.6	0.68	0.47	12.7	76	0.3	32	7.5			
						W	30—100	红棕色	轻壤土	棱柱状	6.9	6.2	0.33	0.52	15.3				6.7			
剖2	人为土	水稻土	淹育水稻土	洪积黄泥田	洪积砂泥田	A	0—11	浅黄色	中壤土	小块状	6.0	24.4	1.22	0.38	9.6	139	0.6	42		洪积物	E 116°53′27.6″ N 24°10′22.1″	85
						P	11—21	灰黄色	轻壤土	小块状	6.4	14.4	0.85	0.26	9.2	91		23				
						C	21—100	黄褐色	中壤土	小块状	6.4	12.2	0.67	0.26	9.4							
剖3	铁铝土	黄壤	黄壤	花岗岩黄壤	厚有机质层厚层花岗岩黄壤	A	0—20	灰黄色	重壤土	小块状	5.3	21.3	0.89	0.24	11.4	132	0.2	51	9.1	花岗岩、安山岩	E 116°51′29.0″ N 24°09′21.1″	76
						B	20—60	灰黄色	轻黏土	块状	5.5	4.7	0.19	0.22	13.2				5.5			
						C	60—100	橙黄色	轻黏土	块状	5.5	2.6	0.11	0.17	12.3							
剖4	人为土	水稻土	潴育水稻土	麻红泥田	麻红泥田	A	0—16	灰黑色	轻壤土	小块状	6.0	22.4	1.12	0.21	25.1	121	4.4	54	6.2	砂页岩	E 116°52′58.8″ N 24°06′53.6″	82
						P	16—34	灰褐色	中壤土	小块状	6.5	3.5	0.18	0.09	20.5	36	10.0	30	3.7			
						W	34—100	褐红色	中壤土	棱柱状	7.8	2.9	0.15	0.15					4.3			
剖5	人为土	水稻土	潴育水稻土	砂页岩泥田	页砂泥田	A	0—11	灰黑色	中壤土	小块状	5.5	21.3	1.01	0.24	8.9	112	0.3	34	6.7	花岗岩	E 116°52′48.0″ N 24°05′53.9″	71
						P	11—18	灰黄色	轻壤土	小块状	5.4	13.7	0.66	0.17	6.7	79	0.3	24	5.8			
						W	18—110	红黄色	中壤土	小块状	6.5	6.1	0.40	0.17	7.4				8.8			
剖6	铁铝土	赤红壤	赤红壤	花岗岩赤红壤		A	0—25	褐黄色	重壤土	粒状	5.1	21.3	0.95	0.25	18.3	111	0.8	76	9.3	花岗岩	E 116°46′23.9″ N 24°03′15.3″	100
						B	25—60	棕黄色	重壤土	粒状	5.3	18.0	0.96	0.23	21.7				6.4			
						C	60—	红黄色	重壤土	块状	5.4	12.9	0.54	0.24	20.6							
剖7	人为土	水稻土	潴育水稻土	砂页岩红泥田	页结砂泥田	A	0—20	浅灰色	中壤土	小块状	6.1	17.9	1.01	0.21	20.2	109	9.0	27	9.2	砂页岩坡积物	E 116°52′07.1″ N 24°02′08.9″	77
						P	20—37	灰灰色	中壤土	棱柱状	6.9	5.0	0.26	0.23	19.3	39	0.2	23	7.7			
						W	37—	黄褐色	重壤土	块状	6.6	4.2	0.29	0.19	16.3				8.0			
剖8	人为土	水稻土	潴育水稻土	河砂泥田	河砂泥田	A	0—14	灰黄色	中壤土	小块状	5.5	20.2	0.98	0.22	23.8	121	4.6	41	9.4	河流冲积物	E 116°50′26.5″ N 24°01′06.2″	81
						P	14—24	灰黄色	重壤土	小块状	6.0	15.4	0.65	0.17	26.5	85	2.4	24	6.2			
						W	24—100	灰黄色	中壤土	块状	7.2	9.0	0.41	0.16	24.4				7.0			
剖9	人为土	水稻土	渗育水稻土	白鳝泥田	白鳝泥田	A	0—14	浅灰色	中壤土	块状	7.2	26.4	1.44	0.29	17.6	150	0.9	34		河流冲积物	E 116°49′44.0″ N 24°00′50.8″	74
						P	14—27	深灰色	重壤土	块状	5.6	11.1	0.66	0.30	15.9	84	0.4	18				
						G	27—100	灰灰色	重壤土	块状	5.8	6.7	0.42	0.41	15.8							
剖10	人为土	水稻土	淹育水稻土	砂页岩红黄泥田	砂红泥田	A	0—14	灰黑色	中壤土	小块状	5.6	29.5	1.20	0.53	13.8	136	1.2	44	9.8	砂页岩风化物	E 116°47′31.2″ N 23°57′51.5″	72
						P	14—28	暗黄色	中壤土	小块状	5.8	23.3	1.05	0.47	12.8	100	0.7	31	9.6			
						C	28—100	红黄色	重壤土	块状	6.8	17.6	0.68	0.41	12.1				12.5			
剖11	人为土	水稻土	淹育水稻土	砂页岩红黄泥田	砂红泥田	A	0—16	灰黑色	中壤土	小块状	5.4	25.0	1.11	0.45	10.7	120	0.3	35	7.5	砂页岩	E 116°47′31.2″ N 23°55′33.6″	74
						P	16—28	暗黄色	中壤土	小块状	5.2	20.2	1.04	0.32	10.3	102		29	7.5			
						C	28—100	红黄色	重壤土	块状	6.5	10.0	0.42	0.41	9.8				8.0			
剖12	人为土	水稻土	淹育水稻土	麻红泥田	麻红砂泥田	A	0—18	灰黑色	轻壤土	小块状	6.0	17.2	0.94	0.18	22.8	112	1.4	23	7.9	花岗岩风化物	E 116°46′34.7″ N 23°55′33.6″	71
						P	18—32	黄褐色	中壤土	小块状	7.3	11.7	0.71	0.18	20.3	51	0.3	19	8.2			
						C	32—100	黄褐色	重壤土	小块状	6.9	2.8	0.17	0.09	27.6				6.6			
剖13	铁铝土	赤红壤	赤红壤	砂页岩赤红壤		A	0—40	褐色	轻壤土	粒状	5.1	24.5	1.21	0.32	8.8	130	0.1	17	9.4	砂页岩	E 116°46′47.1″ N 23°46′41.5″	96
						B	40—60	暗棕色	重黏土	粒状	4.7	16.6	0.71	0.48			0.3		5.0			
						C	60—100	深灰色	砂壤土	粒状	5.5	10.5	0.73	0.38	25.3	66	0.4	42	3.8			
剖14	半水成土	潮土	潮土	潮砂泥地	潮砂泥地	A	0—15	浅灰色	砂壤土	粒状	6.5	8.8	0.42	0.27			4.3			河流冲积物	E 116°53′57.1″ N 23°46′29.9″	90
						P	15—19	浅灰色	砂壤土	粒状	6.6		0.09	0.24	27.8	46	4.5	36				
						C	19—100	浅灰色	轻壤土	粒状	6.2	4.3	0.22	0.23	28.0				4.8			

续表 Continued

剖面号 Soil profile	土纲 Soil order	土类 Soil great group	亚类 Soil subgroup	土属 Soil genus	土种 Soil species	土层码 Layer code	土层厚度 Depth/cm	颜色 Soil color	质地 Soil texture	土壤结构 Soil structure	pH	有机质 OM/(g/kg)	全氮 TN/(g/kg)	全磷 TP/(g/kg)	全钾 TK/(g/kg)	碱解氮 AN/(mg/kg)	有效磷 AP/(mg/kg)	速效钾 AK/(mg/kg)	阳离子交换量CEC/(cmol/kg)	土壤母质 Parent material	剖面点坐标 Profile coordinate	匹配指数 Matching index/%
剖15	铁铝土	赤红壤	赤红壤	砂页岩赤红地	页砂质地	A	0—13	浅灰色	砂壤土	粒状	6.7	6.3	0.31	0.22	5.0	45	2.4	32	3.4	砂页岩	E 116°55′53.8″ N 23°46′29.3″	99
						P	13—15	浅灰色	轻壤土	粒状	5.9	5.0	0.40	0.15	11.0	47	0.2	43	4.5			
						C	15—100	浅灰色	中壤土	粒状	5.8	5.3	0.56	0.20	19.3				5.9			
剖16	铁铝土	赤红壤	赤红壤	花岗岩赤红地	赤红砂质地	A	0—25	灰白色	砂壤土	粒状	6.2	6.2	0.25	0.24	32.1	51	20.1	51	3.7	花岗岩	E 116°59′22.6″ N 23°44′58.2″	75
						P	25—40	灰白色	紧砂土	粒状	6.4	2.1	0.08	0.21	30.9	27	4.1	22	2.8			
						C	40—100	灰白色	砂壤土	粒状	6.5	2.7	0.23	0.16	36.8				3.8			
剖17	人为土	水稻土	渗育水稻土	白鳝泥田	白鳝泥田	A	0—12	浅灰色	重壤土	块状	7.0	20.8	1.26	0.15	6.5	43	1.1	22	11.2		E 116°51′08.3″ N 23°44′40.6″	87
						P	12—28	灰白色	重壤土	块状	6.4	9.0	0.52	0.17	5.5	53	0.4	19				
						C	28—100	棕红色	轻壤土	块状	7.5	5.2	0.34	0.13	10.0							
剖18	人为土	水稻土	淹育水稻土	砂页岩红黄泥田	页红砂泥田	A	0—11	灰色	砂壤土	粒状	5.8	18.3	0.70	0.25	11.4	123	5.5	36	4.8		E 116°47′32.9″ N 23°43′39.7″	81
						P	11—19	灰色	中壤土	粒状	6.6	9.7	0.36	0.28	9.1	69	7.6	22				
						C	19—100	浅黄色	中壤土	粒状	6.8	5.4	0.37	0.16	11.1							
剖19	人为土	水稻土	潴育水稻土	河砂泥田	河砂质地	A	0—18	灰白色	砂壤土	粒状	6.2	12.8	0.65	0.24	27.4	82	1.5	41	5.6	河流冲积物	E 116°56′48.0″ N 23°43′27.1″	80
						P	18—34	紧砂色	紧砂土	粒状	6.1	3.5	0.17	0.22	28.8	38	7.6	17	3.2			
						W	34—100	浅黄色	松砂土	粒状	7.5	1.2	0.06	0.19	29.0				2.5			
剖20	铁铝土	赤红壤	赤红壤	砂页岩赤红地	洪积泥沙田	A	0—12	灰白色	轻壤土	粒状	7.3	12.9	0.57	0.44	13.0	56	8.7	44	5.3	砂页岩	E 116°53′11.0″ N 23°42′03.2″	82
						P	12—22	红褐色	重壤土	粒状	7.4	4.8	0.29	0.41		42	0.9	17	6.5			
						C	22—100	红棕色	中壤土	团块状	7.1	5.1	0.28	0.21	12.9				6.1			
剖21	人为土	水稻土	潜育水稻土	洪积红黄泥田	洪积泥田	A	0—13	红棕色	重壤土	小块状	5.9	26.5	1.22	0.33	30.7	129	0.4	67	10.2	洪积物	E 116°55′34.0″ N 23°41′03.1″	70
						P	13—27	暗棕色	重壤土	小块状	7.1	14.1	0.70	0.25	30.3	65	0.3	29	8.6			
						C	27—100	红棕色	中壤土	粒状	8.1	8.0		0.24	25.3				9.1			
剖22	铁铝土	赤红壤	赤红壤	砂页岩赤红地	页泥地	A	0—9	棕黄色	重壤土	块状	5.2	19.4	0.84	0.37	5.3	108	0.8	58	11.4	砂页岩	E 116°57′23.0″ N 23°40′56.9″	78
						P	9—14	浅灰色	轻壤土	块状	5.2	15.2	0.67	0.26	5.8	89	微量	30				
						C	14—100	棕红色	轻壤土	块状	5.3	12.3	0.58	0.21	3.6							
剖23	人为土	水稻土	盐渍水稻土	反酸田	轻反酸田	A	0—14	暗黄色	中壤土	块粒状	5.5	21.8	0.91	0.23	20.7	90	0.9	68	10.2	酸性硫酸盐母质	E 116°56′48.5″ N 23°39′49.7″	80
						P	14—26	灰白色	重壤土	块粒状	4.8	21.2	0.89	0.22	23.8	68	0.9	63	10.2			
						Wg	26—100	灰黄色	中壤土	块粒状	3.7	14.8	0.70	0.21	23.2				9.0			
剖24	人为土	水稻土	盐渍水稻土	反酸田	重反酸田	A	0—13	暗黑色	重壤土	块状	3.5	26.6	1.13	0.38	25.1	102	5.7	55	10.2	酸性硫酸盐母质	E 116°55′43.3″ N 23°39′36.0″	91
						P	13—26	黄褐色	重壤土	块状	3.8	13.8	0.60	0.24	21.1	81	2.6	37	10.5			
						Wg	26—100	黄色	中壤土	块状	3.4	11.3	0.27	0.39	19.6				9.4			
剖25	人为土	水稻土	盐渍水稻土	咸酸田	轻咸酸田	A	0—13	灰褐色	重壤土	小块状	4.9	25.8	1.01	0.30	25.1	109	1.6	30	9.1		E 116°57′00.2″ N 23°38′55.9″	79
						P	13—26	暗黑色	重壤土	块状	3.9	36.6	0.89	0.24	23.7	70	9.0	136	14.1			
						Wg	26—100	暗黑色	重壤土	块状	3.9	42.0	0.81	0.23	22.9				13.6			
剖26	人为土	水稻土	潜育水稻土	咸田	咸田	A	0—14	乌黑色	重黏土	块状	8.1	14.2	0.66	0.38	18.3	57	0.9	263	11.9		E 116°54′02.4″ N 23°37′50.4″	82
						B	14—25	红黑色	重黏土	块状	8.0	11.6	0.45	0.34	19.3	58	2.2	363	11.1			
						G	25—100	褐黑色	重壤土	块状	9.0	9.8	0.26	0.29	18.6				8.6			
剖27	人为土	水稻土	盐渍水稻土	碱性滨海沉积土田	碱性砂质田	A	0—13	红黑色	轻壤土	块粒状	8.8	20.0	0.94	0.48	31.4	105	8.7	78	6.8	滨海沉积物	E 116°59′35.5″ N 23°31′56.0″	86
						P	13—21	浅灰色	轻壤土	块粒状	8.0	23.0	1.41	0.45	26.9	111	3.0	23	5.8			
						W	21—100	褐黑色	松砂土	粒状	8.4	5.8	0.26	0.17	38.9				2.2			
剖28	初育土	风沙土	滨海风沙土	滨海沙土	固定沙土	BC	30—	浅灰色	松砂土	粒状	6.5	1.1	0.08	0.07	6.5	21	1.5	49		滨海沉积物	E 116°58′36.8″ N 23°31′45.8″	86
剖29	人为土	水稻土	潜育水稻土	滨海沉积土田	碱性砂泥田	A	0—16	褐黑色	松砂土	粒状	8.9	19.5	0.96	0.68	32.8	114	18.4	49	7.4	滨海沉积物	E 116°57′34.6″ N 23°31′27.8″	92
						P	16—28	褐黑色	松砂土	粒状		18.8	1.35	0.85	29.2	92	32.4	55				
						G	28—	灰白色	砂壤土	粒状	9.1	3.2	0.29	0.30	27.1				4.0			

续表 Continued

剖面号 Soil profile	土纲 Soil order	土类 Soil great group	亚类 Soil subgroup	土属 Soil genus	土种 Soil species	土层码 Layer code	土层厚度 Depth/cm	颜色 Soil color	质地 Soil texture	土壤结构 Soil structure	pH	有机质 OM/(g/kg)	全氮 TN/(g/kg)	全磷 TP/(g/kg)	全钾 TK/(g/kg)	碱解氮 AN/(mg/kg)	有效磷 AP/(mg/kg)	速效钾 AK/(mg/kg)	阳离子交换量CEC/(cmol/kg)	土壤母质 Parent material	剖面点坐标 Profile coordinate	匹配指数 Matching index/%
剖30	人为土	水稻土	渗育水稻土	滨海砂质田	白砂田	A	0—13	暗灰色	砂壤土	粒状	7.8	18.4	1.26	0.45	20.2	57	3.5	73	7.9	滨海沉积物	E 117°00′24.5″ N 23°38′42.0″	91
						P	13—21	灰白色	中壤土	块状	8.2	3.1	0.46	0.21	17.1	20	0.9	78	7.8			
						C	21—100	灰白色	中壤土	块状	8.5	5.0	0.52	0.33	16.8				6.6			
剖31	人为土	水稻土	潴育水稻土	三角洲沉积土田	沉积砂泥田	A	0—17	浅棕色	中壤土	小块状	5.1	23.8	1.07	0.24	25.8	111	2.6	30	8.7	沉积物	E 117°00′31.9″ N 23°37′57.0″	98
						P	17—20	浅棕色	重壤土	块状	6.3	15.9	0.70	0.22	23.6	86		27	10.3			
						W	20—100	灰白色	中壤土	核状	6.8	8.4	0.39	0.28	26.6				9.5			
剖32	初育土	风沙土	滨海风沙土	滨海沙地	沙土地	A	0—20	浅赤色	松砂土	粒状	6.9	6.0	0.26	0.34	11.7	49	14.8	81	3.1		E 117°07′44.4″ N 23°35′37.7″	95
						P	20—28	浅赤色	松砂土	粒状	7.3	2.6			9.9	40	7.9	51	1.9			
						C	28—100	浅赤色	松砂土	粒状	7.5	1.9			30.4				3.4			
剖33	人为土	水稻土	淹育水稻土	麻红黄泥田	麻砂质田	A	0—13	灰白色	砂壤土	粒状	6.3	11.5	0.60	0.20	37.8	67	4.3	23	4.4	花岗岩风化物	E 117°06′25.9″ N 23°35′16.4″	94
						P	13—28	灰白色	砂壤土	粒状	6.2	5.0	0.34	0.16	36.8	37	1.1	16	6.1			
						C	28—100	黄灰色	轻壤土	小块状	7.0	2.4	0.15	0.15	36.1				3.3			

揭 阳 市

市 辖 区

主要土类说明

水稻土是揭阳市主要土壤类型，占本市地域面积的65%。成土母质主要为花岗岩、沉积岩风化物以及河流冲积物、滨海沉积物。水稻土是长期人为活动的产物，可由各种地带性土壤经水耕熟化而形成。在长期水耕施肥等措施的作用下，土壤内部进行着氧化还原交替、有机质合成与分解、盐基淋溶与复盐基作用的熟化过程，促使土壤性状发生改变，从而形成特有的剖面形态、理化和生物特性。本市水稻土分为淹育型、潴育型、渗育型、潜育型、沼泽型、盐渍型等亚类。其中，潴育水稻土面积最大，耕作历史悠久，排灌条件较好，土壤熟化程度高，有比较完整的发育层次，剖面构型多为A-P-W-C。该亚类的主要特点是在犁底层下形成具有淋溶和淀积特征的潴育层，剖面内有棕黄色的铁锈斑纹、紫黑色的锰质斑点或新生的铁锰结核，具有明显的棱柱状或柱状结构。

赤红壤是揭阳市第二大土壤类型，占本市地域面积的11%。赤红壤一般分布在海拔600m以下的地区，占本市自然土壤面积的94%。自然植被为常绿阔叶林、针阔叶混交林、灌木林、芒萁、蕨类等。在平缓的山坡和海拔50m以下的残岗小丘，分布着由坡积物和洪积物发育而成的赤红壤，大多数为水旱轮作地。赤红壤是介于红壤与砖红壤之间的过渡土壤，形成于亚热带气候条件下，具有富铝化过程和生物积累作用过程，耕种后还有熟化过程，土壤呈酸性，盐基不饱和，且富含氧化铁，多呈红色。

本区域中心区气候特征

本区域中心区气候特征值
Regional climate characteristics in central area of the region

气候带：南亚热带湿润气候 Climate region: South subtropical humid climate	
年平均气温 /℃ Annual average temperature /℃	21.4
年平均最高气温 /℃ Annual average maximum temperature /℃	25.3
年平均最低气温 /℃ Annual average minimum temperature /℃	18.5
年降水量 /mm Annual precipitation /mm	1688
≥10℃的积温 /℃ Daily temperature accumulated in a year（≥10℃）/℃	8213
年日照时数 /h Annual sunshine /h	1953
年平均相对湿度 /% Annual average relative humidity /%	80
干燥度 Dryness	0.75

本区域中心区月平均气温与月平均降水量
Monthly temperature and precipitation in central area of the region

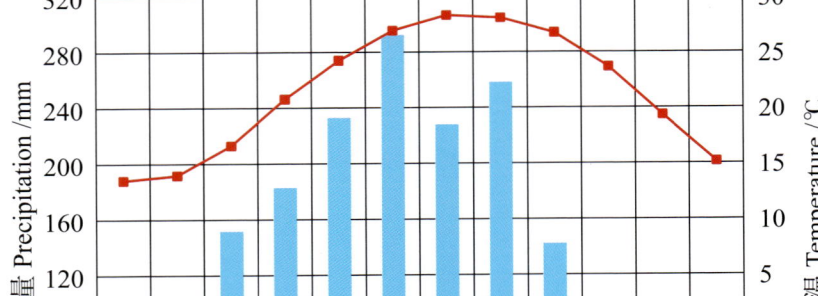

揭阳市市辖区（部分）主要土壤类型与土壤剖面点分布图

1:80 000

图　例

水稻土　赤红壤　剖面点

揭阳市土壤剖面理化性状表

剖面号 Soil profile	土纲 Soil order	土类 Soil great group	亚类 Soil subgroup	土属 Soil genus	土种 Soil species	土层码 Layer code	土层厚度 Depth/cm	颜色 Soil color	质地 Soil texture	土壤结构 Soil structure	pH	有机质 OM/(g/kg)	全氮 TN/(g/kg)	全磷 TP/(g/kg)	全钾 TK/(g/kg)	碱解氮 AN/(mg/kg)	有效磷 AP/(mg/kg)	速效钾 AK/(mg/kg)	阳离子交换量CEC/(cmol/kg)	土壤母质 Parent material	剖面点坐标 Profile coordinate	匹配指数 Matching index/%
剖1	人为土	水稻土	潴育水稻土	洪积黄红泥田	洪积砂质田	1	0—12	暗灰色	砂壤土	粒状	5.1	17.3	0.85	0.37	25.8	82	31.4	74		洪积物	E 116°20′40.9″ N 23°35′23.6″	93
						2	12—24	暗灰色	轻壤土	块状	5.4	5.7	0.38	0.14	23.2	35	0.4	55				
						3	24—100	黄棕色		块状												
剖2	铁铝土	赤红壤	赤红壤	花岗岩赤红地	赤红砂质田	1	0—16	暗褐色	砂壤土	粒状	5.4	12.6	0.62	0.22	12.1	57	8.7	70		花岗岩	E 116°20′29.4″ N 23°35′16.8″	86
						2	16—33	褐色	中壤土	粒状	6.0	8.0	0.44	0.18	5.6	34	0.4	31				
						3	33—100	红褐色	重壤土	块状	4.4	5.7	0.39	0.15	3.7	128	0.4	59				
剖3	人为土	水稻土	盐渍水稻土	咸酸田	轻咸酸田	1	0—17	黄灰色	轻黏土	团块状	4.7	23.9	1.40	0.51	26.0	101	4.4	143	15.2		E 116°22′41.9″ N 23°35′03.1″	95
						2	17—28	赤灰色		块状	4.2	16.6	0.68			68	13.1	413				
						3	28—100	褐灰色		块状												
剖4	铁铝土	赤红壤	赤红壤	花岗岩赤红地	赤红砂地	1	0—13	暗灰色	轻壤土	粒状	5.2	16.2	0.68	0.35	9.2	75	0.9	114	4.1	花岗岩	E 116°22′21.6″ N 23°34′26.2″	77
						2	13—34	浅棕色	中壤土	粒状	5.0	14.9				58	0.4	85				
						3	34—100	浅黄色	重壤土	粒状	4.6	10.3				39	0.4	144				
剖5	人为土	水稻土	潴育水稻土	河砂泥田	河砂质田	1	0—14	红褐色	砂壤土	粒状	5.5	10.6	0.53	0.20	13.1	65	0.9	73		河流冲积物	E 116°22′43.1″ N 23°34′16.1″	91
						2	14—34	浅黄色	中壤土	块状	5.9	14.1	0.95	0.27	15.1	60	微量	29				
						3	34—58	黄灰色	重黏土	块状	5.0	5.9	0.86	0.16	26.3	70	0.9	126				
						4	58—100	灰白色		块状												
剖6	人为土	水稻土	潴育水稻土	麻红泥田	麻砂泥田	1	0—13	灰赤色	中壤土	团块状	5.2	17.9	0.88	0.43	16.0	88	0.9	28			E 116°23′03.8″ N 23°34′14.3″	81
						2	13—26	暗灰色	重壤土	块状	5.5	16.4	1.03	0.48	14.9	158	6.5	26				
						3	26—60	暗棕色	重壤土	块状	6.2	11.4	0.78	0.28	19.2	90	2.2	34				
						4	60—100	灰黄色	重壤土	块状	6.4	6.3	0.47	0.48	20.8	56	1.3	52				
剖7	人为土	水稻土	潴育水稻土	潮泥田	潮泥质田	1	0—14	浅棕色	重壤土	块状	5.2	19.2	1.11	0.31	18.8	126	0.9	49	7.2	河流冲积物	E 116°20′09.4″ N 23°33′56.3″	96
						2	14—25	浅栗色	重壤土	块状	5.1	13.7	0.81			76	0.4	17				
						3	25—56	浅黄色	重壤土	片状	5.1	10.8	0.68			65	0.4	26				
						4	56—100	灰色	重壤土	片状	5.1	9.7	0.65			53	0.4	35				
剖8	人为土	水稻土	潴育水稻土	三角洲沉积土田	低铁丁格田	1	0—12	暗灰色	重壤土	块状	4.7	22.7	1.20	0.37	23.8	74	3.9	30		沉积物	E 116°19′09.8″ N 23°33′28.4″	79
						2	12—23	暗棕色	重壤土	块状	5.3	20.6	1.04	0.26		75	0.4	35				
						3	23—35	暗棕色	重壤土	块状	4.6	27.4				48	0.4	56				
						4	35—56	黄棕色	重壤土	棱柱状	4.1	13.2				31	微量	101				
						5	56—100				4.0					29		133				
剖9	人为土	水稻土	潴育水稻土	青泥格田	砂泥青泥格田	1	0—14	暗黄色	中壤土	粒状	4.9	33.2	1.47	0.31	5.6	143	0.4	43			E 116°16′52.0″ N 23°31′34.0″	90
						2	14—20	暗蓝色	重壤土	块状	5.2	32.5	1.51			131	微量	25				
						3	20—100	灰蓝色	重壤土	柱状	5.3	33.1	0.76			44	0.4	12				
剖10	人为土	水稻土	潴育水稻土	青泥格田	泥质青泥格田	1	0—14	蓝灰色	轻黏土	片状	5.1	31.2	1.68	0.47	23.6	118	7.0	66			E 116°19′54.1″ N 23°30′58.0″	81
						2	14—30	灰白色		块状	5.2	31.2				106	6.5	95				
						3	30—50															
						4	50—100															
剖11	人为土	水稻土	潴育水稻土	泥肉田	乌涂田	1	0—12	棕色	中壤土	块状	5.4	34.6	1.85	0.42	17.6	128	5.7	78			E 116°21′29.5″ N 23°30′49.3″	85
						2	12—20	棕色	中壤土	块状	5.7	28.4				117	7.9	49				
						3	20—28	暗灰色	重壤土	块状	5.7	24.9				117	60.3	37				
						4	28—100	浅灰色	轻黏土	块状	6.2	11.0				33	0.4	68				

续表 Continued

剖面号 Soil profile	土纲 Soil order	土类 Soil great group	亚类 Soil subgroup	土属 Soil genus	土种 Soil species	土层码 Layer code	土层厚度 Depth/cm	颜色 Soil color	质地 Soil texture	土壤结构 Soil structure	pH	有机质 OM/(g/kg)	全氮 TN/(g/kg)	全磷 TP/(g/kg)	全钾 TK/(g/kg)	碱解氮 AN/(mg/kg)	有效磷 AP/(mg/kg)	速效钾 AK/(mg/kg)	阳离子交换量CEC/(cmol/kg)	土壤母质 Parent material	剖面点坐标 Profile coordinate	匹配指数 Matching index/%
剖12	人为土	水稻土	潴育水稻土	河砂泥田	河黏土田	1	0—13	暗灰色	中黏土	块状	4.6	25.5	1.44	0.21	21.2	142	1.3	20	6.6	河流冲积物	E 116°25′19.2″ N 23°30′45.4″	86
						2	13—20	浅灰色	轻黏土	块状	5.2	16.5	0.93			83	2.2	25				
						3	20—32	灰白色	中黏土	块状	5.7	7.9	0.53			36	1.7	44				
						4	32—100	浅灰色	中黏土	块状	5.8	4.5	0.62			34	0.9	62				
剖13	人为土	水稻土	淹育水稻土	麻红黄泥田	麻红泥砂田	1	0—12	暗黄色	轻黏土	粒状	4.6	13.3	0.72	0.11	23.2	70	1.0	48	3.8	花岗岩风化物	E 116°18′12.2″ N 23°30′37.4″	76
						2	12—32	暗黄色	轻黏土	粒状	5.3	5.5				31	0.2	22				
						3	32—51	灰黄色	轻黏土	块状	5.6	3.1				14	0.2	24				
						4	51—100	黄灰色	中黏土	片状	5.7	3.3				15	0.1	25				
剖14	人为土	水稻土	渗育水稻土	白砂格田	白砂格泥质田	1	0—15	暗黄色	砂黏土	粒状	6.2	11.0	0.55	0.24	23.7	21	13.1	101			E 116°17′50.6″ N 23°30′20.5″	85
						2	15—24	灰白色	砂黏土	粒状	6.9	8.9	0.46	0.19	13.9	16	13.5	37				
						3	24—37	灰白色	紧黏土	粒状	6.9	4.0	0.24	0.17	25.3	11	9.6	72				
						4	37—100	灰色	紧砂土	粒状	8.0	4.8	0.36	0.19	28.5	8	19.6	44				
剖15	人为土	水稻土	潴育水稻土	河砂冲积土田	河泥田	1	0—17	浅棕色	重黏土	块状	4.6	23.9	1.21	0.31	22.4	103	2.6	55	7.4	河流冲积物	E 116°25′21.0″ N 23°28′41.9″	89
						2	17—33	浅黄色	重黏土	块状	5.3	14.9	0.78	0.27	30.1	66	0.4	27	7.7			
						3	33—60	黄褐色	重黏土	块状	5.0	14.5	0.72	0.27	36.4	65	0.4	29	7.7			
						4	60—100	暗黄色	中黏土	鳞片状	4.9	16.9	0.85	0.18	38.5	79	2.2	66	6.6			
剖16	人为土	水稻土	潴育水稻土	宽谷冲积土田	宽谷泥田	1	0—15	灰棕色	重黏土	块状	5.0	25.0	1.35	0.55	20.0	130	7.9	46		冲积物	E 116°19′14.9″ N 23°28′40.4″	76
						2	15—40	黄黑色	重黏土	块状	5.2	24.0				112	1.3	30				
						3	40—100	深灰色	轻黏土	粒状	5.4	27.1				130	2.6	82				
剖17	人为土	水稻土	潴育水稻土	宽谷冲积土田	宽谷砂泥田	1	0—15	浅灰色		块状	5.2	18.3	1.12	0.25	17.0	50	7.9	32		冲积物	E 116°17′49.9″ N 23°28′22.1″	100
						2	15—20	红褐色	中黏土	块状	6.1	4.4	0.31	0.15	9.4	124	3.5	35				
						3	20—100	黄棕色	重黏土	块状	4.9	26.1	1.33	0.42	20.3	109	3.5	46				
剖18	人为土	水稻土	潴育水稻土	泥肉田	松泥田	1	0—12	浅棕色	中黏土	块状	5.0	24.9	1.36	0.46	15.3	104	4.8	27			E 116°18′36.4″ N 23°28′12.7″	84
						2	12—17	橙色	中重黏土	柱状	5.4	13.3	0.91	0.36	18.7	47	微量	51				
						3	17—38	暗黄色	重黏土	柱状	4.2	13.1	0.77	0.53	18.5	36	0.4	74				
						4	38—55	浅灰色	中黏土	柱状	4.0	10.3	0.61	0.33	19.7	35	0.9	77	5.0			
						5	55—100	浅灰色	中壤土	粒状	5.1	18.7	0.96	0.34	23.2	56	1.7	47				
剖19	人为土	水稻土	潴育水稻土	河砂泥红田	河泥田	1	0—18	深灰色	中壤土	粒状	5.7	11.7				26	0.9	26		河流冲积物	E 116°19′45.8″ N 23°28′00.5″	77
						2	18—31	灰色	轻黏土	粒状	5.9	6.3				30	0.9	33				
						3	31—48	黄灰色	中黏土	粒状	6.1	5.4				24	0.4	61				
						4	48—100	棕色	轻壤土	粒状	5.8	22.6	1.07	0.32	18.3	99	5.7	37				
剖20	人为土	水稻土	潴育水稻土	洪积黄红泥田	洪积砂泥田	1	0—14	暗黄色	中壤土	块状	5.0	13.4	0.66	0.17	22.2	65	2.2	31		洪积物	E 116°19′34.7″ N 23°27′26.3″	85
						2	14—29	灰白色	重黏土	块状	6.2	3.8	0.42	0.10	35.1		0.9	64				
						3	29—100															

揭 西 县

主要土类说明

赤红壤是揭西县主要土壤类型，占本县地域面积的45%，主要分布在海拔600m以下的低山、丘陵地带。成土母质主要为花岗岩、片岩、板岩、砂页岩风化物。赤红壤主要发生于南亚热带季雨林下，其脱硅富铝化程度仅次于砖红壤，强于红壤。铁的游离度介于二者之间，黏粒硅铝率为1.7—2.0，风化淋溶系数为0.05—0.15，盐基饱和度为15%—25%。淀积层（B层）富含铁铝氧化物，呈赤红色。

水稻土是揭西县第二大土壤类型，占本县地域面积的31%。本县水稻土主要发育于花岗岩、砂页岩、片岩、板岩风化物以及河流沉积物，是在以种植水稻为主，长期水旱交替耕作条件下形成的土壤。由于本县雨量充沛，水资源丰富，灌溉系统较完善，经过长期的水耕熟化，从海拔600m以上的地区至榕江上、中游均有水稻土分布，主要分布在海拔30m以下的地带。本县水稻土中，潴育水稻土亚类面积最大，占本土类面积的89%，耕作历史悠久，排灌条件较好，土壤熟化程度高，有比较完整的发育层次，剖面构型多为A-P-W-C。该亚类的主要特点是在犁底层下形成具有淋溶和淀积特征的潴育层，剖面内有棕黄色的铁锈斑纹、紫黑色的锰质斑点或新生的铁锰结核，具有明显的棱柱状或柱状结构。

黄壤是揭西县第三大土壤类型，占本县地域面积的21%，分布在本县西北部海拔600—1222m的中低山区，占本县山地面积的24%，垂直分布在赤红壤之上。由于黄壤所处地区地势较高，云雾多，日照少，湿度大，气温低，因此土壤盐基饱和度低，富铝化作用较弱，呈酸性至强酸性，有机质含量较高，剖面构型为A-B-C或A-C。本县黄壤仅有黄壤一个亚类。

小于本县地域面积3%的土壤类型有潮土。

本区域中心区气候特征

本区域中心区气候特征值
Regional climate characteristics in central area of the region

气候带：南亚热带湿润气候 Climate region: South subtropical humid climate	
年平均气温 /℃ Annual average temperature /℃	21.6
年平均最高气温 /℃ Annual average maximum temperature /℃	25.6
年平均最低气温 /℃ Annual average minimum temperature /℃	18.7
年降水量 /mm Annual precipitation /mm	1792
≥10℃的积温 /℃ Daily temperature accumulated in a year（≥10℃）/℃	8260
年日照时数 /h Annual sunshine /h	1934
年平均相对湿度 /% Annual average relative humidity /%	79
干燥度 Dryness	0.71

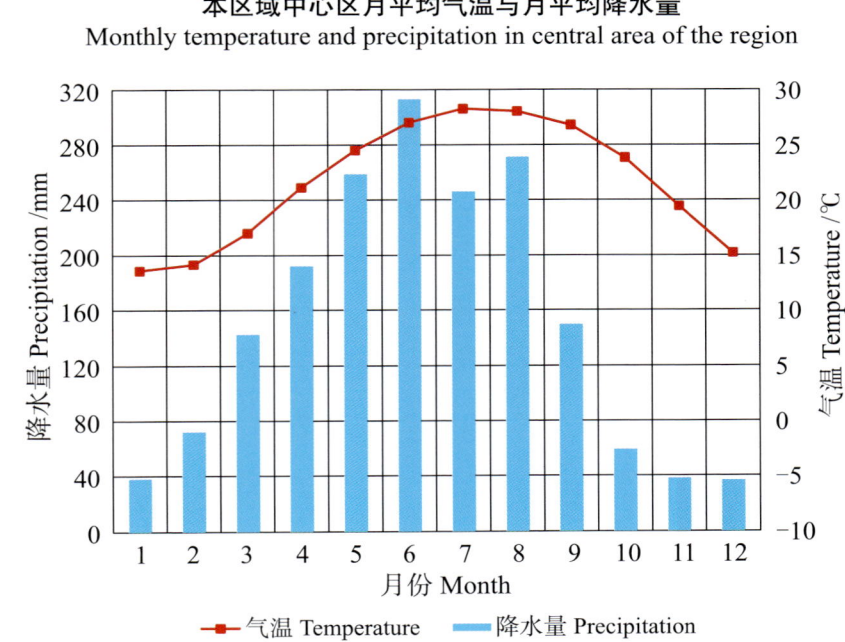

本区域中心区月平均气温与月平均降水量
Monthly temperature and precipitation in central area of the region

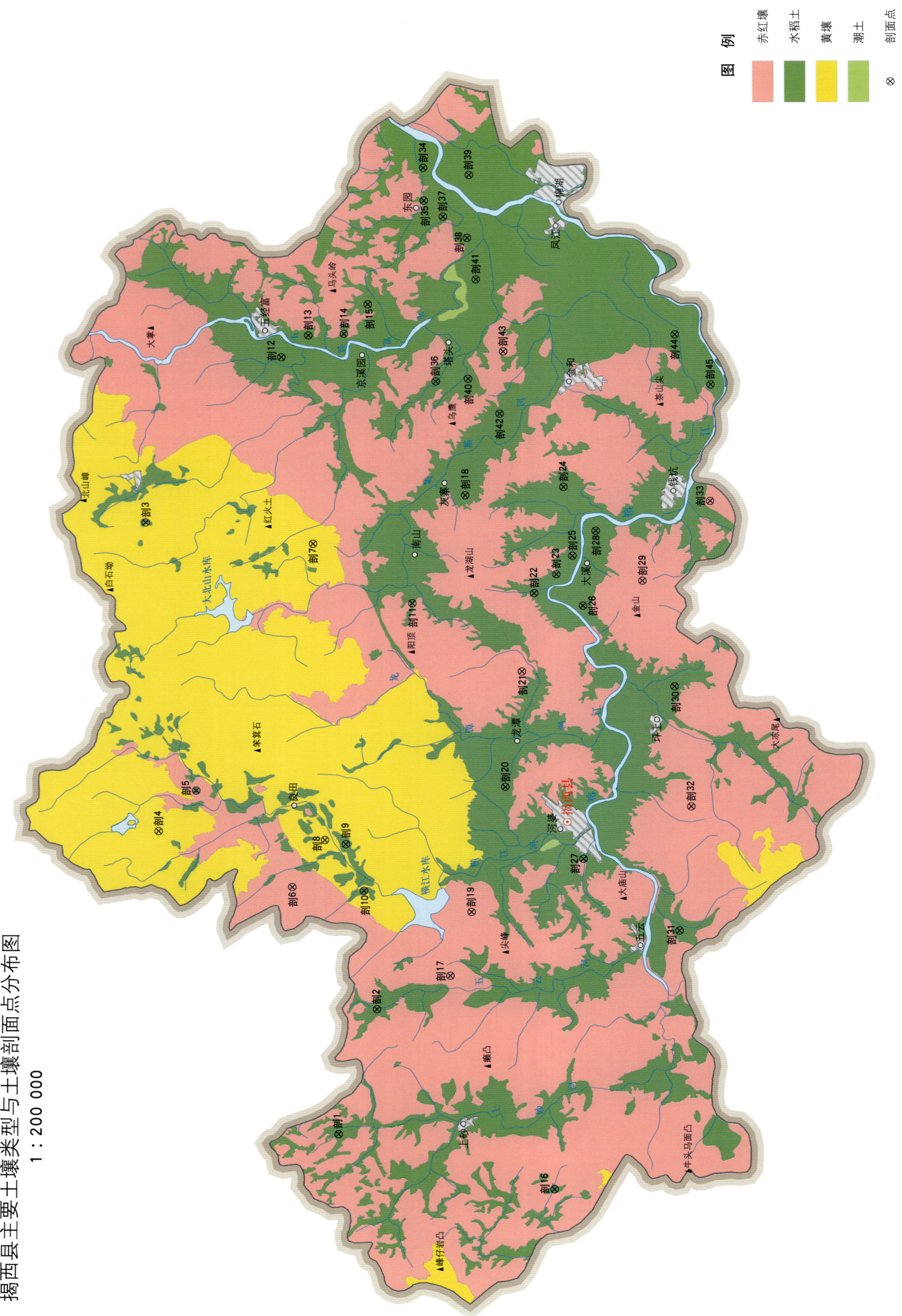

揭西县土壤剖面理化性状表

剖面号 Soil profile	土纲 Soil order	土类 Soil great group	亚类 Soil subgroup	土属 Soil genus	土种 Soil species	土层码 Layer code	土层厚度 depth/cm	颜色 Soil color	质地 Soil texture	土壤结构 Soil structure	pH	有机质 OM/(g/kg)	全氮 TN/(g/kg)	全磷 TP/(g/kg)	全钾 TK/(g/kg)	碱解氮 AN/(mg/kg)	有效磷 AP/(mg/kg)	速效钾 AK/(mg/kg)	土壤母质 Parent material	剖面点坐标 Profile coordinate	匹配指数 Matching index/%
剖1	人为土	水稻土	潴育水稻土	麻红泥田	麻红泥田	1	0—12	浅灰色	重壤土	块状	5.2	28.0	1.31	0.38	11.2	145	11.8	119		E 115°41′11.8″ N 23°31′49.4″	70
						2	12—20	浅灰色	重壤土	块状	5.5	23.9	1.10	0.39	11.6	115	0.9	71			
						3	20—52	暗灰色	轻黏土	块状	7.6	13.0	1.47	0.19	15.4	43	微量	58			
						4	52—100				6.4										
剖2	人为土	水稻土	潴育水稻土	洪积黄红泥田	洪积砂泥田	1	0—14		轻壤土		5.8	9.7	0.42	0.18	11.6	52	10.1	14	洪积物	E 115°44′44.5″ N 23°30′53.6″	85
						2	14—18		砂壤土		5.8	7.4	0.35	0.16	11.7	43	8.3	6			
						3	18—100				6.4	4.8	0.22	0.17		22	微量	14			
剖3	人为土	水稻土	淹育水稻土	洪积黄泥田	洪积黄泥田	1	0—10	浅灰色	轻壤土	块状	5.6	16.1	0.71	0.22	7.4	78	11.9	46	谷底冲积物	E 115°58′31.4″ N 23°36′55.1″	81
						2	10—16	浅灰色	轻壤土	块状	5.6	11.3	0.59		7.7	57	1.5	5			
						3	16—40	深黄色	中壤土	块状	5.5	6.2	0.34		7.4	34	微量	6			
						4	40—100	灰黄色						0.09							
剖4	铁铝土	黄壤		花岗岩黄壤	厚有机质层厚层花岗岩黄壤	1	0—15	深黄色	中壤土	碎粒状	4.7	56.2	1.81			182	0.4	41	花岗岩	E 115°49′45.1″ N 23°36′30.4″	81
						2	15—34	黄色	重壤土	块状	5.0	11.7	0.47								
						3	34—100	黄色	重壤土	团块状	5.1	4.3	0.23								
剖5	人为土	水稻土	潴育水稻土	第四纪红土泥田	红土砂田	1	0—12	浅灰色	砂壤土	粒状	5.9	10.3	0.51	0.32	9.6	56	0.1	23	第四纪红土	E 115°50′55.3″ N 23°35′33.7″	77
						2	12—19	黄色	中壤土	块状	5.7	10.5	0.51	0.25	9.7	42	1.9	12			
						3	19—100		重壤土	块状	6.0	9.6	0.32	0.38	17.2	51	0.8	7			
剖6	铁铝土	赤红壤		花岗岩赤红壤	薄有机质层厚层花岗岩赤红壤	1	0—5		中壤土		5.4	12.9	0.50	0.11	7.5				花岗岩	E 115°48′11.9″ N 23°33′05.4″	95
						2	5—37		中壤土		5.7	10.1	0.39	0.10							
						3	37—83				5.9	6.5	0.29	0.08							
剖7	铁铝土	黄壤		耕型片岩红壤	黄泥砂田	1	0—14	浅灰色	紧砂土	粒状	6.6	8.8	0.35	0.13	5.1	34	3.8	117	片板岩风化	E 115°57′57.6″ N 23°32′39.5″	81
						2	14—100	浅黄色	重壤土	块状	6.7	7.2	0.32	0.15	11.4	42	0.4	54			
剖8	铁铝土	黄壤		片板岩黄壤	厚层片板岩黄壤	1	0—13		轻壤土	棱柱状	4.3	53.2	1.95	0.45	11.5				片板岩风化物	E 115°49′33.2″ N 23°32′16.4″	98
						2	13—70		重壤土	块状	4.7	9.0	0.71	0.39	15.0						
						3	70—100		中壤土	大块状	4.8	1.9	0.45	0.35	27.4						
剖9	人为土	水稻土	潴育水稻土	片板岩红泥田	片砂田	1	0—17	灰色	中壤土	块状	5.1	19.7	0.85	0.25	29.1	91	2.7	44	片板岩	E 115°49′26.4″ N 23°31′44.4″	89
						2	17—31	灰色	中壤土	块状	5.4	9.4	0.52	0.16	30.7	58	2.8	53			
						3	31—100	黄色	中壤土	大块状	5.5	6.1	0.33	0.17	29.7	41	1.1	109			
剖10	人为土	水稻土	潴育水稻土	片板岩黄泥田	页砂田	1	0—11	灰黄色	重壤土		5.0	27.5	1.22	0.43	5.6	113	0.9	30	片板岩	E 115°48′06.8″ N 23°31′16.0″	73
						2	11—27	黄灰色	中壤土		5.2	21.2	0.96	0.35	5.2	89	微量	17			
						3	27—47		中壤土		5.3	10.2	0.66	0.30	5.2	58	微量	22			
						4	47—100														
剖11	人为土	水稻土		砂页岩红泥田	宽砂砂田	1	0—15	黄色	砂壤土		5.3	6.8	0.28	0.39	49.5	48	6.4	7	砂页岩	E 115°49′17.5″ N 23°30′06.8″	75
						2	15—29		中壤土		5.4	2.3	0.14	0.28	47.2	21	1.2	7			
						3	29—100		中壤土		5.1	4.2	0.35	0.27	39.4	30	0.3	24			
剖12	人为土	水稻土		宽谷冲积土田	宽谷砂泥田	1	0—11		重壤土		5.5	6.2	0.36	0.13	26.3	35	3.3	19	片板岩	E 116°03′14.5″ N 23°33′30.2″	93
						2	11—16		轻壤土		5.6	4.4	0.33	0.14	7.2	32	0.4	20			
						3	16—100		轻壤土		6.3	3.5	0.21	0.17	40.2	19	0.1	17			
剖13	人为土	水稻土	潴育水稻土	麻红泥田	麻砂泥田	1	0—11		轻壤土		5.8	13.7	0.60	0.17	17.1	67	0.6	19	片板岩	E 116°03′52.1″ N 23°32′49.2″	80
						2	11—20		轻壤土		5.8	8.9	0.45	0.12	19.9	51	0.8	17			
						3	20—100				6.9	4.9	0.39	0.13	17.7	32	微量	20			
剖14	人为土	水稻土	潴育水稻土	宽谷冲积土田	宽谷砂板田	1	0—11		粉砂质壤土		6.1	13.9	0.68	0.08	28.0	41	2.1	36	砂页岩	E 116°03′55.5″ N 23°31′55.0″	72
						2	11—16		粉砂质壤土		6.7	7.0	0.26	0.61	20.8	23	3.1	30			

续表 Continued

剖面号 Soil profile	土纲 Soil order	土类 Soil great group	亚类 Soil subgroup	土属 Soil genus	土种 Soil species	土层码 Layer code	土层厚度 Depth/cm	颜色 Soil color	质地 Soil texture	土壤结构 Soil structure	pH	有机质 OM/(g/kg)	全氮 TN/(g/kg)	全磷 TP/(g/kg)	全钾 TK/(g/kg)	碱解氮 AN/(mg/kg)	有效磷 AP/(mg/kg)	速效钾 AK/(mg/kg)	土壤母质 Parent material	剖面点坐标 Profile coordinate	匹配指数 Matching index/%
剖15	人为土	水稻土	沼泽型水稻土	烂泥田	澺眼田	1	0~25	深灰色	中壤土	糊状	5.1	25.5	1.12			124	1.8	25		E 116°04′45.8″ N 23°31′18.8″	71
						2	25~	深灰色	重壤土	糊状	5.0		1.09			108	0.4	20			
剖16	人为土	水稻土	潜育水稻土	泥肉田	泥肉田	1	0~20		轻壤土		5.3	21.3	1.05	0.40	41.1	108	28.9	17		E 115°39′44.3″ N 23°26′19.0″	74
						2	20~32		轻壤土		5.4	13.4	0.73	0.28	38.8	67	13.5	11			
剖17	铁铝土	赤红壤	赤红壤	片板岩赤红壤		1	0~12	灰黄色	重壤土	块状	4.6	37.9	1.19			190	微量	30	片板岩	E 115°45′43.5″ N 23°29′02.6″	95
						2	12~100	黄黄色	轻壤土		4.9	8.4	0.51								
剖18	人为土	水稻土	潜育水稻土	砂页岩赤红泥田	页砂泥田	1	0~9		轻壤土	块状	4.7	13.7	0.83	0.28	23.6	32	2.7	113	砂页岩	E 115°59′22.2″ N 23°28′48.0″	91
						2	9~13		轻壤土		4.9	12.1	0.76		23.6	79	1.5	183			
						3	13~100		中壤土		5.4	7.3	0.56		30.6	56	0.6	154			
剖19	铁铝土	赤红壤	赤红壤	砂页岩赤红壤	厚有机质层厚土层砂页岩赤红壤	1	0~20		紧砂土		5.3	3.1	0.26	0.14	2.5				砂页岩	E 115°47′31.9″ N 23°28′31.4″	99
						2	20~60		中壤土		5.5	6.1	0.34								
						3	60~100		轻壤土		5.5	4.1	0.25								
剖20	人为土	水稻土	潜育水稻土	砂页岩赤红泥田	页砂泥田	1	0~12		重壤土		5.7	6.5	1.23	0.37	21.1	148	2.4	46	砂页岩	E 115°51′06.8″ N 23°27′42.1″	100
						2	12~17		轻壤土		6.3	15.7	0.81	0.31	24.0	85	微量	23			
						3	17~29		轻黏土		6.7	6.7	0.67	0.23	22.0	43	微量	38			
剖21	铁铝土	赤红壤	赤红壤	花岗岩赤红泥化地	赤红砂质地	1	0~27		轻壤土		4.6	11.8	0.48	0.20	8.0	67	0.8	14	花岗岩风化物	E 115°54′23.0″ N 23°27′18.7″	95
						2	27~100		砂壤土		4.6	10.4	0.51		12.0	54	0.7				
剖22	人为土	水稻土	淹育水稻土	砂页岩红泥田	页红泥田	1	0~12	浅灰色	轻壤土	块状	5.5	8.2	0.43	0.28		51	0.8	8	砂页岩坡积物	E 115°56′36.3″ N 23°27′01.2″	71
						2	12~21	浅黄色	轻壤土	块状	5.9	4.5	0.24	0.21		32	微量	7			
						3	21~100	橙黄色	轻壤土		5.7	4.6	0.24	0.18		32	微量	19			
剖23	人为土	潴育水稻土	潴育水稻土	洪积黄红泥田	洪积泥田	1	0~10		中壤土		5.5	24.9	1.19	0.23	24.8	121	4.5	28	洪积物	E 115°57′08.9″ N 23°26′27.5″	71
						2	10~17		中壤土		5.5	20.5	0.94			117	2.2	22			
						3	17~100		重壤土		5.8	7.2	0.35			34		25			
剖24	人为土	水稻土	潴育水稻土	冷底田	铁锈水田	1	0~17		重壤土	粒状	5.8	27.8	1.43	0.30	15.1	115	1.3	13		E 115°59′37.3″ N 23°26′17.9″	100
						2	17~26		重壤土	粒状	6.1	21.3	1.23			86	1.1	14			
						3	26~100		轻壤土	粒状	6.1	17.6	1.04			64	0.1	21			
剖25	人为土	水稻土	潴育水稻土	河砂泥田	河砂泥田	1	0~13	浅灰色	砂壤土	块状	5.5	9.9	0.53	0.28	35.7	62	9.0	20	河流冲积物	E 115°57′40.5″ N 23°26′03.3″	100
						2	13~18	浅灰色	砂壤土	块状	5.8	6.1	0.39	0.21	35.6	50	6.5	20			
						3	18~46	浅黄色	砂壤土	块状	6.1	2.8	0.18	0.18	41.2	30	0.8	22			
						4	46~100														
剖26	人为土	水稻土	潴育水稻土	第四纪红土红泥田	红土黏田	1	0~15	浅灰色	中壤土	块状	5.4	13.3	0.66	0.26	14.0	92	2.8	24	第四纪红土	E 115°56′15.7″ N 23°25′46.2″	89
						2	15~23	浅灰色	轻壤土	块状	6.3	7.8	0.44	0.20		71	微量	22			
						3	23~40	浅褐色	中壤土	块状	6.5	11.9	0.53	0.20		55	微量	37			
						4	40~100	灰褐色	中壤土		6.2	8.3	0.58			38					
剖27	人为土	水稻土	潴育水稻土	青泥青格田	黄泥青泥格田	1	0~13		重壤土		5.2	23.8	1.21	0.30	39.1	144	10.0	35		E 115°49′05.2″ N 23°25′41.5″	74
						2	13~18		重壤土		5.3	22.3	1.06	0.31	38.1	130	8.4	27			
						3	18~100		中壤土		6.2	12.0	0.59	0.28		96	微量	23			
剖28	人为土	潴育水稻土	潴育水稻土	河砂泥田	河砂泥田	1	0~16		中壤土		5.6	21.0	1.11	0.39	41.7	105	11.9	29	河流冲积物	E 115°58′23.4″ N 23°25′27.9″	94
						2	16~25		中壤土		6.3	15.3	0.81	0.18	35.4	66	4.2	18			
						3	25~100		卵石		6.2	8.3	0.58			38	0.6	16			
剖29	铁铝土	赤红壤	赤红壤	砂页岩赤红壤	厚有机质层中层砂页岩赤红壤	1	0~5		重壤土		5.4	29.2	1.43	0.17	2.9				砂页岩	E 115°56′59.3″ N 23°24′15.8″	70
						2	5~15		重壤土		5.4	14.6	0.79	0.15			1.8	11			
						3	15~100		重壤土		6.0	18.2	0.68	0.29			3.9	2			
剖30	人为土	水稻土	潴育水稻土	磙红泥田	磙砂质田	1	0~14		壤土		5.7	16.3	0.61	0.28	38.9	23	1.8	22		E 115°54′00.2″ N 23°23′25.5″	91
						2	14~30		砂壤土		5.8	5.5	0.55	0.11	34.5	35					
						3	30~42		砂壤土		5.5	5.4	0.34	0.12	36.8	30	微量				

续表 Continued

剖面号 Soil profile	土纲 Soil order	土类 Soil great group	亚类 Soil subgroup	土属 Soil genus	土种 Soil species	土层码 Layer code	土层厚度 Depth/cm	颜色 Soil color	质地 Soil texture	土壤结构 Soil structure	pH	有机质 OM/(g/kg)	全氮 TN/(g/kg)	全磷 TP/(g/kg)	全钾 TK/(g/kg)	碱解氮 AN/(mg/kg)	有效磷 AP/(mg/kg)	速效钾 AK/(mg/kg)	土壤母质 Parent material	剖面点坐标 Profile coordinate	匹配指数 Matching index/%
剖31	人为土	水稻土	淹育水稻土	麻红黄泥田	麻红顶沙田	1	0—18	浅灰色	砂壤土	粒状	5.1	15.2	0.68	0.51	29.6	78	26.6	42	花岗岩坡积物	E 115°47′04.3″ N 23°23′13.5″	95
						2	18—27	褐黄色	砂壤土	块状	6.1	4.5	0.24	0.26	28.7	43	1.0	19			
						3	27—100	灰黄色	中壤土	粒状	6.5	3.1	0.21	0.34	33.1	17	1.0	14			
剖32	铁铝土	赤红壤	赤红壤	花岗岩赤红壤	厚有机质层厚层花岗岩赤红壤	1	0—43	灰黄色	中壤土	砂粒状	4.8	22.7	1.00	0.15	38.3	138	1.3	69	花岗岩	E 115°50′36.7″ N 23°22′57.8″	82
						2	43—49	黄色	中壤土	团块状	4.9	11.7	0.69								
						3	49—100	黄色	中壤土	块状											
剖33	铁铝土	赤红壤	赤红壤	花岗岩赤红泥地	赤红泥地	1	0—16		轻壤土		5.0	15.2	0.73	0.20	1.7	82	0.5	56	花岗岩风化物	E 115°59′15.8″ N 23°22′33.9″	73
						2	16—100		中壤土		5.2	8.4	0.30	0.10		46	微量	14			
剖34	人为土	水稻土	潜育水稻土	青泥格田	砂泥青泥格田	1	0—12	灰黄色	中壤土	碎块状	5.4	14.0	0.67			73	2.8	23		E 116°07′41.9″ N 23°29′54.2″	75
						2	12—18	灰黄色	中壤土	块状	5.4	13.6	0.62	0.19	8.3	79	2.6	15			
						3	18—24	灰黄色	重壤土	块状	5.6	15.7	0.89	0.14	9.5	80	2.1	27			
						4	24—	灰蓝色	重壤土	块状				0.11							
剖35	人为土	水稻土	潜育水稻土	青泥格田	砂质青泥格田	1	0—11		壤土		5.3	19.8	0.97	0.26	32.6	108	3.9	33		E 116°07′41.9″ N 23°29′54.2″	74
						2	11—17		黏壤土		5.8	13.1	0.96	0.20	32.2		1.0	27			
剖36	人为土	水稻土	潜育水稻土	冷底田	冷底田	1	0—15		中壤土		5.2	21.1	0.92	0.19	8.3	100	微量	49		E 116°02′34.8″ N 23°29′34.1″	92
						2	15—49		中壤土		5.0	17.7	0.75	0.14	9.5	66	0.3	33			
						3	49—81		重壤土		5.3	23.1	0.78	0.11		79	0.5	11			
剖37	人为土	水稻土	潜育水稻土	潮砂泥田	潮砂泥田	1	0—16		轻壤土		5.4	12.3	0.54	0.26	40.2	74	5.0	20	河流冲积物	E 116°07′14.9″ N 23°29′25.1″	82
						2	16—25		砂壤土		5.6	0.7	0.31	0.22		57	1.7	26			
						3	25—100				7.1	4.6	0.23	0.22		73	11.9	27			
剖38	人为土	水稻土	潜育水稻土	潮泥田	潮泥田	1	0—18		黏壤土		5.4	9.8	0.58	0.21	25.5	63	微量	105	河流冲积物	E 116°06′39.2″ N 23°28′48.2″	85
						2	18—33		中壤土		5.3	22.2	1.10	0.26	29.2	114	0.2	107			
						3	33—		中壤土		5.4	17.0	0.80	0.31	26.2	86	1.4	75			
剖39	人为土	水稻土	潜育水稻土	宽谷泥田	宽谷泥田	1	0—15		重壤土	粒状	5.3	17.5	0.83	0.24	21.0	87	0.7	59		E 116°08′25.8″ N 23°28′45.8″	81
						2	15—23		重壤土	块状	5.7	15.6	0.73	0.22	21.0	70	1.0	52			
						3	23—31		砂壤土	块状	7.4	10.1	0.41	0.18	18.1	27	7.8	53			
剖40	人为土	水稻土	潜育水稻土	洪积黄红泥田	洪积黄红泥田	1	0—15		砂壤土	块状	5.3	11.3	0.55	0.23	37.8	59	0.3	11	洪积物	E 116°06′39.8″ N 23°28′45.1″	74
						2	15—40		中壤土	块状	5.7	3.5	0.22	0.15	25.2	22	15.5	10			
						3	40—100		中壤土	块状	5.9	5.6	0.31	0.07	40.7	27	微量	32			
剖41	人为土	水稻土	潜育水稻土	潮砂泥田	潮泥田	1	0—21		中壤土	块状	5.6	10.0	0.58	0.24	22.2	63	微量	45	河流冲积物	E 116°05′29.4″ N 23°28′34.3″	97
						2	21—31		重壤土	块状	5.9	5.1	0.27	0.20	23.1	35	15.5	69			
						3	31—63		重壤土	块状	5.6	8.1	0.46	0.20		51	微量	66			
剖42	人为土	水稻土	潜育水稻土	白鳝泥田	白鳝泥田	1	0—11	棕色	中壤土	块状	5.0	20.1	0.85	0.27	8.7	99	4.3	44		E 116°01′40.4″ N 23°27′56.2″	92
						2	11—21	黄棕色	中壤土	块状	5.0	17.6	0.73	0.21	8.7	73	0.8	93			
						3	21—100	黄褐色	砂壤土	块状	5.5	3.5	0.24	0.17	14.6	17	0.6	72			
剖43	铁铝土	赤红壤	赤红壤	花岗岩赤红泥地	赤红砂地	1	0—10	浅黄色	砂壤土	粒状	5.5	7.0	0.37	0.08	26.8	40	3.7	38	花岗岩	E 116°03′27.0″ N 23°27′51.8″	73
						2	10—18	黄色	轻壤土	块状	5.3	9.0	0.34			44	1.6	14			
						3	18—100	红黄色	重壤土	块状	5.2	12.4	0.48			67	0.8	9			
剖44	人为土	水稻土	潜育水稻土	宽谷冲积土田	宽谷砂泥田	1	0—11	浅灰色	中壤土	块状	5.9	20.2	1.03	0.34	43.1	136	2.0	19		E 116°03′57.6″ N 23°23′29.8″	88
						2	11—15	灰色	中壤土	块状	5.6	14.4	0.66	0.27		88	6.2	9			
						3	15—26	浅黄色	黏壤土	块状	6.4	7.4	0.33	0.22		49	微量	10			
						4	26—100	棕色	黏壤土	块状											
剖45	人为土	水稻土	潜育水稻土	泥炭格田	砂泥泥炭格田	1	0—12	黄黑色	黏壤土	块状	4.5	24.9	0.71			87	微量	35		E 116°02′32.7″ N 23°22′34.7″	71
						2	12—14	黄黑色	黏壤土	块状	4.5	27.9	0.54			60	3.1	26			
						3	14—57	黄棕色	黏壤土	块状											
						4	57—100	暗棕色	泥炭土	碎块状											

惠 来 县

主要土类说明

赤红壤是惠来县主要土壤类型，占本县地域面积的63%，主要分布在海拔500m以下的丘陵地带及大部分旱地。赤红壤主要发生于南亚热带季雨林下，其脱硅富铝化程度仅次于砖红壤，强于红壤。铁的游离度介于二者之间，黏粒硅铝率为1.7—2.0，风化淋溶系数为0.05—0.15，盐基饱和度为15%—25%。淀积层（B层）富含铁铝氧化物，呈赤红色。耕型赤红壤占本县园地面积的80%，由于地块高低不平，无田埂，因此其耕层中的黏粒被冲刷流失，土壤普遍砂化严重，呈浅灰色，各种养分含量均较低，淀积层以下基本保持自然土壤的属性。

水稻土是惠来县第二大土壤类型，占本县地域面积的23%。水稻土是长期人为活动的产物，可由各种地带性土壤经水耕熟化而形成。在长期水耕施肥等措施的作用下，土壤内部进行着氧化还原交替、有机质合成与分解、盐基淋溶与复盐基作用的熟化过程，促使土壤性状发生改变，从而形成特有的剖面形态、理化和生物特性。本县水稻土分为淹育型、潴育型、渗育型、潜育型、沼泽型、盐渍型、矿毒型等亚类。其中，潴育水稻土面积最大，占本土类面积的76%，耕作历史悠久，排灌条件较好，土壤熟化程度高，在长期干湿交替耕作条件下形成了黄棕色的铁锈斑纹，在犁底层下出现明显的潴育层。潴育水稻土剖面层次较完整，通常由耕作层、犁底层、潴育层、母质层组成，有的水稻土在潴育层之下有潜育层出现，但潜育层一般出现在土体60cm以下深处，对水稻生长影响不大。

风沙土是惠来县第三大土壤类型，占本县地域面积的8%。风沙土发生于半干旱、干旱漠境地区及滨海地区，是在风沙移动堆积形成的多种形态的风沙沉积物上发育的初育土。由于成土时间短暂，该土壤无剖面发育，具C、（A）–C或A–C剖面构型，反映了风沙移动堆积与固定的不同阶段。

小于本县地域面积3%的土壤类型有潮土、红壤和黄壤。

本区域中心区气候特征

本区域中心区气候特征值
Regional climate characteristics in central area of the region

气候带：南亚热带湿润气候 Climate region: South subtropical humid climate	
年平均气温 /℃ Annual average temperature /℃	21.9
年平均最高气温 /℃ Annual average maximum temperature /℃	25.5
年平均最低气温 /℃ Annual average minimum temperature /℃	19.1
年降水量 /mm Annual precipitation /mm	1787
≥10℃的积温 /℃ Daily temperature accumulated in a year（≥10℃）/℃	8016
年日照时数 /h Annual sunshine /h	1961
年平均相对湿度 /% Annual average relative humidity /%	80
干燥度 Dryness	0.72

本区域中心区月平均气温与月平均降水量
Monthly temperature and precipitation in central area of the region

惠来县主要土壤类型与土壤剖面点分布图

1:230 000

第二编 广东省分县土壤图与土壤剖面数据

惠来县土壤剖面理化性状表

剖面号 Soil profile	土纲 Soil order	土类 Soil great group	亚类 Soil subgroup	土属 Soil genus	土种 Soil species	土层码 Layer code	土层厚度 Depth/cm	颜色 Soil color	质地 Soil texture	土壤结构 Soil structure	pH	有机质 OM/(g/kg)	全氮 TN/(g/kg)	全磷 TP/(g/kg)	全钾 TK/(g/kg)	碱解氮 AN/(mg/kg)	有效磷 AP/(mg/kg)	速效钾 AK/(mg/kg)	阳离子交换量 CEC/(cmol/kg)	土壤母质 Parent material	剖面点坐标 Profile coordinate	匹配指数 Matching index/%
剖1	铁铝土	红壤	红壤	砂页岩红壤		A	0–15	棕红色	中壤土	小块状	4.9	48.3	1.82			175	0.4	71	4.0	砂页岩	E 116°05′23.6″ N 23°10′04.4″	82
剖2	铁铝土	赤红壤	赤红壤	砂页岩赤红壤		B	15–100	红褐色	重壤土	团块状	4.9	21.4	1.13			100	0.4	20	4.2	砂页岩	E 115°59′22.6″ N 23°05′24.0″	79
剖3	铁铝土	赤红壤	赤红壤	砂页岩赤红壤		A	0–5	浅灰色	轻壤土	团块状	5.3	14.7	1.03	0.13	11.9	50	0.9	53	9.8	砂页岩	E 115°59′14.4″ N 23°00′39.7″	83
						BC	5–100	灰褐色	中壤土	团块状	4.7	11.5	0.75	0.14	16.9	17	0.4	25	12.1			
剖4	铁铝土	赤红壤	赤红壤	砂页岩赤红壤		A	0–21	黄褐色	中壤土	小块状	4.7	23.6	1.12	0.50	17.9	106	1.3	36	17.5	砂页岩	E 115°59′14.4″ N 23°00′39.7″	83
						BC	21–100	浅黄色	重壤土	团块状	5.6	5.3	0.67	0.57	22.7	32	0.4	36	15.3			
剖5	铁铝土	赤红壤	赤红壤	砂页岩赤红壤		A	0–17	红褐色	重壤土	小团块状	5.3	19.6	1.01	0.51	14.2	80	0.4	29	20.7	砂页岩	E 116°06′19.1″ N 23°08′35.9″	83
						BC	17–100	红褐色	中壤土	小块状	4.9	11.5	0.72	0.54	13.6	75	0.9	35	20.0			
剖6	人为土	渗育水稻土	白鳝泥田	白鳝泥田	低白鳝泥田	A	0–9	黄褐色	中壤土	小团块状	5.4	19.1	1.05			44	0.9	35		砂页岩	E 116°05′39.8″ N 23°07′50.5″	88
						B	9–20	黄棕色		块状												
						C	20–100	黄棕色											7.5			
剖7	人为土	潜育水稻土	冷底田	两泥田		P	0–13	浅灰色	砂壤土	小团块状	5.1	12.0	1.09	0.23	15.8	75	3.9	29	4.3	洪冲积物	E 116°03′47.9″ N 23°06′15.1″	83
						E	13–21	棕色	轻壤土	团块状	5.1	5.1	0.46	0.19	17.8	31	0.9	36	4.0			
						E	21–100	浅灰黄色	紧砂土	团块状	5.3	1.6	0.19	0.11	16.6	17	0.4	17	16.3			
剖8	铁铝土	赤红壤	赤红壤	花岗岩赤红壤		A	0–12	黄棕色	重壤土	块状	5.2	21.3	1.24	0.34	4.1	111	0.9	101	12.2	花岗岩	E 116°11′48.8″ N 23°05′47.8″	74
						P	12–26	褐棕色	重壤土	大块状	5.6	17.3	0.97	0.34	4.1	107	0.4	45	14.0			
						W	26–55	棕色		大块状												
剖9	人为土	沼泽型水稻土	烂湖田	湖眼田		G	55–100	灰蓝色	重壤土	稀烂状	5.0	15.8	0.69	0.36	7.5	90	0.4	42	12.1	花岗岩	E 116°11′57.8″ N 23°04′59.2″	86
						A	0–21	红棕色	重壤土	小块状	5.4	14.3	0.78	0.47	14.1	52	0.9	63	14.6			
						BC	21–100	红褐色	中壤土	块状	5.0	8.6	0.49	0.48	12.8	63	0.4	70	9.8			
剖10	铁铝土	赤红壤	赤红壤	花岗岩赤红壤		A	0–14	暗棕色	中壤土	稀烂状	5.5	44.4	1.31	0.10	14.0	130	3.1	97		洪积物, 冲积物	E 116°14′24.4″ N 23°04′54.1″	77
						G_1	14–67	灰棕色	重壤土	稀烂状	5.5	57.6	2.66	0.07	13.0	211	3.5	65				
						G_2	67–100	暗棕色	中壤土	团块状	5.7	14.0	0.80	0.21	19.0	82	0.4	96	14.0			
剖11	半水成土	潮土	潮砂泥地	潮砂泥地		A	0–14	浅棕色	轻壤土	小团块状	5.2	5.5	0.40	0.15	9.8	28	0.4	74	12.1	冲积物	E 116°01′11.3″ N 23°03′03.4″	72
						BC	14–88	红棕色	中壤土	小团块状	5.5	12.1	0.60	0.38	21.6	69	0.9	32	7.6			
剖12	水稻土	潴育水稻土	宽谷冲积土田	宽谷泥田		A	0–21	红褐色	重壤土	小团块状	5.9	9.4	0.41	0.28	21.6	19	1.3	25	4.2	河流冲积物	E 116°11′59.6″ N 23°03′39.6″	97
						B_1	21–38	橙棕色	重壤土	梭柱状	5.6	6.5	0.25	0.28	19.9	37	0.4	24	6.3			
						B_2	38–100	黄棕色	中壤土	小团块状	5.3	13.9	0.75	0.31	6.2	86	0.9	52	6.8			
剖13	赤红壤	赤红壤	宽谷冲积土田	页泥田		P	0–16	浅棕色	中壤土	块状	5.9	6.6	0.47	0.21	6.1	69	0.4	29	6.9	冲积物	E 116°14′24.4″ N 23°04′54.1″	98
						W	27–100	灰棕色	中壤土	块状	5.2	4.7	0.43	0.15	10.0	3	0.4	26	8.3			
剖14	水稻土	潴育水稻土	粗骨性赤红壤	宽谷泥田		A	0–20	黄褐色	中壤土	小团块状	5.5	11.3	1.35	0.13	5.0	40	0.9	25		砂页岩	E 116°01′49.9″ N 23°03′07.6″	73
						BC	20–93	黄棕色	重壤土	团块状	5.5	23.1	1.38	0.37	23.1	137	0.4	55	17.1			
剖15	人为土	赤红壤	花岗性赤红壤			A	0–14	灰棕色	重壤土	块状	6.2	12.8	0.88	0.39	20.9	68	0.4	51	17.6	花岗岩	E 116°08′20.4″ N 23°02′07.8″	95
						P	14–25	灰灰色	重壤土	梭柱状	5.9	9.6	0.61	0.30	25.6	43	0.4	112	12.9			
						W	25–100	橙棕色	中壤土	小团块状	5.3	9.2	0.49	0.33	18.3	53	0.4	24				
剖16	铁铝土	赤红壤	花岗性赤红壤	赤红泥地		A	0–10	橙黄色	石子	粒状	5.4	7.9	0.29	0.45	26.1	52	0.4	8		砂页岩	E 116°00′27.0″ N 23°01′18.1″	93
						BC	10–100	橙黄色	轻黏土	块状	6.0	17.8	0.89	0.13	5.0	78	0.9	85	14.6			
剖17	半水成土	潮土	潮砂泥地			A	0–16	黄褐色	中壤土	块状	5.4	8.9	0.53	0.11	4.5	46	0.4	39	13.7	花岗岩	E 116°04′59.7″ N 23°01′14.5″	97
						BC	16–100	浅灰色	砂壤土	粒状	5.3	7.6	0.51	0.47	31.2	50	2.2	19	3.9			
						B_1	15–40	浅棕色	紧砂土	粒状	5.8	5.2	0.32	0.28	30.5	44	0.4	20	4.1	河流冲积物	E 116°08′10.3″ N 23°00′45.7″	70
						B_2	40–100	橙黄色	松砂土	粒状	6.0	2.2	0.14	0.26	25.1	18	0.4	20	4.2			

续表 Continued

剖面号 Soil profile	土纲 Soil order	土类 Soil great group	亚类 Soil subgroup	土属 Soil genus	土种 Soil species	土层码 Layer code	土层厚度 Depth/cm	颜色 Soil color	质地 Soil texture	土壤结构 Soil structure	pH	有机质 OM/(g/kg)	全氮 TN/(g/kg)	全磷 TP/(g/kg)	全钾 TK/(g/kg)	碱解氮 AN/(mg/kg)	有效磷 AP/(mg/kg)	速效钾 AK/(mg/kg)	阴离子交换量 CEC/(cmol/kg)	土壤母质 Parent material	剖面点坐标 Profile coordinate	匹配指数 Matching index/%
剖18	人为土	水稻土	潴育水稻土	河砂冲积土田	河泥田	A	0—13	浅棕色	重壤土	小块状	4.8	19.3	1.61	0.29	19.5	96	0.9	40	7.1	河流冲积物	E 116°12′47.2″ N 23°00′13.7″	77
						P	13—19	棕色	重壤土	块状	5.3	8.0	0.76	0.31	19.0	42	0.4	32	8.3			
						W	19—100	灰白色	砂壤土	棱柱状	6.2	8.5	0.55	0.24	22.2	30	0.4	69	10.3			
剖19	人为土	水稻土	潴育水稻土	宽谷冲积土田	宽谷砂质田	A	0—14	浅棕色	砂壤土	团块状	6.6	10.1	0.41	0.30	16.0	69	2.2	27	3.3	冲积物	E 116°15′41.8″ N 23°03′18.7″	70
						P	14—24	浅黄棕色	轻壤土	块状	5.9	5.0	0.35	0.19	10.5	25	1.3	20	4.5			
						W	24—100				7.5	5.9	0.42	0.19	12.9	33	0.9	45	16.1			
剖20	人为土	水稻土	潴育水稻土	泥肉田	泥肉田	A	0—16		重壤土	团团状	5.2	34.0	1.42	0.48	18.0	165	11.8	41		河流冲积物、洪冲积物	E 116°16′59.4″ N 23°02′48.6″	97
						P	16—26	暗棕色	重壤土	块状	5.4	8.5				96	2.2	32				
						W	26—100	黄棕色	轻黏土	棱柱状												
剖21	人为土	水稻土	盐渍水稻土	咸田	轻咸田	A	0—15	黄棕色	中壤土	小团块状	5.3	21.0	1.11	0.34	19.3	138	2.2	30	14.8		E 116°29′34.8″ N 23°02′26.9″	75
						P	15—31	棕色	中壤土	小团块状	6.8	12.4	0.78	0.28	18.8	102	1.3	115	18.4			
						W	31—100	暗灰色	中壤土	块状	7.6	4.7	0.46	0.50	18.7	92	0.9	326	22.0			
剖22	人为土	水稻土	潴育水稻土	河砂泥田	河砂质田	A	0—15	浅棕色	砂壤土	块状	5.6	11.9	0.73	0.24	15.2	46	2.2	37	4.4	河流冲积物	E 116°18′54.4″ N 23°01′54.3″	70
						P	15—36	灰褐色	中壤土	块状	6.0	7.7	0.84	0.38	5.5	46	0.4	16	10.7			
						W	36—100	黑灰色	中壤土	小块状	6.7	5.2	0.42	0.38	5.1	25	0.4	21	8.6			
剖23	人为土	盐渍水稻土	咸田		中咸田	A	0—14	棕色	重壤土	团团状	6.5	16.7	0.81	0.31	16.2	69	0.9	108	15.2		E 116°28′09.1″ N 23°00′06.5″	75
						P	14—24	暗棕色	松砂土	粒状	7.4	10.6	0.72	0.24	16.6	39	0.9	144	12.3			
						G	24—100	灰色	中壤土	块状	7.4	2.9	0.17	0.10	9.7	15	0.4	109	7.9			
剖24	铁铝土	赤红壤	赤红壤	花岗岩赤红壤		A	0—9	红褐色	中壤土	小团块状	5.3	19.5	0.76	0.19	8.5	48	0.9	63		花岗岩	E 116°20′45.2″ N 23°00′06.1″	98
						BC	9—100	橙色	中壤土	团块状	5.3	4.9	0.43	0.14	4.7	41	0.4	21	12.0			
剖25	人为土	水稻土	盐渍水稻土	咸酸田	轻咸酸田	A	0—15	褐色	轻壤土	小块状	4.6	15.0	0.90	0.26	16.5	74	0.9	87	12.1		E 116°29′47.9″ N 23°00′03.2″	70
						P	15—24	浅褐色	中壤土	块状	4.5	14.4	0.76	0.22	16.4	64	0.4	196	13.7			
						G	24—100	灰黄色	中壤土	大块状	4.4	13.9	0.57	0.24	18.3	60	0.9	275				
剖26	人为土	水稻土	渗育水稻土	滨海砂质田	黄砂田	A	0—15	灰黄色	砂壤土	小团块状	5.8	7.8	0.68	0.41	8.2	63	3.9	29	2.9	滨海沉积物	E 116°32′08.5″ N 23°05′05.6″	92
						P	15—25	灰黄色	中壤土	团团状	5.3	3.6	0.48	0.50	15.2	12	0.4	46	8.3			
						W	25—100	浅黄色	轻壤土	粒状	6.6	2.5	0.33	0.46	14.5	12	2.2	43	8.2			
剖27	人为土	水稻土	潴育水稻土	冷底田	冷底田	A	0—14	浅棕色	重壤土	小团块状	6.1	16.3	1.41	0.24	5.1	137	0.9	21	4.8		E 116°30′48.9″ N 23°04′23.0″	94
						P	14—18	灰棕色	中壤土	团团状	6.1	10.4	0.77	0.18	8.3	72	0.4	17	4.0			
						W	18—100	暗黄色	轻壤土	粒状	5.5	4.8	0.38	0.14	7.5	49	0.9	16	3.7			
剖28	铁铝土	赤红壤	赤红壤	砂页岩赤红壤	页页泥地	A	0—16	黄棕色	砂壤土	团团状	5.5	14.7	0.65	0.18	5.1	33	2.6	50	4.0	砂页岩	E 115°56′48.6″ N 22°59′53.7″	83
						BC	16—100	浅棕色	重壤土	团团状	5.1	6.7	0.30	0.06	5.7	47	1.3	32	14.9			
剖29	铁铝土	赤红壤	赤红壤	砂页岩赤红壤		A	0—15	暗棕色	重壤土	团团状	5.2	15.2	0.89	0.39	13.9	65	1.3	43	5.8	砂页岩	E 115°58′57.9″ N 22°58′43.2″	75
						BC	15—100	棕色	重壤土	团团状	5.1	14.0	0.57	0.44	12.2	32	0.4	41	5.6			
剖30	人为土	水稻土	潴育水稻土	河砂泥田	河砂泥田	A	0—15	浅棕色	中壤土	小团块状	5.4	15.6	1.27	0.36	26.5	72	1.7	36	5.2	河流冲积物	E 116°11′20.8″ N 22°59′39.1″	75
						P	15—21	浅黄棕色	中壤土	团团状	6.6	7.9	0.55	0.33	20.2	50	0.4	23	8.9			
						G	21—100	暗黄棕色	轻壤土	团团状	6.6	7.5	0.44	0.28	20.0	36	0.4	42	9.7			
剖31	铁铝土	赤红壤	赤红壤	砂页岩赤红壤		A	0—20	红棕色	中壤碎石土	团团状	4.7	15.9	0.89			72	2.6	33		砂页岩	E 116°02′57.8″ N 22°58′57.7″	77
						BC	20—100	浅棕色	重壤土	团团状	5.1	16.6	0.87			44	1.3	21				
剖32	铁铝土	赤红壤	赤红壤	花岗岩赤红壤		A	0—13	红色	砂壤土	小团块状	5.2	8.7	0.33			20	0.9	22		花岗岩	E 116°10′57.8″ N 22°58′17.0″	87
						BC	13—100	暗棕色	砂壤土	小团块状	5.3	8.9	0.89	0.10	6.1	54	1.3	19	2.8			
剖33	人为土	水稻土	潜育水稻土	滨海冷底砂质田	滨海冷底砂质田	A	0—13	灰黄色	轻壤土	小团块状		10.8				60	3.5	16		滨海沉积物	E 116°12′18.0″ N 22°57′58.3″	83
						P	13—21	灰黄色	砂壤土	小团块状		7.2				56	0.4	18				
剖34	初育土	风沙土	滨海风沙土	滨海沙地	滨海沙泥地	A	0—13	浅黄棕色	砂壤土	小团块状	5.4	10.8	0.86							滨海沉积物	E 116°12′18.0″ N 22°57′42.8″	81
						B	13—30	暗黄色	砂壤土	小团块状												
						E	30—100	灰白色	砂壤土	小团块状	5.7		0.50									

续表 Continued

剖面号 Soil profile	土纲 Soil order	土类 Soil great group	亚类 Soil subgroup	土属 Soil genus	土种 Soil species	土层码 Layer code	土层厚度 Depth/cm	颜色 Soil color	质地 Soil texture	土壤结构 Soil structure	pH	有机质 OM/(g/kg)	全氮 TN/(g/kg)	全磷 TP/(g/kg)	全钾 TK/(g/kg)	碱解氮 AN/(mg/kg)	有效磷 AP/(mg/kg)	速效钾 AK/(mg/kg)	阳离子交换量 CEC/(cmol/kg)	土壤母质 Parent material	剖面点坐标 Profile coordinate	匹配指数 Matching index/%
剖35	初育土	风沙土	滨海风沙土	滨海沙质地	滨海沙地	A	0—15	浅灰色	紧砂土	粒状	5.1	7.2	0.45	0.22	2.6	30	15.3	22	2.1	滨海沉积物	E 116°13′41.4″ N 22°57′40.8″	98
						B	15—24	灰黄色	紧砂土	粒状	7.9	5.4	0.23	0.14	1.2	11	3.1	18	1.2			
						C	24—100	橙黄色	砂黄土	粒状	7.6	2.0	0.18	0.09	1.6	11	0.9	12	1.2			
剖36	人为土	水稻土	盐渍水稻土	咸酸田	咸酸田	A	0—15	浅棕色	重壤土	块状	4.0	30.3	1.16	0.36	16.4	78	3.1	109	14.7		E 116°00′59.3″ N 22°56′46.8″	72
						P	15—30	灰棕色	重壤土	块状	3.9	26.2	1.00	0.25	15.5	46	0.9	119	12.3			
						G	30—100	灰黄棕色	中壤土	块状	3.5	10.5	0.59	0.11	15.8	50	0.4	4	14.9			
剖37	铁铝土	赤红壤	赤红壤	花岗岩赤红地	赤红砂地	A	0—15	浅棕色	轻壤土	团块状	6.1	16.0	0.96	0.43	9.7	42	3.9	33	4.9	花岗岩	E 116°06′59.8″ N 22°56′43.1″	81
						BC	15—100	红棕色	重壤土	块状	5.5	7.6	0.50	0.41	6.2	33	0.4	29	8.0			
剖38	初育土	风沙土	滨海风沙土	滨海沙土	滨海固定沙土	A	0—17	橙黄色	松砂土	粒状	6.8	6.5	0.46		3.2	16	2.6	46			E 116°11′59.7″ N 22°56′38.5″	92
						C	17—100	橙黄色	松砂土	粒状	7.4	3.1	0.25			13	0.9	39				
剖39	人为土	水稻土	潜育水稻土	滨海冷底砂泥田	滨海冷底砂泥田	A	0—15	棕色	中壤土	块状	5.2	30.8	1.72	0.59		130	2.2	15	10.6	滨海沉积物	E 116°07′21.0″ N 22°55′47.6″	70
						P	15—25	暗灰色	轻黏土	大块状	6.6	24.2	1.48	0.34	2.6	90	1.7	12	19.4			
						W	25—45	灰棕色	重壤土	块状												
						G	45—100	灰色	重壤土	稀烂状	5.0	9.2	1.61	0.48	5.1	39	0.9	19	10.9			
剖40	人为土	水稻土	渗育水稻土	滨海砂质田	白砂田	A	0—16	浅灰色	砂壤土	小团块状	5.7	11.2	0.97	0.43	5.0	67	1.3	14	4.7	滨海沉积物	E 116°05′57.8″ N 22°55′21.0″	88
						P	16—35	灰灰色	紧砂土	粒状	6.2	5.8	0.31	0.31	2.5	22	0.4	20	3.0			
						C	35—100	灰灰色	紧砂土	粒状	7.6	4.8	0.27	0.28	1.7	21	0.4	17	2.5			
剖41	人为土	水稻土	潴育水稻土	滨海沉积土田	海砂泥田	A	0—16	浅棕色	轻壤土	小团块状	5.7	11.4	0.78	0.19	14.7	68	0.9	22	3.6	滨海沉积物	E 116°16′28.4″ N 22°59′46.2″	97
						P	16—20	灰棕色	轻壤土	团块状	6.2	4.8	0.34	0.27	15.4	28	0.4	37	3.6			
						W	20—100	褐棕色	砂壤土	小团块状	5.6	4.3	0.23	0.28	8.1	28	2.2	43	3.7			
剖42	人为土	水稻土	盐渍水稻土	咸田	重咸田	A	0—16	棕褐色	轻壤土	小团块状	5.4	15.4	0.86	0.27	18.1	87	3.1	195	7.2		E 116°16′12.0″ N 22°58′44.8″	89
						P	16—27	灰色	轻壤土	团块状	7.2	11.5	0.68	0.21	26.4	27	0.9	166	6.6			
						G	27—100	暗灰色	中壤土	块状	5.2	6.8	0.44	0.21	25.7	76	0.9	168	10.4			
剖43	人为土	水稻土	潴育水稻土	滨海沉积土田	海泥田	A	0—14	棕色	重壤土	块状	5.4	23.8	1.34	0.51	21.9	130	2.6	97	21.6	滨海沉积物	E 116°25′48.7″ N 22°57′15.5″	78
						P	14—25	暗棕色	重壤土	棱柱状	6.6	14.6	1.22	0.18	26.0	82	0.4	358	29.6			
						W	25—100	橙灰色	重壤土	粒状	6.8	4.3	0.61	0.19	19.0	18	0.4	220	21.8			
剖44	铁铝土	赤红壤	赤红壤	花岗岩赤红地	赤红砂地	A	0—18	浅灰色	紧砂土	小团块状	5.6	6.9	0.46	0.20	11.9	33	0.9	28	3.2	花岗岩风化物	E 116°20′58.2″ N 22°57′11.2″	87
						B	18—29	黄灰色	砂壤土	小团块状	5.9	3.6	0.38	0.23	14.4	22	0.9	28	4.2			
						C	29—100	黄褐色	轻壤土	小块状	5.2	2.0	0.19	0.21	8.3	14	0.4	32	3.8			

普 宁 市

主要土类说明

赤红壤是普宁市主要土壤类型，占本市地域面积的59%，主要分布在海拔450m以下的丘陵地带。成土母质主要为花岗岩、砂页岩、玄武岩风化物。自然植被主要为松、杉、芒萁、蕨类等。赤红壤脱硅富铝化程度仅次于砖红壤，强于红壤。铁的游离度介于二者之间，黏粒硅铝率为1.7—2.0，风化淋溶系数为0.05—0.15，盐基饱和度为15%—25%，pH为4.5—5.5。淀积层（B层）富含铁铝氧化物，呈赤红色。本市赤红壤仅有赤红壤一个亚类。

水稻土是普宁市第二大土壤类型，占本市地域面积的31%。水稻土是在长期的季节性淹灌、水下翻耕、季节性脱水、氧化还原交替影响下，原来的成土母质或母土的特性发生重大改变，形成的新的土壤类型。由于干湿交替，水稻土形成糊状的淹育层、较坚实板结的犁底层、渗育层、潴育层与潜育层等多种发生层。这些不同的发生层是在人为耕作、水浆管理下形成的。本市水稻土分为淹育型、潴育型、潜育型、渗育型、沼泽型等亚类。其中，潴育水稻土面积最大，占本土类面积的90%，主要分布在本市中部的宽谷冲积平原和练江、榕江两岸的冲积平原，耕作历史悠久，排灌条件较好，土壤熟化程度高，有比较完整的发育层次，剖面构型主要为A-P-W-C或A-P-W-G。该亚类的主要特点是在犁底层下形成具有淋溶和淀积特征的潴育层，剖面内有棕黄色的铁锈斑纹、紫黑色的锰质斑点或新生的铁锰结核，具有明显的棱柱状或柱状结构。

红壤是普宁市第三大土壤类型，占本市地域面积的4%，主要分布在池尾、大南山、梅林、船埔、云落等地海拔450—600m的山地。成土母质主要为花岗岩风化物。红壤区的降水量、气温、湿度介于黄壤区和赤红壤区之间。自然植被主要为松、杉、蕨类等，部分地区植被稀疏，水土流失严重。红壤呈中度脱硅富铝化特征，土壤黏粒中游离铁占全铁的50%—60%。黏土矿物以高岭石、赤铁矿为主，黏粒硅铝率为1.8—2.4，风化淋溶系数小于0.20，盐基饱和度小于35%，pH为4.5—5.5。红壤具深厚的红色土层，底层可见深厚的红、黄、白相间的网纹状红色黏土。本市红壤仅有红壤一个亚类。

小于本市地域面积3%的土壤类型有黄壤和潮土。

本区域中心区气候特征

本区域中心区气候特征值
Regional climate characteristics in central area of the region

气候带：南亚热带湿润气候 Climate region: South subtropical humid climate	
年平均气温 /℃ Annual average temperature /℃	21.7
年平均最高气温 /℃ Annual average maximum temperature /℃	25.4
年平均最低气温 /℃ Annual average minimum temperature /℃	18.8
年降水量 /mm Annual precipitation /mm	1749
≥10℃的积温 /℃ Daily temperature accumulated in a year（≥10℃）/℃	8143
年日照时数 /h Annual sunshine /h	1957
年平均相对湿度 /% Annual average relative humidity /%	80
干燥度 Dryness	0.73

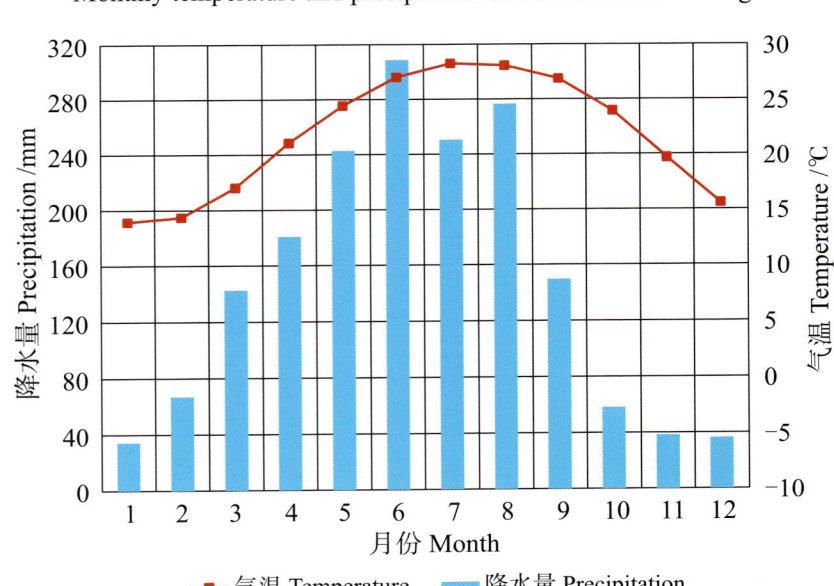

本区域中心区月平均气温与月平均降水量
Monthly temperature and precipitation in central area of the region

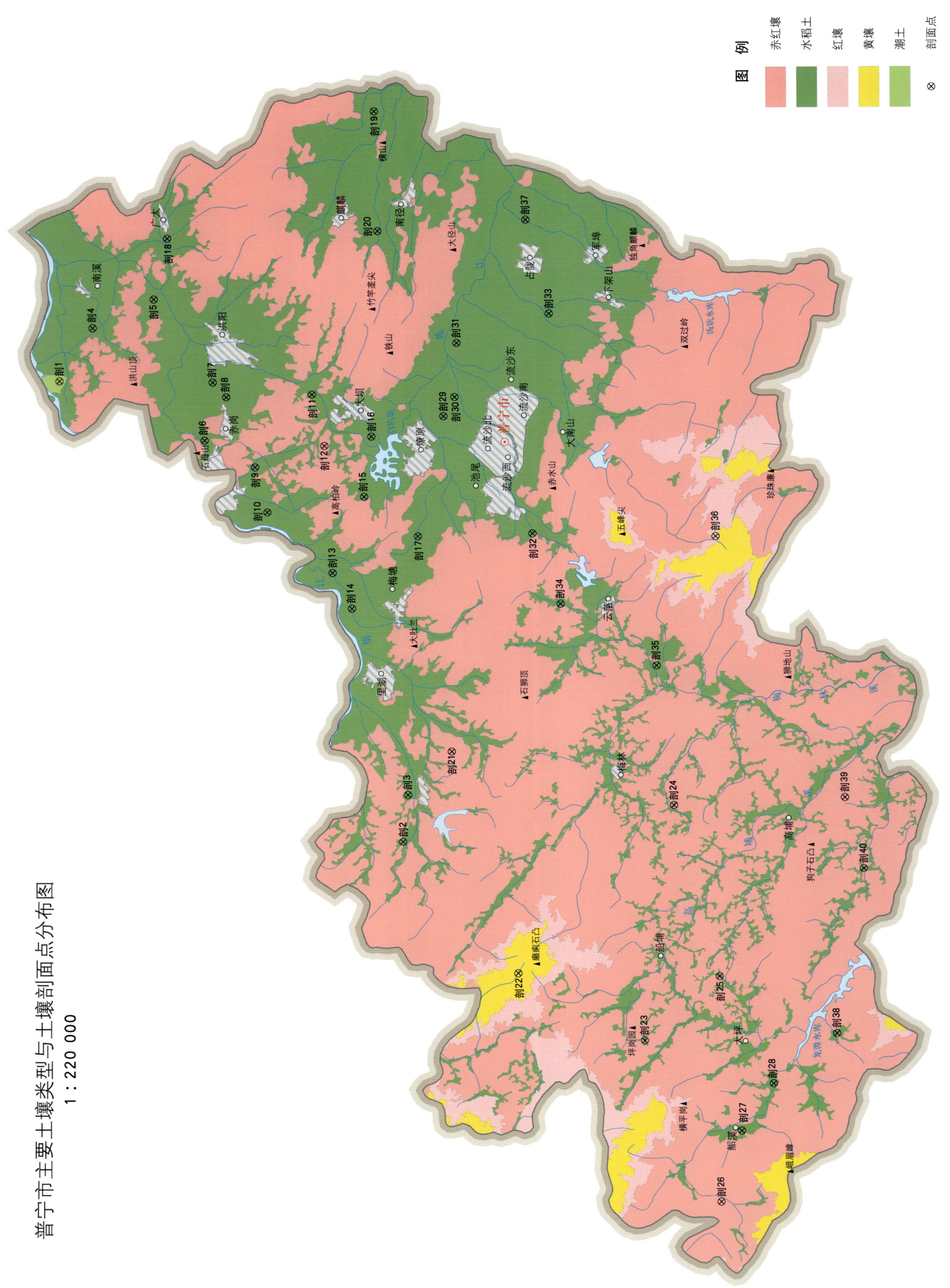

普宁市主要土壤类型与土壤剖面点分布图
1:220 000

普宁市土壤剖面理化性状表

剖面号 Soil profile	土纲 Soil order	土类 Soil great group	亚类 Soil subgroup	土属 Soil genus	土种 Soil species	土层码 Layer code	土层厚度 Depth/cm	颜色 Soil color	质地 Soil texture	土壤结构 Soil structure	pH	有机质 OM/(g/kg)	全氮 TN/(g/kg)	全磷 TP/(g/kg)	全钾 TK/(g/kg)	碱解氮 AN/(mg/kg)	有效磷 AP/(mg/kg)	速效钾 AK/(mg/kg)	阳离子交换量 CEC/(cmol/kg)	土壤母质 Parent material	剖面点坐标 Profile coordinate	匹配指数 Matching index/%
剖1	半水成土	潮土	潮土	潮砂泥地	潮砂泥地	A	0~27	暗黄橙色	砂壤土		6.1	4.9	0.26	0.28	44.3	32	14.0	47	5.2	河流冲积物	E 116°11′32.9″ N 23°30′49.9″	73
						C	27~100	黄橙色	松砂土		5.8	1.0	0.04	0.13	50.5	5	9.6	41	4.9			
剖2	人为土	水稻土	潴育水稻土	洪积黄红泥田	洪积砂泥田	A	0~13	灰黄色	中壤土	块状	5.0	19.0	1.11	0.31	9.7	119	10.9	17		洪积物	E 115°56′49.6″ N 23°20′53.5″	70
						P	13~26	浅棕色	轻壤土	块状	5.2	11.6	0.10	0.16	7.2	83	1.3	13				
						W	26~74	灰棕色	中壤土	棱柱状	4.0	11.7	0.66	0.16	11.4	93	0.9	18				
剖3	人为土	水稻土	潴育水稻土	青泥格田	砂泥青泥格田	A	0~12	暗黄黄色	中壤土	碎块状	5.1	25.9	1.38	0.41	16.8	133	7.0	57	12.6	河流冲积物	E 115°58′20.3″ N 23°20′45.6″	86
						P	12~24	暗灰色	重壤土	块状	5.4	17.0	0.88	0.23	15.1	89	0.9	32	11.5			
						G	24~100	灰蓝色	中壤土	块状	5.7	11.2	0.58	0.17	14.6	55	0.9	35	7.4			
剖4	人为土	水稻土	潴育水稻土	泥肉田	油泥田	A	0~15	浅灰色	中壤土	碎块状	5.7	30.3	1.60	0.32	20.0	140	2.6	86	12.5	宽谷冲积物	E 115°13′14.5″ N 23°29′53.2″	84
						P	15~25	棕ալ色	中壤土	块状	6.5	24.1	1.22	0.24	19.9	99	3.1	66	13.4			
						W	25~100	灰黄色	中壤土	棱柱状	7.2	10.9	0.41	0.15	15.9	44	4.4	47	12.7			
剖5	人为土	水稻土	潴育水稻土	河砂泥田	河泥田	A	0~17	暗黄黄色	重壤土	块状	5.6	22.7	1.12	0.21	19.9	86	1.7	52	14.0	河流冲积物	E 115°14′09.6″ N 23°28′07.7″	82
						P	17~31	浅黄棕色	重壤土	块状	6.6	13.8	0.66	0.16	18.3	47	0.4	32	16.9			
						G	31~100	灰黄棕色	轻黏土	棱柱状	7.4	6.3	0.50	0.14	21.2	17	0.9	61	22.6			
剖6	人为土	水稻土	潴育水稻土	炭质黑泥田	黑泥底田	A	0~14	暗黄色	中壤土	碎块状	5.9	25.5	1.40	0.30	6.8	123	4.8	56	15.8	河流冲积物	E 116°09′39.7″ N 23°26′39.1″	74
						P	14~22	棕灰色	中壤土	块状	5.9	19.3	0.93	0.26	6.8	85	2.2	32	13.9			
						W	22~37	黑灰色	中壤土	块状	6.0	26.8	1.10	0.23	6.2	57	0.4	46	25.6			
							37~100	浅灰色	轻壤土	棱柱状												
剖7	人为土	水稻土	潴育水稻土	白鳝泥田	白鳝泥底田	A	0~13	棕色	砂壤土	碎块状	6.2	7.7	0.36	0.11	29.4	38	3.5	31			E 116°11′31.2″ N 23°26′25.8″	86
						P	13~21	棕灰色	中壤土	碎块状	6.1	2.9	0.20	0.05	24.7	21	2.2	26				
						G	21~100	灰白色	中黏土	块状	6.8	9.6	0.50	0.09	26.2	26	8.7	41				
剖8	人为土	水稻土	潴育水稻土	青泥格田	黄泥青泥格田	A	0~12	暗黄黄色	中黏土	碎块状	5.1	19.3	1.10	0.34	18.3	126	8.7	63			E 116°11′02.8″ N 23°26′02.4″	87
						P	12~23	浅灰黄色	中壤土	块状	5.5	19.2	1.07	0.28	17.8	108	4.4	59				
						G	23~100	灰蓝色	中黏土	块状	6.7	8.6	0.64	0.15	11.2	37	4.4	47				
剖9	人为土	水稻土	淹育水稻土	麻红黄泥田	麻红泥砂田	A	0~14	红黄色	中壤土	块状	5.5	16.4	0.88	0.23	6.2	91	4.4	41	11.7	花岗岩冲积物	E 116°08′47.8″ N 23°25′12.4″	96
						P	14~19	红黄色	重壤土	块状	5.9	7.9	0.38	0.12	11.5	10		54	18.6			
						G	19~100	暗黄色	重壤土	块状	5.9	9.6	0.47	0.11	7.6	39		30	24.4			
剖10	人为土	水稻土	潴育水稻土	宽谷冲积土田	宽谷泥田	A	0~13	暗棕色	中黏土	碎块状	5.4	19.7	1.12	0.35	25.7	95	7.0	62	23.0		E 116°07′21.4″ N 23°24′50.8″	79
						P	13~30	暗棕色	中黏土	碎块状	6.1	10.4	0.67	0.24	23.4	66	3.5	48				
						G	30~100	浅灰黄色	轻黏土	块状	5.5	8.5	0.66	0.20	21.1	33	3.1	75				
剖11	人为土	水稻土	潴育水稻土	炭质黑泥田	黑泥黏田	A	0~11	暗黑色	重壤土	块状	5.3	39.9	1.92	0.48	18.3	158	6.5	49	19.9		E 116°11′08.6″ N 23°23′34.8″	82
						P	11~15	暗黑色	重壤土	棱柱状	5.8	30.7	1.32	0.27	6.6	98	2.6	31	47.8			
						W1	15~85	黑色	重壤土	棱柱状	6.6	35.2	2.36	0.56	7.1	115	2.2	70				
						W2	85~100	白色	中壤土	块状												
剖12	铁铝土	赤红壤	赤红壤	花岗岩红地	赤红砂泥地	A	0~13	浅棕色	中壤土	碎块状	5.2	10.9	0.52	0.12	26.2	60		66	7.6	花岗岩	E 116°09′29.9″ N 23°23′12.8″	92
						P	13~30	暗棕色	轻黏土	块状	5.3	8.5	0.46	0.02	18.8	52		63	9.4			
						E	20~40	红棕色	轻壤土	块状	5.3	4.5	0.31	0.12	20.9	33		71	8.7			
						C	40~100	红橙色														
剖13	人为土	水稻土	潴育水稻土	泥肉田	乌涂泥	A	0~18	暗黄棕色	重壤土	块状	5.5	24.6	1.39	0.33	27.5	115	3.9	56	9.2	河流冲积物	E 116°05′25.8″ N 23°22′58.1″	76
						P	18~30	棕灰色	重壤土	块状	5.9	10.5	0.63	0.36	30.0	48	0.9	27	8.9			
						W	30~100		重壤土	棱柱状	6.7	4.6	0.27	0.21	33.4	19	2.2	19	10.8			

续表 Continued

剖面号 Soil profile	土纲 Soil order	亚类 Soil subgroup	土属 Soil genus	土种 Soil species	土层码 Layer code	土层厚度 Depth/cm	颜色 Soil color	质地 Soil texture	土壤结构 Soil structure	pH	有机质 OM/(g/kg)	全氮 TN/(g/kg)	全磷 TP/(g/kg)	全钾 TK/(g/kg)	碱解氮 AN/(mg/kg)	有效磷 AP/(mg/kg)	速效钾 AK/(mg/kg)	阳离子交换量CEC/(cmol/kg)	土壤母质 Parent material	剖面点坐标 Profile coordinate	匹配指数 Matching index/%
剖14	人为土	潜育水稻土	河砂泥田	河砂泥田	A	0—14	暗灰色	中壤土	块状	8.3	16.8	0.91	0.33	34.4	107	11.4	52	9.8	河流冲积物	E 116° 04′ 17.8″ N 23° 22′ 23.9″	99
					P	14—24	浅黄色	中壤土	块状	5.4	10.0	0.58	0.27	37.8	71	4.8	37	8.6			
					W₁	24—61	灰黄色	中壤土	棱柱状	6.2	4.9	0.23	0.19	38.8	23	1.3	37	12.6			
					W₂	61—100		重壤土	棱柱状												
剖15	人为土	淹育水稻土	麻质红黄泥田	麻砂质田	A	0—13	灰白色	砂壤土	块状	5.1	8.1	0.41	0.18	1.9	52	7.9	32	5.9	花岗岩风化物	E 116° 07′ 52.0″ N 23° 22′ 04.1″	72
					C	13—100	浅棕色	重壤土	块状	4.6	10.2	0.47	0.21	3.0	52	5.7	44	13.1			
剖16	人为土	潴育水稻土	炭质黑泥田	低黑泥格田	A	0—12	暗灰棕色	重壤土	碎块状	5.7	26.9	1.42	0.36	5.7	122	4.8	64	—		E 116° 09′ 48.1″ N 23° 21′ 52.0″	76
					P	12—30	暗黄棕色	重壤土	棱柱状	5.9	20.8	1.03	0.31	6.2	37	3.1	41				
					W	30—100	黑棕色	中壤土	块状	6.4	17.8	1.04	0.32	5.3	53	5.7	51				
剖17	人为土	潜育水稻土	乌泥底田	乌泥底田	A	0—20	灰棕色	中壤土	块状	5.5	24.7	1.34	0.28	15.4	146	4.4	57	11.6	花岗岩风化洪积物	E 116° 06′ 36.4″ N 23° 20′ 30.8″	89
					P	20—25	灰黄棕色	重黏土	块状	5.1	22.1	1.00	0.21	14.9	107	4.4	45	8.9			
					G₁	25—65	黑色	重黏土	块状	6.0	42.3	1.42	0.15	8.4	165		108	30.1			
					G₂	65—100	黑棕色														
剖18	人为土	潴育水稻土	泥肉田	油黑泥田	A	0—18	暗黄棕色	中壤土	块状	5.6	29.3	1.54	0.39	4.1	114	5.7	50	11.8	宽谷冲积物	E 116° 16′ 06.9″ N 23° 27′ 44.9″	82
					P	18—36	暗黄棕色	中壤土	块状	5.8	22.0	0.96	0.27	4.5	87	3.5	34	11.0			
					W	36—100	黑色	中壤土	块状	6.2	10.9	0.58	0.38	3.9	109	1.3	65	54.5			
剖19	人为土	潴育水稻土	河砂泥田	河黏土田	A	0—15	暗黄棕色	轻壤土	块状	5.4	18.5	1.03	0.27	21.7	90	5.2	43	—	河流冲积物	E 116° 20′ 11.5″ N 23° 21′ 48.6″	75
					P	15—30	暗黄棕色	轻黏土	棱柱状	5.5	16.2	0.97	0.26	21.2	62	4.4	37				
					W	30—75	棕色	轻黏土	棱柱状	6.3	12.8	0.71	0.18	20.4	54	0.9	39				
						75—100															
剖20	人为土	潴育水稻土	宽谷冲积土田	宽谷砂泥田	A	0—14	暗黄棕色	砂壤土	碎块状	5.4	7.0	0.40	0.15	26.1	44	6.1	52	5.7	冲积物	E 116° 16′ 22.1″ N 23° 21′ 42.5″	82
					P	14—22	暗黄棕色	砂壤土	碎块状	6.3	3.6	0.18	0.12	31.0	19	1.7	40	3.8			
					W	22—100	暗黄棕色	中壤土	碎块状	6.8	8.8	0.25	0.14	31.0	21	微量	48	8.6			
剖21	铁铝土	赤红壤	花岗岩赤红地	赤红泥地	A	0—18	暗棕色	中壤土	碎块状	4.8	11.4	0.44	0.08	0.4	37	5.7	32	7.8	花岗岩	E 115° 59′ 43.8″ N 23° 19′ 30.7″	91
					C	18—100	棕色	中壤土	团粒状	5.1	7.2	0.29	0.10	3.2	40	3.5	32	16.5			
剖22	铁铝土	黄壤	花岗岩黄壤		A	0—20	黑色	重壤土	糊状	4.9	41.7	1.56	0.13	4.1	174	微量	31	—	花岗岩	E 115° 52′ 36.8″ N 23° 17′ 33.0″	93
					B	20—35	黑棕色	重壤土	块状	5.1	8.0	0.41	0.11	4.1	37	微量	13				
剖23	人为土	沼泽型水稻土	冷浸田	冷浸田	A	0—35	暗黑色	中壤土	糊状	5.1	28.1	1.18	0.14	21.2	110	1.3	77	—		E 115° 50′ 32.3″ N 23° 13′ 53.8″	83
					G₁	35—47	黑棕色	重黏土	块状	4.7	27.1	0.89	0.07	16.9	71	微量	71				
					G₂	47—100	青灰色	重黏土	块状	5.2	5.1	0.22	0.11	27.8	21	0.9	119				
剖24	人为土	潴育水稻土	洪积黄赤泥田	洪积黄赤砂泥	A	0—14	灰棕色	重壤土	碎块状	5.4	17.5	0.94	0.28	6.0	87	5.7	37	—	洪积物	E 115° 58′ 04.1″ N 23° 13′ 06.6″	92
					P	12—17	灰黄色	中壤土	棱柱状	5.3	11.6	0.68	0.24	6.1	60	3.5	33				
					W	17—100	重黄棕色	重壤土	柱状	5.9	5.7	0.33	0.18	9.1	30	微量	37				
剖25	人为土	潴育水稻土	冷底泥	铁锈水田	A	0—20	暗灰色	砂壤土	块状	5.2	23.6	1.07	0.28	24.9	94	3.5	60	—		E 115° 52′ 35.0″ N 23° 11′ 45.6″	81
					P	20—24	暗灰色	中壤土	块状	5.4	18.5	0.82	0.23	23.2	64	2.6	60				
					G	24—100	青灰色	重壤土	块状	5.2	17.5	0.54	0.13	16.3	44	0.4	55				
剖26	铁铝土	赤红壤	砂页岩赤红壤		A	0—27	灰棕色	中壤土	块状	4.7	20.1	0.92	0.25	14.0	88	1.3	61	—	砂页岩	E 115° 45′ 27.4″ N 23° 11′ 38.8″	94
					B	27—60	黄棕色	重壤土	块状	4.8	10.8	0.64	0.24	13.9	63	1.7	56				
					C	60—100	浅黄棕色	重壤土	块状	5.4	1.9	0.23	0.46	14.7	23	微量	55				
剖27	人为土	潴育水稻土	砂页岩红泥田	页砂泥田	A	0—10	棕色	中壤土	块状	5.6	17.0	0.93	0.39	11.3	78	0.4	40	—	砂页岩	E 115° 47′ 42.7″ N 23° 11′ 04.9″	89
					P	10—20	浅灰棕色	砂壤土	块状	6.0	9.5	0.61	0.34	12.9	51	1.7	48				
					W	20—100	暗黄棕色	重壤土	块状	5.8	7.3	0.43	0.35	16.9	40	微量	66				
剖28	人为土	潴育水稻土	砂页岩红泥田	页砂质田	A	0—14	浅灰色	砂壤土	块状	5.9	18.0	0.38	0.28	13.9	82	3.9	40	—	砂页岩	E 115° 19′ 13.4″ N 23° 10′ 10.9″	85
					P	14—17	黄棕色	中壤土	块状	5.7	13.6	0.67	0.23	12.4	69	1.3	47				
					W₁	17—64	深棕色	块状													
					W₂	64—100	浅棕色	轻壤土	块状	5.5	9.0	0.45	0.28	13.8	45	微量	47				

续表 Continued

剖面号 Soil profile	土纲 Soil order	土类 Soil great group	亚类 Soil subgroup	土属 Soil genus	土种 Soil species	土层码 Layer code	土层厚度 Depth/cm	颜色 Soil color	质地 Soil texture	土壤结构 Soil structure	pH	有机质 OM/(g/kg)	全氮 TN/(g/kg)	全磷 TP/(g/kg)	全钾 TK/(g/kg)	碱解氮 AN/(mg/kg)	有效磷 AP/(mg/kg)	速效钾 AK/(mg/kg)	阳离子交换量 CEC/(cmol/kg)	土壤母质 Parent material	剖面点坐标 Profile coordinate	匹配指数 Matching index/%
剖29	人为土	水稻土	渗育水稻土	白鳝泥田	低白鳝泥田	A	0-16	浅灰黄色	轻壤土	碎块状	5.2	19.6	0.92	0.23	10.7	81	3.5	60			E 116°10′27.5″ N 23°19′47.6″	91
						P	16-23	灰黄色	轻壤土	碎块状	5.2	12.0	0.55	0.17	11.3	56	0.9	26				
						W	23-36	浅灰色	中壤土	柱状	4.7	5.2	0.25	0.09	15.8	21	1.3	74				
						E	36-100	白色	轻壤土	块状	4.7	5.2	0.25	0.09	15.8	21	1.3	74				
剖30	人为土	水稻土	潜育水稻土	潮砂泥田	潮砂田	A	0-12	浅灰黄色	砂壤土		5.3	8.9	0.52	0.28	46.3	49	11.8	37	6.9	河流冲积物	E 116°11′04.6″ N 23°19′28.9″	78
						P	12-24	灰灰黄色	轻壤土	碎块状	5.7	5.9	0.32	0.25	39.9	33	3.1	37	2.9			
						W	24-100	浅灰黄色	中壤土	柱状	5.8	8.0	0.40	0.30	29.3	42	3.1	35	15.4			
剖31	人为土	水稻土	潜育水稻土	冷底田	顽泥田	A	0-13	暗灰色	重壤土	柱状	5.2	24.1	1.27	0.28	25.6	120	2.6	42	12.0		E 116°12′47.9″ N 23°19′25.7″	94
						P	13-21	浅灰黄色	重壤土	块状	5.7	15.1	0.80	0.23	22.9	83	2.6	67	9.9			
						G_1	21-61	青灰色	重壤土	块状	6.4	7.0	0.36	0.08	24.5	36	1.3	51	8.5			
						G_2	61-100	青灰色	松砂土													
剖32	人为土	水稻土	潜育水稻土	冷底田	冷底田	A	0-16	灰灰色	轻壤土	块状	6.0	16.0	0.80	0.22	27.6	69	3.9	42	8.1		E 116°06′42.5″ N 23°17′13.6″	78
						P	16-33	浅灰黄色	轻壤土	碎块状	5.8	9.0	0.48	0.15	28.4	44	1.7	30	7.4			
						W	33-42	灰灰色	中壤土	柱状												
						G	42-100	蓝灰色	砂壤土		5.8	5.7	0.24	0.11	29.1	21	1.3	30	2.4			
剖33	人为土	水稻土	潜育水稻土	宽谷冲积土田	宽谷砂泥田	A	0-12	浅灰色	中壤土	碎块状	4.9	19.1	1.10	0.29	23.2	104	5.2	62		冲积物	E 116°13′44.0″ N 23°16′46.6″	100
						P	12-19	灰黄色	重壤土	碎块状	6.0	12.7	0.79	0.28	22.7	70	3.5	45				
						W	19-100	浅灰色	轻黏土	柱状	5.3	6.8	0.42	0.20	18.9	26	1.3	156				
剖34	人为土	水稻土	潜育水稻土	麻红泥田	麻砂质田	A	0-10	浅灰色	中壤土	块状	5.7	16.7	0.74	0.05	30.7	70	10.5	41			E 116°04′28.9″ N 23°16′24.6″	98
						P	10-13	灰灰黄色	砂壤土	块状	5.7	13.3	0.64	0.26	29.3	59	10.9	29	7.5			
						W_1	13-44	暗黄棕色	砂壤土	棱柱状	5.5	4.2	0.21	0.13	29.7	25	3.1	46				
						W_2	44-100	浅灰黄色	中壤土	棱柱状												
剖35	人为土	水稻土	潜育水稻土	麻红泥田	麻砂泥田	A	0-15	灰灰色	中壤土	块状	5.4	19.2	1.03	0.23	14.8	105	1.7	40	8.1		E 116°02′31.6″ N 23°13′37.9″	82
						P	15-22	暗灰黄色	中壤土	块状	5.4	19.0	1.05	0.24	14.3	84	2.2	36	6.0			
						W_1	22-32	棕黄色	中壤土	棱柱状	5.9	11.5	0.70	0.14	13.6	59		27				
						W_2	32-100	浅棕黄色	中壤土	棱柱状												
剖36	铁铝土	红壤		花岗岩红土壤	中有机质层厚岩层红壤	A	0-13	浅红棕色	中壤土	团粒状	5.1	24.6	1.04	0.15	11.9	90		17		花岗岩	E 116°06′38.9″ N 23°11′57.8″	92
						B_1	13-55	红棕色	中壤土	碎块状	5.3	4.2	0.45	0.17	8.1	42		12				
						B_2	55-100	棕红色	砂壤土	块状	5.2	7.1	0.38	0.26	9.8	36		17				
剖37	人为土	水稻土	潜育水稻土	河砂泥田	河砂顶田	A	0-15	灰灰色	轻壤土	碎块状	5.6	17.3	0.86	0.23	41.7	83	0.9	74	7.8	河流冲积物	E 116°16′44.0″ N 23°17′27.2″	71
						P	15-24	暗黄色	重壤土	块状	5.5	12.9	0.69	0.22	35.5	66		47	6.1			
						W	24-100	黄棕色	重壤土	棱柱状	6.1	7.1	0.48	0.20	30.6	35		52	13.2			
剖38	人为土	水稻土	潜育水稻土	洪积黄红泥田	洪积泥田	A	0-17	灰棕色	中壤土	碎块状	5.2	20.2	0.97	0.30	19.7	97	1.3	78		洪积物	E 115°50′49.6″ N 23°08′22.2″	92
						P	17-23	灰灰色	重壤土	棱柱状	5.4	7.1	0.52	0.24	21.7	49	微量	10				
						W	23-100	浅灰黄色	中壤土	块状	5.1	15.4	0.88	0.30	21.0	81	1.3	51				
剖39	铁铝土	赤红壤		花岗岩赤红壤		A	0-22	棕红色	重壤土	棱柱状	4.8	16.3	0.71	0.20	11.9	60		34		花岗岩	E 115°58′21.7″ N 23°08′11.8″	99
						B	22-70	棕红色	中壤土	碎块状	5.2	8.5	0.44	0.24	15.7	47	3.1	49	11.3			
						C	70-100	红灰色	轻壤土	块状	5.3	3.0	0.20	0.26	23.5	24	2.2	54				
剖40	人为土	水稻土	潜育水稻土	炭灰黑泥田	黑砂泥田	A	0-11	暗灰黄色	轻壤土	碎块状	5.6	19.5	0.80	0.17	5.5	66	微量	40	9.1		E 115°56′05.0″ N 23°07′38.7″	71
						P	11-15	黑色	轻壤土	块状	6.2	17.5	0.69	0.14	4.7	53	3.1	30				
						W	15-85	白色	中黏土	块状	5.5	34.5	0.91	0.17	6.5	38	2.2	65	27.9			
						H	85-100															

云浮市

云城区

主要土类说明

赤红壤是云城区主要土壤类型，占本区地域面积的77%。赤红壤主要发生于南亚热带季雨林下，其脱硅富铝化程度仅次于砖红壤，强于红壤。铁的游离度介于二者之间，黏粒硅铝率为1.7—2.0，风化淋溶系数为0.05—0.15，盐基饱和度为15%—25%。淀积层（B层）富含铁铝氧化物，呈赤红色。

水稻土是云城区第二大土壤类型，占本区地域面积的18%。水稻土是在长期的季节性淹灌、水下翻耕、季节性脱水、氧化还原交替影响下，原来的成土母质或母土的特性发生重大改变，形成的新的土壤类型。由于干湿交替，水稻土形成糊状的淹育层、较坚实板结的犁底层、渗育层、潴育层与潜育层等多种发生层。这些不同的发生层是在人为耕作、水浆管理下形成的。本区水稻土中，潴育水稻土亚类面积最大，分布在本区各地，剖面构型主要为A-P-W-C或A-P-W-G。该亚类的主要特点是在犁底层下形成具有淋溶和淀积特征的潴育层，剖面内有棕黄色的铁锈斑纹、紫黑色的锰质斑点或新生的铁锰结核。

小于本区地域面积3%的土壤类型有黄壤、石灰（岩）土和红壤。

本区域中心区气候特征

本区域中心区气候特征值
Regional climate characteristics in central area of the region

气候带：南亚热带湿润气候 Climate region: South subtropical humid climate	
年平均气温 /℃ Annual average temperature /℃	21.8
年平均最高气温 /℃ Annual average maximum temperature /℃	26.3
年平均最低气温 /℃ Annual average minimum temperature /℃	18.5
年降水量 /mm Annual precipitation /mm	1841
≥10℃的积温 /℃ Daily temperature accumulated in a year (≥10℃) /℃	7956
年日照时数 /h Annual sunshine /h	1703
年平均相对湿度 /% Annual average relative humidity /%	79
干燥度 Dryness	0.72

本区域中心区月平均气温与月平均降水量
Monthly temperature and precipitation in central area of the region

云城区主要土壤类型与土壤剖面点分布图

1:170 000

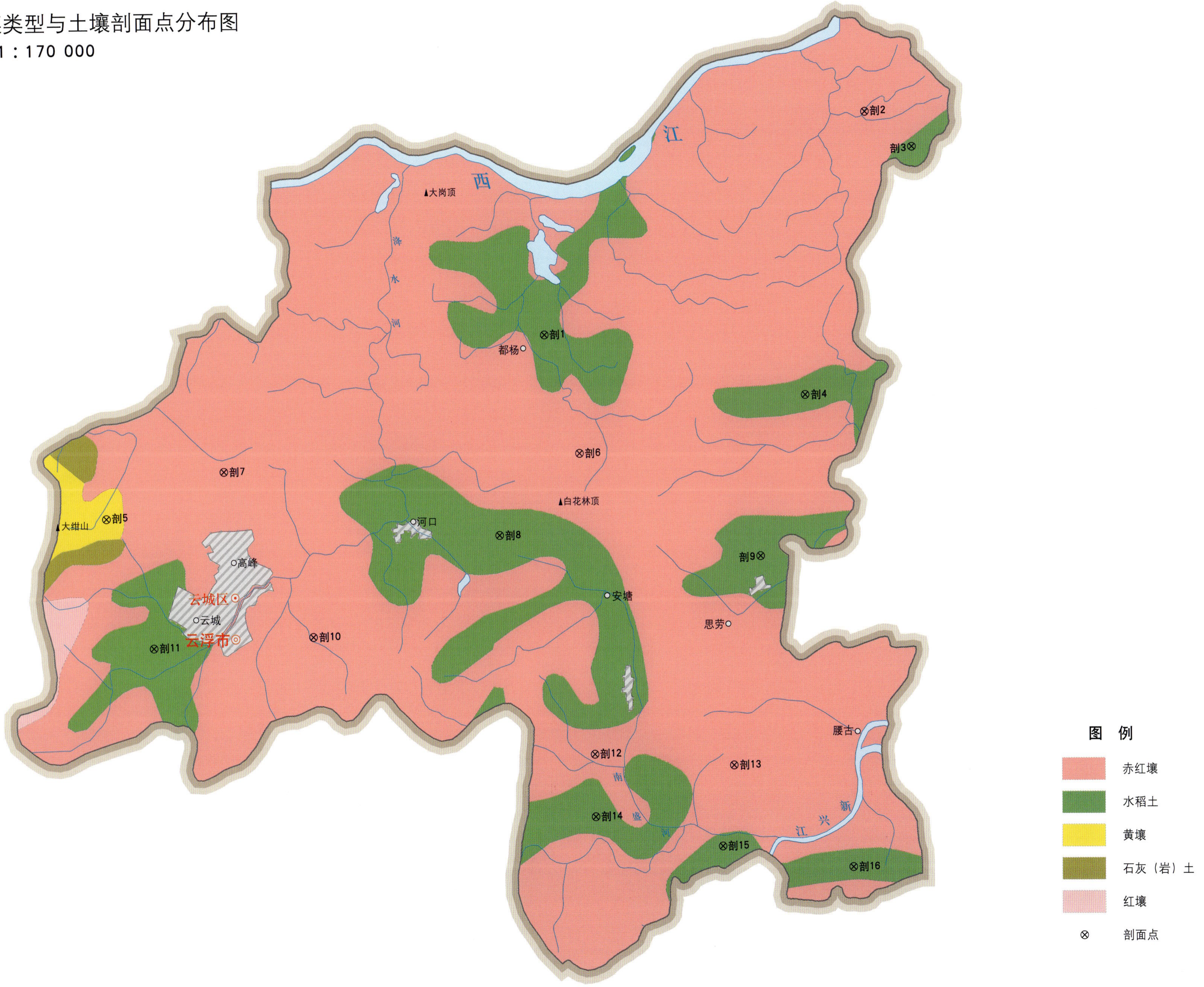

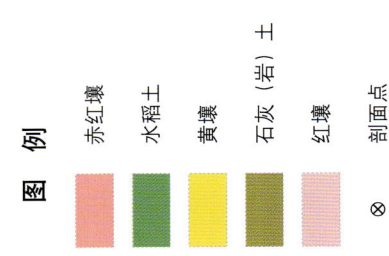

第二编 广东省分县土壤图与土壤剖面数据

云浮区土壤剖面理化性状表

剖面号 Soil profile	土纲 Soil order	土类 Soil great group	亚类 Soil subgroup	土属 Soil genus	土种 Soil species	土层码 Layer code	土层厚度 Depth/cm	颜色 Soil color	质地 Soil texture	土壤结构 Soil structure	pH	有机质 OM/(g/kg)	全氮 TN/(g/kg)	全磷 TP/(g/kg)	全钾 TK/(g/kg)	碱解氮 AN/(mg/kg)	有效磷 AP/(mg/kg)	速效钾 AK/(mg/kg)	土壤母质 Parent material	剖面点坐标 Profile coordinate	匹配指数 Matching index/%
剖1	人为土	水稻土	潴育水稻土	潮砂泥田	潮砂田	A	0—14	浅灰色	轻壤土	碎块状	7.3	23.8	1.21	0.31	19.3	128	7.9	73	河流冲积物	E 112°09′50.8″ N 23°01′22.4″	82
						P	14—24	灰黄色	砂壤土	块状	7.2	8.5	0.43	0.24	20.6						
						W₁	24—30	褐色	砂壤土	棱柱状	7.1	8.3	0.50	0.31	17.2						
						W₂	30—60	浅黄棕色	砂壤土	块状											
						E	60—100	灰白色													
剖2	铁铝土	赤红壤		砂页岩赤红壤	中有机质层厚层赤红壤	A	0—15	黄黑色	轻壤土	碎块状	4.8	25.2	1.08	0.16	17.1	82	1.7	24	砂页岩	E 112°17′17.9″ N 23°05′55.3″	73
						B₁	15—40	赤黄色	轻壤土	碎块状	5.0	8.5	0.46	0.16	21.7						
						B₂	40—115	浅黄棕色	轻壤土	碎块状	4.6	8.1	0.54	0.20	22.3						
剖3	人为土	水稻土	潴育水稻土	洪积红黄泥田	洪积砂泥田	P	0—11	灰黄黄色	轻壤土	小块状	5.5	39.8	1.58	0.31	11.0	104	10.5	34	洪积物	E 112°18′22.1″ N 23°05′10.7″	84
						W	11—16	暗黄棕色	轻壤土	棱柱状	5.8	19.3	1.11	0.31	11.0						
							16—46	浅黄棕色	轻壤土	块状	6.0	10.6	0.99	0.19	11.9						
						C	46—100														
剖4	人为土	水稻土	潴育水稻土	洪积红黄泥田	洪积低层黑底田	A	0—14	浅灰色	轻壤土	小块状	6.9	29.8	1.37	0.34	20.0	101	5.7	81	洪积物	E 112°15′50.4″ N 23°00′03.2″	71
						W₁	14—22	砂灰色	砂壤土	棱柱状	6.9	15.9	0.55	0.25	20.2						
						W₂	22—48	暗灰色	砂壤土	棱柱状	7.0	20.7	0.93	0.32	20.6						
							48—100														
剖5	铁铝土	黄壤		砂页岩黄壤	薄有机质层中层赤黄壤	A	0—7	黑色	轻壤土	粒状	4.7	46.0	2.58	0.25	18.5	227	1.7	26	砂页岩	E 111°59′40.1″ N 22°57′41.2″	74
						AB	7—11	灰黄棕色	中壤土	碎粒状	4.6	32.1	2.06	0.24	17.4						
						B	11—44	浅红黄色	中壤土	块状	4.8	14.1	1.47	0.21	17.8						
剖6	铁铝土	赤红壤		花岗岩赤红壤	薄有机质层中层赤红壤	AB	0—22	浅红黄色	重壤土	块状	5.6	20.5	1.21	0.23	29.5	485	2.6	71	花岗岩	E 112°10′36.5″ N 22°58′54.1″	77
						B	22—56	浅红黄色	粗砂土	块状	5.6	18.1	1.20	0.21	18.4						
						C	56—100	浅红黄色	中砂土	碎块状	5.9	8.9	0.79	0.24	20.9						
剖7	铁铝土	赤红壤		砂页岩赤红壤	薄有机质层薄层赤红壤	A	0—6	暗棕黄色	轻壤土	块状	5.3	41.1	1.31	0.19	20.1	219	0.9	32	砂页岩	E 112°02′22.4″ N 22°58′37.5″	89
						B	6—24	暗黄棕色	中壤土	块状	5.4	21.8	0.89	0.16	19.3						
						C	24—100	浅黄色	黏壤土	棱柱状	4.9	11.9	0.78	0.15	18.3						
剖8	人为土	水稻土	潴育水稻土	潮砂泥田	潮砂田	A	0—11	棕灰色	中壤土	碎块状	4.8	33.7	1.46	0.27	21.6	118	3.5	53	河流冲积物	E 112°08′44.5″ N 22°57′13.6″	75
						P	11—20	暗棕黄色	中壤土	块状	5.4	25.4	1.14	0.24	21.3						
						W₁	20—37	浅棕灰色	中壤土	块状	6.2	13.2	0.62	0.15	25.3						
						W₂	37—75														
						C	75—100														
剖9	人为土	水稻土	潴育水稻土	河黏土田	河黏土田	A	0—14	暗黄棕色	黏土	块状	7.1	29.3	1.87	0.43	20.2	168	2.2	65	河流冲积物	E 112°14′45.6″ N 22°56′43.1″	87
						P	14—20	暗棕灰色	黏土	块状	7.1	19.3	1.28	0.34	20.9						
						W	20—80	黄棕色	黏土	块状	7.1	10.4	0.48	0.28	23.1						
						C	80—100														
剖10	铁铝土	赤红壤		花岗岩赤红壤	厚有机质层厚层赤红壤	A	0—30	暗黄棕色	中壤土	碎块状	5.1	36.8	1.66	0.16	8.7	147	2.6	62	花岗岩	E 112°04′23.2″ N 22°55′09.8″	79
						AB	30—68	暗黄色	中壤土	碎块状	5.1	35.5	1.19	0.17	8.0						
						B	68—100	浅棕红色	壤土	小块状	5.2	16.6	0.96	0.15	8.9						
剖11	人为土	水稻土	潴育水稻土	河砂泥田	河黄泥底田	A	0—12	暗黄色	中壤土	块状	6.9	2.08	2.08	0.08	17.3	158	7.9	41	河流冲积物	E 112°00′41.8″ N 22°54′59.0″	73
						P	12—18	红黄色	壤土	块状	7.0	1.06	1.06	0.24	20.9						
						W	18—61	暗黄色	壤土	棱柱状		0.26	0.26	0.19							
						C	61—100														

续表 Continued

剖面号 Soil profile	土纲 Soil order	土类 Soil great group	亚类 Soil subgroup	土属 Soil genus	土种 Soil species	土层码 Layer code	土层厚度 Depth/cm	颜色 Soil color	质地 Soil texture	土壤结构 Soil structure	pH	有机质 OM/(g/kg)	全氮 TN/(g/kg)	全磷 TP/(g/kg)	全钾 TK/(g/kg)	碱解氮 AN/(mg/kg)	有效磷 AP/(mg/kg)	速效钾 AK/(mg/kg)	土壤母质 Parent material	剖面点坐标 Profile coordinate	匹配指数 Matching index/%
剖12	铁铝土	赤红壤	赤红壤	花岗岩赤红壤	厚有机质层中层麻赤红壤	A	0—26	暗黄棕色	中壤土	碎块状	5.0	39.8	1.31	0.18	15.3	160	2.2	41	花岗岩	E 112°10′51.6″ N 22°52′39.0″	78
						B	26—57	黄棕色	中壤土	块状	4.9	18.0	0.71	0.17	18.7						
						C	57—100	红黄色	中壤土	碎块状	5.2	12.1	0.52	0.15	22.0						
剖13	铁铝土	赤红壤	赤红壤	砂页岩赤红壤	厚有机质层中层页岩赤红壤	A	0—28	棕黄色	轻壤土	碎粒状	4.7	31.5	1.10	0.28	20.8	148	1.0	61	砂页岩	E 112°14′04.6″ N 22°52′23.2″	84
						B	28—50	浅黄色	轻壤土	碎粒状	4.8	15.5	0.58	0.28	22.2						
						C	50—100	黄色	轻壤土	块状	4.7	7.5	0.57	0.30	20.9						
剖14	人为土	水稻土	潴育水稻土	河砂泥田	河结粉砂田	A	0—14	暗黄棕色	砂壤土	小块状	5.4	22.0	1.20	0.40	21.1	239	6.1	29	河流冲积物	E 112°10′51.4″ N 22°51′21.2″	90
						P	14—22	暗黄色	砂壤土	碎块状	5.7	28.2	1.01	0.38	23.5						
						W	22—100	灰黄色	砂壤土	碎粒状	8.0	5.2	0.40	0.21	23.2						
剖15	人为土	水稻土	潴育水稻土	洪积红黄泥田	洪积泥田	A	0—14	褐色	壤土	碎块状	5.4	32.9	0.18	0.34	14.0	99	6.5	29	洪积物	E 112°13′47.1″ N 22°50′42.4″	85
						P	14—22	浅灰色	黏壤土	块状	6.7	29.4	0.13	0.29	11.3						
						W	22—80	灰黄色	中黏土	棱柱状	7.0	12.3	0.05	0.20	14.9						
						C	80—100	暗灰黄色	重黏土	块状											
剖16	人为土	水稻土	潴育水稻土	洪积红黄泥田	洪积红黄泥田	A	0—13	灰棕色	重壤土	块状	5.7	21.3	1.10	0.29	10.0	79	2.6	34	洪积物	E 112°16′47.3″ N 22°50′14.3″	93
						P	13—21	棕红色	轻黏土	块状	6.8	15.9	0.80	0.31	24.0						
						W	21—50	暗红棕色	黏土	棱柱状	7.8	8.7	0.40	0.29	29.0						
						C	50—100	暗棕红色	黏土	大块状											

云 安 区

主要土类说明

赤红壤是云安区主要土壤类型，占本区地域面积的 77%。赤红壤主要发生于南亚热带季雨林下，其脱硅富铝化程度仅次于砖红壤，强于红壤。铁的游离度介于二者之间，黏粒硅铝率为 1.7—2.0，风化淋溶系数为 0.05—0.15，盐基饱和度为 15%—25%。淀积层（B 层）富含铁铝氧化物，呈赤红色。

水稻土是云安区第二大土壤类型，占本区地域面积的 8%。水稻土是在长期的季节性淹灌、水下翻耕、季节性脱水、氧化还原交替影响下，原来的成土母质或母土的特性发生重大改变，形成的新的土壤类型。由于干湿交替，水稻土形成糊状的淹育层、较坚实板结的犁底层、渗育层、潴育层与潜育层等多种发生层。这些不同的发生层是在人为耕作、水浆管理下形成的。

紫色土占本区地域面积的 4%。紫色土是由热带、亚热带紫红色岩层直接风化形成的 A–C 型土壤。其理化性质与母岩组成直接相关，土层浅薄，剖面层次发育不明显，仍处于初育阶段。母岩富含矿质养分，且风化迅速。

红壤占本区地域面积的 4%。红壤主要发生于亚热带常绿阔叶林下，呈中度脱硅富铝化特征，土壤黏粒中游离铁占全铁的 50%—60%。黏土矿物以高岭石、赤铁矿为主，黏粒硅铝率为 1.8—2.4，风化淋溶系数小于 0.20，盐基饱和度小于 35%，pH 为 4.5—5.5。红壤具深厚的红色土层，底层可见深厚的红、黄、白相间的网纹状红色黏土。

石灰（岩）土占本区地域面积的 4%。石灰（岩）土发生于热带、亚热带石灰岩山区，是石灰岩经溶蚀风化形成的厚薄不同的钙质饱和或含游离钙质的土壤，多见于石隙、溶洞或峰丛底部。该土壤碳酸钙淋溶程度不一，多黏土，多为铁钙质胶结物，风化程度不一，盐基饱和度高，有机质含量及胶结状态有较大差异。

小于本区地域面积 3% 的土壤类型有黄壤和粗骨土。

本区域中心区气候特征

本区域中心区气候特征值
Regional climate characteristics in central area of the region

气候带：南亚热带湿润气候 Climate region: South subtropical humid climate	
年平均气温 /℃ Annual average temperature /℃	21.7
年平均最高气温 /℃ Annual average maximum temperature /℃	26.3
年平均最低气温 /℃ Annual average minimum temperature /℃	18.4
年降水量 /mm Annual precipitation /mm	1821
≥10℃的积温 /℃ Daily temperature accumulated in a year（≥10℃）/℃	7943
年日照时数 /h Annual sunshine /h	1711
年平均相对湿度 /% Annual average relative humidity /%	79
干燥度 Dryness	0.73

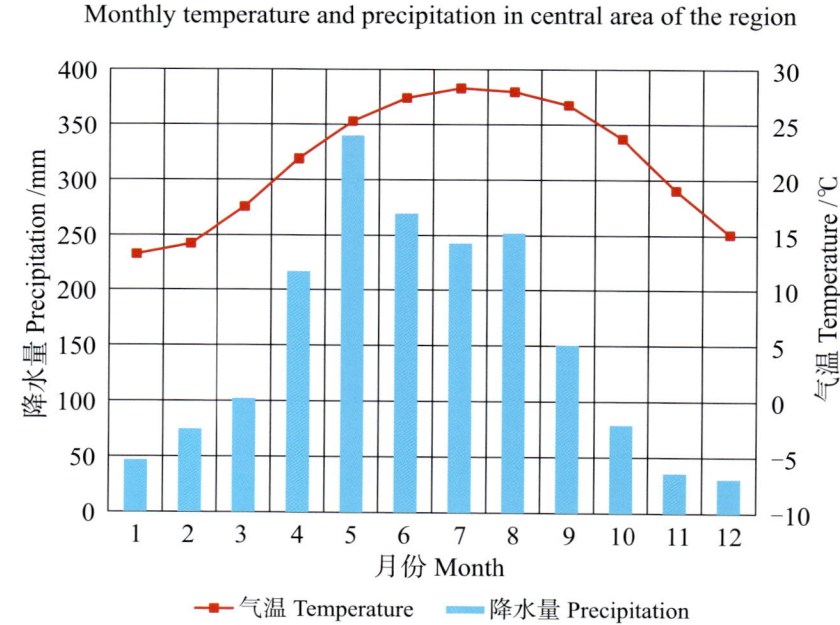

本区域中心区月平均气温与月平均降水量
Monthly temperature and precipitation in central area of the region

云安县主要土壤类型与土壤剖面点分布图
1∶210 000

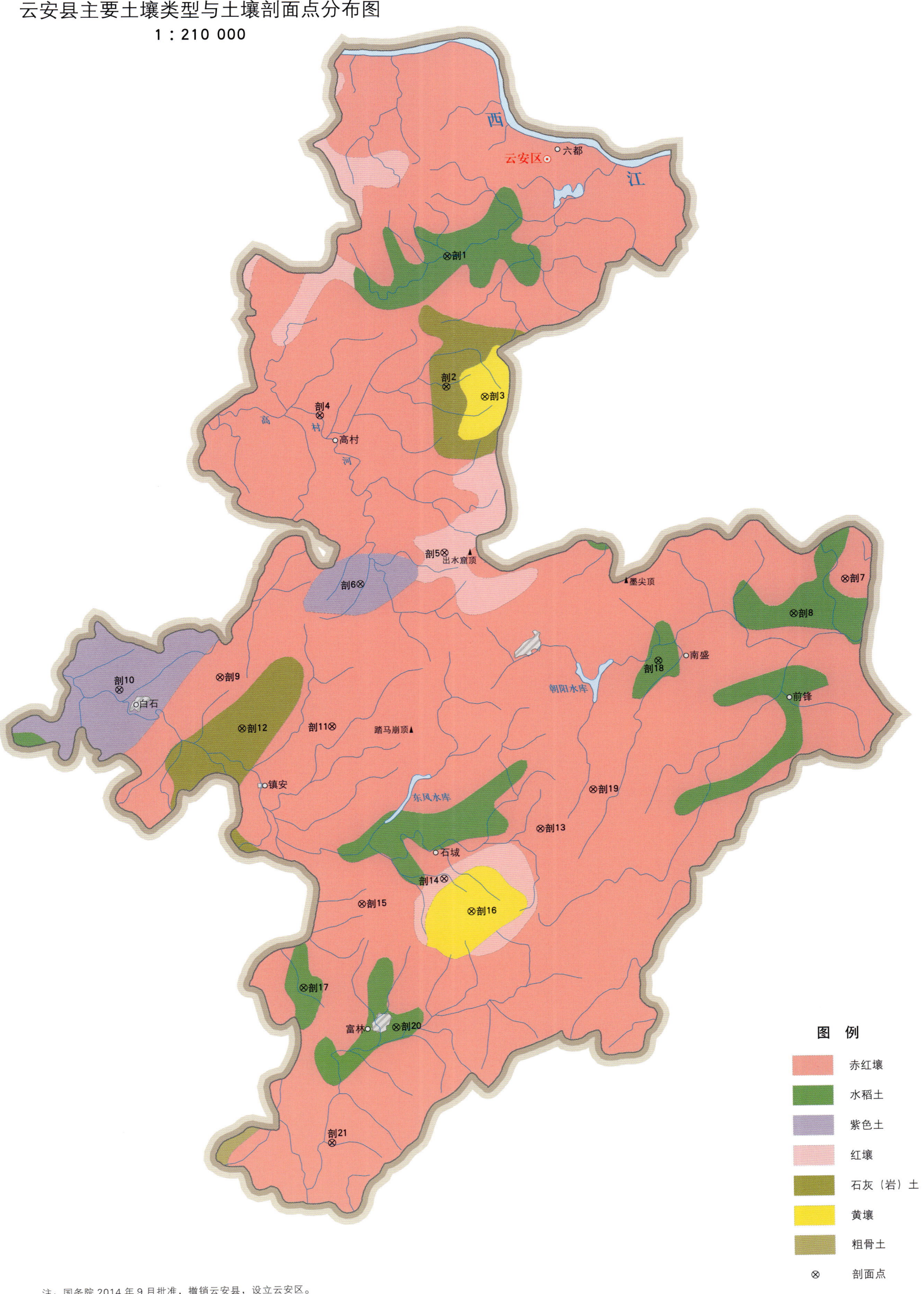

注：国务院2014年9月批准，撤销云安县，设立云安区。

云安区土壤剖面理化性状表

剖面号 Soil profile	土纲 Soil order	土类 Soil great group	亚类 Soil subgroup	土属 Soil genus	土种 Soil species	土层码 Layer code	土层厚度 Depth/cm	颜色 Soil color	质地 Soil texture	土壤结构 Soil structure	pH	有机质 OM/(g/kg)	全氮 TN/(g/kg)	全磷 TP/(g/kg)	全钾 TK/(g/kg)	碱解氮 AN/(mg/kg)	有效磷 AP/(mg/kg)	速效钾 AK/(mg/kg)	土壤母质 Parent material	剖面点坐标 Profile coordinate	匹配指数 Matching index/%
剖1	人为土	水稻土	潜育水稻土	红火泥田	红火黏土田	A	0—12	暗黄棕色	中壤土	碎块状	6.5	21.0	1.09	0.48	7.6	89	5.2	24		E 111°56′48.1″ N 23°01′40.1″	86
						P	12—19	黄棕色	黏壤土	碎块状	7.0	14.3	0.81	0.49	7.3						
						W	19—53	红棕色	黏壤土	棱柱状	7.4	5.3	0.35	0.03	9.1						
						C	53—100	红黄色	黏壤土	碎块状											
剖2	初育土	石灰(岩)土	红色石灰土	酸性红色石灰土	厚有机质层厚层酸性红色石灰土	A	0—20	暗棕红色	轻壤土	碎块状	6.0	31.0	1.01	0.29	10.3	120	1.7	24	砂页岩	E 111°56′43.4″ N 22°57′55.8″	76
						Bo	20—59	暗红棕色	中壤土	块状	5.7	26.6	1.01	0.31	10.4						
						B₁	59—106	暗红色	轻壤土	碎块状	6.0	15.0	0.89	0.31	10.7						
剖3	铁铝土	黄壤	黄壤	砂页岩黄壤	中有机质层中层砂页黄壤	A	0—10	暗棕色	中壤土	碎块状	5.1	41.0	1.77	0.17	17.8	264	1.7	23	砂页岩	E 111°57′52.6″ N 22°57′37.4″	76
						B₁	10—50	黄棕色	轻壤土	碎块状	5.4	16.9	0.84	0.14	20.2						
						C	50—100	浅棕色	中壤土	碎石滓状											
剖4	铁铝土	赤红壤	赤红壤	砂页岩赤红壤	薄有机质层中层砂页赤红壤	A	0—7	暗黄棕色	中壤土	碎块状	5.6	25.5	1.13	0.13	28.3	132	0.9	64	砂页岩	E 111°57′54.1″ N 22°57′09.0″	76
						B	7—58	浅黄棕色	重壤土	块状	5.2	17.7	0.77	0.12	26.7						
						C	58—120	浅黄棕色	轻黏土	块状	5.2	10.2	0.39	0.10	35.3						
剖5	铁铝土	红壤	红壤	砂页岩红壤	中有机质层中层砂页红壤	A	0—13	暗棕色	砂壤土	碎粒状	5.6	26.7	1.83	0.20	18.4	157	1.3	27	砂页岩	E 111°52′02.9″ N 22°52′17.8″	93
						B	13—60	浅红色	中壤土	碎块状	5.3	20.0	1.13	0.28	17.8						
						C	60—120	浅红黄色	黏壤土	块状	5.2	10.2	0.63	0.22	20.2						
剖6	初育土	紫色土	酸性紫色土	酸性紫色土	中有机质层中层酸性紫色土	A	0—14	浅棕红色	中壤土	碎块状	4.5	14.1	0.78	0.17	11.0	81	0.9	27	砂页岩	E 111°56′35.9″ N 22°53′10.0″	94
						AB	14—49	紫色	中壤土	大块状	5.0	12.0	0.59	0.17	12.9						
						C	49—55	浅棕红色	黏壤土	块状	4.8	9.0	0.58	0.16	12.1						
剖7	铁铝土	赤红壤	赤红壤	侵蚀赤红壤	中度片蚀赤红壤	AB	55—120	浅棕红色	砂壤土	小块状	5.0	13.5	0.77	0.19	11.5	72	0.9	62	砂页岩	E 112°08′38.8″ N 22°52′14.3″	88
						B	8—20	红棕色	重石重壤土	小块状	4.8	8.0	0.89	0.22	12.8						
						C	20—120	灰黄色	黏壤土	小块状	4.8	6.1	0.77	0.21	15.4						
剖8	人为土	水稻土	潴育水稻土	洪积红黄泥田	洪积红黄泥田	A	0—13	暗黄棕色	重壤土	大块状	5.2	23.7	1.52	0.42	8.0	100	7.4	66	洪积物	E 112°07′04.8″ N 22°51′15.8″	89
						B	13—60	红棕色	中壤土	小块状	6.4	13.8	1.05	0.28	10.2						
						C	20—60	褐黄色	壤土	块状	7.4	6.6	0.69	0.17	10.0						
剖9	铁铝土	赤红壤	赤红壤	花岗岩赤红壤	中层麻赤红壤	A	0—18	暗红棕色	壤土	小块状	4.3	36.6	1.46	0.17	11.1	166	1.3	15	砂页岩	E 111°46′44.8″ N 22°49′21.4″	93
						AB	18—34	红色	砂壤土	棱柱状	4.4	13.7	0.57	0.17	10.9						
						B	34—120	红黄色	轻壤土	块状	4.4	6.1	0.36	0.21	12.7						
剖10	初育土	石灰(岩)土	红色石灰土	红火泥地	厚有机质层红火泥地	A	0—12	浅棕红色	中壤土	碎块状	5.1	18.2	0.72	0.20	3.0	84	2.6	4	花岗岩	E 111°53′08.2″ N 22°48′13.3″	72
						B	12—120	红棕色	中壤土	块状	5.0	9.3	0.45	0.25	5.5						
剖11	铁铝土	赤红壤	赤红壤	砂页岩赤红壤	薄有机质层厚层砂页赤红壤	A	0—9	红色	中壤土	碎块状	5.0	27.1	0.95	0.15	9.8	85	0.4	48	砂页岩	E 111°50′25.7″ N 22°48′12.1″	95
						AB	9—42	红黄色	中壤土	块状	4.9	18.8	0.64	0.18	10.0						
						B	42—100	红棕色	中壤土	块状	5.0	9.8	0.48	0.14	13.2						
剖12	铁铝土	红壤	红壤	花岗岩红壤	厚有机质层厚层棕红壤	A	0—20	浅棕红色	轻壤土	碎块状	8.1	15.8	0.65	0.46	9.4	32	7.4	14	花岗岩	E 111°59′21.1″ N 22°45′10.8″	98
						C	20—45	浅棕红色	壤土	碎块状	8.4	3.6	0.41	0.26	11.1						
剖13						AB	0—9	浅黄棕色	壤土	碎块状	4.9	18.8	0.95	0.25	12.2	116	2.6				
						B₁	9—42	浅棕色	壤土	碎块状	4.9	13.0	0.57	0.26	13.4						
						B₂	42—100	浅棕色	轻壤土	碎块状	5.4	9.9	0.36	0.25	15.7						
剖14	铁铝土	红壤			厚有机质层厚层棕红壤	A	0—20	暗棕色	轻壤土	粒状	5.4	37.2	1.22	0.39	20.5	96	3.1	41	花岗岩	E 111°56′26.2″ N 22°43′46.2″	78
						AB	20—45	暗棕色	壤土	碎块状	5.1	37.0	1.56	0.41	19.5						
						B	45—110	红黄色	轻壤土	碎块状	5.1	20.1	1.23	0.40	20.7						

续表 Continued

剖面号 Soil profile	土纲 Soil order	土类 Soil great group	亚类 Soil subgroup	土属 Soil genus	土种 Soil species	土层码 Layer code	土层厚度 Depth/cm	颜色 Soil color	质地 Soil texture	土壤结构 Soil structure	pH	有机质 OM/(g/kg)	全氮 TN/(g/kg)	全磷 TP/(g/kg)	全钾 TK/(g/kg)	碱解氮 AN/(mg/kg)	有效磷 AP/(mg/kg)	速效钾 AK/(mg/kg)	土壤母质 Parent material	剖面点坐标 Profile coordinate	匹配指数 Matching index/%
剖15	铁铝土	赤红壤	赤红壤	砂页岩赤红壤	中有机质层中层赤红壤	A	0—14	浅灰黄色	中壤土	碎块状	4.8	23.0	0.89	0.20	18.3	88	1.3	38	砂页岩	E 111°53′57.0″ N 22°43′04.9″	86
						B	14—58	黄棕色	中壤土	块状	4.8	9.4	0.36	0.17	20.6						
						C	58—100	红棕色	轻壤土	块状	4.8	6.3	0.33	0.20	21.9						
剖16	铁铝土	黄壤	黄壤	砂页岩黄壤	中有机质层厚层页黄壤	A	0—11	暗黄黄色	砂壤土	碎粒状	5.2	80.3	3.29	0.34	12.5	323	1.7	63	砂页岩	E 111°57′14.4″ N 22°42′49.0″	73
						AB	11—20	暗黄棕色	砂壤土	碎块状	5.0	54.0	2.33	0.34	13.6						
						B	20—100	浅黄棕色	砂壤土	碎块状	5.3	8.2	0.61	0.24	12.2						
剖17	人为土	潴育水稻土	宽谷冲积土田	宽谷砂质田		P	0—15	暗黄棕色	砂土	碎块状	6.0	21.7	1.29	0.31	13.9	70	3.5	21	冲积物	E 111°52′09.1″ N 22°40′43.7″	83
						W_1	15—29	暗灰色	砂土	棱柱状	6.4	6.8	0.41	0.16	11.7						
						W_2	29—40	白色	砂土	棱柱状	6.8	6.3	0.52	0.19	13.4						
						C	40—97	灰黄棕色	砂土	碎粒状											
剖18	人为土	水稻土	洪积红黄泥田	洪积铁子底		A	0—12	暗棕红色	中壤土	块状	8.0	11.5	0.93	0.57		65	5.1	35	洪积物	E 112°02′58.9″ N 22°49′57.7″	97
						P	12—17	褐色	黏壤土	块状	8.4	8.2	0.47	0.31							
						W	17—89	灰棕色	黏壤土	棱柱状	8.3	5.0	0.34	0.29							
						C	89—	栗色	黏壤土	块状											
剖19	铁铝土	赤红壤	侵蚀赤红壤	轻度片蚀赤红壤		B_1	0—92	浅黄棕色	中壤土	碎块状	5.1	22.7	1.00	0.27	15.3	84	0.4	8	洪积物	E 112°00′57.6″ N 22°46′17.8″	77
						B_2	92—120	灰黄色	中壤土	块状	5.1	5.8	0.38	0.22	14.2						
剖20	人为土	水稻土	潴育水稻土	洪积砂泥田	洪积砂泥田	A	0—11	暗黄棕色	轻壤土	碎块状	5.3	27.1	1.28	0.22	14.4	61	2.6	33	洪积物	E 111°54′55.1″ N 22°39′33.1″	96
						P	11—15	暗黄棕色	砂壤土	棱柱状	5.2	15.7	1.05	0.19	15.3						
						W	15—63	灰棕色	砂壤土	棱柱状	6.8	7.5	0.47	0.20	17.0						
						C	63—100	浅棕黄色	砂石土	块状											
剖21	铁铝土	赤红壤	侵蚀赤红壤	强度沟蚀页赤红壤		AB	0—15	红棕色	中壤土	小块状	5.2	8.6	0.40	0.15	9.5	36				E 111°52′55.6″ N 22°36′17.6″	92
						B	15—28	红棕色	壤土	碎块状	5.3	8.1	0.47	0.18	8.5						
						C	28—120	浅棕红色	黏壤土	块状	5.3	8.2	0.48	0.18	16.8						

新 兴 县

主要土类说明

赤红壤是新兴县主要土壤类型，占本县地域面积的 66%，广泛分布在海拔 450m 以下的丘陵和台地。成土母质主要为花岗岩、砂页岩、石灰岩风化物。大部分原生植被已被砍伐，现多属次生林，但在深山峡谷中仍有季雨林生长。赤红壤分布区水热资源丰富，土壤富铝化作用明显，其脱硅富铝化程度仅次于砖红壤，强于红壤。铁的游离度介于二者之间，黏粒硅铝率为 1.7—2.0，风化淋溶系数为 0.05—0.15，盐基饱和度为 15%—25%。淀积层（B 层）富含铁铝氧化物，呈赤红色。本县赤红壤仅有赤红壤一个亚类。

水稻土是新兴县第二大土壤类型，占本县地域面积的 26%。水稻土是在长期的季节性淹灌、水下翻耕、季节性脱水、氧化还原交替影响下，原来的成土母质或母土的特性发生重大改变，形成的新的土壤类型。由于干湿交替，水稻土形成糊状的淹育层、较坚实板结的犁底层、渗育层、潴育层与潜育层等多种发生层。本县水稻土分为淹育型、潴育型、渗育型、潜育型、沼泽型等亚类。其中，潴育水稻土面积最大，广泛分布在本县各地，耕作历史悠久，排灌条件较好，土壤熟化程度高，有比较完整的发育层次。该亚类的主要特点是在犁底层下形成具有淋溶和淀积特征的潴育层，剖面内有棕黄色的铁锈斑纹、紫黑色的锰质斑点或新生的铁锰结核，潴育层厚度不一，厚者可达数十厘米。在永久性地下水位较高的地区，潴育层之下有青灰色的潜育层出现。

红壤是新兴县第三大土壤类型，占本县地域面积的 5%，主要分布在本县南部的中山地带。成土母质主要为砂页岩、花岗岩风化物。土体呈红色，质地多为砂壤土或中壤土。本县红壤仅有红壤一个亚类。

小于本县地域面积 3% 的土壤类型有黄壤和潮土。

本区域中心区气候特征

本区域中心区气候特征值
Regional climate characteristics in central area of the region

气候带：南亚热带湿润气候 Climate region: South subtropical humid climate	
年平均气温 /℃ Annual average temperature /℃	22.0
年平均最高气温 /℃ Annual average maximum temperature /℃	26.3
年平均最低气温 /℃ Annual average minimum temperature /℃	18.8
年降水量 /mm Annual precipitation /mm	1991
≥10℃的积温 /℃ Daily temperature accumulated in a year（≥10℃）/℃	8042
年日照时数 /h Annual sunshine /h	1716
年平均相对湿度 /% Annual average relative humidity /%	79
干燥度 Dryness	0.68

本区域中心区月平均气温与月平均降水量
Monthly temperature and precipitation in central area of the region

新兴县主要土壤类型与土壤剖面点分布图
1:230 000

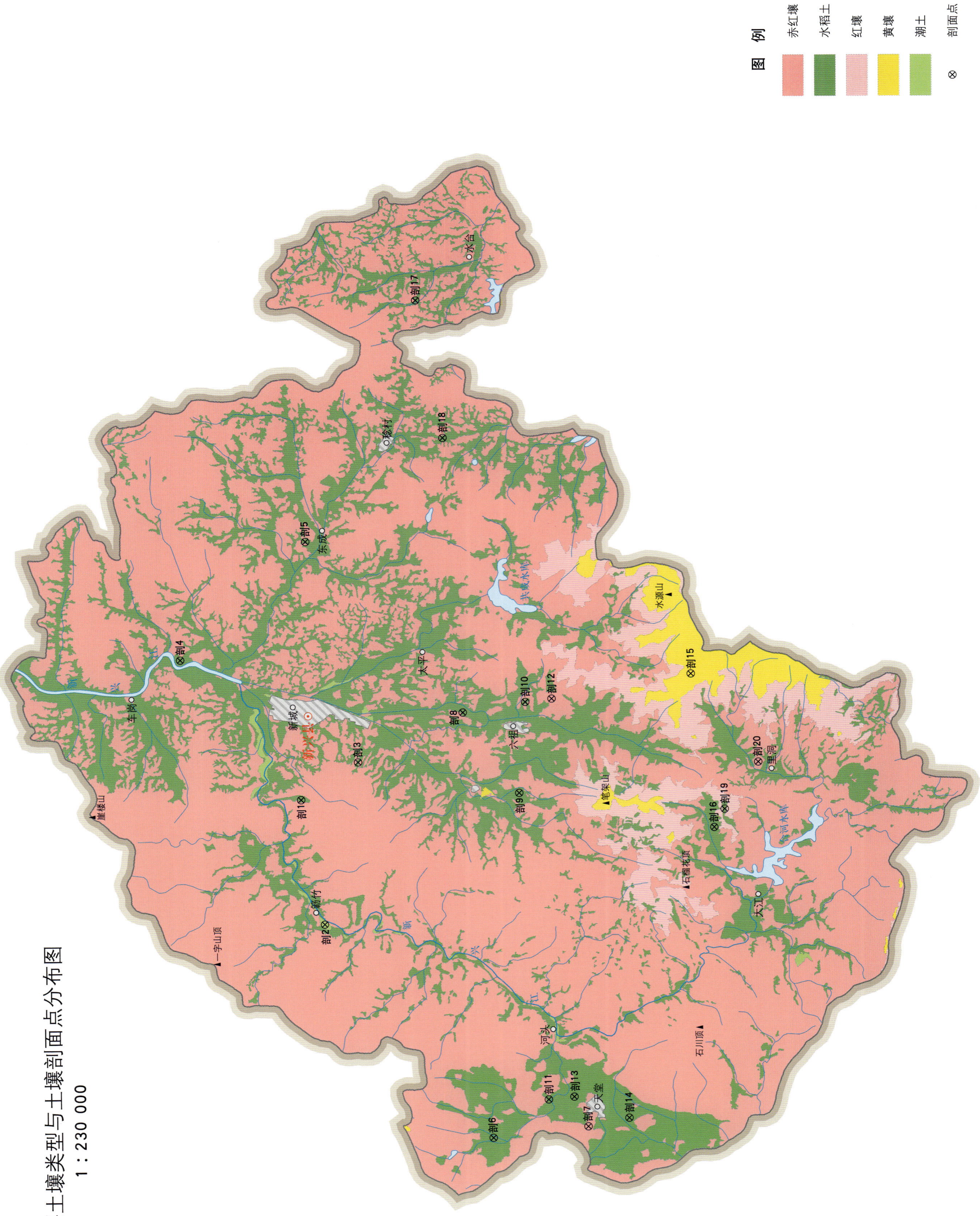

新兴县土壤剖面理化性状表

剖面号 Soil profile	土纲 Soil order	土类 Soil great group	亚类 Soil subgroup	土属 Soil genus	土种 Soil species	土层码 Layer code	土层厚度 Depth/cm	颜色 Soil color	质地 Soil texture	土壤结构 Soil structure	pH	有机质 OM/(g/kg)	全氮 TN/(g/kg)	全磷 TP/(g/kg)	全钾 TK/(g/kg)	碱解氮 AN/(mg/kg)	有效磷 AP/(mg/kg)	速效钾 AK/(mg/kg)	土壤母质 Parent material	剖面点坐标 Profile coordinate	匹配指数 Matching index/%
剖1	人为土	水稻土	潴育水稻土	宽谷冲积土田	潴宽砂质田	1	0—16		松砂土		5.8	28.3	1.49	0.33	18.8	116	3.9	16	冲积物	E 112° 10' 29.6" N 22° 42' 11.5"	91
						2	16—27		松砂土		6.5	26.1	1.32	0.32	18.8	104	5.2	12			
						3	27—45		松砂土		7.6	13.2	0.88	0.18	18.7	56	2.2	11			
剖2	半水成土	潮土	潮土	潮砂泥地	潮砂地	A	0—12	灰黑色	松砂土	粉粒状	7.4	4.7	0.42	0.26	23.9	33	4.8	47	河流冲积物	E 112° 06' 24.8" N 22° 41' 33.4"	100
						AB	12—22	灰色	松砂土	粉粒状	7.3	3.5	0.26	0.19	26.3	20	2.6	20			
						C	22—100	浅灰色	松砂土	粉粒状	7.2	微量	0.32	0.15	24.4	9	2.6	13			
剖3	人为土	水稻土	潴育水稻土	洪积红黄泥田	洪积红黄泥田	A	0—12	黄灰色	中壤土	块状	5.1	39.3	1.73	0.36	3.9	165	2.6	21	洪积物	E 112° 11' 40.6" N 22° 40' 30.4"	96
						P	12—18	蓝灰色	重壤土	块状	6.0	25.6	1.24	0.35	3.5	111	0.4	11			
						W	18—48	灰黄色	轻黏土	棱柱状	6.1	14.1	0.77	0.40	2.2	65	0.4	7			
						C	48—100	红黄色	红黏土												
剖4	人为土	水稻土	潴育水稻土	河砂泥田	河砂质田	A	0—13	暗灰色	紫砂土	块状	5.2	14.9	0.86	0.28	27.2	80	3.9	26	河流冲积物	E 112° 15' 05.2" N 22° 45' 39.8"	93
						P	13—20		紫砂土	碎块状	5.7	8.6	0.50	0.21	30.2	49	2.6	12			
						W	20—56		紫砂土	棱柱状	6.3	4.0	0.23	0.23	28.8	21	0.4	20			
						C	56—100		紫砂土	无明显结构											
剖5	人为土	水稻土	沼泽型水稻土	烂淀田	烂淀田	A	0—18	黄灰色	重壤土	稠糊状	5.0	96.1	3.80	0.42	2.8	261	1.3	14		E 112° 18' 51.5" N 22° 41' 56.8"	84
						G	18—82	灰黑色	重壤土	糊状	4.3	130.0	4.50	0.31	2.6	245	0.4	8			
剖6	人为土	水稻土	潴育水稻土	石灰板结田	石灰板结田	A	0—17	青灰色	中壤土	块状	8.3	35.0	1.99	0.41	18.1	142	3.9	27		E 111° 59' 27.6" N 22° 36' 43.4"	98
						Pca	17—25	黄灰色	中壤土	块状	8.4	22.0	1.29	0.34	18.9	74	3.1	26			
						G	25—41	黄灰色	偏黏土	块状	8.4	11.8	0.72	0.28	19.7	36	2.2	23			
						C	41—91	黄色	偏黏土												
剖7	铁铝土	赤红壤	赤红壤	石灰岩赤红壤		1	0—2	灰黑色	轻壤土	核状	4.7	22.0	1.20	0.30	23.8	117	0.4	50	石灰岩	E 111° 59' 46.6" N 22° 33' 56.7"	97
						2	2—32	黄色	轻壤土	块状	4.8	8.4	0.78	0.32	29.8	50	0.4	40			
剖8	人为土	水稻土	潴育水稻土	泥肉田	泥肉田	A	0—17	灰色	砂壤土	棱柱状	6.6	37.3	2.56	0.79	27.7	155	42.4	29		E 112° 13' 14.5" N 22° 37' 25.0"	80
						P	17—24	灰黄色	砂壤土	棱柱状	6.9	22.8	1.30	0.63	28.2	101	30.6	20			
						W_1	24—54	黄灰色	轻壤土	块状	7.2	9.8	0.52	0.41	29.6	42	8.3	19			
						W_2	54—74	灰黄色	壤土	块状											
						C	74—100	红黄色	黏土												
剖9	人为土	水稻土	潴育水稻土	麻红黄泥田	麻砂泥田	A	0—13	灰黄色	中壤土	块状	5.8	27.1	1.40	0.32	27.2	112	6.5	15	花岗岩风化物	E 112° 10' 36.5" N 22° 35' 48.1"	89
						P	13—20	蓝灰色	中壤土	块状	6.3	18.9	0.91	0.24	28.2	71	4.4	11			
						W	20—40	灰色	中壤土	棱柱状	7.3	7.7	0.41	0.15	29.0	32	1.3	7			
						C	40—54	灰白色	壤土												
							54—100	白色	黏土	无明显结构											
剖10	人为土	水稻土	渗育水稻土	白鳝泥田	白鳝底田	A	0—12	灰黑色	中壤土	棱柱状	5.2	29.0	1.69	0.35	9.2	130	0.9	27		E 112° 13' 33.2" N 22° 35' 35.2"	98
						P	12—25	浅灰色	中壤土	块状	6.2	8.7	0.41	0.22	8.2	36	0.9	11			
						E_1	25—45	灰白色	中壤土	棱柱状	6.2	6.9	0.35	0.23	7.5	30	0.9	22			
						E_2	45—100	白色	黏土												
剖11	人为土	水稻土	潴育水稻土	河砂泥田	河砂泥田	A	0—15	灰黑色	轻壤土	核状	5.2	24.6	1.21	0.54	31.5	116	15.7	17	河流冲积物	E 112° 00' 40.3" N 22° 35' 05.6"	81
						P	15—19	灰黄色	轻壤土	块状	5.7	16.5	0.80	0.44	32.3	77	9.6	15			
						W	19—53	棕黄色	砂壤土	棱柱状	6.6	9.4	0.39	0.49	32.9	39	8.3	14			
						C	53—100	黄褐色	砂壤土	无明显结构											

续表 Continued

剖面号 Soil profile	土纲 Soil order	土类 Soil great group	亚类 Soil subgroup	土属 Soil genus	土种 Soil species	土层码 Layer code	土层厚度 Depth/cm	颜色 Soil color	质地 Soil texture	土壤结构 Soil structure	pH	有机质 OM/(g/kg)	全氮 TN/(g/kg)	全磷 TP/(g/kg)	全钾 TK/(g/kg)	碱解氮 AN/(mg/kg)	有效磷 AP/(mg/kg)	速效钾 AK/(mg/kg)	土壤母质 Parent material	剖面点坐标 Profile coordinate	匹配指数 Matching index/%
剖12	铁铝土	赤红壤	赤红壤	花岗岩赤红壤	薄有机质层中层花岗岩赤红壤	A	0—8	暗灰棕色	砂壤土	粒状									花岗岩	E 112°13′39.0″ N 22°34′48.7″	79
						B	8—63	黄棕色	壤土	块状											
						C	63—100	红橙色	砂壤土	块状											
剖13	人为土	水稻土	潴育水稻土	青泥格田	黄泥青泥格田	A	0—16	暗灰色	轻壤土	块状	8.4	23.0	1.24	0.32	8.1	87	5.2	27		E 112°00′44.6″ N 22°34′20.3″	97
						Pg	16—27	青灰色	轻壤土	块状	8.5	13.5	0.71	0.23	7.6	46	2.2	22			
						Wg	27—38	棕灰色	轻壤土	棱柱状	8.5	20.3	1.06	0.29	9.5	70	5.2	26			
						W	38—65		黏土	无明显结构											
剖14	人为土	水稻土	潴育水稻土	宽冲积土田	潴宽泥底田	A	0—14	青蓝色	重壤土	块状	4.8	32.7	1.75	0.31	23.8	177	3.5	30	冲积物	E 112°00′01.8″ N 22°32′44.5″	89
						P	14—30	灰蓝色	中壤土	块状	5.3	25.6	1.31	0.23	19.7	131	2.2	18			
						W₁	30—51	棕黄色	重壤土	棱柱状	5.9	11.0	0.55	0.20	23.2	56	0.4	20			
						W₂	51—77	灰白色	重壤土	棱柱状											
						C	77—100	灰白色	黏土	块状											
剖15	铁铝土	黄壤		花岗岩黄壤	中有机质层厚层花岗岩黄壤	A	0—18	黄灰色	中壤土	块状	5.1	16.4	0.90	0.16	19.9	96	0.4	37	花岗岩	E 112°14′24.0″ N 22°30′43.6″	81
						B	18—82	黄色	中壤土	块状	5.2	9.7	0.53	0.16	17.6	76	0.4	30			
						C	82—100	黄色	中壤土	块状											
剖16	人为土	水稻土	潴育水稻土	砂页红泥田	页砂泥田	A	0—17	蓝灰色	砂壤土	粒状	5.2	29.4	1.49	0.36	30.5	127	5.2	39	砂页岩	E 112°09′23.6″ N 22°30′06.4″	100
						P	17—24	青灰色	轻壤土	块状	5.1	12.4	0.65	0.24	32.6	58	1.7	31			
						W₁	24—27	黄灰色	砂壤土	棱柱状	5.4	7.9	0.45	0.22	30.1	36	0.4	36			
						W₂	27—54	棕褐色	砂壤土	棱柱状											
						C	54—100	黑黄色	砂壤土	块状											
剖17	人为土	水稻土	潴育水稻土	河砂泥田	河黄泥底田	A	0—11	灰黑色	砂壤土	棱柱状	5.2	28.2	1.40	0.25	33.6	177	21.0	19	河流冲积物	E 112°26′37.7″ N 22°38′36.6″	73
						P	11—21	灰蓝色	轻壤土	块状	5.1	16.9	0.97	0.23	33.6	88	11.4	12			
						W₁	21—42	灰黄色	中壤土	棱柱状	6.0	6.6	0.35	0.13	30.1	28	0.9	9			
						W₂	42—61	浅黄色	中壤土	块状											
						C	61—100	褐黄色	壤土	无明显结构											
剖18	人为土	水稻土	潴育水稻土	洪积红黄泥田	洪积砂泥田	A	0—12	灰白色	砂壤土	团粒状	4.9	22.8	1.34	0.30	5.1	86	11.4	9	洪积物	E 112°22′09.8″ N 22°37′52.7″	72
						P	12—22	灰白色	轻壤土	块状	5.2	23.7	0.94	0.31	5.4	80	0.4	7			
						W	22—43	红黄色	中壤土	棱柱状	5.1	9.7	0.38	0.17	2.5	32	0.4	6			
						C	43—100	黄黄色	壤土	无明显结构											
剖19	人为土	水稻土	潴育水稻土	冷底田	铁锈水田	A	0—15	棕黑色	轻壤土	块状	4.7	24.1	1.20	0.33	5.8	91	5.7	12	花岗岩	E 112°09′59.0″ N 22°29′47.4″	94
						P	15—29	灰黄色	中壤土	块状	4.8	22.2	0.80	0.15	7.1	61	0.4	7			
						G₁	29—58	灰蓝色	中壤土	块状	4.6	26.6	0.93	0.12	9.1	68	0.4	7			
						G₂	58—100	灰蓝色	黏土	无明显结构											
剖20	铁铝土	赤红壤		花岗岩赤红泥地	赤红砂泥地	A	0—12	黑黄色	轻壤土	块状	5.9	21.3	1.16	0.29	16.9	113	1.7	56	花岗岩	E 112°11′29.0″ N 22°28′47.3″	85
						B	12—20	灰黄色	中壤土	块状	5.0	9.9	0.54	0.21	16.5	61	0.4	33			
						C	20—100	黄红色	中壤土	棱状	5.2	9.7	0.49	0.21	19.3	49	0.4	38			

郁 南 县

主要土类说明

赤红壤是郁南县主要土壤类型，占本县地域面积的 66%，广泛分布在山地、丘陵地带。原生植被多已被破坏，现多属次生松林、杉林。赤红壤的特点是土壤中的矿物质强烈分解，碱土金属含量极少，富铝化作用明显，盐基不饱和，土壤呈酸性。本县赤红壤仅有赤红壤一个亚类。

水稻土是郁南县第二大土壤类型，占本县地域面积的 15%。水稻土是在长期的季节性淹灌、水下翻耕、季节性脱水、氧化还原交替影响下，原来的成土母质或母土的特性发生重大改变，形成的新的土壤类型。由于干湿交替，水稻土形成糊状的淹育层、较坚实板结的犁底层、渗育层、潴育层与潜育层等多种发生层。本县水稻土分为淹育型、潴育型、潜育型、渗育型、沼泽型等亚类。其中，潴育水稻土面积最大，占本土类面积的 86%，广泛分布在本县各地，耕作历史悠久，排灌条件较好，土壤熟化程度高，有比较完整的发育层次，剖面构型为 A–P–W–C 或 A–P–W–G。该亚类的主要特点是在犁底层下形成具有淋溶和淀积特征的潴育层，剖面内有棕黄色的铁锈斑纹、紫黑色的锰质斑点或新生的铁锰结核，具有明显的棱柱状或柱状结构。在丘陵山坑和沿江低水地区，潴育层之下有青灰色的潜育层出现，但潜育层一般出现在土体 60 cm 以下深处，对水稻生长影响不大。

红壤是郁南县第三大土壤类型，占本县地域面积的 10%，分布在海拔 400—600 m 的低山、高丘地带，主要集中在本县中部的低山区。成土母质主要为花岗岩、砂页岩风化物。自然植被多为针阔叶混交林，另外还有少部分人工栽培的松林、杉林和竹林。受高温多雨的环境影响，土壤淋溶作用强烈，风化壳深厚，富铝化作用明显，盐基不饱和，酸性强，土体多呈红色。本县红壤仅有红壤一个亚类。

紫色土占本县地域面积的 4%，主要分布在本县南部的低丘地带，多发育于紫色砂页岩。自然植被多为马尾松林。紫色土是由热带、亚热带紫红色岩层直接风化形成的 A–C 型土壤。其理化性质与母岩组成直接相关，土层浅薄，剖面层次发育不明显，仍处于初育阶段。由于紫色砂页岩风化快，因此紫色土土层薄，岩石碎屑多，蓄水能力低，地表径流大，水土流失严重，有机质含量较少。

小于本县地域面积 3% 的土壤类型有黄壤、石灰（岩）土和潮土。

本区域中心区气候特征

本区域中心区气候特征值
Regional climate characteristics in central area of the region

气候带：南亚热带湿润气候 Climate region: South subtropical humid climate	
年平均气温 /℃ Annual average temperature /℃	21.5
年平均最高气温 /℃ Annual average maximum temperature /℃	26.3
年平均最低气温 /℃ Annual average minimum temperature /℃	18.2
年降水量 /mm Annual precipitation /mm	1696
≥ 10℃的积温 /℃ Daily temperature accumulated in a year (≥ 10℃) /℃	7871
年日照时数 /h Annual sunshine /h	1722
年平均相对湿度 /% Annual average relative humidity /%	79
干燥度 Dryness	0.77

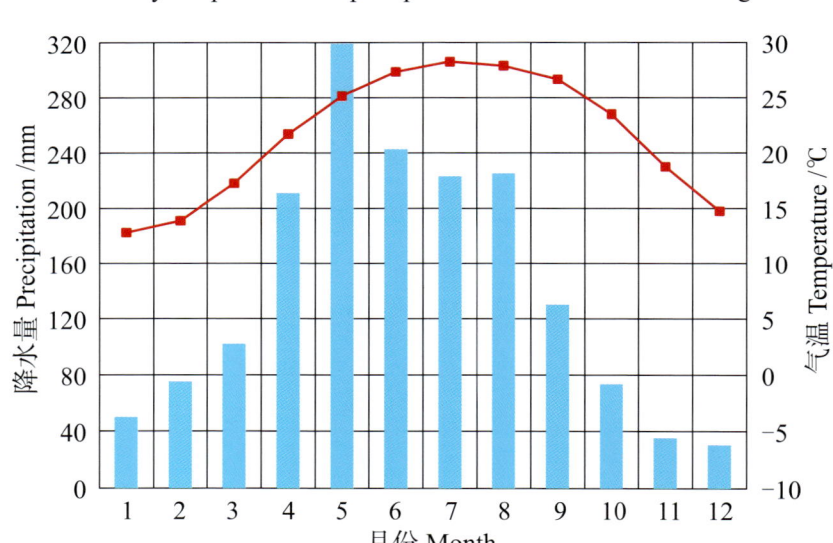

本区域中心区月平均气温与月平均降水量
Monthly temperature and precipitation in central area of the region

郁南县主要土壤类型与土壤剖面点分布图
1:250 000

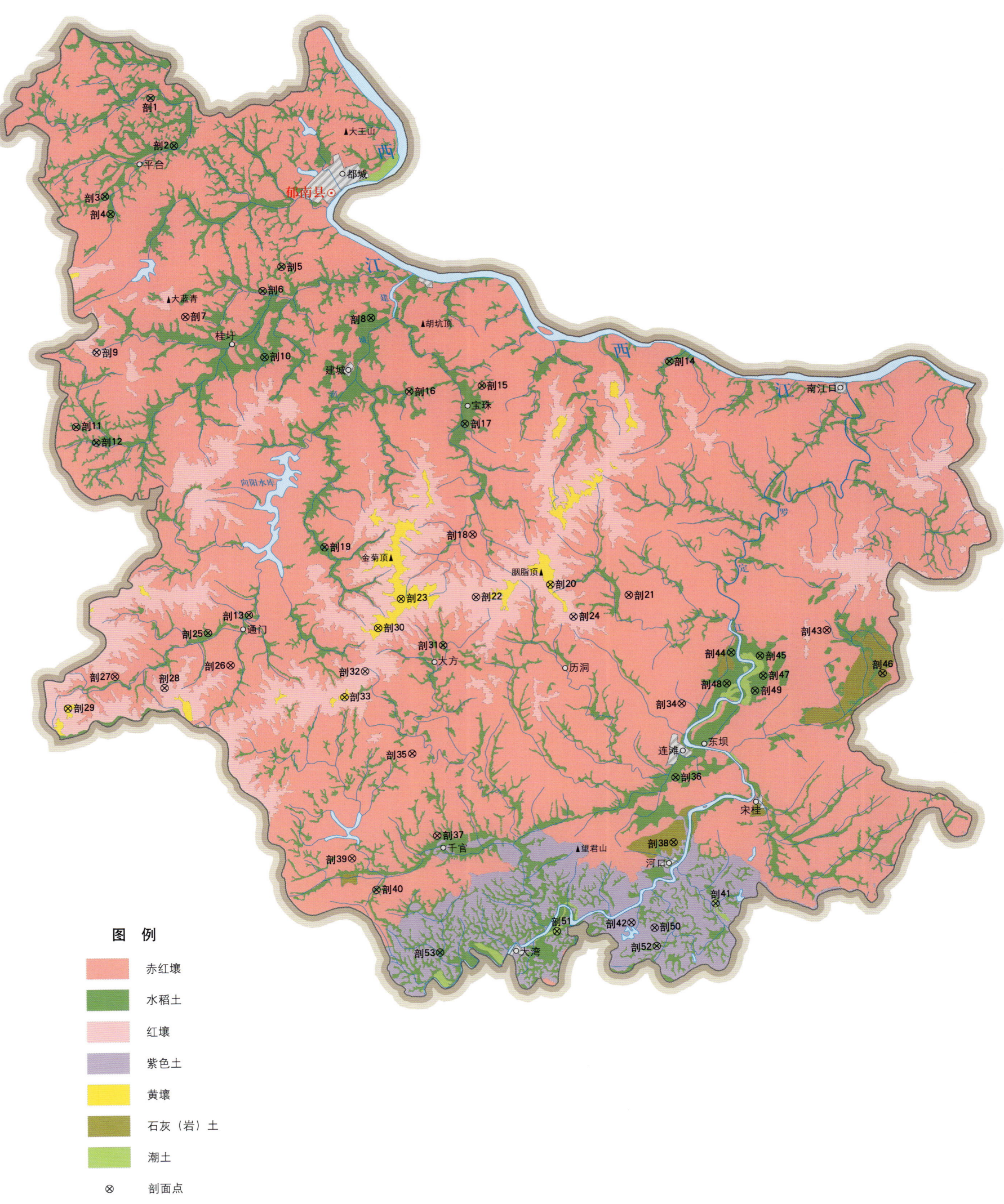

图 例
- 赤红壤
- 水稻土
- 红壤
- 紫色土
- 黄壤
- 石灰（岩）土
- 潮土
- ⊗ 剖面点

郁南县土壤剖面理化性状表

剖面号 Soil profile	土纲 Soil order	土类 Soil great group	亚类 Soil subgroup	土属 Soil genus	土种 Soil species	土层码 Layer code	土层厚度 Depth/cm	颜色 Soil color	质地 Soil texture	土壤结构 Soil structure	pH	有机质 OM/(g/kg)	全氮 TN/(g/kg)	全磷 TP/(g/kg)	全钾 TK/(g/kg)	碱解氮 AN/(mg/kg)	有效磷 AP/(mg/kg)	速效钾 AK/(mg/kg)	土壤母质 Parent material	剖面点坐标 Profile coordinate	匹配指数 Matching index/%
剖1	人为土	水稻土	潜育水稻土	青泥格田	砂泥青泥格田	A	0—11	紫色	中壤土	碎块状	5.5	25.5	1.40	0.26	24.7	116	3.1	37		E 111°25′26.8″ N 23°17′15.7″	98
剖2	人为土	水稻土	潜育水稻土	宽谷冲积土黄泥田	宽谷砂泥田	Pg	11—23	紫泥青灰色	中壤土	块状	6.2	22.8	1.20	0.48	23.2	112	2.1	14	冲积物	E 111°26′14.8″ N 23°15′42.1″	86
						G	23—100	浅灰黄色	中壤土	块状	6.7	20.4	0.90	0.44	20.7	96	2.1	17			
剖3	人为土	水稻土	潜育水稻土	白鳝泥田	白鳝泥田	A	0—15	灰黄色	中壤土	小块状	5.3	34.6	1.80	0.70	17.9	160	15.7	66		E 111°23′51.3″ N 23°14′03.0″	93
						P	15—27	暗黄色	轻壤土	块状	5.5	14.7	1.60	0.70	17.1	136	5.2	77			
						W	27—62	暗灰色	中壤土	棱柱状	5.9	10.8	0.80	0.57	22.8	65	3.9	58			
剖4	人为土	水稻土	淹育水稻土	麻红黄泥田	麻红黄砂泥田	Ae	0—14	灰白色	轻壤土	棱柱状	5.3	41.9	2.40	0.22	9.4	206	6.2	84		E 111°24′02.6″ N 23°13′28.3″	93
						Pe	14—22	浅灰白色	轻壤土	块状	5.3	21.9	1.20	0.26	9.0	108	2.2	23			
						E	22—41	浅灰色	轻壤土	块状	5.5	30.5	1.70	0.44	9.0	100	0.3	53			
剖5	人为土	水稻土	潜育水稻土	冷底田	冷底田	A	0—15	浅灰色	壤土	碎块状	4.9	27.0	0.90	0.35	2.6	87	2.2	80	花岗岩风化物	E 111°29′55.3″ N 23°11′42.0″	89
						P	15—25	浅黄棕色	砂壤土	块状	5.2	20.3	0.50	0.35	7.8	70	1.1	78			
						C	25—100	浅灰白色	砂壤土	粒状	6.2	10.1	0.40	0.31	11.0	63	1.1	20			
剖6	人为土	水稻土	潜育水稻土	洪积红黄泥田	洪积砂泥田	A	0—14	棕灰色	中壤土	块状	5.4	33.6	1.50	0.70	20.4	120	10.5	45	洪积物	E 111°29′16.1″ N 23°10′54.5″	94
						Pg	14—24	浅灰色	中壤土	无明显结构	5.6	31.2	1.30	0.61	18.6	107	6.5	14			
						G	24—100	暗灰色	中壤土	小块状	5.7	26.3	1.20	0.48	16.8	80	2.2	85			
剖7	铁铝土	赤红壤	赤红壤	砂页岩赤红壤	页砂泥土	A	0—14	褐色	中壤土	块状	5.2	28.5	1.60	0.39	34.2	155	5.2	22	砂页岩	E 111°26′35.9″ N 23°10′05.5″	80
						P	14—23	浅灰色	壤土	棱柱状	5.4	11.2	1.00	0.22	29.0	80	3.1	25			
						W	23—44	灰黄色	砂壤土	粒状	5.6	8.1	0.50	0.35	22.2	50	1.3	17			
剖8	人为土	水稻土	潜育水稻土	冷底田	铁锈水田	A	0—24	棕灰色	砂壤土	团粒状	5.1	26.6	1.30	0.31	25.5	103	2.2	149	冲积物	E 111°32′58.9″ N 23°10′00.1″	89
						B	24—100	浅黄色	中壤土	块状	5.2	10.0	0.70	0.39	12.3	53	1.3	88			
剖9	铁铝土	红壤	红壤	花岗岩红壤	厚有机质层厚红麻红壤	A	0—13	暗黄色	中黏土	碎块状	6.1	25.4	1.80	0.65	28.8	208	3.5	20	花岗岩	E 111°23′32.3″ N 23°08′57.8″	70
						P	13—26	暗黄色	中壤土	块状	7.3	10.9	1.00	0.79	31.9	72	1.7	17			
						W	26—47	暗灰色	中壤土	柱状	7.5	5.2	0.80	0.52	30.0	49	1.7	23			
剖10	人为土	水稻土	潜育水稻土	砂页岩红泥田	页岩砂泥田	A	0—20	灰黑色	轻壤土	团粒状	5.9	16.1	0.70	0.17	30.5	80	4.4	142	砂页岩	E 111°29′19.0″ N 23°08′45.6″	90
						B₁	20—90	浅灰黄色	轻壤土	碎块状	5.6	6.4	0.40	0.13	35.8	40	2.2	14			
						B₂	90—100														
剖11	人为土	水稻土	潜育水稻土	冷底田	铁锈水田	A	0—13	紫褐色	轻壤土	碎块状	5.3	25.8	1.80	0.26	14.6	133	15.3	133	冲积物	E 111°22′48.0″ N 23°06′31.7″	85
						P	13—21	灰黄色	轻壤土	块状	5.1	7.0	0.90	0.09	15.4	58	3.1	83			
						W	21—48	灰黄色	轻壤土	棱柱状	5.7	0.1	0.50	0.09	10.5	34	1.3	38			
剖12	人为土	水稻土	渗育水稻土	白鳝泥田	低白鳝泥田	A	0—16	紫色	砂壤土	碎块状	5.1	29.0	1.40	0.79	16.2	140	7.0	41	花岗岩	E 111°23′29.8″ N 23°06′00.4″	95
						P	16—20	暗黄色	轻壤土	块状	5.5	16.0	0.80	0.04	4.1	88	2.6	50			
						G	20—100	暗灰色	中壤土	无明显结构	5.5	9.0	0.50	0.04	3.3	46	1.3	25			
剖13	人为土	水稻土	渗育水稻土	白鳝泥田	白鳝泥田	A	0—14	暗灰色	中壤土	块状	5.6	23.4	1.50	0.48	8.3	165	3.9	60	砂页岩	E 111°28′41.2″ N 23°00′19.8″	75
						P	14—36	浅灰色	重黏土	块状	5.8	14.2	0.80	0.48	9.1	53	1.4	50			
						W	36—48	灰黄色	轻黏土	柱状	6.0	8.3	0.40	0.35	13.4	48	1.4	35			
						E	48—100	灰白色	重壤土	块状	5.5	20.1	1.40	0.44	7.9	169	3.8	53			
剖14	人为土	水稻土	潜育水稻土	潮砂泥田	潮泥田	A	0—15	棕灰色	轻壤土	微团粒状	6.7	10.7	0.60	0.44	8.1	44	0.9	46	河流冲积物	E 111°43′14.3″ N 23°08′29.6″	75
						P	15—23	暗棕灰色	重壤土	块状	8.2	6.3	0.40	0.35	12.2	45	0.9	39			
						W	23—53	暗棕灰色	重壤土	棱柱状	8.0	38.3	2.10	0.96	19.2	143	10.0	80			

补充数据行（剖13、剖14 底层）：
- 剖13 P层补：28.4, 1.40, 1.00, 19.6, 86, 8.6, 56
- 剖14 末层补：24.1, 1.80, 1.09, 18.3, 116, 1.2, 74

续表 Continued

剖面号 Soil profile	土纲 Soil order	土类 Soil great group	亚类 Soil subgroup	土属 Soil genus	土种 Soil species	土层码 Layer code	土层厚度 Depth/cm	颜色 Soil color	质地 Soil texture	土壤结构 Soil structure	pH	有机质 OM/(g/kg)	全氮 TN/(g/kg)	全磷 TP/(g/kg)	全钾 TK/(g/kg)	碱解氮 AN/(mg/kg)	有效磷 AP/(mg/kg)	速效钾 AK/(mg/kg)	土壤母质 Parent material	剖面点坐标 Profile coordinate	匹配指数 Matching index/%
剖15	人为土	水稻土	沼泽型水稻土	烂泥田	湴眼田	A	0—16	灰棕色	中壤土	块状	5.8	35.4	2.10	0.74	16.3	162	16.6	69		E 111°36′46.7″ N 23°07′45.7″	100
						G	16—100	青灰色	中壤土	块状	5.3	21.2	1.20	0.61	85	3.5	102	15.8			
剖16	人为土	水稻土	沼泽型水稻土	烂泥田	深湴田	Ag	0—24	暗灰色	重壤土	稀烂状	5.5	32.5	2.40	0.35	16.6	165	3.1	44		E 111°34′17.0″ N 23°07′35.8″	90
						G	24—100	暗蓝色	重壤土	稀烂状	6.2	31.4	1.60	0.31	15.0	121	2.2	25			
剖17	人为土	水稻土	潴育水稻土	河砂泥田	河黄泥底田	A	0—10	暗黄棕色	中黏土	小块状	5.1	38.7	2.10	0.92	11.0	185	10.5	55	河流冲积物	E 111°36′10.8″ N 23°06′30.9″	76
						P	10—16	灰棕色	中黏土	块状		21.2	3.10	0.48	12.8	96	5.2	66			
						W	16—48	浅棕色	中壤土	棱柱状		25.4	1.50	0.35	10.0	76	2.2	33			
剖18	铁铝土	赤红壤	赤红壤	砂页岩赤红壤	薄有机质层砂页岩赤红壤	A	0—10	灰褐色	轻壤土	团粒状	4.9	32.6	1.20	0.26	8.3	100	1.7	17	砂页岩	E 111°36′24.3″ N 23°02′52.3″	83
						B	10—40	棕红色	轻壤土	小块状	5.0	21.4	0.80	0.22	8.3	50	0.9	14			
						C	40—100	红黄色	砾石土												
剖19	人为土	水稻土	潴育水稻土	河砂泥田	河砂子底砂质田	A	0—12	浅黄色	中壤土	碎块状	4.8	31.5	1.70	0.35	14.5	142	11.8	17	河流冲积物	E 111°31′18.8″ N 23°02′30.8″	82
						P	12—19	褐色	轻壤土	块状	6.0	21.6	1.30	0.26	16.0	94	7.9	12			
						W	19—100	褐色	砂壤土	棱柱状	7.1	9.9	0.60	0.22	15.0	56	2.2	18			
剖20	铁铝土	黄壤		砂页岩黄壤	中有机质层中层砂页岩黄壤	A	0—19	灰黄色	中壤土	团粒状	5.1	32.8	1.50	0.22	11.9	169	3.1	38	砂页岩	E 111°39′03.7″ N 23°01′13.0″	86
						B	19—45	黄褐色	中壤土	块状	5.2	18.0	0.70	0.17	10.0	70	1.3	17			
						C	45—100	红黄色	中壤土	块状												
剖21	铁铝土	赤红壤	赤红壤	砂页岩赤红壤	中有机质层中层砂页岩赤红壤	A	0—13	黄棕色	轻壤土	碎粒状	5.1	10.3	1.00	0.61	24.6	53	2.2	67	砂页岩	E 111°36′45.2″ N 23°00′50.8″	71
						B	13—53	橙色	中壤土	块状	5.2	5.1	0.90	0.52	27.4	21	1.3	34			
						C	53—100	红棕色	中壤土	块状												
剖22	铁铝土	红壤		砂页岩红壤	薄腐殖质层厚层砂页岩红壤	A	0—10	浅棕色	砂壤土	团粒状	5.0	50.3	2.00	0.92	30.3	180	3.1	48	砂页岩	E 111°41′30.7″ N 23°00′50.1″	94
						B₁	10—90	黄褐色	中壤土	块状	5.1	27.3	1.00	0.39	14.9	68	2.2	57			
						B₂	90—100	浅灰黄色	中壤土	块状												
剖23	铁铝土	黄壤		砂页岩黄壤	厚层砂页岩黄壤	A	0—32	暗黄棕色	中壤土	团粒状	5.1	32.7	1.80	0.17	11.4	133	2.2	48	砂页岩	E 111°33′55.4″ N 23°00′47.9″	71
						B	32—88	灰黄棕色	中壤土	块状	4.8	13.0	0.90	0.13	8.0	45	1.3	25			
						C	88—100	浅黄棕色	中壤土	块状												
剖24	铁铝土	红壤		砂页岩红壤	厚层砂页岩红壤	A	0—24	黄棕色	砂壤土	团粒状	5.0	49.0	1.40	3.93	10.8	156	2.2	179	砂页岩	E 111°39′51.1″ N 23°00′09.7″	95
						B	24—100	橙黄色	中壤土	碎块状	5.5	27.7	0.90	0.13	12.3	70	1.3	35			
剖25	人为土	水稻土	淹育水稻土	砂页岩红泥田	页红砂泥田	A	0—13	棕色	中壤土	块状	5.4	30.7	2.10	0.52	16.8	155	5.2	109	砂页岩	E 111°27′16.6″ N 22°59′44.9″	75
						P	13—28	灰白色	中壤土	块状	5.5	13.0	0.90	0.35	18.3	70	3.1	27			
						C	28—100	黄棕色	中壤土	块状	6.1	4.1	0.30	0.35	16.7	23	0.9	12			
剖26	铁铝土	赤红壤	赤红壤	砂页岩赤红壤	中有机质层厚层砂页岩赤红壤	A	0—18	浅棕色	中壤土	团粒状	5.0	28.5	1.30	0.92	14.5	148	3.1	71	砂页岩	E 111°28′02.3″ N 22°58′41.1″	100
						B₁	18—68	橙色	中壤土	块状	5.1	6.3	0.50	0.87	15.8	40	1.7	25			
						B₂	68—100	浅黄色	中壤土	块状												
剖27	铁铝土	赤红壤	赤红壤	砂页岩赤红壤	薄有机质层厚层砂页岩赤红壤	A	0—30	浅黄色	中壤土	团粒状	5.2	26.5	1.10	0.57	15.6	80	2.2	115	砂页岩	E 111°24′03.6″ N 22°58′21.0″	82
						B	30—60	黄褐色	中壤土	块状	5.1	8.0	0.60	0.61	18.3	20	1.3	19			
						C	60—100	浅黄棕色	砾石土	块状												
剖28	铁铝土	红壤		砂页岩红壤	厚有机质层中层砂页岩红壤	A	0—32	暗黑色	砂壤土	团粒状	5.1	32.7	1.60	0.17	11.4	134	2.2	48	砂页岩	E 111°25′45.4″ N 22°57′57.8″	99
						B	32—78	浅黄棕色	砂壤土	块状	4.8	13.0	0.80	0.17	9.2	80	1.3	50			
						C	78—100	浅黄棕色	砾壤土	块状												
剖29	铁铝土	黄壤		砂页岩黄壤	中有机质层薄层砂页岩黄壤	A	0—14	浅黑色	砂壤土	团粒状	5.1	41.9	1.70	0.39	23.4	110	3.1	96	砂页岩	E 111°22′26.3″ N 22°57′19.5″	89
						B	14—26	棕黄色	砂壤土	块状	5.2	21.0	1.10	0.31	19.9	40	1.3	41			
						C	26—100	浅黄色	轻壤土	块状												
剖30	铁铝土	黄壤		砂页岩黄壤	薄有机质层薄层砂页岩黄壤	A	0—10	浅黄色	轻壤土	团粒状	4.8	32.0	1.60	0.74	12.4	150	3.9	66	砂页岩	E 111°33′07.6″ N 22°59′51.4″	72
						B	10—22	棕黄色	轻壤土	块状	5.0	15.0	0.80	0.35	13.3	60	1.3	58			
						C	22—100	浅灰黄色	轻壤土	块状												

续表 Continued

剖面号 Soil profile	土纲 Soil order	土类 Soil great group	亚类 Soil subgroup	土属 Soil genus	土种 Soil species	土层码 Layer code	土层厚度 Depth/cm	颜色 Soil color	质地 Soil texture	土壤结构 Soil structure	pH	有机质 OM/(g/kg)	全氮 TN/(g/kg)	全磷 TP/(g/kg)	全钾 TK/(g/kg)	碱解氮 AN/(mg/kg)	有效磷 AP/(mg/kg)	速效钾 AK/(mg/kg)	土壤母质 Parent material	剖面点坐标 Profile coordinate	匹配指数 Matching index/%
剖31	人为土	水稻土	潴育水稻土	麻红泥田	麻砂泥田	A	0—14	浅白色	轻壤土	粒状	5.1	32.5	2.00	0.61	19.3	150	13.1	110		E 111°35′21.4″ N 22°59′15.7″	91
						P	14—22	灰白色	中壤土	块状	5.5	16.4	1.20	0.35	20.8	31	1.3	17			
						W	22—35	灰黄色	中壤土	棱状	6.9	7.4	0.40	0.48	14.3	26	2.2	44			
剖32	铁铝土	红壤	红壤	花岗岩红壤	厚有机质层薄层麻红壤	A	0—22	灰黑色	中壤土	团粒状	5.2	31.0	1.60	0.65	9.1	152	3.1	50	花岗岩	E 111°32′39.7″ N 22°58′26.3″	79
						B	22—39	黄棕色	砂壤土	块状	4.8	22.0	0.90	0.35	7.6	62	1.3	33			
						C	39—100	褐黄色	中壤土												
剖33	铁铝土	黄壤	黄壤	花岗岩黄壤	厚有机质层中层红黄壤	A	0—22	灰黑色	轻壤土	块状	5.9	26.1	1.00	0.17	29.9	80	4.2	141	花岗岩	E 111°31′57.0″ N 22°57′35.6″	91
						B	22—70	棕黄色	轻壤土	块状	5.6	10.4	0.70	0.13	35.7	40	2.0	14			
						C	70—100	棕灰色	砂壤土	粒状											
剖34	铁铝土	赤红壤	赤红壤	砂页岩赤红壤		A	0—10	灰黑色	轻壤土	团粒状	5.6	42.5	1.80	1.05	21.3	146	4.6	47	砂页岩	E 111°43′32.2″ N 22°57′15.5″	97
						B	10—100	灰黄色	轻壤土	块状	5.4	11.2	0.90	1.00	25.4	97	1.4	17			
剖35	铁铝土	赤红壤	赤红壤	花岗岩赤红壤		A	0—20	灰黄色	中壤土	团粒状	5.2	17.2	0.80	0.61	10.3	51	5.2	27	花岗岩	E 111°34′15.6″ N 22°55′43.0″	72
						B	20—100	黄红色	中壤土	块状	5.3	5.2	0.30	0.44	5.8	18	1.3	12			
剖36	人为土	水稻土	潴育水稻土	宽谷冲积土	宽谷砂泥田	A	0—14		砂壤土	粒状	5.2	20.1	1.20	0.65	24.9	75	6.5	62	山洪冲积物	E 111°43′17.4″ N 22°54′49.7″	84
						P	14—21		轻壤土	块状	6.1	11.9	1.50	0.65	30.5	73	4.8	63			
						W	21—55		中壤土	柱状	6.0	11.9	0.40	0.57	30.1	53	2.2	27			
剖37	铁铝土	赤红壤	赤红壤	花岗岩赤红壤		A	0—8	灰黄色	中壤土	碎粒状	4.9	19.4	0.90	0.52	10.6	90	2.2	66	花岗岩	E 111°35′04.9″ N 22°53′01.3″	82
						B	8—100	浅黄色	中壤土	块状	5.0	5.2	0.30	0.35	0.8	40	1.7	14			
剖38	初育土	石灰(岩)土	红色石灰土	酸性红色石灰土		A	0—8	灰棕色	中壤土	碎粒状	6.5	11.6	0.60	0.39	5.1	64	3.1	72	砂页岩	E 111°43′11.6″ N 22°52′41.5″	79
						B	8—100	黄棕色	重壤土	块状	7.5	7.2	0.50	0.35	7.1	37	2.6	50			
剖39	铁铝土	赤红壤	赤红壤	花岗岩赤红壤	中有机质层厚层麻赤红壤	A	0—12	黑棕色	重壤土	团粒状	5.3	15.0	0.50	0.48	15.4	75	3.5	42	花岗岩	E 111°32′08.5″ N 22°52′18.1″	91
						B_1	12—36	灰黄色	重壤土	碎块状	5.6	6.2	0.20	0.52	14.3	30	1.3	30			
						B_2	36—100	浅红色	重黏土	小块状	5.4	12.0	1.00	0.35	15.8	83	3.9	48			
剖40	人为土	水稻土	潴育水稻土	洪积红黄泥田	洪积黄泥田	A	0—15	灰棕色	轻黏土	块状	5.6	11.2	0.80	0.35	16.1	56	2.2	66	洪积冲积物	E 111°32′58.0″ N 22°51′15.5″	87
						P	15—27	灰棕色	轻黏土	柱状	5.7	7.0	0.60	0.22	16.7	4	1.7	70			
						W	27—100	灰黄棕色	重壤土	片状	7.8	29.8	1.70	0.65	16.2	120	13.1	100			
剖41	半水成土	潮土	潮土	潮砂泥地	潮泥地	A	0—18	棕灰色	重壤土	块状	8.3	31.0	1.30	0.48	15.4	90	8.7	66	河流冲积物	E 111°44′36.4″ N 22°50′39.3″	94
						C	18—100	浅棕色	中壤土	枝柱状	6.5	13.5	0.70	0.48	4.2	54	2.2	58			
剖42	初育土	紫色土	酸性紫色土	耕型酸性紫色土	紫砂土地	A	0—12	红棕色	中壤土	碎块状	6.5	8.0	0.40	0.31	5.7	40	1.3	41	砂页岩	E 111°41′42.4″ N 22°50′03.8″	80
						B	12—24	红橙色	中壤土	块状	6.0	3.0	0.10	0.13	8.3	20	1.3	25			
						C	24—100	红橙色	砂壤土	块状											
剖43	铁铝土	赤红壤	赤红壤	页赤红砂泥地	页赤砂泥地	A	0—10	浅棕黄色	轻壤土	微团粒状	8.1	11.6	0.60	0.39	5.1	64	2.2	138	河流冲积物	E 111°48′33.1″ N 22°59′36.6″	75
						B	10—26	黄橙色	轻壤土	块状	7.5	7.2	0.50	0.31	5.1	36	1.7	17			
						C	26—100	黄棕色	砂壤土	粒状	6.8	7.0	0.40	0.31	8.1	36	1.3	17			
剖44	人为土	水稻土	潴育水稻土	潮砂泥田	潮泥地	A	0—16	浅棕色	重壤土	块状	6.4	37.3	2.60	1.22	19.6	181	12.7	96	河流冲积物	E 111°45′15.5″ N 22°58′54.8″	98
						P	16—23	浅棕色	重壤土	片状	7.5	27.7	2.30	1.31	20.0	133	8.7	67			
						W	23—60	灰黄色	轻壤土	片状	7.9	25.6	2.50	1.09	20.5	132	7.9	47			
剖45	铁铝土	赤红壤	赤红壤	河结粉砂泥	河砂泥田	A	0—14	棕黄色	砂壤土	粒状	6.7	4.7	0.60	0.57	17.8	47	3.5	56	河流冲积物	E 111°46′14.5″ N 22°58′47.7″	79
						P	14—18	红橙色	中壤土	块状	6.2	4.3	0.70	0.35	21.7	71	2.2	42			
						W	18—53	棕黄色	中壤土	柱状	6.2	0.7	0.40	0.22	8.5	32	3.1	27			
剖46	初育土	石灰(岩)土	红色石灰土	酸性红火泥地	红砂泥地	A	0—20	红色	轻黏土	粒状	5.7	31.6	1.60	0.52	5.4	146	3.5	34	砂页岩	E 111°50′26.6″ N 22°58′09.9″	70
						B	20—50	红棕色	轻黏土	块状	5.8	22.0	1.30	0.48	2.6	115	3.1	17			
						C	50—100	红棕色	中黏土	碎块状	5.8	5.9	0.70	0.13	6.1	46	1.7	8			
剖47	人为土	水稻土	潴育水稻土	河砂泥田	河泥田	A	0—14	棕灰色	中壤土	块状	7.5	34.5	2.20	1.00	20.3	120	7.0	35	河流冲积物	E 111°46′20.6″ N 22°58′08.4″	87
						P	14—18	暗棕灰色	重壤土	块状	8.0	27.5	1.70	0.44	19.3	90	5.2	66			
						W	18—53	褐黄色	重壤土	棱柱状	8.2	18.5	1.30	0.22	14.9	64	4.8	41			

续表 Continued

剖面号 Soil profile	土纲 Soil order	土类 Soil great group	亚类 Soil subgroup	土属 Soil genus	土种 Soil species	土层码 Layer code	土层厚度 Depth/cm	颜色 Soil color	质地 Soil texture	土壤结构 Soil structure	pH	有机质 OM/(g/kg)	全氮 TN/(g/kg)	全磷 TP/(g/kg)	全钾 TK/(g/kg)	碱解氮 AN/(mg/kg)	有效磷 AP/(mg/kg)	速效钾 AK/(mg/kg)	土壤母质 Parent material	剖面点坐标 Profile coordinate	匹配指数 Matching index/%
剖48	人为土	水稻土	潴育水稻土	泥肉田	泥肉田	A	0—15	紫黑色	中壤土	微团粒状	6.1	26.4	1.60	0.87	17.8	154	10.9	24		E 111°45′05.4″ N 22°57′54.0″	86
						P	15—27	灰黑色	中壤土	片状	7.4	16.2	0.70	0.79	18.8	126	1.1	59			
						W	27—67	黑灰色	中壤土	棱柱状	7.6	9.1	0.70	0.61	19.5	50	1.0	14			
剖49	人为土	水稻土	潴育水稻土	河砂黄泥田	河砂泥田	A	0—14	棕灰色	轻壤土	微团粒状	5.8	15.3	0.90	0.79	16.3	84	12.7	17	河流冲积物	E 111°46′03.4″ N 22°57′38.9″	70
						P	14—25	浅灰色	轻壤土	块状	7.3	11.2	0.60	0.61	18.2	49	2.2	41			
						W	25—47	灰黄色	轻壤土	棱柱状	7.5	7.3	0.20	0.48	15.9	21	0.9	12			
剖50	初育土	紫色土	酸性紫色土	酸性紫色土	薄有机质层厚层酸性紫色土	A	0—8	红黄色	中壤土	粒状	5.2	12.0	0.60	0.92	22.8	55	4.4	66		E 111°42′30.4″ N 22°49′52.9″	75
						B	8—80	紫棕色	砾石土	核状	5.1	5.0	0.40	0.52	12.9	20	1.3	25			
						C	80—100	棕色	轻壤土	块状	7.2	8.7	1.10	0.61	17.8	47	1.7	94			
剖51	半水成土	潮土	潮土	潮砂泥地	潮砂泥地	A	0—18	黄棕色	轻壤土	粒状	6.8	7.1	0.90	0.48	19.9	38	1.3	100	河流冲积物	E 111°39′08.8″ N 22°49′48.7″	82
						B	18—38	灰黄色	轻壤土	块状	6.5	6.8	0.80	0.39	14.9	30	1.3	66			
						C	38—100	灰白色	砂壤土	块状	5.4	12.0	1.00	0.65	9.9	97	3.5	22			
剖52	人为土	水稻土	淹育水稻土	洪积黄泥田	洪积黄泥田	A	0—14	紫棕色	重壤土	块状	5.6	11.3	0.80	0.35	16.2	54	2.2	66	洪积物	E 111°42′34.2″ N 22°49′17.4″	96
						P	14—27	棕色	轻壤土	块状	5.7	4.1	0.40	0.22	16.7	38	1.7	69			
						C	27—100	浅红色	轻黏土	小块状	5.2	25.0	1.50	0.57	17.4	107	13.1	37			
剖53	人为土	水稻土	潴育水稻土	洪积红黄泥田	洪积泥田	A	0—14	浅紫色	重壤土	块状	6.0	15.8	1.00	0.04	17.9	38	3.1	22	洪积物	E 111°35′07.7″ N 22°49′10.5″	70
						P	14—27	紫灰色	重壤土	棱柱状	5.4	0.5	0.50	0.48	15.1	35	1.3	58			

罗 定 市

主要土类说明

赤红壤是罗定市主要土壤类型，占本市地域面积的42%，主要分布在海拔350m以下的地区。成土母质主要为花岗岩、砂页岩风化物以及第四纪红土。赤红壤主要发生于南亚热带季雨林下，其脱硅富铝化程度仅次于砖红壤，强于红壤。铁的游离度介于二者之间，黏粒硅铝率为1.7—2.0，风化淋溶系数为0.05—0.15，盐基饱和度为15%—25%。淀积层（B层）富含铁铝氧化物，呈赤红色。

水稻土是罗定市第二大土壤类型，占本市地域面积的24%。成土母质主要为坡积物、残积物、砂页岩风化物、洪积物和宽谷冲积物。水稻土是在长期的季节性淹灌、水下翻耕、季节性脱水、氧化还原交替影响下，原来的成土母质或母土的特性发生重大改变，形成的新的土壤类型。本市水稻土分为淹育型、潴育型、潜育型、渗育型、沼泽型、矿毒型等亚类。其中，潴育水稻土面积最大，占本土类面积的86%，耕作历史悠久，排灌条件较好，土壤熟化程度高，剖面构型为A-P-W-C、A-P-W-G或A-P-W-E。

红壤是罗定市第三大土壤类型，占本市地域面积的13%，主要分布在海拔350—750m的丘陵、山地。自然植被为常绿阔叶林或常绿针阔叶混交林。成土母质主要为花岗岩、砂页岩风化物。红壤的形成环境属高温潮湿的季风气候，光热条件优于黄壤，次于赤红壤；水湿条件次于黄壤，优于赤红壤。

紫色土占本市地域面积的9%。紫色土是由热带、亚热带紫红色岩层直接风化形成的A-C型土壤。全剖面无明显发生层分异，土壤颜色和其他理化性状与母质十分相似，在空间分布上与周围的地带性土壤过渡界线明显。本市紫色土分为酸性紫色土和石灰性紫色土两个亚类。

黄壤占本市地域面积的7%，主要分布在海拔700—1000m的地区，垂直分布在红壤之上。成土母质主要为花岗岩、砂页岩风化物。黄壤是在湿润的气候条件下形成的地带性土壤。由于黄壤所处地区地势较高，云雾多，日照少，湿度大，气温低，因此土壤经常保持湿润状态，有明显的发生层次，呈酸性至强酸性，pH为4.5—5.5，有机质和全氮含量较高。本市黄壤仅有黄壤一个亚类。

石灰（岩）土占本市地域面积的3%。本市石灰（岩）土分为黑色石灰土、红色石灰土等亚类。黑色石灰土分布在海拔330m左右的石灰岩山地，为粒状或棱块状结构，表土层呈暗棕色，心土层以下呈红黄色，腐殖质层深厚，有机质含量高。红色石灰土分布在石灰岩山坡周围，多为平原岩溶区，质地为中壤土至重壤土，多已成农业用地。

小于本市地域面积3%的土壤类型有山地草甸土和潮土。

本区域中心区气候特征

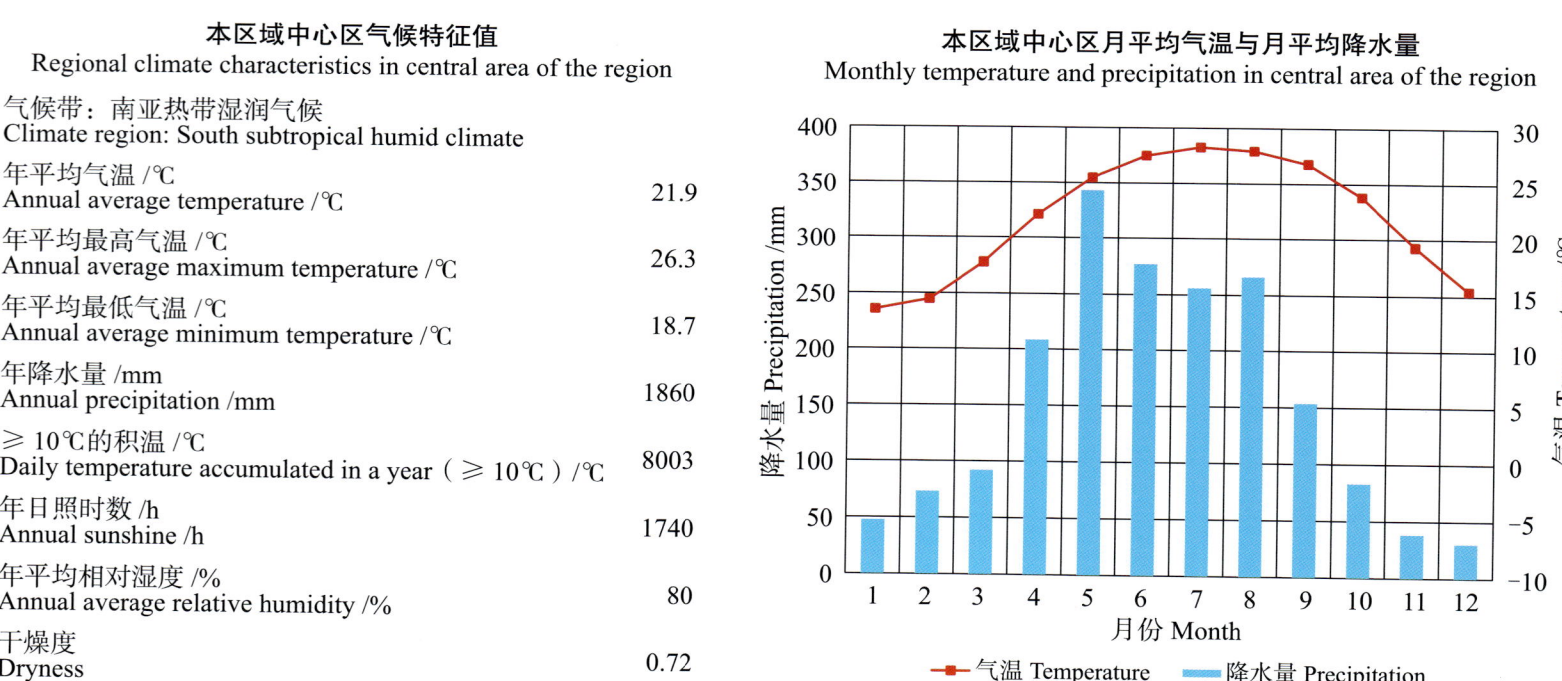

本区域中心区气候特征值
Regional climate characteristics in central area of the region

气候带：南亚热带湿润气候 Climate region: South subtropical humid climate	
年平均气温 /℃ Annual average temperature /℃	21.9
年平均最高气温 /℃ Annual average maximum temperature /℃	26.3
年平均最低气温 /℃ Annual average minimum temperature /℃	18.7
年降水量 /mm Annual precipitation /mm	1860
≥10℃的积温 /℃ Daily temperature accumulated in a year (≥10℃) /℃	8003
年日照时数 /h Annual sunshine /h	1740
年平均相对湿度 /% Annual average relative humidity /%	80
干燥度 Dryness	0.72

本区域中心区月平均气温与月平均降水量
Monthly temperature and precipitation in central area of the region

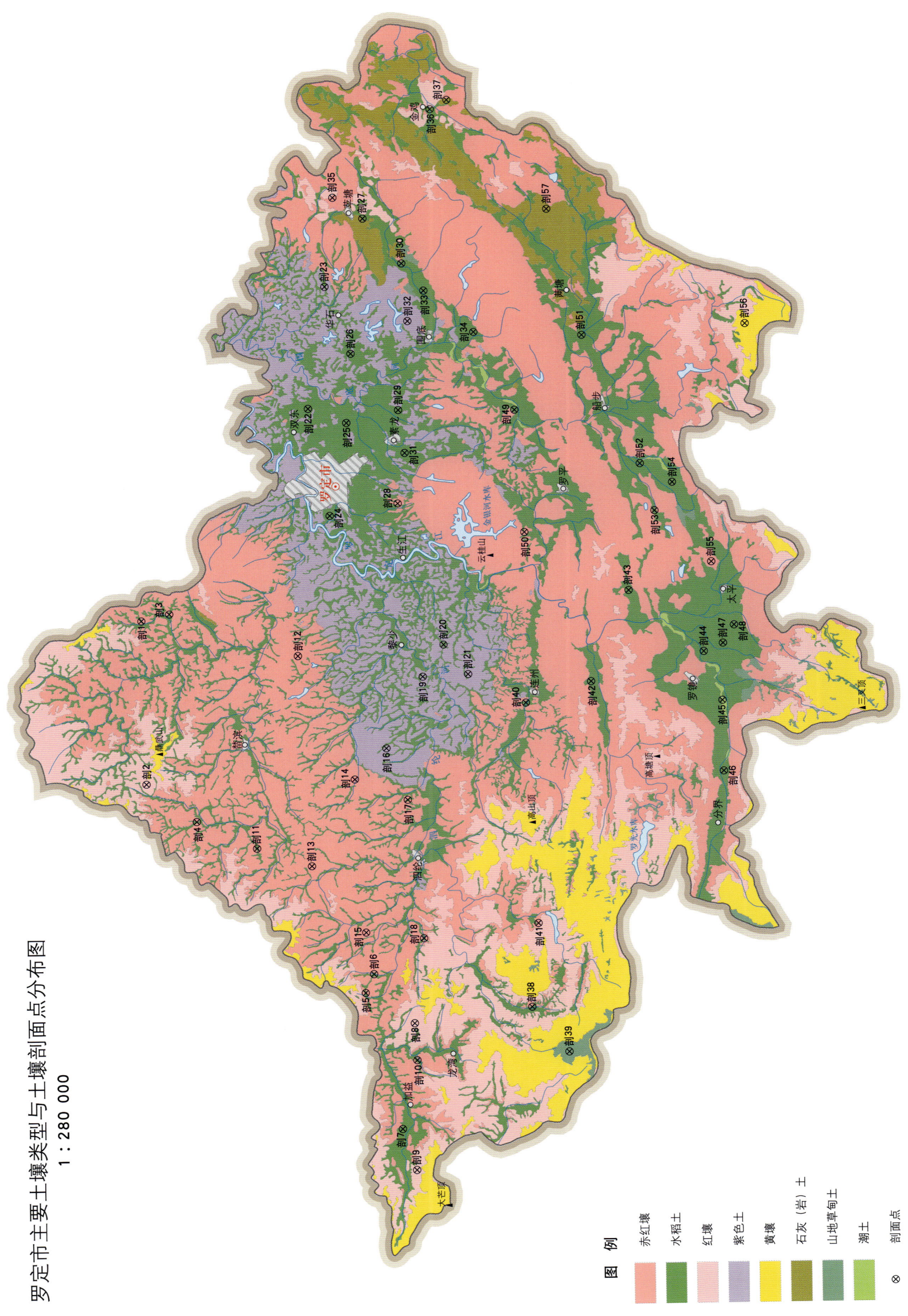

罗定市主要土壤类型与土壤剖面点分布图
1∶280 000

罗定市土壤剖面理化性状表

剖面号 Soil profile	土纲 Soil order	土类 Soil great group	亚类 Soil subgroup	土属 Soil genus	土种 Soil species	土层码 Layer code	土层厚度 Depth/cm	颜色 Soil color	质地 Soil texture	土壤结构 Soil structure	pH	有机质 OM/(g/kg)	全氮 TN/(g/kg)	全磷 TP/(g/kg)	全钾 TK/(g/kg)	碱解氮 AN/(mg/kg)	有效磷 AP/(mg/kg)	速效钾 AK/(mg/kg)	土壤母质 Parent material	剖面点坐标 Profile coordinate	匹配指数 Matching index/%
剖1	人为土	水稻土	潴育水稻土	麻红泥田	麻砂泥田	A	0—17	浅灰色	轻壤土	细粒状	4.5	24.0	1.25	0.21	12.9				花岗岩坡积物	E 111°28′40.4″ N 22°52′46.9″	74
						P	17—22	暗棕色	中石轻壤土	块状	5.5	16.4	0.88	0.21	12.0						
						W	22—45	暗灰色	中石轻壤土	棱柱状	4.5	13.3	0.75	0.23	14.6						
						C	45—100	浅黄色	粗砂土	块状											
剖2	铁铝土	红壤		花岗岩红壤	厚有机质层厚层花岗岩红壤	A	0—20	暗棕色	壤土	团粒状	4.4	47.1	1.85				2.2	32	花岗岩,片麻岩	E 111°22′05.5″ N 22°52′39.4″	100
						B	20—70	浅红黄色	壤土	碎块状	4.4	19.2	0.88				0.4	15			
						C	70—100	棕黄色	壤土	块状	4.5	14.1	0.27				0.9	12			
剖3	人为土	水稻土	潴育水稻土	洪积红黄泥田	洪积砂泥田	A	0—16	暗灰黄色	轻壤土	碎块状	5.1	34.1	1.92	0.43	10.6				洪积物	E 111°28′56.3″ N 22°51′46.1″	78
						P	16—24	灰黄色	中石砂壤土	块状	5.4	21.1	1.22	0.31	10.6						
						W	24—58	灰黄色	砂壤土	柱状	5.8	11.5	0.89	0.30	10.6						
						C	58—100	暗灰黄色	壤土	块状											
剖4	人为土	水稻土	潴育水稻土	洪积红黄泥田	洪积红黄砂泥田	A	0—15	浅灰色	中石壤土	小块状									洪积物	E 111°20′33.4″ N 22°50′51.4″	81
						P	15—24	深灰色	黏壤土	块状											
						W	24—65	棕黄色	黏壤土	柱状											
						C	65—100	棕黄色	壤土	块状											
剖5	人为土	水稻土	潴育水稻土	麻红泥田	麻砂质田	A	0—16	浅灰色	中壤土	碎块状	5.9	37.0	1.80	0.43						E 111°13′34.7″ N 22°44′46.7″	73
						P	16—24	浅灰色	轻石中壤土	碎块状	5.6	30.2	1.40	0.31							
						W	24—100	灰黄色	轻石中壤土	核状	5.8	19.5	1.01								
剖6	人为土	水稻土	潴育水稻土	冷底田	铁锈水田	A	0—20	深黄色	轻石中壤土	块状	5.5	43.0	2.05	0.31		162	10.7	41		E 111°14′19.3″ N 22°44′27.6″	70
						P	20—25	深灰色	轻石中壤土	块状	5.7	40.8	1.72	0.45							
						G	25—100	浅灰色	中壤土	块状	5.7	30.7	1.25	0.27							
剖7	人为土	水稻土	沼泽型水稻土	泥炭土田	低泥炭格田	A	0—12	暗黑色	轻石中壤土	无明显结构	6.8	80.3	3.87	0.28		154	6.1	69		E 111°08′07.8″ N 22°43′29.3″	85
						G	12—50	蓝灰色	黏壤土	无明显结构	7.1	77.1	3.27	0.14							
						C	50—100	蓝灰色	黏壤土	无明显结构	6.9	77.9	3.37	0.21							
剖8	铁铝土	红壤		花岗岩红壤	中有机质层厚层花岗岩红壤	A	0—10	暗黄色	中壤土	碎块状	5.0	30.9	1.03	0.16		69	3.1	26	花岗岩,片麻岩	E 111°12′20.2″ N 22°43′00.5″	79
						B	10—40	黄黄色	中壤土	碎块状	5.0	13.7	0.53	0.15				28			
						C	40—100	红黄色	中壤土	核状	5.2	7.2	0.30	0.29	31.9			16			
剖9	铁铝土	红壤		砂页岩红壤	厚层砂页岩红壤	A	0—22	棕黄色	紫砂土	团粒状	5.0	34.8	1.43	0.29		159	0.1		砂页岩	E 111°06′29.9″ N 22°42′59.0″	79
						B	22—65	棕黄棕色	紫砂土	碎块状	5.7	26.9	0.29	0.24		158	0.4				
						C	65—100	灰黄棕色	砂土	碎块状											
剖10	水稻土		沼泽型水稻土	烂淤田	湿眼田	A	0—15	浅红黄色	中壤土	碎块状	5.5	44.9	2.11	0.26			1.2	24		E 111°10′51.6″ N 22°42′55.8″	79
						G₁	15—40	暗黄色	中壤土		5.5	39.6	1.77	0.31							
						G₂	40—100	灰灰色	重壤土	小块状	5.5	41.0	1.74	0.35							
剖11	人为土	水稻土	潴育水稻土	冷底田	冷底田	A	0—20	紫灰色	中壤土	块状	5.4	52.6	2.32	0.64	13.9					E 111°19′26.0″ N 22°48′40.0″	81
						P	20—26	浅灰色	中壤土	碎块状	5.5	48.0	0.33	0.53							
						G	26—54	深蓝色	中壤土	无明显结构	5.5	30.5	1.28	0.40	14.5						
						C	54—100	灰蓝色	砂土	碎块状											
剖12	铁铝土	赤红壤		花岗片麻岩赤红壤	中有机质层厚层花岗岩赤红壤	A	0—12	浅红黄色	砂土	碎块状	4.4	17.1	0.78				0.9	52	花岗岩,片麻岩	E 111°27′12.6″ N 22°47′06.4″	86
						B	12—90	红黄色	砂壤土	碎块状	4.6	7.1	0.43				0.4	26			
						C	90—100	浅灰色	砂壤土												
剖13	铁铝土	赤红壤		花岗片麻岩赤红壤	厚有机质层厚层花岗岩赤红壤	A₁	0—2	黑色	砂壤土	小团粒状	5.3								花岗岩残积物	E 111°18′41.8″ N 22°46′40.4″	94
						A₂	2—38	暗灰色	砂壤土	块状											
						C	38—100	黄色	黏土	块状											

续表 Continued

剖面号 Soil profile	土纲 Soil order	土类 Soil great group	亚类 Soil subgroup	土属 Soil genus	土种 Soil species	土层码 Layer code	土层厚度 Depth/cm	颜色 Soil color	质地 Soil texture	土壤结构 Soil structure	pH	有机质 OM/(g/kg)	全氮 TN/(g/kg)	全磷 TP/(g/kg)	全钾 TK/(g/kg)	碱解氮 AN/(mg/kg)	有效磷 AP/(mg/kg)	速效钾 AK/(mg/kg)	土壤母质 Parent material	剖面点坐标 Profile coordinate	匹配指数 Matching index/%
剖14	铁铝土	赤红壤	赤红壤	砂页岩赤红壤	中有机质层厚层砂页岩赤红壤	A	0—11	浅黄色	轻石中壤土	块状	5.5	14.2	0.68	0.26	14.9			25	砂页岩	E 111°22′12.4″ N 22°45′05.4″	76
						C	11—100	黄灰色	轻石中壤土	块状	5.1	5.9	0.47	0.24	15.9						
剖15	铁铝土	赤红壤	赤红壤	砂页岩赤红壤	厚有机质层厚层砂页岩赤红壤	A	0—12	黄灰色	团粒状	团粒状	4.6	34.5		0.26	2.2				砂页岩	E 111°16′00.5″ N 22°44′44.2″	70
						B	12—40	褐黄色	砂壤土	小块状	5.0	1.6		0.19	2.2						
						C	40—100	褐黄色	轻壤土	碎块状	5.0	4.3		0.32	20.6						
剖16	初育土	紫色土	酸性紫色土	酸性紫色土	厚有机质层中层酸性紫色土	A	0—20	暗黄棕色	中壤土	小块状	5.1	6.2	0.05	0.16	2.5				紫色砂页岩	E 111°23′26.9″ N 22°43′55.2″	97
						B	20—50	暗红黄色	重壤土	碎块状	5.3	8.5	0.48	0.21	4.2						
						C	50—100	浅红棕色	轻壤土	碎块状	5.2	4.2	0.36	0.24	5.0						
剖17	人为土	水稻土	潜育水稻土	乌泥底田	乌泥底田	A	0—13	浅灰色	中壤土	碎块状	6.3	36.2	1.77	0.67				78		E 111°21′21.2″ N 22°43′10.2″	95
						P	13—18	暗灰色	中壤土	碎块状	6.0	31.6	1.28	0.43				22			
						G	18—100	青灰色	重壤土	无明显结构	5.6	39.2	1.35	0.18				26			
剖18	人为土	水稻土	沼泽型水稻土	冷浸田	冷浸田	A	0—15	浅黄色	中壤土	糊状	5.1	40.2	2.19	0.72			5.2	80		E 111°15′44.6″ N 22°42′38.2″	82
						P	15—21	灰黄色	轻石中壤土	块状	5.0	35.7	1.68	0.73			7.4	65			
						W	21—100	灰黄色	中壤土	柱状	6.1	20.4	0.86	0.69			4.8	37			
剖19	初育土	紫色土	酸性紫色土	酸性牛肝地	酸性砂泥地	A	0—13	紫色	粉砂土	粉碎状	5.7	8.9	0.68	0.18	17.3			81		E 111°26′19.7″ N 22°42′34.9″	94
						C	13—60	灰黄色	轻壤土	块状	5.7	6.2	0.35	0.10	17.9			36			
剖20	人为土	水稻土	潜育水稻土	洪积红黄泥田	洪积紫砂泥地	A	0—19	灰棕色	轻石轻壤土	碎石块状	5.8	25.5	1.53	0.28	18.1				洪积物	E 111°27′36.4″ N 22°41′48.8″	89
						P	19—31	棕灰色	黏壤土	块状	5.1	22.8	1.35	0.21	9.7			42			
						W	31—63	棕灰色	黏壤土	梭柱状	6.7	23.0	1.38	0.15	10.2			38			
						C	63—100	褐色	重壤土	块状					7.7			31			
剖21	初育土	紫色土	酸性紫色土	酸性紫泥田	浅脚紫砂泥田	A	0—26	灰棕色	轻壤土	小块状	5.1	14.8	0.82	0.13	9.7					E 111°26′24.7″ N 22°40′55.6″	82
						B	26—84	暗黄棕色	重黏壤土	块状	5.1	9.7	0.68	0.13	10.2						
						C	84—100	暗紫棕色	重黏壤土	碎石块状	5.5	5.8	0.57	0.14	7.7						
剖22	人为土	水稻土	淹育水稻土	浅脚紫泥田	浅脚牛肝土田	A	0—14	灰棕色	轻壤土	小块状	6.1	14.0	0.89	0.25	8.1		2.6	56	紫色砂页岩	E 111°37′10.2″ N 22°46′39.0″	79
						P	14—18	红褐色	重黏壤土	小块状	7.2	8.2	0.51	0.10	12.4						
						C	18—50	红紫色	重黏壤土	块状	7.0	5.3	0.43	0.14	17.2						
剖23	人为土	水稻土	潜育水稻土	青泥格田	黄泥青泥格田	A	0—14	褐灰色	壤土	块状										E 111°42′05.8″ N 22°46′00.1″	79
						P	14—23	棕灰色	黏壤土	块状	5.9	10.9	1.08	0.24	10.3		3.9	59			
						W	23—43	褐棕灰色	黏壤土	核柱状	6.7	12.8	0.80	0.24	12.1						
						G	43—100	青灰色	黏土	无明显结构	7.5	9.5	0.60	0.22	14.1						
剖24	人为土	水稻土	淹育水稻土	浅脚紫泥田	顽泥田	A	0—13	暗紫棕色	轻壤土	块状	5.7	12.4	0.83	0.20	8.0				紫色页岩	E 111°32′51.5″ N 22°45′54.1″	88
						P	13—19	暗紫棕色	重壤土	块状	6.7	8.8	0.59	0.18	8.0						
						W	19—50	紫红色	重黏壤土	核状	5.4	23.7	1.29	0.20	11.3	107	4.8	46			
						C	50—100	灰黄色	重壤土	块状	6.6	19.1	1.12	0.19	14.4						
剖25	人为土	水稻土	淹育水稻土	红色石灰田	红色石灰土田	A	0—15	灰白色	中壤土	核状	6.5	10.7	0.58	0.19	16.1				坡积物、洪积物	E 111°39′22.3″ N 22°45′05.0″	85
						P	15—21	灰黄色	重壤土	块状	8.5	22.0	1.43	0.46	12.4						
						C	21—100	灰黄色	重壤土	块状	8.4	20.0	1.26	0.46	12.4						
剖26	人为土	水稻土	淹育水稻土	花岗岩赤红泥地	麻杂红砂泥地	A	0—12	灰棕色	重壤土	细粒状	8.3	3.6	0.41	0.18	14.5				砂页岩	E 111°44′49.9″ N 22°44′36.2″	94
						P	12—22	浅黄色	中壤土	块状	5.4	28.8	1.39	0.41	19.8						
						C	22—100	灰黄色	中壤土	粒状											
剖27	人为土					A	0—18	灰棕色	中壤土	块状										E 111°36′34.9″ N 22°45′15.8″	91
						B	18—25	浅黄色	中壤土	粒状	5.4	25.3	1.22	0.35	20.9						
剖28	铁铝土	赤红壤	赤红壤			C	25—52	灰黄色	中壤土	碎块状	4.9	25.9	1.21	0.33	21.2				砂页岩	E 111°33′20.2″ N 22°43′25.3″	76

续表 Continued

剖面号 Soil profile	土纲 Soil order	土类 Soil great group	亚类 Soil subgroup	土属 Soil genus	土种 Soil species	土层码 Layer code	土层厚度 Depth/cm	颜色 Soil color	质地 Soil texture	土壤结构 Soil structure	pH	有机质 OM/(g/kg)	全氮 TN/(g/kg)	全磷 TP/(g/kg)	全钾 TK/(g/kg)	碱解氮 AN/(mg/kg)	有效磷 AP/(mg/kg)	速效钾 AK/(mg/kg)	土壤母质 Parent material	剖面点坐标 Profile coordinate	匹配指数 Matching index/%
剖29	人为土	水稻土	潴育水稻土	洪积红黄泥田	洪积紫泥田	A	0—13	紫棕色	重黏土	块状	4.9	18.9	0.94	0.30	18.7	84	4.4	43	紫色页岩风化洪积物	E 111°37′05.2″ N 22°43′22.4″	73
						P	13—20	紫棕色	重壤土	块状	5.1	14.4	0.77	0.28	18.2	72	4.4	41			
						W₁	20—47	红棕色	重壤土	棱柱状	5.5	6.7	0.41	0.13	15.6	31	0.9	32			
						W₂	47—100	紫色	中壤土	棱柱状	5.7	1.0	0.34	0.17	14.9	30	1.7	32			
剖30	人为土	水稻土	潜育水稻土	青泥格田	砂泥青泥格田	A	0—19	棕色	砂壤土	碎粒状										E 111°43′01.2″ N 22°43′12.4″	72
						P	19—28	暗灰色	砂壤土	小块状											
						G	28—43	灰蓝色	中壤土	块状											
						C	43—100	灰黄色	中壤土	碎粒状											
剖31	人为土	水稻土	淹育水稻土	洪积黄泥田	洪积黄泥田	A	0—9	黄褐色	重壤土	大块状	5.0	17.3	0.97	0.31	14.4	90	5.2	38	洪积物	E 111°35′22.2″ N 22°43′09.1″	73
						P	9—15	黄褐色	中壤土	块状	5.2	15.5	0.92	0.30	12.4						
						C	15—100	红棕色	轻黏土	棱柱状											
剖32	初育土	紫色土	酸性紫色土	页岩酸性紫色土	薄有机质层厚层酸性紫色土	B₁	0—44	暗红棕色	轻黏土	棱块状	4.7	5.8	0.34	0.17	25.4	27	0.9	41		E 111°40′41.2″ N 22°43′00.1″	91
						B₂	44—75	暗红棕色	重壤土	块状	4.7	2.7	0.28	0.15	24.7	16		40			
						B₃	75—103	暗红色	轻壤土	块状	4.7	3.4	0.29	0.15	25.2	18		40			
剖33	人为土	水稻土	潜育水稻土	宽谷冲积土田	宽谷泥田	A	0—15	紫灰色	中黏土	块状	5.1	244.0	1.34	0.24	9.7	127	2.6	63	宽谷冲积物	E 111°41′54.2″ N 22°42′24.8″	88
						P	15—28	紫棕色	轻石重壤土	块状	5.9	16.1	0.92	0.21	10.2						
						W	28—47	紫棕色	轻石中壤土	柱状	6.0	0.6	0.36	0.11	7.7						
						C	47—100	黄棕色	黏壤土	碎块状											
剖34	人为土	水稻土	渗育水稻土	白鳝泥田	白鳝泥底田	A	0—14	黄褐色	轻壤土	大块状	5.0	22.1	1.17	0.31	18.8	116	3.1	46		E 111°40′13.1″ N 22°40′36.5″	89
						E₁	14—19	灰白色	砂壤土	无明显结构	5.6	5.8	0.28	0.09	25.0						
						E₂	19—65	粉灰色	砂壤土	无明显结构	6.9	2.9	0.27	0.88	26.7						
						C	65—100	浅灰褐色	砂壤土	块状	6.9	2.9	0.27	0.88	26.7						
剖35	赤红壤	赤红壤		砂页岩赤红泥地	砂页岩赤红泥地	A	0—12	浅黄色	轻壤土	小块状	5.1	16.6	0.94	0.23	12.9			35	砂页岩	E 111°45′40.9″ N 22°45′41.1″	94
						C	12—100	灰白色	重壤土	块状	5.4	6.4	0.46	0.14	8.0		7.6	23			
剖36	人为土	水稻土	潴育水稻土	石灰板结田	石灰板结田	A	0—14	灰白色	中壤土	碎块状	8.4	22.7	1.39	0.44			4.9	23		E 111°49′13.4″ N 22°42′07.2″	74
						P	14—21	灰棕色	重壤土	柱状	8.5	17.7	1.12	0.41			2.4				
						W	21—51	暗棕色	重壤土	块状	8.7	9.2	0.66	0.26							
						C	51—100	灰白色	重壤土	块状											
剖37	初育土	石灰(岩)土	红色石灰土	红火泥地	红砂泥地	A	0—10	暗棕色	轻壤土	碎块状	7.1	10.0	0.92	0.21						E 111°49′35.8″ N 22°41′30.8″	77
						B	10—28	暗棕色	砂壤土	碎块状	7.2	6.3	0.80	0.17							
						C	28—100	灰棕色	轻石中壤土	碎块状	7.4	6.1	0.65	0.17				17			
剖38	人为土	水稻土	潴育水稻土	砂页岩红泥田	页红泥田	A	0—12	浅黄棕色	轻石中壤土	块状	5.6	22.7	1.31	0.14			1.5	51		E 111°12′56.2″ N 22°38′43.4″	98
						W	12—17	棕黄色	重壤土	柱状	6.2	7.1	0.63	0.09			0.1				
						WC	17—	灰棕色	重壤土	块状	6.8	2.0	0.40								
剖39	半水成土	山地草甸土		南方山地草甸土	南方山地草甸土	A	0—30	灰黑色	中石紫紫壤土	粒状	5.0	51.7	1.84	0.21		225	10.9	58	硅质砂页岩	E 111°11′07.7″ N 22°37′24.0″	92
						AB	30—40	浅灰黑色	轻石紫紫壤土	碎块状	5.4	13.3	0.56	0.16		103	3.9				
						B	40—70	浅灰棕色	砂壤土	粒状							2.2				
						C	70—														
剖40	人为土	水稻土	潴育水稻土	河砂泥田	河石子底砂质田	A	0—17	灰黄色	轻壤土	碎块状	5.1	38.3	2.38	0.45		121		108	河流冲积物	E 111°25′14.4″ N 22°38′50.2″	92
						P	17—26	灰黄色	轻壤土	块状	5.9	23.7	1.46	0.33		101		39			
						W	26—96	灰褐色	轻壤土	柱状	7.0	18.4	0.88	0.24		65		27			
						C	96—100	灰黄色	砂石土	粒状											
剖41	铁铝土	赤红壤		砂页岩赤红壤	厚有机质层厚层砂页岩赤红壤	A	0—36	灰黑色	轻壤土	团粒状	4.5	62.5	2.06	0.33				35	砂页岩	E 111°16′18.8″ N 22°38′28.0″	92
						B	36—62	浅灰色	中壤土	团粒状	4.5	30.6	1.06	0.27							
						C	62—100	灰黄色	中壤土	碎块状	4.9	10.9	0.65	0.22				35			

续表 Continued

剖面号 Soil profile	土纲 Soil order	土类 Soil great group	亚类 Soil subgroup	土属 Soil genus	土种 Soil species	土层码 Layer code	土层厚度 Depth/cm	颜色 Soil color	质地 Soil texture	土壤结构 Soil structure	pH	有机质 OM/(g/kg)	全氮 TN/(g/kg)	全磷 TP/(g/kg)	全钾 TK/(g/kg)	碱解氮 AN/(mg/kg)	有效磷 AP/(mg/kg)	速效钾 AK/(mg/kg)	土壤母质 Parent material	剖面点坐标 Profile coordinate	匹配指数 Matching index/%
剖42	人为土	水稻土	矿毒型水稻土	矿毒田	锰矿毒地	A	0—15	黄黑色	中壤土	碎块状	4.7	20.6	1.15	0.18	13.2					E 111°26′04.2″ N 22°36′28.1″	72
						P	15—25	红黄黑色	中壤土	块状	4.9	9.9	0.64	0.19	17.5						
						W	25—31	黄黑色	重壤土	柱状	4.8		0.58	0.15	18.1						
						C	31—100	灰白色	中壤土	柱状											
剖43	人为土	水稻土	潴育水稻土	砂页岩红泥田	页砂泥田	A	0—13	浅灰色	轻黏土	碎块状	5.5	18.0	0.95	0.13		88	4.4	49	砂页岩残积物	E 111°29′43.4″ N 22°35′04.2″	82
						P	13—21	灰黄色	轻壤土	块状	5.7	8.4	0.58	0.16	33.2	38	1.7	16			
						W	21—40	红黄色	砂壤土	棱柱状	7.2	3.5	0.40	0.23		23	0.4	22			
						C	40—100	黄黄色	轻石轻壤土		7.3	6.9	0.45	0.18	26.1						
剖44	人为土	水稻土	潴育水稻土	河砂泥田	河砂泥田	A	0—15	黄黄色	轻石中壤土	细粒状	6.0	13.3	0.83	0.16	23.9				河流冲积物	E 111°27′14.0″ N 22°32′21.5″	93
						P	15—20	浅黄棕色	砂壤土	柱状	7.4	6.5	0.35	0.16	24.9						
						WC	20—62	浅黄棕色	砂壤土	碎块状											
						C	62—100	灰黄色	轻石砂壤土												
剖45	半水成土	潮土	潮土	潮砂泥地	潮砂泥地	A	0—20	浅黄色	砂壤土	粒状	7.7	9.9	0.55	0.27	16.6				河流冲积物	E 111°25′15.6″ N 22°31′41.9″	96
						C	20—100	棕黄色		碎粒状	6.7	3.1	1.80	0.15	14.8						
剖46	人为土	水稻土	潴育水稻土	河砂泥田	河大眼砂田	A	0—10		粗粗砂土	碎粒状									河流冲积物	E 111°22′23.9″ N 22°31′40.1″	87
						C	10—100		粗砂土	碎粒状											
剖47	人为土	水稻土	渗育水稻土	白鳝泥田	低白鳝泥田	A	0—17	黄棕色	中壤土	碎块状	7.1	32.4	1.93	0.34	14.0				河流冲积物	E 111°27′33.1″ N 22°31′39.4″	76
						P	17—33	灰白色	中壤土	块状	7.3	16.9	1.06	0.20	16.1						
						E	33—63	灰白色	中壤土	块状	6.8	6.4	0.37	0.12	15.0						
						C	63—100	黄色	中壤土												
剖48	人为土	水稻土	潴育水稻土	宽谷冲积土田	宽谷砂泥田	A	0—15	浅黄色	轻壤土	小块状	5.1	24.4	1.41	0.34	18.6				冲积物	E 111°28′17.4″ N 22°31′14.9″	75
						P	15—23	灰灰色	轻壤土	块状	5.0	20.6	1.05	0.31	19.4						
						W	23—45	暗黄黄色	轻壤土	柱状	6.3	10.9	0.61	0.21	17.6						
						C_1	45—55	浅黄色	砂土	无明显结构											
						C_2	55—100	浅黄色	砂土	无明显结构											
剖49	人为土	水稻土	潴育水稻土	河砂泥田	河砂顶田	A	0—11	灰白色	砂土	小块状	8.2	20.3	1.03	0.24		69	3.5	22	河流冲积物	E 111°37′03.4″ N 22°39′09.0″	75
						P	11—16	灰白色	砂土	片状	7.8	9.4	0.75	0.17		70	1.7	50			
						W	16—25	棕黄色	砂土	粒状	8.1	3.8	0.48	0.17		15	1.3	27			
						C	25—100	浅黄色	砂土	碎粒状											
剖50	铁铝土	赤红壤	赤红壤	花岗岩赤红泥地	麻赤红壤地	A	0—17	灰灰黄色	砂壤土	碎块状	5.6	13.9	0.76	0.21					花岗岩，片麻岩残积物	E 111°40′03.0″ N 22°36′41.4″	76
						B	17—41	红黄黄色	轻壤土	块状	5.6	109.0	0.63	0.18							
						C	41—100	浅黄色	轻壤土	块状	6.1	3.6	0.28	0.12							
剖51	人为土	水稻土	潴育水稻土	宽谷冲积土田	黄泥底砂质田	A	0—12	浅黄色	中壤土	碎块状	5.5	18.4	1.08	0.20			3.0		冲积物	E 111°32′07.4″ N 22°38′49.9″	99
						P	12—20	黄色	轻壤土	柱状	5.1		0.57	0.17							
						W	20—56	黄色	中壤土	柱状											
						C	56—100	褐棕色	粗砂壤土	块状											
剖52	人为土	水稻土	潴育水稻土	河砂泥田	河结粉砂田	A	0—12	暗棕色	粉砂壤土	粉粒状									河流冲积物	E 111°34′51.2″ N 22°34′36.8″	70
						P	12—18	褐色	粉砂壤土	碎粒状											
						W	18—31	灰灰色	粉砂壤土	碎粒状											
						C	31—100	浅棕黄色	粉砂壤土	粉状									8			
剖53	人为土	水稻土	淹育水稻土	砂页岩红黄泥田	页红砂泥田	A	0—11	黄棕色	轻壤土	块状	5.5					170			砂页岩	E 111°32′57.1″ N 22°34′05.9″	94
						P	11—22	黄棕色	中壤砂土	块状	5.1										
						C	22—100	红棕色	中壤土		5.2	6.1	0.50	0.16							

续表 Continued

剖面号 Soil profile	土纲 Soil order	土类 Soil great group	亚类 Soil subgroup	土属 Soil genus	土种 Soil species	土层码 Layer code	土层厚度 Depth/cm	颜色 Soil color	质地 Soil texture	土壤结构 Soil structure	pH	有机质 OM/(g/kg)	全氮 TN/(g/kg)	全磷 TP/(g/kg)	全钾 TK/(g/kg)	碱解氮 AN/(mg/kg)	有效磷 AP/(mg/kg)	速效钾 AK/(mg/kg)	土壤母质 Parent material	剖面点坐标 Profile coordinate	匹配指数 Matching index/%
剖54	人为土	水稻土	潴育水稻土	砂页岩红泥田	砂页岩红泥田	A	0—17	灰白色	砂壤土	小块状	6.0	13.0	0.72	0.14	6.6				砂页岩风化坡积物	E 111°34′05.5″ N 22°33′26.6″	92
						P	17—23	灰白色	轻壤土	小块状	5.7	6.0	0.39	0.08	4.9						
						W	23—85	灰黄色	砂壤土	小块状											
						C	85—100	灰黄色		碎块状											
剖55	铁铝土	赤红壤	赤红壤	砂页岩赤红泥地	砂页岩赤红砂泥地	A	0—16	黄黑色	砂壤土	小块状	5.9	10.5	0.68	0.16	4.8				砂页岩	E 111°30′51.1″ N 22°32′03.1″	88
						B	16—76	黄黑色	轻石重壤土	块状	6.1	9.4	0.60	0.14	10.2						
						C	76—100	浅黄色	砂壤土	碎块状											
剖56	铁铝土	黄壤	黄壤	砂页岩黄壤		A	0—60	黑灰色	轻壤土	团粒状	5.3	47.6	2.17	0.56	10.5			58	砂页岩	E 111°40′27.4″ N 22°30′45.3″	72
						B	60—100	黄色	中壤土	碎块状	5.0	20.0	1.09	0.43	12.8						
剖57	初育土	石灰（岩）土	红色石灰土	红火泥地	红泥地	A	0—24	暗红色	中壤土	块状	7.8	17.7	1.39	0.72				22		E 111°45′09.4″ N 22°37′55.2″	74
						B	24—45	暗棕红色	重壤土	块状	7.9	10.6	1.02	0.76				24			
						C	45—	暗棕红色	轻黏土	块状	7.9	8.9	0.97	0.58							

中国土壤剖面数据集·粤琼港澳卷

第三编 | 海南省分县土壤图与土壤剖面数据

海 口 市

市 辖 区

主要土类说明

砖红壤是海口市主要土壤类型，占本市地域面积的45%，是本市的地带性土壤。成土母质主要为玄武岩风化物和浅海沉积物。砖红壤中氧化硅大量迁出，游离铁占全铁的80%。黏粒矿物以高岭石、赤铁矿和三水铝石为主，黏粒硅铝率小于1.6，风化淋溶系数小于0.05，盐基饱和度小于15%，pH为4.5—5.5。在A–B–C剖面构型中，淀积层（B层）富含铁铝氧化物，呈砖红色；淀积层下部常出现红白（或黄白）交织的网纹层。

水稻土是海口市第二大土壤类型，占本市地域面积的19%。本市水稻土分为淹育型、潴育型、渗育型、潜育型、沼泽型、盐渍型等亚类。其中，水耕年代较长、熟化程度较高、排灌条件较好的潴育水稻土分布最广，占本土类面积的52%。该亚类在长时间周期性干湿交替水耕条件下，氧化还原作用频繁，黏粒下移，使铁、锰等离子在心土层富集和淀积，形成黄棕色锈纹和锈斑，在犁底层以下出现明显的潴育层。剖面层次较完整，具有耕作层、犁底层、潴育层和母质层。

风沙土是海口市第三大土壤类型，占本市地域面积的13%，分布在本市滨海地区。风沙土是在风沙移动堆积形成的多种形态的风沙沉积物上发育的初育土。由于成土时间短暂，该土壤基本无剖面发育，属C型土壤。

潮土占本市地域面积的7%，主要分布在南渡江下游河岸地区。本市潮土发育于河流冲积物，土壤有明显的夜潮现象。由于成土时间短，土壤淋溶淀积作用不明显，剖面构型为A–C。由于洪水分选作用，土壤有明显的沉积层次。

小于本市地域面积3%的土壤类型有沼泽土、滨海盐土、火山灰土和石质土。

本区域中心区气候特征

本区域中心区气候特征值
Regional climate characteristics in central area of the region

气候带：南亚热带湿润气候 Climate region: South subtropical humid climate	
年平均气温 /℃ Annual average temperature /℃	24.1
年平均最高气温 /℃ Annual average maximum temperature /℃	28.1
年平均最低气温 /℃ Annual average minimum temperature /℃	21.5
年降水量 /mm Annual precipitation /mm	1691
≥10℃的积温 /℃ Daily temperature accumulated in a year (≥10℃) /℃	8808
年日照时数 /h Annual sunshine /h	2069
年平均相对湿度 /% Annual average relative humidity /%	84
干燥度 Dryness	0.84

本区域中心区月平均气温与月平均降水量
Monthly temperature and precipitation in central area of the region

海口市市辖区（部分）主要土壤类型与土壤剖面点分布图

1∶90 000

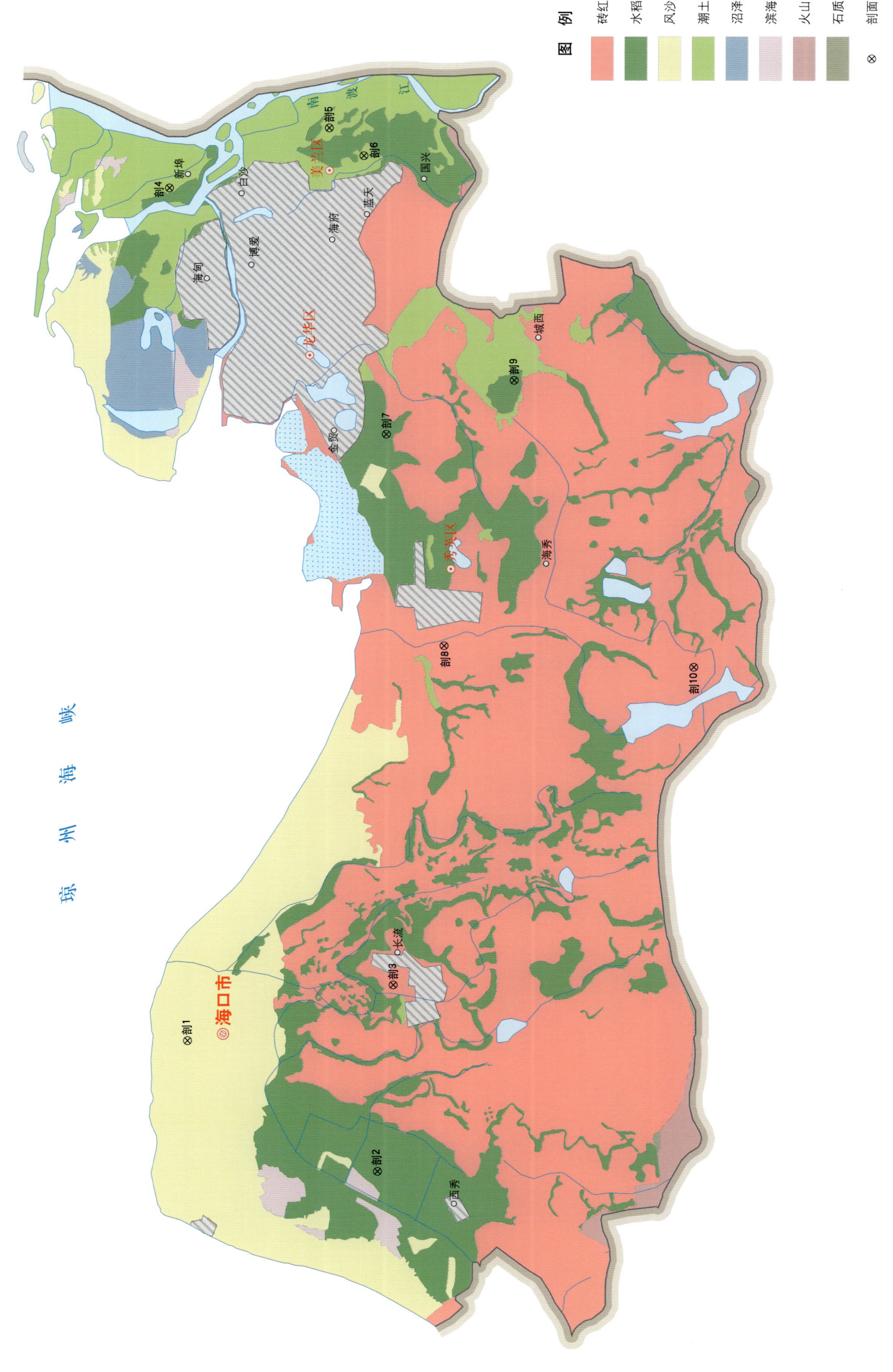

第三编　海南省分县土壤图与土壤剖面数据

海口市土壤剖面理化性状表

剖面号 Soil profile	土纲 Soil order	土类 Soil great group	亚类 Soil subgroup	土属 Soil genus	土种 Soil species	土层码 Layer code	土层厚度 Depth/cm	颜色 Soil color	质地 Soil texture	土壤结构 Soil structure	pH	有机质 OM/(g/kg)	全氮 TN/(g/kg)	全磷 TP/(g/kg)	全钾 TK/(g/kg)	碱解氮 AN/(mg/kg)	有效磷 AP/(mg/kg)	速效钾 AK/(mg/kg)	土壤母质 Parent material	剖面点坐标 Profile coordinate	匹配指数 Matching index/%
剖1	初育土	风沙土	滨海风沙土	滨海沙土	滨海固定沙土	A	0—20	浅黄色	松砂土	粒状	4.5	3.3	0.20	0.05	9.0	18	微量	11	滨海沉积物	E 110°11′26.5″ N 20°03′22.0″	85
						C	20—100	浅黄色	松砂土	粒状	7.0	0.2	0.13	0.04	10.5						
剖2	人为土	水稻土	盐渍水稻土	咸酸田	轻咸酸田	A	0—11	暗棕黄色	轻石质砂壤土	碎块状	5.0	10.0	0.46	0.10	4.7	132	3.3	64		E 110°09′54.5″ N 20°01′18.0″	83
						P	11—26	棕灰色	轻石质紧砂土	块柱状	8.0	9.2	0.40	0.07	5.0						
						W₁	26—41	浅灰黄色	轻石质紧砂土	核柱状	6.8	6.2	0.24	0.05	3.5						
						W₂	41—70	暗灰色		核柱状											
						C	70—100	浅灰黄色	中石质紧砂土	块状	7.5	10.2	0.36	0.03	3.8						
剖3	铁铝土	砖红壤	砖红壤	玄武岩砖红壤		A	0—15	暗棕红色	重壤土	块状	4.5	24.2	1.11	0.40	2.5	72	0.4	21	玄武岩	E 110°12′05.4″ N 20°01′07.9″	91
						B	15—100	暗棕红色	重壤土	块状	4.0	8.4	0.45	0.21	3.0						
剖4	半水成土	潮土	潮土	潮砂泥地	潮砂泥地	A	0—14		砂壤土		6.6	5.5	0.34	0.21	16.9	46	21.0	38	河流冲积物	E 110°21′30.9″ N 20°01′35.7″	100
						B	14—42		砂壤土		6.8	3.3	0.33	0.17	24.0						
						C	42—100		砂壤土		6.8	3.5	0.28	0.16	23.6						
剖5	半水成土	潮土	潮土	潮砂泥地	潮砂泥地	A	0—15	灰黄色	紧砂土	粒状	6.5	6.9	0.36	0.21	19.4	22	10.9	40	河流冲积物	E 110°22′14.2″ N 20°01′51.6″	76
						B	15—100	黄色	紧砂土	粒状	6.0	2.7	0.30	0.18	20.4						
剖6	半水成土	潮土	潮土	潮砂泥地	潮砂泥地	A	0—15	灰黄色	紧砂土	碎块状	6.6	9.7	0.58	0.31	20.3	60	2.5	40	河流冲积物	E 110°21′54.6″ N 20°01′29.0″	91
						B	15—45	浅棕黄色	紧砂土	碎块状	6.9	5.8	0.36	0.19	18.8						
						C	45—100	浅灰色	紧砂土	粒状	6.8	1.4	0.10	0.09	17.9						
剖7	水稻土	水稻土	淹育水稻土	浅脚赤土田	浅脚赤土田	A	0—14		重壤土		6.3	13.6	0.76	0.39	2.3	100	83.0	41		E 110°18′36.8″ N 20°01′13.5″	88
						P	14—21		轻石质轻壤土		6.3	6.2	0.39	0.28	2.1						
						C	21—100				5.8	4.9	0.36	0.18	2.5						
剖8	铁铝土	砖红壤	砖红壤	浅海沉积物黄色砖红壤	中有机质层厚层黄色砖红壤	A	0—17		轻石质松砂土		4.9	12.1	0.39	0.67	8.4	37	33.8	114	浅海沉积物	E 110°16′07.0″ N 20°00′35.4″	89
						P	17—27		轻石质砂壤土		4.7	12.1	0.26	0.37	10.5						
						W	27—40		轻石质砂壤土		5.7	17.5	0.40	0.28	14.8						
						C	40—100		重石质砂壤土		5.7	2.2	0.25	0.08	4.2						
剖9	人为土	水稻土	渗育水稻土	砂漏田	黄砂漏田	A	0—15	暗灰黄色	轻石质松砂土	糊状	6.0	18.9	1.02	0.09	1.9	98	6.3	17		E 110°19′15.5″ N 19°59′50.2″	94
						P	15—21	暗灰棕色	轻石质砂壤土	块状	6.4	12.1	0.20	0.09	2.0						
						W	21—56	暗黄色	轻石质砂壤土	柱状	6.1	18.5	0.37	0.10	2.6						
						E	56—100	灰白色	轻石质松砂土	粒状	6.5	2.7	0.11	0.26	1.3						
剖10	铁铝土	砖红壤	砖红壤	浅海沉积物黄色砖红壤	中有机质层厚层黄色砖红壤	A	0—11	暗棕红色	重石质轻壤土	块状	5.5	22.9	0.99	0.10	3.6	84	1.5	41	浅海沉积物	E 110°15′52.2″ N 19°57′52.6″	74
						AB	11—18	暗棕红色	重石质砂壤土	块状	5.5	18.0	0.59	0.07	4.2						
						B₁	18—79	灰棕红色	重石质重壤土	块状	5.5	10.9	0.61	0.09	6.7						
						B₂	79—100	浅棕红色	中石质重壤土	块状	5.5	8.8	0.40	0.10	8.7						

琼 山 区

主要土类说明

砖红壤是琼山区主要土壤类型，占本区地域面积的50%。成土母质为玄武岩、火山岩、花岗岩、砂页岩、浅海沉积物等。砖红壤土层深厚，表层呈暗红棕色，心土层呈砖红色且具有大量暗色胶膜和细粒铁锰结核，剖面构型为A-Bs-Bv-C。土壤脱硅富铝化作用强烈，铁铝氧化物明显聚积，黏粒硅铝率小于1.6，铁的游离度大于80%；黏粒矿物以高岭石、赤铁矿和三水铝石为主，原生矿物强烈风化，风化淋溶系数小于0.05；硅和盐基大量淋失，盐基饱和度低，土壤酸性强。

水稻土是琼山区第二大土壤类型，占本区地域面积的23%，广泛分布在本区各地，以东部和南渡江流域分布较多。成土母质为玄武岩、河流冲积物、浅海沉积物、砂页岩、火山岩、花岗岩等。本区水稻土分为淹育型、潴育型、渗育型、潜育型、沼泽型、盐渍型等亚类。

火山灰土是琼山区第三大土壤类型，占本区地域面积的14%。火山灰土由火山喷发碎屑物和尘状火山灰堆积物发育而成，剖面发生层分异小，色泽差异大，母质特征明显。土体由灰黑色、暗褐色的疏松多孔的玻璃质熔岩块堆叠而成，具A-C剖面构型。火山灰土较深厚，细粉砂和粗粉砂含量高，富含浮岩碎块。孔隙率高，为50%—80%。容重小于1g/cm³。表层有机质含量较高，往下明显降低。土壤pH为6.0—7.0，盐基饱和，土壤阳离子交换量大于25cmol/kg。

石质土占本区地域面积的6%，主要分布在羊山地区，是处于发育初期的幼年土壤，石多土薄，植被稀少。由于成土时间较短，土层分化不明显，多具A-D或A-C-D剖面构型。从土壤养分来看，除全钾和速效钾含量较低外，其他养分含量均较高。

小于本区地域面积3%的土壤类型有新积土、风沙土和滨海盐土。

本区域中心区气候特征

本区域中心区气候特征值
Regional climate characteristics in central area of the region

气候带：南亚热带湿润气候 Climate region: South subtropical humid climate	
年平均气温 /℃ Annual average temperature /℃	24.2
年平均最高气温 /℃ Annual average maximum temperature /℃	28.2
年平均最低气温 /℃ Annual average minimum temperature /℃	21.5
年降水量 /mm Annual precipitation /mm	1751
≥10℃的积温 /℃ Daily temperature accumulated in a year (≥10℃) /℃	8829
年日照时数 /h Annual sunshine /h	2071
年平均相对湿度 /% Annual average relative humidity /%	84
干燥度 Dryness	0.82

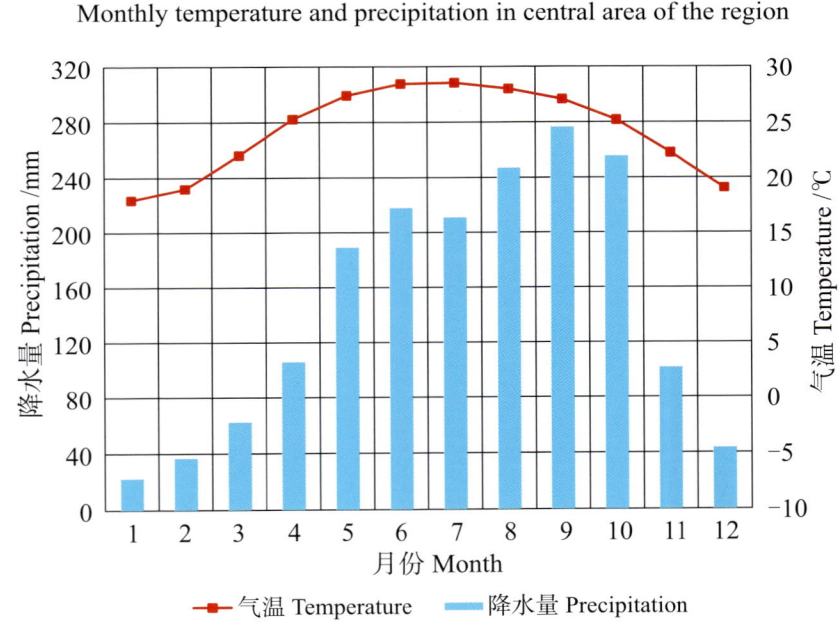

本区域中心区月平均气温与月平均降水量
Monthly temperature and precipitation in central area of the region

琼山县主要土壤类型与土壤剖面点分布图
1:270 000

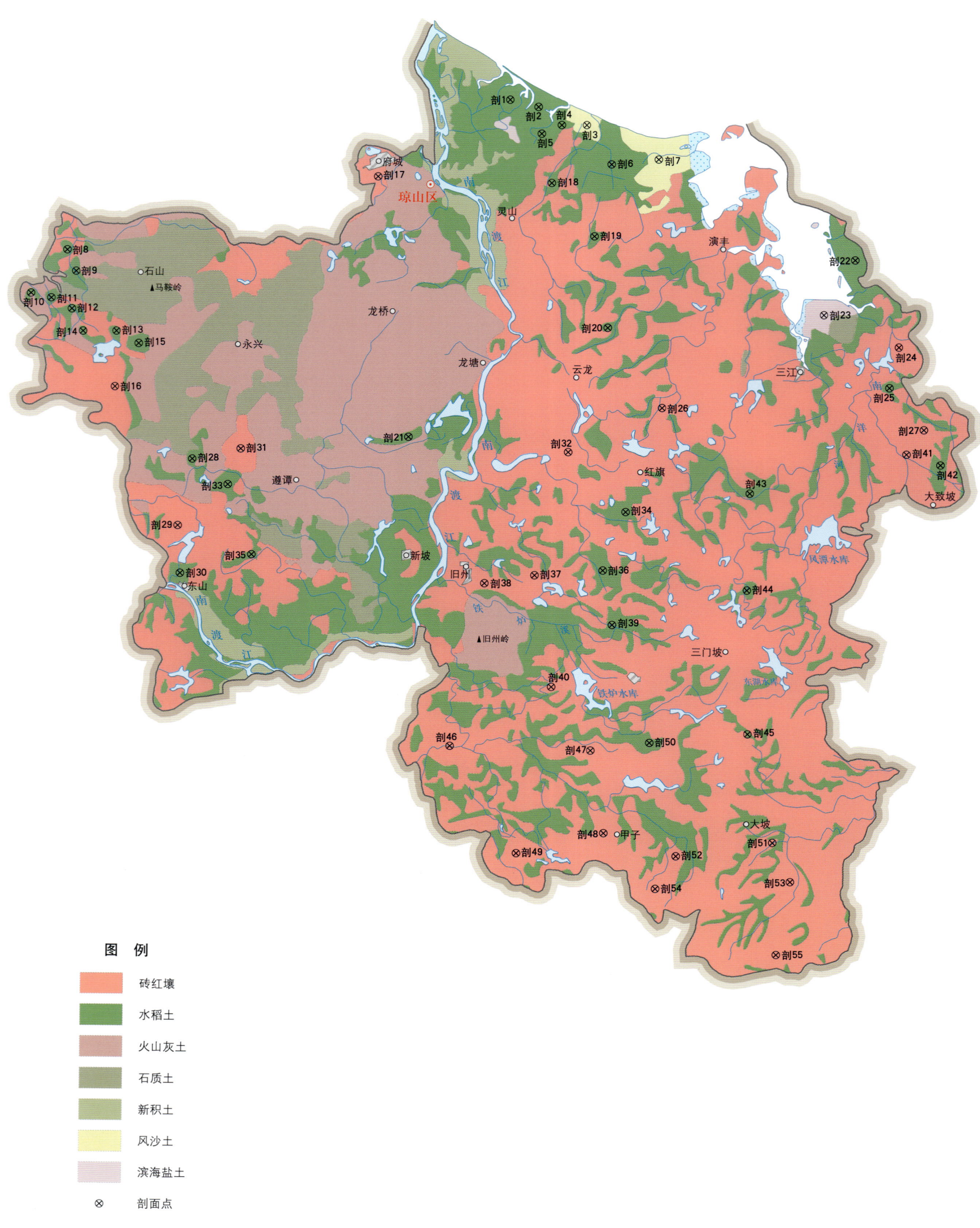

注：国务院 1994 年 1 月批准，撤销琼山县，设立琼山市。2002 年 10 月，撤销琼山市，设立琼山区。

琼山区土壤剖面理化性状表

剖面号 Soil profile	土纲 Soil order	土类 Soil great group	亚类 Soil subgroup	土属 Soil genus	土种 Soil species	土层码 Layer code	土层厚度 Depth/cm	颜色 Soil color	质地 Soil texture	土壤结构 Soil structure	pH	有机质 OM/(g/kg)	全氮 TN/(g/kg)	全磷 TP/(g/kg)	全钾 TK/(g/kg)	碱解氮 AN/(mg/kg)	有效磷 AP/(mg/kg)	速效钾 AK/(mg/kg)	土壤母质 Parent material	剖面点坐标 Profile coordinate	匹配指数 Matching index/%
剖1	人为土	水稻土	淹育水稻土	浅脚火山灰田	铁子底黑石土田	A	0—15	暗棕色	中壤土	碎块状	6.2	31.4	1.61	1.33	2.7	130	9.1	16		E 110°25′35.1″ N 20°02′18.1″	85
						P	15—20	暗棕灰色	中壤土	块状	6.3	28.9	1.49	1.25	2.4						
						C	20—100	暗红色	中壤土												
剖2	人为土	水稻土	淹育水稻土	生泥田	生黑石土田	A	0—13	灰黄色	重壤土	团粒状	5.7	40.6	1.28	0.69	3.0	183	70.7	30		E 110°26′36.6″ N 20°02′03.6″	85
						C	13—100	棕灰色	重壤土	块状	6.6										
剖3	初育土	风沙土	滨海风沙土	滨海沙土	固定沙土	A	0—8	暗黄色	松砂土	粒状	5.9	1.3	0.11	0.08	7.9	12	3.3	7	滨海沉积物	E 110°28′21.3″ N 20°01′26.0″	75
						C	20—100	暗棕黄色	松砂土	粒状	5.9	1.1	0.08	0.08	7.4						
剖4	人为土	水稻土	潴育水稻土	青泥格田	砂泥青泥格田	1	0—12	灰色	轻壤土	小块状	5.5	13.4	0.72	1.14	11.1	711	1.1	22		E 110°27′27.0″ N 20°01′25.9″	97
						2	12—19	浅灰色	中壤土	块状	7.3	9.0	0.58	0.12	13.1						
						3	19—59	蓝灰色	砂壤土	糊状	4.5	65.6	0.85	0.21	17.4						
						4	59—100	浅黄色	中壤土	块状	6.4	12.1	0.36	0.11	7.5						
剖5	人为土	水稻土	潜育水稻土	低青泥田	红低青泥田	A	0—19	灰色	壤土	糊状	5.5	33.4	3.20	0.30		43	2.2	19		E 110°26′43.8″ N 20°01′07.6″	74
						P	19—24	灰黑色	重壤土	块状	5.5	44.2	2.62	0.39							
						G	24—41	棕灰色	砂壤土	块状	5.0	2.6	0.12	0.12							
						W	41—100	灰蓝色	砂壤土	糊状	5.0		7.70	0.55							
剖6	人为土	水稻土	渗育水稻土	滨海砂质田	黄砂田	A	0—13	灰黄色	砂壤土	粒状	5.3	13.7	0.76	0.01	0.7	48	1.9	9		E 110°29′15.7″ N 20°00′03.6″	96
						P	13—18	浅黄色	砂壤土	粒状	5.1	7.6	0.47	0.06	1.2						
						W	18—100	灰白色	松砂土	粒状	5.7	1.2	0.08	0.01	1.2						
剖7	初育土	风沙土	滨海风沙土	滨海沙土	半固定沙土	A	0—8		松砂土		6.4	1.4	0.05	0.05	4.2	5	0.7	5	滨海沉积物	E 110°30′57.6″ N 20°00′14.8″	84
						C_1	8—56		松砂土		6.5	0.8	0.04	0.04	4.7						
						C_2	56—100		松砂土		6.4	0.5	0.07	0.05	5.1						
剖8	人为土	水稻土	潴育水稻土	火山岩土田	铁子底黑石土田	A	0—10	暗灰色	重壤土	核状	6.2	35.3	1.33	0.56	2.2	130	3.7	55	火山岩	E 110°09′38.7″ N 19°56′55.3″	72
						P	10—16	暗灰色	轻黏土	片状	6.5	14.5	0.79	0.38	2.2						
						W_1	16—34	灰棕黄色	轻黏土	柱状	6.6	14.6	0.72	0.35	2.0						
						W_2	34—100	灰棕黄色	轻壤土	棱柱状											
剖9	人为土	水稻土	淹育水稻土	浅脚黑土田	浅脚黑石土田	A	0—13	棕灰色	中壤土	团块状	6.4	26.3	1.43	0.23	11.6	122	16.2	146		E 110°09′58.0″ N 19°56′10.7″	90
						P	13—100	暗灰色	砂壤土	块状	6.6	9.8	0.77	1.00	9.2						
剖10	人为土	水稻土	潴育水稻土	生泥田	生砂土田	A	0—14		轻壤土	粒状	6.4	5.2	0.30	0.04	1.7	30	1.5	32		E 110°08′20.5″ N 19°55′23.7″	71
						C_1	14—24		轻壤土	块状	6.2	2.2	0.13	0.03	1.0						
						C_2	24—80		重壤土		5.1	2.8	0.25	0.06	5.6						
剖11	人为土	水稻土	潴育水稻土	生泥田	生赤土田	A	0—18	橙黄色	重壤土	糊状	6.0	24.5	1.64	0.33		5	4.2	30		E 110°09′05.1″ N 19°55′13.7″	85
						P	18—100	黄红色	重壤土	块状		22.0	0.96	0.28	3.6						
剖12	人为土	水稻土	潴育水稻土	火山岩赤土田	石子黑土田	A	0—17	暗棕灰色	重壤土	粒状	6.6	26.2	1.20	0.28	3.2	111	0.9	37		E 110°09′49.6″ N 19°54′51.1″	90
						P	17—23	棕黄色	中壤土	块状	6.5	10.6	0.50	0.76	3.2						
						W	23—60	红棕色	重壤土	柱状	6.7	6.7	1.33	0.66							
						D	60—				5.8										
剖13	人为土	水稻土	淹育水稻土	浅脚砂泥田	砂土田	A	0—10	灰黄色	砂壤土	小块状	6.6	14.2	0.92	0.13		65	1.0	48	火山岩	E 110°11′25.9″ N 19°54′05.3″	80
						P	10—15	灰黄色	砂壤土	块状		7.8	0.45	0.32							
						C	15—100	黄黄色	中壤土	块状		6.5	0.39	0.22							
剖14	人为土	水稻土	淹育水稻土	浅脚火山灰田	铁盘黑石土田	A	0—14	灰黑色	轻壤土	团粒状	6.6	50.4	2.56	0.44	3.2	189	1.3	27		E 110°10′13.9″ N 19°54′04.6″	99
						C_1	14—17	灰黄色	轻壤土	块状	6.4	15.2	0.99	0.36	2.5						
						C_2	17—														

续表 Continued

剖面号 Soil profile	土纲 Soil order	土类 Soil great group	亚类 Soil subgroup	土属 Soil genus	土种 Soil species	土层码 Layer code	土层厚度 Depth/cm	颜色 Soil color	质地 Soil texture	土壤结构 Soil structure	pH	有机质 OM/(g/kg)	全氮 TN/(g/kg)	全磷 TP/(g/kg)	全钾 TK/(g/kg)	碱解氮 AN/(mg/kg)	有效磷 AP/(mg/kg)	速效钾 AK/(mg/kg)	土壤母质 Parent material	剖面点坐标 Profile coordinate	匹配指数 Matching index/%
剖15	人为土	水稻土	淹育水稻土	浅脚黄赤土田	浅脚黄砂土田	A	0—13	暗棕色	紧砂土	粒状	5.0	11.9	0.64	0.13	5.6	30	1.7	30		E 110°12′14.8″ N 19°53′39.8″	88
						P	13—18	棕色	砂壤土	小块状	5.0	2.3	0.17	0.35	1.2						
						C	18—100	浅棕色	轻壤土	块状	4.7	3.7	0.27	1.14	1.7						
剖16	铁铝土	砖红壤	砖红壤	玄武岩赤土地	赤砂泥田地	A	0—12	浅棕色	砂壤土	核状	6.0	8.4	0.49	0.20	3.8	51	2.8	24	玄武岩	E 110°11′23.6″ N 19°52′08.8″	90
						B	12—100	红棕色	重壤土	块状	6.3	8.3	0.57	0.35	3.2						
剖17	铁铝土	砖红壤	黄色砖红壤	浅海沉积物黄赤土地	黄赤砂泥地	A	0—25	黄棕色	砂壤土	小块状	5.5	6.9	0.35	0.16	1.6	27	3.5	17	浅海沉积物	E 110°20′50.2″ N 19°59′35.6″	95
						B	25—100	棕红色	重壤土	块状	5.0	7.4	0.31	0.17	2.4						
剖18	人为土	水稻土	潜育水稻土	冷底田	冷底田	A	0—18	黑色	重壤土	糊状	5.2	82.8	2.71	0.22	3.1	176	微量	24		E 110°27′06.1″ N 19°59′23.6″	79
						Pg	18—22	暗灰色	轻黏土	片状	5.3	38.0	0.89	0.16	2.7						
						G	22—100	暗灰色	轻黏土		5.4	81.4	1.90	0.17	2.8						
剖19	人为土	水稻土	潜育水稻土	青泥格田	黄青泥田	A	0—26	灰色	中壤土	块状	5.7	47.5	0.90	0.42	4.3	17	4.4	17		E 110°28′39.7″ N 19°57′31.3″	72
						P	26—31	暗棕黄色	中壤土	片状	5.5	49.6	1.96	0.45	3.8						
						G	31—45	棕黄色	重壤土	糊状	5.5	36.9	1.34	0.38	3.7						
						W	45—100	暗棕色	重壤土	块状	5.3										
剖20	人为土	水稻土	潜育水稻土	低青泥田	赤低青泥田	A	0—21	黑色	重壤土	糊状	6.0	39.0	1.54	0.43	3.6					E 110°29′09.6″ N 19°54′19.4″	84
						P	21—26	黑色	重壤土	块状	5.2	34.8	1.39	0.35	3.4						
						W	26—40	灰色	重壤土	块状	5.0	35.9	1.44	0.31	3.2						
						G	40—100	灰蓝色	重壤土												
剖21	人为土	水稻土	淹育水稻土	浅脚赤土田	浅脚赤土田	A	0—15	暗黄色	中黏土	粒状	5.3	42.4	2.21	1.29	1.1	203	1.8	149		E 110°22′00.5″ N 19°50′27.2″	99
						C	15—100	棕黄色	重黏土	小块状	5.5	21.7	1.07	0.98	0.8						
剖22	盐碱土		盐渍水稻土	咸酸田	轻咸酸田	A	0—21	浅黄色	轻壤土	小块状	5.1	15.2	0.78	0.22	11.5	29	0.7	23		E 110°38′04.6″ N 19°56′44.6″	80
						G	21—80		重壤土	团粒状	6.0	3.7	0.33	0.24	10.3						
剖23	滨海盐土	滨海盐土	滨海盐土	滨海盐土泥地	滨海盐土泥地	A	0—17	浅灰黄色	重壤土	棱柱状	6.3	8.5	0.36	0.13	14.1	45	0.3	189		E 110°36′57.6″ N 19°54′49.3″	100
						C_1	17—40		松砂土	团粒状		4.8	0.34	0.11	13.7						
						C_2	40—100		紧砂土	柱状		4.6	0.32	0.12	12.6						
剖24	铁铝土	砖红壤	黄色砖红壤	浅海沉积物黄赤土地	黄赤砂泥田	A	0—15	灰白色	砂壤土	粒状	6.3	6.1	0.29	0.08	2.1	42	9.6	37	浅海沉积物	E 110°39′40.3″ N 19°53′43.4″	88
						B_1	15—34	红黄色	紧砂壤土	小块状	6.4	3.0	0.14	0.12	2.3						
						B_2	34—100	浅黄色	砂壤土	粒状	5.6	4.5	0.26	0.15	2.8						
剖25	人为土	水稻土	潜育水稻土	红赤砂土田	乌红砂土田	A	0—17	棕黄色	轻壤土	块状	5.3	33.4	1.56	0.38	13.6	147	4.4	35		E 110°39′20.5″ N 19°52′17.8″	97
						P	17—22	黄橙色	重壤土	核柱状	5.5	23.9	1.26	0.32	12.6						
						W	22—100	红棕红色	重壤土	团粒状	6.3	6.0	0.40	0.16	23.7						
剖26	铁铝土	砖红壤	砖红壤	玄武岩砖红壤	薄有机质层中层玄武岩砖红壤	A	0—15	灰黑色	重壤土	柱状	4.9	43.7	1.71	0.52	2.1	118	0.2	19	玄武岩	E 110°31′08.4″ N 19°51′32.4″	100
						B	15—80	暗棕红色	重黏土	柱状	5.1	24.7	0.87	0.48	2.3						
剖27	铁铝土	砖红壤	砖红壤	花岗岩砖红壤	花岗岩砖红壤	A	0—9	棕色	砂壤土	粒状	5.9	10.0	0.29	0.08	2.8	19	1.7	4	花岗岩	E 110°40′36.1″ N 19°50′49.6″	100
						B	9—61	红棕色	中壤土	块状	5.2	8.0	0.32	0.09	1.2	16	2.0	19			
						D	61—														
剖28	人为土	水稻土	潴育水稻土	火山岩赤土田	黑坊土田	A	0—12	黑色	重壤土	小块状	6.1	23.5	1.19	0.89	8.6	13	11.4	38	火山岩	E 110°14′13.2″ N 19°49′36.8″	74
						P	12—18	褐色	中黏土	片状	6.8	1.5	0.62	0.92	8.7						
						W	18—80	褐红色	重黏土	柱状	6.9	12.8	0.43	0.81	8.5						
						D	80—130														
剖29	铁铝土	砖红壤	砖红壤	玄武岩赤土地	赤黏土地	A	0—18	暗红色	重壤土	核状	5.9	33.0	1.59	1.12	3.1	139	3.1	43	玄武岩	E 110°13′43.0″ N 19°47′16.1″	73
						B_1	18—30	黑红色	重黏土	柱状	6.0	30.5	1.45	1.06	3.0						
						B_2	30—100	暗红棕色	重黏土	柱状	6.3	21.4	0.97	0.89	2.9						
剖30	人为土	水稻土	淹育水稻土	浅脚赤土田	浅脚赤泥土田	A	0—15	暗红棕色	中壤土	核状	5.3	19.8	1.08	0.69	4.6	95	6.5	21	玄武岩	E 110°13′49.1″ N 19°45′35.6″	99
						P	15—18	红色	中黏土	块状	5.9	13.8	0.72	0.58	4.8						
						C	18—100		重壤土	块状	6.2	1.3	0.66	0.69	4.7						

续表 Continued

剖面号 Soil profile	土纲 Soil order	土类 Soil great group	亚类 Soil subgroup	土属 Soil genus	土种 Soil species	土层码 Layer code	土层厚度 Depth/ cm	颜色 Soil color	质地 Soil texture	土壤结构 Soil structure	pH	有机质 OM/ (g/kg)	全氮 TN/ (g/kg)	全磷 TP/ (g/kg)	全钾 TK/ (g/kg)	碱解氮 AN/ (mg/kg)	有效磷 AP/ (mg/kg)	速效钾 AK/ (mg/kg)	土壤母质 Parent material	剖面点坐标 Profile coordinate	匹配指数 Matching index/%
剖31	铁铝土	砖红壤	砖红壤	玄武岩赤土地	铁子赤土地	A	0—11	浅黄色	中壤土	核状	5.2	20.4	0.87	0.39	2.2	8	1.1	24	玄武岩	E 110°15′58.0″ N 19°49′59.2″	76
剖32	铁铝土	砖红壤	砖红壤	玄武岩砖红壤	薄有机质层 薄层玄武岩 砖红壤	B	11—100	黄色	中壤土	块状	5.4	37.7	1.71	1.65	1.7	134	4.1	61	玄武岩	E 110°27′46.2″ N 19°49′57.4″	77
						A	0—9	棕灰色	重壤土	块状		36.3	1.68	0.55		102					
						B	9—37	棕灰色	中壤土	柱状		27.6	1.46	0.44							
						D	37—														
剖33	人为土	潜育水稻土		火山岩赤土田	黑砂坊土	A	0—12	暗灰色	砂壤土	块状	5.8	79.0	2.87	0.27	2.6	407	56.3	21	火山岩	E 110°15′30.6″ N 19°48′43.6″	98
						P	12—20	暗棕色	砂壤土	片状	5.5	93.5	3.14	0.25	2.5						
						W_1	20—40	暗棕色	砂壤土	柱状	6.0	82.7	2.42	0.19	2.2						
						W_2	40—100	棕灰色	重壤土	柱状											
剖34	人为土	潜育水稻土		赤土田	铁子底田	A	0—15	棕灰色	重壤土	粒状	5.9	8.3	1.19	0.39	1.7	112	1.7	17		E 110°29′51.7″ N 19°47′51.7″	94
						P	15—22	灰黄棕色	重壤土	块状	7.0	12.9	0.59	0.43	1.8						
						W_1	22—45	灰黄黄色	中壤土	柱状	7.0	10.3	0.42	0.28	1.6						
						W_2	45—100	暗黄黄色	重壤土	核柱状											
剖35	人为土	潜育水稻土		青泥格田	赤青泥格田	A	0—31	浅灰色	重壤土	团块状	5.5	21.4	0.96	0.28	2.0	81	1.7	15		E 110°16′23.2″ N 19°46′16.0″	99
						P	31—42	绿灰色	重壤土	块状	7.0	14.1	0.58	0.17	2.2						
						Pg	42—100	暗灰黄色	重壤土	块状	7.0	8.6	0.35	0.14	2.0						
剖36	人为土	潜育水稻土		赤土田	赤土田	A	0—13	暗灰色	重壤土	片状	6.5	16.6	0.83	0.21	2.7	73	微量	16		E 110°29′03.5″ N 19°45′48.6″	75
						P	13—20	棕灰色	中黏土	棱柱状	6.5	9.7	0.42	0.20	2.5						
						W	20—38	暗灰色	中黏土	核柱状	6.7	10.7	0.34	0.16	2.0						
						W_2	38—100		重黏土												
剖37	铁铝土	砖红壤		玄武岩赤土地	赤泥地	1	0—12	红棕色	中壤土	团块状	5.4	23.1	1.18	1.42	2.2	96	6.3	17	玄武岩	E 110°26′36.0″ N 19°45′37.9″	71
						2	12—20	暗棕红色	重壤土	块状	6.1	12.2	0.74	1.22	2.4						
						3	20—100		重壤土	柱状	6.5	17.4	1.06	1.37	2.2						
剖38	铁铝土	砖红壤		红赤土地	红砂砖红泥地	A	0—15	浅棕色	砂壤土	块状	6.0	23.2				12	1.4	32		E 110°24′47.7″ N 19°45′20.2″	97
						B_1	15—56	棕色	砂壤土	柱状											
						B_2	56—80	黄黄棕色	中壤土	柱状											
						B_3	80—100	棕黄棕色	黏壤土	块状											
剖39	人为土	潜育水稻土		赤土田	赤砂泥土田	A	0—15	棕灰色	中壤土	团状	6.3	25.6	1.12	0.37	1.7	129	3.7	20		E 110°29′24.7″ N 19°43′54.8″	84
						P	15—25	暗黄棕色	砂壤土	块状	5.9	10.6	0.44	0.18	1.3						
						W	25—100	黄黄棕色	重壤土	柱状	7.3	5.9	0.17	0.14	1.6						
剖40	铁铝土	砖红壤		花岗岩砖红壤		A	0—12	棕橙色	砂壤土	块状	5.3	11.9	0.53	0.07	3.2	49	微量	17	花岗岩	E 110°27′14.4″ N 19°41′43.4″	76
						B	12—100	黄橙色	轻壤土	核状	5.4	5.8	0.31	0.06	3.2						
剖41	铁铝土	砖红壤		红赤土地	红赤泥地田	A	0—19	浅红棕色	中壤土	块状	4.9	23.7	0.93	0.37	2.5	79	微量	27		E 110°39′58.7″ N 19°49′57.7″	72
						B	19—100	浅棕色	中壤土	块状	5.0	10.4	0.45	0.33	2.6						
剖42	人为土	潜育水稻土		红赤土田	赤砂土田	A	0—15	灰棕色	砂壤土	小块状	5.1	9.8	1.87	0.33	4.3	198	8.1	4		E 110°41′12.1″ N 19°49′35.4″	80
						P	15—20	灰棕色		块状	4.9	18.0	1.28	0.23	4.5						
						W	20—100	灰灰色	重黏土	块状	5.4	15.7	0.78	0.35	4.5						
剖43	人为土	潜育水稻土		赤土田	赤坊土田	A	0—15	棕灰色	轻黏土	块状	5.9	60.2	2.13	1.43	2.1	177	2.4	30		E 110°34′20.3″ N 19°48′32.8″	92
						P	15—21	棕灰色	轻黏土	片状	5.4	45.4	1.67	1.45	1.7						
剖44	人为土	潜育水稻土		冷底田	铁锈水田	A	0—20	灰黄棕色	紧砂土	糊状	6.1	30.1	1.22	0.20	1.7	110	0.9	12		E 110°34′16.0″ N 19°45′09.7″	76
						P	20—30	暗棕色	紧砂土	粒状	6.5	13.0	0.43	0.09	1.7						
						G	30—100	黑棕色	紧砂土	粒状	6.5	26.9	0.92	0.15	1.9						

续表 Continued

剖面号 Soil profile	土纲 Soil order	土类 Soil great group	亚类 Soil subgroup	土属 Soil genus	土种 Soil species	土层码 Layer code	土层厚度 Depth/cm	颜色 Soil color	质地 Soil texture	土壤结构 Soil structure	pH	有机质 OM/(g/kg)	全氮 TN/(g/kg)	全磷 TP/(g/kg)	全钾 TK/(g/kg)	碱解氮 AN/(mg/kg)	有效磷 AP/(mg/kg)	速效钾 AK/(mg/kg)	土壤母质 Parent material	剖面点坐标 Profile coordinate	匹配指数 Matching index/%
剖45	人为土	水稻土	潜育水稻土	低青泥田	黄低青泥田	A	0—10	灰黄色	砂壤土	团块状	5.4	48.0	0.93	0.26	3.2	87	4.1	27		E 110°34′20.3″ N 19°40′07.0″	90
						P	10—15	浅咔黄色	砂壤土	块状	6.4	16.0	0.78	0.24	2.4						
						W	15—21	黄棕色	紧砂土	块状		2.5	0.11	0.24	2.4						
						G	21—100	灰蓝色	中壤土	糊状											
剖46	铁铝土	砖红壤	砖红壤	砂页岩砖红壤		A	0—19	浅灰色	紧砂土	小块状	5.8	6.7	0.25	0.05	2.7	28	0.2	12	砂页岩	E 110°23′36.6″ N 19°39′36.7″	87
						B	19—100	浅灰色	砂壤土	小块状	5.5	4.1	0.16	0.06	4.0						
剖47	铁铝土	砖红壤	砖红壤	砂页岩赤土地	黄红砂土地	A	0—20	棕红色	砂土	粒状	4.8	6.6	0.29			41	0.9	10	砂页岩	E 110°28′40.9″ N 19°39′29.2″	99
						B	20—100	棕红色	砂土	粒状											
剖48	铁铝土	砖红壤	砖红壤	砂页岩砖红壤	中有机质层薄层砂页岩砖红壤	A	0—11	灰红色	砂壤土	块状	5.9	15.3	0.70	1.04	8.5	66	0.9	31	砂页岩	E 110°29′10.7″ N 19°36′36.0″	90
						B	11—22	紫灰色	砂壤土	柱状	5.8	9.9	0.48	0.14	8.6						
						D	22—														
剖49	铁铝土	砖红壤	砖红壤	砂页岩砖红壤		A	0—8	浅灰色	紧砂土	块状	6.4	9.5	0.36	0.06	2.2	36	微量	15	砂页岩	E 110°26′02.8″ N 19°35′52.5″	83
						B	8—10	浅灰色	砂壤土	柱状	6.6	4.0	0.23	0.06	2.7						
剖50	人为土	水稻土	潜育水稻土	赤土田	乌赤土田	A	0—17	棕灰色	中壤土	团粒状	5.1	32.9	1.01	0.31	1.7	85	微量	38	砂页岩	E 110°30′47.9″ N 19°39′46.8″	82
						P	17—24	灰灰色	中壤土	片状	5.3	21.5	1.68	0.19	1.7						
						W_1	24—40	棕黄色	轻黏土	棱柱状	4.2	10.4	0.61	0.14	1.6						
						W_2	40—100	棕黄色	轻黏土	棱柱状											
剖51	铁铝土	砖红壤	砖红壤	玄武岩赤土地	铁子底赤土	A	0—15	灰红色	轻壤土		4.8	25.3	1.04	1.03	1.9	95	微量	37	玄武岩	E 110°35′16.1″ N 19°36′19.1″	84
						B	15—70		轻壤土	块状	4.4	12.3	0.50	0.90	1.7						
						C	70—100		重壤土	块状	4.7	5.5	0.29	1.07	1.7						
剖52	铁铝土	砖红壤	砖红壤	玄武岩砖红壤		A	0—7	灰红色	中壤土	块状	5.5	49.7	1.95	0.82	1.9	158	3.5	55	玄武岩	E 110°31′47.7″ N 19°35′49.2″	83
						B	7—100	灰红色	重壤土	块状	5.6	14.0	0.65	0.67	1.8						
剖53	铁铝土	砖红壤	砖红壤	玄武岩砖红壤		A	0—19	暗棕红色	重黏土	块状	5.5	31.5	1.31	2.35	2.2	113	微量	15	玄武岩	E 110°35′55.0″ N 19°34′56.3″	88
						B	19—100	棕红色	重黏土	块状		18.2	0.79	2.39	1.7						
剖54	铁铝土	砖红壤	砖红壤	玄武岩赤土地	铁盘底赤土	A	0—16	灰棕色	重黏土	团块状	6.1	27.2	1.44	1.15	2.7	126	4.8	56	玄武岩	E 110°31′03.7″ N 19°34′39.4″	71
						B_1	16—59	黄棕色	重黏土	块状	6.2	16.5	1.50	1.12	2.6						
						B_2	59—														
剖55	铁铝土	砖红壤	砖红壤	玄武岩砖红壤	厚有机质层厚层玄武岩砖红壤	A	0—30	暗棕色	中壤土	核状	4.7	37.3	1.39	0.65	0.7	101	0.1	44	玄武岩	E 110°35′26.5″ N 19°32′22.3″	88
						B_1	30—85	暗棕色	轻黏土	柱状		6.7	0.27	0.28	0.3						
						B_2	85—130	棕红色	轻黏土	柱状		6.2	0.27	0.73	0.8						

三 亚 市

市 辖 区

主要土类说明

砖红壤是三亚市主要土壤类型，占本市地域面积的65%。砖红壤主要发生于热带雨林或季雨林下，是遭强烈脱硅富铝化作用的土壤。砖红壤中氧化硅大量迁出，游离铁占全铁的80%。黏粒矿物以高岭石、赤铁矿和三水铝石为主，黏粒硅铝率小于1.6，风化淋溶系数小于0.05，盐基饱和度小于15%。在A-B-C剖面构型中，淀积层（B层）富含铁铝氧化物，呈砖红色；淀积层下部常出现红白（或黄白）交织的网纹层。

赤红壤是三亚市第二大土壤类型，占本市地域面积的12%。赤红壤脱硅富铝化程度仅次于砖红壤，强于红壤。铁的游离度介于二者之间，黏粒硅铝率为1.7—2.0，风化淋溶系数为0.05—0.15，盐基饱和度为15%—25%，pH为4.5—5.5。淀积层（B层）富含铁铝氧化物，呈赤红色。

水稻土是三亚市第三大土壤类型，占本市地域面积的10%。水稻土是在长期的季节性淹灌、水下翻耕、季节性脱水、氧化还原交替影响下，原来的成土母质或母土的特性发生重大改变，形成的新的土壤类型。由于干湿交替，水稻土形成糊状的淹育层、较坚实板结的犁底层、渗育层、潴育层与潜育层等多种发生层。这些不同的发生层是在人为耕作、水浆管理下形成的。

燥红土占本市地域面积的6%。燥红土是在热带、亚热带干旱河谷与雨影区稀树草原下形成的盐基饱和的红色土壤，具A-B-C（D）剖面构型。该土壤复盐基明显，交换性钙、镁占阳离子交换量的80%以上，pH为6.0—7.0，有时可达7.5。

小于本市地域面积3%的土壤类型有风沙土、潮土和黄壤。

本区域中心区气候特征

本区域中心区气候特征值
Regional climate characteristics in central area of the region

气候带：南亚热带湿润气候 Climate region: South subtropical humid climate	
年平均气温 /℃ Annual average temperature /℃	24.9
年平均最高气温 /℃ Annual average maximum temperature /℃	28.7
年平均最低气温 /℃ Annual average minimum temperature /℃	22.0
年降水量 /mm Annual precipitation /mm	1396
≥10℃的积温 /℃ Daily temperature accumulated in a year（≥10℃）/℃	9066
年日照时数 /h Annual sunshine /h	2377
年平均相对湿度 /% Annual average relative humidity /%	82
干燥度 Dryness	1.20

本区域中心区月平均气温与月平均降水量
Monthly temperature and precipitation in central area of the region

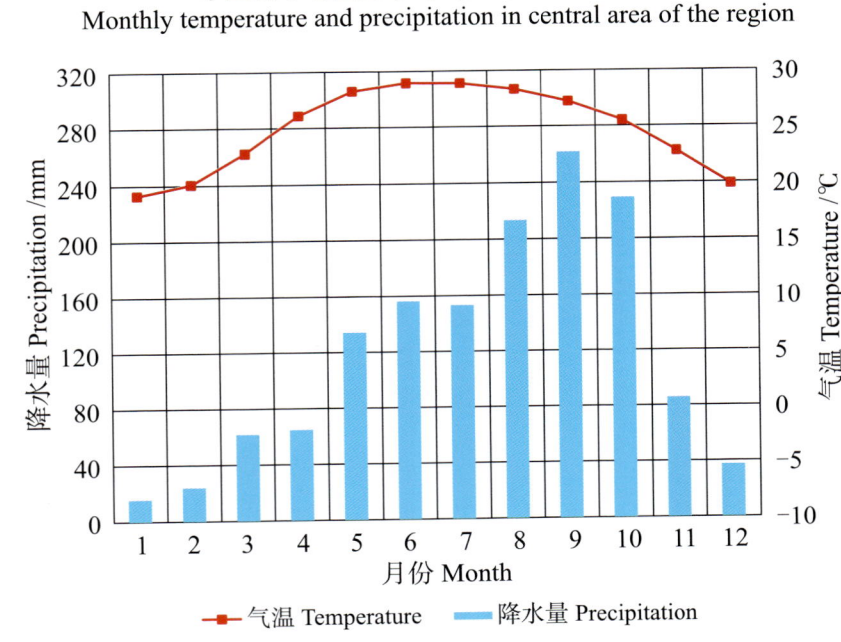

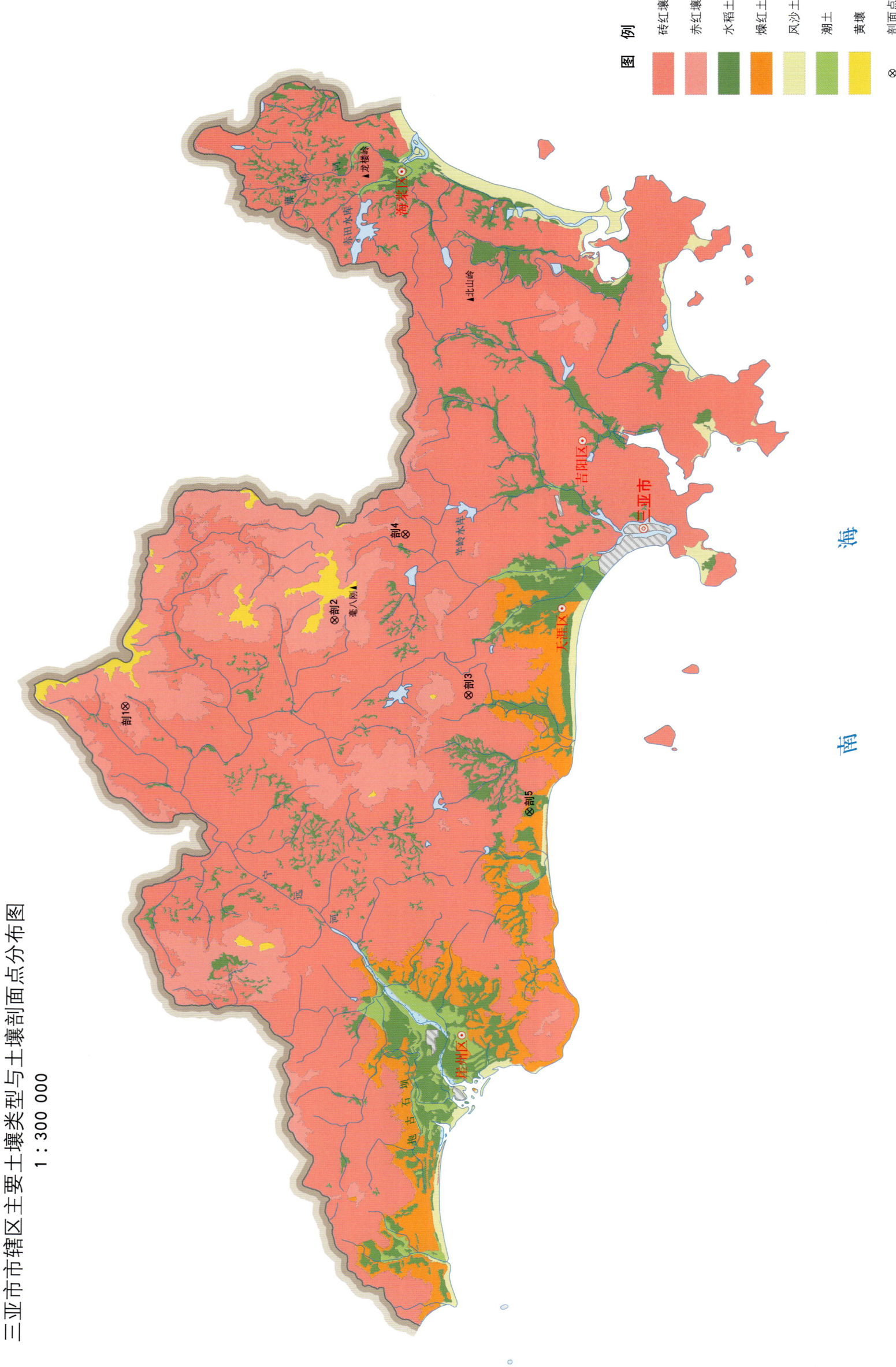

三亚市土壤剖面理化性状表

剖面号 Soil profile	土纲 Soil order	土类 Soil great group	亚类 Soil subgroup	土属 Soil genus	土种 Soil species	土层码 Layer code	土层厚度 Depth/cm	颜色 Soil color	质地 Soil texture	土壤结构 Soil structure	pH	有机质 OM/(g/kg)	全氮 TN/(g/kg)	全磷 TP/(g/kg)	全钾 TK/(g/kg)	碱解氮 AN/(mg/kg)	有效磷 AP/(mg/kg)	速效钾 AK/(mg/kg)	土壤母质 Parent material	剖面点坐标 Profile coordinate	匹配指数 Matching index/%
剖1	铁铝土	赤红壤	赤红壤	砂页岩赤红壤	页赤红土	A	0—19	灰棕色	砂壤土	块状	5.0	32.5	1.49	0.19	8.8	156	2.2	111	砂页岩	E 109°23′13.6″ N 18°34′05.9″	73
						B₁	19—43	棕黄色	黏壤土	块状	4.7	13.5	0.79	0.20	11.3						
						B₂	43—100	棕红色	黏土	块状	4.8	4.3	0.71	0.17	11.8						
剖2	铁铝土	赤红壤	赤红壤	安山岩赤红壤	安赤红土壤	A	0—17	黑棕色	砂质黏壤土	团块状	5.2	17.5	0.84	0.08	22.7	91	1.3	140	安山岩	E 109°26′46.0″ N 18°26′21.1″	95
						B₁	17—70	灰棕色	砂质黏壤土	块状	5.1	8.0	0.49	0.07	15.8						
						B₂	70—100	灰黄棕色	砂质黏壤土	块状	5.0	2.3	0.14	0.03	14.9						
剖3	铁铝土	砖红壤	砖红壤	安山岩砖红壤	中安赤土	A	0—17	棕灰色	砂质黏壤土	块状	6.1	18.6	1.40	0.23	30.5	118	0.9	188	安山岩	E 109°23′49.6″ N 18°21′19.8″	97
						B	17—48	浅棕色	壤质黏土	块状	5.9	5.2	0.24	0.10	16.3						
						R	48—														
剖4	铁铝土	砖红壤	砖红壤	安山岩砖红壤	安赤土	A	0—22	棕不色	砂质黏壤土	块状	5.4	33.7	1.76	0.28	16.2	184	3.1	154	安山岩	E 109°30′14.8″ N 18°23′44.9″	90
						B₁	22—48	浅棕不色	壤质黏土	块状	5.4	18.0	0.80	0.23	17.8						
						B₂	48—100	红橙色	壤质黏土	块状	5.4	9.3	0.54	0.21	17.9						
剖5	水稻土	水稻土	淹育水稻土	浅脚炭质黑泥田	浅炭质黑泥田	Aa	0—10	黑色	砂质黏壤土	块状	7.2	18.5	1.13	0.13	32.0	71	2.6	128		E 109°19′09.8″ N 18°19′00.1″	94
						Aph	10—15	棕灰色	砂质黏壤土	块状	7.5	12.8	0.66	0.09	26.3						
						C	15—60	暗灰棕色	砂质黏土	块状	8.0	4.1		0.07	24.0						

儋 州 市

市 辖 区

主要土类说明

砖红壤是儋州市主要土壤类型，占本市地域面积的 69%，主要分布在海拔 400m 以下的丘陵、台地和岭脚。成土母质主要为玄武岩、花岗岩、砂页岩、浅海沉积物等。砖红壤土层深厚，表层呈暗红棕色，心土层呈砖红色且具有大量暗色胶膜和细粒铁锰结核，剖面构型为 A-Bs-Bv-C。土壤脱硅富铝化作用强烈，铁铝氧化物明显聚积，黏粒硅铝率小于 1.6，铁的游离度大于 80%，风化淋溶系数小于 0.05，盐基饱和度低，土壤酸性强。

水稻土是儋州市第二大土壤类型，占本市地域面积的 15%。水稻土是在长期的季节性淹灌、水下翻耕、季节性脱水、氧化还原交替影响下，原来的成土母质或母土的特性发生重大改变，形成的新的土壤类型。由于干湿交替，水稻土形成糊状的淹育层、较坚实板结的犁底层、渗育层、潴育层与潜育层等多种发生层。本市水稻土分为潴育型、渗育型、潜育型、淹育型、沼泽型、盐渍型等亚类。其中，潴育水稻土面积最大。

火山灰土是儋州市第三大土壤类型，占本市地域面积的 5%。火山灰土由火山喷发碎屑物和尘状火山灰堆积物发育而成，剖面发生层分异小，色泽差异大，母质特征明显。土体由灰黑色、暗褐色的疏松多孔的玻璃质熔岩块堆叠而成，具 A-C 剖面构型。火山灰土较深厚，细粉砂和粗粉砂含量高，富含浮岩碎块。

紫色土占本市地域面积的 4%。紫色土是由热带、亚热带紫红色岩层直接风化形成的 A-C 型土壤。其理化性质与母岩组成直接相关，土层浅薄，剖面层次发育不明显，仍处于初育阶段。母岩富含矿质养分，且风化迅速。本市紫色土仅有酸性紫色土一个亚类。

小于本市地域面积 3% 的土壤类型有风沙土、新积土、石质土、滨海盐土、酸性硫酸盐土和石灰（岩）土。

本区域中心区气候特征

本区域中心区气候特征值
Regional climate characteristics in central area of the region

气候带：南亚热带湿润气候 Climate region: South subtropical humid climate	
年平均气温 /℃ Annual average temperature /℃	24.5
年平均最高气温 /℃ Annual average maximum temperature /℃	28.3
年平均最低气温 /℃ Annual average minimum temperature /℃	21.7
年降水量 /mm Annual precipitation /mm	1463
≥10℃的积温 /℃ Daily temperature accumulated in a year (≥10℃) /℃	8922
年日照时数 /h Annual sunshine /h	2267
年平均相对湿度 /% Annual average relative humidity /%	82
干燥度 Dryness	1.10

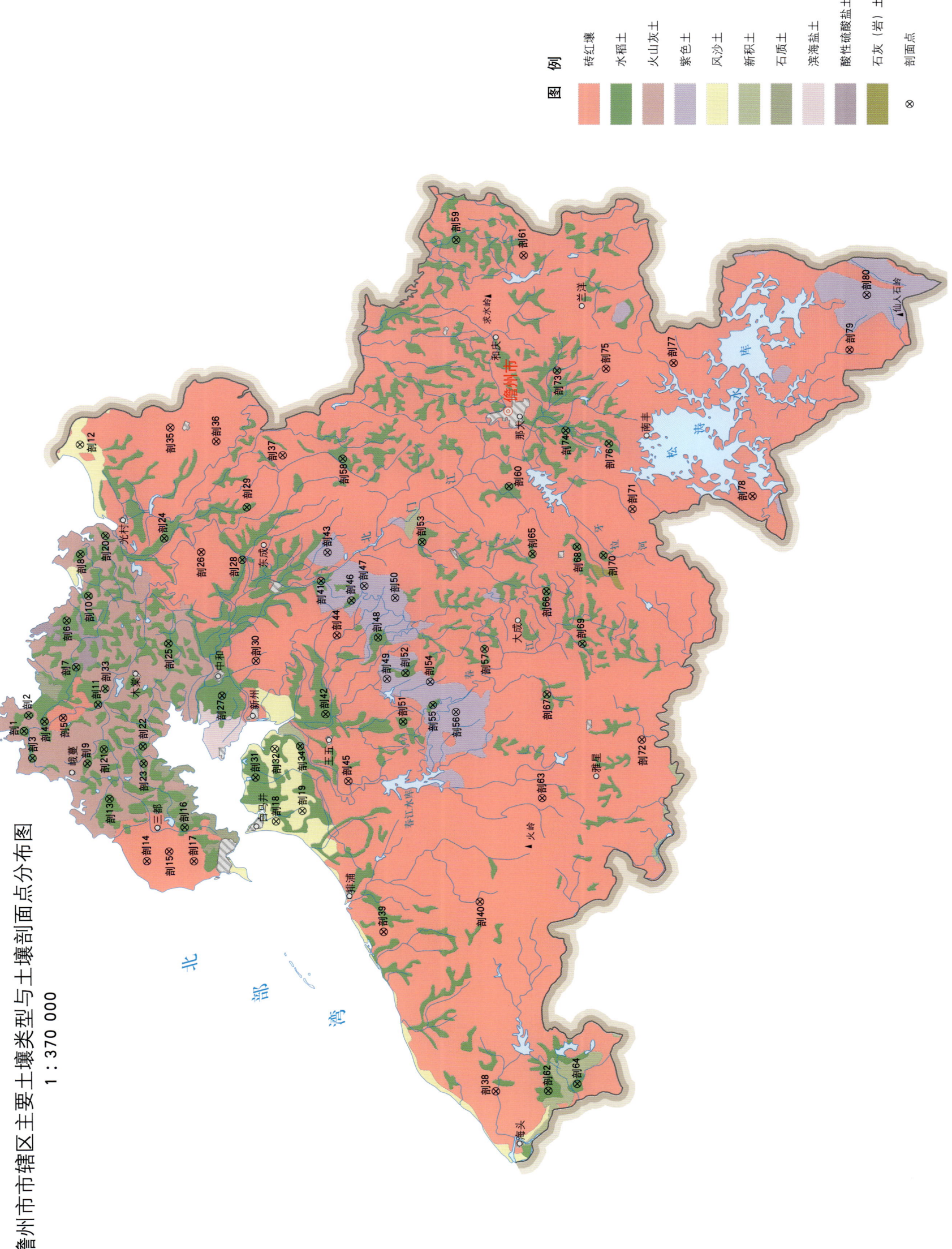

儋州市土壤剖面理化性状表

剖面号 Soil profile	土纲 Soil order	土类 Soil great group	亚类 Soil subgroup	土属 Soil genus	土种 Soil species	土层码 Layer code	土层厚度 Depth/cm	颜色 Soil color	质地 Soil texture	土壤结构 Soil structure	pH	有机质 OM/(g/kg)	全氮 TN/(g/kg)	全磷 TP/(g/kg)	全钾 TK/(g/kg)	碱解氮 AN/(mg/kg)	有效磷 AP/(mg/kg)	速效钾 AK/(mg/kg)	土壤母质 Parent material	剖面点坐标 Profile coordinate	匹配指数 Matching index/%
剖1	人为土	水稻土	淹育水稻土	生泥田	生红赤土田	A	0–14	浅灰色	中壤土	块状	5.9	14.6	0.52	0.09	40.1	125	2.2	27	花岗岩	E 109°17′51.4″ N 19°53′42.0″	75
						C	14–100	浅棕灰色	轻壤土	块状	6.5	4.8	0.37	0.07	42.1						
剖2	人为土	水稻土	淹育水稻土	浅脚火山灰田	浅脚黑石田	A	0–16	灰黄棕色	轻黏土	块状	6.6	20.3	0.64	0.50	1.8	102	11.7	93	火山灰	E 109°18′39.7″ N 19°53′29.8″	81
						C	16–100	暗黄棕色	轻黏土	块状	7.5	13.3	0.42	0.23	1.7						
剖3	人为土	水稻土	淹育水稻土	生泥田	生赤土田	A	0–14	褐色	中壤土	块状	6.5	12.5	0.63	0.40	5.1	116	3.3	61	玄武岩	E 109°16′30.0″ N 19°53′17.5″	80
						C	14–100	棕色	中壤土	块状	7.3	8.7	0.42	0.25	4.6						
剖4	人为土	水稻土	潜育水稻土	赤土田	赤坊土田	A	0–20	棕灰色	轻黏土	团块状	6.2	19.6	1.01	0.13	1.1	130	1.0	27	玄武岩	E 109°18′21.2″ N 19°52′44.8″	79
						P	20–29	暗黄棕色	轻黏土	块状	6.0	8.9	0.47	0.10	1.1						
						W	29–100	栗色	轻黏土	棱块状	6.7	4.8	0.28	0.10	1.1						
剖5	铁铝土	砖红壤		玄武岩砖红壤	铁子石土地	A	0–23	红黄色	轻黏土	粒状		24.1	1.11	0.50	2.6				玄武岩	E 109°18′32.4″ N 19°51′52.6″	76
						B	23–100	红黄色	轻黏土	粒状	6.3	9.3	0.55	0.43	2.9						
剖6	人为土	水稻土	盐渍水稻土	咸田	轻咸田	A	0–15	暗灰色	紧砂土	粒状	6.3	11.2	0.57	0.08	3.7	50	6.3	65	浅海沉积物	E 109°23′29.4″ N 19°51′44.6″	94
						P	15–21	浅灰色	紧砂土	粒状	6.0	9.6	0.46	0.05	3.2						
						W	21–100	暗灰色	紧砂土	粒状	6.6	2.1	0.10	0.03	4.6						
剖7	人为土	水稻土	淹育水稻土	浅脚白土田	浅脚白半砂坊田	A	0–14	暗棕色	砂壤土	碎块状	5.8	17.2	0.90	0.08	1.7	89	15.3	22	砂页岩	E 109°21′06.5″ N 19°51′16.6″	80
						P	14–20	暗黄棕色	中壤土	块状	6.1	9.0	0.47	0.10	1.7						
						C	20–100	棕灰色	中壤土	块状	6.6	2.7	0.17	0.06	1.8						
剖8	人为土	水稻土	淹育水稻土	浅脚紫泥田	铁子底黑土田	A	0–13	暗黄棕色	轻壤土	碎块状	7.3	14.5	0.57	0.23	0.7	142	1.2	119	紫色砂页岩	E 109°26′53.2″ N 19°51′07.2″	78
						P	13–22	暗黄棕色	中壤土	块状	6.7	15.5	0.71	0.30	0.7						
						C	22–100	暗棕色	中壤土	块状	7.6	7.4	0.34	0.29	0.4						
剖9	人为土	水稻土	淹育水稻土	浅脚紫泥田	浅脚牛肝土田	A	0–11	暗棕色	中壤土	块状	5.0	27.7	1.32	0.92	11.6	100	8.5	13	紫色砂页岩	E 109°16′14.5″ N 19°50′43.4″	74
						P	11–15	暗棕色	中壤土	块状	6.0	10.2	0.82	0.52	12.6						
						G	15–100	暗棕色	中壤土	块状	6.7	8.6	0.50	0.43	16.3						
剖10	人为土	水稻土	淹育水稻土	乌泥底田	浅脚紫砂泥田	A	0–16	暗棕色	砂壤土	碎块状	5.6	16.2	0.55	0.14	11.9	56	2.3	17	火山灰	E 109°24′45.2″ N 19°50′43.4″	70
						P	16–24	暗棕灰色	轻壤土	碎块状	5.5	12.2	0.71	0.12	13.4						
						C	24–100	浅黄棕色	中壤土	块状	5.9	9.4	0.55	0.09	14.6						
剖11	人为土	水稻土	淹育水稻土	乌泥底田	乌泥底田	A	0–17	暗棕色	黏土	块状	6.0	30.9	1.19	0.34	0.4	110	5.2	85	火山灰	E 109°19′13.4″ N 19°50′14.6″	91
						P	17–24	暗棕色	黏土	块状	7.3	16.4	0.53	0.24	1.1						
						C	24–100	暗棕灰色	黏土	块状	7.2	15.5	0.52	0.20	0.2						
剖12	初育土	风沙土	滨海风沙土	滨海沙土	半固定沙土	A	0–21	黄色	松砂土	粒状	5.6	1.6	0.10	0.03	1.1	15	114.0	27	滨海沉积物	E 109°32′25.7″ N 19°51′10.2″	76
						C	21–100	浅黄色	松砂土	粒状	5.4	1.1	0.10	0.03	1.5						
剖13	人为土	水稻土	淹育水稻土	泥肉田	白泥肉田	A	0–27	暗黄色	轻壤土	团粒状	4.9	36.5	1.68	0.26	7.0	120	5.0	3	砂页岩	E 109°14′25.8″ N 19°49′40.4″	80
						P	27–49	暗黄色	中壤土	块状	6.0	20.1	0.72	0.14	6.4						
						W_1	49–66	浅黄色	中壤土	柱状	5.0	4.6	0.21	0.10	5.6						
						W_2	66–100	浅黄棕色	壤土	柱状	5.6										
剖14	铁铝土	砖红壤		玄武岩砖红壤	赤黏土地	A	0–29	红色	重壤土	块状	4.3	27.0	1.22	0.79	10.0	182	1.7	249	玄武岩	E 109°11′14.6″ N 19°47′54.0″	87
						B	29–100	红黄色	轻黏土	块状	4.5	19.3	0.90	0.72	10.0						
剖15	铁铝土	砖红壤		玄武岩砖红壤		A	0–24	暗棕红色	轻黏土	块状	4.4	28.4	1.04	0.72	1.2	154	1.5	26	玄武岩	E 109°11′44.5″ N 19°46′51.6″	78
						B	24–100	暗棕色	轻黏土	块状	4.4	22.2	0.88	0.69	1.2						
剖16	人为土	水稻土	潜育水稻土	赤土田	赤砂泥土田	A	0–14	暗棕色	中壤土	团块状	5.1	23.0	1.12	0.17	7.9	99	2.8	29	玄武岩	E 109°12′59.0″ N 19°46′08.4″	89
						P	14–24	棕色	轻壤土	块状	6.3	5.5	0.26	0.09	7.2						
						W	24–100	浅棕色	中壤土	棱柱状	6.4	3.6	0.29	0.08	6.9						

续表 Continued

剖面号 Soil profile	土纲 Soil order	土类 Soil great group	亚类 Soil subgroup	土属 Soil genus	土种 Soil species	土层码 Layer code	土层厚度 Depth/cm	颜色 Soil color	质地 Soil texture	土壤结构 Soil structure	pH	有机质 OM/(g/kg)	全氮 TN/(g/kg)	全磷 TP/(g/kg)	全钾 TK/(g/kg)	碱解氮 AN/(mg/kg)	有效磷 AP/(mg/kg)	速效钾 AK/(mg/kg)	土壤母质 Parent material	剖面点坐标 Profile coordinate	匹配指数 Matching index/%
剖17	铁铝土	砖红壤	砖红壤	玄武岩砖红壤	赤砂泥地	A	0—23	暗红棕色	轻壤土	块状	5.4	13.8	0.61	0.17	7.6	68	4.8	51	玄武岩	E 109°11′15.1″ N 19°45′41.8″	73
						B	23—60	浅棕红色	轻壤土	块状	5.3	12.1	0.62	0.14	5.3						
						C	60—100														
剖18	初育土	风沙土	滨海风沙土	滨海沙土	流动沙地	A	0—10	浅黄色	松砂土	粒状	7.1	2.7	0.20	0.07	5.3	7	2.1	95	滨海沉积物	E 109°13′18.7″ N 19°41′51.4″	78
						C	10—100	浅棕色	松砂土	粒状	7.0	1.3	0.06	0.06	5.2						
剖19	初育土	风沙土	滨海风沙土	滨海沙土	固定沙地	A	0—23	白色	松砂土	粒状	5.7	2.2	0.15	0.03	0.7	16	4.2	8	滨海沉积物	E 109°13′51.2″ N 19°40′37.6″	78
						C_1	23—47	褐色	松砂土	粒状	5.7	1.5	0.18	0.09	1.0						
						C_2	47—100	浅红黄色	松砂土	粒状	6.0	1.8	0.14	0.14	1.1						
剖20	人为土	水稻土	淹育水稻土	生泥田	生砂土田	A	0—14	浅白色	紧砂土	粒状	5.2	2.9	0.29	0.04	5.3	19	0.4	4	滨海沉积物	E 109°27′49.7″ N 19°49′57.4″	72
						C	14—100	白色	紧砂土	粒状	5.3	1.0	0.31	0.02	1.3						
剖21	人为土	水稻土	潜育水稻土	冷底田	顽泥田	A	0—14	暗黑色	中黏土	块状	5.8	32.5	1.32	0.22	0.7	94	3.9	56	火山灰	E 109°16′58.1″ N 19°49′57.0″	76
						G	14—100	青灰色	轻黏土	糊状	6.5	19.7	0.81	0.22	0.9						
剖22	人为土	水稻土	潜育水稻土	生泥田	生白赤土田	A	0—16	浅灰色	轻壤土	块状	5.5	12.0	0.56	0.25	12.4	90	16.5	4	砂页岩	E 109°17′07.8″ N 19°48′07.6″	84
						P	16—21	紫红色	轻壤土	块状	6.1	11.2	0.52	0.17	4.1						
						C	21—100	浅红色	中壤土	块状	-6.5	5.5	0.33		4.6						
剖23	人为土	水稻土	潜育水稻土	冷底田	铁锈水田	A	0—15	浅棕黄色	轻黏土	块状	6.7	17.9	0.64	0.25	0.7	150	3.0	73	玄武岩	E 109°16′15.6″ N 19°48′04.7″	70
						P	15—25	暗黄色	轻黏土	块状	6.3	25.9	1.07	0.28	0.4						
						G	25—100	暗青灰色	中黏土	块状	6.5	10.8	0.42	0.20	0.7						
剖24	人为土	水稻土	渗育水稻土	滨海砂质田	黑砂田	A	0—17	黑黑色	轻砂土	粒状	3.7	28.1	1.08	1.16	1.7	107	4.6	16	滨海沉积物	E 109°27′42.7″ N 19°47′11.8″	94
						P	17—25	暗灰黄色	松砂土	粒状	4.0	21.0	0.80	0.10	0.8						
						C	25—100	白色	松砂土	粒状	5.0	19.7	0.70	0.08	0.8						
剖25	人为土	水稻土	盐渍水稻土	咸酸田	轻咸酸田	A	0—25	暗棕色	紧砂土	块状	5.4	22.2	0.87	0.08	3.3	66	0.9	92	滨海沉积物	E 109°22′21.0″ N 19°46′57.4″	76
						P	25—31	灰棕色	松砂土	粒状	5.9	9.9	0.29	0.06	3.0						
						E_2	31—62	灰白色	紧砂土	粒状	6.0	2.7	0.09	0.03	2.1						
							62—100	灰白色	砂土		6.0										
剖26	铁铝土	砖红壤	砖红壤	浅海沉积物黄色砖红壤		A	0—16	暗棕红色	松砂土	粒状	5.1	6.0	0.26	0.10	1.3	24	1.2	7	浅海沉积物	E 109°27′01.4″ N 19°45′27.7″	94
						P	16—100	红棕色	紧砂土	粒状	5.1	3.0	0.19	0.15	1.2						
剖27	人为土	水稻土	潜育水稻土	黄赤土田	黄赤砂土田	A	0—12	灰白色	砂黏土	片状	6.1	13.5	0.62	0.09	25.8	49	10.8	11	浅海沉积物	E 109°19′42.9″ N 19°44′25.9″	96
						P	12—19	灰白色	轻壤土	块状	6.6	6.1	0.33	0.10	25.8						
						W_1	19—37	黄棕色	重壤土	柱状	6.9	3.0	0.17	0.07	25.8						
						W_2	37—100	灰黄色	中壤土	块状	7.2	3.5	0.19	0.07	23.2						
剖28	人为土	水稻土	潜育水稻土	黄赤土田	黄赤黏土田	A	0—18	浅棕灰色	轻黏土	块状	5.1	39.4	2.37	0.24	20.1	71	3.4	90	浅海沉积物	E 109°26′38.4″ N 19°43′31.4″	80
						P	18—25	暗棕灰色	轻黏土	块状	5.0	22.8	0.97	0.22	17.3						
						W	25—100	暗棕灰色	重壤土	柱状	4.7	25.8	0.78	0.16	16.8						
剖29	人为土	水稻土	潜育水稻土	泥肉田	红泥肉田	A	0—22	浅棕色	砂壤土	团粒状	4.9	38.1	1.67	0.16	11.1	93	5.5	76	花岗岩	E 109°29′18.2″ N 19°43′19.6″	97
						P	22—28	暗棕色	砂壤土	棱柱状	5.0	33.3	1.12	0.24	10.0						
						W	28—100	浅棕红色	砂壤土	碎块状	4.3	20.0	0.71	0.26	10.8						
剖30	铁铝土	砖红壤	砖红壤	生泥田	生黑石土田	A	0—25	棕色	轻壤土	碎块状	5.0	3.1	0.51	0.11	1.7	42	1.0	19	浅海沉积物	E 109°21′29.2″ N 19°42′51.1″	98
						B	25—100	浅棕红色	砂壤土	块状	4.9	18.7	0.31	0.42	2.4						
剖31	人为土	水稻土	淹育水稻土	生泥田		A	0—12	黑色	中壤土	块状	6.6	11.9	0.74	0.38	0.7	204	4.0	191	火山灰	E 109°15′34.3″ N 19°42′49.9″	75
						P	12—17	暗棕色	中壤土	块状	8.1	8.5	0.51	0.36	1.6						
						C	17—100	浅棕红色	中壤土	块状	7.4		0.45		1.3						
剖32	初育土	风沙土	滨海风沙土	滨海沙土地	滨海沙土地	A	0—15	黑色	松砂土	粒状	6.4	2.6	0.17	0.06	2.7	31	9.4	5	滨海沉积物	E 109°17′02.0″ N 19°41′56.9″	88
						C_1	15—26	黄色	松砂土	粒状	6.7	1.3	0.10	0.03	2.2						
						C_2	26—100	黄棕色	松砂土	粒状	6.6	1.2	0.15	0.07	2.8						

续表 Continued

剖面号 Soil profile	土纲 Soil order	土类 Soil great group	亚类 Soil subgroup	土属 Soil genus	土种 Soil species	土层码 Layer code	土层厚度 Depth/cm	颜色 Soil color	质地 Soil texture	土壤结构 Soil structure	pH	有机质 OM/(g/kg)	全氮 TN/(g/kg)	全磷 TP/(g/kg)	全钾 TK/(g/kg)	碱解氮 AN/(mg/kg)	有效磷 AP/(mg/kg)	速效钾 AK/(mg/kg)	土壤母质 Parent material	剖面点坐标 Profile coordinate	匹配指数 Matching index/%
剖33	人为土	水稻土	淹育水稻土	浅脚火山灰田	铁盘底黑石土田	A	0-12	暗棕灰色	黏土	块状	6.4					94	44.1	36	火山灰	E 109° 20′ 02.4″ N 19° 49′ 54.3″	93
						P	12-20	暗棕灰色	黏土	块状											
						C	20-100	红棕色	黏土	块状											
剖34	人为土	水稻土	潴育水稻土	黄赤土田	乌黄赤土田	A	0-20	暗黄色	中壤土	块状	5.7	21.8	1.10	0.21	19.7	125	79.0	105	浅海沉积物	E 109° 17′ 10.3″ N 19° 40′ 45.1″	82
						P	20-26	浅黄色	轻壤土	块状	6.5	7.7	0.36	0.21	19.9						
						W	26-100	灰黄色	轻壤土	粒状	6.4	6.0	0.39	0.24	21.9						
剖35	铁铝土	砖红壤	砖红壤	玄武岩砖红壤	赤泥地	A	0-30	暗棕褐色	轻黏土	块状	4.9	25.7	1.29	0.40	1.6	142	3.4	39	玄武岩	E 109° 33′ 19.4″ N 19° 46′ 56.6″	83
						B	30-100	暗棕色	重黏土	块状	4.8	14.5	0.73	0.33	1.3						
剖36	铁铝土	砖红壤	砖红壤	玄武岩砖红壤	薄有机质层中层玄武岩砖红壤	A	0-7	暗棕红色	轻壤土	块状	6.2	11.3	0.58	0.41	1.3	133	3.4	23	玄武岩	E 109° 32′ 38.0″ N 19° 44′ 47.4″	99
						B	7-49	红色	重黏土	块状	6.4	10.5	0.58	0.41							
						C	49-														
剖37	铁铝土	砖红壤	砖红壤	浅海沉积物黄色砖红壤	黄赤砂地	A	0-18	暗棕灰色	紫砂土	粒状	5.7	6.0	0.40	0.10	3.7	45	11.2	19	浅海沉积物	E 109° 31′ 55.9″ N 19° 41′ 40.2″	83
						B	18-100	灰白色	紫砂土	粒状	7.2	3.6	0.21	0.07	11.4						
剖38	铁铝土	砖红壤	砖红壤	砂页岩砖红壤	中有机质层中层砂页岩砖红壤	A	0-14	灰白色	轻壤土	块状	5.1	11.1	0.55	0.09	2.7	38	1.1	30	砂页岩	E 108° 59′ 41.3″ N 19° 31′ 28.5″	86
						B	14-73	灰色	重壤土	块状	4.5	5.9	0.42	0.18	4.0						
						C	73-														
剖39	铁铝土	砖红壤	砖红壤	浅海沉积物黄色砖红壤		A	0-18	白色	壤土	碎块状	4.9	5.5	0.31	0.08	1.6	23	1.1	21	浅海沉积物	E 109° 07′ 41.2″ N 19° 36′ 46.4″	93
						B	18-57	黄橙色	砂壤土	碎块状	4.3	5.1	0.27	0.07	1.6						
剖40	铁铝土	砖红壤	砖红壤	花岗岩砖红壤	厚有机质层薄层花岗岩砖红壤	A	0-27	暗棕褐色	轻壤土	块状	5.3	14.3	0.65	0.07	27.9	62	1.7	37	花岗岩	E 109° 09′ 14.8″ N 19° 32′ 16.8″	72
						B	27-38	暗黄棕色	重壤土	柱状	5.1	7.3	0.34	0.06	24.0						
						C	38-														
剖41	人为土	水稻土	淹育水稻土	浅脚沉积物土田	浅脚黄粉砂土田	A	0-12	棕黄色	紫砂土	粒状	5.9	6.8	0.30	0.04	3.0	47	2.4	18	浅海沉积物	E 109° 25′ 35.0″ N 19° 39′ 49.7″	80
						P	12-18	棕黄色	紫砂土	粒状	6.5	5.8	0.27	0.03	3.0						
						C	18-100	灰棕色	紫砂土	粒状	7.0	1.4	0.20	0.03	3.0						
剖42	初育土	紫色土	酸性紫色土	酸性紫色土	中有机质层薄层酸性紫色土	A	0-12	棕灰色	紫砂壤土	碎块状	6.5	33.1	0.77	0.08	22.4	77	4.0	57	紫色砂页岩	E 109° 18′ 47.9″ N 19° 39′ 34.2″	83
						B	18-38	棕灰色	紫砂壤土	碎块状	6.0	16.0	0.17	0.06	21.8						
						C	38-100	褐色	紫砂壤土	碎块状	7.7	3.9	0.60	0.08	21.7						
剖43	人为土	水稻土	潴育水稻土	浅海沉积物黄赤土田	黄赤泥地	P	0-18	暗棕色	砂壤土	楞块状	7.6	12.3	0.57	0.07	6.6	72	1.2	32	浅海沉积物	E 109° 27′ 02.5″ N 19° 39′ 31.7″	94
						W	22-100	灰黄色	轻壤土	碎块状	6.7	2.1	0.13	0.02	15.3						
剖44	铁铝土	砖红壤	砖红壤	浅海沉积物黄色砖红壤	黄赤砂地	A	0-16	灰黄色	中壤土	碎块状	8.5	20.3	0.74	0.26	25.0	33	3.3	64	浅海沉积物	E 109° 22′ 49.1″ N 19° 39′ 03.6″	77
						B	16-100	红黄色	轻壤土	碎块状	6.9	3.4	0.14	0.07	26.5						
剖45	铁铝土	砖红壤	砖红壤	浅海沉积物黄色砖红壤	黄赤砂泥地	A	0-18	灰棕色	砂壤土	粒状	6.6	5.0	0.28	0.09	1.6	125	5.6	56	浅海沉积物	E 109° 15′ 24.5″ N 19° 38′ 29.0″	98
						B	18-100	红棕色	砂壤土	碎块状	6.6	3.1	0.22	0.09	2.2						
剖46	人为土	水稻土	淹育水稻土	生泥田	生黄赤土田	A	0-12	暗棕灰色	松砂壤土	碎块状	5.6	0.8	0.10	0.32	1.2	92	2.5	78	浅海沉积物	E 109° 24′ 34.9″ N 19° 38′ 24.0″	99
						C	12-100	暗棕灰色	松砂壤土	粒状	5.0	3.7	0.17	0.03	1.2						
剖47	初育土	紫色土	酸性紫色土	酸性紫色土	厚有机质层厚层酸性紫色土	A	0-23	浅黄棕色	紫砂壤土	粒状	6.6	5.3	0.30	0.10	29.0	37	1.5	54	紫色砂页岩	E 109° 25′ 20.3″ N 19° 37′ 48.0″	84
						B_1	23-36	黄棕色	紫砂壤土	碎块状	6.3	5.4	0.33	0.13	28.4						
						B_2	36-100	棕色	紫砂壤土	碎块状	6.5	5.2	0.22	0.11	28.4						
剖48	人为土	水稻土	淹育水稻土	浅脚赤土田	浅脚黄赤土田	A	0-12	灰黄色	轻壤土	块状	5.4	10.6	0.49	0.44	4.0	92	4.8	63	玄武岩	E 109° 22′ 42.2″ N 19° 37′ 08.0″	87
						P	12-16	浅灰色	中壤土	块状	4.6	5.6	0.37	0.33	3.3						
						C	16-100	暗黄棕色	重壤土	块状	5.2										
剖49	初育土	紫色土	酸性紫色土	酸性紫色土		A	0-20		砂壤土	块状	5.0	6.2	0.29	0.06	9.3				紫色砂页岩	E 109° 20′ 36.5″ N 19° 36′ 41.8″	79
						B	20-100		壤土		5.5	1.0	0.07	0.02	3.7						

续表 Continued

剖面号 Soil profile	土纲 Soil order	土类 Soil great group	亚类 Soil subgroup	土属 Soil genus	土种 Soil species	土层码 Layer code	土层厚度 Depth/cm	颜色 Soil color	质地 Soil texture	土壤结构 Soil structure	pH	有机质 OM/(g/kg)	全氮 TN/(g/kg)	全磷 TP/(g/kg)	全钾 TK/(g/kg)	碱解氮 AN/(mg/kg)	有效磷 AP/(mg/kg)	速效钾 AK/(mg/kg)	土壤母质 Parent material	剖面点坐标 Profile coordinate	匹配指数 Matching index/%
剖50	初育土	紫色土	酸性紫色土	酸性牛肝地	紫砂土地	A	0—19	褐色	轻壤土	块状	4.5	23.9	1.26	0.26	14.4	45	1.0	34	紫色砂页岩	E 109°24′43.9″ N 19°36′20.5″	73
剖51	人为土	水稻土	潴育水稻土	紫泥田	牛肝土田	B	19—45	黄色	轻壤土	块状	5.0	5.3	0.38	0.31	14.2				紫色砂页岩	E 109°18′26.3″ N 19°35′55.7″	93
						C	45—100														
剖52	人为土	水稻土	淹育水稻土	浅脚黄赤土田	浅脚黄砂土田	A	0—13	棕色	砂壤土	碎块状	5.2	11.3	0.36	0.07	4.0	67	3.5	22	浅海沉积物	E 109°20′55.0″ N 19°35′50.3″	94
						P	13—20	褐色	轻壤土	块状	5.1	7.2	0.32	0.05	4.0						
						W	20—100	灰黄色	砂壤土	块状	4.4	3.1	0.28	0.03	5.8						
剖53	人为土	水稻土	淹育水稻土	浅脚红土田	浅脚红砂土田	P	0—12	红黄棕色	砂壤土	碎块状	4.5	12.7	0.55	0.10	2.8	50	3.7	76	花岗岩	E 109°20′35.6″ N 19°35′06.0″	70
						P	12—20	灰棕色	砂壤土	块状	4.2	9.9	0.49	0.09	2.8						
						C	20—100	红黄棕色	砂壤土	碎块状	5.0	7.1	0.43	0.09	3.3						
剖54	紫色土	紫色土	酸性紫色土	酸性紫色土	中有机质层中层酸性紫色土	A	0—12	褐色	砂壤土	碎块状	7.0	8.8	0.50	0.26	4.4	74	55.6	62	紫色砂页岩	E 109°27′27.9″ N 19°35′40.5″	84
						C	12—100	浅棕色	紧砂土	粒状	6.8	7.4	0.36	0.38	5.1						
剖55	人为土	水稻土	淹育水稻土	生泥田	生浇田	A	0—17	褐色	砂壤土	碎块状	5.5	14.4	0.66	0.09	19.9	84	3.5	37	紫色砂页岩	E 109°20′27.9″ N 19°34′40.5″	92
						B	17—52	紫色	砂壤土	碎块状	5.7	6.9	0.42	0.07	22.5						
						C	52—100	紫色	砂壤土	碎块状											
剖56	初育土	紫色土	酸性紫色土	厚有机质层中层酸性紫色土	厚有机质层中层酸性紫色土	A	0—12	暗灰色	砂壤土	碎块状	4.5	16.0	0.19	0.14	3.3	58	1.1	71	滨海沉积物	E 109°19′17.0″ N 19°34′32.9″	79
						C	12—100	暗灰黄色	砂壤土	碎块状	3.2	38.3	0.31	0.12	2.8						
剖57	人为土	水稻土	潴育水稻土	青泥格田	黄青泥格田	A	0—21	灰黄色	紧砂土	粒状	4.8	17.7	0.69	0.06	2.8	119	2.8	37	紫色砂页岩	E 109°18′56.5″ N 19°33′27.7″	70
						B	21—46	棕色	砂壤土	碎块状	5.3	10.4	0.31	0.05	0.7						
						C	46—100	紫色	重壤土	块状	5.1	19.5	0.89	0.39	1.4						
剖58	人为土	水稻土	潴育水稻土	紫泥田	紫砂泥田	A	0—11	暗棕色	重壤土	块状	5.0	17.0	0.73	0.32	1.7	93	3.8	39	浅海沉积物	E 109°31′45.8″ N 19°38′51.0″	98
						P	11—22	灰棕色	重壤土	糊状	5.0	16.3	0.57	0.25	1.8						
						G	22—60	青灰色		棱柱状	5.0	8.2	0.23	0.05	0.8						
						W	60—100	灰黄色	砂壤土	碎块状	5.6	12.6	0.53	0.08	4.3						
剖59	人为土	水稻土	潴育水稻土	红赤土田	红土田	A	0—20	褐色	轻壤土	块状	6.5	5.6	0.45	0.88	7.0	146	6.2	99	紫色砂页岩	E 109°42′57.2″ N 19°33′36.4″	98
						P	20—28	浅黄棕色	中壤土	柱状	5.4	4.0	0.39	0.09	7.5						
						W	28—100	红色	中壤土	团粒状	4.7	31.9	1.40	0.13	26.8						
剖60	人为土	水稻土	淹育水稻土	生泥田	生紫泥田	A	0—16	浅灰黄色	中壤土	块状	4.7	29.1	1.35	0.11	26.1	98	2.2	32	紫色砂页岩	E 109°30′26.6″ N 19°31′02.6″	71
						P	16—22	暗棕色	轻壤土	块状	4.8	20.9	0.99	0.10	25.2						
						W	22—100	暗棕色	轻壤土	块状	4.5	21.8	0.84	0.18	8.0						
剖61	铁铝土	砖红壤	砖红壤	花岗岩砖红壤	厚有机层厚层花岗岩砖红壤	A	0—16	暗棕灰色	砂壤土	碎块状	4.2	16.8	0.44	0.10	8.1	38	5.0	117	花岗岩	E 109°42′11.5″ N 19°30′26.7″	91
						P	16—24	暗棕灰色	砂壤土	碎块状	5.4	15.2	0.54	0.11	6.6						
						C	24—100	棕灰色	砂壤土	碎块状	6.2	8.0	0.38	0.09	27.4						
剖62	人为土	水稻土	潴育水稻土	河泥田	河泥田	A	0—15	浅黄棕色	中壤土	块状	5.9	5.6	0.36	0.10	29.9	103	2.8	90	河流冲积物	E 108°59′43.2″ N 19°29′00.9″	72
						B	15—100	黄黄棕色	中壤土	块柱状	6.4	29.8	1.29	0.21	20.7						
剖63	铁铝土	砖红壤	砖红壤	花岗岩砖红壤	厚层花岗岩砖红壤	A	0—22	浅灰棕色	重壤土	柱状	7.4	12.8	0.61	0.14	22.6	46	2.2	74	花岗岩	E 109°14′34.8″ N 19°29′22.9″	71
						B_1	22—50	灰黄色	重壤土	块状	7.3	11.7	0.55	0.12	21.7						
						B_2	50—100	褐色	中壤土	块状	5.8	11.9	0.50	0.09	52.5						
剖64	人为土	水稻土	潴育水稻土	河砂泥田	河砂泥田	A	0—20	浅棕灰色	砂壤土	碎块状	5.3	10.9	0.43	0.10	41.3	65	1.6	22	花岗岩	E 108°59′43.2″ N 19°29′00.9″	72
						P	20—26	黄棕色	砂壤土	粒状	6.0	3.6	0.15	0.06	39.3						
						W	26—100	浅棕黄色	紫砂土	块状	6.2	11.6	0.47	0.09	23.6						
								浅灰黄色	轻壤土	柱状	6.5	6.0	0.25	0.06	23.6				河流冲积物	E 109°00′04.7″ N 19°27′40.0″	97
											6.1	8.7	0.36	0.07	22.0						

续表 Continued

剖面号 Soil profile	土纲 Soil order	土类 Soil great group	亚类 Soil subgroup	土属 Soil genus	土种 Soil species	土层码 Layer code	土层厚度 Depth/cm	颜色 Soil color	质地 Soil texture	土壤结构 Soil structure	pH	有机质 OM/(g/kg)	全氮 TN/(g/kg)	全磷 TP/(g/kg)	全钾 TK/(g/kg)	碱解氮 AN/(mg/kg)	有效磷 AP/(mg/kg)	速效钾 AK/(mg/kg)	土壤母质 Parent material	剖面点坐标 Profile coordinate	匹配指数 Matching index/%
剖65	人为土	水稻土	潜育水稻土	青泥格田	白青泥格田	A	0—22	棕灰色	轻壤土	团粒状	5.1	41.2	1.65	0.19	6.3	95	2.8	35	砂页岩	E 109° 27′ 01.8″ N 19° 29′ 55.3″	81
						P	22—46	暗灰色	轻壤土	块状	5.8	26.9	0.89	0.09	7.6						
						G	46—80	青灰色	砂壤土	糊状	4.8	9.7	0.17	0.04	6.9						
						W	80—100	紫灰色	轻壤土	糊团状	4.6	5.1	0.11	0.10	47.7						
剖66	人为土	水稻土	潜育水稻土	冷底田	冷底田	A	0—22	褐色	中壤土	块状	5.0	28.4	1.26	0.35	6.2	99	12.2	46	砂页岩	E 109° 25′ 07.0″ N 19° 29′ 15.0″	80
						P	22—31	暗灰色	中壤土	块状	5.4	25.9	0.93	0.34	6.4						
						G	31—100	青灰色	中壤土	糊团状	4.9	8.7	0.25	0.20	6.9						
剖67	人为土	水稻土	淹育水稻土	浅脚红赤土田	浅脚红砂泥	A	0—12	紫灰色	砂壤土	碎块状	4.5	10.9	0.53	0.14	8.2	47	3.4	32	花岗岩	E 109° 19′ 51.6″ N 19° 29′ 11.8″	73
						P	12—18	浅红色	砂壤土	碎块状	5.0	8.9	0.23	0.14	8.4						
						C	18—100	红棕色	砂壤土	碎块状	5.0	5.0	0.18	0.15	10.0						
剖68	人为土	水稻土	潜育水稻土	低青泥田	黄低青泥田	A	0—20	棕色	轻壤土	团粒状	4.7	34.7	1.47	0.10	8.4	128	2.2	79	浅海沉积物	E 109° 27′ 24.1″ N 19° 27′ 50.4″	71
						P	20—26	棕灰色	轻壤土	片状	5.0	5.9	0.18	0.05	14.2						
						W	26—46	棕灰色	轻壤土	块状	4.7	11.5	0.54	0.05	7.4						
						G	46—100	青灰色	轻壤土	糊状	5.0	4.3	0.20	0.07	19.2						
剖69	人为土	水稻土	淹育水稻土	浅脚红赤土田	赤土田	A	0—14	暗灰黄色	轻壤土	块状	4.7	21.5	0.96	0.14	19.0	92	3.3	32	花岗岩	E 109° 22′ 26.8″ N 19° 27′ 33.5″	85
						P	14—27	暗棕色	轻壤土	块状	4.8	11.6	0.53	0.13	19.4						
						C	27—100	棕灰色	重壤土	块状	5.5	7.4	0.41	0.15	19.0						
剖70	人为土	水稻土	潜育水稻土	泥肉田	厚有机质层中层花岗岩红	A	0—16	棕色	重壤土	块状	6.3	14.3	0.82	0.31	2.6	76	5.0	80	玄武岩	E 109° 26′ 58.6″ N 19° 26′ 36.2″	88
						B	16—20	红棕色	重壤土	块状	7.2	6.3	0.54	0.17	2.2						
						C	20—100	棕色	中壤土	块状	6.0	1.9	0.36	0.14	2.7						
剖71	铁铝土	砖红壤	砖红壤	花岗岩砖红壤	厚有机质层中层花岗岩红	A	0—28	暗黄棕色	轻壤土	团块状	4.9	24.9	0.78	0.14	48.5	10	3.3	47	花岗岩	E 109° 29′ 19.7″ N 19° 25′ 14.8″	92
						B	28—75	棕色	中壤土	块状	4.1	10.8	0.59	0.11	41.3						
						C	75—														
剖72	铁铝土	砖红壤	砖红壤	黄红赤土地	黄红赤土地	A	0—22	浅淡黄色	中壤土	块状	4.7	20.0	0.99	0.27	13.5	284	1.0	89	砂页岩	E 109° 17′ 35.4″ N 19° 24′ 44.0″	76
						B	22—100	浅淡棕色	重壤土	团粒状	4.1	15.5	1.10	0.27	15.3						
剖73	人为土	水稻土	潜育水稻土	红赤土田	红坊土田	A	0—17	黄棕色	重壤土	块状	4.6	33.7	0.64	0.23	20.2	117	7.0	65	花岗岩	E 109° 36′ 20.9″ N 19° 28′ 49.8″	86
						P	17—25	暗黄色	中壤土	块状	5.1	26.8	0.67	0.17	19.3						
						W	25—100	暗黄色	中壤土	柱状	5.1	21.3	0.92	0.14	18.3						
剖74	人为土	水稻土	潜育水稻土	红赤土田	红砂土田	A	0—20	褐色	砂壤土	团粒状	5.7	10.7	0.46	0.30	17.0	61	31.9	108	花岗岩	E 109° 33′ 17.3″ N 19° 28′ 24.2″	81
						P	20—27	浅淡棕色	中壤土	柱状	5.9	5.2	0.25	0.09	18.1						
						W	27—100	浅淡棕色	轻壤土	柱状	6.0	5.5	0.38	0.10	17.1						
剖75	铁铝土	砖红壤	砖红壤	花岗岩砖红壤	中有机质层薄层花岗岩砖红壤	A	0—18	暗黄棕色	轻壤土	柱状	4.8	20.3	0.89	0.17	42.2	99	3.0	73	花岗岩	E 109° 36′ 27.4″ N 19° 26′ 32.3″	99
						B	18—35	黄橙色	紧砂土	粒状	5.3	2.5	0.18	0.11	37.8						
						C	35—														
剖76	人为土	水稻土	潜育水稻土	泥肉田	黄泥肉田	A	0—16	黑灰色	中壤土	鳞状	6.0	23.5	0.76	0.12	27.0	84	17.2	33	浅海沉积物	E 109° 32′ 38.4″ N 19° 26′ 22.9″	86
						P	16—21	浅灰色	重壤土	块状	6.5	4.2	0.20	0.09	27.1						
						W_1	21—47	灰黄色	砂土	棱柱状	7.3	3.2	0.15	0.07	25.8						
						W_2	47—100	黄黑色	砂壤土	棱柱状	7.5										
剖77	人为土	砖红壤	砖红壤	砂页岩砖红壤	中有机质层薄层砂页岩砖红壤	A	0—15	灰黄色	轻壤土	块状	5.4	18.8	0.98	0.26	32.3	75	0.7	16	砂页岩	E 109° 36′ 46.4″ N 19° 23′ 22.7″	87
						B	15—35	黄棕色	轻壤土	块状	5.2	7.9	0.43	0.20	33.4						
						C	35—100														
剖78	铁铝土	砖红壤	砖红壤	砂页岩砖红壤	中有机质层厚层砂页岩砖红壤	A	0—15	红棕色	中壤土	块状	5.1	17.3	0.66	0.17	6.0	11	0.6	12	砂页岩	E 109° 30′ 00.7″ N 19° 19′ 37.6″	100
						B_1	11—21	暗棕红色	重壤土	块状	4.7	14.1	0.53	0.17	5.8						
						B_2	21—100	红棕色	砂壤土	块状	5.3	8.3	0.41	0.17	7.6						
剖79	铁铝土	砖红壤	砖红壤	砂页岩砖红壤	中有机质层砂页岩砖红壤	A	0—22	紫棕色	砂壤土	碎块状	4.4	32.7	1.02	0.12	5.2	104	5.9	27	砂页岩	E 109° 37′ 29.6″ N 19° 15′ 06.8″	95
						B	22—100	浅淡黄棕色	中壤土	块状	4.4	9.2	0.47	0.11	7.2						

续表 Continued

剖面号 Soil profile	土纲 Soil order	土类 Soil great group	亚类 Soil subgroup	土属 Soil genus	土种 Soil species	土层码 Layer code	土层厚度 Depth/cm	颜色 Soil color	质地 Soil texture	土壤结构 Soil structure	pH	有机质 OM/(g/kg)	全氮 TN/(g/kg)	全磷 TP/(g/kg)	全钾 TK/(g/kg)	碱解氮 AN/(mg/kg)	有效磷 AP/(mg/kg)	速效钾 AK/(mg/kg)	土壤母质 Parent material	剖面点坐标 Profile coordinate	匹配指数 Matching index/%
剖80	初育土	紫色土	酸性紫色土	酸性紫色土	薄有机质层薄层酸性紫色土	A	0—9	黑色	中壤土	团粒状	4.6	55.9	1.97	0.41	26.2	210	6.5	239	紫色砂页岩	E 109°40′17.4″ N 19°14′19.3″	80
						B	9—35	黄橙色	轻壤土	块状	5.0	11.8	0.71	0.21	27.5						
						C	35—100				4.2										

海南省直辖县级行政区

琼 海 市

主要土类说明

砖红壤是琼海市主要土壤类型，占本市地域面积的79%，广泛分布在本市各地，其分布区是橡胶、胡椒、菠萝等多种热带经济作物的重要基地。成土母质为砂页岩、花岗岩、浅海沉积物和玄武岩。砖红壤土层深厚，表层呈暗红棕色，心土层呈砖红色且具有大量暗色胶膜和细粒铁锰结核，剖面构型为A–Bs–Bv–C。土壤脱硅富铝化作用强烈，铁铝氧化物明显聚积，黏粒硅铝率小于1.6，铁的游离度大于80%；黏粒矿物以高岭石、赤铁矿和三水铝石为主，原生矿物强烈风化，风化淋溶系数小于0.05；硅和盐基大量淋失，盐基饱和度低，土壤酸性强。本市砖红壤分为砖红壤和黄色砖红壤两个亚类。其中，黄色砖红壤面积较大，占本土类面积的98%。

水稻土是琼海市第二大土壤类型，占本市地域面积的14%，广泛分布在本市各地，以万泉河及九曲江两岸分布较多。水稻土是在长期的季节性淹灌、水下翻耕、季节性脱水、氧化还原交替影响下，原来的成土母质或母土的特性发生重大改变，形成的新的土壤类型。由于干湿交替，水稻土形成糊状的淹育层、较坚实板结的犁底层、渗育层、潴育层与潜育层等多种发生层。这些不同的发生层是在人为耕作、水浆管理下形成的。本市水稻土分为淹育型、潴育型、渗育型、潜育型、沼泽型等亚类。其中，潴育水稻土面积最大。

小于本市地域面积3%的土壤类型有风沙土、新积土、石质土、黄壤和赤红壤。

本区域中心区气候特征

本区域中心区气候特征值
Regional climate characteristics in central area of the region

气候带: 南亚热带湿润气候 Climate region: South subtropical humid climate	
年平均气温 /℃ Annual average temperature /℃	24.4
年平均最高气温 /℃ Annual average maximum temperature /℃	28.5
年平均最低气温 /℃ Annual average minimum temperature /℃	21.5
年降水量 /mm Annual precipitation /mm	1958
≥10℃的积温 /℃ Daily temperature accumulated in a year (≥10℃) /℃	8900
年日照时数 /h Annual sunshine /h	2078
年平均相对湿度 /% Annual average relative humidity /%	85
干燥度 Dryness	0.76

本区域中心区月平均气温与月平均降水量
Monthly temperature and precipitation in central area of the region

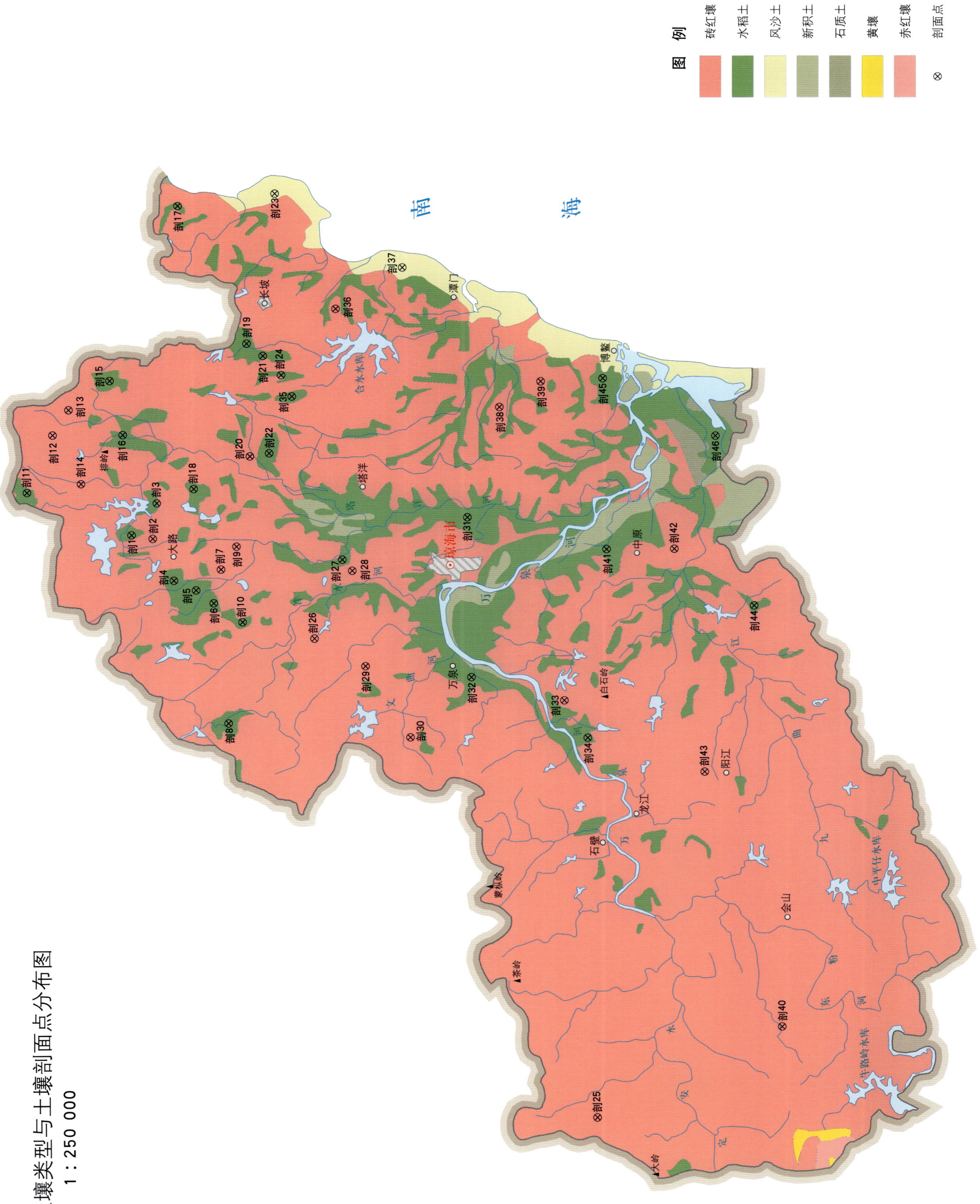

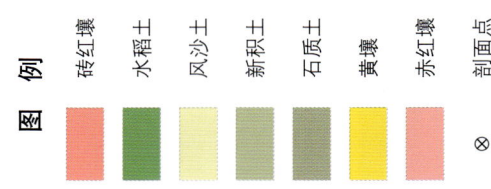

琼海市主要土壤类型与土壤剖面点分布图

1:250 000

第三编 海南省分县土壤图与土壤剖面数据

琼海市土壤剖面理化性状表

剖面号 Soil profile	土纲 Soil order	土类 Soil great group	亚类 Soil subgroup	土属 Soil genus	土种 Soil species	土层码 Layer code	土层厚度 Depth/cm	颜色 Soil color	质地 Soil texture	土壤结构 Soil structure	pH	有机质 OM/(g/kg)	全氮 TN/(g/kg)	全磷 TP/(g/kg)	全钾 TK/(g/kg)	有效磷 AP/(mg/kg)	速效钾 AK/(mg/kg)	土壤母质 Parent material	剖面点坐标 Profile coordinate	匹配指数 Matching index/%
剖1	人为土	水稻土	潜育水稻土	青泥格田	砂泥青泥格田	A	0—12	浅灰色	轻石质紧砂土	块状	6.0	5.6	0.24	0.05	1.5	4.8	12		E 110°28′39.7″ N 19°24′42.5″	95
						P	12—17	灰白色	轻石质紧砂土	块状	5.7	3.2	0.17	0.08	1.8	2.2	11			
						W	17—42	浅棕色	轻石质砂壤土	柱状	6.3	2.2	0.08	0.05	2.7	1.3	12			
						G	42—100	暗灰蓝色		糊状										
剖2	铁铝土	砖红壤	黄色砖红壤	玄武岩赤土地	黄色赤泥地	A	0—18	浅棕色	中壤土	团块状	5.9	29.5	1.59	1.03	1.2	3.5	46	玄武岩	E 110°28′32.5″ N 19°24′02.9″	95
						B	18—100	灰棕色	轻石质重壤土	块状	5.4	22.0	1.39	0.80	1.2	3.1	26			
剖3	人为土	水稻土	潜育水稻土	赤土田	乌赤土田	A	0—25	暗棕色	轻石质重壤土	糊状	5.0	49.0	2.23	0.47	1.4	0.1	43		E 110°29′44.7″ N 19°23′55.1″	100
						P	25—32	暗灰色	中壤土	块状	5.5	37.0	1.55	0.37	0.7	0.1	13			
						W	32—100	黑色	中壤土	棱柱状	7.0	11.6	0.34	0.14	0.2	微量	8			
剖4	人为土	水稻土	潜育水稻土	低青泥田	红低青泥田	A	0—17	暗灰棕色	中石质紧砂壤土	团粒状	5.2	23.6	1.11	0.14	7.6	5.2	19		E 110°27′06.8″ N 19°23′22.6″	84
						P	17—22	灰黄棕色	轻石质紧砂壤土	块状	5.6	13.3	0.64	0.10	6.3	2.6	13			
						W	22—38	暗灰黄色	轻石质中壤土	块状	5.4	12.2	0.54	0.08	5.1	1.7	9			
						E	38—70	灰白色	轻石质紧砂壤土	棱柱状	5.9	2.5	0.09	0.04	3.6	1.3	9			
剖5	人为土	水稻土	潜育水稻土	赤土田	彩土田	A	0—15	暗棕色	重壤土	块状	5.4	37.0	1.87	0.50	1.3	4.4	24		E 110°26′47.4″ N 19°22′40.8″	87
						P	15—28	黑灰色	重壤土	块状	5.6	36.8	1.81	0.48	1.3	3.9	27			
						W	28—100	黑色	重壤土	粒状	5.9	24.6	1.24	0.37	1.5	2.6	9			
剖6	人为土	水稻土	潜育水稻土	青泥格田	红土青泥格田	A	0—20	暗棕灰色	轻石质紧砂壤土	粒状	6.8	17.1	0.76	0.16	6.4	6.1	20		E 110°26′21.5″ N 19°22′08.0″	85
						P	20—28	黑色	轻石质紧砂壤土	块状	5.9	5.6	0.28	0.07	6.7	3.1	14			
						W	28—33	灰黄色	轻石质紧砂壤土	块状	6.4	1.5	0.08	0.08	5.6	1.7	13			
						E	33—100	白色	紧砂壤土	无明显结构	6.9	1.0	0.07	0.05	1.3	1.7	8			
剖7	铁铝土	砖红壤	黄色砖红壤	玄武岩黄色砖红壤	黄色赤砂地	A	0—8	红色	重壤土	小块结状	5.1	23.9	0.99	0.64	1.0	1.7	15	玄武岩	E 110°27′29.9″ N 19°21′54.4″	87
						B	8—100	红橙色	轻石质轻黏土	柱状	5.2	9.1	0.44	0.48	0.8	3.5	12			
剖8	人为土	水稻土	潜育水稻土	红赤土田	红赤土青泥格田	A	0—17	棕灰色	轻石质中壤土	块状	5.2	20.2	0.88	0.39	4.0	3.9	16		E 110°22′17.4″ N 19°21′39.6″	85
						P	17—26	暗灰色	轻石质中壤土	片状	4.8		1.67	0.59	8.2	5.7	40			
						W	26—100	暗棕色	轻石质中壤土	柱状	5.4	13.6	0.30	0.32	4.5	3.9	28			
剖9	铁铝土	砖红壤	黄色砖红壤	玄武岩赤土地	黄土田	A	0—15	暗黄棕色	砂壤土	粒状	6.4	25.3	1.21	0.35	7.6	2.2	61	玄武岩	E 110°28′16.7″ N 19°21′25.2″	84
						B	15—100	浅红棕色	轻石质轻黏土	块状	5.1	13.4	0.67	0.36	5.3	1.7	14			
剖10	人为土	水稻土	潜育水稻土	乌泥底田	黄赤土田	A	0—16	灰黄色	轻石质中壤土	团块状	5.3	27.5	1.28	0.21	5.3	3.5	32		E 110°21′43.0″ N 19°21′13.3″	95
						P	16—22	浅黄棕色	轻石质中壤土	块状	5.4	20.2	0.81	0.15	4.9	3.1	17			
						W	22—45	黄黄棕色	轻石质中壤土	柱状	5.9	10.5	0.39	0.17	5.5	2.6	12			
						G	45—100	灰黄色	砂壤土	粒状	6.6	9.1	0.19	0.10	7.6	1.3	19			
剖11	人为土	水稻土	潜育水稻土	黄赤土田	黄色赤黏地	A	0—13	紫灰色	紧砂土	粒状	6.9	9.3	0.45	0.15	2.5	15.7	6	浅海沉积物	E 110°30′05.8″ N 19°27′58.9″	92
						P	13—22	棕色		小块状	7.7	9.6	0.48	0.17	2.7	17.5	5			
						W	22—100	灰色	紧砂土	柱状	6.2	7.4	0.36	0.12	3.2	9.2	6			
剖12	铁铝土	砖红壤	黄色砖红壤	玄武岩黄色砖红壤		A	0—15	暗黄棕色	轻石质重壤土	块状	6.1	21.6	1.04	0.90	1.5	7.4	27	玄武岩	E 110°32′03.1″ N 19°27′10.8″	86
						B	15—100	浅棕黄色	轻石质黏土	柱状	6.4	9.8	0.47	0.62	1.5	3.1	12			
剖13	铁铝土	砖红壤	黄色砖红壤	玄武岩赤土地		A	0—25	棕色	轻石质轻黏土	团块状	6.6	24.2	1.10	0.79	1.2	2.2	12	玄武岩	E 110°32′54.2″ N 19°26′40.9″	93
						B	25—100	暗红棕色	轻石质轻黏土	柱状	5.5	14.0	0.62	0.34	1.4	1.3	9			
剖14	铁铝土	砖红壤	黄色砖红壤	花岗岩黄色砖红壤		A	0—11	红棕色	中石质中壤土	粒状	5.2	19.7	0.69	0.11	3.5	1.7	29	花岗岩	E 110°30′23.8″ N 19°26′17.2″	78
						B	11—100	浅红棕色	重石质重壤土	块状	5.3	6.5	0.32	0.11	3.2	0.9	15			
剖15	人为土	水稻土	潜育水稻土	赤土田	赤砂泥田	A	0—19	浅灰色	中壤土	团块状	5.4	33.4	1.51	0.23	1.5	3.9	31		E 110°33′52.9″ N 19°25′23.9″	91
						P	19—25	暗灰色	轻石质中壤土	块状	5.7	10.0	2.25	0.10	1.5	1.7	5			
						W	25—100	暗灰色	轻石质重壤土	柱状	5.5	5.3	0.24	0.07	1.6	0.9	15			

续表 Continued

剖面号 Soil profile	土纲 Soil order	土类 Soil great group	亚类 Soil subgroup	土属 Soil genus	土种 Soil species	土层码 Layer code	土层厚度 Depth/cm	颜色 Soil color	质地 Soil texture	土壤结构 Soil structure	pH	有机质 OM/(g/kg)	全氮 TN/(g/kg)	全磷 TP/(g/kg)	全钾 TK/(g/kg)	有效磷 AP/(mg/kg)	速效钾 AK/(mg/kg)	土壤母质 Parent material	剖面点坐标 Profile coordinate	匹配指数 Matching index/%
剖16	人为土	水稻土	潴育水稻土	红赤土田	半砂坳田	A	0—18	暗灰棕色	轻石质轻壤土	小状状	4.7	27.9	1.57	0.14	27.3	5.7	37		E 110°32′03.8″ N 19°24′59.0″	84
						P	18—23	灰黄棕色	轻石质砂壤土	块状	5.0	10.7	0.67	0.07	21.1	3.5	24			
						W	23—100	黄棕色	轻石质轻壤土	柱状	6.4	2.5	0.29	0.07	27.9	1.7	22			
剖17	人为土	水稻土	潴育水稻土	黄赤土田	乌黄赤土田	A	0—22	浅灰色	轻石质轻壤土	小团块状	5.2	28.4	1.33	0.12	7.7	0.9	17		E 110°39′49.1″ N 19°23′16.1″	99
						P	22—29	暗棕色	轻石质轻壤土	梭柱状	5.4	24.5	1.03	0.20	7.1	1.7	14			
						W	29—100	灰白色	中壤土	团块状	5.7	6.4	0.29	0.11	6.0	1.3	12			
剖18	人为土	水稻土	潴育水稻土	赤土田	赤土田	A	0—13	暗灰色	轻石质轻壤土	块状	6.2	24.0	1.05	0.19	1.2	2.6	15		E 110°30′13.8″ N 19°22′45.6″	85
						P	13—18	暗棕灰色	轻石质砂壤土	梭柱状	6.5	5.2	0.12	0.11	1.3	1.7	8			
						W	18—100	棕灰色	重壤土	棱柱状	7.3	5.8	0.14	0.10	1.7		8			
剖19	人为土	水稻土	潴育水稻土	低青泥田	黄低青泥田	A	0—15	褐色	紧砂土	团块状	6.7	6.8	0.28	0.05	1.5	2.6	7		E 110°35′08.9″ N 19°21′06.1″	73
						P	15—23	暗灰黄色	紧砂土	棱柱状	5.7	4.1	0.20	0.05	1.5	4.4	5			
						E	23—45	灰黄色	紧砂土	块状	6.9	1.6	0.07	0.05	1.2	4.8	7			
						W	45—100	栗色		柱状										
剖20	铁铝土	砖红壤	黄色砖红壤	花岗岩黄色砖红壤		A	0—9	棕色	中石质紧砂土	块状	5.5	27.4	1.42	0.25	15.1	2.6	178	花岗岩	E 110°31′20.3″ N 19°20′59.6″	87
						B	9—80	浅红棕色	中石质紧砂土	柱状	4.5	12.3	0.40	0.27	9.6	1.7	55			
剖21	人为土	水稻土	潴育水稻土	花岗岩黄色砖红壤	砂土田	A	0—17	灰黄棕色	轻石质砂壤土	团块状	5.5	10.9	0.48	0.11	3.3	8.3	16	滨海沉积物	E 110°34′44.0″ N 19°20′35.9″	75
						P	17—24	暗黄色	轻石质中壤土	块状	5.1	6.4	0.39	0.09	3.5	3.5	9			
						W	24—100	灰白色	轻石质紧砂土	块状	6.6	6.0	0.34	0.07	0.8	2.2	13			
剖22	人为土	水稻土	潴育水稻土	低青泥田	赤低青泥田	A	0—11	暗灰黄色	轻石质紧砂土	粒状	5.8	19.2	0.92	0.12	14.2	4.8	17		E 110°31′26.4″ N 19°20′23.6″	80
						P	11—16	浅灰棕色	轻石质紧砂土	块状	5.8	14.8	0.62	0.10	11.9	4.4	15			
						E	16—70	灰白色	重石质紧砂土	块状	6.0	5.3	0.25	0.07	10.2	2.6	17			
剖23	初育土	风沙土	滨海风沙土	滨海沙土	半固定沙土	A	0—10	暗黄棕色	松砂土	粒状	5.2	6.0	0.36	0.17	25.7	1.7	11	滨海沉积物	E 110°40′14.5″ N 19°20′13.9″	95
						C	10—100	白色	松砂土	粒状	8.2	0.9	0.06	0.07	24.9	1.3	7			
剖24	人为土	水稻土	潴育水稻土	低青泥田	砂泥低青泥田	A	0—13	暗灰色	轻石质紧砂黏土	粒状	5.9	14.9	0.62	0.08	27.4	3.5	17		E 110°34′05.2″ N 19°20′01.3″	96
						P	13—18	暗黄色	中石质紧砂土	柱状	5.0	11.5	0.44	0.10	28.2	2.6	16			
						E	18—100	灰白色	轻石质紧砂土	粒状	5.1	1.9	0.10	0.08	28.6	1.7	17			
剖25	铁铝土	砖红壤	黄色砖红壤	花岗岩黄色砖红壤	中有机质层厚层砂质黄色砖红壤	A	0—8	红棕色	轻石质砂壤土	粒状	5.5	15.8	0.71	0.20	2.7	1.7	43	花岗岩	E 110°08′56.4″ N 19°10′05.9″	88
						B	8—100	红色	重石质紧砂土	柱状	5.6	11.8	0.47	0.20	4.1	0.9	18			
剖26	铁铝土	砖红壤	黄色砖红壤	花岗岩黄色砖红壤		A	0—29	棕色	中壤土	块状	5.0	41.9	1.58	0.52	5.1	3.9	58	花岗岩	E 110°25′10.2″ N 19°18′58.3″	100
						B	29—100	浅红棕色	重石质砂壤土	粒状	5.2	9.5	0.40	0.38	5.6	0.4	14			
剖27	人为土	水稻土	潴育水稻土	低青泥田	白青定青泥田	A	0—15	栗色	重石质重壤土	块状	4.5	16.1	0.83	0.14	5.4	3.9	22	玄武岩	E 110°27′49.7″ N 19°18′06.1″	86
						P	15—20	灰黄棕色	重石质重壤土	粒状	6.5	5.5	0.56	0.10	5.4	3.5	13			
						W	20—100	灰白色	重石质紧砂土	粒状	5.4	0.9	0.14	0.02	6.3	1.7	11			
剖28	铁铝土	砖红壤	黄色砖红壤	玄武岩黄色砖红壤		A	0—12	浅棕红色	重壤土	柱状	4.6	27.1	0.95	0.72	0.8	0.9	12	砂页岩	E 110°27′27.4″ N 19°17′47.4″	74
						B	12—100	暗棕红色	重壤土	粒状	4.6	15.6	0.66	0.59	1.2	0.9	32			
剖29	铁铝土	砖红壤	黄色砖红壤	砂页岩黄色砖红壤	中有机质层厚层砂页岩黄色砖红壤	A	0—14	暗红棕色	重石质重壤土	块状	5.3	29.3	0.85	0.25	1.6	6.5	29	花岗岩	E 110°24′14.0″ N 19°17′22.2″	87
						B	14—72	暗红棕色	重石质重壤土	块状	5.2	11.7	0.46	0.27	1.7	0.4	12			
						C	72—100	暗棕红色	中壤土	块状	5.1	9.9	0.34	0.31	1.3	1.3	12			
剖30	铁铝土	砖红壤	黄色砖红壤	花岗岩黄色砖红壤		A	0—9	红黄色	重壤土	团块状	4.5	16.1	0.77	0.11	31.9	2.6	69		E 110°21′49.3″ N 19°15′57.6″	88
						B	9—35	浅黄棕色	重壤土	块状	4.5	5.5	0.25	0.10	32.2	5.7	100			
剖31	人为土	水稻土	潴育水稻土	潮砂泥田	潮砂田	A	0—18	暗棕黄色	重壤土	块状	5.9	30.1	1.43	0.22	29.5	3.9	32	河流冲积物	E 110°29′16.4″ N 19°14′11.0″	97
						P	18—23	灰黄棕色	重壤土	柱状	5.6	20.2	0.88	0.19	28.5	2.6	27			
						W	23—100	褐色	重石质中壤土	团块状	5.3	10.9	0.43	0.31	23.2	3.1	19			
剖32	人为土	水稻土	潴育水稻土	潮砂泥田	潮砂泥田	A	0—15	褐色	中壤土	块状	5.9	28.7	1.35	0.26	31.2	3.9	34	河流冲积物	E 110°23′51.7″ N 19°14′03.1″	87
						P	15—21	暗棕黄色	重壤土	柱状	5.9	22.5	1.08	0.24	28.5	3.9	19			
						W	21—100				7.1	7.8	0.25	0.35	28.6	5.2	18			

续表 Continued

剖面号 Soil profile	土纲 Soil order	土类 Soil great group	亚类 Soil subgroup	土属 Soil genus	土种 Soil species	土层码 Layer code	土层厚度 Depth/cm	颜色 Soil color	质地 Soil texture	土壤结构 Soil structure	pH	有机质 OM/(g/kg)	全氮 TN/(g/kg)	全磷 TP/(g/kg)	全钾 TK/(g/kg)	有效磷 AP/(mg/kg)	速效钾 AK/(mg/kg)	土壤母质 Parent material	剖面点坐标 Profile coordinate	匹配指数 Matching index/%
剖33	铁铝土	砖红壤	黄色砖红壤	砂页岩黄色砖红壤		A	0—26	暗棕色	轻砂质砂壤土	小团块状	5.4	24.9	1.01	0.14	8.7	4.4	37	砂页岩	E 110°23′04.4″ N 19°11′08.1″	92
						B	26—88	浅棕红色	重石质壤土	柱状	5.3	15.9	0.70	0.16	8.5	3.1	24			
剖34	人为土	水稻土	潴育水稻土	泥肉田	赤泥肉田	A	0—23	浅灰色	重壤土	团块状	6.2	31.0	1.31	0.48	1.6	14.0	16		E 110°21′48.2″ N 19°10′24.3″	86
						P	23—30	暗灰色	轻壤土	片状	5.5	12.9	2.90	0.25	1.5	5.2	11			
						W	30—100	浅灰色	轻黏土	柱状	6.1	9.8	0.36	0.21	1.7	2.2	18			
剖35	人为土	水稻土	潴育水稻土	青泥格田	赤土青泥格田	A	0—22	暗黄棕色	轻石质中壤土	块状	5.1	25.8	1.16	0.14	12.2	2.6	26		E 110°33′22.3″ N 19°19′41.2″	85
						P	22—32	暗黄棕色	中石质轻壤土	块状	5.5	17.6	0.63	0.06	9.9	1.7	21			
						W	32—47	灰白色		糊状										
						E	47—100		中壤土		5.5	9.1	0.68	0.06	2.4	1.3	19			
剖36	铁铝土	砖红壤	黄色砖红壤	浅海沉积物黄色砖红壤	黄赤砂地	A	0—20	褐色	紧砂土	粒状	7.3	4.6	0.27	0.09	3.8	6.1	26	浅海沉积物	E 110°36′19.8″ N 19°18′19.1″	77
						B	20—100	浅黄棕色	砂壤土	粒状	5.7	2.9	0.21	0.11	4.1	4.4	29			
剖37	初育土	风沙土	滨海风沙土	滨海沙土地	滨海沙土地	A	0—27	灰黄棕色	松砂土	粒状	8.3	5.2	0.27	0.31	6.1	2.6	19	滨海沉积物	E 110°37′44.1″ N 19°16′13.6″	72
						C	27—100	灰黄色	松砂土	粒块状	8.7	2.3	0.09	0.22	5.2	1.7	12			
剖38	铁铝土	砖红壤	黄色砖红壤	浅海沉积物黄色砖红壤		A	0—13	灰色	轻石质砂壤土	粒状	5.6	8.5	0.33	0.14	1.5	2.6	11	浅海沉积物	E 110°33′01.1″ N 19°13′10.9″	85
						B	13—100	黄色	重石质中壤土	粒状	5.2	4.7	0.22	0.19	1.8	2.2	11			
剖39	铁铝土	砖红壤	黄色砖红壤	浅海沉积物黄色砖红壤		A	0—22	浅红色	砂壤土	粒状	5.3	7.9	0.34	0.07	2.2	2.2	21	浅海沉积物	E 110°33′52.9″ N 19°11′53.5″	78
						B	22—100	灰棕色	壤土	粒状	4.8	3.2	0.24	0.09	2.2	0.4	10			
剖40	铁铝土	砖红壤	黄色砖红壤	砂页岩黄色砖红壤	薄有机质层砂页岩黄色砖红壤	A	0—9	灰黄色	轻石质壤土	块状	4.9	14.2	0.55	0.11	7.3	2.6	26	砂页岩	E 110°11′58.2″ N 19°04′19.2″	98
						AB	9—23	灰黄色	中石质轻砂土	块状	5.1	7.3	0.36	0.10	7.8	1.7	21			
						B	23—100	浅灰黄色	重石质壤土	块状	5.1	9.0	0.33	0.15	11.7	1.7	34			
剖41	人为土	水稻土	潴育水稻土	潮砂泥田	潮砂田	A	0—17	暗棕灰色	轻壤土	团块状	5.9	10.5	0.55	0.10	29.2	1.7	24	河流冲积物	E 110°28′11.6″ N 19°09′49.3″	78
						P	17—25	黄棕灰色	中壤土	块状	6.0	5.5	0.28	0.09	24.9	0.9	21			
						W	25—100	浅棕色	紧砂土	柱状	7.3	4.9	0.17	0.10	27.2		24			
剖42	铁铝土	砖红壤	黄色砖红壤	浅海沉积物黄色砖红壤		A	0—8	褐色	轻石质紧砂土	粒状	5.4	4.7	0.17	0.05	1.7	3.1	17	浅海沉积物	E 110°28′12.4″ N 19°07′41.9″	81
						B	8—100	灰黄色	轻石质砂壤土	粒状	5.7	1.6	0.05	0.07	2.0	2.6	12			
剖43	铁铝土	砖红壤	黄色砖红壤	砂页岩黄色砖红壤		A	0—7	棕灰色	重石质轻壤土	块状	5.8	33.5	1.01	0.14	16.7	2.6	90	砂页岩	E 110°20′38.8″ N 19°06′44.6″	83
						AB	7—30	灰棕色	轻石质重壤土	块状	5.6	20.0	0.73	0.33	16.2	0.9	76			
剖44	人为土	水稻土	潴育水稻土	黄赤土田	黄赤黏土田	A	0—20	棕灰色	轻石质重壤土	块状	5.0	30.8	1.42	0.18	13.0	3.5	45		E 110°26′17.1″ N 19°05′12.1″	90
						P	20—30	暗棕灰色	轻石质重壤土	块状	5.1	18.9	0.82	0.16	12.2	2.2	42			
						W	30—100	浅棕灰色	轻石质重壤土	块状	5.6	12.9	0.52	0.13	13.0	1.7	42			
剖45	人为土	水稻土	潴育水稻土	黄赤土田	黄赤砂泥田	A	0—14	浅黄棕色	轻石质轻壤土	团块状	5.3	28.3	1.44	0.24	7.1	6.5	20		E 110°33′59.0″ N 19°09′56.9″	92
						P	14—20	暗黄色	轻石质轻壤土	棱柱状	5.7	17.4	0.81	0.21	7.0	2.6	12			
						W	20—100	浅灰黄色	轻石质轻壤土	块状	6.2	5.1	0.25	0.10	13.4	1.7	9			
剖46	人为土	水稻土	潴育水稻土	潮砂泥田	潮砂田	A	0—17	棕灰色	轻石质轻壤土	块状	5.2	24.6	1.19	0.18	13.4	4.4	22	河流冲积物	E 110°32′03.1″ N 19°06′24.8″	97
						P	17—24	暗黄棕色		块状	6.2	13.8	0.63	0.11	14.1	1.7	12			
						W	24—100	暗黄色	轻石质轻壤土	柱状	6.8	13.5	0.46	0.09	16.0	1.7	11			

文 昌 市

主要土类说明

砖红壤是文昌市主要土壤类型，占本市地域面积的62%。成土母质为玄武岩、花岗岩、砂页岩、辉长岩风化物及浅海沉积物。砖红壤土层深厚，表层呈暗红棕色，心土层呈砖红色且具有大量暗色胶膜和细粒铁锰结核，剖面构型为A–Bs–Bv–C。土壤脱硅富铝化作用强烈，铁铝氧化物明显聚积，黏粒硅铝率小于1.6，铁的游离度大于80%；黏粒矿物以高岭石、赤铁矿和三水铝石为主，原生矿物强烈风化，风化淋溶系数小于0.05；硅和盐基大量淋失，盐基饱和度低，土壤酸性强。

水稻土是文昌市第二大土壤类型，占本市地域面积的25%。水稻土是在长期的季节性淹灌、水下翻耕、季节性脱水、氧化还原交替影响下，原来的成土母质或母土的特性发生重大改变，形成的新的土壤类型。由于干湿交替，水稻土形成糊状的淹育层、较坚实板结的犁底层、渗育层、潴育层与潜育层等多种发生层。本市水稻土分为淹育型、潴育型、渗育型、潜育型、沼泽型、盐渍型等亚类。其中，潴育水稻土面积最大。

风沙土是文昌市第三大土壤类型，占本市地域面积的9%。风沙土发生于半干旱、干旱漠境地区及滨海地区，是在风沙移动堆积形成的多种形态的风沙沉积物上发育的初育土。由于成土时间短暂，该土壤无剖面发育，具C、（A）–C或A–C剖面构型，反映了风沙移动堆积与固定的不同阶段。

小于本市地域面积3%的土壤类型有滨海盐土和石质土。

本区域中心区气候特征

本区域中心区气候特征值
Regional climate characteristics in central area of the region

气候带：南亚热带湿润气候 Climate region: South subtropical humid climate	
年平均气温 /℃ Annual average temperature /℃	24.0
年平均最高气温 /℃ Annual average maximum temperature /℃	28.0
年平均最低气温 /℃ Annual average minimum temperature /℃	21.3
年降水量 /mm Annual precipitation /mm	1939
≥10℃的积温 /℃ Daily temperature accumulated in a year（≥10℃）/℃	8782
年日照时数 /h Annual sunshine /h	2014
年平均相对湿度 /% Annual average relative humidity /%	85
干燥度 Dryness	0.72

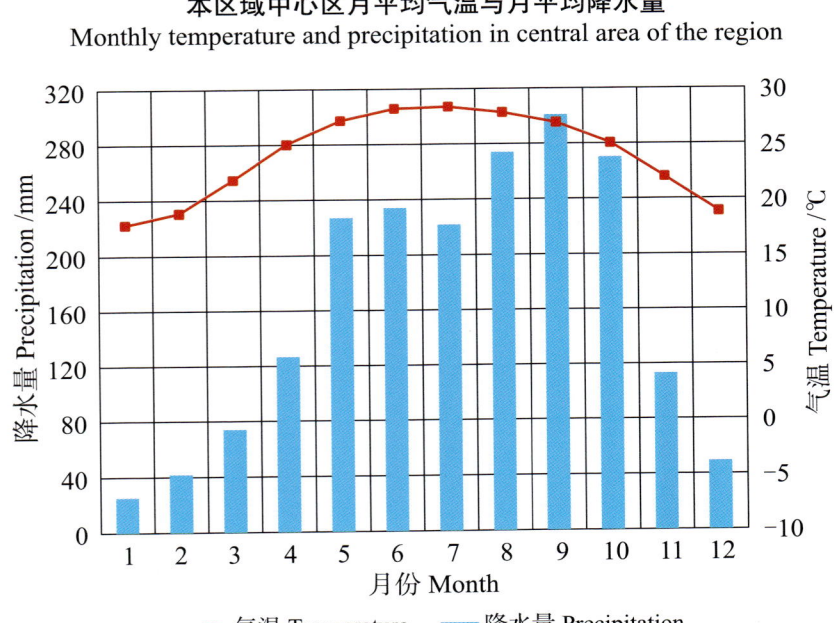

本区域中心区月平均气温与月平均降水量
Monthly temperature and precipitation in central area of the region

文昌县主要土壤类型与土壤剖面点分布图
1:380 000

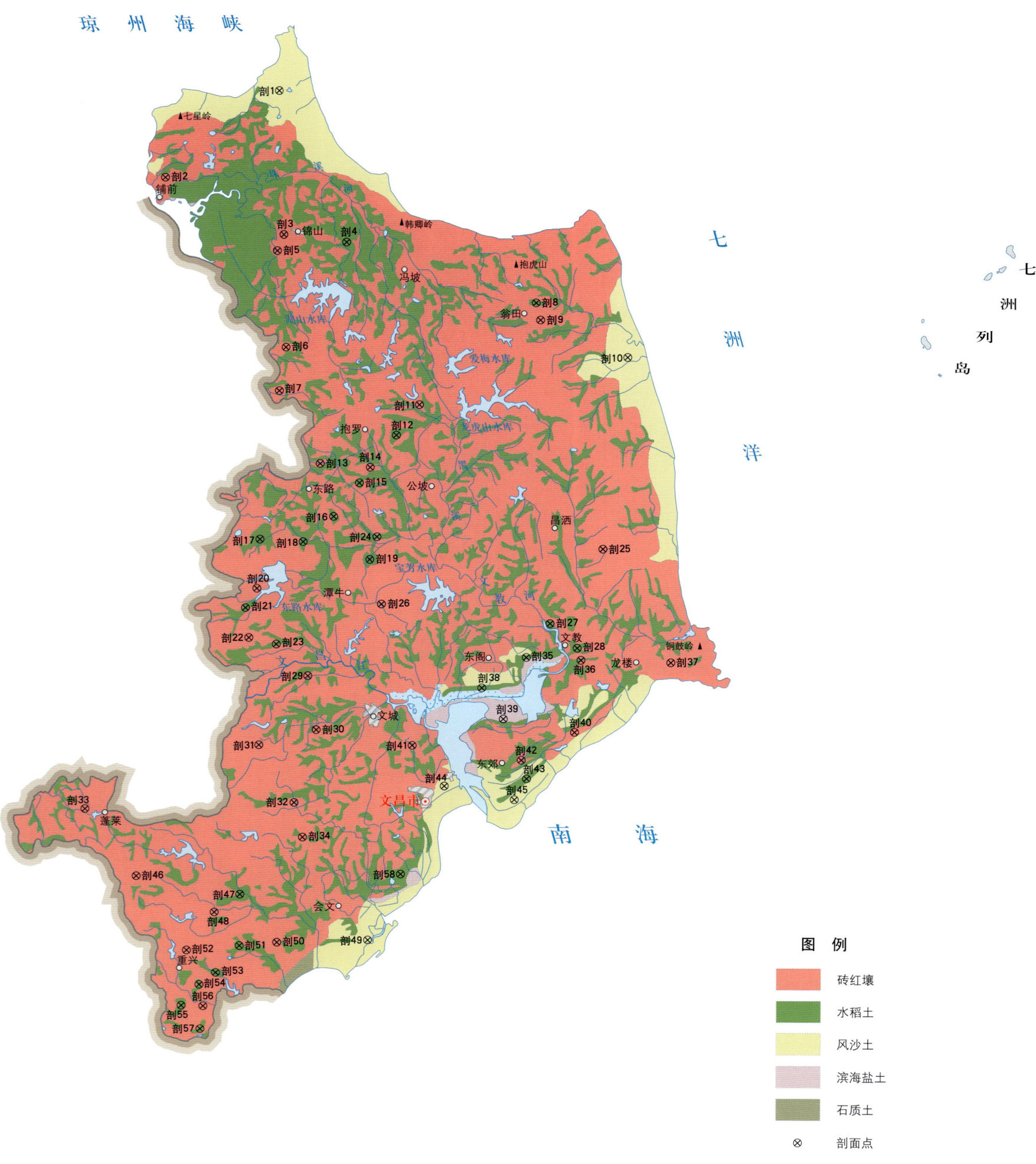

图 例
- 砖红壤
- 水稻土
- 风沙土
- 滨海盐土
- 石质土
- ⊗ 剖面点

注：国务院 1995 年 11 月批准，撤销文昌县，设立文昌市。

文昌市土壤剖面理化性状表

剖面号 Soil profile	土纲 Soil order	土类 Soil great group	亚类 Soil subgroup	土属 Soil genus	土种 Soil species	土层码 Layer code	土层厚度 Depth/cm	颜色 Soil color	质地 Soil texture	土壤结构 Soil structure	pH	有机质 OM/(g/kg)	全氮 TN/(g/kg)	全磷 TP/(g/kg)	全钾 TK/(g/kg)	碱解氮 AN/(mg/kg)	有效磷 AP/(mg/kg)	速效钾 AK/(mg/kg)	土壤母质 Parent material	剖面点坐标 Profile coordinate	匹配指数 Matching index/%
剖1	初育土	风沙土	滨海风沙土	滨海沙土	滨海贝胃沙土	A	0—18	浅灰色	松砂土	粒状	8.6	3.6	0.16	0.27	4.6	8	5.2	66	滨海沉积物	E 110° 40′ 30.4″ N 20° 06′ 34.2″	88
剖2	铁铝土	砖红壤	黄色砖红壤	浅海沉积物黄赤土地	黄赤砂砂土	C₁	18—50	浅灰色	松砂土	粒状	8.9	3.0	0.14	0.28	1.7		1.3	7	浅海沉积物	E 110° 34′ 56.3″ N 20° 02′ 26.9″	83
						C₂	50—100	棕灰色	松砂土	粒状	9.1	2.9	0.16	0.09	2.8						
						AB	0—15	暗黄棕色	紧砂土	粒状	7.4	6.6	0.19	0.07	1.4	18	1.0				
						B₁	15—27	黑黄棕色	松砂土	块状	7.3	6.5	0.27	0.07	1.2						
						B₂	27—60	浅黄色	松砂土	块状	7.3	2.9	0.14	0.05	1.0						
							60—100														
剖3	铁铝土	砖红壤	砖红壤	砂页岩砖红壤	中有机质层厚层砂页岩砖红壤	A	0—15	黄棕色	中壤土	块状	4.7	22.8	0.91	0.32	2.8	104	1.0	14	砂页岩	E 110° 40′ 43.6″ N 19° 59′ 44.9″	79
						B₁	15—50	浅红棕色	中壤土	块状	4.7	18.7	0.71	0.33	3.2						
						B₂	50—100	浅棕色	中壤土	块状	4.9	17.7	0.69	0.38	3.3						
剖4	人为土	水稻土	潴育水稻土	黄赤土田	黄赤砂粉土田	A	0—9	灰白色	轻壤土	碎块状	5.4	11.7	0.61	0.09	1.8	68	2.6	18	砂页岩	E 110° 43′ 47.3″ N 19° 59′ 23.3″	72
						P	9—15	灰白色	轻壤土	碎块状	6.3	11.0	0.55	0.09	1.8						
						W₁	15—55	灰黄色	重壤土	块状	6.6	4.8	0.27	0.08	4.6						
						W₂	55—100	红黄色													
剖5	铁铝土	砖红壤	砖红壤	砂页岩砖红壤	厚有机质层厚层砂页岩砖红壤	A	0—22	浅红棕色	中壤土	块状	4.9	13.2	0.38	0.24	5.3	41	0.4	31	砂页岩	E 110° 40′ 24.2″ N 19° 58′ 59.0″	88
						B₁	22—42	棕色	重壤土	块状	4.7	10.5	0.36	0.29	6.5						
						B₂	42—100	红棕色	重壤土	块状	4.7	7.7	0.32	0.36	7.8						
剖6	铁铝土	砖红壤	黄色砖红壤	浅海沉积物黄赤土地	黄赤砂泥地	A	0—12	浅棕色	轻壤土	碎块状	5.7	19.0	0.81	0.12	2.6	85	0.4	24	浅海沉积物	E 110° 40′ 50.4″ N 19° 54′ 23.2″	74
						B₁	12—38	暗棕色	轻壤土	碎块状	5.8	13.8	0.54	0.12	2.6						
						B₂	38—100	棕红色	砂壤土	块状											
剖7	铁铝土	砖红壤	砖红壤	花岗岩砖红土地	红赤砂泥地	A	0—12	暗黄棕色	轻壤土	块状	5.0	8.5	0.35	0.08	2.1	47	1.3	28	花岗岩	E 110° 40′ 30.7″ N 19° 52′ 18.6″	92
						B	12—100	黄棕色	重壤土	块状	4.8	6.5	0.27	0.07	1.7						
剖8	人为土	水稻土	潴育水稻土	泥肉田	泥肉田	A	0—21	灰灰黄色	重壤土	团粒状	5.5	49.4	2.28	0.63	12.5	188	4.4	42	浅海沉积物	E 110° 53′ 03.1″ N 19° 56′ 30.1″	73
						P	21—27	浅黄棕色	重壤土	块状	6.1	41.8	1.89	0.59	12.4						
						W₁	27—50	浅灰黄色	重壤土	核状	6.7	14.1	0.55	0.45	13.4						
						W₂	50—100														
剖9	铁铝土	砖红壤	砖红壤	花岗岩砖红壤	固定沙土	A	0—9	浅灰棕色	中壤土	粒状	4.8	8.4	0.28	0.07	2.4	44	1.0	49	花岗岩	E 110° 53′ 16.1″ N 19° 55′ 40.8″	76
						B	9—100	黄色	松砂土	粒状	5.0	7.3	0.26	0.06	1.7						
剖10	初育土	风沙土	滨海风沙土	滨海沙土	固定沙土	A	0—21	白色	松砂土	粒状	7.1	6.0	0.32	0.06	1.7	32	0.4	10	滨海沉积物	E 110° 57′ 31.0″ N 19° 53′ 53.9″	99
						C	21—100	浅黄色	松砂土	粒状	6.8	1.8	0.08	0.02	0.9						
剖11	铁铝土	砖红壤	砖红壤	花岗岩砖红土地	中有机质层薄层花岗岩砖红壤	A	0—19	浅黄棕色	砂壤土	碎块状	5.9	5.5	0.29	0.13	2.2	38	1.3	22	花岗岩	E 110° 47′ 21.1″ N 19° 51′ 38.7″	86
						B	19—39	浅红棕色	砂壤土	块状	5.9	10.4	0.43	0.10	1.5						
						C	39—100	浅红棕色	重壤土	块状	4.8	9.0	0.44	0.26	3.7						
剖12	人为土	水稻土	潴育水稻土	黄赤土田	黄赤重壤土	A	0—13	灰黄色	重壤土	糊状	5.1	21.1	1.11	0.21	13.1	118	2.2	47	花岗岩	E 110° 46′ 13.8″ N 19° 50′ 12.5″	96
						P	13—18	暗黄棕色	轻壤土	块状	5.0	11.9	0.63	0.16	6.1						
						W₁	18—40	棕色	重壤土	块状	4.9	3.8	0.39	0.14	17.9						
						W₂	40—100														
剖13	铁铝土	砖红壤	砖红壤	花岗岩砖红壤	红砂子土	A	0—20	绿灰黄色	紧砂土	粒状	7.1	13.2	0.42	0.28	2.7	67	1.3	22	花岗岩	E 110° 42′ 31.1″ N 19° 48′ 51.5″	75
						B	20—52	浅灰黄色	砂壤土	粒状	7.2	6.6	0.30	0.24	2.5						
						C	52—100	浅棕黄色	轻壤土	块状	6.7	9.3	0.40	0.23	3.2						
剖14	铁铝土	砖红壤	砖红壤	花岗岩砖红壤	中有机质层厚层花岗岩砖红壤	A	0—12	浅灰黄色	中壤土	碎块状	5.3	16.1	0.48	0.10	1.7	64	0.4	49	花岗岩	E 110° 44′ 57.5″ N 19° 48′ 41.4″	84
						B₁	12—42	棕黄色	中壤土	块状	5.7	19.4	0.60	0.10	2.2						
						B₂	42—100	黄橙色	轻黏土	块状	5.0	4.3	0.16	0.09	2.2						

续表 Continued

剖面号 Soil profile	土纲 Soil order	土类 Soil great group	亚类 Soil subgroup	土属 Soil genus	土种 Soil species	土层码 Layer code	土层厚度 Depth/cm	颜色 Soil color	质地 Soil texture	土壤结构 Soil structure	pH	有机质 OM/(g/kg)	全氮 TN/(g/kg)	全磷 TP/(g/kg)	全钾 TK/(g/kg)	碱解氮 AN/(mg/kg)	有效磷 AP/(mg/kg)	速效钾 AK/(mg/kg)	土壤母质 Parent material	剖面点坐标 Profile coordinate	匹配指数 Matching index/%
剖15	人为土	水稻土	潜育水稻土	红赤土田	红砂土田	A	0–15	暗灰色	砂壤土	粒状	5.9	12.8	0.58	0.17	4.2	67	10.5	17		E 110°44′25.9″ N 19°47′57.0″	82
						P	15–23	灰黄棕色	砂壤土	块状	6.3	7.4	0.37	0.10	3.6						
						W₁	23–58	黄棕色	砂壤土	块状	6.8	4.1	0.20	0.13	5.9						
						W₂	58–100	灰黄色													
剖16	人为土	水稻土	淹育水稻土	浅脚白赤土田	浅脚白半砂坋田	A	0–14	暗棕色	砂壤土	块状	6.1	8.3	0.41	0.22	1.9		2.6	7		E 110°43′10.6″ N 19°46′21.0″	100
						P	14–19	暗黄棕色	砂壤土	块状	6.4	7.3	0.29	0.19	1.8						
						C	19–100	浅黄色	中壤土	块状	7.1	7.0	0.28	0.19	2.6						
剖17	人为土	水稻土	潜育水稻土	赤土田	赤土田	A	0–21	棕色	重壤土	碎块状	5.1	69.0	3.12	1.62	1.2	246	6.5	29		E 110°39′35.3″ N 19°45′15.1″	78
						P	21–26	暗黄色	重壤土	块状	5.0	63.6	2.78	1.32	1.2						
						W₁	26–72	棕黄色	重壤土	块状	5.4	59.0	2.47	1.25	1.2						
						W₂	72–100	黄棕色	重壤土	块状											
剖18	人为土	水稻土	潜育水稻土	黄赤土田	黄赤黏土田	A	0–11	灰黄棕色	轻壤土	块状	5.5	28.9	1.29	0.14	10.0	107	4.8	46		E 110°41′41.6″ N 19°45′08.3″	81
						W₁	11–19	棕灰色	轻壤土	柱状	4.1	19.4	0.90	0.18	10.7						
						W₂	19–40	棕灰色	轻壤土	块状	4.1	12.1	0.51	0.18	14.8						
							40–100														
剖19	人为土	水稻土	潜育水稻土	河砂泥田	河砂泥田	A	0–17	灰红棕色	砂壤土	块状	5.4	11.6	0.51	0.11	2.1	66	1.3	9	河流冲积物	E 110°44′57.1″ N 19°44′18.2″	95
						P	17–27	棕红色	轻壤土	柱状	5.7	5.4	0.21	0.10	2.3						
						W	27–60	黑棕色	轻壤土	块状	7.2	4.2	0.15	0.08	2.0						
							60–100														
剖20	铁铝土	砖红壤		玄武岩赤土地	赤黏土地	A	0–18	灰黄棕色	重壤土	团粒状	4.9	32.1	1.26	0.28	2.1	105	0.9	52	玄武岩	E 110°39′27.0″ N 19°42′55.1″	88
						B₁	18–40	暗棕色	重壤土	块状	5.1	20.5	0.83	0.23	2.1						
						B₂	40–100	暗棕色	重黏土	柱状	5.1	16.6	0.69	0.24	2.1						
剖21	人为土	水稻土		赤土田	乌赤土田	A	0–19	暗棕色	中壤土	块状	5.3	87.2	3.46	1.31	1.3	185	3.1	36		E 110°38′53.9″ N 19°41′58.9″	82
						P	19–29	暗棕色	中壤土	块状	5.6	74.4	3.20	1.27	1.2						
						W	29–100	暗棕色	中壤土	块状	6.0	69.0	2.70	1.16	1.2						
剖22	铁铝土	砖红壤		玄武岩赤土	中有机质层厚层玄武岩砖红壤	A	0–13	暗红色	重壤土	团粒状	4.8	32.4	1.21	0.97	3.4	136	0.4	22	玄武岩	E 110°39′03.6″ N 19°40′33.6″	95
						B₁	13–45	红棕色	重壤土	块状	4.7	24.2	0.94	0.91	3.8						
						B₂	45–100	棕红色	重壤土	柱状	4.9	18.1	0.77	0.34	4.0						
剖23	人为土	水稻土	潜育水稻土	红赤土田	红乌泥田	A	0–15	红棕色	轻壤土	块状	5.1	23.1	1.20	0.24	13.9	119	2.2	26		E 110°40′23.9″ N 19°40′14.9″	89
						B₁	15–28	浅黄橙色	轻壤土	块状	6.5	9.2	0.37	0.20	15.8						
						B₂	28–85	浅黄棕色	砂壤土	块状	5.6	15.7	0.75	0.20	12.8						
							85–100														
剖24	人为土	水稻土		黄赤土田	黄赤土田	A	0–20	紫棕色	砂壤土	糊状	5.2	24.0	0.92	0.15	2.7	105	5.2	16	浅海沉积物	E 110°40′18.0″ N 19°40′23.0″	94
						P	20–27	灰棕色	砂壤土	片状	5.4	19.3	0.90	0.17	2.0						
						W₁	27–60	灰棕色	中壤土	碎块状	5.3	14.5	0.55	0.14	2.0						
						W₂	60–100	黑棕色													
剖25	铁铝土	砖红壤		浅海沉积物黄赤土	薄有机质层厚层浅黄色砖红壤	A	0–6	浅灰棕色	砂壤土	粒状	5.7	5.0	0.17	0.07	0.7	22	1.0	17	浅海沉积物	E 110°45′18.4″ N 19°44′48.1″	88
						B₁	6–35	棕红色	轻壤土	碎块状	5.1	4.5	0.16	0.10	1.1						
						B₂	35–100	棕红色	轻壤土	碎块状	4.8	3.0	0.13	0.05	1.3						
剖26	铁铝土	砖红壤		浅海沉积物黄赤土	厚有机质层厚层浅黄色砖红壤	A	0–30	黑色	松砂土	碎块状	5.8	7.5	0.28	0.04	0.9	37	0.4	12	浅海沉积物	E 110°45′31.7″ N 19°42′10.4″	84
						B₁	30–55	浅黄棕色	紫砂土	碎块状	5.2	5.2	0.12	0.05	1.1						
						B₂	55–100	浅黄灰色	砂壤土	碎块状	5.6	2.9	0.09	0.08	1.4						
剖27	人为土	水稻土	潜育水稻土	河砂泥田	河结砂泥田	A	0–13	暗灰色	砂壤土	块状	6.6	15.2	0.74	0.09	1.6	79	1.3	15	河流冲积物	E 110°53′44.7″ N 19°41′14.7″	91
						P	13–23	灰棕色	轻壤土	块状	5.5	9.0	0.44	0.05	1.5						
						W₁	23–65	暗棕色	轻壤土	块状	6.7	2.0	0.10	0.06	1.7						
						W₂	65–100	浅黄棕色													

续表 Continued

剖面号 Soil profile	土纲 Soil order	土类 Soil great group	亚类 Soil subgroup	土属 Soil genus	土种 Soil species	土层码 Layer code	土层厚度 Depth/cm	颜色 Soil color	质地 Soil texture	土壤结构 Soil structure	pH	有机质 OM/(g/kg)	全氮 TN/(g/kg)	全磷 TP/(g/kg)	全钾 TK/(g/kg)	碱解氮 AN/(mg/kg)	有效磷 AP/(mg/kg)	速效钾 AK/(mg/kg)	土壤母质 Parent material	剖面点坐标 Profile coordinate	匹配指数 Matching index/%
剖28	人为土	水稻土	潴育水稻土	河砂泥田	河泥田	A	0–12	棕灰色	中壤土	块状	5.7	17.6	0.92	0.16	3.4	102	3.5	24	河流冲积物	E 110°55′04.1″ N 19°40′04.8″	81
剖29	铁铝土	砖红壤	砖红壤	砂页岩砖红壤	薄有机质层厚层砂页岩砖红壤	P	12–17	暗黄棕色	轻壤土	块状	5.1	12.6	0.70	0.15	3.0	98	1.0	25	砂页岩	E 110°41′56.8″ N 19°38′44.9″	73
						W₁	17–50	暗灰黄色	轻壤土	块状	5.1	3.2	0.23	0.12	16.8						
						W₂	50–100	黄棕色	轻壤土	块状											
剖30	铁铝土	砖红壤	砖红壤	砂页岩砖红壤	薄有机质层厚层砂页岩砖红壤	A	0–8	灰黄色	中壤土	碎块状	5.4	23.0	0.87	0.17	2.7	98	2.0	27	砂页岩	E 110°42′22.3″ N 19°36′12.6″	96
						B₁	8–50	暗黄棕色	中壤土	块状	5.0	14.7	0.59	0.14	3.3						
						B₂	50–100	浅棕色	中壤土	块状	5.2	13.0	0.54	0.14	3.3						
剖31	铁铝土	砖红壤	砖红壤	玄武岩赤土	中有机质层厚层玄武岩砖红壤	A	0–9	浅棕红色	轻壤土	碎块状	5.3	15.4	0.55	0.15	2.2	59	2.0	27	玄武岩	E 110°39′34.6″ N 19°35′28.7″	99
						B₁	9–30	浅棕红色	轻壤土	块状	5.4	11.0	0.38	0.14	2.4						
						B₂	30–100	红红色	轻壤土	块状	5.1	10.5	0.36	0.17	2.4						
剖32	铁铝土	砖红壤	砖红壤	砂页岩砖红壤	厚层砂页岩砖红壤	A	0–10	暗棕红色	中壤土	块状	5.4	20.5	0.85	0.15	3.2	120	1.3	71	砂页岩	E 110°41′18.6″ N 19°32′44.2″	78
						B₁	10–18	浅红棕色	重壤土	块状	5.5	15.1	0.59	0.49	2.9						
						B₂	18–40	棕红色	重壤土	块状	5.5	15.1	0.38	0.15	2.5						
						B₂	40–100	浅棕红色	重壤土	块状	5.4	8.9	0.31	0.22	3.4						
剖33	铁铝土	砖红壤	砖红壤	玄武岩砖红壤	厚层玄武岩砖红壤	A	0–25	红棕色	中壤土	团粒状	5.1	36.5	1.55	1.61	1.2	151	1.3	34	玄武岩	E 110°31′07.1″ N 19°32′23.7″	97
						B₁	25–65	红棕色	重黏土	块状	5.1	30.2	1.21	1.47	1.2						
						B₂	65–100	红棕色	重黏土	块状	5.5	29.8	1.20	1.40	1.5						
剖34	铁铝土	砖红壤	砖红壤	砂页岩砖红壤		A	0–10	浅棕黄色	砂壤土	粒状	5.8	9.5	0.25	0.06	1.1	32	2.0	14	砂页岩	E 110°41′43.4″ N 19°31′04.1″	99
						B	28–100	黄棕色	轻壤土	块状	5.8	7.9	0.28	0.08	1.5						
剖35	人为土	水稻土	潴育水稻土	红赤土田	红赤田	A	0–14	棕灰色	轻壤土	团粒状	6.0	22.0	0.99	0.14	9.0	96	1.3	17	河流冲积物	E 110°52′34.7″ N 19°39′38.5″	79
						P	14–20	绿灰色	轻壤土	块状	6.7	14.3	0.69	0.10	8.6						
						W₁	20–55	浅棕色	轻壤土	柱状	6.4	6.3	0.29	0.06	7.2						
						W₂	55–100	白色	砂壤土	柱状											
剖36	人为土	水稻土	潴育水稻土	河黏土田	河黏土田	A	0–15	浅棕黄色	重壤土	块状	5.3	24.3	1.17	0.38	4.5	139	3.9	27	河流冲积物	E 110°55′14.9″ N 19°39′31.0″	82
						P	15–25	暗黄棕色	重壤土	块状	5.3	12.8	0.63	0.38	4.6						
						W₁	25–50	浅灰棕色	轻壤土	粒状	5.5	6.3	0.40	0.36	3.3						
						W₂	50–100	棕红色	砂壤土	粒状											
剖37	铁铝土	砖红壤	砖红壤	花岗岩花岗岩	薄有机质层厚层花岗岩砖红壤	A	0–9	灰黄色	中壤土	块状	4.8	17.2	0.74	0.12	3.6	67	2.6	16	花岗岩	E 110°59′37.7″ N 19°39′24.1″	72
						B₁	9–26	暗黄棕色	轻壤土	块状	5.0	20.5	0.95	0.12	3.6						
						B₂	26–70	棕红色	轻壤土	粒状	4.8	8.2	0.43	0.09	3.9						
剖38	人为土	水稻土		咸田		A	0–20	红红色	紧砂土	粒状	6.4	7.6	0.33	0.12	19.2	43	3.1	31		E 110°50′25.4″ N 19°35′11.8″	93
						P	20–30	黑色	紧砂土	粒状	6.0	3.3	0.14	0.07	16.7						
						W₁	30–45	黑色	紧砂土	粒状	6.6	4.5	0.07	0.04	16.6						
						W₂	45–100	暗灰棕色	紧砂土	粒状											
剖39	盐碱土	滨海盐土	盐渍水稻土	滨海盐土	轻咸田	A	0–12	暗灰棕色	砂壤土	块状	4.6	26.7	0.63	0.13	10.1	102	1.3	233	浅海沉积物	E 110°51′28.4″ N 19°36′44.6″	90
						C	12–100	暗黄橙色	砂壤土	碎块状	3.3	40.8	0.82	0.36	10.7						
剖40	铁铝土	砖红壤	砖红壤	浅海沉积物黄赤土	中有机质层厚层浅色砖红壤	A	0–17	浅黄橙色	砂黏土	砂块状	5.1	8.0	0.35	0.10	1.3	44	3.1	18	浅海沉积物	E 110°54′56.9″ N 19°36′06.5″	82
						B₁	17–65	暗黄棕色	砂壤土	砂粒状	4.9	5.3	0.22	0.22	1.5						
						B₂	65–100	棕红棕色	砂壤土	块状	4.9	4.3	0.24	0.03	2.5						
剖41	铁铝土	砖红壤	黄色砖红壤	浅海沉积物黄赤土	黄赤砂粉地	A	0–30	暗灰色	砂壤土	粒状	6.2	9.1	0.35	0.35	0.2	45	1.2	11	浅海沉积物	E 110°47′02.8″ N 19°35′28.3″	89
						B₁	30–70	浅灰色	紧砂土	粒状	6.7	1.1	0.18	微量	1.6						
						B₂	70–100	灰白色	紧砂土	粒状	6.8	0.9	0.11	0.01	2.2	4	0.6	11			
剖42	铁铝土	砖红壤	砖红壤	浅海沉积物水化砖红壤	厚层浅层砖红壤	A	0–22	红色	砂壤土	团粒状	6.3	10.9	0.43	0.30	1.5	45	2.6	22	浅海沉积物	E 110°52′20.6″ N 19°34′46.6″	80
						B₁	22–57	棕色	轻壤土	团块状	5.8	7.7	0.29	0.27	1.5		0.4				
						B₂	57–100	暗棕色	中壤土	团块状	5.7	8.0	0.29	0.36	2.4						

续表 Continued

剖面号 Soil profile	土纲 Soil order	土类 Soil great group	亚类 Soil subgroup	土属 Soil genus	土种 Soil species	土层码 Layer code	土层厚度 Depth/cm	颜色 Soil color	质地 Soil texture	土壤结构 Soil structure	pH	有机质 OM/(g/kg)	全氮 TN/(g/kg)	全磷 TP/(g/kg)	全钾 TK/(g/kg)	碱解氮 AN/(mg/kg)	有效磷 AP/(mg/kg)	速效钾 AK/(mg/kg)	土壤母质 Parent material	剖面点坐标 Profile coordinate	匹配指数 Matching index/%
剖43	人为土	水稻土	潴育水稻土	黄赤土田	乌黄赤土田	A	0—22	浅灰色	砂壤土	碎块状	5.2	20.9	0.85	0.11	2.0	84	7.9	7		E 110°52′36.5″ N 19°33′54.0″	97
						P	22—30	暗灰色	砂壤土	块状	5.2	17.5	0.72	0.11	1.8						
						W₁	30—62	黑色	紧砂土	粒状	5.9	15.1	0.58	0.09	1.7						
						W₂	62—100	绿灰黄色	紧砂土	粒状											
剖44	初育土	风沙土	滨海风沙土	滨海沙土地	滨海砂姜沙土地	A	0—29	浅黄棕色	紧砂土	粒状	8.7	26.8	0.89	0.35	6.6	32	0.9	17	滨海沉积物	E 110°48′36.4″ N 19°33′32.0″	94
						C₁	29—72	浅黄色	紧砂土	粒状	8.7	16.4	0.36	0.35	6.7						
						C₂	72—100	浅黄黄色	紧砂土	粒状	9.1	12.5	0.17	0.21	5.9						
剖45	初育土	风沙土	滨海风沙土	滨海沙土地	滨海贝胃沙土地	A	0—11	暗棕色	砂壤土	块状	8.8	8.9	0.46	0.58	9.1	39	1.3	51	滨海沉积物	E 110°52′00.8″ N 19°32′53.9″	70
						C₁	11—25	暗棕色	砂壤土	块状	8.9	8.5	0.17	0.52	9.0						
						C₂	25—100	浅灰黄色	紧砂土	粒状	9.2	3.0	0.15	0.23	7.6						
剖46	铁铝土	砖红壤		玄武岩赤土地	铁子底赤土地	A	0—18	暗棕色	轻壤土	团粒状	5.6	29.6	1.26	0.97	1.2	141	0.4	27	玄武岩	E 110°33′37.9″ N 19°29′11.0″	85
						AB	18—50	暗棕色	轻壤土	小块状	5.8	24.2	1.00	0.91	1.3						
						B	50—100	暗棕色	轻壤土	小块状	5.4	21.8	0.93	0.86	1.4						
剖47	水稻土	潴育水稻土		玄武岩赤土田	铁子底赤土田	A	0—18	浅灰黄色	重壤土	碎块状	5.5	49.0	2.27	1.52	1.2	200	5.2	32	玄武岩	E 110°38′41.3″ N 19°28′19.6″	85
						P	18—26	暗棕色	重壤土	块状	5.1	46.9	2.14	1.47	1.2						
						W	26—100	褐红色	轻壤土	铁盘状	4.9	14.3	0.65	1.09	1.4						
剖48	初育土	风沙土	滨海风沙土	滨海沙土地	铁子赤土地	A	0—22	红色	轻壤土	团粒状	5.1	21.7	0.96	0.51	1.3	105	微量	52	滨海沉积物	E 110°37′26.7″ N 19°27′27.8″	99
						B₁	22—53	红色	轻壤土	块状	5.1	14.9	0.68	0.46	1.2						
						B₂	53—100	浅黄棕色	轻黏土	柱状	5.1	15.5	0.73	0.45	1.2						
剖49	铁铝土	砖红壤		花岗岩赤土地	滨海沙土地	A	0—15	灰黄灰色	松砂土	粒状	7.5	9.9	0.42	0.17	4.8	49	0.9	14	花岗岩	E 110°44′55.0″ N 19°26′10.3″	84
						C₁	15—35	暗棕色	松砂土	粒状	7.7	4.6	0.21	0.08	4.8						
						C₂	35—100	暗黄色	松砂土	块状	7.8	1.5	0.08	0.07	3.8						
剖50	初育土	风沙土		赤土泥	赤砂泥土田	A	0—20	灰棕色	重壤土	糊状	5.2	14.0	0.54	0.14	20.2	67	1.0	36		E 110°40′29.6″ N 19°26′02.8″	88
						B	20—100	暗黄色	中壤土	块状	5.4	5.7	0.35	0.15	36.9						
剖51	人为土	水稻土		赤土泥	赤砂泥土田	A	0—20	暗灰色	中壤土	块状	5.4	53.3	2.30	1.28	2.7	216	5.2	33		E 110°38′40.6″ N 19°25′52.7″	95
						P	20—29	暗棕色	中壤土	块状	5.6	40.0	1.81	1.23	2.7						
						W	29—100	暗棕色	重壤土	块状	6.3	21.8	0.88	1.09	3.2						
剖52	铁铝土	砖红壤		花岗岩红赤土地	红赤泥土田	A	0—16	灰棕色	中壤土	团块状	7.3	10.4	0.46	0.35	13.4	56	3.9	68	花岗岩	E 110°36′06.2″ N 19°25′39.3″	70
						B₁	16—38	暗黄色	中壤土	块状	6.6	12.5	0.58	0.35	12.0						
						B₂	38—100	暗灰色	重壤土	块状	6.8	8.4	0.40	0.32	25.1						
剖53	人为土	水稻土	潴育水稻土	泥肉田	白泥肉田	A	0—20	暗黄棕色	轻壤土	团粒状	6.0	36.6	1.60	0.35	8.2	165	3.1	22	花岗岩	E 110°37′31.4″ N 19°24′35.6″	95
						P	20—27	暗黄棕色	中壤土	团粒状	6.4	23.8	1.09	0.26	8.0						
						W	27—80	暗绿棕色	轻黏土	块状	6.5	5.1	0.24	0.11	9.2						
						G	80—100	灰灰色	黏土	柱状											
剖54	人为土	水稻土	潴育水稻土	泥肉田	红泥肉田	A	0—16	暗黄灰色	轻壤土	块状	5.4	26.8	1.21	0.39	7.5	111	4.4	7		E 110°36′43.2″ N 19°24′00.7″	92
						P	16—24	暗黄色	轻壤土	块状	6.1	20.2	1.07	0.34	7.4						
						W₁	24—52	浅灰棕色	轻壤土	柱状	6.2	17.0	0.66	0.29							
						W₂	52—100	紫黄棕色	重黏土	柱状	5.6										
剖55	人为土	水稻土	潴育水稻土	泥肉田	赤泥肉田	A	0—18	灰灰色	重壤土	柱状	6.1	46.6	1.99	0.50	2.7	203	1.3	30		E 110°35′51.4″ N 19°23′00.6″	77
						P	18—26	暗黄色	中壤土	块状	6.2	36.9	1.44	0.38	2.4						
						W₁	26—65	浅灰黄色	轻黏土	块状	6.3	33.5	1.32	0.36	2.4						
						G	90—100	暗棕色	紧砂土	粒状	6.4	3.6	0.18	0.06	1.7						
剖56	铁铝土	砖红壤		花岗岩砖红壤	中有机质层厚层花岗岩砖红壤	A	0—15	暗黄色	松砂土	粒状	6.6	2.1	0.15	0.06	1.5	21	1.3	9	花岗岩	E 110°36′54.7″ N 19°22′59.5″	79
						B₁	15—65	浅黄棕色	松砂土	粒状	6.8	1.3	0.13	0.05	1.5						
						B₂	65—100	浅黄棕色	松砂土	粒状											

续表 Continued

剖面号 Soil profile	土纲 Soil order	土类 Soil great group	亚类 Soil subgroup	土属 Soil genus	土种 Soil species	土层码 Layer code	土层厚度 Depth/cm	颜色 Soil color	质地 Soil texture	土壤结构 Soil structure	pH	有机质 OM/(g/kg)	全氮 TN/(g/kg)	全磷 TP/(g/kg)	全钾 TK/(g/kg)	碱解氮 AN/(mg/kg)	有效磷 AP/(mg/kg)	速效钾 AK/(mg/kg)	土壤母质 Parent material	剖面点坐标 Profile coordinate	匹配指数 Matching index/%
剖57	人为土	水稻土	潴育水稻土	泥肉田	辉赤泥肉田	A	0—20	暗灰黄色	中壤土	块状	5.5	28.4	1.43	0.68	14.4	127	13.5	38		E 110°36′47.0″ N 19°21′53.1″	72
						P	20—28	暗黄棕色	中壤土	块状	6.4	16.6	0.80	0.54	15.4						
						W₁	28—64	棕黄色	中壤土	块状	7.6	10.0	0.48	0.43	15.7						
						W₂	64—100	棕色	重壤土												
剖58	人为土	水稻土	潴育水稻土	黄赤土田	黄赤砂泥田	A	0—19	棕灰色	砂壤土	块状	5.3	14.7	0.68	0.10	2.1	71	2.2	4		E 110°46′30.0″ N 19°29′19.3″	86
						P	19—27	棕灰色	紧砂土	碎块状	5.5	8.0	0.35	0.07	1.6						
						W₁	27—59	棕灰色	紧砂土	粒状	5.9	3.7	0.18	0.07	1.4						
						W₂	59—100	棕灰色	紧砂土	粒状											

万 宁 市

主要土类说明

砖红壤是万宁市主要土壤类型，占本市地域面积的77%。砖红壤土层深厚，表层呈暗红棕色，心土层呈砖红色且具有大量暗色胶膜和细粒铁锰结核，剖面构型为A–Bs–Bv–C。土壤脱硅富铝化作用强烈，铁铝氧化物明显聚积，黏粒硅铝率小于1.6，铁的游离度大于80%；黏粒矿物以高岭石、赤铁矿和三水铝石为主，原生矿物强烈风化，风化淋溶系数小于0.05；硅和盐基大量淋失，盐基饱和度低，土壤酸性强。本市砖红壤仅有黄色砖红壤一个亚类。

水稻土是万宁市第二大土壤类型，占本市地域面积的11%。水稻土是在长期的季节性淹灌、水下翻耕、季节性脱水、氧化还原交替影响下，原来的成土母质或母土的特性发生重大改变，形成的新的土壤类型。由于干湿交替，水稻土形成糊状的淹育层、较坚实板结的犁底层、渗育层、潴育层与潜育层等多种发生层。本市水稻土分为淹育型、潴育型、渗育型、潜育型、沼泽型、盐渍型等亚类。其中，潴育水稻土面积最大。

赤红壤是万宁市第三大土壤类型，占本市地域面积的5%。赤红壤主要发生于南亚热带季雨林下，其脱硅富铝化程度仅次于砖红壤，强于红壤。铁的游离度介于二者之间，黏粒硅铝率为1.7—2.0，风化淋溶系数为0.05—0.15，盐基饱和度为15%—25%，pH为4.5—5.5。淀积层（B层）富含铁铝氧化物，呈赤红色。

风沙土占本市地域面积的3%。风沙土发生于半干旱、干旱漠境地区及滨海地区，是在风沙移动堆积形成的多种形态的风沙沉积物上发育的初育土。由于成土时间短暂，该土壤无剖面发育，具C、(A)–C或A–C剖面构型，反映了风沙移动堆积与固定的不同阶段。

小于本市地域面积3%的土壤类型有黄壤、滨海盐土、新积土和石质土。

本区域中心区气候特征

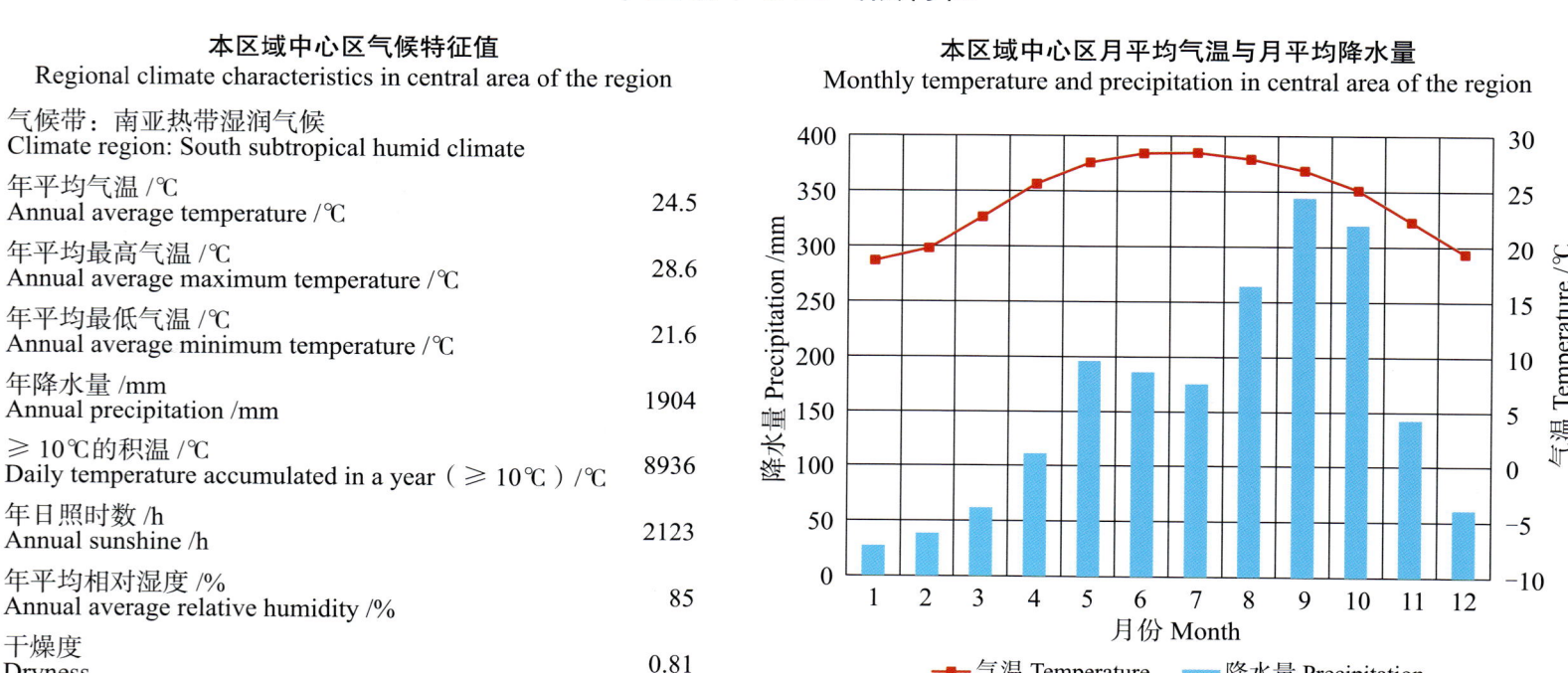

本区域中心区气候特征值
Regional climate characteristics in central area of the region

气候带：南亚热带湿润气候 Climate region: South subtropical humid climate	
年平均气温 /℃ Annual average temperature /℃	24.5
年平均最高气温 /℃ Annual average maximum temperature /℃	28.6
年平均最低气温 /℃ Annual average minimum temperature /℃	21.6
年降水量 /mm Annual precipitation /mm	1904
≥10℃的积温 /℃ Daily temperature accumulated in a year（≥10℃）/℃	8936
年日照时数 /h Annual sunshine /h	2123
年平均相对湿度 /% Annual average relative humidity /%	85
干燥度 Dryness	0.81

本区域中心区月平均气温与月平均降水量
Monthly temperature and precipitation in central area of the region

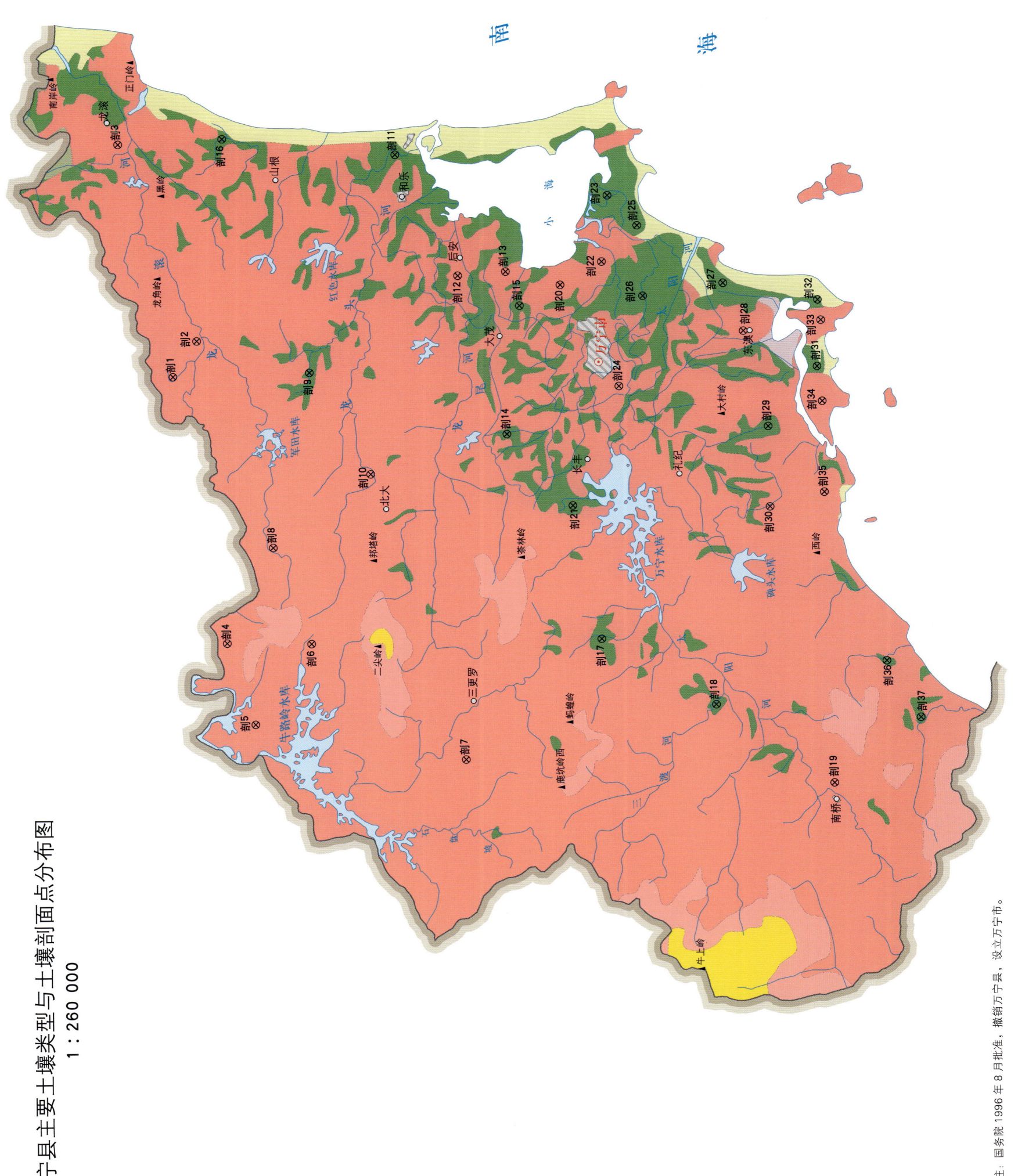

万宁市土壤剖面理化性状表

剖面号 Soil profile	土纲 Soil order	土类 Soil great group	亚类 Soil subgroup	土属 Soil genus	土种 Soil species	土层代码 Layer code	土层厚度 Depth/cm	颜色 Soil color	质地 Soil texture	土壤结构 Soil structure	pH	有机质 OM/(g/kg)	全氮 TN/(g/kg)	全磷 TP/(g/kg)	全钾 TK/(g/kg)	有效磷 AP/(mg/kg)	速效钾 AK/(mg/kg)	土壤母质 Parent material	剖面点坐标 Profile coordinate	匹配指数 Matching index/%
剖1	铁铝土	砖红壤	黄色砖红壤	砂页岩黄色砖红壤	薄有机质层厚层砂页岩黄色砖红壤	A	0–7	浅黄色	砂壤土	碎块状	5.3	14.1	0.56	0.12	5.8	1.7	14	砂页岩	E 110°22′08.0″ N 19°01′27.5″	83
						B₁	7–30	浅棕色	轻砾质中壤土	块状	5.1	11.7	0.50	0.12	3.4	0.9	26			
						B₂	30–100	黄橙色	紧砂土	块状	5.3	6.0	0.34	0.24	13.9	微量	21			
剖2	铁铝土	砖红壤	黄色砖红壤	耕型砂页岩黄色砖红壤	砂页岩黄色赤土地	A	0–15	浅黄色	中壤土	碎块状	5.1	18.2	0.77	0.28	50.9	0.9	66	砂页岩	E 110°23′22.9″ N 19°00′41.8″	87
						B₁	15–31	黄橙色	轻壤土	块状	5.3	14.0	0.68	0.27	15.4	0.9	59			
						B₂	31–54	浅红棕色	中壤土	块状	5.4	11.2	0.54	0.21	11.5	0.9	79			
剖3	铁铝土	砖红壤	黄色砖红壤	浅海沉积物黄赤土地	黄赤砂砂地	C	54—	暗黄棕色	中壤土	核状								浅海沉积物	E 110°30′11.2″ N 19°03′14.0″	93
剖4	铁铝土	砖红壤	黄色砖红壤	砂页岩黄色砖红壤	砂页岩黄色砖红壤	A	0–11	浅黄棕色	紧砂土	粒状	5.8	4.2	0.23	0.19	38.2	2.6	20	砂页岩	E 110°12′53.3″ N 18°59′42.7″	90
						B	11–100	浅黄棕色	砂壤土	块状	5.8	2.7	0.18	0.13	45.1	2.6	18			
剖5	铁铝土	砖红壤	黄色砖红壤	砂页岩黄色砖红壤	薄有机质层砂页岩黄色砖红壤	A	0–14	浅黄色	轻壤土	碎块状	4.9	35.3	1.40	0.34	9.7	5.7	45	砂页岩	E 110°10′03.0″ N 18°58′47.6″	96
						B₁	14–33	浅黄色	中壤土	块状	5.0	19.8	0.75	0.15	20.3	0.4	21			
						B₂	33–57	浅黄色	中壤土	块状	5.0	16.5	0.59	0.31	21.9	2.2	17			
						D	57–100	暗青色	岩石	碎块状										
剖6	铁铝土	砖红壤	黄色砖红壤	砂页岩黄色砖红壤	中有机质层中层砂页岩黄色砖红壤	A	0–9	红棕色	重石质砂壤土	粒状	4.9	13.6	0.31	0.03	13.4	1.3	69	砂页岩	E 110°12′51.8″ N 18°56′59.6″	86
						B	9–30	浅灰棕色	中石质中壤土	块状	5.3	10.4	0.24	0.02	9.4	1.7	19			
						D	30–100	黄色	岩石	碎块状										
剖7	铁铝土	砖红壤	黄色砖红壤	耕型花岗岩黄色砖红壤	中有机质层厚层花岗岩黄色砖红壤	A	0–10	棕色	轻壤土	块状	5.4	30.5	1.32	0.26	8.5	2.6	113	花岗岩	E 110°08′50.3″ N 18°52′01.6″	77
						B₁	10–60	黄棕色	中壤土	块状	5.2	14.1	0.76	0.27	11.4	2.2	55			
						B₂	60–100	浅黄棕色	中壤土	块状	7.0	7.0	0.41	0.23	10.4	1.7	40			
剖8	铁铝土	砖红壤	黄色砖红壤	耕型砂页岩黄色砖红壤	黄色红砂子地	A	0–10	浅绿色	重石质紧砂土	粒状	6.4	14.3	0.59	0.26	31.9	4.8	51	砂页岩	E 110°16′12.7″ N 18°58′13.4″	100
						B	10–27	暗绿灰色	砂壤土	块状	6.2	8.3	0.48	0.12	27.5	5.2	32			
						BC	27–48	暗黄棕色	轻壤土	块状	5.7	14.7	0.85	0.36	28.5	2.2	28			
						D	48–100	暗灰棕色	岩石	碎块状										
剖9	人为土	水稻土	潴育水稻土	红砂土田	红砂土田	A	0–16	浅灰棕色	砂壤土	块状	5.0	13.4	0.75	0.13	31.0	6.1	22	砂页岩	E 110°22′16.7″ N 18°57′04.3″	84
						B₁	16–21	浅灰棕色	轻壤土	块状	5.4	5.4	0.36	0.11	31.4	微量	16			
						B₂	21–46	黄棕色	轻石质砂壤土	块状	6.1	4.1	0.25	0.06	27.2	0.4	12			
						B₃	46–100	暗黄棕色	砂壤土	块状	5.4	28.9	1.42	0.20	17.8	6.5	16			
剖10	铁铝土	砖红壤	黄色砖红壤	耕型花岗岩黄色砖红壤	黄色红赤泥地	A	0–16	暗黄棕色	轻壤土	碎块状	5.1	22.3	1.08	0.11	13.2	3.5	14	花岗岩	E 110°18′45.0″ N 18°55′05.9″	71
						B₁	16–25	灰灰色	砂壤土	块状	6.4	4.6	0.58	0.10	15.8	1.3	17			
						B₂	25–32	棕色	中壤土	片状	6.2	7.9	0.40	0.22	2.8	6.1	56			
						B₃	32–100	红色	轻壤土	块状	5.9	7.9	0.41	0.38	3.4	2.6	42			
剖11	人为土	水稻土	潴育水稻土	黄赤砂泥田	黄赤砂泥田	A	0–14	暗黄色	轻壤土	碎块状	5.2	10.9	0.58	0.02	3.6	微量	17	花岗岩	E 110°29′49.9″ N 18°54′19.8″	71
						P	14–18	暗黄色	轻壤土	块状	5.2	23.9	1.13	0.16	3.8	2.6	29			
						W₁	18–40	棕灰色	砂壤土	片状	6.2	6.7	0.41	0.05	3.8	0.9	8			
						W₂	40–100	浅红灰色	松砂土	粒状	7.2	3.6	0.10	0.10	3.7	1.7	20			
剖12	铁铝土	砖红壤	黄色砖红壤	花岗岩黄色砖红壤	厚有机质层厚层花岗岩黄色砖红壤	A	0–21	棕灰色	轻石质砂壤土	粒状	6.5	36.8	1.70	0.34	30.8	7.0	139	花岗岩	E 110°25′38.6″ N 18°52′18.5″	76
						B₁	21–60	浅灰黄色	中石质轻壤土	块状	5.9	11.4	0.54	0.19	35.7	1.3	22			
						B₂	60–100	暗黄棕色	轻石质中壤土	块状	6.1	10.5	0.44	0.19	35.7	0.4	7			

续表 Continued

剖面号 Soil profile	土纲 Soil order	土类 Soil great group	亚类 Soil subgroup	土属 Soil genus	土种 Soil species	土层码 Layer code	土层厚度 Depth/cm	颜色 Soil color	质地 Soil texture	土壤结构 Soil structure	pH	有机质 OM/(g/kg)	全氮 TN/(g/kg)	全磷 TP/(g/kg)	全钾 TK/(g/kg)	有效磷 AP/(mg/kg)	速效钾 AK/(mg/kg)	土壤母质 Parent material	剖面点坐标 Profile coordinate	匹配指数 Matching index/%
剖13	铁铝土	砖红壤	黄色砖红壤	浅海沉积物黄色砖红壤		A	0—12	浅黄色	中石质紧砂土	粒状	6.0	4.1	0.25	0.12	22.2	13.1	31	浅海沉积物	E 110° 25′ 46.9″ N 18° 50′ 46.0″	91
						B₁	12—44	灰色	轻石质松砂土	粒状	5.8	3.1	0.25	0.13	21.1	17.9	17			
						B₂	44—100	灰黄棕色	中石质紧砂土	碎块状	5.8	4.0	0.16	0.15	21.1	6.1	14			
剖14	人为土	水稻土	潴育水稻土	红赤土田	红土田	P	0—15	暗棕色	重壤土	片状	5.0	31.8	1.78	0.40	37.5	4.4	53		E 110° 20′ 08.2″ N 18° 50′ 43.1″	95
						W₁	15—24	灰黄色	中壤土	片状	6.6	22.1	1.04	0.31	36.8	3.9	17			
						W₂	24—64	浅黄色	中壤土	柱状	6.7	5.1	0.29	0.31	33.5	微量	17			
						C	64—100	暗黄棕色	重壤土											
剖15	人为土	水稻土	淹育水稻土	浅脚黄色砖红壤	浅脚黄粉土田	A	0—12	暗灰黄色	中石质轻壤土	块状	5.2	24.8	0.93	0.15	11.3	7.0	22		E 110° 24′ 36.4″ N 18° 50′ 19.3″	87
						P	12—19	灰黄棕色	轻石质中壤土	块状	5.4	21.0	0.56	0.10	8.7	2.6	18			
						C	19—100	浅灰黄色	中壤土	块状	5.0	15.8	0.70	0.07	6.2	3.9	21			
剖16	人为土	水稻土	潴育水稻土	黄赤土田	黄赤黏土田	A	0—10	暗灰黄色	重壤土	块状	4.8	24.7	1.38	0.28	23.5	7.9	56		E 110° 30′ 22.7″ N 18° 59′ 53.5″	70
						P	10—16	灰黄棕色	轻石质中壤土	片状	4.9	21.4	1.23	0.25	21.0	4.8	30			
						W₁	16—45	红灰黄色	中壤土	块状	5.0	16.0	1.10	0.24	14.9	3.5	36			
						W₂	45—100	灰黄色	重壤土	柱状										
剖17	人为土	水稻土	潴育水稻土	红赤土田	红砂土田	A	0—13	棕灰色	轻石质砂壤土	粒状	6.6	16.0	0.81	0.13	9.2	4.4	30		E 110° 13′ 01.9″ N 18° 47′ 40.2″	94
						P	13—20	黄棕色	砂壤土	块状	6.5	2.0	0.18	0.09	4.2	0.9	12			
						W₁	20—45	灰棕色	中壤土	棱柱状	6.7	4.6	0.29	0.13	6.0		10			
						W₂	45—100	灰黄色	轻石质砂壤土	棱柱状										
剖18	人为土	水稻土	潴育水稻土	红赤土田	乌红赤土田	A	0—15	暗红棕色	轻石质中壤土	碎块状	4.9	29.5	1.45	0.25	21.7	4.4	25		E 110° 10′ 43.7″ N 18° 43′ 59.5″	95
						B₁	15—28	灰黄色	轻石质砂壤土	片状	5.4	21.6	0.98	0.15	21.7	2.6	10			
						B₂	28—45	红灰黄色	中壤土	柱状	5.4	10.8	0.43	0.10	23.3	2.6	8			
						W₂	45—100	灰黄色	轻石质砂壤土	柱状										
剖19	铁铝土	砖红壤	黄色砖红壤	耕型花岗岩黄色砖红壤	黄色红赤地	A	0—19	灰黄色	中壤土	碎块状	5.7	11.6	0.70	0.16	41.0			花岗岩	E 110° 08′ 00.2″ N 18° 40′ 11.3″	100
						B₁	19—45	浅黄棕色	中壤土	块状	5.9	6.4	0.48	0.13	32.9	3.9	86			
						B₂	45—100	灰黄棕色	轻壤土	块状	5.5	9.0	0.43	0.14	39.6	10.5	48			
剖20	铁铝土	砖红壤	黄色砖红壤	浅海沉积物黄色砖红壤	黄赤砂泥地	A	0—22	灰棕色	砂壤土	块状	5.5	9.7	0.54	0.24	14.0	7.4	32	浅海沉积物	E 110° 25′ 19.9″ N 18° 49′ 00.8″	92
						B₁	22—52	浅黄棕色	砂壤土	块状	5.5	6.8	0.35	0.36	14.7	8.7				
						B₂	52—100	黄黄棕色	中壤土	块状	5.4	6.1	0.46	0.28	13.9		41			
剖21	人为土	水稻土	潴育水稻土	红赤土田	红坊土田	A	0—13	暗黄棕色	轻石质轻黏土	块状	4.8	39.9	2.08	0.38	17.0	7.0	37		E 110° 17′ 40.2″ N 18° 48′ 36.0″	79
						W₁	13—19	暗灰黄色	重壤土	棱柱状	4.9	34.6	1.80	0.19	23.5	1.3	17			
						W₂	19—44	棕灰色	重壤土	棱柱状	6.0	15.5	0.71	0.21	20.1					
						C	44—100	灰红色												
剖22	铁铝土	砖红壤	黄色砖红壤	花岗岩黄色砖红壤	中有机质层厚层花岗岩黄色砖红壤	A	0—16	紫色	重石质轻壤土	块状	5.0	20.0	0.76	0.22	14.1			花岗岩	E 110° 26′ 07.8″ N 18° 47′ 40.9″	92
						B₁	16—51	黄橙棕色	重石质重壤土	块状	4.9	11.3	0.46	0.22	14.3	0.9				
						B₂	51—100	红橙棕色	中石质重壤土	块状	5.0	5.6	0.37	0.23	20.9	微量	27			
剖23	铁铝土	砖红壤	潴育水稻土	浅海沉积物砖红壤		A	0—12	浅黄棕色	紧砂土	粒状	6.2	10.0	0.57	0.14	11.2	3.1	23	浅海沉积物	E 110° 28′ 25.3″ N 18° 47′ 30.1″	93
						B₁	12—25	暗黄棕色	紧砂土	碎块状	6.1	6.5	0.37	0.16	11.9	5.2	13			
						W	25—80	暗黄棕色	松砂土	块状	6.5	1.2	0.06	0.07	10.5	0.9	11			
						C	80—100	灰黄色	砂土											
剖24	铁铝土	砖红壤		浅海沉积物黄色砖红壤		A	0—6	白色	紧砂土	粒状	5.8	2.8	0.15	0.05	1.7	1.3	4	浅海沉积物	E 110° 21′ 48.7″ N 18° 47′ 07.7″	79
						C	6—80	白色	松砂土	粒状	6.2	1.0	0.04	0.02	1.7	1.7	3			
						3	80—100	暗黄棕色	紧砂土	粒状	5.4	0.9	0.69	0.11	0.2	微量	2			
剖25	人为土	水稻土	淹育水稻土	浅脚赤土田	浅脚黄砂土田	A	0—13	棕灰色	砂壤土	粒状	4.8	23.2	1.08	0.16	4.7	6.1	20		E 110° 27′ 22.6″ N 18° 46′ 33.2″	94
						P	13—22	暗黄棕色	砂壤土	粒状	5.4	22.1	1.10	0.16	6.0	4.8	7			
						C	22—100	灰黄棕色	砂壤土	粒状	4.8	21.0	0.71	0.09	5.8	5.2	13			

续表 Continued

剖面号 Soil profile	土纲 Soil order	土类 Soil great group	亚类 Soil subgroup	土属 Soil genus	土种 Soil species	土层码 Layer code	土层厚度 Depth/cm	颜色 Soil color	质地 Soil texture	土壤结构 Soil structure	pH	有机质 OM/(g/kg)	全氮 TN/(g/kg)	全磷 TP/(g/kg)	全钾 TK/(g/kg)	有效磷 AP/(mg/kg)	速效钾 AK/(mg/kg)	土壤母质 Parent material	剖面点坐标 Profile coordinate	匹配指数 Matching index/%
剖26	人为土	水稻土	潴育水稻土	泥肉田	白泥肉田	A	0—15	绿灰色	砂壤土	团粒状	5.6	34.1	1.65	0.17	20.1	2.2	12		E 110°24′56.9″ N 18°46′22.1″	92
						P	15—23	棕灰色	砂壤土	片状	5.0	26.7	1.16	0.22	14.7	3.9	7			
						W	23—100	红灰色	轻壤土	块状	5.3	9.2	0.38	0.19	14.2	5.2	31			
剖27	人为土	水稻土	潴育水稻土	黄赤土田	乌黄赤土田	A	0—12	棕灰色	中壤土	团块状	5.3	29.1	1.72	0.28	34.6	6.1	25		E 110°25′23.2″ N 18°43′47.3″	74
						P	12—22	青灰色	轻石质轻壤土	块状	5.5	25.1	1.45	0.19	29.5	7.0	19			
						W	22—100	浅红棕色	轻石质轻壤土	块状	5.4	15.1	1.11	0.22	17.8	2.2	23			
剖28	铁铝土	砖红壤	黄色砖红壤	浅海沉积物黄色砖红壤		A	0—7	白色	紧砂土	粒状	5.4	12.8	0.34	0.35	1.7	3.5	4	浅海沉积物	E 110°23′46.3″ N 18°43′00.1″	93
						B₁	7—55	暗黄棕色	松砂土	粒状	5.8	1.3	0.12	0.03	1.5	0.9	16			
						B₂	55—100	棕色	轻壤土	粒状	5.2	10.3	0.41	0.07	2.4	微量	8			
剖29	人为土	水稻土	潴育水稻土	黄赤土田	黄赤土田	A	0—13	棕灰色	中石质中壤土	碎块状	5.0	25.4	1.10	0.26	27.8	9.6	41	浅海沉积物	E 110°20′24.7″ N 18°42′19.8″	73
						P	13—22	灰黄棕色	重石质轻壤土	片状	5.0	22.3	0.94	0.12	23.3	6.1	27			
						W₁	22—43	暗黄棕色	重石质中壤土	块状	5.5	20.1	0.87	0.17	25.4	7.0	26			
						W₂	43—100	棕黄色	中壤土	柱状										
剖30	铁铝土	砖红壤	黄色砖红壤	浅海沉积物黄赤土地	黄赤泥地	A	0—17	浅黄棕色	轻石质轻壤土	碎块状	5.8	10.1	0.47	0.16	36.6	6.1	5	浅海沉积物	E 110°17′37.7″ N 18°42′15.8″	96
						B	17—100	浅黄棕色	轻壤土	块状	5.5	5.0	0.31	0.33	33.7	2.2	25			
剖31	人为土	水稻土	淹育水稻土	浅脚河砂泥田	浅脚河砂泥田	A	0—13	暗黄棕色	轻壤土	碎块状	5.2	16.8	0.84	0.43	33.9	21.4	39	浅海沉积物	E 110°22′29.6″ N 18°40′46.2″	76
						P	13—25	浅红棕色	轻壤土	块状	5.9	11.8	0.66	0.53	33.7	0.9	21			
						C	25—100	灰棕色	砂壤土	块状	5.6	3.7	0.32	0.26	33.5	6.1	15			
剖32	人为土	水稻土	淹育水稻土	浅脚红赤土田	厚层红砂土浅脚红赤土田	A	0—15	灰白色	中石质轻壤土	碎块状	5.3	20.9	1.10	0.16	18.8	4.4	44		E 110°24′48.6″ N 18°40′45.0″	71
						P	15—23	暗黄棕色	重石质轻壤土	块状	5.4	16.9	0.82	0.17	21.0	3.9	15			
						C₁	23—62	黄棕色	中石质轻壤土	块状	5.8	2.5	0.30	0.43	18.6	13.5	27			
						C₂	62—100	浅黄色	轻壤土	块状										
剖33	铁铝土	砖红壤	黄色砖红壤	花岗岩黄色砖红壤	中有机层中层花岗岩黄色砖红壤	A	0—13	灰黄色	轻石质轻壤土	块状	6.2	26.6	1.44	0.23	15.0	8.3	139	花岗岩	E 110°24′06.5″ N 18°40′39.0″	86
						B₁	13—45	棕色	中石质轻壤土	块状	5.0	20.6	1.14	0.13	14.4	5.2	66			
						B₂	45—100	黄棕色	轻石质重壤土	块状	4.8	15.3	0.93	0.15	18.1	3.5	42			
剖34	铁铝土	砖红壤	黄色砖红壤	浅海沉积物黄色砖红壤		A	0—15	灰黄色	紧砂土	粒状	5.3	10.1	0.42	0.17	19.3	7.0	4	浅海沉积物	E 110°21′17.3″ N 18°40′35.8″	92
						B	15—100	灰黄色	轻黏土	块状	5.7	1.6	0.10	0.19	10.3	29.3	4			
剖35	铁铝土	砖红壤	黄色砖红壤	花岗岩黄色砖红壤	薄有机层厚层花岗岩黄色砖红壤	A	0—9	浅黄棕色	轻石质轻壤土	碎块状	5.9	8.5	0.42	0.18	0.4	2.2	23	花岗岩	E 110°18′08.0″ N 18°40′31.4″	70
						B₁	9—79	暗黄棕色	轻石质轻壤土	块状	5.8	2.8	0.35	0.08	4.5	1.7	21			
						B₂	79—100	黄橙色	轻石质轻壤土	块状	5.2	2.8	0.29	0.06	2.1	0.9	19			
剖36	人为土	水稻土	淹育水稻土	浅脚红赤土田	浅脚红赤土田	A	0—14	暗黄棕色	中石质中壤土	块状	4.9	24.3	1.25	0.15	21.3	4.8	32		E 110°12′15.8″ N 18°38′30.8″	89
						P	14—20	浅灰黄色	重壤土	粒状	5.1	23.6	1.09	0.09	18.6	2.6	29			
						C	20—100	棕色	中壤土	块状	6.5	8.9	0.79	0.12	15.4	4.4	25			
剖37	人为土	水稻土	淹育水稻土	浅脚河砂土田	浅脚河砂土田	A	0—9	暗灰黄色	轻石质砂壤土	块状	5.2	9.6	0.57	0.19	19.2	15.3	41		E 110°10′16.3″ N 18°37′25.0″	93
						P	9—20	棕灰色	松砂土	粒状	5.7	21.1	1.23	0.13	26.0	2.6	23			
						C	20—100	灰黄色	松砂土	粒状	5.5	0.2	0.05	0.09	10.7	2.6	7			

东 方 市

主要土类说明

砖红壤是东方市主要土壤类型，占本市地域面积的50%，主要分布在海拔50—350m的丘陵、台地和岭脚。砖红壤土层深厚，表层呈暗红棕色，心土层呈砖红色且具有大量暗色胶膜和细粒铁锰结核，剖面构型为A–Bs–Bv–C。土壤脱硅富铝化作用强烈，铁铝氧化物明显聚积，黏粒硅铝率小于1.6，铁的游离度大于80%；黏粒矿物以高岭石、赤铁矿和三水铝石为主，原生矿物强烈风化，风化淋溶系数小于0.05；硅和盐基大量淋失，盐基饱和度低，土壤酸性强。

燥红土是东方市第二大土壤类型，占本市地域面积的18%，主要分布在本市西部沿海地区介于滨海沙土和砖红壤之间的地带。成土母质主要为浅海沉积物。燥红土具A–B–C（D）剖面构型，复盐基明显，交换性钙、镁占阳离子交换量的80%以上，pH为6.0—7.0，有时可达7.5。

水稻土是东方市第三大土壤类型，占本市地域面积的9%。水稻土是在长期的季节性淹灌、水下翻耕、季节性脱水、氧化还原交替影响下，原来的成土母质或母土的特性发生重大改变，形成的新的土壤类型。由于干湿交替，水稻土形成糊状的淹育层、较坚实板结的犁底层、渗育层、潴育层与潜育层等多种发生层。本市水稻土分为淹育型、潴育型、渗育型、潜育型、沼泽型、盐渍型等亚类。其中，潴育水稻土面积最大。

赤红壤占本市地域面积的8%。典型剖面构型为A–Bs–C，黏粒硅铝率为1.7—2.0，风化淋溶系数为0.05—0.15，盐基饱和度为15%—25%，pH为4.5—5.5。本市赤红壤分为赤红壤和粗骨性赤红壤两个亚类。其中，赤红壤亚类面积较大，占本土类面积的91%。

风沙土占本市地域面积的4%。风沙土发生于半干旱、干旱漠境地区及滨海地区，是在风沙移动堆积形成的多种形态的风沙沉积物上发育的初育土。由于成土时间短暂，该土壤无剖面发育，具C、（A）–C或A–C剖面构型，反映了风沙移动堆积与固定的不同阶段。

黄壤占本市地域面积的4%。黄壤发生于亚热带湿润条件下，中度富铝化，多见于海拔700—1200m的山区。土壤有机质累积较多，具O–A–AB–B–C剖面构型。淀积层（B层）富含水合氧化物（针铁矿），呈黄色。

小于本市地域面积3%的土壤类型有新积土、石灰（岩）土和石质土。

本区域中心区气候特征

本区域中心区气候特征值
Regional climate characteristics in central area of the region

气候带：南亚热带湿润气候 Climate region: South subtropical humid climate	
年平均气温 /℃ Annual average temperature /℃	25.0
年平均最高气温 /℃ Annual average maximum temperature /℃	28.6
年平均最低气温 /℃ Annual average minimum temperature /℃	22.1
年降水量 /mm Annual precipitation /mm	1079
≥10℃的积温 /℃ Daily temperature accumulated in a year（≥10℃）/℃	9082
年日照时数 /h Annual sunshine /h	2506
年平均相对湿度 /% Annual average relative humidity /%	80
干燥度 Dryness	1.43

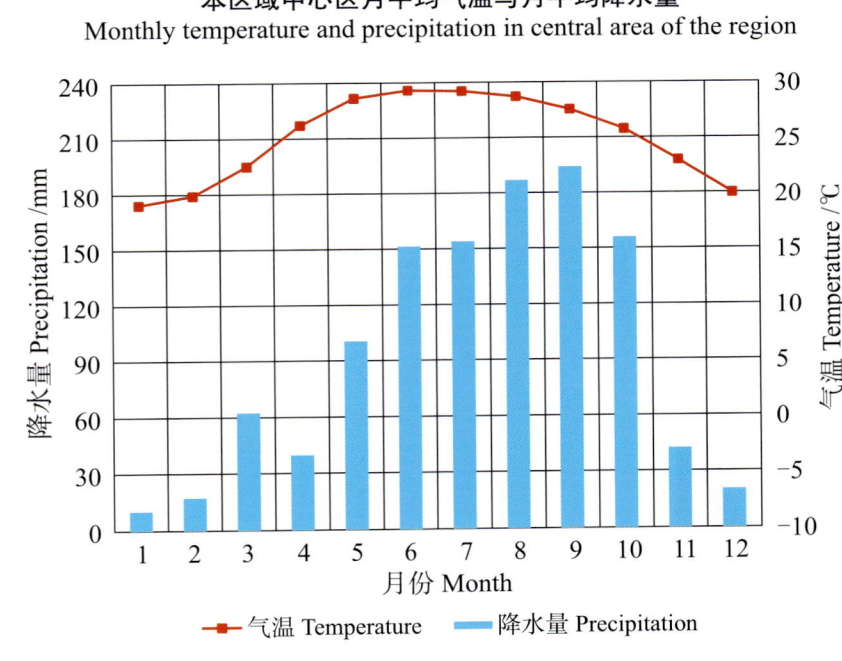

本区域中心区月平均气温与月平均降水量
Monthly temperature and precipitation in central area of the region

东方黎族自治县主要土壤类型与土壤剖面点分布图
1 : 240 000

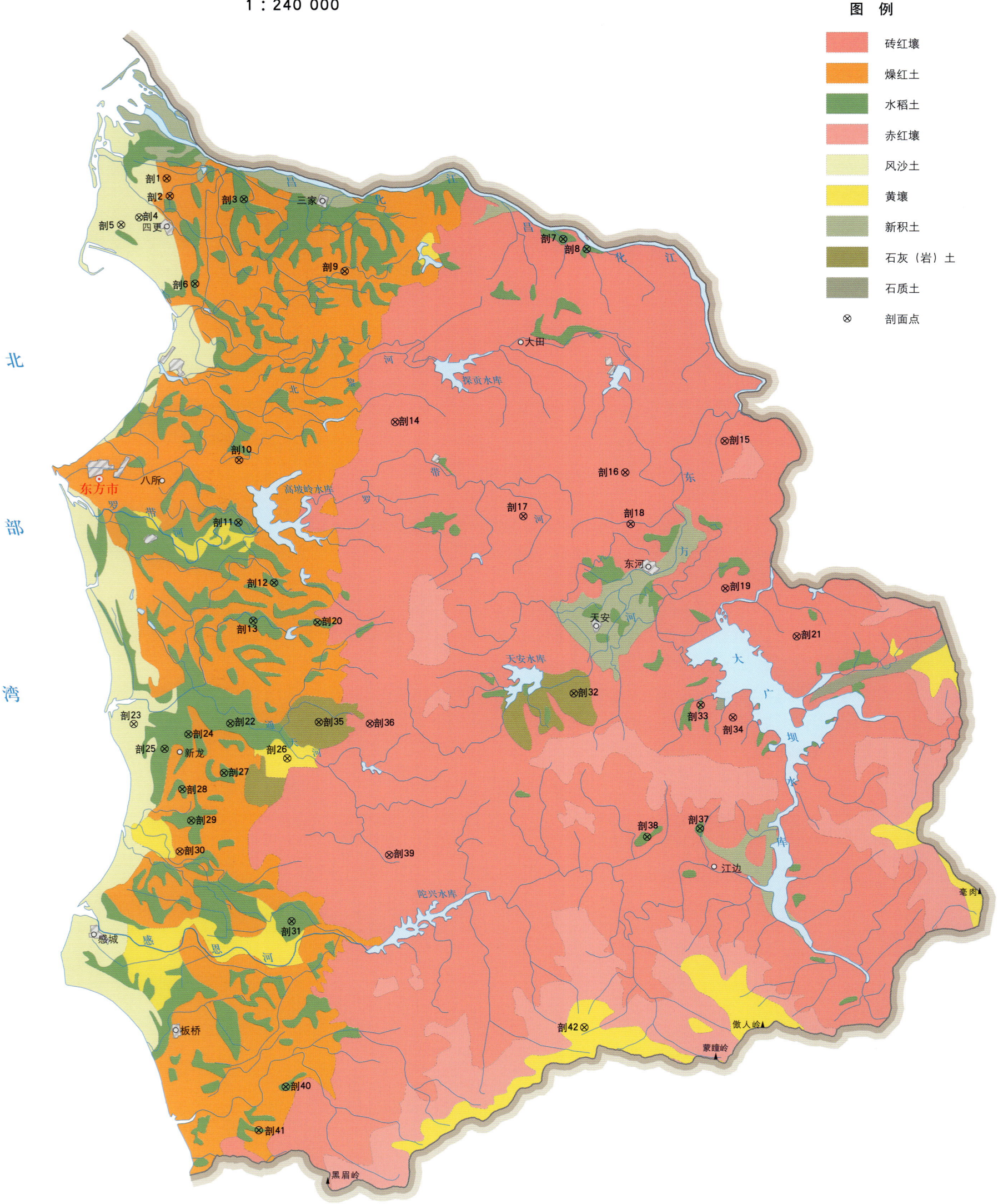

注：国务院 1997 年 3 月批准，撤销东方黎族自治县，设立东方市。

东方市土壤剖面理化性状表

剖面号 Soil profile	土纲 Soil order	土类 Soil great group	亚类 Soil subgroup	土属 Soil genus	土种 Soil species	土层码 Layer code	土层厚度 Depth/cm	颜色 Soil color	质地 Soil texture	土壤结构 Soil structure	pH	有机质 OM/(g/kg)	全氮 TN/(g/kg)	全磷 TP/(g/kg)	全钾 TK/(g/kg)	碱解氮 AN/(mg/kg)	有效磷 AP/(mg/kg)	速效钾 AK/(mg/kg)	土壤母质 Parent material	剖面点坐标 Profile coordinate	匹配指数 Matching index/%
剖1	半淋溶土	燥红土	燥红土	花岗岩燥红土	薄有机质层中层砾燥红土	A	0—7	暗棕色	紧砂土	单粒状	6.3	7.8	0.34	0.09	3.8	33	1.7	106	花岗岩	E 108°40′21.7″ N 19°15′15.5″	83
						B	7—50	棕色	砂壤土	小块状	6.3	4.7	0.23	0.09							
						C	50—100	浅棕色	砂壤土		6.3	2.3	0.13	0.09							
剖2	半淋溶土	燥红土	燥红土	砂页岩燥红土		A	0—21	黑棕色	砂壤土	小块状	6.1	17.3	0.81	0.07	11.6	70	3.5	95	砂页岩	E 108°40′27.8″ N 19°14′41.6″	78
						B	21—100	黄棕色	轻壤土	块状	6.0	7.8	0.44	0.18							
剖3	人为土	水稻土	潴育水稻土	潮砂泥田	潮砂泥田	A	0—15	暗橙色	中壤土	团粒状	6.2	17.2	9.00	0.10	27.9	96	2.2	62	河流冲积物	E 108°42′52.9″ N 19°14′37.3″	88
						P	15—25	黄橙色	中壤土	块状	7.6	3.0	0.19	0.10							
						W	25—95	暗黄橙色	中壤土	块状	7.7	4.3	0.25	0.12							
剖4	初育土	风沙土	滨海风沙土	滨海沙地	滨海灰沙地	A	0—15	暗黄棕色	松砂土	单粒状	6.8	5.2	0.28	0.06	19.7	36	1.2	20	滨海沉积物	E 108°39′28.4″ N 19°13′59.5″	99
						C	15—100	浅黄棕色	松砂土	单粒状	6.7	1.6	0.12	0.08							
剖5	初育土	风沙土	滨海风沙土	滨海沙地	滨海白沙地	A	0—15	灰白色	松砂土	单粒状	5.7	1.4	0.09	0.02	6.5	11	1.3	30	滨海沉积物	E 108°38′53.2″ N 19°13′45.5″	79
						C	15—100	白色	松砂土	单粒状	6.6	0.7	0.04	0.02	31.4	330	14.5	328			
剖6	人为土	水稻土	潴育水稻土	页赤土田	页赤砂泥田	A	0—18	浅黄色	中壤土	团粒状	5.7	25.1	1.41	0.19	22.9	133	3.3	75	砂页岩	E 108°41′19.7″ N 19°11′54.6″	75
						P	18—33	棕黄色	中壤土	块状	6.1	11.5	0.66	0.11							
						W_1	33—60	暗灰黄色	中壤土	块状	5.8	14.3	0.88	0.15							
						W_2	60—100	暗灰棕色	中壤土												
剖7	人为土	水稻土	潜育水稻土	冷底田	铁锈水田	A	0—15	灰黄色	紧砂土	小块状	5.5	19.9	1.05	0.08	20.1	92	1.5	55		E 108°53′18.7″ N 19°13′28.5″	100
						P	15—25	青灰色	砂壤土	块状	5.9	12.0	0.64	0.06							
						G	25—95	棕红色	中壤土	块状	6.0	3.1	0.21	0.05							
剖8	人为土	水稻土	淹育水稻土	生泥田	页生褐赤土田	A	0—10	浅灰棕色	砂壤土	小块状	6.1	12.5	0.61	0.17	23.4	75	4.4	89	砂页岩	E 108°54′04.9″ N 19°13′10.1″	87
						P	10—18	暗灰棕色	砂壤土	块状	6.4	16.0	0.63	0.20							
						C	18—100	棕灰色	轻壤土	块状	6.5	15.4	0.77	0.20							
剖9	半淋溶土	燥红土	燥红土	海积沉积物燥红土地	海积褐赤土地	A	0—15	暗黄色	松砂土	单粒状	6.5	2.3	0.12	0.07	11.8	13	6.5	33	浅海沉积物	E 108°46′12.0″ N 19°12′22.3″	97
						AB	15—35	红灰色	砂壤土	小块状	6.5	1.8	0.15	0.10							
						B	35—100	浅红棕色	砂壤土	小块状	5.7	2.1	0.16	0.09							
剖10	半淋溶土	燥红土	燥红土	浅海沉积物燥红土	薄有机质层厚层海积燥红土	A	0—9	浅灰色	松砂土	小块状	6.7	4.3	0.20	0.06	2.1	24	0.8	41	浅海沉积物	E 108°42′50.8″ N 19°06′18.0″	84
						B_1	9—69	浅红棕色	砂壤土	块状	5.9	2.6	0.12	0.13							
						B_2	69—114	红灰色	轻壤土	块状	5.7	2.8	0.17	0.16							
剖11	人为土	水稻土	潴育水稻土	潮砂泥田	潮砂泥田	A	0—15	暗黄色	重壤土	团块状	5.6	26.5	0.91	0.16	25.3	95	1.7	163	河流冲积物	E 108°42′51.5″ N 19°04′18.3″	100
						P	15—20	暗灰黄色	重壤土	块状	6.1	27.0	0.93	0.15							
						W	20—100	暗灰黄色	重壤土	柱状	6.3	23.0	0.83	0.15							
剖12	人为土	水稻土	淹育水稻土	生泥田	生滨海砂泥田	A	0—14	暗灰黄色	重壤土	块状	7.4	16.5	0.68	0.11	28.5	71	2.0	115		E 108°44′02.8″ N 19°02′24.0″	91
						P	14—19	暗灰色	轻黏土	块状	7.4	14.6	0.72	0.12							
						C	19—100	暗灰色	重壤土	块状	7.8	8.6	0.36	0.11							
剖13	人为土	水稻土	淹育水稻土	生泥田	生滨海砂泥田	A	0—29	黑色	中壤土	块状	7.5	70.5	3.68	0.48	23.2	274	14.9	236		E 108°43′23.2″ N 19°01′10.6″	83
						C_1	29—51	黑棕色	轻壤土	块状	7.7	45.5	2.25	0.28							
						C_2	51—100	黑色	轻壤土	块状	7.8	10.6	0.38	0.16							
剖14	铁铝土	砖红壤	褐色砖红壤	花岗岩褐色砖红壤	中有机质层厚层砖红赤土	A	0—12	暗棕色	砂壤土	小块状	6.2	17.3	0.61	0.17	31.4	69	1.0	112	花岗岩	E 108°47′55.1″ N 19°07′34.5″	83
						B	12—100	暗红棕色	重壤土	块状	6.5	8.4	0.48	0.12							
剖15	铁铝土	砖红壤	砖红壤	砂页岩砖红壤		A	0—14	暗棕红色	轻黏土	团粒状	6.2	29.5	1.20	0.48	10.5	124	1.9	207	砂页岩	E 108°58′40.1″ N 19°07′06.2″	95
						B_1	14—50	暗红棕色	重壤土	块状	6.2	10.3	0.70	0.38							
						B_2	50—100	暗棕红色	重壤土	块状	6.3	9.7	0.75	0.36							

续表 Continued

剖面号 Soil profile	土纲 Soil order	土类 Soil great group	亚类 Soil subgroup	土属 Soil genus	土种 Soil species	土层码 Layer code	土层厚度 Depth/cm	颜色 Soil color	质地 Soil texture	土壤结构 Soil structure	pH	有机质 OM/(g/kg)	全氮 TN/(g/kg)	全磷 TP/(g/kg)	全钾 TK/(g/kg)	碱解氮 AN/(mg/kg)	有效磷 AP/(mg/kg)	速效钾 AK/(mg/kg)	土壤母质 Parent material	剖面点坐标 Profile coordinate	匹配指数 Matching index/%
剖16	铁铝土	砖红壤	褐色砖红壤	页褐砖砂泥壤	页褐赤砂泥地	A	0—12	暗灰色	砂壤土	块状	6.1	26.5	1.30	0.15	29.0	87	微量	403	砂页岩	E 108°55′26.4″ N 19°06′03.6″	81
						AB	12—40	暗黄褐色	中壤土	块状	6.4	10.0	0.58	0.12							
						B	40—80	暗黄棕色	轻壤土	块状	6.4	5.4	0.28	0.09							
剖17	铁铝土	砖红壤	褐色砖红壤	砂页岩褐色砖红壤		A	0—14	灰黄色	砂壤土	小块状	6.0	21.7	1.19	0.16	24.5	123	4.0	172	砂页岩	E 108°52′08.0″ N 19°04′38.3″	75
						B	14—100	浅黄棕色	砂壤土	块状	6.2	13.4	0.70	0.12							
剖18	铁铝土	砖红壤	砖红壤	页赤土地	页赤砂泥地	A	0—17	浅黄色	砂壤土	碎屑状	5.0	15.5	0.62	0.12	4.1	62	2.8	41	砂页岩	E 108°55′38.3″ N 19°04′25.7″	89
						B₁	17—45	黄橙色	砂壤土	块状	5.3	7.0	0.42	0.10							
						B₂	45—100	浅红棕色	砂壤土	块状	5.1	4.5	0.35	0.13							
剖19	铁铝土	砖红壤	砖红壤	麻赤土地	麻赤砂泥地	A	0—17	暗灰色	中壤土	小块状	6.1	23.5	1.05	0.47	39.2	113	8.3	144	花岗岩	E 108°58′45.5″ N 19°02′25.1″	74
						C₁	17—50	灰黄色	重石质土	碎屑状	6.2	6.4	0.34	0.34							
						C₂	50—100	黄棕色	轻壤土	块状	6.2	3.7	0.20	0.40							
剖20	水稻土	水稻土	淹育水稻土	生泥田	页生赤土田	A	0—15	浅灰黄色	中壤土	块状	5.4	14.3	0.89	0.11	5.5	92	4.1	55	砂页岩	E 108°45′28.8″ N 19°01′09.1″	90
						C₁	15—35	灰黄色	重壤土	块状	6.1	7.0	0.56	0.11							
						C₂	35—45	灰黄色	重壤土	块状	6.4	5.8	0.55	0.11							
剖21	铁铝土	砖红壤	砖红壤	花岗岩红壤	中有机质层厚层麻赤土	A	0—14	浅棕色	砂壤土	小块状	6.2	17.6	0.87	0.24	50.2	91	2.4	115	砂页岩	E 109°01′06.2″ N 19°00′55.1″	71
						B	14—85	浅黄色	重壤土	块状	5.2	4.3	0.19	0.15							
						C	85—100	灰黄色	松砂土	单粒状	6.1	2.0	0.15	0.15							
剖22	人为土	水稻土	淹育水稻土	红色石灰土田	红色石灰土田	A	0—13	浅棕色	中壤土	块状	8.0	15.6	0.78	0.18	24.1	75	3.1	177	花岗岩	E 108°42′41.8″ N 18°57′53.6″	91
						C₁	13—42	浅棕色	中壤土	块状	8.1	7.0	0.35	0.10							
						C₂	42—100	浅黄色	中壤土	块状	8.4	4.0	0.21	0.06							
剖23	初育土	风沙土	滨海风沙土	滨海沙土	固定沙土	A	0—30	暗灰色	松砂土	单粒状	6.9	2.0	0.10	0.16	19.2	10	3.4	32	滨海沉积物	E 108°39′32.5″ N 18°57′49.3″	71
						C₁	30—65	灰黄色	松砂土	单粒状	6.7	1.2	0.04	0.09							
						C₂	65—100	浅黄色	松砂土	单粒状	6.9	1.1	0.04	0.08							
剖24	人为土	水稻土	潴育水稻土	潮砂泥田	潮砂质田	A	0—15	浅灰黄色	紧砂土	块状	6.0	8.3	0.44	0.05	10.4	53	2.4	37	河流冲积物	E 108°41′20.0″ N 18°57′31.3″	87
						P	15—25	棕色	紧砂土	块状	6.1	1.9	0.15	0.04							
						W	25—100	红灰色	紧砂土	块状	7.4	1.2	0.09	0.06							
剖25	人为土	黄壤	黄壤	生泥田	麻生赤土田	A	0—10	棕色	紧砂土	小块状	6.3	6.3	0.33	0.05	5.9	54	2.0	49	砂页岩	E 108°40′34.0″ N 18°57′02.5″	92
						P	10—20	浅棕黄色	紧砂土	小块状	6.6	4.5	0.27	0.06							
						C	20—100	浅棕色	轻壤土	块状	6.6	2.7	0.24	0.08							
剖26	铁铝土	水稻土	淹育水稻土	生潮泥田	厚有机质层厚层页黄壤	Ao	0—9	黑色	中壤土	团粒状	5.1	53.1	2.26	0.32	3.5	201	3.3	79	砂页岩	E 108°44′33.7″ N 18°56′48.5″	86
						A₁	9—20	棕灰色	中壤土	块状	4.8	29.9	1.48	0.26							
						B₁	20—34	暗黄褐色	重壤土	块状	6.0	10.5	1.13	0.18							
剖27	水稻土	水稻土	淹育水稻土	生泥田	生潮泥田	A	0—12	深灰色	中壤土	小块状	6.2	14.5	0.77	0.13	13.6	70	2.0	54	砂页岩	E 108°42′31.0″ N 18°56′18.6″	71
						P	12—23	暗黄褐色	紧砂土	块状	6.7	3.2	0.27	0.10							
						C	23—100	浅黄棕色	单粒状	块状	6.9	3.5	0.35	0.08							
剖28	人为土	水稻土	淹育水稻土	生燥砂泥田	生燥砂质田	A	0—11	棕黄色	轻黏土	小块状	6.0	8.9	0.41	0.05	7.7	46	2.5	46	砂页岩	E 108°41′10.0″ N 18°55′45.8″	76
						P	11—18	棕黄色	紧黏土	块状	6.6	4.1	0.18	0.04							
						C	18—100	白色	紧黏土	块状	6.6	2.1	0.10	0.04							
剖29	人为土	水稻土	淹育水稻土	生泥田	麻生褐赤土田	A	0—14	棕灰色	中壤土	小块状	6.2	12.3	0.59	0.34	44.7	69	18.2	110	砂页岩	E 108°44′28.3″ N 18°54′46.1″	88
						P	14—25	黑棕色	砂壤土	块状	6.8	12.4	0.62	0.36							
						C	25—100	浅黄棕色	砂壤土	小块状	7.3	3.9	0.16	0.29							
剖30	半淋溶土	燥红土	燥红土	海积燥砂红土地	海积燥砂泥地	A	0—12	浅棕色	砂壤土	块状	6.8	3.1	0.16	0.13	2.2	20	1.7	41	浅海沉积物	E 108°41′07.1″ N 18°53′46.3″	71
						B₁	12—30	浅红棕色	砂壤土	块状	7.1	2.3	0.25	0.14							
						B₂	30—100	棕红色	砂壤土	块状	6.2	3.4	0.24	0.15							

续表 Continued

剖面号 Soil profile	土纲 Soil order	土类 Soil great group	亚类 Soil subgroup	土属 Soil genus	土种 Soil species	土层码 Layer code	土层厚度 Depth/cm	颜色 Soil color	质地 Soil texture	土壤结构 Soil structure	pH	有机质 OM/(g/kg)	全氮 TN/(g/kg)	全磷 TP/(g/kg)	全钾 TK/(g/kg)	碱解氮 AN/(mg/kg)	有效磷 AP/(mg/kg)	速效钾 AK/(mg/kg)	土壤母质 Parent material	剖面点坐标 Profile coordinate	匹配指数 Matching index/%
剖31	人为土	水稻土	渗育水稻土	灰漂砂土田	灰漂燥砂质田	A	0–13	暗灰棕色	紧砂土	单粒状	5.6	22.0	1.15	0.07	15.2	124	3.3	50		E 108°44′47.6″ N 18°51′35.0″	83
						P	13–21	棕灰色	紧砂土	碎块状	5.7	8.2	0.45	0.04							
						E	21–55	浅黄色	紧砂土	单粒状	5.2	1.3	0.07	0.03							
						B	55–95	黄棕色	砂壤土	小块状											
剖32	初育土	石灰(岩)土	红色石灰土	红色石灰地	红色石灰砂泥地	A	0–17	暗红棕色	中壤土	块状	6.1	16.1	0.64	0.15						E 108°53′51.7″ N 18°59′00.2″	87
						AB	17–65	暗红棕色	轻壤土	块状	5.8	7.9	0.39	0.13							
						B	65–110	暗红棕色	轻壤土	块状	5.7	7.0	0.41	0.13							
剖33	人为土	水稻土	淹育水稻土	生泥田	生泥砂泥田	A	0–14	灰黄色	轻黏土	块状	6.4	11.5	0.48	0.13	22.0	65	2.4	174		E 108°58′00.3″ N 18°58′41.9″	79
						C_1	14–52	暗灰黄色	轻黏土	块状	6.7	6.2	0.29	0.10							
						C_2	52–100	棕灰色	轻黏土	块状	7.9	6.4	0.27	0.09							
剖34	铁铝土	砖红壤	砖红壤	麻赤土地	麻赤砂质地	A	0–15	暗灰黄色	紧砂土	单粒状	6.0	5.8	0.27	0.08	39.1	27	0.3	53	花岗岩	E 108°59′03.5″ N 18°58′19.2″	99
						B	15–55	浅黄棕色	砂泥壤土	小块状	5.5	2.9	0.14	0.07							
						C	55–100	暗黄色	轻壤土	碎块状	5.7	2.7	0.15	0.09							
剖35	初育土	石灰(岩)土	红色石灰土	红色石灰土	中有机质层厚层红色红土	A	0–11	暗棕红色	重石质土	单粒状	7.1	21.6	1.57	0.24	20.2	49	0.3	322	花岗岩	E 108°45′34.6″ N 18°57′58.7″	87
						B_1	11–58	暗黄红色	重壤土	块状	7.0	10.1	0.64	0.15							
						B_2	58–100	暗黄色	重壤土	块状	7.0	9.5	0.72	0.16			2.6	390			
剖36	铁铝土	砖红壤	褐色砖红壤	麻褐赤土	麻褐赤砂泥地	A	0–11	暗灰黄色	轻壤土	小块状	6.5	18.8	0.64			58				E 108°47′14.3″ N 18°57′57.6″	75
						B	11–56	棕色	中壤土	块状											
						C	56–100	暗灰黄色	中壤土	块状											
剖37	人为土	水稻土	淹育水稻土	生泥田	生滨海砂质田	A	0–15	暗灰黄色	紧砂土	单粒状	5.9	21.9	0.94	0.10	9.1	105	5.9	54		E 108°58′02.5″ N 18°54′45.6″	97
						C_1	15–45	浅灰黄色	紧砂土	单粒状	6.4	6.9	0.29	0.05							
						C_2	45–100	暗黄色	紧砂土	小块状	4.3	36.3	1.33	0.10							
剖38	人为土	水稻土	淹育水稻土	生泥田	生潮砂质田	A	0–15	浅灰黄色	紧砂土	单粒状	7.0	7.7	0.48	0.20	36.9	47	5.9	54		E 108°56′19.3″ N 18°54′28.4″	96
						C_1	15–30	浅灰黄色	砂壤土	块状	7.4	2.8	0.21	0.18							
						C_2	30–100	红棕色	轻壤土	单粒状	7.4	3.7	0.26	0.28							
剖39	铁铝土	砖红壤	褐色砖红壤	页褐赤土地	页褐赤砂质地	A	0–15	灰黄色	紧砂土	单粒状	6.3	7.3	0.44	0.12	33.9	41	7.5	87	砂页岩	E 108°47′56.0″ N 18°53′46.3″	72
						B_1	15–30	暗灰黄色	紧砂土	小块状	6.4	4.4	0.22	0.16							
						B_2	30–100	浅灰黄色	紧砂土	小块状	6.6	2.8	0.13	0.12							
剖40	人为土	水稻土	潜育水稻土	青泥底田	滨海青泥底田	A	0–18	棕灰色	砂壤土	小块状	5.0	42.6	1.72	0.15	17.1	166	6.1	86		E 108°44′42.0″ N 18°46′18.1″	94
						P	18–24	暗灰黄色	松砂土	块状	5.2	25.0	1.06	0.09							
						G_1	24–43	灰黄色	轻壤土	块状	5.2	18.5	0.72	0.05							
						G_2	43–53	青灰色	中壤土	块状											
						G_3	53–100	暗青黄色	中壤土	单粒状											
剖41	人为土	水稻土	盐渍水稻土	咸田	轻咸田	A	0–11	棕绿灰色	砂壤土	块状	6.0	14.1	0.67	0.12	23.2	79	2.4	274		E 108°43′50.9″ N 18°44′55.0″	71
						C_1	11–25	绿灰色	中壤土	块状	7.0	5.7	0.27	0.19							
						C_2	25–41	浅青灰色	轻壤土	块状	5.7	5.4	0.24	0.12							
						C_3	41–100	浅灰黄色	粗砂土	单粒状											
剖42	铁铝土	黄壤	黄壤	花岗岩黄壤	中有机质层厚层麻黄壤	A	0–20	绿灰色	轻壤土	块状	4.5	49.8	2.15	0.14	10.0	214	3.3	79	花岗岩	E 108°54′22.5″ N 18°48′21.0″	96
						B_1	20–60	黄色	中壤土	块状	5.1	12.1	0.60	0.07							
						B_2	60–120	浅黄棕色	重壤土	块状	5.0	8.8	0.57	0.08							

定 安 县

主要土类说明

砖红壤是定安县主要土壤类型，占本县地域面积的 72%。砖红壤主要发生于热带雨林或季雨林下，是遭强烈脱硅富铝化作用的土壤。砖红壤中氧化硅大量迁出，游离铁占全铁的 80%。黏粒矿物以高岭石、赤铁矿和三水铝石为主，黏粒硅铝率小于 1.6，风化淋溶系数小于 0.05，盐基饱和度小于 15%。在 A-B-C 剖面构型中，淀积层（B 层）富含铁铝氧化物，呈砖红色；淀积层下部常出现红白（或黄白）交织的网纹层。

水稻土是定安县第二大土壤类型，占本县地域面积的 15%。水稻土是在长期的季节性淹灌、水下翻耕、季节性脱水、氧化还原交替影响下，原来的成土母质或母土的特性发生重大改变，形成的新的土壤类型。由于干湿交替，水稻土形成糊状的淹育层、较坚实板结的犁底层、渗育层、潴育层与潜育层等多种发生层。这些不同的发生层是在人为耕作、水浆管理下形成的。

火山灰土是定安县第三大土壤类型，占本县地域面积的 11%。火山灰土由火山喷发碎屑物和尘状火山灰堆积物发育而成，剖面发生层分异小，色泽差异大，母质特征明显。土体由灰黑色、暗褐色的疏松多孔的玻璃质熔岩块堆叠而成，具 A-C 剖面构型。火山灰土较深厚，细粉砂和粗粉砂含量高，富含浮岩碎块。孔隙率高，为 50%—80%。容重小于 1g/cm^3。表层有机质含量较高，往下明显降低。土壤 pH 为 6.0—7.0，盐基饱和，土壤阳离子交换量大于 25cmol/kg。

小于本县地域面积 3% 的土壤类型有新积土。

本区域中心区气候特征

本区域中心区气候特征值
Regional climate characteristics in central area of the region

气候带：南亚热带湿润气候 Climate region: South subtropical humid climate	
年平均气温 /℃ Annual average temperature /℃	24.3
年平均最高气温 /℃ Annual average maximum temperature /℃	28.4
年平均最低气温 /℃ Annual average minimum temperature /℃	21.5
年降水量 /mm Annual precipitation /mm	1929
≥10℃的积温 /℃ Daily temperature accumulated in a year（≥10℃）/℃	8883
年日照时数 /h Annual sunshine /h	2072
年平均相对湿度 /% Annual average relative humidity /%	85
干燥度 Dryness	0.76

本区域中心区月平均气温与月平均降水量
Monthly temperature and precipitation in central area of the region

定安县主要土壤类型与土壤剖面点分布图
1 : 200 000

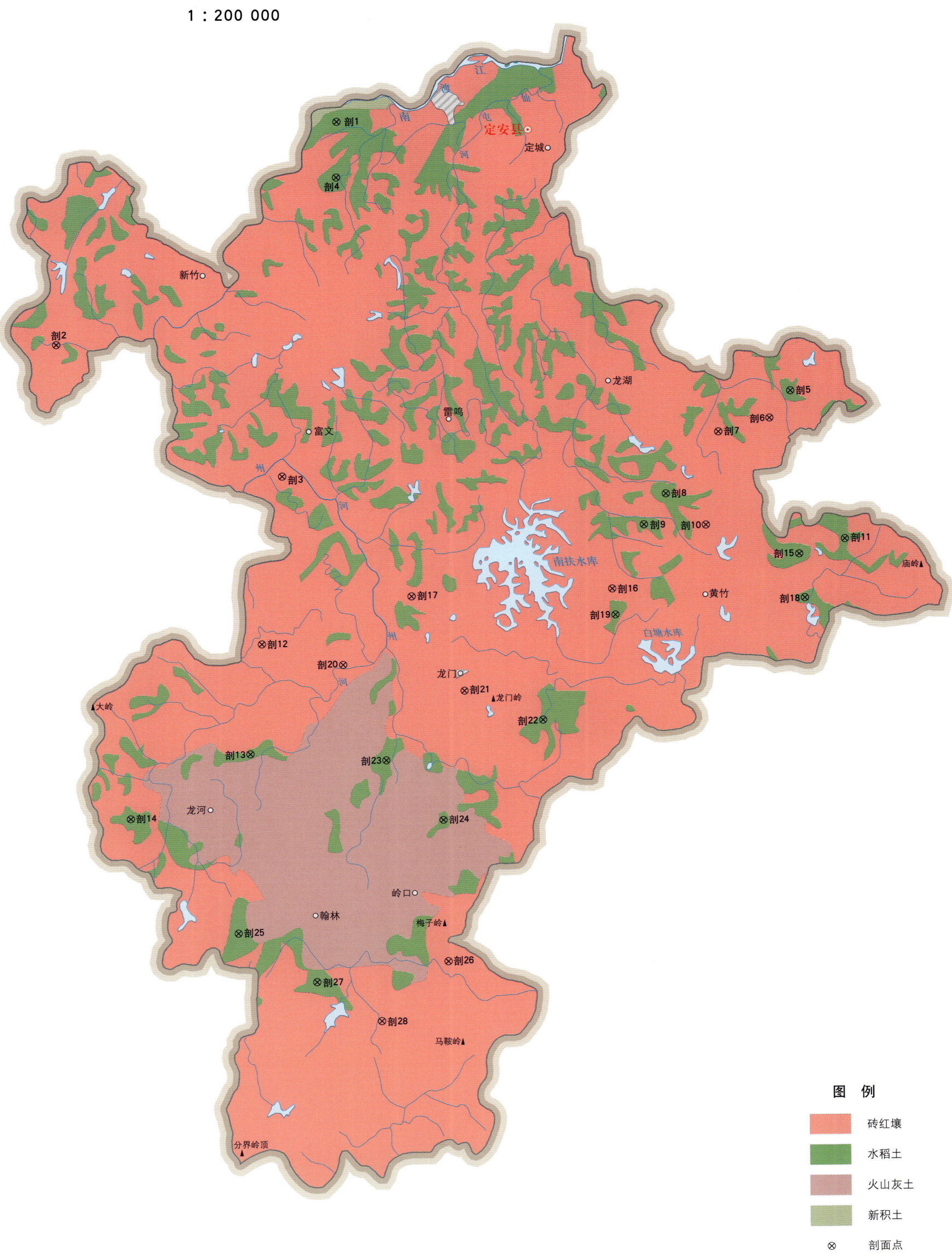

定安县土壤剖面理化性状表

剖面号 Soil profile	土纲 Soil order	土类 Soil great group	亚类 Soil subgroup	土属 Soil genus	土种 Soil species	土层码 Layer code	土层厚度 Depth/cm	颜色 Soil color	质地 Soil texture	土壤结构 Soil structure	pH	有机质 OM/(g/kg)	全氮 TN/(g/kg)	全磷 TP/(g/kg)	全钾 TK/(g/kg)	土壤母质 Parent material	剖面点坐标 Profile coordinate	匹配指数 Matching index/%
剖1	人为土	水稻土	潴育水稻土	黄赤土田	黄赤砂泥田	A	0—14	浅灰色	砂壤土	小团块状	5.1	18.2	0.86	0.17	26.9		E 110°16′07.0″ N 19°41′28.0″	91
						P	14—21	浅棕色	轻壤土	大团块状	5.0	12.9	0.65	0.12	14.5			
						W₁	21—51	棕灰色	中壤土	团粒状	5.7	8.7	0.39	0.14	30.3			
						W₂	51—100	灰黄色	重壤土	大团块状	5.6							
剖2	铁铝土	砖红壤	砖红壤	砂页岩砖红壤		A	0—18	砂黄色	砂壤土	小团块状	5.2	12.8	0.57	2.27	6.8	砂页岩	E 110°08′22.9″ N 19°35′26.9″	96
						B	18—72	灰黄色	砂壤土	团粒状	5.1	10.4	0.52	0.21	6.1			
剖3	铁铝土	砖红壤	砖红壤	砂页岩砖红壤		A	0—30	灰黄色	砂壤土	大团块状	6.0	8.4	0.38	0.04	10.6	砂页岩	E 110°14′37.9″ N 19°31′54.0″	99
						B	30—100	红棕色	中壤土	团粒状	6.2	8.1	0.30	0.34	13.1			
剖4	人为土	水稻土	潴育水稻土	潮砂泥田	潮砂泥田	A	0—14	棕灰色	砂壤土	块状	5.5	13.7	0.64	0.02	6.5	河流冲积物	E 110°16′06.5″ N 19°39′57.7″	85
						P	14—20	暗黄灰色	砂壤土	块状	5.5	6.9	0.31	0.03	6.8			
						W	20—45	暗黄灰色	砂壤土	块状	5.4	2.6	0.10	0.03	7.3			
						C	45—100	浅灰黄色	砂壤土	粒状								
剖5	人为土	水稻土	潴育水稻土	赤土田	乌赤土田	A	0—20	棕灰色	中壤土	团粒状	5.8	40.0	2.40	0.78	8.3		E 110°28′40.4″ N 19°34′12.7″	86
						P	20—30	棕灰色	中黏土	块状	5.6	38.0	1.69	0.88	9.2			
						W	30—100	棕灰色	重黏土	块状	5.7	16.0	0.36	1.22	9.7			
剖6	铁铝土	砖红壤	砖红壤	玄武岩砖红壤	中位铁子中层玄武岩砖红壤	A	0—14	棕红色	壤土	块状	6.0	26.0	0.80	0.47	2.8	玄武岩	E 110°28′05.8″ N 19°33′28.6″	89
						B₁	14—38	棕红色	砂壤土	粒状	6.2	16.7	0.68	0.39	3.7			
						B₂	38—100	暗棕色	砂壤土	粒状								
剖7	铁铝土	砖红壤	砖红壤	砂页岩砖红壤		A	0—19	暗橙黄色	砂壤土	团块状	5.8	24.5	1.23	0.10	36.0	砂页岩	E 110°26′40.9″ N 19°33′06.5″	72
						B	19—100	暗黄棕色	砂壤土	小团块状	5.4	6.7	0.34	0.04				
剖8	人为土	水稻土	潴育水稻土	黄赤土田	黄赤土田	A	0—15	青黄色	轻壤土	团块状	5.6	17.9	0.61	0.09	25.6		E 110°25′13.8″ N 19°31′26.0″	99
						P	15—22	灰黄色	砂壤土	团块状	6.0	0.9	0.03	0.10	29.6			
						W₁	22—51	浅灰黄色	重黏土	团块状	6.0	3.6	0.03	0.12	28.0			
						W₂	51—100			大团块状								
剖9	人为土	水稻土	潴育水稻土	黄赤土田	乌黄赤土田	A	0—14	棕灰色	轻壤土	块状	5.4	19.7	1.00	0.14	23.9		E 110°24′37.4″ N 19°30′36.4″	89
						P	14—21	棕灰色	砂壤土	块状	5.3	15.4	0.82	0.18	23.2			
						W	21—100	浅棕灰色	壤土	块状	5.0	5.3	0.20	0.16	13.3			
剖10	铁铝土	砖红壤	砖红壤	玄武岩砖红壤		A	0—28	灰棕色	重黏土	块状	6.2	29.9	1.36	0.31	3.2	玄武岩	E 110°26′20.4″ N 19°30′36.0″	98
						B	28—100	暗棕色	重黏土	块状	6.0	16.2	0.62	0.20	2.7			
剖11	人为土	水稻土	潴育水稻土	赤土田	赤砂泥田	A	0—20	暗棕色	中壤土	团块状	5.5	48.0	2.13	0.64	6.4		E 110°30′10.4″ N 19°30′13.3″	70
						P	20—27	暗黄棕色	轻壤土	团块状	5.5	37.4	1.84	0.65	6.1			
						W₁	27—53	暗黄棕色	砂壤土	块状	5.7	26.8	1.54	0.67	5.8			
						W₂	53—100	黄棕色	重黏土	块状	5.6	20.4	0.71	0.69	5.7			
剖12	铁铝土	砖红壤	砖红壤	砂页岩砖红壤		A	0—14	灰黄色	砂土	小团块状	5.4	25.8	1.01	0.52	7.6	砂页岩	E 110°14′04.2″ N 19°27′23.0″	82
						B	8—100	浅棕红色	砂土	小团块状	5.0	17.4	0.87	0.41	6.1			
剖13	人为土	水稻土	潴育水稻土	红砂土田	红砂土田	A	0—13	灰白色	砂土	团粒状	6.2	14.7	0.64	0.20	25.4	浅海沉积物	E 110°13′45.1″ N 19°24′25.6″	88
						P	13—17	紫黄色	砂土	粒状	6.0	9.3	0.48	0.11	23.6			
						W	17—100	灰黄色	砂土	粒状	5.2	2.7	0.15	0.22	22.7			
剖14	人为土	水稻土	潴育水稻土	红赤土田	红砂土田	A	0—14	棕灰色	砂壤土	团粒状	5.2	37.8	1.58	0.31	4.6		E 110°10′26.4″ N 19°22′40.8″	85
						P	14—20	暗黄棕色	壤土	块状	5.2	25.8	1.20	0.18	7.9			
						W₁	20—44	暗黄棕色	壤土	块状	5.4	9.9	0.45	0.09	6.4			
						W₂	44—100	暗黄色	壤土	块状								

续表 Continued

剖面号 Soil profile	土纲 Soil order	土类 Soil great group	亚类 Soil subgroup	土属 Soil genus	土种 Soil species	土层码 Layer code	土层厚度 Depth/cm	颜色 Soil color	质地 Soil texture	土壤结构 Soil structure	pH	有机质 OM/(g/kg)	全氮 TN/(g/kg)	全磷 TP/(g/kg)	全钾 TK/(g/kg)	土壤母质 Parent material	剖面点坐标 Profile coordinate	匹配指数 Matching index/%
剖15	人为土	水稻土	潴育水稻土	赤土田	赤土田	A	0–21	灰黄色	重黏土	小团粒状		48.2	2.37	0.67	7.8		E 110° 28′ 54.8″ N 19° 29′ 48.8″	99
						P	21–30	棕灰色	重黏土	棱柱状		34.7	2.04	0.49	7.7			
						W	30–100	棕色	重黏土			18.2	1.22	0.40	7.2			
剖16	铁铝土	砖红壤	砖红壤	玄武岩赤土地	赤黏土地	A	0–21	红棕色	轻黏土	团粒状	5.5	17.8	0.74		2.5	玄武岩	E 110° 23′ 44.9″ N 19° 28′ 52.7″	73
						B	21–100	浅红棕色	轻黏土	团块状	5.6	15.9	1.01	0.74	3.0			
剖17	铁铝土	砖红壤	砖红壤	玄武岩砖红壤		A	0–15		轻黏土	团粒状	5.8	26.4	1.39	0.62	9.5	玄武岩	E 110° 18′ 12.2″ N 19° 28′ 40.4″	88
						B₁	15–42		轻黏土	块状	5.4	19.3	1.07	0.62	8.6			
						B₂	42–100		轻黏土	块状	5.6	18.4	0.98	0.47	7.3			
剖18	人为土	水稻土	潴育水稻土	黄赤土田	黄赤黏土田	A	0–15	灰红色	轻黏土	团粒状	6.3	21.0	1.14	0.14	16.7		E 110° 29′ 04.2″ N 19° 28′ 37.6″	97
						P	15–25	红灰色	中黏土	块状	6.2	16.3	0.84	0.19	21.6			
						W	25–100	浅灰棕色	轻黏土	块状	6.0	21.6	0.92	0.14	7.9			
剖19	铁铝土	砖红壤	砖红壤	砂页岩黄红赤土地	铁子底土	A	0–18	灰黄棕色	砂壤土	小团粒状	5.1	75.5	3.30	1.29	3.8		E 110° 23′ 50.3″ N 19° 28′ 10.2″	86
						P	18–26	棕色	砂黏土	块状	5.3	72.0	3.24	1.31	7.2			
						W₁	26–56	暗棕色	黏壤土	块状	5.4	75.1	2.87	1.31	3.2			
						W₂	56–80	暗灰色	黏壤土	块状	5.4	58.8	1.91	1.61	3.1			
剖20	铁铝土	砖红壤	砖红壤	玄武岩黄红赤土地	上位铁子黄红砂土地	A	0–13	浅黄棕色	砂土	团粒状	6.2	10.9	0.55	0.14	4.9		E 110° 16′ 18.7″ N 19° 26′ 49.5″	94
						B	13–25	红棕色	砂土	块状	6.4	12.0	0.38	0.10	8.0			
						C	25–100	浅黄棕色	轻黏土	块状	6.0							
剖21	人为土	水稻土	潴育水稻土	玄武岩赤土地	赤泥地	A	0–14	棕色	重黏土	小团粒状	5.0	31.5	1.33	1.05	3.1	砂页岩	E 110° 19′ 39.7″ N 19° 26′ 07.1″	74
						AB	14–22	暗棕色	轻黏土	块状	5.0	25.9	9.30	0.74	2.4			
						B	22–100	浅黄棕色	轻黏土	糊状	5.7	14.7	0.59	0.86	4.5			
剖22	人为土	水稻土	潴育水稻土	赤土田	赤坊土田	A	0–17	红灰色	轻黏土	团粒状	5.8	41.6	2.33	0.33	15.7	玄武岩	E 110° 21′ 50.0″ N 19° 25′ 19.9″	97
						P	17–26	紫棕色	重黏壤土	块状	5.7	10.0	0.40	0.12	11.4			
						W	26–100	灰棕色	重黏壤土	块状	5.3	11.4	0.48	0.16	20.2			
剖23	人为土	水稻土	潴育水稻土	低青泥田	红低青泥田	A	0–15	棕灰色	中壤土	小团粒状	5.0	40.0	2.00	0.19	24.4		E 110° 17′ 30.1″ N 19° 24′ 15.1″	70
						P	15–22	灰黄色	中黏土	块状	5.5	20.5	1.17	0.11	25.6			
						W	22–50	灰黄棕色	重黏土	块状	5.5	10.4	0.52	0.07	16.7			
						G	50–100	灰白色	重黏土	块状	5.6	7.2	0.27	0.05	16.1			
剖24	人为土	水稻土	潴育水稻土	低青泥田	黄低青泥田	A	0–19	浅黄色	重黏土	团粒状	5.3	35.0	1.31	0.22	15.8		E 110° 19′ 04.4″ N 19° 22′ 37.9″	85
						P	19–25	暗灰色	重黏土	块状	5.8	25.0	1.02	0.08	6.9			
						W	25–50	暗灰色	重黏土	块状	5.3	17.2	0.87	0.10	2.3			
						G	50–100	灰棕色	重黏土	块状	5.4	17.9	1.14	2.67	16.7			
剖25	人为土	水稻土	潴育水稻土	低青泥田	白低青泥田	A	0–17	灰黄色	壤土	团粒状	5.5	15.3	0.85	0.07	5.2	砂页岩	E 110° 13′ 24.6″ N 19° 19′ 34.3″	96
						P	17–21	灰黄色	黏土	团块状	5.4	8.3	0.45	0.52	5.4			
						W	21–47	黑色	黏土	块状	5.4	6.2	0.39	0.02	6.2			
						G	47–100	暗黄色	砂土	块状	5.3	6.0	0.30	0.06	7.7			
剖26	铁铝土	砖红壤	砖红壤	浅脚白粗砂土田	中有机质层厚度砂页岩	A	0–15	暗黄色	壤土	团块状	6.0	30.9	1.31	0.11	25.2		E 110° 19′ 12.0″ N 19° 18′ 48.6″	81
						B₁	15–25	暗黄色	壤土	团块状	6.1	16.7	1.09	0.29	25.5			
						B₂	25–100	暗黄棕色	砂土	块状	5.8	7.9	0.30	0.09	29.5			
剖27	人为土	水稻土	淹育水稻土	花岗岩砖红壤	浅脚白粗砂土田	P	0–17	白色	砂土	团块状	5.6	11.6	0.26	0.07	8.7		E 110° 15′ 34.6″ N 19° 18′ 16.6″	91
						C	17–30	暗黄色	砂土	团块状	5.5	4.9	0.18	0.17	8.5			
						G	30–100	暗灰黄色	轻黏壤土	块状	6.3	1.4	0.11	0.18	19.7			
剖28	铁铝土	砖红壤	砖红壤	花岗岩砖红壤		A	0–30	浅棕色	砂黏壤土	小团块状	5.7	23.3	0.77	0.21	2.9	花岗岩	E 110° 17′ 21.5″ N 19° 17′ 13.6″	85
						B	30–100	黄橙色	轻壤土	粒状	5.6	11.0	0.49	0.18	3.0			

屯 昌 县

主要土类说明

砖红壤是屯昌县主要土壤类型，占本县地域面积的93%。砖红壤主要发生于热带雨林或季雨林下，是遭强烈脱硅富铝化作用的土壤，多由花岗岩、砂页岩发育而成，以花岗岩居多。砖红壤中氧化硅大量迁出，游离铁占全铁的80%。黏粒矿物以高岭石、赤铁矿和三水铝石为主，黏粒硅铝率小于1.6，风化淋溶系数小于0.05，盐基饱和度小于15%。在A-B-C剖面构型中，淀积层（B层）富含铁铝氧化物，呈砖红色；淀积层下部常出现红白（或黄白）交织的网纹层。

水稻土是屯昌县第二大土壤类型，占本县地域面积的6%。水稻土是在长期的季节性淹灌、水下翻耕、季节性脱水、氧化还原交替影响下，原来的成土母质或母土的特性发生重大改变，形成的新的土壤类型。由于干湿交替，水稻土形成糊状的淹育层、较坚实板结的犁底层、渗育层、潴育层与潜育层等多种发生层。这些不同的发生层是在人为耕作、水浆管理下形成的。本县水稻土分为淹育型、潴育型、渗育型、潜育型、沼泽型等亚类。其中，潴育水稻土面积最大，占本土类面积的83%，耕作时间较长，排灌条件较好，在犁底层以下出现明显的潴育层，是肥力较高的一个亚类。

小于本县地域面积3%的土壤类型有赤红壤和新积土。

本区域中心区气候特征

本区域中心区气候特征值
Regional climate characteristics in central area of the region

气候带：南亚热带湿润气候 Climate region: South subtropical humid climate	
年平均气温 /℃ Annual average temperature /℃	24.4
年平均最高气温 /℃ Annual average maximum temperature /℃	28.4
年平均最低气温 /℃ Annual average minimum temperature /℃	21.5
年降水量 /mm Annual precipitation /mm	1838
≥10℃的积温 /℃ Daily temperature accumulated in a year（≥10℃）/℃	8897
年日照时数 /h Annual sunshine /h	2109
年平均相对湿度 /% Annual average relative humidity /%	85
干燥度 Dryness	0.82

本区域中心区月平均气温与月平均降水量
Monthly temperature and precipitation in central area of the region

屯昌县主要土壤类型与土壤剖面点分布图
1:200 000

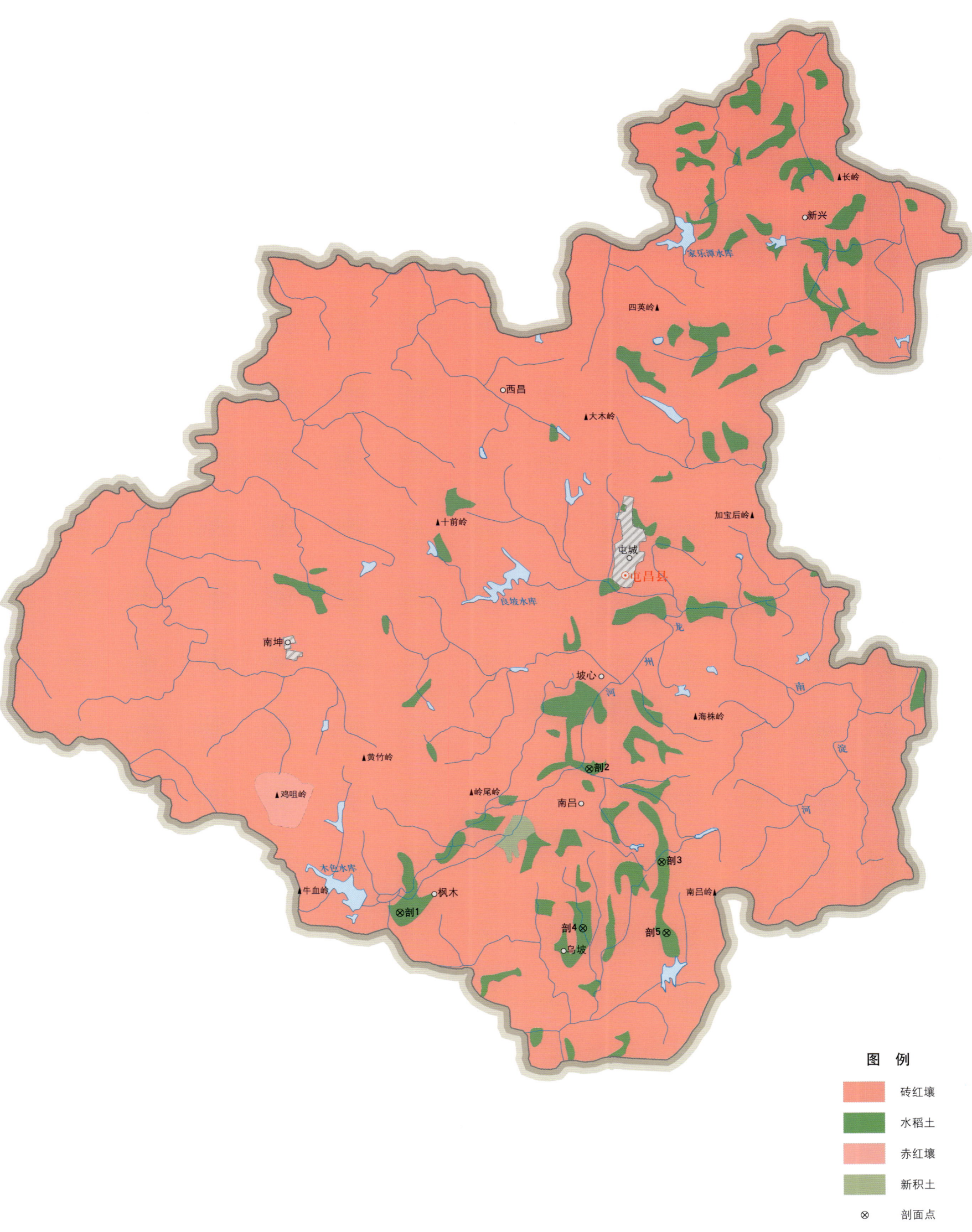

屯昌县土壤剖面理化性状表

剖面号 Soil profile	土纲 Soil order	土类 Soil great group	亚类 Soil subgroup	土属 Soil genus	土种 Soil species	土层码 Layer code	土层厚度 Depth/cm	颜色 Soil color	质地 Soil texture	土壤结构 Soil structure	pH	有机质 OM/(g/kg)	全氮 TN/(g/kg)	全磷 TP/(g/kg)	全钾 TK/(g/kg)	有效磷 AP/(mg/kg)	速效钾 AK/(mg/kg)	剖面点坐标 Profile coordinate	匹配指数 Matching index/%
剖1	人为土	水稻土	潴育水稻土	泥肉田	白泥肉田	A	0—21	灰色	中壤土	糊状	6.2	33.9	1.80	0.25	12.3	20.5	89	E 109°59′37.0″ N 19°12′04.3″	91
						P	21—26	暗灰色	轻壤土	团块状	6.7	10.1	0.43	0.06	10.5				
						C	26—100	青灰色	轻壤土	团块状	6.2	20.8	0.91	0.14	19.4				
剖2	人为土	水稻土	潴育水稻土	红赤土田	红砂土田	A	0—15		砂壤土	团块状	5.8	20.5	0.68	0.10	38.4	4.8	23	E 110°04′46.6″ N 19°15′55.8″	89
						P	15—24	浅灰色	砂壤土	块状	6.6	12.3	0.76	0.09	39.2				
						W	24—100		轻壤土	块状	6.7	3.6	0.24	0.07	38.6				
剖3	人为土	水稻土	潴育水稻土	红赤土田	乌泥土田	A	0—20	灰白色	砂壤土	糊状	6.1	29.3	1.33	0.14	41.8	3.5	27	E 110°06′45.4″ N 19°13′25.7″	91
						P	20—28	浅灰色	砂壤土	柱状	5.9	21.5	0.57	0.10	35.6				
						W	28—100	暗灰色	轻壤土	柱状	6.1	23.8	0.73	0.10	36.6				
剖4	人为土	水稻土	潴育水稻土	红赤土田	红土田	A	0—13	褐灰色	中壤土	糊状	6.4	31.0	1.34	0.24	28.0	5.7	59	E 110°04′36.5″ N 19°11′40.2″	83
						P	13—18	浅灰色	中壤土	片状	6.3	26.2	1.18	0.23	23.0				
						W	18—100	浅黄色	重壤土	柱状	6.6	7.9	0.43	0.14	17.8				
剖5	人为土	水稻土	淹育水稻土	浅脚红赤土田	浅脚红砂土田	A	0—16		砂壤土	碎块状	5.4	26.7	1.31	0.14	19.7			E 110°06′53.3″ N 19°11′33.0″	96
						P	16—24	浅灰色	砂壤土	块状	6.2	24.8	0.70	0.10	19.3				
						C	24—100		轻壤土	块状	6.4	28.1	0.83	0.09	19.1				

澄 迈 县

主要土类说明

砖红壤是澄迈县主要土壤类型，占本县地域面积的77%，主要分布在海拔400m以下的丘陵、台地和岭脚，其分布区是橡胶、香蕉等多种热带经济作物的重要基地。成土母质主要为玄武岩、花岗岩、砂页岩和浅海沉积物。砖红壤土层深厚，表层呈暗红棕色，心土层呈砖红色且具有大量暗色胶膜和细粒铁锰结核，剖面构型为A–Bs–Bv–C。土壤脱硅富铝化作用强烈，铁铝氧化物明显聚积，黏粒硅铝率小于1.6，铁的游离度大于80%；黏粒矿物以高岭石、赤铁矿和三水铝石为主，原生矿物强烈风化，风化淋溶系数小于0.05；硅和盐基大量淋失，盐基饱和度低，土壤酸性强。

水稻土是澄迈县第二大土壤类型，占本县地域面积的19%。成土母质主要为河流冲积物、浅海沉积物、玄武岩、花岗岩和砂页岩。水稻土是在长期的季节性淹灌、水下翻耕、季节性脱水、氧化还原交替影响下，原来的成土母质或母土的特性发生重大改变，形成的新的土壤类型。由于干湿交替，水稻土形成糊状的淹育层、较坚实板结的犁底层、渗育层、潴育层与潜育层等多种发生层。这些不同的发生层是在人为耕作、水浆管理下形成的。本县水稻土分为潴育型、潜育型、渗育型、淹育型、沼泽型、盐渍型等亚类。其中，潴育水稻土面积最大，占本土类面积的70%。

小于本县地域面积3%的土壤类型有新积土、风沙土、石质土和火山灰土。

本区域中心区气候特征

本区域中心区气候特征值
Regional climate characteristics in central area of the region

气候带：南亚热带湿润气候 Climate region: South subtropical humid climate	
年平均气温 /℃ Annual average temperature /℃	24.3
年平均最高气温 /℃ Annual average maximum temperature /℃	28.2
年平均最低气温 /℃ Annual average minimum temperature /℃	21.6
年降水量 /mm Annual precipitation /mm	1643
≥10℃的积温 /℃ Daily temperature accumulated in a year（≥10℃）/℃	8872
年日照时数 /h Annual sunshine /h	2155
年平均相对湿度 /% Annual average relative humidity /%	84
干燥度 Dryness	0.93

本区域中心区月平均气温与月平均降水量
Monthly temperature and precipitation in central area of the region

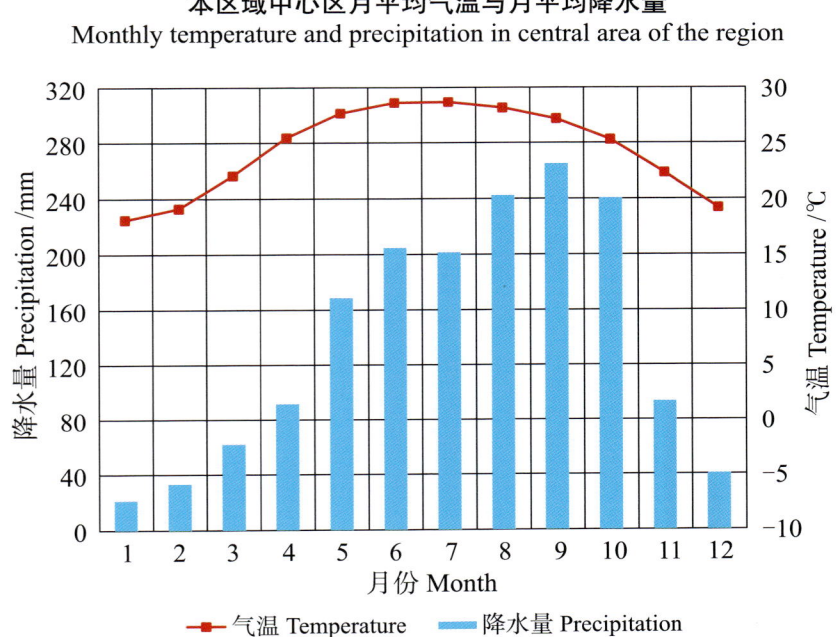

澄迈县主要土壤类型与土壤剖面点分布图
1 : 250 000

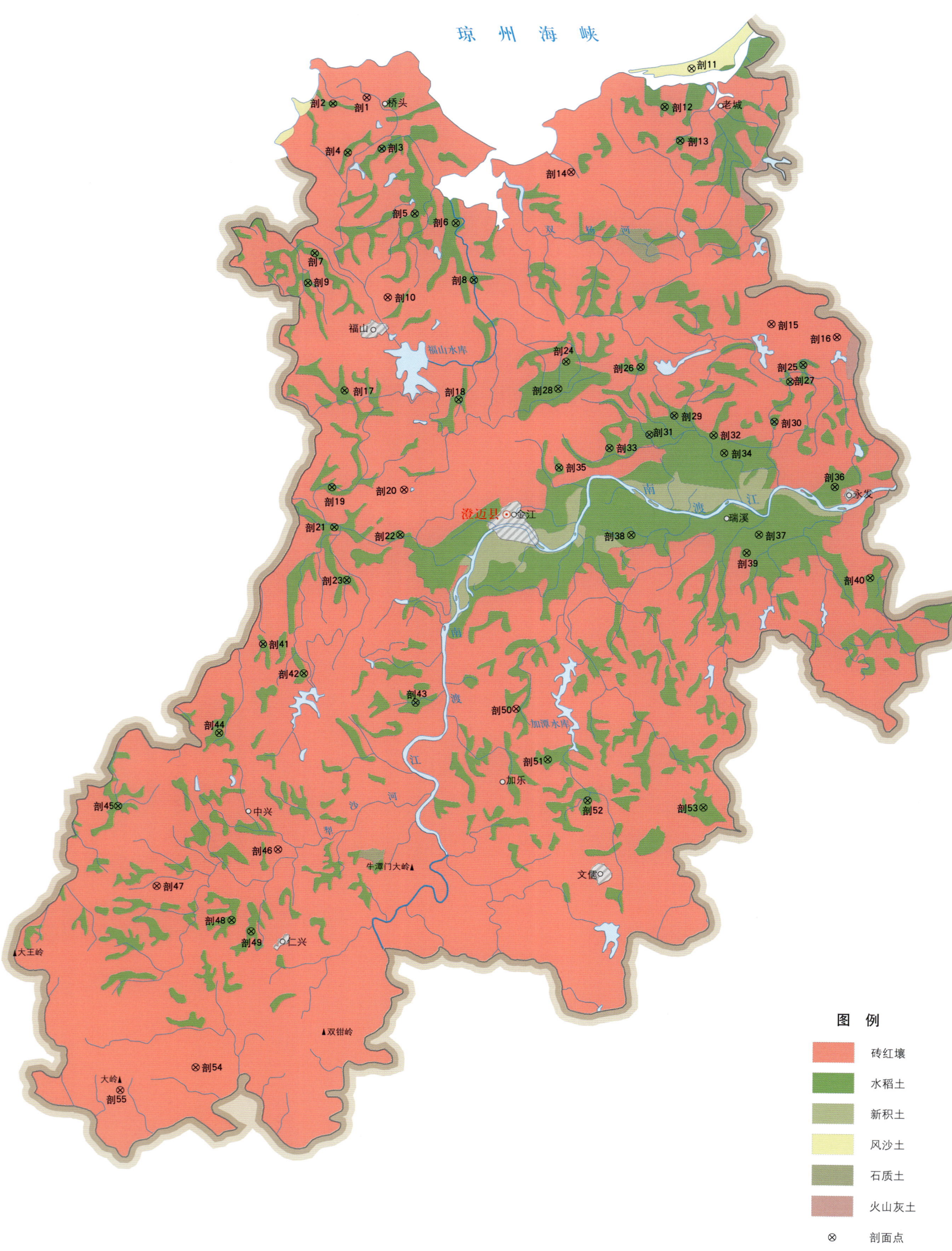

澄迈县土壤剖面理化性状表

剖面号 Soil profile	土纲 Soil order	土类 Soil great group	亚类 Soil subgroup	土属 Soil genus	土种 Soil species	土层码 Layer code	土层厚度 Depth/cm	颜色 Soil color	质地 Soil texture	土壤结构 Soil structure	pH	有机质 OM/(g/kg)	全氮 TN/(g/kg)	全磷 TP/(g/kg)	全钾 TK/(g/kg)	碱解氮 AN/(mg/kg)	有效磷 AP/(mg/kg)	速效钾 AK/(mg/kg)	土壤母质 Parent material	剖面点坐标 Profile coordinate	匹配指数 Matching index/%
剖1	铁铝土	砖红壤	砖红壤	赤土地	赤黏土地	A	0—22	红色	轻黏土	块状	5.2	23.2	1.09	0.55	7.5	75	10.0	16		E 109°55′00.1″ N 19°58′05.5″	98
						B	22—100	暗红色	轻黏土	块状	4.6	13.5	0.49	0.36	1.2	36	3.1	9			
剖2	人为土	水稻土	潴育水稻土	泥肉田	泥肉肉田		0—18	褐色	中壤土	团块状	6.3	35.3	1.89	0.44	12.6	149	9.2	64		E 109°53′50.3″ N 19°57′52.6″	98
						P	18—23	暗灰黄色	轻壤土	棱状	5.6	16.6	0.83	0.07	20.1	36	5.2	33			
						W₁	23—50	浅灰色	中壤土	棱状	6.0	16.0	0.84	0.35	14.9	40	11.4	44			
						W₂	50—100	灰白色	重壤土	棱状	5.1	15.8	0.67	0.18	17.9	48	2.2	31			
剖3	人为土	水稻土	潴育水稻土	赤土田	彩土田	A	0—14	浅棕色	中壤土	块状	5.6	16.4	0.17	0.32	2.3	47	3.5	15		E 109°55′31.4″ N 19°56′22.2″	72
						P	14—18	暗灰色	中壤土	块状	5.5	6.5	0.28	0.24	2.3						
						W	18—99	浅灰色	轻黏土	棱状	6.2	5.4	0.13	0.18	2.1						
剖4	人为土	水稻土	潴育水稻土	泥肉田	红泥肉田	A	0—19	暗灰色	中壤土	团块状	5.6	38.6	1.76	0.31	8.0	106	5.2	40		E 109°54′22.0″ N 19°56′13.9″	79
						P	19—26	暗灰色	中壤土	块状	6.3	25.3	0.73	0.24	5.8	72	3.5	27			
						W	26—100	暗灰色	轻壤土	棱状	6.5	40.4	1.95	0.21	2.7			27			
剖5	人为土	水稻土	潴育水稻土	低青泥田	白低青泥田	A	0—12	暗灰色	砂壤土	粒状	5.0	34.1	1.49	0.24	10.5	88	6.1	33		E 109°56′40.9″ N 19°54′11.5″	73
						P	12—18	紫灰色	砂壤土	块状	4.7	35.4	1.09	0.23	5.4	66	7.4	33			
						W	18—42	紫灰色	紧砂土	块状	4.5	24.4	0.80	0.10	3.6	28	2.6	36			
							42—100	黑色	中壤土	棱状	5.2	21.1	0.75	0.05	1.9	62	2.2	33			
剖6	人为土	水稻土	潴育水稻土	低青泥田	红低青泥田	A	0—19	暗灰色	轻壤土	块状	5.2	19.3	1.22	0.24	35.4	105	6.5	38		E 109°58′05.9″ N 19°53′53.2″	76
						P	19—32	暗灰色	中壤土	块状	5.2	17.8	1.02	0.20	33.8	90	4.4	36			
						W	32—52	暗灰色	中壤土	棱状	6.1	10.1	0.91	0.13	33.7	30	3.5	34			
						G	52—100	暗灰色	中壤土	块状	5.8	12.7	0.85	0.24	33.9	71	3.1	34			
剖7	人为土	水稻土	潴育水稻土	黄赤土田	黄砂土田	A	0—14	暗灰色	砂壤土	散状	4.9	11.1	0.61	0.16		21	2.6	27		E 109°58′15.0″ N 19°52′50.2″	73
						P	14—20	灰灰色	中壤土	块状	5.4	9.9	0.40	0.24	9.2	14	3.5	25			
						W	20—80	紫灰色	重壤土	块状	6.5	7.7	0.28	0.32	5.6	9	2.2	27			
剖8	人为土	水稻土	潴育水稻土	河砂泥田	河结鸭砂田	A	0—14	棕灰色	轻壤土	块状	6.0	27.0	1.73	0.14	5.9	66	3.9	32	河流冲积物	E 109°58′44.0″ N 19°56′59.4″	87
						P	14—18	暗灰色	松砂土	粒状	5.3	11.9	0.70	0.09	9.4	27	1.3	39			
						W	18—90	暗灰色	砂壤土	粒状	5.1	9.3	0.71	0.22		51	0.4	26			
剖9	人为土	水稻土	潴育水稻土	乌泥底田	铁子底鸭粪泥田	A	0—15	深棕色	重壤土	团块状	5.7	33.8	1.89	0.50	2.4	52	2.6	39		E 109°53′01.7″ N 19°51′50.8″	72
						P	15—20	灰灰色	中壤土	粒状	5.5	31.1	1.36	0.49	1.3	47	2.2	38			
						G	20—80	暗棕色	中壤土	粒状	5.8	12.1	0.80	0.39	0.9	45	3.1	34			
剖10	铁铝土	砖红壤	砖红壤	赤土地	赤砂泥田	A	0—13	暗红色	中壤土	块状	5.8	12.4	0.39	0.17	4.2	59	5.7	54		E 109°55′46.6″ N 19°51′23.8″	71
						B	13—79	暗棕色	轻黏土	块状	5.8	11.2	0.22	0.24	3.0						
剖11	初育土	风沙土	滨海风沙土	滨海沙土	半固定沙土	A	0—81	深棕色	松砂土	粒状	5.2	6.4	0.42	0.42	13.4	65	1.7	22	滨海沉积物	E 110°06′10.4″ N 19°59′07.4″	70
						C	81—100	灰灰色	砂壤土	粒状	5.6	2.0	0.20	0.20	14.3	44					
剖12	人为土	水稻土	潴育水稻土	赤土田		A	0—16	暗棕色	中壤土	块状	6.0	21.1	1.86	0.24	9.1	59	1.3	54		E 110°05′15.5″ N 19°57′50.2″	86
						P	16—20	暗棕色	轻壤土	棱状	5.5	5.7	0.75	0.13	3.7	65	5.2	28			
						W	20—80	暗黄色	中黏土	块状	6.5	15.2		0.13	4.4	13	2.2	29			
剖13	人为土	水稻土	淹育水稻土	浅脚红赤土田	浅脚红砂泥田	A	0—14	紫色	中壤土	块状	5.1	20.5	0.88	0.41	8.0	83	8.7	31		E 110°05′48.0″ N 19°56′42.3″	86
						P	14—21	紫灰色	中壤土	小块状	6.3	5.6	0.64	0.31	16.9	21	1.3	17			
						C	21—100	红黄色	轻壤土	块状	5.4	5.0	0.30	0.21	17.4						
剖14	铁铝土	砖红壤	黄色砖红壤	浅海水化黄赤土田		A	0—20	棕色	中壤土	块状	5.7	3.5	0.19	0.05	2.5	13	1.3	12	浅海沉积物	E 110°02′03.1″ N 19°55′37.6″	91
						B	20—90	棕黄色	重壤土	块状				0.04	2.8						

续表 Continued

剖面号 Soil profile	土纲 Soil order	土类 Soil great group	亚类 Soil subgroup	土属 Soil genus	土种 Soil species	土层码 Layer code	土层厚度 Depth/cm	颜色 Soil color	质地 Soil texture	土壤结构 Soil structure	pH	有机质 OM/(g/kg)	全氮 TN/(g/kg)	全磷 TP/(g/kg)	全钾 TK/(g/kg)	碱解氮 AN/(mg/kg)	有效磷 AP/(mg/kg)	速效钾 AK/(mg/kg)	土壤母质 Parent material	剖面点坐标 Profile coordinate	匹配指数 Matching index/%
剖15	铁铝土	砖红壤	砖红壤	赤土地	赤泥地	A	0—17	棕色	中壤土	块状	5.3	17.5	0.82	0.90	4.6	54	8.7	51	玄武岩	E 110°08′58.8″ N 19°50′36.3″	82
剖16	铁铝土	砖红壤	黄色砖红壤	玄武岩水化赤土		AB	17—25	砖红色	中壤土	块状	5.6	13.0	0.62	0.60	3.7	43	4.8	33	玄武岩	E 110°11′14.8″ N 19°50′11.2″	92
						B	25—100	紫棕色	轻黏土	块状	5.6	7.1	0.25	0.79	4.6	50	7.4	24			
剖17	人为土	水稻土	潜育水稻土	低青泥田	赤低青泥田	A	0—20	暗红色	中壤土	块状	5.5	22.1	0.99	0.32	1.3	60	3.1	35		E 109°54′19.8″ N 19°48′15.1″	96
						B	20—140	暗红色	重壤土	块状	5.3	12.2	0.60	0.19	2.0	57	2.6	33			
剖18	人为土	水稻土	潜育水稻土	乌泥底田	乌泥泥田	A	0—13	暗黄色	重壤土	块状	5.5	20.0	0.95	0.36	10.2	50	8.3	27		E 109°58′14.9″ N 19°47′58.9″	76
						P	13—16	棕色	中壤土	块状	6.0	9.1	0.71	0.37	6.5	46	8.3	23			
						W	16—39	浅棕色	中壤土	块状	5.6	6.8	0.36	0.28	10.0	23	3.5	23			
						G	39—80	灰蓝色	中壤土	块状	5.3	8.4	0.49	0.28	5.1	33	5.2	29			
剖19	人为土	水稻土	潜育水稻土	赤土田	赤砂泥田	A	0—8		轻黏土	块状	6.0	21.1	0.97	0.25	3.6	79	1.3	23		E 109°53′55.7″ N 19°45′00.4″	82
						P	8—13		中壤土	块状	6.6	15.4	0.42	0.24	8.8						
						G	13—100		轻黏土	块状	7.2	6.3	1.65	0.13	5.6	92	7.4	18			
剖20	铁铝土	砖红壤	黄色砖红壤	玄武岩水化赤土		A	0—16	灰黄色	中壤土	团状	4.9	36.6	1.19	0.11	4.9	84			玄武岩	E 109°56′24.4″ N 19°44′56.8″	72
						P	16—20	浅棕色	轻壤土	块状	6.2	21.4	0.81	0.12	5.6						
						W	20—100	黑色	中壤土	块状	4.5	31.9	0.57	0.12	5.2						
剖21	人为土	水稻土	潜育水稻土	冷底田	冷底田	A	0—17	红棕色	中壤土	块状	5.2	16.5	0.88	0.07	7.0	57	3.1	33	玄武岩	E 109°54′01.1″ N 19°43′40.4″	92
						B	17—100	红棕色	中壤土	块状	5.4	13.4	0.32	0.12	6.0	52	2.6	32			
							0—24	浅红色	中壤土	块状	5.1	32.1	1.81	0.22	19.6	38	4.8	42			
剖22	人为土	水稻土	潜育水稻土	河砂泥田	河砂泥田	A	0—19	红灰色	中壤土	块状	4.9	38.1	1.20	0.15	13.0	14	5.7	21	河流冲积物	E 109°56′17.2″ N 19°43′26.8″	73
						P	19—25	浅灰色	砂壤土	粒状	5.0	46.1	1.16	0.33	13.6	42	6.1	24			
						G	25—100	棕灰色	砂壤土	块状	5.0	20.9	0.96	0.20	9.6	55	5.7	13			
剖23	人为土	水稻土	潜育水稻土	河泥泥田	河泥田	A	0—18	灰白色	重壤土	核状	5.4	7.1	0.34	0.16	6.4	21	2.2	13	河流冲积物	E 109°54′28.4″ N 19°41′54.2″	93
						P	18—25	灰黄色	中壤土	块状	5.0	9.4	0.64	0.24	3.2	13	1.3	32			
						W	25—100	棕灰色	中壤土	柱状	5.3	23.3	1.40	0.23	5.7	61	3.9	37			
剖24	人为土	水稻土	淹育水稻土	黄赤土田	黄砂泥田	A	0—14	灰白黄色	砂壤土	粒状	5.1	16.1	0.78	0.21	4.6	59	10.5	39		E 110°01′55.6″ N 19°49′17.4″	85
						P	14—20	暗黄色	中壤土	块状	5.6	14.0	0.62	0.11	4.6	32	3.1	32			
						C	20—100	棕灰色	轻壤土	板状	4.5	6.1	0.21	0.10	4.0	39	3.5	47			
剖25	人为土	水稻土	淹育水稻土	赤土田	乌赤土田	A	0—16	灰白色	砂壤土	粒状	5.1	9.1	0.33	0.17	3.2	52	1.3	28		E 109°54′01.1″ N 19°43′40.4″	92
						P	16—20	暗棕色	中壤土	块状	5.5	35.0	1.62	0.93	0.7	64	2.2	33			
						W	20—100	暗棕色	重壤土	梭状	6.5	21.2	0.77	0.23	1.3		1.3	26			
剖26	人为土	水稻土	淹育水稻土	浅脚赤土田	生黄赤土田	A	0—15	黑色	中黏土	块状	5.7	32.9	1.13	0.41	5.0	77	4.4	37		E 110°10′05.5″ N 19°49′14.8″	87
						P	15—20	黑色	中黏土	块状	5.9	18.5	0.58	0.39	0.7	45	2.2	33			
						C	20—70	暗棕色	轻黏土	块状	6.3	1.6	0.19	0.37	2.7	7	7.4	27			
剖27	人为土	水稻土	淹育水稻土	浅脚赤土田	生泥田	A	0—14	灰白色	砂壤土	粒状	4.9	11.5	0.80	0.19	3.5	43	10.9	26		E 110°04′29.6″ N 19°49′07.7″	92
						P	14—18	浅棕色	中壤土	块状	5.1	4.3	0.80	0.22	0.7	18	7.9	32			
						C	18—90	浅棕色	轻壤土	粒状	5.7	7.4	0.39	0.20	0.2	8	3.5	33			
剖28	人为土	水稻土	淹育水稻土	浅脚白羊砂坂田		A	0—14	紫色	砂壤土	块状	5.6	4.9	0.56	0.07	1.8	16	1.7	28		E 110°01′40.1″ N 19°48′22.3″	94
						P	14—18	浅棕色	紧砂壤土	块状	5.2	13.0	0.90	0.10	0.2	42	3.9	41			
						C	18—65	浅棕色	砂壤土	块状	6.2	1.8	0.20	0.30	1.7	6	3.5	33			
剖29	人为土	水稻土	淹育水稻土	浅脚赤土田		A	0—12	棕灰色	重壤土	块状	5.9	16.9	0.80	0.42	7.8	45	2.6	28		E 110°05′40.2″ N 19°47′30.5″	91
						P	12—15	棕灰色	中壤土	块状	5.8	14.1	0.67	0.46	4.8	53	2.2	26			
						C	15—70	暗棕色	轻壤土	块状	5.4	4.3	0.24	0.56	6.1	19	1.3	51			
剖30	人为土	水稻土	淹育水稻土	生泥田	生赤土田	A	0—13	深棕红色	中壤土	块状	5.5	18.1	0.87	0.32	1.3	85	5.2	59		E 110°09′06.9″ N 19°47′19.8″	82
						C	13—90	暗红色	重壤土	块状	5.3	16.6	0.62	0.32	1.1	43					

续表 Continued

剖面号 Soil profile	土纲 Soil order	土类 Soil great group	亚类 Soil subgroup	土属 Soil genus	土种 Soil species	土层码 Layer code	土层厚度 Depth/cm	颜色 Soil color	质地 Soil texture	土壤结构 Soil structure	pH	有机质 OM/(g/kg)	全氮 TN/(g/kg)	全磷 TP/(g/kg)	全钾 TK/(g/kg)	碱解氮 AN/(mg/kg)	有效磷 AP/(mg/kg)	速效钾 AK/(mg/kg)	土壤母质 Parent material	剖面点坐标 Profile coordinate	匹配指数 Matching index/%
剖31	人为土	水稻土	潴育水稻土	黄赤土田	黄泥田	A	0—16	暗棕色	中壤土	糊状	4.9	12.7	1.51	0.54	11.8	133	10.5	13		E 110° 04′ 49.1″ N 19° 46′ 51.6″	79
						P	16—20	暗棕色	中壤土	块状	5.2	21.4	1.02	0.57	8.1	72	6.1	9			
						W	20—90	浅棕色	中壤土	柱状	5.9	14.9	0.40	0.64	4.6	39	4.8	7			
剖32	人为土	水稻土	潴育水稻土	青泥格土	红青泥格格田	A	0—19	红灰色	重壤土	块状	4.4	24.5	1.47	0.13	17.4	71	3.1	16		E 110° 07′ 01.6″ N 19° 46′ 51.6″	95
						P	19—27	红灰色	重壤土	块状	4.6	10.2	1.23	0.05	16.3	47	2.6	32			
						G	27—42	蓝灰色	重壤土	块状	5.2	23.6	1.10	0.06	15.5	76	3.5	36			
						W	42—95	灰灰色				12.3	1.10	0.07	8.5	51	3.1	33				
剖33	人为土	水稻土	淹育水稻土	浅脚白赤土田	浅脚白粗砂田	A	0—11	棕色	紫砂土	粒状	5.7	7.1	0.40	0.07	1.9	18	1.3	25		E 110° 03′ 26.6″ N 19° 46′ 23.9″	93
						P	11—25	紫色	砂壤土	块状	5.6	9.5	0.51	0.05	1.7	17	1.7	24			
						C	25—70	灰棕色	砂壤土	块状	5.5	8.3	0.41	0.05	1.9	14	1.3	26			
剖34	人为土	水稻土	潴育水稻土	河砂泥田	河黄泥底田	P	0—17	灰黄色	砂壤土	团块状	4.2	14.5	0.91	0.09	6.9	13	2.2	33	河流冲积物	E 110° 07′ 23.9″ N 19° 46′ 15.6″	72
						P	17—21	棕灰色	轻壤土	块状	5.1	11.6	0.68	0.05	6.6	34	4.4	30			
						W	21—90	浅黄色	中壤土	柱状	5.4	4.8	0.27	0.10	1.7	7	0.9	28			
剖35	人为土	水稻土	潴育水稻土	潮砂泥田	潮泥田	A	0—20	褐色	中壤土	团块状	4.5	26.9	1.50	0.17	17.0	68	4.8	59	河流冲积物	E 110° 01′ 43.0″ N 19° 45′ 43.6″	94
						P	20—23	褐黄色	中壤土	块状	4.7	24.2	1.28	0.12	14.8	66	3.1	58			
						W_1	23—35	灰灰色	轻壤土	棱状	5.6	21.0	1.10	0.09	11.7	64	2.6	60			
						W_2	35—100	紫灰色	轻壤土	棱状	5.8	18.7	0.80	0.09	11.5	70	2.6	51			
剖36	人为土	水稻土	潴育水稻土	潮砂泥田	潮泥田	A	0—19	褐灰色	中壤土	团块状	4.8	27.0	1.56	0.28	11.2	73	7.4	39	河流冲积物	E 110° 11′ 12.8″ N 19° 45′ 10.1″	83
						P	19—24	浅黄色	轻壤土	块状	5.1	8.3	0.49	0.09	19.3	23	3.5	20			
						W	24—96	灰黄色	轻壤土	棱柱状	5.4	18.7	0.79	0.13	13.6	13	2.2	32			
剖37	人为土	水稻土	潴育水稻土	河砂泥田	河黏土田	A	0—13	褐色	重壤土	块状	5.8	18.6	0.80	0.26	24.5	53	3.5	57	河流冲积物	E 110° 08′ 37.0″ N 19° 43′ 33.6″	96
						P	13—20	褐灰色	重壤土	片状	5.3	14.6	0.74	0.16	24.1						
						W	20—100	灰灰色	重壤土	棱状	6.0	7.0	0.39	0.17	26.3						
剖38	人为土	水稻土	潴育水稻土	潮砂泥田	潮赤泥田	A	0—15	灰棕色	中壤土	块状	5.1	21.9	1.01	0.59	16.1	84	13.5	64	河流冲积物	E 110° 08′ 13.8″ N 19° 43′ 30.4″	79
						P	15—19	暗黄色	中壤土	块状	5.2	28.9	0.90	0.49	11.7	76	9.6	63			
						W	19—100	红棕色	重壤土	柱状	5.3	8.9	0.49	0.51	8.0	28	5.7	51			
剖39	人为土	水稻土	淹育水稻土	浅脚砂泥田	浅脚砂泥田	A	0—14	灰灰色	砂壤土	粒状	5.2	15.4	0.55	0.08	1.8	32	1.3	33		E 110° 08′ 12.1″ N 19° 42′ 56.9″	99
						P	14—18	暗灰色		块状	5.4	19.9	0.75	0.07	0.9	42	1.3	36			
						C	18—65	灰灰色		块状	6.2	3.0		0.10	1.2	7		34			
剖40	人为土	水稻土	潴育水稻土	潮砂泥田	铁子田	A	0—14	暗棕色	轻壤土	块状	6.6	26.7	1.51	0.47	0.9	35	2.2	27	河流冲积物	E 110° 12′ 27.3″ N 19° 42′ 08.8″	73
						P	14—19	暗黄棕色	重壤土	块状	5.4	10.7	0.96	0.54	2.0	37	1.3	32			
						C	19—90	浅棕色	中壤土	块状	6.8	8.1	0.55	0.68	1.7	40	3.9	23			
剖41	人为土	水稻土	潴育水稻土	潮砂泥田	乌潮泥田	A	0—17	暗黄色	轻黏土	块状	5.0	36.2	1.95	0.29	14.9	81	5.2	39	河流冲积物	E 109° 51′ 37.1″ N 19° 39′ 43.6″	82
						P	17—22	浅灰色	轻黏土	棱状	5.6	31.0	1.70	0.24	15.8	60	7.4	27			
						W	22—100	暗灰色	轻壤土	粒状	5.7	13.7	0.96	0.20	19.3	26	1.3	27			
剖42	人为土	水稻土	潴育水稻土	红赤土田	红土田	A	0—15	红灰红色	砂壤土	块状	5.4	12.0	0.57	0.11	15.8	81	2.2	37		E 109° 53′ 02.0″ N 19° 38′ 45.2″	94
						P	15—23	红灰色	砂壤土	块状	5.1	6.3	0.39	0.10	7.8	81	3.9				
						W	23—100	紫色	中壤土	棱状	4.7	3.3	0.27	0.08	7.0		7.4				
剖43	人为土	水稻土	潴育水稻土	红赤土田	潮红土田	A	0—14	红棕色	中壤土	块状	5.5	27.0	0.97	0.18	9.2	113	10.5	45		E 109° 56′ 52.8″ N 19° 37′ 48.7″	95
						P	14—20	紫棕色	中壤土	块状	6.2	16.7	0.44	0.16	9.1	81	6.5	41			
						W	20—90	浅红色	中壤土	棱柱状	6.2	7.0	0.24	0.07	9.5	55	6.1	43			
剖44	人为土	水稻土	潴育水稻土	红赤土田	红砂土田	A	0—15	浅红色	轻黏土	块状	5.2	47.0	1.90	0.54	32.7	126	7.0	44		E 109° 50′ 08.9″ N 19° 36′ 43.6″	85
						P	15—22	红灰色	中壤土	块状	5.1	41.3	0.95	0.53	30.9	82	4.8	9			
						W	22—60	棕灰色	轻壤土	棱柱状	4.8	24.1	0.73	2.89	28.6	82	4.8	9			
						G	60—100	浅红灰色	中壤土	块状	5.7	14.5	0.31	0.19	38.5	78	3.5	34			

续表 Continued

剖面号 Soil profile	土纲 Soil order	土类 Soil great group	亚类 Soil subgroup	土属 Soil genus	土种 Soil species	土层码 Layer code	土层厚度 Depth/cm	颜色 Soil color	质地 Soil texture	土壤结构 Soil structure	pH	有机质 OM/(g/kg)	全氮 TN/(g/kg)	全磷 TP/(g/kg)	全钾 TK/(g/kg)	碱解氮 AN/(mg/kg)	有效磷 AP/(mg/kg)	速效钾 AK/(mg/kg)	土壤母质 Parent material	剖面点坐标 Profile coordinate	匹配指数 Matching index/%
剖45	人为土	水稻土	潜育水稻土	低青泥田	黄低青泥田	A	0—14	棕灰色	中壤土	块状	5.2	32.4	0.94	0.16	4.4	97	4.4	58		E 109°46′42.2″ N 19°34′14.5″	88
						P	14—28	棕灰色	中壤土	块状	5.6	41.5	0.30	0.14	4.1	82	3.9	55			
						W	28—45	暗灰色	中壤土	块状	5.3	20.8	0.54	0.10	3.5	71	3.5	51			
						G	45—100	暗蓝色	中壤土	块状	5.6	9.4	0.25	0.37	3.9	65	2.6	34			
剖46	铁铝土	砖红壤	黄色砖红壤	花岗岩水化红砂土地	红砂土地	A	0—25	灰黄色	紧砂土	粒状	4.9	16.8	0.98	0.38	1.9	43	2.2	42	花岗岩	E 109°52′13.4″ N 19°32′50.6″	88
						B	25—100	棕灰色	紧砂土	粒状	4.9	5.1	0.30	0.29	7.1	31	3.1	34			
剖47	铁铝土	砖红壤	黄色砖红壤	花岗岩水化红砂土地	红砂子土地	A	0—15	浅灰色	紧砂土	粒状	5.0	6.0	0.19	0.13	12.4	25	2.2	32	花岗岩	E 109°48′04.7″ N 19°31′32.9″	74
						B₁	15—30	浅灰色	砂壤土	块状	5.1	4.3	0.23	0.10	8.7	70	1.7	31			
						B₂	30—90	浅灰色	砂壤土	块状	5.0	1.7	0.07	0.05	5.6	21	2.2	30			
剖48	人为土	水稻土	潜育水稻土	青泥格田	赤青泥格田	A	0—19	暗灰色	轻壤土	团块状	5.4	22.2	1.12	0.50	0.4	22	4.4	39		E 109°50′39.8″ N 19°30′25.6″	89
						P	19—22	暗灰色	重壤土	块状	5.6	13.2	1.02	0.44	0.6	25	3.1	28			
						G	22—52	青灰色	重壤土	块状	6.0	10.5	0.48	0.40	0.7	21	3.1	36			
						W	52—85	浅灰色	轻黏土	糊状	6.6	4.9	0.48	0.52	0.8	18	8.7	27			
剖49	人为土	水稻土	潜育水稻土	乌泥底田	乌泥底田	A	0—20	暗灰色	重壤土	块状	5.9	27.8	1.50	0.28	9.6	61	3.1	33		E 109°51′20.2″ N 19°30′03.6″	75
						P	20—25	暗棕色	砂壤土	块状	6.8	7.5	0.37	0.72	5.3	45	2.6	39			
						G	25—100	黑灰色	轻壤土	块状	7.8	21.6		0.04	0.7	53	3.1	40			
剖50	铁铝土	砖红壤	黄色砖红壤	砂页岩水化黄红赤土		A	0—12	灰棕色	中壤土	块状	5.1	13.1	0.71	0.05	10.0	52	2.6	42	砂页岩	E 110°00′20.2″ N 19°37′38.6″	98
						B	12—85	浅棕色	重壤土	块状	4.5	11.2	0.52	0.05	10.3	50	3.1	52			
剖51	人为土	水稻土	潜育水稻土	红赤土田	红砂土田	A	0—14	暗青色	砂壤土	粒状	5.4	18.6	0.92	0.21	36.5	71	9.6	42		E 110°01′26.4″ N 19°35′58.2″	74
						P	14—20	红灰色		块状	4.4	20.7	0.47	0.14	47.5	80	6.5	44			
						W	20—86	浅灰色		块状	4.9	25.4	0.38	0.12	29.6	70	4.8	40			
剖52	人为土	水稻土	潜育水稻土	冷底田	铁锈水田	A	0—16		中壤土	块状	5.4	36.0	0.53	0.21	32.6	59	5.2	53		E 110°02′49.6″ N 19°34′36.5″	78
						P	16—22		轻壤土	块状	5.3	24.2	0.39	0.10	31.0						
						W	22—48		轻壤土	块状	4.4	15.7	0.49	0.05	35.8						
						G	48—100	紫色	砂壤土	块状		14.2	0.33	0.07	32.9			34			
剖53	人为土	水稻土	潜育水稻土	红赤土田	红半砂坳田	A	0—13	浅灰色	中壤土	块状	5.3	27.3	0.85	0.29	12.7	75	4.8	51		E 110°06′48.2″ N 19°34′25.3″	71
						P	13—20	浅灰色	轻壤土	块状	5.3	24.7	0.84	0.27	4.1		3.1	46			
						W	20—90		中壤土	块状	6.4			0.13	3.1	13	3.5				
剖54	铁铝土	砖红壤	黄色砖红壤	砂页岩水化黄红赤土		A	0—7	灰棕色	中壤土	块状	4.8	11.2	0.40	0.31	9.3	50	2.2	41	砂页岩	E 109°49′30.4″ N 19°25′29.6″	78
						B	7—80	黄红棕色	中壤土	块状	4.7	10.2	0.50	0.22	8.0	41	2.2	40			
剖55	铁铝土	砖红壤	黄色砖红壤	砂页岩水化黄红赤土		A	0—15	浅灰色	中壤土	块状	5.2	12.1	0.67	0.17	10.4	53	3.1	52	砂页岩	E 109°46′55.6″ N 19°24′41.8″	99
						B	15—60		中壤土	块状	4.7	10.4	0.51	0.22	10.8	72	3.1	59			

临 高 县

主要土类说明

砖红壤是临高县主要土壤类型，占本县地域面积的71%。成土母质多为玄武岩、花岗岩、砂页岩和浅海沉积物。砖红壤土层深厚，表层呈暗红棕色，心土层呈砖红色且具有大量暗色胶膜和细粒铁锰结核，剖面构型为A–Bs–Bv–C。土壤脱硅富铝化作用强烈，铁铝氧化物明显聚积，黏粒硅铝率小于1.6，铁的游离度大于80%；黏粒矿物以高岭石、赤铁矿和三水铝石为主，原生矿物强烈风化，风化淋溶系数小于0.05；硅和盐基大量淋失，盐基饱和度低，土壤酸性强。

水稻土是临高县第二大土壤类型，占本县地域面积的22%，主要分布在海拔50m以下的平坦开阔地带。成土母质多为浅海沉积物、玄武岩、花岗岩、砂页岩、河流冲积物等。本县水稻土分为潴育型、渗育型、淹育型、潜育型、沼泽型等亚类。其中，潴育水稻土面积最大，占本土类面积的93%。

风沙土是临高县第三大土壤类型，占本县地域面积的4%，分布在北部湾沿海地带。成土母质为现代滨海沉积物。植被以木麻黄、桉树等海防林为主。含沙量高、通透性好是该土壤最明显的特征，大于0.05mm的沙粒含量高达80%。由于成土年代较晚，土壤淋溶淀积较弱，剖面分化不明显，剖面构型多为C或（A）–C，少部分为A–C。土层深厚，有机质含量低，养分缺乏。

小于本县地域面积3%的土壤类型有新积土。

本区域中心区气候特征

本区域中心区气候特征值
Regional climate characteristics in central area of the region

气候带：南亚热带湿润气候 Climate region: South subtropical humid climate	
年平均气温 /℃ Annual average temperature /℃	24.4
年平均最高气温 /℃ Annual average maximum temperature /℃	28.2
年平均最低气温 /℃ Annual average minimum temperature /℃	21.6
年降水量 /mm Annual precipitation /mm	1537
≥10℃的积温 /℃ Daily temperature accumulated in a year（≥10℃）/℃	8883
年日照时数 /h Annual sunshine /h	2212
年平均相对湿度 /% Annual average relative humidity /%	83
干燥度 Dryness	1.03

临高县主要土壤类型与土壤剖面点分布图
1 : 180 000

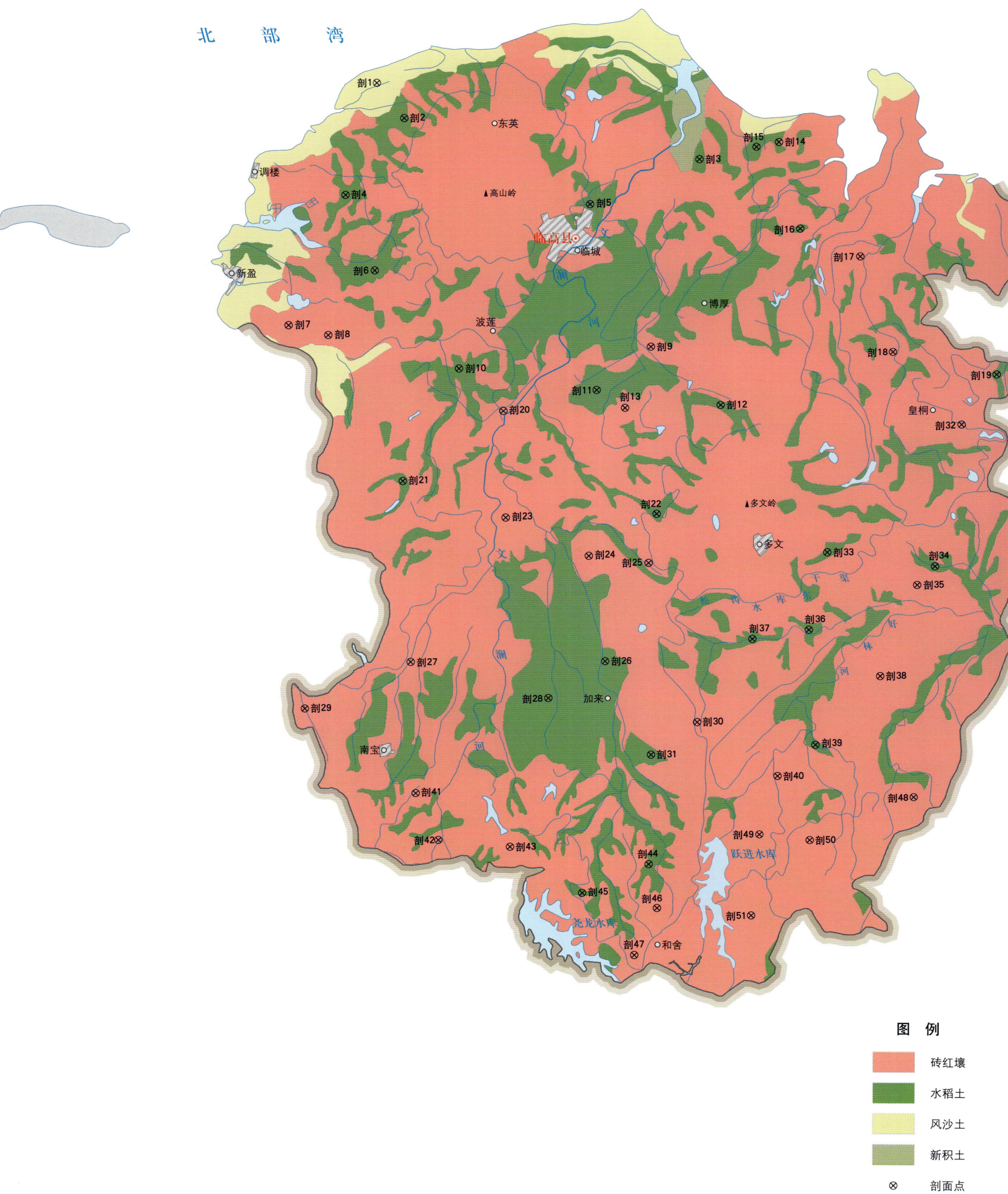

图例
- 砖红壤
- 水稻土
- 风沙土
- 新积土
- ⊗ 剖面点

临高县土壤剖面理化性状表

剖面号 Soil profile	土纲 Soil order	土类 Soil great group	亚类 Soil subgroup	土属 Soil genus	土种 Soil species	土层码 Layer code	土层厚度 Depth/cm	颜色 Soil color	质地 Soil texture	土壤结构 Soil structure	pH	有机质 OM/(g/kg)	全氮 TN/(g/kg)	全磷 TP/(g/kg)	全钾 TK/(g/kg)	有效磷 AP/(mg/kg)	速效钾 AK/(mg/kg)	土壤母质 Parent material	剖面点坐标 Profile coordinate	匹配指数 Matching index/%
剖1	初育土	风沙土	滨海风沙土	滨海沙土	固定沙土	A	0—8		轻石质松砂土	粉砂状	6.6	3.5	0.32	0.20	1.2	12.7	67	滨海沉积物	E 109°35′23.9″ N 19°58′41.8″	78
剖2						B	8—100	浅黄棕色	轻石质紧砂土	粉砂状	7.2	2.9		0.21	1.0	11.8	45		E 109°36′09.4″ N 19°57′46.1″	79
	人为土	水稻土	潴育水稻土	泥肉田	白泥肉田	A	0—16	灰黄棕色	中石质轻壤土	团块状	5.3	29.7	1.12	0.31	20.3	2.2	33			
						P	16—22	灰棕色	灰棕质中壤土	块状	5.8	26.1	0.86	0.28	20.1	0.4	30			
						W	22—100	浅黄色	轻石质轻壤土	棱柱状	5.3	17.7	0.90	0.19	0.2	0.9	12			
剖3	人为土	水稻土	潴育水稻土	冷底田	冷底田	A	0—16	绿灰色	轻黏土	糊状	4.8	45.9	2.00	0.42	1.7	1.3	42		E 109°44′13.9″ N 19°56′43.4″	91
						P	16—24	暗灰色	重黏土	膏状	5.2	47.4	1.97	0.26	1.5	2.6	17			
						G	24—100		重壤土	膏状	5.2	47.4	1.04	0.11	3.2	微量	12			
剖4	人为土	水稻土	潴育水稻土	赤土田	赤土田	A	0—13	浅灰黄色	轻石质重黏土	块状	5.7	26.5	0.99	0.28	0.7	3.5	22		E 109°34′34.0″ N 19°55′42.2″	91
						P	13—18	暗黄色	重石质重黏土	块状	5.8	15.7	0.99	0.23	0.6	2.2	18			
						W	18—100	暗黄色	中石质中黏土	柱状	4.7	7.7	0.29	0.13	0.6	0.9	15			
剖5	人为土	水稻土	潴育水稻土	赤土田	铁子底田	A	0—12	灰黄色	中壤土	碎块状	5.6	29.1	1.26	0.06	1.2	3.1	27		E 109°41′15.0″ N 19°55′30.4″	100
						P	12—16	黑灰色	重石质重黏土	块状	6.2	13.9	1.08	0.16	0.5	2.6	17			
						W	16—42	黑红色	重石质中壤土	块状	6.4	12.7	0.97	0.58	0.6	2.2	27			
						C	42—100	浅棕灰色	轻石质砂黏土	块状	5.3									
剖6	人为土	水稻土	潴育水稻土	赤坳土		A	0—14	棕灰色	轻黏土	块状	5.2	26.6	1.49	0.24	1.1	2.2	22		E 109°35′22.9″ N 19°53′42.4″	95
						P	14—20	暗黄棕色	轻黏土	块状	5.7	20.9	1.26	0.20	0.6	2.2	17			
						W	20—100	浅黄色	轻黏土	棱柱状	6.0	12.1	0.88	0.20	0.6	微量	10			
剖7	铁铝土	砖红壤	砖红壤	玄武岩赤土地	铁子赤土地	A	0—18	暗黄棕色	重石质轻壤土	粒状	6.7	25.8	1.57	0.64	1.4	12.2	10	玄武岩	E 109°33′02.2″ N 19°52′14.5″	87
						B	18—100	暗黄色	重石质轻壤土	粒状	6.4	12.1	1.66	0.65	1.3	7.9	42			
剖8	铁铝土	砖红壤	砖红壤	玄武岩砖红壤	厚有机质层厚层玄武岩砖红壤	A	0—20	浅棕红色	重壤土	块状	4.0	43.9	1.80		1.4	3.1	68	玄武岩	E 109°34′07.7″ N 19°51′59.4″	76
						B_1	20—116	浅棕红色	重壤土	块状	3.9	12.1	0.60	0.54	1.7					
						B_2	116—150	暗红红色	重壤土	块状	3.9	0.7	0.29	0.78	1.2					
剖9	铁铝土	砖红壤	砖红壤	玄武岩赤土地	赤黏土地	A	0—20	暗红棕色	重石质黏土	碎块状	5.2	29.1	1.15	0.52	1.5	2.2	45	玄武岩	E 109°42′56.5″ N 19°51′44.6″	82
						B_1	20—27	暗黄棕色	轻黏土	块状	5.8	19.9	1.14	0.36	1.2	1.3	45			
						B_2	27—100	暗黄棕色	轻黏土	块状	5.6	9.4	0.50	0.42	1.5	0.9	46			
剖10	人为土	水稻土	潴育水稻土	赤土田	彩土田	A	0—16	暗黄棕色	中石质重壤土	块状	6.2	31.6	1.70	0.70	2.8	5.2	32		E 109°37′42.6″ N 19°51′07.2″	76
						P	16—20	暗黄黄色	中石质中壤土	柱状	7.0	23.1	1.09	0.93	2.7	4.4	30			
						W	20—55	暗黄黄色	中石质中壤土	柱状	7.1	9.7	0.70	0.79	1.5	4.4	30			
						B	55—100	暗黄黄色	中石质中壤土	柱状	6.5	12.7	0.41	0.32	1.8	0.4	34			
剖11	人为土	水稻土	潴育水稻土	滨海砂质田	黄砂田	A	0—14	暗黄棕色	轻石质砂壤土	粒状	8.0	14.8	0.31	0.15	1.8	10.0	32		E 109°41′28.0″ N 19°50′34.4″	85
						B_1	14—22	棕红色	轻石质轻壤土	粒状	8.5	2.4	1.89	0.55	2.6	7.9	6			
						B_2	22—100	灰白色	轻石质轻黏土	块状	8.5	30.7	1.80	0.52	1.0	0.9	11			
剖12	人为土	水稻土	潴育水稻土	赤土田	乌赤土田	A	0—14	暗褐灰色	轻石质重黏土	块状	4.9	46.6	1.92	0.47	0.6	3.1	47		E 109°44′51.7″ N 19°50′12.1″	84
						P	14—21	暗褐黄色	中石质中壤土	棱柱状	5.1	40.1	1.55	0.24	0.8	3.5	22			
						W	21—100	灰黄色	轻黏土	粒状	5.5	24.7	0.46	1.03	6.8	微量	10			
剖13	铁铝土	砖红壤	砖红壤	玄武岩赤土地	铁子底赤土地	A	0—24		中石质中黏土	粒状	6.2	15.9	0.68	1.58	3.2	6.1	70	玄武岩	E 109°42′15.1″ N 19°50′06.4″	96
						B_1	24—29		轻石质轻黏土	块状	5.5	12.8				6.5	20			
						B_2	29—100													
剖14	人为土	水稻土	淹育水稻土	浅脚赤土田	铁盘底田	A	0—17	灰棕黄色	轻石质轻黏土	块状	5.9	32.3	1.76	0.06	1.0	3.5	34	玄武岩	E 109°46′24.2″ N 19°57′11.5″	91
						P	17—24	暗黄灰色	轻石质轻黏土	块状	5.4	19.3	1.04	0.51	1.2	0.9	30			
						C	24—100	紫棕色	轻石质中黏土	块状	5.8	6.7	0.51	0.40	0.6	5.2	26			

续表 Continued

剖面号 Soil profile	土纲 Soil order	土类 Soil great group	亚类 Soil subgroup	土属 Soil genus	土种 Soil species	土层码 Layer code	土层厚度 Depth/cm	颜色 Soil color	质地 Soil texture	土壤结构 Soil structure	pH	有机质 OM/(g/kg)	全氮 TN/(g/kg)	全磷 TP/(g/kg)	全钾 TK/(g/kg)	有效磷 AP/(mg/kg)	速效钾 AK/(mg/kg)	土壤母质 Parent material	剖面点坐标 Profile coordinate	匹配指数 Matching index/%
剖15	人为土	水稻土	潴育水稻土	泥肉田	红泥肉田	A	0—16	黄棕色	中壤土	团块状	5.1	34.3	1.90	0.07	7.5	2.6	36		E 109°45′47.2″ N 19°57′03.6″	79
剖16	人为土	水稻土	淹育水稻土	浅脚赤土田	铁子田	P	16—24	灰棕色	轻石质轻壤土	棱柱状	5.3	30.3	0.70	0.24	5.9	3.5	16			78
						W	24—100	灰黄色	轻石质重壤土	碎块状	5.8	11.5	0.72	0.36	5.5	0.9	11			
剖17	铁铝土	砖红壤	砖红壤	玄武岩砖红壤		A	0—13	棕色	中石质重壤土	粒状	5.3	26.5	2.09	0.60	1.7	3.5	39		E 109°46′59.9″ N 19°54′53.6″	72
						P	13—20	红棕色	重石质重壤土	粒状	5.1	13.8	0.96	0.44	1.4	1.1	17			
						C	20—100	红棕色	中壤土	碎块状	6.1	4.7	0.80	0.46	0.9	2.6	26			
剖18	铁铝土	砖红壤	砖红壤	浅海沉积物黄色砖红壤	中有机质层厚层黄色砖红壤	A	0—18	暗棕红色	重壤土	碎块状	4.9	14.8	1.46	0.47	1.8	微量	25	玄武岩	E 109°48′38.9″ N 19°54′10.1″	76
						B	18—100		中壤土	块状	4.8	14.5	1.14	0.83	1.6	微量	12			
剖19	人为土	水稻土	潴育水稻土	低青泥田	黄低青泥田	A	0—9	浅灰黄色	轻石质中壤土	块状	5.6	15.3	1.37	0.38	0.3	0.4	32	浅海沉积物	E 109°49′33.2″ N 19°51′39.2″	100
						B₁	9—58	黄灰棕色	轻石质中壤土	块状	5.0	9.3	0.83	0.36	0.6	3.5	12			
						B₂	58—100	浅灰绿色	中壤土	块状	5.0	8.7								
剖20	铁铝土	砖红壤	砖红壤	玄武岩赤土地	赤泥地	A	0—15	绿灰色	重壤土	粒状	6.1	3.3	0.45	0.10	0.2	2.2	25		E 109°52′23.7″ N 19°51′04.2″	75
						P	15—21	青灰色	重壤土	块状	5.2	3.5	0.57	0.14	0.2	1.1	23			
						W	21—32	暗棕色	重壤土	块状	5.3	15.2	1.50	0.17	0.6	2.6	21			
						G	32—100	青灰色	重壤土	膏状	4.7	18.9	2.07	0.21	0.4	1.1	32			
剖21	人为土	水稻土	潴育水稻土	泥肉田	赤泥肉田	A	0—11	暗棕红色	重壤土	碎块状	5.0	25.8	2.07	0.11	1.5	2.2	32	玄武岩	E 109°38′12.0″ N 19°49′59.9″	77
						B	11—100	暗棕红色	重壤土	块状	5.1	16.2	1.62	0.17	1.0	1.3	17			
剖22	人为土	水稻土	潴育水稻土			P	0—16	灰色	中石质中壤土	蜂窝状	5.5	49.6	2.63	0.22	1.7	3.1	9			
						W	16—20	暗灰色	中石质中壤土	块状	6.2	52.7	2.69	0.04	1.2	3.5	112			
						P	20—100	灰色	轻石质中壤土	块状	5.3	33.8	2.31	0.17	1.4	0.9	30			
						A	0—11	灰白色	轻石质轻黏土	块状	5.2	34.2	1.59	0.65	1.9	4.4	17			76
剖22	人为土	水稻土		玄武岩赤土地	赤土田	A	11—18	暗灰色	轻黏土	块状	5.6	27.5	1.40	0.54	1.9	1.3	17	玄武岩	E 109°43′08.4″ N 19°47′17.9″	
						W₁	18—38	暗黄黄色	轻黏土	棱柱状	5.9	19.3	1.39	0.37	2.2	0.9	12			
						W₂	38—100	黄棕黄色	中壤土	棱柱状	6.1	7.2	0.73	0.28	1.5	微量	18			
剖23	铁铝土	砖红壤	砖红壤	玄武岩赤红土地		A	0—19	红棕色	中壤土	碎块状	5.4	24.1	1.68	1.31	1.6	2.2	8		E 109°39′01.1″ N 19°47′10.0″	71
						B	19—100	暗红棕色	中壤土	块状	5.8	8.8	0.70	0.14	1.8	0.9	22			
剖24	铁铝土	砖红壤	砖红壤	玄武岩砖红壤		A	0—26	暗红棕色	重石质中壤土	块状	6.7	24.2	2.55	0.69	1.6	2.2	56	玄武岩	E 109°41′17.5″ N 19°46′10.6″	98
						B	26—78	暗棕红色	中石质中壤土	粒状	7.5	11.4	1.16	0.64	0.8	3.5	15			
						B₁	0—16	暗棕红色	轻石质中壤土	粒状	6.5	18.4	0.95	0.50	1.4	3.5	41			
剖25	人为土	水稻土		玄武岩赤土地		B₂	16—46	红灰棕色	紫砂壤土	粒状	6.8	10.4	0.82	0.60	0.7	7.4	21	玄武岩	E 109°42′55.8″ N 19°46′00.1″	72
							46—100													
剖26	铁铝土	砖红壤	砖红壤	炭质黑泥田	黑泥散田	A	0—13	灰棕色	轻黏土	块柱状	4.0	34.7	1.68	0.10	3.8	0.9	37		E 109°41′46.0″ N 19°43′22.1″	95
						P	13—23	灰黑色	砂壤土	小块状	4.1	18.8	1.13	0.07	2.0		12			
						W₁	23—52	黑色	砂壤土	小块状	4.1	34.1	0.88	0.07	1.2		9			
						W₂	52—100	浅灰棕色	中壤土	粒状	4.2	6.0	0.07	0.06	0.4					
剖27	人为土	水稻土	潴育水稻土	浅海沉积物黄色砖红壤	铁子赤土地	A	0—9	紫棕色	轻石质砂壤土	粒状	5.0	12.3	1.13	0.07	1.9	微量	12	浅海沉积物	E 109°36′27.7″ N 19°43′18.5″	99
						B	9—100	黄褐色	轻壤土	粒状	4.6	8.1	0.48	0.08	1.0	1.7	9			
剖28	人为土	水稻土	潴育水稻土	炭质黑泥田	低黑泥格田	A	0—13	浅灰棕色	轻石质中壤土	块状	5.5	24.8	0.96	0.09	0.6	1.3	22		E 109°40′13.8″ N 19°42′22.7″	95
						P	13—20	暗棕色	轻石质砂壤土	块状	5.7	15.4	0.71	0.11	1.5	1.3	25			
						W₁	20—25	黑色	轻壤土	小块状	6.4	49.6	0.25	0.05	0.2	0.9	12			
						W₂	25—100	棕色	中壤土	小块状	5.8	80.3	1.74	0.02	2.6	0.4	12			
剖29	铁铝土	砖红壤	砖红壤	砂页岩砖红壤	中有机质层厚层砂页岩砖红壤	A	0—18		轻壤土	小块状	4.2	19.6	0.83	0.11	2.6	1.7	33	砂页岩	E 109°33′35.6″ N 19°42′02.2″	93
						B₁	18—47		中壤土	小块状	4.2	4.5	0.25	0.03	3.3					
						B₂	47—180		轻壤土	小块状	4.1	2.5	0.17	0.03	4.1					

续表 Continued

剖面号 Soil profile	土纲 Soil order	土类 Soil great group	亚类 Soil subgroup	土属 Soil genus	土种 Soil species	土层码 Layer code	土层厚度 Depth/cm	颜色 Soil color	质地 Soil texture	土壤结构 Soil structure	pH	有机质 OM/(g/kg)	全氮 TN/(g/kg)	全磷 TP/(g/kg)	全钾 TK/(g/kg)	有效磷 AP/(mg/kg)	速效钾 AK/(mg/kg)	土壤母质 Parent material	剖面点坐标 Profile coordinate	匹配指数 Matching index/%
剖30	铁铝土	砖红壤	黄色砖红壤	浅海沉积物黄赤泥土地	黄赤泥地	A	0—16	灰黄色	轻石质轻壤	碎块状	5.9	7.6	0.78	0.28	2.6	3.5	16	浅海沉积物	E 109°44′17.9″ N 19°41′46.3″	71
						B₁	16—42	浅棕黄色	轻壤土	块状	5.9	4.4	0.34	0.19	3.2	2.2	12			
						B₂	42—100	灰棕色	轻壤土	块状	5.8	4.1	0.46	0.15	1.0	3.1	12			
剖31	人为土	水稻土	潜育水稻土	低青泥田	低赤青泥田	P	0—13	灰黄棕色	轻黏土	块状	5.5	66.2	3.60	0.52	1.2	1.3	26		E 109°43′02.6″ N 19°40′54.1″	74
						P	13—21	灰黄棕色	重壤土	块状	5.5	56.6	2.43	0.39	1.5	0.9	15			
						W	21—42	灰黄棕色	轻石质中壤土	块状	5.5	45.7	2.08	0.32	1.2	0.9	13			
						G	42—63	青灰色	轻石质重壤土	块状	6.1	15.4	0.27	0.19	0.7	1.3	34			
剖32	铁铝土	砖红壤		玄武岩赤土地	赤泥地	A	0—25	浅红棕色	砂壤土	小块状	4.2	7.3	0.44	0.09	2.1	2.6	7	玄武岩	E 109°51′26.6″ N 19°49′43.7″	72
						B₁	25—65	红棕色	中壤土	块状	4.2	4.2	0.40	0.55	3.0					
						B₂	65—152	红色	砂壤土	块状	4.2	4.1	0.26	0.21	2.4					
剖33	人为土	砖红壤	淹育水稻土	浅脚赤土地	浅海赤土田	A	0—8	灰黄色	轻黏土	碎块状	5.1	21.0	1.09	0.26	0.2	1.3	27	玄武岩	E 109°47′48.5″ N 19°46′19.2″	85
						P	8—15	灰黄棕色	轻黏土	碎块状	5.2	20.6	1.78	0.02	0.4	1.1	19			
						C	15—100	灰棕色	轻石质中黏土	块状	5.6	10.3	1.07	0.13	0.4		10			
剖34	人为土	砖红壤	淹育水稻土	赤土田	赤砂泥田	P	0—18	灰黄色	轻壤土	小块状	5.2	28.0	1.60	0.25	1.2	3.5	64		E 109°50′44.9″ N 19°45′58.3″	76
						P	18—24	暗绿灰色	轻黏土	块状	5.0	25.8	1.41	0.30	1.5	2.2	62			
						W	24—100	暗绿灰色	中壤土	柱状	5.0	12.6	1.40	0.11	0.8	0.9	19			
剖35	铁铝土	砖红壤		玄武岩砖红壤		A	0—9	暗红棕色	轻石质轻壤土	块状	4.9	25.3	1.84	0.45	1.0	2.2	30	玄武岩	E 109°50′16.4″ N 19°45′28.4″	87
						B	9—100	红棕色	中壤土	块状	5.0	9.6	0.40	0.48	0.9	1.3	12			
剖36	人为土	水稻土	潴育水稻土	泥肉田	黄泥田	P	0—16	暗青灰色	紧砂土	团块状	4.5	53.3	1.28	0.49	0.7	4.4	47	河流冲积物	E 109°47′19.3″ N 19°44′15.4″	76
						P	16—21	暗青灰色	砂壤土	块状	5.1	50.9	1.25	0.34	1.4	3.5	20			
						W	21—100	褐棕色	重壤土	棱柱状	4.9	34.0	1.03	0.13	1.2	4.4	8			
剖37	人为土	砖红壤	潴育水稻土	河砂泥田	河泥田	P	0—12	浅黄灰色	中壤土	小块状	5.7	31.1	0.81	0.17	7.1	1.3	36	河流冲积物	E 109°45′46.8″ N 19°43′59.9″	94
						P	12—18	灰黄色		小块状	5.7	8.9	0.66	0.14	14.6	1.3	25			
						W₁	18—45	浅红棕色	轻壤土	团块状	5.9	4.1	0.28	0.16	13.8	1.3	25			
						W₂	45—100		轻壤土	柱状	5.9	5.6	0.24	0.17	14.1	1.3	12			
剖38	铁铝土	砖红壤		浅海沉积物黄赤土地	黄赤砂地	A	0—13	灰白色	砂壤土	粒状	5.8	4.0	0.39	0.15	1.0	3.5	12	浅海沉积物	E 109°49′17.0″ N 19°43′02.3″	84
						B	13—100	灰白色	轻壤土	粒状	5.3	2.0	0.17	0.07	0.7	2.2	8			
剖39	人为土	水稻土	潴育水稻土	河砂泥田	河泥田	P	0—20	棕灰色	轻石质砂壤土	碎块状	4.8	19.3	1.24	0.12	1.4	1.3	21	河流冲积物	E 109°47′31.9″ N 19°41′12.1″	70
						P	20—26	浅棕褐色	砂壤土	块状	5.6	17.8	1.33	0.12	1.4	2.2	18			
						W	26—100	暗棕色	中壤土	柱状	4.9	31.1	1.21	0.14	1.8	1.3	12			
剖40	铁铝土	砖红壤		浅海沉积物黄色砖红壤		A	0—6	灰黄色	轻石质轻壤土	小块状	5.0	7.8	0.89	0.10	1.2	1.3	30	浅海沉积物	E 109°46′30.4″ N 19°40′22.1″	73
						B	6—100	灰黄色	中壤土	团块状	4.8	4.9	0.58	0.10	1.6	8.3	7			
剖41	人为土	砖红壤		砂页岩砖红壤	中有机质层薄层砂页岩砖红壤	A	0—21	棕色	轻壤土	小块状	4.2	19.6	0.83	0.11	2.6	1.5	33	砂页岩	E 109°36′38.2″ N 19°39′49.3″	98
						C₁	21—41	浅棕黄色	中壤土	粒状	4.2	4.5	0.25	0.04	3.3		15			
						C₂	41—74	浅黄棕色	中壤土	粒状	4.1	2.5	0.17	0.03	4.1					
						C₃	74—94	浅灰色	轻壤土	粒状	4.1	2.2	0.21	0.04	11.2					
						C₄	94—150	灰白色	中壤土	粒状	4.1	1.3	0.10	0.02	3.5					
剖42	铁铝土	砖红壤		花岗岩砖红壤	厚有机质层厚层花岗岩砖红壤	A	0—20	暗黄色	中壤土	小块状	4.1	17.0	0.64	0.05	2.0	0.9		花岗岩	E 109°37′16.0″ N 19°38′34.1″	79
						B₁	20—40	红黄色	中壤土	粒状	4.1	10.0	0.33	0.09	1.9					
						B₂	40—100	浅棕红色	重壤土	块状	4.2	4.6	0.15	0.11	1.4					
剖43	铁铝土	砖红壤		砂页岩砖红壤		A	0—8	灰黄棕色	轻石质中壤土	块状	4.7	32.3	0.55	0.04	10.1	0.4	96	砂页岩	E 109°39′13.7″ N 19°38′24.4″	93
						B	8—25	暗黄棕色	中壤土	块状	4.7	14.7	0.46	0.13	15.9	微量	24			
剖44	人为土	水稻土	潜育水稻土	红赤土田	红土田	A	0—14	棕灰色	轻石质重壤土	团块状	5.0	41.3	2.32	0.14	10.0	6.5	37		E 109°43′00.8″ N 19°37′58.4″	93
						P	14—20	暗黄棕色	轻壤土	块状	5.6	39.6	1.90	0.25	11.9	4.8	22			
						W	20—100	棕红色	轻石质重壤土	棱柱状	4.7	36.6	1.07	0.37	10.5	4.4	25			

续表 Continued

剖面号 Soil profile	土纲 Soil order	土类 Soil great group	亚类 Soil subgroup	土属 Soil genus	土种 Soil species	土层码 Layer code	土层厚度 Depth/cm	颜色 Soil color	质地 Soil texture	土壤结构 Soil structure	pH	有机质 OM/(g/kg)	全氮 TN/(g/kg)	全磷 TP/(g/kg)	全钾 TK/(g/kg)	有效磷 AP/(mg/kg)	速效钾 AK/(mg/kg)	土壤母质 Parent material	剖面点坐标 Profile coordinate	匹配指数 Matching index/%
剖45	人为土	水稻土	潴育水稻土	红赤土田	红砂土田	A	0–12	棕灰色	中石质砂壤土	块状	4.7	25.7	1.21	0.23	22.2	2.2	18		E 109°41′12.5″ N 19°37′11.3″	77
						P	12–19	灰黄棕色	中石质砂壤土	块状	5.1	16.5	0.88	0.21	22.0	1.3	11			
						W	19–100	暗棕色	中石质砂壤土	棱柱状	5.4	15.3	0.83	0.16	23.6	0.9	27			
剖46	铁铝土	砖红壤	砖红壤	花岗岩砖红壤		A	0–9	红灰色	重石质砂壤土	块状	6.3	8.3	0.51	0.11	12.7	2.2	72	花岗岩	E 109°43′15.2″ N 19°36′48.2″	99
						B	9–37	暗黄橙色	轻黏土	碎块状	5.5	8.7	0.58	0.09	12.9	微量	66			
剖47	铁铝土	砖红壤	砖红壤	红赤土地	红赤泥地	A	0–17	黄棕色	中壤土	块状	4.9	33.1	2.10	0.28	1.6	1.7	45		E 109°42′38.9″ N 19°35′33.7″	97
						B	17–100	橙黄色	重壤土	块状	4.9	14.4	1.20	0.25	1.0	微量	15			
剖48	铁铝土	砖红壤	黄色砖红壤	浅海沉积物黄赤土地	黄赤砂泥地	A	0–16	棕色	轻石质砂壤土	粒状	6.6	15.6	0.86	0.19	2.5	4.4	39	浅海沉积物	E 109°50′13.6″ N 19°39′50.4″	83
						B₁	16–23	红灰色	轻石质砂壤土	粒状	5.9	14.1	0.74	0.44	0.4	3.9	40			
						B₂	23–100	暗红棕色	轻石质紧砂土	粒状	5.5	7.8	0.62							
剖49	铁铝土	砖红壤	砖红壤	花岗岩砖红壤		A	0–12	红棕色	中壤土	块状	4.9	24.3	1.19	0.44	3.0	2.2	12	花岗岩	E 109°46′01.6″ N 19°38′48.1″	96
						B	12–100	浅红棕色	轻黏土	块状	4.6	12.5	0.17	0.44	3.1		14			
剖50	铁铝土	砖红壤	砖红壤	红赤土地	红赤砂泥地	A	0–13	灰黄棕色	轻壤土	碎块状	6.0	12.4	0.82	0.36	20.2	5.7	83		E 109°47′24.0″ N 19°38′39.8″	84
						B	13–100	棕灰色	轻壤土	块状	6.1	6.9	0.32	0.49	22.6	6.1	30			
剖51	铁铝土	砖红壤	砖红壤	砂页岩砖红壤	厚有机质层厚层砂页岩砖红壤	A	0–26	棕色	紧砂土	小粒状	4.2	11.9	0.52	0.07	2.2		16	砂页岩	E 109°45′49.3″ N 19°36′37.8″	72
						B₁	26–78	浅黄棕色	砂壤土	碎块状	4.2	7.1	0.28	0.08	3.0					
						B₂	78–119	浅黄棕色	轻壤土	碎块状	4.2	4.4	0.26	0.07	4.1					

白沙黎族自治县

主要土类说明

砖红壤是白沙黎族自治县主要土壤类型，占本县地域面积的53%。砖红壤主要发生于热带雨林或季雨林下，是遭强烈脱硅富铝化作用的土壤。砖红壤中氧化硅大量迁出，游离铁占全铁的80%。黏粒矿物以高岭石、赤铁矿和三水铝石为主，黏粒硅铝率小于1.6，风化淋溶系数小于0.05，盐基饱和度小于15%。在A-B-C剖面构型中，淀积层（B层）富含铁铝氧化物，呈砖红色；淀积层下部常出现红白（或黄白）交织的网纹层。本县砖红壤分为砖红壤和褐色砖红壤两个亚类。其中，砖红壤亚类面积较大，续分为麻砖红壤、页砖红壤等土属。麻砖红壤主要分布在打安、阜龙、青松、七坊等地的丘陵地带，被茂密的热带雨林所覆盖，土层深厚，土质肥沃。表土层呈暗棕色，有机质丰富，质地为轻壤土或中壤土，具团粒状结构。心土层呈红棕色，具小块状结构，风化完全，石砾较少。页砖红壤主要分布在细水、元门、金波等地海拔400m以下的丘陵地带，植被覆盖良好，土层普遍比麻砖红壤略薄。表土层呈灰棕色或暗灰茶色，有机质含量较高，质地为中壤土或重壤土，结构良好，心土层呈红棕色，具块状结构，夹有少量的石砾。

赤红壤是白沙黎族自治县第二大土壤类型，占本县地域面积的31%。本县赤红壤发育于低山常绿季雨林下，其脱硅富铝化程度仅次于砖红壤，强于红壤。铁的游离度介于二者之间，黏粒硅铝率为1.7—2.0，风化淋溶系数为0.05—0.15，盐基饱和度为15%—25%，pH为4.5—5.5。淀积层（B层）富含铁铝氧化物，呈赤红色。本县赤红壤仅有赤红壤一个亚类，土层厚，富铝化作用和生物积累作用较强，有机质含量较高，质地为中壤土或重壤土。

黄壤是白沙黎族自治县第三大土壤类型，占本县地域面积的7%。成土母质为花岗岩或砂页岩。因黄壤所处地理位置高，气温相对偏低，山间云雾重，雨量多，湿度大。黄壤中度富铝化，表土层有机质积累明显，呈灰黑色或暗灰色，其上多有枯枝落叶层；心土层含有大量的水合氧化物（针铁矿），呈黄色。土层深厚，土质肥沃，呈酸性，表层有机质含量平均为41.2g/kg。本县黄壤仅有黄壤一个亚类。

紫色土占本县地域面积的5%，分布在本县中部盆地。该区域地势平缓，人口较稠密，土地利用率高，非耕型紫色土只有零散分布。成土母质为紫色砂页岩。自然植被为灌丛茅草。表土层呈紫棕色，质地为中壤土或重壤土，具团粒状或小块状结构，有机质含量不高，肥力中等，夹有少量半风化的砾块。心土层呈紫色或棕紫色，具块状结构，有较多半风化的岩块。本县紫色土仅有酸性紫色土一个亚类。

小于本县地域面积3%的土壤类型有水稻土和新积土。

本区域中心区气候特征

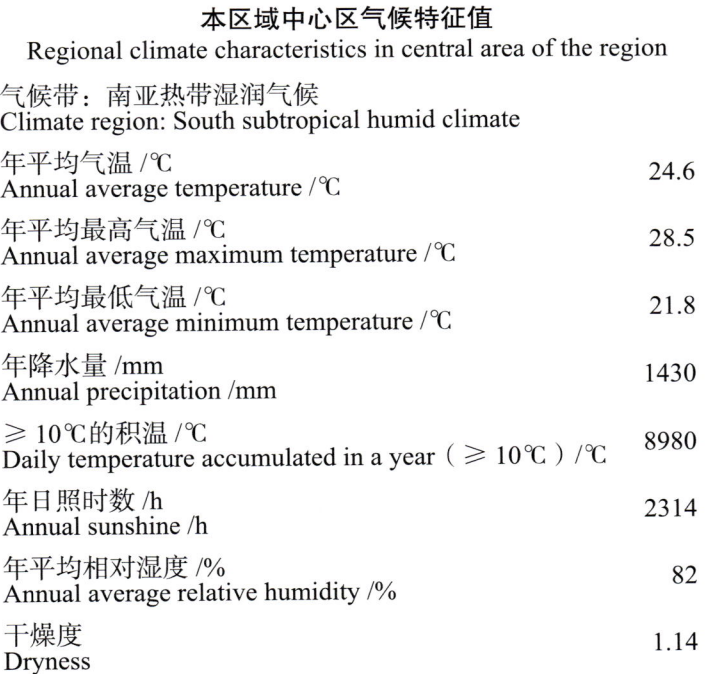

本区域中心区气候特征值
Regional climate characteristics in central area of the region

气候带：南亚热带湿润气候 Climate region: South subtropical humid climate	
年平均气温 /℃ Annual average temperature /℃	24.6
年平均最高气温 /℃ Annual average maximum temperature /℃	28.5
年平均最低气温 /℃ Annual average minimum temperature /℃	21.8
年降水量 /mm Annual precipitation /mm	1430
≥10℃的积温 /℃ Daily temperature accumulated in a year（≥10℃）/℃	8980
年日照时数 /h Annual sunshine /h	2314
年平均相对湿度 /% Annual average relative humidity /%	82
干燥度 Dryness	1.14

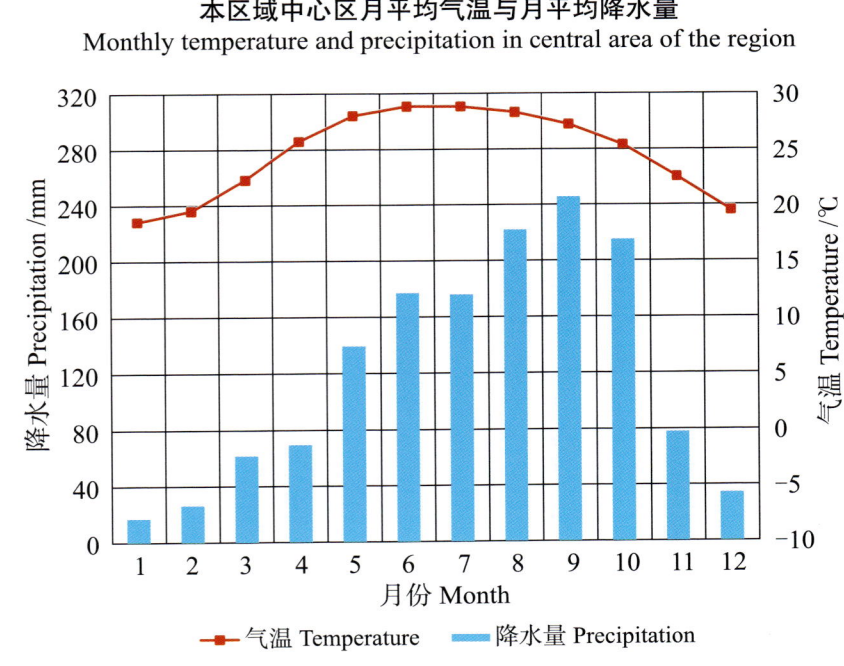

本区域中心区月平均气温与月平均降水量
Monthly temperature and precipitation in central area of the region

白沙黎族自治县主要土壤类型与土壤剖面点分布图

1:280 000

图例： 砖红壤 | 赤红壤 | 黄壤 | 紫色土 | 水稻土 | 新积土 | ⊗ 剖面点

白沙黎族自治县土壤剖面理化性状表

剖面号 Soil profile	土纲 Soil order	土类 Soil great group	亚类 Soil subgroup	土属 Soil genus	土种 Soil species	土层码 Layer code	土层厚度 Depth/cm	颜色 Soil color	质地 Soil texture	土壤结构 Soil structure	pH	有机质 OM/(g/kg)	全氮 TN/(g/kg)	全磷 TP/(g/kg)	全钾 TK/(g/kg)	有效磷 AP/(mg/kg)	速效钾 AK/(mg/kg)	土壤母质 Parent material	剖面点坐标 Profile coordinate	匹配指数 Matching index/%
剖1	铁铝土	砖红壤	褐色砖红壤	麻褐砖红壤	中有机质层中层麻褐砖红壤	A	0—20	灰褐色	轻壤土	团柱状	6.1	22.0	1.21	0.26	25.4			花岗岩	E 109° 04′ 39.4″ N 19° 28′ 25.7″	77
						B	20—36	黄褐色	砂壤土	碎块状	6.2	12.9	0.80	0.21	20.3					
						C	36—90	红棕色	中壤土	块状	6.0	10.9	0.64	0.19	12.9					
剖2	人为土	水稻土	淹育水稻土	生泥田	紫土生田	A	0—15	紫褐色	中壤土	小块状	5.7	22.8	1.00	0.27	16.3	5.2	98		E 109° 03′ 12.4″ N 19° 28′ 22.5″	85
						B	15—60	紫棕色	中壤土	块状	5.8	4.2	0.82	0.27	16.5					
						C	60—	紫色	中壤土	块状	5.7	5.1	0.27	0.16	26.5					
剖3	人为土	水稻土	淹育水稻土	生泥田	麻生土田	A	0—12	棕黄色	轻壤土	小块状	5.3	16.5	0.93	0.29	36.8	3.5	139		E 109° 07′ 30.0″ N 19° 27′ 19.1″	99
						B	12—48	黄棕色	轻壤土	块状	5.0	6.8	0.53	0.20	37.3					
						C	48—86	棕黄色	中壤土	块状	5.1	3.7	0.57	0.21	34.3					
剖4	铁铝土	砖红壤	褐色砖红壤	页褐砖红壤	中有机质层中层页褐砖红壤	A	0—15	棕黄色	重壤土	团粒状	5.6	22.5	1.41	0.26	17.7			砂页岩	E 109° 03′ 36.6″ N 19° 26′ 16.3″	79
						B	15—42	红褐色	重壤土	状块	5.7	10.1	0.90	0.22	14.4					
						C	42—85	棕红色	中壤土	块状	5.4	7.2	0.52	0.19	13.1					
剖5	铁铝土	砖红壤	褐色砖红壤	页褐赤土地	页褐赤砂泥地	A	0—17	褐灰色	重壤土	团块状	5.4	20.0	0.91			3.5	101	砂页岩	E 109° 06′ 11.5″ N 19° 26′ 13.2″	70
						B	17—40	棕褐色		状块	5.5									
						C	40—	红棕色												
剖6	铁铝土	砖红壤	褐色砖红壤	麻褐赤土地	麻褐赤砂泥地	A	0—18	褐灰色	砂壤土	团粒状	6.5	13.5	0.91	0.17	24.1			花岗岩	E 109° 09′ 33.9″ N 19° 25′ 06.3″	74
						B	18—36	浅褐色	轻壤土	小块状	6.2	7.8	0.62	0.22	34.3					
						C	36—91	褐棕色		状块										
剖7	铁铝土	砖红壤	褐色砖红壤	页褐砖红壤	厚有机质层中层页褐砖红壤	A	0—22	棕褐色	砂壤土	团粒状	5.4	20.0	0.91	0.25	13.9			砂页岩	E 109° 06′ 03.6″ N 19° 24′ 27.4″	93
						B	22—48	红褐色	中壤土	块状	5.5	9.4	0.64	0.18	11.8					
						C	48—80	棕红色	中壤土	块状	5.3	4.5	0.30	0.17	9.8					
剖8	铁铝土	砖红壤	褐色砖红壤	麻褐赤土地	麻褐赤砂泥地	A	0—22	棕褐色	砂壤土	团块状	6.2	10.0	0.55	0.15	39.0			花岗岩	E 109° 06′ 37.5″ N 19° 23′ 27.8″	95
						B	22—42	棕黄色	轻壤土	小块状	5.9	6.1	0.49	0.16	37.3					
						C	42—107	红黄色		状块										
剖9	铁铝土	砖红壤	褐色砖红壤	麻褐砖红壤	厚有机质层中层麻褐砖红壤	A	0—25	暗棕色	中壤土	团粒状	5.4	26.9	1.14	0.19	19.1	2.2	112	花岗岩	E 109° 03′ 22.1″ N 19° 20′ 41.8″	89
						B	25—43	棕褐色	中壤土	块状	5.6	10.3	0.65	0.13	15.7					
						C	43—90	棕褐色	重壤土	块状	5.6	9.6	0.59	0.14	14.9					
剖10	人为土	水稻土	淹育水稻土	页土田	页赤壤土田	A	0—12	浅褐色	轻壤土	小块状	5.3	16.1	1.06	0.16	9.7			花岗岩	E 109° 17′ 28.7″ N 19° 22′ 37.9″	99
						B	12—20	棕褐色	中壤土	块状	6.1	4.4	0.45	0.13	5.7					
						P	20—73	黄褐色	中壤土	块状	5.6	3.5	0.49	0.10	19.3					
剖11	铁铝土	砖红壤	砖红壤	页赤土地	页赤砂泥地	A	0—20	黄褐色	中壤土	团粒状	5.0	24.7	1.21	0.41	21.1			砂页岩	E 109° 17′ 28.7″ N 19° 22′ 37.9″	99
						B	20—93	黄褐色	中壤土	块状	5.0	9.6	0.27	0.27	21.1					
						C	93—	棕黄色	重壤土	小块状	4.9	0.2	0.18	0.23	18.0					
剖12	铁铝土	砖红壤	砖红壤	冷底田	冷底田	A	0—25	黄褐色	中壤土	团粒状	5.6	43.1	2.14	0.24	17.2	1.3	89	砂页岩	E 109° 19′ 52.5″ N 19° 22′ 07.2″	89
						B	20—30	棕灰色	中壤土	块状	5.6	38.0	1.78	0.23	15.6					
						C	30—110	灰蓝色	重壤土	块状	5.5	13.0	0.88	0.19	13.5					
剖13	铁铝土	砖红壤	潜育砖红壤	麻砖红壤	中有机质层厚层麻砖红壤	A	0—19	暗棕色	重壤土	团粒状	5.6	29.3	1.14	0.19	10.1	4.8	46	花岗岩	E 109° 20′ 21.1″ N 19° 21′ 31.0″	77
						B	19—70	红棕色	重壤土	团块状	5.5	5.3	0.34	0.15	13.3					
						C	70—95	红棕色	中壤土	块状										
剖14	人为土	水稻土	潜育水稻土	青底田	青底砂泥田	A	0—21	浅棕色	中壤土	团块状	5.3	33.2	1.59	0.21	10.1				E 109° 18′ 52.6″ N 19° 20′ 26.9″	100
						P	21—30	暗棕色	中壤土	小块状	5.3	31.5	1.30	0.18	10.6					
						G	30—69	蓝灰色	中壤土	块状	5.0	26.6	1.28	0.14	9.2					

续表 Continued

剖面号 Soil profile	土纲 Soil order	土类 Soil great group	亚类 Soil subgroup	土属 Soil genus	土种 Soil species	土层码 Layer code	土层厚度 Depth/cm	颜色 Soil color	质地 Soil texture	土壤结构 Soil structure	pH	有机质 OM/(g/kg)	全氮 TN/(g/kg)	全磷 TP/(g/kg)	全钾 TK/(g/kg)	有效磷 AP/(mg/kg)	速效钾 AK/(mg/kg)	土壤母质 Parent material	剖面点坐标 Profile coordinate	匹配指数 Matching index/%
剖15	铁铝土	砖红壤	砖红壤	麻砖红壤	厚有机质层中层麻砖红壤	A	0—22	暗棕色	中壤土	团粒状	5.5	30.6	1.57	0.17	31.8			花岗岩	E 109°18′02.5″ N 19°20′23.6″	93
						B	22—56	灰棕色	中壤土	块状	5.1	11.4	0.64	0.09	26.6					
						C	56—110	红棕色												
剖16	铁铝土	砖红壤	砖红壤	麻赤土地	麻赤砂泥田	A	0—20	棕褐色	轻壤土	团块状	5.1	20.0	1.17	0.18	30.4			花岗岩	E 109°13′16.0″ N 19°19′49.1″	98
						B	20—46	浅棕色	中壤土	块状	5.2	13.6	0.77	0.19	25.1					
						C	46—100	红棕色												
剖17	人为土	水稻土	潜育水稻土	青底田	青底泥质田	A	0—23	灰褐色	轻黏土	块状	6.0	66.5	2.66	0.52	8.9			花岗岩	E 109°14′55.3″ N 19°18′20.5″	98
						P	23—33	浅黄灰色	轻黏土	块状	6.2	49.2	1.82	0.31	10.8					
						G	33—80	蓝灰色	轻黏土	块状	5.8	25.4	0.36	0.33	14.0					
剖18	铁铝土	砖红壤	砖红壤	麻赤土地	麻赤砂泥质田	A	0—17	棕红色	砂壤土	散粒状	5.8	12.5	0.47	0.10	14.6			花岗岩	E 109°10′48.0″ N 19°14′40.6″	82
						B	17—47	红棕色	中壤土	小块状	5.5	11.1	0.48	0.17	16.1					
						C	47—	暗棕色	中壤土	块状	5.7	5.5	0.28	0.12	12.4					
剖19	铁铝土	砖红壤	砖红壤	页砖红壤	厚有机质层中层页质红壤	A	0—24	灰褐色	中壤土	团粒状	5.6	20.5	1.29	0.29	20.3			砂页岩	E 109°08′42.9″ N 19°11′35.5″	73
						B	24—52	棕红色	中壤土	块状	5.4	10.4	0.73	0.21	14.5					
						C	52—	暗棕红色	中壤土	块状	5.4	4.4	0.28	0.12	13.7					
剖20	人为土	水稻土	潜育水稻土	冷底田	铁锈色水田	A	0—19	棕灰色	中壤土	块状	5.5	19.7	1.06	0.16	9.8			砂页岩	E 109°17′38.8″ N 19°19′29.3″	92
						P	19—28	灰棕色	中壤土	小块状	5.4	19.6	1.18	0.16	10.7	3.1	44			
						G	28—62	蓝棕色	中壤土	块状	5.3	17.0	0.95	0.14	10.1					
剖21	铁铝土	砖红壤	砖红壤	页砖红壤	中有机质层中层页质红壤	A	0—16	浅灰黄色	重壤土	小块状	5.5	25.6	1.18	0.28	16.6			砂页岩	E 109°26′58.1″ N 19°19′00.5″	96
						B	16—52	红黄色	轻壤土	块状	5.2	9.4	0.30	0.25	17.3					
						C	52—	棕红色	轻黏土	块状	5.3	8.1	0.20	0.20	16.6					
剖22	铁铝土	砖红壤	砖红壤	麻砖红壤	厚有机质层中层麻砖红壤	A	0—15	暗棕色	砂壤土	团粒状	6.2	12.4	0.56	0.12	6.7			花岗岩	E 109°22′50.2″ N 19°17′01.3″	83
						B	15—50	棕红色	砂壤土	团粒状	5.8	6.5	0.18	0.04	5.3					
						C	50—100	棕红色	轻壤土	团粒状	5.4	2.5	0.10	0.03	6.0					
剖23	初育土	紫色土	酸性紫色土	酸性紫色土	中有机质层中层紫色土	A	0—13	紫棕色	中壤土	团粒状	5.7	9.6	0.64	0.15	3.7			砂页岩	E 109°18′47.9″ N 19°16′53.0″	82
						B	13—54	紫色	重壤土	小块状	5.2	2.6	0.24	0.10	3.3					
						C	54—100	棕紫色												
剖24	铁铝土	砖红壤	砖红壤	麻砖红壤	厚有机质层厚层麻砖红壤	A	0—35	暗棕色	重壤土	团粒状	5.1	32.6	1.17	0.23	25.8			花岗岩	E 109°29′07.8″ N 19°16′09.8″	100
						B	35—150	棕色	轻壤土	小块状	5.5	8.6	0.25	0.11	23.7					
						C	150—													
剖25	铁铝土	砖红壤	砖红壤	页砖红壤	中有机质层厚层页质红壤	A	0—13	暗棕色	重壤土	团粒状	5.4	23.8	1.45	0.29	19.5		93	砂页岩	E 109°18′39.8″ N 19°14′34.0″	99
						B	13—61	黄棕色	中壤土	小块状	5.5	8.2	0.89	0.18	16.9					
						C	61—88	黄棕色	重壤土	碎块状	5.7	7.8	0.60	0.14	27.1					
剖26	人为土	水稻土	潜育水稻土	页赤土田	中有机质层厚层页质红壤	A	0—15	棕红色	中壤土	块状	5.6	20.1	1.21	0.24	19.5	8.7		砂页岩	E 109°17′39.8″ N 19°13′34.0″	94
						P	15—21	暗黄色	中壤土	柱状	5.8	16.3	0.98	0.25	18.4					
						W	21—40	灰黄色	中壤土	团粒状	6.0	12.5	0.78	0.24	19.3					
剖27	黄壤	黄壤	黄壤	页山地黄壤	中有机质层中层页黄壤	A	0—16	灰棕色	重壤土	团粒状	4.4	90.7	4.18	0.37	25.1			砂页岩	E 109°29′47.9″ N 19°16′17.2″	76
						B	16—45	黄棕色	中壤土	团粒状	4.5	17.7	0.50	0.37	49.6					
						C	45—	黄棕色	中壤土	块状	4.7	3.8	0.89	0.26	0.4					
剖28	初育土	紫色土	酸性紫色土	酸性紫色土	厚有机质层中层紫色土	A	0—21	紫棕色	轻壤土	团粒状	5.4	20.4	1.35	0.27	17.7	1.7	83	砂页岩	E 109°30′13.7″ N 19°13′10.2″	89
						B	21—57	棕色	中壤土	块状	5.2	9.2	0.65	0.24	25.9					
						C	57—105	紫色												
剖29	人为土	水稻土	淹育水稻土	生泥田	页生土田	A	0—11	棕灰色	重壤土	团粒状	5.5	16.2	1.04	0.26	22.2			砂页岩	E 109°29′15.4″ N 19°09′52.6″	76
						B	11—48	灰棕色	轻黏土	小块状	5.6	7.6	0.56	0.27	26.5					
						C	48—	棕红色	重黏土	块状		4.0	0.42	0.18	32.0					

续表 Continued

剖面号 Soil profile	土纲 Soil order	土类 Soil great group	亚类 Soil subgroup	土属 Soil genus	土种 Soil species	土层码 Layer code	土层厚度 Depth/cm	颜色 Soil color	质地 Soil texture	土壤结构 Soil structure	pH	有机质 OM/(g/kg)	全氮 TN/(g/kg)	全磷 TP/(g/kg)	全钾 TK/(g/kg)	有效磷 AP/(mg/kg)	速效钾 AK/(mg/kg)	土壤母质 Parent material	剖面点坐标 Profile coordinate	匹配指数 Matching index/%
剖30	人为土	水稻土	潴育水稻土	河砂泥田	河砂泥田	A	0—17	黄棕色	紧砂土	碎块状	5.4	23.1	1.02	0.21	26.6	3.5	85	河流冲积物	E 109°28′20.3″ N 19°08′49.6″	78
						P	17—22	棕灰色	砂壤土	块状	5.7	16.4	0.77	0.16	26.0					
						W	22—52	棕灰色	砂壤土	柱状	6.4	4.0	0.13	0.15	25.8					
剖31	人为土	水稻土	潴育水稻土	河砂泥田	河砂泥田	A	0—16	暗棕色	砂壤土	团块状	5.0	19.8	0.86	0.13	37.3	4.4	70	河流冲积物	E 109°27′43.2″ N 19°08′02.8″	80
						P	16—27	棕灰色	轻壤土	碎块状	6.0	20.4	0.80	0.08	38.2					
						W	27—41	棕灰色	轻壤土	碎块状	6.1	4.3	0.14	0.07	36.0					
剖32	铁铝土	黄壤	黄壤	页山地黄壤	厚有机质层厚层页页黄壤	A	0—20	棕黄色	轻黏土	团粒状	5.0	24.4	1.29	0.12	14.9			砂页岩	E 109°29′39.6″ N 19°03′19.2″	76
						B	20—117	棕黄色	轻黏土	碎块状	5.2	8.5	0.57	0.12	17.1					
						C	117—	黄棕色	轻黏土	小块状	5.2	5.6	0.41	0.14	18.6					
剖33	铁铝土	砖红壤	砖红壤	页砖红壤	厚有机质层厚层页砖红壤	A	0—25	棕黄色	中壤土	团块状	5.2	33.8	1.30	0.09	16.5			砂页岩	E 109°22′04.1″ N 19°00′46.1″	96
						B	25—72	红棕色	轻黏土	块状	5.1	9.3	0.50	0.09	12.5					
						C	72—	暗红色		块状										

昌江黎族自治县

主要土类说明

砖红壤是昌江黎族自治县主要土壤类型，占本县地域面积的 48%。土壤脱硅富铝化作用强烈，铁铝氧化物明显聚积，黏粒硅铝率小于 1.6，铁的游离度大于 80%；黏粒矿物以高岭石、赤铁矿和三水铝石为主，原生矿物强烈风化，风化淋溶系数小于 0.05；硅和盐基大量淋失，盐基饱和度低，土壤酸性强。本县砖红壤分为砖红壤和褐色砖红壤两个亚类。其中，砖红壤亚类面积较大，占本土类面积的 71%。

赤红壤是昌江黎族自治县第二大土壤类型，占本县地域面积的 14%，分布在介于砖红壤和黄壤之间的山地。典型剖面构型为 A–Bs–C，黏粒硅铝率为 1.7—2.0，风化淋溶系数为 0.05—0.15，黏粒矿物以高岭石为主，伴有针铁矿、少量云母和极少三水铝石。

燥红土是昌江黎族自治县第三大土壤类型，占本县地域面积的 12%，主要分布在本县西部沿海地区介于滨海沙土和砖红壤之间的地带。燥红土具 A–B–C（D）剖面构型，复盐基明显，交换性钙、镁占阳离子交换量的 80% 以上，pH 为 6.0—7.0，有时可达 7.5。

黄壤占本县地域面积的 11%，分布在海拔 750—1600m 的山地。成土母质为花岗岩和砂页岩风化物。黄壤中度富铝化，土壤呈黄色，富含水合氧化物（针铁矿），具有鲜黄色或蜡黄色的铁铝淀积层。典型剖面构型为 O–A–AB–B–C，pH 为 4.5—5.5，有机质含量较高。

水稻土占本县地域面积的 9%。水稻土是在长期的季节性淹灌、水下翻耕、季节性脱水、氧化还原交替影响下，原来的成土母质或母土的特性发生重大改变，形成的新的土壤类型。由于干湿交替，水稻土形成糊状的淹育层、较坚实板结的犁底层、渗育层、潴育层与潜育层等多种发生层。本县水稻土分为潴育型、渗育型、淹育型、潜育型、沼泽型、盐渍型等亚类。其中，潴育水稻土面积最大，占本土类面积的 84%。

小于本县地域面积 3% 的土壤类型有风沙土、新积土和石质土。

本区域中心区气候特征

本区域中心区气候特征值
Regional climate characteristics in central area of the region

气候带：南亚热带湿润气候 Climate region: South subtropical humid climate	
年平均气温 /℃ Annual average temperature /℃	24.8
年平均最高气温 /℃ Annual average maximum temperature /℃	28.5
年平均最低气温 /℃ Annual average minimum temperature /℃	21.9
年降水量 /mm Annual precipitation /mm	1126
≥10℃的积温 /℃ Daily temperature accumulated in a year（≥10℃）/℃	9029
年日照时数 /h Annual sunshine /h	2460
年平均相对湿度 /% Annual average relative humidity /%	80
干燥度 Dryness	1.38

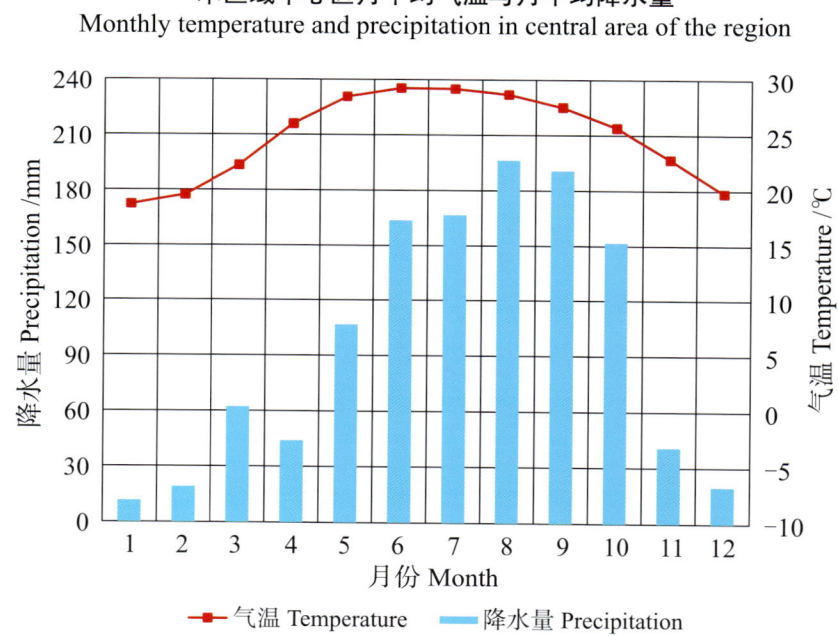

本区域中心区月平均气温与月平均降水量
Monthly temperature and precipitation in central area of the region

昌江黎族自治县主要土壤类型与土壤剖面点分布图
1∶290 000

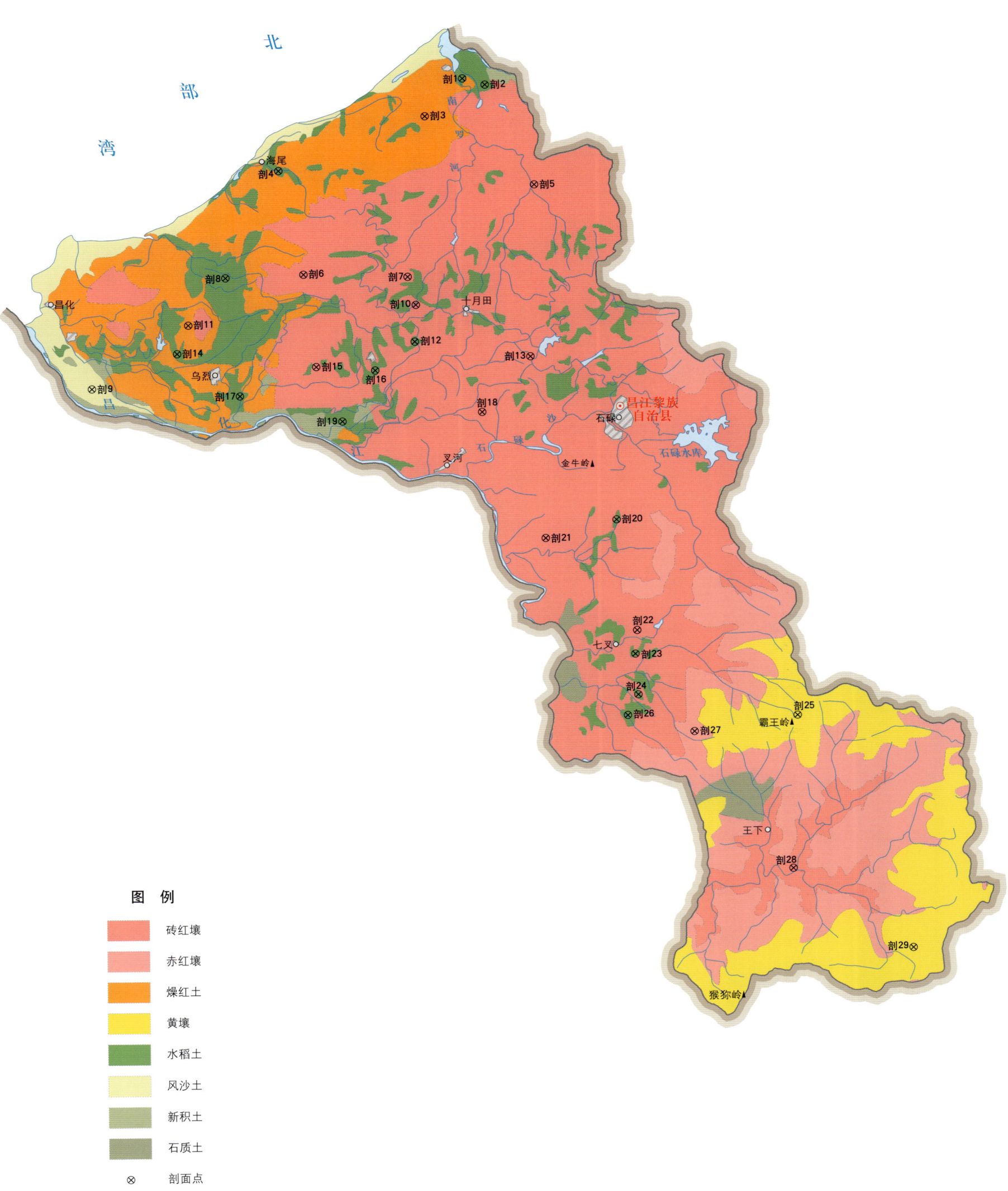

昌江黎族自治县土壤剖面理化性状表

剖面号 Soil profile	土纲 Soil order	土类 Soil great group	亚类 Soil subgroup	土属 Soil genus	土种 Soil species	土层码 Layer code	土层厚度 Depth/cm	颜色 Soil color	质地 Soil texture	土壤结构 Soil structure	pH	有机质 OM/(g/kg)	全氮 TN/(g/kg)	全磷 TP/(g/kg)	全钾 TK/(g/kg)	有效磷 AP/(mg/kg)	速效钾 AK/(mg/kg)	土壤母质 Parent material	剖面点坐标 Profile coordinate	匹配指数 Matching index/%
剖1	人为土	水稻土	潴育水稻土	页赤土田	页赤砂泥田	A	0—17	灰棕色	壤土	块状	5.0	27.5	1.41	0.27	25.8	5.2	149	砂页岩	E 108°56′40.2″ N 19°28′37.6″	72
剖2	人为土	水稻土	潴育水稻土	潮砂泥田	潮砂泥田	P	17—26	暗灰色	壤土	块状	4.8	19.1	0.90	0.31	21.2	3.1	122	河流冲积物	E 108°57′33.7″ N 19°28′23.8″	88
						W	26—63	灰褐色	壤土	棱柱状	5.1	8.5	0.80	0.25	17.7	3.5				
剖3	半淋溶土	燥红土	燥红土	浅海沉积物燥红土	中有机质层厚层燥红土	A	0—15	灰褐色	砂壤土	粒状	6.2	17.2	0.65	0.11	30.1	3.5	19	浅海沉积物	E 108°55′12.7″ N 19°27′10.1″	96
						P	15—26	灰棕色	砂壤土	块状	7.9	4.5	0.24	0.16	53.1					
						W	26—75	紫色	砂壤土	块状	7.6	4.6	0.22	0.18	48.5					
剖4	人为土	水稻土	潴育水稻土	页赤土田	页赤泥田	A	0—14	浅棕色	紫砂土	粒状	6.6	7.7	0.11	0.09	5.2			砂页岩	E 108°49′29.3″ N 19°25′02.6″	100
						B	14—100	红棕色	紫砂土	粒状	6.5	3.9	0.29	0.12	10.5	2.2	54			
剖5	铁铝土	砖红壤	褐色砖红壤	页褐砖红壤		A	0—14	棕灰色	重黏土	块状	5.9	28.5	1.40	0.19	14.0			砂页岩	E 108°59′31.3″ N 19°24′36.2″	100
						P	14—19	浅灰色	重黏土	片状	7.2	8.6	0.55	0.15	11.4					
						W	19—100	浅灰色	中壤土	棱柱状	7.0	10.5	0.91	0.16	9.6					
剖6	铁铝土	砖红壤	褐色砖红壤	麻褐砖红壤		A	0—13	紫灰色	中壤土	块状	5.7	19.7	1.12	0.21	21.2	1.3		花岗岩	E 108°50′29.8″ N 19°21′05.0″	79
						B	13—100	浅棕红色	砂质黏土	粒状	5.2	7.9	0.55	0.17	26.3					
剖7	铁铝土	砖红壤	砖红壤	麻赤土地	麻赤砂泥地	A	0—17	棕灰色	松砂土	粒状	5.6	9.9	0.37	0.24	49.1			花岗岩	E 108°54′35.5″ N 19°21′01.4″	85
						B	18—100	灰棕色	轻壤土	粒状	5.7	5.7	0.19	0.26	44.7					
剖8	人为土	水稻土	潴育水稻土	页褐赤泥田	页褐赤泥田	A	0—13	紫灰	轻壤土	粒状	6.2	8.3	0.39	0.49	38.8			砂页岩	E 108°47′26.2″ N 19°20′55.7″	99
						P	13—19	暗灰色	砂壤土	团粒状	6.9	4.9	0.24	0.17	46.7	3.1	5			
						W	19—100	暗棕色	砂壤土	团粒状	5.7	13.5	0.62	0.10	33.0					
剖9	初育土	风沙土	滨海风沙土	滨海沙地	白沙土	A	0—14	黑灰色	轻壤土	团粒状	6.0	9.2	0.28	0.15	34.0			滨海沉积物	E 108°42′14.6″ N 19°16′39.2″	75
						C	14—86	白色	紫砂土		6.9	11.4	0.37	0.16	33.9					
剖10	铁铝土	砖红壤	砖红壤	麻赤土地		A	0—22	黑棕色	中壤土	块状	6.2	9.8	0.70	0.42	12.4	3.5		花岗岩	E 108°54′55.1″ N 19°19′56.6″	94
						B	22—100	浅棕色	中壤土	块状	6.4	8.8	0.44	0.06	12.1					
剖11	半淋溶土	燥红土	燥红土	花岗岩燥红土		A	0—15	棕红色	紫砂土	片状	6.6	22.3	1.02	0.35	33.2			花岗岩	E 108°46′00.1″ N 19°19′05.9″	81
						B	15—100	棕灰色	中壤土	柱状	6.7	10.0	0.53	0.25	33.5	2.2	41			
剖12	人为土	水稻土	潴育水稻土	麻赤土砖红壤	麻赤砂泥田	A	0—14	灰灰色	紫砂土	小块状	5.8	14.1	0.55	0.16	45.3			花岗岩	E 108°54′53.3″ N 19°18′32.0″	97
						P	14—20	暗黄棕色	紫砂土	片状	6.8	6.0	0.39	0.14	41.6					
						W	20—106	浅灰黄色	中壤土	棱柱状	6.3	17.7	0.87	0.10	26.8		21			
剖13	铁铝土	砖红壤	砖红壤	低青泥底田		A	0—23	暗黄棕色	中壤土	团粒状	6.5	9.3	0.49	0.09	23.5			花岗岩		100
						B	23—105	暗黄棕色	轻壤土	粒状	6.3	4.6	0.22	0.11	22.3				E 108°59′25.4″ N 19°18′00.7″	
剖14	人为土	水稻土	潴育水稻土	麻褐赤土田	青泥田	A	0—13	暗灰色	重黏土	块状	6.5	35.7	1.68	0.32	34.4			花岗岩	E 108°45′34.2″ N 19°18′00.4″	75
						P	13—17	暗黄棕色	重黏土	片状	6.2	9.1	0.49	0.21	32.4					
						W	17—100	暗黄棕色	轻壤土	小块状	6.7	15.6	0.59	0.07	11.9					
剖15	铁铝土	砖红壤	褐色砖红壤	麻褐砖红壤	麻褐赤砂质田	A	0—10	暗黄棕色	中壤土	小块状	5.7	11.3	0.45	0.05	10.3			花岗岩	E 108°51′01.8″ N 19°17′33.4″	89
						B	10—26	暗棕色	中壤土	柱状	6.4	8.1	0.21	0.05	10.0					
剖16	人为土	水稻土	潴育水稻土	麻褐赤土田		A	0—16	暗灰色	中壤土	团粒状	6.5	27.7	2.25	0.24	44.1	68.1	187	花岗岩	E 108°53′20.3″ N 19°17′25.6″	94
						P	16—22	暗红棕色	重壤土	棱柱状	6.6	13.6	1.56	0.20	40.3					
						W	22—120	暗红棕色	中壤土	块状	6.9	24.4	2.03	0.22	28.9					
剖17	人为土	水稻土	潴育水稻土	潮砂泥田	潮砂田	A	0—10	灰白色	砂壤土	粒状	6.9	14.0	1.24	0.19	21.2	10.9	17	河流冲积物	E 108°48′02.9″ N 19°16′25.0″	70
						P	10—13	灰黄色	砂壤土	块状	5.1	7.3	0.29	0.10	17.1					
						W	13—15	灰黄色	中壤土	棱柱状	6.5	5.1	0.19	0.14	30.7					
												5.1	0.14	0.16	22.5					
														0.19	25.6					

续表 Continued

剖面号 Soil profile	土纲 Soil order	土类 Soil great group	亚类 Soil subgroup	土属 Soil genus	土种 Soil species	土层码 Layer code	土层厚度 Depth/cm	颜色 Soil color	质地 Soil texture	土壤结构 Soil structure	pH	有机质 OM/(g/kg)	全氮 TN/(g/kg)	全磷 TP/(g/kg)	全钾 TK/(g/kg)	有效磷 AP/(mg/kg)	速效钾 AK/(mg/kg)	土壤母质 Parent material	剖面点坐标 Profile coordinate	匹配指数 Matching index/%
剖18	铁铝土	砖红壤	砖红壤	麻赤土地	麻赤砂地	A	0—19	浅灰棕色	紧砂土	粒状	6.5	5.0	0.16	0.13	34.5			花岗岩	E 108°57′33.1″ N 19°15′52.6″	95
						B	19—103	浅灰棕色	砂壤土	粒状	6.5	4.6	0.17	0.15	29.4					
剖19	人为土	水稻土	潴育水稻土	潮砂泥田	潮泥田	A	0—18	棕灰色	中壤土	块状	6.4	20.8	1.02	0.25	29.6	3.1	41	河流冲积物	E 108°52′04.1″ N 19°15′28.8″	98
						P	18—21	灰灰棕色	中壤土	块状	7.6	13.0	0.65	0.27	29.0					
						W	21—108	暗黄棕色	中壤土	棱柱状	7.5	6.5	0.42	0.15	31.3					
剖20	人为土	水稻土	淹育水稻土	麻赤生土田	麻赤砂田	A	0—15	棕灰色	轻壤土	粒状	5.6	19.5	0.85	0.30	43.4	8.7	32	花岗岩	E 109°02′49.9″ N 19°11′46.0″	91
						P	15—20	灰黄色	中壤土	块状	6.0	11.5	0.47	0.38	43.6					
						C	20—100	棕黄色	轻壤土	颗粒状	6.4	4.4	0.20	0.41	40.2					
剖21	铁铝土	砖红壤	砖红壤	页赤砖红壤		A	0—32	浅灰灰色	重壤土	小柱状	5.1	9.2	0.78	0.21	14.1			砂页岩	E 109°00′03.6″ N 19°11′02.4″	92
						B	32—100	浅红棕色	中壤土	小柱状	5.2	21.2	1.09	0.21	10.5					
剖22	铁铝土	砖红壤	砖红壤	花岗岩砖红壤		A	0—16	深红色	中壤土	粒状	6.2	16.5	0.72	0.18	25.3			花岗岩	E 109°03′40.0″ N 19°07′32.9″	91
						B	16—80	暗棕红色	轻壤土	粒状	5.9	15.1	0.80	0.20	30.5					
剖23	人为土	水稻土	潴育水稻土	页赤砂田	页赤砂质田	A	0—10	浅灰色	砂壤土	粒状	4.8	19.0	0.87	0.33	21.9	2.2	65	砂页岩	E 109°03′36.0″ N 19°06′38.2″	97
						P	10—20	灰黄色	砂壤土	粒状	4.8	15.9	0.60	0.28	20.0	1.7	53			
						W	20—100	红黄色	轻壤土	块状	5.0	15.4	0.60	0.22	25.0	1.7	56			
剖24	人为土	水稻土	淹育水稻土	浅脚红棕砂泥田	浅脚红棕砂泥田	A	0—13	灰棕色	重壤土	粉粒状	6.0	23.2	1.14	0.12	13.3	5.2	32		E 109°03′43.2″ N 19°05′04.2″	83
						P	13—20	灰黄色	重壤土	块状	6.7	10.7	0.60	0.14	12.6					
						C	20—100	灰灰色	轻壤土	块状	7.1	0.5	0.35	0.13	10.8					
剖25	铁铝土	黄壤	黄壤	花岗岩黄壤	厚有机质层	A	0—28	黄棕色	重壤土		4.7	50.4	2.54	0.24	28.3			花岗岩	E 109°09′57.6″ N 19°04′17.8″	90
					厚层麻黄壤	B	28—100	暗黄棕色	重壤土	块状	5.1	13.5	0.52	0.12	20.8					
剖26	人为土	水稻土	淹育水稻土	麻赤生土田	麻赤壤土田	A	0—13	暗黄色	中壤土	块状	5.7	29.7	1.48	0.26	48.4	9.6	52	花岗岩	E 109°03′18.7″ N 19°04′16.7″	82
						P	13—20	暗黄色	中壤土	块状	5.8	28.0	1.09	0.23	41.4					
						B	20—100	灰黄棕色	中壤土	块状	6.4	7.3	0.98	0.25	43.5					
剖27	铁铝土	赤红壤	赤红壤	麻赤红壤		A	0—27	暗棕色	重壤土	块状	5.8	54.4	2.33	0.26	35.7			花岗岩	E 109°05′55.3″ N 19°03′39.6″	92
						B	27—100	棕灰色	重壤土	块状	5.4	19.8	1.16	0.18	33.6					
剖28	铁铝土	砖红壤	砖红壤	页赤砖红壤		A	0—15	暗棕色	重壤土	团粒状	6.6	41.8	1.89	0.43	12.2			砂页岩	E 109°09′48.6″ N 18°58′43.9″	87
						B	15—135	暗棕色	中壤土	颗粒状	5.4	6.1	0.77	0.35	17.1					
剖29	铁铝土	黄壤	黄壤	砂页岩黄壤	厚有机质层 厚层黄黄壤	A	0—25	黄黄棕色	中壤土	团粒状	4.6	21.1	0.78	0.45	1.8			砂页岩	E 109°14′30.5″ N 18°55′22.4″	76
						B	25—100	黄黄棕色	中壤土	团粒状	5.1	5.1	0.30	0.52	3.3					

乐东黎族自治县

主要土类说明

砖红壤是乐东黎族自治县主要土壤类型，占本县地域面积的50%。成土母质主要为花岗岩，占77%，其余为砂页岩和安山岩。砖红壤土层深厚，表层呈暗红棕色，心土层呈砖红色且具有大量暗色胶膜和细粒铁锰结核，剖面构型为A–Bs–Bv–C。土壤脱硅富铝化作用强烈，铁铝氧化物明显聚积，黏粒硅铝率小于1.6，铁的游离度大于80%；黏粒矿物以高岭石、赤铁矿和三水铝石为主，原生矿物强烈风化，风化淋溶系数小于0.05；硅和盐基大量淋失，盐基饱和度低，土壤酸性强。

赤红壤是乐东黎族自治县第二大土壤类型，占本县地域面积的16%。典型剖面构型为A–Bs–C，黏粒硅铝率为1.7—2.0，风化淋溶系数为0.05—0.15，黏粒矿物以高岭石为主，伴有针铁矿、少量云母和极少三水铝石。

水稻土是乐东黎族自治县第三大土壤类型，占本县地域面积的12%，分布在山丘之间的谷地、坡脚、台地以及滨海平原和河谷两侧。成土母质主要为浅海沉积物、谷底冲积物、河流冲积物以及花岗岩、砂页岩风化物。本县水稻土分为潴育型、渗育型、淹育型、潜育型、沼泽型、盐渍型等亚类。其中，潴育水稻土面积最大，占本土类面积的78%。

燥红土占本县地域面积的8%。燥红土是在热带、亚热带干旱河谷与雨影区稀树草原下形成的盐基饱和的红色土壤，具A–B–C（D）剖面构型。该土壤复盐基明显，交换性钙、镁占阳离子交换量的80%以上，pH为6.0—7.0，有时可达7.5。

黄壤占本县地域面积的7%，主要分布在海拔750m以上的山顶。成土母质为花岗岩和砂页岩风化物。气候特点为云雾多，日照少，湿度大，干湿季节不明显。自然植被为常绿阔叶林和山地雨林。黄壤中度富铝化，心土层呈黄色。本县黄壤分为黄壤和灰化黄壤两个亚类，以黄壤亚类为主。

风沙土占本县地域面积的4%。风沙土发生于半干旱、干旱漠境地区及滨海地区，是在风沙移动堆积形成的多种形态的风沙沉积物上发育的初育土。由于该土壤成土时间短暂，无剖面发育，具C、(A)–C或A–C剖面构型，反映了风沙移动堆积与固定的不同阶段。

小于本县地域面积3%的土壤类型有新积土。

本区域中心区气候特征

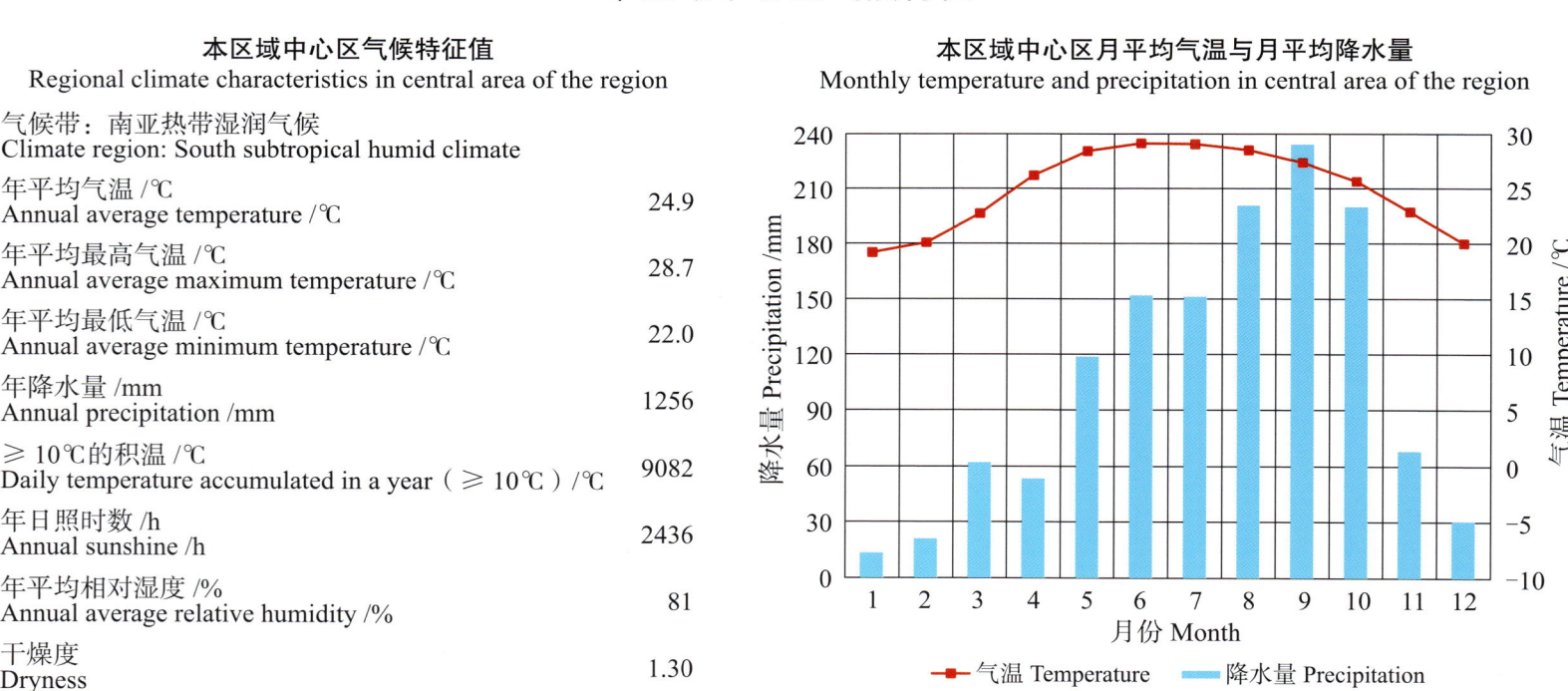

本区域中心区气候特征值
Regional climate characteristics in central area of the region

气候带：南亚热带湿润气候 Climate region: South subtropical humid climate	
年平均气温 /℃ Annual average temperature /℃	24.9
年平均最高气温 /℃ Annual average maximum temperature /℃	28.7
年平均最低气温 /℃ Annual average minimum temperature /℃	22.0
年降水量 /mm Annual precipitation /mm	1256
≥10℃的积温 /℃ Daily temperature accumulated in a year (≥10℃) /℃	9082
年日照时数 /h Annual sunshine /h	2436
年平均相对湿度 /% Annual average relative humidity /%	81
干燥度 Dryness	1.30

本区域中心区月平均气温与月平均降水量
Monthly temperature and precipitation in central area of the region

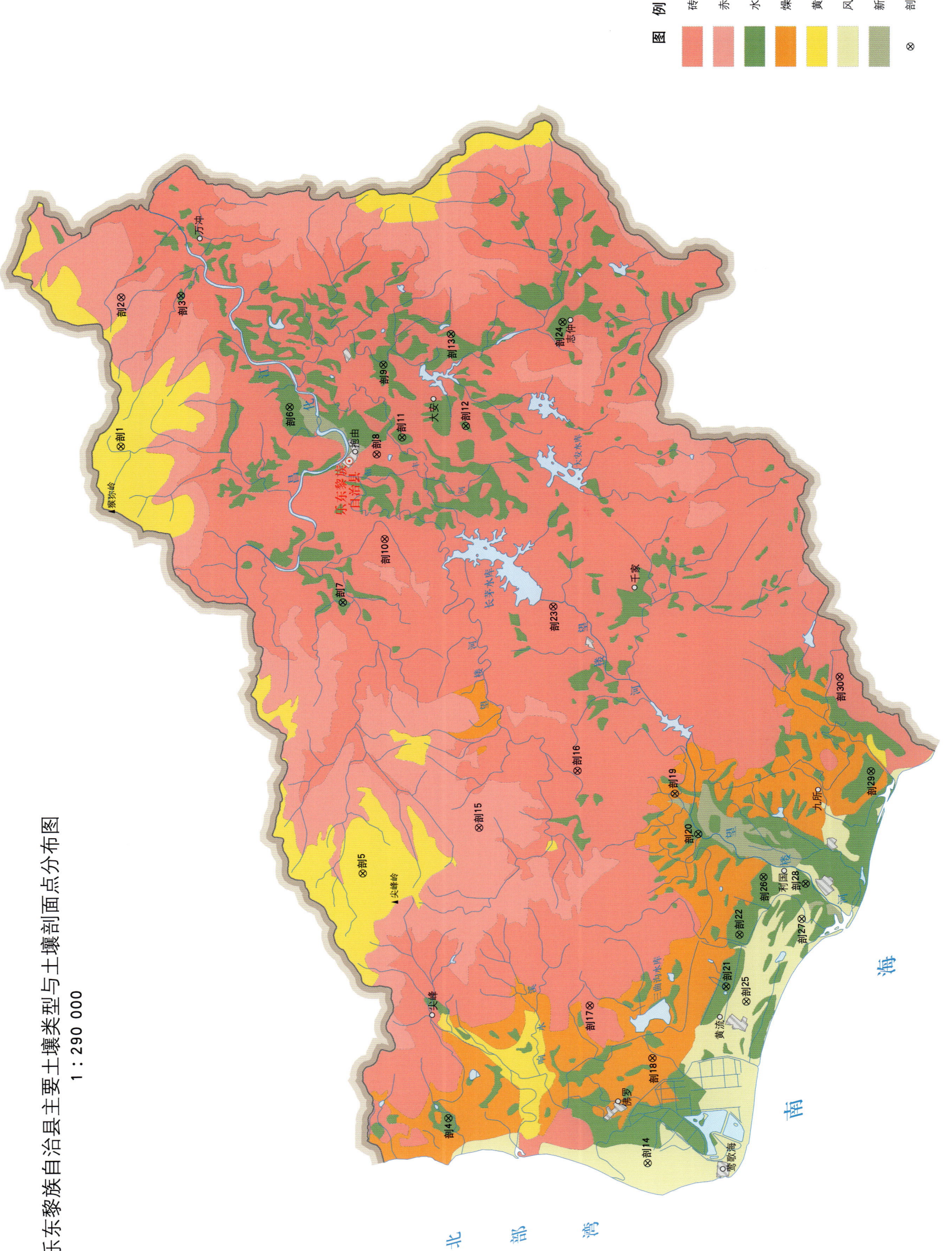

乐东黎族自治县主要土壤类型与土壤剖面点分布图
1:290 000

乐东黎族自治县土壤剖面理化性状表

剖面号 Soil profile	土纲 Soil order	土类 Soil great group	亚类 Soil subgroup	土属 Soil genus	土种 Soil species	土层码 Layer code	土层厚度 Depth/cm	颜色 Soil color	质地 Soil texture	土壤结构 Soil structure	pH	有机质 OM/(g/kg)	全氮 TN/(g/kg)	全磷 TP/(g/kg)	有效磷 AP/(mg/kg)	速效钾 AK/(mg/kg)	土壤母质 Parent material	剖面点坐标 Profile coordinate	匹配指数 Matching index/%
剖1	铁铝土	黄壤	黄壤	页黄壤	中有机质层中层页黄壤	A₀	0—14	深黑色	轻黏土	碎块状	4.0	60.7	9.58	0.11	18.8	53	砂页岩	E 109°10′42.2″ N 18°53′39.8″	87
						A₁	14—22	黑色	砂壤土	碎块状	4.0	48.0	2.59	0.09					
						B	22—100	黄红色	砂壤土	块状	4.4	29.0	1.03	0.06					
剖2	铁铝土	赤红壤	赤红壤	页赤红壤	中有机质层中层页赤红壤	A	0—15	暗红色	重壤土	块状	4.6	50.0	2.37	0.18	1.3	101	砂页岩	E 109°16′48.7″ N 18°53′42.4″	87
						B	15—40	灰黄色	轻壤土	块状	4.9	20.0	1.16	0.14					
						B₁	40—100	黄棕色	重壤土	块状	4.8	11.0	0.97	0.14					
剖3	人为土	水稻土	潴育水稻土	泥肉田	泥肉田	A	0—22	灰色	重壤土	微团粒状	5.7	38.9	2.01	0.25	2.2	210		E 109°16′54.1″ N 18°51′26.6″	85
						P	22—32	灰黄色	轻黏土	块状	5.6	15.8	0.90	0.18					
						W	32—79	灰黑色	轻黏土	块状	5.4	8.5	0.40	0.14					
						G	79—100	灰黑色											
剖4	人为土	水稻土	潴育水稻土	爆红土田	爆红砂质田	A	0—13	浅灰色	紫砂土	碎块状	5.6	6.3	0.17	0.20	3.1	158		E 108°43′26.0″ N 18°41′02.8″	97
						P	13—18	棕红色	紫砂土	碎块状	5.8	2.3	0.22	0.22					
						M	18—100	灰黄色	轻壤土	小块状	6.9	2.5	0.19	0.24					
剖5	铁铝土	黄壤	黄壤	麻黄壤	厚有机质层中层麻黄壤	A	0—13	棕色	砂壤土	小块状	4.5	14.7	0.84	0.06	5.2	17	花岗岩	E 108°53′19.3″ N 18°44′21.8″	75
						B	13—33	浅黄色		块状	4.3	13.9	0.40	0.04					
						C	33—80	黄色			4.0								
							80—100	灰白色											
剖6	人为土	水稻土	潴育水稻土	页赤土田	页赤砂质田	A	0—12	浅灰色	轻壤土	碎块状	5.1	18.3	0.96	0.06	1.7	16	砂页岩	E 109°12′22.3″ N 18°47′17.5″	75
						P	12—18	棕灰色	紫砂土	碎块状	5.3	10.3	0.47	0.06					
						M	18—80	棕灰色	轻壤土	小块状	5.5	19.7	0.38	0.03					
剖7	人为土	水稻土	潴育水稻土	页赤土田	页赤砂质田	A	0—15	浅黄色	紫砂土	碎块状	4.7	14.3	0.96	0.06	1.7	16	砂页岩	E 109°04′25.0″ N 18°45′12.6″	84
						P	15—22	棕黄色	紫砂土	小块状	6.1	3.0	0.47	0.06					
						W	22—100	灰红色	松砂土	块状	5.2	0.8	0.38	0.03					
剖8	铁铝土	砖红壤	砖红壤	麻赤土地	麻赤砂质地	A	0—13	灰黄色	砂壤土	粒状	6.7	6.0	0.73	0.05	0.4	34	花岗岩	E 109°10′28.2″ N 18°43′58.8″	95
						B	13—27	灰黄色	轻壤土	粒状	6.7	10.0	0.73	0.09					
						C	27—50	棕灰色	轻壤土	粒状	6.7	8.0	0.60	0.36					
剖9	人为土	水稻土	淹育水稻土	浅脚麻赤土田	麻褐砂质田	A	0—10	灰黄色	紫砂土	粒状	5.0	16.3	1.39	0.08	1.3	39	砂页岩	E 109°14′08.5″ N 18°43′45.1″	83
						P	10—15	棕灰色	紫砂土	碎块状	4.7	11.2	1.05	0.07					
						C	15—65	灰白色	轻壤土	块状	5.0	8.6	0.93	0.05					
剖10	铁铝土	砖红壤	砖红壤	页赤土	薄有机质层中层页赤土	A	0—9	灰色	中壤土	核状	5.1	11.0	0.71	0.09	0.9	137	花岗岩	E 109°07′01.9″ N 18°43′38.6″	93
						A₁	9—38	灰黄色	轻壤土	块状	4.8	6.0	0.46	0.12					
						B₁	38—100	灰黄色	轻壤土	块状	4.9	6.0	0.31	0.09					
剖11	人为土	水稻土	淹育水稻土	浅脚爆红泥田	爆红砂质田	A	0—10	灰色	紫砂土	粒状	5.4	7.3	0.50	0.10	0.4	17		E 109°11′10.0″ N 18°43′01.2″	70
						B	10—15	黑褐色	轻壤土	小块状	5.2	4.3	0.50	0.07					
						B₂	15—100	灰黄色	中壤土	小块状	5.4	4.2	0.47	0.06					
剖12	人为土	水稻土	潴育水稻土	青底潮砂泥田	青底潮砂泥田	A	0—18	灰色	重壤土	块状	5.6	23.6	1.35	0.06	0.9	95	砂页岩	E 109°11′39.1″ N 18°40′36.5″	70
						P	18—22	灰蓝色	砂壤土	块状	4.5	4.2	0.67	0.03					
						C	22—100	青蓝色	中壤土	块状	4.8	2.6	0.37	0.04					
剖13	人为土	水稻土	淹育水稻土	浅脚爆红泥田	爆红砂泥田	A	0—13	灰色	轻壤土	小块状	5.0	9.9	0.81	0.03	10.0	6		E 109°15′25.7″ N 18°41′12.5″	86
						P	13—18	浅灰色	砂壤土	小块状	4.0	2.4	0.27	0.01					
						C	18—92	浅灰色	砂壤土	小块状	5.6	0.5	0.03	微量					

续表 Continued

剖面号 Soil profile	土纲 Soil order	土类 Soil great group	亚类 Soil subgroup	土属 Soil genus	土种 Soil species	土层码 Layer code	土层厚度 Depth/cm	颜色 Soil color	质地 Soil texture	土壤结构 Soil structure	pH	有机质 OM/(g/kg)	全氮 TN/(g/kg)	全磷 TP/(g/kg)	有效磷 AP/(mg/kg)	速效钾 AK/(mg/kg)	土壤母质 Parent material	剖面点坐标 Profile coordinate	匹配指数 Matching index/%
剖14	初育土	风沙土	滨海风沙土	滨海沙土	半固定沙土	A	0–15	灰白色	松砂土	粒状	5.6	1.2	0.34	0.04	3.1	6	滨海沉积物	E 108°41′40.6″ N 18°33′29.9″	89
						C	15–55	浅黄色	松砂土	粒状	5.8		0.32	0.03					
						C₁	55–100	浅黄色	松砂土	粒状	5.4		0.21	0.03					
剖15	铁铝土	赤红壤	赤红壤	麻赤红壤	中有机质层中层麻赤红壤	A	0–16	灰色	中壤土	块状	5.5	31.0	1.56	0.22	1.7	141	花岗岩	E 108°55′14.5″ N 18°39′58.3″	77
						B	16–63	黄棕色	重壤土	块状	5.4	14.0	0.76	0.34					
						B₁	63–100	棕红色	中壤土	块状	5.0	26.7	0.42	0.05					
剖16	铁铝土	砖红壤	褐色砖红壤	页褐赤土		A	0–20	棕红色	重壤土	碎块状	5.4	25.0	1.22	1.66	2.2	164	砂页岩	E 108°57′37.4″ N 18°36′16.6″	86
						B	20–100	砖红色	重壤土	碎块状		20.0	0.98	0.14					
剖17	铁铝土	砖红壤	褐色砖红壤	麻褐赤土	中有机质层厚层麻褐赤土	A	0–17	黑色	砂壤土	小块状	6.5	35.0	1.94	0.33	2.2	185	花岗岩	E 108°48′02.5″ N 18°35′44.2″	81
						B₁	17–30	棕黄色	砂壤土	小块状	5.6	15.0	0.55	0.21					
						B₂	30–100	黄色	松砂土	粒状	5.5	9.0	0.36	0.18					
剖18	半淋溶土	燥红土	燥红土	海积燥红土	中有机质层厚层海积燥红土	A	0–14	黄棕色	紧砂土	核状	6.6	5.0	0.38	0.50	1.3	59	浅海沉积物	E 108°45′55.3″ N 18°33′21.0″	81
						B	14–32	棕红色	轻壤土	碎块状	6.6	5.0	0.64	0.09					
						B₁	32–100	褐红色	中壤土	块状		7.0	0.50	0.07					
剖19	半淋溶土	燥红土	砖红壤	麻燥红土	中有机质层中层麻燥红土	A	0–12	褐灰色	中壤土	碎块状	6.3	10.0	0.83	0.21	1.3	108	花岗岩	E 108°56′41.6″ N 18°32′35.2″	77
						B	12–21	棕灰色	中壤土	碎块状	5.0	14.0	0.94	0.33					
						B₁	21–80	棕色	中壤土	碎块状		8.0	0.71	0.29					
剖20	人为土	水稻土	潴育水稻土	潮砂泥田	潮砂田	A	0–15	浅灰色	紧砂土	粒状	5.0	16.1	0.70	0.04	0.4	139	河流冲积物	E 108°55′02.3″ N 18°31′40.8″	82
						P	15–21	浅灰色	紧砂土	块状	5.0	9.7	0.17	0.07					
						W	21–75	灰黄色	紧砂土	块状	5.8	3.8	0.10	0.06					
剖21	人为土	水稻土	潴育水稻土	燥红土田	燥红砂泥地	A	0–12	灰黄色	砂壤土	碎块状	5.6	10.6	0.63	0.04	1.3	17		E 108°50′56.0″ N 18°30′05.8″	82
						B	12–18	浅黄色	轻壤土	块状	4.6	10.5	0.78	0.04					
						W	18–94	黄棕色	轻壤土	块状	6.0	2.4	0.44	0.04					
剖22	铁铝土	砖红壤	砖红壤	麻赤土地	麻赤砂泥地	A	0–12	灰红色	砂壤土	小块状	4.6	8.7	0.80	0.03	2.2	61	花岗岩	E 108°48′18.8″ N 18°37′14.5″	75
						B	12–32	浅红色	砂壤土	块状	4.6	3.4	0.55	0.03					
						B₁	32–100	灰红色	砂壤土	碎块状	4.8	1.3	0.34	0.03					
剖23	人为土	水稻土	淹育水稻土	浅脚赤土田	麻赤泥田	A	0–10	黄灰色	轻壤土	块状	5.0	10.0	0.85	0.12	1.7	67		E 109°04′18.8″ N 18°37′14.5″	71
						P	10–15	浅灰色	轻壤土	小块状	5.0	10.0	0.62	0.13					
						C₁	15–27	灰黄色	砂壤土	小块状	4.4	5.0	0.67	0.10					
						C₂	27–57	浅棕色	砂壤土	小块状	5.3	8.7	0.67	0.04					
剖24	人为土	水稻土	渗育水稻土	滨海沙土田	滨海沙地	A	0–12	灰白色	紧砂土	块状	4.7	5.7	0.55	0.04	0.4	9	滨海沉积物	E 109°15′57.6″ N 18°36′59.4″	90
						P	12–30	灰黄色	松砂土	粒状	5.0	4.7	0.38	0.04					
剖25	初育土	风沙土	滨海风沙土	滨海沙地		A	0–12	灰色	紧砂土	粒状	6.4	3.0	0.08	0.04	0.4	86	滨海沉积物	E 108°48′14.2″ N 18°29′49.0″	87
						B	12–30	浅灰色	松砂土	粒状	6.5	4.0	0.10	0.05					
						C	30–100	黄灰色	紧砂土	粒状	5.6	1.0	0.12	0.04					
剖26	人为土	水稻土	潴育水稻土	灰漂滨海土田	灰漂滨海砂质田	A	0–14	灰色	紧砂土	碎块状	5.5	25.0	1.29	0.06	1.7	18		E 108°53′16.8″ N 18°29′12.7″	75
						P	14–23	浅灰色	紧砂土	小块状	5.1	22.1	1.29	0.04					
						E	23–100	黄灰色	紧砂土	小块状	4.8	4.0	0.48	0.01					
剖27	初育土	风沙土	滨海风沙土	滨海沙土	固定沙土	A	0–13	灰白色	松砂土	粒状	5.6	4.0	0.90	0.44	7.0	12	滨海沉积物	E 108°51′34.3″ N 18°27′45.0″	100
						C	13–40	灰白色	松砂土	粒状	5.8	2.0	0.55	0.07					
						G₁	40–100	白色	松砂土	粒状	5.4	1.0	0.13	0.04					
剖28	人为土	水稻土	潴育水稻土	潮砂泥田	潮砂泥田	A	0–14	浅灰色	轻壤土	小块状	5.7	24.7	1.59	0.06	0.9	57	河流冲积物	E 108°53′01.0″ N 18°27′36.7″	89
						P	14–20	浅灰色	重壤土	粒状	5.1	8.8	0.73	0.03					
						W	20–100	浅灰色		棱柱状									

续表 Continued

剖面号 Soil profile	土纲 Soil order	土类 Soil great group	亚类 Soil subgroup	土属 Soil genus	土种 Soil species	土层码 Layer code	土层厚度 Depth/cm	颜色 Soil color	质地 Soil texture	土壤结构 Soil structure	pH	有机质 OM/(g/kg)	全氮 TN/(g/kg)	全磷 TP/(g/kg)	有效磷 AP/(mg/kg)	速效钾 AK/(mg/kg)	土壤母质 Parent material	剖面点坐标 Profile coordinate	匹配指数 Matching index/%
剖29	人为土	水稻土	渗育水稻土	灰漂燥红土田	灰漂燥红砂质田	A	0—11	灰色	紧砂土	碎块状	5.7	10.8	0.58	0.04	0.4	21		E 108°57′41.1″ N 18°25′10.5″	81
						P	11—17	灰色	砂壤土	块状	5.0	3.1	0.29	0.03					
						E	17—80	白色	砂壤土	小块状	5.6	1.0	0.24	0.02					
剖30	铁铝土	砖红壤	褐色砖红壤	安褐赤土	薄有机质层厚层安褐赤土	A	0—10	灰色	中壤土	块状	5.0	19.0	1.03	0.13	0.4	222	安山岩	E 109°01′31.4″ N 18°26′23.3″	85
						B	10—30	浅棕色	中壤土	块状	4.8	12.0	0.88	0.10					
						B₁	30—59	棕褐色	重壤土	块状	4.8	10.0	0.76	0.08					
						C	59—100	棕红色		块状									

陵水黎族自治县

主要土类说明

砖红壤是陵水黎族自治县主要土壤类型，占本县地域面积的59%，分布在海拔10—350m的台地和丘陵地带。成土母质主要为花岗岩风化物，还有少量的浅海沉积物和零星的砂岩风化物。自然植被受人为破坏严重，以灌草群落为主。砖红壤遭强烈脱硅富铝化作用，一般呈酸性，土体深厚，剖面层次明显。在A-B-C剖面构型中，淀积层（B层）富含铁铝氧化物，呈砖红色；淀积层下部常出现红白（或黄白）交织的网纹层。本县砖红壤分为砖红壤、黄色砖红壤、粗骨性砖红壤等亚类。

水稻土是陵水黎族自治县第二大土壤类型，占本县地域面积的20%。成土母质为河流冲积物、浅海沉积物以及花岗岩、砂页岩风化物。本县水稻土分为淹育型、潴育型、渗育型、潜育型、沼泽型、盐渍型等亚类。其中，潴育水稻土面积最大，占本土类面积的75%，耕作时间长，排灌条件良好。该亚类在长期周期性干湿交替水耕条件下，土壤氧化还原作用频繁，犁底层以下出现明显的潴育层。剖面层次较完整，具有耕作层、犁底层、潴育层和母质层。

赤红壤是陵水黎族自治县第三大土壤类型，占本县地域面积的11%，分布在海拔350—750m的地区。原始森林遭到破坏，自然植被为残次林及原始次生林。成土母质主要为花岗岩。赤红壤脱硅富铝化程度仅次于砖红壤，强于红壤。铁的游离度介于二者之间，黏粒硅铝率为1.7—2.0，风化淋溶系数为0.05—0.15，盐基饱和度为15%—25%。淀积层（B层）富含铁铝氧化物，呈赤红色。

黄壤占本县地域面积的6%，分布在吊罗山脉海拔750m以上的地区。该区域山高雾重，气候冷凉，雨量丰富。自然植被为山地雨林及山地季雨林。成土母质主要为花岗岩。黄壤发生于亚热带湿润条件下，中度富铝化，土壤有机质累积较多，具O-A-AB-B-C剖面构型。淀积层（B层）富含水合氧化物（针铁矿），呈黄色，有时多含三水铝石。

小于本县地域面积3%的土壤类型有风沙土和新积土。

本区域中心区气候特征

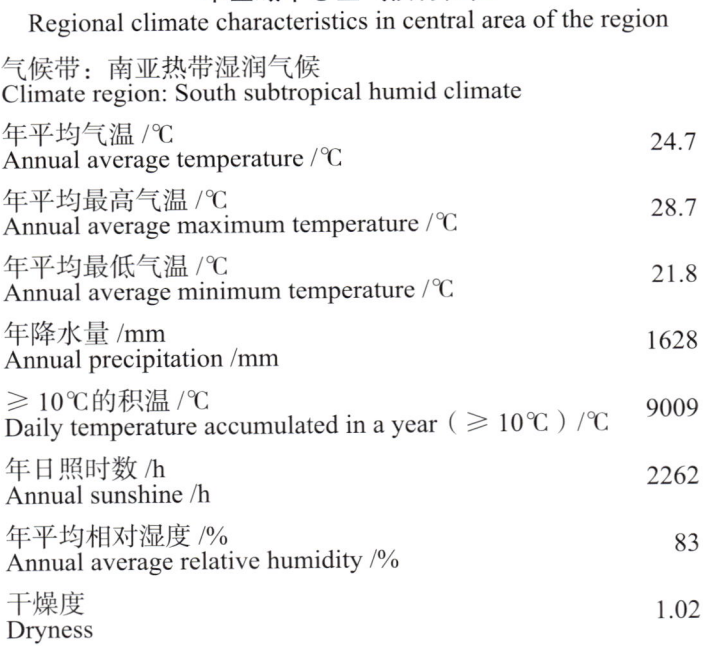

本区域中心区气候特征值
Regional climate characteristics in central area of the region

气候带：南亚热带湿润气候 Climate region: South subtropical humid climate	
年平均气温 /℃ Annual average temperature /℃	24.7
年平均最高气温 /℃ Annual average maximum temperature /℃	28.7
年平均最低气温 /℃ Annual average minimum temperature /℃	21.8
年降水量 /mm Annual precipitation /mm	1628
≥10℃的积温 /℃ Daily temperature accumulated in a year（≥10℃）/℃	9009
年日照时数 /h Annual sunshine /h	2262
年平均相对湿度 /% Annual average relative humidity /%	83
干燥度 Dryness	1.02

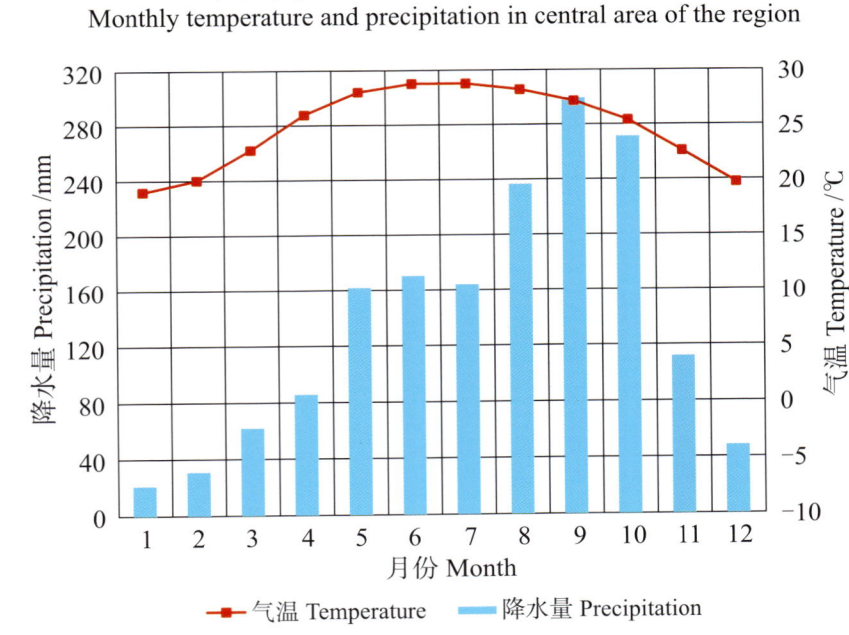

本区域中心区月平均气温与月平均降水量
Monthly temperature and precipitation in central area of the region

陵水黎族自治县主要土壤类型与土壤剖面点分布图
1:200 000

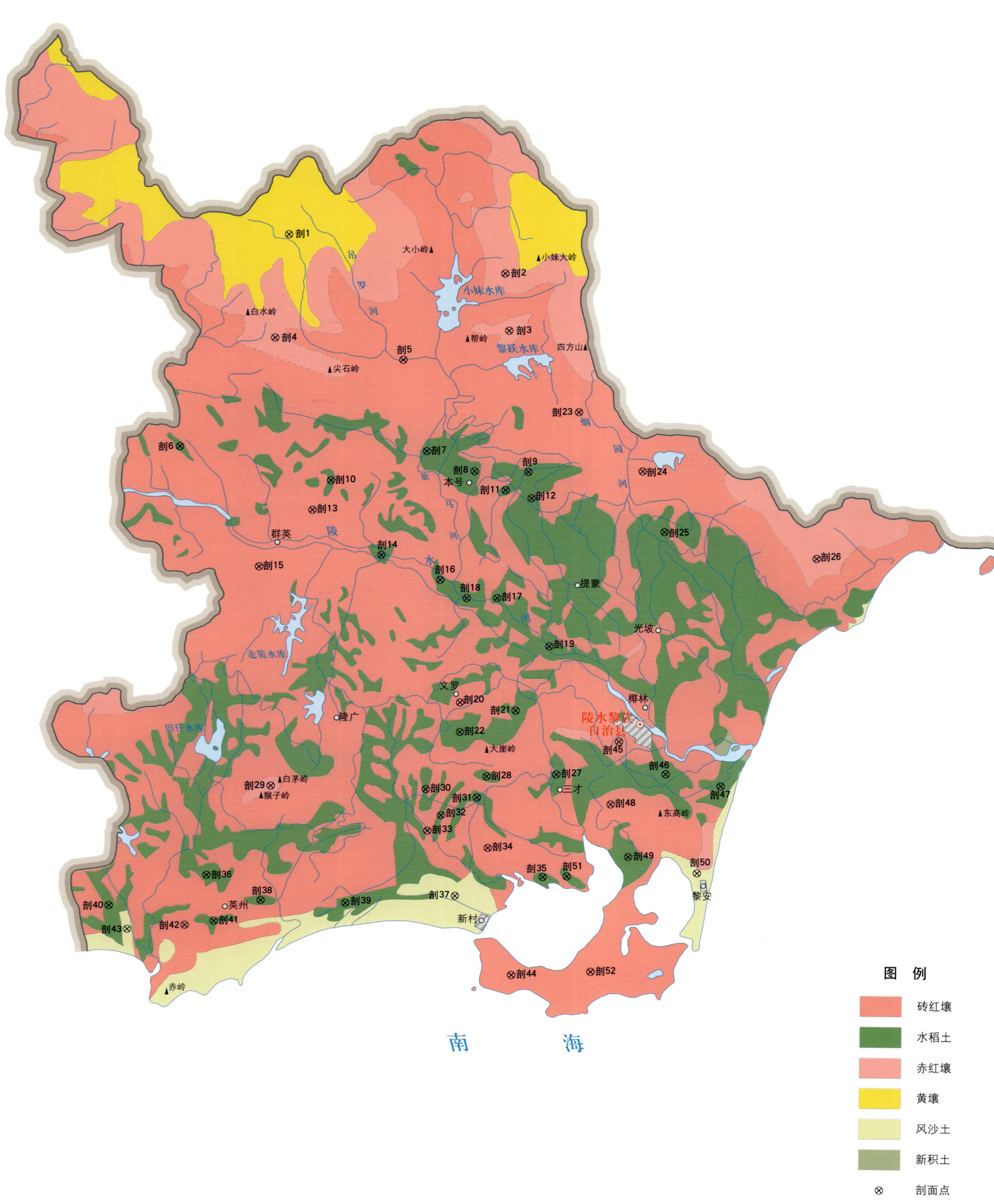

图例：砖红壤、水稻土、赤红壤、黄壤、风沙土、新积土、⊗ 剖面点

陵水黎族自治县土壤剖面理化性状表

剖面号 Soil profile	土纲 Soil order	土类 Soil great group	亚类 Soil subgroup	土属 Soil genus	土种 Soil species	土层码 Layer code	土层厚度 Depth/cm	颜色 Soil color	质地 Soil texture	土壤结构 Soil structure	pH	有机质 OM/(g/kg)	全氮 TN/(g/kg)	全磷 TP/(g/kg)	全钾 TK/(g/kg)	有效磷 AP/(mg/kg)	速效钾 AK/(mg/kg)	土壤母质 Parent material	剖面点坐标 Profile coordinate	匹配指数 Matching index/%
剖1	铁铝土	黄壤	黄壤	花岗岩黄壤	中有机质层厚层花岗岩黄壤	A	0—15	黄棕色	重石质轻壤土	团块状	4.9	30.1	1.16	0.14	6.4	4.8	58	花岗岩	E 109°52′30.2″ N 18°43′21.6″	76
						B₁	15—46	浅红黄色	重石质中壤土	块状	4.9	13.0	0.50	0.12	5.6					
						B₂	46—100	红黄色	重石质中壤土	块状	5.1	5.7	0.11	0.15	2.8					
剖2	铁铝土	赤红壤	黄色赤红壤	花岗岩黄色赤红壤	厚层花岗岩黄色赤红壤	A	0—25	暗棕灰色	轻砾质土	粒状	4.8	80.7	1.38	0.11	10.4	5.2	62	花岗岩	E 109°58′25.1″ N 18°42′21.8″	87
						B₁	25—65	浅红黄色	重石质中壤土	块状	4.8	6.4	0.22	0.08	9.5					
						B₂	65—100	暗黄色	轻石质中壤土	块状	4.7	4.0	0.12	0.03	10.3					
剖3	铁铝土	赤红壤	黄色赤红壤	花岗岩黄色赤红壤	厚层花岗岩黄色赤红壤	A	0—23	暗棕灰色	中砾质土	团块状	4.9	3.5	0.47	0.07	33.1	2.2	41	花岗岩	E 109°58′32.7″ N 18°40′50.4″	78
						B₁	23—53	浅黄棕色	轻砾质土	块状		22.6	0.78	0.08	33.5					
						B₂	53—100	中砾质土	块状		8.4	0.43	0.08	25.6						
剖4	铁铝土	赤红壤	黄色赤红壤	花岗岩黄色赤红壤	厚层花岗岩黄色赤红壤	A	0—13	暗黄棕色	重石质中壤土	碎块状	4.9	26.4	0.83	0.07	1.4	4.8	36	花岗岩	E 109°52′09.3″ N 18°40′35.7″	72
						B₁	13—55	浅黄棕色	中砾质土	块状	4.9	3.4	0.32	0.08	1.4					
						B₂	55—100	黄红色	中砾质土	块状	5.0	4.3	0.15	0.07	1.4					
剖5	铁铝土	砖红壤	黄色砖红壤	花岗岩黄色砖红壤	厚层花岗黄色赤红土	A	0—21	黑色	重石质中壤土	粒状	5.6	24.9	1.16	0.19	20.4	6.5	122	花岗岩	E 109°55′39.9″ N 18°40′02.4″	82
						B₁	21—84	浅棕色	轻石质中壤土	块状	5.1	10.8	0.59	0.19	18.7					
						B₂	84—100	红黄色	轻石质土	块状	5.2	10.8	0.61	0.17	15.5					
剖6	人为土	水稻土	潜育水稻土	青泥底黄赤土田	青泥底黄赤砂泥田	A	0—26	浅灰色	中黏土	块状	4.9	35.5	1.53	0.15	15.4	0.4	71	花岗岩	E 109°49′35.7″ N 18°37′39.1″	83
						P	26—34	灰白色	重壤土	块状	6.5	11.1	0.48	0.02	21.1					
						G	34—80	灰白色	砂壤土	块状	7.2	9.2	0.38	0.03	22.8					
剖7	人为土	水稻土	淹育水稻土	浅脚麻赤土田	浅麻赤砂泥田	A	0—16	暗黄棕色	中石质砂壤土	碎块状	6.1	7.0	0.28	0.11	9.7	20.5	27	花岗岩	E 109°56′20.0″ N 18°37′35.4″	77
						B	16—48	黄灰黄色	松砂土	碎块状	6.2	3.2	0.08	0.03	15.0					
						C	48—100	黄棕黄色	轻石质紧砂土	块状	6.0	2.3	0.08	0.35	10.0					
剖8	人为土	水稻土	淹育水稻土	浅脚麻赤土田	浅麻赤砂泥田	A	0—17	褐色	中石质砂壤土	碎块状	6.3	10.8	0.54	0.08	15.6	4.8	32	花岗岩	E 109°57′38.7″ N 18°37′03.7″	97
						P	17—26	褐色	中石质砂壤土	碎块状	6.4	8.6	0.40	0.07	14.4					
						C	26—100	黄色	中石质轻壤土	团块状	6.3	2.3	0.08	0.05	19.4					
剖9	人为土	水稻土	淹育水稻土	浅脚麻赤土田	石子底浅麻赤土田	A	0—13	棕灰色	重石质轻壤土	碎块状	5.7	12.0	0.61	0.20	28.3	18.3	39	花岗岩	E 109°59′06.5″ N 18°37′03.7″	74
						P	13—20	灰白色	轻石质轻壤土	块状	5.9	9.0	0.45	0.21	26.1					
						3	20—100	红黄色	中石质砂壤土	块状	6.2	3.8	0.14	0.35	13.1					
剖10	人为土	水稻土	潜育水稻土	青泥底黄赤土田	青泥底黄赤砂泥田	A	0—13	灰黄色	轻石质轻壤土	块状	6.9	8.9	0.41	0.08	21.9	5.2	37	花岗岩	E 109°53′43.9″ N 18°36′46.7″	80
						P	13—23	绿黄色	中石质砂壤土	块状	5.9	4.2	0.31	0.07	26.8					
						G	23—100	青黄色	砂壤土	块状	6.3	2.4	0.07	0.06	30.4					
剖11	人为土	水稻土	潜育水稻土	青泥格田	砂泥青泥格	A	0—15	棕灰色	轻石质砂壤土	团块状	5.4	15.4	0.63	0.11	28.4	3.9	28	花岗岩	E 109°58′29.7″ N 18°36′33.5″	89
						P	15—24	暗黄色	重石质砂壤土	碎块状	5.8	22.2	0.94	0.10	31.9					
						G	24—62	灰黄棕色	中石质砂壤土	块状	7.2	4.4	0.14	0.04	29.8					
						W	62—100	灰黄棕色	中石质砂壤土	块状	7.6	1.9	0.04	0.06	30.3					
剖12	人为土	水稻土	潜育水稻土	冷锈田	铁锈水田	A	0—12	暗黄棕色	中石质轻壤土	团块状	5.7	29.4	1.25	0.11	19.7	6.5	66	花岗岩	E 109°59′12.5″ N 18°36′21.1″	80
						P	12—29	暗黄棕色	重石质轻壤土	碎块状	5.5	28.1	1.14	0.08	19.7					
						G	29—90	棕灰色	中石质轻壤土	粒状	5.4	26.7	1.11	0.04	18.6					
剖13	铁铝土	砖红壤		红赤土胶园地	胶园红赤泥地	A	0—16	暗棕色	中壤土	团块状	5.5	27.4	1.18	0.38	32.2	5.7	61	花岗岩	E 109°53′14.0″ N 18°35′58.7″	97
						B₁	16—39	黄色	中石质轻壤土	块状	5.1	15.3	0.63	0.14	30.7					
						B₂	39—67	暗红色	中石质中壤土	块状	5.1	9.3	0.36	0.11	30.7					
						C	67—	暗红色	风化石											

续表 Continued

剖面号 Soil profile	土纲 Soil order	土类 Soil great group	亚类 Soil subgroup	土属 Soil genus	土种 Soil species	土层码 Layer code	土层厚度 Depth/cm	颜色 Soil color	质地 Soil texture	土壤结构 Soil structure	pH	有机质 OM/(g/kg)	全氮 TN/(g/kg)	全磷 TP/(g/kg)	全钾 TK/(g/kg)	有效磷 AP/(mg/kg)	速效钾 AK/(mg/kg)	土壤母质 Parent material	剖面点坐标 Profile coordinate	匹配指数 Matching index/%
剖14	人为土	水稻土	淹育水稻土	生泥田	生涼田	A	0—12	浅灰色	中石质砂壤土	粒状	5.0	12.1	0.44	0.05	13.4	4.8	111		E 109°55′07.8″ N 18°34′48.1″	82
						P	12—20	灰黄色	中石质砂壤土	碎块状	4.9	8.2	0.48	0.03	13.4					
						C	20—98	暗黄色	中石质砂壤土	碎块状	3.2	21.1	0.42	0.05	13.2					
剖15	铁铝土	砖红壤	砖红壤	花岗岩砖红壤	厚有机质层厚层花岗岩砖红壤	A	0—23	棕色	轻石质中壤土	块状	5.6	16.1	0.66	0.22	3.2	0.4	36	花岗岩	E 109°51′47.9″ N 18°34′27.3″	84
						B_1	23—60	暗棕色	重石质重壤土	块状	5.7	7.7	0.33	0.21	16.8					
						B_2	60—100	暗棕色	轻石质重壤土	块状	5.6	5.7	0.23	0.17	21.2					
剖16	人为土	水稻土	渗育水稻土	滨海砂质田	白砂田	A	0—18	灰白色	轻石质砂壤土	散状	6.3	5.6	0.26	0.03	15.1	3.5	16		E 109°56′44.6″ N 18°34′09.3″	90
						P	18—25	白色	松砂土	块状	6.9	2.6	0.09	0.02	15.1					
						B	25—100	棕灰色	轻石质紧砂土	块状	6.3	1.5	0.07	0.03	13.8					
剖17	人为土	水稻土	潴育水稻土	河砂泥田	河砂泥田	A	0—13	浅黄棕色	中壤土	块状	5.0	19.8	0.98	0.34	36.7	14.0	32	河流冲积物	E 109°58′18.1″ N 18°33′41.1″	85
						P	13—19	浅黄色	中壤土	块状	5.7	11.0	0.56	0.26	33.4					
						W	19—100	褐色	重壤土	块状	6.3	8.4	0.41	0.23	29.0					
剖18	人为土	水稻土	潴育水稻土	河砂泥田	河砂质田	A	0—18	棕灰色	重石质砂壤土	粒状	6.4	6.2	0.25	0.08	26.4	3.1	17	河流冲积物	E 109°57′28.6″ N 18°33′40.4″	87
						P	18—27	灰白色	中石质砂壤土	碎状	7.5	2.4	0.07	0.04	29.5					
						W_1	27—45	黄棕色	重石质砂壤土	块状	7.8	4.3	0.12	0.04	26.1					
						W_2	45—100	紫灰色	轻石质砂壤土	块状	7.7	1.2	0.02	微量	26.6					
剖19	人为土	水稻土	潴育水稻土	潮砂泥田	乌潮泥田	A	0—14	棕灰色	轻石质砂壤土	块状	5.6	20.0	0.93	0.09	30.5	5.7	47	河流冲积物	E 109°57′44.5″ N 18°33′24.2″	75
						P	14—24	青灰色	重石质砂壤土	块状	6.1	14.9	0.67	0.09	30.7					
						W	24—100	暗灰色	轻石质砂壤土	块状	5.6	11.5	0.54	0.08	28.3					
剖20	铁铝土	砖红壤	砖红壤	红赤土地	石子红赤土地	A	0—24	浅灰色	重石质砂壤土	粒状	6.1	3.9	0.10	0.09	15.7	4.8	32	花岗岩	E 109°57′19.7″ N 18°30′51.7″	95
						B_1	24—58	棕灰色	中石质砂壤土	碎块状	6.1	3.4	0.09	0.11	14.8					
						B_2	58—80	红灰色	中石质砂壤土	碎块状	6.4	3.3	0.12	0.14	11.0					
剖21	人为土	水稻土	潴育水稻土	青泥底麻赤土田	青泥底黄色赤砂质田	A	0—13	灰黄棕色	砂壤土	团块状	6.3	14.9	0.60	0.07	28.2	0.4	25		E 109°58′50.5″ N 18°30′39.9″	76
						P	13—21	暗棕灰色	砂壤土	块状	7.1	6.0	0.24	0.04	28.2					
						G_1	21—38	暗灰色	砂壤土	块状	7.2	9.5	0.81	0.24	28.6					
						G_2	38—100	黑色	砂壤土	块状										
剖22	人为土	水稻土	潴育水稻土	冷底田	冷底田	A	0—15	浅黄棕色	轻石质轻壤土	块状	5.9	48.1	2.18	0.20	25.6	5.7	62		E 109°57′20.1″ N 18°30′04.3″	85
						P	15—36	棕灰色	中石质轻壤土	块状	5.5	29.8	1.29	0.10	22.0					
						G	36—100	灰白色	中石质轻壤土	块状	5.3	23.6	0.90	0.07	20.2					
剖23	铁铝土	砖红壤	黄色砖红壤	花岗岩黄色砖红壤	中有机质层厚层黄色赤土	A	0—17	褐色	中砾质壤土	粒块状	5.2	23.5	0.79	0.05	0.4	5.2	202	花岗岩	E 110°00′28.4″ N 18°38′40.5″	70
						B_1	17—60	红黄色	中砾质壤土	碎块状	5.0	1.2	0.49	0.04	4.3					
						B_2	60—100	浅红黄色	中石质壤土	碎块状	4.7	7.9	0.31	0.03	2.9					
剖24	铁铝土	砖红壤	砖红壤	红赤土地	红赤砂砂土地	A	0—14	灰棕色	中石质砂壤土	块状	6.8	3.5	0.10	0.06	7.3	3.1	32	花岗岩	E 110°02′13.9″ N 18°37′06.2″	96
						B_1	14—39	棕色	中石质砂壤土	块状	5.0	5.5	0.21	0.17	5.8					
						B_2	39—90	红棕色	中石质砂壤土	块状	4.9	5.0	0.22	0.18	6.1					
剖25	人为土	水稻土	淹育水稻土	浅脚黄赤砂田	浅脚黄赤质田	1	0—13	暗棕色	轻石质砂壤土		6.8	5.8	0.22	0.03	5.9	3.1	20		E 110°02′50.8″ N 18°35′29.1″	97
						2	13—26	暗棕色	中石质砂壤土		7.7	0.8		0.18	6.6					
						3	26—59	棕色	轻石质砂壤土		7.4	2.0		0.03	5.3					
剖26	铁铝土	砖红壤		花岗岩砖红壤	中有机质层厚层花岗岩赤红壤	A	0—18	暗棕色	重壤土	碎块状	5.6	56.1	1.94	0.26		5.7	29	花岗岩	E 110°07′00.5″ N 18°34′49.4″	86
						B_1	18—32	暗棕色	轻砾质壤土	块状	5.6	26.7	0.91	0.16	18.1					
						B_2	32—35	棕色	重石质紫砂壤土	块状	6.7	1.8	0.10	0.06	18.1					
剖27	人为土	水稻土	潴育水稻土	黄赤土田	黄砂赤泥田	A	0—13	灰黄色	砂壤土	碎块状	5.6	19.1	0.89	0.12		0.9	30		E 109°59′58.7″ N 18°28′58.3″	91
						P	13—22	暗黄色	轻壤土	块状	5.8	19.4	0.99	0.12	18.1					
						W	22—66	浅灰黄色	重壤土	块状	5.1	10.2	0.26	0.06	26.7					

续表 Continued

剖面号 Soil profile	土纲 Soil order	土类 Soil great group	亚类 Soil subgroup	土属 Soil genus	土种 Soil species	土层码 Layer code	土层厚度 Depth/cm	颜色 Soil color	质地 Soil texture	土壤结构 Soil structure	pH	有机质 OM/(g/kg)	全氮 TN/(g/kg)	全磷 TP/(g/kg)	全钾 TK/(g/kg)	有效磷 AP/(mg/kg)	速效钾 AK/(mg/kg)	土壤母质 Parent material	剖面点坐标 Profile coordinate	匹配指数 Matching index/%
剖28	人为土	水稻土	潜育水稻土	青泥底麻赤土田	青泥底麻赤砂泥田	A	0—19	灰棕色	中石质轻壤	块状	5.2	24.2	1.21	0.10	18.2	3.1	32		E 109°58′05.0″ N 18°28′54.0″	71
						P	19—30	灰蓝色	中石质轻壤	块状	5.2	10.8	0.49	0.06	15.8					
						G	30—100	暗灰色	重石质松砂土	碎块状	6.7	8.6	0.60	0.01	21.8			花岗岩		
剖29	铁铝土	赤红壤	赤红壤	花岗岩赤红壤	中有机质层厚层花岗岩赤红壤	A	0—12	暗棕黄色	轻壤土	块状	5.9	28.7	1.28	0.42		5.2	193		E 109°52′11.7″ N 18°28′34.8″	87
						B_1	12—25	浅棕黄色	轻壤土	块状	5.4	18.2	0.83	0.38						
						B_2	25—140	浅红黄色	轻黏土	块状	5.4	9.4	0.51	0.25				花岗岩		
剖30	人为土	水稻土	潜育水稻土	青泥格田	麻赤青泥格田	A	0—14	暗棕黄色	轻石质紧砂土	团块状	8.3	3.6	0.38	0.07	26.5	1.7	12		E 109°56′25.5″ N 18°28′32.5″	83
						P	14—23	暗黄黄色	轻石质紧砂土	碎块状	8.1	1.5	0.04	0.05	37.8					
						G	23—66	浅灰黄色	轻石质轻壤	碎块状	6.1	2.1	0.12	0.04	31.4					
						W	66—100		轻壤土	块状										
剖31	人为土	水稻土	潜育水稻土	黄赤土田	黄砂泥田	A	0—19	灰黄棕色	轻石质松砂土	块状	6.6	13.7	0.66	0.08	20.2	5.2	27		E 109°56′49.6″ N 18°28′20.0″	88
						P	19—25	暗棕黄色	紧砂土	块状	7.1	3.6	0.40	0.07	19.9					
						W	25—65	棕黄色	松砂土	散状	7.0	3.0	0.23	0.05	6.3					
剖32	人为土	水稻土	渗育水稻土	滨海砂质田		A	0—10	棕色	轻石质松砂土	块状	6.5	5.7	0.23	0.04	9.2	0.9	20		E 109°57′50.8″ N 18°27′50.8″	70
						P	10—14	灰白色	轻石质紧砂土	块状	6.5	6.5	0.27	0.05	10.0					
						E	14—40	暗灰黄色	轻石质轻壤	块状	7.5	1.8		0.03	8.3					
						C	40—62		轻壤土											
剖33	铁铝土	砖红壤	砖红壤	红赤土地	石子底红赤土地	A	0—19	褐黄色	轻石质松砂土	块状	6.6	4.0	0.13	0.06	34.5	5.7	38		E 109°56′29.1″ N 18°27′25.3″	75
						P	13—30	黄色	中壤土	块状	6.5	3.1	0.22	0.10	33.2					
						B	30—100	暗黄色	紧砂土		7.0	3.1	0.25	0.08	23.7					
剖34	铁铝土	砖红壤	砖红壤	黄赤土地	黄赤质地	A	0—21	灰灰色	松砂土	块状	5.8	2.7		0.07	7.6	22.3	19		E 109°58′08.4″ N 18°26′58.4″	95
						B	21—44	浅灰黄色	松砂土	散状	7.3	2.0	0.07	0.06	7.3					
						C	44—100	黄棕色			8.0	2.4	0.18	0.06	7.3					
剖35	人为土	水稻土	盐渍水稻土	咸田	轻咸田	A	0—15	黑色	轻石质砂壤	块状	8.8	25.0	1.49	0.35	4.2	5.2	22		E 109°59′39.0″ N 18°26′12.5″	83
						P	15—24	黑色	轻石质砂壤	块状	8.9	13.8		0.31	3.4					
						G	24—42	暗黄色	重石质砂壤	块状	9.3	5.1	0.24	0.20	2.2					
剖36	人为土	水稻土	潜育水稻土	黄赤土地	黄赤质砂田	A	0—13	棕灰色	中石质砂壤	碎块状	6.2	15.0	0.78	0.07	31.8	4.4	37		E 109°50′29.0″ N 18°26′08.6″	73
						P	13—21	暗黄色	中壤土	块状	7.5	3.4	0.07	0.03	25.1					
						W	21—100	暗灰黄色	砂壤土	块状	7.2	4.0	0.18	0.03	25.5					
剖37	初育土	风沙土	滨海风沙土	滨海沙土	流动沙土	A	0—20	暗灰黄色	中石质松砂	碎块状	5.5	18.9	0.80	0.06	28.3	3.5	25	滨海沉积物	E 109°57′15.9″ N 18°25′40.0″	91
						P	20—30	暗黄色	中石质松砂土	碎块状	5.3	13.1	0.56	0.07	28.3					
						G	30—100	黑色	轻石质砂壤	团块状	5.8	15.4	0.63	0.11	29.7					
剖38	人为土	水稻土	潜育水稻土	潮砂泥田	潮泥田	A	0—14	灰白色	松砂土	块状	5.5	10.8	0.55	0.08	19.8	3.9	39	河流冲积物	E 109°51′58.3″ N 18°25′28.5″	80
						P	14—25	棕灰色	紧砂土	棱柱状	6.0	8.7	0.45	0.14	21.7					
						W	25—100	褐色	砂壤土	块状	6.7	1.9	0.11	0.02	19.9					
剖39	人为土	水稻土	潜育水稻土	乌泥底田	乌泥底田	A	0—18	灰灰色	轻石质砂壤	块状	5.7	18.9	0.83	0.08	10.0	3.1	22		E 109°54′16.7″ N 18°25′26.1″	79
剖40	人为土	水稻土	潜育水稻土	黄赤土田	黄赤质砂田	P	18—30	浅棕色	中石质砂壤	块状	6.4	6.1	0.27	0.04	8.4	9.6	31		E 109°47′49.7″ N 18°25′16.8″	81
剖41	人为土	水稻土	渗育水稻土	滨海砂质田	黑砂田	A	0—14	灰灰色	中石质松砂土	散状	6.8	3.8	0.14	0.02	10.8	7.0	39		E 109°50′41.7″ N 18°24′54.2″	92

剖面号 Soil profile	土纲 Soil order	土类 Soil great group	亚类 Soil subgroup	土属 Soil genus	土种 Soil species	土层码 Layer code	土层厚度 Depth/cm	颜色 Soil color	质地 Soil texture	土壤结构 Soil structure	pH	有机质 OM/(g/kg)	全氮 TN/(g/kg)	全磷 TP/(g/kg)	全钾 TK/(g/kg)	有效磷 AP/(mg/kg)	速效钾 AK/(mg/kg)	土壤母质 Parent material	剖面点坐标 Profile coordinate	匹配指数 Matching index/%
剖42	铁铝土	砖红壤	砖红壤	黄赤土	厚有机质层厚层黄赤土	A	0—25	灰黄色	紧砂土	粒状	6.7	2.0	0.09	0.04	2.1	7.0	32		E 109°49′54.4″ N 18°24′47.2″	92
						B₁	25—68	褐色	砂壤土	粒状	6.1	1.6	0.09	0.08	0.2					
						B₂	68—100	灰黄色	砂壤土	粒状	6.3	2.7	0.09	0.07	1.4					
剖43	初育土	风沙土	滨海风沙土	滨海沙土	半固定沙土	A	0—28	灰白色	松砂土	散状	8.6	0.8	0.13	0.13	10.0	5.2	14	滨海沉积物	E 109°48′20.3″ N 18°24′39.2″	96
						B₁	28—45	灰黄色	松砂土	散状	8.8	0.4	0.07	0.11	10.0					
						B₂	45—100	灰黄色	松砂土	散状	8.6	0.1	0.02	0.07	4.7					
剖44	铁铝土	砖红壤	砖红壤	花岗岩砖红壤	中有机质层厚层花岗岩砖红壤	A	0—15	灰棕色	砂壤土	块状	5.3	23.5	0.79	0.05	2.1	5.2	202	花岗岩	E 109°58′49.6″ N 18°23′34.1″	99
						B₁	15—40	浅棕红色	砂壤土	块状	5.2	11.2	0.49	0.92						
						B₂	40—80	暗棕红色	轻壤土	块状	6.1	7.9	0.31	0.03	2.4					
剖45	铁铝土	砖红壤	砖红壤	黄赤土地	黄赤砂质地	A	0—15	浅灰色	砂壤土	小块状	5.9	3.2	0.17	0.05	3.6	4.8	2		E 110°01′40.6″ N 18°29′51.4″	91
						B₁	15—42	灰黄色	砂壤土	小块状	8.6	2.0	0.06	0.03	4.1					
						B₂	42—69	灰棕色	紧砂土	粒状	5.9	0.7	0.04	0.02	4.7					
剖46	人为土	水稻土	潴育水稻土	潮砂泥田	潮砂田	A	0—13	褐色	砂壤土	块状	5.5	11.8	0.55	0.11	37.7	6.1	30	河流冲积物	E 110°02′57.4″ N 18°29′00.6″	87
						P	13—23	灰黄色	砂壤土	块状	5.5	9.1	0.45	0.10	37.4					
						W	23—100	浅黄黄色	砂壤土	块状	6.8	3.4	0.11	0.08	35.4					
剖47	人为土	水稻土	潴育水稻土	潮砂泥田	潮砂泥田	A	0—14	浅灰色	轻石质中壤土	粒状	5.0	23.4	1.12	0.16	35.7	5.7	34	河流冲积物	E 110°04′27.8″ N 18°28′42.5″	99
						P	14—21	灰黄色	轻石质中壤土	块状	6.2	15.0	0.73	0.12	32.6					
						W	21—100	暗灰黄色	轻石质轻壤土	棱柱状	7.3	6.4	0.29	0.09	33.4					
剖48	铁铝土	砖红壤	砖红壤	砂页岩赤土	厚有机质层厚层砂页岩赤土	A	0—30	暗棕灰色	轻石质砂壤土	块状	5.4	20.1	0.70	0.20	15.1	0.9	103	砂页岩	E 110°01′28.2″ N 18°28′11.5″	85
						B₁	30—60	灰棕色	轻石质轻壤土	块状	5.3	7.3	0.27	0.17	16.8					
						B₂	60—100	红黄色	轻石质轻壤土	块状	5.2	6.5	0.28	0.17	18.2					
剖49	人为土	水稻土	潴育水稻土	黄赤土田	黄赤土田	A	0—19	棕色	重石质中壤土	团块状	5.5	22.4	1.16	0.15	29.5	2.6	79	浅海沉积物	E 110°01′58.2″ N 18°26′46.4″	98
						P	19—25	浅黄棕色	轻石质中壤土	块状	7.1	5.0	0.25	0.09	28.8					
						W	25—100	灰黄色	轻石质中壤土	块状	6.4	2.4	0.13	0.07	31.1					
剖50	初育土	风沙土	滨海风沙土	滨海沙土	固定沙土	A	0—10	灰白色	松砂土		6.8	2.0	0.17	0.02	1.2	5.2	3	滨海沉积物	E 110°03′51.2″ N 18°26′21.6″	89
						C₁	10—40	白色	轻石质松砂土		7.1	0.8	0.36	0.01	1.2					
						C₂	40—100	白色	轻石质松砂土		6.8	0.1	0.13	0.01	1.2					
剖51	水稻土	水稻土	盐渍水稻土	咸酸田	轻咸酸田	A	0—12	浅灰色	砂壤土	小块状	5.0	12.1	0.44	0.05	13.4	4.8	111		E 110°00′18.4″ N 18°26′13.8″	85
						P	12—20	灰黄色	紧砂土	碎块状	4.9	8.2	0.18	0.03	13.4					
						G	20—98	暗黄色	紧砂土	碎块状	3.2	21.1	0.42	0.05	13.2					
剖52	铁铝土	砖红壤	砖红壤	黄赤土	薄有机质层厚层黄赤土	A	0—9	浅黄色	紧砂土	粒状	5.8	6.3	0.25	0.05	2.1	4.4	11		E 110°00′59.1″ N 18°23′40.9″	94
						B₁	9—35	灰白色	紧砂土	粒状	5.7	4.6	0.16	0.03	1.4					
						B₂	35—100	白色	紧砂土	板结状	5.3	1.5	0.09	0.70						

保亭黎族苗族自治县

主要土类说明

砖红壤是保亭黎族苗族自治县主要土壤类型，占本县地域面积的65%，主要分布在海拔50—400m的丘陵、台地和岭脚。砖红壤土层深厚，表层呈暗红棕色，心土层呈砖红色且具有大量暗色胶膜和细粒铁锰结核，剖面构型为A–Bs–Bv–C。土壤脱硅富铝化作用强烈，铁铝氧化物明显聚积，黏粒硅铝率小于1.6，铁的游离度大于80%；黏粒矿物以高岭石、赤铁矿和三水铝石为主，原生矿物强烈风化，风化淋溶系数小于0.05；硅和盐基大量淋失，盐基饱和度低，土壤酸性强。本县砖红壤分为砖红壤和黄色砖红壤两个亚类，分别占本土类面积的47%和53%。

赤红壤是保亭黎族苗族自治县第二大土壤类型，占本县地域面积的28%，分布在介于砖红壤和黄壤之间的山地。典型剖面构型为A–Bs–C，铁的游离度介于红壤与砖红壤之间，黏粒硅铝率为1.7—2.0，风化淋溶系数为0.05—0.15。本县赤红壤分为赤红壤和黄色赤红壤两个亚类。

水稻土是保亭黎族苗族自治县第三大土壤类型，占本县地域面积的4%。水稻土是在长期的季节性淹灌、水下翻耕、季节性脱水、氧化还原交替影响下，原来的成土母质或母土的特性发生重大改变，形成的新的土壤类型。由于干湿交替，水稻土形成糊状的淹育层、较坚实板结的犁底层、渗育层、潴育层与潜育层等多种发生层。这些不同的发生层是在人为耕作、水浆管理下形成的。本县水稻土分为潴育型、潜育型、淹育型、渗育型、沼泽型等亚类。其中，潴育水稻土面积最大，占本土类面积的70%。

黄壤占本县地域面积的3%。成土母质为花岗岩和砂页岩风化物。黄壤中度富铝化，土壤呈黄色，富含水合氧化物（针铁矿），具有鲜黄色或蜡黄色的铁铝淀积层。典型剖面构型为O–A–AB–B–C，pH为4.5—5.5，有机质含量较高。

本区域中心区气候特征

本区域中心区气候特征值
Regional climate characteristics in central area of the region

气候带：南亚热带湿润气候 Climate region: South subtropical humid climate	
年平均气温 /℃ Annual average temperature /℃	24.8
年平均最高气温 /℃ Annual average maximum temperature /℃	28.7
年平均最低气温 /℃ Annual average minimum temperature /℃	21.9
年降水量 /mm Annual precipitation /mm	1540
≥10℃的积温 /℃ Daily temperature accumulated in a year（≥10℃）/℃	9034
年日照时数 /h Annual sunshine /h	2308
年平均相对湿度 /% Annual average relative humidity /%	83
干燥度 Dryness	1.09

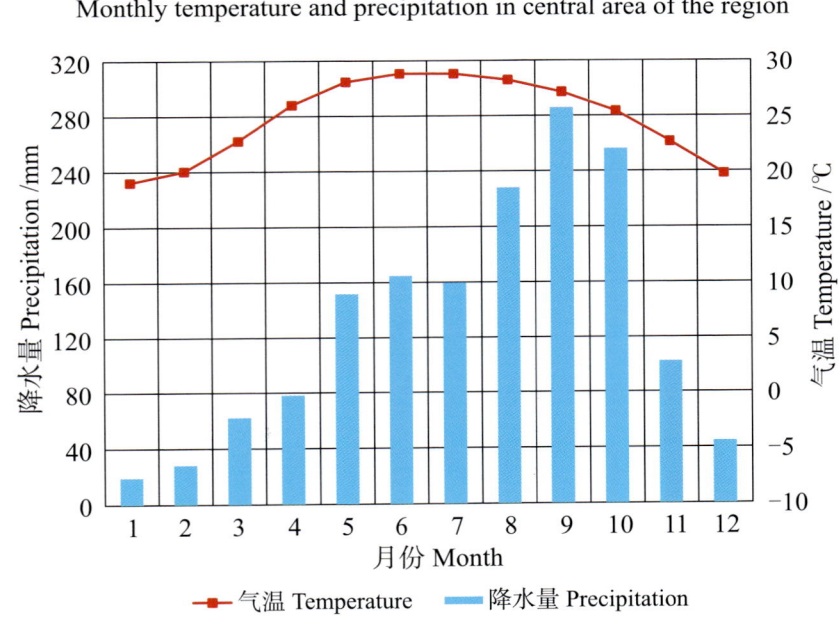

本区域中心区月平均气温与月平均降水量
Monthly temperature and precipitation in central area of the region

保亭黎族苗族自治县主要土壤类型与土壤剖面点分布图
1∶210 000

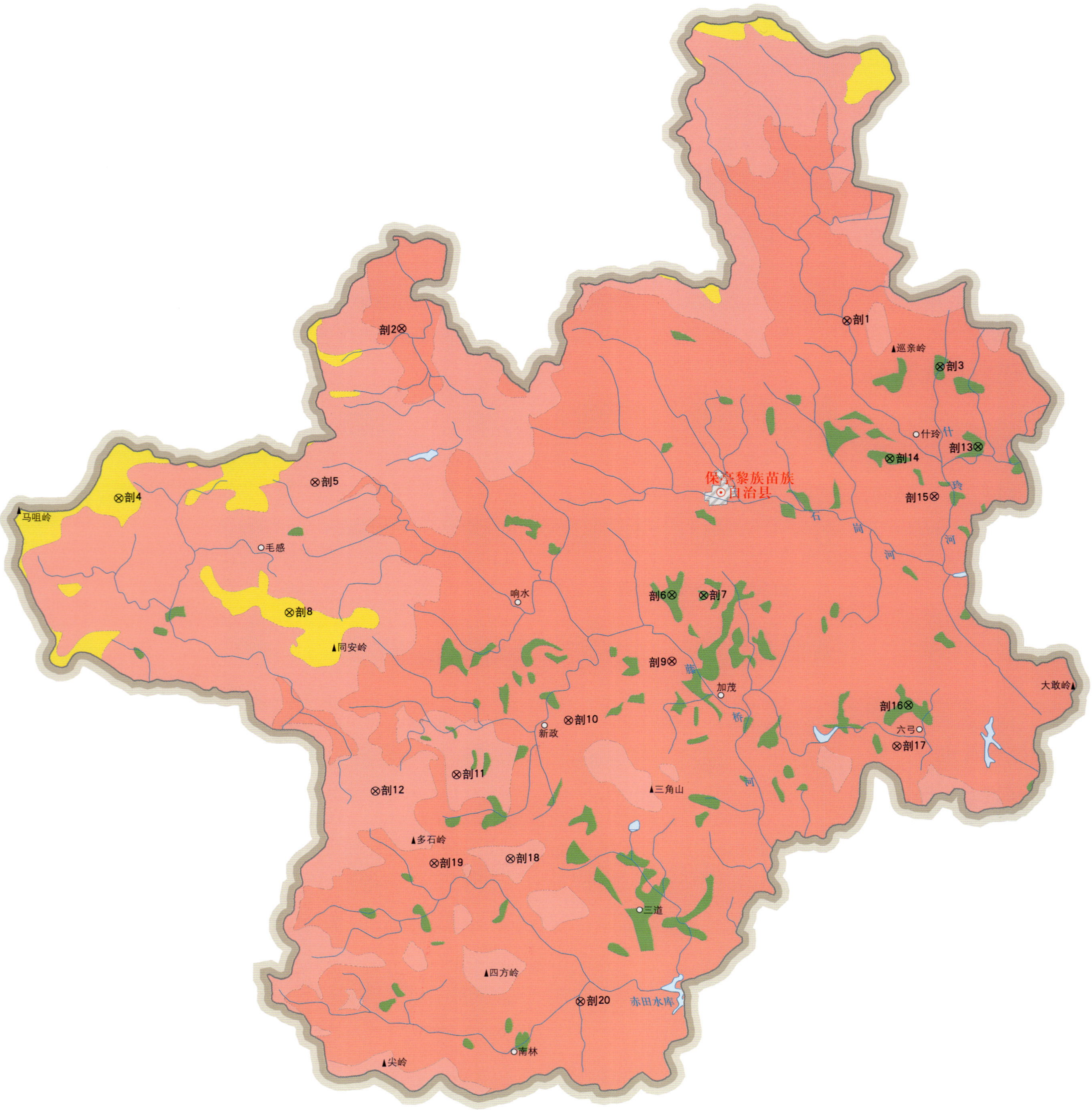

图 例

- 砖红壤
- 赤红壤
- 水稻土
- 黄壤
- ⊗ 剖面点

保亭黎族苗族自治县土壤剖面理化性状表

剖面号 Soil profile	土纲 Soil order	土类 Soil great group	亚类 Soil subgroup	土属 Soil genus	土种 Soil species	土层码 Layer code	土层厚度 Depth/cm	颜色 Soil color	质地 Soil texture	土壤结构 Soil structure	pH	有机质 OM/(g/kg)	全氮 TN/(g/kg)	全磷 TP/(g/kg)	全钾 TK/(g/kg)	碱解氮 AN/(mg/kg)	有效磷 AP/(mg/kg)	速效钾 AK/(mg/kg)	土壤母质 Parent material	剖面点坐标 Profile coordinate	匹配指数 Matching index/%
剖1	铁铝土	砖红壤	砖红壤	花岗岩砖红壤	中有机质层厚层麻砖红壤	A	0—17	暗黄棕色	轻壤土	块状	6.0	30.7	1.21	0.14	47.3	156	3.5	48	花岗岩	E 109°44′58.2″ N 18°42′37.4″	72
						B₁	17—49	紫灰色	轻壤土	小块状	5.7	14.8	0.65	0.11	29.4						
						B₂	49—100	橙色	轻壤土	小块状	5.8	8.4	0.44	0.12	28.0						
剖2	铁铝土	砖红壤	黄色砖红壤	红黄赤土地	红黄色砂泥地	A	0—20	浅黄色	中壤土	块状	6.2	11.9	0.65	0.21	19.6	105	0.9	18		E 109°33′44.6″ N 18°42′19.8″	71
						B	20—100	黄色	重壤土	块状	5.8	6.6	0.42	0.18	15.1						
剖3	人为土	水稻土	潴育水稻土	冷底田	冷底田	A	0—18	灰白色	砂壤土	块状	5.9	22.9	1.16	0.15	33.2	134	3.5	44		E 109°47′19.7″ N 18°41′30.5″	82
						P	18—31	灰棕色	砂壤土	块状	6.8	12.0	0.73	0.12	31.2						
						G	31—70	青灰色	中壤土	块状	6.7	8.8	0.47	0.16	32.6						
剖4	铁铝土	黄壤	黄壤	砂页岩黄壤	中有机质层厚层页黄壤	A	0—16	暗棕色	中壤土	团块状	5.8	96.2	3.20	0.37					砂页岩	E 109°26′40.0″ N 18°38′03.0″	86
						B₁	16—46	黄棕色	中壤土	小块状											
						B₂	46—102	浅黄棕色	中壤土	小块状											
剖5	铁铝土	赤红壤	黄色赤红壤	花岗岩黄色赤红壤	中有机质层厚层麻黄色赤红壤	A	0—14	暗黄黄色	轻壤土	团粒状	5.7	38.0	0.22	1.76	13.4	285	3.1	76	花岗岩	E 109°31′36.5″ N 18°38′30.5″	84
						B₁	14—42	暗棕黄色	中壤土	块状	6.0	15.9	0.98	0.13							
						B₂	42—85	浅黄棕色	中壤土	块状	6.1	6.4	0.40	0.11	15.9						
剖6	人为土	水稻土	潴育水稻土	低青泥田	赤土低青泥田	A	12—18	浅白色	轻壤土	团块状	5.1	30.0	1.61	0.25	19.7	173	4.8	36		E 109°40′37.9″ N 18°35′48.5″	78
						W	18—35	浅红灰色	轻壤土	块状	6.0	25.5	1.48	0.18	18.5						
						G	35—100	灰白色	轻壤土	块状	5.6	23.4	0.72	0.17	15.8						
剖7	人为土	水稻土	黄壤	麻赤土田	麻赤砂泥田	A	0—17	灰白色	轻壤土	小块状	6.2	15.4	1.97	0.10	19.7	163	4.8	63	花岗岩	E 109°41′25.8″ N 18°35′48.5″	84
						P	17—23	浅棕色	轻壤土	块状	6.1	32.9	1.30	0.18	32.4						
						W	23—46	灰灰色	轻壤土	块状	5.9	24.6	0.37	0.15	33.4						
						B	46—100	浅黄棕色	轻壤土	小块状	6.5	7.2	1.15	0.07	37.1						
剖8	铁铝土	黄壤	黄色砖红壤	花岗岩黄壤	厚有机质层厚层麻黄壤	A	0—21	灰黄黄色	中壤土	团粒状	5.1	40.1	2.27	0.35	26.6	290	7.9	178	花岗岩	E 109°31′00.1″ N 18°35′16.1″	86
						B₁	21—52	浅棕黄色	重壤土	小块状	5.2	23.7	1.34	0.27	26.3						
						B₂	52—110	浅棕棕色	重壤土	小块状	5.4	16.9	1.17	0.22	24.1						
剖9	铁铝土	砖红壤	砖红壤	红黄赤土地	红黄色砂泥地	A	0—14	浅黄色	中壤土	小团粒状	6.5	11.8	0.62	0.37	32.8	90	8.7	43	花岗岩	E 109°40′39.0″ N 18°34′10.6″	89
						B₁	14—48	黄色	重壤土	块状	6.4	8.7	0.64	0.23	17.3						
						B₂	48—100	浅黄色	重壤土	块状	6.1	5.9	0.42	0.21	24.7						
剖10	铁铝土	砖红壤	砖红壤	红黄赤土地	红黄色砂泥地	A	0—19	浅黄色	中壤土	小块状	5.9	42.8	1.39	0.19	23.9	164	2.6	86	花岗岩	E 109°38′03.8″ N 18°32′42.0″	78
						B	19—83	浅黄橙色	重壤土	块状	5.7	12.4	0.77	0.16	14.3						
剖11	铁铝土	赤红壤	黄色赤红壤	花岗岩黄色赤红壤	厚有机质层厚层麻黄色赤红壤	A	0—22	浅黄黄色	中壤土	小块状	5.1	18.5	0.89	0.12	6.5	139	1.3	74	花岗岩	E 109°35′15.7″ N 18°31′19.2″	70
						B₁	22—52	黄色	重壤土	块状	5.4	9.0	0.53	0.09	5.8						
						B₂	52—100	浅黄棕色	重壤土	块状	5.3	7.2	0.40	0.12	4.0						
剖12	铁铝土	赤红壤	黄色赤红壤	安山岩黄色赤红壤	厚有机安山色赤红壤	A	0—25	浅黄色	轻壤土	团块状	5.0	26.8	1.21	0.12	7.6	160		46	安山岩	E 109°33′13.6″ N 18°30′53.1″	70
						B₁	25—50	黄色	重壤土	小块状	5.3	10.4	0.57	0.08	7.3						
						B₂	50—104	浅灰灰色	中壤土	块状	5.2	6.5	0.31	0.09	13.3						
剖13	人为土	水稻土	潴育水稻土	洪积砂泥田	洪积砂泥田	A	0—17	浅红灰色	轻壤土	块状	5.5	25.9	1.86	0.33	32.2	184	9.6		洪积物	E 109°48′18.0″ N 18°39′33.8″	95
						P	17—30	浅红灰色	轻壤土	块状	5.4	22.7	1.30	0.24	31.1						
						W₁	30—50	浅红灰色	轻壤土	块状	6.3	14.2	0.91	0.17	29.6						
						W₂	50—70	浅黄色	砂壤土	粒状	6.9	7.6	0.40	0.35							

续表 Continued

剖面号 Soil profile	土纲 Soil order	土类 Soil great group	亚类 Soil subgroup	土属 Soil genus	土种 Soil species	土层码 Layer code	土层厚度 Depth/cm	颜色 Soil color	质地 Soil texture	土壤结构 Soil structure	pH	有机质 OM/(g/kg)	全氮 TN/(g/kg)	全磷 TP/(g/kg)	全钾 TK/(g/kg)	碱解氮 AN/(mg/kg)	有效磷 AP/(mg/kg)	速效钾 AK/(mg/kg)	土壤母质 Parent material	剖面点坐标 Profile coordinate	匹配指数 Matching index/%
剖14	人为土	水稻土	潜育水稻土	低青泥田	黄泥低青泥田	A	0—14	暗灰黄色	砂壤土	小块状	5.6	19.0	0.88	0.11	28.5	104	3.1	22		E 109°46′04.8″ N 18°39′15.1″	87
						P	14—20	暗灰黄色	砂壤土	块状	6.0	18.6	0.82	0.10	24.3						
						W	20—43	暗灰黄色	砂壤土	块状	5.9	19.6	0.80	0.10	27.0						
						G	43—84	暗青灰色	砂壤土	块状	6.2	11.7	0.51	0.04	26.4						
剖15	铁铝土	砖红壤	砖红壤	红赤土地	红砂赤泥地	A	0—14	灰黄棕色	轻壤土	块状	6.2	16.9	0.91	0.30	19.4	96	5.2	85		E 109°47′13.2″ N 18°38′19.3″	87
						B₁	14—27	暗黄棕色	轻壤土	块状	6.2	13.8	0.63	0.24	19.5						
						B₂	27—69	浅红棕色	中壤土	块状	6.4	11.7	0.75	0.17	14.8						
剖16	人为土	水稻土	渗育水稻土	漂白河砂泥田	漂白河砂泥田	A	0—19	灰白色	轻壤土	团块状	5.6	28.7	1.38	0.14	32.5	161	4.4	57		E 109°46′37.6″ N 18°33′10.4″	90
						P	19—26	灰红色	轻壤土	块状	5.6	21.7	0.96	0.21	33.1						
						W	26—49	浅红灰色	中壤土	块状	6.4	1.9	0.10	0.11	40.3						
						E	49—90	白色	松砂土	单粒状	5.7										
剖17	铁铝土	砖红壤	砖红壤	花岗岩红壤	厚有机质层厚层麻砖红壤	A	0—30	紫色	轻壤土	小块状	5.2	26.2	1.13	0.25	40.7	141	0.9	216	花岗岩	E 109°46′20.6″ N 18°32′09.2″	84
						B₁	30—75	橙色	轻壤土	块状	5.2	3.8	0.26	0.19	32.8						
						B₂	75—110	浅橙色	轻壤土	块状	5.1	3.0	0.16	0.24	25.1						
剖18	铁铝土	赤红壤	黄色赤红壤	安山岩黄色赤红壤	中有机质层厚层安黄色赤红壤	A	0—19	红灰色	重壤土	团块状	5.3	32.3	1.52	0.13	11.8	171	3.9	108	安山岩	E 109°36′38.9″ N 18°29′15.0″	90
						B₁	19—37	浅黄色	重壤土	小块状	5.3	15.4	0.79	0.10	11.5						
						B₂	37—56	浅黄色	重壤土	小块状	5.3	12.8	0.52	0.10	9.5						
剖19	铁铝土	砖红壤	黄色砖红壤	安黄赤土地	安黄赤砂泥地	A	0—25	浅灰黄色	轻壤土	小块状	5.7	10.8	0.66	0.11	22.7	78	2.2	52	安山岩	E 109°34′43.7″ N 18°29′06.7″	83
						B	25—56	橙色	中壤土	小块状	5.6	8.9	0.57	0.10	21.5						
						C	56—100	红橙色	中壤土	小块状	5.7	6.0	0.49	0.09							
剖20	铁铝土	砖红壤	黄色砖红壤	花岗岩黄色砖红壤	中有机质层厚层麻黄色砖红壤	A	0—19	浅灰黄色	中壤土	团块状	5.4	21.9	1.56	0.20	18.3	188	4.4	123	花岗岩	E 109°38′27.6″ N 18°25′44.4″	82
						B₁	19—40	浅黄色	中壤土	小块状	5.3	18.8	0.98	0.17	35.3						
						B₂	40—100	浅黄棕色	重壤土	块状	5.6	13.9	0.76	0.17	18.0						

琼中黎族苗族自治县

主要土类说明

砖红壤是琼中黎族苗族自治县主要土壤类型,占本县地域面积的61%,主要分布在海拔较低的丘陵、台地和缓坡,其分布区是橡胶、槟榔等多种热带经济作物的重要基地。成土母质主要为花岗岩,占94%,其余为砂页岩。砖红壤土层深厚,表层呈暗红棕色,心土层呈砖红色且具有大量暗色胶膜和细粒铁锰结核,剖面构型为A–Bs–Bv–C。土壤脱硅富铝化作用强烈,铁铝氧化物明显聚积,黏粒硅铝率小于1.6,铁的游离度大于80%;黏粒矿物以高岭石、赤铁矿和三水铝石为主,原生矿物强烈风化,风化淋溶系数小于0.05;硅和盐基大量淋失,盐基饱和度低,土壤酸性强。受成土母质影响,发育于花岗岩的砖红壤物理性砂粒含量较高,发育于砂页岩的砖红壤物理性砂粒含量较低。本县砖红壤分为砖红壤和黄色砖红壤两个亚类。

赤红壤是琼中黎族苗族自治县第二大土壤类型,占本县地域面积的26%,分布在介于砖红壤和黄壤之间的山地。自然植被为灌木及沟谷雨林。成土母质为花岗岩和砂页岩风化物。典型剖面构型为A–Bs–C,铁的游离度介于红壤与砖红壤之间,黏粒硅铝率为1.7—2.0,风化淋溶系数为0.05—0.15,黏粒矿物以高岭石为主,伴有针铁矿、少量云母和极少三水铝石。本县赤红壤分为赤红壤和黄色赤红壤两个亚类。

黄壤是琼中黎族苗族自治县第三大土壤类型,占本县地域面积的8%,分布在介于赤红壤和山地草甸土之间的山地。成土母质为花岗岩和砂页岩风化物。黄壤中度富铝化,土壤呈黄色,富含水合氧化物(针铁矿),具有鲜黄色或蜡黄色的铁铝淀积层。典型剖面构型为O–A–AB–B–C,有机质含量较高。本县黄壤分为黄壤和灰化黄壤两个亚类。

小于本县地域面积3%的土壤类型有水稻土、紫色土和山地草甸土。

本区域中心区气候特征

本区域中心区气候特征值
Regional climate characteristics in central area of the region

气候带:南亚热带湿润气候 Climate region: South subtropical humid climate	
年平均气温 /℃ Annual average temperature /℃	24.6
年平均最高气温 /℃ Annual average maximum temperature /℃	28.5
年平均最低气温 /℃ Annual average minimum temperature /℃	21.7
年降水量 /mm Annual precipitation /mm	1670
≥10℃的积温 /℃ Daily temperature accumulated in a year (≥10℃) /℃	8962
年日照时数 /h Annual sunshine /h	2215
年平均相对湿度 /% Annual average relative humidity /%	84
干燥度 Dryness	0.97

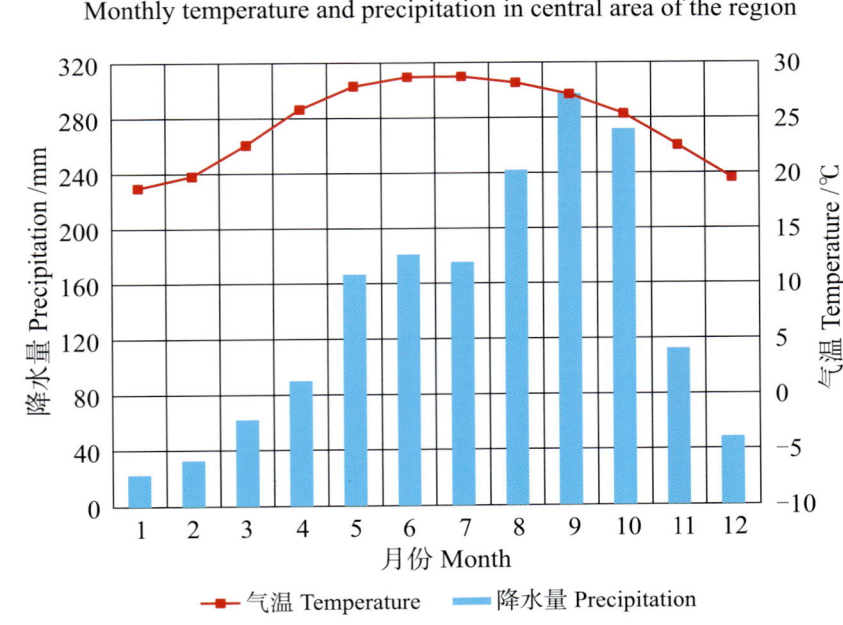

本区域中心区月平均气温与月平均降水量
Monthly temperature and precipitation in central area of the region

琼中黎族苗族自治县主要土壤类型与土壤剖面点分布图
1 : 300 000

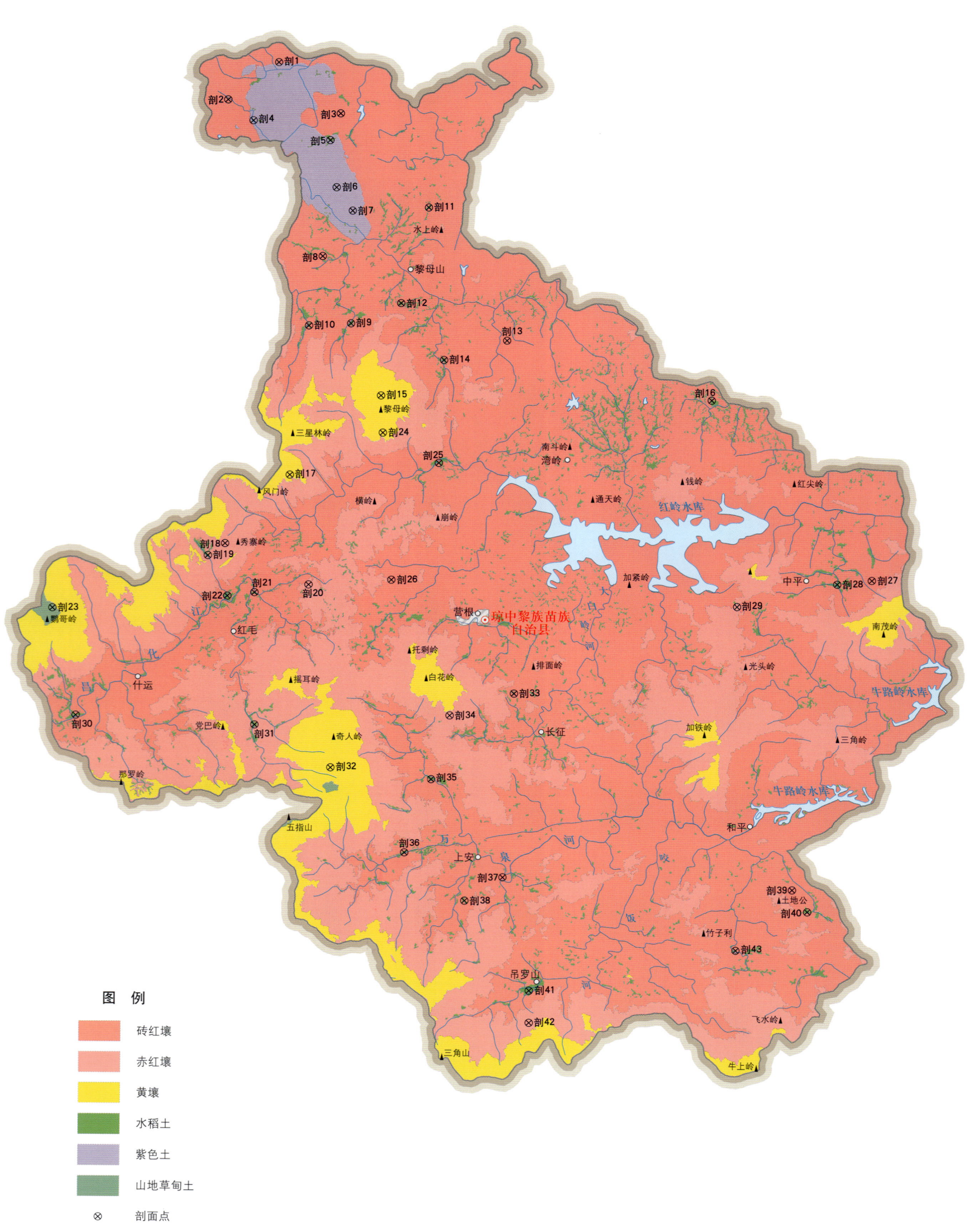

琼中黎族苗族自治县土壤剖面理化性状表

剖面号 Soil profile	土纲 Soil order	土类 Soil great group	亚类 Soil subgroup	土属 Soil genus	土种 Soil species	土层码 Layer code	土层厚度 Depth/cm	颜色 Soil color	质地 Soil texture	土壤结构 Soil structure	pH	有机质 OM/(g/kg)	全氮 TN/(g/kg)	全磷 TP/(g/kg)	全钾 TK/(g/kg)	碱解氮 AN/(mg/kg)	有效磷 AP/(mg/kg)	速效钾 AK/(mg/kg)	阳离子交换量CEC/(cmol/kg)	土壤母质 Parent material	剖面点坐标 Profile coordinate	匹配指数 Matching index/%
剖1	铁铝土	砖红壤	砖红壤	页赤土地	页赤砂泥地	A	0—16	棕灰色	轻壤土	碎状	5.4	20.8	0.63	0.27	19.2		3.5	71		砂页岩	E 109°41′32.6″ N 19°24′14.4″	82
						B₁	16—34	黄灰色	砂壤土	碎块状	5.4	17.2	0.37	0.18	19.3		1.3	48				
						B₂	34—65	棕黄色	砂壤土	碎块状	5.6	7.9	0.18	0.01	17.0		微量	19				
剖2	铁铝土	砖红壤	砖红壤	页砖红壤	中有机质层厚层页赤红壤	A	0—14	灰黄色	轻壤土	碎块状	5.1	17.6	0.94	0.38		83	2.2	99		砂页岩	E 109°39′29.2″ N 19°22′44.0″	89
						B₁	14—38	灰黄色	轻壤土	碎块状	5.2	15.4	0.67	0.24		62	1.7	73				
						B₂	38—95	棕黄色	中壤土	碎块状	5.4	7.8	0.34	0.03		39	1.7	52				
剖3	铁铝土	砖红壤	砖红壤	页砖红壤	厚有机质层厚层页砖红壤	A	0—21	棕色	砂壤土	粒状	5.4	28.7	1.36	0.32	17.9	95	4.8	129		砂页岩	E 109°44′04.6″ N 19°22′13.4″	82
						B₁	21—45	黄棕色	轻壤土	碎块状	5.5	16.5	1.05	0.20	17.7	74	3.5	96				
						B₂	45—90	棕黄色	轻壤土	柱状	5.5	11.8	0.93	0.13	12.9	56	1.3	73				
						C	90—120	棕黄色	轻壤土	块状												
剖4	人为土	水稻土	潴育水稻土	紫砂泥田	紫砂泥田	A	0—13	紫棕紫色	轻壤土	碎块状	6.0	31.9	1.93	0.25	15.6		6.9	44			E 109°40′31.4″ N 19°21′54.4″	74
						P	13—27	棕黄色	轻壤土	块状	6.0	23.0	1.21	0.28	16.2		3.9	19				
						W	27—61	棕紫色	中壤土	柱状	5.7	13.7	0.62	0.13	22.5		4.1	26				
剖5	人为土	水稻土	潴育水稻土	泥肉田	赤泥肉田	A	0—19	灰棕色	中壤土	团块状	5.5	35.5	1.83	0.68	13.9	124	8.3	46			E 109°43′39.8″ N 19°21′08.8″	85
						P	19—28	棕灰色	中壤土	块状	5.3	33.3	1.70	0.64	15.2	90	7.9	25				
						W	28—94	棕黄色	中壤土	棱柱状	5.7	30.8	1.46	0.49	14.9	63	6.5	21				
剖6	初育土	紫色土	酸性紫色土	酸性紫紫色土	厚有机质中厚层酸性紫色土	A	0—24	紫棕紫色	砂壤土	粒状	4.7	19.6	1.20	0.38	32.0	87	6.5	66	8.9		E 109°43′56.3″ N 19°19′16.0″	91
						B	24—62	棕紫色	砂壤土	碎块状	4.7	10.3	0.73	0.11	30.6	63	3.9	53				
						C	62—100	紫红色	中壤土	块状	5.2	9.8	0.28	0.05	25.0	44	2.6	32				
剖7	初育土	紫色土	酸性紫色土	紫土地	紫土地	A	0—16	紫棕色	砂砾土	散状	5.7	20.5	1.45	0.29	6.7		10.0	39			E 109°44′36.2″ N 19°18′20.9″	78
						B	16—48	棕红色	轻壤土	碎块状	5.7	12.2	0.67	0.21	6.4		6.1	17				
						C	48—80	紫红色	中壤土	块状	5.8	0.7	0.28	0.14	9.2		7.4	25	20.8			
剖8	铁铝土	砖红壤	砖红壤	麻赤土地	麻赤砂泥地	A	0—10	浅灰色	砂壤土	碎状	6.5	10.7	0.54	0.27	25.3		0.6	46			E 109°43′24.2″ N 19°16′32.2″	99
						B₁	10—32	棕红色	砂壤土	块状	6.7	6.5	0.41	0.25	16.7		0.25	22				
						B₂	32—68	黄红色	砂壤土	碎块状												
剖9	人为土	水稻土	潴育水稻土	河砂泥田	河砂粉砂田	A	0—15	浅棕色	松砂土	粒状	5.6	10.9	0.70	0.46	31.9	36	10.0	39	12.5	河流冲积物	E 109°44′35.2″ N 19°13′52.3″	91
						P	15—22	灰色	砂壤土	块状	5.5	10.4	0.61	0.33	30.5	29	13.1	24				
						W	22—60	褐棕色	砂壤土	块状	5.6	6.4	0.33	0.35	30.2	18	8.7	26				
剖10	人为土	水稻土	渗育水稻土	砂漏田	洪砂漏田	A	0—15	浅棕灰色	砂壤土	碎状	6.1	16.6	0.96	0.20		43	3.5	24	14.0		E 109°42′52.9″ N 19°13′45.8″	87
						P	15—24	浅灰色	紧砂土	块状	5.2	12.7	0.73	0.24		26	3.9	17				
						E	24—47	灰灰色	松砂土	散状	5.1	2.3	0.39	0.14		18	2.6	12				
剖11	人为土	水稻土	潴育水稻土	洪积土田	洪积乌砂泥田	A	0—16	暗色	轻壤土	碎块状	5.7	40.8	1.16	0.35	28.1	95	5.7	36		洪积物	E 109°47′42.4″ N 19°18′30.1″	78
						P	16—29	棕红色	轻壤土	块状	5.7	14.0	0.47	0.18	30.5	48	1.7	微量				
						W	29—66	黄棕色	壤土	柱状	5.7	12.1	0.16	0.14	30.5	20	1.3	微量				
剖12	人为土	水稻土	潴育水稻土	洪积土田	洪积砂质田	A	0—17	浅棕色	砂壤土	碎状	5.3	14.7	1.20	0.17			3.5	32		洪积物	E 109°46′37.1″ N 19°14′41.7″	86
						P	17—28	棕黄色	轻壤土	碎状	6.3	6.7	0.37	0.21			2.6	27				
						W	28—59	黄红色	轻壤土	碎状	7.3	4.7	0.27	0.16	32.0		0.9	35				
剖13	铁铝土	砖红壤	砖红壤	麻赤土地	麻赤砂泥地	A	0—17	黄灰色	轻壤土	碎块状	5.9	10.1	0.20	0.15	33.9		微量	66		花岗岩	E 109°50′56.8″ N 19°13′14.2″	96
						B₂	17—47	黄棕色	中壤土	块状	5.8	6.5	0.13	0.14	34.0		微量	14				

续表 Continued

剖面号 Soil profile	土纲 Soil order	土类 Soil great group	亚类 Soil subgroup	土属 Soil genus	土种 Soil species	土层码 Layer code	土层厚度 Depth/cm	颜色 Soil color	质地 Soil texture	土壤结构 Soil structure	pH	有机质 OM/(g/kg)	全氮 TN/(g/kg)	全磷 TP/(g/kg)	全钾 TK/(g/kg)	碱解氮 AN/(mg/kg)	有效磷 AP/(mg/kg)	速效钾 AK/(mg/kg)	阳离子交换量 CEC/(cmol/kg)	土壤母质 Parent material	剖面点坐标 Profile coordinate	匹配指数 Matching index/%
剖14	人为土	水稻土	潜育水稻土	青底泥田	青底砂泥化田	A	0–19	灰棕色	砂壤土	块状	5.5	41.2	2.31	0.24	30.7	138	1.3	48			E 109°48′23.8″ N 19°12′25.6″	76
						P	19–29	灰色	轻壤土	块状	5.5	35.8	1.30	0.21	32.4	97	微量	21				
						W	29–38	灰棕色	中壤土	块状	5.8	12.1	0.75	0.15	34.1	62	微量	14				
						G	38–55	灰蓝色	中壤土	块状	5.1	36.3	1.89	0.25	34.1	88	微量	25				
剖15	铁铝土	黄壤	灰化黄壤	麻灰黄壤	厚有机质层中层麻灰化黄壤	Ao	0–3														花岗岩	E 109°45′50.8″ N 19°10′59.9″	82
						A₁	3–15	灰色	砂壤土	碎状	4.1	41.2	1.91	0.03			1.7	32				
						A₂	15–26	黄黄棕色	轻壤土	块状	4.1	28.7	0.86	0.14			2.2	29				
						B	26–80	黄棕色	轻壤土	块状	4.5	33.5	1.03	0.14			2.2	36				
						C	80–109	红黄色	轻壤土	块状	5.1											
剖16	人为土	水稻土	潜育水稻土	冲积土田	砂质田	A	0–14	灰黄色	紧砂土	碎状	5.7	21.6	1.45	0.69	32.9		5.5	64		冲积物	E 109°59′18.6″ N 19°10′54.8″	82
						P	10–15	灰黄色	中壤土	块状	5.5	21.4	1.24	0.33	34.3		2.3	40	0.6			
						W	15–35	棕黄色	中壤土	块状	5.9	24.9	0.60	0.15	30.5		2.7	22				
剖17	铁铝土	黄壤		页黄壤		Ao	0–1														砂页岩	E 109°42′10.4″ N 19°07′48.7″	70
						A	1–14	暗棕色	中壤土	块状	4.3	51.9	3.30	0.36			8.3	75				
						B₁	14–30	棕棕色	中壤土	块状	4.5	21.7	1.79	0.28			3.5	61				
						B₂	30–79	黄棕色	重壤土	块状	4.7	13.6	0.84	0.10			1.3	46				
						B₃	79–105	黄色	中壤土	块状	5.1											
剖18	铁铝土	赤红壤		页赤红壤	中有机质层厚层页页黄壤	A	0–15	棕灰色	中壤土	块状	5.0	32.0	1.21	0.25	26.0	61	1.7	61		砂页岩	E 109°39′34.6″ N 19°05′03.1″	94
						B₁	15–55	黄棕色	中壤土	块状	4.7	13.3	0.67	0.24	25.5	23	1.3	23				
						B₂	55–120	黄黄色	重壤土	块状	5.1	8.0	0.40	0.29	21.2	22	0.4	22				
剖19	水稻土	沼泽型水稻土	烂泥田	深泥田		A	0–21	暗黄色	轻壤土	糊状	5.2	51.3	1.60	0.38	19.2	154	0.9	24	4.2	砂页岩	E 109°38′52.8″ N 19°04′34.0″	100
						G	21–100	灰蓝色	轻壤土	糊状	5.1	42.3	1.90	0.05	17.0	109	0.9	26				
剖20	铁铝土	赤红壤		麻赤红土地	麻赤红砂泥田	A	0–25	灰色	中壤土	碎块状	5.0	5.0	0.48	0.13		69	1.7	17		花岗岩	E 109°42′59.4″ N 19°03′26.3″	84
						B₁	25–45	棕棕色	中壤土	块状	4.9	16.3	0.74	0.17			1.3	20				
						B₂	45–75	棕色	中壤土	碎块状	5.1	32.4	1.20	0.21			0.9	90				
剖21	人为土	水稻土	沼泽型水稻土	烂泥田		A	0–18	灰棕色	轻壤土	糊状	5.3	31.5	1.42	0.12	9.1	91	3.5	16	5.8	砂页岩	E 109°40′47.3″ N 19°03′06.1″	85
						G	18–100	蓝灰色	重壤土	糊状	5.2	41.5	1.46	0.09	8.0	92	1.3	16				
剖22	人为土	水稻土	潜育水稻土	页赤土田	页赤砂泥田	P	0–17	黄棕色	轻壤土	碎状	5.7	34.7	1.60	0.18	16.6		3.9	64		砂页岩	E 109°39′41.4″ N 19°02′57.1″	100
						W	17–25	黄棕色	重壤土	碎状	5.4	10.6	0.70	0.13	14.4		5.2	40				
						G	25–63	黄棕色	中壤土	块状	5.7	20.1	0.90	0.16	26.9		3.9	27				
剖23	半水成土	山地草甸土	山地灌丛草甸土	南方山地灌丛草甸土	南方山地灌丛草甸土	I	0–10	暗褐色	轻壤土	屑粒状	4.1	84.8	4.30	0.24	7.8	163	16.6	118	5.8		E 109°32′35.5″ N 19°02′24.1″	71
						AB	10–20	黄棕色	重壤土	屑粒状	4.1	66.9	3.98	0.12	6.7	113	10.0	89				
						B	20–31	浅黄棕色	重壤土	块状	4.4	33.4	1.93	0.08	5.2	92	3.1	46				
						C	31–40	黄灰棕色	中壤土														
							40–100	灰白色	轻壤土														
剖24	铁铝土	黄壤		麻黄壤	洪积泥田	A	2–10	灰棕色	砂壤土	碎块状	4.4	32.1	1.30	0.29	35.3	113	2.2	95		花岗岩	E 109°45′56.2″ N 19°09′31.7″	70
						A₂	10–24	棕灰色	重壤土	块状	4.4	29.4	1.22	0.23	39.2	98	2.2	90				
						B	24–65	浅黄色	重壤土	块状	4.8	3.6	0.14	0.03	40.1	63		51				
						C	65–100	灰白色	轻壤土		5.4											
剖25	人为土	水稻土	潜育水稻土	洪积土田		P	0–20	暗黄色	中壤土	团粒状	6.4	34.6	2.07	0.34	35.3	113	1.3	76		洪积物	E 109°48′13.7″ N 19°08′20.8″	79
						W	20–26	浅棕色	轻壤土	棱状	6.7	8.1	0.77	0.11	39.2	98	微量	17				
						B	26–66	棕黄色	轻壤土	块状	5.0	1.0	0.56	0.10	40.1	63	1.3	20				
剖26	铁铝土	砖红壤	砖红壤	麻砖红壤	厚有机质层厚层麻砖红壤	A	0–23	灰棕色	中壤土	块状	5.0	25.8	1.19	2.67	12.5	109	2.2	109		花岗岩	E 109°46′21.4″ N 19°03′40.0″	98
						B₁	23–60	浅灰棕色	中壤土	块状	5.0	20.6	0.96	0.35	11.0	83	4.8	90				
						B₂	60–105	浅灰棕色	中壤土	块状	5.4	17.3	0.45	0.26	11.9	59	4.4	70				

续表 Continued

剖面号 Soil profile	土纲 Soil order	土类 Soil great group	亚类 Soil subgroup	土属 Soil genus	土种 Soil species	土层码 Layer code	土层厚度 Depth/cm	颜色 Soil color	质地 Soil texture	土壤结构 Soil structure	pH	有机质 OM/(g/kg)	全氮 TN/(g/kg)	全磷 TP/(g/kg)	全钾 TK/(g/kg)	碱解氮 AN/(mg/kg)	有效磷 AP/(mg/kg)	速效钾 AK/(mg/kg)	阳离子交换量CEC/(cmol/kg)	土壤母质 Parent material	剖面点坐标 Profile coordinate	匹配指数 Matching index/%
剖27	铁铝土	砖红壤	黄色砖红壤	黄麻土地	黄麻赤砂泥地	A	0—14	灰棕色	轻壤土	碎状	4.9	19.6	0.91	0.18	6.7		2.7	34		花岗岩	E 110°05′54.2″ N 19°03′49.3″	82
						B_1	14—34	棕灰色	砂壤土	碎块状	4.7	18.3	0.83	0.18	6.3		2.1	17				
						B_2	34—50	棕黄色	轻壤土	碎状状	5.1	11.6	0.58	0.14	7.8		1.5	13				
						B_3	50—100	红黄色	轻壤土	块状												
剖28	人为土	水稻土	潴育水稻土	河砂泥田	河砂泥田	A	0—16	棕灰色	轻壤土	碎块状	5.2	34.3	1.75	0.28			1.3	27	15.0	河流冲积物	E 110°04′30.4″ N 19°03′39.2″	94
						P	16—26	浅棕色	轻壤土	块状	5.7	17.3	1.01	0.24			1.3	14				
						W	26—68	棕黄色	中壤土	块状	6.3	13.8	0.67	0.23			微量	16				
剖29	铁铝土	赤红壤	黄色赤红壤	麻赤土地	麻黄赤砂土地	A	0—17	黄棕色	中壤土	碎块状	5.4	26.1	1.08	0.26	32.3		10.9	118		花岗岩	E 110°00′25.9″ N 19°02′43.4″	92
						B_1	17—34	棕色	轻壤土	块状		18.0	0.96	0.18	29.1		1.3	114				
						B_2	34—90	棕黄色		块状		12.4	0.46	0.29	30.9			76				
剖30	人为土	水稻土	潴育水稻土	麻赤泥田	麻黄赤砂质田	A	0—19	灰色	砂壤土	碎状	5.4	27.6	1.47	0.54		103	6.1	65		花岗岩	E 109°33′35.3″ N 18°58′08.8″	93
						B_1	19—28	浅灰色	轻壤土	块状	5.6	23.5	1.01	0.41		85	2.6	56				
						B_2	28—68	黄灰色	紧砂土	块状	5.7	10.9	0.70	0.34		33	2.2	36				
剖31	人为土	水稻土	淹育水稻土	浅脚麻赤田	麻赤砂质田	A	0—13	棕灰色	砂壤土	粒状	5.5	5.0	0.47	0.19	26.8	67	微量	36		花岗岩	E 109°40′51.6″ N 18°57′50.8″	74
						P	13—25	灰灰色	砂壤土	碎块状	5.6	1.9	0.47	0.18	26.8	12	2.6	14				
						C	25—55	浅红黄色	轻壤土	块状	5.7	1.4	0.35	0.32	25.4		1.7	12				
剖32	铁铝土	黄壤	灰化黄壤	页灰化黄壤	中有机质层厚层页灰化黄壤	Ao	0—4														砂页岩	E 109°43′58.4″ N 18°56′10.0″	79
						A_1	4—13	灰色	轻壤土	碎状	4.2	54.3	2.86	0.41	7.2		3.1	18				
						A_2	13—20	浅棕灰色	轻壤土	块状	4.1	31.6	1.09	0.36	21.2		1.3	12	5.0			
						B_1	20—34	蓝灰色	轻壤土	块状	4.3	40.8	1.65	0.18	29.2		2.2	14				
						B_2	34—85	棕灰色	砂壤土	块状												
						C	85—100															
剖33	人为土	水稻土	沼泽型水稻土	泥炭泥田	泥炭底田	A	0—20	暗棕色	轻壤土	碎块状	5.2	70.9	3.44	0.59	22.6		6.5	7		花岗岩	E 109°51′24.1″ N 18°59′11.8″	77
						G	20—40	暗灰色	砂壤土	块状	5.2	82.3	3.05	0.48	32.0		7.9	15				
						G_1	40—82	蓝灰色	砂壤土	糊粒状	5.2	43.5	1.12	0.36	28.8		1.7	8				
剖34	铁铝土	赤红壤		麻赤红壤	中有机质层厚层麻赤红壤	B_1	0—18	棕红色	中壤土	粒状	5.5	29.3	1.47	0.59	26.6		3.1	115		花岗岩	E 109°48′47.5″ N 18°58′18.1″	81
						B_2	18—39	浅棕红色	砂壤土	块状	5.5	17.6	1.20	0.48	27.3		1.3	71				
						P	39—110	棕红色	砂壤土	块状	5.8	8.7	0.75	0.36			微量	56				
剖35	人为土	水稻土	淹育水稻土	浅脚麻赤土田	麻赤泥田	A	0—15	浅棕灰色	砂壤土	粒状	6.2	26.3	2.99	0.10			2.6	25		花岗岩	E 109°48′04.7″ N 18°55′44.8″	81
						P	15—32	灰色	砂壤土	块状	6.2	19.5	0.85	0.04	24.7		0.6	14				
						C	32—	黄色	砂壤土	块状	6.4	6.4	0.33	0.02	24.5		21					
剖36	人为土	水稻土	淹育水稻土	浅脚页赤土田	页赤泥质田	A	0—14	黄棕色	轻壤土	块状	5.4	25.7	2.05	0.27		97	3.9	46		砂页岩	E 109°47′01.0″ N 18°52′47.6″	71
						P	14—23	灰棕色	砂壤土	块状	5.7	12.0	0.53	0.22		71	2.6	30				
						C	23—45	棕黄色	砂壤土	块状						39						
剖37	铁铝土	砖红壤	黄色砖红壤	麻黄色砖红壤	中有机质层厚层麻黄色砖红壤	A	0—15	暗棕色	砂壤土	碎块状	5.2	17.6	0.76	0.13	26.6	89	0.9	87		花岗岩	E 109°51′01.4″ N 18°51′50.8″	78
						B	15—63	褐棕色	中壤土	糊粒状	5.3	8.3	0.20	0.23	27.6	64	0.4	80				
						3	63—100	灰棕色	中壤土	块状	5.3	6.2	0.32	0.29	17.2	39		56				
剖38	人为土	水稻土	沼泽型水稻土	烂迸田	泥眼田	A	0—24	黄色	砂壤土	碎状	5.4	39.1	2.09	0.35	17.5	148	3.9	16		花岗岩	E 109°49′29.6″ N 18°50′54.2″	77
						G	24—69	红黄色	轻壤土	块状	5.5	42.3	1.93	0.01	15.9	117	2.2	13				
剖39	铁铝土	砖红壤	黄色砖红壤	麻黄色砖红壤	中有机质层厚层麻黄色砖红壤	A	0—16	灰棕色	轻壤土	碎状	5.1	31.3	1.43	0.31	18.3	92	3.5	78		砂页岩	E 110°02′48.0″ N 18°51′28.4″	83
						B_1	16—64	红黄色	砂壤土	块状	5.5	17.3	0.89	0.23		66	2.2	66				
						B_2	64—100	红黄色	轻壤土	块状	5.1	13.0	0.73	0.21			0.9	118				
剖40	人为土	水稻土	潴育水稻土	麻赤泥田	麻赤砂泥田	A	0—15	灰棕色	轻壤土	碎状	5.5	30.9	1.58	0.14			1.7	17		花岗岩	E 110°03′25.6″ N 18°50′37.0″	91
						P	15—25	暗棕色	砂壤土	块状	5.7	25.2		0.15			0.6	18				
						W	25—42	棕黄色	轻壤土	块状	5.7	14.6		0.18			1.0	12				

续表 Continued

剖面号 Soil profile	土纲 Soil order	土类 Soil great group	亚类 Soil subgroup	土属 Soil genus	土种 Soil species	土层码 Layer code	土层厚度/cm Depth/cm	颜色 Soil color	质地 Soil texture	土壤结构 Soil structure	pH	有机质 OM/(g/kg)	全氮 TN/(g/kg)	全磷 TP/(g/kg)	全钾 TK/(g/kg)	碱解氮 AN/(mg/kg)	有效磷 AP/(mg/kg)	速效钾 AK/(mg/kg)	阳离子交换量CEC/(cmol/kg)	土壤母质 Parent material	剖面点坐标 Profile coordinate	匹配指数 Matching index/%
剖41	人为土	水稻土	潴育水稻土	洪积土田	洪积砂泥田	A	0—16	棕灰色	轻壤土	碎块状	5.5	29.9	1.33	0.22	37.2	115	7.0	37		洪积物	E 109°52′09.5″ N 18°47′21.5″	82
						P	16—24	灰棕色	轻壤土	块状	6.6	17.4	0.79	0.14	37.1	86	2.6	12				
						W	24—63	黄棕色	轻壤土	棱柱状	6.5	7.3	0.53	0.09	37.0	49	2.2	12				
剖42	铁铝土	赤红壤	黄色赤红壤	麻黄赤红壤	中有机质层厚层麻黄色赤红壤	A	0—16	灰褐色	轻壤土	碎块状	4.9	38.7	1.90	0.48	24.0	123	2.2	136		花岗岩	E 109°52′10.6″ N 18°46′05.2″	74
						B₁	16—35	黄棕色	砂壤土	碎块状	4.9	18.3	0.89	0.09	22.9	95	1.3	94				
						B₂	35—65	棕黄色	中壤土	块状	5.4	9.4	0.31	0.06	13.8	76	0.4	73				
剖43	人为土	水稻土	淹育水稻土	浅脚紫砂泥田	浅脚紫砂泥田	A	0—13	紫灰棕色	轻壤土	碎块状	6.0	23.0	1.34	0.03		69	5.7	81			E 110°00′32.0″ N 18°49′02.6″	79
						P	13—23	紫灰色	砂壤土	块状	6.2	20.8	0.74	0.16		48	4.4	31				
						C	23—47	紫棕色	砂壤土	块状	5.7	3.8	0.11	0.06		25	1.3	20				

中国土壤剖面数据集·粤琼港澳卷

附 录

附录1 广东省县级行政区及分县主要土壤类型与土壤剖面点分布图地域名对照表

地级行政区划	县级行政区划[1]	分县主要土壤类型与土壤剖面点分布图地域名[2]	地级行政区划	县级行政区划[1]	分县主要土壤类型与土壤剖面点分布图地域名[2]
广州市	荔湾区	市辖区*	深圳市	罗湖区	市辖区*
	越秀区			福田区	
	海珠区			南山区	
	天河区			盐田区	
	白云区			宝安区	
	黄埔区			龙华区	宝安区、龙华区、光明区
	番禺区	番禺市		光明区	
	南沙区			龙岗区	龙岗区、坪山区
	花都区	花都市		坪山区	
	从化区	从化市	珠海市	香洲区	
	增城区			斗门区	斗门县
韶关市	武江区	市辖区*		金湾区	
	浈江区		汕头市	龙湖区	市辖区*
	曲江区	曲江县		金平区	
	始兴县	始兴县		濠江区	
	仁化县	仁化县		潮阳区	潮阳市
	翁源县	翁源县		潮南区	
	乳源瑶族自治县	乳源瑶族自治县		澄海区	澄海市
	新丰县	新丰县		南澳县	
	乐昌市	乐昌市			
	南雄市	南雄市			

续表

地级行政区划	县级行政区划[1]	分县主要土壤类型与土壤剖面点分布图地域名[2]	地级行政区划	县级行政区划[1]	分县主要土壤类型与土壤剖面点分布图地域名[2]
佛山市	禅城区		惠州市	惠城区	市辖区*
	南海区	南海市		惠阳区	惠阳市
	顺德区	顺德市		博罗县	博罗县
	三水区	三水市		惠东县	惠东县
	高明区	高明市		龙门县	龙门县
江门市	蓬江区	市辖区*	梅州市	梅江区	
	江海区			梅县区	梅县
	新会区	新会市		大埔县	大埔县
	台山市	台山市		丰顺县	丰顺县
	开平市	开平市		五华县	五华县
	鹤山市	鹤山市		平远县	平远县
	恩平市	恩平市		蕉岭县	蕉岭县
湛江市	赤坎区	市辖区*		兴宁市	兴宁市
	霞山区		汕尾市	城区	
	坡头区			海丰县	海丰县
	麻章区			陆河县	
	遂溪县	遂溪县		陆丰市	陆丰市
	徐闻县	徐闻县	河源市	源城区	源城区
	廉江市	廉江市		紫金县	
	雷州市	雷州市		龙川县	龙川县
	吴川市	吴川市		连平县	连平县
茂名市	茂南区	市辖区*		和平县	和平县
	电白区	电白县		东源县	
	高州市	高州市	阳江市	江城区	市辖区*
	化州市	化州市		阳东区	
	信宜市	信宜市		阳西县	
肇庆市	端州区			阳春市	阳春市
	鼎湖区		清远市	清城区	市辖区*
	高要区	高要市		清新区	
	广宁县	广宁县		佛冈县	佛冈县
	怀集县	怀集县		阳山县	阳山县
	封开县	封开县		连山壮族瑶族自治县	连山壮族瑶族自治县
	德庆县	德庆县		连南瑶族自治县	连南瑶族自治县
	四会市	四会市		英德市	英德市
				连州市	连州市

续表

地级行政区划	县级行政区划¹⁾	分县主要土壤类型与土壤剖面点分布图地域名²⁾	地级行政区划	县级行政区划¹⁾	分县主要土壤类型与土壤剖面点分布图地域名²⁾
东莞市	市辖区	市辖区*	揭阳市	惠来县	惠来县
中山市	市辖区	市辖区*		普宁市	普宁市
潮州市	湘桥区	市辖区*	云浮市	云城区	云城区
	潮安区			云安区	云安县
	饶平县	饶平县		新兴县	新兴县
揭阳市	榕城区	市辖区*		郁南县	郁南县
	揭东区			罗定市	罗定市
	揭西县	揭西县			

注：1）为民政部于 2022 年 3 月发布的《2021 年中华人民共和国行政区划代码》中的县级行政区名称。该名称也作为本数据集分县目录。分县排序按《2021 年中华人民共和国行政区划代码》中的地级、县级行政区排列。

2）分县主要土壤类型与土壤剖面点分布图地域名是全国第二次土壤普查中分县采样调查、制图的县级行政区名称。分县主要土壤类型与土壤剖面点分布图采用的县级行政域是从国家测绘局获取的 1∶25 万 DLG（公众版）数据（使用许可协议编号：非 2011—1011）。附录 1 显示了全国第二次土壤普查时的县级行政区域名与《2021 年中华人民共和国行政区划代码》中的县级行政区名称之间的关联。附录 1 中仅有《2021 年中华人民共和国行政区划代码》中的县级行政区名称，而没有对应的分县主要土壤类型与土壤剖面点分布图地域名的分县，表示该县级行政区无土壤剖面数据，未纳入分县目录。

* 在附录 1 中，凡分县主要土壤类型与土壤剖面点分布图地域名表示为"市辖区"的地域，均指在全国第二次土壤普查中，在城市中心区及近郊区完成的采样调查和制图。此时，县级行政区名称与分县主要土壤类型与土壤剖面点分布图地域名不是完全的对应关系。如广州市市辖区（部分）主要土壤类型与土壤剖面点分布图代表土壤调查中广州市城区及近郊区的土壤分布状况。此时将"市辖区"作为这一节的标题。

附录2　海南省县级行政区及分县主要土壤类型与土壤剖面点分布图地域名对照表

地级行政区划	县级行政区划[1]	分县主要土壤类型与土壤剖面点分布图地域名[2]	地级行政区划	县级行政区划[1]	分县主要土壤类型与土壤剖面点分布图地域名[2]
海口市	秀英区	市辖区*	海南省直辖县级行政区	文昌市	文昌县
	龙华区			万宁市	万宁县
	美兰区			东方市	东方黎族自治县
	琼山区	琼山县		定安县	定安县
三亚市	海棠区	市辖区*		屯昌县	屯昌县
	吉阳区			澄迈县	澄迈县
	天涯区			临高县	临高县
	崖州区			白沙黎族自治县	白沙黎族自治县
三沙市	西沙区			昌江黎族自治县	昌江黎族自治县
	南沙区			乐东黎族自治县	乐东黎族自治县
儋州市	市辖区	市辖区*		陵水黎族自治县	陵水黎族自治县
海南省直辖县级行政区	五指山市			保亭黎族苗族自治县	保亭黎族苗族自治县
	琼海市	琼海市		琼中黎族苗族自治县	琼中黎族苗族自治县

注：1）为民政部于2022年3月发布的《2021年中华人民共和国行政区划代码》中的县级行政区名称。该名称也作为本数据集分县目录。分县排序按《2021年中华人民共和国行政区划代码》中的地级、县级行政区排列。

2）分县主要土壤类型与土壤剖面点分布图地域名是全国第二次土壤普查中分县采样调查、制图的县级行政区名称。分县主要土壤类型与土壤剖面点分布图采用的县级行政区是从国家测绘局获取的1∶25万DLG（公众版）数据（使用许可协议编号：非2011—1011）。附录2显示了全国第二次土壤普查时的县级行政区域名与《2021年中华人民共和国行政区划代码》中的县级行政区名称之间的关联。附录2中仅有《2021年中华人民共和国行政区划代码》中的县级行政区名称，而没有对应的分县主要土壤类型与土壤剖面点分布图地域名的分县，表示该县级行政区无土壤剖面数据，未纳入分县目录。

* 在附录2中，凡分县主要土壤类型与土壤剖面点分布图地域名表示为"市辖区"的地域，均指在全国第二次土壤普查中，在城市中心区及近郊区完成的采样调查和制图。此时，县级行政区名称与分县主要土壤类型与土壤剖面点分布图地域名不是完全的对应关系。如海口市市辖区（部分）主要土壤类型与土壤剖面点分布图代表土壤调查中海口市城区及近郊区的土壤分布状况。此时将"市辖区"作为这一节的标题。

附录3　专题图基础地理要素图例

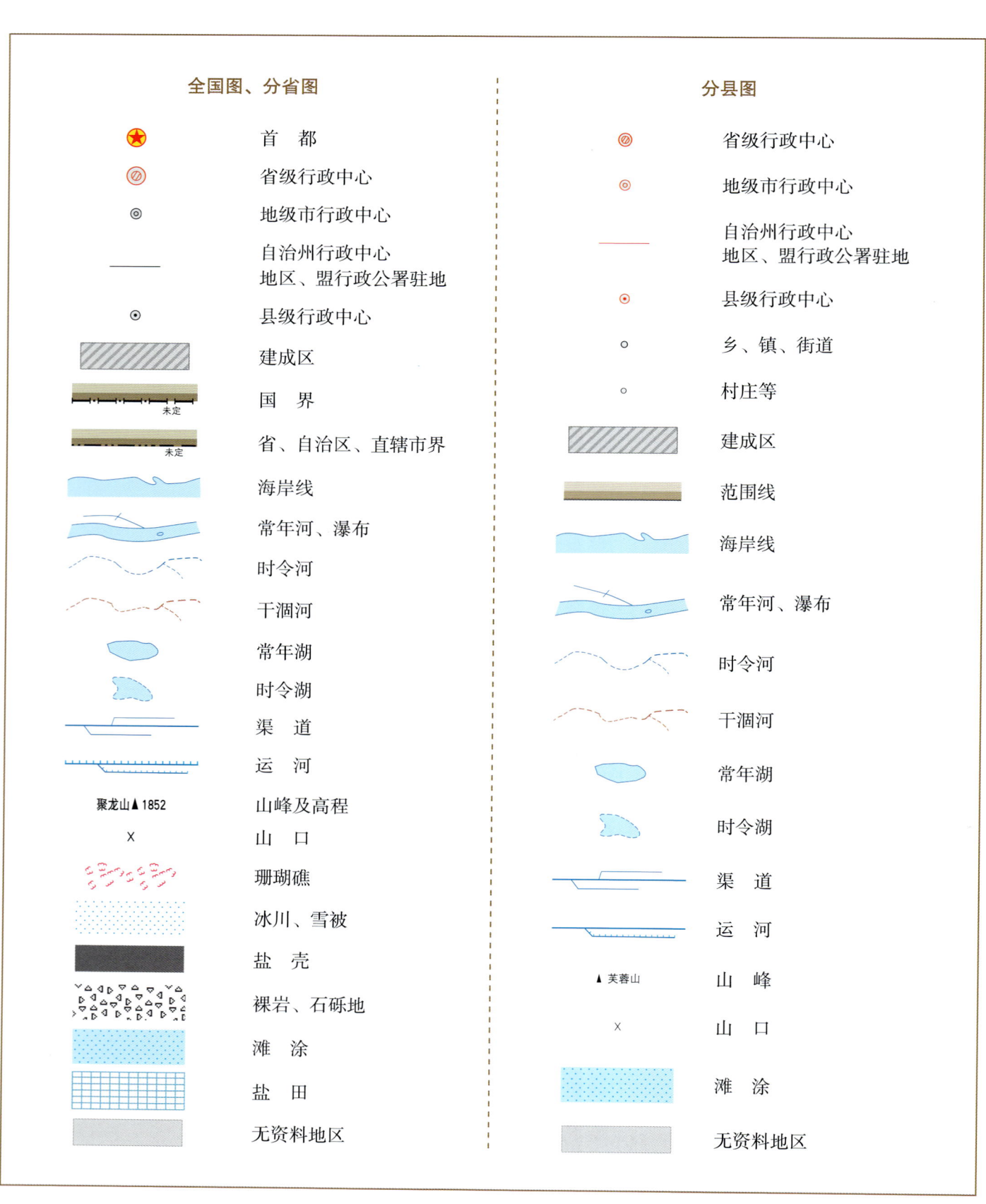

附录4　土壤图土类图例

图例	土类名	色码（RGB）	色码（CMYK）	图例	土类名	色码（RGB）	色码（CMYK）
	砖红壤	253，139，149	0，56，26，0		棕钙土	250，221，212	2，17，13，0
	赤红壤	253，160，170	0，47，17，0		灰钙土	230，214，165	11，15，40，1
	红　壤	252，199，209	1，29，6，0		灰漠土	246，237，182	4，6，36，0
	黄　壤	250，238，14	2，5，92，0		灰棕漠土	232，207，118	8，19，62，1
	黄棕壤	247，231，171	3，9，40，0		棕漠土	238，220，86	5，12，76，1
	黄褐土	249，236，121	2，5，64，0		黄绵土	249，223，2	1，13，93，0
	棕　壤	238，218，147	6，14，50，1		红黏土	247，149，143	1，52，33，0
	暗棕壤	226，181，98	9，33，68，2		新积土	184，199，156	30，11，44，2
	白浆土	223，226，205	15，7，22，0		龟裂土	254，252，55	0，7，86，0
	棕色针叶林土	206，169，142	18，35，40，4		风沙土	242，242，180	6，2，39，0
	灰化土	183，169，182	31，31，16，4		石灰（岩）土	176，175，85	28，21，75，9
	漂灰土*	220，219，162	15，9，44，1		火山灰土	223，167，170	11，41，19，2
	燥红土	250，161，9	0，46，95，0		紫色土	199，177，221	28，31，0，0
	褐　土	225，201，153	12，21，43，1		磷质石灰土	240，250，156	7，1，51，0
	灰褐土	228，219，186	12，12，30，0		石质土	171，181，150	35，18，43，5
	黑　土	142，164，151	46，21，38，8		粗骨土	196，187，132	23，21，53，4
	灰色森林土	162，178，175	40，19，27，4		草甸土	128，171，117	51，14，63，7

续表

图例	土类名	色码（RGB）	色码（CMYK）	图例	土类名	色码（RGB）	色码（CMYK）
	黑钙土	230, 188, 50	6, 30, 88, 1		潮　土	169, 219, 118	34, 1, 68, 0
	栗钙土	214, 195, 161	17, 22, 37, 2		砂姜黑土	191, 202, 188	29, 13, 26, 1
	栗褐土	240, 213, 157	5, 18, 43, 1		林灌草甸土	171, 191, 44	31, 12, 93, 5
	黑垆土	201, 204, 125	22, 12, 60, 3		山地草甸土	132, 184, 161	52, 9, 42, 3
	沼泽土	144, 183, 212	49, 14, 8, 2		灌漠土	158, 184, 110	39, 12, 67, 6
	泥炭土	150, 140, 173	46, 41, 10, 6		草毡土	150, 172, 169	45, 20, 29, 6
	草甸盐土	222, 145, 201	21, 49, 0, 0		黑毡土	129, 157, 106	48, 19, 63, 14
	滨海盐土	232, 206, 217	10, 22, 5, 0		寒钙土	198, 214, 203	26, 8, 21, 1
	酸性硫酸盐土	187, 159, 184	29, 38, 9, 3		冷钙土	194, 194, 96	23, 15, 72, 5
	漠境盐土	209, 130, 159	16, 58, 11, 3		冷棕钙土	183, 186, 169	31, 20, 32, 3
	寒原盐土	187, 159, 184	29, 38, 9, 3		寒漠土	235, 223, 181	9, 12, 33, 0
	碱　土	227, 211, 211	13, 18, 11, 0		冷漠土	223, 197, 102	11, 22, 68, 2
	水稻土	107, 176, 107	59, 9, 72, 3		寒冻土	196, 171, 79	19, 29, 77, 8
	灌淤土	136, 146, 47	38, 24, 90, 21				

注：* 漂灰土，《中国土壤分类与代码》（GB/T 17296—2009）中无此土类，在全国第二次土壤普查中完成的中国 1∶100 万土壤图和分县土壤图中含漂灰土，主要分布于西藏自治区南部，总面积约为 112 km²。

附录 5　中国主要土壤类型简表

土纲名[1]	土类名[2]	主要成土条件及特征[3]	分布区域	WRB 土组名[4]	MR[5]/%	百分比[6]/%
铁铝土纲 Ferrallisols	砖红壤 Latosols	热带雨林或季雨林下，强烈脱硅富铝化，游离铁占全铁的80%，土壤呈砖红色，具 A–Bs–Bv–C 剖面构型	海南、广东等	Acrisols	29	0.46
	赤红壤 Latosolic red soils	南亚热带季雨林下，脱硅富铝化程度次于砖红壤、强于红壤，铁的游离度介于二者之间，土壤呈赤红色，具 A–Bs–C 剖面构型	广东、云南、广西、福建等	Acrisols	40	2.23
	红壤 Red soils	中亚热带常绿阔叶林下，中度脱硅富铝化，具有深厚红色土层，具 A–Bs–Bv 或 A–Bs–C 剖面构型	南部的江西、福建、湖南等	Cambisols	35	6.79
	黄壤 Yellow soils	亚热带湿润气候条件下，多见于海拔 700—1200m 的山区，中度富铝化，土壤有机质累积较多，土壤呈黄色，具 O–A–AB–B–C 剖面构型	贵州、四川、云南、西藏、台湾等	Cambisols	45	2.65
淋溶土纲 Alfisols	黄棕壤 Yellow-brown soils	北亚热带暖湿落叶阔叶林下，弱度富铝化，母质多为砂页岩及花岗岩风化物，黏化特征明显，土壤呈黄棕色，具 A–B–C 或 A–(B)–C 剖面构型	长江中下游沿江低山丘陵区，以及云南、贵州、四川、陕西、西藏等	Cambisols	39	2.37
	黄褐土 Yellow-cinnamon soils	北亚热带地区，黄土状母质，无游离碳酸钙，黏化淀积明显，土壤呈灰黄棕色，具 A–B–C 或 A–Bt–C 剖面构型	河南、安徽面积最大，陕南、鄂北、江苏、川东北、江西等地也有分布	Luvisols	58	0.59
	棕壤 Brown soils	湿润暖温带地区，处于硅铝风化阶段，盐基已淋失，土体见黏粒淀积，土壤呈棕色，具 O–A–Bt–C 剖面构型	辽东至苏北低山丘陵，以及内蒙古、河南、西藏、云南、湖北等地的山地垂直带	Luvisols	51	2.73
	暗棕壤 Dark brown soils	湿润温带地区，针阔叶混交林下，弱酸性淋溶，有机质富集明显，土体B层呈棕色，具 O–A–B–C 剖面构型	黑龙江、吉林、内蒙古等	Cambisols	48	4.12

续表

土纲名[1]	土类名[2]	主要成土条件及特征[3]	分布区域	WRB 土组名[4]	MR[5]/%	百分比[6]/%
淋溶土纲 Alfisols	白浆土 Bleached baijiang soils	湿润温带平缓岗地森林草原下，上层土壤周期性滞水，还原铁、锰，漂洗形成灰黄色至灰白色白浆土层 E，具 Ah-E-Bt-C 剖面构型	黑龙江、吉林等	Luvisols	46	0.49
	棕色针叶林土 Brown coniferous forest soils	寒温带针叶林下，酸性淋溶，表层盐基饱和度降低，B 层呈棕色，具 O-A-AB-B-C 剖面构型	内蒙古、黑龙江、四川、云南、吉林、新疆等	Cambisols	47	1.15
	灰化土 Podzolic soils	寒冷湿润针叶林下，表层有机质层深厚，强烈淋溶和 SiO_2 淀积形成灰化层 A_2，具 A_1-A_2-B-BC 剖面构型	西藏	Podzols	100	< 0.01
半淋溶土纲 Semi-alfisols	燥红土 Torrid red soils	热带、亚热带干旱河谷与雨区稀树草原下形成的盐基饱和的红色土壤，具 A-B-C（D）剖面构型	海南、贵州、云南、四川等	Luvisols	100	0.08
	褐土 Cinnamon soils	暖温带半湿润，黏化与钙质淋移淀积，盐基饱和，B 层呈棕褐色，具 A-B-Bk-C 剖面构型	河北、山西、北京等	Cambisols	48	2.88
	灰褐土 Gray-cinnamon soils	温带干旱、半干旱山地云冷杉下，腐殖质累积与钙积作用明显，弱黏淀特征，具 Ao-A-B-C 剖面构型	甘肃、内蒙古、新疆、西藏、青海、宁夏等地的山地垂直带	Cambisols	43	0.65
	黑土 Black soils	温带半湿润草甸草原下，具深厚的腐殖质层，无石灰性的黑色土壤，底层轻度淋溶，具 A-ABh-BhC-C 剖面构型	东北平原	Phaeozems	31	0.68
	灰色森林土 Gray forest soils	温带森林植被下，腐殖质层深厚，弱度淋溶，剖面下部见硅粉，具 O-A-AB 或（B）-BC-C 剖面构型	内蒙古、新疆、河北	Phaeozems	77	0.34
钙层土 Pedocals	黑钙土 Chernozems	温带半湿润草甸草原下，具深厚的腐殖质层、碳酸钙淋溶淀积层	内蒙古、新疆、吉林、黑龙江、青海、甘肃	Chernozems	50	1.51
	栗钙土 Castanozems	温带半干旱草原下，具有栗色腐殖质层和灰白色钙积层	内蒙古、新疆、河北、山西、吉林等	Kastanozems	61	4.18
	栗褐土 Castano-cinnamon soils	暖温带半干旱草原及灌木下，弱度黏化和弱度淋溶，通体有石灰反应	山西、内蒙古、河北	Cambisols	40	0.47
	黑垆土 Dark loessial soils	黄土高原上，由黄土母质发育，有机质含量低，腐殖质层深厚，无明显黏化层	甘肃面积最大，其次为陕北和宁南地区	Cambisols	59	0.21
干旱土 Aridisols	棕钙土 Brown caliche soils	温带干旱草原向荒漠过渡区，具浅棕色薄腐殖质层、灰白色薄钙积层，钙积层接近地表	内蒙古、甘肃、青海、新疆	Cambisols	36	2.81
	灰钙土 Sierozems	暖温带干旱草原下，母质多为黄土，低腐殖质、弱淋溶，具腐殖质层和钙积层	甘肃、宁夏、新疆、青海、内蒙古、陕西	Cambisols	63	0.50

续表

土纲名[1]	土类名[2]	主要成土条件及特征[3]	分布区域	WRB 土组名[4]	MR[5]/%	百分比[6]/%
漠土 Desert soils	灰漠土 Gray desert soils	温带干旱漠境边缘区	宁夏、内蒙古、甘肃、新疆等	Cambisols	44	0.72
	灰棕漠土 Gray-brown desert soils	温带干旱中心	新疆、内蒙古等	Cambisols	78	3.11
	棕漠土 Brown desert soils	暖温带极干旱漠境中心	新疆、甘肃等	Cambisols	65	2.69
初育土 Amorphic soils	黄绵土 Loessial soils	黄土高原上，由黄土母质直接翻耕形成，具 A-C 剖面构型	陕西、甘肃、山西、宁夏等	Cambisols	33	1.97
	红黏土 Red primitive soils	由第三纪红色黏土及部分第四纪老黄土发育	陕西、甘肃、河南、山西、辽宁等	Regosols	48	0.07
	新积土 Neo-alluvial soils	新近冲积、洪积、坡积、塌积或人工堆垫，具 A-C 或 (A)-C 剖面构型	全国各地，以吉林、陕西面积最大，其次为黑龙江、宁夏、四川等	Fluvisols	51	0.57
	龟裂土 Takyr	干旱、漠境地区山前细土洪积微弱发育，表层为不规则龟裂结皮	新疆、甘肃、内蒙古、宁夏	Cambisols	72	0.06
	风沙土 Aeolian soils	半干旱、干旱及滨海地区，由风成沙性母质发育	新疆、内蒙古、甘肃、青海等	Arenosols	75	7.03
	石灰（岩）土 Limestone soils	由热带、亚热带石灰岩母质发育	贵州、广西、四川、湖南等	Cambisols	80	1.73
	火山灰土 Volcanic ash soils	由火山喷发碎屑、粉尘状堆积物发育，具 A-C 剖面构型	黑龙江、江苏、海南等	Andosols	53	0.04
	紫色土 Purplish soils	由热带、亚热带紫红色岩层侵蚀发育，土层浅薄，具 A-C 剖面构型	四川、云南、湖南、贵州、广西等	Cambisols	68	2.44
	磷质石灰土 Phospho-calcic soils	热带珊瑚岛礁上，由海鸟粪与珊瑚礁风化物形成	南海的西沙、南沙、东沙、中沙诸岛	Arenosols	81	<0.01
	石质土 Lithosols	石质山地岩石风化残积物，风化层厚度一般小于10cm，具 A-R 剖面构型	西北和华北山地	Leptosols	100	1.87
	粗骨土 Skeletal soils	基岩风化残积物、坡积物，属于 A-C 或 (A)-C 剖面构型	辽宁、内蒙古、山东、浙江等地的河谷阶地、丘陵、低山和中山	Regosols	93	1.76
水成土 Aqueous soils	沼泽土 Bog soils	所处地势低洼，长期地表积水，还原作用形成潜育层 G，泥炭层或腐泥层厚度小于50cm，具 H-G 剖面构型	黑龙江、青海、内蒙古等地的沟谷、平原河湖滨低洼地区均有分布，主要分布于东北	Gleysols	53	1.53
	泥炭土 Peat soils	泥炭层 H 厚度大于50cm，其下为潜育层 G，具 H-G 剖面构型	青海、四川、黑龙江、吉林等	Histosols	48	0.06

续表

土纲名[1]	土类名[2]	主要成土条件及特征[3]	分布区域	WRB 土组名[4]	MR[5]/%	百分比[6]/%
半水成土 Semi-aqueous soils	草甸土 Meadow soils	冷湿条件下受地下水浸润并在草甸植被下发育，有明显腐殖质累积，铁、锰氧化还原形成锈纹层 Cu，具 A-Cu 或 A-C-Cu 剖面构型	黑龙江、内蒙古、新疆、四川等	Cambisols	92	3.54
	潮土 Fluvo-aquic soils	河流冲积平原或低平阶地耕作土壤，地下水位高，底土氧化还原交替形成锈纹层 Cu，具 A_{11}-A_{12}-Cu 或 A_{11}-C-Cu 剖面构型	主要分布于黄淮海平原，内蒙古、辽宁、湖北等地的河谷平原，滨湖低地与山间谷地也有分布	Cambisols	85	3.71
	砂姜黑土 Lime concretion black soils	河湖沉积物经脱沼与长期耕作形成，底土见砂姜	主要分布于安徽、河南、山东、江苏等，河北、湖北、广西等地也有分布	Cambisols	79	0.54
	林灌草甸土 Shrubby meadow soils	漠境河谷平原沿河一带的胡杨林下发育，有交替氧化还原作用，具 Ao-AC-C 剖面构型	新疆、内蒙古、甘肃等	Cambisols	87	0.24
	山地草甸土 Mountain meadow soils	中海拔山顶平台草甸植被下发育的薄层土壤，草皮层 As 下见铁锰锈纹、胶膜，具 As-A-C-D 剖面构型	除青藏高原及西北高山区以外，各省、自治区、直辖市均有分布，以西部为多，西南部次之	Cambisols	60	0.04
盐碱土 Alkali-saline soils	草甸盐土 Meadow solonchaks	草甸土、潮土、沼泽土地区，盐分累积量大于 6g/kg，有盐化表土层 Az，具 Az-C 剖面构型	从长江口到松辽平原均有分布	Solonchaks	55	1.21
	滨海盐土 Coastal solonchaks	母质为滨海沉积物，盐分来自海水和高矿化潜水，通常含盐量为 10g/kg，具 Az-Cz 剖面构型	山东、浙江、福建等沿海地区	Solonchaks	47	0.31
	酸性硫酸盐土 Acid sulphate soils	热带、南亚热带滨海低平原的海潮可及处，红树林残体形成的硫化物经氧化形成硫酸，土壤呈强酸性	海南、广东、广西、福建、台湾等	Solonchaks	36	<0.01
	漠境盐土 Desert solonchaks	极端干旱的漠境条件，含盐量通常在 100g/kg 以上	新疆、青海、甘肃等	Solonchaks	50	0.31
	寒原盐土 Frigid plateau solonchaks	青藏高寒地区退缩内陆湖盆、河间洼地	西藏	Solonchaks	88	0.10
	碱土 Solonetzes	碱化度（交换性钠占阳离子交换量百分比）大于 20%	零星分布于东北、华北、西北的内陆地区	Solonetz	50	0.06
人为土 Anthrosols	水稻土 Paddy soils	长期季节性淹灌、排水，水下翻耕，氧化还原交替，形成多种发生层分异：淹育层 Aa、犁底层 Ap、渗育层 P、潴育层 W 与潜育层 G	全国各地，以四川、江西、湖南等地面积为大	Anthrosols	83	4.93
	灌淤土 Irrigated warped soils	引用高泥沙含量灌溉水淤灌，加厚土层大于 50cm	新疆、宁夏、甘肃、河北、青海、西藏等	Anthrosols	70	0.22

续表

土纲名[1]	土类名[2]	主要成土条件及特征[3]	分布区域	WRB 土组名[4]	MR[5]/%	百分比[6]/%
人为土 Anthrosols	灌漠土 Irrigated desert soils	干旱荒漠地区，坎儿井水长期耕灌	新疆、甘肃、宁夏、青海等地的荒漠绿洲地带	Anthrosols	68	0.12
高山土 Alpine soils	草毡土 Felty soils	高寒区平缓高原面上，强度生草腐殖质累积与弱度氧化还原形成草毡层	青海、西藏、四川、新疆等	Cambisols	69	5.46
	黑毡土 Dark felty soils	高寒区略较温湿的原面上，草毡层初步分解，色泽较暗，有机质含量较高	西藏、四川、新疆、甘肃等	Cambisols	61	2.73
	寒钙土 Frigid calcic soils	高寒半干旱区，弱度腐殖质累积，底层积钙	西藏、青海、新疆、甘肃等	Calcisols	70	7.88
	冷钙土 Cold calcic soils	高寒区冷凉半干旱原面下，具弱腐殖质累积与钙积特征	新疆、西藏、甘肃等	Cambisols	45	1.43
	冷棕钙土 Cold brown calcic soils	高寒区温凉的半干旱河谷处，土壤弱腐殖质累积，弱度淋溶与积钙	西藏	Cambisols	67	0.09
	寒漠土 Frigid desert soils	高寒干旱条件下成土	青藏高原西北部海拔4000m 以上地区，涉及新疆、四川、西藏、青海等	Cryosols	87	0.29
	冷漠土 Cold desert soils	亚高山冷凉干旱条件下成土	西藏海拔4500m 以下的湖盆、河谷及山地中下部	Cambisols	42	0.03
	寒冻土 Frigid frozen soils	高山冰川冰缘地带条件下，以物理风化为主	青藏高原冰缘地区，涉及新疆、西藏、甘肃等	Leptosols	100	3.23

注：1) 中国土壤分类系统中土纲名及土纲英译名。
2) 中国土壤分类系统中土类名及土类英译名。
3) 本栏所用土层及后缀代码释义。
  自然土壤：A 表土层，As 草根层、草毡层，A_2 灰化层，B 母质特征消失的表下层，C 受成土作用影响小的母质层，D 未受成土作用影响的碎屑层，R 坚硬岩石层，E 漂白层、白浆层，H 泥炭状有机质层，Hi 纤维状泥炭层，He 半分解泥炭层，O 凋落物有机质层。
  旱地土壤：A_{11} 旱耕层，A_{12} 亚耕层，C_1 心土层，C_2 底土层。
  水田土壤：Aa 耕作层（淹育层），Ap 犁底层（淹育层），P 渗育层，W 潴育层，G 潜育层，Gw 脱潜层，M 腐泥层。
  土层后缀代码：d 漂灰特征，c 铁结核或硬结核，f 冰冻特征，h 有机质淀积，k 石灰聚积，n 碱化特征，q 硅聚积，t 黏粒淀积，v 网纹特征，x 脆盘，z 易溶盐聚积，su 硫化物聚积，b 埋藏或重叠，e 漂洗特征，g 潜育特征，i 弱分解有机质，m 胶结或固结，p 人工扰动，s 三氧化二物聚积，u 锈色斑纹，w 色泽或结构发育，y 石膏聚积，mo 铁锰胶膜。
4) 世界土壤资源参比基础（world reference base for soil resources，WRB）工作组发布土组名，WRB 土组划分原则与中国土壤分类系统中土纲接近。
5) WRB 土组对中国土壤分类系统中各土类的最大可参比性（maximum referencibility，MR）。
6) 该土类面积占各土类总面积的百分比。

附录6　广东省、海南省主要土壤类型表

省域	土纲名[1]	土类名[2]	WRB 土组名[3]	MR[4]/%	百分比[5]/%
广东省	铁铝土纲 Ferrallisols	砖红壤 Latosols	Acrisols	29	1.5
		赤红壤 Latosolic red soils	Acrisols	40	23.2
		红壤 Red soils	Cambisols	35	28.7
		黄壤 Yellow soils	Cambisols	45	5.9
	淋溶土纲 Alfisols	黄棕壤 Yellow-brown soils	Cambisols	39	0.5
	初育土 Amorphic soils	红黏土 Red primitive soils	Regosols	48	0.3
		新积土 Neo-alluvial soils	Fluvisols	51	0.2
		石灰（岩）土 Limestone soils	Cambisols	80	17.3
		紫色土 Purplish soils	Cambisols	68	4.8
		粗骨土 Skeletal soils	Regosols	93	4.1
	半水成土 Semi-aqueous soils	潮土 Fluvo-aquic soils	Cambisols	85	0.2
	盐碱土 Alkali-saline soils	滨海盐土 Coastal solonchaks	Solonchaks	47	0.1
	人为土 Anthrosols	水稻土 Paddy soils	Anthrosols	83	11.0
海南省	铁铝土纲 Ferrallisols	砖红壤 Latosols	Acrisols	29	62.6
		赤红壤 Latosolic red soils	Acrisols	40	10.4
		黄壤 Yellow soils	Cambisols	45	3.4
	半淋溶土纲 Semi-alfisols	燥红土 Torrid red soils	Luvisols	100	2.8
	初育土 Amorphic soils	新积土 Neo-alluvial soils	Fluvisols	51	0.8
		风沙土 Aeolian soils	Arenosols	75	2.4
		石灰（岩）土 Limestone soils	Cambisols	80	0.1
		火山灰土 Volcanic ash soils	Andosols	53	1.9
		紫色土 Purplish soils	Cambisols	68	0.8
		磷质石灰土 Phospho-calcic soils	Arenosols	81	0.1
		石质土 Lithosols	Leptosols	100	0.5
	盐碱土 Alkali-saline soils	滨海盐土 Coastal solonchaks	Solonchaks	47	0.1
	人为土 Anthrosols	水稻土 Paddy soils	Anthrosols	83	12.2

注：1）中国土壤分类系统中土纲名及土纲英译名。
2）中国土壤分类系统中土类名及土类英译名。
3）世界土壤资源参比基础（world reference base for soil resources，WRB）工作组发布土组名，WRB 土组划分原则与中国土壤分类系统中土纲接近。
4）WRB 土组对中国土壤分类系统中各土类的最大可参比性（maximum referencibility，MR）。
5）该土类面积占广东省、海南省各省域面积百分比，土类面积不足本省省域面积 0.05% 的土类未列入本表。

附录7　分省土壤有机质含量图有机质含量分级图例

图例	分级序号	色码（CMYK）	色码（RGB）	图例	分级序号	色码（CMYK）	色码（RGB）
	1	2，2，17，0	255，255，220		8	38，0，74，0	157，218，104
	2	4，1，35，0	248，255，190		9	42，0，80，0	146，210，90
	3	8，0，47，0	238，255，165		10	48，1，85，0	132，200，80
	4	17，0，53，0	220，249，150		11	52，4，89，1	123，190，70
	5	23，0，60，0	203，242，135		12	54，11，94，3	115，175，55
	6	28，0，62，0	185，235，130		13	61，18，98，7	92，158，37
	7	34，0，68，0	169，225，118		14	64，24，100，15	70，138，20

附录 8 广东省、海南省典型剖面 0—20cm 土层土壤理化性状中位数与平均数

土壤理化性状[1]	广东省[2]			海南省[2]			广东省、海南省[2]			华南地区[3]			全国[4]		
	中位数	平均数	样本量*	中位数	平均数	样本量*	中位数	平均数	样本量*	中位数	平均数	样本量*	中位数	平均数	样本量*
有机质 / (g/kg)	21.2	22.9	2715	18.3	20.2	678	20.7	22.4	3393	23.0	25.5	6847	18.6	25.4	53243
pH	5.5	5.7	2682	5.5	5.6	668	5.5	5.7	3350	5.6	5.8	7285	6.8	6.8	54014
全氮 / (g/kg)	1.07	1.14	2706	0.85	1.05	675	1.03	1.12	3381	1.15	1.29	6833	1.06	1.37	49409
全磷 / (g/kg)	0.27	0.33	2670	0.19	0.26	677	0.26	0.32	3347	0.34	0.48	6490	0.60	0.78	50185
全钾 / (g/kg)	14.6	15.1	2469	8.5	12.6	588	13.8	14.6	3057	14.0	15.2	6145	18.0	17.5	29736
碱解氮 / (mg/kg)	88	93	1072	74	84	140	86	92	1212	100	111	1941	90	114	19316
有效磷 / (mg/kg)	3.4	5.3	1404	3.1	4.7	301	3.3	5.2	1705	3.4	6.4	3668	4.4	7.5	23100
速效钾 / (mg/kg)	43	55	1610	32	42	308	41	53	1918	48	64	3735	90	110	23841
阳离子交换量 / (cmol/kg)	7.9	9.0	137	5.0	6.8	3	7.9	8.9	140	8.3	9.0	1229	13.1	14.8	22361

注: 1) 土壤全氮、全磷、全钾、碱解氮、有效磷、速效钾含量均以 N、P、K 纯养分计。

2) 本卷收录的广东省、海南省典型土壤剖面分别为 2850 个和 685 个, 共计 3535 个。通过对剖面数据的土层厚度转换, 附录 8 给出了这些典型剖面 0—20cm 土壤理化性状中位数与平均数。全国第二次土壤普查采样为典型土壤采样, 而非网格化采样。0—20cm 土壤理化性状中位数与平均数对了解广东省、海南省土壤肥力水平代表本省土壤理化性状平均状况、但全国第二次土壤普查是我国最早平的大样本量调查, 附录 8 所示的 0—20cm 土层土壤理化性状具有一定参考价值。

3) 华南地区包括广东、海南、福建和广西 4 个省、自治区, 本数据集收录该地区的剖面共计 7781 个。

4) 本数据集全集收录的剖面共计 63792 个。

* 样本量的单位为 "个"。

附录 9 广东省、海南省主要土地利用类型 0—30cm 土层土壤有机质含量[1]

土地利用类型	广东省		海南省		广东省、海南省		华南地区[2]		全国	
	占省域面积百分比[3]/%	有机质/(g/kg)	占省域面积百分比[3]/%	有机质/(g/kg)	占地域面积百分比/%	有机质/(g/kg)	占地域面积百分比/%	有机质/(g/kg)	占地域面积百分比/%	有机质/(g/kg)
耕地	10.69	18.17	14.26	12.54	11.27	17.13	11.60	21.33	13.52	18.65
园地	7.45	18.06	35.67	16.19	11.99	17.00	8.98	19.72	2.13	16.68
林地	60.67	20.38	34.39	17.40	56.44	20.14	64.53	24.17	30.04	26.96
草地	1.34	17.32	0.50	13.08	1.21	17.24	1.06	24.33	27.97	19.18
湿地	1.01	16.73	3.55	9.03	1.42	15.16	1.08	16.29	2.48	17.56

注：1）各土地利用类型 0—30cm 土层土壤有机质含量图由本卷编制的广东省土壤有机质含量图、海南省土壤有机质含量图和自然资源部土地科学数据中心编制的 2019 年 1：100 万比例尺全国土地利用缩编图通过叠加、计算生成。其中，耕地包括水田、水浇地和旱地；园地包括果园、茶园和其他园地；林地包括有林地、灌木林地、疏林地和其他林地；草地包括天然牧草地、人工牧草地和其他草地；湿地包括沼泽地、沿海滩涂和内陆滩涂。
2）华南地区包括广东、海南、福建和广西 4 个省、自治区。
3）土地利用类型占省域面积百分比根据第三次全国国土调查发布的 2019 年土地利用现状分类面积汇总数据计算生成。

附录10 广东省、海南省耕地、园地、林地和草地中主要土壤类型占比[1]

	广东省								海南省							广东省、海南省						
耕地		园地		林地		草地		耕地		园地		林地		草地		耕地		园地		林地		草地	
土类名	占比/%	土类名	占比/%	土类名	占比/%	土类名	占比/%	土类名	占比/%	土类名	占比/%	土类名	占比/%	土类名	占比/%	土类名	占比/%	土类名	占比/%	土类名	占比/%	土类名	占比/%
水稻土	49.8	水稻土	39.1	赤红壤	44.9	水稻土	30.4	砖红壤	42.3	砖红壤	82.3	砖红壤	45.4	砖红壤	87.4	水稻土	47.3	砖红壤	52.4	赤红壤	43.6	水稻土	29.8
砖红壤	19.3	赤红壤	39.1	红壤	25.7	风沙土	24.8	水稻土	35.9	水稻土	9.6	赤红壤	28.9	风沙土	12.6	砖红壤	23.5	水稻土	22.4	红壤	23.7	风沙土	24.6
赤红壤	17.0	砖红壤	13.3	水稻土	14.5	赤红壤	16.4	燥红土	9.3	赤红壤	2.4	黄壤	10.2			赤红壤	13.9	赤红壤	18.3	水稻土	13.8	赤红壤	16.1
红壤	4.8	红壤	3.7	黄壤	6.9	红壤	5.9	风沙土	4.4	紫色土	1.4	水稻土	5.4			红壤	3.9	红壤	1.6	黄壤	7.1	砖红壤	5.9
紫色土	2.2	紫色土	0.8	石灰(岩)土	3.4	潮土	5.5	新积土	2.8	燥红土	1.0	火山灰土	2.8			风沙土	2.4	紫色土	1.2	砖红壤	5.6	红壤	5.8
黄壤	2.0	黄壤	0.6	砖红壤	2.1	石灰(岩)土	5.3	火山灰土	2.5	火山灰土	0.9	风沙土	2.6			紫色土	1.8	火山灰土	0.6	石灰(岩)土	3.1	潮土	5.4
石灰(岩)土	1.9	潮土	0.6	紫色土	1.0	砖红壤	4.3	黄壤	1.1	风沙土	0.5	燥红土	2.3			燥红土	1.7	燥红土	0.5	紫色土	1.0	石灰(岩)土	5.2
风沙土	1.0	石灰(岩)土	0.4	风沙土	0.3	滨海盐土	3.2	滨海盐土	0.4	石质土	0.3	石质土	0.9			石灰(岩)土	1.6	风沙土	0.4	风沙土	0.5	滨海盐土	3.1
粗骨土	1.0																						
合计	98.0	合计	97.6	合计	98.8	合计	95.8	合计	98.7	合计	98.4	合计	98.5	合计	100.0	合计	96.1	合计	97.4	合计	98.4	合计	95.9

续表

华南地区[2)]

耕地		园地		林地		草地	
土类名	占比/%	土类名	占比/%	土类名	占比/%	土类名	占比/%
水稻土	38.3	砖红壤	30.6	红壤	39.4	石灰(岩)土	19.7
赤红壤	21.9	水稻土	23.8	赤红壤	24.4	粗骨土	13.0
红壤	11.3	赤红壤	20.3	水稻土	10.1	红壤	12.3
砖红壤	9.7	红壤	17.3	石灰(岩)土	9.5	黄壤	10.0
石灰(岩)土	6.8	石灰(岩)土	2.3	黄壤	7.1	水稻土	9.4
紫色土	3.5	紫色土	1.5	紫色土	2.7	赤红壤	7.7
粗骨土	3.3	粗骨土	0.8	砖红壤	2.3	黄棕壤	6.8
风沙土	1.0	黄壤	0.6	粗骨土	2.2	风沙土	5.6
合计	95.8	合计	97.2	合计	97.7	合计	84.5

全国

耕地		园地		林地		草地	
土类名	占比/%	土类名	占比/%	土类名	占比/%	土类名	占比/%
水稻土	14.9	水稻土	14.3	红壤	16.7	寒钙土	21.8
潮土	14.3	红壤	13.1	暗棕壤	10.3	草毡土	14.4
草甸土	9.1	砖红壤	11.5	黄壤	7.0	栗钙土	9.7
褐土	6.1	褐土	10.5	黄棕壤	6.3	棕钙土	7.4
紫色土	4.8	赤红壤	9.6	棕壤	5.8	寒冻土	5.3
红壤	4.7	紫色土	5.6	赤红壤	5.1	风沙土	4.8
黑土	3.4	粗骨土	5.0	褐土	4.6	灰棕漠土	4.4
黑钙土	3.2	潮土	4.8	紫色土	4.5	黑色土	4.0
合计	60.5	合计	74.4	合计	60.3	合计	71.8

注：1）耕地、园地、林地和草地中主要土壤类型占比由本表编制的广东省土壤图、海南省土壤图和自然资源部土地科学数据中心编制的2019年1:100万比例尺全国土地利用缩编图和2019年1:100万比例尺全国土地利用缩编图通过叠加、计算生成。其中，耕地包括水田、水浇地和旱地；园地包括果园、茶园和其他园地；林地包括有林地、灌木林地和其他林地；草地包括天然牧草地、人工牧草地和其他草地。当某省、自治区、直辖市中某土壤类型所含各土壤类型较多时，本表仅列出占比较大的土壤类型。

2）华南地区包括广东、海南、福建和广西4个省、自治区。

附录 | 573

附录11　《中国土壤剖面数据集》参编单位

国家科技基础性工作专项重点项目"我国1∶5万土壤图籍编撰及高精度数字土壤构建"主持与参加单位	
中国农业科学院农业资源与农业区划研究所	湖南农业大学
中国科学院南京土壤研究所	西北农林科技大学
中国农业科学院农业环境与可持续发展研究所	沈阳大学
中国科学院地理科学与资源研究所	山东省国土测绘院
国家基础地理信息中心	辽宁省基础测绘院
全国农业技术推广服务中心	黑龙江省农业科学院土壤肥料与环境资源研究所
中国农业大学	海南省农业科学院
华中农业大学	上海市农业科学院生态环境保护研究所
中国地质大学（北京）	城信迪赛（北京）科技有限公司
参加数据集各分卷审核和修订工作的单位	
北京市农林科学院植物营养与资源研究所	广西农业科学院农业资源与环境研究所
河北省农林科学院农业资源环境研究所	重庆市农业技术推广总站
山西省农业科学院农业环境与资源研究所	贵州省农业科学院土壤肥料研究所
辽宁省农业科学院植物营养与环境资源研究所	云南省农业科学院农业环境资源研究所
吉林省农业科学院农业资源与环境研究所	甘肃省农业科学院土壤肥料与节水农业研究所
江苏省农业科学院农业资源与环境研究所	青海省农林科学院土壤肥料研究所
福建省农业科学院	宁夏农林科学院农业资源与环境研究所
江西省土壤肥料技术推广站	新疆农业科学院土壤肥料与农业节水研究所
山东省农业科学院农业资源与环境研究所	西藏自治区农牧科学院
湖南省土壤肥料研究所	

续表

参加分县大比例尺纸质土壤图与土种志收集的单位	
北京市耕地建设保护中心	福建省农田建设与土壤肥料技术总站
天津市农田建设管理处	山东省土壤肥料总站
河北省土壤肥料总站	河南省土壤肥料站
山西省耕地质量监测保护中心	湖北省耕地质量与肥料工作总站（湖北省土壤肥料调查测试中心）
内蒙古自治区土壤肥料和节水农业工作站	湖南省土壤肥料工作站
辽宁省土壤肥料总站	广东省农业科学院农业资源与环境研究所
吉林省土壤肥料总站	河池市土壤肥料工作站
黑龙江八一农垦大学	成都土壤肥料测试中心
上海市农业技术推广服务中心	云南省土壤肥料工作站
江苏省农业科学院	陕西省耕地质量与农业环境保护工作站
扬州市土壤肥料站	甘肃省耕地质量建设保护总站
安徽省土壤肥料总站	

注：表中各参编单位仅出现一次，参与多项工作的单位不重复列出。

参考文献

[1] 张维理，徐爱国，张认连，等.土壤分类研究回顾与中国土壤分类系统的修编［J］.中国农业科学，2014，47（16）：3214-3230.

[2] 张维理，KOLBE H，张认连，等.世界主要国家土壤调查工作回顾［J］.中国农业科学，2022，55（18）：3565-3583.

[3] MCBRATNEY A B, MENDONÇA SANTOS M L, MINASNY B. On digital soil mapping［J］. Geoderma, 2003（117）：3-52.

[4] USDA. Natural Resources Conservation Service［EB/OL］. Soils National Soil Information System (NASIS)［2021-12-01］. http://www.nrcs.usda.gov/wps/portal/nrcs/detail/soils/survey/cid=nrcs142p2_053552.

[5] CSIRO Land and Water. Australian Soil Resource Information System (ASRIS)［EB/OL］.［2021-12-01］. http://www.asris.csiro.au/asris.

[6] European Soil Data Centre［EB/OL］.［2021-12-01］. http://eusoils.jrc.ec.europa.eu/.

[7] 全国土壤普查办公室.全国第二次土壤普查暂行技术规程［M］.北京：农业出版社，1979.

[8] 张维理，张认连，徐爱国，等.中国1∶5万比例尺数字土壤的构建［J］.中国农业科学，2014，47（16）：3195-3213.

[9] 张维理，傅伯杰，徐爱国，等.中国土壤调查结果的地统计特征［J］.中国农业科学，2022，55（13）：2572-2583.

[10] 张维理.海量空间数据提取、整合与制图表达方法概要［J］.中国农业科学，2014，47（16）：3231-3249.

[11] 张维理.智能化海量空间信息分析与地图制图软件包IMAT设计及构建［J］.中国农业科学，2014，47（16）：3250-3263.

[12]《第一次全国地理国情普查地图集》编纂委员会.第一次全国地理国情普查地图集［M］.北京：中国地图出版社，2019.

[13] 中国地图出版社.中国地图集［M］.3版.北京：中国地图出版社，2022.

[14] 全国土壤质量标准化技术委员会.土壤制图 1∶25 000 1∶50 000 1∶100 000 中国土壤图用色和图例规范：GB/T 36501—2018［S］.北京：中国标准出版社，2018.

[15] 张维理，KOLBE H，张认连.土壤有机碳作用及转化机制研究进展［J］.中国农业科学，2020，53（2）：317-331.

[16] 周北燕，石家星.中国地形图［M］.北京：中国地图出版社，2009.

[17]《中华人民共和国气候图集》编委会.中华人民共和国气候图集［M］.北京：气象出版社，2002.

[18] 中国标准化与信息分类编码研究所，全国农业技术推广服务中心.中国土壤分类与代码：GB/T 17296—1998［S］.

[19] 中国标准研究中心.中国土壤分类与代码：GB/T 17296—2000［S］.

[20] 全国信息分类编码标准化技术委员会.中国土壤分类与代码：GB/T 17296—2009［S］.北京：中国标准出版社，2009.

[21] ISSS, ISRIC, FAO. World Reference Base for Soil Resources. Wageningen/Rome, 1998.

[22] SHI X Z, YU D S, XU S X, et al. Cross-reference for relating Genetic Soil Classification of China with WRB at different scales［J］. Geoderma, 2010（155）：344-350.

[23] 全国土壤普查办公室.中国土种志 第一卷［M］.北京：中国农业出版社，1993.

[24] 全国土壤普查办公室.中国土种志 第二卷［M］.北京：中国农业出版社，1994.

[25] 全国土壤普查办公室.中国土种志 第三卷［M］.北京：中国农业出版社，1994.

[26] 全国土壤普查办公室.中国土种志 第四卷［M］.北京：中国农业出版社，1995.

[27] 全国土壤普查办公室.中国土种志 第五卷［M］.北京：中国农业出版社，1995.

[28] 全国土壤普查办公室.中国土种志 第六卷［M］.北京：中国农业出版社，1996.

[29] 全国土壤普查办公室.中国土壤［M］.北京：中国农业出版社，1998.